A
B

LE

PROPAGATEUR

ENCYCLOPÉDIQUE

DES SCIENCES COMMERCIALES

INDUSTRIELLES ET LÉGISLATIVES

Par ALBERT DE CERNIÈRES

Avec la collaboration de plusieurs [illegible]

COMPRENANT

Partie Commerciale.

UN TRAITÉ PRÉCIS DU COMMERCE EN GÉNÉRAL
EXPLICATION CLAIRE DES LOIS CONCERNANT LE COMMERCE,
PATENTES, TÉLÉGRAPHIE, POSTE, CHEMINS DE FER, MAGASINS GÉNÉRAUX, WARRANTS, CHÈQUES, ETC.
GUIDE FINANCIER, TENUE DES LIVRES
TRAITÉ DE LA CORRESPONDANCE, BARÈME D'ESCOMPTE, BARÈME DES COMPTES FAITS
DICTIONNAIRE DES PRINCIPALES VILLES DE L'UNIVERS ET DE TOUTES LES VILLES DE FRANCE

Partie Industrielle.

CONSIDÉRATIONS SUR LES ARTS ET MÉTIERS, DES DEVIS ET MARCHÉS
EXPLICATION DES LOIS CONCERNANT LES ARTS ET MÉTIERS
TRAITÉ D'ARPENTAGE AVEC PLANCHES, TRAITÉ DES BOIS, BARÈME POUR LE CUBAGE, TRAITÉ EXPLIQUÉ DES MÉTAUX
TABLEAU DONNANT LE POIDS DES FERS PLATS, RONDS ET CARRÉS
TARIF DE COMPTES FAITS POUR LES JOURNÉES D'OUVRIERS
A L'HEURE ET A LA JOURNÉE
RÉSUMÉ DE GÉOGRAPHIE INDUSTRIELLE ET COMMERCIALE

Partie Législative.

EXPLICATION CLAIRE, PRÉCISE ET SANS RENVOI, DE TOUTES LES LOIS
EN GÉNÉRAL, CONCERNANT TOUS LES FRANÇAIS,
ET DE CELLES VOTÉES PAR L'ASSEMBLÉE NATIONALE DEPUIS 1870 JUSQU'A CE JOUR
NOUVEAU TARIF EXPLIQUÉ SUR LES HONORAIRES DUS AUX HOMMES DE LOI D'APRÈS LES NOUVELLES LOIS
NOUVELLE TAXE DES FRAIS DE TIMBRE ET D'ENREGISTREMENT
TERMINÉ PAR UN FORMULAIRE GÉNÉRAL ET COMPLET DES ACTES INDUSTRIELS ET COMMERCIAUX
SOUS SEING PRIVÉ

PARIS
LIBRAIRIE NATIONALE DES COMMUNES
E. ROME, ÉDITEUR
14, rue de Sorbonne, 14

1872

LE

PROPAGATEUR

ENCYCLOPÉDIQUE

DES SCIENCES COMMERCIALES

INDUSTRIELLES ET LÉGISLATIVES

LE

PROPAGATEUR

ENCYCLOPÉDIQUE

DES SCIENCES COMMERCIALES

INDUSTRIELLES ET LÉGISLATIVES

Par ALBERT DE CERNIÈRES

Avec la collaboration de plusieurs savants

COMPRENANT

Partie Commerciale.

UN TRAITÉ PRÉCIS DU COMMERCE EN GÉNÉRAL
EXPLICATION CLAIRE DES LOIS CONCERNANT LE COMMERCE,
PATENTES, TÉLÉGRAPHIE, POSTE, CHEMINS DE FER, MAGASINS GÉNÉRAUX, WARRANTS, CHÈQUES, ETC.
GUIDE FINANCIER, TENUE DES LIVRES
TRAITÉ DE LA CORRESPONDANCE, BARÈME D'ESCOMPTE, BARÈME DES COMPTES FAITS
DICTIONNAIRE DES PRINCIPALES VILLES DE L'UNIVERS ET DE TOUTES LES VILLES DE FRANCE

Partie Industrielle.

CONSIDÉRATIONS SUR LES ARTS ET MÉTIERS ; DES DEVIS ET MARCHÉS
EXPLICATION DES LOIS CONCERNANT LES ARTS ET MÉTIERS
TRAITÉ D'ARPENTAGE AVEC PLANCHES, TRAITÉ DES BOIS, BARÈME POUR LE CUBAGE, TRAITÉ EXPLIQUÉ DES MÉTAUX
TABLEAU DONNANT LE POIDS DES FERS PLATS, RONDS ET CARRÉS
TARIF DE COMPTES FAITS POUR LES JOURNÉES D'OUVRIERS
A L'HEURE ET A LA JOURNÉE
RÉSUMÉ DE GÉOGRAPHIE INDUSTRIELLE ET COMMERCIALE

Partie Législative.

EXPLICATION CLAIRE, PRÉCISE ET SANS RENVOI, DE TOUTES LES LOIS
EN GÉNÉRAL, CONCERNANT TOUS LES FRANÇAIS,
ET DE CELLES VOTÉES PAR L'ASSEMBLÉE NATIONALE DEPUIS 1870 JUSQU'A CE JOUR
NOUVEAU TARIF EXPLIQUÉ SUR LES HONORAIRES DUS AUX HOMMES DE LOI D'APRÈS LES NOUVELLES LOIS
NOUVELLE TAXE DES FRAIS DE TIMBRE ET D'ENREGISTREMENT
TERMINÉE PAR UN FORMULAIRE GÉNÉRAL ET COMPLET DES ACTES INDUSTRIELS ET COMMERCIAUX
SOUS SEING PRIVÉ

PARIS
LIBRAIRIE NATIONALE DES COMMUNES
14, RUE DE SORBONNE, 14

1872

LE

PROPAGATEUR

ENCYCLOPÉDIQUE

DES SCIENCES COMMERCIALES

INDUSTRIELLES ET LÉGISLATIVES

Par ALBERT DE CERNIÈRES

Avec la collaboration de plusieurs savants

COMPRENANT

Partie Commerciale.

UN TRAITÉ PRÉCIS DU COMMERCE EN GÉNÉRAL
EXPLICATION CLAIRE DES LOIS CONCERNANT LE COMMERCE,
PATENTES, TÉLÉGRAPHIE, POSTE, CHEMINS DE FER, MAGASINS GÉNÉRAUX, WARRANTS, CHÈQUES, ETC.
GUIDE FINANCIER, TENUE DES LIVRES
TRAITÉ DE LA CORRESPONDANCE, BARÊME D'ESCOMPTE, BARÊME DES COMPTES FAITS
DICTIONNAIRE DES PRINCIPALES VILLES DE L'UNIVERS ET DE TOUTES LES VILLES DE FRANCE

Partie Industrielle.

CONSIDÉRATIONS SUR LES ARTS ET MÉTIERS; DES DEVIS ET MARCHÉS
EXPLICATION DES LOIS CONCERNANT LES ARTS ET MÉTIERS
TRAITÉ D'ARPENTAGE AVEC PLANCHES, TRAITÉ DES BOIS, BARÊME POUR LE CUBAGE, TRAITÉ EXPLIQUÉ DES MÉTAUX
TABLEAU DONNANT LE POIDS DES FERS PLATS, RONDS ET CARRÉS
TARIF DE COMPTES FAITS POUR LES JOURNÉES D'OUVRIERS
A L'HEURE ET A LA JOURNÉE
RÉSUMÉ DE GÉOGRAPHIE INDUSTRIELLE ET COMMERCIALE

Partie Législative.

EXPLICATION CLAIRE, PRÉCISE ET SANS RENVOI, DE TOUTES LES LOIS
EN GÉNÉRAL, CONCERNANT TOUS LES FRANÇAIS,
ET DE CELLES VOTÉES PAR L'ASSEMBLÉE NATIONALE DEPUIS 1870 JUSQU'A CE JOUR
NOUVEAU TARIF EXPLIQUÉ SUR LES HONORAIRES DUS AUX HOMMES DE LOI D'APRÈS LES NOUVELLES LOIS
NOUVELLE TAXE DES FRAIS DE TIMBRE ET D'ENREGISTREMENT
TERMINÉE PAR UN FORMULAIRE GÉNÉRAL ET COMPLET DES ACTES INDUSTRIELS ET COMMERCIAUX
SOUS SEING PRIVÉ

PARIS
LIBRAIRIE NATIONALE DES COMMUNES
14, RUE DE SORBONNE, 14

1872

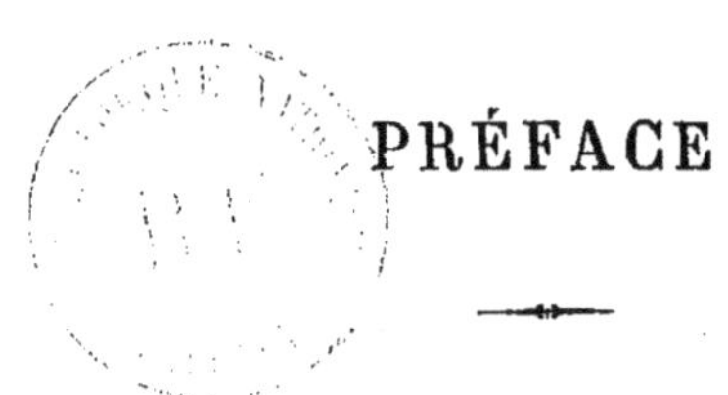

PRÉFACE

L'important ouvrage auquel nous venons de mettre la dernière main nous a été confié il y a quelques années, et nous pouvons dire ici, avec la satisfaction du devoir accompli, que nous avons consacré exclusivement à cette œuvre utile toute notre énergie et toute notre intelligence. Versé depuis longtemps dans l'étude des sciences commerciales et législatives, nous avons concentré dans ces pages le résultat de notre vieille expérience et de nos observations.

Aidé de quelques collaborateurs dont nous connaissions depuis longtemps les capacités, nous leur avons confié certaines parties de l'ouvrage, telles que : l'*arpentage*, la *tenue des livres*, etc., travaux qui exigent des connaissances toutes spéciales et dont ils se sont acquittés avec honneur.

Nos souscripteurs nous permettront de remercier publiquement ces hommes de talent et de savoir dont le concours nous a été si utile et a contribué à faire de notre ouvrage un livre complet.

Après avoir traité du commerce en général et l'avoir étudié sous toutes ses formes, nous avons fait ressortir quelles sont les qualités que doit avoir tout commerçant. Nous avons exposé la législation commerciale, les formalités à remplir pour les livres de commerce, pour les sociétés en nom collectif, en commandite, par actions etc., etc. Les faillites, les billets de commerce, les droits des créanciers, ceux de la femme du failli, en un mot, *tout ce qui est du ressort du commerce,* a été passé en revue dans notre livre et sérieusement étudié, commenté et expliqué. Cette partie de l'ouvrage est suivie d'un *Guide financier expliqué clairement, à l'usage des industriels et des commerçants.* Nos lecteurs y trouveront tous les renseignements dont ils pourront avoir besoin au sujet du placement des fonds, des grandes sociétés financières et des maisons de crédit.

La *tenue des livres* y est expliquée clairement et de la façon la plus simple. Nous l'avons fait suivre d'un travail sur le *style commercial* et sur les moyens et les avantages de la *publicité* au point de vue du commerce. Ces travaux n'ont jamais été l'objet d'un travail spécial; jusqu'ici les commerçants, n'étant pas à même de trouver des renseignements sur ces sujets, s'en rapportaient à leur expérience, et il leur arrivait fréquemment de se tromper.

Au moyen de *barêmes* on trouve instantanément l'intérêt ou l'escompte d'une somme quelconque depuis 1 franc jusqu'à 1 million, quel que soit le taux, et calculé depuis un jour jusqu'à 366 jours.

Nous avons consacré quelques pages à un *Dictionnaire des principales villes de France et de l'Etranger,* dictionnaire dans lequel nous indiquons la population de chaque ville et le genre de commerce qui y est le plus répandu.

Dans nos *Considérations générales sur les arts et métiers,* nous faisons ressortir les droits et les devoirs des patrons, contre-maîtres et ouvriers. Les conseils que nous donnons aux ouvriers sont excellents, et déjà dans maintes circonstances, il nous a été donné d'en constater le meilleur résultat ; les remercîments à ce sujet ne nous ont pas fait défaut.

Les *devis* et les *marchés* sont expliqués en détail ; la responsabilité des architectes et leurs attributions sont mises en évidence.

L'arpentage, le cubage, le jaugeage, la division des terrains, le cadastre etc., etc., sont l'objet de considérations générales et d'explications utiles.

Tout ce qui concerne les *métaux* et les *professions qui s'y rattachent* est l'objet des développements les plus complets ; nous y avons ajouté un tarif du poids des fers, quelle que soit leur forme.

Pour les *journées d'ouvriers*, les comptes sont tout faits, aussi bien par heures que par journées de travail.

Après avoir donné un *Tableau complet des monnaies du monde entier* et de leur valeur relativement à la monnaie française, nous avons fait place à quelques *Considérations géographiques* qui ont pour objet le territoire français et le territoire étranger.

La *Procédure civile et commerciale* est une des parties les plus importantes du livre ; elle est complète, et aucun renseignement n'y fait défaut.

Les *Conseils des prud'hommes, la législation sur les brevets d'invention, sur les marques de fabrique et sur les poids et mesures, les diverses espèces de mesures,* sont l'objet d'un travail étendu et très-complet.

Nous avons tenu à donner une *Explication des lois générales qui concernent tous les Français*. Tout ce qui a rapport à la famille, à la propriété, aux biens meubles et immeubles, etc., etc., y est expliqué avec la plus grande méthode et la plus grande clarté et suivi d'un *Formulaire général des actes industriels et commerciaux.*

La *loi militaire* récemment votée y est expliquée article par article ; nous donnons aussi le texte des différentes lois les plus importantes qui ont été promulguées depuis la guerre, lois qui concernent plus spécialement le commerce, l'industrie et l'agriculture.

Nous avons reçu, depuis que notre ouvrage est offert au public, un grand nombre de lettres de félicitations et de remercîments. Ces témoignages d'intérêt que nous ont donnés nos lecteurs nous ont flatté bien vivement, mais nous devons à la vérité de dire que le plus grand mérite appartient à notre éditeur, qui, avec son expérience des affaires et le désir de mener à bien tous les travaux qu'il entreprend, n'a rien négligé pour faire de cet ouvrage un livre plus complet et plus utile que tous ceux qui ont paru jusqu'à ce jour.

ALBERT DE CERNIÈRES.

PREMIÈRE PARTIE

TRAITÉ EXPLIQUÉ

DU COMMERCE EN GÉNÉRAL

PREMIÈRE DIVISION

CHAPITRE PREMIER

Du commerce en général. — Des commerçants en gros. — Des commerçants en demi-gros et détail. — Considérations générales sur le périclitement des maisons de commerce. — De l'affabilité. — De l'honneur et de l'honnêteté. — De la propreté. — De l'ordre. — Du commerce à crédit et au comptant. — Du commerce à prix fixe et à prix débattu. — Conduite à suivre pour éviter le cumul des marchandises démodées, détériorées ou abîmées. — Considérations sur les commerçants payant leurs marchandises au comptant ou à terme. — Des divers moyens qu'un commerçant peut employer pour se libérer de ses dettes vis-à-vis de ses fournisseurs. — Des divers moyens qu'un commerçant peut employer pour recouvrer ses créances. — De la femme dans le commerce, son intelligence, ses capacités.

Du commerce en général.

Le commerce est une science qu'on devrait, autant que possible, s'attacher à connaître, car il n'est personne qui, dans une mesure quelconque, ne soit appelé à commercer d'une manière ou d'une autre; généralement on attache peu d'importance à tout ce qui touche aux connaissances commerciales, et, pourtant, il est certain que bien des gens se sont vus ruinés faute d'avoir puisé les connaissances sur le commerce qu'ils exercent et desquelles aurait souvent dépendu le succès de leurs affaires.

Tous les jours on voit des gens embrasser la carrière commerciale sans même se douter qu'elle possède des éléments très-utiles à connaître; aussi, par suite de cette ignorance, il arrive fréquemment des malheurs irréparables dans les familles.

L'origine de ces catastrophes peut avoir diverses sources, soit les pertes considérables, les concurrences imprévues, les inventions nouvelles, la décadence des familles, etc., etc., mais ce qui amène le plus souvent la ruine des commerçants, c'est l'inexpérience des affaires; on pourra nous objecter que l'expérience ne peut s'acquérir que par une longue pratique; cela est vrai jusqu'à un certain point; toutefois, il est bien certain que les connaissances théoriques contribuent beaucoup à éviter des bévues commerciales ; aussi ne saurions-nous trop engager les personnes qui s'occupent d'un commerce quelconque à puiser, à l'aide d'ouvrages compétents, les connaissances nécessaires qui, du reste, sont incontestablement le résultat de longues expériences pratiques.

Quand un père de famille décide qu'un de ses enfants apprendra tel ou tel métier, sa première pensée est, incontestablement, de le mettre en apprentissage, car il n'ignore pas que ce n'est que par les connaissances que le maître transmettra à son apprenti qu'il arrivera à être ouvrier.

Or, ne devrait-il pas en être de même pour les gens qui entreprennent une carrière qu'ils ne connaissent pas ? Il est évident qu'il leur est impossible de se procurer l'avantage inappréciable de l'apprentissage pratique; mais, à défaut de cela, ils ne devraient pas négliger d'acquérir, par de bons ouvrages, les connaissances élémentaires relatives au commerce.

Il est vrai, jusqu'à ce jour, qu'aucun auteur n'a compris qu'il y avait, à ce point de vue, un ouvrage utile à faire, et qui, par des renseignements clairs et précis, pouvait rendre de grands services à tous les commerçants. Sans aucun doute, toutes les questions touchant au commerce ont été traitées savamment et à fond, mais elles l'ont toutes été partiellement; de là le peu de services (à part quelques exceptions) que leurs auteurs ont rendus au commerce en général, car, pour qu'un commerçant pût réunir tous ces traités partiels, non-seulement il fallait qu'il dépensât une somme considérable pour se les procurer, mais encore fallait-il qu'il connût leur apparition.

En publiant notre ouvrage, notre but est de réunir toutes les connaissances indispensables aux commerçants; notre désir étant que notre livre puisse rendre des services à toutes les personnes sans exception qui s'occupent de commerce, nous nous sommes attachés à le rendre le plus clair possible, et, pour arriver plus sûrement à notre but, nous avons dégagé notre travail de toute considération scientifique qui, neuf fois sur dix, ne sert qu'à rendre un ouvrage incompréhensible à ceux à qui on le destine. Nous nous bornons à donner des renseiguements exacts et utiles à connaître sur tout le commerce en général ; lesquels nous nous sommes efforcés de rendre clairs et précis, afin que chaque commerçant pût les comprendre, les apprécier et les mettre en pratique.

Des commerçants en gros.

Les commerçants en gros sont généralement des hommes plus capables et plus expérimentés que les commerçants en détail; cette différence s'explique par les éléments que possède le haut commerce, parmi lesquels on doit citer l'instruction et la richesse. Bien souvent des individus entreprennent un commerce de détail sans instruction ni fortune; toutefois, par leur activité et leur intelligence, ils peuvent arriver à d'excellents résultats, tandis que dans le commerce en gros il n'en est pas de même, il faut au moins l'un ou l'autre des éléments précités.

Tout en reconnaissant la supériorité intellectuelle des commerçants en gros, nous ne croyons pas devoir nous dispenser de leur donner quelques avis qui, nous l'espérons, seront bien accueillis de leur part.

Les commerçants en gros ne devraient jamais négliger de se tenir au courant de tout ce qui a rapport au commerce en général, tels que : nouvelles lois, traités de commerce, inventions nouvelles, etc., etc., car, plus qu'à tout autre, ces connaissances diverses peuvent leur rendre de grands services.

Selon nous, en France, les commerçants en gros qui arrivent à avoir acquis une fortune considérable par leur industrie, se détachent trop facilement du zèle et de l'activité qui sont deux qualités indispensables à tout commerçant; il en est beaucoup même qui, par leur indifférence, arrivent à dédaigner l'origine de leur fortune et finissent insensiblement par se convaincre qu'il est bien plus honorable de devoir sa fortune à ses parents que de la devoir à soi-même. Il est incontestable que ce raisonnement est d'une fausseté évidente ; toutefois, il est certain qu'il existe chez beaucoup de commerçants enrichis; aussi trouvons-nous bien moins de longues dynasties commerciales en France qu'en Angleterre, par exemple, pays où la noblesse du commerce est aussi honorée et honorable que la noblesse nobiliaire. Ce préjugé dans le haut commerce est bien regrettable sous tous les points de vue : d'abord il tend à rapetisser cette caste au profit de la caste nobiliaire qui, quoique étant très-honorable, ne possède aucun élément qui doive la faire préférer, par un commerçant, à la caste commerciale.

Nous regretterions que les paroles qui précèdent fussent mal interprétées par certaines personnes : en parlant de caste, nous n'entendons pas dire que les unes valent mieux que les autres, attendu que notre conviction est que tous les honnêtes gens se valent, n'importe à quelle classe de la société ils appartiennent.

Mais il est regrettable de voir des commerçants renier, en quelque sorte, leur origine, en affectant de l'abandonner quand ils sont arrivés à se créer une position indépendante, et surtout à s'arranger de manière à donner à leurs enfants une direction autre que celle qu'ils ont suivie eux-mêmes.

Que les commerçants en gros, enrichis par leur intelligence, se persuadent bien d'une chose : c'est que, s'ils ont eu les éléments voulus pour parvenir à être supérieurs dans certaines classes de la société, rien ne peut garantir leur supériorité dans une classe différente que celle qu'ils connaissent parfaitement. Pour quel motif donc chercher ailleurs, inutilement la plupart du temps, ce qu'on possède déjà d'une manière incontestable? Faut-il que l'homme soit assez naïf pour ne pas comprendre que les titres les plus nobles consistent à se créer honnêtement une indépendance complète! Partant de ce principe, nous souhaitons ardemment que les commerçants enrichis n'aient d'autre ambition et d'autre horizon que ceux de transmettre à leurs enfants ces principes, qu'ils doivent considérer comme supérieurs à tous autres.

Il est bien certain que le jour où le haut commerce se pénétrera de cette vérité, on ne verra plus ces choses véritablement malheureuses, telles que des commerçants enrichis reniant, en quelque sorte, leur passé, et qui, par conséquence naturelle, sèment dans l'esprit de leurs enfants un mépris profond de la profession de leur père; ces derniers arrivent ainsi à se demander s'ils sont véritablement les fils de ceux dont ils portent le nom.

Nous, qui estimons et honorons profondément la classe commerciale, parce que nous savons ce qu'elle vaut, nous désirons ardemment que ce drapeau, si estimé de tous, soit tenu haut et ferme par ceux que leurs richesses, et surtout leur intelligence, appellent à ce grand honneur, et nous plaignons sincèrement ceux qui se figurent trouver ailleurs des sentiments plus élevés et plus honorables, et qui, imbus de ces principes, désertent une cause à laquelle ils doivent tout, pour en embrasser une qui ne fera que les mépriser et à laquelle ils serviront de bouffons.

Des commerçants en demi-gros et détail.

Généralement les personnes qui s'occupent du commerce de détail, négligent trop de se procurer les connaissacces commerciales nécessaires qui leur seraient partout si utiles. Nous savons bien que le manque de temps est souvent la cause de cette négligence; toutefois, il est certaines choses qu'à tout prix il ne faudrait pas ignorer: par exemple, les questions concernant les lois commerciales, la tenue des livres, les connaissances nécessaires sur les chemins de fer, les postes, la télégraphie, etc. En dehors de ces connaissances, toujours faciles à acquérir, il en est d'autres qui ne sont pas moins utiles, mais que, malheureusement, aucun ouvrage jusqu'à ce jour n'a traité, même superficiellement; nous voulons parler des connaissances morales au point de vue commercial. Nous allons, par un exposé simple, tâcher de nous faire comprendre.

Ainsi, les personnes qui se figurent qu'avec une bonne instruction commerciale et suffisamment de capitaux, tout individu peut faire un bon commerçant, ces personnes se trompent évidemment, car il est bien certain que si ces deux éléments puissants n'étaient accompagnés d'autres qualités précieuses, telles que l'ordre, l'affabilité et l'activité, ces deux qualités premières se trouveraient tout à fait impuissantes à amener un commerçant à la prospérité ; or, l'ordre, l'affabilité et l'activité sont plus souvent le résultat de la bonne volonté que celui de l'instruction et de la fortune.

Ces trois derniers éléments se trouvent donc incontestablement à la portée de tous les commerçants sans aucune exception, et, pour les mettre en pratique, il suffit simplement de se rendre un compte exact des avantages précis et incontestables qu'on peut retirer de chacun d'eux ; c'est ce que nous nous sommes efforcés d'expliquer dans les chapitres suivants. Nous désirons ardemment que nos principes se propagent parmi les bons commerçants ; pour nous, ce sera notre plus belle récompense.

Considérations générales sur le périclitement des maisons de commerce.

Bien souvent on voit des commerçants chercher les causes qui ont pu amener les périclitements de leurs affaires ; après bien des recherches infructueuses, les uns attribuent à de fausses causes les mauvais résultats de leurs opérations ; d'autres (et c'est le plus grand nombre), se figurent que la cause de leurs malheurs est simplement l'effet d'une mauvaise chance. — Ce qui fait que bien peu arrivent à connaître le vrai motif de leur ruine, c'est que, généralement, l'homme, qui est doué d'une perspicacité si extraordinaire pour voir les défauts d'autrui, est généralement aveugle pour découvrir les siens propres.

Si, dans une maison qui menace ruine, le chef s'étudiait bien lui-même, s'il étudiait le caractère des gens qui l'entourent, il pourrait, la plupart du temps, se rendre compte des causes qui font fuir les chalands de chez lui.

Le client, lui, qui la plupart du temps n'a aucun motif de considérer plus un fournisseur qu'un autre, donne la préférence à celui qui fait le mieux son affaire, et les vices ou les défauts qui existent dans telles ou telles maisons de commerce, et qui passent inaperçus aux yeux des chefs de ces maisons, lui, client, il les connaît et, pour peu que cela le contrarie, il les évite en changeant simplement de fournisseur : ce qu'il y a de plus terrible pour les commerçants qui ne s'observent pas, c'est que, presque jamais, le client qui quitte ne dira le motif pour lequel il change de maison.

Nous ne saurions trop recommander aux commerçants d'observer avec soin certaines règles qui sont indispensables pour la prospérité des maisons de commerce, parmi lesquelles on peut placer en première ligne : la propreté, l'ordre, l'affabilité et l'honnêteté.

De l'affabilité.

Nous ne dirons pas que tout commerçant intelligent doit être poli et affable envers ses clients, mais nous dirons que l'*intérêt* de tout individu s'occupant d'un commerce quelconque, est de posséder ces deux qualités. Sans doute il y a des clients qui, parfois, sont d'une exigence inconcevable, mais enfin on fait un métier ou on ne le fait pas ; or, du moment où l'on est dans le commercre, c'est incontestablement pour arriver à un résultat favorable, et il est bien certain qu'il est impossible d'y arriver si l'on ne joint à diverses autres qualités la patience, qui est une des plus importantes. Du reste, dans n'importe quelle classe de la société, l'homme a toujours un très-grand intérêt à être poli et convenable envers tout le monde, car l'habitude de la politesse a l'avantage précieux de doter son caractère d'un sang-froid permanent qui le rend supérieur, en le mettant à même de ne pas s'emporter dans diverses circonstances : ce qui est toujours un signe incontestable de faiblesse.

Il y a des commerçants qui se croient offensés de certains propos qu'un client tiendra envers eux, et pensent qu'il est nécessaire, dans l'intérêt de leur honneur, de répondre vertement à l'individu qui leur a dit des choses désagréables ; or, à ce point de vue, il ne faut pas oublier que tout ce que peut dire un client, dans certaines mesures, n'attaque nullement l'honorabilité d'un commerçant, surtout quand ce qu'il dit n'a rapport qu'au commerce ; ainsi, un individu dira à un commerçant : « Vous êtes tout de même un fameux voleur de m'avoir vendu, le « double plus cher qu'elles ne valaient, les marchandises que je vous ai « achetées dernièrement; » ou bien : « Vous tous, messieurs les com- « merçants, vous n'êtes que des fripons,» ou bien encore : « Mais cette « marchandise que vous m'offrez, n'a aucune valeur, » etc.

Toutes ces paroles du client n'ont aucune importance, et le meilleur moyen de lui donner à comprendre qu'elles sont fausses, est de les entendre le sourire aux lèvres et d'être le premier à les amplifier en lui donnant à comprendre qu'il est bien au-dessous de la vérité ; du reste, le chaland n'attache jamais lui-même de l'importance à ce qu'il dit ; s'il prétend avoir, ailleurs que chez vous, des marchandises d'une qualité supérieure et moins chères, évitez de le contredire, car ce serait inutile ;

bornez-vous à lui donner à comprendre que vous le recevrez toujours avec plaisir s'il ne trouve pas mieux ailleurs; mais conservez toujours votre sang-froid en face de certaines théories qu'il pourrait émettre, car, si vous lui démontrez qu'il raisonne d'une manière absurbe, vous blesserez son amour-propre et il ne reviendra plus vous voir; tandis que, dans le cas contraire, n'ayant aucun motif de ne pas revenir, vous courez le chance de conserver sa clientèle.

Nous, personnellement, nous sommes aussi chatouilleux que n'importe qui pour tout ce qui touche à notre honneur, mais, nous le disons sincèrement, comme commerçant, les saillies d'un client n'auraient jamais l'avantage de nous émouvoir.

Nous nous résumons en disant ceci à tous les gens qui s'occupent du commerce : « Soyez affables envers les clients et, surtout, ne leur faites pas un crime des duretés qu'ils pourraient parfois vous dire ; traitez-les en enfants gâtés, et votre commerce n'en souffrira pas. »

De l'honneur et de l'honnêteté.

Généralement les commerçants possèdent, à un haut degré, les sentiments d'honneur qui forment, du reste, le diamant le plus pur de la couronne commerciale; chaque individu s'ingénie à n'apporter aucune tache qui pourrait ternir cette pierre précieuse, car tous comprennent bien que le commerce sans honneur serait un corps hideux sans âme.

Celui qui aurait le don de lire dans le cœur d'un commerçant honnête, la veille où celui-ci verra son nom marqué par le sceau de la faillite; l'individu, disons-nous, qui posséderait ce don de double vue, serait tout à la fois frappé de pitié et d'admiration; pitié, pour cette immense souffrance, et admiration de voir que, malgré ces cruelles tortures, cet homme trouve l'énergie nécessaire pour faire face à l'orage; car quelles tortures morales pour l'homme honnête qui, la veille encore, possédait l'estime et la considération de tous et à qui on se faisait un devoir et un honneur de serrer la main!

Par sa bonne conduite, son travail et son talent il était parvenu à se créer une position sérieuse; il avait, par son affabilité, acquis l'amitié de tous, même de ses concurrents; il était entouré d'amis fidèles, composés de fournisseurs, clients, confrères, voisins, parents, etc., qui tous l'estimaient et le respectaient.

Son intérieur était, pour lui, le paradis terrestre; sa femme et ses enfants le rendaient heureux autant qu'on peut l'être en ce monde; ses employés le considéraient plutôt comme un père que comme un patron; aussi, le servaient-ils avec fidélité et dévouement.

Son expérience dans les affaires le mettait à l'abri de ces folles spéculations qui sont généralement dictées par des ambitions désordonnées, qui, dans vingt-quatre heures, peuvent absorber une fortune considérable (nous faisons allusion aux jeux de Bourse).

Il avait un projet de réussite duquel il était sûr, tant son avenir lui paraissait favorable ; du reste, cette ambition était bien modeste et bien légitime, ne consistant qu'à donner une bonne instruction à ses enfants, marier ses filles le plus convenablement possible et faire de ses garçons d'honnêtes commerçants comme lui ; puis, arrivé à un certain âge, se retirer tranquillement avec son épouse et vivre de leurs petits revenus en attendant la fin de leur existence.

Il aurait pourtant bien mérité d'arriver à ce résultat, cet homme honnête parmi les honnêtes, ce travailleur intelligent et infatigable ; mais, pour y arriver, il lui fallait encore quelques années; c'était peu, sans doute, et pourtant c'était de trop, car en formant ses projets d'avenir il n'avait pas aperçu, dans son horizon, un point noir très-petit d'abord, mais devant acquérir, par la suite, des proportions gigantesques et devenir un jour le monstre aux mille pattes qui le torturerait, lui et sa famille.

Le malheur, étant entré dans sa maison, devait s'y développer sous toutes les formes et arriver à rendre ses luttes inutiles. Parfois, en réfléchissant aux conséquences graves qu'entraînerait sa ruine, il redoublait de zèle et il se disait, que lui, si honnête, il était impossible qu'il n'arrivât pas à un résultat favorable ; tous ses raisonnements et ses efforts restaient infructueux en face de toutes ses calamités.

Comme on peut le voir par cet exposé, cet homme se trouvait torturé de bien des manières différentes, soit au point de vue de son avenir, ou de celui, bien plus cher encore pour lui, de sa femme et de ses enfants.

Parmi toutes ses souffrances, disons-nous, il en est une qui dominait les autres, c'était celle de son honneur commercial qu'il voyait à tout jamais perdu ; tant il est vrai, comme nous le disions en commençant ce chapitre, que ce sentiment est profond chez un commerçant honnête.

Oui, il est bien certain que l'honneur commercial est une chose à laquelle tous les honnêtes gens ne voudraient faillir pour tout au monde.

De la propreté.

La propreté est généralement utile dans tous les commerces; toutefois, elle est la base fondamentale de la prospérité de tous les commerces de bouche, tels que : maîtres d'hôtels, cafetiers, restaurateurs, pâtissiers, bouchers, charcutiers, marchands de comestibles, etc., etc. Sans elle, tous ces commerces tendent à dégénérer.

Non-seulement la propreté est une source de prospérité dans les affaires, mais encore c'est un honneur pour les commerçants qui l'observent avec soin; cette vertu a un prestige tellement grand que les établissements bien tenus sont généralement plus respectés que les autres; indépendamment de ces avantages il en est d'autres qui ne sont pas moins précieux; ainsi, dans une maison tenue proprement, rien ne se perd; les marchandises bien rangées et proprement tenues se conservent plus longtemps et sont plus avantageuses à la vente que celles qui, faute de soins, sont détériorées; enfin, de la propreté dépend souvent la santé des gens qui dirigent une maison de commerce, chose qui est certainement inappréciable.

Tout bon commerçant ne doit pas se contenter d'une propreté superficielle, comme cela se pratique dans beaucoup de maisons où le magasin est tenu d'une manière irréprochable, tandis que les arrière-magasins, les caves, les greniers, les cours, sont dans un désordre impossible à décrire. Il y a même des gens qui poussent ce système déplorable tellement loin, qu'ils trouveront tout naturel de bien balayer une pièce quelconque et de conserver précieusement les balayures derrière une porte. Selon nous, ces gens-là ne se rendent aucun compte des bons effets de la propreté, et se contentent simplement d'en sauver les apparences.

Les chefs de maisons devraient être d'une grande sévérité pour tout ce qui touche à cette question, et s'arranger de manière que leurs enfants ou leurs serviteurs observent rigoureusement ces principes indispensables au commerce.

De l'ordre.

Il est presque impossible à un commerçant d'arriver à un bon résultat s'il n'apporte pas de l'ordre dans ses affaires : cette *qualité* est *tout à fait indispensable;* mais il en est de l'ordre comme de la propreté : il ne faut pas en avoir que superficiellement, il faut que l'ordre dans les affaires soit sérieux.

Un commerçant ferait-il de brillantes affaires, qu'il n'arriverait à aucun bon résultat s'il n'était à même de se rendre compte à chaque instant de tout ce qui touche à ses intérêts.

Il ne suffit pas qu'un chef de maison travaille jour et nuit pour arriver à un bon résultat; il vaut mieux pour lui qu'il fournisse une somme moins considérable de labeur et qu'il procède par ordre et symétrie; par ce système qui, au reste, est le meilleur, il arrivera à un excellent résultat tout en se donnant beaucoup moins de peine.

L'ordre dans le commerce est une chose tellement importante, que les commerçants devraient en faire encadrer le mot en lettres d'or, dans l'endroit le plus apparent de leur magasin pour que, sans cesse, cette qualité soit présente à leur esprit et empêche les négligents de s'en dessaisir.

Sur vingt maisons qui sombrent, il y en a la moitié dont la ruine provient de ce que leurs chefs n'avaient pas d'ordre. Le commerçant qui ne possède pas cette qualité se trouve lésé dans ses intérêts par mille moyens divers. Ainsi, qu'un fournisseur se présente pour toucher le montant d'une facture ; en examinant, on croit reconnaître que certains articles sont cotés à un prix plus élevé que précédemment. Pour vérifier de suite ce soupçon, le commerçant qui a de l'ordre s'en rendra compte immédiatement en recourant au dossier du fournisseur, où il trouvera toutes ses factures classées symétriquement par dates ; tandis que celui qui n'a pas d'ordre étouffera ses soupçons et payera sans vérifier ; car, n'ayant pas eu la précaution du premier, la vérification pour lui deviendrait impossible.

Il y a des commerçants qui, au lieu de classer tous les papiers convenablement, les accumulent pêle-mêle sur leur bureau, sans s'apercevoir que ce système déplorable peut arriver à être la principale cause de leur chute. En effet, qu'un individu ait besoin de puiser un renseignement instantanément, comme cela arrive fréquemment dans le commerce ; s'il est obligé de chercher la pièce dont il a besoin, laquelle doit lui fournir les renseignements voulus ; s'il est obligé, disons-nous, de la chercher dans trois ou quatre cents feuilles diverses, non-seulement il s'expose à ne pas la trouver, mais encore il perd un temps très-souvent précieux, et, en outre de tous ces désavantages, il se fait beaucoup de mauvais sang.

Or, selon nous, pour qu'un commerçant arrive à un bon résultat, il faut qu'il puisse se rendre instantanément un compte exact, par *lui-même*, de sa position commerciale, sous tous les points de vue. Le meilleur moyen qu'il a à prendre pour arriver promptement à ce résultat, est d'avoir, indépendamment de sa tenue de livres, une espèce de livre auxiliaire, lequel devra toujours être à jour, et qui, dans bien des circonstances, pourra le renseigner beaucoup mieux dans certaines recherches que sa tenue de livres elle-même, laquelle, du reste, n'est pas toujours à jour. Ce livre auxiliaire pourrait contenir, par exemple, les renseignements suivants : Un exposé de la solvabilité de ses clients et de ce qu'ils lui doivent approximativement, des notes sur ses diverses rentrées, des notes sur ses futurs engagements, etc., etc... Enfin ce mémorial pourra être pour lui, dans un certain moment, d'une très-grande utilité.

Indépendamment de ces précautions, il s'arrangera de manière que tous ses papiers sans exception, soit correspondance, factures acquittées, billets payés, etc., etc.... tout soit casé ; chaque papier de fournisseurs ou clients dans des casiers spéciaux ; le pique-notes, qui, presque toujours, est un fouillis déplorable chez la plupart des commerçants, devra être minutieusement épuré, et cela chaque jour. Le commerçant devra avoir pour principe que ce qui ne sert pas nuit ; or une note volante devenue inutile devra être jetée rigoureusement dans le panier aux papiers et ne pas grossir le nombre des notes utiles ; les factures à payer devront être casées avec soin dans un dossier spécial ; en un mot, tout bon commerçant ne devra pas souffrir sur son bureau ni sur le bureau de ses employés un morceau de papier, tant petit soit-il, sans qu'il n'ait sa raison d'être. Avec des principes de ce genre, il est évident que les personnes s'occupant d'un commerce quelconque arriveront à se créer beaucoup moins d'embarras et à abréger considérablement leurs travaux; de plus, elles pourront, à tous moments, se rendre un compte exact de leur position commerciale.

Tout bon commerçant ne doit pas se contenter d'avoir de l'ordre dans ses écritures, mais il doit en avoir également pour tout ce qui est relatif à son établissement ; rien ne doit lui échapper, depuis les choses les plus insignifiantes en apparence jusqu'aux plus importantes ; car, dans le commerce, les économies les plus minimes finissent au bout de l'année par atteindre un chiffre imposant ; du reste, nous n'insisterons pas sur certains détails, persuadé que nous sommes que celui qui a de l'ordre pour une chose en a pour toutes.

Du commerce à crédit et au comptant.

Le commerce se fait généralement de deux manières : à crédit et au comptant. Les commerçants qui, d'une manière ou de l'autre, arrivent à ne faire que du commerce au comptant, sont certainement des plus heureux, car il vaut beaucoup mieux gagner moins et être sûr de ce que l'on gagne que d'avoir en perspective de forts bénéfices qui, la plupart du temps, tournent à rien, par suite des pertes que sont susceptibles d'éprouver les personnes qui font du commerce à crédit.

Le commerce au comptant est exempt de ces mille inquiétudes qui sont l'attribut du commerce à crédit. L'individu qui reçoit son argent au fur et à mesure qu'il débite ses marchandises, n'est pas exposé à aller, en quelque sorte, à la fin de chaque mois, mendier ce qui lui est dû par ses divers clients, pour pouvoir, lui-même, faire face à ses échéances : il n'a pas ces inquiétudes graves de se demander si les marchandises qu'il a vendues à monsieur un tel lui seront payées ; enfin, sous tous les rapports, le commerce au comptant est mille fois préférable au commerce à crédit; aussi ne saurions-nous trop engager les personnes qui entreprennent la carrière commerciale, à s'arranger de manière à faire leur commerce au comptant; toutefois, nous sommes obligé de reconnaître que, malgré ces grands avantages, ce genre de commerce n'est pas toujours facile. Dans certains pays même, il est d'usage que le commerçant doit faciliter le client en lui accordant un délai quelconque pour le paiement de ses marchandises. Ce système est incontestablement regrettable en principe, car il serait mille fois préférable que tout le commerce, sans exception, se fît au comptant, ce qui abolirait les misères des commerçants honnêtes et empêcherait les fripons de s'enrichir aux dépens de leurs victimes ; mais enfin il est impossible de supprimer de but en blanc ce qui est établi, et le plus sage est de tirer le meilleur parti possible de la situation telle qu'elle existe.

Si, comme nous le disions plus haut, il y a des commerçants obligés de faire du crédit, au moins doivent-ils agir avec prudence et ne pas se laisser influencer par l'appât du gain qui, dans ces circonstances, est presque toujours trompeur ; ils s'éviteront, par ce moyen, bien des soucis que pourrait leur occasionner leur trop grande facilité à ouvrir des comptes considérables à des individus qu'ils connaissent à peine.

Beaucoup de nouveaux commerçants se figurent s'attirer des clients sérieux en les aidant par un crédit quelconque. Sans doute, les avances en matière commerciale ont parfois leur raison d'être ; mais à côté des gens honnêtes qui en sont reconnaissants et qui s'inquiètent de ce service que le commerçant leur a rendu, en devenant de fidèles clients, à côté de ces braves gens, disons-nous, il existe des misérables, et en grand nombre, qui n'ont aucune qualité de cœur. Ces gens considèrent le commerçant qui leur a rendu service, comme un pigeon bon à plumer et à délaisser après ; à leur point de vue, les facilités que le nouveau commerçant leur a procurées ne sont que calcul ou idiotisme.

Ce qu'il y a de triste en cela c'est que le client véreux, qui aura été l'objet de certaines considérations de la part d'un négociant naïf, ne se contentera pas de faire perdre impunément ce qu'il doit, mais encore il se hâtera de quitter la maison qui a été convenable à son égard ; de sorte que le commerçant inexpérimenté, non-seulement sera dupe de sa bonté, mais encore il perdra une clientèle qui aurait eu incontestablement sa raison d'être, si le commerçant avait été sévère en principe, pour la question du crédit ; ainsi, nous admettons que, parfois, il est très-bon d'obliger les clients, mais il ne faut pas le faire à la légère, car, sans cela, le commerçant s'expose gravement à se léser lui-même beaucoup dans ses intérêts.

Depuis longtemps les commerçants expérimentés ont reconnu que le commerce au comptant est le plus favorable; aussi pour arriver, par une pente douce, à ce système, sans choquer leurs clients, plusieurs d'entre eux n'ont pas hésité à faire un escompte de trois pour cent, par exemple, sur les marchandises payables au comptant; et il est prouvé parfaitement qu'il est plus avantageux de vendre à trois, et même cinq pour cent d'escompte (au comptant), que sans escompte et à crédit. Nous ne saurions donc trop engager les nouveaux commerçants qui, par les antécédents ou le système du pays, sont obligés de vendre à crédit, de mettre ce système en pratique, car nous avons la conviction qu'ils s'en trouveront bien, d'autant plus qu'il a le double mérite d'être avantageux aux commerçants et aux clients honnêtes; quant aux véreux, qui le dédaignent, on gagne en les perdant. Toutefois, nous nous empressons d'ajouter qu'il est des gens tellement honnêtes, quoique pauvres, qu'un commerçant intelligent ne doit pas hésiter à leur ouvrir un compte; c'est à lui de distinguer le bon du mauvais ; ce qui, du reste, n'est pas impossible à reconnaître.

Du commerce à prix fixe et à prix débattu.

Il existe pour les commerçants deux manières de vendre leurs marchandises : le prix fixe et le prix débattu.

Le prix fixe est incontestablement le mode le plus avantageux et, en même temps, le plus honorable; car quoi de plus beau que de pouvoir envoyer un enfant de dix ans dans un magasin quelconque, où la vente a lieu à prix fixe, sans crainte que cet enfant paye plus cher qu'une personne raisonnable ?

Lyon est une des villes où ce système s'est développé en principe, et sur une grande échelle; de nos jours, dans toutes les villes un peu importantes, le commerce se fait à prix fixe. Rien n'est plus facile à un commerçant qui, par le passé, a vendu à prix débattu, de changer de système; ses clients ne le quitteront pas pour cela, et, en admettant qu'il y en aurait quelques-uns qui quitteraient, à coup sûr, ils reviendraient plus tard.

Si chaque commerçant se rendait bien compte des avantages immenses que procure la vente à prix fixe, tous l'accepteraient, sans hésiter; ce système est économique sous tous les points de vue; d'abord, un commerçant marquant ses marchandises en chiffres connus, faisant cette opération à tête reposée, ne sera pas exposé à se tromper dans les prix de revient; de plus, son personnel n'aura pas besoin d'être aussi considérable, car, à prix fixe, la vente se fait incontestablement plus vite. Les chefs de maisons peuvent se rendre un compte bien plus fidèle de leurs opérations, et enfin leurs femmes, leurs enfants ou leurs commis qui ne posséderaient pas d'éléments sérieux, commercialement parlant, seront bien moins embarrassés à faire une vente à prix fixe qu'à prix débattu; et si nous insistons autant sur cette question, c'est parce que la vente à prix fixe est *beaucoup plus honorable*; car en examinant de près ces deux manières de vendre, on est vraiment surpris de la différence immense qui existe entre elles; autant l'une est honorable, autant l'autre choque les sentiments d'un honnête homme. N'est-il pas, en effet, d'une grande immoralité qu'un commerçant fasse un prix supérieur de telles marchandises à celui auquel il peut les livrer? — Combien me vendrez-vous cette toile, le mètre? dira un client connaisseur à un négociant. — 2 fr. 25 c., répondra celui-ci. — Cette toile ne vaut pas plus de 1 fr. 90; si vous voulez me la donner, je la prends. — Le commerçant ne refuse pas, car il lui reste un bénéfice convenable. Le marché est donc conclu. Une heure après, arrive chez ce même commerçant, un client non connaisseur, et ne supposant pas qu'on ait l'audace de lui vendre plus cher qu'en réalité cela ne vaut; son choix s'est arrêté sur le restant de cette même pièce de toile. — Quel est le prix du mètre de cette toile? dira-t-il. — 3 fr. 25 c., répond le négociant. — C'est bien, mesurez-m'en 20 mètres.

Voilà pourtant ce qui arrive tous les jours dans le commerce à prix débattu. Eh bien, notre opinion est formellement arrêtée que cette manière de vendre n'est pas honorable. Si, encore, tout en se ménageant des remords pour ses vieux jours, le négociant, qui agit ainsi, arrivait plus vite à son but, ce serait pour lui une fiche de consolation; mais c'est précisément le contraire qui arrive, car cette manière de vendre, indépendamment qu'elle n'est pas digne, est hérissée de difficultés et de déboires. Le commerçant qui vend de cette manière est exposé, à tout moment, à recevoir des boutades de ses clients pour avoir vendu plus cher aux uns qu'aux autres; en outre, sa maison est toujours moins respectée. Certains clients, pour se venger de ce qu'on a surfait le prix de certains articles qu'ils désirent acheter, offrent à leur tour un prix totalement dérisoire qui est parfois susceptible de faire sortir un commerçant de son sang-froid ordinaire, et s'oublier jusqu'à échanger avec ses clients, peu raisonnables, à ses yeux, des conversations peu convenables ; et pourtant le négociant, dans une circonstance semblable, devrait se dire que, s'il n'avait pas surfait ses articles, ce client n'aurait sans doute pas offert un prix aussi déraisonnable. Quand un commerçant a vendu un article quelconque 25 francs après en avoir demandé 30 au client, sa position, vis-à-vis de ce dernier, n'est-elle pas humiliante, s'il le comprenait bien? car enfin le client pourrait lui dire qu'il a eu sérieusement tort de lui demander 5 francs de plus que cet article ne valait, et qu'en agissant ainsi, il n'y avait donc que les connaisseurs ou les clients tracassiers qui arrivaient à ne pas être trompés par lui. Que pourrait répondre un négociant en face d'un pareil raisonnement? *Rien, absolument rien* qui fût de nature à le justifier.

Nous terminons donc en engageant les commerçants qui n'ont pas adopté le système de la vente à prix fixe, de bien réfléchir à ce que nous venons d'exposer ; et il est certain que si, comme nous l'espérons, ils en connaissent la portée, ils n'hésiteront pas à adopter la vente à prix fixe comme étant plus agréable, plus avantageuse et surtout plus honorable.

Conduite à suivre pour éviter le cumul des marchandises démodées, détériorées ou abîmées.

Généralement les commerçants n'observent pas assez que le cumul des marchandises détériorées a souvent de graves conséquences ; nous n'ignorons pas qu'il est impossible à quiconque a fait du commerce pendant quelques années, de n'avoir pas chez lui une certaine quantité de *rossignols ;* toutefois, on peut, en observant certains principes, arriver à être beaucoup moins encombré. Les précautions à prendre consistent d'abord à ne pas faire, en trop grande quantité, acquisition d'articles dont l'écoulement peut paraître douteux, et quand certaines marchandises partent difficilement, il ne faut pas craindre de faire quelques concessions au client.

Dans beaucoup de grands magasins de Paris et dans les grandes villes, les chefs de maison accordent une prime à leurs commis de tant pour cent sur les marchandises démodées, avariées ou défraîchies ; ce système est certainement le meilleur que nous connaissions. Le commerçant qui comprend bien ses intérêts, n'hésite nullement à faire quelques sacrifices pour se défaire, autant que possible, de ses *rossignols,* car, sous tous les points de vue, il y a intérêt ; ainsi : celui qui, faisant un commerce un peu important, ne suit pas ce système, au bout de quelques années, arrive à avoir chez lui tout son avoir en vieilles marchandises qui engagent ses capitaux ; de sorte que, au lieu de rafraîchir son magasin par de nouvelles acquisitions, il est obligé de s'ingénier à vendre ce qu'il a, et ses clients, ne pouvant se contenter d'objets démodés, le quittent ; de là la ruine de ses affaires.

Tous les commerçants qui commencent, sont généralement victimes de cette inexpérience dans les achats qu'ils font ; quand ils montent un établissement, au lieu d'être prudents, ils achètent sans s'être rendu compte de la clientèle qu'ils auront.

Tout individu commençant ne saurait apporter trop de circonspection dans ses premiers achats, car, de là dépend quelquefois le succès de sa maison : si, au lieu de s'embarrasser de beaucoup trop de marchandises, il a le soin d'être assez bien assorti sans toutefois avoir trop engagé ses capitaux, il pourra facilement renouveler souvent ses achats, ce qui est un bon cachet pour lui, attendu que, de cette manière, il aura toujours des marchandises fraîches ; il étudiera insensiblement sa clientèle, et si, plus tard, il lui faut plus de telle ou telle marchandise, il marchera à coup sûr.

Le changement de mode n'est pas la seule cause qui amène un amas de marchandises presque invendables dans certains magasins ; il est même beaucoup de commerces dont les articles sont toujours de mode ; en dehors des marchandises démodées, il y a celles qui sont détériorées, avariées et défraîchies ; enfin il y a également les faux coupons ; aussi tout bon commerçant doit-il apporter tous ses soins à conjurer, le plus possible, ces divers maux ; pour arriver à ce résultat, il doit d'abord sévèrement exiger que son magasin soit tenu avec beaucoup de propreté, ses marchandises arrangées avec ordre et symétrie ; il ne doit jamais souffrir qu'on laisse, pendant une nuit entière, des marchandises dépliées, car les marchandises, quelles qu'elles soient, si elles se trouvent pêle-mêle sur un comptoir, se détériorent considérablement. Il est en outre indispensable que le chef d'une maison surveille avec un grand soin ses montres ou étalages extérieurs. Tous les commerçants savent que rien n'endommage plus les marchandises que de les ouvrir, les exposer à l'air, au soleil, à la lumière, enfin à toutes les intempéries du temps ; et, pourtant, malgré cela, il est indispensable d'avoir des étalages et d'y apporter le plus de goût possible, car de là dépend le succès de la vente ; mais il en est des étalages comme de bien d'autres choses, on peut arriver à les faire splendides, et d'une manière très-économique, c'est-à-dire en ne détériorant pas ses marchandises.

Bien des commerçants, dans des grandes villes, sont arrivés à ce résultat; le meilleur moyen consiste à ne pas laisser trop longtemps les mêmes marchandises en montre; ranger les pièces de manière à ce que l'œil du client soit bien frappé; toutefois bien faire attention à ce que les marchandises n'aient pas de faux plis; quand on les retire de la montre, y apporter autant de soin qu'on en a mis en les plaçant; avoir ensuite pour principe de vendre toujours les marchandises qui ont été à l'étalage, lesquelles, du reste, sont aussi fraîches que les autres. Le commerçant qui observe avec soin ces principes, y trouve un grand avantage sous le rapport de la beauté de son étalage et sous celui de n'avoir, presque jamais, des articles invendables par suite d'une trop longue exposition à l'extérieur. Nous désirons ardemment que ces principes, qui ne sont généralement connus que des commerçants des grandes villes, deviennent communs à tous.

Considérations sur les commerçants payant leurs marchandises au comptant ou à terme.

Le négociant le plus heureux est celui qui peut payer ses marchandises au comptant. Pour lui, le rude souci de l'échéance n'existe pas; son honneur commercial n'est pas menacé par la faillite S'il arrive une crise commerciale, il la traverse sans presque s'en apercevoir. Non-seulement il a tous ces avantages, mais il en a bien d'autres encore non moins précieux. Ainsi, pour lui sont réservées les marchandises les plus belles et dans des conditions bien plus avantageuses; les fabricants l'estiment et le considèrent; c'est à qui pourra posséder sa clientèle. S'il arrive une bonne occasion commerciale où un individu possédant quelques milliers de francs en caisse peut, dans peu de temps, doubler et même tripler son capital, tout le monde est d'accord pour le désigner comme pouvant seul profiter de cette occasion, car chacun sait qu'il a de l'argent. Oh! les capitaux dans le commerce, quel puissant levier pour celui qui sait habilement les faire manœuvrer!

Si tous les commerçants se pénétraient bien de tous les avantages qu'entraîne avec lui le commerce au comptant, il est certain que tous préféreraient faire moins d'affaires et payer comptant que faire un chiffre plus considérable et être à la merci des gens à qui l'on doit.

Peu de commerçants peuvent arriver à ce résultat, car presque tous contractant, en principe, des dettes, ils ne peuvent se libérer facilement; malgré cela, il existe un grand nombre de commerçants qui pourraient arriver à faire leur commerce au comptant s'ils en comprenaient bien tous les avantages. Mais non : les uns préfèrent, quand ils ont quelques économies, acheter des immeubles fort chers souvent, lesquels leur rapportent un intérêt de 3 ou 4 0/0 l'an et qu'ils seront forcés de revendre à moitié prix à la première crise commerciale; les autres placent leurs économies en dehors de leur commerce, par l'achat de valeurs mobilières, bien souvent véreuses et ne présentant aucune espèce de garantie, offrant simplement un intérêt très-élevé, mais qui le plus souvent n'est pas payé.

Si le commerçant réfléchissait, quand il a dans sa caisse une somme quelconque en disponibilité, aux avantages qu'il aurait à la placer dans son commerce, il est certain qu'il ne chercherait pas ailleurs le placement de ses fonds; cet homme se dirait : J'ai 1,000 francs en caisse : au lieu de placer cet argent, j'achèterai mes marchandises au comptant; par ce moyen j'obtiendrai 5 0/0 d'escompte sur un délai de 5 à 6 mois, ce qui me fera un intérêt annuel de 10 à 12 0/0, et je serai sûr de mon placement. Quant au commerçant qui ne peut arriver à acheter ses marchandises au comptant, il doit s'arranger de manière à avoir le plus de temps possible pour se libérer de ses dettes, afin qu'il ne soit pas pris au dépourvu. Son intérêt est également de ne pas se laisser tenter par les offres flatteuses que divers commerçants peuvent lui faire, car il doit bien se persuader que le jour de son échéance, s'il ne pouvait faire honneur à sa signature, ces mêmes hommes, qui ont été flatteurs et empressés à lui vendre à crédit, seraient les premiers à le mépriser et à le blâmer durement de la légèreté qu'il avait eue de prendre des engagements sans être à peu près sûr de ne pouvoir les tenir. Du reste, nous disons franchement que tout commerçant doit être insensible aux dehors flatteurs de ses fournisseurs, car cette politesse, parfois exagérée, et cette flatterie sont toujours superficielles. Tout cela n'est absolument qu'une affaire de convention; et les commerçants qui se figureraient trouver, à la veille d'une position critique, un appui parmi leurs fournisseurs flatteurs, se tromperaient grandement; car, autant les fournisseurs auraient eu confiance en lui, la veille, autant ils deviendraient méfiants, le lendemain. Le masque de la flatterie et de la considération ferait place à la méfiance, à la sévérité et au mépris; lesquels sentiments ne seraient point un masque.

Les affaires commerciales sont ainsi : nous ne critiquons ni ne flattons. Si nous nous permettons, dans cette circonstance, d'analyser le caractère du commerçant, c'est simplement pour mettre sur leurs gardes les gens assez enclins à écouter les flatteurs et à prendre pour la vérité ce qui, quelquefois, n'est que mensonge. Du reste, ces mêmes sentiments d'égoïsme et de fausseté sont inhérents à la nature humaine et se retrouvent dans toutes les classes sans exception. Donc, le commerçant intelligent ne devra jamais se laisser prendre à ces dehors hypocrites; il devra compter sur lui-même, et sur lui seul, dans le cas où il se trouverait dans une mauvaise position. Par conséquent, il devra s'arranger de manière à s'y trouver le moins souvent possible, et, pour arriver à ce résultat, il devra réfléchir sérieusement, avant de prendre tel ou tel engagement; il devra consulter ses notes sur les engagements précédents qu'il a pris, se rendre compte de ses rentrées probables, et enfin, s'il a quelque doute de ne pouvoir se libérer à telle époque, demander plutôt un délai plus long à son fournisseur, lequel sera loin de se formaliser de cette prudence, et si, enfin, il voit ne pouvoir faire honneur à ses engagements, son honneur et son intérêt lui font un devoir de ne pas s'engager.

Un négociant prudent ne doit jamais dire : Oh! d'ici six mois, nous payerons bien cela sans être gênés; il doit, quand il engage sa signature, y regarder de plus près et ne pas agir légèrement, car, s'il se trouve un jour sérieusement dans l'embarras, le grand nombre d'admirateurs et de soi-disant amis de la veille s'éclipseront avec unanimité au jour du danger, et c'est alors qu'il reconnaîtra, mais trop tard, que la fable du corbeau et du renard est profondément morale.

Nous nous résumons donc en disant que les commerçants qui souscrivent des billets à leurs fournisseurs et qui achètent des immeubles ou des valeurs de Bourse ont tort, car en agissant ainsi, ils cherchent ailleurs un placement souvent véreux, pendant qu'ils en ont un excellent sous la main; et nous ajoutons que, pour les commerçants qui ne peuvent payer au comptant, leur intérêt consiste à être très-prudents dans les engagements qu'ils contractent; car de leur exécution dépendent leur honneur et leur prospérité.

Des divers moyens qu'un commerçant peut employer pour se libérer de ses dettes vis-à-vis de ses fournisseurs.

Les commerçants qui achètent leurs marchandises à crédit, peuvent se libérer de diverses manières; toutefois, c'est à eux-mêmes à expliquer à leurs fournisseurs le genre qui leur convient le mieux, car, sans cette précaution, parfois ils s'exposent à des surprises peu agréables.

Il y a des commerçants qui règlent leurs fournisseurs sans jamais leur souscrire de billet; la facture est présentée au bout d'un certain laps de temps, on l'acquitte et tout est dit. Ce système a sans doute son avantage, attendu que, quand une facture est présentée et que le négociant ne peut l'acquitter, les conséquences sont insignifiantes; tandis qu'un billet, on ne peut le reculer.

Toutefois, malgré le côté sérieux que présente le système de régler ses factures par des billets, nous n'hésiterons pas à dire que selon nous, ce système est préférable parce qu'il a quelque chose de positif, avec ce système, quoi qu'il arrive, un commerçant ne peut pas être pris à la gorge de but en blanc, il n'est pas exposé à renvoyer une facture sans l'acquitter; parfois il arrive au fournisseur qui n'a pas l'habitude d'être réglé en billets, par tel ou tel de ses clients, de lui présenter sa facture à une époque plus avancée que d'habitude, et cela, sans réflexion aucune; le commerçant qui la reçoit, quoique très-gêné parfois, l'acquitte néanmoins, craignant que son crédit en soit compromis par un refus ; s'il ne peut l'acquitter, et qu'il soit forcé de demander un délai, il le demande comme une faveur; sans doute le fournisseur ne le lui refuse pas, mais parfois des réflexions au désavantage de son client lui viennent à l'esprit; il peut se dire : Tiens ! j'aurais cru un tel tout à fait au-dessus de ses affaires, c'est étonnant qu'il ne m'ait pas soldé ma facture ! Est-ce qu'il serait gêné par hasard ? Ces réflexions, qui n'ont l'air de rien, sont parfois plus graves qu'on ne pense. Le système de ne pas régler ses factures par des billets, amène chez le commerçant une espèce de nonchalance qui lui est parfois préjudiciable, car rien n'est là pour lui dire : Il faut payer telle somme tel jour ; en un mot, il marche la plupart du temps en aveugle, car il n'a pas sous les yeux un tableau exact de ses engagements, tel qu'un carnet d'échéance.

Nous ne saurions donc trop engager les commerçants à se servir du système des billets pour se libérer de leur dettes, car, sous tous les rapports, ils y trouveront de grands avantages : d'abord, ils pourront facilement, et sans aucune espèce d'humiliation, poser carrément leurs conditions à MM. les fournisseurs, lesquels ne feront aucune difficulté de les admettre, attendu qu'en principe le client obtient tout du fournisseur, tandis qu'il n'en est pas ainsi quand les affaires sont vieilles de deux ou trois mois; d'un autre coté, le commerçant qui a souscrit un billet le copie soigneusement sur son livre d'effets à payer, et s'arrange toujours de manière que l'argent soit prêt le jour de l'échéance; pour lui, c'est une chose sacrée, il sait que le jour venu il faut payer ; ce n'est ni avant ni après; mais au moins si l'échéance est fixe, elle a l'avantage de ne pas surprendre, et par cela même on peut se préparer à y faire face. Ensuite, le système de billets rend le commerçant bien plus circonspect et bien plus prudent ; avant de prendre de nouveaux engagements il consulte son carnet d'échéance, et là il voit que fin de tel ou tel mois il a tant à payer ; c'est de là souvent que l'idée lui vient de dire : J'achèterais bien cette marchandise, mais à condition que je ne la payerais qu'à telle époque ; sinon, je ne l'achèterai pas : presque toujours le fournisseur consent et, dans ce cas, le commerçant n'est pas exposé à se créer une position embarrassante. Nous engageons beaucoup les commerçants dont l'intention serait de se servir du système de billets comme règlement de leurs factures, de bien poser leurs conditions en principe et de ne pas faire attention à ce que dirait un fournisseur à ce sujet; car il y a bien des fournisseurs qui, quand on leur parle de règlement, vous répondent . Monsieur, vous me payerez quand vous voudrez. Tout commerçant intelligent doit considérer ces paroles commes oiseuses et insignifiantes, attendu que la plupart du temps, les gens qui paraissent le plus généreux, sont ceux-là qui le sont le moins; et ce *quand vous voudrez*, auquel ils ont fait allusion, signifie deux ou trois mois de délai au lieu de huit ou dix qu'aurait pu obtenir le commerçant qui les aurait demandés comme condition expresse; du reste, en tout et pour tout, le commerçant ne doit s'en tenir qu'au fait, et considérer ces paroles comme secondaires. Nous nous résumons donc en disant que, selon nous, le meilleur moyen que les commerçants puissent employer pour se libérer de leurs dettes, c'est le mode de règlement de factures par des billets.

Les fournisseurs ont parfois l'habitude de faire présenter une facture non acquittée; nous engageons donc les commerçants qui ne peuvent payer au comptant, à ne pas laisser traîner longtemps, dans leurs notes diverses, ces factures d'avant-garde, et à les régler au plus vîte et surtout au plus long terme possible ; en agissant de la sorte, les surprises deviennent bien plus rares ; par ces diverses précautions, le commerçant est moins exposé à faillir à ses engagements et, en outre de ces avantages, il est bien plus libre envers ses fournisseurs, car, en admettant qu'un commerçant doive 3,000 francs, par exemple, à un fournisseur, si, aussitôt qu'il a reçu ses marchandises, il règle la facture par des billets, il devient entièrement libre vis-à-vis de ce dernier, et si, avant qu'il ait acquitté ses billets, il se présente une bonne occasion d'avoir des marchandises analogues, supérieures, à meilleur marché, d'un autre fabricant, il ne sera pas retenu de pouvoir profiter de cette occasion, par la crainte que l'homme à qui il doit 3,000 francs lui tienne rigueur, jaloux de ce qu'il se serait adressé, pour des mêmes marchandises, à un autre fabricant, surtout n'étant pas encore soldé.

Nous souhaitons que chaque commerçant ne se méprenne pas sur le sens de nos paroles. Ceux qui verraient dans cet exposé une tendance à l'ingratitude, se tromperaient grandement, nos principes commerciaux étant ceux-ci : Être dans tous ses actes franc et honnête, et à tout prix faire honneur à ses engagements ; mais, par contre, être ferme dans tout ce qui touche à ses intérêts, n'accorder qu'une importance relative au crédit qu'on vous ouvre, attendu que dans la confiance commerciale, la philanthropie n'est pour rien. Tout n'est généralement que calcul. Tout commerçant intelligent ne doit donc pas adorer comme des dieux ceux qui lui ouvrent un crédit; il doit rigoureusement tenir ses engagements; mais, en dehors de cela, il doit conserver tout son libre arbitre et saisir avec empressement toutes les occasions qui peuvent lui être favorables dans l'achat de ses marchandises; en agissant ainsi il ne passera pas pour un ingrat, mais sera, au contraire, considéré comme un homme honnête et intelligent.

Des divers moyens qu'un commerçant peut employer pour recouvrer ses créances.

Nous avons dit, dans un chapitre précédent, que l'individu qui entreprenait un commerce quelconque devait éviter avec le plus grand soin d'ouvrir des crédits considérables à ses clients et qu'il vaudrait mieux pour lui qu'il fît moins d'affaires et les fît au comptant, que d'arriver à un chiffre plus considérable par le système du crédit. Ceci dit, nous nous occuperons, dans ce chapitre, des divers moyens qu'un commerçant peut employer pour arriver à se faire payer de ses clients.

Parmi les créances que les commerçants possèdent, il en est beaucoup qu'on peut désigner sous le nom de créances d'amortissement, c'est-à-dire que, dans bien des commerces, on ouvre un crédit à Monsieur un tel, non pas positivement parce qu'on le reconnaît solvable, mais surtout parce qu'on tient à sa clientèle. Si l'individu de ce genre, en qui on a eu confiance, est honnête et qu'il fasse honneur à ses engagements, on continue à lui faire crédit; mais si, au contraire, ce client n'est pas bon payeur, que doit faire le commerçant à qui il est dû une somme quelconque? Doit-il le poursuivre s'il est solvable, ou le laisser tranquille en tâchant de le conserver comme client? Selon nous, le meilleur parti qu'un commerçant puisse tirer de cette position est le suivant :

Que son débiteur soit solvable ou non, il ne doit pas être sévère envers lui; il ne doit viser qu'à une chose, tâcher de conserver la clientèle de ce débiteur; si parfois ce dernier pousse l'indélicatesse jusqu'à ne pas payer ses dettes et changer de fournisseur, le commerçant doit, avant de le poursuivre, y regarder à deux fois, et surtout ne jamais apporter d'animosité dans ces sortes de choses; si le client qui l'a quitté est solvable, il doit s'adresser à lui amicalement sans laisser percer aucune mauvaise humeur, et lui accorder un délai s'il le désire plutôt que de le poursuivre; en agissant ainsi, non-seulement le commerçant peut rentrer dans sa créance sans avoir le souci d'un procès, mais encore il a l'avantage de ne pas se créer d'ennemi, et de plus, l'homme avec lequel il agit ainsi, trouvant ses procédés honnêtes et convenables, peut redevenir son client.

En cas de contestations dans un compte, le commerçant devrait toujours être très-large et très-généreux vis-à-vis de son ancien client et lui faire toujours la part belle, car bien souvent une concession faite à point peut rapporter des fruits magnifiques; dans ces circonstances, le commerçant doit se tenir le raisonnement suivant : Voilà un homme qui a été mon client pendant dix ans ; aujourd'hui il lui plaît de me quitter, il en est entièrement libre : de quel droit lui donnerais-je à comprendre que je ne suis pas content? Tâchons au contraire d'être convenable envers lui, car si lui-même ne redevient pas mon client, il peut me servir dans bien des circonstances, en recommandant mon établissement à ses amis.

Du reste, nous devons dire franchement qu'il y a des commerçants véritablement peu logiques: ainsi, il y en a qui se figurent que parce que Monsieur un tel a été leur client pendant plusieurs années, ce Monsieur est un ingrat de les quitter. Cette prétention est toutefois égoïste et même ridicule, vu que nous trouvons parfaitement logique qu'un client quitte son fournisseur le jour où celui-ci cesse de lui plaire, et cela, quand même il lui serait redevable de quelque chose. Il y a des commerçants qui, du reste, font une spéculation d'ouvrir avec facilité des comptes à de pauvres diables pour les mieux tenir dans leurs griffes : cette manière d'agir n'est pas aussi rare qu'on le pense; quant à nous, nous la trouvons déshonorante et la réprouvons hautement.

Généralement, quand un client quitte son fournisseur en lui devant quelque chose, ce dernier ne doit pas crier à l'ingratitude, attendu que s'il a fait quelques avances, ce n'est que dans un but de bénéfice. La philanthropie est toujours étrangère à ces soi-disant services qu'un fournisseur rend à ces clients.

En considération de ce qui précède, il résulte que l'intérêt d'un fournisseur se trouvant créancier de divers de ses clients qui l'auraient quitté, est d'être pacifique et de ne pas traiter trop durement ces braves gens qui, souvent, ont contribué à sa prospérité relative.

Nous avons expliqué le meilleur moyen d'arriver à se faire payer des clients solvables. Quant à celui qui ne prend plus rien, pourquoi le menacer, pourquoi le maltraiter; cela avance-t-il à quelque chose? Non ; au contraire, d'un homme neutre, vous vous faites un ennemi qui vous sera d'autant plus préjudiciable qu'il connaît les vices de votre maison, à titre d'ancien client : du reste, moralement, selon nous, un commerçant n'a pas le droit de dire des choses désagréables à un client qui, lui devant quelque chose, l'a quitté; c'était à lui, commerçant, à ne pas lui faire crédit; s'il lui a ouvert un compte, ce n'est que par spéculation et non par humanité; aussi ces jérémiades paraissent toujours ridicules et hypocrites aux yeux des honnêtes gens.

Nous terminons cet article en disant que notre conviction profonde est qu'un commerçant ne peut arriver à un résultat favorable qu'autant qu'il est sévère pour tout ce qui touche au crédit; il doit s'arranger de manière à ne pas en faire, ou du moins à en faire très-peu; quant à ceux qui se lancent dans cette voie, il leur est impossible de réussir, et nous tenons à leur dire que nous désirerions qu'ils se persuadent bien d'une chose, c'est qu'en ne faisant pas fortune, ils ne font pas non plus celle de ceux à qui ils ouvrent des comptes; qu'ils consultent ces derniers, et on verra que ce que nous disons est vrai. Nous nous résumons donc en disant que : le meilleur moyen de recouvrer ses créances *commerciales* est de ne pas en avoir. C'est ce que nous souhaitons à tous les commerçants nos amis.

De la femme dans le commerce; son intelligence, ses capacités.

Généralement, dans tous les commerces, la femme joue un rôle très-important; son intelligence et sa perspicacité sont souvent supérieures à celles de l'homme. Son rôle secondaire d'inspectrice la met à même de juger les affaires plus froidement: et, par ce motif, elle devient souvent un excellent conseil pour son mari; aussi nous désapprouvons hautement l'homme qui dédaigne les conseils de sa femme, car il est bien certain que le commerçant n'a pas d'amie plus fidèle et plus dévouée que son épouse. En tout et pour tout, elle prendra ses intérêts, qui, du reste, sont les siens propres ; le commerçant a souvent besoin de quelqu'un qui l'encourage et le conseille, car, malgré sa réputation de supériorité, il commet parfois des bévues bien grandes; aussi, quand on examine de près les caractères masculin et féminin, on y reconnaît aisément l'œuvre du Créateur, qui s'est plu à donner, à l'un, la force mais la naïveté, à l'autre, la faiblesse mais la ruse ; ces caractères opposés forment un excellent tout quand ils sont combinés: ainsi l'homme dans le commerce est d'une nature généralement franche, loyale, courageuse, mais souvent naïve; il voit les choses en grand, les détails lui échappent; son courage peut l'amener à la fortune, comme parfois aussi il peut être cause de sa ruine complète; sa nature noble et franche ne découvre sur la physionomie de ceux qui l'entourent que les mots fidélité et dévouement, tandis que des yeux plus clairvoyants y liraient ux d'hypocrisie et fourberie.

A ce point de vue, la femme est d'un caractère tout opposé à celui de l'homme; sa nature méfiante n'accordera la confiance qu'à celui qui l'a méritée; sa modestie la met à l'abri du sot orgueil qui trop souvent domine l'homme, et enfin la dose considérable de prudence qu'elle possède sera pour elle un sûr garant contre les spéculations trop hasardées qui peuvent, en peu de temps, précipiter une famille dans la ruine; toutefois, nous devons reconnaître qu'il y a de part et d'autre du bon et du mauvais dans ces qualités et ces défauts; aussi, c'est pour ce motif que nous disons que la combinaison de ces éléments divers peut arriver à un excellent résultat; pour cela il faut que l'homme se rende bien compte du caractère inhérent à la femme, et ne trouve pas étrange que celle-ci pense tout autrement que lui, car c'est précisément cet esprit contradicteur qui souvent amène la lumière dans le sien. L'intérêt du commerçant est donc, dans des circonstances sérieuses, de raisonner avec sa femme et de prendre en considération les conseils que celle-ci pourra lui donner.

Selon nous, Balzac, ce célèbre analyste du cœur humain, a raison de dire dans un de ses ouvrages : que la femme a quelque analogie avec ces fameux instruments de musique, à l'aide desquels les artistes célèbres peuvent tirer des sons mélodieux, tandis qu'entre des mains inhabiles ces mêmes instruments restent muets ou ne rendent que des sons rauques; l'homme qui est affable envers sa femme, qui la consulte dans des moments donnés, est sûr d'avoir toujours auprès de lui un conseiller fidèle et une amie dévouée qui pourra, dans maintes circonstances, le garantir de certaines fautes; et puis, enfin, ce qui fortifie la femme et lui donne de la confiance, c'est de voir que loin d'être dédaignée, son mari se fait un devoir de prendre conseil de sa sagesse. Dans des conditions pareilles, la femme arrive à pouvoir gérer une maison de commerce, tandis que si le mari ne rend aucun compte de ses affaires à sa femme, celle-ci sera toujours ignorante; et si un jour son mari tombe malade, la maison tombera en décadence; s'il vient à mourir, elle sera obligée de vendre pour rien son établissement commercial, qu'elle aurait pu faire marcher si elle avait été mise au courant des affaires.

Nous engageons donc beaucoup les commerçants à ne pas seulement considérer leurs épouses comme mères de famille, mais encore comme de bonnes conseillères; toutefois, il est indispensable que l'homme n'abandonne jamais sa royauté. Mais, tout en restant le maître, il doit considérer son épouse comme une amie fidèle, capable de l'aider sérieusement dans ses opérations commerciales.

CHAPITRE II

De la nécessité pour les commerçants d'être au courant de la législation commerciale. — Du mineur commerçant. — La femme commerçante. — Les livres de comptabilité que tout commerçant est légalement tenu d'avoir. — Texte de la loi concernant les livres de commerce. Des lois concernant les divers sociétés commerciales. — De la société en nom collectif. — De la société en commandite par actions. — De la société anonyme. — De la publication des actes de la société. — Des sociétés anonymes d'assurances à primes. — De la constitution des Sociétés et de leur objet. — De la formation de l'engagement social. — Des charges sociales. — Déclaration, estimation et paiement des sinistres. — Des contestations entre associés et de la manière de les décider. — Société de secours mutuels. — Des Agents de change et des Courtiers. — Du gage et des commissionnaires. — Du gage. — Du commissionnaire en général. — Des commissionnaires pour les transports par terre et par eau. — Du voiturier. — Des achats et ventes. — De la lettre de change et de sa forme. — De la provision. — De l'acceptation. — De l'acceptation par intervention. — De l'échéance. — De l'endossement. — De la solidarité. — De l'aval. — Du paiement. — Du paiement par intervention. — Des droits et devoirs du porteur. — Des droits et devoirs de l'endosseur et du tireur. — Des protêts. — Du rechange. — Du billet à ordre. — De la prescription.

De la nécessité pour les commerçants d'être au courant de la législation commerciale.

Généralement les commerçants n'attachent pas une importance assez sérieuse à acquérir la connaissance des lois concernant le commerce. Selon nous, de leur part, cette négligence peut leur occasionner de graves préjudices, car de ces connaissances indispensables peut souvent dépendre le succès de leurs affaires.

S'il arrive une affaire litigieuse (ce qui est assez fréquent), le commerçant s'en rapporte entièrement aux hommes de loi, lesquels en ces matières ont des connaissances incontestables qu'il ne possède pas lui-même. Cependant tout en cherchant les conseils d'hommes spéciaux, ne serait-il pas utile que les commerçants, dans leur intérêt, connussent en principe le mécanisme des lois qui les concernent?

Munis de ces connaissances, ils leur serait plus facile de s'expliquer clairement quand ils ont à consulter des hommes de loi; et parfois même (nous dirons bien souvent), ils pourraient s'éviter de demander des conseils.

Sans doute, le commerçant est généralement fort occupé et ne trouve pas le temps nécessaire de s'intéresser d'autre chose que de son commerce; et pourtant, s'occuper de ce qui concerne indirectement son commerce, c'est toujours prendre ses intérêts.

Enfin, nous espérons que les commerçants qui nous font l'honneur de nous lire nous sauront gré d'avoir classé le plus méthodiquement qu'il nous a été possible, dans la partie de notre ouvrage qui les concerne plus particulièrement, tout ce qui a trait au commerce.

Que les commerçants ne perdent pas de vue l'axiome qui dit: « Nul n'est censé ignorer la loi. » Cet axiome est logique, et, selon-nous, les juges ont bien raison d'en appliquer les conséquences à certains plaideurs. S'il y a des personnes qui, par leur position ou condition sociale, sont excusables d'être ignorantes sur la connaissance des lois françaises, à coup sûr ce ne peut être des personnes commerçantes. Tout commerçant sérieux doit se faire un devoir de connaître, au moins élémentairement, les lois régissant le commerce, et, en bon père de famille, en imposer strictement la connaissance à ses enfants.

Du mineur commerçant.

Tout individu, de l'un ou de l'autre sexe, ayant dix-huit ans accomplis, peut faire du commerce en réunissant les qualités suivantes : 1° être autorisé par son père ou par sa mère ; en cas de décès, interdiction ou absence du père, ou à défaut du père et de la mère, par délibération du conseil de famille homologué par le tribunal civil ; 2° il est en outre nécessaire que cette autorisation soit enregistrée et affichée au tribunal de commerce du lieu où le mineur veut établir son domicile. En se conformant à ces prescriptions, les mineurs commerçants peuvent, comme les majeurs, faire toute espèce de commerce, en suivant les règles des lois ; de plus, il leur est permis d'engager et d'hypothéquer leurs immeubles.

La femme commerçante.

La femme ne peut être marchande publique sans le consentement de son mari ; une fois ce consentement acquis, elle peut s'obliger pour tout ce qui concerne son négoce, et audit cas elle oblige aussi son mari. Elle n'est pas réputée marchande si elle ne fait que détailler les marchandises du commerce de son mari. Elle n'est réputée telle que lorsqu'elle fait un commerce séparé.

La femme, marchande publique, peut engager, hypothéquer et aliéner ses immeubles ; toutefois les biens stipulés dotaux, quand elle est mariée sous le régime dotal, ne peuvent être hypothéqués ni aliénés.

Elle ne peut ni intenter ni suivre une action en justice sans l'autorisation spéciale de son mari.

Les pouvoirs de la femme commerçante ne peuvent dépasser les actes qui ont directement trait à son commerce, tels que les acquisitions et ventes de marchandises, agencement et matériel commerciaux, paiement de ses employés ainsi que l'acceptation ou le lancement de billets et lettres de change concernant son négoce. La femme commerçante engage son mari dans les diverses opérations auxquelles elle se livre pour son commerce. Si elle est mariée sous le régime dotal ou séparée de biens, le mari n'est pas responsable de ses engagements. Les engagements qu'une femme contracterait en dehors de son commerce, sont nuls; c'est ce qui parfois fait naître des contestations. C'est donc aux personnes qui font du commerce avec des femmes commerçantes de savoir si les actes qu'ils sont sur le point de contracter ont directement du rapport avec le commerce de la femme marchande.

Les livres de comptabilité que tout commerçant est légalement tenu d'avoir.

La loi exige que chaque commerçant ait une tenue de livres en règle. Ces livres sont au nombre de trois :

Le livre-journal,

Le livre copie de lettres,

Et le livre d'inventaire.

En dehors de ces livres que le commerçant est rigoureusement tenu d'avoir, il y a des livres auxiliaires dont nous nous occuperons à la partie de Tenue de livres. Nous ne parlerons dans cet article que de la question légale. Nous ne saurions trop engager le commerçant à attacher une importance extrême dans cette question, attendu que, s'il arrive une catastrophe dans sa maison, ses livres, s'ils sont bien tenus, deviendront pour lui ses juges; et certes il n'en trouvera pas de plus impartiaux et de plus justes.

Aussi, ne voit-on pas tous les jours des commerçants très-honnêtes quant au fond, faute d'une tenue de livres régulière, être condamnés à la prison comme banqueroutiers; tandis qu'avec une bonne tenue de livres, ils auraient simplement été déclarés en faillite, et auraient pu facilement se réhabiliter !

Par conséquent nous ne saurions trop insister pour engager les commerçants à avoir une excellente tenue de livres, et surtout à s'en rendre compte par eux-mêmes, car il ne faut accorder qu'une confiance relative aux teneurs de livres. Ne voit-on pas tous les jours des commerçants qui se figurent avoir leurs livres parfaitement en ordre, tandis que c'est précisément le contraire qui a lieu. Il y a beaucoup de maisons qui, pendant dix et même vingt années, ont été dans cette position sans que les chefs s'en aperçussent; le jour où un catastrophe arrivait, ils reconnaissaient, mais trop tard, que leur teneur de livres, par son incapacité ou son incurie, avait, pendant ce laps de temps, tenu cette épée de Damoclès suspendue au-dessus de leur tête. Pour notre compte, nous considérons cette affaire comme tellement grave que nous désirerions ardemment qu'il fût délivré, par une commission spéciale du commerce, un diplôme à tout individu voulant faire sa profession de teneur de livres; on lui ferait préalablement passer des examens sévères, et ce ne serait qu'après que la commission aurait eu la preuve certaine que l'individu possède les connaissances voulues, qu'elle lui délivrerait un brevet. Cette garantie serait très-précieuse pour les commerçants, lesquels n'accepteraient que des teneurs de livres diplômés.

Ainsi, aujourd'hui, le premier individu venu peut s'intituler teneur de livres, n'en connaissant même pas les premiers éléments; la plupart du temps cet homme travaillera chez des commerçants ne connaissant rien non plus à la tenue des livres; il en résulte souvent les choses graves que nous avons ci-dessus relatées. Quand on réfléchit bien à cela et à tous les malheurs que cet état de choses amène, on se demande pour quel motif les juges consulaires ne s'occupent pas de ces graves questions. Mais enfin ne demande-t-on pas une garantie pour bien d'autres professions où les erreurs commises ont une portée bien moins grave? Ainsi, un individu, sans avoir acquis les titres voulus, peut-il se dire : huissier, avoué, avocat, commissaire-priseur, etc., etc.? et on n'exige aucune garantie pour les teneurs de livres... pour des hommes, en un mot, qui tiennent dans leurs mains l'intérêt, et qui mieux est, l'honneur des commerçants! Nous le répétons, cela est tout à fait inconcevable, et il est bien certain qu'une loi commerciale, à ce sujet, serait bien accueillie de tous les commerçants ainsi que des vrais teneurs de livres, car ceux-ci seraient sûrs d'obtenir facilement le diplôme qui leur serait nécessaire. A l'égard de ceux qui ne posséderaient pas les capacités voulues, ce serait un grand bonheur que les commerçants fussent à même d'apprécier les capacités ou incapacités des individus se présentant à eux comme teneurs de livres, selon qu'ils auraient ou non un diplôme.

En attendant qu'une loi vienne combler cette lacune, nous engageons fortement tous les commerçants soucieux de leur honneur à se rendre eux-mêmes juges de leur comptabilité; pour cela ils doivent en connaître le mécanisme et pouvoir discuter avec leurs teneurs de livres.

Tous ceux qui n'agiront pas ainsi marcheront constamment en aveugles et n'auront pas lieu de se plaindre s'il leur arrive des catastrophes.

La comptabilité n'est pas une chose si difficile à saisir, pour que tout commerçant, tant soit-il peu intelligent, ne puisse en apprécier tous les détails; il ne faut pour cela que de la bonne volonté et le souci de conserver intacts sa dignité et son honneur.

Les commerçants nous sauront gré de faire suivre cet article du texte même de la loi, au moyen duquel ils pourront en saisir la teneur et l'esprit.

Texte de la loi concernant les livres de commerce.

Tout commerçant est tenu d'avoir un livre-journal qui *présente*, jour par jour, ses dettes actives et passives, les opérations de son commerce, et ses négociations, acceptations ou endossements d'effets, et généralement tout ce qu'il reçoit et paye, à quelque titre que ce soit ; et qui *énonce,* mois par mois, les sommes employées à la dépense de la maison; le tout indépendamment des autres livres usités dans le commerce, mais qui ne sont pas indispensables. — Il est tenu de mettre en liasse les lettres missives qu'il reçoit, et de copier sur un registre celles qu'il envoie.

Il est tenu de faire, tous les ans, sous-seing privé, un inventaire de ses effets mobiliers et immobiliers, et de ses dettes actives et passives, et de le copier année par année, sur un registre spécial à ce destiné.

Le livre-journal et le livre des inventaires seront paraphés et visés une fois par année. — Le livre de copies de lettres ne sera pas soumis à cette formalité. — Tous seront tenus par ordre de date, sans blancs, lacunes ni transports en marge.

Les livres dont la tenue est ordonnée par les paragraphes ci-dessus seront cotés, paraphés et visés, soit par un des juges des tribunaux de commerce, soit par le maire ou les adjoints, dans la forme ordinaire et sans frais. Les commerçants seront tenus de conserver ces livres pendant dix ans.

Les livres de commerce, régulièrement tenus, peuvent être admis par le juge pour faire preuve entre les commerçants pour faits de commerce.

Les livres que les individus faisant le commerce sont obligés de tenir, et pour lesquels il n'auront pas observé les formalités ci-dessus prescrites, ne pourront être représentés ni faire foi en justice, au profit de ceux qui les auront tenus ; sans préjudice de ce qui sera réglé au livre *des Faillites et des Banqueroutes*.

La communication des livres et inventaires ne peut être ordonnée en justice que dans les affaires de succession, communauté, partage de société, et en cas de faillite.

Dans le cours d'une contestation, la représentation des livres peut être ordonnée par le juge, même d'office, à l'effet d'en extraire ce qui concerne le différend.

En cas que les livres dont la représentation est offerte, requise ou ordonnée, soient dans des lieux éloignés du tribunal saisi de l'affaire, les juges peuvent adresser une commission rogatoire au tribunal de commerce du lieu, ou déléguer un juge de paix pour en prendre connaissance, dresser un procès-verbal du contenu, et l'envoyer au tribunal saisi de l'affaire.

Si la partie aux livres de laquelle on offre d'ajouter foi refuse de les représenter, le juge peut déférer le serment à l'autre partie.

Des lois concernant les diverses sociétés commerciales.

La loi reconnaît plusieurs espèces de sociétés commerciales :

1° La société en nom collectif;

2° La société en commandite;

3° La société anonyme.

Nous allons expliquer les lois se rattachant à chacune d'elles.

De la société et nom collectif.

La société en nom collectif est celle que contractent deux personnes ou un plus grand nombre, et qui a pour objet de faire le commerce sous une raison sociale.

Les noms des associés peuvent seuls faire partie de la raison sociale.

Les associés en nom collectif indiqués dans l'acte de société sont solidaires pour tous les engagements de la société, encore qu'un seul des associés ait signé, pourvu que ce soit sous la raison sociale.

De la société en commandite par actions.

La société en commandite ne peut diviser son capital en actions ou coupons d'actions de moins de 100 francs, lorsque ce capital n'excède pas 200,000 francs, et de moins de 500 francs, lorsqu'il est supérieur. Elle ne peut être définitivement constituée qu'après la souscription de la totalité du capital social et le versement, par chaque actionnaire, du quart au moins du montant des actions par lui souscrites.

Cette souscription et ces versements sont constatés par une déclaration du gérant dans un acte notarié. A cette déclaration sont annexés la liste des souscripteurs, l'état des versements effectués, l'un des doubles de l'acte de société, s'il est sous-seing privé, et une expédition, s'il est notarié et s'il a été passé devant un notaire autre que celui qui a reçu la déclaration. L'acte sous-seing privé, quel que soit le nombre des associés, sera fait en double original, dont l'un sera annexé, comme il est dit au paragraphe qui précède, à la déclaration de souscription du capital et de versement du quart, et l'autre restera déposé au siége social.

Les actions ou coupons d'actions sont négociables après le versement du quart.

Les membres du conseil de surveillance n'encourent aucune responsabilité en raison des actes de la gestion et de leurs résultats.

Chaque membre du conseil de surveillance est responsable de ses fautes personnelles, dans l'exécution de son mandat, conformément aux règles du droit commun.

Les membres du conseil de surveillance vérifient les livres, la caisse, le portefeuille et les valeurs de la société. Il font chaque année, à l'assemblée générale, un rapport dans lequel ils doivent signaler les irrégularités et inexactitudes qu'ils ont reconnues dans les inventaires, et constater, s'il y a lieu, les motifs qui s'opposent aux distributions des dividendes proposés par le gérant.

De la société anonyme.

On entend par société anonyme celle qui se désigne par le nom de la société, telles que : les compagnies de chemin de fer, assurances, mines, etc., etc... Le nom des actionnaires n'est pas connu. La loi du 24 juillet 1867 a revisé les statuts de cette société.

La société anonyme peut se former sans l'autorisation du gouvernement. Elle est administrée par un ou plusieurs mandataires à temps, révocables, salariés ou gratuits pris parmi les associés. Ces mandataires peuvent choisir parmi eux un directeur, ou, si les statuts le permettent, se substituer un mandataire étranger à la société et dont ils sont responsables envers elle.

La société ne peut être constituée si le nombre des associés est inférieur à sept.

Les administrateurs doivent être propriétaires d'un nombre d'actions déterminé par les statuts. Ces actions sont affectées en totalité à la garantie de tous les actes de la gestion, même de ceux qui seraient exclusivement personnels à l'un des administrateurs. Elles sont nominatives, inaliénables, frappées d'un timbre indiquant l'inaliénabilité, et déposées dans la caisse sociale.

Pendant le trimestre qui précède l'époque fixée par les statuts pour la réunion de l'assemblée générale, les commissaires ont droit, toutes les fois qu'ils le jugent convenable dans l'intérêt social, de prendre communication des livres et d'examiner les opérations de la Société. Ils peuvent toujours, en cas d'urgence, convoquer l'assemblée générale.

Toute société anonyme doit dresser, chaque semestre, un état sommaire de sa situation active et passive. Cet état est mis à la disposition des commissaires. Il est en outre établi chaque année un inventaire contenant l'indication des valeurs mobilières et immobilières et de toutes les dettes actuelles et passées de la société. L'inventaire, le bilan et le compte des profits et pertes sont mis à la disposition des commissaires le quatrième jour, au plus tard, avant l'assemblée générale. Ils sont présentés à l'assemblée.

Quinze jours au moins avant la réunion de l'assemblée générale, tout actionnaire peut prendre, au siége social, communication de l'inventaire et de la liste des actionnaires, et se faire délivrer copie du bilan résumant l'inventaire et du rapport des commissaires.

Il est fait annuellement, sur les bénéfices nets, un prélèvement d'un vingtième au moins, affecté à la formation d'un fonds de réserve. Ce prélèvement cesse d'être obligatoire lorsque le fonds de réserve a atteint le dixième du capital social.

En cas de perte des trois quarts du capital social, les administrateurs sont tenus de provoquer la réunion de l'assemblée générale de tous les actionnaires, à l'effet de statuer sur la question de savoir s'il y a lieu de prononcer la dissolution de la société. La dissolution peut être prononcée sur la demande de toute partie intéressée, lorsqu'un an s'est écoulé depuis l'époque où le nombre des associés est réduit de sept.

Il est interdit aux administrateurs de prendre ou de conserver un intérêt direct ou indirect dans une entreprise ou dans un marché fait avec la Société ou pour son compte, à moins qu'ils n'y soient autorisés par l'assemblée générale.

Il est, chaque année, rendu à l'assemblée générale un compte spécial de l'exécution des marchés ou entreprises par elle autorisés.

Les sociétés anonymes actuellement existantes continueront à être soumises, pendant toute leur durée, aux dispositions qui les régissent. Elles pourront se transformer en sociétés à responsabilité en obtenant l'autorisation du gouvernement et en observant les formes prescrites pour la modification de leurs statuts.

Les sociétés à responsabilité pourront se convertir en sociétés anonymes en se conformant aux conditions stipulées pour la modification de leurs statuts.

De la publication des actes de société.

Dans le mois de la constitution de toute société commerciale, un double de l'acte constitutif, s'il est sous seing privé, ou une expédition, s'il est notarié, est déposé aux greffes de la justice de paix et du tribunal de commerce du lieu dans lequel est établie la société.

A l'acte constitutif des sociétés en commandite par actions et des sociétés anonymes sont annexées : 1° une expédition de l'acte notarié constatant la souscription du capital social et le versement du quart ; 2° une copie certifiée des délibérations prises par l'assemblée générale. En outre, lorsque la société est anonyme, on doit annexer à l'acte constitutif la liste nominative, dûment certifiée, des souscripteurs, contenant les noms, prénoms, qualités, demeure, et le nombre d'actions de chacun d'eux.

Dans le même délai d'un mois, un extrait de l'acte constitutif et des pièces annexées est publié dans l'un des journaux désignés pour recevoir les annonces légales.

Il sera justifié de l'insertion par un exemplaire du journal certifié par l'imprimeur, légalisé par le maire et enregistré dans les trois mois de sa date. Ces formalités seront observées, à peine de nullité à l'égard des intéressés ; mais le défaut d'aucune d'elles ne pourra être opposé aux tiers par les associés.

L'extrait doit contenir les noms des associés autres que les actionnaires ou commanditaires ; la raison de commerce ou la dénomination adoptée par la société et l'indication du siége social ; la désignation des associés autorisés à gérer, administrer et signer pour la société ; le montant des valeurs fournies ou à fournir par les actionnaires ou commanditaires ; l'époque où la société commence, celle où elle doit finir, et la date du dépôt fait aux greffes de la justice de paix et du tribunal de commerce.

L'extrait doit énoncer que la société est en nom collectif ou en commandite simple, ou en commandite par actions, ou anonyme, ou à capital variable. Si la société est anonyme, l'extrait doit annoncer le montant du capital social en numéraire et en autres objets, la quotité à prélever sur les bénéfices pour composer le fonds de réserve. Enfin, si la société est à capital variable, l'extrait doit contenir l'indication de la somme audessous de laquelle le capital social ne peut être réduit.

Si la société a plusieurs maisons de commerce situées dans divers arrondissements, le dépôt ou la publication a lieu dans chacun des arrondissements où existent les maisons de commerce. Dans les villes divisées en plusieurs arrondissements, le dépôt sera fait seulement au greffe de la justice de paix du principal établissement.

L'extrait des actes et pièces déposés est signé, pour les actes publics, par le notaire, et, pour les actes sous seing privé, par les associés en nom collectif, par les gérants des sociétés en commandite ou par les administrateurs des sociétés anonymes.

Sont soumis aux formalités et aux pénalités ci-devant prescrites : tous actes et délibérations ayant pour objet la modification des statuts, la continuation de la société au delà du terme fixé pour sa durée, la dissolution avant ce terme et le mode de liquidation, tout changement à la raison sociale. Sont également soumises aux formalités de dépôt et publication, les délibérations prises par toute société.

Lorsqu'il s'agit d'une société en commandite par actions ou d'une société anonyme, toute personne a le droit de prendre communication des pièces déposées aux greffes de la justice de paix et du tribunal de commerce, ou même de s'en faire délivrer à ses frais expédition ou extrait par le notaire détenteur de la minute. Toute personne peut également exiger qu'il lui soit délivré au siége de la société une copie certifiée des statuts, moyennant paiement d'une somme qui ne pourra excéder un franc. Enfin, les pièces déposées doivent être affichées d'une manière apparente dans les bureaux de la société.

Dans tous les actes, factures, annonces, publications et autres documents imprimés ou autographiés, émanés des sociétés anonymes ou des sociétés en commandite par actions, la dénomination sociale doit toujours être précédée ou suivie immédiatement de ces mots, écrits lisiblement en toutes lettres : *Société anonyme*, ou *Société en commandite par actions*, et de l'énonciation du montant du capital social.

Toute contravention aux dispositions qui précèdent est punie d'une amende de 50 francs à 1,000 francs.

Des Sociétés anonymes d'assurances à primes.

Les sociétés anonymes d'assurances à primes sont soumises aux dispositions des lois relatives à cette forme de société.

La société n'est valablement constituée qu'après le versement d'un capital de garantie, qui ne pourra, en aucun cas, et alors même que le capital social est moindre de 200,000 francs, être inférieur à 50,000 francs.

La société est tenue de faire annuellement un prélèvement d'au moins 25 0/0 sur les bénéfices nets pour former un fonds de réserve. Le prélèvement devient facultatif lorsque le fonds de réserve est égal au cinquième du capital.

Les fonds de la société, à l'exception des sommes nécessaires aux besoins du service courant, doivent être employés en acquisitions d'immeubles, en rentes sur l'État, bons du Trésor ou autres valeurs créées ou garanties par l'État, en actions de la Banque de France, en obligations des départements et des communes, du Crédit foncier de France ou des compagnies françaises de chemins de fer qui ont un minimum d'intérêt garanti par l'État.

Toute police doit faire connaître : — 1° le montant du capital social ; — 2° la portion de ce capital déjà versée ou appelée, et, s'il y a lieu, la délibération par laquelle les actions auraient été converties en actions au porteur ; — 3° le maximum que la compagnie peut, aux termes de ses statuts, assurer sur un seul risque, sans réassurance ; — 4° et, dans le cas où un même capital couvrirait, aux termes des statuts, des risques de natures différentes, le montant de ce capital et l'énumération de tous ses risques.

Tout assuré peut, par lui ou par un fondé de pouvoirs, prendre à toute époque, soit au siége social, soit dans les agences établies par la société, communication du dernier inventaire. Il peut également exiger qu'il lui en soit délivré une copie certifiée, moyennant le paiement d'une somme qui ne peut excéder un franc.

DES SOCIÉTÉS D'ASSURANCES MUTUELLES.

De la constitution des Sociétés et de leur objet.

Les sociétés d'assurances mutuelles peuvent se former soit par un acte authentique, soit par un acte sous seing privé fait en double original, quel que soit le nombre des signataires à l'acte.

Les projets de statuts doivent : — 1° indiquer l'objet, la durée, le siége, la dénomination de la société et la circonscription territoriale de ses opérations ; — 2° comprendre le tableau de classification des risques, les tarifs applicables à chacun d'eux, et déterminer les formes suivant lesquelles ce tableau et ces tarifs peuvent être modifiés ; — 3° fixer le nombre d'adhérents et le minimum de valeurs assurées au-dessous desquels la société ne peut être valablement constituée, ainsi que la somme à valoir sur la contribution de la première année, qui devra être versée avant la constitution de la société.

Le texte entier des projets des statuts doit être inséré sur toute liste destinée à recevoir les adhésions.

Lorsque les conditions ci-dessus ont été remplies, les signataires de l'acte primitif ou leurs fondés de pouvoirs le constatent par une déclaration devant notaire. A cette déclaration sont annexés : 1° la liste nominative dûment certifiée des adhérents, contenant leurs noms, prénoms, qualités et domiciles, et le montant des valeurs assurées par chacun d'eux ; — 2° l'un des doubles de l'acte de société, s'il est sous seing privé, ou avec expédition, s'il est notarié, et s'il a été passé devant un notaire autre que celui qui reçoit la déclaration ; — 3° l'état des versements effectués.

La première assemblée générale, qui est convoquée à la diligence des signataires de l'acte primitif, vérifie la sincérité de la déclaration mentionnée aux paragraphes précédents; elle nomme les membres du premier conseil d'administration. Les membres du conseil d'administration ne peuvent être nommés pour plus de six ans; ils sont rééligibles, sauf stipulation contraire. Toutefois, ils peuvent être désignés, par les statuts, avec stipulation formelle que leur nomination ne sera pas soumise à l'assemblée générale. En ce cas, ils ne peuvent être nommés pour plus de trois ans. Le procès-verbal de la séance constate l'acceptation des membres du conseil d'administration et des commissaires présents à la réunion. La société n'est définitivement constituée qu'à partir de cette acceptation.

Le compte des frais de premier établissement est assuré par le conseil d'administration et soumis à l'assemblée générale, qui l'arrête définitivement et détermine le mode et l'époque du remboursement.

De la formation de l'engagement social.

Les statuts déterminent le mode et les conditions générales suivant lesquels sont contractés les engagements entre la société et les sociétaires. Toutefois, les sociétaires auront, indépendamment de toute disposition statutaire, le droit de se retirer tous les cinq ans, en prévenant la société six mois d'avance dans la forme indiquée ci-après. Ce droit sera réciproque au profit de la société. Dans tous les cas où un sociétaire a le droit de demander la résiliation, il peut le faire soit par une déclaration au siége social ou chez l'agent local, dont il lui sera donné récépissé, soit par acte extrajudiciaire, soit par tout autre moyen indiqué par les statuts. Les statuts indiquent spécialement le mode suivant par lequel se fait l'estimation des valeurs assurées, les conditions réciproques de prorogation ou de résiliation des contrats et les circonstances qui font cesser les effets desdits contrats.

Toute modification des statuts relative à la nature des risques garantis et au périmètre de la circonscription territoriale donne de plein droit à chaque sociétaire la faculté de résilier son engagement. Cette faculté doit être exercée par lui dans un délai de trois mois, à dater de la notification qui lui aura été faite.

Les statuts ne peuvent défendre aux sociétaires de se faire réassurer à une autre compagnie. Ils peuvent seulement stipuler que la société sera immédiatement informée et aura le droit de notifier la résiliation du contrat.

Les polices remises aux assurés doivent contenir les conditions spéciales de l'engagement, sa durée, ainsi que les clauses de résiliation et de tacite réconduction, s'il en existe dans les statuts. La police constate, en outre, la remise d'un exemplaire contenant le texte entier des statuts.

Des charges sociales.

Les tarifs annexés aux statuts fixent, par degrés de risques, le maximum de la contribution annuelle dont chaque sociétaire est passible pour le paiement des sinistres. Ce maximum constitue le fonds de garantie. Les statuts peuvent décider que chaque sociétaire sera tenu de verser d'avance une portion de la contribution sociale pour former un fonds de prévoyance. Le montant de ce versement, dont le maximum est fixé dans les statuts, sera déterminé chaque année par l'assemblée générale.

Si les statuts le stipulent, les indications du tableau de classification ne font pas obstacle à ce que le conseil d'administration demeure juge soit de l'application de la classification à tout risque proposé à l'assurance, soit même de l'admissibilité de ce risque.

Les statuts déterminent également le maximum de la contribution annuelle, qui peut être exigée de chaque sociétaire pour frais de gestion de la société. La qualité de cette contribution est fixée tous les cinq ans au moins par l'assemblée générale. Il peut être décidé, soit par les statuts, soit par l'assemblée générale, qu'une somme fixe ou proportionnelle est allouée par traité à forfait à la direction. Ce traité est revisé tous les cinq ans au moins. L'acte qui l'autorise ou l'approuve détermine en même temps, d'une manière précise, quels sont les frais auxquels la somme allouée a pour objet de pourvoir.

Il peut être formé dans chaque société d'assurances mutuelles, un fonds de réserve ayant pour objet de donner à la société les moyens de suppléer à l'insuffisance de la cotisation annuelle pour le paiement des sinistres. Le montant du fonds de réserve est fixé tous les cinq ans par l'assemblée générale, nonobstant toute stipulation contraire insérée dans les statuts. Le mode de formation et l'emploi de ce fonds sont déterminés par les statuts, sauf application des dispositions suivantes : Dans aucun cas, le prélèvement sur le fonds de réserve ne peut excéder la moitié de ce fonds pour un seul exercice. En cas de dissolution de la société, l'emploi du reliquat du fonds de réserve est réglé par l'assemblée générale, sur la proposition des membres du conseil d'administration, et soumis à l'approbation du ministre de l'agriculture, du commerce et des travaux publics.

Les fonds de la société doivent être placés en rentes sur l'Etat, bons du Trésor ou autres valeurs créées ou garanties par l'Etat, en actions de la Banque de France, en obligations des départements et des communes, du Crédit foncier de France ou des compagnies françaises de chemin de fer qui ont un minimum d'intérêt garanti par l'Etat. Ces valeurs sont immatriculées au nom de la société.

Déclaration, estimation et paiement des sinistres

Les statuts déterminent le mode et les conditions de la déclaration à faire en cas de sinistre, par les sociétaires, pour le règlement des indemnités qui peuvent être dues.

L'estimation des sinistres est faite par un agent de la société ou tout autre expert désigné par elle, contradictoirement avec le sociétaire ou avec un expert choisi par lui ; en cas de dissidence, il en est référé à un tiers expert désigné, à défaut d'accord entre les parties, par le président du tribunal de première instance de l'arrondissement, ou, si les statuts l'ont ainsi décidé, par le juge de paix du canton où le sinistre a eu lieu.

Dans les trois mois qui suivent l'expiration de chaque année, il est fait un règlement général des sinistres à la charge de l'année, et chaque ayant droit reçoit, s'il y a lieu, le solde de l'indemnité réglée à son profit.

En cas d'insuffisance du fonds de garantie et de la part du fonds de réserve déterminée par les statuts, l'indemnité de chaque ayant droit est diminuée au centime le franc.

Des contestations entre associés et de la manière de les décider.

Toute contestation entre associés et pour raison de la société sera jugée par les arbitres.

Il y aura lieu à l'appel du jugement arbitral ou au pourvoi en cassation, si la renonciation n'a pas été stipulée. L'appel sera porté devant la cour gouvernementale.

La nomination des arbitres se fait : — par un acte sous signature privée ; — par acte notarié ; — par acte extrajudiciaire ; — par un consentement donné en justice.

Le délai pour le jugement est fixé par les parties, lors de la nomination des arbitres ; et, s'ils ne sont pas d'accord sur le délai, il sera réglé par les juges.

En cas de refus de l'un ou de plusieurs des associés de nommer des arbitres, les arbitres sont nommés d'office par le tribunal de commerce.

Les parties remettent leurs pièces et mémoires aux arbitres, sans aucune formalité de justice.

L'associé en retard de remettre les pièces et mémoires est sommé de le faire dans les dix jours.

Les arbitres peuvent, suivant l'exigence des cas, proroger le délai pour la production de pièces.

S'il y a renouvellement de délai, ou si le nouveau délai est expiré, les arbitres jugent sur les seules pièces et mémoires remis.

En cas de partage les arbitres nomment un surarbitre, s'il n'est nommé par le compromis : si les arbitres sont discordants sur le choix, le surarbitre est nommé par le tribunal de commerce.

Le jugement arbitral est motivé. — Il est déposé au greffe du tribunal de commerce. Il est rendu exécutoire sans aucune modification, et transcrit sur les registres en vertu d'une ordonnance du président du tribunal, lequel est tenu de la rendre pure et simple, et dans le délai de trois jours du dépôt au greffe.

Les dispositions ci-dessus sont communes aux veuves, héritiers ou ayants cause des associés.

Si des mineurs sont intéressés dans une contestation pour raison d'une société commerciale, le tuteur ne pourra renoncer à la faculté d'appeler du jugement arbitral.

Toutes actions contre les associés non liquidateurs et leurs veuves, héritiers ou ayants cause sont prescrites cinq ans après la fin ou la dissolution de la société, si l'acte de société qui en énonce la durée, ou l'acte de dissolution, a été affiché et enregistré conformément à la loi, et si, depuis cette formalité remplie, la prescription n'a été interrompue à leur égard par aucune poursuite judiciaire.

Sociétés de secours mutuels.

Les associations connues sous le nom de *Sociétés de secours mutuels* pourront, sur leur demande, être déclarées établissements d'utilité publique aux conditions ci-après déterminées.

Ces sociétés sont placées sous l'approbation et la surveillance de l'autorité municipale. Le maire, ou un adjoint par lui délégué, a toujours le droit d'assister à toute séance ; lorsqu'ils y assistent, ils les président. Les présidents et vice-présidents sont nommés par l'association, conformément aux règles établies par les statuts de la société. Ils peuvent être révoqués dans la même forme.

Les sociétés déclarées établissements d'utilité publique pourront recevoir des donations et legs, après y avoir été dûment autorisées. Les dons et legs de sommes d'argent ou d'objets mobiliers dont la valeur n'excédera pas 1,000 francs seront exécutoires en vertu d'un arrêté du préfet.

Les gérants et administrateurs de ces sociétés pourront toujours, à titre conservatoire, accepter les dons et legs. La décision de l'autorité qui interviendra ultérieurement aura effet du jour de cette acceptation.

Les sociétés de secours mutuels déjà reconnues comme établissements d'utilité publique continueront à s'administrer conformément à leurs statuts.

Les sociétés non autorisées, mais existant depuis un temps assez long pour que les conditions de leur administration aient été suffisamment éprouvées, pourront être reconnues comme établissements d'utilité publique, lors même que leurs statuts ne seraient pas complétement d'accord avec les conditions de la loi. Les autres sociétés de secours mutuels actuellement constituées, ou qui se formeraient à l'avenir, s'administreront librement tant qu'elles ne demanderont pas à être reconnues comme établissements d'utilité publique.

Néanmoins, elles pourront être dissoutes par le gouvernement, dans le cas de gestion frauduleuse, ou si elles sortaient de leur condition de sociétés mutuelles de bienfaisance.

En cas de contravention à l'arrêté de dissolution, les membres, chefs ou fondateurs, seront punis correctionnellement.

Des agents de change et courtiers,

La loi reconnaît, pour les actes de commerce, des agents intermédiaires, savoir : les agents de change et les courtiers. Il y en a dans toutes les villes qui ont une Bourse de commerce. Ils sont nommés par le gouvernement.

Les agents de change près des Bourses pourvues d'un parquet pourront s'adjoindre des bailleurs de fonds intéressés, participant aux bénéfices et aux pertes résultant de l'exploitation de l'office et de la liquidation de sa valeur. Ces bailleurs de fonds ne seront passibles des pertes que jusqu'à la concurrence des capitaux qu'ils auront engagés. Le titulaire de l'office doit toujours être propriétaire en son nom personnel du quart au moins de la somme représentant le prix de l'office et le montant du cautionnement.

L'extrait de l'acte et les modifications qui pourront intervenir seront publiés, à peine de nullité à l'égard des intéressés, sans que ceux-ci puissent opposer aux tiers le défaut de publication.

Les agents de change constitués de la manière prescrite par la loi ont seuls le droit de faire les négociations des effets publics et autres susceptibles d'être cotés; de faire pour le compte d'autrui les négociations des lettres de change ou billets, ou de tous papiers commerçables, et d'en constater le cours. — Les agents de change pourront faire, concurremment avec les courtiers de marchandises, les négociations et le courtage des ventes ou achats des matières métalliques. Ils ont seuls le droit d'en constater le cours.

Il y a des courtiers de marchandises; — des courtiers d'assurances; — des courtiers interprètes et conducteurs de navires, et des courtiers de transport par terre et par eau.

Les courtiers de marchandises, constitués de la manière prescrite par la loi, ont seuls le droit de faire le courtage des marchandises, d'en constater le cours; ils exercent, concurremment avec les agents de change, le courtage des matières métalliques.

Les courtiers d'assurances rédigent les contrats ou police d'assurances concurremment avec les notaires; ils en attestent la vérité par leurs signatures, certifient le taux des primes pour tous les voyages de mer ou de rivière.

Les courtiers interprètes et conducteurs de navires font le courtage des affrétements; ils ont en outre seuls le droit de traduire, en cas de contestations portées devant les tribunaux, les déclarations, chartes-parties, connaissements, contrats, et tous actes de commerce dont la traduction serait nécessaire, afin de constater le cours du fret et du nolis. — Dans les affaires contentieuses de commerce, et pour le service des douanes, ils serviront seuls de truchements à tous étrangers, maîtres de navires, marchands, équipages de vaisseaux et autres personnes de mer.

Le même individu peut, si l'acte du gouvernement qui l'institue l'y autorise, cumuler les fonctions d'agent de change, de courtier de marchandises ou d'assurances, et de courtier interprète et conducteur de navire.

Les courtiers de transports par terre et par eau constitués selon la loi ont seuls, dans les lieux où ils sont établis, le droit de faire le courtage des transports par terre et par eau; ils ne peuvent cumuler, dans aucun cas et sous aucun prétexte, les fonctions de courtiers de marchandises, d'assurances, ou de courtiers conducteurs de navires.

Ceux qui ont fait faillite ne peuvent être agents de change ni courtiers s'ils n'ont été réhabilités.

Les agents de change et courtiers sont tenus d'avoir un livre revêtu des formes prescrites par la loi. — Ils sont tenus de consigner dans ce livre, jour par jour et par ordre de dates, sans ratures, interlignes ni transpositions, et sans abréviations ni chiffres, toutes les conditions de ventes, achats, assurances, négociations, et en général toutes les opérations faites par leur ministère.

Un agent de change ou courtier ne peut, dans aucun cas et sous aucun prétexte, faire des opérations de commerce ou de banque pour son compte. — Il ne peut s'intéresser directement ni indirectement, sous son nom ou sous un nom interposé, dans aucune entreprise commerciale.— Il ne peut recevoir ni payer pour le compte de ses commettants.

Il ne peut se rendre garant de l'exécution des marchés dans lesquelles il s'entremet.

Toutes contraventions aux dispositions énoncées dans les deux paragraphes précédents entraînent la peine de destitution, et une condamnation d'amende qui sera prononcée par le tribunal de police correctionnelle, et qui ne peut être au-dessus de 3,000 francs, sans préjudice de l'action des parties en dommages et intérêts.

Tout agent de change ou courtier destitué en vertu du paragraphe précédent ne peut être réintégré dans ses fonctions. — En cas de faillite, tout agent de change ou courtier est poursuivi comme banqueroutier.

Il sera pourvu par des règlements d'administration publique à ce qui est relatif : 1° au taux des cautionnements, sans que le maximum puisse dépasser 250,000 francs; 2° à la négociation et à la transmission de la propriété des effets publics, et généralement à l'exécution des dispositions contenues au présent titre.

Du gage et des commissionnaires. — Du gage.

Le gage constitué soit par un commerçant, soit par un individu non commerçant, pour un acte de commerce, se constate à l'égard des tiers comme à l'égard des parties contractantes. Le gage, à l'égard des valeurs négociables, peut aussi être établi par un endossement régulier, indiquant que les valeurs ont été remises en garantie. A l'égard des actions, des parts d'intérêts et des obligations nominatives des sociétés financières, industrielles, commerciales ou civiles, dont la transmission s'opère par un transfert sur les registres de la société, le gage peut également être établi par un transfert à titre de garantie inscrit sur lesdits registres. Les effets de commerce donnés en gage sont recouvrables par le créancier gagiste.

Dans tous les cas, le privilége ne subsiste sur le gage qu'autant que ce gage a été mis en la possession du créancier ou d'un tiers convenu entre les parties. Le créancier est réputé avoir les marchandises en sa possession, lorsqu'elles sont à sa disposition dans ses magasins ou navires, à la douane ou dans un dépôt public, ou si, avant qu'elles soient arrivées, il en est saisi par un connaissement ou par une lettre de voiture.

A défaut de paiement à l'échéance, le créancier peut, huit jours après une simple signification faite au débiteur et au tiers bailleur du gage, s'il y en a un, faire procéder à la vente publique des objets donnés en gage.

Les ventes autres que celles dont les agents de change peuvent seuls être chargés sont faites par le ministère des courtiers. Toutefois, sur la requête des parties, le président du tribunal de commerce peut désigner, pour y procéder, une autre classe d'officiers publics. Dans ce cas, l'officier public, quel qu'il soit, chargé de la vente, est soumis aux dispositions qui régissent les courtiers relativement aux formes, aux tarifs et à la responsabilité.

Toute clause qui autoriserait le créancier à s'approprier le gage ou à en disposer sans les formalités ci-dessus prescrites, est nulle.

Du commissionnaire en général.

Le commissionnaire est celui qui agit en son propre nom ou sous un nom social pour le compte d'un commettant. Les devoirs et les droits du commissionnaire qui agit au nom d'un commettant sont déterminés par le Code civil.

Tout commissionnaire a privilége sur la valeur des marchandises à lui expédiées, déposées ou consignées, par le fait seul de l'expédition, du dépôt ou de la consignation, pour tous les prêts, avances ou paiements faits par lui, soit avant la réception des marchandises, soit pendant le temps quelles sont en sa possession. Ce privilége ne subsiste que sous la condition ci-dessus prescrite. Dans la créance privilégiée du commissionnaire sont compris, avec le principal, les intérêts, commissions et frais. Si les marchandises ont été livrées pour le compte du commettant, le commissionnaire se rembourse, sur le produit de la vente, du montant de sa créance, par préférence aux créanciers du commettant.

Des commissionnaires pour les transports par terre et par eau.

Le commissionnaire qui se charge d'un transport par terre ou par eau est tenu d'inscrire sur son livre-journal la déclaration de la nature et de la quantité des marchandises, et, s'il en est requis, de leur valeur.

Il est garant de l'arrivée des marchandises et effets dans le délai déterminé par la lettre de voiture, hors les cas de force majeure légalement constatés.

Il est garant des avaries ou pertes de marchandises et effets, s'il n'y a stipulation contraire dans la lettre de voiture, ou force majeure.

Il est garant des faits du commissionnaire intermédiaire auquel il adresse les marchandises.

La marchandise sortie du magasin du vendeur ou de l'expéditeur voyage, s'il n'y a convention contraire, aux risques et périls de celui à qui elle appartient, sauf son recours contre le commissionnaire et le voiturier chargés du transport.

La lettre de voiture forme un contrat entre l'expéditeur et le voiturier, ou entre l'expéditeur, le commissionnaire et le voiturier.

La lettre de voiture doit être datée. — Elle doit exprimer : — la nature et le poids ou la contenance des objets à transporter ; — le délai dans lequel le transport doit être effectué. — Elle indique le nom et le domicile du commissionnaire par l'entremise duquel le transport s'opère, s'il y en a un ; — le nom de celui à qui la marchandise est adressée ; — le nom et le domicile du voiturier. — Elle énonce : le prix de la voiture ; — l'indemnité due pour cause de retard. — Elle est signée par l'expéditeur ou le commissionnaire. — Elle présente en marge les marques et numéros des objets à transporter. — La lettre de voiture est copiée par le commissionnaire sur un registre coté et paraphé, sans intervalle ni de suite.

Du voiturier.

Le voiturier est garant de la perte des objets à transporter, hors le cas de la force majeure. — Il est garant des avaries autres que celles qui proviennent du vice propre de la chose ou de la force majeure.

Si, par l'effet de la force majeure, le transport n'est pas effectué dans le délai convenu, il n'y a pas lieu à indemnité contre le voiturier pour cause de retard.

La réception des objets transportés et le paiement du prix de la voiture éteignent toute action contre le voiturier.

En cas de refus ou contestation pour la réception des objets transportés, leur état est vérifié et constaté par des experts nommés par le président du Tribunal de commerce, ou, à son défaut, par le juge de paix, et par ordonnance au pied d'une requête. — Le dépôt au séquestre, et ensuite le transport dans un dépôt public, peuvent en être ordonnés. — La vente peut en être ordonnée en faveur du voiturier jusqu'à concurrence du prix de la voiture.

Les dispositions contenues dans le présent titre sont communes aux maîtres de bateaux, entrepreneurs de diligences et voitures publiques.

Toutes actions contre le commissionnaire et le voiturier à raison de la perte ou de l'avarie des marchandises sont prescrites après six mois pour les expéditions faites dans l'intérieur de la France, et après un an pour celles faites à l'étranger, le tout à compter, pour les cas de perte, du jour où le transport des marchandises aurait dû être effectué, et, pour le cas d'avarie, du jour où la remise des marchandises aura été faite, sans préjudice des cas de fraude ou d'infidélité.

Des achats et ventes.

Les achats et ventes se constatent : — par actes publics, — par acte sous signature privée ; — par le bordereau ou arrêté d'un agent de change ou courtier, dûment signé par les parties ; — par une facture acceptée ; — par les correspondances ; — par les livres des parties ; — par la preuve testimoniale dans les cas où le tribunal croira devoir l'admettre.

De la lettre de change et de sa forme.

La lettre de change est tirée d'un lieu sur un autre. Elle est datée. — Elle énonce : — la somme à payer ; — le nom de celui qui doit payer ; — l'époque et le lieu où le payement doit s'effectuer ; — la valeur fournie en espèces, en marchandises, en compte, ou de toute autre manière. — Elle est à l'ordre d'un tiers, ou à l'ordre du tireur lui-même. — Si elle est par 1re, 2e, 3e, 4e, etc., elle l'exprime.

Une lettre de change peut être tirée sur un individu, et payable au domicile d'un tiers. — Elle peut être tirée par ordre et pour le compte d'un tiers.

Sont réputées simples promesses, toutes les lettres de change contenant supposition, soit de nom, soit de qualité, soit de dommicile, soit des lieux où elles *sont* tirées ou dans lesquels elles *sont* payables.

La signature des femmes et des filles non négociantes ou marchandes publiques sur lettres de change ne vaut, à leur égard, que comme simple promesse.

Les lettres de change souscrites par des mineurs non négociants sont nulles à leur égard, sauf les droits respectifs des parties.

De la provision.

La provision doit être faite par le tireur, ou par celui pour le compte de qui la lettre de change sera tirée, sans que le tireur cesse d'être personnellement obligé.

Il y a provision si, à l'échéance de la lettre de change, celui sur qui elle est fournie est redevable au tireur, ou à celui pour le compte de qui elle est tirée, d'une somme au moins égale au montant de la lettre de change.

L'acceptation suppose la provision. — Elle en établit la preuve à l'égard des endosseurs, — soit qu'il y ait ou non acceptation; le tireur seul est tenu de prouver, en cas de dénégation, que ceux sur qui la lettre de change était tirée avaient provision à l'échéance : sinon il est tenu de la garantir, quoique le protêt ait été fait après les délais fixés.

De l'acceptation.

Le tireur et les endosseurs d'une lettre de change sont garants solidaires de l'acceptation et du paiement à l'échéance.

Le refus d'acceptation est constaté par un acte que l'on nomme *protêt faute d'acceptation.*

Sur la notification du protêt faute d'acceptation, les endosseurs et le tireur sont respectivement tenus de donner caution pour assurer le paiement de la lettre de change à son échéance, ou d'en effectuer le remboursement avec les frais de protêt et de rechange. — La caution soit du tireur, soit de l'endosseur, n'est solidaire qu'avec celui qu'elle a cautionné.

Celui qui accepte une lettre de change contracte l'obligation d'en payer le montant. — L'accepteur n'est pas restituable contre son acceptation, quand même le tireur aurait failli à son insu avant qu'il eût accepté.

L'acceptation d'une lettre de change doit être signée. — L'acceptation est exprimée par le mot *accepté.* — Elle est datée si la lettre est à un ou plusieurs jours ou mois de vue. — Et, dans ce dernier cas, le défaut de date de l'acceptation rend la lettre exigible au terme y exprimé à compter de sa date.

L'acceptation d'une lettre de change payable dans un autre lieu que celui de la résidence de l'accepteur indique le domicile où le paiement doit être effectué, ou les diligences faites.

L'acceptation ne peut être conditionnelle, mais elle peut être restreinte quant à la somme acceptée. Dans ce cas le porteur est tenu de faire protester la lettre de change pour le surplus.

Une lettre de change doit être acceptée à sa présentation, ou au plus tard dans les vingt-quatre heures de la présentation. — Après les vingt-quatre heures, si elle n'est pas rendue, acceptée ou non acceptée, celui qui l'a retenue est passible de dommages-intérêts envers le porteur.

De l'acceptation par intervention.

Lors du protêt faute d'acceptation, la lettre de change peut être acceptée par un tiers intervenant pour le tireur ou pour l'un des endosseurs. — L'intervention est mentionnée dans l'acte du protêt ; elle est signée par l'intervenant.

L'intervenant est tenu de notifier sans délai son intervention à celui pour qui il est intervenu.

Le porteur de la lettre de change conserve tous ses droits contre le tireur et les endosseurs, à raison du défaut d'acceptation par celui sur qui la lettre a été tirée, nonobstant toutes acceptations par intervention.

De l'échéance.

Une lettre de change peut être tirée à vue :

A un ou plusieurs jours
A un ou plusieurs mois } de vue ;
A une ou plusieurs usances

A un ou plusieurs jours
A un ou plusieurs mois } de date ;
A une ou plusieurs usances

A jour fixe ou à jour déterminé, en foire.

La lettre de change à vue est payable à sa présentation.

L'échéance d'une lettre de change,

A un ou plusieurs jours
A un ou plusieurs mois } de vue,
A une ou plusieurs usances

est fixée par la date de l'acceptation, ou par celle du protêt faute d'acceptation.

L'usance est de trente jours, qui courent du lendemain de la date de la lettre de change. — Les mois sont tels qu'ils sont fixés par le calendrier grégorien.

Une lettre de change payable en foire est échue la veille du jour fixé pour la clôture de la foire, ou le jour de la foire, si elle ne dure qu'un jour.

Si l'échéance d'une lettre de change est à un jour férié légal, elle est payable la veille.

Tous les délais de grâce, de faveur, d'usage ou d'habitude locale pour le paiement des lettres de change sont abrogés.

De l'endossement.

La propriété d'une lettre de change se transmet par la voie de l'endossement.

L'endossement est daté. — Il exprime la valeur fournie. — Il énonce le nom de celui à l'ordre de qui il est passé.

Si l'endossement n'est pas conforme aux dispositions du paragraphe précédent, il n'opère pas le transport; il n'est qu'une procuration.

Il est défendu d'antidater les ordres, à peine de faux.

De la solidarité.

Tous ceux qui ont signé, accepté ou endossé une lettre de change sont tenus à la garantie solidaire envers le porteur.

De l'aval.

Le paiement d'une lettre de change, indépendamment de l'acceptation et de l'endossement, peut être garanti par un aval.

Cette garantie est fournie par un tiers sur la lettre même ou par acte séparé.— Le donneur d'aval est tenu solidairement et par les mêmes voies que les tireur et endosseur, sauf les conventions différentes des parties.

Du paiement.

Une lettre de change doit être payée dans la monnaie qu'elle indique.

Celui qui paie une lettre de change avant son échéance est responsable de la validité du paiement.

Celui qui paie une lettre de change à son échéance et sans opposition est présumé valablement libéré.

Le porteur d'une lettre de change ne peut être contraint d'en recevoir le paiement avant l'échéance.

Le paiement d'une lettre de change fait sur une seconde, troisième, quatrième, etc., est valable lorsque la seconde, troisième, etc., porte que ce paiement annule l'effet des autres.

Celui qui paie une lettre de change sur une seconde, troisième, quatrième, etc., sans retirer celle sur laquelle se trouve son acceptation, n'opère point sa libération à l'égard du tiers porteur de son acceptation.

Il n'est admis d'opposition au paiement qu'en cas de perte de la lettre de change ou de la faillite du porteur.

En cas de perte d'une lettre de change *non acceptée,* celui à qui elle appartient peut en poursuivre le paiement sur la seconde, troisième, quatrième, etc.

Si la lettre de change perdue est revêtue de l'acceptation, le paiement ne peut en être exigé sur une seconde, troisième, quatrième, etc., que par ordonnance du juge, et en donnant caution.

Si celui qui a perdu la lettre de change, qu'elle soit acceptée ou non, ne peut représenter la seconde, troisième, quatrième, etc., il peut demander le paiement de la lettre de change perdue, et l'obtenir par l'ordonnance du juge en justifiant de sa propriété par ses livres, et en donnant caution.

En cas de refus de paiement, sur la demande formée en vertu des deux paragraphes précédents, le propriétaire de la lettre de change perdue conserve tous ses droits par un acte de protestation. — Cet acte doit être fait le lendemain de l'échéance de la lettre de change perdue. — Il doit être notifié au tireur et endosseur dans les formes et délais prescrits ci-après pour la notification du protêt.

Le propriétaire de la lettre de change égarée doit, pour s'en procurer la seconde, s'adresser à son endosseur immédiat, qui est tenu de lui prêter son nom et ses soins pour agir envers son propre endosseur; et ainsi en remontant d'endosseur en endosseur jusqu'au tireur de la lettre. Le propriétaire de la lettre de change égarée supportera les frais.

L'engagement de la caution est éteint après trois ans, si, pendant ce temps, il n'y a eu ni demandes ni poursuites juridiques.

Les paiements faits à compte sur le montant d'une lettre de change sont à la décharge des tireur et endosseurs. — Le porteur est tenu de faire protester la lettre de change pour le surplus.

Les juges ne peuvent accorder aucun délai pour le paiement d'une lettre de change.

Du payement par intervention.

Une lettre de change protestée peut être payée par tout intervenant pour le tireur ou pour l'un des endosseurs. — L'intervention et le paiement seront constatés dans l'acte de protêt ou à la suite de l'acte.

Celui qui paie une lettre de change par intervention est subrogé aux droits du porteur, et tenu des mêmes devoirs pour les formalités à remplir. — Si le payement par intervention est fait pour le compte du tireur, tous les endosseurs sont libérés. — S'il est fait pour un endosseur, les endosseurs subséquents sont libérés. — S'il y a concurrence pour le payement d'une lettre de change par intervention, celui qui opère le plus de libération est préféré. — Si celui sur qui la lettre était originairement tirée, et sur qui a été fait le protêt faute d'acceptation, se présente pour la payer; il sera préféré à tous les autres.

Des droits et devoirs du porteur.

Le porteur d'une lettre de change tirée du continent et des îles de l'Europe et de l'Algérie, soit à vue, soit à un ou plusieurs jours, mois ou usances de vue, doit en exiger le paiement ou l'acceptation dans les trois mois de sa date, sous peine de perdre son recours sur les endosseurs et même sur le tireur, si celui-ci a fait provision. Le délai est de quatre mois pour les lettres de change tirées des États du littoral de la Méditerranée et du littoral de la Mer Noire sur les possessions européennes de la France, et réciproquement, du continent et des îles de l'Europe sur les établissements français de la Méditerranée et de la mer Noire. — Le délai est de six mois pour les lettres de change tirées des États d'Afrique en deçà du cap de Bonne-Espérance, et des États d'Amérique en deçà du cap Horn, sur les possessions européennes de la France, et réciproquement, du continent et des îles de l'Europe sur les possessions françaises ou établissements français dans les États d'Afrique en deçà du cap de Bonne-Espérance, et dans les États d'Amérique en deçà du cap Horn. Le délai est d'un an pour les lettres de change tirées de toute autre partie du monde sur les possessions européennes de la France, et réciproquement, du continent et des îles de l'Europe sur les possessions françaises et les établissements français dans toute autre partie du monde. — La même échéance aura lieu contre le porteur d'une lettre de change à vue, à un ou plusieurs jours, mois ou usances de vue, tirées de la France, des possessions ou établissements français et payable dans les pay étrangers, qui n'en exigera pas le paiement ou l'acceptation dans les délais ci-dessus prescrits pour chacune des distances respectives. Les délais ci-dessus seront doublés en temps de guerre maritime pour les pays d'outre-mer. Les dispositions ci-dessus ne préjudicieront néanmoins pas aux stipulations contraires qui pourraient intervenir entre le preneur, le tireur et même les endosseurs.

Le porteur d'une lettre de change doit en exiger le payement le jour de son échéance.

Le refus du paiement doit être constaté, le lendemain du jour de l'échéance, par un acte que l'on nomme *protêt faute de paiement.* — Si ce jour est un jour férié légal, le protêt est fait le jour suivant.

Le porteur n'est dispensé du protêt faute de payement ni par le protêt faute d'acceptation, ni par la mort ou faillite de celui sur qui la lettre de change est tirée. — Dans le cas de faillite de l'accepteur avant l'échéance, le porteur peut faire protester et exercer son recours.

Le porteur d'une lettre de change protestée faute de paiement peut exercer son action en garantie : — ou individuellement contre le tireur et chacun des endosseurs, — ou collectivement contre les endosseurs et le tireur. — La même faculté existe pour chacun des endosseurs à l'égard du tireur et des endosseurs qui le précèdent.

Si le porteur exerce le recours individuellement contre son cédant, il doit lui faire notifier le protêt, et, à défaut de remboursement, le faire citer en jugement dans les quinze jours qui suivent la date du protêt si celui-ci réside dans la distance de cinq myriamètres. — Ce délai, à l'égard du cédant domicilié à plus de cinq myriamètres de l'endroit où la lettre de change était payable, sera augmenté d'un jour par deux myriamètres et demi excédant les cinq myriamètres.

Les lettres de change tirées de France et payables hors du territoire continental de la France en Europe étant protestées, les tireurs et endosseurs résidant en France seront poursuivis dans les délais ci-après : d'un mois pour celles qui étaient payables en Corse, en Algérie, dans les Iles Britanniques, en Italie, dans le royaume des Pays-Bas et dans les États ou Confédérations limitrophes de la France ; de deux mois pour celles qui étaient payables dans les autres États soit de l'Europe, soit du littéral de la Méditerranée et de celui de la mer Noire ; de cinq mois pour celles qui étaient payables hors d'Europe, en deçà des détroits de Malacca et de la Sonde, et en deçà du cap Horn. De huit mois pour celles qui étaient payables au delà des détroits de Malacca et de la Sonde, et au delà du cap Horn. Ces délais seront observés dans les mêmes proportions pour le recours à exercer contre les tireurs et endosseurs résidant dans les possessions françaises hors de la France continentale.

Les délais ci-dessus seront doublés pour les pays d'outre-mer en cas de guerre maritime.

Des droits et devoirs de l'endosseur et du tireur.

Si le porteur exerce son recours collectivement contre les endosseurs et le tireur, il jouit, à l'égard de chacun d'eux, du délai déterminé par les paragraphes précédents. Chacun des endosseurs a le droit d'exercer le même recours, ou individuellement, ou collectivement dans le même délai. — A leur égard, le délai court du lendemain de la date de la citation en justice.

Après l'expiration des délais ci-dessus, — pour la présentation de la lettre de change à vue, ou à un ou plusieurs jours ou mois, ou usances de vue, — pour le protêt faute de paiement, — pour l'exercice de l'action en garantie, — le porteur de la lettre de change est déchu de tous droits contre les endosseurs.

Les endosseurs sont également déchus de toute action en garantie contre leurs cédants, après les délais ci-dessus prescrits chacun en ce qui le concerne.

La même déchéance a lieu contre le porteur et les endosseurs, à l'égard du tireur lui-même, si ce dernier justifie qu'il y avait provision à l'échéance de la lettre de change. — Le porteur, en ce cas, ne conserve d'action que contre celui sur qui la lettre était tirée.

Les effets de la déchéance prononcée par les trois paragraphes précédents cessent en faveur du porteur, contre le tireur, ou contre celui des endosseurs qui, après l'expiration des délais fixés pour le protêt, la notification du protêt ou la citation en jugement, a reçu, par compte, compensation ou autrement, les fonds destinés au paiement de la lettre de change.

Indépendamment des formalités prescrites pour l'exercice de l'action en garantie, le porteur d'une lettre de change protestée faute de paiement peut, en obtenant la permission du juge, saisir conservatoirement les effets mobiliers des tireurs, accepteurs et endosseurs.

Des protêts.

Les protêts faute d'acceptation ou de paiement sont faits par deux notaires, ou par un notaire et deux témoins, ou par un huissier et deux témoins. Le protêt doit être fait au domicile de celui sur qui la lettre de change était payable ou à son dernier domicile connu ; — au domicile des personnes indiquées par la lettre de change pour la payer au besoin ; — au domicile du tiers qui a accepté par intervention ; le tout par un seul et même acte. — En cas de fausse indication de domicile, le protêt est précédé d'un acte de perquisition.

L'acte de protêt contient la transcription littérale de la lettre de change, de l'acceptation, des endossements et des recommandations qui y sont indiquées ; — la sommation de payer le montant de la lettre de change. Il énonce la présence ou l'absence de celui qui doit payer ; — les motifs de refus de payer et l'impuissance ou le refus de signer.

Nul acte, de la part du porteur de la lettre de change, ne peut suppléer l'acte du protêt, hors le cas prévu par la loi touchant la lettre de change.

Les notaires et les huissiers sont tenus, à peine de destitution, dépens, dommages-intérêts envers les parties, de laisser copie exacte des protêts, et de les inscrire en entier, jour par jour et par ordre de dates, dans un registre particulier, coté, paraphé et tenu dans les formes prescrites pour les répertoires.

Le rechange s'effectue par une retraite.

Du rechange.

La retraite est une nouvelle lettre de change au moyen de laquelle le porteur se rembourse sur le tireur, ou sur l'un des endosseurs, du principal de la lettre protestée, de ses frais et du nouveau change qu'il paie.

Le rechange se règle, à l'égard du tireur, par le cours du change du lieu où la lettre de change était payable sur le lieu d'où elle a été tirée. Il se règle, à l'égard des endosseurs, par le cours du change du lieu où la lettre de change a été remise ou négociée par eux, sur le lieu où le remboursement s'effectue.

La retraite est accompagnée d'un compte de retour.

Le compte de retour comprend : — le principal de la lettre de change protestée ;— les frais de protêts et autres frais légitimes tels que commission de banque, courtage, timbre et port de lettres. — Il énonce le nom de celui sur qui la retraite est faite, et le prix du change auquel elle est négociée. — Il est certifié par un agent de change. — Dans les lieux où il n'y a pas d'agent de change, il est certifié par deux commerçants.— Il est accompagné de la lettre de change protestée, du protêt, ou d'une expédition de l'acte de protêt. — Dans le cas où la retraite est faite sur l'un des endosseurs, elle est accompagnée en outre d'un certificat qui constate le cours du change du lieu où la lettre de change était payable sur le lieu d'où elle a été tirée.

Il ne peut être fait plusieurs comptes de retour sur une même lettre de change. Ce compte de retour est remboursé d'endosseur à endosseur respectivement, et définitivement par le tireur.

Les rechanges ne peuvent être cumulés. Chaque endosseur n'en supporte qu'un seul, ainsi que le tireur.

L'intérêt du principal de la lettre de change protestée faute de payement est dû à compter du jour du protêt.

L'intérêt des frais de protêt, rechange et autres frais légitimes n'est dû qu'à compter du jour de la demande en justice.

Il n'est point dû de rechange si le compte de retour n'est pas accompagné de certificats d'agents de change ou de commerçants.

Du billet à ordre.

Toutes les dispositions relatives aux lettres de change et concernant: — l'échéance ; — l'endossement ; — la solidarité ; — l'aval ; — le payement par intervention ; — le protêt ; — les devoirs et droits du porteur ; — le rechange ou les intérêts sont applicables aux billets à ordre, sans préjudice des dispositions relatives aux cas prévus par la loi.

Le billet à ordre est daté. — Il énonce : — la somme à payer ; — le nom de celui à l'ordre de qui il est souscrit ; — l'époque à laquelle le payement doit s'effectuer ; la valeur qui a été fournie en espèces, en marchandises, en compte, ou de toute autre manière.

De la prescription.

Toutes actions relatives aux lettres de change, et à ceux des billets à ordre souscrits par des négociants, marchands ou banquiers, ou pour faits de commerce, se prescrivent par cinq ans à compter du jour du protêt, ou de la dernière poursuite juridique, s'il n'y a eu condamnation, ou si la dette n'a été reconnue par acte séparé. Néanmoins les prétendus débiteurs seront tenus, s'ils en sont requis, d'affirmer, sous serment, qu'ils ne sont plus redevables ; et leurs veuves, héritiers ou ayants cause, qu'ils estiment de bonne foi qu'il n'est rien dû.

CHAPITRE III

Des faillites et banqueroutes. — Des faillites. — De la déclaration de faillite et de ses effets.— De la nomination du juge-commissaire. — De l'apposition des scellés et des premières dispositions à l'égard de la personne du failli. — De la nomination et du remplacement des syndics provisoires.— Des fonctions des syndics. — Dispositions générales. — De la levée des scellés et de l'inventaire. — De la vente des marchandises et meubles, et des recouvrements. — Des actes conservatoires. — De la vérification des créances. — Du concordat et de l'union. — De la convocation et de l'assemblée des créanciers. — De la formation du concordat. — Des effets du concordat. — De l'annulation ou de la résiliation du concordat. — De la clôture en cas d'insuffisance de l'actif. — De l'union des créanciers. — Des différentes espèces de créanciers et de leurs droits en cas de faillite. — Des co-obligés et des cautions. — Des créanciers nantis de gages et des créanciers privilégiés sur les biens meubles. — Des droits des créanciers hypothécaires et privilégiés sur les immeubles. — Des droits des femmes. — De la répartition entre les créanciers et de la liquidation du mobilier. — De la vente des immeubles du failli. — De la revendication. — Des voies de recours contre les jugements rendus en matière de faillite. — Des banqueroutes. — De la banqueroute simple. — De la banqueroute frauduleuse. — Des crimes et des délits commis dans les faillites par d'autres que par les faillis. — De l'administration des biens en cas de banqueroute. — De la réhabilitation.

Des faillites et banqueroutes.

Tout commerçant qui cesse ses payements est en état de faillite. — La faillite d'un commerçant peut être déclarée après son décès, lorsqu'il est mort en état de cessation de payement. — La déclaration de faillite ne pourra être soit prononcée d'office, soit demandée par les créanciers, que dans l'année qui suivra le décès.

De la déclaration de faillite et de ses effets.

Tout failli sera tenu, dans les trois jours de la cessation de ses payements, d'en faire la déclaration au greffe du Tribunal de Commerce de son domicile. Le jour de la cessation de payement sera compris dans les trois jours. — En cas de faillite d'une société en nom collectif, la déclaration contiendra le nom et l'indication du domicile de chacun des associés solidaires. Elle sera faite au greffe du tribunal dans le ressort duquel se trouve le siége du principal établissement de la Société.

La déclaration du failli devra être accompagnée du dépôt du bilan, ou contenir l'indication des motifs qui empêcheraient le failli de le déposer. Le bilan contiendra l'énumération de tous les biens mobiliers et immobitiers du débiteur, l'état des profits et pertes; le tableau des dépenses; il devra être certifié valable, daté et signé par le débiteur.

La faillite est déclarée par jugement du Tribunal de Commerce, rendu soit sur la déclaration du failli, soit à la requête d'un ou de plusieurs créanciers, soit d'office. Ce jugement sera exécuté provisoirement.

Par le jugement déclaratif de la faillite, ou par jugement ultérieur rendu sur le rapport du juge-commissaire, le tribunal déterminera, soit d'office, soit sur la poursuite de toute partie intéressée, l'époque à laquelle a eu lieu la cessation de payement. A défaut de détermination spéciale, la cessation de payement sera réputée avoir eu lieu à partir du jugement déclaratif de la faillite.

Les jugements rendus en vertu des deux paragraphes précédents seront affichés et insérés par extrait dans les journaux, tant du lieu où la faillite a été déclarée que de tous les lieux où le failli aura des établissements commerciaux.

Le jugement déclaratif de la faillite emporte de plein droit, à partir de sa date, dessaisissement pour le failli de l'administration de tous ses biens, même de ceux qui peuvent lui échoir tant qu'il est en état de faillite. — A partir de ce jugement, toute action mobilière ou immobilière ne pourra être suivie ou intentée que contre les syndics. Il en sera de même de toute voie d'exécution, tant sur les meubles que sur les immeubles. — Le tribunal, lorsqu'il le jugera convenable, pourra rece[illegible]r le failli partie intervenante.

Le jugement déclaratif de faillite rend exigibles, à l'égard du failli, les dettes passives non échues. — En cas de faillite du souscripteur d'un billet à ordre, de l'accepteur d'une lettre de change ou du tireur à défaut d'acceptation, les autres obligés seront tenus de donner caution pour le paiement à l'échéance, s'ils n'aiment mieux payer immédiatement.

Le jugement déclaratif de faillite arrête, à l'égard de la masse seulement, le cours des intérêts de toute créance non garantie par un privilége, par un nantissement ou par une hypothèque. — Les intérêts des créances garanties ne pourront être réclamés que sur les sommes provenant des biens affectés au privilége, à l'hypothèque ou au nantissement.

Sont nuls et sans effet, relativement à la masse, lorsqu'ils auront été faits par le débiteur depuis l'époque déterminée par le tribunal comme étant celle de la cessation de ses paiements, ou dans les dix jours qui auront précédé cette époque : — tous actes translatifs de propriétés mobilières ou immobilières à titre gratuit; tous paiements soit en espèces, soit par transport, vente, compensation ou autrement, pour dettes non échues, et pour dettes échues, tous paiements faits autrement qu'en espèces ou effets de commerce; toute hypothèque conventionnelle ou judiciaire, et tous droits d'antichrèse ou de nantissement constitués sur les biens du débiteur pour dettes antérieurement contractées.

Tous autres paiements faits par le débiteur pour dettes échues, et tous autres actes à titre onéreux par lui passés après la faillite, pourront être annulés si, de la part de ceux qui ont reçu du débiteur ou qui ont traité avec lui, ils ont eu lieu avec connaissance de la cessation de ses paiements.

Les droits d'hypothèque et de privilége valablement acquis pourront être inscrits jusqu'au jour du jugement déclaratif de la faillite. — Néanmoins les inscriptions prises après l'époque de la cessation de paiement, ou dans les dix jours qui précèdent, pourront être déclarées nulles, s'il s'est écoulé plus de quinze jours entre la date de l'acte constitutif de l'hypothèque ou du privilége et celle de l'inscription. — Ce délai sera augmenté d'un jour à raison de cinq myriamètres de distance entre le lieu où le droit d'hypothèque aura été acquis et le lieu où l'inscription sera prise.

Dans le cas où les lettres de change auraient été payées après l'époque fixée comme étant celle de la cessation de paiement et avant le jugement déclaratif de faillite, l'action en rapport ne pourra être intentée que contre celui pour le compte duquel la lettre de change aura été fournie. — S'il s'agit d'un billet à ordre, l'action ne pourra être exercée que contre le premier endosseur. — Dans l'un et l'autre cas, la preuve que celui à qui on demande le rapport avait connaissance de la cessation de payement à l'époque de l'émission du titre, devra être fournie.

Toutes voies d'exécution pour parvenir au paiement des loyers sur les effets mobiliers servant à l'exploitation du commerce du failli, seront suspendues pendant trente jours à partir du jugement déclaratif de faillite, sans préjudice de toutes mesures conservatoires, et du droit, qui serait acquis au propriétaire, de reprendre possession des lieux loués. Dans ce cas, la suspension des voies d'exécution établie au présent paragraphe cessera de plein droit.

De la nomination du juge-commissaire.

Par le jugement qui déclarera la faillite, le Tribunal de Commerce désignera l'un de ses membres pour juge-commissaire.

Le juge-commissaire sera chargé spécialement d'accélérer et de surveiller les opérations de la gestion de la faillite. — Il fera au Tribunal de Commerce le rapport de toutes les contestations que la faillite pourra faire, et qui seront de la compétence de ce tribunal.

Les ordonnances du juge-commissaire seront susceptibles de recours dans les cas prévus par la loi. Ces recours seront portés devant le Tribunal de Commerce.

De l'apposition des scellés et des premières dispositions à l'égard de la personne du failli.

Par le jugement qui déclarera la faillite, le tribunal ordonnera l'apposition des scellés et le dépôt de la personne du failli dans la maison d'arrêt pour dettes, ou la garde de sa personne par un officier de police ou de justice, ou par un gendarme. — Néanmoins si le juge-commissaire estime que l'actif du failli peut être inventorié en un seul jour, il ne sera point apposé de scellés, et il devra être immédiatement procédé à l'inventaire. Il ne pourra, en cet état, être reçu, contre le failli, d'écrou ou recommandation pour aucune espèce de dettes.

Lorsque le failli se sera conformé à la loi et ne sera point, au moment de la déclaration, incarcéré pour dettes ou pour autre cause, le tribunal pourra l'affranchir du dépôt ou de la garde de sa personne. — La disposition du jugement qui affranchirait le failli du dépôt ou de la garde de sa personne pourra toujours, suivant les circonstances, être ultérieurement rapportée par le Tribunal de Commerce, même d'office.

Le greffier du Tribunal de commerce adressera, sur-le-champ, au juge de paix, avis de la disposition du jugement qui aura ordonné l'apposition des scellés, soit d'office, soit sur la réquisition d'un ou de plusieurs créanciers, mais seulement dans le cas de disparition du débiteur ou de détournement de tout ou partie de son actif.

Les scellés seront apposés sur les magasins, comptoirs, caisses, portefeuilles, livres, papiers, meubles et effets du failli. — En cas de faillite d'une Société en nom collectif, les scellés seront apposés non-seulement dans le siége principal de la Société, mais encore dans le domicile séparé de chacun des associés solidaires. — Dans tous les cas, le juge de paix donnera, sans délai, au président du Tribunal de Commerce, avis de l'apposition des scellés.

Le greffier du Tribunal de Commerce adressera, dans les vingt-quatre heures, au procureur de la République du ressort, extrait des jugements déclaratifs de faillite, mentionnant les principales indications et dispositions qu'ils contiennent.

Les dispositions qui ordonneront le dépôt de la personne du failli dans une maison d'arrêt, ou la garde de sa personne, seront exécutées à la diligence soit du ministère public, soit des syndics de la faillite.

Lorsque les deniers appartenant à la faillite ne pourront suffire immédiatement aux frais du jugement de déclaration de la faillite, d'affiche et d'insertion de ce jugement dans les journaux, d'apposition des scellés, d'arrestation et d'incarcération du failli, l'avance de ces frais sera faite, sur ordonnance du juge-commissaire, par le Trésor public, qui en sera remboursé par privilége.

De la nomination et du remplacement des syndics provisoires.

Par le jugement qui déclarera la faillite, le Tribunal de Commerce nommera un ou plusieurs syndics provisoires.

Le juge-commissaire convoquera immédiatement les créanciers présumés à se réunir dans un délai qui n'excédera pas quinze jours. Il consultera les créanciers présents à cette réunion, tant sur la composition de l'état des créanciers présumés, que sur la nomination de nouveaux syndics. Il sera dressé procès-verbal de leurs dires et observations, lequel sera représenté au tribunal. — Sur le vu de ce procès-verbal et de l'état des créanciers présumés et sur le rapport du juge-commissaire, le tribunal nommera de nouveaux syndics ou continuera les premiers dans leurs fonctions. — Les syndics ainsi institués sont définitifs; cependant ils peuvent être remplacés par le Tribunal de Commerce, dans les cas et suivant les formes qui seront déterminés. Le nombre des syndics pourra être, à toute époque, porté jusqu'à trois; ils pourront être choisi parmi les personnes étrangères à la masse, et recevoir, quelle que soit leur qualité, après avoir rendu compte de leur gestion, une indemnité que le tribunal arbitrera sur le rapport du juge-commissaire.

Aucun parent ou allié du failli, jusqu'au quatrième degré inclusivement, ne pourra être nommé syndic.

Lorsqu'il y aura lieu de procéder à l'adjonction ou au remplacement d'un ou plusieurs syndics, il en sera référé par le juge-commissaire au Tribunal de Commerce, qui procédera à la nomination suivant les formes établies.

S'il a été nommé plusieurs syndics, ils ne pourront agir que collectivement; néanmoins le juge-commissaire peut donner à un ou à plusieurs d'entre eux des autorisations spéciales à l'effet de faire séparément certains actes d'administration. Dans ce dernier cas, les syndics autorisés seront seuls responsables.

S'il s'élève des réclamations contre quelqu'une des opérations des syndics, le juge-commissaire statuera, dans le délai de trois jours, sauf recours devant le Tribunal de Commerce. — Les décisions du juge-commissaire sont exécutoires par provision.

Le juge-commissaire pourra, soit sur les réclamations à lui adressées par le failli ou par des créanciers, soit même d'office, proposer la révocation d'un ou de plusieurs des syndics.— Si, dans les huit jours, le juge-commissaire n'a pas fait droit aux réclamations qui lui ont été adressées, ces réclamations pourront être portées devant le tribunal. — Le tribunal, en chambre de conseil, entendra le rapport du juge-commissaire et les explications des syndics, et prononcera à l'audience sur la révocation.

Des fonctions des syndics. — Dispositions générales.

Si l'apposition des scellés n'a point eu lieu avant la nomination des syndics, ils requerront le juge de paix d'y procéder.

Le juge-commissoire pourra également, sur la demande des syndics, les dispenser de faire placer sous les scellés, ou les autoriser à en faire extraire : — 1° les vêtements, hardes, meubles et effets nécessaires au failli et à sa famille, et dont la délivrance sera autorisée par le juge-commissaire, sur l'état que lui en soumettront les syndics ; — 2° les objets sujets à dépérissement prochain ou à dépréciation imminente ; — 3° les objets servant à l'exploitation du fonds de commerce, lorsque cette exploitation ne pourrait être interrompue sans préjudice pour les créanciers. Les objets compris dans les deux paragraphes précédents seront de suite inventoriés avec prisée par les syndics, en présence du juge de paix, qui signera le procès-verbal.

La vente des objets sujets à dépérissement ou à dépréciation imminente, ou dispendieux à conserver, et l'exploitation du commerce, auront lieu à la diligence des syndics, sur l'autorisation du juge-commissaire.

Les livres seront extraits des scellés par lui ; il constatera sommairement, par son procès-verbal, l'état dans lequel ils se trouveront.— Les effets de portefeuilles à courte échéance ou susceptibles d'acceptation, ou pour lesquels il faudra faire des actes conservatoires, seront aussi extraits des scellés par le juge de paix, décrits et remis aux syndics pour en faire le recouvrement. Le bordereau en sera remis au juge-commissaire. — Les autres créances seront recouvrées par les syndics sur leurs quittances. Les lettres adressées au failli seront remises aux syndics, qui les ouvriront ; il pourra, s'il est présent, assister à l'ouverture.

Le juge-commissaire, d'après l'état apparent des affaires du failli, pourra proposer sa mise en liberté avec sauf-conduit provisoire de sa personne. Si le tribunal accorde le sauf-conduit, il pourra obliger le failli à fournir caution de se représenter, sous peine du paiement d'une somme que le tribunal arbitrera, et qui sera dévolue à la masse.

A défaut, par le juge-commissaire, de proposer un sauf-conduit pour le failli, ce dernier pourra présenter sa demande au Tribunal de Commerce, qui statuera, en audience publique, après avoir entendu le juge-commissaire.

Le failli pourra obtenir pour lui et sa famille, sur l'actif de sa faillite, des secours alimentaires, qui seront fixés, sur la proposition des syndics, par le juge-commissaire, sauf appel au tribunal en cas de contestation.

Les syndics appelleront le failli auprès d'eux pour clore et arrêter les livres en sa présence. — S'il ne se rend pas à l'invitation, il sera sommé de comparaître dans les quarante-huit heures au plus tard. — Soit qu'il ait ou non obtenu un sauf-conduit, il pourra comparaître par fondés de pouvoirs, s'il justifie de causes d'empêchement reconnues valables par le juge-commissaire.

Dans le cas où le bilan n'aurait pas été déposé par le failli, les syndics le dresseront immédiatement à l'aide des livres et papiers du failli et des renseignements qu'ils se procureront, et ils le déposeront au greffe du Tribunal de Commerce.

Le juge-commissaire est autorisé à entendre le failli, ses commis et employés, et toute autre personne, tant sur ce qui concerne la formation du bilan que sur les causes et les circonstances de la faillite.

Lorsqu'un commerçant aura été déclaré en faillite, après son décès, ou lorsque le failli viendra à décéder après la déclaration de la faillite, sa veuve, ses enfants, ses héritiers pourront se présenter ou se faire représenter pour le suppléer dans la formation du bilan, ainsi que dans toutes les autres opérations de la faillite.

De la levée des scellés et de l'inventaire.

Dans les trois jours, les syndics requerront la levée des scellés et procéderont à l'inventaire des biens du failli, lequel sera présent ou dûment appelé.

L'inventaire sera dressé en double minute par les syndics, à mesure que les scellés seront levés, et en présence du juge de paix, qui le signera à chaque vacation. L'une de ces minutes sera déposée au greffe du Tribunal de Commerce, dans les vingt-quatre heures ; l'autre restera entre les mains des syndics. — Les syndics seront libres de se faire aider, pour sa rédaction comme pour l'estimation des objets, par qui ils jugeront convenable. — Il sera fait récollement des objets qui n'auraient pas été mis sous scellés et auraient déjà été inventoriés et prisés.

En cas de déclaration de faillite après décès, lorsqu'il n'aura point été fait d'inventaire antérieurement à cette déclaration, ou en cas de décès du failli avant l'ouverture de l'inventaire, il y sera procédé immédiatement, dans les formes du précédent paragraphe, et en présence des héritiers, ou eux dûment appelés.

En toute faillite, les syndics, dans la quinzaine de leur entrée ou de leur maintien en fonctions, seront tenus de remettre au juge-commissaire un mémoire ou compte sommaire de l'état apparent de la faillite, de ses principales causes et circonstances, et des caractères qu'elle paraît avoir. Le juge-commissaire transmettra immédiatement les mémoires, avec ses observations, au procureur de la République. S'ils ne lui ont pas été remis dans les délais prescrits, il devra en prévenir le procureur de la République, et lui indiquer les causes du retard. — Les officiers du ministère public pourront se transporter au domicile du failli et assister à l'inventaire. — Ils auront, à toute époque, le droit de requérir communication de tous les actes, livres ou papiers relatifs à la faillite.

De la vente des marchandises et meubles, et des recouvrements.

L'inventaire terminé, les marchandises, l'argent, les titres actifs, les livres et papiers, meubles et effets du débiteur, seront remis aux syndics, qui s'en chargeront au bas dudit inventaire.

Les syndics continueront de procéder, sous la surveillance du juge-commissaire, au recouvrement des dettes actives.

Le juge-commissaire pourra, le failli entendu ou dûment appelé, autoriser les syndics à procéder à la vente des effets mobiliers ou marchandises. — Il décidera si la vente se fera soit à l'amiable, soit aux enchères publiques, par l'entremise de courtiers ou de tous autres officiers publics préposés à cet effet. — Les syndics choisiront, dans la classe d'officiers publics déterminée par le juge-commissaire, celui dont ils voudront employer le ministère.

Les syndics pourront, avec l'autorisation du juge-commissaire, et le failli dûment appelé, transiger sur toutes contestations qui intéressent la masse, même sur celles qui sont relatives à des droits et actions immobiliers. — Si l'objet de la transaction est d'une valeur indéterminée ou qui excède 300 francs, la transaction ne sera obligatoire qu'après avoir été homologuée, savoir : par le Tribunal de Commerce pour les transactions relatives à des droits mobiliers, et par le tribunal civil pour les transactions relatives à des droits immobiliers. — Le failli sera appelé à l'homologation; il aura, dans tous les cas, la faculté de s'y opposer. Son opposition suffira pour empêcher la transaction, si elle a pour objet des biens immobiliers.

Si le failli a été affranchi du dépôt, ou s'il a obtenu un sauf-conduit, les syndics pourront l'employer pour faciliter et éclairer leur gestion; le juge-commissaire fixera les conditions de son travail.

Les deniers provenant des ventes et des recouvrements seront, sous la déduction des sommes arbitrées par le juge-commissaire, pour le montant des dépenses et frais, versés immédiatement à la Caisse des dépôts et consignations. Dans les trois jours de recettes, il sera justifié au juge-commissaire desdits versements; en cas de retard, les syndics devront les intérêts des sommes qu'ils n'auront point versées. Les deniers versés par les syndics, et tous les autres consignés par des tiers, pour compte de la faillite, ne pourront être retirés qu'en vertu d'une ordonnance du juge-commissaire. S'il existe des oppositions, les syndics devront préalablement en obtenir la mainlevée.

Le juge-commissaire pourra ordonner que le versement soit fait par la caisse directement entre les mains des créanciers de la faillite, sur un état de répartition dressé par les syndics et ordonnancé par lui.

Des actes conservatoires.

A compter de leur entrée en fonctions, les syndics seront tenus de faire tous actes pour la conservation des droits du failli contre ses débiteurs. Ils seront aussi tenus de requérir l'inscription aux hypothèques sur les immeubles des débiteurs du failli, si elle n'a pas été requise par lui; l'inscription sera prise au nom de la masse par les syndics, qui joindront à leurs bordereaux un certificat constatant leur nomination. Ils seront tenus aussi de prendre inscription, au nom de la masse des créanciers, sur les immeubles du failli dont ils connaîtront l'existence. L'inscription sera reçue sur un simple bordereau énonçant qu'il y a faillite, et relatant la date du jugement par lequel ils auront été nommés.

De la vérification des créances.

A partir du jugement déclaratif de la faillite, les créanciers pourront remettre au greffier leurs titres, avec un bordereau indicatif des sommes par eux réclamées. Le greffier devra en tenir état et en donner récépissé. — Il ne sera responsable des titres que pendant cinq années, à partir du jour de l'ouverture du procès-verbal de vérification.

Les créanciers qui, à l'époque du maintien ou du remplacement des syndics, n'auront pas remis leurs titres, seront immédiatement avertis, par des insertions dans les journaux et par lettres du greffier, qu'ils doivent se présenter en personne ou par fondés de pouvoirs, dans le délai de vingt jours à partir desdites insertions, aux syndics de la faillite et leur remettre leurs titres accompagnés d'un bordereau indicatif des sommes par eux réclamées, si mieux ils n'aiment en faire le dépôt au greffe du Tribunal de Commerce; il leur en sera donné récépissé. —A l'égard des créanciers domiciliés en France, hors du lieu où siége le tribunal saisi de l'instruction de la faillite, ce délai sera augmenté d'un jour par cinq myriamètres de distance entre le lieu où siége le tribunal et le domicile du créancier.

La vérification des créances commencera dans les trois jours de l'expiration des délais déterminés par les premier et deuxième paragraphes. Elle sera continuée sans interruption. Elle se fera aux lieux, jour et heure indiqués par le juge-commissaire. L'avertissement aux créanciers, ordonné par le paragraphe précédent, contiendra mention de cette indication. Néanmoins, les créanciers seront de nouveau convoqués à cet effet, tant par lettres du greffier que par insertions dans les journaux. — Les créances des syndics seront vérifiées par le juge-commissaire; les autres le seront contradictoirement entre le créancier ou son fondé de pouvoirs et les syndics, en présence du juge-commissaire, qui en dressera procès-verbal.

Tout créancier vérifié ou porté au bilan pourra assister à la vérification des créances et fournir des contredits aux vérifications faites et à faire. Le failli aura le même droit.—Le procès-verbal de vérification indiquera le domicile des créanciers et de leurs fondés de pouvoirs. Il contiendra la description sommaire des titres, mentionnera les surcharges, ratures et interlignes, et exprimera si la créance est admise ou contestée.

Dans tous les cas, le juge-commissaire pourra, même d'office, ordonner la représentation des livres du créancier, ou demander, en vertu d'un compulsoire, qu'il en soit rapporté un extrait fait par les juges du lieu.

Si la créance est admise, les syndics signeront, sur chacun des titres, la déclaration suivante : — *Admis au passif de la faillite de. . . . . pour la somme de. . . . . le. . . . .* — Le juge-commissaire visera la déclaration. — Chaque créancier, dans la huitaine au plus tard, après que sa créance aura été vérifiée, sera tenu d'affirmer, entre les mains du juge-commissaire, que ladite créance est sincère et véritable.

Si la créance est contestée, le juge-commissaire pourra, sans qu'il soit besoin de citation, renvoyer à bref délai devant le Tribunal de Commerce, qui jugera sur son rapport. Le Tribunal de Commerce pourra ordonner qu'il soit fait, devant le juge-commissaire, enquête sur les faits, et que les personnes qui pourront fournir des renseignements soient, à cet effet, citées par-devant lui.

Lorsque la contestation sur l'admission d'une créance aura été portée devant le Tribunal de Commerce, ce tribunal, si la cause n'est point en état de recevoir jugement définitif avant l'expiration des délais fixés, à l'égard des personnes domiciliées en France, ordonnera, selon les circonstances, qu'il sera sursis ou passé outre à la convocation de l'assemblée pour la formation du concordat. Si le tribunal ordonne qu'il sera passé outre, il pourra décider par provision que le créancier contesté sera admis dans les délibérations pour une somme que le jugement déterminera.

Lorsque la contestation sera portée devant un tribunal civil, le Tribunal de Commerce décidera s'il sera sursis ou passé outre ; dans ce dernier cas, le Tribunal Civil saisi de la contestation jugera, à bref délai, sur requête des syndics, signifiée au créancier contesté, et sans autre procédure, si la créance sera admise par provision et pour quelle somme. Dans le cas où une créance serait l'objet d'une instruction criminelle ou correctionnelle, le Tribunal de Commerce pourra également prononcer le sursis ; s'il ordonne de passer outre, il ne pourra ordonner l'admission par provision, et le créancier contesté ne pourra prendre part aux opérations de la faillite tant que les tribunaux compétents n'auront pas statué.

Le créancier dont le privilége ou l'hypothèque seulement serait contesté sera admis dans les délibérations de la faillite comme créancier ordinaire.

A l'expiration des délais déterminés en France, il sera passé outre à la formation du concordat et à toutes les opérations de la faillite en faveur des créanciers domiciliés hors du territoire continental de la France.

A défaut de comparution et affirmation dans les délais qui leur sont applicables, les défaillants connus ou inconnus ne seront pas compris dans les répartitions à faire : toutefois la voie de l'opposition leur sera ouverte jusqu'à la distribution des deniers inclusivement ; les frais de l'opposition demeureront toujours à leur charge. Leur opposition ne pourra suspendre l'exécution des répartitions ordonnancées par le juge-commissaire ; mais s'il est procédé à des répartitions nouvelles, avant qu'il ait été statué sur leur opposition, ils seront compris pour la somme qui sera provisoirement déterminée par le tribunal, et qui sera tenue en réserve jusqu'au jugement de leur opposition. S'ils se font ultérieurement reconnaître créanciers, ils ne pourront rien réclamer sur les répartitions ordonnancées par le juge-commissaire ; mais ils auront le droit de prélever, sur l'actif non encore réparti, les dividendes afférents à leurs créances dans les premières répartitions.

Du concordat et de l'union. — De la convocation et de l'assemblée des créanciers.

Dans les trois jours qui suivront les délais prescrits pour l'affirmation, le juge-commissaire fera convoquer par le greffier, à l'effet de délibérer sur la formation du concordat, les créanciers dont les créances auront été vérifiées et affirmées, ou admises par provision. Les insertions dans les journaux et les lettres de convocation indiqueront l'objet de l'assemblée.

Aux lieux, jour et heure qui seront fixés par le juge-commissaire, l'assemblée se formera sous sa présidence; les créanciers vérifiés et affirmés, ou admis par provision, s'y présenteront en personne ou par fondés de pouvoirs. Le failli sera appelé à cette assemblée; il devra s'y présenter en personne, s'il a été dispensé de la mise en dépôt ou s'il a obtenu un sauf-conduit, et il ne pourra s'y faire représenter que pour des motifs valables et approuvés par le juge-commissaire.

Les syndics feront à l'assemblée un rapport sur l'état de la faillite, sur les formalités qui auront été remplies et les opérations qui auront eu lieu; le failli sera entendu. Le rapport des syndics sera remis, signé d'eux, au juge-commissaire, qui dressera procès-verbal de ce qui aura été dit et décidé dans l'assemblée.

De la formation du concordat

Il ne pourra être consenti de traité entre les créanciers délibérants et le débiteur failli qu'après l'accomplissement des formalités ci-dessus prescrites. — Ce traité ne s'établira que par le concours d'un nombre de créanciers formant la majorité, et représentant, en outre, les trois quarts de la totalité des créances vérifiées et affirmées, ou admises par provision, le tout à peine de nullité.

Les créanciers hypothécaires inscrits ou dispensés d'inscription, et les créanciers privilégiés ou nantis d'un gage n'auront pas voix dans les opérations relatives au concordat pour lesdites créances, et elles n'y seront comptées que s'ils renoncent à leurs hypothèques, gages ou priviléges. — Le vote au concordat emportera de plein droit cette renonciation.

Le concordat sera, à peine de nullité, signé séance tenante. S'il est consenti seulement par la majorité en nombre, ou par la majorité des trois quarts en somme, la délibération sera remise à huitaine pour tout délai; dans ce cas, les résolutions prises et les adhésions données lors de la première assemblée demeureront sans effet.

Si le failli a été condamné comme banqueroutier frauduleux, le concordat ne pourra être formé.

Lorsqu'une instruction en banqueroute frauduleuse aura été commencée, les créanciers seront convoqués à l'effet de décider s'ils se réservent de délibérer sur un concordat, en cas d'acquittement, et si, en conséquence, ils sursoient à statuer jusqu'après l'issue des poursuites. Ce sursis ne pourra être prononcé qu'à la majorité. Si, à l'expiration du sursis, il y a lieu à délibérer sur le concordat, les règles établies par le précédent paragraphe seront applicables aux nouvelles délibérations.

Si le failli a été condamné comme banqueroutier simple, le concordat pourra être formé. Néanmoins, en cas de poursuites commencées, les créanciers pourront surseoir à délibérer jusqu'après l'issue des poursuites, en se conformant aux dispositions du paragraphe précédent.

Tous les créanciers ayant eu droit de concourir au concordat, ou dont les droits auront été reconnus depuis, pourront y former opposition. — L'opposition sera motivée et devra être signifiée aux syndics et au failli, à peine de nullité, dans les huit jours qui suivront le concordat; elle contiendra assignation à la première audience au Tribunal de Commerce. — S'il n'a été nommé qu'un seul syndic, et s'il se rend opposant au concordat, il devra provoquer la nomination d'un nouveau syndic, vis-à-vis duquel il sera tenu de remplir les formes prescrites au présent paragraphe. — Si le jugement de l'opposition est subordonné à la solution de questions étrangères, à raison de la matière, à la compétence du Tribunal de Commerce, ce tribunal sursoiera à prononcer jusqu'après la décision de ces questions. — Il fixera un bref délai dans lequel le créancier opposant devra saisir les juges compétents et justifier de ses diligences.

L'homologation du concordat sera poursuivie devant le Tribunal de Commerce, à la requête de la partie la plus diligente ; le tribunal ne pourra statuer avant l'expiration du délai de huitaine fixé par le paragraphe précédent. — Si, pendant ce délai, il a été formé des oppositions, le tribunal statuera sur ces oppositions et sur l'homologation par un seul et même jugement. — Si l'opposition est admise, l'annulation du concordat sera prononcée à l'égard de tous les intéressés.

Dans tous les cas, avant qu'il soit statué sur l'homologation, le juge-commissaire fera au Tribunal de Commerce un rapport sur les caractères de la faillite et sur l'admissibilité du concordat.

En cas d'inobservation des règles ci-dessus prescrites, ou lorsque des motifs tirés soit de l'intérêt public, soit de l'intérêt des créanciers, paraîtront de nature à empêcher le concordat, le tribunal en refusera l'homologation.

Des effets du concordat.

L'homologation du concordat le rendra obligatoire pour tous les créanciers portés ou non portés au bilan, vérifiés ou non vérifiés, et même pour les créanciers domiciliés hors du territoire continental de la France, ainsi que pour ceux qui auraient été admis par provision à délibérer, quelle que soit la somme que le jugement définitif leur attribuerait ultérieurement.

L'homologation conservera à chacun des créanciers, sur les immeubles du failli, l'hypothèque. A cet effet, les syndics feront inscrire aux hypothèques le jugement d'homologation, à moins qu'il n'en ait été décidé autrement par le concordat.

Aucune action en nullité de concordat ne sera recevable, après l'homologation, que pour cause de dol découvert depuis cette homologation et résultant soit de la dissimulation de l'actif, soit de l'exagération du passif.

Aussitôt que le jugement d'homologation sera passé en force de chose jugée, les fonctions des syndics cesseront. — Les syndics rendront au failli leur compte définitif en présence du juge-commissaire; ce compte sera débattu et arrêté. Ils remettront au failli l'universalité de ses biens, livres, papiers et effets. Le failli en donnera décharge. — Il sera dressé du tout procès-verbal par le juge-commissaire, dont les fonctions cesseront. — En cas de contestation, le Tribunal de Commerce prononcera.

De l'annulation ou de la résiliation du concordat.

L'annulation du concordat, soit pour dol, soit par suite de banqueroute frauduleuse intervenue après son homologation, libère de plein droit les cautions. — En cas d'inexécution, par le failli, des conditions de son concordat, la résolution de ce concordat pourra être poursuivie contre lui devant le Tribunal de Commerce, en présence des cautions, s'il en existe, ou elles dûment appelées. — La résolution du concordat ne libérera pas les cautions qui y seront intervenues pour en garantir l'exécution totale ou partielle.

Lorsque, après l'homologation du concordat, le failli sera poursuivi pour banqueroute frauduleuse, et placé sous mandat de dépôt ou d'arrêt, le Tribunal de Commerce pourra prescrire telles mesures conservatoires qu'il appartiendra. Ces mesures cesseront de plein droit du jour de la déclaration qu'il n'y a lieu à suivre, de l'ordonnance d'acquittement ou de l'arrêt d'absolution.

Sur le vu de l'arrêt de condamnation pour banqueroute frauduleuse, ou par le jugement qui prononcera soit l'annulation, soit la résolution du concordat, le Tribunal de Commerce nommera un juge-commissaire et un ou plusieurs syndics. — Ces syndics pourront faire apposer les scellés. — Ils procéderont, sans retard, avec l'assistance du juge de paix, sur l'ancien inventaire, au récollement des valeurs, actions et papiers, et procéderont, s'il y a lieu, à un supplément d'inventaire. — Ils feront immédiatement afficher et insérer dans les journaux à ce destinés, avec un extrait du jugement qui les nomme, invitation aux créanciers nouveaux, s'il en existe, de produire, dans le délai de vingt jours, leurs titres de créance à la vérification. Cette invitation sera faite aussi par lettres du greffier.

Il sera procédé, sans retard, à la vérification de titres de créance en vertu du paragraphe précédent.— Il n'y aura pas lieu à nouvelle vérification des créances antérieurement admises et affirmées, sans préjudice néanmoins du rejet ou de la réduction de celles qui depuis auraient été payées en tout ou en partie.

Ces opérations mises à fin, s'il n'intervient pas de nouveau concordat, les créanciers seront convoqués à l'effet de donner leur avis sur le maintien ou le remplacement des syndics. — Il ne sera procédé aux répartitions qu'après l'expiration, à l'égard des créanciers nouveaux, des délais accordés aux personnes domiciliées en France.

Les actes faits par le failli postérieurement au jugement d'homologation, et antérieurement à l'annulation ou à la résolution du concordat, ne seront annulés qu'en cas de fraude aux droits des créanciers.

Les créanciers antérieurs au concordat rentreront dans l'intégralité de leurs droits à l'égard du failli seulement ; mais ils ne pourront figurer dans la masse que pour les proportions suivantes, savoir : — S'ils n'ont touché aucune part du dividende, pour l'intégralité de leurs créances ; s'ils ont reçu une partie du dividende, pour la portion de leurs créances primitives correspondant à la portion du dividende promis qu'ils n'auront pas touchée.— Les dispositions du présent paragraphe seront applicables au cas où une seconde faillite viendra à s'ouvrir sans qu'il y ait eu préalablement annulation ou résolution du concordat.

De la clôture en cas d'insuffisance de l'actif.

Si, à quelque époque que ce soit, avant l'homologation du concordat ou la formatin de l'union, le cours des opérations de la faillite se trouve arrêté par l'insuffisance de l'actif, le Tribunal de Commerce pourra, sur le rapport du juge-commissaire, prononcer, même d'office, la clôture des opérations de la faillite. — Ce jugement fera rentrer chaque créancier dans l'exercice de ses actions individuelles, tant contre les biens que contre la personne du failli. — Pendant un mois, à partir de sa date, l'exécution de ce jugement sera suspendue.

Le failli, ou tout autre intéressé, pourra, à toute époque, le faire rapporter par le tribunal, en justifiant qu'il existe des fonds pour faire face aux frais des opérations de la faillite, ou en faisant consigner entre les mains des syndics une somme suffisante pour y pourvoir. — Dans tous les cas, les frais des poursuites exercées en vertu du paragraphe précédent devront être préalablement acquittés.

De l'union des créanciers.

S'il n intervient pas de concordat, les créanciers seront de plein droit en état d'union. — Le juge-commissaire les consultera immédiatement, tant sur les faits de la gestion que sur l'utilité du maintien ou du remplacement des syndics. Les créanciers privilégiés hypothécaires ou nantis d'un gage seront admis à cette délibération. — Il sera dressé procès-verbal des dires et observations des créanciers, et, sur le vu de cette pièce, le Tribunal de Commerce statuera. — Les syndics qui ne seraient pas maintenus devront rendre leur compte aux nouveaux syndics, en présence du juge-commissaire, le failli dûment appelé.

Les créanciers seront consultés sur la question de savoir si un recours pourra être accordé au failli sur l'actif de la faillite. — Lorsque la majorité des créanciers présents y aura consenti, une somme pourra être accordée au failli à titre de secours sur l'actif de la faillite. Les syndics en proposeront la quotité, qui sera fixée par le juge-commissaire, sauf recours au Tribunal de Commerce, de la part des syndics seulement.

Lorsqu'une société de commerce sera en faillite, les créanciers pourront ne consentir de concordat qu'en faveur d'un ou de plusieurs associés. — En ce cas, tout l'actif social demeurera sous le régime de l'union. Les biens personnels de ceux auxquels le concordat aura été consenti en seront exclus, et le traité particulier passé avec eux ne pourra contenir l'engagement de payer un dividende que sur des valeurs étrangères à l'actif social.— L'associé qui aura obtenu un concordat particulier sera déchargé de toute solidarité.

Les syndics représentent la masse des créanciers et sont chargés de procéder à la liquidation. — Néanmoins les créanciers pourront leur donner mandat pour continuer l'exploitation de l'actif. — La délibération qui leur conférera ce mandat en déterminera la durée et l'étendue, et fixera les sommes qu'ils pourront garder entre leurs mains, à l'effet de pourvoir aux frais et dépenses. Elle ne pourra être prise qu'en présence du juge-commissaire, et à la majorité des trois quarts des créanciers en nombre et en somme.— La voie de l'opposition sera ouverte contre cette délibération au failli et aux créanciers dissidents. — Cette opposition ne sera pas suspensive de l'exécution.

Lorsque les opérations des syndics entraîneront des engagements qui excéderaient l'actif de l'union, les créanciers qui auront autorisé ces opérations seront seuls tenus personnellement au delà de leur part dans l'actif, mais seulement dans les limites du mandat qu'ils auront donné; ils contribueront au prorata de leurs créances.

Les syndics sont chargés de poursuivre la vente des immeubles, marchandises et effets mobiliers du failli, et la liquidation de ses dettes actives et passives, le tout sous la surveillance du juge-commissaire, et sans qu'il soit besoin d'appeler le failli.

Les syndics pourront, en se conformant aux règles prescrites par la loi, transiger sur toute espèce de droits appartenant au failli, nonobstant toute opposition de sa part.

Les créanciers en état d'union seront convoqués au moins une fois dans la première année, et, s'il y a lieu, dans les années suivantes, par le juge-commissaire. — Dans ces assemblées, les syndics devront rendre compte de leur gestion.—Ils seront continués ou remplacés dans l'exercice de leurs fonctions.

Lorsque la liquidation de la faillite sera terminée, les créanciers seront convoqués par le juge-commissaire. — Dans cette dernière assemblée, les syndics rendront leur compte. Le failli sera présent ou dûment appelé. — Les créanciers donneront leur avis sur l'excusabilité du failli. Il sera dressé, à cet effet, un procès-verbal dans lequel chacun des créanciers pourra consigner ses dires et observations. — Après la clôture de cette assemblée, l'union sera dissoute de plein droit.

Le juge-commissaire présentera au tribunal la délibération des créanciers à l'excusabilité du failli, et un rappprt sur les caractères et les circonstances de la faillite. — Le tribunal prononcera si le failli est ou non excusable.

Si le failli n'est pas déclaré excusable, les créanciers rentreront dans l'exercice de leurs actions individuelles, tant contre sa personne que sur ses biens. — S'il est déclaré excusable, il ne pourra plus être poursuivi par ses créanciers que sur ses biens, sauf les exceptions prononcées par les lois spéciales.

Ne pourront être déclarés excusables : les banqueroutiers frauduleux, les stellionataires, les personnes condamnées pour vol, escroquerie ou abus de confiance, les comptables de deniers publics. — Aucun débiteur commerçant ne sera recevable à demander son admission au bénéfice de cession de biens.

Néanmoins, un concordat par abandon total ou partiel de l'actif du failli peut-être formé, ce concordat produit les mêmes effets que les autres concordats ; il est annulé ou résolu de la même manière. Le concordat par abandon est assimilé à l'union pour la perception des droits d'enregistrement.

Des différentes espèces de créanciers et de leurs droits en cas de faillite. — Des co-obligés et des cautions.

Le créancier porteur d'engagements souscrits, endossés ou garantis solidairement par le failli et d'autres co-obligés qui sont en faillite, participera aux distributions dans toutes les masses, et y figurera pour la valeur nominale de son titre jusqu'à parfait paiement.

Aucun recours, pour raison de dividendes payés, n'est ouvert aux faillites des co-obligés les unes contre les autres, si ce n'est lorsque la réunion des dividendes que donneraient ces faillites excéderait le montant total de la créance, en principal et accessoires, auquel cas cet excédant sera dévolu, suivant l'ordre des engagements, à ceux des co-obligés qui auraient les autres pour garants.

Si le créancier porteur d'engagements solidaires entre le failli et d'autres co-obligés a reçu, avant la faillite, un à-compte sur sa créance, il ne sera compris dans la masse que sous la déduction de cet à-compte, et conservera, pour ce qui lui restera dû, ses droits contre le co-obligé ou la caution.

Le co-obligé ou la caution qui aura fait le paiement partiel sera compris dans la même masse pour tout ce qu'il aura payé à la charge du failli.

Nonobstant le concordat, les créanciers conservent leur action pour la totalité de leur créance contre les co-obligés du failli.

Des créanciers nantis de gages et des créanciers privilégiés sur les biens-meubles.

Les créanciers du failli qui seront valablement nantis de gages ne seront inscrits dans la masse que pour mémoire.

Les syndics pourront, à toute époque, avec l'autorisation du juge-commissaire, retirer les gages au profit de la faillite, en remboursant la dette.

Dans le cas où le gage ne sera pas retiré par les syndics, s'il est vendu par le créancier moyennant un prix qui excède la créance, le surplus sera recouvré par les syndics ; si le prix est moindre que la créance, le créancier nanti viendra à contribution pour le surplus, dans la masse, comme créancier ordinaire.

Le salaire acquis aux ouvriers employés directement par le failli, pendant le mois qui aura précédé la déclaration de faillite, sera admis au nombre des créances privilégiées, au même rang que le privilége établi pour les gens de service à gages. — Les salaires dus aux commis pour les six mois qui auront précédé la déclaration de faillite seront admis au même rang.

Les syndics présenteront au juge-commissaire l'état des créanciers se prétendant privilégiés sur les biens meubles, et le juge-commissaire autorisera, s'il y a lieu, le paiement de ces créanciers sur les premiers deniers rentrés. — Si le privilége est contesté, le tribunal prononcera.

Des droits des créanciers hypothécaires et privilégiés sur les immeubles.

Lorsque la distribution du prix des immeubles sera faite antérieurement à celle du prix des biens meubles, ou simultanément, les créanciers privilégiés ou hypothécaires, non remplis sur le prix des immeubles, concourront, à proportion de ce qui leur restera dû, avec des créanciers chirographaires, sur les deniers appartenant à la masse chirographaire, pourvu toutefois que leurs créances aient été vérifiées et affirmées suivant les formes ci-dessus établies.

Si une ou plusieurs distributions des deniers mobiliers précèdent la distribution du prix des immeubles, les créanciers privilégiés et hypothécaires vérifiés et affirmés concourront aux répartitions dans la proportion de leurs créances totales, et sauf, le cas échéant, les distractions dont il sera parlé ci-après.

Après la vente des immeubles et le règlement définitif de l'ordre entre les créanciers hypothécaires et privilégiés, ceux d'entre eux qui viendront en ordre utile sur le prix des immeubles pour la totalité de leur créance ne toucheront le montant de leur collation hypothécaire que sous la déduction des sommes par eux perçues dans la masse chirographaire. — Les sommes ainsi déduites ne resteront point dans la masse hypothécaire, mais retourneront à la masse chirographaire, au profit de laquelle il en sera fait distraction.

A l'égard des créanciers hypothécaires qui ne seront colloqués que partiellement dans la distribution du prix des immeubles, il sera procédé comme il suit : leurs droits sur la masse chirographaire seront définitivement réglés d'après les sommes dont ils resteront créanciers après leur collocation immobilière, et les deniers qu'ils auront touchés au delà de cette proportion, dans la distribution antérieure, leur seront retenus sur le montant de leur collation hypothécaire, et reversés dans la masse chirographaire.

Les créanciers qui ne viennent point en ordre utile seront considérés comme chirographaires, et soumis comme tels aux effets du concordat et de toutes les opérations de la masse chirographaire.

Des droits des femmes.

En cas de faillite du mari, la femme dont les apports en immeubles ne se trouveraient pas mis en communauté reprendra en nature lesdits immeubles et ceux qui lui seront survenus par succession ou par donation entre-vifs ou testamentaire.

La femme reprendra pareillement les immeubles acquis par elle et en son nom des deniers provenant desdites successions et donations, pourvu que la déclaration d'emploi soit expressément stipulée au contrat d'acquisition, et que l'origine des deniers soit constatée par inventaire ou par tout autre acte authentique. — Sous quelque régime qu'ait été formé le contrat de mariage, hors le cas prévu par le paragraphe précédent, la présomption légale est que les biens acquis par la femme du failli appartiennent à son mari, ont été payés de ses deniers et doivent être réunis à la masse de son actif, sauf à la femme à fournir la preuve du contraire.

La femme pourra reprendre en nature les effets mobiliers qu'elle s'est constitués par contrat de mariage, ou qui lui sont advenus par succession, donation entre-vifs ou testamentaire, et qui ne seront pas entrés en communauté, toutes les fois que l'identité en sera prouvée par inventaire ou tout autre acte authentique. — A défaut, par la femme, de faire cette preuve, tous les effets mobiliers, tant à l'usage du mari qu'à celui de la femme, sous quelque régime qu'ait été contracté le mariage, seront acquis aux créanciers, sauf aux syndics à lui remettre, avec l'autorisation du juge-commissaire, les habits et linges nécessaires à son usage.

L'action en reprise résultant des dispositions des paragraphes ci-dessus ne sera exercée par la femme qu'à la charge des dettes et hypothèques dont les biens sont légalement grevés, soit que la femme s'y soit obligée volontairement, soit qu'elle y ait été condamnée.

Si la femme a payé des dettes pour son mari, la présomption légale est qu'elle l'a fait des deniers de celui-ci, et elle ne pourra, en conséquence, exercer aucune action dans la faillite, sauf la preuve contraire.

Lorsque le mari sera commerçant au moment de la célébration du mariage, ou lorsque, n'ayant pas alors d'autre profession déterminée, il sera devenu commerçant dans l'année, les immeubles qui lui appartiendraient à l'époque de la célébration du mariage, ou qui lui seraient advenus depuis, soit par succession, soit par donation entre-vifs ou testamentaire, seront seuls soumis à l'hypothèque de la femme : 1° pour les deniers et effets mobiliers qu'elle aura apportés en dot, ou qui lui seront advenus depuis le mariage par succession ou donation entre-vifs ou testamentaire, et dont elle prouvera la délivrance ou le paiement par acte ayant date certaine ; — 2° pour le remploi de ses biens aliénés pendant le mariage ; — 3° pour l'indemnité des dettes par elle contractées avec son mari.

La femme dont le mari était commerçant à l'époque de la célébration du mariage, ou dont le mari, n'ayant pas alors d'autre profession déterminée, sera devenu commerçant dans l'année qui suivra cette célébration, ne pourra exercer dans la faillite aucune action à raison des avantages portés au contrat de mariage, et dans ce cas, les créanciers ne pourront, de leur côté, se prévaloir des avantages faits par la femme au mari dans ce même contrat.

De la répartition entre les créanciers et de la liquidation du mobilier.

Le montant de l'actif mobilier, distraction faite des frais et dépenses de l'administration de la faillite, des secours qui auraient été accordés au failli ou à sa famille, et des sommes payées aux créanciers privilégiés, sera réparti entre tous les créanciers au marc le franc de leurs créances vérifiées et affirmées.

A cet effet, les syndics remettront tous les mois, au juge-commissaire, un état de situation de la faillite et des deniers déposés à la Caisse des dépôts et consignations ; le juge-commissaire ordonnera, s'il y a lieu, une répartition entre les créanciers, en fixera la quotité, et veillera à ce que tous les créanciers en soient avertis.

Il ne sera procédé à aucune répartition entre les créanciers domiciliés en France qu'après la mise en réserve de la part correspondante aux créances pour lesquelles les créanciers domiciliés hors du territoire continental de la France seront portés sur le bilan. — Lorsque ces créances ne paraîtront pas portées sur le bilan d'une manière exacte, le juge-commissaire pourra décider que la réserve sera augmentée, sauf aux syndics à se pourvoir contre cette décision devant le Tribunal de Commerce.

Cette part sera mise en réserve et demeurera à la Caisse des dépôts et consignations ; elle sera répartie entre les créanciers reconnus, si les créanciers domiciliés en pays étrangers n'ont pas fait vérifier leurs créances, conformément aux dispositions de la présente loi. — Une pareille réserve sera faite pour raison de créances sur l'admission desquelles il n'aurait pas été statué définitivement.

Nul paiement ne sera fait par les syndics que sur la représentation du titre constitutif de la créance. — Les syndics mentionneront sur le titre la somme payée par eux ou ordonnancée. — Néanmoins, en cas d'impossibilité de représenter le titre, le juge-commissaire pourra autoriser le paiement sur le vu du procès-verbal de vérification. — Dans tous les cas, le créancier donnera la quittance en marge de l'état de répartition.

L'union pourra se faire autoriser par le Tribunal de Commerce, le failli dûment appelé, à traiter à forfait de tout ou partie des droits et actions dont le recouvrement n'aurait pas été opéré, et à les aliéner ; en ce cas, les syndics feront tous les actes nécessaires. — Tout créancier pourra s'adresser au juge-commissaire pour provoquer une délibération de l'union à cet égard.

De la vente des immeubles du failli.

A partir du jugement qui déclarera la faillite, les créanciers ne pourront poursuivre l'expropriation des immeubles sur lesquels ils n'auront pas d'hypothèque.

S'il n'y a pas de poursuite en expropriation des immeubles commencée avant l'époque de l'union, les syndics seuls seront admis à poursuivre la vente ; ils seront tenus d'y procéder dans la huitaine, sous l'autorisation du juge-commissaire, suivant les formes prescrites pour la vente des biens des mineurs.

La surenchère, après adjudication des immeubles du failli sur la poursuite des syndics, n'aura lieu qu'aux conditions et dans les formes suivantes : — La surenchère devra être faite dans la quinzaine ; — elle ne pourra être au-dessous du dixième du prix principal de l'adjudication ; elle sera faite au greffe du tribunal civil ; toute personne sera admise à surenchère ; — toute personne sera également admise à concourir à l'adjudication par suite de surenchère. Cette adjudication demeurera définitive et ne pourra être suivie d'aucune autre surenchère.

De la revendication.

Pourront être revendiquées en cas de faillite, les remises en effets de commerce ou autres titres non encore payés, et qui se trouveront en nature dans le portefeuille du failli à l'époque de sa faillite, lorsque ces remises auront été faites par le propriétaire, avec le simple mandat d'en faire le recouvrement et d'en garder la valeur à sa disposition, ou lorsqu'elles auront été, de sa part, spécialement affectées à des paiements déterminés.

Pourront être également revendiquées, aussi longtemps qu'elles existeront en nature, en tout ou en partie, les marchandises consignées au failli à titre de dépôt, ou pour être vendues pour le compte du propriétaire. Pourra même être revendiqué le prix ou la partie du prix desdites marchandises qui n'aura été ni payé, ni réglé en valeur, ni compensé en compte courant entre le failli et l'acheteur.

Pourront être revendiquées les marchandises expédiées au failli, tant que la tradition n'en aura point été effectuée dans ses magasins, ou dans ceux du commissionnaire chargé de les vendre pour le compte du failli. — Néanmoins la revendication ne sera pas recevable si, avant leur arrivée, les marchandises ont été vendues sans fraude, sur factures et connaissements ou lettres de voiture signées par l'expéditeur. — Le revendiquant sera tenu de rembourser à la masse les à-compte par lui reçus, ainsi que toutes avances faites, et de payer les sommes qui seraient dues pour mêmes causes.

Pourront être retenues par le vendeur les marchandises par lui vendues, qui ne seront pas délivrées au failli, ou qui n'auront pas encore été expédiées, soit à lui, soit à un tiers pour son compte.

Dans le cas prévu par les deux paragraphes précédents, et sous l'autorisation du juge-commissaire, les syndics auront la faculté d'exiger la livraison des marchandises, en payant au vendeur le prix convenu entre lui et le failli.

Les syndics pourront, avec l'approbation du juge-commissaire, admettre les demandes en revendications : s'il y a contestation, le tribunal prononcera après avoir entendu le juge-commissaire.

Des voies de recours contre les jugements rendus en matière de faillite.

Le jugement déclaratif de la faillite, et celui qui fixera à une date antérieure l'époque de la cessation de paiement, seront susceptibles d'opposition, de la part du failli, dans la huitaine, et de la part de toute autre partie intéressée, pendant un mois.

Aucune demande des créanciers tendant à faire fixer la date de la cessation des paiements à une époque autre que celle qui résulterait du jugement déclaratif de faillite, ou d'un jugement postérieur, ne sera recevable après l'expiration des délais pour la vérification et l'affirmation des créances. Ces délais expirés, l'époque de la cessation de paiement demeurera irrévocablement déterminée à l'égard des créanciers.

Le délai d'appel, pour tout jugement rendu en matière de faillite, sera de quinze jours seulement à compter de la signification. Ce délai sera augmenté à raison d'un jour par cinq myriamètres pour les parties qui seront domiciliées à une distance excédant cinq myriamètres du lieu où siége le tribunal.

Ne seront susceptibles ni d'opposition, ni d'appel, ni de recours en cassation : 1° les jugements relatifs à la nomination ou au remplacement du juge-commissaire, à la nomination ou à la révocation des syndics; 2° les jugements qui statuent sur les demandes de sauf-conduit et sur celles de secours pour le failli et sa famille ; 3° les jugements qui autorisent à vendre les effets ou marchandises appartenant à la faillite; 4° les jugements qui prononcent sursis au concordat, ou admission provisionnelle de créanciers contestés ; 5° les jugements par lesquels le Tribunal de Commerce statue sur les recours formés contre les ordonnances rendues par le juge-commissaire dans les limites de ses attributions.

Des banqueroutes. — De la banqueroute simple.

Les cas de banqueroute simple seront punis des peines portées au Code pénal, et jugés par les tribunaux de police correctionnelle, sur la poursuite des syndics, de tout créancier, ou du ministère public.

Sera déclaré banqueroutier simple, tout commerçant failli qui se trouvera dans un des cas suivants : 1° si ses dépenses personnelles ou les dépenses de sa maison sont jugées excessives ; — 2° s'il a consommé de fortes sommes, soit à des opérations de pur hasard, soit à des opérations fictives de Bourse ou sur marchandises; — 2° si dans l'intention de retarder sa faillite, il a fait des achats pour revendre au-dessous du cours; si dans la même intention, il s'est livré à des emprunts, circulation d'effets, ou autres moyens ruineux de se procurer des fonds; — 4° si, après cessation de ses paiements, il a payé un créancier au préjudice de la masse.

Pourra être déclaré banqueroutier simple, tout commerçant failli qui se trouvera dans les cas suivants : — 1° s'il a contracté pour le compte d'autrui, sans recevoir des valeurs en échange, des engagements jugés trop considérables eu égard à sa situation lorsqu'il les a contractés ; — 2° s'il est de nouveau déclaré en faillite sans avoir satisfait aux obligations d'un précédent concordat; — 3° si, dans les trois jours de la cessation de ses paiements, il n'a pas fait au greffe la déclaration exigée par la loi, ou si cette déclaration ne contient pas les noms de tous les associés solidaires ; — 4° si, sans empêchement légitime, il ne s'est pas présenté en personne aux syndics dans les cas et dans les délais fixés, ou si, après avoir obtenu un sauf-conduit, il ne s'est pas représenté à justice ; — 5° s'il n'a pas tenu de livres et fait exactement inventaire ; si ses livres ou inventaire sont incomplets ou irrégulièrement tenus, ou s'ils n'offrent pas sa véritable situation active ou passive, sans néanmoins qu'il y ait fraude.

Les frais de poursuite en banqueroute simple intentée par le ministère public ne pourront, en aucun cas, être mis à la charge de la masse. — En cas de concordat, le recours du Trésor public contre le failli pour ses frais ne pourra être exercé qu'après l'expiration des termes accordés par ce traité.

Les frais de poursuite intentée par les syndics, au nom des créanciers, seront supportés, s'il y a acquittement, par la masse, et s'il y a condamnation, par le Trésor public, sauf son recours contre le failli, conformément au paragraphe précédent.

Les syndics ne pourront intenter de poursuite en banqueroute simple, ni se porter partie civile au nom de la masse, qu'après y avoir été autorisés par une délibération prise à la majorité individuelle des créanciers présents.

Les frais de poursuite intentée par un créancier seront supportés, s'il y a condamnation, par le Trésor public ; s'il y a acquittement, par le créancier poursuivant.

De la banqueroute frauduleuse.

Sera déclaré banqueroutier frauduleux, et puni des peines portées au Code pénal, tout commerçant failli qui aura soustrait ses livres, détourné ou dissimulé une partie de son actif, ou qui, soit dans ses écritures, soit par des actes publics ou des engagements sous signature privée, soit par son bilan, se sera frauduleusement reconnu débiteur de sommes qu'il ne devait pas.

Les frais de poursuite en banqueroute frauduleuse ne pourront, en aucun cas, être mis à la charge de la masse. — Si un ou plusieurs créanciers se sont rendus partie civile en leur nom personnel, les frais, en cas d'acquittement, demeureront à leur charge.

Des crimes et des délits commis dans les faillites par d'autres que par les faillis.

Seront condamnés aux peines de la banqueroute frauduleuse : — 1° les individus convaincus d'avoir, dans l'intérêt du failli, soustrait, recélé ou dissimulé tout ou partie de ses biens, meubles ou immeubles ; le tout sans préjudice des autres cas ; — 2° les individus convaincus d'avoir frauduleusement présenté dans la faillite et affirmé, soit en leur nom, soit par interposition de personnes, des créances supposées; — 3° les individus qui, faisant le commerce sous le nom d'autrui ou sous un nom supposé, se seront rendus coupables de faits prévus par la loi.

Le conjoint, les descendants ou les ascendants du failli, ou ses alliés aux mêmes degrés, qui auraient détourné, diverti ou recélé des effets appartenant à la faillite, sans avoir agi de complicité avec le failli, seront punis des peines du vol.

Dans les cas prévus par les paragraphes précédents, la cour ou le tribunal saisis statueront, lors même qu'il y aurait acquittement : — 1° d'office sur la réintégration à la masse des créanciers de tous biens, droits ou actions frauduleusement soustraits; — 2° sur les dommages-intérêts qui seraient demandés, et que le jugement ou l'arrêt arbitrera.

Tout syndic qui se sera rendu coupable de malversation dans sa gestion sera puni correctionnellement des peines portées en l'article 406 du Code pénal.

Le créancier qui aura stipulé, soit avec le failli, soit avec toutes autres personnes, des avantages particuliers à raison de son vote dans les délibérations de la faillite, ou qui aura fait un traité particulier duquel résulterait en sa faveur un avantage à la charge de l'actif du failli, sera puni correctionnellement d'un emprisonnement qui ne pourra excéder une année, et d'une amende qui ne pourra être au-dessus de deux mille francs. — L'emprisonnement pourra être porté à deux ans si le créancier est syndic de la faillite.

Les conventions seront, en outre, déclarées nulles à l'égard de toutes personnes, et même à l'égard du failli. — Le créancier sera tenu de rapporter à qui de droit les sommes ou valeurs qu'il aura reçues en vertu des conventions annulées.

Dans le cas où l'annulation des conventions serait poursuivie par la voie civile, l'action sera portée devant les tribunaux de commerce.

Tous arrêts et jugement de condamnation seront rendus, tant en vertu du présent chapitre que des deux précédents.

De l'administration des biens en cas de banqueroute.

Dans tous les cas de poursuite et de condamnation pour banqueroute simple et frauduleuse, les actions civiles autres que celles dont il a été parlé ci-dessus, resteront séparées, et toutes les dispositions relatives aux biens, prescrites pour la faillite, seront exécutées sans qu'elles puissent être attribuées ni équivoquées aux tribunaux de police correctionnelle, ni aux cours d'assises.

Seront cependant tenus, les syndics de la faillite, de remettre au ministère public les pièces, titres, papiers et renseignements qui leur seront demandés.

Les pièces, titres et papiers délivrés par les syndics seront, pendant le cours de l'instruction, tenus en état de communication par la voie du greffe ; cette communication aura lieu sur la réquisition des syndics, qui pourront y prendre des extraits privés, ou en requérir d'authentiques, qui leur seront expédiés par le greffier. — Les pièces, titres et papiers dont le dépôt judiciaire n'aurait pas été ordonné seront, après l'arrêt ou le jugement, remis aux syndics, qui en donneront décharge.

De la réhabilitation.

Le failli qui aura intégralement acquitté, intérêts et frais, toutes les sommes par lui dues, pourra obtenir sa réhabilitation. — Il ne pourra l'obtenir, s'il est l'associé d'une maison de commerce tombée en faillite, qu'après avoir justifié que toutes les dettes de la société ont été intégralement acquittées en principal, intérêts et frais, lors même qu'un concordat particulier lui aurait été consenti.

Toute demande en réhabilitation sera adressée à la Cour d'appel dans le ressort de laquelle le failli sera domicilié. Le demandeur devra joindre à sa requête les quittances et autres pièces justificatives.

Le procureur général près la Cour d'appel, sur la communication qui lui aura été faite de la requête, en adressera des expéditions certifiées de lui au procureur de la République et au président du Tribunal de commerce du domicile du demandeur ; et si celui-ci a changé de domicile depuis la faillite, au procureur de la République et au président du Tribunal de commerce de l'arrondissement où elle a eu lieu, en les chargeant de recueillir tous les renseignements qu'ils pourront se procurer sur la vérité des faits exposés.

A cet effet, à la diligence tant du procureur de la République que du président du Tribunal de commerce, copie de ladite requête restera affichée pendant un délai de deux mois, tant dans les salles d'audience de chaque tribunal qu'à la Bourse et à la maison commune, et sera insérée par extrait dans les papiers publics.

Tout créancier qui n'aura pas été payé intégralement de sa créance en principal, intérêts et frais, et toute autre partie intéressée, pourra, pendant la durée de l'affiche, former opposition à la réhabilitation par simple acte au greffe, appuyé des pièces justificatives. Le créancier opposant ne pourra jamais être partie dans la procédure de réhabilitation.

Après l'expiration de deux mois, le procureur de la République et le président du Tribunal de commerce transmettront, chacun séparément, au procureur général près la Cour d'appel, les renseignements qu'ils auront recueillis et les oppositions qui auront pu être formées. Ils y joindront leurs avis sur la demande.

Le procureur général près la Cour d'appel fera rendre arrêt portant admission ou rejet de la demande en réhabilitation. Si la demande est rejetée, elle ne pourra être reproduite qu'après une année d'intervalle.

L'arrêt portant réhabilitation sera transmis au procureur de la République et aux présidents des tribunaux auxquels la demande aura été adressée. Ces tribunaux en feront faire la lecture publique et la transcription sur leurs registres.

Ne seront point admis à la réhabilitation les banqueroutiers frauduleux, les personnes condamnées pour vol, escroquerie ou abus de confiance, les stellionnataires, ni les tuteurs, administrateurs ou autres comptables qui n'auront pas rendu et soldé leurs comptes.

Nul commerçant failli ne pourra se présenter à la Bourse, à moins qu'il n'ait obtenu sa réhabilitation.

Le failli pourra être réhabilité après sa mort.

CHAPITRE IV.

De l'organisation des tribunaux de commerce. — De la compétence des tribunaux de commerce. De la forme de procéder devant les tribunaux de commerce.

De l'organisation des tribunaux de commerce.

Un règlement d'administration publique déterminera le nombre des tribunaux de commerce, et les villes qui seront susceptibles d'en recevoir par l'étendue de leur commerce et de leur industrie.

L'arrondissement de chaque tribunal de commerce sera le même que celui du tribunal civil dans le ressort duquel il sera placé; et s'il se trouve plusieurs tribunaux de commerce dans le ressort d'un seul tribunal civil, il leur sera assigné des arrondissements particuliers.

Chaque tribunal de commerce sera composé d'un juge-président, de juges et de suppléants. Le nombre des juges ne pourra pas être au-dessous de deux, ni au-dessus de quatorze, non compris le président. Le nombre des suppléants sera proportionné au besoin du service. Le règlement d'administration publique fixera, pour chaque tribunal, le nombre des juges et celui des suppléants.

Les membres des tribunaux de commerce seront élus dans une assemblée de commerçants notables, et principalement des chefs des maisons les plus anciennes et les plus recommandables par la probité, l'esprit d'ordre et d'économie.

La liste des notables sera dressée, sur tous les commerçants de l'arrondissement, par le préfet, et approuvée par le ministre de l'intérieur : leur nombre ne peut être au-dessous de vingt-cinq dans les villes où la population n'excède pas quinze mille âmes ; dans les autres villes, il doit être augmenté à raison d'un électeur pour mille âmes de population.

Tout commerçant pourra être nommé juge ou suppléant, s'il est âgé de trente ans, s'il exerce le commerce avec honneur et distinction depuis cinq ans. Le président devra être âgé de quarante ans, et ne pourra être choisi parmi les anciens juges, y compris ceux qui ont exercé dans les tribunaux actuels, et même les anciens juges-consuls des marchands.

L'élection sera faite au scrutin individuel, à la pluralité absolue des suffrages ; et lorsqu'il s'agira d'élire le président, l'objet spécial de cette élection sera annoncé avant d'aller au scrutin.

A la première élection, le président et la moitié des juges et des suppléants dont le tribunal sera composé seront nommés pour deux ans ; la seconde moitié des juges et des suppléants sera nommée pour un an ; aux élections postérieures, toutes les nominations seront faites pour deux ans.—Tous les membres compris dans une même élection seront soumis simultanément au renouvellement périodique, encore bien que l'institution de l'un ou de plusieurs d'entre eux ait été différée.

Le président et les juges sortant d'exercice après deux années pourront être réélus immédiatement pour deux autres années. Cette nouvelle période expirée, ils ne seront éligibles qu'après un an d'intervalle. — Tout membre élu en remplacement d'un autre, par suite de décès ou de toute autre cause, ne demeurera en exercice que pendant la durée du mandat confié à son prédécesseur.

Il y aura près de chaque tribunal un greffier et des huissiers nommés par le gouvernement : leurs droits, vacations et devoirs seront fixés par un règlement d'administration publique.

Les jugements, dans les tribunaux de commerce, seront rendus par trois juges au moins ; aucun suppléant ne pourra être appelé que pour compléter ce nombre.

Le ministère des avoués est interdit dans les tribunaux de commerce. Nul ne pourra plaider pour une partie devant ces tribunaux si la partie présente à l'audience ne l'autorise, où s'il n'est muni d'un pouvoir spécial. Ce pouvoir, qui pourra être donné au bas de l'original ou de la copie de l'assignation, sera exhibé au greffier avant l'appel de la cause, et par lui visé sans frais. — Dans les causes portées devant les tribunaux de commerce, aucun huissier ne pourra ni assister comme conseil, ni représenter les parties en qualité de procureur fondé, à peine d'une amende de 25 à 50 francs, qui sera prononcée, sans appel, par le tribunal, sans préjudice des peines disciplinaires contre les huissiers contrevenants.—Cette disposition n'est pas applicable aux huissiers qui plaideront pour leurs propres causes ou celles de leurs parents ou alliés en lignes directes ainsi que pour celles de leurs pupilles.

Les fonctions des juges de commerce sont seulement honorifiques.

Ils prêtent serment avant d'entrer en fonctions, à l'audience de la cour d'appel, lorsqu'elle siége dans l'arrondissement communal où le tribunal de commerce est établi : dans le cas contraire, la cour d'appel commet, si les juges de commerce le demandent, le tribunal civil de l'arrondissement pour recevoir leur serment ; et, dans ce cas, le tribunal en dresse procès-verbal, et l'envoie à la cour d'appel, qui en ordonne l'insertion dans ses registres. Ces formalités sont remplies sur les conclusions du ministère public et sans frais.

Les tribunaux de commerce sont dans les attributions et sous la surveillance du ministre de la justice.

De la compétence des tribunaux de commerce.

Les tribunaux de commerce connaîtront : 1° des contestations relatives aux engagements et transactions entre négociants, marchands et banquiers ; 2° des contestations entre associés, pour raison d'une société de commerce ; 3° de celles relatives aux actes de commerce entre toutes personnes.

La loi répute acte de commerce tout achat de denrées et marchandises pour les revendre, soit en nature, soit après les avoir travaillées et mises en œuvre, ou même pour en louer simplement l'usage ; — toute entreprise de manufacture, de commission, de transport par terre ou par eau ; — toute entreprise de fournitures, d'agences, bureaux d'affaires, établissements de ventes à l'encan, de spectacles publics ; — toute opération de change, banque et courtage ; — toutes les opérations des banques publiques ;—toutes les opérations entre négociants, marchands et banquiers ; — entre toutes personnes, les lettres de change ou remises d'argent faites de place en place.

La loi répute pareillement actes de commerce : — toute entreprise de construction et tous achats, ventes et reventes de bâtiments pour la navigation intérieure et extérieure ; — toutes expéditions maritimes ; —

tout achat ou vente d'agrès, apparaux et avitaillement; — tout affrétement ou nolissement, emprunt ou prêt à la grosse; toutes assurances et autres contrats concernant le commerce de mer; — tous accords et conventions pour salaires et loyers d'équipages; — tous engagements de gens de mer, pour le service de bâtiments de commerce.

Les tribunaux de commerce connaîtront également : — 1° des actions contre les facteurs, commis des marchands ou leurs serviteurs, pour le fait seulement du trafic du marchand auquel ils sont attachés; — 2° des billets faits par les receveurs, payeurs, percepteurs ou autres comptables des deniers publics.

Les tribunaux de commerce connaîtront de tout ce qui concerne les faillites.

Lorsque les lettres de change ne seront réputées que simples promesses, ou lorsque les billets à ordre ne porteront que des signatures d'individus non négociants, et n'auront pas pour occasion des opérations de commerce, trafic, change, banque ou courtage, le tribunal de commerce sera tenu de renvoyer au tribunal civil, s'il en est requis par le défendeur.

Lorsque ces lettres de change et ces billets à ordre porteront en même temps des signatures d'individus négociants et d'individus non négociants, le tribunal de commerce en connaîtra également.

Ne seront point de la compétence des tribunaux de commerce les actions intentées contre un propriétaire, cultivateur ou vigneron, pour vente de denrées provenant de son cru; les actions intentées contre un commerçant pour paiement de denrées et marchandises achetées pour son usage particulier. — Néanmoins les billets souscrits par un commerçant seront censés faits pour son commerce, et ceux des receveurs, payeurs, percepteurs ou autres comptables de deniers publics, seron censés faits pour leurs gestions, lorsqu'une autre cause n'y sera point énoncée.

Les tribunaux de commerce jugeront en dernier ressort : — 1° toutes les demandes dans lesquelles les parties justiciables de ces tribunaux, et usant de leurs droits, auront déclaré vouloir être jugées définitivement et sans appel; — 2° toutes les demandes dont le principal n'excèdera pas la valeur de 1,500 francs; — 3° les demandes reconventionnelles ou en compensation, lors même que, réunies à la demande principale, elles excèderaient 1,500 francs. — Si l'une des demandes principales ou reconventionnelles s'élève au-dessus des limites ci-dessus indiquées, le tribunal ne prononcera sur toutes qu'en premier ressort. — Néanmoins, il sera statué en dernier ressort sur les demandes en dommages-intérêts, lorsqu'elles seront fondées exclusivement sur la demande principale elle-même.

Dans les arrondissements où il n'y aura pas de tribunaux de commerce, les juges du tribunal civil exerceront les fonctions et connaîtront des matières attribuées aux juges de commerce par la présente loi.

L'instruction, dans ce cas, aura lieu dans la même forme que devant les tribunaux de commerce, et les jugements produiront les mêmes effets.

De la forme de procéder devant les tribunaux de commerce.

Les appels des jugements des tribunaux de commerce seront portés par-devant les cours dans le ressort desquelles ces tribunaux sont situés.

Le délai pour interjeter appel des jugements des tribunaux de commerce sera de deux mois, à compter du jour de la signification du jugement, pour ceux qui auront été rendus contradictoirement, et du jour de l'expiration du délai de l'opposition, pour ceux qui auront été rendus par défaut; l'appel pourra être interjeté du jour même du jugement.

L'appel ne sera pas reçu lorsque le principal n'excèdera pas la somme ou la valeur de 1,000 francs, encore que le jugement n'énonce pas qu'il est rendu en dernier ressort, et même quand il énoncerait qu'il est rendu à la charge de l'appel.

Les cours d'appel ne pourront, en aucun cas, à peine de nullité, et même de dommages et intérêts des parties, s'il y a lieu, accorder des défenses ni surseoir à l'exécution des jugements des tribunaux de commerce, quand même ils seraient attaqués d'incompétence; mais elles pourront, suivant l'exigence des cas, accorder la permission de citer extraordinairement à jour et heure fixes, pour plaider sur l'appel.

Les appels des jugements des tribunaux de commerce seront instruits et jugés dans les cours comme appels de jugements rendus en matière sommaire. La procédure, jusques et y compris l'arrêt définitif, sera conforme à celle qui est prescrite pour les causes d'appel en matière civile.

CHAPITRE V.

Loi sur les patentes.—De la télégraphie privée.—Renseignements généraux sur l'Administration des Postes.—Des Chemins de fer.—Des Magasins généraux.—Des Warrants.—Des Chèques.

Loi sur les patentes.

Tout individu, français ou étranger, qui exerce en France un commerce, une industrie, une profession non compris dans les exceptions déterminées par la présente loi, est assujetti à la contribution des patentes.

La contribution des patentes se compose d'un droit fixe et d'un droit proportionnel.

Les commerces, industries et professions non dénommés dans les tableaux n'en sont pas moins assujettis à la patente. Le droit fixe auquel ils doivent être soumis est réglé, d'après l'analogie des opérations des objets de commerce, par un arrêté spécial du préfet, rendu sur la proposition du directeur des contributions directes et après avoir pris l'avis du maire. — Tous les cinq ans, des tableaux additionnels contenant la nomenclature des commerces, industries et professions classés par voie d'assimilation, depuis trois années au moins, seront soumis à la sanction législative.

Pour les professions dont le droit fixe varie en raison de la population du lieu où elles sont exercées, les tarifs seront appliqués d'après la population qui aura été déterminée par la dernière ordonnance de dénombrement. — Néanmoins, lorsque ce dénombrement fera passer une commune dans une catégorie supérieure à celle dont elle faisait précédemment partie, l'augmentation du droit fixe ne sera appliquée que pour moitié pendant les cinq premières années.

Dans les communes dont la population totale est de cinq mille âmes et au-dessus, les patentables exerçant dans la banlieue des professions imposées eu égard à la population, paieront le droit fixe d'après le tarif applicable à la population non agglomérée.

TABLEAU A

Tarif général des Professions imposées eu égard à la population

CLASSES.	DE 100,000 âmes et au-dessus.	DE 50,000 à 100,000	DE 30,000 à 50,000	DE 20,000 à 30,000	DE 10,000 à 20,000	DE 5,000 à 10,000	DE 2,000 à 5,000	DE 2,000 âmes et au-dessous
	fr.	fr.	fr.	fr.	fr.	fr.	fr.	fr.
1re classe	300	240	180	120	80	60	45	35
2e	150	120	90	60	45	40	30	25
3e	100	80	60	40	30	25	22	18
4e	75	60	45	30	25	20	18	12
5e	50	40	30	20	15	12	9	7
6e	40	32	24	16	10	8	6	4
7e	20	16	12	8	*8	*5	*4	*3
8e	12	10	8	6	*5	*4	*3	*2

Le signe * veut dire : exemption du droit proportionnel.

Sont réputés :

Marchands en gros, ceux qui vendent habituellement aux marchands en demi-gros et aux marchands en détail ;

Marchands en demi-gros, ceux qui vendent habituellement aux détaillants et aux consommateurs ;

Marchands en détail, ceux qui ne vendent habituellement qu'aux consommateurs.

PREMIÈRE CLASSE

Aiguilles à coudre et à tricoter (Md d') en gros.

—

Bas et bonneterie (Md de) en gros.
Beurre frais ou salé (Md de) en gros.
Blondes (Md de) en gros.
Bois à brûler (Md de). — Celui qui, ayant chantier ou magasin, vend au stère, ou par quantité équivalente ou supérieure.
Bois de marine ou de construction (Md de).
Bois merrain (Md de) en gros. — S'il vend par bateau ou charrette.
Bois de sciage (Md de) en gros.
Bronzes, dorures et argentures sur métaux (Md de) en gros.

—

Cachemires de l'Inde (Md de).
Caisse d'escompte (Tenant).
Caisse ou comptoir d'avances ou de prêts (Tenant).
Caisse ou comptoir de recettes et de paiements (Tenant).
Châles (Md de) en gros.
Changeur de monnaies.
Chapeaux de paille (Md de) en gros.
Chapellerie (Md de matières premières pour la).
Charbon de bois (Md de) en gros.
Chiffonnier en gros.
Cloutier (Md) en gros.
Coton en laine (Md de) en gros.
Coton filé (Md de) en gros.
Crin frisé (Md de) en gros.
Cristaux (Md de) en gros.
Cuirs en vert étrangers (Md de) en gros.
Cuirs tannés, corroyés, lissés, vernissés (Md de) en gros.

—

Denrées coloniales (Md de) en gros.
Dentelles (Md de) en gros.
Diamants et pierres fines (Md de).
Droguiste (Md) en gros.

Eau-de-vie (M^d d') en gros.
Epicerie (M^d d') en gros.
Escompteur.

—

Fanons ou barbes de baleine (M^d de) en gros.
Fer en barres (M^d de) en gros. — Celui qui vend habituellement par parties d'au moins 500 kilogrammes.
Fleurets et filoselle (M^d de) en gros.
Fromages secs (M^d de) en gros.
Fruits secs (M^d de) en gros.
Graines fourragères, oléagineuses et autres (M^d de) en gros.

—

Horlogerie (M^d en gros de pièces d').
Huiles (M^d d') en gros.

—

Inhumations et pompes funèbres (Entreprises des) dans les villes autres que Paris.

—

Laine brute ou lavée (M^d de) en gros.
Laine filée ou peignée (M^d de) en gros.
Liége brut (M^d de) en gros.
Lin ou chanvre brut ou filé (M^d de) en gros.
Liqueurs (M^d de) en gros.

—

Merceries (M^d de) en gros.
Métaux (M^d de) en gros, autres que l'or, l'argent, le fer en barres et la fonte.
Miel et cire brute (M^d expéditeur de).
Mine de plomb (M^d de) en gros.

—

Octroi (Adjudicataire des droits d').
Œufs (M^d expéditeur d').
Os pour la fabrication du noir animal (M^d de) en gros.

—

Papetier (M^d de) en gros.
Parfumeur (M^d) en gros.
Pastel (M^d de) en gros.
Peaussier (M^d) en gros.
Pelleteries et fourrures (M^d de) en gros. — S'il tire habituellement des pelleteries de l'étranger, ou s'il en envoie.
Pendules et bronzes (M^d de) en gros.
Pierres fines (M^d de).
Planches (M^d de) en gros.
Plume et duvet (M^d de) en gros.
Poisson salé, mariné, sec et fumé (M^d de) en gros.
Porcelaines (M^d de) en gros.

—

Quincailleries (M^d de) en gros.
Résines et autres matières analogues (M^d de) en gros.
Rogues ou œufs de morue (M^d de) en gros.
Rubans pour modes (M^d de) en gros.

—

Safran (M^d de) en gros.
Sangsues (M^d de) en gros.
Sel (M^d de) en gros.
Soie (M^d de) en gros.
Soies de porc ou de sanglier (M^d de) en gros.
Sucre brut et raffiné (M^d de) en gros.
Suif fondu (M^d de) en gros.

—

Tabac (M^d de) dans le département de la Corse, en gros.
Tabac en feuilles (M^d de).
Teinture (M^d en gros de matières premières pour la).
Thé (M^d de) en gros.
Tissus de laine, de fil, de coton ou de soie (M^d de) en gros.

—

Ventes à l'encan (Directeur d'un établissement de).
Verres blancs et cristaux (M^d de) en gros.
Vinaigre (M^d de) en gros.
Vins (M^d de) en gros. — Vendant habituellement des vins par pièces ou paniers de vins fins, soit aux marchands en détail et aux cabaretiers, soit aux consommateurs.

DEUXIÈME CLASSE

Abattoir public (Concessionnaire ou fermier d').
Aiguilles à coudre et à tricoter (M^d d') en demi-gros.

—

Bas et bonneterie (M^d de) en demi-gros).
Bijoutier (M^d fabricant) ayant atelier et magasin.
Blondes (M^d de) en demi-gros.
Bois à brûler (M^d de). — Celui qui, n'ayant ni chantier ni magasin, vend sur les bateaux ou sur les ports, au stère ou par quantité équivalente ou supérieure.
Bois de teinture (M^d de) en demi-gros.

—

Carrossier (Fabricant).
Chapeaux de paille (M^d de) en demi-gros.
Charbon de terre épuré ou non (M^d de) en gros.
Cloutier (M^d) en demi-gros.
Condition pour les soies (Entrepreneur ou fermier d'une).

Crin frisé (Md de) en demi-gros.

—

Dentelles (Md de) en demi-gros.
Diorama, Panorama, Néorama, Géorama (Directeur de).
Droguiste (Md) en demi-gros.

—

Eau-de-vie (Md d') en demi-gros.
Entrepôt (Concessionnaire, exploitation, fermier des droits d'emmagasinage dans un).
Entreprise générale du balayage, de l'arrosage ou de l'enlèvement des boues.
Epiceries (Md d') en demi-gros.

—

Fanons ou barbe de baleine (Md de) en demi-gros.
Fleurets et filoselle (Md de) en demi-gros.

—

Huiles (Md d') en demi-gros.

—

Joaillier (Fabricant et marchand) ayant atelier et magasin.

—

Laine filée ou peignée (Md de) en demi-gros.
Lin ou chanvre brut ou filé (Md de) en demi-gros.

—

Merceries (Md de) en demi-gros.
Métaux (Md en demi-gros de) autres que l'or, l'argent, le fer en barres, la fonte.

—

Nouveautés (Md de).

—

Omnibus et autres voitures semblables (Entreprise d').
Or et argent (Md de).
Orfèvre (Md fabricant) avec atelier et magasin.

—

Quincaillier en demi-gros.

—

Rubans pour modes (Md de) en demi-gros.
Sel (Md de) de demi-gros.
Serrurerie (Md expéditeur d'objets de).
Soie (Md de) en demi gros.
Soies de porc ou de sanglier (Md de) en demi-gros.
Sucre brut et raffiné (Md de) en demi-gros.
Suif fondu (Md de) en demi-gros.

—

Thé (Md de) en demi-gros.
Tissus de laine, de fil, de coton ou de soie (Md de) en demi-gros.

—

Verres blancs et cristaux (Md de) en demi-gros.
Verroterie et gobeletterie (Md de) en demi-gros.

TROISIÈME CLASSE

Affineur d'or, d'argent ou de platine.
Agréeur.
Ardoises (Md d') en gros. — Celui qui expédie par bateaux ou voitures.

—

Bâtiments (Entrepreneur de)
Bazar de voitures (Tenant).
Bijoutier (Md) n'ayant point d'atelier.
Bimbelotier (Md) en gros.
Bœufs (Md de).
Bois de sciage (Md de). — Si ayant chantier ou magasin, il ne vend qu'aux menuisiers, ébénistes, charpentiers et aux particuliers.
Bois d'ébénisterie (Md de).
Bois en grume ou en charronnage (Md de).
Bouchons (Md de) en gros.
Broderies (Fabricant et marchand de) en gros.

—

Caractère d'imprim. (Fondeur de).
Carton ou carton-pierre (Md fabricant d'ornements en pâte de).
Châles (Md de) en détail.
Chocolat (Md de) en gros.
Cidre (Md de) en gros.
Comestibles (Md de).
Confiseur.
Conserves alimentaires (Md de).
Coraux (Préparateur de).
Coraux bruts (Md de).
Cuirs en vert du pays (Md de) en gros.

—

Déménagements (Entrepreneur de) s'il a plusieurs voitures.
Distillateur-liquoriste.
Droguiste (Md) en détail.

—

Eau filtrée ou clarifiée et dépurée (Entrepreneur d'un établissement d').
Encre à écrire (Fabricant marchand en gros d').
Eponges (Md d') en gros.
Equipements militaires (Md d'objets d').
Essayeur pour le commerce.

—

Fer en meubles (Md de).
Fondeur d'or et d'argent.
Fruits secs (Md de) en demi-gros.

—

Gantier (M^d fabricant).
Glacier-limonadier.
Halles, marchés et emplacements sur les places publiques (Fermier ou adjudicataire des droits de).
Harpes (Facteur et M^d de) ayant boutique ou magasin.
Horloger.
Hôtel garni (Maître d') tenant un restaurant à la carte.
Houblon (M^d de) en gros.
Hydromel (Fabricant et M^d d').

—

Imprimeur-libraire.
Imprimeur-typographe.

—

Jambons (M^d expéditeur de).
Joaillier (M^d), n'ayant point d'atelier.

—

Lattes (M^d de) en gros.
Libraire-éditeur.
Linger (Fournisseur).
Liqueurs (Fabricant de).

—

Marbre (M^d de) en gros.
Modes (M^d de).
Nacre brute (M^d de).
Navires (Constructeur de).
Orfèvre (M^d), sans atelier.
Pavage des villes (Entreprise de).
Pendules et bronzes (M^d de) en détail.
Pharmacien.
Pianos et clavecins (Facteurs et m^d en boutique ou magasin de).
Plaqué ou doublé d'or et d'argent (Fabricant et M^d d'objets en).
Plume et duvet (M^d de) en détail.
Plumes à écrire (M^d expéditeur de).
Poisson salé, mariné, sec et fumé (M^d de) en demi-gros.
Restaurateur à la carte.

—

Saleur de viandes.
Sarraux ou blouses (M^d de) en gros.
Sellier-carrossier.
Soie (M^d de) en détail.
Soudes végétales indigènes (M^d de) en gros.

—

Tabletterie (M^d de matières premières pour la).
Tailleur (M^d) avec magasin d'étoffes.
Tapis de laine et tapisseries (M^d de).
Tissus de laine, de fil, de coton ou de soie (M^d en détail de).
Tournerie de Saint-Claude (M^d expéditeur d'articles de).
Tourteaux (M^d de).

—

Voilier (pour son compte).

QUATRIÈME CLASSE

Agence ou bureau d'affaires (Directeur d').
Aiguilles à coudre et à tricoter (M^d de) en détail.
Alambics et autres grands vaisseaux en cuivre (Fabricant ou marchand d').
Anchois (Saleur d').
Apparaux (Maître d').

—

Pâtissier expéditeur.
Appréciateur au Mont-de-Piété.
Aubergiste.

—

Bacs (Fermier de) pour un fermage de mille francs et au-dessus.
Baleines (M^d de brins de).
Bas et bonneteries (M^d de) en détail.
Billards (Fabricant de) ayant magasin.
Blondes (M^d de) en détail.
Bois de teinture (M^d de) en détail.
Boisselier (M^d) en gros.
Bottier (M^d).
Boucher (M^d).
Boules à teinture (Fabricant de).
Brodeurs sur étoffes, en or et en argent.
Bronzes, dorures et argentures sur métaux (M^d de) en détail.

—

Cafetier.
Caoutchouc (Fabricant ou M^d d'objets confectionnés ou d'étoffes garnies en).
Cartier (Fabricant de cartes à jouer).
Chapeaux de feutre et de soie (Fabricant de).
Charcutier.
Charpentier (Entrepreneur-fournisseur).
Chasublier (M^d).
Chaudières en cuivre (Fabricant de).
Chevaux (M^d de).
Cire à cacheter (Fabricant de).
Cire (Blanchisseur de), employant moins de six ouvriers.
Cirier (M^d).
Cochons (M^d de).
Commissionnaire au Mont-de-Piété.
Cordier (Fabricant de câbles et cordages pour la marine ou la navigation intérieure).
Cordonnier (M^d)
Corroyeur (M^d).
Coton filé (M^d de) en détail.
Cotrets sur bateaux (M^d de).
Couleurs et vernis (Fabricant et M^d de).
Couverts et autres objets en fer battu ou

étamé (Fabricant et Md de) en gros, par procédés ordinaires.
Couvertures de soie, bourre, laine et coton, etc. (Md de).
Couvreur (Entrepreneur).
Crin frisé (Md de).
Cuirs tannés, corroyés, lissés, vernissés (Md de) en détail.
Décors et ornements d'architecture (Md de).
Dentelles (Md de).
Dorures et argentures sur métaux (Fabricant ou Md de) en détail.
Dorures pour passementeries (Md de).

—

Eaux minérales factices (Md d').
Ecorces de bois pour tan (Md d').
Estampeur en or et en argent.

—

Facteur de denrées et marchandises (partout ailleurs qu'à Paris).
Farines (Md de) en gros.
Fer en barres (Md de) en détail. — Celui qui vend habituellement par quantité inférieure à cinq cents kilogrammes.
Fils de chanvre ou de lin (Md de) en détail.
Fonte ouvragée (Md de).
Fosses mobiles inodores (Entrepreneur de).
Fourreur.
Fromages de pâte grasse (Md de) en gros.
Fromages secs (Md de) en demi-gros.

—

Garde du Commerce.
Graines fourragères, oléagineuses et autres (Md de) en demi-gros.
Grainetier-fleuriste (Expéditeur).
Grains (Md de) en gros.
Graveur sur cylindres.

—

Herboriste expéditeur.
Hongroyeur ou hongrieur.
Horlogerie (Md ou fournitures d').
Hôtel garni (Maître d').
Houblon (Md de) en demi-gros.
Huiles (Md d') en détail.

—

Instruments pour les sciences (Facteurs et Md d') ayant boutique ou magasin.

—

Jardin public (Tenant un).
Jaugeage des liquides (Adjudicataire des droits de).

—

Laine brute ou lavée (Md de) en détail.
Laine filée (Md de) en détail.
Laineur.
Légumes secs (Md de) en gros.
Limonadier non glacier.
Liqueurs (Md de) en détail.
Lustres (Fabricant et Md de).

—

Maçonnerie (Entrepreneur de).
Manége d'équitation (Tenant un).
Mâts (Constructeur de).
Mécanicien.
Menuisier (Entrepreneur).
Mercerie (Md de) en détail.
Métaux (Md de) (autres que l'or, l'argent, le fer en barres et la fonte) en détail.
Meules de moulins (Fabricant de).
Miel et cire brute (Md non expéditeur de).
Moutardier (Md en gros).
Moutons et agneaux (Md de).
Mulets et mules (Md de).

—

Nécessaires (Md de).
Nougat (Fabricant expéditeur de).

—

Oranges, citrons (Md d') expéditeur.
Orgues d'église (Facteur d').
Ornemanistes.

—

Papetier (Md en détail).
Pastel (Md de) en détail.
Pâtissier non expéditeur.
Peaussier (Md) en détail.
Peaux en vert ou crues (Md de).
Peintures (Entrepreneur de) en bâtiments.
Pelleteries et fourrures (Md de) en détail.
Pesage et mesurage (Fermier des droits de).
Pierre artificielle ou factice (Fabricant d'objets en).
Plieur d'étoffes.
Polytypage (Fabricant de).
Pompes à incendie (Fabricant de).
Presseur de poisson de mer.
Presseur de sardines.
Pruneaux et prunes sèches (Md de) en gros.

—

Quincaillier en détail.

—

Receveur de rentes.
Registres (Fabricant de).
Restaurateur et traiteur à la carte et à prix fixe.
Rubans pour modes (Md de) en détail.

—

Sabots (Md de) en gros.
Safran (Md de) en demi-gros.
Serrurier (Entrepreneur).
Serrurier (Mécanicien).
Serrurier en voitures suspendues.

Sondes (Fabricant de grandes).
Suif en branches (Md de).
Suif fondu (Md de) en détail.

—

Tapissier (Md).
Thé (Md de) en détail.
Tôle vernie (Fabricant d'ouvrages en).
Tourbe (Md de) en gros.
Truffes (Md de).
Tulles (Md de) en détail.
Tuyaux en fil de chanvre pour des pompes à incendie et les arrosements (Fabricant de).
Vaches ou veaux (Md de).
Vanneries (Md expéditeur de).
Verres à vitres (Md de).
Vinaigrier en détail.
Vins (Md de) en détail. — Vendant habituellement, pour être consommés hors de chez lui, des vins au panier ou à la bouteille.
Vins (Voiturier Md de).
Volailles truffées (Md de).

CINQUIÈME CLASSE

Accouchement (Chef de maison d').
Acier poli (Fabricant d'objets en), pour son compte.
Affineur de métaux autres que l'or, l'argent et le platine.
Agrafes (Fabricant d') par les procédés ordinaires (pour son compte).
Albâtre (Fabricant ou Md d'objets en).
Almanachs ou annuaires (Editeur propriétaire d').
Appareils et ustensiles pour l'éclairage au gaz (Fabricant d').
Apprêteur de chapeaux de paille.
Apprêteur d'étoffes pour les particuliers.
Armurier.
Aubergiste, ne logeant qu'à cheval.

—

Bains publics (Entrepreneur de).
Balancier (Md).
Bals publics (Entrepreneur de).
Bijoutier (Fabricant), pour son compte, sans magasin.
Bijoux en faux (Md de).
Blanchisseur de toiles et fils pour les particuliers.
Blatier avec voiture.
Bois à brûler (Md de). — Celui qui, n'ayant ni chantier, ni magasin, ni bateau, vend par voiture au domicile des consommateurs.
Bois de bateaux (Md de).
Bois de boissellerie (Md de).
Bois de volige (Md de).
Bois feuillard (Md de).
Boîtes et bijoux à musique (Fabricant de mécaniques pour), pour son compte.
Boucher en détail.
Bouclerie (Fabricant de), pour son compte.
Bougies (Md de).
Boulanger.
Bouteilles de verre (Md de).
Boutons de métal, corne, cuir bouilli, etc. (Fabricant de), pour son compte.
Brocanteur en boutique ou magasin.
Broches et cannelets pour la filature (Fabricant de), pour son compte.
Broderies (Fabricant et Md de) en détail.
Bureau de distribution d'imprimés, de cartes de visites, annonces, etc. (Entrepreneur d'un).
Bureau d'indication et de placement (Tenant un).

—

Cabaretier ayant billard.
Cabriolet sur place ou sous remise (Loueur de), s'il a plusieurs cabriolets.
Calandreur d'étoffes neuves.
Caractères mobiles en métal (Fabricant de).
Carrossier raccommodeur.
Cartonnage fin (Fabricant et Md de).
Cercles ou sociétés (Fournisseur des objets de consommation dans les).
Chapeaux de paille (Md de) en détail.
Chapellerie en fin.
Chapellerie (Md de fournitures pour la).
Charbon de bois (Md de) en demi-gros.
Charbon de terre épuré ou non (Md de) en demi-gros.
Chasse (Md d'ustensiles de).
Chaudronnier (Md).
Cheminées dites *économiques* (Fabricant et Md de).
Chevaux (Loueur de).
Chevaux (Tenant pension de).
Cheveux (Md de).
Chocolat (Md de) en détail.
Cloches de toutes dimensions (Md de).
Cloutier (Md) en détail.
Coffretier-Malletier en cuir.
Colle pour la clarification des liqueurs (Fabricant de).
Colleur d'étoffes.
Cornes brutes (Md de).
Coutelier (Md et fabricant de).
Crémier-Glacier.
Crics (Fabricant et Md de).
Crin frisé (Apprêteur de).

Cristaux (Md de) en détail.
Culottier en peau (Md).
Curiosité (Md en boutique d'objets de).

—

Décatisseur.
Déchireur ou dépeceur de bateaux.
Dés à coudre en métal autre que l'or et l'argent (Fabricant de), pour son compte.
Distillateur d'essences et eaux parfumées et médicinales.

—

Eau-de-vie (Md d') en détail.
Ebéniste (Md), ayant boutique ou magasin.
Eclairage à l'huile pour le compte des particuliers (Entrepreneur d').
Eperonnier, pour son compte.
Epicier en détail.
Eponges (Md d') en détail.
Equipage (Maître d').
Etain (Fabricant de feuilles d').
Etriers (Fabricant d'), pour son compte.
Etrilles (Fabricant d), pour son compte.

—

Ferblantier-Lampiste.
Ferronnier.
Fiacre (Loueur de), s'il a plusieurs voitures.
Fleurs artificielles (Fabricant et Md de).
Fondeur en fer, en bronze ou en cuivre (avec des creusets ordinaires).
Forces (Fabricant de), pour son compte.
Forgeron de petites pièces (canons, platines).
Fouionnier.
Fourrages (Md de), par bateaux, charrettes ou voitures.
Frangier (Md).

—

Galonnier (Md).
Gantier (Md).
Glaces (Md) (Miroitier).
Glacier.

—

Instruments de chirurgie en métal (Fabricant et Md d').
Ivoire (Marchand d'objets en).

—

Jaujeur juré pour les liquides.
Jeu de paume (Maître de).
Joaillier (Fabricant), pour son compte.

—

Lampiste.
Lapidaire en pierres fausses (Fabricant ou Md), ayant boutique et magasin.
Laveur de laines.
Layetier-Emballeur.
Libraire.
Liége brut (Md de) en détail.
Loueur de voitures suspendues.
Lunetier (Md).
Lutherie (Md de fourniture de).
Luthier (Fabricant), pour son compte.

—

Magasinier.
Maître ou patron de la barque ou bateau, naviguant pour son propre compte sur les fleuves, rivières ou canaux, soit que la barque ou le bateau lui appartienne, soit qu'il l'ait loué. Si le conducteur n'est qu'un homme à gages, la patente est due par le propriétaire de la barque ou du bateau.
Maréchal expert.
Maroquinier, pour son compte.
Marons et châtaignes (Md expéditeur de).
Mégissier, pour son compte.
Menuisier-Mécanicien.
Métiers à bas (Forgeur de), pour son compte.
Meubles (Md de).
Meules à aiguiser (Fabricant et Md de).
Mine de plomb (Md de) en détail.
Minerai de fer (Md de) ayant magasin.
Miroitier.
Modiste.
Monuments funèbres (Entrepreneur de).
Moulures (Fabricant de), pour son compte.
Moulures (Md de) en boutique.
Musique (Md de).

—

Nacre de perles (Fabr. d'objets en), pour son compte.
Nacre de perles (Md d'objets en).
Natation (Tenant une école de).

—

Orfévre (Fabricant), pour son compte.
Orgues portatives (Facteur d'), pour son compte.

—

Papier peint pour tentures (Md de)
Parc aux charrettes (Tenant un).
Parfumeur (Md) au détail.
Passementier (Me).
Pavés (Md de).
Peignes de soie (Md de).
Peintre-Vernisseur en voitures ou équipages.
Perles fausses (Md de).
Pierres brutes (Md de).
Pierres lithographiques (Md de).
Planches (Md de) en détail.
Plombier.
Plumassier (Fabr. et Md).
Plumes à écrire (Md de), non expéditeur.
Poisson frais (Md de), vendant par forte partie aux détaillants.

Pompes de métal (Fabr. de).
Porcelaines (Md de) en détail.
Poudrette (Md de).

—

Relais (Entrepreneur de), même lorsqu'il est maître de poste.
Résines et autres matières analogues (Md de) en détail.
Rogues ou œufs de morue (Md de) en détail.
Restaurateur et traiteur, à prix fixe seulement.
Rôtisseur.

—

Saleur d'olives.
Sceaux à incendie (Fabr. de).
Sellier-Harnacheur.
Serrurier non entrepreneur.
Soies de porc ou de sanglier (Md de), en détail.
Soufflets (Fabr. et Md de gros) pour les forgerons, bouchers, etc.
Sparterie pour modes (Fabr. de).
Sucre brut et raffiné (Md de) en détail.

—

Tableaux (Md de).
Taffetas gommés ou cirés (Md de).
Taillandier tailleur (Md d'habits neufs).
Tailleur (Md), sans magasin, d'étoffes, fournissant sur échantillons.
Tapis peints ou vernis (Md de).
Toiles cirées et vernies (Md de).
Toiles métalliques (Fabricant de), pour son compte.
Tôle vernie (Md d'ouvrages en).

—

Ustensiles de chasse et de pêche (Md d').

—

Vannier-Emballeur pour les vins.
Verres blancs et cristaux (Md de) en détail.
Vidange (Entrepreneur de).
Vins (M. de) en détail, donnant à boire chez lui et tenant billard.

SIXIÈME CLASSE

Affiches (Entrepreneur de la pose et de la conservation des).
Agaric Md d').
Agent dramatique.
Aiguilles, clefs et autres petits objets pour montres ou pendules (Fabr. d'), pour son compte.
Allumettes chimiques (Fabr. et Marchand d').
Anatomie (Fabricant de pièces d').
Anatomie (Tenant un cabinet d').
Ancres (Md d').
Annonces et avis divers (Entrepreneur d'insertions d').
Appréciateur d'objets d'art.
Apprêteur de peaux.
Apprêteur de plumes, laines, duvet et autres objets de literie.
Ardoises (Md d'). Celui qui vend par millier aux maçons et aux entrepreneurs de bâtiments.
Arrosage (Entreprise particulière d').
Arrimeur.
Artificier.

—

Bacs (Fermier de) pour un prix de fermage au dessous de mille francs.
Baies de genièvre (Md de).
Bains de rivière en pleine eau (Entrepreneur de).
Balancier (Fabricant), pour son compte.
Balançons (Md de).
Balayage (Entreprise partielle de).
Bandagiste.
Bardeaux (Md de).
Baromètre (Fabr. ou Md. de).
Barques, bateaux ou canots (Constructeur de).
Bateaux à laver (Exploitant de).
Battendier.
Batteur de bois de teinture.
Batteur d'écorce.
Batteur de graine de trèfle.
Batteur d'or et d'argent.
Baudruche (Apprêteur de).
Beurre frais ou salé (Md de) en détail.
Bière (Md ou débitant de)
Bijoutier en faux (Fabricant), pour son compte.
Billards (Fabricant de) sans magasin.
Bisette (Fabricant et Md de)
Blanc de craie (Fabricant et Md de).
Blatier avec bêtes de somme.
Bluteaux ou blutoirs (Fabr. et Md de).
Bois merrains (Md de), s'il ne vend qu'aux tonneliers et aux particuliers.
Boiseries (Md de vieilles).
Boissellier (Md en détail).
Bombagiste.
Bombeur de verre.
Bosselier.
Bouchonnier.
Bouchons (Md de) en détail.
Boues (Entreprise partielle de l'enlèvement des).
Bouilleur ou brûleur d'eau-de-vie.
Bouillon et bœuf cuit (Md de).
Bourre de soie (Md de).

Bourrelier.
Boyaudier.
Brasseur à fa on.
Bretelles et jarretières (Fabricant de), pour son compte.
Bretelles et jarretières (Md de).
Brion (Fabricant de).
Briques (Md de).
Briquets phosphoriques et autres (Fabricant de).
Brocanteurs d'habits en boutique.
Brossier (Fab.), pour son compte.
Brossier (Md).
Buffletier (Md).
Buis ou racines de buis (Md de).
Bustes en plâtre (Mouleur de).

—

Cabaretier.
Cabinet de lecture (Tenant un), où on donne à lire les journaux et les nouveautés littéraires.
Cabinets d'aisances publics (Tenant).
Cadrans de montres et de pendules (Fabricant de) pour son compte.
Cadres pour glaces et tableaux (Md de).
Café de chicorée en poudre (Md de).
Cafetières du Levant ou marabouts (Fabricant de), pour son compte.
Caisses de tambour (Fact. de).
Calfat (Radoubeur de navires).
Cannelles et robinets en cuivre (Fab. de), pour son compte.
Cannes (Md de) en boutique.
Cantinier, dans les prisons, hospices et autres établissements publics.
Caparaçonnier, pour son compte.
Capsules métalliques (Fabr. de) pour boucher les bouteilles.
Cardes (Fabr. de) par les procédés ordinaires, pour son compte.
Carreaux à carreler (Md de).
Carrés de montres (Fabricant de), pour son compte.
Cartes de géographie (Md de).
Cartons pour bureaux et autres (Fabr. de) pour son compte.
Casquettes (Fabricant de), pour son compte.
Cendres (Laveur de).
Cercles ou cerceaux (Md de).
Chaînes de fil, laine ou coton, préparés pour la fabrication des tissus (Md de).
Chaises fines (Md et fabr. de).
Chaises (Loueur de) pour un prix de ferme de deux mille francs et au-dessus.
Chamoiseur, pour son compte.
Chandeliers en fer et en cuivre (Fabr. de), pour son compte.
Chanvre (Md de) en détail.
Chapelier en grosse chapellerie.
Charcutier revendeur.
Charpentier.
Charrée (Md de).
Charron.
Châsses de lunettes (Fabricant de), pour son compte.
Chaux (Md de).
Chef de ponts et pertuis.
Cidre (Md et débitant de) en détail.
Cimentier, employant moins de cinq ouvriers.
Ciseleur.
Clinquant (Fabricant de), pour son compte.
Clochettes (Fondeur de).
Cloches (Fondeur de) sans boutique ni magasin.
Coffretier-Malletier en bois.
Coiffeur.
Cols (Fabr. de), pour son compte.
Cols (Md de).
Combustibles (Md de) en boutique.
Commissionnaires porteurs pour les fabricants de tissus.
Coquetier avec voiture.
Cordes harmoniques (Fabricant de), pour son compte.
Cordes métalliques (Fabricant de), pour son compte.
Cordier (Md).
Corne (Apprêteur de), pour son compte.
Corne (Fabr. de feuilles transparentes de), pour son compte.
Corsets (Fabr. et Md de).
Cosmorama (Directeur de).
Costumier.
Coupeur de poils (Md), pour son compte.
Courtier-Gourmet-Piqueur de vins.
Couturière (Marchande).
Couverts et autres objets en fer battu ou étamé (Fabricant et marchand de) en détail.
Couvreur (Maître).
Crayons (Md de).
Crépins (Md de).
Crinières (Fabricant de), pour son compte.
Crins plats (Md de).
Cuir bouilli et verni (Fabricant ou marchand d'objets en).
Cuirs et pierres à rasoirs (Fabricant et Md de).
Cuivre de navires (Md de vieux).

—

Dalles (Md de).
Damasquineur.
Découpoirs (Fabricant de), pour son compte.

Déménagements (Entrepreneur de), s'il a une seule voiture.
Dentelles (Facteur de)
Dépeceur de voitures.
Dessinateur pour fabrique.
Doreur et argenteur.
Doreur sur bois.

—

Ebéniste (Fabricant), pour son compte, sans magasin.
Ecrans (Fabricant d'), pour son compte.
Emailleur pour son compte.
Emballeur non layetier.
Encre à écrire (Fabricant et marchand d') en détail,
Enduit contre l'oxdyation (Applicateur d').
Enjoliveur (Md).
Epingles (Fabricant d'), par les procédés ordinaires.
Essayeur de soie.
Estampes et gravures (Md de).
Etameur de glaces.
Eventailliste (Md fabricant), ayant boutique ou magasin.

—

Facteur de fabrique.
Fagots et bourrées (Md de), vendant par voiture.
Faïence (Md de).
Farines (Md de).
Ferblantier.
Feutre (Fabr. et Md), pour la papeterie, le doublage des navires, plateaux, vernis, etc.
Filigraniste.
Filasse de nerfs (Fabricant de) à son compte.
Filets pour la pêche, la chasse, etc. (Fabricant de).
Fileur (Entrepreneur).
Filotier.
Fleurs artificielles (Md d'apprêt et papier pour).
Fleurs d'oranger (Md de).
Fondeur d'étain, de plomb ou fonte de chasse.
Fontaines publiques (Fermier de).
Fontaines à filtrer (Fabricant et marchand de).
Formaire (pour la fabrication du papier), pour son compte.
Fouleur de bas et autres articles de bonneterie.
Fouleur de feutre pour les chapeliers.
Fourbisseur (Md).
Fournaliste.
Fourneaux potagers (Fabricant et marchand de).
Fourrage (Débit de) à la botte ou en petite partie au poids.
Fripier.
Fromage de pâte grasse (Md de) en détail.
Fromages secs (Md de), en détail.
Fruitier oranger.
Fruits secs (Md de) en détail.
Fruits secs pour boissons (Md de).
Fumiste.

—

Garde-robes inodores (Fabricant et Md de).
Gibernes (Fabricant de), pour son compte.
Glace, eau congelée (Md de).
Globes terrestres et célestes (Fabricant et marchand de).
Gommeur d'étoffes.
Graine de moutarde blanche (Md de).
Graines (Md de), en détail.
Grainetier fleuriste en détail.
Graveur sur métaux (Fabricant des timbres secs et gravant sur bijoux.
Grue (Maître de).

—

Harpes (Facteur de) n'ayant ni boutique ni magasin.
Herboriste-Droguiste.
Histoire naturelle (Md d'objets d').
Horlogerie (Fabricant de pièces d') pour son compte.
Horlogerie-Rhabilleur (Md).
Huîtres (Md d').

—

Images (Fabricant ou Md d').
Imprimeur-Lithographe éditeur.
Instruments aratoires (Fabricant d').
Instruments de chirurgie en gomme élastique (Fabricant d').
Instruments de musique à vent, en bois ou en cuivre (Facteur d')
Instruments pour les sciences (Facteur d'), sans boutique ni magasin.
Ivoire (Fabricant d'objets en), pour son compte.

—

Jais ou jaïet (Fabricant ou marchand d'objets en).

—

Kaolin et pétunzé (Md de).

—

Lamineur par les procédés ordinaires.
Lanternier.
Lattes (Md de), en détail.
Lavoir public (Tenant un).
Layetier.
Levûre ou levain (Md de).
Lin (Md de) en détail.

Linge de table et de ménage (Loueur de).
Linger.
Lithochrome (Imprimeur).
Lithochromies (Md de).
Lithographie (Md de).
Lithophanie pour stores (Fabricant et Md de).
Loueur de tableaux et dessins.
Loueur en garni.
Lunetier (Fabricant).
Lustreur de fourrures.

—

Maçon (Maître).
Maison particulière de retraite (Tenant une).
Marbre factice (Fabricant et Md d'objets en).
Marbrier.
Maréchal ferrant.
Masques (Fabricant et Md de).
Matériaux (Md de vieux).
Menuisier.
Mercerie (Md de menue).
Metteur en œuvre, pour son compte
Meubles d'occasion (Md de).
Moireur d'étoffes, pour son compte.
Monteur de métiers.
Mosaïque (Md de).
Moulinier, celui qui prépare le fil pour les chaînes servant à la fabrication des tissus.

—

Naturaliste (Md).
Nécessaires (Fabricant de), pour son compte.
Nourrisseur de vaches et de chèvres pour le commerce du lait.

—

Oranges et citrons (Md d'), en boutique et en détail.
Os (Fabricant d'objets en), pour son compte.
Outres (Fabricant d'), pour son compte.
Outres (Md d').

—

Paille (Fabricant de tissus pour les chapeaux de), pour son compte.
Paillettes et paillons (Fabricant de), pour son compte.
Pain à cacheter et à chanter (Fabricant et Md de).
Pain d'épices (Fabricant ou Md en boutique de).
Papiers de fantaisie (Fabricant de), pour son compte.
Parapluies (Fabricant et Md de).
Parcheminier, pour son compte.
Parqueteur (Menuisier).
Pâtes alimentaires (Md de).
Paveur.
Peaux de lièvre et de lapins (Md de), en boutique.
Pêche (Adjudicataire ou fermier de), pour un prix de deux mille francs ou au-dessus.
Peignes à sérancer (Fabricant de), pour son compte.
Peignes d'écaille (Fabricant de), pour son compte.
Peignes (Md de), en boutique.
Peintre en bâtiments non entrepreneur.
Pension bourgeoise (Tenant).
Pension particulière de vieillards (Tenant).
Perles fausses (Fabricant de), pour son compte.
Peseur et mesureur jurés.
Pianos et clavecins (Facteur de), n'ayant ni boutique ni magasin.
Pierres à brunir (Fabr. et Md de).
Pierres fausses (Fabricant de).
Pierres bleues (Md de) pour le blanchissage du linge.
Pierres taillées (Md de).
Pinceaux (Fabr. de) pour son compte.
Pipes (Md de).
Plafonneur.
Plâtre (Md de).
Plâtrier (Maçon).
Plomb de chasse (Fabricant ou Md de).
Plumes métalliques (Md fabricant de).
Poêlier en faïence, fonte, etc.
Polisseur d'objets en or, argent, cuivre, acier, écaille, os, corne, etc.
Ponce pour les papetiers (Fabricant de).
Portefeuilles (Fabricant de), pour son compte.
Portefeuilles (Md de).
Potier d'étain.
Poudre d'or (Fabr. et Md de).
Poulieur (Fabricant).
Pressoir (Maître de) à manége.

—

Queues de billard (Fabricant de), pour son compte.

—

Ramonage (Entrepreneur de).
Rampiste.
Ressorts de bandage pour les hernies (Fabricant de), pour son compte.
Ressorts de montres et de pendules (Fabricant de), pour son compte.

—

Sacs de toile (Fabr. et Md de).
Salpêtrier.
Sarreaux ou blouses (Md de) en détail.
Sculpteur en bois, pour son compte.
Son, recoupe et remoulage (Md de).
Sparterie (Fabr. et Md d'objets en).

Sphères (Fabricant de).
Stucateur.
Sumac (Md de).

Tabac (Md de) en détail dans le département de la Corse.
Table d'hôte (Tenant une).
Tabletier (Marchand).
Tabletterie (Fabricant d'objets en), pour son compte.
Tambours, grosses caisses, tambourins (Fabricant de).
Tamisier (Fabr. et Md).
Tan (Md de).
Tapissier à façon.
Teinturier dégraisseur pour les particuliers.
Teinturier en peaux.
Tireur d'or et d'argent.
Tôlier.
Tourneur sur métaux.
Tourteaux (Md de) en détail.
Tréfileur par les procédés ordinaires.
Tuiles (Md de).

Vannerie (Md de), en détail.
Vannier (Fabr. en vannerie fine).
Vérificateur de bâtiments.
Vernisseur sur cuivre, feutre, carton et métaux.
Verres bombés (Md de).
Verroterie et gobeleterie (Md de) en détail.
Vignettes et caractères à jour (Fabr. de) en détail.
Vignettes et caractères à jour (Md en boutique de).
Vins (Md de) en détail, donnant à boire chez lui et ne tenant pas de billard.
Vis (Fabricant de) par procédés ordinaires, pour son compte.
Vitrier en boutique.
Voilier à façon.
Volaille ou gibier (Md de).

SEPTIÈME CLASSE

Accordeur de pianos, harpes et autres instruments.
Acheveur en métaux.
Acier poli (Fabr. d'objets en) à façon.
Alevin (Md d').
Allèges (Md dire d').
Anes (Loueur d').
Apprêteur de barbes ou fanons de baleines.
Apprêteur de bas et autres objets de bonneterie.
Archets (Fabricant d').
Armurier rhabilleur.
Armurier à façon.
Arpenteur.
Attelles pour colliers de bêtes de trait (Fabr. et Md d').
Avironnier.

Badigeonneur.
Balancier (Fabricant à façon).
Ballons pour lampes (Fabricant de) pour son compte.
Bandagiste à façon.
Bardeaux (Fabricant de), pour son compte.
Bâtier.
Battoir de paume (Fabricant de).
Baugeur.
Bijoutier à façon.
Bijoutier en faux (Fabricant) à façon.
Bimbeloterie (Fabricant d'objets de), sans boutique ni magasin.
Bimbelotier (Md) en détail.
Blanchisseur de chapeaux de paille.
Blanchisseur de linge, ayant un établissement de buanderie.
Blanchisseur sur pré.
Boisselier.
Boîtes et bijoux à musique (Fabricant de mécaniques pour), à façon.
Bottes remontées (Md de).
Bottier et cordonnier en chambre.
Boules vulnéraires dites d'*acier* ou *de Nancy* (Fabricant de).
Bouquetière (Marchande) en boutique.
Bouquiniste.
Bourrelets d'enfants (Fabr. et Md de).
Boursier.
Bouton de soie (Fabricant de), pour son compte.
Briquets phosphoriques et autres (Md de).
Broches pour la filature (Rechargeur de).
Broderies (Blanchisseur et apprêteur de).
Broderies (Dessinateur imprimeur de).
Broderies (Fabricant à façon de).
Brunisseur.
Buffletier (Fabricant), pour son compte.
Bustes en cire pour les coiffeurs (Fabricant de).

Cabinet de figures en cire (Tenant un).
Cabinet de lecture où l'on donne à lire les journaux seulement (Tenant un).
Cabinet particulier de tableaux, d'objets d'histoire naturelle ou d'antiquité (Tenant un).
Cabriolets sur place ou sous remise (Loueur de), s'il n'a qu'un cabriolet.
Calandreur de vieilles étoffes.

Cambreur de tiges de bottes.
Camées faux ou moulés (Fabr. de).
Cannelles et robinets en cuivre (Fabricant de) à façon.
Cannes (Fabricant de) pour son compte.
Cannetille (Fabricant de).
Caractères d'imprimerie (Fondeur de) à façon.
Caractères d'imprimerie (Graveur en).
Caractères mobiles en bois ou en terre cuite (Fabr. et Md de).
Carcasses ou montures de parapluies (Fabricant de) pour son compte.
Cardeur de laine, de coton, de bourre de soie, filoselle, etc.
Carreleur.
Carrioles (Loueur de).
Ceinturonnier, pour son compte.
Cendres ordinaires (Md de).
Chaises (Loueur de), pour un prix de ferme de cinq cents francs à deux mille francs.
Chapelets (Fabricant et Md de).
Charnier en fer, cuivre ou fer-blanc (Fabricant de), par les procédés ordinaires, pour son compte.
Chasublier à façon.
Chaudronnier rhabilleur.
Chaussons en lisières et autres (Md de).
Chenille en soie (Fabricant de), pour son compte.
Chevaux (Courtier de).
Chèvres et chevreaux (Md de).
Chiffonnier en détail.
Chineur.
Cirages ou encaustique (Md fabricant de).
Cloutier au marteau, pour son compte.
Coiffes de femme (Faiseuse et Mde de).
Colle de pâte et de peau (Fabricant de).
Colleur de chaînes pour fabrication de tissus.
Coquetier avec bêtes de somme.
Cordes harmoniques (Fabricant de) à façon.
Cordes métalliques (Fabricant de) à façon.
Cordier (Fabricant de menus cordages, tels que cordes, ficelles, longes, traits).
Cordons en fil, soie, laine, etc. (Fabricant de), pour son compte.
Corroyeur à façon.
Cosmétique (Md de).
Coton cardé ou gommé (Md de).
Coupeur de poils à façon.
Courroies (Apprêteur de), pour son compte.
Courtier de bestiaux.
Coutelier à façon.
Couturières en corsets, en robes ou en linge.
Couvreur en paille ou en chaume.
Crémier ou laitier.
Crépin en bois (Fabricant d'articles de), pour son compte.
Criblier.
Cristaux (Tailleur de).
Crochets pour les fabriques d'étoffes (Fabricant de), pour son compte.
Cuivre vieux (Md de).
Cuves, foudres, barriques et tonneaux (Fabricant de).

—

Déchets de coton (Md de).
Décrueur de fil.
Dégraisseur.
Denteleur de scies.
Doreur sur tranches.

—

Ebéniste (Fabricant) à façon.
Ecailles d'ables ou ablettes (Md d').
Echalas (Md de).
Ecorcheur ou équarrisseur d'animaux.
Embouchoirs (Faiseur d').
Emailleur à façon.
Enjoliveur (Fabricant), pour son compte.
Eperonnier à façon.
Epicier-Regrattier, s'il ne vend qu'au petit poids et à la petite mesure quelques articles d'épiceries, et joint à ce commerce la vente de quelques autres objets, comme poterie de terre, charbon en détail, bois à la falourde, etc.
Epinglier-Grillageur.
Equarrisseur de bois.
Equipeur-Monteur.
Essence d'Orient (Fabricant d').
Estampeurs en métaux autres que l'or et l'argent.
Etriers (Fabricant d') à façon.
Etrilles (Fabricant d') à façon.
Eventailliste (Fabricant) pour son compte.
Expert pour le partage et l'estimation des propriétés.

—

Ferblantier en chambre.
Ferrailleur.
Fiacre (Loueur de), s'il n'a qu'une seule voiture.
Finisseur en horlogerie.
Fleuriste travaillant pour le compte des marchands.
Fondeur de brins de baleine.
Fontaines en grès, à sable (Md de).
Forces (Fabricant de) à façon.
Forets (Fabricant de).
Formier.
Fouets, cravaches (Fabricant ou Md de) pour son compte.
Fournier.
Fourreaux pour sabres, épées, baïonnettes (Fabricant de) pour son compte.

Fretin (M^d de)
Friseur de drap et autres étoffes de laine.
Friteur ou friturier en boutique.
Fruitier.

—

Gabare (Maître de) ou gabarier.
Galettes, gaufres, brioches et gâteaux (M^d de), en boutique.
Galochier.
Galonneur (Fabricant), pour son compte.
Gaînier (Fabricant), pour son compte.
Gargotier.
Gaufreur d'étoffes, de rubans, etc.
Gaules et perches (M^d de).
Graines fourragères, oléagineuses et autres (M^d de) en détail.
Grainier ou grainetier.
Gravatier.
Graveur en caractère d'imprimerie. Graveur sur métaux. Se bornant à graver des cachets ou des planches pour factures et autres objets dits *de ville*.
Grueur.
Guêtrier.
Guillocheur.
Guimpier.

—

Halage (Loueur de chevaux pour le).
Hameçons (Fabricant d').
Herboriste. Ne vendant que des plantes médicinales fraîches ou sèches.
Hongreur.
Horlogerie (Fabricant de pièces d') à façon.
Horloger-Repasseur.
Horloger-Rhabilleur (non M^d).
Horloges en bois (Fabricant ou M^d d').

—

Imprimeur en taille-douce pour objets *dits de ville*.
Imprimeur-Lithographe (non éditeur).
Imprimeur sur porcelaine, faïence, verres, cristaux, émail, etc.
Ivoire (Fabricant d'objets en) à façon.

—

Joaillier à façon.

—

Lait d'anesse (M^d de).
Lamier-Rotier, pour son compte.
Lapidaire à façon.
Layettes d'enfants (M^d de).
Légumes secs (M^d de) en détail.
Lie de vin (M^d de).
Lin (Fabricant de).
Linge (M^d de vieux).
Liqueurs et eaux-de-vie (Débitant de).
Logeur.
Loueur de livres.
Lunettes (Fabricant de verres de).
Luthier (Fabricant à façon).

—

Marbreur sur tranches.
Marchande à la toilette.
Maroquinier (à façon).
Mégissier (à façon).
Mesures linéaires, règles et équerres (Fabricant de), pour son compte.
Métiers à bas (Forgeur de) à façon.
Metteur en œuvre (à façon).
Monteur en bronze.
Moulures (Fabricant de) à façon.
Moutardier (M^d) en détail.
Muletier.

—

Nacre de perles (Fabricant d'objets en) à façon.
Navetier (Fabricant).

—

Oiselier.
Orfévre (à façon).
Orge (Exploitant un moulin à perler l').
Orgues portatives (Facteur d') à façon.
Ouate (Fabricant et M^d d').
Outres (Fabricant d') à façon,
Ovaliste.

—

Paille (Fabricant de tissus pour chapeaux de), à façon.
Paille (Fabricant de tresse, cordonnets, etc., en).
Paille teinte (Fabricant et M^d de).
Pain (M^d de) en boutique.
Papier de fantaisie (Fabricant de) à façon.
Passementier (Fabriçant) pour son compte.
Patachier.
Pâtissier-Brioleur.
Pêche (Adjudicataire ou fermier de) pour un prix de ferme de 500 francs à 2,000 francs.
Pédicure.
Peigneur de chanvre, de linon de laine.
Peintre en armoiries, attributs et décors.
Peintre ou doreur, soit sur verre ou cristal, soit sur porcelaine, etc., pour son compte.
Perruquier.
Pierres de touche (M^d de).
Piquonnier.
Planches ou ifs à bouteilles (Fabricant de).
Planeur en métaux.
Plaqueur.
Plumeaux (M^d fabricant de), pour son compte.
Poires à poudre (Fabricant de) pour son compte.
Poisson (M^d en détail de).
Pompes de bois (Fabricant de).

Poterie de terre (Md de).
Présurier.

—

Queues de billard (Fabricant de) à façon.

—

Raquettes (Fabricant de), pour son compte.
Regrattier.
Relieur de livres.
Rentrayeur de couvertures de laine et de coton.
Ressorts de bandages pour les hernies (Fabricant de) à façon.
Ressorts de montres et de pendules (Fabricant de) à façon.
Revendeuse à la toilette pour son compte.
Roseaux (Md de).
Rouettes ou harts pour lier les trains de bois (Md de).
Ruches pour les abeilles (Fabricant de), pour son compte.

—

Scieur de long.
Sculpteur en bois à façon.
Seaux et baquets en sapin (Fabricant de), pour son compte.
Sel (Md de) en détail.
Sellier (à façon).
Socques (Fabricant et Md de).

—

Tableaux (Restaurateur de).
Tabletterie (Fabricant d'objets en) à façon.
Tailleur d'habits à façon.
Toiles grasses (Fabricant de) pour emballage.
Toiles métalliques (Fabricant de) à façon.
Toiseur de bâtiments.
Toiseur de bois.
Tondeur de draps et autres étoffes de laine.
Tonneaux (Md de).
Tonnelier.
Torcher.
Tourneur en bois (Md) vendant en boutique divers objets en bois faits au tour.
Treillageur.
Tripier.

—

Ustensiles de ménage (Md de vieux).
Vaisselles et ustensiles de bois (Fabricant et Md de).

HUITIÈME CLASSE

Accoutreur.
Affiloirs (Md d').
Agrafes (Fabricant d'), par procédés ordinaires à façon.
Aiguilles, clefs et autres petits objets pour montres et pendules (Fabricant d') à façon.
Aiguilles (Fabricant d') à coudre ou à faire des bas, par procédés ordinaires, à façon.
Aiguilles pour les métiers à faire des bas (Monteur d').
Allumettes et amadou (Fabricant et Md d').
Appeaux pour la chasse (Fabricant d').
Apprêteur de chapeaux de feutre.
Approprieur de chapeaux.
Arçonneur.
Artiste en cheveux.
Assembleur.

—

Balais de bouleau, de bruyère et de grand millet (Md de), avec voiture ou bêtes de somme.
Ballons pour lampes (Fabricant de) à façon.
Barbier.
Bardeaux (Fabricant de) à façon.
Batelier.
Bâtonnier.
Baudelier.
Blanchisseur de linge, sans établissement de buanderie.
Bobines pour les manufactures (Fabricant de).
Bois à brûler (Md de) qui vend à la falourde, au fagot et au cotret.
Bois de galoches et de socques (Faiseur de).
Boisselier (Fabricant) à façon.
Bouchons de flacons (Ajusteur de).
Bouclerie (Fabricant de) à façon.
Boutons de métal, corne, cuir bouilli (Fabricant de) à façon.
Boutons de soie (Fabricant de) à façon.
Bretelles et jarretières (Fabricant de) à façon.
Brioleur avec bêtes de somme.
Briquetier à façon.
Brocanteur d'habits sans boutique.
Broches et cannelets pour la filature (Fabricant de) à façon.
Brosses (Fabricant de bois pour).
Brossier (Fabricant) à façon.
Bûches et briquettes factices (Md de).
Buffletier (Fabricant) à façon.

—

Cabas (Faiseur de).
Cadrans de montres et de pendules (Fabricant de) à façon.
Café tout préparé (Débitant de).

Cafetières du Levant, ou marabouts (Fabricant de) à façon.
Cages, souricières et tournettes (Fabricant de).
Canevas (Dessinateur de).
Cannes (Fabricant de) à façon.
Caparaçonnier à façon.
Carcasse ou montures de parapluies (Fabricant de) à façon.
Carcasses pour modes (Fabricant de).
Cardes (Fabricant de) à façon par les procédés ordinaires.
Carrés de montre (Fabricant de) à façon.
Cartons pour les bureaux et autres (Fabricant de) à façon.
Casquettes (Fabricant de) à façon.
Castine (Md de).
Ceinturonnier à façon.
Cerclier.
Chaises communes (Fabricant et Md de).
Chaises (Loueur de) pour un prix de ferme au-dessous de 500 francs.
Chamoiseurs à façon.
Chandeliers en fer ou en cuivre (Fabricant) à façon.
Chapeaux (Md de vieux) en boutique ou en magasin.
Charbon de bois (Md de) en détail.
Charbon de terre épuré ou non (Md de) en détail.
Charbonnier-Voiturier.
Charnières en fer, cuivre ou fer-blanc (Fabricant de), par procédés ordinaires, à façon.
Charrettes (Loueur de).
Châsses de lunettes (Fabricant de) à façon.
Chaussons en lisières (Fabr. de).
Chenille en soie (Fabr. de) à façon.
Chevilleur.
Clinquant (Fabr. de) à façon.
Cloutier au marteau, à façon.
Colleur de papiers peints.
Cols (Fabr. de) à façon.
Cordes à puits et liens d'écorces (Fabricant de).
Cordons en fil, soie, laine, etc. (Fabricant de) à façon.
Corne (Apprêteur de) à façon.
Corne (Fabricant de feuilles transparentes de) à façon.
Cotrets (Débitant de).
Courroies (Apprêteur de) à façon.
Couverts et autres objets en fer battu ou étamé (Fabricant de) à façon.
Crépin en buis (Fabricant d'articles de) à façon.
Crin (Apprêteur, crêpeur, ou friseur de) à façon.
Crinières (Fabr. de) à façon.
Crochets pour les fabriques d'étoffes (Fabr. de) à façon.
Cuilliers d'étain (Fondeur ambulant de).

—

Découpeur d'étoffes ou de papiers.
Découpoirs (Fabr. de) à façon.
Décrotteur en boutique.
Dés à coudre, en métal autre que l'or et l'argent (Fabricant de) à façon.

—

Ecrans (Fabr. d') à façon.
Elastiques pour bretelles, jarretières, etc. (Fabr. d').
Emeri et rouge à polir (Md d').
Enjoliveur (Fabricant) à façon.
Etameur ambulant d'ustensiles de cuisine.
Etoupes (Md d').
Eventailliste (Fabr.) à façon.

—

Fagots et bourrées (Md de) en détail, vendant au fagot.
Falourdes (Débitant de).
Farines (Md de).
Feuilles de blé de Turquie (Md de).
Figures en cire (Mouleur de) à façon.
Filasse de nerfs (Fabricant de) à façon.
Formaire pour la fabrication du papier à façon.
Fouets et cravaches (Fabricant de) à façon.
Fourreaux pour sabres, épées baïonnettes (Fabr. de) à façon.
Frangier à façon.
Frappeur de gaz.
Fuseaux (Fabricant de).

—

Gaînier à façon.
Garnisseur d'étuis pour instruments de musique.
Garnitures de parapluies et cannes, tels que bouts, anneaux, cannes, manches, etc. (Fabricant de).
Graveur de musique.
Graveur sur bois.

—

Harmonicas (Facteur d').

—

Lamier-Rotier à façon.
Langueyeur de porcs.
Limailles (Md de).
Limes (Tailleur de).
Livrets (Fabricant de) pour les batteurs d'or ou d'argent.
Loueur en garni (s'il ne loue qu'une chambre).

—

Marrons (Md de) en détail.
Matelassier.
Mèches et veilleuses (Md et fabricant de)

Mesures linéaires, règles et équerres (Fabr. de) à façon.
Modistes à façon.
Moireur d'étoffes à façon.
Moules de boutons (Fabr. de).

—

Natier.
Nécessaires (Fabr. de) à façon.
Nerfs (Batteur de)

—

Œillets métalliques (Fabr. d').
Oribus (Faiseur et Md d').
Os (Fabr. d'objets en) à façon.
Osier (Md d').
Ourdisseur de fils.

—

Paillassons (Fabricant de).
Paillettes et paillons (Fabricant de) à façon.
Papiers verrés ou émérisés (Fabricant de).
Parcheminier à façon.
Passementier (Fabr.) à façon.
Pâte de rose (Fabr. de bijoux en).
Pêche (Adjudicataire ou fermier de) pour un prix de fermage au-dessous de cinq cents francs.
Peignes à sérancer (Fabricant de) à façon.
Peignes d'écaille (Fabricant de) à façon.
Peignes en cannes ou roseaux pour le tissage (Fabricant et Md de).
Peintre ou doreur, soit sur verre ou cristal, soit sur porcelaine, etc., à façon.
Pelles de bois (Fabricant et Md de).
Perceur de perles.
Perles fausses (Fabricant de) à façon.
Pinceaux (Fabricant de) à façon.
Piqueur de cartes à dentelles.
Piqueur de grès.
Pileur de fils de soie à façon.
Plumaux (Fabr. de) à façon.
Plumes à écrire (Apprêteur de).
Poires à poudre (Fabricant de) à façon.
Pois d'iris (Fabricant de).
Portefeuilles (Fabr. de) à façon.
Porteur d'eau filtrée ou non filtrée, avec cheval ou voiture.
Potier de terre ayant moins de cinq ouvriers.
Pressoir (Maîtres de) à bras.
Puits (Maître cureur de).

—

Raquettes (Fabr. de) à façon.
Régleur de papier.
Rémouleur ou repasseur de couteaux.
Reperceur.
Rognures de peaux (Md de).
Rouleaux (Tourneur de) pour la filature.
Ruches pour les abeilles (Fabricant de) à façon.

—

Sable (Md de).
Sabotier (Fabricant).
Sabots (Md de) en détail.
Seaux ou baquets en sapin (Fabricant de) à façon.
Souliers vieux (Md de).

—

Tisserand.
Têtes en cartons servant aux marchandes de modes (Fabricant de).
Tourbe (Md de) en détail.
Tourneur en bois (Fabricant) sans boutique.

—

Vannier (Fabricant de vannerie commune).
Vignettes et caractères à jour (Fabricant de) à façon.
Vis (Fabricant de) par procédés ordinaires, à façon.
Voiturier.

TÉLÉGRAPHIE PRIVEE

Il est permis à toutes personnes dont l'identité est établie, de correspondre au moyen du télégraphe électrique de l'État, par l'entremise des fonctionnaires de l'administration télégraphique. La transmission de la correspondance télégraphique privée est toujours subordonnée aux besoins du service télégraphique de l'État.

Les dépêches, écrites lisiblement, en langage ordinaire et intelligible, datées et signées des personnes qui les envoient, sont remises par elles ou par leurs mandataires au directeur du télégraphe, et transcrites dans leur entier, avec l'adresse de l'expéditeur, sur un registre à souche. Cette copie est signée par l'expéditeur ou par ses mandataires, et par l'agent de l'administration télégraphique. Sont exemptés de la transcription sur le registre à souche les articles destinés aux journaux et les dépêches relatives au service des chemins de fer.

Le directeur du télégraphe peut, dans l'intérêt de l'ordre public et des bonnes mœurs, refuser de transmettre les dépêches. En cas de réclamation, il en est référé, à Paris, au ministre de l'intérieur, et, dans les départements, au préfet ou au sous-préfet, ou à tout autre agent délégué par le ministère de l'intérieur. Cet agent, sur le vu de la dépêche, statue d'urgence. — Si, à l'arrivée au lieu de destination, le directeur estime que la communication d'une dépêche peut compromettre la tranquillité publique, il en réfère à l'autorité administrative, qui a le droit de retarder ou d'interdire la remise de la dépêche.

La correspondance télégraphique privée peut être suspendue par le Gouvernement, soit sur une ou plusieurs lignes séparément, soit sur toutes à la fois.

Tout fonctionnaire public qui viole le secret de la correspondance télégraphique est puni d'une amende de 16 fr. à 500 fr. et d'un emprisonnement de trois mois à cinq ans. Le coupable sera de plus interdit de toutes fonctions ou emplois publics pendant cinq ans au moins ou dix ans au plus.

L'État n'est soumis à aucune responsabilité à raison du service de la correspondance privée sur la voie télégraphique.

Les dépêches sont transmises selon l'ordre d'inscription pour chaque destination. — L'ordre de transmission, entre les diverses destinations est réglé de manière à les servir utilement et également. — Toutefois, la transmission des dépêches dont le texte dépasserait cents mots peut être retardée pour céder la priorité à des dépêches plus brèves, quoique inscrites postérieurement. — Les dépêches relatives au service des chemins de fer, qui intéresseraient la sécurité des voyageurs, pourront, dans tous les cas, obtenir la priorité sur les autres dépêches.

Tout expéditeur peut exiger qu'on lui fasse connaître l'heure de l'arrivée de sa dépêche, soit au bureau télégraphique, soit au domicile du destinataire, à charge par lui de payer en plus le quart de la somme qu'aurait coûtée la transmission d'une dépêche de un à vingt mots pour le même parcours, sans préjudice des frais ordinaires pour le port des dépêches.

Les dépêches déposées par les expéditeurs sont immédiatement numérotées. Elles sont rappelées sur le registre à souche par leur numéro, leur premier et leur dernier mot, sans y être transcrites en entier. Ce registre est signé par l'expéditeur ou son mandataire. La minute de chaque dépêche est conservée et transcrite en entier, dans les 24 heures qui suivent sa transmission, sur un registre destiné à cet effet.

Il est permis à toute personne de correspondre au moyen du télégraphe électrique, par l'entremise des fonctionnaires de l'administration des lignes télégraphiques ou des agents délégués par elle. L'administration peut toujours exiger que l'expéditeur d'une dépêche établisse son identité.

Il ne sera admis de dépêches de nuit qu'entre les bureaux ouverts d'une manière permanente pendant la nuit. — Ces dépêches ne sont soumises à aucune surtaxe.

Le port des dépêches à domicile ou au bureau de la poste dans le lieu d'arrivée est gratuit.

L'expéditeur peut comprendre dans sa dépêche la demande de collationnement ou l'accusé de réception par le bureau de destination. — La taxe du collationnement est égale à celle de la dépêche. Copie de la dépêche collationnée est remise sans frais, au domicile de l'expéditeur. — La taxe de l'accusé de réception, avec mention de l'heure de la remise à domicile, est égale à celle d'une dépêche simple pour le même parcours télégraphique.

Loi sur la correspondance télégraphique privée à l'intérieur de la France.

Les expéditeurs de dépêches télégraphiques ont la faculté de recommander leurs dépêches. — Lorsqu'une dépêche est recommandée, le bureau de destination transmet par la voie télégraphique, à l'expéditeur, la reproduction intégrale de la copie envoyée au destinataire, suivie de la double indication de l'heure de la remise et de la personne entre les mains de laquelle cette remise a eu lieu. — Si la remise n'a pas été effectuée, ce double avis est remplacé par l'indication des circonstances qui se sont opposées à la remise et par les renseignements nécessaires pour que l'expéditeur puisse faire suivre sa dépêche, s'il y a lieu.

La taxe de recommandation est égale à celle de la dépêche.

Les dépêches télégraphiques peuvent être composées en chiffres ou en lettres secrètes. — La recommandation est obligatoire pour les dépêches composées, soit entièrement, soit partiellement, en chiffres ou en lettres secrètes.

Le port à domicile est gratuit.

Les noms du département, de la commune et de la rue ne seront, à l'avenir, comptés chacun que pour un mot dans la dépêche.

Lorsqu'une dépêche porte la mention *faire suivre*, sans autre indication, le bureau de destination, après l'avoir présentée à l'adressse indiquée, la réexpédie immédiatement à la nouvelle adresse qui lui est désignée. — Si la mention *faire suivre* est accompagnée d'adresses successives, la dépêche est successivement transmise à chacune des destinations indiquées, jusqu'à la dernière, s'il y a lieu. — Le destinataire paiera autant de fois la taxe qu'il y aura eu de réexpéditions successives. — Si le destinataire ne se trouve pas à la dernière adresse indiquée et si aucune indication ne peut être fournie sur sa nouvelle adresse, la dépêche sera conservée au dernier bureau. — Toute personne peut demander, en fournissant les justifications nécessaires, que les dépêches qui arriveraient au bureau télégraphique pour lui être remises dans le rayon de distribution de ce bureau, lui soient réexpédiées à l'adresse qu'elle aura indiquée. — Lorsque le destinataire est absent au moment de l'arrivée de la dépêche et qu'en son nom une nouvelle destination est indiquée sur l'enveloppe même de la dépêche, la réexpédition télégraphique doit être faite, à la charge par le destinataire de payer la taxe de la réexpédition.

RENSEIGNEMENTS GÉNÉRAUX SUR L'ADMINISTRATION DES POSTES

Imprimés, échantillons, papiers de commerce ou d'affaires.

Leur taxe est réglée à prix réduits, moyennant affranchissement préalable. Le poids des imprimés et papiers d'affaires ne doit pas dépasser 3 kilogrammes, celui des échantillons, 300 grammes. La dimension des imprimés, papiers d'affaires et autres échantillons d'étoffes sur carte ne doit pas excéder 45 centimètres; celle des autres échantillons, 25 centimètres.

Les *Imprimés* sont expédiés sous bandes mobiles couvrant au plus le tiers de la surface du paquet. Ils sont divisés en trois classes :

1° Les *Journaux politiques*, taxe 4 centimes par exemplaire de 40 grammes et au-dessous. Au-dessus de 40 grammes, augmentation de 1 centime par chaque 10 grammes ou fraction de 10 grammes excédant; moitié des prix ci-dessus, lorsque le journal est pour l'intérieur du département où il est publié ou pour les départements limitrophes. (Les journaux publiés dans les départements de la Seine et de Seine-et-Oise ne jouissent pas de la réduction pour les départements limitrophes.)

2° Les *Publications périodiques* uniquement consacrées aux lettres, aux sciences, aux arts, à l'agriculture et à l'industrie, taxe 2 centimes par exemplaire de 20 grammes et au-dessous; au-dessus de 20 grammes augmentation de 1 centime par chaque 10 grammes ou fraction de 10 grammes excédant. Moitié de ces prix, dans les cas indiqués au paragraphe précédent.

3° Les *Circulaires*, prospectus, catalogues, avis divers et prix courants, livres, gravures, lithographies en feuilles, brochés ou reliés, taxe 2 centimes par exemplaire isolé de 5 grammes et au-dessous pour tout le territoire français; 1 centime en sus par chaque 5 grammes ou fraction de 5 grammes, jusqu'à 50 grammes; au-dessus de 50 grammes, 1 centime en sus par chaque 10 grammes ou fraction de 10 grammes excédant.

Les *Avis de naissance, mariage et décès*, les propectus, catalogues, circulaires, prix-courants et avis divers sont reçus sous forme de lettres, disposées de manière à pouvoir être facilement vérifiées, ou sous enveloppes ouvertes d'un côté; taxe 5 centimes par avis, prospectus, catalogue, circulaire, etc., de 10 grammes et au-dessous, pour la circonscription du bureau, et de 10 centimes pour le reste du territoire français; augmentation, 5 centimes ou 10 centimes par chaque 10 grammes ou fraction de 10 grammes excédant.

Les avis de mariage, lorsqu'ils sont doubles, c'est-à-dire lorsque deux avis sont imprimés sur la même feuille ou sur deux feuilles différentes, doivent acquitter une double taxe d'affranchissement, ainsi que tous les autres avis, circulaires, etc.

Les *Cartes de visite* (même deux ensemble) sont reçues sous enveloppes non fermées, aux conditions ci-dessus. Sont assimilées aux cartes de visite ordinaires, les cartes de visite-portraits photographiés.

Les *Échantillons* sont affranchis au prix de 30 centimes jusqu'à 50 grammes; à partir de 50 grammes il est perçu 10 centimes par chaque 50 grammes ou fraction de 50 grammes. Ils doivent porter une marque imprimée du fabricant ou du marchand expéditeur. Sont reçus comme échantillons, tous objets d'un poids et d'une dimension ne dépassant pas les maximum fixés ci-dessus, qui ne sont pas de nature à détériorer ou à salir les correspondances, ou à en compromettre la sûreté, et qui ne sont pas soumis aux droits de douane ou d'octroi. *Modes d'envoi :* bandes mobiles, sacs en toile ou en papier, boîtes, étuis fermés avec des ficelles faciles à dénouer.

Le port des *Papiers de commerce ou d'affaires* et des épreuves d'imprimerie corrigées est le même que celui des échantillons. Envoi sous bandes mobiles ou sous ficelles faciles à dénouer.

Non affranchissement ou insuffisance d'affranchissement des imprimés, échantillons, papiers de commerce ou d'affaires.

Lorsqu'ils n'ont pas été affranchis, les imprimés, échantillons, papiers de commerce ou d'affaires sont taxés comme lettres; s'ils ont été affranchis, et que l'affranchissement soit insuffisant, ils sont frappés en sus d'une taxe égale au triple de l'insuffisance. Le port en est acquitté, à défaut du destinataire, par l'expéditeur, contre lequel des poursuites sont exercées en cas de refus de paiement.

Articles d'argent.

La poste se charge, moyennant un droit de 2 0[0, du transport des sommes d'argent déposées à découvert dans ses bureaux. En échange, il est remis aux déposants des mandats qui peuvent être payés aux ayants droit dans tous les bureaux de la France et de l'Algérie. Les envois d'argent sont encore reçus : 1° à destination des armées françaises à l'étranger, des colonies et des pays étrangers où la France entretient des bureaux de poste exclusivement au profit des militaires et marins ; 2° à destination de Cayenne, au profit des transportés. Les mandats sont payés aux caisses des payeurs des armées, des trésoriers coloniaux et des receveurs des postes à l'étranger.

Des envois d'argent peuvent également être reçus à destination de la Belgique, de l'Italie, de la Suisse et du grand-duché de Luxembourg, jusqu'à concurrence de 200 francs, dans certains bureaux de France et d'Algérie autorisés à cet effet. Les mandats dits internationaux sont transmissibles par voie d'endossement. Il n'est pas reçu de dépôt d'argent au-dessous de 50 centimes. Au-dessus de 10 francs, les mandats supportent, en outre, un droit de timbre de 20 centimes.

Les mandats internationaux ne sont pas soumis à la formalité du timbre.

Les distributeurs sont autorisés à émettre et à payer des mandats d'articles d'argent pour des sommes de 50 francs et au-dessous. Le bénéficiaire d'un mandat français d'article d'argent peut, s'il le juge utile, en faire toucher le montant par une tierce personne, sur acquit préalable, moyennant l'accomplissement de l'une des formalités suivantes : faire apposer en regard de sa signature un timbre émanant d'une autorité civile ou judiciaire; — attester la sincérité de sa propre signature par l'apposition, sur le mandat même, d'un timbre ou d'une griffe à lui appartenant ; — enfin, remettre à la tierce personne, pour être représentée à l'agent payeur, une pièce authentique relatant les noms et qualités de l'ayant droit.

Timbres-poste. — De leur valeur. — De leur emploi.

Les timbres-poste sont de dix valeurs différentes : 1 centime, 2 centimes, 4 centimes, 5 centimes, 15 centimes, 25 centimes, 30 centimes, 40 centimes, 80 centimes, et 5 francs. Ils sont vendus dans tous les bureaux de poste, dans les débits de tabac, par les facteurs et les boîtiers des postes.

Les particuliers doivent coller eux-mêmes les timbres-poste sur les objets à affranchir. Toute lettre pour l'intérieur, revêtue d'un timbre insuffisant, est considérée comme non affranchie et taxée comme telle, sauf déduction du prix du timbre. Ainsi, par exemple, lorsqu'une lettre pesant plus de 10 grammes et moins de 20 grammes est affranchie avec un timbre de 25 centimes, elle est considérée comme non affranchie ; elle doit 60 centimes : en déduisant 25 centimes que représente le timbre, il reste à payer 35 centimes. — Le poids des timbres-poste est compris dans le poids des lettres sur lesquelles ils sont apposés.

Taxe des lettres ordinaires.

Le prix du port des lettres ordinaires circulant dans l'intérieur du territoire français est réglé par les tarifs ci-après :

1er Tarif TAXE DES LETTRES de bureau de poste à bureau de poste, y compris les bureau situés en Corse et en Algérie.			**2e Tarif** TAXE DES LETTRES nées et distribuables dans la circonscription postale du même bureau (Paris excepté) (*).			**3e Tarif** TAXE DES LETTRES DE PARIS POUR PARIS. (L'enceinte des fortifications embrasse le territoire de Paris et en marque les limites. Les anciennes communes englobées dans cette enceinte font maintenant partie de Paris		
INDICATION du POIDS.	Lettres affranchies.	Lettres non affranch.	INDICATION du POIDS.	Lettres affranchies.	Lettres non affranch.	INDICATION du POIDS.	Lettres affranchies.	Lettres non affranch.
Jusqu'à 10 gram. inclusivement.	» 25	» 40	Jusqu'à 10 gram. inclusivement..	» 15	» 25	Jusqu'à 15 gram. exclusivement.	» 15	» 25
Au-dessus de 10 gr jusqu'à 20 gr. inclusivement.	» 40	» 60	Au-dessus de 10 g. jusqu'à 20 gr. inclusivement..	» 25	» 40	De 15 à 30 gram. exclusivement.	» 30	» 50
Au-dessus de 20 g. jusqu'à 50 gr. inclusivement..	» 70	1 »	Au-dessus de 20 g. jusqu'à 50 gr. inclusivement..	» 40	» 60	De 30 à 60 gram. exclusivement.	» 45	» 75
Au-dessus de 50 g. jusqu'à 100 gr. inclusivement..	1 20	1 75	Au-dessus de 50 g. jusqu'à 100 gr. inclusivement..	» 65	1 »	De 60 à 90 gram. exclusivement.	» 60	1 »
Et ainsi de suite, en ajoutant par chaque 50 grammes ou fraction de 50 grammes excédant, 50 cent. en cas d'affranchissement, et 75 cent. en cas de non affranchiss.			Et ainsi de suite, en ajoutant par chaque 50 grammes ou fraction de 50 grammes excédant, 25 cent. en cas d'affranchissement et 40 cent. en cas de non affranchiss.			Et ainsi de suite, en ajoutant 15 cent. par chaque 30 gr. ou fraction de 30 grammes excédant pour les lettres affranchies et 25 cent. pour celles non affranchies.		

(*) La circonscription postale d'un bureau se compose : 1° de la commune où siége la recette des postes; 2° des communes faisant partie de l'arrondissement rural de cette recette; 3° de la commune où siégent les distributions relevant de cette recette; 4° des communes faisant partie de l'arrondissement rural de ces distributions; 5° de la commune où siégent les distributions en correspondance directe avec cette recette; 6° des communes faisant partie de l'arrondissement rural de ces distributions; 7° de la commune où siegent les bureaux annexes rattachés à cette recette; 8° des communes rurales dépendant de l'arrondissement postal de ces bureaux annexes.

Lettres chargées.

Modèle de lettre chargée

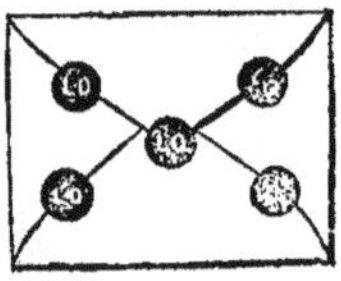

Les *lettres chargées* acquittent, indépendamment de la taxe ci-dessus, selon leur destination, un droit fixe de 50 centimes.

Une *lettre chargée contenant des valeurs déclarées* est passible, en outre du port de la lettre et du droit fixe de chargement, d'un droit de 20 centimes par 100 francs ou fraction de 100 francs déclarés.

Il est permis d'insérer dans les lettres chargées des titres et *valeurs-papiers* de toute nature. Les lettres à faire charger doivent toujours être présentées au bureau de poste et affranchies. L'administration en donne reçu aux déposants et ne les livre que sur reçu aux destinataires. Elles sont placées sous enveloppe et scellées de cachets en cire fine de même couleur et portant une empreinte spéciale à l'expéditeur, en nombre suffisant pour retenir tous les plis de l'enveloppe et préserver le contenu de toute spoliation. En cas de perte d'une lettre chargée, l'administration est passible d'une indemnité de 50 francs.

Lettres contenant des valeurs déclarées.

L'expéditeur qui veut s'assurer, en cas de perte, sauf le cas de force majeure, le remboursement des valeurs payables au porteur insérées dans une lettre, doit la faire charger et, en outre, faire la déclaration du montant des valeurs qu'elle contient.

La déclaration ne doit pas excéder 2,000 francs ; elle est portée en toutes lettres, à la partie supérieure de la suscription de l'enveloppe, et énonce, en francs et centimes, le montant des valeurs insérées. Elle doit être écrite d'avance par l'expéditeur lui-même, sans rature ni surcharge.

L'expéditeur d'une valeur déclarée paiera d'avance, indépendamment du droit fixe de 50 centimes et du port de la lettre selon le poids, un droit proportionnel de 20 centimes par chaque 100 francs ou fraction de 100 fr. Ces divers droits ou taxes sont représentés par des timbres-poste apposés sur les lettres.

Chargements de valeurs cotées.

Les *valeurs cotées* sont des objets précieux de petite dimension. Elles paient 1 0[0 de la valeur estimée (loi du 2 juillet 1862). L'estimation ne peut être inférieure à 30 francs, ni supérieure à 1,000 francs. Indépendamment du droit susmentionné, les envoyeurs sont tenus d'acquitter, pour chaque valeur cotée, un droit de timbre d'enregistrement de 25 centimes.

Les *valeurs cotées* sont renfermées, en présence des receveurs, dans des boîtes ou étuis très-solides ayant au plus 10 centimètres de longueur, 8 de largeur et 5 de hauteur. Les objets réunis à la boîte ne doivent pas dépasser le poids de 300 grammes. En cas de perte, sauf le cas de force majeure, l'administration tient compte du montant de l'estimation.

L'expéditeur d'*une lettre* ou d'*un paquet chargé*, contenant ou non des *valeurs déclarées* ou des *valeurs cotées*, peut demander, au moment où il dépose l'un de ces objets, qu'il lui soit donné avis de sa remise au destinataire. A cet effet il paye, pour l'affranchissement de l'avis, un droit de poste de 20 centimes.

Lettres pour les armées à l'étranger.

Les lettres de l'intérieur du territoire français pour les armées à l'étranger, et réciproquement, ne supportent que la taxe de bureau à bureau lorsqu'elles sont transportées exclusivement par des services français. Les lettres des armées à l'étranger pour l'intérieur du territoire français doivent être déposées dans les bureaux de poste militaires français, à l'exclusion des bureaux de poste civils des pays où se trouvent les armées. Il n'est pas reçu de lettres chargées contenant des valeurs déclarées ni des valeurs cotées à destination des armées à l'extérieur de la République.

Lettres pour les colonies et l'étranger.

La taxe et les conditions d'envoi des lettres et des imprimés pour les colonies françaises et l'étranger sont réglées par décrets spéciaux. Tous les renseignements utiles à ce sujet sont fournis au public dans les bureaux de poste ; ils se trouvent aussi dans l'*Annuaire des postes* et dans un tarif dont la vente au public est autorisée.

Les lettres pour l'étranger sont affranchies, soit au moyen de timbres-poste et jetées à la boîte, soit, en numéraire, aux guichets des bureaux, et laissées entre les mains des agents des postes. Revêtues de timbres insuffisants, elles sont considérées comme non affranchies et ne peuvent recevoir cours, si elles sont à destination de pays pour lesquels l'affranchissement est obligatoire.

De la suscription des lettres.

Le public ne saurait apporter trop de soin à la rédaction de l'adresse des lettres qu'il confie à la poste, afin d'éviter les fausses directions. Les adresses doivent être écrites très-lisiblement, et indiquer le nom du bureau de poste qui dessert le lieu de destination. Lorsque le lieu de destination a une dénomination commune, soit en France, soit à l'étranger, on doit indiquer le nom du pays étranger ou du département français ; par exemple : *Valence* (*Espagne*), *Valence* (*Drôme*), *Grenade* (*Espagne*), *Grenade-sur-Garonne* (*Haute-Garonne*). Lorsque deux bureaux portent le même nom, il est essentiel de les désigner par les indications complémentaires ajoutées à leur nom principal, pour les distinguer les unes des autres. Il est fort important aussi, pour les grandes villes, d'indiquer la rue et le numéro de la demeure du destinataire. Le timbre d'affranchissement doit être placé sur l'angle droit supérieur de la lettre.

MODÈLE

DE LA SUSCRIPTION

D'UNE LETTRE.

A Monsieur Fleury,
Négociant à Tracy-le-Mont
(Oise), par Ribécourt.

Chiffres-Taxe.

Les chiffres-taxe sont de petites étiquettes imprimées représentant chacune une valeur de 25, 40 et 60 centimes à percevoir. Toute lettre *non affranchie*, née et distribuable dans la circonscription d'un bureau de poste, doit être revêtue d'un chiffre-taxe équivalant à la taxe exigible. Les chiffres-taxe sont toujours apposés d'avance par les agents des postes.

La personne à laquelle serait présentée une lettre de la catégorie susdésignée, non revêtue du signe de taxe prescrit, doit refuser d'en acquitter le port et signaler le fait à l'administration.

Contraventions aux lois sur la poste.

La loi interdit le transport, par toute voie étrangère au service des postes, des lettres cachetées ou non cachetées, circulant à découvert ou renfermées dans des sacs, boîtes, paquets ou colis, ainsi que les journaux, ouvrages périodiques, circulaires, prospectus, catalogues et avis divers, imprimés, gravés, lithographiés ou autographiés. Elle interdit en outre d'insérer dans les imprimés, échantillons, papiers de commerce ou d'affaires, affranchis à prix réduit, aucune lettre ou note pouvant tenir lieu de correspondance. Toute contravention est punie d'une amende de 150 à 300 francs ; en cas de récidive, d'une amende de 300 à 3,000 fr.

Par exception aux dispositions qui précèdent, les ouvrages périodiques non politiques formant un paquet dont le poids dépasse 1 kilogramme, ou faisant partie d'un paquet de librairie qui dépasse le même poids, peuvent être expédiés par une autre voie que celle de la poste, mais à la condition expresse que, dans l'un ou l'autre cas, les exemplaires ne porteront aucune mention ou suscription de nature à en faciliter la remise à d'autres personnes que le destinataire.

Des annotations peuvent être ajoutées sur les échantillons ou sur les papiers d'affaires eux-mêmes ; mais, dans ce cas, il est dû une taxe supplémentaire de 20 centimes.

L'usage d'un timbre-poste ayant déjà servi à l'affranchissement d'une lettre est puni d'une amende de 50 à 1,000 francs. En cas de récidive, la peine est d'un emprisonnement de 5 jours à un mois, et l'amende est doublée. Est punie des mêmes peines, suivant les distinctions sus-établies, la vente ou tentative de vente d'un timbre-poste ayant déjà servi. (Loi du 16 octobre 1849.)

La loi défend l'insertion dans les lettres chargées ou non chargées des matières d'or ou d'argent, des bijoux ou autres objets précieux. Elle interdit, en outre, l'insertion dans les lettres non chargées des billets de banque, bons, coupons de dividende ou d'intérêts payables au porteur. En cas d'infraction, l'expéditeur est puni d'une amende de 50 à 5,000 fr. (Loi du 4 juin 1859.)

DES CHEMINS DE FER

Mesures relatives à la conservation des chemins de fer.

Les chemins de fer construits ou concédés par l'État font partie de la grande voirie.

Sont applicables aux chemins de fer, les lois et règlements sur la grande voirie, qui ont pour objet d'assurer la conservation des fossés, talus, levées et ouvrages d'art dépendant des routes, et d'interdire sur toute leur étendue le pacage des bestiaux et les dépôts de terre et autres objets quelconques.

Sont applicables aux propriétés riveraines des chemins de fer, les servitudes imposées par les lois et règlements sur la grande voirie, et qui concernent : l'alignement, l'écoulement des eaux, l'occupation temporaire des terrains en cas de réparation, la distance à observer pour les plantations et l'élagage des arbres plantés ; le mode d'exploitation des mines, minières, tourbières, carrières et sablières, dans la zone déterminée à cet effet. Sont également applicables à la construction et à l'entretien des chemins de fer, les lois et règlements sur l'extraction des matériaux nécessaires aux travaux publics.

Tout chemin de fer sera clos des deux côtés et sur toute l'étendue de la voie. L'administration déterminera, pour chaque ligne, le mode de cette clôture, et, pour ceux des chemins qui n'y ont pas été assujettis, l'époque à laquelle elle devra être effectuée.

Partout où les chemins de fer croiseront de niveau les routes de terre, des barrièrss seront établies et tenues fermées, conformément aux règlements.

A l'avenir, aucune construction autre qu'un mur de clôture ne pourra être établie dans une distance de deux mètres d'un chemin de fer. Cette distance sera mesurée soit de l'arête supérieure du déblai, soit de l'arête inférieure du talus du remblai, soit du bord extérieur des fossés du chemin, et, à défaut d'une ligne tracée, à 1 mètre 50 centimètres à partir des rails extérieurs de la voie de fer. Les constructions existantes au moment de la promulgation de cette loi, ou lors de l'établissement d'un nouveau chemin de fer, pourront être entretenues dans l'état où elles se trouveront à cette époque. Un règlement d'administration publique déterminera les formalités à remplir par les propriétaires pour faire constater l'état desdites constructions, et fixera le délai dans lequel ces formalités devront être remplies.

Dans les localités où le chemin de fer se trouve en remblai de plus de trois mètres au-dessous du terrain naturel, il est interdit aux riverains de pratiquer, sans autorisation préalable, des excavations dans une zone de largeur égale à la hauteur verticale du remblai, mesurée à partir du pied du talus. Cette autorisation ne pourra être accordée sans que les concessionnaires ou fermiers de l'exploitation de chemins de fer aient été entendus ou dûment appelés.

Il est défendu d'établir, à une distance de moins de 20 mètres d'un chemin de fer desservi par des machines à feu, des couvertures en chaume, des meules de paille, de foin, et aucun autre dépôt de matières inflammables. Cette prohibition ne s'étend pas aux dépôts de récoltes faits seulement pour le temps de la moisson.

Dans une distance de moins de cinq mètres d'un chemin de fer, aucun dépôt de pierres, ou objets non inflammables ne peut être établi sans l'autorisation préalable du préfet. Cette autorisation sera toujours révocable. L'autorisation n'est pas nécessaire : 1° pour former, dans les localités où le chemin de fer est en remblai, des dépôts de matières non inflammables, dont la hauteur n'excède pas celle du remblai du chemin; 2° pour former des dépôts temporaires d'engrais et autres objets nécessaires à la culture des terres.

Lorsque la sûreté publique, la conservation du chemin et la disposition des lieux le permettront, les distances déterminées ci-devant pourront être diminuées en vertu d'ordonnances rendues après enquêtes.

Si, hors des cas d'urgence, la sûreté publique ou la conservation du chemin de fer l'exige, l'administration pourra faire supprimer, moyennant une juste indemnité, les constructions, plantations, excavations, couvertures en chaume, amas de matériaux combustibles ou autres, existant dans les zones ci-dessus spécifiées.

Des mesures relatives à la sûreté de la circulation sur les chemins de fer.

Quiconque aura volontairement détruit ou dérangé la voie de fer, placé sur la voie un objet faisant obstacle à la circulation, ou employé un moyen quelconque pour entraver la marche des convois ou les faire sortir des rails, sera puni de la réclusion. — S'il y a eu homicide ou blessures, le coupable sera, dans le premier cas, puni de mort, et dans le second, de la peine des travaux forcés à temps.

Si le crime prévu par le paragraphe qui précède a été commis en réunion séditieuse, avec rébellion ou pillage, il sera imputable aux chefs, auteurs, instigateurs ou provocateurs de ces réunions, qui seront punis comme coupables du crime et condamnés aux mêmes peines que ceux qui l'auront personnellement commis, lors même que la réunion séditieuse n'aurait pas eu pour but direct et principal la destruction de la voie de fer. — Toutefois, dans ce dernier cas, lorsque la peine de mort sera applicable aux auteurs du crime, elle sera remplacée, à l'égard des chefs, auteurs, instigateurs et provocateurs de ces réunions, par la peine des travaux forcés à perpétuité.

Quiconque aura menacé, par écrit anonyme ou signé, de commettre un crime quelconque, sera puni d'un emprisonnement de trois à cinq ans, dans le cas où la menace aurait été faite avec ordre de déposer une somme d'argent dans un lieu indiqué ou de remplir toute autre condition. — Si la menace n'a été accompagnée d'aucun ordre ou condition, la peine sera d'un emprisonnement de trois mois à deux ans, et d'une amende de cent à cinq cents francs. — Si la menace avec ordre ou condition a été verbale, le coupable sera puni d'un emprisonnement de quinze jours à six mois, et d'une amende de vingt-cinq à trois cents francs. Dans tous les cas, le coupable pourra être mis par le jugement sous la surveillance de la haute police, pour un temps qui ne pourra être moindre de deux ans ni excéder cinq ans.

Quiconque, par maladresse, imprudence, inattention, négligence ou inobservation des lois ou règlements, aura involontairement causé sur un chemin de fer, ou dans les gares ou stations, un accident qui aura occasionné des blessures, sera puni de huit jours à six mois d'emprisonnement, et d'une amende de cinquante à mille francs. — Si l'accident a occasionné la mort d'une ou plusieurs personnes, l'emprisonnement sera de six mois à cinq ans, et l'amende de trois cents à trois mille francs.

Sera puni d'un emprisonnement de six mois à deux ans tout mécanicien ou conducteur garde-frein qui aura abandonné son poste pendant la marche du convoi.

Les concessionnaires ou fermiers d'un chemin de fer seront responsables soit envers l'État, soit envers les particuliers, du dommage causé par les administrateurs, directeurs ou employés à un titre quelconque au service de l'exploitation du chemin de fer. — L'État sera soumis à la même responsabilité envers les particuliers, si le chemin de fer est exploité à ses frais et pour son compte.

Chemins de fer d'intérêt local.

Les chemins de fer d'intérêt local peuvent être établis : — 1° par les départements ou les communes, avec ou sans le concours des propriétaires intéressés ; — 2° par des concessionnaires, avec le concours des départements ou des communes. — Ils sont soumis aux dispositions suivantes.

Le conseil général arrête, après instruction préalable par le préfet, la direction des chemins de fer d'intérêt local, le mode et les conditions de leur construction, ainsi que les traités et les dispositions nécessaires pour en assurer l'exploitation. — L'utilité publique est déclarée et l'exécution est autorisée par décret délibéré en Conseil d'État, sur le rapport des ministres de l'intérieur et des travaux publics. — Le préfet approuve les projets définitifs, après avoir pris l'avis de l'ingénieur en chef, homologue les tarifs et contrôle l'exploitation.

Les ressources créées en vertu de la loi du 12 mai 1836 peuvent être affectées en partie par les communes et les départements à la dépense des chemins de fer d'intérêt local. L'article 13 de ladite loi est applicable aux centimes extraordinaires que les communes et les départements s'imposeront pour l'exécution de ces chemins.

Les chemins de fer d'intérêt local sont soumis aux dispositions de la loi du 15 juillet 1845 sur la police des chemins de fer, sauf les modifications ci-après : — Le préfet peut dispenser de poser des clôtures sur tout ou partie du chemin. — Il peut également dispenser d'établir des barrières au croisement des chemins peu fréquentés.

Des subventions peuvent être accordées sur les fonds du trésor pour l'exécution des chemins d'intérêt local. Le montant de ces subventions pourra s'élever jusqu'au tiers de la dépense que le traité d'exploitation à intervenir laissera à la charge des départements dans lesquels le produit du centime additionnel au principal des quatre contributions directes est inférieur à vingt mille francs, et ne dépassera pas le quart pour ceux dans lesquels ce produit sera supérieur à quarante mille francs.

La somme affectée chaque année, sur les fonds du trésor, au paiement des subventions mentionnées ci-devant ne pourra dépasser six millions.

Les chemins de fer d'intérêt local qui reçoivent une subvention du

Tresor peuvent seuls être assujettis envers l'État à un service gratuit ou à une réduction du prix des places.

Les dispositions de la loi seront également applicables aux concessions de chemins de fer destinés à desservir des exploitations industrielles.

Expéditions générales des marchandises par le chemin de fer.

Les commerçants négligent la plupart du temps de se tenir au courant de tout ce qui concerne les chemins de fer. Nous allons, par un exposé divisé d'une manière simple, tacher d'expliquer ce qui est le plus indispensable à connaître.

Les expéditions par le chemin de fer peuvent se faire directement ou indirectement. Dans le premier cas, l'expéditeur fait conduire lui-même, à la gare, les marchandises qu'il désire expédier, ou bien il les fait prendre par un commissionnaire attaché à l'administration du chemin de fer. Dans le second cas, ce sont des messageries ordinaires, telles que les Messageries nationales et autres qui, sans être correspondants officiels du chemin de fer, prennent les marchandises au domicile de l'expéditeur pour les transmettre à la gare, soit à petite ou grande vitesse. Ces deux systèmes ont chacun leur bon et leur mauvais côté : ainsi, un commerçant, habitant une grande ville, telle que Paris ou Lyon, peut se servir avec avantage du système des messageries, attendu que ces administrations passeront régulièrement chaque jour et à une heure dite, et prendront tous les colis des diverses gares, ce qui ne pourrait avoir lieu sans ce système d'intermédiaire. Quant aux commerçants qui habitent les petites villes et même ceux de Paris qui ont l'habitude de ne faire des expéditions que sur une certaine ligne, leur intérêt est de s'adresser directement à la gare, attendu que les messageries, comme intermédiaires, prélèvent un droit assez sensible. Nous recommandons aux commerçants, et cela dans leur intérêt, d'apporter beaucoup de soins dans l'emballage de leurs marchandises, car, dans le cas contraire, les conséquences peuvent être très-désagréables.

Réception des marchandises par petite ou grande vitesse

Il est indispensable d'apporter beaucoup de soin à la vérification des marchandises quand on les reçoit. Cet examen doit avoir lieu avant de donner décharge sur le livre du commissionnaire. Si, à vue extérieure, on soupçonne que le contenu de telle caisse ou de tel colis est avarié, il est indispensable de refuser formellement la réception des marchandises, malgré les instances du commissionnaire. Si, par suite de faits de ce genre, on est obligé d'attaquer en dommages-intérêts la Compagnie des chemins de fer ou le commissionnaire, on devra mettre le moins de retard possible, vu que l'action que l'expéditeur a sur le commissionnaire périme au bout de six mois.

Des délais des grande et petite vitesse.

D'après les règlements des chemins de fer, les marchandises par grande vitesse doivent être expédiées par le premier train, sauf les trains express, et à leur arrivée, elles doivent être remises sans aucun retard aux destinataires. Quant aux marchandises expédiées par petite vitesse, les compagnies de chemin de fer ont 48 heures de délai pour les faire partir et ne sont tenues de parcourir que 125 kilomètres par 24 heures. En calculant la distance d'une gare à une autre et en tenant compte des 48 heures dont nous avons parlé, tout individu peut se rendre compte s'il y a retard dans l'expédition, et dans ce cas sera fondé à faire une réclamation en dommages-intérêts. Cette réclamation devra être faite avant l'expiration de six mois, vu qu'au bout de ce temps, l'expéditeur aussi bien que le destinataire n'ont plus aucun recours.

De ce que doit connaître toute personne destinée à faire un voyage en chemin de fer.

Nous avons expliqué dans notre précédent article les systèmes les plus avantageux et les moins onéreux sur la question *bagage;* nous allons expliquer brièvement et le plus clairement possible, ce qu'il est de toute indispensabilité de connaître.

Toute personne voulant faire un voyage quelconque doit d'abord préparer ses bagages, et surtout éviter de glisser dans ses malles ou valises des choses précieuses telles que billets de banque, or, argent. Enfin, toutes choses d'une valeur considérable et d'un volume minime, qui permet, par conséquent, de l'avoir sur soi.

Un conseil en passant au sujet des papiers précieux : *Tout voyageur* prévoyant doit avoir un petit portefeuille, genre anglais, de 13 centimètres de hauteur sur 9 centimètres de largeur, lequel ne doit contenir que des papiers véritablement sérieux, tels que *passe-port, patente, carte d'électeur, acte de naissance, certificat, billets de banque*, etc., etc.

Ce portefeuille ne doit jamais être mis dans une poche de paletot, mais bien dans une poche de gilet en dessous, poche faite juste de la dimension dudit portefeuille et dans laquelle il ne doit pas rentrer autre chose. Ce portefeuille ne contenant que des paquets précieux, sera toujours assez plat pour ne pas faire une saillie apparente sur le gilet. Il devra être percé d'un trou auquel sera adapté un œillet métallique afin de passer un ruban en soie, lequel sera lui-même adapté à une des boutonnières du gilet. Les avantages d'avoir ses valeurs ainsi placées sont les suivants :

1° Bien souvent dans les grandes chaleurs, on ôte son paletot. S'il y a dans une poche un portefeuille contenant des valeurs, il peut facilement ou être perdu ou être volé;

2° Il peut arriver que, par suite de fatigue, soit à la campagne, soit en voiture ou en chemin de fer, on éprouve le besoin de dormir; si, par suite du sommeil, on arrive à avoir acquis une position horizontale, le portefeuille peut tomber;

3° La nuit, en chemin de fer, en dormant même étant assis, une personne indélicate peut enlever facilement un portefeuille dans une poche de paletot;

4° Enfin, dans une chambre d'hôtel, si, avant de se coucher, on n'a pas le soin de retirer le portefeuille de son paletot, et de le mettre sous son traversin, pendant la nuit et pendant le sommeil, on peut l'enlever, tandis que si on a des valeurs dans une poche de gilet et dessous, quand on couche dans un hôtel, le soir on n'a qu'à plier convenablement son gilet avec ce qu'il y a dans les poches et le mettre sous son traversin, ce qui est, du reste, une manière infaillible de ne jamais oublier ni son porte-monnaie qu'on peut avoir par précaution mis le soir dans une poche de gilet, ni son portefeuille, vu qu'il est impossible d'oublier de se vêtir d'un vêtement aussi indispensable qu'un gilet.

Ce conseil donné en passant, revenons à notre sujet.

Nous avons dit que toute personne devant faire un voyage en chemin de fer devait d'abord préparer ses colis, ensuite se rendre plutôt en avance qu'en retard.

Quant aux renseignements qu'elle aura à puiser sur les heures de départ et d'arrivée, elle fera mieux de les puiser à la gare même, et de les noter sur un calepin.

Si le voyageur arrivant à une gare avec ses colis doit attendre deux ou trois heures avant le départ, il fera mieux, dans ce cas, de consigner ses colis que de les laisser dans la salle des pas-perdus, où rien n'est en sûreté. Muni de son bulletin de dépôt, il pourra passer ces deux ou trois heures où bon lui semblera et sans aucune inquiétude.

On ne doit jamais attendre le dernier moment pour prendre son billet, ni pour faire enregistrer ses bagages. Dans les cas de presse, il ne faut jamais perdre son sang-froid, ce qui retarde plutôt que d'avancer, mais avoir soin de bien faire tout en ordre, et surtout de bien caser son bulletin de bagages et son billet de voyage. Éviter surtout d'avoir avec soi une quantité considérable de petits paquets qui sont toujours une source de désagréments pour le voyageur.

Si on est en temps d'hiver, le voyageur peut, dans sa couverture de voyage, renfermer bien de menus objets utiles en route, tels que livres, journaux, bouteille, pain, etc., et, autant que possible, ne faire du tout qu'un colis, tâcher d'arriver de bonne heure dans la salle d'attente, et une fois là se tenir près de la porte qui doit s'ouvrir pour l'embarquement, afin de sortir un des premiers, et tâcher enfin d'avoir un coin dans le compartiment où il entrera, ce qui surtout est toujours très-précieux pour les longs trajets. Pour arriver à ce résultat, il faut donner avec rapidité et intelligence un coup d'œil à chaque wagon, saisir le premier coin venu, pourvu toutefois qu'il n'y ait pas dans le compartiment des dames accompagnées d'enfants à la mamelle, car, dans ce cas, l'humanité veut que l'on laisse à ces braves mères de famille, ainsi qu'à leurs charmants marmots, le plus d'espace, et par conséquent le plus d'air possible.

Des préparatifs à faire pour les voyages de longue ou courte durée dans les chemins de fer.

Généralement les personnes qui ne voyagent qu'accidentellement, et, par ce fait, n'ayant aucune expérience du voyage, font, d'une manière dirisoire et fort onéreuse, leurs préparatifs. Ainsi elles se figurent, parce qu'elles sortent de chez elles pour un mois ou deux, qu'il leur est indispensable de traîner à leur suite des quantités de malles pleines d'effets, etc. Cette mauvaise habitude a plusieurs inconvénients : d'abord les excédants de bagages augmentent sensiblement les frais de voyage ; d'un autre côté, les voyageurs qui se font suivre d'une certaine quantité de malles, éprouvent toujours des difficultés à se caser à leur aise ; leurs chambres ne sont jamais assez grandes pour remiser leur butin. En un mot, ils s'embarrassent fort inutilement. Nous engageons donc les personnes qui voyagent rarement à faire leurs préparatifs d'une manière logique, c'est-à-dire à ne prendre que ce qui leur est extrêmement nécessaire. A tous points de vue elles s'en trouveront bien.

Les lignes qui précèdent n'ont rapport qu'aux voyages de courte durée, sur lesquels nous ne jugeons pas à propos de nous étendre longuement, vu que nous allons expliquer le système le plus avantageux de voyager, système destiné surtout aux personnes voyageant souvent.

Dans cet exposé, ceux qui se déplacent rarement, seront à même de mettre en pratique tel ou tel système qui leur plaira.

Les personnes susceptibles de voyager souvent doivent apporter un grand soin à la composition de leur garde-robe ambulant, car de ce fait dépendra pour elles, au bout de l'année, une économie sérieuse. Pour atteindre ce résultat il faut suivre les principes suivants :

1° Avoir une ou deux malles très-légères et très-solides, ce qui est assez difficile à se procurer (nous devons le reconnaître), car les malletiers ont fait du progrès pour le clinquant. Ils ont rétrogradé pour la question de solidité. Toutefois on peut tourner cette difficulté en faisant fabriquer soi-même les malles, pour lesquelles on emploiera les matières qu'on aura choisies. Elles-mêmes, les malles ou marmottes devront être exemptes de toute espèce d'ornements, tels que dessins à froid, vernissage ou cloux boursoufflés.

Les matières premières devront se composer de cuir de bœuf réel et non de basane sur carton imitant le bœuf comme nom : cela arrive quand on achète des malles toutes faites (du reste elles sont vendues comme telles). Le cuir pourra être doublé d'une toile assez forte, laquelle sera collée avec soin. Si le bœuf est onctueux, on pourra faire coller trois à quatre feuilles de papier entre le cuir et la toile. Ce système a le double avantage d'être léger et très-solide. Depuis douze ans que nous l'avons adopté nous n'avons eu qu'à nous en trouver satisfait; toutefois nous devons faire remarquer que ce moyen ne peut être mis en pratique pour la fabrication des marmottes. On appelle marmotte deux compartiments à peu près égaux en tous sens et dont l'un entre dans l'autre. La fermeture s'opère au moyen d'une courroie à l'extrémité de laquelle est adapté un cadenas. A tous les points de vue, les marmottes sont plus avantageuses que les malles : on peut en faire avec du fort treillis croisé et doublé; dans ce cas le prix en est moins élevé, mais elles résisteraient moins à la pluie.

Quand on aura trouvé un coin quelconque, si c'est le matin et que l'on doive passer la nuit suivante en chemin de fer, il faudra tâcher, dans ce cas, de se distraire, soit par la conversation, soit par la lecture et surtout éviter de dormir le jour, afin que, la nuit venue, on puisse goûter avec plus de plaisir ce bonheur réparateur des forces physiques et morales.

Pour les voyages un peu longs, vingt-quatre heures par exemple, il ne faudra jamais s'aviser de se nourrir de salaisons, telles que jambon, saucisson, cervelas et même du fromage : tous ces comestibles sont beaucoup trop échauffants.

Si l'on désire faire des économies en mangeant en chemin de fer, on le pourra par l'achat de quelques-uns des mets suivants : veau piqué, poule, rosbif, bœuf bouilli, pain à peu près rassis, un litre de liquide (moitié vin, moitié eau), une pêche ou un raisin, mais jamais d'autres fruits. Manger peu à la fois, mais souvent, ce qui du reste est une distraction, et surtout ne jamais passer un buffet, aux grands arrêts, sans prendre un potage, ce qui est excellent pour rafraîchir le corps. Ainsi dans un parcours de cent lieues, prendre trois à quatre potages (le prix est de 50 centimes) et généralement dans les buffets ils sont très-bons. C'est du reste la seule chose avantageuse et utile à prendre dans ces sortes d'établissements. Pendant les parcours du voyage ne jamais manquer une occasion, surtout le jour, de descendre quand même on n'aurait besoin de rien ; une minute ou deux de promenade en face de son wagon est d'un excellent effet hygiénique ; ne jamais boire d'alcool, mais simplement du vin mélangé de moitié d'eau ; satisfaire le plus souvent possible les besoins de la nature.

Enfin, pour terminer cette question de conseils hygiéniques, ne pas manquer, dès l'arrivée à destination, de prendre un bain chaud au son, lequel aura pour effet de rendre au corps toute son élasticité et sa souplesse ordinaire.

Toute personne qui suivra les principes ci-dessus énumérés, s'évitera des maladies souvent cruelles, telles qu'échauffements d'entrailles et constipation, que des voyages longs et réitérés amènent souvent chez les individus qui n'ont aucun soin de leur personne.

Quand les voyageurs sont rendus à destination, si c'est pour la première fois qu'ils arrivent dans telle ou telle ville et qu'ils doivent y rester plusieurs jours, ils feront bien, dans ce cas, de laisser leurs bagages à la gare en les y faisant consigner et descendre provisoirement dans le premier hôtel venu, puis ensuite reconnaître la ville, et, après avoir passé un jour dans le premier hôtel où ils seront descendus, ils jugeront s'ils doivent y rester définitivement ou bien le quitter pour aller dans un autre, ce qui sera toujours plus facile, n'ayant pas fait suivre leurs bagages avec eux.

PRIX DES PLACES, PAR KILOMÈTRE, POUR LES VOYAGEURS DE 1re, 2e ET 3e CLASSE sur les divers chemins de fer français.

Ce tarif comprend l'impôt de 10 p. 100 voté nouvellement sur le prix des places des voyageurs.

AVIS IMPORTANT. — Pour les distances de plus de 400 kilom., le voyageur trouvera le montant de la fraction dans la colonne de 1 à 100 kil. — Exemple : De Paris à Cahors, 662 kil. Je parcours la colonne de 1 à 900 kil. Je trouve dans cette colonne le chiffre 600, je vois le montant du prix 42 fr., que j'additionne au prix de 62 kil. 4 fr. 35, et je trouve la somme de 46 fr. 35 en 3me.

Il en est de même quand il s'agit de 200, 300, 400, 500, 600, 700, 800 et 900 kilom. de distance (pour les fractions)(1).

NOMBRE de KILOMÈTRES.	1re CLASSE. fr. c.	2e CLASSE. fr. c.	3e CLASSE. fr. c.	NOMBRE de KILOMÈTRES.	1re CLASSE. fr. c.	2e CLASSE. fr. c.	3e CLASSE. fr. c.
1	12	09	07	55	6 60	4 95	3 85
2	25	18	14	56	6 70	5 05	3 90
3	37	28	22	57	6 85	5 15	4 »
4	50	35	28	58	6 95	5 20	4 05
5	60	45	35	59	7 05	5 30	4 15
6	70	55	40	60	7 20	5 40	4 20
7	85	65	45	61	7 30	5 50	4 30
8	95	70	55	62	7 45	5 60	4 35
9	1 10	80	60	63	7 55	5 65	4 40
10	1 20	90	70	64	7 70	5 75	4 50
11	1 30	95	75	65	7 80	5 85	4 55
12	1 45	1 10	85	66	7 90	5 95	4 60
13	1 55	1 20	90	67	8 05	6 05	4 70
14	1 70	1 30	95	68	8 15	6 10	4 75
15	1 85	1 35	1 05	69	8 30	6 20	4 80
16	1 90	1 45	1 10	70	8 40	6 30	4 90
17	2 05	1 55	1 15	71	8 50	6 40	4 95
18	2 20	1 65	1 25	72	8 65	6 50	5 05
19	2 35	1 75	1 30	73	8 75	6 55	5 10
20	2 45	1 80	1 40	74	8 90	6 65	5 20
21	2 55	1 90	1 45	75	9 »	6 75	5 25
22	2 65	2 »	1 55	76	9 10	6 85	5 30
23	2 75	2 05	1 60	77	9 25	6 95	5 40
24	2 90	2 15	1 70	78	9 35	7 »	5 45
25	3 »	2 25	1 75	79	9 50	7 10	5 55
26	3 15	2 35	1 80	80	9 60	7 20	5 60
27	3 25	2 45	1 90	81	9 70	7 30	5 65
28	3 35	2 55	1 95	82	9 85	7 40	5 70
29	3 50	2 60	2 »	83	9 95	7 50	5 75
30	3 60	2 70	2 10	84	10 10	7 60	5 85
31	3 70	2 80	2 20	85	10 40	7 65	5 95
32	3 85	2 90	2 25	86	10 45	7 75	6 »
33	3 95	3 »	2 30	87	10 50	7 85	6 05
34	4 05	3 05	2 40	88	10 60	7 92	6 15
35	4 20	3 15	2 45	89	10 75	8 »	6 20
36	4 35	3 25	2 50	90	10 80	8 10	6 30
37	4 45	3 35	2 60	91	10 95	8 20	6 35
38	4 55	3 40	2 65	92	11 05	8 30	6 45
39	4 70	3 50	2 70	93	11 15	8 40	6 50
40	4 80	3 60	2 80	94	11 30	8 50	6 55
41	4 90	3 70	2 90	95	11 40	8 60	6 65
42	5 05	3 80	2 95	96	11 55	8 70	6 70
43	5 15	3 90	3 »	97	11 65	8 75	6 75
44	5 30	3 95	3 10	98	11 80	8 85	6 85
45	5 40	4 05	3 15	99	11 95	8 90	6 90
46	5 50	4 15	3 20	100	12 »	9 »	7 »
47	5 65	4 25	3 30	200	24 »	18 »	14 »
48	5 75	4 30	3 35	300	36 »	27 »	21 »
49	5 80	4 40	3 45	400	48 »	36 »	28 »
50	6 »	4 50	3 50	500	60 »	45 »	35 »
51	6 10	4 60	3 60	600	72 »	54 »	42 »
52	6 25	4 70	3 65	700	84 »	63 »	49 »
53	6 35	4 75	3 70	800	96 »	72 »	56 »
54	6 50	4 85	3 80	900	108 »	81 »	63 »

(1) NOTA. — Les personnes qui désireraient connaître la distance de Paris aux diverses villes de France et de ces villes à Paris, n'auront qu'à consulter notre Dictionnaire des villes, lequel se trouve à la fin de la présente partie de notre ouvrage.

TARIF DES EXCÉDANTS DE BAGAGES.

De Paris aux principales villes de France et des principales villes à Paris.

Chaque voyageur a droit, sur les diverses lignes de chemins de fer, à 30 kilogrammes de bagages; un excédant de 1 kilogramme paie comme un excédant de 5 killogrammes.

Nota. — Ajouter 10 centimes pour l'enregistrement.

LIEUX DE DESTINATION.	DISTANCES de PARIS.	DE 31 à 35 kil.	DE 35 à 40 kil.	DE 40 à 45 kil.	DE 45 à 50 kil.	DE 50 à 100 kil.
	kil.	fr. c.	fr. c.	fr. c.	fr. c.	fr. c.
Agen	651	1 65	3 25	6 50	6 50	13 08
Alençon	210	» 45	1 05	1 90	1 90	4 28
Albi	657	2 00	3 85	7 60	7 60	15 88
Amiens	131	» 35	» 65	1 30	1 30	2 70
Angers	308	» 65	1 55	2 80	2 80	6 24
Angoulême	443	1 10	2 20	4 45	4 45	8 98
Annecy	622	2 20	3 60	5 »	6 40	12 68
Arras	192	» 50	» 95	1 90	1 90	3 92
Auch	721	2 05	3 65	7 20	7 20	14 56
Aurillac	726	1 40	2 85	5 70	5 70	11 58
Auxerre	175	» 45	» 90	1 30	1 75	3 58
Avignon	742	1 75	3 70	5 55	7 40	14 92
Bar-le-Duc	254	» 65	1 25	2 55	2 55	5 16
Beauvais	88	» 25	» 45	» 90	» 90	1 89
Besançon	406	1 »	2 05	3 05	4 05	8 20
Blois	178	» 45	» 90	1 80	1 80	3 63
Bordeaux	578	1 45	2 90	5 80	5 80	11 63
Bourg	478	1 20	2 40	3 60	4 80	9 64
Bourges	232	» 60	1 15	2 30	2 30	4 73
Caen	239	» 50	1 20	2 20	2 20	4 86
Cahors	662	2 05	4 »	7 80	7 80	15 98
Carcassonne	863	2 20	4 30	8 60	8 60	17 40
Châlons-sur-Marne	173	» 45	» 85	1 75	1 75	3 54
Chambéry	596	1 80	3 20	4 60	6 »	12 »
Chartres	88	» 25	» 45	» 80	» 80	1 84
Châteauroux	263	» 65	1 30	2 65	2 65	5 33
Chaumont	262	» 65	1 30	2 60	2 60	5 32
Clermont-Ferrand	420	1 05	2 10	3 15	4 20	8 48
Colmar	533	1 35	2 65	5 35	5 35	10 75
Digne	765	3 60	5 85	8 50	11 »	22 83
Dijon	315	» 80	1 60	2 35	3 15	6 38
Draguignan	1011	2 55	5 05	7 60	10 10	20 30
Epinal	427	1 05	2 15	4 25	4 25	8 55
Evreux	108	» 25	» 55	1 »	1 »	2 24
Foix	855	2 15	4 25	8 55	8 55	17 24
Gap	645	3 15	5 25	7 45	9 95	20 73
Grenoble	632	1 60	3 15	4 75	6 30	12 72
Guéret	378	» 95	1 85	3 70	5 35	7 48
Laon	140	» 35	» 70	1 40	2 10	2 88

LIEUX DE DESTINATION.	DISTANCES de PARIS.	DE 31 à 35 kil.	DE 35 à 40 kil.	DE 40 à 45 kil.	DE 45 à 50 kil.	DE 50 à 100 kil.
	kil.	fr. c.	fr. c.	fr. c.	fr. c.	fr. c.
Laval	301	» 65	1 50	2 75	2 75	6 10
Lille.	250	» 65	1 25	2 50	2 50	5 88
Limoges	400	1 »	2 »	4 »	4 »	8 08
Lons-le-Saulnier	442	1 10	2 20	3 30	4 40	8 92
Lyon	507	1 25	2 55	3 80	5 05	10 22
Macon	441	1 10	2 20	3 30	4 40	8 90
Mans (Le)	211	» 45	1 05	1 90	1 90	4 30
Marseille.	863	2 15	4 30	6 45	8 65	17 34
Melun	45	» 40	» 40	» 40	» 45	» 98
Mende.	588	3 55	5 40	7 25	9 15	18 59
Mézières	248	0 60	1 25	2 50	2 50	5 04
Mont-de-Marsan.	733	1 85	3 65	7 35	7 35	14 82
Montauban	798	1 75	3 55	7 10	7 10	14 28
Montpellier.	810	2 10	4 20	6 85	8 40	16 88
Moulins	313	» 80	1 55	2 35	3 15	6 34
Nancy	353	» 90	1 75	3 55	3 55	7 14
Nantes.	396	» 90	2 »	3 70	3 70	8 05
Nevers	254	» 65	1 25	1 90	2 55	5 16
Nice.	1087	2 70	5 45	8 15	10 85	21 82
Nîmes	791	2 »	3 95	5 95	7 90	15 90
Niort	410	1 »	2 05	4 10	4 10	8 28
Orléans	121	» 30	» 60	1 20	1 20	2 48
Pau	818	2 05	4 05	8 20	8 20	16 52
Périgueux	499	1 25	2 50	5 »	5 »	10 08
Perpignan	953	2 50	4 80	9 80	9 80	19 80
Poitiers	332	» 85	1 65	3 30	3 30	6 73
Privas	667	1 65	3 35	5 »	6 65	13 42
Puy (Le).	588	1 45	2 95	4 40	5 90	11 84
Quimper	619	1 30	3 05	5 80	5 80	12 56
Rennes	374	» 75	1 85	3 40	3 40	7 56
Rochelle (La).	477	1 20	2 40	4 75	4 75	9 63
Roche-sur-Yon (La). . .	470	1 05	2 35	4 40	4 40	9 57
Rodez	732	1 60	3 20	6 40	6 40	12 98
Rouen	136	» 30	» 70	1 25	1 20	2 80
Saint-Brieuc	475	» 95	2 35	4 30	4 30	9 58
Saint-Étienne.	502	1 25	2 50	3 75	5 »	10 12
Saint-Lô	314	» 65	1 55	2 85	2 85	6 36
Tarbes.	831	2 05	4 15	8 30	8 30	16 78
Toulouse.	820	1 80	3 60	7 20	7 20	11 28
Tours	234	» 60	1 15	2 35	2 35	4 78
Troyes.	167	» 40	» 85	1 65	1 65	3 42
Tulle	600	1 80	3 55	6 80	6 80	13 23
Valence	618	1 55	3 10	4 65	6 20	12 44
Vannes.	500	1 15	2 45	4 60	4 60	10 16
Versailles	18	» 25	» 25	» 25	» 25	» 44
Vesoul.	381	» 95	1 90	3 80	3 80	7 70

PRIX DU TRANSPORT DES MARCHANDISES PAR GRANDE VITESSE

Sur les divers chemins de fer français,

De Paris aux principales villes de France, et des principales villes de France à Paris.

NOTA. — Ajouter, par envoi, 30 centimes pour enregistrement et timbre.

LIEUX de DESTINATION.	DISTANCES de PARIS.	DE 0 à 2 kil.	DE 3 à 5 kil.	DE 5 à 10 kil.	DE 10 à 15 kil.	DE 15 à 20 kil.	DE 20 à 25 kil.	DE 25 à 30 kil.	DE 30 à 35 kil.	DE 35 à 40 kil.	DE 40 à 50 kil.	DE 50 à 100 kil.
	kil.	fr. c.	fr. c.	fr. c.	fr. c.	fr. c.	fr. c.	fr. c.	fr. c.	fr. c.	fr. c.	fr. c.
Agen.	651	1 65	1 65	3 25	6 50	6 50	9 75	9 75	13 »	13 »	13 08	26 16
Alençon	210	» 45	» 45	1 05	1 90	1 90	2 95	2 95	4 »	4 »	4 28	8 56
Amiens.	121	» 35	» 35	» 65	1 30	1 30	1 95	1 95	2 60	2 60	2 70	5 40
Angers.	308	» 65	» 65	1 55	2 80	2 80	4 35	4 35	5 90	5 90	6 24	12 48
Angoulême . . .	445	1 10	1 10	2 20	4 45	4 45	6 65	6 65	8 90	8 90	8 98	17 96
Annecy.	622	1 05	2 20	3 60	5 »	6 40	7 90	9 10	10 90	12 40	12 68	25 36
Arras.	192	» 50	» 50	» 95	1 90	1 90	2 90	2 90	3 85	3 85	3 92	7 84
Auch.	721	2 05	2 05	3 65	7 20	7 20	10 80	10 80	14 40	14 40	14 56	29 12
Aurillac	726	1 40	1 40	2 85	5 70	5 70	8 60	8 60	11 45	11 45	11 58	23 16
Auxerre	175	» 40	» 45	» 90	1 30	1 75	2 20	2 65	3 05	3 50	3 58	7 16
Avignon	742	» 75	1 85	3 70	5 55	7 40	9 30	11 15	13 »	14 85	14 92	29 84
Bar-le-Duc . . .	254	» 40	» 65	1 25	2 55	2 55	3 80	3 80	5 10	5 10	5 16	10 32
Beauvais	88	» 25	» 25	» 45	» 90	» 90	1 30	1 30	1 75	1 75	1 89	3 68
Besançon. . . .	406	» 40	1 »	2 05	3 05	4 0	5 10	6 10	7 10	8 10	8 20	16 40
Blois.	178	» 45	» 45	» 90	1 80	1 80	2 65	2 65	3 55	3 55	3 63	7 26
Bordeaux. . . .	578	1 45	1 45	2 90	5 80	5 80	8 65	8 65	11 55	11 55	11 63	23 26
Bourg.	478	» 50	1 20	2 40	3 60	4 80	6 »	7 15	8 35	9 55	9 64	19 28
Bourges.	232	» 60	» 60	1 15	2 30	2 30	3 50	3 50	4 65	4 65	4 73	9 46
Caen.	239	» 50	» 50	1 20	2 20	2 20	3 35	3 35	4 55	4 55	4 86	9 72
Cahors.	662	2 05	2 05	4 »	7 80	7 80	11 45	11 45	15 25	15 25	15 98	31 96
Carcassonne . .	863	2 20	2 20	4 30	8 60	8 60	12 95	12 95	17 25	17 25	17 40	34 80
Châlons-s-Marne.	173	» 25	» 45	» 85	1 75	1 75	2 60	2 60	3 45	3 45	3 54	7 08
Chambéry . . .	596	» 80	1 80	3 20	4 60	6 »	7 45	8 95	10 40	11 90	11 98	14 16
Chartres	88	» 25	» 25	» 45	» 80	» 80	1 25	1 25	1 70	1 70	1 84	3 68
Châteauroux . .	263	» 65	» 65	1 30	2 65	2 65	3 95	3 95	5 25	5 25	5 33	10 66
Chaumont . . .	262	» 40	» 65	1 30	2 60	2 77	3 95	3 95	5 25	5 25	5 32	10 64
Clermont-Ferrand . .	420	» 40	1 05	2 10	3 15	4 20	5 25	6 30	7 35	8 40	8 48	16 96
Colmar.	533	» 80	1 35	2 65	5 35	5 35	8 »	8 »	10 65	10 65	10 74	21 48
Digne.	765	2 10	3 60	5 85	8 50	11 »	13 45	15 90	18 60	21 25	22 83	45 76
Dijon.	315	» 40	» 80	1 60	2 35	3 15	3 95	4 75	5 50	6 30	6 38	12 76
Draguignan. . .	1011	1 »	2 55	5 05	7 60	10 10	12 65	15 15	17 70	20 20	20 30	40 60
Epinal.	427	» 65	1 05	2 15	4 25	4 25	6 40	6 40	8 55	8 55	8 62	17 24
Evreux.	108	» 25	» 25	» 55	1 »	1 »	1 55	1 55	2 10	2 10	2 24	4 48
Foix.	855	2 15	2 15	4 25	8 55	8 55	12 80	12 80	17 10	17 10	17 24	34 48
Gap	645	1 95	3 15	5 25	7 45	9 95	12 45	14 90	17 30	19 90	20 73	41 46
Grenoble. . . .	632	» 65	1 60	3 15	4 75	6 30	7 90	9 50	11 05	12 65	12 72	35 24
Guérot.	378	» 95	» 95	1 85	3 70	3 70	5 55	5 55	7 40	7 40	7 48	14 96
Laon.	140	» 35	» 35	» 70	1 40	1 40	2 10	2 10	2 80	2 80	2 88	5 76

LIEUX de DESTINATION.	DISTANCES de PARIS.	DE 0 à 2 kil.	DE 3 à 5 kil.	DE 5 à 10 kil.	DE 10 à 15 kil.	DE 15 à 20 kil.	DE 20 à 25 kil.	DE 25 à 30 kil.	DE 30 à 35 kil.	DE 35 à 40 kil.	DE 40 à 50 kil.	DE 50 à 100 kil.
	kil.	fr. c.	fr. c.	fr. c.	fr. c.	fr. c.	fr. c.	fr. c.	fr. c.	fr. c.	fr. c.	fr. c.
Laval	301	» 65	» 65	1 50	2 75	2 75	4 25	4 25	5 75	5 75	6 10	12 20
Lille.	250	» 65	» 65	1 25	2 50	2 50	3 75	3 75	5 »	5 »	5 88	10 16
Limoges	400	1 »	1 »	2 »	4 »	4 »	6 »	6 »	8 »	8 »	8 08	16 16
Lons-le-Saulnier. . .	442	» 45	1 10	2 20	3 30	4 40	5 55	6 65	7 75	8 85	8 92	17 84
Lyon.	507	» 50	1 25	2 55	3 80	5 05	6 35	7 60	8 85	10 15	10 22	20 44
Mâcon	441	» 45	1 10	2 20	3 30	4 40	5 50	6 60	7 70	8 80	8 90	17 80
Mans (Le) . . .	211	» 45	» 45	1 05	1 90	1 90	3 »	3 »	4 05	4 05	4 30	8 60
Marseille	863	» 85	2 15	4 30	6 45	8 65	10 80	12 95	15 10	17 25	17 34	34 68
Melun	45	» 25	» 40	» 40	» 40	» 45	» 55	» 70	» 80	» 90	» 98	1 96
Mende	588	2 50	3 55	5 40	7 25	9 15	11 25	13 »	15 »	17 »	18 59	37 18
Mont-de-Marsan. . .	733	1 85	1 85	3 65	7 35	7 35	10 95	10 95	14 65	14 65	14 82	29 64
Montauban . . .	798	1 75	1 75	3 55	7 10	7 10	10 65	10 65	14 20	14 20	14 28	28 56
Montpellier . . .	840	» 85	2 10	4 20	6 85	8 40	10 50	12 60	14 70	16 80	16 88	33 76
Moulins.	313	» 40	» 80	1 55	2 35	3 15	3 90	4 70	5 50	6 25	6 34	12 68
Nancy	353	» 55	» 90	1 75	3 55	3 55	5 30	5 30	7 05	7 05	7 14	14 28
Nantes	396	» 90	» 90	2 »	3 70	3 70	5 65	5 65	7 65	7 65	8 07	16 14
Nevers	254	» 40	» 65	1 25	1 90	2 55	3 20	3 80	4 45	5 10	5 16	10 32
Nice	1087	1 10	2 70	5 45	8 15	10 85	13 60	16 30	19 »	21 75	21 82	43 64
Nîmes	791	» 80	2 »	3 95	5 95	7 90	9 90	11 85	13 85	15 80	15 90	31 80
Niort.	410	1 »	1 »	2 05	4 10	4 10	6 15	6 15	8 20	8 20	8 28	16 56
Orléans.	121	» 30	» 30	» 60	1 20	1 20	1 80	1 80	2 40	2 40	2 48	4 96
Pau	618	2 05	2 05	4 05	8 20	8 20	12 25	12 25	16 35	16 35	16 52	33 04
Périgueux . .	499	1 25	1 25	2 50	5 »	5 »	7 50	7 50	10 »	10 »	10 08	20 16
Perpignan . . .	983	2 50	2 50	4 80	9 80	9 80	14 75	14 75	19 65	19 65	19 80	39 60
Poitiers.	332	» 85	» 85	1 65	3 30	3 30	5 »	5 »	6 65	6 65	6 73	13 46
Privas	667	» 65	1 65	3 35	5 »	6 65	8 35	10 »	11 65	13 35	13 42	26 84
Puy (Le)	588	» 60	1 45	2 95	4 40	5 90	7 35	8 80	10 30	11 75	11 84	23 68
Quimper	619	1 30	1 30	3 05	5 80	5 80	8 85	8 85	12 »	12 »	12 56	25 12
Rennes	374	» 75	» 75	1 85	3 40	3 40	5 25	5 25	7 15	7 15	7 56	15 12
Rochelle (La). .	477	1 20	1 20	2 40	4 75	4 75	7 15	7 15	9 55	9 55	9 63	19 56
Roche-sur-Yon (La). .	470	1 05	1 05	2 35	4 40	4 40	6 80	6 80	9 15	9 15	9 57	19 14
Rodez	732	1 60	1 60	3 20	6 40	6 40	9 65	9 65	12 85	12 85	12 98	25 96
Rouen	136	» 30	» 30	» 70	1 25	1 25	1 95	1 95	2 60	2 60	2 80	5 60
Saint-Brieuc . .	475	» 95	» 95	2 35	4 30	4 30	6 65	6 65	9 05	9 05	9 58	19 16
Saint-Etienne. .	502	» 50	1 25	2 50	3 75	5 »	6 30	7 55	8 80	10 05	10 12	20 24
Saint-Lô	314	» 65	» 65	1 55	2 85	2 85	4 40	4 60	6 »	6 »	6 36	12 72
Tarbes	831	2 05	2 05	4 15	8 30	8 30	12 45	12 05	16 60	36 60	16 78	33 56
Toulouse	820	1 80	1 80	3 60	7 20	7 20	10 75	10 75	14 45	14 45	11 28	22 56
Tours	234	» 60	» 60	1 15	2 35	2 35	3 50	3 50	4 70	4 70	4 78	9 56
Troyes.	167	» 25	» 40	» 85	1 65	1 65	2 50	2 50	3 35	3 35	3 42	6 84
Tulle.	600	1 80	1 80	3 55	6 80	6 80	10 »	10 »	13 30	13 30	13 23	27 46
Valence.	618	» 60	1 55	3 10	4 65	6 20	7 75	9 25	10 80	12 35	12 44	24 86
Vannes	500	1 15	1 15	2 45	4 60	4 60	7 05	7 05	9 60	9 60	10 16	20 32
Versailles. . . .	18	» 25	» 25	» 25	» 25	» 25	» 25	» 25	» 35	» 35	» 44	» 88
Vesoul	381	» 55	» 95	1 90	3 80	3 80	5 70	5 70	7 60	7 60	7 70	15 40

PRIX DU TRANSPORT DES MARCHANDISES PAR PETITE VITESSE

Sur les divers Chemins de fer français

De Paris aux principales villes de France et des principales villes de France à Paris.

NOTA. — A ajouter, par envoi, 30 centimes pour Enregistrement et Timbre.

LIEUX de DESTINATION.	Distances de Paris.	DE 0 à 10 kil.	DE 10 à 20 kil.	DE 20 à 30 kil.	DE 30 à 40 kil.	DE 40 à 50 kil.	DE 50 à 100 kil.	Délais en jours.
	kil.	fr. c.	fr. c.	fr. c.	fr. c.	fr. c.	fr. c.	
Agen	650	1 65	3 25	4 65	4 65	4 68	9 25	6
Alençon	209	» 55	1 05	1 55	1 75	1 85	3 50	5
Amiens	129	» 35	» 65	» 95	1 10	1 11	2 21	3
Angers	307	» 75	1 55	2 30	2 55	2 55	5 06	5
Angoulême	444	1 10	2 20	3 35	3 60	3 60	7 15	5
Annecy	621	2 20	3 60	5 »	5 15	5 15	9 89	9
Arras	190	» 50	» 95	1 45	1 60	1 60	3 19	3
Auch	720	2 05	3 65	5 15	5 20	5 21	10 42	8
Aurillac	725	1 45	2 90	3 95	3 95	3 95	7 85	7
Auxerre	174	» 45	» 85	1 30	1 45	1 46	2 93	4
Avignon	742	1 85	3 70	4 70	4 70	4 70	9 38	6
Bar-le-Duc	253	» 65	1 25	1 90	2 10	2 10	4 20	4
Beauvais	86	» 25	» 45	» 65	» 75	» 76	1 52	3
Besançon	405	1 »	2 05	3 05	3 30	3 32	6 63	5
Blois	177	» 45	» 90	1 35	1 50	1 50	2 98	3
Bordeaux	577	1 45	2 90	3 70	3 70	3 70	7 40	5
Bourg	477	1 20	2 40	3 60	3 75	3 78	7 45	5
Bourges	230	» 60	1 15	1 75	1 90	1 91	3 83	4
Caen	237	» 60	1 20	1 80	1 95	1 95	3 94	4
Cahors	660	2 »	3 55	5 15	5 40	5 60	11 15	12
Carcassonne	863	2 20	4 40	5 35	5 35	5 40	10 70	9
Châlons-sur-Marne	171	» 45	» 85	1 30	1 45	1 45	2 89	3
Chambéry	596	1 80	3 20	4 60	4 75	4 75	9 43	7
Chartres	86	» 25	» 45	» 65	» 75	» 80	1 53	3
Chaumont	261	» 65	1 30	1 95	2 15	2 16	4 33	4
Châteauroux	262	» 65	1 30	1 95	2 15	2 15	4 34	4
Clermont-Ferrand	418	1 05	2 10	3 15	3 25	3 25	6 50	5
Colmar	534	1 35	2 65	4 »	4 35	4 35	8 65	6
Digne	860	4 05	6 20	6 90	6 90	6 90	13 75	13
Dijon	314	» 80	1 55	2 35	2 35	2 35	5 17	4
Draguignan	267	» 65	1 35	2 »	2 20	2 21	4 42	4
Epinal	426	1 05	2 15	3 20	3 50	3 50	6 97	5
Evreux	105	» 25	» 55	» 80	» 90	» 91	1 83	3
Foix	854	2 15	4 25	5 10	5 10	6 10	12 13	9
Gap	694	4 25	5 95	7 05	7 05	7 05	14 09	13
Grenoble	631	1 60	3 15	4 75	4 95	4 95	9 49	6
Guéret	377	» 95	1 90	2 85	3 05	3 05	6 07	5

LIEUX de DESTINATION.	Distances de Paris.	DE 0 à 10 kil.	DE 10 à 20 kil.	DE 20 à 30 kil.	DE 30 à 40 kil.	DE 40 à 50 kil.	DE 50 à 100 kil.	Delais en jours.
	kil.	fr. c.	fr. c.	fr. c.	fr. c.	fr. c.	fr. c.	
Laon.	139	» 35	» 70	1 05	1 20	1 20	2 37	3
Laval.	299	» 75	1 50	2 25	2 45	2 47	4 94	4
Lille.	249	» 60	1 25	1 85	2 05	2 06	4 13	4
Limoges.	399	1 »	2 »	3 »	3 25	3 25	6 54	1
Lons-le-Saulnier.	441	1 10	2 20	3 30	3 45	3 45	6 91	5
Lyon.	506	1 25	2 55	3 75	3 75	3 75	7 50	5
Mâcon.	440	1 10	2 20	3 30	3 45	3 45	6 85	5
Le Mans.	210	» 55	1 05	1 60	1 75	1 76	3 51	4
Marseille.	862	2 15	4 30	5 »	5 »	5 »	10 »	7
Melun.	41	» 40	» 40	» 40	» 40	» 42	» 84	3
Mende.	587	4 20	5 70	7 15	7 20	7 20	14 37	1
Mont-de-Marsan.	731	1 85	3 65	4 85	5 »	5 »	9 98	7
Montauban.	794	1 80	3 55	5 »	5 »	5 »	9 96	8
Montpellier.	839	2 10	4 20	5 »	5 »	5 »	9 96	7
Moulins.	312	» 80	1 55	2 35	2 45	2 45	4 90	4
Nancy.	352	» 90	1 75	2 65	2 90	2 90	5 78	4
Nantes.	425	1 05	2 15	2 50	2 50	2 50	4 95	5
Nevers.	253	» 65	1 25	1 90	2 »	2 »	4 »	4
Nice.	1086	2 70	5 45	6 25	6 25	6 25	12 50	10
Nîmes.	789	1 95	3 56	4 85	4 85	3 30	9 66	6
Niort	409	1 »	2 05	2 05	3 30	3 30	6 55	5
Orléans.	120	» 40	» 60	» 90	1 05	1 05	2 07	3
Pau.	816	2 05	4 05	5 50	5 65	5 67	11 34	8
Périgueux.	498	1 25	2 50	3 70	3 70	3 70	7 40	5
Perpignan.	982	2 50	4 95	5 90	5 90	5 91	11 82	10
Poitiers.	384	» 85	1 65	2 50	2 75	2 75	5 45	4
Privas.	666	1 65	3 35	4 60	4 60	4 61	9 22	7
Le Puy	587	1 45	2 95	4 40	4 45	4 45	8 87	6
Quimper.	680	1 45	2 95	4 05	4 05	4 05	8 10	7
Rennes.	372	» 95	1 90	2 85	2 85	2 85	5 70	4
La Rochelle.	476	1 20	2 40	3 55	3 70	3 70	7 40	5
La Roche-sur-Yon	499	1 25	2 50	3 10	3 10	3 10	6 18	6
Rodez.	731	1 65	3 25	4 50	4 50	4 50	8 99	5
Rouen.	134	» 35	» 65	1 »	1 05	1 05	2 03	3
Saint-Brieuc.	474	1 20	2 35	3 55	3 55	3 55	7 14	5
Saint-Etienne.	501	1 25	2 50	3 75	3 75	3 75	7 50	5
Saint-Lô.	312	» 80	1 55	2 35	2 35	2 35	5 14	5
Tarbes.	829	2 05	4 15	5 60	5 75	5 75	11 54	9
Toulouse.	819	1 85	3 70	5 20	5 20	5 20	10 41	8
Tours.	233	» 60	1 15	1 75	1 95	1 99	3 88	4
Troyes.	165	» 40	» 85	1 25	1 40	1 40	2 79	3
Tulle.	599	1 85	3 25	4 40	4 55	4 65	9 35	12
Valence.	617	1 55	3 10	4 30	4 30	4 30	5 58	6
Vannes.	561	1 15	2 35	3 10	3 10	3 10	6 18	6
Versailles.	16	» 25	» 25	» 25	» 25	» 25	» 41	3
Vesoul	380	» 95	1 90	2 85	3 10	3 11	6 23	4

Prix du transport, par petite vitesse et par kilomètre, des animaux sur les chemins de fer français.

1° Pour bœufs, vaches, taureaux, chevaux, mulets, ânes et poulains . . . . 0 fr. 10 c. } par bête
2° Pour veaux et porcs . . . . 0 » 04 » } et par
3° Pour moutons, brebis, agneaux et chèvres 0 » 20 » } kilomètre.

Nota. — Les frais de chargement et de déchargement sont les suivants :

1° Pour bœufs, vaches, taureaux, chevaux, mulets, ânes et poulains . . . . 1 fr. » c. par bête.
2° Pour les veaux et porcs. . . . . 0 » 40 » »
3° Pour les moutons, brebis, agneaux et chèvres 0 » 20 » »

Avis. — Le parcours au-dessous de 6 kilomètres compte comme pour 6 kilomètres.

Prix du transport des voitures par petite vitesse et par kilomètre sur les chemins de fer français :

1° Pour les voitures à deux ou quatre roues, n'ayant qu'un fond et qu'une seule banquette dans l'intérieur, 0.25 centimes par kilomètre ;

2° Pour une voiture à quatre roues, ayant deux fonds et deux banquettes dans l'intérieur, 0.35 centimes par kilomètre ;

3° Pour les voitures de déménagement à deux ou à quatre roues, quand elles sont à vide, 0.20 centimes par kilomètre ; quand elles sont chargées elles payent 0.14 centimes par tonne de chargement et par kilomètre. Le prix de chargement et de déchargement des voitures, quelles qu'elles soient, est de 2 francs.

Prix du transport des finances et valeurs par grande vitesse.

0,0252 pour dix kilomètres et pour 1,000 francs, et ainsi de suite tous les dix kilomètres. Toutefois, il ne peut être perçu moins de 0,25 centimes par 1,000 francs, pour n'importe quelle distance.

Prix du transport, en grande vitesse, pour les chiens :

0,0168 dix-millièmes par chien et par kilomètre. Dans tous les cas, la perception ne peut être inférieure à 0,30 centimes.

Prix du transport, en grande vitesse, des voitures.

1° Pour une voiture de deux à quatre roues, n'ayant qu'une seule banquette dans l'intérieur, 0,56 centimes par kilomètre ·

2° Pour une voiture à quatre roues et à deux banquettes dans l'intérieur (à double fond) telle que diligence, 0,72 centimes par kilomètre.

Prix du transport des cercueils par grande vitesse.

Voiture pour un ou plusieurs cercueils, 0,72 centimes par kilomètre.

Pour un cercueil isolé, par train omnibus, 0,32 » »

Et par train express, 1 fr. 12 centimes par kilomètre.

En plus, pour chaque cercueil, pour chargement et déchargement, 2 francs.

Prix du transport des animaux, par grande vitesse et par kilomètre, sur les divers chemins de fer français.

1° Pour les bœufs, vaches, taureaux, chevaux, mulets, poulains et ânes	0.22 c. 4mmes.	par bête et par kilomètre.
2° Pour les veaux et les porcs	0.09 c.	
3° Pour les moutons, brebis, agneaux et chèvres	0.04 c. 5mmes.	

Nota. — Pour les frais de déchargement et de chargement, il est perçu ce qui suit :

1° 1 franc par bête, pour les bœufs, vaches, taureaux, chevaux, mulets, poulains et ânes ;

2° 0,40 centimes par bête, pour les veaux et les porcs ;

3° 0,20 » » pour les moutons, brebis, agneaux et chèvres.

DES MAGASINS GÉNÉRAUX. — DES WARRANTS

Les Magasins généraux établis en vertu du décret du 21 mars 1848, et ceux qui seront créés à l'avenir, recevront les matières premières, les marchandises et les objets fabriqués que les négociants et industriels voudront y déposer. Ces magasins sont ouverts, les chambres de commerce ou les chambres consultatives des arts et manufactures entendues, avec l'autorisation du gouvernement, et placés sous sa surveillance. Des récépissés délivrés aux déposants énoncent leurs noms, professions et domiciles, ainsi que la nature de la marchandise déposée et les indications propres à en établir l'identité et à en déterminer la valeur.

A chaque récépissé de marchandises est annexé, sous la dénomination de warrant, un bulletin de gage contenant les mêmes mentions que le récépissé.

Les récépissés et les warrants peuvent être transférés par voie d'endossement, ensemble ou séparément.

L'endossement du warrant séparé du récépissé vaut nantissement de la marchandise au profit du cessionnaire du warrant. L'endossement du récépissé transmet au cessionnaire le droit de disposer de la marchandise, à la charge par lui, lorsque le warrant n'est pas transféré avec le récépissé, de payer la créance garantie par le warrant, — ou d'en laisser payer le montant sur le prix de la vente de la marchandise.

L'endossement du récépissé et du warrant, transférés ensemble ou séparément, doit être daté. L'endossement du warrant séparé du récépissé doit en outre énoncer le montant intégral, en capital et intérêts, de la créance garantie, la date de son échéance, et les nom, profession et domicile du créancier.

Le premier cessionnaire du warrant doit immédiatement faire transcrire l'endossement sur les registres du Magasin, avec les énonciations dont il est accompagné. Il est fait mention de cette transcription sur le warrant.

Le porteur du récépissé séparé du warrant peut, même avant l'échéance, payer la créance garantie par le warrant. — Si le porteur du warrant n'est pas connu ou si, étant connu, il n'est pas d'accord avec le débiteur sur les conditions auxquelles aurait lieu l'anticipation de paiement, la somme due, y compris les intérêts jusqu'à l'échéance, est consignée à l'administration du Magasin général, qui en demeure responsable, et cette consignation libère la marchandise.

A défaut de paiement à l'échéance, le porteur du warrant séparé du récépissé peut, huit jours après le protêt, et sans aucune formalité de justice, faire procéder à la vente publique aux enchères et en gros de la marchandise engagée, dans les formes et par les officiers publics indiqués dans la loi du 28 mai 1858. — Dans le cas où le souscripteur primitif du warrant l'a remboursé, il peut faire procéder à la vente de la marchandise, comme il est dit au paragraphe précédent, contre le porteur du récépissé, huit jours après l'échéance et sans qu'il soit besoin d'aucune mise en demeure.

Le créancier est payé de sa créance sur le prix, directement et sans formalité de justice, par privilége et par préférence à tous créanciers, sans autre déduction que celle : — 1° des contributions indirectes, des taxes d'octroi et des droits de douane dus par la marchandise ; — 2° des frais de vente, de magasinage et autres faits pour la conservation de la chose. — Si le porteur du récépissé ne se présente pas lors de la vente de la marchandise, la somme excédant celle qui est due au porteur du warrant est consignée à l'administration du Magasin général.

Le porteur du warrant n'a de recours contre l'emprunteur et les endosseurs qu'après avoir exercé ses droits sur la marchandise, et en cas d'insuffisance, il devra lui notifier le protêt, et, à défaut de remboursement, le faire citer en jugement dans les quinze jours qui suivent la date du protêt. Le délai de quinze jours sera augmenté d'un jour par deux myriamètres et demi de distance dans le cas d'éloignement du cédant. — Le porteur du warrant perd en tout cas son recours contre les endosseurs s'il n'a pas fait procéder à la vente dans le mois qui suit la date du protêt.

Les porteurs de récépissés et de warrants ont sur les indemnités d'assurance dues, en cas de sinistres, les mêmes droits et priviléges que sur la marchandise assurée.

Les établissements publics de crédit peuvent recevoir les warrants comme effets de commerce, avec dispense d'une des signatures exigées par leurs statuts.

Celui qui a perdu un récépissé ou un warrant peut demander et obtenir par ordonnance du juge, en justifiant de sa propriété et en donnant caution, un duplicata, s'il s'agit du récépissé ; le paiement de la créance garantie, s'il s'agit du warrant.

Les récépissés sont timbrés ; ils ne donnent lieu, pour l'enregistrement, qu'à un droit fixe de un franc.

L'endossement du warrant séparé du récépissé non timbré ou non visé pour timbre, conformément à la loi, ne peut être transcrit ou mentionné sur les registres du Magasin, sous peine, contre l'administration du Magasin, d'une amende égale au montant du droit auquel le warrant est soumis. — Les dépositaires des registres des Magasins généraux sont tenus de les communiquer aux préposés de l'enregistrement.

DES CHÈQUES

Le chèque est l'écrit qui, sous la forme d'un mandat de paiement, sert au tireur à effectuer le retrait à son profit ou au profit d'un tiers, de tout ou partie des fonds portés au crédit de son compte chez le tiré, et disponibles. Il est signé par le tireur et porte la date du jour où il est tiré. Il ne peut être tiré qu'à vue. Il peut être souscrit au porteur ou au profit d'une personne dénommée. Il peut être souscrit à ordre et transmis même par voie d'endossement en blanc.

Le chèque ne peut être tiré que sur un tiers ayant provision préalable ; il est payable à présentation.

Le chèque peut être tiré d'un lieu sur un autre, ou sur la même place.

L'émission d'un chèque, même lorsqu'il est tiré sur un autre, ne constitue pas, par sa nature, un acte de commerce. Toutefois, les dispositions du Code de commerce relatives à la garantie solidaire du tireur et des endosseurs, au protêt et à l'exercice de l'action en garantie, en matière de lettres de change, sont applicables aux chèques.

Le porteur d'un chèque doit en réclamer le paiement dans le délai de cinq jours, y compris le jour de la date, si le chèque est tiré de la place sur laquelle il est payable, et dans le délai de huit jours, y compris le jour de la date, s'il est tiré d'un autre lieu. Le porteur d'un chèque, qui n'en réclame pas le paiement dans les délais indiqués ci-dessus, perd son recours contre les endosseurs ; il perd aussi son recours contre le tireur, si la provision a péri par le fait du tiré, après lesdits délais.

Le tireur qui émet un chèque sans date, ou qui le revêt d'une fausse date, est puni d'une amende égale à 6 0/0 de la somme pour laquelle le chèque est tiré.

L'émission d'un chèque sans provision préalable est passible de la même amende, sans préjudice de l'application des lois pénales, s'il y a lieu.

Les chèques étaient exempts de tout droit de timbre pendant dix ans, à dater du 24 juin 1865 ; seulement une loi de novembre 1871 frappe chaque chèque d'un droit de 10 centimes.

CAISSE DES DÉPOTS ET CONSIGNATIONS

La Caisse des dépôts et consignations recevra seule toute les consignations judiciaires.

Seront, en conséquence, versés dans ladite Caisse : 1° les deniers offerts réellement ; ceux que voudra consigner un acquéreur ou donataire ; le montant des effets de commerce dont le porteur ne se présente pas à l'échéance ; et, en général, toutes sommes offertes à des créanciers refusants par des débiteurs qui veulent se libérer ; — 2° les sommes qu'offriront de consigner toutes personnes qui, astreintes soit par les lois, soit par des jugements ou arrêts, à donner des cautions ou garanties, ne pourraient ou ne voudraient pas les fournir en immeubles ; — les deniers remis par un débiteur à un garde de commerce exerçant une contrainte par corps, pour éviter l'arrestation, et ceux qui, dans les mêmes circonstances, seraient remis à un huissier exerçant la contrainte par corps dans les villes et lieux autres que Paris, lorsque le créancier n'aura pas voulu recevoir lesdites sommes dans les 24 heures accordées auxdits fonctionnaires ministériels pour lui en faire la remise ; — 4° les sommes que les débiteurs incarcérés doivent déposer ès mains du geôlier de la maison de détention pour être mis en liberté, lorsque le créancier ne les aura pas acceptées dans le délai de 24 heures ; — 5° les sommes dont les cours et tribunaux ou les autorités administratives, quand ce droit leur appartient, auraient ordonné la consignation faite, par les ayants droit, de les recevoir ou réclamer, ou le séquestre en cas de prétentions opposées ; — 6° le prix que doivent consigner les adjudicataires de bâtiments de mer vendus par autorité de justice ; — 7° les deniers comptants saisis par un huissier chez un débiteur contre lequel il exerce une saisie-exécution, lorsque le saisissant, la partie saisie et les opposants, ayant la capacité de transiger, ne seront pas convenus d'un séquestre volontaire dans les trois jours du procès-verbal de saisie ; et ceux qui se trouveront lors d'une apposition de scellés ou d'un inventaire, si le tribunal l'ordonne ainsi sur le référé provoqué par le juge de paix ; — 8° les sommes saisies et arrêtées entre les mains de dépositaires ou débiteurs, à quelque titre que ce soit ; celles qui proviendraient de biens meubles de toute espèce, par suite de toute sorte de saisies, ou même de ventes volontaires, lorsqu'il y aura des oppositions ; — 9° le produit des coupes et des ventes de fruits pendants par les racines sur des immeubles saisis réellement ; celui des loyers ou fermages des biens non affermés lors de la saisie, qui seraient perçus au profit des créanciers, ensemble tous les prix de loyers, fermages ou autres prestations, échus depuis la dénonciation au saisi, au fur et à mesure des échéances ; — 10° le prix ou portion de prix d'une adjudication d'immeubles vendus sur saisie immobilière, bénéfice d'inventaire, cession de biens, faillite, que le cahier des charges n'autoriserait pas l'acquéreur à conserver entre ses mains, si le tribunal ordonne cette consignation sur la demande d'un ou de plusieurs créanciers ; — 11° les deniers provenant des ventes des meubles, marchandises des faillis et de leurs dettes actives ; — 12° les sommes d'argent trouvées ou provenues des ventes et recouvrements dans une succession bénéficiaire, lorsque, sur la demande de quelque créancier, le tribunal en aura ordonné la consignation ; — 13° les sommes de deniers trouvées dans une succession vacante, ou provenant du prix des biens d'icelle ; — 14° enfin toutes les consignations ordonnées par des lois, même dans les cas qui ne sont pas rappelés ci-dessus, soit que lesdites lois n'indiquent pas le lieu de la consignation, soit qu'elles désignent une autre caisse, et notamment ce qui peut être encore dû par les anciens commissaires aux saisies-réelles.

Il est défendu aux cours, tribunaux et administrations quelconques d'autoriser ou d'ordonner des consignations en autres caisses et dépôts publics ou particuliers, même d'autoriser les débiteurs, dépositaires, tiers saisis, à les conserver sous le nom de séquestre ou autrement ; et au cas où de telles consignations auraient lieu, elles seront nulles et non libératoires.

Tout officier ministériel qui aura fait des offres réelles extrajudiciairement ou judiciairement, sera tenu, si elles ne sont pas acceptées, d'en effectuer le versement, dans les 24 heures qui suivront l'acte desdites offres, à la Caisse des dépôts et consignations, à moins qu'il n'en ait été dispensé par ordre écrit de celui qui l'a chargé de faire lesdites offres.

Les versements des sommes ci-devant énoncées seront faits dans la huitaine, à compter de l'expiration d'un mois, aux créanciers pour procéder à une distribution amiable. Ce mois comptera, pour les sommes saisies et arrêtées, du jour de la signification au tiers-saisi du jugement qui fixe ce qu'il doit supporter. S'il s'agit de deniers provenant de ventes ordonnées par justice, ou résultant de saisies-exécutions, saisies foraines, saisies-brandons, ou même de ventes volontaires auxquelles il y aurait eu des oppositions, ce délai courra du jour de la dernière séance du procès verbal de vente; — s'il s'agit de deniers provenant de saisies de rentes ou d'immmeubles, du jour du jugement d'adjudication.

Les reconnaissances de consignations délivrées à Paris par le caissier, et dans les départements par les préposés de la caisse, énonceront sommairement les arrêts, jugements, actes ou causes qui donnent lieu auxdites consignations ; et dans le cas où les deniers consignés proviendraient d'un emprunt, et qu'il y aurait lieu à opérer une subrogation en faveur du prêteur, il serait fait mention expresse de la déclaration faite par le déposant, laquelle produira le même effet de subrogation que si elle était passée devant notaire. Le timbre et l'enregistrement seront aux frais de celui qui consigne, s'il est débiteur, ou prélevés sur la somme s'il la dépose à un autre titre.

La Caisse des dépôts et consignations paiera l'intérêt de toute somme consignée, à raison de 3 0/0, à compter du soixante et unième jour à partir de la date de la consignation, jusques et non compris celui du remboursement. Les sommes qui resteront moins de soixante jours en état de consignation ne produiront aucun intérêt. Lorsque les sommes consignées seront retirées partiellement, l'intérêt des portions restantes continuera de courir sans interruption.

Les sommes consignées seront remises dans le lieu où le dépôt aura été fait, à ceux qui justifieront de leurs droits, dix jours après la réquisition de paiement au préposé de la Caisse. Ladite réquisition contiendra élection de domicile dans le lieu où demeure le préposé de la Caisse des consignations; elle devra être accompagnée de l'offre de remettre les pièces à l'appui de la demande, de laquelle remise mention sera faite dans le visa que doit donner le préposé. Les préposés qui ne satisferaient pas au paiement après ce délai seront contraignables par corps, sans préjudice des droits des réclamants contre la Caisse des consignations.

Ne pourront lesdits préposés refuser les remises réclamées que dans les deux cas suivants : — 1° sur le fondement d'opposition dans leurs mains, soit sur la généralité de la consignation, soit sur la portion réclamée, soit sur la personne requérante ; — 2° sur le défaut de régularité des pièces produites à l'appui de la réquisition. — Ils devront, dans ce cas, avant l'expiration du dixième jour, dénoncer lesdites oppositions ou irrégularités aux requérants par signification au domicile élu, et ne seront contraignables que du jour après la signification des mainlevées ou du rapport des pièces régularisées. — Les frais de cette dénonciation seront à la charge des parties réclamantes, à moins qu'elles n'aient fait juger contre le préposé que son refus était mal fondé, auquel cas les frais seront à la charge de ce dernier, sans répétition contre la Caisse des dépôts et consignations, sauf le cas où son refus aurait été approuvé par le directeur général.

Pour assurer la régularité des paiements requis par suite d'ordre ou de contribution, il sera fait par le greffier du tribunal un extrait du procès-verbal dressé par le juge-commissaire, lequel extrait contiendra 1° les noms et prénoms des créanciers ; 2° les sommes qui leur sont allouées ; 3° mention de l'ordonnance du juge qui, à l'égard des ordres, ordonne la radiation des inscriptions, et, à l'égard des contributions, fait mainlevée des oppositions des créanciers forclos ou rejetés. Le coût de cet extrait sera compris dans les frais de poursuite. Dans les dix jours de la clôture de l'ordre ou contribution, cet extrait sera remis par l'avoué poursuivant, savoir : à Paris, au caissier, et dans les autres villes, au préposé de la Caisse des consignations, à peine de dommages-intérêts envers les créanciers colloqués à qui ce retard pourra être préjudiciable. La Caisse des consignations ne pourra être tenue de payer aucun mandement ou bordereau de collocation avant la remise de cet extrait.

La Caisse des dépôts et consignations est autorisée à recevoir les dépôts volontaires des particuliers.

Ces dépôts ne pourront être faits qu'à Paris, et seulement en monnaie ayant cours d'après les lois et ordonnances, ou en billets de la Banque de France.

La Caisse et ses préposés ne pourront, sous aucun prétexte, exiger de droit de garde ni aucune rétribution, sous quelque dénomination que ce soit, tant lors du dépôt que lors de sa restitution.

La Caisse sera chargée des sommes versées par les récépissés du caissier, visés par le directeur. Le déposant devra, sur ce même récépissé et par déclaration de lui signée, élire dans la ville de Paris un domicile qui sera attributif de juridiction pour tout ce qui aura trait audit dépôt.

Les sommes déposées porteront intérêt à 3 0/0, pourvu qu'elles soient restées à la Caisse trente jours. Si elles sont retirées avant ce temps, la Caisse ne devra aucun intérêt.

Le dépôt sera rendu à celui qui l'aura fait, à son fondé de pouvoir ou ses ayants cause, à l'époque convenue par l'acte de dépôt, et, s'il n'en a pas été convenu, à simple présentation. Ceux qui retireront ainsi leurs fonds, ne seront soumis à aucune autre condition que celle de remettre la reconnaissance de la Caisse et de signer leur quittance.

Les départements et communes sont autorisés à déposer à la Caisse, ou à ses préposés, dans les villes autres que Paris, les fonds qui sont ou seront à leur disposition, soit d'après les lois annuelles sur les finances, soit d'après celles qui les auraient autorisés à quelques impositions extraordinaires, soit enfin les sommes qui proviendraient de leurs revenus ordinaires et extraordinaires, excédants de recettes sur les dépenses, coupes de bois et autres causes semblables. — La même faculté est accordée à tous les établissements publics.

La Caisse ou ses préposés effectueront les remboursements entre les mains du receveur de l'établissement au nom duquel le dépôt aura été fait, d'après les mandats des préfets, des maires ou administrateurs compétents.

Le Caissier et autres préposés qui, sans motifs fondés sur les dispotions de la présente loi, refuseraient de faire un remboursement, seront personnellement condamnés à bonifier les intérêts à la partie prenante sur le pied de 5 0/0, et poursuivis par voie de contrainte par corps, tant pour le capital que pour les intérêts, sans préjudice du recours du créancier contre la Caisse, qui devra elle-même ladite bonification de retard comme garante des faits de ses préposés, et sauf son recours contre eux.

En cas de perte d'un récépissé, le déposant devra former opposition fondée sur cette cause; ladite opposition sera insérée par extrait dans le *Journal officiel*, aux frais et diligence du réclamant; un mois après ladite insertion, la Caisse sera valablement libérée en lui remboursant le montant du dépôt sur sa quittance motivée.

La Caisse des dépôts et consignations bonifiera l'intérêt à 3 0/0 sur les sommes déposées volontairement par les particuliers, à partir du trente et unième jour qui suivra le versement.

DEUXIÈME DIVISION.

GUIDE FINANCIER

EXPLIQUÉ CLAIREMENT A L'USAGE DES INDUSTRIELS ET DES COMMERÇANTS.

CHAPITRE UNIQUE.

Considérations générales sur le placement des fonds. — Des Rentes françaises. — De la Banque de France. — Du Crédit foncier de France. — Du Comptoir d'escompte de Paris. — Du Crédit mobilier. — De la Société générale de crédit industriel et commercial. — De la Société générale pour favoriser le développement du commerce et de l'industrie en France. — Du Crédit foncier colonial. — De la Société anonyme de dépôts et comptes courants. — Du Crédit agricole. — Du Sous-Comptoir des Entrepreneurs. — De la Bourse.

Considérations générales sur le placement des fonds.

Le présent traité est plus particulièrement destiné aux personnes qui, ayant des fonds disponibles, désirent en opérer le placement d'une manière sûre et avantageuse. Pour les personnes qui s'occupent exclusivement d'opérations de bourse, elles pourront sans doute trouver dans notre traité des renseignements utiles. Dans tous les cas, elles pourront considérer nos données comme rigoureusement exactes. Nous avons tenu particulièrement à étudier de près le mécanisme de nos grandes administrations financières, pensant bien qu'une question aussi délicate méritait d'être traitée consciencieusement.

Le commerçant ou l'industriel qui a passé une partie de son existence à s'occuper uniquement de son commerce ou de son industrie, ignore parfois les éléments les plus simples de l'art financier. Cette ignorance tient à ce que ses capitaux ayant été entièrement absorbés par les besoins de son commerce ou de son industrie, il n'a pas eu à chercher ailleurs le placement de ses fonds. Nous ne craignons pas d'avancer hardiment que, si les connaissances, au moins élémentaires de l'art financier avaient été plus répandues, surtout depuis vingt ou vingt-cinq ans, ces connaissances auraient évité bien des désastres.

Combien d'opérations véreuses, pour ne pas dire plus, auraient avorté dès leur apparition, sans l'ignorance d'une foule de badauds qui, sans expérience, ne craignent pas de confier leurs économies à des Robert-Macaire à langue dorée et aux prospectus pompeux, lesquels, en fait de sécurité et de forts intérêts, ne donnent que de belles espérances.

Souvent on nous a demandé comment il se faisait qu'après de si nombreux tripotages honteux, le gouvernement et la presse désintéressés n'intervenaient pas et n'éclairaient pas le public sur les menées de tels ou tels fripons. Voici notre réponse : — Les opérations de la Bourse ressemblent, sous bien des rapports, aux opérations commerciales. Ainsi, il sera notoirement connu que tel ou tel commerçant vendra 25 0/0 plus cher que ses collègues, et ses marchandises seront même inférieures; ce fait, tout immoral qu'il est, est abrité par la loi de la liberté du commerce, et quiconque le signalerait par la voix de la presse, ou de toute autre manière, serait jugé comme calomniateur. Cette loi, du reste, a bien sa raison d'être, et personne plus que nous n'apprécie les bienfaits du commerce, sans lequel les transactions seraient impossibles. C'est donc à l'initiative privée à s'entourer des connaissances nécessaires, afin de ne pas être trompée. Il en est de même pour les opérations de bourse; il y a là, comme dans le commerce, des voleurs que la loi ne peut atteindre, et contre lesquels la presse n'a presque aucune puissance. Ainsi, des *faiseurs* ourdissent dans leur pays, qui est quelquefois à mille lieues de Paris, un plan quelconque soit pour la construction d'un canal, d'un chemin de fer, ou toute autre chose à exécuter dans leur pays. Souvent eux-mêmes n'ont pas confiance dans la réussite de leurs opérations, mais comme, après tout, la plupart du temps, ils s'arrangent de manière à n'avoir rien à perdre, ils ne risquent, par conséquent, pas beaucoup. La plupart du temps ils n'essayeront même pas de lancer leurs opérations dans leur pays, attendu que là, ils sont connus, et que l'on connaît leurs plans. Ils se transporteront donc dans une grande ville, telle que Londres ou Paris. Là ils demanderont des fonds en développant leurs projets pleins de promesses. Ils promettront des intérêts fabuleux aux obligataires et des dividendes incroyables aux actionnaires. Ils ne craindront pas d'offrir pour 250 ou 300 francs des actions remboursables à 500 francs. Ils jureront que leurs opérations sont garanties par telle chose ou par telle autre, ou encore par telle autre, etc., etc.

D'après leurs affiches et leurs prospectus, jamais opération financière ne se sera présentée sous un aspect aussi avantageux. A les entendre, on serait tenté de les prendre pour des philanthropes traversant les mers pour venir offrir aux habitants des pays lointains des pièces de cinq francs pour deux francs. Mais, farceurs de philanthropes que vous êtes, si vos avantages sont aussi beaux que vous dites, pourquoi n'en avez-vous pas fait profiter vos compatriotes? C'est par excès de modestie, sans doute!!!

L'individu qui a amassé péniblement, à la sueur de son front, quelques économies, ne devrait jamais se laisser tenter par ces belles espérances; il devrait se dire qu'il vaut mieux placer ses économies à 4 ou à 5 0/0, d'une manière assurée, que de s'aventurer dans des opérations qu'il lui est impossible de connaître.

Indépendamment des Robert-Macaire des pays étrangers, nous

avons les Robert-Macaire de l'intérieur, qui ne sont pas les moins dangereux. Leur manière d'opérer est exactement la même. L'un établira ses espérances sur l'exploitation de telle ou telle carrière qui, à l'en croire, rapportera 10, 15 et 20 0/0; l'autre voudra donner une extension inusitée à une soi-disant découverte, qui est parfois encore à germer dans son cerveau; celui-ci soutiendra que tel produit (souvent à produire) aurait pour effet de remplir d'or les poches des actionnaires; cet autre insinuera que la construction de boulevards ou de rues nouvelles aurait l'immense avantage de faire vivre, sans rien faire, les obligataires et les actionnaires, etc., etc.

Tous, en un mot, ne désirent que le bien de leur prochain; seulement, il leur faut, en principe, des actionnaires qui leur fournissent des fonds; et si, à l'aide de ces fonds, les opérations ne réussissent pas, c'est un malheur, un bien grand malheur, mais pas pour tout le monde! A présent, en face de cela, que voulez-vous que fassent le gouvernement et la presse?

Jacques soutient que telle opération sera productive : le gouvernement ou la presse devront-ils ouvrir une enquête pour savoir si Jacques dit vrai? Et s'il s'est trompé, devront-ils dire que Jacques est un fripon? cela est inadmissible. Nous le répétons, c'est au simple particulier à se méfier. Sans doute, il y a parfois de bonnes idées qui sont appelées à rendre de grands services à la société, tout en faisant le bonheur des actionnaires et des obligataires. Mais ce n'est pas une raison pour qu'un individu, désirant placer ses économies, ne s'adresse, de préférence, à des administrations sérieuses, telles que la Banque de France, les Chemins de fer français, les Rentes françaises, en un mot, toutes les valeurs de premier ordre.

Nous donnons ci-après tous les renseignements nécessaires à connaître sur chacune de nos grandes administrations financières.

Rentes françaises.

Le placement des fonds en rentes sur l'Etat offre des avantages incontestables : 1° la sécurité est indiscutable; 2° les intérêts se touchent régulièrement, sans aucun retard et n'importe dans quelle contrée de la France où on se trouve; 3° le taux de l'intérêt, qui est d'environ 5 0/0 est avantageux, vu la sécurité du placement.

Il y a cinq sortes de rentes françaises, qui sont les suivantes :

1° le 3 0/0; 2° le 4 0/0; 3° le 4 1/2 0/0; 4° le 5 0/0; 5° le 6 0/0.

Le montant, à ce jour, des Rentes françaises, s'élevait aux sommes suivantes :

Pour le 3 0/0, 382,588,528 francs de rentes;
Pour le 4 0/0, 446,096 francs de rentes;
Pour le 4 1/2 0/0, 37,603,487 francs de rentes;
Pour le 5 0/0, 100,000,000 francs de rentes;
Pour le 6 0/0, 45,155,000 francs de rentes;
Total du montant des rentes françaises : 565,793,111 francs.

Les rentes françaises sont nominatives, au porteur ou mixtes. Les arrérages de rentes nominatives sont payés sur la présentation du certificat d'inscription, et le paiement en est indiqué par l'apposition au dos du titre d'un timbre indiquant l'échéance pour laquelle le paiement a eu lieu.

Les arrérages des rentes au porteur et mixtes sont payés sur la remise du coupon détaché des extraits d'inscription.

Les arrérages des diverses rentes françaises sont payables à Paris, au Trésor, et dans les départements, aux Recettes générales et particulières, et au bureau des percepteurs.

Les titres nominatifs sont ceux qui donnent en toutes lettres les noms et prénoms du rentier. Ces titres ont l'avantage qu'en cas de perte, le rentier peut facilement obtenir un titre nouveau en remplacement de celui perdu. Le désavantage de ce titre consiste à ce qu'on ne peut pas négocier des coupons trimestriels par anticipation, attendu que ces titres n'ont pas de coupons à détacher comme les titres au porteur.

Les titres au porteur sont ceux sur lesquels il n'est désigné aucun nom du titulaire; ces titres ont l'avantage d'avoir des coupons trimestriels et qu'on peut détacher par anticipation et les donner en paiement sans aucune formalité, tout individu pouvant en toucher le montant à présentation. Le désavantage des titres au porteur consiste, qu'en cas de perte, le propriétaire risque fort d'être entièrement dépossédé.

Les titres mixtes portent le nom du titulaire et ont des coupons analogues à ceux des titres au porteur. Le désavantage de ces titres est que, si ces coupons sont perdus ou volés, le titulaire n'a aucun recours.

Les titres au porteur n'existent que pour les sommes suivantes : 3 francs, 10 francs, 20 francs, 30 francs, 50 francs, 100 francs, 300 francs, 500 francs, 1,000 francs, 2,250 francs.

Les arrérages des rentes sur l'État se prescrivent au bout de cinq années : ainsi un individu ayant en portefeuille un titre de rente quelconque, et ayant négligé d'en toucher les arrérages depuis six, sept, huit ou dix ans, en se présentant, pour toucher ses intérêts en retard, ne recevrait que les cinq dernières années.

Le transfert des rentes au porteur se fait par la seule tradition du titre.

Le transfert des rentes nominatives demande plus de démarches : le titulaire doit déposer, sous récépissé, son inscription au bureau des transferts du Trésor ou de la Bourse, et déclarer qu'il entend qu'elle soit transférée au nom de son cessionnaire ; cette déclaration doit être signée de lui ou de son mandataire, la signature doit être légalisée par un agent de change.

Les époques du paiement des diverses rentes françaises sont établies commme il suit :

1° Le 3 0/0 se paie en quatre trimestres : le 1er janvier, le 1er avril, le 1er octobre ; 2° le 4 1/2 et le 4 0/0 sont payés en deux semestres : le 22 mars et le 22 septembre ; 3° les rentes 5 0/0 sont payables par trimestre : les 16 février, 16 mai, 16 août et 16 novembre ; 4° les rentes 6 0/0, dites emprunt Morgan, se payent par semestre : le 1er avril et le 1er octobre.

Banque de France

La Banque de France est assurément le plus grand établissement financier qui existe non-seulement en France, mais même en Europe ; les services que cet établissement a rendus au commerce et au gouvernement, surtout ces deux dernières années, sont véritablement à signaler.

Le siége social de la Banque de France est à Paris, rue de la Vrillière.

Son capital social s'élève à la somme énorme de 182,500,000 francs, divisés en 182,500 actions de mille francs l'une.

Les villes ci-après désignées possèdent une succursale de la Banque de France :

Agen, Amiens, Angers, Angoulême, Annecy, Annonay, Arras, Auxerre, Avignon, Bar-le-Duc, Bastia, Bayonne, Besançon, Bordeaux, Brest, Caen, Carcassonne, Castres, Châlons, Chambéry, Châteauroux, Chaumont, Clermont-Ferrand, Dijon, Dunkerque, Épinal, Évreux, Flers, Grenoble, Le Havre, Laval, Lille, Limoges, Lons-le-Saulnier, Lyon, Le Mans, Marseille, Montpellier, Nancy, Nantes, Nevers, Nice, Nîmes, Niort, Orléans, Perpignan, Poitiers, Reims, Rennes, La Rochelle, Roubaix, Tourcoing, Rouen, Saint-Étienne, Saint-Lô, Saint-Quentin, Sedan, Toulon, Toulouse, Tours, Troyes, Valenciennes.

M. Rouland est le gouverneur de la Banque de France ; les sous-gouverneurs sont : MM. Cuvier et de Plœuc, ce dernier représentant à l'Assemblée nationale.

M. de Plœuc, sous la Commune, par son attitude ferme et son intelligence hors ligne, a rendu d'immenses services à la Banque de France et par suite au commerce français.

Il a su, par sa présence d'esprit et son habileté, détourner l'orage qui, pour un moment, a menacé la Banque de France.

Par sa conduite, dans cette circonstance, M. de Plœuc s'est acquis une page dans l'histoire; et Paris reconnaissant, l'a nommé député le 2 juillet 1871.

Voici en quoi consiste les opérations de la Banque de France :

1° A escompter des effets de commerce sur Paris et sur les villes où elle a des succursales, jusqu'à trois mois d'échéance et portant trois signatures, ou deux seulement lorsque la troisième signature est remplacée par des garanties effectives à la convenance de la Banque de France ; 2° à recevoir en garde des valeurs, tels que titres, diamants, effets publics, lingots d'or ou d'argent, etc., etc. Le tarif de son droit de garde est le suivant : 1° Pour les rentes françaises, 10 centimes par 25 francs de rentes et par an ; 2° pour les actions et obligations françaises et pour les bons du Trésor, 20 centimes pour chaque titre d'une valeur nominale de 1,250 francs et au-dessous ; 30 centimes de 125 à 2,000 francs ; 40 centimes de 2,001 à 3,000 francs.

Au-dessus de cette somme, il est dû 40 centimes en plus par chaque mille francs en plus. Pour les actions et obligations étrangères, le droit est le même ; le droit de garde se paie en déposant les titres et doit être renouvelé chaque année ; le minimun du droit de garde est de 1 franc par récépissé ;

3° Faire des avances sur les effets publics français, sur les actions et les obligations des diverses Compagnies de chemins de fer français, sur les obligations de la Ville de Paris et du Crédit foncier, sur les lingots d'or et d'argent ; 4° émettre des billets à vue et au porteur, et des billets à ordre, transmissibles par voie d'endossement ; 5° à recevoir en comptes courants les sommes qui lui sont versées, ainsi que les effets à encaisser, et à payer les dispositions faites sur elle, jusqu'à concurrence des sommes encaissées.

Pour avoir un compte d'escompte ou un compte courant à la Banque de France, on doit en faire la demande au gouverneur, et accompagner cette demande d'un certificat dont la Banque délivre la formule. La loi s'oppose à ce que la Banque de France reçoive d'opposition sur les sommes déposées en comptes courants.

La Banque de France a le privilége d'émettre en circulation des billets de Banque pour une somme de 2 milliards 800 millions. La valeur de ces billets est fixée comme suit : 1,000 francs, 500 francs, 200 francs, 100 francs, 50 francs, 25 francs, 20 francs, 10 francs et 5 francs.

Ces billets sont garantis : 1° Par les immeubles de la Banque de France ; 2° par ses créances sur l'État ; 3° par ses effets, tant pour le commerce des départements que pour le commerce de Paris ; 4° par son énorme encaisse métallique, tant en lingots qu'en monnaie d'or et d'argent, atteignant parfois une valeur de 1 milliard de francs ; 5° par ses avances sur lingots et monnaies, sur effets publics français et étrangers, sur actions et obligations de chemins de fer, sur obligations du Crédit foncier, etc., etc.

Enfin la garantie du remboursement des billets de banque repose sur des bases solides et incontestables.

Crédit foncier de France

Le Crédit foncier de France a pour gouverneur M. Frémy. Le siége de l'établissement est place Vendôme, 19. Son capital social est de 90 millions, représenté par 180,000 actions de 500 francs chacune, libérées de 250 francs.

Ses opérations consistent à prêter aux propriétaires d'immeubles des sommes remboursables au moyen d'annuités comprenant, outre l'intérêt, un amortissement destiné à éteindre la dette dans un délai de dix à soixante ans, selon les conventions ; ainsi, un individu possédant une propriété sur laquelle il empruntera 10,000 francs au Crédit foncier, s'il veut que cette dette soit éteinte dans un délai de dix ans, il aura à payer, tant en intérêts qu'en amortissements, 13 fr. 42 c. 0/0 ; s'il ne veut se libérer que dans vingt ans, au lieu de 13 fr. 42 c. 0/0 par an, il ne paiera que 8 fr. 56 0/0. Voici, du reste, un tableau des diverses annuités que l'emprunteur peut choisir à son gré.

Quelle que soit l'annuité adoptée, le prêt n'a que la durée que l'emprunteur veut lui donner ; l'emprunteur peut, si cela lui convient, se libérer par anticipation ; dans ce cas, il a à payer 1/2 0/0 sur la somme versée par lui de cette manière.

Tableau des prêts sur le Crédit foncier.

Depuis 10 ans jusqu'à 60 ans, intérêts et amortissement compris :

			fr. c.				fr. c.				fr. c.
Pour	10	ans.	13 42	Pour	27	ans.	7 38	Pour	44	ans.	6 24
—	11	—	12 52	—	28	—	7 27	—	45	—	6 20
—	12	—	11 78	—	29	—	7 16	—	46	—	6 17
—	13	—	11 15	—	30	—	7 07	—	47	—	6 14
—	14	—	10 61	—	31	—	6 98	—	48	—	6 11
—	15	—	10 15	—	32	—	6 89	—	49	—	6 08
—	16	—	9 75	—	33	—	6 81	—	50	—	6 06
—	17	—	9 40	—	34	—	6 74	—	51	—	6 03
—	18	—	9 09	—	35	—	6 67	—	52	—	6 01
—	19	—	8 81	—	36	—	6 61	—	53	—	5 99
—	20	—	8 56	—	37	—	6 55	—	54	—	5 97
—	21	—	8 34	—	38	—	6 50	—	55	—	5 95
—	22	—	8 14	—	39	—	6 36	—	56	—	5 93
—	23	—	7 96	—	40	—	6 40	—	57	—	5 91
—	24	—	7 80	—	41	—	6 45	—	58	—	5 90
—	25	—	7 65	—	42	—	6 31	—	59	—	5 88
—	26	—	7 51	—	43	—	6 27	—	60	—	5 87

L'établissement du Crédit foncier prête environ la moitié de la valeur des immeubles, si ces immeubles se composent de maisons ou de terres. Mais pour les bois et les vignes, il ne prête environ que le tiers de la valeur. Les prêts sont faits sur première hypothèque ; le revenu de la propriété offerte en garantie doit être durable et certain. Voici quelles sont les démarches à faire pour contracter un emprunt dans cet établissement :

1° Adresser une demande ou la faire adresser par un notaire au directeur de l'administration, rue Neuve-des-Capucines, n° 19, à Paris ; 2° joindre à cette demande un établissement des propriétés sur papier libre, remontant environ à vingt-cinq ans. Ce travail peut être fait par le notaire de l'emprunteur, et dans la forme usitée dans les études de notaires. Il devra contenir l'analyse des différentes acquisitions successives ; il devra énoncer l'accomplissement des formalités des purges et les quittances de tous les prix ; 3° les titres de propriété ; 4° les baux ou l'état des locations ; 5° le contrat de mariage, ou si l'emprunteur est marié sans contrat, postérieurement au 1er janvier 1851, l'acte de célébration de mariage ; 6° une déclaration des revenus et charges ; 7° la copie certifiée de la matrice cadastrale et du plan cadastral ; 8° la cote des contributions de l'année courante, ou à son défaut, celle de la dernière année; 9° la police d'assurances contre l'incendie; 10° l'engagement de payer les frais d'estimation de la propriété.

Le Crédit foncier émet des obligations foncières en représentation de ses prêts hypothécaires; il émet des obligations communales, en représentation des prêts que la loi du 6 juillet 1860 l'a autorisé de faire aux communes, aux départements et aux associations syndicales. Le montant des obligations émises ne peut dépasser le montant des engagements des emprunteurs.

Le Crédit foncier a l'autorisation de recevoir des dépôts de capitaux en comptes courants. Le minimum du premier versement est de 1,000 francs. L'administration délivre au déposant : 1° un carnet pour l'inscription des versements et des retraits de fonds; 2° un cahier de chèques au porteur pour les retraits; les chèques doivent être datés du jour de l'émission; ils doivent mentionner, en toutes lettres et en chiffres, la somme à payer, et porter la signature du titulaire du compte courant. Les chèques sont payables à vue jusqu'à concurrence de 20,000 francs, et à 25 jours de vue au-dessus de cette somme. L'intérêt des comptes courants varie selon les circonstances de 2 à 3 0/0; les frais pour l'ouverture d'un compte courant sont fixés à 1 franc.

Comptoir d'escompte de Paris.

Le siége du Comptoir d'escompte de Paris est rue Bergère, 14. Le Comptoir d'escompte de Paris est un établissement financier qui rend de très-grands services au commerce français.

Nous résumons ci-après ses divers genres d'opérations : 1° le Comptoir esconpte les effets de commerce payables à Paris, dans les départements et à l'étranger; il n'admet à l'escompte que des effets de commerce, revêtus d'au moins deux signatures, et dont l'échéance ne peut excéder 105 jours pour le papier payable à Paris, et 75 jours pour le papier payable dans les départements. Pour les effets sur les départements, l'échéance peut être étendue à 90 jours, mais seulement à l'égard des effets payables sur les places où il existe une succursale de la Banque de France.

L'échéance des effets appuyés de connaissements peut être élevée à 180 jours de vue.

Il n'est admis à l'escompte aucun effet d'une échéance de moins de 5 jours.

L'admission à l'escompte et au compte courant doit être demandée par une lettre au directeur. On trouve à l'administration des imprimés tout préparés pour ces demandes.

2° A faire des avances sur Rentes françaises, actions ou obligations d'entreprises industrielles ou de crédit, constituées en Sociétés anonymes françaises. Ces avances ne se font que pour soixante jours au plus et ne doivent jamais dépasser les deux tiers de la valeur des titres au cours du jour. Il suffit d'adresser une demande en y joignant ces titres; en cas d'acceptation, un engagement d'acceptation est signé en double de part et d'autre;

3° Le Comptoir se charge de tous paiements et recouvrements à Paris, dans les départements et à l'étranger; il fournit et accepte tous mandats, traites et lettres de change, du recouvrement de tous arrérages de rentes ou intérêts, de dividendes, d'actions, de l'achat et de la vente des titres;

La remise d'effets à l'encaissement est de droit commun : le montant n'est mis à la disposition des cédants que 20 jours après l'encaissement, si ces effets avaient dix jours à courir lors du dépôt au Comptoir, sinon, le règlement n'a lieu qu'au bout de trente jours. Le Comptoir n'accepte de mandats que lorsque la couverture lui en a été préalablement faite. Il délivre des lettres de crédit sur toutes les places de France et de l'étranger. Il prélève une commission de 1/8e sur tous les ordres de Bourse au comptant.

4° Le Comptoir ouvre toutes souscriptions à des emprunts publics ou autres et pour toutes réalisations de toutes Sociétés anonymes.

5° Il reçoit en compte courant les fonds qui lui seraient versés.

L'ouverture d'un compte d'espèces est de droit commun : il suffit de déposer une somme d'argent quelconque et de donner un spécimen de sa signature; on remet au déposant un carnet de chèques dont il peut faire usage, à raison de 5,000 francs par jour, sans avis. Les dispositions de 5,000 à 25,000 francs doivent être visées un jour à l'avance; de 25,000 à 50,000 francs, deux jours; au-dessus de 50,000 francs, trois jours.

6° Il reçoit en dépôt toutes espèces de titres et valeurs. Le droit de garde est fixé par semestre à 5 centimes par 25 francs de rente ou fraction de 25 francs de rente; de 10 centimes par chaque titre d'une valeur nominale de 1,250 francs et au-dessous; de 15 centimes par chaque titre de 1,251 francs à 2,000 francs, et ainsi de suite, de manière que chaque 1,000 francs en sus élève de 5 centimes le droit à payer. Le droit se paie à l'avance et demeure acquis au Comptoir, lors même que les titres déposés seraient retirés avant l'expiration du semestre. Il est délivré un récépissé par chaque nature de valeur, et le minimum du droit de garde est de 50 centimes par récépissé. Il faut prévenir toujours un ou deux jours à l'avance quand on veut retirer des titres déposés au Comptoir.

Le Comptoir possède des agences en France et à l'Étranger. Les agences de France sont organisées et fonctionnent dans les mêmes conditions que le Comptoir. L'agence de Lyon a pour directeur M. Ph. Germain, l'agence de Nantes, M. Boisteaux, et l'agence de Marseille, M. C. Roussier. Les opérations des agences à l'étranger se divisent en trois catégories distinctes : les transactions sur place, les tirages et les remises. Les transactions sur place comprennent : 1° les avances sur matières premières, marchandises d'importation, fonds du gouvernement indien, dépôts de piastres et lingots d'or et d'argent; 2° Les achats de traites documentaires auxquelles donnent lieu les échanges de produits entre l'Inde, la Chine, la Cochinchine, la Réunion, Maurice, l'Amérique et l'Australie; 3° la vente contre espèces de traites du Comptoir sur ces différents pays que le commerce lui demande soit en vue d'opérations de change, soit pour le paiment de marchandises importées.

Les tirages consistent dans la vente, contre espèces, des traites que les agences émettent sur la France et l'Étranger, et qui servent au paiement des produits manufacturés expédiés d'Europe dans l'Indo-Chine.

Les remises se composent de traites sur la France, l'Angleterre et les principales villes de l'Europe, fournies en remboursement des marchandises et matières premières expédiées d'Indo-Chine en Europe. Ces traites doivent toujours porter deux signatures et être généralement accompagnées de documents et d'expéditions (connaissements, factures acquittées, polices d'assurances). En cas contraire, elles sont tirées en vertu de crédit libre confirmé, et garanti par des maisons ou des établissements de crédit européen de premier ordre.

Crédit mobilier (Société anonyme).

L'administration du Crédit mobilier a passé par des phases réellement extraordinaires. Nous nous abstiendrons de donner aucune appréciation sur les motifs et les causes qui ont amené cet établissement à deux doigts de sa perte; notre cadre est trop restreint pour cela. Assurément, tôt ou tard, l'histoire de cet établissement financier sera écrite impartialement, et, certes, à plusieurs titres, elle sera intéressante à connaître.

Pendant la guerre, les actions du Crédit mobilier étaient tombées à 112 francs.

On sait que cinq des administrateurs du Crédit mobilier avaient été condamnés par la Cour d'appel à payer 100 francs pour chaque action souscrite dans le doublement du capital. Cette condamnation avait été motivée par les considérations suivantes : « Les rapports à l'assemblée générale et les bilans avaient été conçus de manière à ne pas laisser apparaître l'énormité de la dette de la Compagnie immobilière, et ils affirmaient la prospérité éclatante des affaires sociales, là où existait au contraire une menace de ruine. »

L'ancienne société du Crédit mobilier a été dissoute le 11 novembre 1871 par une assemblée générale extraordinaire, représentant 734 voix. La nouvelle Société a institué M. le baron Haussmann pour président.

D'après une nouvelle combinaison, le capital du Crédit mobilier est fixé à 80 millions de francs, et divisé en 160,000 actions de 500 francs.

48 millions de francs, ou 96,000 actions sont attribuées à l'ancienne Société, en représentation de l'apport de son actif évalué à cette somme, pour être répartis entre les anciens actionnaires, à raison de 2 actions nouvelles pour 5 anciennes.

64,000 actions représentent un nouveau capital de 32 millions. Sur ces 64,000 actions, 48,000 ont été réservées aux anciens actionnaires dans la proportion de 1 action nouvelle pour 5 anciennes.

Les 16,000 actions supplémentaires ont été souscrites par un groupe de banquiers et de capitalistes, qui se sont engagés à prendre celles des 48,000 actions mises à la disposition des actionnaires anciens que ceux-ci ne souscriraient pas.

Voici quelles sont les opérations auxquelles cet établissement a le droit de se livrer :

1° Il souscrit et acquiert des effets publics, des actions ou des obligations dans les différentes entreprises industrielles ou de crédit, constituées en Sociétés anonymes ou en Sociétés à responsabilité limitée et notamment dans celles de chemins de fer, de canaux et de mines, et d'autres travaux publics fondés ou à fonder ;

2° Il émet pour une somme égale à celle employée pour ses souscriptions et acquisitions ses propres obligations ;

3° Il vend et donne en nantissement d'emprunts, tous effets, actions ou obligations acquis, et les échange pour d'autres valeurs ;

4° Il soumissionne tous emprunts, les cède et réalise, ainsi que toutes entreprises de travaux publics ;

5° Il prête sur effets publics, sur dépôt d'actions et obligations et ouvre des crédits en compte courant sur dépôt de ces diverses valeurs.

6° Il reçoit des sommes en comptes courants ;

7° Il opère tous recouvrements pour le compte des compagnies susénoncées; paie leurs coupons d'intérêts ou de dividende, et, généralement, toutes autres dispositions;

8° Le Crédit tient une caisse de dépôts pour tous les titres de ces entreprises.

Société générale de crédit industriel et commercial.

Cette Société a son siége social à Paris, rue de la Chaussée-d'Antin, 66. Le bureaux et caisses sont situés rue de la Victoire, 72. Ses caisses succursales sont situées rue Saint-Denis, 162; rue Montmartre, 122; boulevard de Sébastopol, 131 et rue du Bac, 99.

Les opérations que la Compagnie a le droit de faire sont les suivantes :

1° Escompter les effets de commerce payables à Paris, dans les départements et à l'étranger; les warrants ou bulletins de gages concernant les marchandises déposées dans les magasins généraux agréés par l'État;

2° Faire des avances sur rentes françaises, actions ou obligations d'entreprises industrielles ou de crédit, constituées en sociétés anonymes françaises, mais seulement jusqu'à concurrence des deux tiers de la valeur au cours de ces rentes, actions ou obligations;

3° Faire des avances aux Sociétés françaises anonymes de commerce, en commandite ou en nom collectif, ou à tous commerçants, moyennant des sûretés données soit par voie de transport en garantie, dépôts en nantissement de valeurs mobilières ou connaissements, soit par voie de privilége ou d'hypothèque;

4° Se charger de tous paiements et recouvrements à Paris, dans les départements et à l'étranger, et à ouvrir, à cet effet, des comptes courants sans pouvoir jamais faire aucun paiement à découvert;

5° Ouvrir toutes souscriptions à des emprunts publics ou autres, et pour la réalisation de toutes Sociétés anonymes ou en commandite par actions;

6° Recevoir en compte courant, jusqu'à concurrence d'une fois et demie le capital nominal et la réserve, les fonds qui lui sont versés, à un taux d'intérêt déterminé par le Conseil d'administration;

7° Enfin, recevoir en dépôt, moyennant un droit de garde, toute espèce de titres et valeurs. Le capital de la Société de crédit industriel et commercial est de 60 millions de francs divisés en 120 actions de 500 francs l'une.

Société générale pour favoriser le développement du commerce et de l'industrie en France.

Cette Société, qui est anonyme, possède un capital de 120 millions de francs divisés en 240,000 actions de 500 francs l'une. Le siége social est rue de Provence, 54 et 56. Son président est M. Denière.

Cette Société est très-estimée des commerçants, auxquels elle rend constamment des services importants.

Voici quelles sont les opérations auxquelles elle a le droit de se livrer :

1° La Société reçoit des dépôts de fonds sur lesquels elle bonifie un intérêt variable, suivant la disponibilité de ces fonds ;

2° Elle se charge, pour le compte des déposants, de tous encaissements d'effets, coupons, factures visées, etc ; de la transmission des ordres de Bourse, de la garde des titres, etc. ;

3° Elle émet des bons au porteur ou à ordre, dont l'échéance varie de trois mois à cinq ans, au gré du demandeur ;

4° Elle délivre des délégations et des chèques visés sur toutes ses caisses à Paris et dans les départements.

Les opérations des succursales de Paris ou bureaux de quartiers, et des agences de province, consistent principalement à ouvrir des comptes de chèques, et à se charger, pour le compte des clients, de tous encaissements d'effets, coupons, factures visées, etc., et recevoir toutes sommes déposées à titre de dépôts sur reçu ; délivrer des bons à terme de la Société; recevoir en dépôt tous titres et valeurs ; recevoir et transmettre tous ordres de Bourse ; escompter les coupons des principales valeurs ; délivrer des délégations sur toutes les caisses de la Société, à Paris ou dans les départements ; viser les chèques que les titulaires de comptes désirent rendre payables aux différentes caisses de la Société.

Aux termes des statuts, le solde de comptes courants doit toujours être représenté par des valeurs de portefeuille escomptables à 90 jours, des rentes, des bons du Trésor, et d'autres valeurs sur lesquelles la Banque de France fait des avances.

La Société générale n'est pas seulement une banque de dépôt ; elle a encore pour objet :

1° De prêter son concours à des associations déjà constituées ou à constituer, sous la forme de Sociétés en nom collectif, en commandite, anonyme ou à responsabilité limitée, et ayant pour objet soit des entreprises commerciales et industrielles, mobilières ou immobilières, soit des entreprises de travaux publics ; de se charger de la constitution de ces Sociétés, de l'émission de leur capital, du placement de leurs actions et obligations, et d'ouvrir toute souscription qui serait nécessaire ; d'accepter au nom des actionnaires de ces Sociétés tout mandat de contrôle et de surveillance sur les opérations ; tout pouvoir de les présenter où besoin sera ;

2° Enfin, de prendre dans les Sociétés constituées ou à constituer une ou plusieurs parts d'intérêts, sans que le total des capitaux consacrés à cet objet puisse excéder la moitié du capital social ;

3° D'ouvrir des crédits avec ou sans nantissements, connaissements, etc., à toutes Sociétés ou à tout négociant et industriel ;

4° De cautionner ou de garantir l'exécution de toutes opérations et de tous engagements ; de faire aux associations patronnées par la Société tout prêt avec ou sans hypothèque ; de faire des prêts et d'ouvrir des crédits sur garanties hypothécaires, transport en garantie, en nantissement à tous entrepreneurs de travaux publics et autres, et à tout constructeur; de céder et transporter les prêts effectués, avec ou sans garantie de la part de la Société ;

5° D'escompter les effets de commerce payables à Paris, dans les départements et à l'étranger, les effets, bons et valeurs, émis par le Trésor public, les villes, communes et départements, les warrants ou bulletins de gages concernant les marchandises déposées, dans les docks-entrepôts ou magasins généraux, et en général toutes sortes d'engagements fixes, résultant de transactions commerciales et industrielles et d'opérations faites par toutes administrations publiques ; de négocier et de réescompter les valeurs ci-dessus mentionnées (les effets et valeurs de commerce mentionnés dans le présent paragraphe doivent être au plus à six mois d'échéance) ;

6° De contracter et de négocier aux conditions arrêtées par le conseil d'administration, tous emprunts publics ou autres ; d'ouvrir toute souscription pour leur émission, de participer à ces emprunts et à ces souscriptions, mêmes à celles qui seraient ouvertes par d'autres pour lesdits emprunts ;

7° D'effectuer au mieux des intérêts de la Société le placement des fonds disponibles provenant du capital de la Société, de son fonds de réserve et de ses bénéfices ; vendre les valeurs ainsi achetées, faire tous emplois du produit de ces ventes, le tout conformément aux décisions du conseil d'administration.

Sont interdites les opérations à terme sur les fonds publics français et étrangers et actions des Compagnies ; ne sont pas compris dans cette interdiction les reports ou les opérations rentrant dans l'exécution des paragraphes qui précèdent.

Succursales dans Paris.

Rue Notre-Dame-des-Victoires, 46; boulevard Malesherbes, 29; rue de Palestro, 5; rue du Bac, 2; rue Saint-Honoré, 221; rue du Temple, 19; boulevard Saint-Germain, 81; rue du Pont-Neuf, 24; place de Poissy, 2; rue de Clichy, 72; boulevard Magenta, 57; rue du Faubourg-Saint-Honoré, 91.

Agences dans les départements.

Avignon, rue de la République, 13; Bar-le-Duc, rue des Tanneurs, 33; Béziers, place de la Citadelle, 15; Blois, rue Denis Papin, 30; Bordeaux, allées de Tourny, 33; Boulogne-sur-Mer, rue de l'Écu, 32; Caen, place du Théâtre; Cette, Grande-Rue, 1; Colmar, rue des Serruriers, 23; Clermont-Ferrand, place du Poids-de-Ville; Dreux, Grande-Rue, 1; Fontainebleau, rue de la Cloche, 20; Le Havre, rue Bernardin de Saint-Pierre, 11; Lille, rue Nationale, 105; Limoges, rue des Combes, 8; Lyon, rue de Lyon, 6; Le Mans, place des Halles, 32; Marseille, rue de Noailles, 3; Montereau, Grande-Rue, 40; Montpellier, rue Saint-Guilhem, 31; Mulhouse, rue de la Sinne, 49; Nancy; Nantes, place du Commerce, 12; Nice, rue Masséna, 4; Nîmes, rue Régale, 10; Orléans, rue d'Escures, 1; Rennes, place du Champ-Jacques, 8; Rouen, rue Jeanne-d'Arc, 76; Saint-Étienne, rue de la Bourse, 30; Saint-Germain, place du Château; Saint-Malo, rue d'Orléans, 7; Saint-Quentin, rue des Suzannes; Saint-Servan, rue Ville-Pépin, 22; Sens, rue Dauphine, 41; Strasbourg, rue Brûlée, 12; Toulouse, rue des Arts, 22; Tours, place Saint-Venant, 8; Versailles, rue de la Pompe, 2; Vichy (à l'établissement thermal).

Crédit foncier colonial

Le siége de cette administration est 14, rue Bergère, à Paris; son capital social est de 12 millions, divisé en 24,000 actions de 500 francs. Cette administration prête sur première hypothèque dans les colonies françaises des sommes remboursables par annuités de 5 à 30 ans; elle prête aussi sur hypothèque, et dans les mêmes conditions de remboursement, pour constructions de sucreries dans les mêmes colonies, ou pour le renouvellement et l'amélioration de l'outillage des sucreries actuellement existantes.

Le Crédit foncier colonial émet des obligations foncières spécialement garanties par ses prêts.

Société anonyme de Dépôts et Comptes courants

Le siége de cette administration est place de l'Opéra, 2; son capital social est de 60 millions, divisé en 120,000 actions de 500 francs l'une.

Voici à quoi cette Société borne ses opérations :

1° Recevoir en garde les valeurs en dépôt et encaisser les coupons;

2° Recevoir les fonds du public en comptes de chèques, payables à vue, sans avis, à ordre ou au porteur ; elle paye les intérêts des comptes courants suivant le taux de la Banque de France;

3° Recevoir des ordres de Bourse donnés par ses clients et délivrer des lettres de crédit pour la France et l'étranger.

Crédit agricole

Cet établissement a son siége rue Neuve-des-Capucines, 19, à Paris; son capital social s'élève à la somme de 40 millions de francs.

Ses opérations consistent :

1° A escompter des billets à 90 jours, revêtus de deux signatures au moins, et en prêts garantis par des inscriptions hypothécaires ou des nantissements.

Cet établissement étend ses ramifications en province, au moyen de ses agences et par l'entremise de banquiers correspondants. Voici les villes où cette Société a des succursales : Agen, Angoulême, Avignon, Bordeaux, Châtellerault, Le Mans, Lille, Limoges, Lorient, Marseille, Orléans, Périgueux, Poitiers, Saint-Jean-d'Angély, Toulouse, Troyes.

Les Banques désirant être admises à l'escompte du Crédit agricole, sont tenues d'adresser une demande indiquant :

1° Leur nom et la raison sociale de leur maison;

2° La durée de l'existence de la maison;

3° Son capital, ses ressources;

4° Ses références;

5° La nature et l'importance des opérations qu'elle compte faire avec le Crédit agricole. Les demandes sont soumises au conseil d'administration.

Sous-Comptoir des Entrepreneurs

Le siége de cette administration est rue Neuve-des-Capucines, 21 ; son capital social est de 5 millions de francs ;

Le Sous-Comptoir opère de la manière qui suit :

Pour faciliter les travaux de construction entrepris soit par des entrepreneurs, soit par les propriétaires eux-mêmes.

Il embrasse tout ce qui concerne le commerce et l'industrie des bâtiments et des travaux publics ; il s'applique généralement à toute entreprise ayant pour but ou pour moyen les travaux et les constructions.

Le Sous-Comptoir escompte généralement sur hypothèque. Toute personne qui veut bâtir peut obtenir du Sous-Comptoir un crédit proportionné à l'importance des bâtiments qu'elle se propose de construire. Les crédits peuvent s'élever à 50 ou 60 0/0 de la valeur des terrains et des constructions.

On verse les fonds au fur et à mesure que les bâtiments s'élèvent.

Un entrepreneur de constructions peut aussi obtenir un crédit du Sous-Comptoir en affectant hypothécairement d'autres immeubles que ceux qu'il édifie.

Le Sous-Comptoir prête aussi aux entrepreneurs sur nantissement et sur gages.

Par ses ouvertures de prêt sur nantissement, le Sous-Comptoir peut procurer aux entrepreneurs de travaux des villes, des départements, des grandes Compagnies et même des particuliers, des avantages incontestables.

Tout adjudicataire de ces sortes de travaux peut, dès le début de son entreprise, demander au Sous-Comptoir l'ouverture d'un crédit et faire usage de ce crédit proportionnellement à l'avancement des travaux constatés par des états de situation.

Un entrepreneur de travaux terminés peut, à plus forte raison, être crédité par le Sous-Comptoir, d'une somme proportionnée au montant de ce qui lui reste dû soit avant, soit après l'apurement de ses comptes, en donnant sa créance en nantissement.

Les sommes remises aux entrepreneurs sont représentées par des billets qu'ils souscrivent à l'ordre du Sous-Comptoir, et qu'ils ont faculté de renouveler à leur échéance pendant la durée du crédit. Les emprunteurs n'ont à payer que l'escompte des billets au taux de la Banque de France, ou à un taux invariable fixé d'avance à forfait, la commission attribuée au Sous-Comptoir par le décret du 24 mars 1848, laquelle ne peut dépasser 1/4 0/0 par mois, enfin le timbre des billets, les frais de l'acte de crédit et les vacations de l'architecte qui surveille les travaux. Les intérêts et droits de commission ne sont pas perçus sur le montant du crédit et selon sa durée, mais strictement restreints aux sommes versées et au nombre de jours pendant lesquels les accréditeurs en sont détenteurs.

Il n'y a pas d'autres frais ; les actes qui concernent le Sous-Comptoir, même ceux qui constatent la réalisation des crédits étant enregistrés, par privilége spécial, au droit fixe de 2 francs.

Les crédits ouverts par le Sous-Comptoir sont ordinairement de une à trois années; ils peuvent être prorogés. La dette n'est exigible qu'à l'expiration du terme fixé; mais le débiteur conserve la faculté de se libérer en tout ou partie, par anticipation, soit au moyen d'un prêt du Crédit foncier, soit de ses deniers.

Le Sous-Comptoir ne compte ses opérations définitives qu'après qu'elles ont été examinées et approuvées par le Crédit foncier, de sorte que toutes les fois que les accrédités du Sous-Comptoir jugent à propos, après l'achèvement et la mise en valeur de leur bâtiment, de remplacer le crédit du Sous-Comptoir par un prêt du Crédit foncier, remboursable, par annuités, l'affaire a déjà reçu un premier degré d'instruction que complètent, au besoin, les documents que le Sous-Comptoir s'empresse de fournir.

Les actes relatifs aux crédits ouverts partout ailleurs que dans le département de la Seine sont reçus par le notaire de l'emprunteur, sans le concours du notaire du Sous-Comptoir.

Dans le département de la Seine, l'emprunteur, est invité à appeler son notaire à concourir avec le notaire du Sous-Comptoir aux actes d'ouverture de crédit et à tous actes en résultant. Le concours du notaire de l'emprunteur n'impose à celui-ci aucun accroissement de frais.

Toutes les fois qu'une demande a été admise par le Conseil d'administration, si elle est annihilée par le fait du demandeur, elle rend celui-ci passible d'une commission sur la somme accordée.

Les avantages qui résultent de la combinaison des opérations du Sous-Comptoir avec celles du Crédit foncier sont très-appréciés, et la progression des crédits du Sous-Comptoir, qui, en moins de dix années, se sont élevés de 11 millions à 77, démontre suffisamment l'utilité de son intervention et l'intérêt que les entrepreneurs trouvent à y recourir.

Le Sous-Comptoir fait des crédits sur hypothèques, par simple lettre adressée au directeur du Sous-Comptoir, et signée par le demandeur ou par son mandataire spécial.

Elles doivent contenir :

1° La désignation sommaire des biens offerts en garantie, leur situation, leur contenance, l'indication des servitudes ou autres charges qui peuvent les grever ;

2° La déclaration de l'état civil de l'emprunteur ;

3° Le chiffre de crédit qu'il désire obtenir.

On doit joindre à la demande :

1° Les plans, coupes et élévations, ainsi que les devis descriptifs et estimatifs des constructions projetées ;

2° Une appréciation du revenu probable de ces constructions,

3° Les titres de ces propriétés.

Le Sous-Comptoir fait aussi crédit sur nantissement et sur gage.

Les demandes de crédit sur nantissement et sur gage sont également formées par simple lettre adressée au directeur du Sous-Comptoir.

Le demandeur doit produire à l'appui de sa demande les pièces établissant ses droits comme entrepreneur et comme créancier, et notamment, s'il s'agit de travaux entrepris pour le compte des communes et départements, les cahiers des charges, le procès-verbal de l'adjudication et un certificat délivré, soit par l'architecte ou l'ingénieur en chef, soit par le maire ou le préfet, et constatant le montant des travaux exécutés et les à-compte reçus.

Les créances sur particuliers peuvent être établies, soit par un mémoire vérifié, accepté par le débiteur, soit par des actes et titres.

Ces actes et titres doivent être joints à la demande.

Les billets offerts en garantie doivent également être joints à la demande de crédit. En cas de rejet, ils sont immédiatement rendus au demandeur.

Les valeurs mobilières doivent être de celles qui sont cotées à la Bourse, et qui y ont un cours régulier.

Les récépissés des magasins de dépôts ou les warrants doivent s'appliquer à des marchandises non susceptibles de s'altérer.

Ils sont joints à la demande.

Les marchandises doivent être d'une réalisation facile, et ne pas être d'une nature à s'altérer; elles sont confiées à un gardien du choix du Sous-Comptoir.

Un état détaillé et estimatif des marchandises doit être joint à la demande.

Comptoir de l'agriculture.

Le siége social de cet établissement est rue Neuve-des-Capucines, 21. Son capital social s'élève à la somme de 6 millions de francs.

Le Comptoir d'agriculture a pour objet de faciliter l'escompte ou la négociation d'effets par la Société agricole, et d'ouvrir, avec l'approbation du Crédit agricole, des crédits sur nantissements, consignations en marchandises agricoles; il favorise toutes les entreprises ayant pour but l'amélioration du sol, l'accroissement, la conservation de ses produits, et le développement de l'industrie. Le Comptoir de l'agriculture opère sous le contrôle du Crédit agricole.

Bourse de Paris.

La Bourse est ouverte à tous les citoyens jouissant de leurs droits politiques et aux étrangers ; mais le parquet est interdit à tout autre qu'aux agents de change. A la fin de chaque séance de la Bourse, les agents de change se réunissent dans leur cabinet :

1° Pour vérifier les cotes des effets publics ; 2° pour en faire arrêter le cours par le syndic et un adjoint, ou par deux adjoints en cas d'absence du syndic ; 3° pour faire constater dans la même forme le cours du change.

Les courtiers de commerce se réunissent pour la vérification des cotes des marchandises et matières premières ou métalliques, et pour en faire constater le cours par leur syndic et un adjoint, ou par deux adjoints en cas d'absence du syndic. Le commissaire de la Bourse porte sur un registre le cours arrêté par les agents de change et les courtiers de commerce, chacun pour ce qui le concerne.

Les affaires de Bourse se terminent à trois heures, mais la salle n'est fermée qu'à cinq heures et un quart.

DEUXIÈME DIVISION

TENUE DES LIVRES

INTRODUCTION

Ainsi qu'on a pu le remarquer (page 30 de cet ouvrage), tout commerçant doit avoir une tenue de livres plus ou moins compliquée, selon le genre de commerce et la manière d'opérer.

Il a été dit que la loi obligeait le commerçant à tenir des livres principaux et indispensables : 1° le brouillard; 2° le journal; 3° le livre d'inventaire; 4° le livre copie de lettres.

Il n'est pas, comme l'ont écrit certains auteurs en comptabilité, absolument nécessaire que tous ces livres soient visés et paraphés par les tribunaux de commerce, ou à défaut de ceux-ci, par les justices de paix. Le livre-journal seul peut être visé ou paraphé, car sur ce livre toutes les opérations doivent figurer. Ainsi, on ne portera pas au journal une opération ne figurant pas sur le brouillard (cela n'est pas possible). On ne portera pas au livre d'inventaire des choses ou comptes quelconques n'ayant pas d'inscription au journal. Enfin, on n'écrira pas de lettres commerciales au copies de lettres, sans qu'elles aient leur raison d'être, et pour la justification desquelles les livres ci-devant désignés doivent servir de preuves à l'appui, en cas de contestation.

Après chaque inventaire on clôra tous les comptes, et le résumé de chacun devra être mis en tête du journal recommencé à nouveau toutes les fois que l'on inventoriera les opérations d'une maison de commerce. Ceci dit, l'on remarquera que le journal seul étant visé, peut suffire, vu que tout le contenu des autres livres y sera rapporté.

La loi est très-sévère pour les commerçants qui, en cas de faillite, n'auraient pas de livres régulièrement tenus, et le Code de commerce dit que tout commerçant failli, n'ayant pas une tenue de livres régulière, doit ou peut être considéré comme banqueroutier et poursuivi comme tel.

Je ne m'étendrai pas longuement sur cette entrée en matière, vu que ce serait inutile, et que je crois avoir assez démontré qu'une tenue de livres est indispensable à toute personne exerçant un commerce. Encore un mot cependant se rattachant au grand-livre.

Le grand-livre, bien que n'étant pas exigible par la loi, est d'une utilité telle qu'on ne peut s'en dispenser sans commettre une grande imprudence et sans s'exposer à léser gravement ses intérêts.

Pour le commerçant qui fait toutes ses affaires au comptant, achats ou ventes, ce livre n'a pas sa raison d'être. Mais combien sont-ils dans ce cas? Nous engageons donc toute personne commerçante à tenir un grand livre, au moyen duquel il est facile de se rendre toujours instantanément compte du résultat des opérations réalisées. Sur ce livre figurent, abrégés, tous les comptes séparément et au moyen de colonnes portant en titre : « folios des comptes au journal et au grand-livre, » il est facile de se rendre compte des opérations partielles et détaillées.

Exemple :

Page 193 (folio 3), où figure le compte de Castex fils aîné, je trouve aux colonnes du doit ou débit : janvier 28, à caisse, $\frac{6}{2}$ 1,757 fr. 50 c.

Je veux me rendre compte d'où provient ce chiffre, et $\frac{6}{2}$ m'indique que le détail de cette somme figure folio 6 du journal où l'article Castex est détaillé, lequel je trouve à la page 184 ; le *2* en regard du *6* désigne le compte de caisse qui figure au folio 2 du grand-livre que je trouve à la page 192 de l'ouvrage ; d'après le journal, page 184, folio 6, je remarque : du 28 janvier, *Castex à Caisse* $\frac{2}{3}$; 3 dans la première colonne désigne le compte de Castex au folio 3 du grand-livre, page 193, et 2 indique le compte de caisse, folio 2 du grand-livre que je trouve à la page 192. Par le folio 6 du journal, page 184, je vois à l'article 2 ce qui suit : *Castex à caisse,* pour autant à lui envoyé en une lettre chargée, à Luscan, ce jour, laquelle contenait mille sept cent cinquante-sept francs cinquante centimes (1,757 50), en trois billets de banque et un mandat de poste, pour solde de sa facture du 22 courant, ci 1,757 fr. 50 c.

Si, pour me rendre compte, je cherche au brouillard, à la date du 28 janvier, je trouve, page 172, folio 5 dudit brouillard, que j'ai payé à M. Castex 1,757 fr. 50 c., pour solde de sa facture du 22, et les chiffres $\frac{6}{2}$ que je remarque en regard de l'article troisième désignent, le premier : 6, que cette opération est inscrite folio 6 du journal, et le 2 qu'elle figure la deuxième audit folio 6 qui est page 184, comme je l'ai remarqué.

En principe, il faut toujours, au brouillard, placer les chiffres dans la colonne à gauche, pour indiquer les folios des pages où les opérations se trouvent placées au livre-journal; le premier chiffre doit indiquer le folio dudit journal, et celui en dessous indique à quel article du journal se trouve inscrite chaque opération.

Exemple :

Page 173 de l'ouvrage, où se trouve le folio 6 du brouillard, je remarque dans la colonne portant en titre : Folios et articles du journal, les chiffres $\frac{7}{1}$; le 7 indique que l'opération est inscrite folio 7 du journal, lequel folio 7 je trouve page 185 de l'ouvrage, et le 1 désigne que ladite opération est à l'article 1er dudit folio 7 que je remarque page 185, où je vois : Caisse aux suivants. Le titre Caisse indique que la caisse a reçu de plusieurs, et je vois, en effet, au premier article : A Ladoux et Lalanne, de Lectoure; mais comme ce n'est pas cet article que j'ai à vérifier, je descends plus bas, dans le même article, où je rencontre : A. Duteaux, pour autant, par réception en espèces de la somme de mille deux cent soixante dix-huit francs, à valoir sur ma facture du 23 janvier écoulé, ci 1,278 francs. Les chiffres $\frac{2}{6}$ que je remarque en regard de l'article Duteau, page 185, folio 6 du journal, désignent, le 2, que l'article doit être inscrit folio 2 du grand-livre où je trouve le compte de Caisse, page 192 de l'ouvrage; je descends la colonne à gauche de cette page où figure la date de chaque opération, jusqu'à ce que je trouve le 3 février, date de l'opération qui m'occupe, afin de voir si elle est bien portée au doit du compte Caisse, et je trouve (11e ligne) : à Duteau, $\frac{7}{6}$ 1,278; le 7 démontre ici que l'article figure folio 7 du journal, et le 6 qu'il est également porté au compte Duteau sur le grand-livre, leque est au folio 6 dudit grand-livre, où je me reporte et trouve, page 194 de l'ouvrage, folio 6, Duteau, à Niort. A l'Avoir, je remarque à la troisième ligne : février 3, par Caisse, $\frac{7}{2}$ 1,278; les chiffres $\frac{7}{2}$ dans la colonne portant en titre : Folios des comptes au journal et au grand-livre, me font remarquer ce que j'ai déjà vu précédemment : le 7, que l'article est folio 7 du journal, et le 2 qu'il est également porté au compte de caisse du grand-livre où se trouve le compte de Caisse que j'ai vérifié, page 192, à la 11e ligne, où j'ai signalé l'article Duteau du 3 février 1872. De là je conclus que l'opération du 3 février figure : 1° au brouillard; 2° au journal; 3° au compte Caisse ou grand-livre et, enfin, au compte Duteau dudit grand-livre.

D'après ce long exemple, on pourra facilement se rendre compte que toutes les opérations doivent être examinées avec soin, et que l'on ne devra les porter aux comptes, sur le grand-livre, qu'autant qu'on sera assuré qu'elles sont inscrites, premièrement au brouillard, deuxièmement au journal, troisièmement au compte créditeur, quatrièmement au compte débiteur.

On appelle compte créditeur celui qui a donné, lequel mot on remplace par le mot *Avoir*, et compte débiteur celui qui a reçu, lequel mot débiteur est remplacé par *Doit*.

Au livre-journal, dans la colonne à gauche, où se trouve en titre : Folios des comptes particuliers au grand-livre, il faut toujours placer le chiffre indiquant le compte particulier qui figure le premier, soit qu'il ait reçu (qu'il doive), ou qu'il ait donné (qu'on lui doive), et en dessous du tiret —, le chiffre indiquant le folio du compte qui n'est pas le premier en ligne; ainsi :

Page 181 de ce livre, je vois, à l'article 4, folio 3 du journal : *Effets à recevoir à Jourdan,* pour autant par son effet souscrit du 15 courant à mon ordre, payable à fin février, à son domicile, à Tinténiac, cinq cents francs, ci 500 francs. En regard de cet article, colonne horizontale à gauche, je remarque les chiffres $\frac{13}{10}$; $\frac{13}{10}$ indique que le compte Effets à recevoir doit à Jourdan 500 francs; je me reporte au compte d'effets à recevoir, lequel je trouve page 197, et bien folio 13, comme les nombres $\frac{13}{10}$ me l'ont indiqué; à la première ligne du Doit (ou débit), je remarque : janvier 17, à Jourdan, son effet à m/o/ à fin février $\frac{3}{10}$ 500; $\frac{3}{10}$ ici indiquent : 1° le 3, que l'article est inscrit au folio 3 du journal, page 181, et 10 qu'il est également figuré sur le compte Jourdan, lequel je trouve folio 10, page 196 de l'ouvrage.

J'aurais pu examiner le brouillard, où j'aurais trouvé au septième article, dans la colonne en regard de l'article Jourdan du 17 janvier $\frac{3}{4}$; le 3 m'aurait indiqué que l'opération figurait folio 3 du journal, et le 4 qu'elle était inscrite la quatrième audit folio 3 dudit journal, ce que voulant vérifier, je trouve, page 181 de cet ouvrage, à l'article quatrième — du 17 — *Effets à recevoir à Jourdan*, pour autant par son effet souscrit du 15 courant à mon ordre, payable à fin février prochain, à son domicile, à Tinténiac, cinq cents francs, ci 500 francs. Je conclus donc que l'article dont il s'agit a été régulièrement inscrit au brouillard, au journal, au compte d'effets à recevoir, et enfin au compte Jourdan.

Je crois inutile de donner une foule d'exemples, car je ne veux pas, comme l'ont fait beaucoup d'auteurs, entretenir, et par le fait embrouiller mes lecteurs, dont la plupart, ayant une quantité énorme de textes à examiner, ne comprendraient rien, étant à la fin de la tenue, de ce qu'ils auraient retenu au commencement.

En terminant, je crois faire bien en observant que dans les comptes du grand-livre, on doit aussi faire figurer aux colonnes horizontales, où se trouve en titre : Folios des comptes au journal et au grand-livre, les chiffres indiquant les folios dans l'ordre suivant : le premier chiffre doit désigner le folio où figure l'article au journal, et le deuxième le folio où il est reporté au compte du grand-livre.

Exemple :

Page 199 de l'ouvrage, folio 16 du grand-livre, je trouve au compte Riger aîné 1872, février 18, doit à effets à recevoir $\frac{9}{13}$ 1,265 ; le 9 indique que l'article se trouve folio 9 du journal, page 187, et 13 qu'il figure également folio 13 du grand-livre, article que je trouve page 197, où je remarque au folio 13 *Avoir* au compte ouvert d'effets à recevoir, 1872, février 18, par Riger aîné $\frac{9}{16}$ 1,265 francs ; le chiffre 9 indique toujours le folio du journal, page 187, et 16 indique le folio du grand-livre où est figuré le compte, lequel je trouve page 199, où je vois : Riger aîné *doit* 1872, février 18, à effets à recevoir $\frac{9}{13}$ 1,265.

Au brouillard, j'ai vu que l'article figurait (article 4), folio 8, page 175, lequel est ainsi écrit : du 18, négocié l'effet Jourdan du 17 janvier à m/o/ à fin février, lequel étant de 500 francs, j'ai remis à M. Riger aîné, banquier à Toulouse, pour m'en effectuer le recouvrement, ci 500 francs.

Remis au même m/ effet Montargis du 19 janvier, à même échéance de fin courant, sept cent soixante-cinq francs, ci 765 francs.

Je vois donc que le tout est en règle, figurant au brouillard, au journal, ainsi qu'aux comptes Riger et d'Effets à recevoir et se retrouvant au grand-livre.

———

TENUE DES LIVRES

BROUILLARD

DE BARÈS FILS AINÉ, NÉGOCIANT A CIERP (HAUTE-GARONNE)

COMMENCÉ LE 1er JANVIER 1872

FOLIOS et articles du JOURNAL			
	Du 1er janvier.		
1/1	Mon capital commercial se compose de quarante-trois mille cinq cents francs, versés ce jour dans ma caisse, ci.	43,500	»
	Du 2.		
1/2	Payé pour six mois de loyer d'avance sur le magasin que j'ai loué, rue du Marché, nº 10, la somme de neuf cents francs, ci.	900	»
	Du 3.		
1/3	Payé cent trente francs pour divers registres de comptabilité, achetés chez M. MILLET, ci.	130	»
	Dito.		
Do	Payé à M. MOYNIER, marchand de meubles, sa facture pour fournitures, s'élevant a mille dix francs, ci.	1,010	»
	Du 5.		
1/4	Payé à M. REMY, la somme de cinquante-trois francs soixante-quinze centimes pour fourniture de bois et charbons, ci . . .	53	75
	Dito.		
Do	Payé à la PROVIDENCE, Compagnie d'assurances, la somme de soixante-deux francs 10 cent. montant de la prime de 1872, ci.	62	10
	Du 7.		
1/5	Achetè à M. ROUZIÉ, négociant en vins, à Bordeaux, savoir : 1º 20 pièces vin rouge Bordeaux, récolte de 1869, à 250 francs l'une . . . . 5,000 2º 10 pièces vin rouge Saint-Julien, récolte de 1870, à 500 francs l'une . . . . 5,000 3º 15 pièces vin rouge Médoc, récolte de 1870, à 300 fr. l'une 4,500	14,500	»
	Dito.		
1-5/2-1	Acheté à M. CASTEX, fils aîné, négociant à Luscan (Haute-Garonne), savoir : 1º 30 pièces vin rouge Bourgogne ordinaire, récolte de 1870, à 110 francs l'une . . . . 3,300 2º 25 pièces vin rouge Bourgogne supérieur, récolte de 1871, à 150 francs l'une. 3,750	7,050	»
	A reporter	67,205	85

FOLIOS et articles du JOURNAL				
	Report.		67,205	85
	Du 7.			
2/1	Acheté à M. Fouquet (Prosper), négociant à Beaune, savoir :			
	1° 5 pièces vin rouge, récolte de 1871, à 75 francs l'une.	375		
	2° 7 pièces vin rouge, récolte de 1870, à 105 fr. l'une.	735	2,410	»
	3° 10 pièces vin rouge, récolte de 1870, à 130 fr. l'une.	1,300		
	Dito.			
D°	Acheté à M. Cordray (Isidore), négociant à Avoines (Orne), savoir :			
	1° 11 pièces 2/3 cidre (poiré), récolte de 1871, à 150 francs l'une..	1,600	2,500	»
	2° 3 pièces eau-de-vie, récolte de 1871, à 300 fr. l'une.	900		
	Du 10.			
2/2	Vendu à M. Jourdan, à Tinténiac (Ille-et-Vilaine), savoir :			
	1° 2 pièces vin rouge, récolte de 1870, à 150 fr. l'une. .	300		
	2° 2 — — 1870, à 175 — . .	350		
	3° 1 — — 1869, à 200 — . .	200	1,025	»
	4° 1/2 pièce vin rouge supérieur, récolte de 1869, à 350 francs l'une.	175		
	Dito.			
D°	Vendu à M. Montargis, négociant à Épône (Seine-et-Oise), savoir :			
	1° 4 pièces vin rouge, récolte de 1871, à 225 fr. l'une.	1,000		
	2° 1 — — 1869, à 375 —	375		
	3° 1 pièce vin rouge supérieur, récolte de 1869, à 400 francs l'une..	400	2,595	»
	4° 2 pièces vin rouge supérieur, récolte de 1870, à 410 francs l'une.	820		
	Du 15.			
2/3	Souscrit ce jour à l'ordre de M. Rouzié les effets suivants, savoir :			
	1° 1 billet de cinq mille francs, n° 1, payable à fin février prochain	5,000		
	2° 1 billet de cinq mille francs, payable à fin mars prochain.	5,000	14,065	»
	3° 1 billet de quatre mille soixante-cinq francs, payable à fin avril prochain	4,065		
	Dito.			
D°	Souscrit à l'ordre de M. Fouquet (Prosper), à Beaune, savoir :			
	1° 1 billet de cinq cents francs, payable à fin février prochain.	500 »		
	2° 1 billet de cinq cents francs, payable à fin mars prochain.	500 »	2,289	50
	3° 1 billet de cinq cents francs, payable à fin avril prochain.	500 »		
	4° 1 billet de sept cent quatre-vingt-neuf francs cinquante centimes payable à fin mai prochain . . .	789 50		
	Dito.			
3/1	Souscrit à M. Isidore Cordray, négociant à Avoines, les billets suivants, savoir :			
	1° 1 billet de cinq cents francs, payable à fin avril . .	500		
	2° 1 — — mai . .	500	2,000	»
	3° 1 billet de mille francs, payable à fin juin	1,000		
	Dito.			
3/2	Par escompte à 3 0/0 sur la facture Rouzié du 7 courant s'élevant à 14,500, je débite le susdit compte de 435 provenant de l'escompte 3 0/0 sur 14,500, ce qui crédite mon compte de profits et pertes envers M. Rouzié, de la même somme, ci		435	»
	A reporter		94,525	35

FOLIOS et articles du JOURNAL			
	Report.	94,525	35
	Du 15.		
3/2	Par escompte à 5 0/0 sur la facture FOUQUET, du 7 courant, laquelle s'élève à 2,410, donne 120 fr. 50 dont je débite le compte de ce négociant, ce qui crédite le mien envers lui à ce jour, ci	120	50
	Dito.		
D°	Par escompte sur la facture CORDRAY d'Avoines, du 7 courant, s'élevant à 2,500, l'escompte à 5 0/0, donne cent vingt-cinq fr.	125	»
	Du 16.		
3/3	Envoyé à M. CORDRAY en une lettre chargée, la somme de trois cent soixante-quinze francs pour solde de tous comptes à ce jour, ci.	375	»
	Dito.		
D°	Payé à M. B. BARRÉ, mon caissier, la somme de cent vingt-cinq francs pour appointements de sa première quinzaine du présent mois.	125	»
	Dito.		
D°	Payé à M. J. MAYLIN, mon teneur de livres, la somme de cent francs pour appointement de sa première quinzaine du présent mois, ci	100	»
	Dito.		
D°	Remis à M. Léon RIGER, mon premier commis, la somme de cent dix francs à-compte sur ses appointements, ci	110	»
	Du 17.		
3/4	Reçu de M. JOURDAN de Tinteniac un billet de cinq cents francs souscrit du 15 courant, payable en son domicile, à fin février, ci	500	»
	Du 18.		
3/5	Reçu de M. MONTARGIS la somme de mille francs à valoir sur ma facture du 10 courant	1,000	»
	Dito.		
3-5/4-1	Reçu de M. JOURDAN la somme de quatre cent soixante-treize francs soixante-quinze centimes en une lettre chargée	473	75
	Du 19.		
4/2	Par escompte à 5 0/0 accordé à M. JOURDAN, sur une facture de 1,025 francs, du 10 courant, je crédite le compte du susdit de la somme de cinquante et un francs vingt-cinq centimes. . .	51	25
	Dito.		
4/3	Reçu de M. MONTARGIS d'Épône, la somme sept cents francs quarante centimes, par une lettre chargée, ci . . . . 700 40 Reçu du même, un billet souscrit du 18, payable en son domicile à fin février, lequel est de sept cent soixante-cinq francs, ci . . . . 765 »	1,465	40
	Par escompte à 5 0/0 accordé à M. MONTARGIS, sur une facture de 2,595 francs, du 10 courant, je crédite le compte du susdit de cent vingt-neuf francs soixante centimes 129 60	129	60
	Du 20.		
4/4	Vendu à M. LEGUERRIER (Célestin), négociant à Marcilly (Manche), les articles suivants : 1° 10 pièces vin rouge Beaune, récolte 1871, à 250 fr. l'une. . . . . 2,500 2° 4 pièces vin rouge Mâcon, récolte de 1869, à 300 fr. l'une . . . . 1,200 3° 8 pièces vin rouge Bordeaux, récolte de 1869, à 290 francs l'une. . . . . 2,320 4° 5 pièces vin rouge Saint-Julien, récolte de 1870, à 400 francs l'une. 2,000	8,020	»
	A reporter	107,120	85

Folios et articles du Journal			
	Report	107,120	85
	Du 20.		
4/4	Vendu à MM. Ladoux et Lalanne, négociants à Lectoure (Gers), les articles suivants : 1° 10 pièces vin rouge Mâcon, récolte 1869, à 300 francs l'une . . . . 3,000 2° 5 pièces vin rouge Saint-Julien, récolte 1870, à 400 francs l'une 2,000	5,000	»
	Dito.		
4/5	Reçu de M. Leguerrier (Célestin), la somme de trois mille cinq cents francs à-compte sur la facture de ce jour, ci . . .	3,500	»
	Du 21.		
4/6	Acheté un cheval et une voiture à M. Dubuc, pour la somme de mille trois cent dix francs, ci	1,310	»
	Du 22.		
5/1	Acheté à M. Castex fils aîné, négociant à Luscan, savoir : 10 pièces de vin rouge ordinaire, récolte de 1870, à 110 francs l'une . . . . 1,100 5 pièces vin supérieur Mâcon, récolte de 1871, à 150 fr. l'une 750	1,850	»
	Du 23.		
5/2	Vendu à M. Duteau, cafetier, à Niort, ce qui suit : 1° 4 pièces vin rouge Mâcon, récolte de 1870, à 250 francs l'une . . . . 1,000 2° 10 pièces vin rouge Mâcon ordinaire, récolte de 1871, à 200 francs l'une . . . . 2,000 3° 1 pièce cognac, récolte de 1871, à 450 francs. . . . 450	3,450	»
	Du 24.		
5/3	Reçu de MM. Ladoux et Lalanne, négociants à Lectoure, deux mille francs en une lettre chargée, à valoir sur ma facture de 5,000 francs du 20 courant, ci.	2,000	»
	Dito.		
D°	Reçu de M. Leguerrier (Célestin), la somme de mille cinq cents francs espèces, à valoir sur ma facture de 8,020 francs du 20 courant, ci.	1,500	»
	Dito.		
D°	Reçu mille francs espèces de M. Duteau, à valoir sur ma facture de 3,450 francs d'hier, ci.	1,000	»
	Dito.		
5/4	Acheté 10 tonneaux à M. Grillon, à 25 francs l'un, ci.	250	»
	Dito.		
D°	Acheté un grand alambic à M. Passard, pour 120 francs. 120 Acheté au même, un comptoir pour deux cents francs. . 200	320	»
	Du 25.		
5/5	Reçu de MM. Ladoux et Lalanne, de Lectoure, les effets suivants : 1° Un effet de ce jour de mille francs, payable à Lectoure à fin février prochain. . . . . 1,000 2° Un effet de ce jour de mille francs, payable à Lectoure à fin mars. 1,000	2,000	»
	Du 26.		
5/6	Par escompte à 5 0/0 accordé à M. Duteau sur ma facture de 3,450 francs du 23 courant, je crédite son compte de cent soixante-douze francs. ci.	172	»
	A reporter	129,472	85

FOLIOS et articles du JOURNAL			
	Report.	129,472	85
	Du 26.		
5/6	Par escompte à 5 0/0 accordé à MM. Ladoux et Lalanne, sur ma facture de 5,000 francs du 20 courant, je crédite le compte de ces messieurs de deux cent cinquante francs, ci.	250	»
	Dito.		
6/1	Par escompte à 5 0/0 accordé à M. Leguerrier, sur ma facture de 8,020 francs du 20 courant, je crédite ce compte de quatre cent quarante et un francs, ci.	441	»
	Du 28.		
6/2	Payé à M. Castex, de Luscan, la somme de mille sept cent cinquante-sept francs cinquante centimes pour solde de sa facture du 22 courant, ci	1,757	50
	Du 31.		
6/3	Payé à J. Maylin, mon teneur de livres, la somme de cent vingt-cinq francs, pour appointements de la deuxième quinzaine du mois, ci.	125	»
	Dito.		
D°	Payé à B. Barbé, mon caissier, cent francs pour appointements de la deuxième quinzaine de janvier, ci	100	»
	Dito.		
D°	Payé à Léon Riger, mon premier commis, quatre-vingt-dix francs pour solde de ses appointements du présent mois, ci	90	»
	Dito.		
D°	Payé à Ch. Roussel, mon garçon de magasin, cent cinquante francs, montant de ses appointements dudit mois, ci.	150	»
	Dito.		
D°	Payé à Millet, mon cocher, cent francs pour appointements de ce mois, ci.	100	»
	Dito.		
D°	Payé pour dépense particulière de ma maison, du 1er au 31 janvier présent mois, la somme de six cent trente-deux francs soixante-quinze centimes, ci.	632	75
	FÉVRIER 1872.		
	Du 1er février.		
6/4	Par escompte à 5 0/0 sur la facture de Castex, de 1,850 francs du 22 janvier écoulé, je débite son compte de quatre-vingt-douze francs cinquante centimes, ci.	92	50
	Du 2.		
6/5	Reçu de M. Leguerrier (Célestin), la somme de deux mille francs en une lettre chargée, à valoir sur ma facture de 8,020 francs du 20 écoulé, ci . . . 2,000 Reçu dudit M. Leguerrier un billet, souscrit d'hier de la somme de cinq cent soixante-dix-neuf francs, payable à son domicile à Marcilly, le 29 février, présent mois, ce billet solde ma facture dudit 20 janvier, ci. . 579	2,579	»
	Du 3.		
7/1	Reçu de MM. Ladoux et Lalanne, la somme de sept cent cinquante francs en une lettre chargée pour solde de ma facture de 5,000 francs, du 20 janvier écoulé, ci.	750	»
	A reporter	137,540	60

Folios et articles du Journal			
	Report	137,540	60
	Du 3.		
$\frac{7}{1}$	Reçu de M. Duteau, la somme de mille deux cent soixante-dix-huit francs, à valoir sur ma facture de 3,450, du 23 écoulé, ci.	1,278	»
	Du 4.		
$\frac{7}{2}$	Vendu ce jour au comptant à M. Camille Dauphy, négociant à Fagnon (Ardennes) ce qui suit, savoir : 1° 10 pièces Bordeaux, à 300 francs l'une. . . . . . . 3,000 2° 2 pièces Saint-Julien, à 400 francs l'une. . . . . . 800 3° 1 pièce Mâcon vieux, à 350 francs l'une . . . . . . 350 Accordé 5 0/0 d'escompte	4,150	»
	Dito.		
D°	Vendu à M. Fontan (Jean-Pierre), négociant à Lourdes, ce qui suit, savoir : 1° 10 pièces Beaune, récolte de 1870, à 200 francs l'une . . . . 2,000 2° 1 pièce Saint-Julien, récolte de 1870, à 400 francs l'une. 400 3° 2 pièces Mâcon vieux, récolte de 1869, à 350 francs l'une . . . . 700 4° 10 pièces Bordeaux ordinaire, récolte de 1871, à 150 francs l'une. . . . . 1,500 Payé comptant et accordé 5 0/0 d'escompte.	4,600	»
	Dito.		
$\frac{7}{3}$	Par escompte à 5 0/0 accordé à M. Camille Dauphy, sur ma facture de 4,150 francs de ce jour, je débite le compte de profits et pertes de la somme de deux cent sept francs cinquante centimes et je crédite celui de marchandises de la même somme, ci.	207	50
	Dito.		
D°	Par escompte à 5 0/0 accordé à M. Fontan, sur une facture de 4,600 francs de ce jour, je débite le compte de profits et pertes de la somme de deux cent trente francs et je crédite celui de marchandises générales de la même somme, ci . . .	230	»
	Du 6.		
$\frac{7}{4}$	Reçu de M. Duteau, de Niort, les effets suivants souscrits d'hier : 1° 1 billet de cinq cents francs, payable en sa demeure à fin février, ci. 500 2° 1 billet de cinq cents francs, payable en sa demeure à fin mars, ci. . . . . 500 Ces deux effets sont pour solder ma facture de 3,450 francs du 23 écoulé.	1,000	»
	Du 7.		
$\frac{7}{5}$	Envoyé à M. Castex à Luscan, en deux lettres chargées, la somme de quatre mille francs à-compte sur sa facture de 7,050 francs du 7 janvier écoulé, ci	4,000	»
	Dito.		
D°	Par escompte à 5 0/0 consenti avec M. Castex, sur sa facture de 7,050 francs du 7 janvier, je débite son compte de trois cent cinquante-deux francs cinquante centimes et je crédite d'autant celui des profits et pertes, ci	352	50
	Dito.		
$\frac{8}{1}$	Souscrit ce jour à M. Castex les effets suivants : 1° 1 billet de mille francs n° 11, payable en mon domicile à fin février présent mois, ci. . . . . 1,000 » 2° 1 billet de mille francs n° 12, payable à fin mars prochain . . . . 1,000 » 3° 1 billet de six cent quatre-vingt-dix-sept francs cinquante centimes n° 13, payable à fin avril prochain, ci. . . . . 697 50 Ces trois effets sont pour solde de sa facture du 7 janvier dernier.	2,697	50
	A reporter	156,050	10

FOLIOS et articles du JOURNAL				
	Report.		156,056	10
	Du 9.			
8/2	Un tonneau de vin de Médoc, dont le prix d'achat était de trois cents francs, s'est défoncé et tout son contenu perdu, ci.	300		
	Réparation exigée pour ledit tonneau	10	310	»
	Du 10.			
8/3	Vendu ce jour au comptant à M. Bosquet, ce qui suit :			
	1° 2 pièces Saint-Julien, récolte de 1870, à 600 francs l'une.	1,200		
	2° 1/2 pièce Médoc, récolte de 1870, à 400 fr. la pièce.	200	1,400	»
	Du 12.			
8/4	Vendu au comptant à M. Paul James, ce qui suit :			
	1° 3 pièces vin Bordeaux ordinaire, à 200 francs l'une.	600		
	2° 1 — Médoc — 400 —	400		
	3° 4 — Beaune — 250 —	1,000	2,000	»
	Dito.			
D°	Vendu à M. Montargis, d'Épône, ce qui suit, savoir :			
	1° 4 pièces vin rouge, récolte de 1871, à 225 fr. l'une	900		
	2° 3 — Mâcon, — 1871, à 320 —	960		
	3° 4 — Bordeaux, — 1869, à 325 —	1,300		
	4° 1/2 — Cognac, — 1869, à 500 —	250	3,410	»
	Du 14.			
9/1	Vendu à M. Duteau, de Niort, ce qui suit :			
	1° 3 pièces vin rouge Bordeaux, récolte de 1871, à 150 fr.	450		
	2° 1 — Mâcon, — 1870.	200	650	»
	Dito.			
D°	Vendu à M. Jourdan, de Tinteniac, ce qui suit : 1 pièce vin rouge Mâcon, récolte de 1870, à 200 francs. . . .		200	»
	Du 15.			
9/2	Payé à M. B. Barré, mon caissier, la somme de cent vingt-cinq francs, appointements de la première quinzaine de février, ci		125	»
	Dito.			
D°	Payé à M. Maylin, mon teneur de livres, cent francs pour salaire de la première quinzaine de ce mois, ci		100	»
	Dito.			
D°	Payé à M. Léon Riger, mon premier commis, cent francs dus pour son travail de la première quinzaine du mois, ci. . . .		100	»
	Dito.			
D°	Payé à M. Ch. Roussel, mon garçon de magasin, soixante-quinze francs pour son salaire de la quinzaine, ci.		75	»
	Dito.			
D°	Payé à M. Millet, mon cocher, trente francs à-compte sur son gage du mois, ci.		30	»
	Dito.			
D°	Payé à divers fournisseurs deux cent quatre-vingt-dix francs quarante centimes pour dépenses particulières de la maison du 1er à ce jour inclus.		290	40
	Du 17.			
9/3	Vendu à M. Jourdan, de Tinteniac, ce qui suit :			
	1° 2 pièces vin rouge Mâcon, récolte de 1870, à 200 fr.	400		
	2° 1 — Bordeaux, — 1871, à 150 fr.	150	550	»
	A Reporter		165,296	50

Folios et articles du journal		Francs	C.
	Report.	165,206	50
	Du 17.		
$\frac{9}{3}$	Vendu à Montargis, d'Épône, savoir : 1 pièce vin Bordeaux vieux, à 310 francs. . . . . 310 1 — Mâçon vieux, à 320 francs. 320	630	»
	Dito.		
D°	Vendu à M. Duteau, à Niort. 2 pièces vin Médoc, récolte de 1871, à 410 francs l'une, 820, ci	820	»
	Dito.		
D°	Vendu à M. Ladoux et Lalanne, de Lectour, ce qui suit : 1° 1 pièce Saint-Julien, à 410 francs. . . . . 410 2° 1 pièce Mâcon vieux, à 320 francs 320	730	»
	Du 18.		
$\frac{9}{4}$	Négocié l'effet Jourdan, du 17 janvier à m/o/ à fin février lequel étant de cinq cents francs, j'ai remis à M. Riger aîné, banquier à Toulouse, pour en effectuer le recouvrement, ci. 500 Remis au même, m/effet Montargis, du 19 janvier, à même échéance de fin courant, sept cent soixante-cinq francs. 765	1,265	»
	Du 19.		
$\frac{10}{1}$	Reçu de Lalanne et Ladoux, à Lectoure. 1 billet n° 26 de cinq cents francs à fin mars.	500	»
	Dito.		
D°	Reçu de Ladoux et Lalanne, cent quatre-vingt-treize francs cinquante centimes, ce qui solde ma facture de 730 francs, du 17, et vu qu'il y a 36 fr. 50 d'escompte, ainsi qu'il va être dit et expliqué ci-dessous	193	50
	Dito.		
D°	Par escompte à 5 0/0 sur ma facture du 17 courant, il est fait déduction à MM. Ladoux et Lalanne de la somme de trente-six francs cinquante centimes	36	50
	Du 20.		
$\frac{10}{2}$	Reçu de M. Jourdan, de Tinteniac, un effet de 200 francs, payable au 15 mars, à valoir sur ma facture de 550 francs du 17 courant, ci	200	»
	Dito.		
$\frac{10}{2}$	Reçu de M. Montagis, d'Épône, un effet de trois cents francs à m/o/ au 15 mars prochain, n° 39, ci.	300	»
	Dito.		
$\frac{10}{2}$	Reçu de M. Duteau, de Niort, un effet à m/o/, à fin mars, n° 98, lequel étant de quatre cents francs est pour à-compte sur ma facture de 820 francs, du 17 courant, ci.	400	»
	Dito.		
$\frac{10}{2}$	Par escompte à 5 0/0 accordé à M. Jourdan sur ma facture de 550 francs du 17 courant, je lui fais remise de vingt-sept francs cinquante centimes, ci.	27	50
	Dito.		
$\frac{10}{2}$	Par escompte à 3 0/0 accordé à M. Montargis sur ma facture de 630 francs du 17 courant, je crédite son compte de dix-huit francs quatre-vingt-dix centimes et en débite profits et pertes, ci.	18	90
	Dito.		
$\frac{10}{2}$	Par escompte à 4 0/0 accordé à M. Duteau s/ m/ f/ de 820 fr. du 17 courant, je porte à s/ avoir trente-deux francs quatre-vingts centimes et débite le compte profits et pertes d'autant, ci.	32	80
	A reporter.	170,450	70

Folios et articles du journal			
	Report	170,450	70
	Du 22.		
10/3	Reçu de M. Jourdan la somme de cinq cent vingt-deux francs cinquante centimes en espèces pour solde tous comptes, ci .	522	50
	Dito.		
10/3	Reçu de M. Duteau cinq cents francs en un billet de banque, à valoir sur son compte, ci.	500	»
	Dito.		
10/3	Reçu de M. Montargis, en une lettre chargée, deux billets de banque de cinq cents francs l'un, ensemble mille francs à valoir, ci.	1,000	»
	Du 23.		
11/1	Remis à M. Riger aîné, à Toulouse, mon effet Ladoux et Lalanne du 25 janvier à mon ordre à fin février, mille francs . 1,000 / Remis également mon effet Leguerrier du 2 ct à fin février. 579	1,579	»
	Du 24.		
11/2	Acheté à M. G. Rouzié 5 pièces de vin rouge à 120 francs l'une, six cents francs, ci.	600	»
	Dito.		
11/3	Envoyé par la poste à M. Rouzie, à Bordeaux, une lettre chargée contenant trois billets de banque de 200 francs l'un, nos 1538, 1692 et 3296, ensemble six cents francs, ci.	600	»
	Du 25.		
11/4	Envoyé à M. Riger, mon banquier, a Toulouse (Haute-Garonne), mon effet Duteau du 6 février à fin février, cinq cents francs.	500	»
	Du 26.		
11/5	Acheté à M. Collinet 3 pièces vin blanc à 150 francs l'une, 450 francs, payé comptant, ci.	450	»
	Dito.		
11/6	Envoyé à M. Riger, à Toulouse, un billet Duteau à m/ o/ à fin mars, lequel est de cinq cents francs, ci.	500	»
	Du 27.		
11/7	Expédié à M. Leguerrier, à Marcilly, 3 pièces vin rouge à 160 fr. l'une . . . . 480 / pièce vin bordeaux, récolte de 69, à 350 fr. 350	830	»
	Du 28.		
11/8	Remis à M. Riger aîné, mon banquier, à Toulouse, m/ deuxième effet Ladoux et Lalanne du 25 février à fin courant, lequel est de mille francs, ci	1,000	»
	Dito.		
11/8	Expédié à Cordray, par grande vitesse, 6 pièces vin rouge mâcon (1871), à 200 fr. la pièce, mille deux cents fr., ci. . .	1,200	»
	Dito.		
11/8	Reçu de Cordray, à-compte sur la facture de ce jour, quatre cents francs, ci.	400	»
	Dito.		
11/8	Reçu de M. Duteau deux cents francs à valoir sur son compte, ci.	200	»
	A reporter.	180,332	20

Folios et articles du Journal			
	Report.	180,332	20
	Du 29.		
$\frac{12}{1}$	Payé à M. Grégoire-Denef, mon teneur de livres, la somme de deux cent-cinquante fr. pour appointements du présent mois, ci.	250	»
	Dito.		
D°	Payé à M. B. Barbé, mon caissier, deux cents francs pour ses appointements de ce mois, ci	200	»
	Dito.		
D°	Versé à M. Léon Riger, mon premier commis, deux cent-dix fr. pour ses appointements du mois, ci.	210	»
	Dito.		
D°	Remis à M. Ch. Ribes, mon garçon de magasin, cent cinquante francs pour ses appointements, ci.	150	»
	Dito.		
D°	Payé à M. Millet, mon cocher, cent francs pour son gage mensuel, ci	100	»
	Dito.		
D°	Déboursé, du 15 courant à ce jour inclus, la somme de cinq cent-dix francs pour dépenses particulières de ma maison, ci. . .	510	»
	Du 2 mars.		
$\frac{12}{2}$	Reçu de M. Riger aîné, banquier à Toulouse, mille deux cent soixante-cinq francs, remboursement de mes effets Jourdan et Montargis de ma remise du 18 février, ci.	1,265	»
	Dito.		
D°	Reçu cent francs de M. Cordray, à valoir, ci	100	»
	Du 4.		
$\frac{12}{3}$	Vendu au comptant à M. Collinet, à Lille, 4 pièces vin rouge (bordeaux 71), à 210 fr., quatre cent vingt fr., ci	420	»
	Du 5.		
$\frac{12}{4}$	Expédié à M. Leguerrier 2 pièces vin rouge à 150 fr. l'une, trois cents francs, ci.	300	»
	Dito.		
D°	Expédié à M. Duteau, à Niort, 2 pièces vin blanc, à 220 fr. l'une, quatre cent quarante fr., ci.	440	»
	Du 6.		
$\frac{12}{5}$	Reçu de M. Riger aîné, banquier à Toulouse, la somme de mille cinq cent soixante-dix-neuf francs, remboursement de mes effets Ladoux et Lalanne, du 25 janvier à fin février, mille francs, ci. . . . . 1,000 Cinq cent soixante-dix-neuf francs remboursement de mon effet Leguerrier 2 février à fin courant, remises du 23 février, ci. 579	1,579	»
	Du 7.		
$\frac{12}{6}$	Reçu de M. Riger la somme de mille francs, remboursement de mes effets Duteau du 6 février, ci. . . . . 500 Ladoux et Lalanne du 25 février, ci. 500	1,000	»
		185,856	20

TENUE DES LIVRES

JOURNAL GÉNÉRAL DE BARÈS FILS AINÉ, NÉGOCIANT

A Cierp (Haute-Garonne).

JANVIER 1872

FOLIOS des COMPTES particuliers au grand-livre					
	Du 1er janvier 1872.				
	Caisse à Capital.				
2 / 17	Pour autant par espèces composant mon capital commercial versées dans ma caisse ce jour, quarante-trois mille cinq cents francs, ci . . .	43,500	»	43,500	»
	Du 2.				
	Frais généraux à Caisse.				
14 / 2	Pour autant par espèces versées ce jour au propriétaire pour six mois de loyer d'avance, à 1,800 francs par an, soit neuf cents francs pour six mois, ci	900	»	900	»
	Du 3.				
	Frais généraux à Caisse.				
	Pour autant payé comme suit :				
Do	1o Cent trente francs à M. Millet, pour achat de divers registres de comptabilité, ci	130	»		
	2o Mille dix francs à M. Moynier, pour achat de divers meubles, ci.	1,010	»	1,140	»
	Du 5.				
	Frais généraux à Caisse.				
	Pour autant payé comme suit :				
Do	1o Versé à M. Remy, la somme de cinquante-trois francs espèces, pour fournitures de bois et charbon, ci.	53	75		
	2o Payé à la *Providence*, compagnie d'assurances, la somme de soixante-deux francs dix centimes espèces, pour la prime de l'année 1872, ci . . .	62	10	115	85
	Du 7.				
	Marchandises générales aux suivants.				
	1o A Rouzié, pour autant par livraison faite par lui, comme suit :				
1 / 4	1o 20 pièces vin rouge Bordeaux, récolte de 1860, à 250 francs l'une, ... 5,000				
	2o 10 pièces vin rouge Saint-Julien, récolte de 1870, à 500 francs l'une, . . 5,000	14,500	»		
	3o 15 pièces vin rouge Médoc, récolte de 1870, à 300 francs l'une, ... 4,500				
	A reporter.	14,500	»	45,655	85

Folios des comptes particuliers au grand-livre			Sommes		Total	
	Reports		14,500		45,655	85
1/3	2° A Castex fils aîné, par fourniture de ce qui suit :					
	1° 30 pièces vin rouge Bourgogne, récolte de 1870, à 110 francs l'une, ...	3,300				
	2° 25 pièces vin rouge Bourgogne, supérieur, récolte de 1871, à 150 francs l'une, ...	3,750	7,050	»		
1/5	3° A Fouquet (Prosper), pour autant par sa livraison, comme suit :					
	1° 5 pièces vin rouge, récolte de 1871, à 75 francs l'une, ...	375				
	2° 7 pièces vin rouge, récolte de 1870, à 105 francs l'une, ...	735	2,410	»		
	3° 10 pièces vin rouge, récolte de 1870, à 130 francs l'une, ...	1,300				
1/9	4° A Cordray (Isidore) pour autant par sa livraison de ce jour comme suit :					
	1° 11 pièces 2/3 de cidre (poiré), récolte 1870, à 150 francs l'une.	1,000	2,500	»		
	2° 3 pièces eau-de-vie, récolte de 1871, à 300 francs l'une.	900			26,460	»
	Du 10.					
	Les suivants à Marchandises générales.					
10/1	1° Jourdan, pour autant par livraison de ce jour, de ce qui suit :					
	1° 2 pièces vin rouge, récolte 1870, à 150 francs l'une	300				
	2° 2 pièces vin rouge, récolte de 1870, à 175 francs l'une.	350	1,025	»		
	3° 1 pièce vin rouge, récolte 1869, à 200 francs	200				
	4° 1/2 pièce vin rouge supérieur, récolte de 1869, à 350 francs	175				
11/1	2° Montargis, à Epône, par vente et fourniture de ce qui suit :					
	1° 4 pièces vin rouge, récolte de 1871, à 225 francs l'une, ...	1,000				
	2° 1 pièce de vin rouge, récolte de 1869, à 375 francs, ...	375	2,595	»		
	3° 1 pièce vin rouge, supérieur, récolte de 1869, à 400 francs, ...	400				
	4° 2 pièces vin rouge, supérieur, récolte de 1869, à 410 francs l'une, ...	820			3,620	»
	Du 15.					
	Les suivants à Effets à payer.					
4/12	1° Rouzié, à Bordeaux, pour autant par les effets souscrits ce jour à son ordre, comme suit :					
	1° Un billet de cinq mille francs n° 1, payable à mon domicile à fin février prochain, ci.	5,000				
	2° Un billet de cinq mille francs n° 2, de ce jour, payable à fin mars prochain, ci.	5,000	14,065	»		
	3° Un billet de quatre mille soixante-cinq francs n° 3, payable à fin avril prochain, ci.	4,065				
5/20	2° Fouquet (Prosper), à Beaune, pour autant par les billets souscrits ce jour à son ordre, comme suit :					
	A reporter.		14,065	»	75,735	85

Folios des comptes particuliers au grand livre		Francs	c.	Francs	c.
	Reports.	14,065		75,785	85
	1° Un billet de 500 francs nº 4, payable à mon domicile à fin février prochain, ci. . 500 » 2° Un billet de cinq cents francs nº 5, à fin mars, ci. . . . . 500 » 3° Un billet de cinq cents francs nº 6, à fin avril, ci. . . . . 500 » 4° Un billet de sept cents quatre-neuf francs cinquante centimes nº 7, à fin mai, ci. 789 50	2,289	50		
9/12	3° Cordray (Isidore), à Avoine, pour autant par les effets suivants souscrits ce jour à son ordre, comme suit : 1° Un effet de cinq cents francs nº 8, payable à fin avril prochain, ci . . . . 500 2° Un effet de cinq cents francs nº 9, payable à fin mai prochain, ci . . . . 500 3° Un effet de mille francs nº 10, payable à fin juin, ci. 1,000	2,000	»		
				18,354	50
	Dito.				
	Les suivants à Profits et Pertes.				
4/15	1° Rouzié, de Bordeaux, pour autant par escompte consenti ensemble à 3 0/0, sur sa facture de 14,500 francs du 7 courant, égal quatre cent trente-cinq francs, ci.	435	»		
5/15	2° Fouquet, de Beaune, par escompte de 5 0/0 consenti sur sa facture de 2,410 francs du 7 courant, égal cent vingt francs cinquante centimes, ci	120	50		
9/15	3° Cordray d'Avoine, pour l'escompte de 5 0/0 accordé sur sa facture de 2,500 francs du 7 courant, égal cent vingt-cinq francs, ci.	125	»		
				680	50
	Du 16.				
	Frais généraux à Caisse.				
	Pour autant payé comme suit : 1° Par espèces versées à M. B. Barbé, mon caissier, cent vingt-cinq francs pour appointements de la première quinzaine de janvier présent mois, ci.	125	»		
14/2	2° Par cent francs versés en espèces à M. J. Maylin, mon teneur de livres, pour appointements de la première quinzaine de janvier, ci	100	»		
	3° Payé à M. Léon Riger, mon premier commis, à valoir sur ses appointements du mois, cent dix francs, ci.	110	»		
				335	»
	Du 17.				
	Effets à recevoir à Jourdan.				
13/10	Pour autant par son effet souscrit du 15 courant à mon ordre, payable à fin février prochain à son domicile, à Tinténiac, cinq cents francs, ci.	500	»		
				500	»
	Du 18.				
	Caisse aux suivants.				
2/11	1° A M. Montargis, d'Epône, pour autant reçu de lui, à-compte sur ma facture du 10 courant, mille francs, ci.	1,000	»		
2/10	2° A M. Jourdan, de Tinténiac, par réception ce jour de sa lettre chargée d'hier, contenant quatre cent soixante-treize francs en deux billets de banque et un mandat de poste, à-				
	A reporter.	1,000	»	95,605	85

FOLIOS des COMPTES particuliers au grand-livre					
	Reports.	1,000		95,605	85
	compte sur ma facture de 1,025 francs du 10 courant, ci	473	75	1,473	75
	Du 19.				
	Profits et Pertes aux suivants.				
15/10	1° A JOURDAN, de Tinténiac, pour autant à lui accordé par escompte de 5 0/0 sur ma facture de 1,025 francs du 10 janvier, cinquante-un francs vingt-cinq centimes, ci.	51	25		
15/11	2° A M. MONTARGIS, d'Epône, par escompte de cent vingt-neuf francs soixante centimes à lui accordé à 5 0/0 sur ma facture de 2,595 francs du 10 courant, ci.	129	60	180	85
	Dito.				
	Les suivants à Montargis.				
2/11	1° Caisse pour autant par réception d'une lettre chargée portant le timbre postal d'Epône du 18 courant, laquelle contenait sept cents francs quarante centimes en trois billets de banque et en un timbre-poste, ci	700	40		
	2° EFFETS A RECEVOIR, par son effet souscrit du 18 janvier à mon ordre (sans n°), payable à Epône à fin février prochain, lequel effet de sept cent soixante-cinq francs solde ma facture du 10 du présent mois, ci	765	»	1,465	40
	Du 20.				
	Les suivants à Marchandises générales.				
7/1	1° LEGUERRIER (Célestin), négociant à Marcilly (Manche), pour autant par ma facture de ce jour, pour livraison de ce qui suit : 1° 10 pièces vin rouge Beaune, récolte de 1871, à 250 francs l'une, ... 2,500 2° 4 pièces vin rouge Mâcon, récolte de 1869, à 300 francs l'une, ... 1,200 3° 8 pièces vin rouge Bordeaux, récolte de 1869, à 290 francs l'une, ... 2,320 4° 5 pièces vin rouge Saint-Julien, récolte de 1870, à 400 francs l'une, . . 2,000	8,020	»		
8/1	2° LADOUX et LALANNE, de Lectoure, pour autant par ma facture de ce jour, pour livraison des articles suivants : 1° 10 pièces vin rouge Mâcon, récolte de 1869, à 300 francs l'une, ... 3,000 2° 5 pièces vin rouge Saint-Julien, récolte de 1870, à 400 francs l'une, . . 2,000	5,000	»	13,020	»
	Dito.				
	Caisse à Leguerrier.				
2/7	Pour autant reçu de lui en espèces ce jour à valoir sur ma facture de 8,020 francs de ce jour, la somme de trois mille cinq cents francs, ci.	3,500	»	3,500	»
	Du 21.				
	Frais généraux à Caisse.				
14/2	Payé à M. Dumuc la somme de mille trois cent dix francs en billets de banque, pour achat d'un cheval et d'une voiture, ci.	1,310	»	1,310	»
	A reporter.			116,555	85

Folios des comptes particuliers au grand-livre					
	Reports			116,555	85
	Du 22.				
	Marchandises générales à Castex.				
1/3	Pour autant par achat de M. Castex de Luscan, de : 1° 10 pièces vin rouge ordinaire, récolte de 1870, à 110 francs l'une, ...	1,100	»		
	2° De 5 pièces de vin supérieur Mâcon, récolte de 1871, à 150 francs l'une, ...	750	»	1,850	»
	Du 23.				
	Duteau à Marchandises générales.				
6/1	Pour autant à lui vendu ce jour, comme suit : 1° 4 pièces vin rouge Mâcon, récolte de 1870, à 250 francs l'une, ...	1,000	»		
	2° 10 pièces vin rouge ordinaire, récolte de 1871, à 200 francs l'une, ...	2,000	»		
	3° 1 pièce cognac, récolte de 1871, à 450 francs.	450	»	3,450	»
	Du 24.				
	Caisse aux suivants.				
2/8	1° A Ladoux et Lalanne, de Lectoure, pour autant reçu d'eux en une lettre chargée du 22, contenant deux billets de banque de mille francs chacun, ensemble deux mille francs à valoir sur ma facture de 5,000 francs du 20 courant, ci	2,000	»		
2/7	2° A Leguerrier (Célestin), pour autant reçu de lui en espèces, la somme de mille cinq cents francs à valoir sur ma facture de 8,020 francs du 20 courant, ci.	1,500	»		
2/6	3° A Duteau, pour autant reçu de lui en espèces, la somme de mille francs à valoir sur ma facture d'hier.	1,000	»	4,500	»
	Du 24.				
	Matériel ou Frais généraux à Caisse.				
14/2	Pour autant payé en billets de banque à M. Grillon, pour achat de 10 tonneaux vides à 25 francs l'un.	250	»		
	Payé à M. Passard, trois cent vingt francs, dont cent vingt francs pour achat d'un grand alambic et deux cents francs pour un comptoir, ci .	320	»	570	»
	Du 25.				
	Effets à recevoir à Ladoux et Lalanne.				
13/8	Pour autant par leurs deux effets souscrits ce jour à mon ordre, payables à Lectoure, comme suit : 1° Un effet n° 16, de mille francs, payable à fin février prochain, ci.	1,000	»		
	2° Un effet n° 17, de mille francs, payable à fin mars, ci.	1,000	»	2,000	»
	Du 26.				
	Profits et Pertes aux suivants.				
15/6	1° A M. Duteau de Niort, pour autant par escompte de 5 0/0 à lui accordé sur ma facture de 3,450 francs du 23 courant, égal cent soixante-douze francs, ci.	172	»		
15/8	2° A MM. Ladoux et Lalanne, de Lectoure, par escompte à 5 0/0 sur ma facture de 5,000 francs du 20 courant, égal deux cent cinquante francs, ci.	250	»		
	A reporter.	422	»	128,925	85

FOLIOS des COMPTES particuliers au grand-livre					
	Reports.	422	»	128,925	85
15/7	3° A M. Leguerrier (Célestin), par escompte de 5 0/0 à lui accordé sur ma facture de 8,020 fr. du 20 courant, ce qui donne la somme de quatre cent quarante-un francs, ci	441	»		
				863	»
	Du 28.				
	Castex à Caisse.				
3/2	Pour autant à lui envoyé en une lettre chargée à Luscan ce jour, laquelle contenait mille sept cents cinquante-sept francs cinquante centimes en trois billets de banque et un mandat de poste, pour solde de sa facture du 22 courant, ci.	1,757	50		
				1,757	50
	Du 31.				
	Frais généraux à Caisse.				
	Pour autant déboursé ce jour comme suit, en espèces et billets de banque:				
	1° A B. Barbé, mon caissier, cent vingt-cinq francs, pour ses appointements de la deuxième quinzaine de janvier présent mois, ci. . . .	125	»		
	2° A J. Maylin, mon teneur de livres, cent francs pour appointements de la deuxième quinzaine de janvier, ci.	100	»		
14/2	3° A Léon Riger, mon premier commis, quatre-vingt-dix francs, pour solde de ses appointements du mois, ci.	90	»		
	4° A Ch. Roussel, mon garçon de magasin, cent cinquante francs pour appointements de ce mois, ci.	150	»		
	5° A Millet, mon cocher, cent francs, pour son gage du mois, ci.	100	»		
	6° A divers fournisseurs, pour dépenses particulières de ma maison depuis le 1er du courant jusqu'à ce jour inclus, la somme de six cent trente-deux francs soixante-quinze centimes, ci.	632	75		
				1,197	75
	FÉVRIER 1872				
	Du 1er février.				
	Castex à Profits et Pertes.				
3/15	Pour autant par escompte à 5 0/0 consenti par lui, sur sa facture de 1,850 francs du 22 janvier écoulé, ce qui donne la somme de quatre-vingt-douze francs cinquante centimes, ci.	92	50		
				92	50
	Du 2.				
	Les suivants à M. Leguerrier.				
2/7	1° Caisse, pour autant reçu en une lettre chargée, la somme de deux mille francs, à valoir sur ma facture du 20 janvier, ci.	2,000	»		
13/7	2° Effets à recevoir, par réception de son billet souscrit hier à m/ o/ n° 32, payable à son domicile, le 29 février présent mois, lequel effet étant de cinq cent soixante-dix-neuf francs, solde ma facture du 20 janvier, ci	579	»	2,579	»
	A reporter.			135,415	60

FOLIOS des COMPTES particuliers au grand-livre					
	Reports			135,415	60
	Du 3.				
	Caisse aux suivants.				
2/8	1° A Ladoux et Lalanne, de Lectoure, pour autant par réception de la somme de sept cent cinquante francs en une lettre chargée, renfermant quatre billets de banque, pour solde de ma facture de 5,000 francs du 5 janvier, ci. .	750	»		
2/6	2° A Duteau, pour autant par réception en espèces de la somme de mille deux cent soixante-dix-huit francs, à valoir sur ma facture du 23 janvier écoulé, ci.	1,278	»	2,028	»
	Du 4.				
	Caisse à Marchandises.				
	Pour autant vendu au comptant, comme suit :				
2/1	1° A M. Dauphy (Camille), à Fagnon (Ardennes), 10 pièces Bordeaux, à 300 francs l'une, 3,000 fr.; —2 pièces Saint-Julien, à 400 francs l'une=800 fr.; —1 pièce Mâcon vieux, à 350 francs=350 francs; ensemble quatre mille cent cinquante francs, ci.	4,150	»		
	2° A M. Fontan (Jean-Pierre), négociant à Lourdes, 10 pièces Beaune, récolte de 1870, à 200 francs l'une = 2,000 francs; — 1 pièce de Saint-Julien, à 400 francs = 400 francs; — 2 pièces Mâcon vieux, récolte de 1869, à 350 francs l'une = 700 francs; — 10 pièces Bordeaux ordinaire, récolte de 1871, à 150 francs l'une=1,500 francs; ensemble quatre mille six cents francs, ci. . . .	4,600	»	8,750	»
	Dito.				
	Profits et Pertes à Caisse.				
15/2	Pour autant remis en espèces à M. Dauphy, la somme de 207 fr. 50 pour escompte à 5 0/0 à lui accordé sur ma facture au comptant de 4,150 francs de ce jour; soit deux cent sept francs cinquante centimes, ci.	207	50		
	Par remise également en espèces à M. Fontan, de la somme de deux cent trente francs pour escompte à 5 0/0 sur ma facture de 4,600 fr. de ce jour, ci.	230	»	437	50
	Dito.				
	Effets à recevoir à Duteau.				
13/6	Pour autant par réception de son billet souscrit hier à mon ordre, n° 96, de la somme de cinq cents francs, payable à son domicile, à Niort, à fin février courant, ci	500	»		
	Par réception d'un second billet d'hier, n° 97, à m/ o/, lequel est de cinq cents francs payable à son domicile, à fin mars, ci.	500	»		
	Ces deux effets sont pour solde de ma facture de 3,450 francs du 23 écoulé.			1,000	»
	Du 7.				
	Castex aux suivants.				
3/2	1° A Caisse, pour autant par envoi de ce jour, en deux lettres chargées, contenant ensemble quatre mille francs en six billets de banque, ci	4,000	»		
3/15	2° A Profits et Pertes, pour escompte consenti entre nous à raison de 5 0/0, sur sa facture de				
	A reporter.	4,000	»	147,631	10

FOLIOS des COMPTES particuliers au grand-livre					
	Reports.	4,000		147,631	10
	7,050 francs du 7 janvier écoulé, ce qui donne la somme de trois cent cinquante-deux francs cinquante centimes dont je débite son compte et crédite celui de Profits et Pertes, ci. . . .	352	50		
3/12	3° **Effets a payer** pour autant par les effets souscrits ce jour à son ordre, comme suit: 1° Un billet de mille francs, n° 11, payable à mon domicile, à fin février présent mois, ci . . . . 1,000 » 2° Un billet de mille francs, n° 12, payable à fin mars prochain, ci . . 1,000 » 3° Un billet n° 13, de six cent quatre-vingt-dix-sept francs cinquante centimes, à fin avril prochain, ci. 697 50 La somme totale ci-contre de sept mille cent cinquante francs crédite sa facture du 7 janvier dernier.	2,797	50	7,150	»
	Du 9.				
	Profits et Pertes à Marchandises.				
15/1	Pour autant par perte d'un tonneau de vin défoncé dont le prix d'achat était de trois cents francs, et dix francs de frais pour réparation dudit tonneau, ensemble trois cent dix francs, ci . . .	310	»	310	»
	Du 10.				
	Caisse à Marchandises.				
2/1	Pour autant vendu ce jour au comptant à M. Bosquet, savoir: 1° 2 pièces de vin Saint-Julien, récolte de 1870, à 600 francs l'une = 1,200 francs; — 2° d'une demi-pièce Médoc, récolte de 1870, à 400 fr. la pièce = 200 francs; ensemble mille quatre cents francs reçus comptant et sans escompte, ci	1,400	»	1,400	»
	Du 12.				
	Les suivants à Marchandises.				
2/1	1° Caisse, pour autant vendu au comptant et sans escompte à M. Paul James, comme suit: 1° 3 pièces vin Bordeaux ordinaire, à 200 fr. l'une = 600 francs; — 2° 1 pièce Médoc, à 400 francs = 400 francs; — 3° 4 pièces Beaune, à 250 francs l'une = 1,000 francs; ensemble deux mille francs, ci.	2,000	»		
11/1	2° Montargis, d'Epône, par livraison de ce jour des articles suivants: 1° 4 pièces vin rouge, récolte de 1871, à 225 fr. l'une, ... 900 2° 3 pièces Mâcon, récolte de 1871, à 320 francs l'une. . . . . 960 3° 4 pièces Bordeaux, récolte de 1869, à 325 l'une. . . . . 1,300 4° 1/2 pièce cognac, récolte de 1869, à 500 francs la pièce. . . . . 250 Ensemble trois mille quatre cent dix francs, ci .	3,410	»	5,410	»
	A Reporter.			161,901	10

FOLIOS des COMPTES particuliers au grand-livre					
	Reports			161,901	10
	Du 14.				
	Les suivants à Marchandises.				
6 — 1	1° DUTEAU, à Niort, pour autant à lui expédié, facture de ce jour, comprenant les articles suivants : 1° 3 pièces vin rouge Bordeaux, récolte de 1871, à 150 francs l'une. . . . . 450 2° 1 pièce Mâcon, récolte de 1870, à 200 fr. 200	650	»		
10 — 1	2° JOURDAN, à Tinténiac, par vente d'une pièce Mâcon, récolte de 1870, à 200 francs, ci. . . .	200	»	850	»
	Du 15.				
	Frais généraux à Caisse.				
	Pour autant payé, comme suit :				
14 — 4	1° Cent vingt-cinq francs à M. B. Barbé, mon caissier, pour appointements de la première quinzaine du présent mois, ci.	125	»		
	2° Cent francs à J. Maylin, mon teneur de livres, appointements de la première quinzaine, ci	100	»		
	3° Cent francs à M. Léon Riger, mon premier commis, somme due pour son travail de cette quinzaine, ci	100	»		
	4° Soixante-quinze francs à Roussel, mon garçon de magasin, pour son salaire de la première quinzaine de février, ci.	75	»		
	5° Trente francs à Millet, mon cocher, à-compte sur son gage mensuel, ci.	30	»		
	Deux cent quatre-vingt-dix francs quarante centimes à divers fournisseurs, pour dépenses particulières de maison, du 1er à ce jour, ci.	290	40	720	40
	Du 17.				
	Les suivants à Marchandises.				
10 — 1	1° JOURDAN, de Tinténiac, pour autant par vente de ce qui suit : 1° 2 pièces vin Mâcon, récolte de 1870, à 200 francs l'une. . . . . 400 2° 1 pièce vin Bordeaux, récolte de 1871, à 150 francs. 150	550	»		
11 — 1	2° MONTARGIS, d'Epône, par livraison de ce qui suit : 1° 1 pièce vin vieux de Bordeaux, à 310 francs l'une. . . . . 310 2° 1 pièce vin vieux Mâcon, à 320 francs. 320	630	»		
6 — 1	3° DUTEAU, de Niort, pour autant par vente de 2 pièces de vin Médoc, récolte de 1871, à 410 francs l'une, 820 francs, ci.	820	»		
8 — 1	4° LADOUX et LALANNE, de Lectoure, pour autant par livraison de ce qui suit : 1° 1 pièce Saint-Julien, à 410 francs. . . 410 2° 1 pièce Mâcon vieux, à 320 francs. . . 320	730	»	2,730	»
	Du 18.				
	Riger aîné à Effets à recevoir.				
16 — 13	Pour autant par remise du billet Jourdan du 17 janvier, de cinq cents francs à m/ o/, à fin février, ci	500	»		
	Par remise également de m/ effet Montargis, de sept cent soixante-cinq francs, du 19 janvier à fin février, ci.	765	»	1,265	»
	A reporter.			167,466	50

Folios des comptes particuliers au grand livre			
	Reports.		167,406 50
	Du 19.		
	Les suivants à Ladoux et Lalanne.		
13/8	1° Effets a recevoir, pour autant par réception de leur effet n° 26 souscrit hier à m/ o/ à fin mars prochain, lequel est de cinq cents fr., ci.	500 »	
2/8	2° Caisse, par réception en espèces de la somme de cent quatre-vingt-treize francs cinquante centimes, ci.	193 50	
15/8	3° Profits et Pertes, par escompte accordé à 5 0/0 sur ma facture de 730 francs du 17 courant, ce qui donne trente-six francs cinquante centimes, ci.	36 50	730 »
	Du 20.		
	Les suivants aux suivants.		
13/10	1° Effets a recevoir a Jourdan, pour autant par réception de son effet de deux cents francs à m/ o/ au 15 mars, ci . . . . 200 »		
15/10	Profits et pertes au même (Jourdan), par escompte accordé à 5 0/0 sur ma facture de 550 francs du 17 courant, soit vingt-sept fr. cinquante cent., ci. 27 50	227 50	
13/11	2° Effets a recevoir a Montargis, pour autant par réception de son effet de trois cents francs à m/ o/ au 15 mars prochain, n° 39, ci . 300 »		
15/11	Profits et pertes au même (Montargis), par escompte à 3 0/0 accordé sur ma facture de 630 francs du 17 courant, soit dix-huit francs quatre-vingt-dix centimes, ci. 18 90	318 90	
13/6	3° Effets a recevoir a Duteau, pour autant par réception de son effet d'hier à m/ o/ à fin mars, n° 98, lequel est de quatre cents francs, à compte sur ma facture du 17 courant, ci . . . 400 »		
15/6	Profits et pertes au même (Duteau), par escompte à 4 0/0 accordé sur ma facture de 820 francs du 17 courant, soit trente-deux francs quatre-vingts centimes, ci 32 80	432 80	979 20
	Du 22.		
	Caisse aux suivants.		
2/10	1° A Jourdan, pour autant par réception espèces pour solde de tous comptes, cinq cent vingt-deux francs cinquante centimes, ci.	522 50	
2/6	2° A Duteau, par son versement de ce jour, cinq cents francs, ci.	500 »	
2/11	3° A Montargis, pour autant par son envoi de mille francs en 2 billets de banque de cinq cents francs l'un, ci	1,000 »	2,022 50
	A reporter.		171,198 20

FOLIOS des COMPTES particuliers au grand livre			
	Reports.		171,198 20
	Du 23.		
	Riger aîné à Effets à recevoir.		
16/13	Pour autant par remise de m/ effet Ladoux et Lalanne du 25 janvier à fin février, mille francs.	1,000 »	
	Par remise de m/ b/ Leguerrier du 2 courant à fin février présent mois, cinq cent soixante-dix-neuf francs, ci	579 »	
	Du 24.		1,579 »
1/4	Acheté à G. Rouzié 5 pièces vins, à 120 francs l'une = six cents francs, ci.	600 »	
	Dito.		600 »
2/4	Envoyé à M. Rouzié, en une lettre chargée, 600 fr. en trois billets de 200 fr. l'un =	600 »	
	Du 25.		600 »
	Riger aîné à Effets à recevoir.		
16/13	Pour autant par mon envoi par la poste de m/ billet Duteau du 6 février à fin courant, lequel est de cinq cents francs, ci	500 »	
	Du 26.		500 »
	Marchandises générales à Caisse.		
1/2	Pour autant par achat au comptant à M. Collinet, de Lille, 3 pièces de vin blanc, à 150 fr. l'une = quatre cent cinquante francs, payés ce jour, ci.	450 »	
	Dito.		450 »
	Riger aîné à Effets à recevoir:		
16/3	Pour autant par envoi de ce jour de mon effet Duteau à fin mars, lequel est de cinq cents francs, ci.	500 »	
	Du 27.		500 »
	Leguerrier à Marchandises.		
7/1	Pour autant par expédition de 3 pièces vin rouge, à 160 francs l'une = quatre cent quatre-vingts francs, ci.	480 »	
	1 pièce vin bordeaux récolte de 69, à trois cent cinquante francs, ci.	350 »	
	Du 28.		830 »
	Les suivants aux suivants.		
16/13	1° Riger aîné, à Toulouse, pour autant par remise de m/ 2e effet Ladoux et Lalanne du 25 courant à fin février, lequel est de mille francs, ci	1,000 »	
9/1	2° Cordray à Marchandises, pour autant par expédition de 6 pièces vin rouge mâcon, récolte de 1871, à 200 francs l'une = mille deux cents francs, ci.	1,200 »	
2/9—6	3° Caisse à Cordray, par réception de quatre cents francs espèces à valoir, ci . . . 400 D° à Duteau, par réception de sa lettre d'hier renfermant deux cents francs en un billet de banque, à valoir sur son compte, ci. . . . 200	600 »	
			2,800 »
	A reporter.		179,057 20

FOLIOS des COMPTES particuliers au grand livre					
	Reports.			179,075	20
	Du 29.				
	Frais généraux à Caisse.				
	Pour autant payé comme suit :				
14/2	1° A M. Grégoire-Denef, mon teneur de livres, la somme de deux cent cinquante francs pour appointements du mois, ci.	250	»		
	2° A M. B. Barbé, mon caissier, deux cents francs pour les appointements, ci	200	»		
	3° A M. Léon Riger, mon premier commis, deux cent-dix francs pour ses appointements, ci. .	210	»		
	4° A M. Ch. Ribes, mon garçon de magasin, cent cinquante francs pour ses appointements, ci .	150	»		
	5° A M. Millet, mon cocher, cent francs pour son gage mensuel, ci	100	»		
	6° Pour dépenses particulières de ma maison, du 15 et à ce jour inclus, cinq cent dix francs, ci.	510	»		
	Du 2 mars.			1,420	»
	Caisse aux suivants.				
2/16	1° A M. Riger aîné, banquier à Toulouse, pour autant par réception, en une lettre chargée contenant mille deux cent soixante-cinq francs, remboursement de mes effets Jourdan et Montargis, remise du 18 février, ci.	1,265	»		
2/9	2° A M. Cordray, à Avoines, pour autant par réception espèces à valoir en compte, cent francs, ci.	100	»		
	Du 4.			1,365	»
	Caisse à Marchandises générales.				
2/1	Pour autant reçu en espèces de M. Collinet, de Lille, pour vente au comptant de 4 pièces vin rouge (bordeaux 1871), à 210 francs l'une = quatre cent vingt francs, ci.	420	»		
	Du 5.			420	»
	Les suivants à Marchandises.				
7/1	1° Leguerrier, pour autant par envoi ce jour de 2 pièces vin rouge (bordeaux de 1871), à 150 francs l'une = trois cents francs, ci	300	»		
6/1	2° Duteau, pour autant par envoi de 2 pièces vin blanc, à 220 francs l'une = quatre cent quarante francs, ci.	440	»		
	Du 6.			740	»
	Caisse à Riger aîné.				
2/16	Pour autant par réception, en une lettre chargée contenant la somme de mille cinq cent soixante-dix-neuf francs, remboursement de mes effets Ladoux et Lalanne, puis Leguerrier, montant de ma remise du 23 février, ci.	1,579	»		
	Du 8.			1,579	»
	Caisse à Riger aîné.				
2/16	Pour autant par réception de la somme de mille francs, remboursement de mes effets Duteau du 6 février à fin écoulé, 500 francs; de l'effet Ladoux et Lalanne du 25 février à fin même mois ,500 francs, remis à M. Riger les 25 et 28 février.	1,000	»	1,000	»
				185,581	20

TENUE DES LIVRES

GRAND-LIVRE

DE BARÈS FILS AINÉ, NÉGOCIANT A CIERP (HAUTE-GARONNE)

Doit. MARCHANDISES GÉNÉRALES. **Avoir.**

	Date.		Folios des comptes au Journal et au Grand-Livre.		
1872.					
Janv.	7	A Rouzié	1/4	14,500	»
»	»	A Castex	2/3	7,050	»
»	»	A Fouquet.	2/5	2,410	»
»	»	A Cordray.	2/9	2.500	»
»	22	A Castex	5/3	1,850	»
Fév.	24	A Rouzié	11/4	600	»
»	26	A Caisse.	11/2	450	»
		Solde créditeur . .	.....	12,171	»
				41,530	»

	Date.		Folios des comptes au Journal et au Grand-Livre.		
1872.					
Janv.	10	Par Jourdan. . . .	2/10	1,025	»
»	»	Par Montargis. . .	2/11	2,595	»
»	20	Par Leguerrier. . .	4/7	8,020	»
»	»	Pr Ladoux et Lalanne	4/8	5,000	»
»	23	Par Duteau	5/6	3,450	»
Fév.	3	Pr Caisse, vente au ct	7/2	8,750	»
»	9	Par Profits et Pertes.	8/15	310	»
»	10	Pr Caisse, vente au ct	8/2	1,400	»
»	12	Do.	8/2	2,000	»
»	»	Par Montargis. . .	8/11	3,410	»
»	14	Par Duteau	9/6	650	»
»	»	Par Jourdan. . . .	9/10	200	»
»	17	Par Jourdan. . . .	9/10	550	»
»	»	Par Montargis. . .	9/11	630	»
»	»	Par Duteau	9/6	820	»
»	»	Pr Ladoux et Lalanne	9/8	730	»
»	27	Par Leguerrier. . .	11/7	830	»
Mars	4	Par Caisse.	12/2	420	»
»	5	Par Leguerrier. . .	12/7	300	»
»	»	Par Duteau	12/6	440	»
				41,530	»

CAISSE.

Doit.	Date.		Folios des comptes au Journal et au Grand Livre.			Avoir.	Date.		Folios des comptes au Journal et au Grand-Livre.		
1872.						1872.					
Janv.	1	A capital (esp. en c^{se})	1/17	43,500	»	Janv.	2	Par Frais Généraux	1/14	900	»
»	18	A Montargis. . . .	2/11	1,000	»	»	3	D°.	1/14	1,140	»
»	»	A Jourdan.	3/10	473	75	»	5	D°.	1/14	115	85
»	19	A Montargis. . . .	4/11	700	10	»	16	D°.	3/14	335	»
»	20	A Leguerrier . . .	4/7	3,500	»	»	21	D°.	4/14	1,310	»
»	24	A Ladoux et Lalanne	5/8	2,000	»	»	24	D°.	5/14	570	»
»	»	A Leguerrier . . .	5/7	1,500	»	»	28	Par Castex	6/3	1,757	50
»	»	A Duteau	5/6	1,000	»	»	31	Par Frais Généraux	6/14	1,197	75
Fév.	2	A Leguerrier . . .	6/7	2,000	»	Fév.	4	Par Profits et Pertes	7/15	437	50
»	3	A Ladoux et Lalanne	7/8	750	»	»	7	Par Castex	7/3	4,000	»
»	»	A Duteau	7/6	1,278	»	»	26	Par Marchandises .	11/1	450	»
»	4	A Marchandises, v^{te} au comptant. . .	7/1	8,750	»	»	29	Par Frais Généraux.	12/14	1,420	»
»	10	D°.	8/1	1,400	»			Solde débiteur. . .	.....	62,398	55
»	12	D°.	8/1	2,000	»						
»	19	A Ladoux et Lalanne	10/8	193	50						
»	22	A Jourdan.	10/10	522	50						
»	»	A Duteau	10/6	500	»						
»	»	A Montargis. . . .	10/11	1,000	»						
»	28	A Cordray.	11/9	400	»						
»	»	A Duteau	11/6	200	»						
Mars	2	A Riger aîné . . .	12/16	1,265	»						
»	»	A Cordray.	12/9	100	»						
»	4	A Marchandises . .	12/1	420	»						
»	6	A Riger aîné . . .	12/16	1,579	»						
»	7	A Riger aîné . . .	12/16	1,000	»						
				77,032	15					77,032	15

Doit. CASTEX FILS AINÉ, A LUSCAN. **Avoir.**

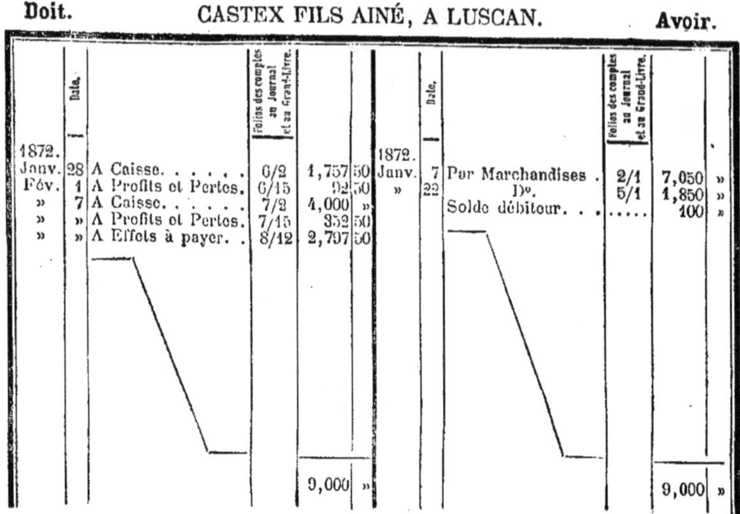

	Date.		Folios des comptes au Journal et au Grand-Livre.				Date.		Folios des comptes au Journal et au Grand-Livre.		
1872.						1872.					
Janv.	28	A Caisse.	6/2	1,757	50	Janv.	7	Par Marchandises .	2/1	7,050	»
Fév.	1	A Profits et Pertes.	6/15	92	50	»	22	Dº.	5/1	1,850	»
»	7	A Caisse.	7/2	4,000	»			Solde débiteur. . .	.....	100	»
»	»	A Profits et Pertes.	7/15	352	50						
»	»	A Effets à payer. .	8/12	2,797	50						
				9,000	»					9,000	»

IV

Folio 4.

Doit. G. ROUZIÉ, A BORDEAUX. **Avoir.**

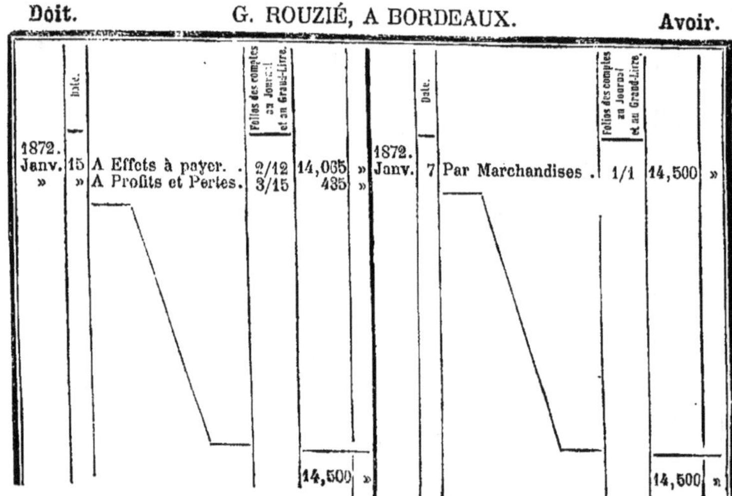

	Date.		Folios des comptes au Journal et au Grand-Livre.				Date.		Folios des comptes au Journal et au Grand-Livre.		
1872.						1872.					
Janv.	15	A Effets à payer. .	2/12	14,065	»	Janv.	7	Par Marchandises .	1/1	14,500	»
»	»	A Profits et Pertes.	3/15	435	»						
				14,500	»					14,500	»

Doit. FOUQUET (PROSPER), DE BEAUNE. **Avoir.**

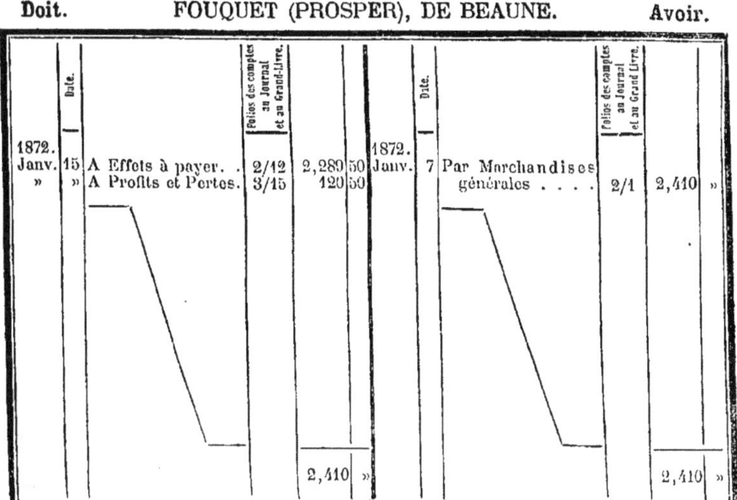

Date			Folios des comptes au Journal et au Grand-Livre.			Date			Folios des comptes au Journal et au Grand-Livre.		
1872.						1872.					
Janv.	15	A Effets à payer.	2/12	2,289	50	Janv.	7	Par Marchandises générales	2/1	2,410	»
»	»	A Profits et Pertes.	3/15	120	50						
				2,410	»					2,410	»

VI Folio 6.

Doit. DUTEAU, A NIORT. **Avoir.**

Date			Folios des comptes au Journal et au Grand-Livre.			Date			Folios des comptes au Journal et au Grand-Livre.		
1872.						1872.					
Janv.	23	A Marchandises générales	5/1	3,450	»	Janv.	24	Par Caisse.	5/2	1,000	»
Fév.	14	D°.	9/1	650	»	»	26	Par Profits et Pertes.	5/15	172	»
»	17	D°.	9/1	820	»	Fév.	3	Par Caisse.	7/2	1,278	»
Mars	5	D°.	12/1	440	»	»	6	Par Effets à recevoir.	7/13	1,000	»
						»	20	D°.	10/13	400	»
						»	»	Par Profits et Pertes.	10/15	32	80
						»	22	Par Caisse.	10/2	500	»
						»	28	D°.	11/2	200	»
								Solde débiteur. . .	.....	777	20
				5,360	»					5,360	»

Doit. LEGUERRIER (CÉLESTIN), A MARCILLY. Avoir.

Doit.

Date			Folios des comptes au Journal et au Grand-Livre.		
1872.					
Janv.	20	A Marchandises générales	4/1	8,020	»
Fév.	27	A Marchandises . .	11/1	830	»
Mars	5	D°.	12/1	300	»
				9,150	»

Avoir.

Date			Folios des comptes au Journal et au Grand-Livre.		
1872.					
Janv.	20	Par Caisse.	4/2	3,500	»
»	24	D°.	5/2	1,500	»
»	26	Par Profits et Pertes.	6/15	441	»
Fév.	2	Par Caisse.	6/2	2,000	»
»	»	Par Effets à recevoir.	6/13	579	»
		Solde débiteur. . .	....	1,130	»
				9,150	»

VIII Folio 8.

Doit. LADOUX ET LALANNE, A LECTOURE. Avoir.

Doit.

Date			Folios des comptes au Journal et au Grand-Livre.		
1872.					
Janv.	20	A Marchandises . .	5/1	5,000	»
Fév.	17	D°.	9/1	730	»
				5,730	»

Avoir.

Date			Folios des comptes au Journal et au Grand-Livre.		
Janv.					
»	24	Par Caisse.	5/2	2,000	»
»	25	Par Effets à recevoir.	5/13	2,000	»
»	26	Par Profits et Pertes.	5/15	250	»
Fév.	3	Par Caisse.	8/2	750	»
»	19	Par Effets à recevoir.	10/13	500	»
»	»	Par Caisse.	10/2	193	50
»	»	Par Profits et Pertes.	10/15	36	50
				5,730	»

CORDRAY (ISIDORE), A AVOINES.

Doit. Avoir.

	Date.		Folios des comptes au Journal et au Grand-Livre.				Date.		Folios des comptes au Journal et au Grand-Livre.		
1872.						1872.					
Janv.	15	A Effets à payer. .	3/12	2,000	»	Janv.	7	Par Marchandises .	2/1	2,500	»
»	»	A Profits et Pertes.	3/15	125	»	Fév.	28	Par Caisse.	11/2	400	»
Fév.	28	A Marchandises . .	11/1	1,200	»	Mars	2	D°.	12/2	100	»
								Solde débiteur. . .	......	325	»
				3,325	»					3,325	»

X Folio 10.

JOURDAN, A TINTÉNIAC.

Doit. Avoir.

	Date.		Folios des comptes au Journal et au Grand-Livre.				Date.		Folios des comptes au Journal et au Grand-Livre.		
1872.						1872.					
Janv.	10	A Marchandises . .	2/1	1,025	»	Janv.	17	Par Effets à recevoir.	3/13	500	»
Fév.	14	D°.	9/1	200	»	»	18	Par Caisse.	3/2	473	75
»	17	D°.	9/1	550	»	»	19	Par Profits et Pertes.	4/15	51	25
						Fév.	20	Par Effets à recevoir.	10/13	200	»
						»	»	Par Profits et Pertes.	10/15	27	50
						»	22	Par Caisse.	10/2	522	50
				1,775	»					1,775	»

XI Folio 11.

MONTARGIS, A ÉPONE.

Doit. Avoir.

	Date.		Folios des comptes au Journal et au Grand-Livre.				Date.		Folios des comptes au Journal et au Grand-Livre.		
1872.						1872.					
Janv.	10	A Marchandises . .	2/1	2,595	»	Janv.	18	Par Caisse.	3/2	1,000	»
Fév.	12	D°.	8/1	3,410	»	»	19	Par Profits et Pertes.	4/15	120	60
»	17	D°.	9/1	630	»	»	»	Par Caisse.	4/2	700	40
						»	»	Par Effets à recevoir.	4/13	765	»
						Fév.	20	D°.	10/13	300	»
						»	»	Par Profits et Pertes.	10/15	18	90
						»	22	Par Caisse.	10/2	1,000	»
								Solde débiteur. . .	. . .	2,721	10
				6,635	»					6,635	»

EFFETS A PAYER.

Doit. / **Avoir.**

Date.			Folios des comptes au Journal et au Grand-Livre.			Date.			Folios des comptes au Journal et au Grand-Livre.		
1872.						1872.					
Janv.	»	Néant.				Janv.	15	Par Rouzié, effet de ce jour à fin février	2/4	5,000	»
Fév.	»	Solde créditeur . .		21,052	»	»	»	D°. fin mars .	.....	5,000	»
						»	»	D°. fin avril .	.....	4,065	»
						»	»	Pr Fouquet, fin fév. .	2/5	500	»
						»	»	D°. fin mars.	.....	500	»
						»	»	D°. fin avril.	.....	500	»
						»	»	D°. fin mai .	.....	789	50
						»	»	Pr Cordray, fin avril.	3/9	500	»
						»	»	D°. n° 9, fin mai .	.....	500	»
						»	»	D°. n° 10, fin juin .	.....	1,000	»
						Fév.	7	Par Castex, n° 11, fin février	7/8	1,000	»
						»	»	D°. n° 12, fin mars.	.....	1,000	»
						»	»	D°. n° 13, fin avril.	.....	697	50
				21,052	»					21,052	»

EFFETS A RECEVOIR.

Doit. / **Avoir.**

Date.			Folios des comptes au Journal et au Grand-Livre.			Date.			Folios des comptes au Journal et au Grand-Livre.		
1872.						1872.					
Janv.	17	A Jourdan, son effet à m/o/ à fin février	3/10	500	»	Fév.	18	Par Riger aîné. . .	9/16	1,265	»
»	19	A Montargis, à m/o fin février	4/11	765	»	»	21	D°.	11/16	1,579	»
»	25	A Ladoux et Lalanne à m/o/ à fin février.	5/8	1,000	»		25	D°.	11/16	500	»
»	»	D°. d°. fin mars .	.....	1,000	»		26	D°.	11/16	500	»
Fév.	2	A Leguerrier, à fin février.	6/7	579	»		28	D°.	11/16	1,000	»
»	6	A Duteau, à fin févr.	7/6	500	»			Solde débiteur. . .	.....	500	»
»	»	D°. à fin mars	.....	500	»						
»	19	A Ladoux et Lalanne à fin mars. . . .	10/8	500	»						
				5,344	»					5,344	»

Doit. FRAIS GÉNÉRAUX. **Avoir.**

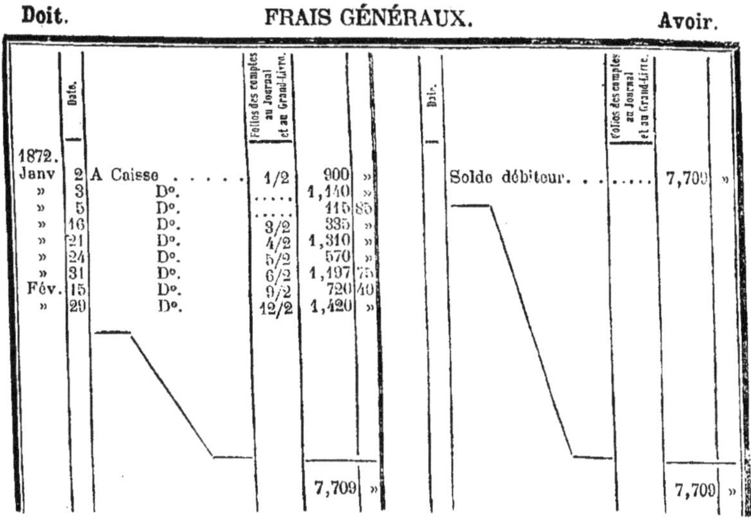

	Date.		Folios des comptes au Journal et au Grand-Livre.				Date.		Folios des comptes au Journal et au Grand-Livre.		
1872.											
Janv	2	A Caisse	1/2	900	»			Solde débiteur. . .	.....	7,709	»
»	3	D°.	.....	1,140	»						
»	5	D°.	.....	115	85						
»	16	D°.	3/2	335	»						
»	21	D°.	4/2	1,310	»						
»	24	D°.	5/2	570	»						
»	31	D°.	6/2	1,197	75						
Fév.	15	D°.	9/2	720	40						
»	29	D°.	12/2	1,420	»						
				7,709	»					7,709	»

XV Folio 15.

Doit. PROFITS ET PERTES. **Avoir.**

	Date.		Folios des comptes au Journal et au Grand-Livre.				Date.		Folios des comptes au Journal et au Grand-Livre.		
1872.						1872.					
Janv.	19	A Jourdan.	4/10	51	25	Janv.	15	Par Rouzié	3/4	435	»
»	»	A Montargis. . . .	4/11	129	60	»	»	Par Fouquet. . . .	3/5	120	50
»	26	A Ladoux et Lalanne	5/8	250	»	»	»	Par Cordray. . . .	3/9	125	»
»	»	A Duteau	5/6	172	»	Fév.	1	Par Castex	6/3	92	50
»	»	A Leguerrier . . .	6/7	441	»	»	7	Par Castex	7/3	352	50
Fév.	4	A Caisse	7/2	437	50			Solde débiteur. . .	.....	701	35
»	9	A Marchandises . .	8/1	310	»						
»	19	A Ladoux et Lalanne	10/8	36	30						
				1,827	85					1,827	85

Doit. RIGER AINÉ. **Avoir.**

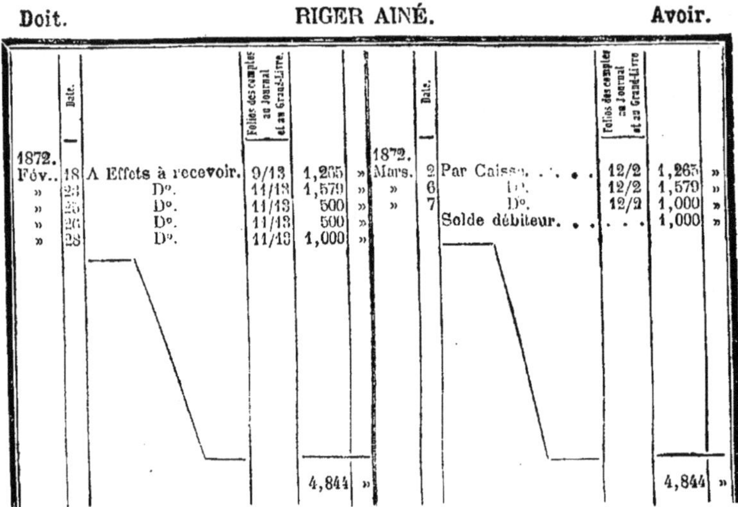

	Date.		Folios des comptes au Journal et au Grand-Livre.				Date.		Folios des comptes au Journal et au Grand-Livre.		
1872.						1872.					
Fév..	18	A Effets à recevoir.	9/13	1,265	»	Mars.	2	Par Caisse.	12/2	1,265	»
»	23	D°.	11/13	1,579	»	»	6	D°.	12/2	1,579	»
»	25	D°.	11/13	500	»	»	7	D°.	12/2	1,000	»
»	26	D°.	11/13	500	»			Solde débiteur. . .	. . .	1,000	»
»	28	D°.	11/13	1,000	»						
				4,844	»					4,844	»

XVII Folio 17.

Doit. CAPITAL. **Avoir.**

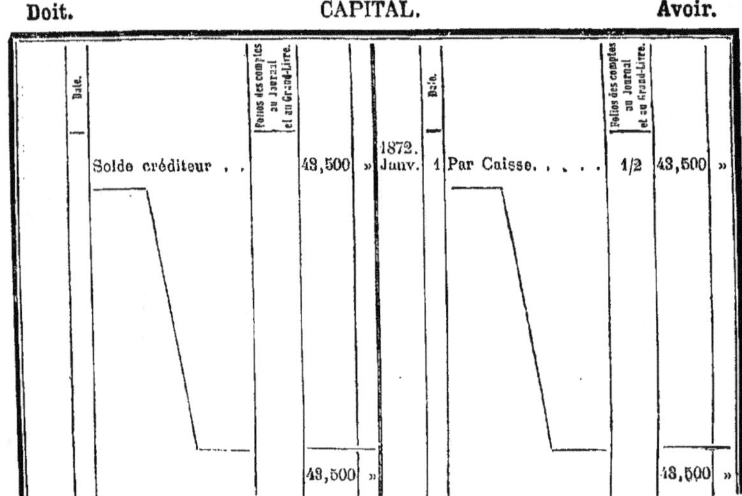

	Date.		Folios des comptes au Journal et au Grand-Livre.				Date.		Folios des comptes au Journal et au Grand-Livre.		
						1872.					
		Solde créditeur . .		43,500	»	Janv.	1	Par Caisse.	1/2	43,500	»
				43,500	»					43,500	»

CONSIDÉRATIONS GÉNÉRALES

SUR LA

CORRESPONDANCE COMMERCIALE

L'importance de la question de la correspondance commerciale ne doit échapper à aucun négociant, car de cette question peut dépendre le succès ou l'insuccès d'une maison de commerce.

Telle maison de commerce a parfois dû le périclitement de ses affaires à la négligence de sa correspondance, tandis que telle autre a puisé à des sources nouvelles, des éléments nouveaux au développement de ses affaires, par l'habile direction qu'elle a su donner à sa correspondance.

Il ne suffit pas pour un commerçant de vendre de bonnes marchandises et à de bonnes conditions ; il faut, indépendamment de cela, qu'il ait des relations avec ses clients, et il ne doit pas perdre de vue ceux qui se ralentissent dans les affaires.

L'influence d'une correspondance amicale et intelligente a parfois pour effet de ramener tel client disposé à cesser ses opérations. Ainsi, le commerçant soucieux de ses intérêts doit, quand un correspondant a cessé ses relations, lui écrire, pour lui témoigner le regret qu'il aurait de voir leurs négociations interrompues, et lui demander qu'il s'explique franchement, s'il a des griefs contre la maison, et qu'il s'efforcera de mériter sa confiance en lui faisant toutes les concessions possibles, et en le servant consciencieusement. Le client, du reste, est généralement sensible à ces sortes de lettres ; et si, au contraire, après une interruption aussi longue d'affaires, il ne reçoit aucune lettre d'encouragement de son fournisseur, il pensera que ce dernier tient peu à sa clientèle, il en sera relativement froissé, et si un concurrent de son fournisseur se présente chez lui, il acceptera ses offres.

La correspondance est donc incontestablement l'âme du commerce, et il est bien certain que le négociant qui la néglige se fait un tort sérieux.

Il ne suffit pas pour le commerçant d'être constamment en relation avec ses clients, il faut encore qu'il apporte dans la rédaction de sa correspondance : 1° un sang-froid imperturbable ; 2° une grande politesse d'expression ; 3° une certaine affabilité raisonnée selon les personnes auxquelles il écrit. Si un client, par des motifs justes ou non, s'abandonne au point de se servir d'expressions grossières, on ne doit pas lui répondre par des expressions analogues ; on peut, dans ce cas, plaider sa cause froidement, et certes, à tous les points de vue, on s'en trouve bien ; on ne doit pas non plus préjuger les questions. Ainsi, si on a fourni des marchandises à crédit à un client, lequel devait faire parvenir les fonds à telle époque, s'il ne s'est pas exécuté à la date fixée, on ne doit pas lui écrire durement, sans au préalable savoir quels ont été les motifs qui l'ont amené à ne pas tenir sa promesse. Quelquefois, ces motifs peuvent être très-légitimes ; et si, n'écoutant que son premier mouvement, on lui a écrit des choses désagréables, on le regrette amèrement ; et, ce qu'il y a de plus grave, c'est qu'une vivacité de ce genre peut avoir pour conséquence la perte du client. Autant que possible, le négociant ne devrait pas envoyer de lettres sans en avoir pris connaissance ; dans tous les cas, s'il ne peut pas faire sa correspondance lui-même, il devra former, par de bons principes, le secrétaire chargé de cette importante affaire, et devra, du reste, en surveiller lui-même rigoureusement l'exécution.

Du style commercial.

Le commerçant doit s'attacher à écrire d'une manière claire et précise, ne dire que ce qui doit se dire, mais écrire comme s'il parlait ; il ne doit se servir ni de terme trivial, ni de mots de jargon, ce qui est véritablement insupportable. Sa manière d'écrire doit être affable et dégagée de toute prétention et affectation. Il devra, en réponse à une lettre, relater la date de la lettre reçue ; cette précaution est indispensable pour l'ordre de la correspondance. En répondant à une lettre, il doit avoir cette lettre sous les yeux et répondre à toutes les questions ; il ne devra pas s'occuper de choses étrangères à son commerce. Ainsi, en politique, s'il est obligé d'annoncer tel ou tel événement, il le fera sans aucun commentaire, de manière à ce qu'on ne connaisse pas sa façon de penser. Par cette prudence, il s'évitera de froisser ses clients, qui pourraient, à certains points de vue, ne pas partager ses idées, et ensuite il ne forgera pas des armes qui, plus tard, pourraient tourner contre lui.

S'il a affaire à de certains clients véreux et tracassiers, il aura le soin de redoubler de précautions. Il ne devra jamais envoyer une lettre sans l'avoir préalablement copiée au copie de lettres-presse. Si parfois il est amené à parler de ses concurrents, il devra, dans ce cas, se servir de termes génériques, et ne devra jamais désigner telle maison comme ayant des produits inférieurs ; le commerçant, du reste, doit comprendre qu'il est des choses qu'il est permis de dire de vive voix, qu'il n'est jamais permis d'écrire.

Des relations avec les fournisseurs.

Il est très-important pour le commerçant de s'observer beaucoup vis-à-vis des fournisseurs ; d'avoir pour eux les mêmes égards qu'il a pour des clients ; le bon client mérite des égards, cela est incontestable, mais le fournisseur consciencieux n'en mérite pas moins ; car le plus souvent le succès de la clientèle est en partie dû à l'honnêteté et à la conscience du fournisseur. Il y a malheureusement beaucoup de commerçants qui se figurent que, par ce fait qu'il font gagner de l'argent à leur fournisseur, ils ne lui doivent aucun égard; cette manière d'envisager les choses est injuste et surtout inhabile, en ce sens que le fournisseur consciencieux est pour beaucoup dans la prospérité d'une maison de commerce inhabile, car si le négociant est dur vis-à-vis de son fournisseur, ce dernier se montrera satisfait superficiellement, mais au fond il ne sera pas content; il méprisera son client, qui a été dur envers lui, et il ne prendra ses intérêts que tout autant qu'il lui sera impossible de faire autrement ; et enfin si, dans un moment donné, le client se montre pressé pour la livraison de certains produits, il le fera attendre, prenant ainsi un à-compte de sa vengeance. Au contraire, si le négociant est affable vis-à-vis de son fournisseur, il sera sûr de lui et des produits qu'il lui livrera ; il pourra obtenir plus facilement une réduction ; enfin, il aura un fournisseur qui lui sera dévoué. Quand un nouveau fournisseur se présente chez un commerçant, ce dernier ne doit pas l'éconduire avec des signes de colère et d'impatience, comme cela se pratique malheureusement souvent. D'abord, cette manière d'agir est profondément impolie et peu fraternelle ; car enfin le négociant doit se dire que ses représentants à lui se présentent également chez d'autres commerçants, et qu'il ne serait pas content d'apprendre qu'ils sont reçus d'une manière dure. En admettant que le commerçant chez lequel se présente un fournisseur n'ait aucun besoin de ses produits, il sera toujours avantageux pour lui d'écouter patiemment le fournisseur qui se présente ; il devra lui demander ses prix, ses conditions de règlement, examiner ses échantillons, et enfin, s'il n'a besoin de rien, lui dire que pour le moment ils ne feront pas d'affaires, mais que plus tard il verra. Quelquefois une maison, dans l'espoir de se faire connaître, se contentera de faire bien et à des conditions avantageuses. C'est pour ce motif que le commerçant doit prendre des notes et comparer les prix nouveaux qu'on lui fait avec ceux qu'il paye ; prendre des renseignements sur la maison nouvelle, et si réellement, comme du reste cela arrive souvent, il y a de sérieux avantages à traiter avec elle, dans ce cas, ne pas hésiter à prévenir l'ancien fournisseur des avantages qu'on lui offre ailleurs ; protester en même temps de la considération qu'on a pour lui, mais cependant il ne peut léser ses intérêts pour lui être agréable ; mais que, toutefois, s'il consent lui-même à une concession à peu près analogue à celle qu'on lui offre, qu'on n'hésitera pas à lui donner la préférence. C'est ainsi, du reste, que bien des concessions sont obtenues. Toutefois, le commerçant ne doit pas perdre de vue qu'il est de toute justice que le fournisseur fasse honorablement ses affaires, et qu'il ait un bénéfice raisonnable. Pour cela le commerçant devra, autant que possible, se rendre compte du bénéfice du fournisseur, et une fois bien assuré de ce fait, s'il ne trouve aucune exagération dans les bénéfices, il devra y regarder à deux fois avant de changer de fournisseur ; dans cette circonstance, il y a donc un juste milieu à observer et bien peser tous les avantages et désavantages que chaque fournisseur offre. Assurément, un fournisseur venant offrir des produits sans bénéfices aux yeux des commerçants sérieux, cette manière d'avoir des clients n'offre rien de certain et de stable ; il faut au fournisseur un bénéfice raisonnable, mais il ne faut pas que ce bénéfice dépasse certaines limites, car dans ce cas le commerçant en souffrirait et ne pourrait pas soutenir la concurrence. C'est donc à lui à être expert, non-seulement en affaires de son commerce, mais aussi aux affaires de ses fournisseurs.

Des relations avec les clients.

Le commerçant devra bien se persuader que l'élément le plus indispensable au développement de ses affaires est incontestablement sa clientèle. Aussi devra-t-il apporter toute l'attention possible non-seulement à sa conservation, mais aussi à son extension ; il ne suffit pas de se créer une clientèle sérieuse, il faut surtout s'arranger de manière à ce que cette clientèle soit fidèle ; pour cela le négociant doit s'observer et livrer de bonnes marchandises et à un bénéfice modéré. Il ne doit pas craindre de perfectionner ses produits, afin de se tenir à la hauteur du progrès ; il doit, en un mot, considérer un client sérieux comme une source de produits pour sa maison ; il doit donc faire ce qu'il est possible de faire pour lui être agréable. Si un client sérieux rend visite à son fournisseur, ce dernier doit bien le recevoir et ne doit pas lésiner pour le traiter convenablement, car enfin un client qui dans le courant d'une année donnera à son fournisseur deux ou trois mille francs de bénéfices, ce dernier peut bien dépenser, s'il y a lieu, une somme quelconque en frais de générosité; ces sortes de générosités sont généralement bien placées. Le négociant qui néglige sa clientèle commet une grande imprudence, car celle-ci à une occasion donnée peut disparaître ; une clientèle est difficile à former, mais elle disparaît bien vite si on la néglige ; si un différend a lieu entre le négociant et le client, le négociant, dans son intérêt propre, ne devra pas regarder à faire une concession, et, dans tous les cas, il ne devra jamais s'obstiner quand même il aurait raison ; quelquefois, par une concession relativement insignifiante, il conservera un bon client ; si, dans une conversation ou par correspondance, un client se sert en parlant de son fournisseur de termes durs, le fournisseur doit passer outre ; du reste ces sortes d'impolitesses de clients à fournisseurs ne portent pas et il est inutile d'y attacher la moindre importance. Si des parents ou des amis se présentent au nom d'un client, il est toujours d'une bonne politique de les recevoir avec déférence et affabilité. Généralement le commerçant devenu riche s'écarte complétement de ces principes; pourtant s'il réfléchissait qu'en s'en écartant il s'écarte en même temps des principes de simple politesse, assurément il y regarderait à deux fois ; du reste, à moins d'être retiré des affaires, les commerçants riches ou pauvres ont intérêt à ménager leur clientèle, car il n'est aucune maison, tant riche fût-elle, qui ne sombrerait si elle négligeait par trop cette question importante.

Des relations avec les concurrents.

A part quelques exceptions, pour cause de parenté ou de voisinage, les relations entre concurrents sont peu fréquentes ; du reste, ceci se comprend : assurément les concurrents s'observent et ne veulent pas se livrer mutuellement leur genre de faire et leur manière d'opérer ; à cela nous n'avons absolument rien à dire, attendu que cette observation réciproque nous paraît fort naturelle ; ce que nous dirons, c'est que les concurrents, dans leur intérêt réciproque, doivent toujours se respecter et ne jamais se calomnier ; ainsi, dans l'espoir d'acquérir un client, un commerçant ne doit pas mettre en avant que telle maison rivale a des produits défectueux et que, du reste, elle est dans de mauvaises affaires, ce qui sera forcément cause de sa chute prochaine. Si une maison rivale a le malheur de sombrer, le concurrent à qui un malheur de ce genre ne sera pas arrivé devra éviter, autant que possible, d'y faire allusion, aussi bien verbalement que par correspondance : cette manière d'agir est humanitaire et politique en même temps ; car le vrai moyen de ne pas être calomnié, c'est de ne pas calomnier soi-même.

Considérations générales sur la publicité commerciale, prospectus, affiches, faits divers, insertions, annonces dans les journaux, avantages et désavantages selon le commerce.

Depuis vingt-cinq ou trente ans, la publicité commerciale a fait des progrès inouïs. Les exemples des États-Unis, de l'Angleterre, les chemins de fer français, l'abaissement des tarifs postaux et du télégraphe ont été pour beaucoup dans l'extension de la question de publicité. A son début, cette innovation produisait aux commerçants de beaux bénéfices ; mais, insensiblement, on a fini par abuser tellement de la publicité, que son efficacité a fini par se ralentir et même a été la cause de la ruine de bien des commerçants. Ce qui a amené, sous bien des rapports, l'inefficacité de la publicité, c'est d'abord l'abus que bien des commerçants en ont fait, et ensuite la malhonnêteté de certains farceurs qui n'ont pas craint de tromper le public par des promesses ridiculement exagérées. Par suite de ces tromperies, le public est devenu méfiant, et il y regarde à deux fois avant de se laisser tromper à nouveau.

De toutes les questions commerciales celle de la publicité est assurément la plus importante, surtout pour de certains commerces, et elle demande une grande expérience, certaines connaissances et surtout beaucoup de perspicacité pour pouvoir en tirer un parti avantageux. Faute de ses éléments, des milliers de commerçants ont dépensé des millions inutilement pour une publicité absolument stérile. Ainsi, pour les prospectus, tel commerçant se figure que, par ce fait que les prospectus ne coûtent que 2 centimes, en en envoyant une grande quantité, il pouvait avoir un excellent résultat, et c'était souvent ce bas prix qui produisait un effet contraire ; car, chaque négociant raisonnant ainsi, un milliard de prospectus était envoyé où il en aurait fallu dix millions.

La publicité des affiches est utile pour les choses d'actualité et d'un bénéfice considérable; car les frais de cette publicité sont importants et ne durent que quelques jours, pour ne pas dire quelques heures. Quant à la publicité des journaux, le commerçant doit s'assurer à peu près à qui s'adresse le journal auquel il destine la publicité de ses produits ; car il est certain que tels produits conviennent de préférence à telle classe plutôt qu'à telle autre : il faut savoir aussi à quel nombre d'exemplaires le tirage de ce journal se fait. Le négociant ne doit pas oublier que les annonces étant d'un rapport tout à fait incertain, il devra obtenir le plus de concessions possibles et ne pas prendre au sérieux le tarif officiel des journaux. Ces tarifs sont sérieux quand il s'agit de dépenser une somme insignifiante; mais pour de fortes sommes, les fermiers d'annonces font, quand on sait s'y prendre, des concessions importantes.

De la publicité directe vis-à-vis des clients ; des effets ; de la lettre-circulaire ; de la lettre manuscrite ; des catalogues ou prix courants, etc., etc.

En outre de la publicité générale, dont nous nous sommes occupé dans notre précédent article, il existe la publicité particulière, s'adressant principalement aux clients. Ce genre de publicité est indispensable, peu coûteux, et, généralement, ses résultats sont excellents.

Elle consiste à envoyer à de certaines époques de l'année des lettres-circulaires, des lettres manuscrites, des catalogues, etc., etc. Ainsi, dans le cas où un changement quelconque surviendrait dans une maison, soit changement de propriétaire, mort ou cessation d'affaires d'un des associés ou autres causes, la lettre circulaire est utile, et indirectement, elle se constitue en annonce ayant un bon côté ; car, après avoir annoncé la mort ou la cessation du commerce d'un des associés, la circulaire ajoute ordinairement que les affaires seront continuées comme par le passé, etc., etc. La lettre manuscrite est une publicité qui est encore à l'état d'enfance, et cela parce que le commerçant ne se rend pas compte de la publicité et de ses effets ; il ne voit les choses que superficiellement, et il se dit : « La poste pour mille prospectus ne me prend que 40 francs, tandis que pour mille lettres, elle me prendrait 250 francs, sans compter que mille prospectus ne coûtent que 15 ou 20 francs, tant en impression qu'en papier, tandis que mille lettres manuscrites me reviendraient à 200 francs, etc., etc. Et souvent le commerçant se figure ménager ses intérêts à ne pas user de la lettre manuscrite. Eh bien, la vérité est que, quand il s'agit de certaine publicité à annoncer à des clients sûrs et que l'on connaît, le système de lettres est préférable à tous les points de vue. Le commerçant ne doit pas regarder au prix de revient de cette publicité, car, assurément, elle sera toujours plus économique qu'aucune autre.

Une publicité que les commerçants en gros feront bien de s'imposer, c'est l'envoi annuel de catalogues et prix courants de leurs produits. Ce genre de publicité est toujours avantageux ; il fixe le client sur les produits nouveaux de la maison ; cette publicité, est, pour ainsi dire, indispensable.

Des informations et des renseignements.

L'intérêt des commerçants exige qu'ils prennent des informations sur les maisons qu'ils ne connaissent pas, au moment d'entrer en relations avec elles. Ces informations les guident sur la solvabilité, la moralité et l'habileté des maisons nouvelles, et les fixent sur le chiffre du découvert qu'ils doivent avoir vis-à-vis de leurs clients. La demande de ces renseignements est une question délicate. Toutefois ce sont de ces services qui se rendent de commerçant à commerçant, mais non sans beaucoup de prudence de part et d'autre. Le système le meilleur et passablement usité consiste en ce que le chef de la maison envoie dans la lettre de tel commerçant une note volante et non signée, par laquelle il lui demande des renseignements sur tel commerçant habitant sa ville; il l'assure que rien ne transpirera au dehors des renseignements qu'il voudra bien lui donner par note non-signée, etc., etc. Ce système est bon, car il ne laisse aucune trace sur la correspondance, et les employés ne sont pas mis au courant de ces sortes de secrets. S'il s'agit d'un fort découvert d'un client présumé avantageux, le négociant devra puiser des renseignements à plusieurs sources pour pouvoir juger plus sûrement l'affaire. Le négociant ne doit demander des rensignements qu'à des personnes dévouées et dont il soit sûr de la discrétion; car, dans le cas contraire, il pourrait s'ensuivre des désagréments fâcheux. Dans les grandes villes, telles que Paris, Lyon, Marseille, Bordeaux, etc., etc., il existe des agences de renseignements et informations. Personnellement, nous n'avons jamais eu recours à ces sortes d'administrations, mais nous savons qu'elles rendent des services très-sérieux, surtout aux commerçants qui, par l'étendue de leur commerce et de leurs affaires, ne pourraient se renseigner autrement. Certaines de ces administrations ont des ramifications dans les principales villes de l'univers, et sont à même de donner des renseignements précis sur les négociants qui réclament leurs services; on peut prendre un abonnement pour un an, ou bien payer tant par renseignement. Le tarif varie, s'il s'agit des pays lointains, comme la Chine, par exemple. Du reste, elles envoient au commerçant un tarif de leurs prix. Leur manière de répondre est très-ingénieuse; la voici :

( ) (.) (..) (...) Les parenthèses sans points signifient *confiance illimitée*, les parenthèses à un point signifient *bon*, à deux poins elles signifient *douteux*, à trois points elles signifient *véreux*. Il en est de ces administrations comme de bien d'autres choses; il y en a de sérieuses et probablement d'autres qui ne le sont pas; c'est donc au commerçant qui a besoin de leur ministère à connaître la valeur des unes et des autres; et cela lui est facile. Il n'a qu'à s'adresser à un ou plusieurs grands commerçants qui, pour la plupart, sont en relation avec les administrations susénoncées.

De l'importance du classement de la correspondance.

Le commerçant doit apporter un soin particulier au classement de la correspondance de ses clients; il ne devra pas abandonner exclusivement à son teneur de livres le soin de ces opérations; il devra en connnaître le classement, et, dans un moment donné, pouvoir lui-même contrôler les opérations de tel ou tel de ses clients.

Il y a deux genres de classification des lettres, dont nous allons expliquer le mécanisme. Pour certains commerçants un des deux genres suffit; et pour d'autres le système des deux genres peut être utile.

Les lettres peuvent se classer : 1° par lettres alphabétiques de noms de clients. Dans ce cas on ploie les lettres en quatre dans leur longueur, et on les réunit par liasses alphabétiques; on inscrit en haut de chacune d'elles, d'une manière visible et en assez gros caractère le nom du correspondant; directement au-dessous la date de la lettre; et enfin au-dessous encore la date de la réponse à cette lettre. Ces liasses se conservent dans le casier permanent pendant une année entière, et ce n'est même qu'au mois de janvier ou de février de l'année suivante qu'on met aux archives une année entière, soigneusement empaquetée et ficelée, portant comme étiquette ce qui suit : à la première ligne, une lettre de l'alphabet correspondant aux lettres dont il est question; à la deuxième ligne (correspondances de 18..).

Le classement des lettres que nous venons de désigner peut être adopté par les maisons de commerce qui ont une quantité considérable de clients, lesquels clients ne sont parfois que passagers. Le deuxième classement de lettres, dont nous allons expliquer le mécanisme ci-après, peut être préférablement appliqué pour les maisons qui ont toujours à peu près les mêmes clients; dans ce cas, la correspondance de chaque client doit se trouver renfermée dans une chemise de papier bule, à l'extrémité duquel on écrit le nom du client; la dernière lettre doit toujours se trouver en dessus dans le dossier; au bout d'une année, ces lettres sont casées aux archives de la même manière que celles précitées.

Les lettres ne doivent être casées dans leur casier courant qu'après avoir exécuté les commandes dans lesquelles il en est question, et qu'après y avoir répondu.

Par ce classement, le négociant pourra facilement se rendre compte, à tout moment de l'année, de l'état du découvert et des affaires de ses clients, ce qui est indispensable à connaître pour tout négociant soucieux de ses intérêts.

Considérations générales sur le livre Copie de lettres.

Légalement, le livre Copie de lettres est obligatoire; mais, indépendamment de la loi qui oblige tout commerçant de copier toutes lettres qu'il envoie, ce livre s'impose de lui-même par son utilité et les services qu'il rend; il a l'avantage, en cas de discussions, de faire preuve devant les juges des tribunaux consulaires; parfois les négociants négligent de copier des lettres qui superficiellement paraissent n'avoir aucune importance. Cette négligence est très-blâmable à deux points de vue: d'abord, c'est une désobéissance à la loi qui est formelle à ce sujet, laquelle dit : « Tout commerçant est tenu de prendre copie de *toutes* les lettres qu'il envoie. » De plus, le commerçant qui pense qu'une telle lettre n'ayant aucune importance, par ce fait, juge à propos de ne pas la copier, se trompe souvent, car l'expérience prouve que, selon les circonstances, des lettres en apparence insignifiantes prennent de l'importance selon les cas.

Le négociant qui tiendra régulièrement les lettres qu'il reçoit de ses clients, ainsi que le livre copie de lettres qu'il envoie, pourra, par ces deux moyens, contrôler efficacement toutes ses opérations, et cela sans avoir recours aux recherches de sa comptabilité commerciale.

Il est donc indispensable que tout commerçant sérieux soit bien au courant de ces deux questions de sa comptabilité qui, au fond, sont la cheville ouvrière du Brouillard, du Grand Livre et du Journal.

Considérations générales sur le classement des factures des fournisseurs.

Généralement les négociants n'attachent qu'une importance tout à fait secondaire à la question importante dont nous allons nous occuper. Ainsi, ils reçoivent une facture, ils en acquittent le montant en espèces ou en billets, puis placent cette même facture au casier des factures réglées, laquelle se confond avec mille autres de la même série. Il est pourtant prouvé qu'un classement plus intelligent des factures acquittées peut devenir une source de contrôle et d'avantages véritablement sérieux.

Pour bien nous faire comprendre, donnons un exemple : M. Jacques, pour la première fois et sur recommandation, me fait une livraison de marchandises; en même temps, ou quelques jours après, il me présente sa facture. A vue de nez, j'en trouve le montant exagéré, il me semble que les articles qu'il m'a fournis sont bien chers relativement aux mêmes articles que j'ai achetés précédemment; cependant je ne suis pas sûr de ma mémoire, après tout je peux me tromper; du reste, comment vérifier mes coupons d'une manière certaine? Enfin, à tout hasard, je me hasarde d'adresser quelques observations à mon fournisseur, lequel, avec un sang-froid imperturbable, me répond que je suis dans l'erreur, qu'il est impossible à tout autre qu'à lui de me livrer des produits analogues aux siens à un prix aussi modeste. Ce fournisseur aura d'autant plus d'aplomb à soutenir sa thèse que je serai dépourvu, moi, de toutes preuves à l'appui pour le contredire ; pour lui, mes paroles ne seront que d'une valeur relative, il pensera que si j'avais des preuves je les lui soumettrais ; bref, il maintient son prix et je paie ce qu'il demande. Eh bien, les soupçons que j'avais sur l'exagération du prix de ses produits étaient vrais, je le reconnais plus tard, mais il n'est plus temps ; ces preuves qu'il m'aurait fallu, je les avais à la portée de ma main, j'en avais même dix fois plus qu'il ne m'en fallait pour obtenir 5 ou 10 pour 0/0 de réduction sur sa facture, et cela sans murmures de la part du fournisseur et emportant même de moi un bon souvenir sur ma manière intelligente de tenir ma comptabilité.

Ces preuves, je n'ai pu m'en servir, parce que je n'avais pas eu l'intelligence de classer mes factures acquittées par noms alphabétiques de fournisseurs et subdivisées par corps de métier. Ainsi, si au lieu d'avoir dans un casier pêle-mêle toutes mes factures acquittées, je les avais préalablement classées systématiquement comme je viens de l'expliquer, ce M. Jacques, qui s'était présenté avec une facture exagérée, n'aurait emporté de chez moi que le montant raisonnable de ce qui lui était dû, attendu qu'à la vue de sa facture et au premier soupçon qui me serait venu sur le montant de ses prix, je n'aurais eu qu'à consulter les factures de ses confrères précédemment acquittées par moi, je les lui aurais montrées, et il aurait lui-même constaté l'exagération de ses prix ; puis, dans la crainte de perdre ma clientèle, il aurait consenti sans hésiter à ne pas me faire payer plus cher que ses confrères.

Que les commerçants se le figurent bien, l'art de faire honneur à ses affaires et d'en tirer un produit quelconque ne consiste pas qu'au talent de bien recevoir ses clients et de leur vendre ses produits à un prix plus ou moins fructueux.

Le négociant doit veiller à toutes ces questions qui, sous une apparence secondaire, cachent une importance véritablement sérieuse.

Pour cette question que nous venons de soulever, nous ajouterons à ce que nous venons de dire que le commerçant non-seulement doit classer ses factures avec un ordre parfait, mais encore il doit avoir un carnet portatif, lequel contiendra des extraits de certaines factures pour certains produits, lesquels extraits seront pour lui des notes précieuses, s'il se trouve à traiter des questions commerciales en dehors de son domicile. Ce carnet peut être divisé comme les factures elles-mêmes.

Considérations générales sur les lettres de recommandation et les lettres de crédit.

Dans le commerce, les lettres de recommandation jouent un grand rôle, et facilitent beaucoup les opérations commerciales. Les commerçants les plus riches et les mieux à leur affaire ont besoin de ces lettres aussi bien que les commerçants d'une moindre importance. Ainsi, quand le représentant d'une maison, en faisant ses tournées, se trouve éloigné de deux ou trois cents lieues de son siége social, quelle que soit l'importance de la maison qu'il représente, se trouve un peu dépaysé ; tandis que s'il se trouve avoir pour telle ville, dans laquelle il ne connaît personne, cinq ou six lettres de recommandation, ceci lui suffit pour nouer plus facilement des relations avec les divers commerçants auxquels il aura affaire.

La lettre de recommandation doit être flatteuse pour la personne à laquelle elle s'adresse ; il est facile à un représentant intelligent d'obtenir des lettres de recommandation de commerçants notables d'une ville lointaine du siége de sa maison, lettres qui peuvent lui servir dans une ville voisine de celle où il les a obtenues.

La lettre de crédit est celle qui se remet ordinairement par le chef d'une maison à son représentant : cette lettre a l'avantage de ne pas obliger le représentant à emporter avec lui une somme considérable. Il y a deux formes de lettres de crédit : 1° la lettre de crédit simple ; 2° la lettre de crédit circulaire. La première ne porte que le nom de la personne à qui elle s'adresse, la deuxième porte en tête le nom de plusieurs négociants ou banquiers, et de diverses villes. Le représentant muni d'une lettre de ce genre peut toucher des fonds dans l'une ou toutes les maisons désignées dans la lettre ; ce genre de lettres de crédit n'est utilisé que depuis quelques années. Ce sont en quelque sorte des lettres de recommandation sous une forme diverse. Ses avantages au point de vue commercial sont très-sérieux.

Les lettres de crédit, quelle que soit leur forme, sont ordinairement limitées quant aux chiffres de crédit à ouvrir. Les négociants qui remettent une lettre de crédit à un de leurs représentants pour une maison de banque ou de commerce avec laquelle ils ne sont pas en relations d'affaires, doivent, avant que le voyageur se présente pour toucher des fonds, aviser cette maison de la lettre de crédit qu'on peut lui présenter et envoyer en même temps des garanties équivalentes à la somme du crédit qu'on demande; dans ce cas les garanties reçues sont : l'argent, les valeurs sur la Banque de France, les chemins de fer français ou un bon sur le Trésor, etc., etc. Enfin, toute valeur de premier ordre.

N° 1. — Lettre de commande.

Lille, 5 novembre 18 .

Monsieur Mognot, à Paris.

Veuillez, à vue de la présente, m'expédier par chemin de fer, petite vitesse, à mon domicile, à Lille, ce qui suit :

3 pièces ratine de Vienne, du prix de 8 à 10 francs le mètre.
5 pièces drap de Lisieux, de 7 à 9 francs le mètre, assorties en nuances.
150 mètres drap Elbeuf, en pièce, ou en coupons de 10 mètres au moins l'un, du prix de 14 à 17 francs le mètre.
Un assortiment de 35 à 40 couvertures, laine blanche, du prix de 15 à 45 francs l'une.
Un assortiment de 25 à 30 couvertures, laine grise, au prix de 8 à 14 fr.
5 à 6 pièces toile d'Alençon, du prix de 1 fr. 20 à 1 fr. 80 c. le mètre.
12 douzaines mouchoirs blancs Cholet, du prix de 8 à 18 francs la douzaine.
4 douzaines madras de 20 à 28 francs la douzaine.

Je vous autorise à faire traite sur moi du montant de cette commande pour fin décembre prochain.

L'emballage de votre dernière expédition a laissé à désirer. Veillez, je vous prie, à l'avenir, à ce que ces inconvénients ne se renouvellent pas.

Avez-vous des nouvelles de la fabrication de Vizille? si oui, donnez-m'en ; dites-moi si vous avez reçu vos assortiments en tricot, bas, chaussettes, passe-montagnes, etc. Activez, je vous prie, mon expédition et répondez-moi au plus tôt.

J'ai l'honneur de vous saluer.

Louis BOUTAUD.

N° 2. — Réponse à la lettre N° 1.

Paris, le 8 novembre 18 .

Monsieur Louis BOUTAUD, à Lille.

Nous avons reçu votre honorée du 5 courant. D'après vos ordres nous vous avons expédié hier au soir par chemin de fer, petite vitesse, à votre domicile, à Lille, deux colis contenant ensemble ce qui suit :

	Fr.	C.
2 pièces ratine de Vienne, ensemble 75 mètres, à 8 fr. 50 c. le mètre..................	637	50
1 pièce ratine de Vienne, de 38 mètres, à 9 fr. 50 c. le mètre....................	361	»
2 pièces drap Lisieux, ensemble 90 mètres, à 8 fr. le mètre......................	720	»
3 pièces drap Lisieux, ensemble 125 mètres, à 10 fr. le mètre....................	1,250	»
5 coupons Elbeuf, ensemble 65 mètres, à 15 fr. 50 c. le mètre....................	1,007	50
2 coupons Elbeuf, ensemble 30 mètres, à 16 fr. le mètre.	480	»
4 coupons Elbeuf, ensemble 65 mètres, à 16 fr. 50 c. le mètre....................	1,072	50
10 couvertures, laine blanche, à 47 fr. 50 c. l'une...	475	»
15 — — 40 fr. 50 c. —...	603	75
5 — — 30 fr. 00 c. —...	150	»
7 — — 22 fr. 10 c. —...	157	50
4 — — 18 fr. 25 c. —...	73	»
6 — — 15 fr. 75 c. —...	94	50
15 couvertures, laine grise, à 9 fr. l'une.......	135	»
14 — — 13 fr. l'une.......	182	»
2 pièces toile d'Alençon, à 1 fr 15 c. le mètre, ensemble 210 mètres..................	341	50
1 pièce toile d'Alençon, de 101 m., à 1 fr. 30 c. le m.	131	30
1 — — de 112 m., à 1 fr. 60 c. le m.	179	20
1 — — de 101 m., à 1 fr. 90 c. le m.	191	90
4 douzaines mouchoirs blancs Cholet, à 9 fr. la douzaine	36	»
5 — — 13 fr. —	65	»
A reporter......	8,344	15

T. S. V. P.

	Fr.	C.
Report	8,344	15
4 douzaines mouchoirs blancs Cholet, à 18 fr. 50 c. la douzaine.	74	»
4 douzaines mouchoirs madras, à 26 fr. 25 c. la douzaine	105	»
TOTAL.	8,528	15

Nous espérons, Monsieur, que cette expédition vous satisfera.

Pour l'article madras, il ne nous reste que d'une sorte; d'ici deux ou trois jours, il doit nous arriver une expédition assortie de Vizille.

Nous avons un assortiment complet de bas, chaussettes, tricots, passe-montagnes, etc.

Nous prenons bonne note de vos observations au sujet de l'emballage; nous ferons en sorte que vous n'ayez plus à vous plaindre à ce sujet à l'avenir.

Usant de votre autorisation, nous vous prévenons que nous ferons traite sur vous, pour fin décembre prochain, de la somme de francs 8,528 15 centimes, montant de la présente expédition.

Nous vous prions, Monsieur, de recevoir nos salutations empressées.

MOGNOT-JOLY ET Cᵉ.

N° 3. — Lettre de commande.

Bordeaux, le 10 avril 1872.

Monsieur COUVERT (Victor), à Paris.

Aussitôt que vous recevrez la présente, veuillez m'expédier par le chemin de fer, petite vitesse, en gare à Bordeaux, les articles ci-après énumérés :

6 pièces toile d'Alençon, variant comme prix de 1 fr. 20 c. à 1 fr. 80 c. le mètre;

1 pièce ratine de Lamûre, de 8 à 9 francs le mètre ;

8 pièces calicot, de 0,40 centimes à 0,70 centimes le mètre;

3 pièces cretonne, de 0,95 centimes à 1 fr. 10 c. le mètre;

20 douzaines mouchoirs Cholet assortis, de 8 à 20 francs la douzaine

Veuillez faire prendre, chez M. Raymond, négociant à Paris, ue du Cadenas-d'Or, 95, un colis que vous joindrez à mon expédition; il n'y a à ce sujet aucun débours à faire.

Vous me direz si vous avez encore des madras n° 5 et des essuie-mains n° 42.

Vous m'aviserez du mode de paiement pour votre facture.

Je termine, Monsieur, en me disant votre serviteur.

G.-B. MARCELET.

N° 4. — Réponse à la lettre n° 3.

Paris, le 13 avril 1872.

Monsieur G.-B. MARCELET, à Bordeaux.

Nous avons reçu en son temps votre honorée du 10 courant ; ce matin, nous avons remis au chemin de fer (petite vitesse) trois colis à votre nom, en gare à Bordeaux, contenant ensemble ce qui suit :

Le colis que nous a remis M. Raymond ;

	Fr.	C.
2 pièces toile d'Alençon, ensemble 212 mètres, à 1 fr. 25 c. le mètre.	265	»
4 pièces dito, ensemble 425 mètres, à 1 fr. 75 c. le mètre.	743	75
1 pièce ratine de Lamûre, de 32 mètres, à 8 fr. 25 c. le mètre	264	»
3 pièces calicot, ensemble 220 mètres, à 0,40 c. le mètre.	88	»
3 — — ensemble 210 mètres, à 0,55 c. le mètre.	115	50
2 — — ensemble 140 mètres, à 0,70 c. le mètre.	98	»
2 pièces cretonne, ensemble 212 mètres, à 1 fr. le mètre.	212	»
1 pièce cretonne 95 mètres, à 1 fr. 15 c. le mètre . . .	109	25
8 douzaines mouchoirs Cholet, à 10 fr. la douzaine. .	80	»
4 — — à 14 fr. la douzaine. .	56	»
6 — — à 16 fr. la douzaine. .	96	»
2 — — à 24 fr. la douzaine. .	48	»
TOTAL.	2,175	50

Nous avons encore à votre service des madras n° 5 ; il ne nous reste plus d'essuie-mains n° 42 ; mais nous en recevrons d'ici à un mois.

Nous vous prévenons que nous ferons traite sur vous, de la présente facture, pour fin juillet prochain.

COUVERT (VICTOR) ET Cie.

N° 5. — Lettre de commande.

Dunkerque, le 10 mai 1872.

Monsieur J. Bénac, à Paris.

J'ai reçu votre dernière expédition en bon état. A vue de la présente, veuillez m'expédier à mon domicile, à Dunkerque, par chemin de fer (petite vitesse) les vins ci-dessous énumérés :

3 pièces bordeaux, à 150 francs la pièce, autant que possible pareil à celui de votre avant-dernière expédition ;
3 pièces bordeaux, à 185 francs la pièce ;
2 — — à 220 francs —
2 — — à 260 francs —
2 — — à 310 francs —
1 — — à 350 francs —
3 pièces bourgogne à 120 francs —
2 — — à 150 francs —
4 — — à 210 francs —
2 barils malaga, à 50 francs le baril ;
1 baril alicante, à 55 francs —
3 barils madère, à 42 francs —

Vous m'aviserez de la date d'une traite, que je vous autorise à tirer sur moi pour le montant de cette expédition.

FONTAGNÈRES.

N° 6. — Réponse à la lettre n° 5.

Paris, le 14 mai 1872.

Monsieur Fontagnères, à Dunkerque.

Nous avons reçu avant-hier votre honorée du 10 courant. Hier nous avons fait remettre au chemin de fer (petite vitesse), adressés à votre domicile, à Dunkerque, les vins que vous nous faites l'honneur de nous demander, et dont suit le détail :

T. S. V. P.

	Fr.	C.
3 pièces bordeaux, à 150 fr. la pièce, autant que possible pareil à celui de notre dernière expédition	450	»
3 pièces bordeaux, à 185 fr. la pièce	555	»
2 — — à 220 fr. —	440	»
2 — — à 310 fr. —	620	»
2 — — à 260 fr. —	520	»
1 — — à 350 fr. —	350	»
3 pièces bourgogne, à 120 fr. —	360	»
2 — — à 150 fr. —	300	»
4 — — à 210 fr. —	840	»
2 barils malaga, à 50 fr. le baril.	100	»
1 baril alicante, à 55 fr. —	55	»
3 barils madère, à 42 fr. —	126	»
TOTAL.	4,716	»

Nous vous prévenons que nous ferons traite sur vous, fin août prochain, pour le montant de la présente facture.

J. BÉNAC.

N° 7. — Lettre d'entrée en relations d'affaires.

Toulouse, le 8 mai 1872.

Monsieur Jules PENÉ, à Marseille.

J'ai eu l'avantage de recevoir, il y a deux jours, la visite de M. Jandé, votre représentant, lequel m'a dépeint le genre d'affaires de votre maison sous des couleurs telles, que je ne serais pas éloigné d'entrer en relations d'affaires avec vous.

Monsieur votre représentant n'est pas la première personne qui me parle avantageusement de votre maison.

Je viens donc vous prier, Monsieur, de bien vouloir m'adresser le prix courant de vos produits ainsi que vos conditions de règlement.

J'ose espérer, Monsieur, que vous ne me ferez pas des conditions moins avantageuses qu'à mes confrères.

Je termine en me disant votre serviteur.

RICHARDOT.

N° 8. — Réponse à la lettre n° 7.

Marseille, le 10 mai 1872.

Monsieur Richardot.

Je reçois à l'instant votre honorée du 8 courant. Depuis longtemps, Monsieur, votre honorable maison m'est connue; aussi ai-je eu la pensée de recommander expressément à mon représentant de vous faire une visite à son passage à Toulouse. Si nous entrons en relations d'affaires, non-seulement je vous ferai les conditions de mes meilleurs et de mes plus anciens clients, mais encore j'attacherai une grande importance à vous obliger à reconnaître que vos intérêts seront loin d'être lésés en m'ayant pour fournisseur. Je vous dirai, Monsieur, que depuis vingt-cinq ans que je suis à la tête de ma maison, j'ai toujours attaché un soin scrupuleux à ce que mes clients soient satisfaits. Aussitôt qu'une marchandise est vieillie ou détériorée, je n'hésite pas à m'en débarrasser en perte et comme solde. Mes huiles ont une réputation incontestable; mes anchois, mes capres, mes olives, mes cornichons, mes piments sont préparés d'après des recettes savamment combinées et ne variant jamais; il en est de même de mes aliments de conserve.

Je tiens à vous donner ces détails afin que vous sachiez que le bénéfice le plus clair que vous aurez à m'avoir pour fournisseur ne consistera pas précisément dans la différence du prix qui peut exister entre ma maison et des maisons rivales à la mienne, mais bien en ce que vous serez sûr de fournir à vos clients des produits réellement supérieurs, ce qui, non-seulement vous conservera votre clientèle, mais encore tendra à vous l'augmenter.

Quant aux conditions de règlement, l'habitude de ma maison est de tirer des traites, sur mes clients, à 90 jours; mais, toutefois, si ce mode de paiement ne vous convenait pas, vous m'en présenteriez un autre auquel je promets d'adhérer par anticipation.

Dans l'espoir d'une prochaine commande de votre part, je termine en me disant votre dévoué serviteur.

Jules PENÉ.

N° 9. — Lettre d'entrée en relations d'affaires.

Chartres, le 13 juin 1872.

Monsieur Bruno, à Paris.

Un de vos anciens et fidèles clients, M. Béloir, de Blois, qui est en même temps un de mes amis, m'a parlé avantageusement des produits de votre honorable maison; en même temps il m'a remis le prix courant de vos produits. Le changement qui est survenu, par suite de décès, dans une des principales maisons qui me fournissaient des marchandises, est en partie cause de ma décision de changement de fournisseur.

Je pense, Monsieur, que mon nom et ma maison ne vous sont pas inconnus, et j'espère que si nous entrons en relations d'affaires, vous me traiterez favorablement.

J'ai toujours eu pour habitude de régler mes factures de la manière suivante et à mon choix : 1° payer comptant, 2 0|0 d'escompte ; des traites à 90 jours ou 120 jours tirés sur moi. Je ne m'écarte pas de ces deux principes, et à chaque commande que je fais, je donne mes ordres à mon fournisseur sur le mode d'un de ces deux paiements.

Veuillez, je vous prie, Monsieur, me répondre, et, au cas où vous accepteriez mes conditions, m'envoyer votre dernier prix courant.

Je termine en vous priant de recevoir mes salutations.

Jules MOREY.

N° 10. — Réponse à la lettre n° 9.

Paris, le 15 juin 1872.

Monsieur Jules Morey, à Chartres,

Nous avons reçu votre honorée du 13 courant; nous sommes heureux que M. Béloir, de Blois, notre correspondant, ait bien voulu vous entretenir de notre maison; nous sommes sensibles à ses bons procédés, et soyez assuré, Monsieur, que si nous entrons en relations d'affaires, nous ferons tout ce qui dépendra de nous pour vous servir au mieux dans vos intérêts, espérant ainsi vous prouver que notre correspondant n'a pas exagéré l'avantage qu'offrent nos produits. M. Beloir a dû vous dire que nous avions des représentants sérieux dans les contrées vinicoles les plus renommées, soit en France, soit à l'étranger. Nos caves sont approvisionnées d'une manière telle, que si une récolte (comme cela arrive quelquefois) est absolument mauvaise au point de vue de la qualité des vins, nous pouvons, tout en satisfaisant nos commandes, ne faire aucune acquisition pendant une année défectueuse. Nous sommes obligés de vous dire, malgré notre modestie, que, non-seulement notre maison a la réputation d'avoir des produits supérieurs, mais encore celle d'attacher une importance considérable à la qualité et à la propreté des fûts.

Un de nos représentants aura l'honneur de se présenter chez vous d'ici une quinzaine ; nous serons heureux si vous voulez marquer son

T. S. V. P.

passage par votre première commande, et croyez bien que nous ferons tout notre possible pour vous satisfaire.

Nous adhérons sans aucune restriction au mode de paiement que votre maison a adopté.

Nous terminons, Monsieur, en nous disant votre serviteur.

F. BRUNO.

N° 11. — Lettre d'offre de services.

Paris, 15 juillet 1872.

Monsieur Depiesse, à Amiens,

La présente a pour but de vous prévenir que, depuis un mois environ, j'ai fait l'acquisition de la manufacture de porcelaines de Saint-Denis, sous la raison sociale de *Blanchard, Beauvoir et Dumont*. La réputation de cette manufacture était incontestablement bonne; ses produits sont d'une qualité supérieure. L'habile direction des honorables directeurs que je remplace avait fait de cet établissement un des premiers de France. Cependant, Monsieur, tout en continuant l'œuvre de mes prédécesseurs, je me suis imposé le devoir de perfectionner la manufacture dans la mesure de mes moyens. Je suis bien résolu à suivre le système suivant, qui, selon moi, est celui qui amène le plus promptement à une solution favorable : vendre de bons produits et à des bénéfices modérés.

Je vous envoie en même temps que la présente un catalogue des divers produits de ma manufacture, dans l'espoir, Monsieur, que vous voudrez bien m'honorer de vos ordres. Je termine en me disant votre serviteur.

E. JAMET.

N° 12. — Réponse à la lettre n° 11.

Amiens, le 18 juillet 1872.

Monsieur Eugène Jamet, à Paris.

J'ai reçu en son temps votre honorée du 15 courant, par laquelle vous me faites l'honneur de me dire que vous désireriez m'avoir parmi vos clients. Ceci, Monsieur, est chose facile, surtout si, comme je n'en doute pas, vous tenez à la lettre les promesses qui sont les suivantes : livrer de bons produits, et surtout à des bénéfices raisonnables.

J'ai reçu, le même jour que votre lettre, le catalogue de vos produits. En le parcourant, j'ai remarqué plusieurs articles qui me conviendraient; toutefois, avant de vous faire ma première commande, je crois devoir vous prévenir et savoir si vous consentez à accepter mon genre de paiement, qui s'effectue de la manière suivante avec mes divers fournisseurs : je n'accepte ni rembours, ni traites; j'envoie purement et simplement le montant de mes factures, au bout d'une délai variant de six à huit mois; j'envoie les fonds soit par le chemin de fer, soit par lettre chargée ou par un bon payable à vue chez un banquier que je désigne. Je tiens à cette manière de faire; mon intention est de ne pas y déroger. Voyez, Monsieur, si elle peut vous convenir, et, dans ce cas, je vous ferai ma première commande au reçu de votre réponse.

Je termine, Monsieur, en me disant votre serviteur.

F. DEPIESSE.

N° 13. — Lettre d'offre de services.

Châtellerault, le 13 juillet 1872.

Monsieur GRASSOREILLE, à Bourges.

J'ai appris, Monsieur, que vous veniez de monter un établissement de coutellerie et tout ce qui concerne cette partie. Les éloges qu'on m'a fait du bon goût que vous aviez déployé dans l'organisation de votre installation, et le désir sincère que vous avez manifesté de fournir à vos clients des produits hors ligne, sont autant de raisons qui font que je m'adresse à vous et vous recommande particulièrement les produits de ma manufacture. Vous n'ignorez pas, Monsieur, que depuis près de quatre siècles, la ville de Châtellerault jouit d'une réputation justement méritée pour la supériorité de ses produits en coutellerie et en taillanderie, lesquels sont d'une trempe qu'aucune ville rivale n'a pu imiter. Comme vous pourrez en juger par le prix courant des articles de ma manufacture, que je vous envoie aujourd'hui même par la poste, mes prétentions au point de vue des bénéfices sont modestes, et soyez persuadé, Monsieur, si vous voulez bien entrer en relation d'affaires avec moi, que sous aucun point de vue vous n'aurez à le regretter.

Deux mots en terminant. J'accepte de mes correspondants le mode de paiement de mes factures qui leur convient le mieux. Voici les bases que j'ai établies à ce point de vue : au comptant, je fais 5 0/0 d'escompte; par des billets ou des traites à trois mois, 2 0/0. J'accepte des règlements à six ou sept mois au maximum, mais dans ce cas je ne fais aucun escompte. Comptant, Monsieur, que vous voudrez bien m'honorer d'une réponse, je termine en vous priant d'agréer mes salutations empressées.

J.-B. PINET.

N° 14. — Réponse à la lettre n° 13.

Bourges, le 15 juillet 1872.

Monsieur J.-B. Pinet, à Châtellerault.

Je reçois à l'instant même votre honorée du 13 courant. Je vous dirai franchement, Monsieur, que sa réception a été pour moi une satisfaction agréable, car vous avez, par votre lettre, devancé mes désirs, qui étaient d'entrer en relation d'affaires avec votre manufacture, dont je connais depuis longtemps la réputation si justement méritée. Mes clients, du reste, apprécient fort vos produits et me pressent de me mettre en mesure de leur fournir certains articles de votre manufacture, dont ils reconnaissent la supériorité d'exécution, tant au point de vue du fini du travail qu'à celui du trempage des lames.

J'ai reçu aujourd'hui, en même temps que votre lettre, votre prix courant. Je n'ai aucune observation à faire à son sujet; cependant, je trouve que la collection de ciseaux fins pour travaux à ouvrage de femmes est d'un prix, selon moi, bien élevé (remarquez que je ne dis pas bien cher). Donnez-moi un conseil à ce sujet dans votre prochaine, pour savoir s'il conviendrait et s'il serait de mes intérêts d'avoir chez moi, à côté des séries de bonne qualité, les séries extra-luxe. Je crois que pour les villes de province ce système n'est pas avantageux, car l'ouvrière dédaignera d'excellents ciseaux du prix de 3 francs, par exemple, si à côté on lui présente des ciseaux de luxe d'une qualité non supérieure, n'ayant qu'un avantage artistique en plus, d'être ornementés de ciselures.

D'ici huit ou dix jours, j'aurai l'honneur de vous faire ma première commande.

Pour ce qui est du mode de paiement de mes factures, j'accepte le système de traites à trois mois et 2 0/0.

Je termine, Monsieur, en me disant votre serviteur.

GRASSOREILLE.

N° 15. Lettre d'ordre d'achats.

Paris, le 25 juillet 1872.

Monsieur Allotag, à Vouvray.

Je vous prie d'acheter, pour mon compte, environ 150 à 180 pièces du vin de cette année, dans les meilleures conditions possibles.

Étant depuis plusieurs années en relations d'affaires avec vous, je n'ai pas à vous limiter pour le prix, car je sais, par expérience, que vous faites pour le mieux et dans mes intérêts; j'ai donc en vous une entière confiance; cependant, je dois vous dire que, si vous possédez des qualités incontestables d'honnêteté, je crois que parfois il n'en est pas toujours de même de la part de vos fournisseurs: je vous engage à prendre pour principe de n'accorder votre confiance qu'à bon escient. Pour vos achats, ne vous en rapportez qu'à vous-même et faites-les directement. Après avoir dégusté certains vins, ayez toujours la prudence de prendre un échantillon et, ce qui vaut mieux encore, faites enlever séance tenante, quand cela est possible, les achats que vous venez de faire. Voici pour quel motif je vous fais ces observations: l'année dernière, sur les 214 pièces de vin que vous m'avez envoyées, il y en avait 19 qui laissaient beaucoup à désirer et que j'ai été obligé, pour ne pas léser la réputation de ma maison, de vendre en solde et à perte. Je ne vous ai pas parlé de cette circonstance, car ma confiance en vous est telle que je n'ai pu faire autrement que de penser que vous aviez été trompé vous-même. Je dois cependant, dans l'intérêt de la vérité, vous dire que j'avais analysé ces 19 pièces de vin défectueux, et les chimistes n'ont découvert aucune trace de corps étrangers. Probablement que cette infériorité provenait de malpropreté des futailles ou du trop de vide des pièces.

Si vous trouvez quelques bonnes occasions de la récolte de l'année dernière, vous pourriez m'en acheter 30 ou 40 pièces. Je termine en vous serrant cordialement la main.

LATREILLE.

N° 16. Réponse à la lettre N° 15.

Vouvray, le 27 juillet 1872.

Monsieur LATREILLE, à Paris.

Je reçois à l'instant votre honorée du 25 juillet, laquelle me cause deux émotions diverses: 1° un grand plaisir de voir que vous m'honorez d'une grande confiance: je ferai tous mes efforts pour continuer à la mériter; 2° d'une peine que j'éprouve en apprenant que l'année dernière il s'est trouvé, sur les diverses expéditions que je vous ai faites, 19 pièces d'un vin inférieur. Il est bien regrettable, Monsieur, que vous ne m'ayez pas parlé de ce fait aussitôt que vous l'avez connu, car je vous eusse immédiatement donné l'explication de ces causes, ainsi que la formule de la recette qui rend ce vin dans son état normal. La cause de la défectuosité de ces vins, la voici: dans certaines années trop pluvieuses, certaines souches, par trop touffues, produisent un raisin qui ne mûrit pas et pourrit sur plante; il n'y a aucun inconvénient, pour la qualité du vin, à cueillir ce raisin et à le mélanger avec le bon; seulement, si la dose de ce raisin défectueux est trop forte, le vin qui en est extrait se trouble plus facilement s'il est obligé de supporter un voyage, sans toutefois que sa qualité soit endommagée. Dans ce cas, la recette pour le rendre à son état primitif est des plus simples : après avoir reçu le vin, on le laisse reposer huit jours, au bout desquels on le colle purement et simplement comme les vins ordinaires, et enfin, au bout de huit autres jours, on le recolle à nouveau avec exactement la même formule que le premier collage; huit jours plus tard, ce vin a acquis son état primitif: ce n'est donc qu'un double collage que ce vin exige.

Ce cas, que vous me signalez, a été relaté par divers négociants, et tous ont suivi le système précité et n'ont éprouvé aucune perte. Du reste, cet inconvénient arrive à peine deux fois par siècle. Pour ce qui est de l'honorabilité de mes fournisseurs, j'en réponds comme de la mienne propre; il n'en est aucun qui ne préférerait donner son vin pour rien plutôt que d'en altérer la qualité.

Cet année la récolte a été avantageuse, et j'espère que vous serez très-content des expéditions que je vous ferai.

J'ai à peu près la certitude de vous trouver 30 ou 40 pièces de vin de la récolte de l'année dernière; du reste je vous en reparlerai dans ma prochaine en vous avisant de la première expédition que j'aurai l'honneur de vous faire.

Je termine, Monsieur, en me disant votre serviteur dévoué.

ALLOTAS.

N° 17. Lettre d'ordre d'achat.

Paris, le 28 août, 18

Monsieur Lemée, à Alençon.

Comme les années précédentes, je viens vous donner mes ordres d'achat de toiles qui me sont nécessaires pour ma vente.

Deux mots auparavant. Depuis deux ou trois ans, je remarque que vous vous écartez sensiblement des ordres que je vous donne. Sans doute je ne peux exiger que vous soyez strictement limité; toutefois, je vous prie, à l'avenir, de dépasser le moins possible les ordres que je vous donne; ainsi, l'année dernière, je vous avais demandé, entre autres commandes, 12 à 15 pièces de toiles, qualité inférieure, de 0,95 c. à 1 fr. 10 c., et vous m'en avez envoyé 23; évidemment l'écart est par trop sensible. Vous devez comprendre qu'il n'est pas agréable de conserver pendant plusieurs années certaines sortes de marchandises. Ceci dit, voici ce que vous achèterez pour mon compte et me ferez parvenir par fractions, par chemin de fer, petite vitesse, en mon domicile à Paris : 20 pièces de toiles de 1 fr. 15 c. à 1 fr. 25 c. le mètre; 25 pièces de 1 fr. 30 c. à 1 fr. 50 c. le mètre; 15 pièces de 1 fr. 35 c. à 1 fr. 60 c. le mètre; 8 pièces de 1 fr. 65 c. à 2 fr. 10 c. le mètre.

Je vous serre la main.

DUMAS.

N° 18. — Réponse à la lettre N° 17.

Alençon, le 30 août 1872.

Monsieur DUMAS, à Paris.

Je reçois à l'instant votre honorée du 28 courant, me donnant vos ordres d'achat pour la présente année.

Comme les années précédentes, je ferai tous mes efforts pour vous procurer des toiles de qualité incontestablement supérieure et dans les conditions les plus avantageuses possibles. Je dois toutefois, pour votre gouverne, vous prévenir qu'il y a cette année augmentation de 7 0/0 sur les matières premières; vous ne serez donc pas étonné de trouver une modification aux prix que vous me donnez.

J'accepte les reproches que vous me faites au sujet d'avoir dépassé quelquefois les ordres que vous m'avez donnés ; cependant je crois, Monsieur, mériter de votre part les avantages de circonstances atténuantes pour dérogation à vos ordres, quand vous saurez que c'est dans votre intérêt seul que j'ai agi dans ces sortes de cas ; dans ma correspondance, j'ai eu tort de ne pas vous expliquer le motif qui me faisait agir toutes les fois que que je dépassais vos ordres. Ainsi l'année dernière je vous ai acheté 23 pièces toile au lieu de 12 à 15 comme vous me l'aviez commandé, du prix variant de 0 fr. 95 c. à 1 fr. 10 c.; j'aurais dû vous dire en effet que si j'avais dépassé vos ordres, c'est que j'étais pertinemment sûr que ces qualités, relativement avantageuses, subiraient forcément dans peu de temps une augmentation sensible. La suite m'a donné entièrement raison, car trois mois après, ces articles subissaient une augmentation de 10 centimes par mètre, et aujourd'hui cette augmentation se trouve être de 12 à 14 centimes.

Toutefois, Monsieur, je prends bonne note de vos observations, et à l'avenir je ferai en sorte de dépasser le moins possible vos ordres. Je termine, Monsieur, en me disant votre serviteur dévoué et vous prie de présenter mes respects à Madame votre épouse.

LEMÉE.

N° 19. — Lettre d'ordre de vendre.

Mantes, le 18 août 18 .

Monsieur Lafon, agent de change à Paris.

Je vous prie, Monsieur, de vendre pour mon compte parmi les valeurs que j'ai en dépôt chez vous, ce qui suit : 500 francs rentes françaises 3 0/0 ; 250 francs dito 4 0/0 ; 3 obligations chemin de fer Paris-Lyon ; 6 actions chemin de fer des Ardennes. Vendez, je vous prie, sous le plus bref délai et prévenez-moi aussitôt.

J'ai l'honneur de vous saluer.

JOURNIAC.

N° 20. — Réponse à la lettre N° 19.

Paris, le 20 août 18 .

Monsieur Journiac, à Mantes.

Hier j'ai reçu votre honorée du 18 courant. Aujourd'hui j'ai effectué en partie la vente des valeurs désignées par vous ; toutefois je juge à propos, pour un motif que je vous expliquerai dans ma prochaine en vous envoyant vos comptes, retarder de deux ou trois jours la vente de vos actions des Ardennes.

Je vous prie, Monsieur, d'agréer mes bien respectueuses salutations.

LAFON.

N° 21. — Lettre d'ordre de vendre.

Paris, le 25 août 18 .

Monsieur Riger, à Chartres.

Je vous prie, Monsieur, de vendre au cours du prochain marché 4 à 500 hectolitres du blé que vous avez en dépôt chez vous. Vous vendrez également ce qui vous reste d'avoine de l'année dernière.

Dites-moi dans votre prochaine quel est approximativement le nombre d'hectolitres de seigle qui vous reste en magasin.

Tout à vous.

GARDET.

N° 22. — Réponse à la lettre N° 21.

Chartres, le 3 septembre 18 .

Monsieur Gardet, à Paris.

J'ai reçu votre honorée du 25 courant, contenant vos ordres de vente.

Je dois vous dire, Monsieur, que je n'ai pu effectuer la vente au dernier marché, que de 350 hectolitres du blé en question. Vous me direz dans votre prochaine s'il faut continuer la vente au marché suivant.

Il me restait 35 hectolitres d'avoine de l'année dernière, dont j'ai effectué également la vente.

Il me reste en magasin 65 hectolitres de seigle; vous me direz ce qu'il faut en faire.

Je termine, Monsieur, en me disant votre dévoué serviteur.

RIGER.

N° 23. — Lettre de commande en fabrique.

Paris, le 25 octobre 1872.

Monsieur Antelme Métrillot, à Lisieux.

Je viens, par la présente, vous prier de me faire fabriquer pour d'ici un mois environ les articles ci-après énoncés :

28 pièces drap n° 82/12 : forcez le poids en laine, je vous prie, et faites en sorte que le foulage ne laisse rien à désirer, 15 à 20 pièces drap n° 75/15, léger en laine. Faites mettre ce travail en train sous le plus bref délai et prévenez-moi, par lettre, à quelle époque tout sera prêt.

Je termine en me disant votre serviteur.

BLANC.

N° 24. — Réponse à la lettre N° 23.

Lizieux, le 27 octobre 1872.

Monsieur Blanc, à Paris.

J'ai reçu votre honorée du 25 courant. Je vais faire mettre en main votre commande; toutefois, je ne puis vous promettre qu'elle soit prête avant quarante-cinq jours, et encore faudra-t-il que j'active beaucoup le travail. Ce délai vous paraîtra peut-être un peu long ; mais je dois vous dire que momentanément nous manquons d'ouvriers, et j'ai à peu près la persuasion que cette disette se prolongera à peu près trois mois.

Deux ou trois jours avant la terminaison complète de la susdite commande, je vous écrirai de nouveau.

Je termine, Monsieur, en me disant votre serviteur dévoué.

ANTELME MÉTRILLOT.

N° 25. — Lettre de commande en fabrique.

Paris, le 25 décembre 18 .

Monsieur FOUQUET, à Alençon.

Je vous prie, Monsieur, de me faire fabriquer pour fin janvier prochain :

De 10 à 15 pièces 110, n° $\frac{95}{205}$; 15 à 18 pièces 110, n° $\frac{320}{406}$; de 25 à 30 pièces 110, n° $\frac{503}{614}$. Faites en sorte que la fabrication de ces marchandises ne laisse rien à désirer; vous n'ignorez pas que ma clientèle est assez difficile. Je préfère donc que le prix de fabrication soit plus élevé et que mes clients soient contents. Je vous fais cette observation, car l'année dernière, sur les diverses expéditions que vous m'avez faites, il y avait quatre ou cinq pièces qui laissaient beaucoup à désirer. Je sais bien que vous me les avez cotées en conséquence; mais retenez bien que, quel que soit le côté avantageux du prix, à aucun point de vue les marchandises inférieures ne peuvent faire mon affaire.

Je termine, Monsieur, en vous serrant la main.

B. SEILHAN.

N° 26. — Réponse à la lettre N° 25.

Alençon, le 27 décembre 18 .

Monsieur SEILHAN, à Paris,

J'ai reçu en son temps votre honorée du 25 courant. Je m'empresserai de mettre en chantier la commande que vous me faites l'honneur de m'adresser; j'y attacherai tout le soin possible pour qu'elle ne laisse rien à désirer et qu'à tous les points de vue vous soyez satisfait. Vous me demandez que cette commande soit prête fin janvier; je vous ferai observer, Monsieur, que ce délai est véritablement trop court; tout en activant le plus possible, je n'arriverai pas à terminer avant le 15 mars : je vous préviens de ce fait pour votre gouverne.

Je n'ignore pas, Monsieur, que vous possédez une clientèle d'élite, qu'il est indispensable, pour que vous puissiez la satisfaire, que vous ayez à votre disposition les produits les plus beaux. Rendez-moi justice, Monsieur, à un point de vue : c'est que non-seulement mes produits sont d'une supériorité incontestable comme qualité et fini de travail, mais encore vous êtes le client de ma maison à qui j'ai prodigué le plus d'attention pour la parfaite exécution des commandes que vous avez bien voulu me faire ; malgré cela, je vous promets à l'avenir de redoubler de zèle, afin que vous n'ayez aucun reproche à me faire.

Il faut vraiment que vous ayez une clientèle bien difficile pour que vous ayez trouvé d'un placement difficile les quatre à cinq pièces, entre autres, que je vous avais envoyées l'année dernière ; ce genre est pourtant ce qu'il y a de mieux dans certaines bonnes fabriques de notre ville. Je vous laisse juge par là de ce que doivent être les produits inférieurs ; ces toiles, du reste, n'ont qu'un défaut, qui est celui de ne pas représenter assez ; mais la matière qui sert à leur fabrication est de qualité supérieure ; au premier lessivage, cette toile, sans exagérer, gagne 25 0/0. Mais, je le sais, aux clients il faut des articles qui aient belle apparence. Je termine, Monsieur, en vous priant de présenter mes respects à Mme Oranger.

Votre dévoué serviteur.

FOUQUET.

N° 27. — Lettre de contre-ordre.

Paris, le 15 janvier 18 .

Monsieur Barbier, à Nancy,

D'après ma lettre du 8 courant, je vous demandais, entre autres articles, 8 pièces dentelles n° $\frac{640}{9}$, plus 3 pièces n° $\frac{708}{15}$. Je vous prie de prendre note, s'il est temps encore, de ne pas m'envoyer ces articles ; par contre, vous joindrez à ma commande 22 pièces dentelles n° $\frac{1115}{66}$. Faites que la fabrication ne laisse rien à désirer. Veuillez, je vous prie, Monsieur, m'aviser de la réception de ce contre-ordre. Je termine en vous priant de recevoir mes salutations empressées.

DUCHÈNE.

N° 28. — Réponse à la lettre N° 27.

Nancy, le 17 janvier 18 .

Monsieur Duchêne, à Paris,

Je reçois à l'instant votre honorée du 15 courant. La commande que vous m'aviez fait l'honneur de me faire n'étant pas partie, il m'est facile d'y apporter les modifications relatées dans votre dernière. D'ici deux jours, tout sera prêt, et aussitôt je vous enverrai votre commande. Je termine, Monsieur, en me disant votre serviteur dévoué.

BARBIER.

N° 29. — Lettre de demande d'argent.

Paris, le 25 octobre 18 .

Monsieur BILLOTET, à Orléans.

A notre dernière entrevue à Paris, vous m'aviez laissé espérer que le 15 courant vous m'enverriez par le chemin de fer les 2,860 francs, montant de ce que vous me redevez.

Malgré qu'il se soit écoulé plusieurs jours depuis l'époque où j'aurais dû recevoir ces fonds, je n'ai pas jugé à propos de vous avertir plus tôt de ce retard, n'ayant aucun doute sur la valeur de votre parole. Toutefois, Monsieur, je dois vous prévenir que cette somme m'est absolument indispensable pour mon échéance de fin courant. Il est bon que vous sachiez que le mois est trop avancé pour qu'il me soit possible de prendre d'autre disposition, au cas où je ne recevrais pas la somme que vous deviez m'envoyer le 15.

Vous êtes commerçant, par conséquent l'importance de cette question ne vous échappera pas, et je ne doute nullement recevoir de vous avant la fin du mois la somme susdite. Je termine, Monsieur, en vous priant d'accepter mes civilités empressées.

VERDIER.

N° 30. — Réponse à la lettre N° 29.

Orléans, le 28 octobre 18...

Monsieur VERDIER, à Paris.

J'ai reçu le 26 votre honorée du 25; si je n'y ai pas répondu plus tôt c'est que j'ai été obligé d'attendre moi-même des rentrées qui ont été très-dures à s'effectuer; c'est même là, Monsieur, le seul motif involontaire du retard dans l'expédition de cette somme. Quoi qu'il en soit, je vous préviens que vous recevrez par le chemin de fer, quelques heures après la présente, un group contenant la somme de fr. 2,860 dont vous voudrez bien m'accuser réception. Je vous prie, Monsieur, de m'excuser de ce retard qui, comme je vous le dis plus haut, a été subordonné à des circonstances indépendantes de ma volonté.

Je termine en me disant votre serviteur dévoué.

BILLOTET.

N° 31. — Lettre de demande de fonds par anticipation.

Paris, le 25 décembre 18...

Monsieur Duchène, à Bordeaux.

Permettez-moi, Monsieur, de vous entretenir d'une affaire qui, comme un de nos plus anciens clients, vous intéresse, nous n'en doutons pas.

Vous n'ignorez pas que la manufacture Duvervier père et fils était en vente par adjudication, par suite de mauvaises affaires. Depuis quelques années nous ressentions l'obligation où nous nous trouvions d'annexer à notre manufacture des constructions nouvelles. Cet agrandissement se faisait sentir impérieusement par suite de l'extension considérable que nos affaires ont prise depuis quelques années. Sur ces entrefaites, la vente de la manufacture dont nous parlons plus haut étant sur le point de s'effectuer, nous avons pensé qu'il était de notre intérêt de nous porter adjudicataires, et comme il ne s'est pas trouvé beaucoup d'acquéreurs à qui cette propriété convînt, l'adjudication nous est restée pour la somme de 295,000 francs, c'est-à-dire pour le montant de ce que nous aurions dépensé en constructions nouvelles par suite de notre agrandissement forcé.

Depuis de nombreuses années, Monsieur, non-seulement nous vous considérons comme un de nos plus importants clients, mais encore et surtout comme un de nos plus dévoués amis. C'est à ce double titre que nous nous permettons de nous adresser franchement à vous, et vous dire que, par suite de cette acquisition, nos caisses ont reçu des purges sérieuses.

Nous avons fait le relevé de vos comptes et nous voyons que vous nous êtes redevable d'une somme de 43,000 francs environ. D'après nos anciennes conditions, auxquelles, du reste, nous ne nous permettrons jamais de déroger sans votre assentiment, la rentrée de cette somme ne devra s'effectuer que d'ici plusieurs mois. Nous venons donc vous demander, Monsieur, s'il vous serait possible, par dérogatoin spéciale à vos habitudes, de nous envoyer, d'ici à quelques jours, tout ou une partie de cette somme. Le faisant vous nous rendrez un service très-grand. Toutefois, prenez note que nous serions désolés si ce service que nous vous demandons vous dérangeait par trop ; quoi qu'il en soit, nous attendons votre réponse et vous remercions par anticipation, quelle que soit votre décision, car nous avons la persuasion que si vous ne nous rendez pas ce service, ce ne sera pas la bonne volonté qui vous fera défaut. Nous vous prions de présenter nos respects bien sincères à madame Duchêne.

Vos serviteurs dévoués.

RICHARD, HOLANNIER ET Ce.

N° 32. — Réponse à la lettre N° 31.

Bordeaux, 29 décembre 18...

Messieurs RICHARD, HOLANNIER ET Ce.

C'est avec plaisir que j'ai reçu votre honorée du 25 courant. Je vous félicite sincèrement de la bonne inspiration et du tact supérieur que vous avez eus de vous rendre propriétaires de la manufacture Duvergier. Cette acquisition ne convenait qu'à vous seuls, car il vous sera possible, par l'importance de votre commerce, de tirer parti de tous les éléments de cette manufacture.

Je suis heureux de vous apprendre que je ne serai nullement gêné en vous envoyant, d'ici quelques jours, de 40 à 50,000 francs. Je vous enverrai une somme ronde que vous porterez à mon avoir.

Je suis flatté de la confiance que vous me témoignez, et je dois vous dire, toute fausse modestie à part, qu'elle est un peu méritée. Je vous écrirai à nouveau pour vous aviser de l'envoi des fonds.

Madame Duchêne est sensible à vos bons souvenirs et me charge de vous présenter ses respects. Quant à moi, je vous serre cordialement la main.

DUCHÈNE.

N° 33. — Lettre de plaintes et réclamations.

Lille, le 20 janvier 18...

Monsieur FAURE, à Lyon.

J'ai reçu, Monsieur, votre expédition que vous m'aviez annoncé par votre lettre du 5 courant. Après un mûr examen des marchandises que vous m'avez envoyées, j'ai constaté à regret que vous n'aviez pas tenu compte des observations que je vous avais faites dans ma dernière.

Je vous avais dit que les soieries, séries B. D. 92, n'étaient pas avantageuses à ma vente, et que, s'il vous était impossible de me faire aucune réduction sur ces articles, dans ce cas, il ne faudrait pas m'en envoyer. Non-seulement vous m'en avez envoyé trois pièces d'une qualité même inférieure, et qui, loin d'être cotées à un prix inférieur, sont cotées 25 centimes de plus par mètre. Je n'essayerai pas la vente de ces trois pièces; je les tiens à la disposition de votre représentant lors de son passage à Lille.

Je vous avais prévenu que les défauts du cannage dans les étoffes pour robes sont des défauts auxquels vous n'attachez qu'une importance secondaire, tandis que mes clients y attachent une importance capitale. Je vous avais prévenu de ne pas m'envoyer des étoffes ayant ce défaut, et pourtant, j'en ai trouvé quatre pièces; une dans la série D, H. 63, et trois dans la série F, Y, 302. Ainsi, sur vingt-huit pièces soierie que vous m'envoyez, il s'en trouve sept dont il m'est impossible de tirer parti. Je vous préviens, Monsieur, que si, à l'avenir, votre intention est de ne pas tenir compte de mes observations, nous cesserons purement et simplement nos relations commerciales.

J'ai l'honneur de vous saluer.

COLLINET.

N° 33. — Réponse à la lettre N° 32.

Lyon, le 22 janvier 18...

Monsieur Collinet, à Lille.

Je reçois à l'instant votre honorée du 20 courant. Les plaintes que vous m'adressez sont d'une justesse incontestable; et cela d'autant plus que vous m'aviez formellement prévenu par vos précédentes lettres.

Voici ce que j'ai à vous expliquer franchement et loyalement, et dans l'intérêt de ma défense.

Quand votre avant-dernière lettre arriva à la maison, j'étais absent de Lyon, et votre commande fut faite par un de mes employés peu au courant du commerce. Comme vous le voyez, Monsieur, je ne suis pas fautif dans cette affaire. Vous pensez bien, du reste, que si je n'avais pas été absent, et que, si j'avais vérifié votre expédition, mon intérêt eût été de prendre bonne note de vos observations.

Quoi qu'il en soit, il me reste à réparer le tort que j'ai pu vous occasionner dans cette affaire : 1° Je vous consens une diminution de 25 centimes par mètre sur les anciens prix, sur les séries B, D, 92, et quant aux quatre pièces pour robes ayant le défaut de cannage, je vous les remplace par quatre pièces sans défauts, que je vous envoie aujourd'hui même par le chemin de fer, grande vitesse, et à mes frais.

J'ose espérer, Monsieur, que vous ne me garderez pas rancune pour une chose qui, au fond, comme vous le voyez, est sans importance.

A son prochain passage à Lille, mon représentant reprendra les quatre pièces soierie cannées.

Je termine en me disant votre serviteur dévoué.

FAURE.

N° 35. — Lettre de rupture.

La Rochelle, le 27 février 18 .

Monsieur Ridet, à Nantes.

J'ai reçu l'expédition que vous m'avez faite le 10 courant. Mes cinq lettres précédentes à celle-ci ont été cinq lettres de justes griefs et de justes réclamations que j'avais l'honneur de vous adresser. Vous n'avez nullement tenu compte de ce que je vous disais, car la dernière expédition que je viens de recevoir contient, comme la précédente, des défauts graves. Vous avez mis dans cette expédition des articles tout à fait invendables, entre autres des bonnets de coton ridiculement petits et en quantité cinq fois plus considérable que celle que je vous avais demandée; des tricots exigus comme corsage et ayant des manches d'une longueur outre mesure; des couvertures grises en quantité triple de ce que j'avais demandé, et d'une laine tellement dure qu'on se demande si c'est bien de la laine qui est entrée dans leur fabrication.

Enfin, Monsieur, mes griefs sont toujours les mêmes; je ne les renouvellerai plus, car je suis à bout de patience. Je regrette amèrement d'avoir persisté si longtemps. La présente est la dernière que je vous écris. Après sa réception, vous pourrez faire traite sur moi du montant intégral de ce que je vous dois.

J'ai l'honneur de vous saluer.

BARBÉ.

N° 36. — Réponse à la lettre N° 35.

Nantes, le 29 février 18 .

Monsieur Barbé, à La Rochelle.

J'ai reçu hier soir votre lettre de rupture, datée du 27 février. Vos griefs sont certainement justes; je ne suis pas d'un caractère à dissimuler ce que je pense. Toutefois, Monsieur, je dois vous dire, ce que vous savez du reste: en partie, la cause du mécontentement de certains de mes clients dérive de ma douloureuse maladie, qui me rend incapable de pouvoir rien faire; voilà près d'un an que je suis cloué sur un lit de douleurs.

Comme représentant et acheteur, j'ai un homme qui met certainement toute la bonne volonté voulue; mais malheureusement il n'est pas encore à la hauteur de sa mission. Les médecins me font espérer que d'ici deux ou trois mois je serai entièrement rétabli. Si j'ai ce bonheur, je mettrai moi-même la main aux affaires, et tâcherai, par mon activité et mon bon vouloir, de récompenser mes fidèles clients du tort que leur aura causé ma maladie. Je me suis fait présenter vos comptes par mon teneur de livres, lesquels s'élèvent à la somme de 11,195 francs. Il est juste, Monsieur, que je vous fasse une concession approximativement en rapport aux pertes que vous avez subies par suite de l'incurie ou de l'inintelligence de mon personnel. Je ne ferai donc traite sur vous que d'une somme de 10,000 francs au lieu de 11,195 francs. Cette traite vous sera présentée dans trois mois, à moins d'avis contraire de votre part.

Je termine, Monsieur, en vous remerciant sincèrement d'avoir été mon fidèle client pendant de nombreuses années, et je me permets de vous dire que je ne désespère pas, plus tard, renouer nos relations d'affaires.

Votre serviteur dévoué.

RIDET.

N° 37. — Lettre pour amener ou stimuler des clients infidèles ou apathiques.

Paris, le 18 janvier 18 .

Monsieur JOURDAN, à Nevers.

Voilà près de huit mois, Monsieur, que je n'ai eu le plaisir de recevoir de vos nouvelles. Quand on a eu des relations aussi amicales que celles qui ont eu lieu entre nous, on s'aperçoit plus sensiblement de leur cessation.

Vous n'ignorez pas, Monsieur, que j'ai toujours essentiellement attaché un grand prix à votre clientèle; croyez-le, cette attache n'a pas que le lucre pour but; je sais de longue date que vous êtes un commerçant hors ligne et d'une intégrité incontestable, et c'est surtout pour ce motif que je regretterais une interruption trop longue dans nos relations commerciales.

Dites-le moi franchement, Monsieur, des maisons rivales vous auraient-elles procuré des avantages plus sérieux que la mienne, ou bien encore moi ou les miens aurions-nous eu le malheur de froisser votre susceptibilité, soit par notre correspondance ou autrement?

Quels que soient les motifs de votre silence, j'ose espérer, Monsieur, que vous voudrez consentir à m'en expliquer le motif, et qui sait si je ne vous répondrai pas d'une manière avantageuse dans vos intérêts ou griefs que vous auriez pu avoir contre ma maison?

Je termine, Monsieur, en me disant votre serviteur dévoué.

CHOISEL.

N° 38. — Réponse à la lettre N° 37.

Nevers, le 20 janvier 18 .

Monsieur Choisel, à Paris.

J'ai reçu hier soir votre honorée du 18 janvier, laquelle me flatte beaucoup à certains points de vue.

Permettez-moi de vous le dire, Monsieur, vos soupçons sur ma fidélité commerciale sont tout à fait injustes, quoique du reste très-amicaux. Je ne vous ai pas donné de mes nouvelles depuis huit mois, c'est vrai, mais ne voyez dans la cause de ce fait que je n'ai pas eu jusqu'à présent aucun besoin de vos produits. Aucun de vos concurrents ne m'a offert des avantages supérieurs aux vôtres; et certes aucune phrase de votre correspondance n'a donné prise à une critique de ma part ayant pour but de froisser ma susceptibilité. Je compte d'ici douze à quinze jours vous faire une forte commande qui réparera un peu le temps perdu.

Je termine en me disant votre serviteur dévoué.

JOURDAN.

N° 39. — Lettre de laisser pour compte.

Rouen, le 19 janvier 18 .

Monsieur Bardès, à Orléans.

J'ai été avisé par le chemin de fer que l'expédition que vous m'aviez annoncée dans votre dernière du 2 courant était arrivée à mon adresse en gare à Rouen. Après constatation superficielle des colis, j'ai remarqué que l'emballage n'avait pas été suffisant pour la garantie des marchandises; je n'ai pas jugé à propos d'en prendre livraison, sans au préalable en faire constater l'état par témoin. C'est donc en présence de deux témoins et du chef de bureau de la gare que l'ouverture des caisses a été faite. Nous avons constaté, par suite de mauvais emballage, qu'une partie des marchandises est détériorée au point qu'il est impossible de la mettre en vente. Je vous préviens, donc, Monsieur, que j'ai fait, après constatation, réemballer ces marchandises, dont je ne puis faire autrement que de vous laisser pour compte.

J'ai l'honneur, Monsieur, de me dire votre serviteur.

JOUVELET.

N° 40. — Lettre de laisser pour compte.

Marseille, le 23 février 18...

Monsieur MOREL, Armand, à Bordeaux.

D'après ma lettre du 12 courant, je vous chargeais de m'expédier environ pour 1,000 francs de vos produits; ma lettre était très-explicite; quant à ma commande, chaque article était soigneusement numéroté, et les prix que je désirais mettre étaient lisiblement écrits; vous auriez dû penser, Monsieur, que j'avais des raisons pour agir ainsi.

Au lieu de vous conformer à ma commande, vous m'écrivez une lettre datée du 20, par laquelle vous m'annoncez que vous avez remis au chemin de fer, le 17 courant, trois colis à mon adresse, dont la facture s'élève à la somme de 1,690 francs. Je le répète, quand je demande pour 1,000 francs de marchandises, c'est que je n'en ai pas besoin pour 1,690 francs.

Ayant outrepassé mes ordres d'une manière aussi sensible, je vous préviens, Monsieur, que je vous laisse pour compte ces marchandises, et n'en prendrai pas livraison.

J'ai l'honneur de vous saluer.

GAUTHEROT.

N° 41. — Lettre d'avis d'envoi d'argent.

Angers, le 24 mars 18...

Monsieur DUTREY, à Toulouse.

Je vous préviens qu'aujourd'hui même j'ai remis à l'administration du chemin de fer deux groupes à votre adresse, contenant ensemble 9,560 francs; vous voudrez bien m'aviser de leur réception.

J'ai l'honneur de vous saluer.

DUMOULIN.

N° 42. — Réponse à la lettre N° 41.

Toulouse, le 26 mars 18...

Monsieur Dumoulin, à Angers.

Je viens à l'instant même de recevoir les deux groupes dont vous m'aviez annoncé l'envoi par votre honorée du 24 courant; je m'empresse de créditer votre compte de la somme de 9,560 francs, qui est le montant de leur contenu.

J'ai l'honneur de vous saluer,

MERCIER.

N° 43. — Lettre d'avis d'expédition de marchandises.

Paris, le 15 février 18...

Monsieur Simonnot, à Agen.

Je vous préviens, Monsieur, que nous avons remis hier soir cinq caisses au chemin de fer, petite vitesse, à votre adresse, à Agen, qui forment la commande que vous nous avez fait l'honneur de nous faire le 16 courant; d'ici deux ou trois jours, nous aurons l'honneur de vous envoyer votre facture.

Nous vous prions, Monsieur, de recevoir nos civilités empressées.

VULLIOD et Cie.

N° 44. — Lettre de crédit.

Lyon, le 27 mars 18...

Monsieur Pernot, à Marseille.

Voudriez-vous avoir l'obligeance, Monsieur, de bien vouloir nous donner une lettre de crédit de la somme de 6,000 francs, sur Londres, en faveur de M. Aubert, notre représentant, dont nous avons l'honneur de vous remettre la signature. Nous envoyons en même temps, avec la présente, douze obligations du chemin de fer du Nord pour garantie des sommes que M. Aubert demandera.

Nous avons l'honneur, Monsieur, de vous remercier d'avance de votre obligeance à ce sujet.

MIQUET père et fils.

N° 45. — Lettre de recommandation.

Toulouse, le 25 avril 18...

Monsieur Grégoire, à Paris.

Un de nos amis nous ayant recommandé son fils d'une façon particulière, nous nous permettons, Monsieur, de vous le recommander à notre tour.

La famille de ce jeune homme est une des plus honorables de notre ville; son père est un ancien et honorable commerçant qui désire donner à son fils des principes commerciaux supérieurs; il a pensé, à juste titre, que Paris était la ville qui fournissait le plus d'avantages à ce point de vue. S'il vous est possible, Monsieur, de trouver un emploi à ce jeune homme dans une maison de commerce sérieuse, ou, mieux encore, si vous pouviez l'occuper vous-même auprès de vous, nous vous en serions forts reconnaissants.

Recevez, Monsieur, nos remerciements anticipés et nos excuses sur la liberté que nous nous permettons de prendre pour vous demander ce service.

Nous avons l'honneur de vous saluer bien respectueusement,

DENEF frères.

N° 46. — Réponse à la lettre n° 45.

Paris, le 27 avril 18 .

Messieurs Denef frères, à Toulouse.

Chers Messieurs, Monsieur Grégoire a reçu avec un vif plaisir votre honorée lettre du 25, et me charge de vous dire qu'il recevra avec plaisir le jeune homme auquel vous vous intéressez et qu'il pourra l'employer chez lui, son personnel étant insuffisant, en vue de l'extension des affaires.

Envoyez au plustôt ce Monsieur, il aura, pour commencer, des appointements raisonnables qui seront augmentés par la suite, en vue des services qu'il rendra à la maison.

Daignez, Messieurs, agréer mes bien empressées civilités, et veuillez présenter mes respects à MM. Robert et Canaux.

Pour M. Grégoire et par son ordre,

Simon SOITOT, *secrétaire.*

TROISIÈME DIVISION

BARÊME-MODÈLE DE COMPTES FAITS

A l'aide duquel on trouve instantanément l'intérêt ou l'escompte d'une somme quelconque, depuis 1 franc jusqu'à 1 million, et au taux à partir de 1 0/0 jusqu'à 6 0/0, depuis 1 jour jusqu'à 366 jours.

1 JOUR

MONTANT du CAPITAL.	TAUX DE L'INTÉRÊT DE 1 0/0	1 1/2 0/0	2 0/0	2 1/2 0/0	3 0/0	3 1/2 0/0	4 0/0	4 1/2 0/0	5 0/0	5 1/2 0/0	6 0/0
fr.	fr. c.	fr. c.	fr. c.	fr. c.	fr. c.	fr. c.	fr. c.	fr. c.	fr. c.	fr. c.	fr. c.
1	» »	» »	» »	» »	» »	» »	» »	» »	» »	» »	» »
2	» »	» »	» »	» »	» »	» »	» »	» »	» »	» »	» »
3	» »	» »	» »	» »	» »	» »	» »	» »	» »	» »	» »
4	» »	» »	» »	» »	» »	» »	» »	» »	» »	» »	» »
5	» »	» »	» »	» »	» »	» »	» »	» »	» »	» »	» »
6	» »	» »	» »	» »	» »	» »	» »	» »	» »	» »	» »
7	» »	» »	» »	» »	» »	» »	» »	» »	» »	» »	» »
8	» »	» »	» »	» »	» »	» »	» »	» »	» »	» »	» »
9	» »	» »	» »	» »	» »	» »	» »	» »	» »	» »	» »
10	» »	» »	» »	» »	» »	» »	» »	» »	» »	» »	» »
20	» »	» »	» »	» »	» »	» «	» »	» »	» »	» »	» »
30	» »	» »	» »	» »	» »	» »	» »	» »	» »	» »	» »
40	» »	» »	» »	» »	» »	» »	» »	» »	» 01	» 01	» 01
50	» »	» »	» »	» »	» »	» »	» 01	» 01	» 01	» 01	» 01
60	» »	» »	» »	» »	» »	» 01	» 01	» 01	» 01	» 01	» 01
70	» »	» »	» »	» »	» 01	» 01	» 01	» 01	» 01	» 01	» 01
80	» »	» »	» »	» »	» 01	» 01	» 01	» 01	» 01	« 01	» 01
90	» »	» »	» »	» »	» 01	» 01	» 01	» 01	» 01	» 01	» 01
100	» »	» »	» »	» »	» 01	» 01	» 01	» 01	» 01	» 02	» 02
200	» »	» »	» »	» »	» 02	» 02	» 02	» 02	» 03	» 03	» 03
300	» 01	» 01	» 01	» 02	» 02	» 03	» 03	» 04	» 04	» 05	» 05
400	» 01	» 01	» 02	» 02	» 03	» 04	» 04	» 05	» 06	» 06	» 07
500	» 02	» 03	» 04	» 04	» 04	» 05	» 06	» 06	» 07	» 08	» 08
600	» 02	» 03	» 04	» 04	» 05	» 06	» 07	» 07	» 08	» 09	» 10
700	» 02	» 03	» 04	» 05	» 06	» 07	» 08	» 09	» 10	» 11	» 12
800	» 03	» 04	» 06	» 06	» 06	» 08	» 09	» 10	» 11	» 12	» 13
900	» 03	» 04	» 06	» 07	» 08	» 09	» 10	» 11	» 12	» 14	» 15
1,000	» 03	» 04	» 06	» 07	» 08	» 10	» 11	» 12	» 14	» 15	» 17
2,000	» 06	» 09	» 12	» 15	» 17	» 19	» 22	» 25	» 28	» 31	» 33
3,000	» 08	» 12	» 16	» 17	» 25	» 29	» 33	» 37	» 42	» 46	» 50
4,000	» 11	» 16	» 21	» 22	» 23	» 30	» 44	» 50	» 56	» 61	» 67
5,000	» 14	» 21	» 28	» 35	» 42	» 49	» 56	» 62	» 69	» 76	» 83
6,000	» 17	» 25	» 34	» 42	» 50	» 58	» 67	» 75	» 82	» 92	1 »
7,000	» 19	» 28	» 38	» 48	» 58	» 68	» 78	» 87	» 97	1 07	1 17
8,000	» 22	» 33	» 44	» 55	» 68	» 78	» 89	1 »	1 11	1 22	1 33
9,000	» 25	» 35	» 50	» 65	» 75	» 87	1 »	1 12	1 25	1 37	1 50
10,000	» 28	» 42	» 56	» 70	» 83	» 97	1 11	1 25	1 39	1 53	1 67
100,000	2 80	4 20	5 60	7 »	8 40	9 80	11 20	11 60	14 »	15 40	16 80
500,000	14 »	21 »	28 »	35 »	42 »	49 »	56 »	63 »	70 »	77 »	84 »
1,000,000	28 »	42 »	56 »	70 »	94 »	98 »	112 »	126 »	140 »	154 »	168 »

2 JOURS

MONTANT du CAPITAL.	TAUX A L'INTÉRÊT DE																					
	1 0/0		1 1/2 0/0		2 0/0		2 1/2 0/0		3 0/0		3 1/2 0/0		4 0/0		4 1/2 0/0		5 0/0		5 1/2 0/0		6 0/0	
fr.	fr.	c.	fr.	c.	fr.	c.	fr.	c.	fr.	c.	fr.	c.	fr.	c.	fr.	c.	fr.	c.	fr.	c.	fr.	c.
1	»	»	»	»	»	»	»	»	»	»	»	»	»	»	»	»	»	»	»	»	»	»
2	»	»	»	»	»	»	»	»	»	»	»	»	»	»	»	»	»	»	»	»	»	»
3	»	»	»	»	»	»	»	»	»	»	»	»	»	»	»	»	»	»	»	»	»	»
4	»	»	»	»	»	»	»	»	»	»	»	»	»	»	»	»	»	»	»	»	»	»
5	»	»	»	»	»	»	»	»	»	»	»	»	»	»	»	»	»	»	»	»	»	»
6	»	»	»	»	»	»	»	»	»	»	»	»	»	»	»	»	»	»	»	»	»	»
7	»	»	»	»	»	»	»	»	»	»	»	»	»	»	»	»	»	»	»	»	»	»
8	»	»	»	»	»	»	»	»	»	»	»	»	»	»	»	»	»	»	»	»	»	»
9	»	»	»	»	»	»	»	»	»	»	»	»	»	»	»	»	»	»	»	»	»	»
10	»	»	»	»	»	»	»	»	»	»	»	»	»	»	»	»	»	»	»	»	»	»
20	»	»	»	»	»	»	»	»	»	»	»	»	»	»	»	»	»	1	»	1	»	1
30	»	»	»	»	»	»	»	»	»	1	»	1	»	1	»	1	»	1	»	1	»	1
40	»	»	»	»	»	»	»	»	»	1	»	1	»	1	»	1	»	1	»	1	»	1
50	»	»	»	»	»	»	»	»	»	1	»	1	»	1	»	1	»	1	»	2	»	2
60	»	»	»	»	»	»	»	»	»	1	»	1	»	1	»	1	»	2	»	2	»	2
70	»	»	»	»	»	»	»	»	»	1	»	1	»	1	»	2	»	2	»	2	»	2
80	»	»	»	»	»	»	»	1	»	1	»	2	»	2	»	2	»	2	»	2	»	3
90	»	»	»	»	»	1	»	1	»	1	»	2	»	2	»	2	»	2	»	3	»	3
100	»	»	»	1	»	2	»	3	»	2	»	2	»	2	»	2	»	3	»	3	»	3
200	»	1	»	1	»	2	»	3	»	3	»	4	»	4	»	5	»	6	»	6	»	7
300	»	1	»	1	»	2	»	3	»	5	»	6	»	7	»	7	»	8	»	9	»	10
400	»	2	»	3	»	4	»	5	»	7	»	8	»	9	»	10	»	11	»	12	»	13
500	»	3	»	4	»	6	»	6	»	8	»	10	»	11	»	12	»	14	»	15	»	17
600	»	3	»	4	»	6	»	8	»	10	»	12	»	13	»	15	»	17	»	18	»	20
700	»	4	»	6	»	8	»	9	»	12	»	14	»	16	»	17	»	19	»	21	»	23
800	»	4	»	7	»	8	»	12	»	13	»	16	»	18	»	20	»	22	»	24	»	27
900	»	5	»	8	»	10	»	14	»	15	»	17	»	20	»	22	»	25	»	27	»	30
1,000	»	6	»	8	»	12	»	15	»	17	»	19	»	22	»	25	»	28	»	31	»	33
2,000	»	11	»	16	»	22	»	29	»	33	»	39	»	44	»	50	»	56	»	61	»	67
3,000	»	17	»	25	»	34	»	42	»	50	»	58	»	67	»	75	»	83	»	92	1	»
4,000	»	22	»	33	»	44	»	59	»	67	»	78	»	89	1	»	1	11	1	22	1	33
5,000	»	28	»	42	»	56	»	70	»	83	»	97	1	11	1	25	1	39	1	53	1	67
6,000	»	31	»	46	»	62	»	78	1	»	1	17	1	33	1	50	1	67	1	98	2	»
7,000	»	39	»	57	»	78	»	98	1	17	1	36	1	56	1	75	1	94	2	14	2	33
8,000	»	44	»	66	»	88	1	10	1	33	1	56	1	78	2	»	2	22	2	44	2	67
9,000	»	50	»	75	1	»	1	25	1	50	1	75	2	»	2	25	2	50	2	75	3	»
10,000	»	56	»	84	1	12	1	40	1	67	1	94	2	22	2	50	2	78	3	06	3	33
100,000	5	60	8	40	11	20	14	»	16	80	19	60	24	40	25	20	28	»	30	80	33	60
500,000	28	»	42	»	56	»	70	»	84	»	98	»	112	»	126	»	140	»	154	»	168	»
1,000,000	56	»	84	»	112	»	140	«	168	»	196	»	224	»	252	»	280	»	308	»	336	«

3 JOURS

MONTANT du CAPITAL.	TAUX A L'INTÉRÊT DE 1 0/0	1 1/2 0/0	2 0/0	2 1/2 0/0	3 0/0	3 1/2 0/0	4 0/0	4 1/2 0/0	5 0/0	5 1/2 0/0	6 0/0
fr.	fr. c.	fr. c.	fr. c.	fr. c.	fr. c.	fr. c.	fr. c.	fr. c.	fr. c.	fr. c.	fr. c.
1	» »	» »	» »	» »	» »	» »	» »	» »	» »	» »	» »
2	» »	» »	» »	» »	» »	» »	» »	» »	» »	» »	» »
3	» »	» »	» »	» »	» »	» »	» »	» »	» »	» »	» »
4	» »	» »	» »	» »	» »	» »	» »	» »	» »	» »	» »
5	» »	» »	» »	» »	» »	» »	» »	» »	» »	» »	» »
6	» »	» »	» »	» »	» »	» »	» »	» »	» »	» »	» »
7	» »	» »	« »	» »	» »	» »	» »	» »	» »	» »	» »
8	» »	» »	» »	» »	» »	» »	» »	» »	» »	» »	» »
9	» »	» »	» »	» »	» »	» »	» »	» »	» »	» »	» »
10	» »	» »	» »	» »	» »	» »	» »	» »	» »	» »	» »
20	» »	» »	» »	» »	» »	» 01	» 01	» 01	» 01	» 01	» 01
30	» »	» »	» »	» »	» »	» 01	» 01	» 01	» 01	» 01	» 01
40	» »	» »	» »	» »	» 01	» 01	» 01	» 01	» 02	» 02	» 02
50	» »	» »	» »	» »	» 01	» 01	» 02	» 02	» 02	» 02	» 02
60	» »	» »	» »	» »	» 01	» 02	» 02	» 02	» 02	» 03	» 03
70	» »	» »	» »	» »	» 02	» 02	» 02	» 03	» 03	» 03	» 03
80	» »	» »	» 01	» 01	» 02	» 02	» 03	» 03	» 03	» 04	» 04
90	» »	» 01	» 01	» 01	» 02	» 03	» 03	» 03	» 04	» 04	» 04
100	» 01	» 01	» 02	» 03	» 02	» 03	» 03	» 04	» 04	» 05	» 05
200	» 03	» 03	» 04	» 06	» 05	» 06	» 07	» 07	» 08	» 09	» 10
300	» 02	» 03	» 04	» 06	» 07	» 09	» 10	» 11	» 12	» 14	» 15
400	» 03	» 04	» 06	» 07	» 10	» 12	» 13	» 15	» 17	» 18	» 20
500	» 04	» 06	» 08	» 09	» 12	» 15	» 17	» 19	» 21	» 23	» 25
600	» 05	» 07	» 10	» 12	» 15	» 17	» 20	» 22	» 25	» 27	» 30
700	» 06	» 09	» 12	» 15	» 17	» 20	» 23	» 26	» 29	» 32	» 35
800	» 07	» 10	» 14	» 17	» 20	» 23	» 27	» 30	» 33	» 37	» 40
900	» 07	» 10	» 14	» 18	» 22	» 26	» 30	» 34	» 37	» 41	» 45
1,000	» 08	» 14	» 16	» 20	» 25	» 29	» 33	» 37	» 42	» 46	» 50
2,000	» 17	» 26	» 34	» 41	» 50	» 58	» 67	» 75	» 83	» 92	1 »
3,000	» 25	» 35	» 50	» 53	» 75	» 87	1 »	1 12	1 25	1 37	1 50
4,000	» 35	» 45	» 70	» 85	1 »	1 17	1 33	1 50	1 67	1 83	2 »
5,000	» 42	» 63	» 84	1 05	1 25	1 46	1 67	1 87	2 08	2 29	2 50
6,000	» 50	» 75	1 »	1 25	1 50	1 75	2 »	2 25	2 50	2 75	3 »
7,000	« 58	» 82	1 16	1 31	1 75	2 04	2 33	2 62	2 92	3 21	3 50
8,000	» 65	» 97	1 30	1 62	2 »	2 33	2 67	3 »	3 33	3 67	4 »
9,000	» 75	1 02	1 50	1 87	2 25	2 62	3 »	3 37	3 75	4 12	4 50
10,000	» 83	1 24	1 66	2 08	2 50	2 92	3 33	3 75	4 17	4 58	5 »
100,000	8 30	12 45	16 60	20 75	24 90	29 05	33 20	37 35	41 50	45 65	49 80
500,000	41 50	62 25	83 »	103 75	124 50	145 25	166 »	186 75	207 50	228 25	249 »
1,000,000	83 »	124 50	166 »	207 20	249 »	290 50	332 »	373 50	415 »	456 50	498 »

4 JOURS

MONTANT du CAPITAL.	TAUX A L'INTÉRÊT DE 1 0/0	1 1/2 0/0	2 0/0	2 1/2 0/0	3 0/0	3 1/2 0/0	4 0/0	4 1/2 0/0	5 0/0	5 1/2 0/0	6 0/0
fr.	fr. c.	fr. c.	fr. c.	fr. c.	fr. c.	fr. c.	fr. c.	fr. c.	fr. c.	fr. c.	fr. c.
1	» »	» »	» »	» »	» »	» »	» »	» »	» »	» »	» »
2	» »	» »	» »	» »	» »	» »	» »	» »	» »	» »	» »
3	» »	» »	» »	» »	» »	» »	» »	» »	» »	» »	» »
4	» »	» »	» »	» »	» »	» »	» »	» »	» »	» »	» »
5	» »	» »	» »	» »	» »	» »	» »	» »	» »	» »	» »
6	» »	» »	» »	» »	» »	» »	» »	» »	» »	» »	» »
7	» »	» »	» »	» »	» »	» »	» »	» »	» »	» »	» »
8	» »	» »	» »	» »	» »	» »	» »	» »	» »	» »	» 01
9	» »	» »	» »	» »	» »	» »	» »	» »	» »	» »	» 01
10	» »	» »	» »	» »	» »	» »	» »	» »	» 01	» 01	» 01
20	» »	» »	» »	» »	» 01	» 01	» 01	» 01	» 01	» 01	» 01
30	» »	» »	» »	» »	» 01	» 01	» 01	» 01	» 02	» 02	» 02
40	» »	» »	» 01	» 01	» 01	» 01	» 01	» 01	» 02	» 02	» 03
50	» »	» »	» 01	» 01	» 02	» 02	» 02	» 02	» 03	» 03	» 03
60	» »	» »	» 01	» 02	» 02	» 02	» 03	» 03	» 03	» 04	» 04
70	» 01	» 01	» 01	» 02	» 02	» 03	» 03	» 03	» 04	» 04	» 05
80	» 01	» 01	» 02	» 03	» 03	» 03	» 04	» 04	» 04	» 05	» 05
90	» 01	» 01	» 02	» 03	» 03	» 03	» 04	» 04	» 05	» 05	» 06
100	» 01	» 02	» 02	» 03	» 03	» 04	» 04	» 05	» 06	» 06	» 07
200	» 02	» 03	» 04	» 05	» 07	» 08	» 09	» 10	» 11	» 12	» 13
300	» 03	» 04	» 06	» 07	» 10	» 12	» 13	» 15	» 17	» 18	» 20
400	» 04	» 06	» 09	» 11	» 13	» 16	» 18	» 20	» 22	» 24	» 27
500	» 06	» 09	» 11	» 14	» 17	» 19	» 22	» 25	» 28	» 31	» 33
600	» 07	» 09	» 14	» 17	» 20	» 23	» 27	» 30	» 33	» 37	» 40
700	» 08	» 12	» 15	» 19	» 23	» 27	» 31	» 35	» 39	» 43	» 47
800	» 09	» 13	» 18	» 22	» 27	» 31	» 36	» 40	» 44	» 49	» 53
900	» 10	» 15	» 20	» 25	» 30	» 35	» 40	» 45	» 50	» 55	» 60
1,000	» 11	» 16	» 22	» 28	» 33	» 39	» 44	» 50	» 56	» 61	» 67
2,000	» 22	» 33	» 45	» 56	» 67	» 78	» 89	1 »	1 11	1 22	1 33
3,000	» 35	» 42	» 67	» 84	1 »	1 17	1 33	1 50	1 67	1 83	2 »
4,000	» 44	» 66	» 89	1 11	1 33	1 56	1 78	2 »	2 22	2 44	2 67
5,000	» 55	» 82	1 11	1 41	1 67	1 94	2 22	2 50	2 78	3 06	3 33
6,000	» 67	» 99	1 33	1 63	2 »	2 33	2 67	3 »	3 33	3 67	4 »
7,000	» 77	1 15	1 56	1 93	2 33	2 72	3 11	3 50	3 89	4 28	4 67
8,000	0 89	1 33	1 78	2 22	2 67	3 11	3 56	4 »	4 44	4 89	5 33
9,000	1 »	1 50	2 »	2 50	3 »	3 50	4 »	4 50	5 »	5 50	6 »
10,000	1 11	1 66	2 22	2 77	3 33	3 89	4 44	5 »	5 56	6 11	6 67
100,000	11 10	16 65	22 20	27 70	33 30	38 85	44 40	49 95	55 50	61 05	66 30
500,000	55 50	83 25	111 »	138 50	166 50	194 25	222 »	249 75	277 50	305 25	333 »
1,000,000	111 50	166 50	222 »	277 »	333 »	388 50	444 »	499 50	555 »	610 50	666 »

5 JOURS

MONTANT du CAPITAL.	TAUX A L'INTÉRÊT DE 1 0/0	1 1/2 0/0	2 0/0	2 1/2 0/0	3 0/0	3 1/2 0/0	4 0/0	4 1/2 0/0	5 0/0	5 1/2 0/0	6 0/0
fr.	fr. c.	fr. c.	fr. c.	fr. c.	fr. c.	fr. c.	fr. c.	fr. c.	fr. c.	fr. c.	fr. c.
1	» »	» »	» »	» »	» »	» »	» »	» »	» »	» »	» »
2	» »	» »	» »	» »	» »	» »	» »	» »	» »	» »	» »
3	» »	» »	» »	» »	» »	» »	» »	» »	» »	» »	» »
4	» »	» »	» »	» »	» »	» »	» »	» »	» »	» »	» »
5	» »	» »	» »	» »	» »	» »	» »	» »	» »	» »	» »
6	» »	» »	» »	» »	» »	» »	» »	» »	» »	» »	» »
7	» »	» »	» »	» »	» »	» »	» »	» »	» »	» 01	» 01
8	» »	» »	» »	» »	» »	» »	» »	» »	» 01	» 01	» 01
9	» »	» »	» »	» »	» »	» »	» »	» 01	» 01	» 01	» 01
10	» »	» »	» »	» »	» »	» »	» 01	» 01	» 01	» 01	» 01
20	» »	» »	» »	» 01	» 01	» 01	» 01	» 01	» 01	» 02	» 02
30	» »	» »	» 01	» 01	» 01	» 01	» 02	» 02	» 02	» 02	» 02
40	» »	» »	» 01	» 01	» 02	» 02	» 02	» 02	» 03	» 03	» 03
50	» »	» »	» 01	» 01	» 02	» 02	» 03	» 03	» 03	» 04	» 04
60	» »	» »	» 01	» 02	» 02	» 03	» 03	» 04	» 04	» 05	» 05
70	» 01	» 01	» 02	» 02	» 03	» 03	» 04	» 04	» 05	» 05	» 06
80	» 01	» 01	» 02	» 03	» 03	» 04	» 04	» 05	» 06	» 06	» 07
90	» 01	» 01	» 02	» 03	» 04	» 04	» 05	» 06	» 06	» 07	» 07
100	» 01	» 02	» 03	» 04	» 04	» 05	» 06	» 06	» 07	» 08	» 08
200	» 03	» 04	» 06	» 07	» 08	» 10	» 11	» 12	» 14	» 15	» 17
300	» 04	» 04	» 08	» 10	» 12	» 15	» 17	» 19	» 21	» 23	» 25
400	» 05	» 07	» 10	» 12	» 17	» 19	» 22	» 25	» 28	» 31	» 33
500	» 07	» 10	» 14	» 17	» 21	» 24	» 28	» 31	» 35	» 38	» 42
600	» 08	» 12	» 16	» 20	» 25	» 29	» 33	» 37	» 42	» 46	» 51
700	» 10	» 15	» 20	» 25	» 29	» 34	» 39	» 44	» 49	» 53	» 58
800	» 11	» 16	» 22	» 27	» 33	» 39	» 44	» 50	» 56	» 61	» 67
900	» 12	» 18	» 24	» 30	» 37	» 44	» 50	» 56	» 62	» 69	» 75
1,000	» 14	» 21	» 28	» 35	» 42	» 49	» 56	» 62	» 69	» 76	» 83
2,000	» 17	» 25	» 34	» 42	» 83	» 97	1 11	1 25	1 39	1 53	1 67
3,000	» 42	» 63	» 84	1 05	1 25	1 46	1 67	1 87	2 08	2 29	2 50
4,000	» 56	» 84	1 12	1 40	1 67	1 94	2 22	2 50	2 78	3 06	3 33
5,000	» 69	1 13	1 38	1 75	2 08	2 43	2 78	3 12	3 47	3 82	4 17
6,000	» 83	1 24	1 66	2 10	2 50	2 92	3 33	3 75	4 17	4 58	5 »
7,000	» 94	1 41	1 88	2 45	2 92	3 40	3 89	4 37	4 86	5 35	5 83
8,000	1 11	1 66	2 22	2 80	3 33	3 89	4 44	5 »	5 56	6 11	6 67
9,000	1 25	1 88	2 50	3 15	3 75	4 37	5 »	5 62	6 25	6 87	7 50
10,000	1 39	2 08	2 78	3 50	4 17	4 86	5 56	6 25	6 94	7 64	8 33
100,000	13 90	20 80	27 80	35 »	41 70	48 60	55 60	62 50	69 40	76 40	83 30
500,000	69 50	104 »	139 »	175 »	208 50	243 »	278 »	312 50	347 »	382 »	416 50
1,000,000	139 »	208 »	278 »	350 »	417 »	486 »	556 »	625 »	694 »	764 »	833 »

6 JOURS

MONTANT du CAPITAL.	TAUX A L'INTÉRÊT DE 1 0/0	1 1/2 0/0	2 0/0	2 1/2 0/0	3 0/0	3 1/2 0/0	4 0/0	4 1/2 0/0	5 0/0	5 1/2 0/0	6 0/0
fr.	fr. c.	fr. c.	fr. c.	fr. c.	fr. c.	fr. c.	fr. c.	fr. c.	fr. c.	fr. c.	fr. c.
1	» »	» »	» »	» »	» »	» »	» »	» »	» »	» »	» »
2	» »	» »	» »	» »	» »	» »	» »	» »	» »	» »	» »
3	» »	» »	» »	» »	» »	» »	» »	» »	» »	» »	» »
4	» »	» »	» »	» »	» »	» »	» »	» »	» »	» »	» »
5	» »	» »	» »	» »	» »	» »	» »	» »	» »	» »	» »
6	» »	» »	» »	» »	» »	» »	» »	» »	» »	» »	» 01
7	» »	» »	» »	» »	» »	» »	» »	» »	» 01	» 01	» 01
8	» »	» »	» »	» »	» »	» »	» 01	» 01	» 01	» 01	» 01
9	» »	» »	» »	» »	» »	» 01	» 01	» 01	» 01	» 01	» 01
10	» »	» »	» »	» »	» »	» 01	» 01	» 01	» 01	» 01	» 01
20	» »	» »	» »	» »	» 01	» 01	» 01	» 01	» 02	» 02	» 02
30	» »	» »	» »	» »	» 01	» 02	» 02	» 02	» 02	» 03	» 03
40	» »	» »	» 01	» 01	» 02	» 02	» 03	» 03	» 03	» 04	» 04
50	» 01	» 02	» 02	» 02	» 02	» 03	» 03	» 04	» 04	» 05	» 05
60	» 01	» 02	» 02	» 02	» 03	» 03	» 04	» 04	» 05	» 05	» 06
70	» 01	» 02	» 02	» 02	» 03	» 04	» 05	» 05	» 06	» 06	» 07
80	» 02	» 03	» 04	» 04	» 05	» 05	» 06	» 06	» 07	» 07	» 08
90	» 02	» 03	» 04	» 04	» 05	» 05	» 06	» 07	» 07	» 08	» 09
100	» 02	» 03	» 04	» 04	» 05	» 06	» 07	» 07	» 08	» 09	» 10
200	» 03	» 04	» 06	» 08	» 10	» 12	» 13	» 15	» 17	» 18	» 20
300	» 05	» 07	» 10	» 13	» 15	» 17	» 20	» 22	» 25	» 27	» 30
400	» 07	» 10	» 14	» 16	» 20	» 23	» 27	» 30	» 33	» 37	» 40
500	» 08	» 12	» 16	» 20	» 25	» 29	» 33	» 37	» 42	» 46	» 50
600	» 10	» 15	» 20	» 25	» 30	» 35	» 40	» 45	» 50	» 55	» 60
700	» 12	» 18	» 24	» 30	» 35	» 41	» 47	» 52	» 58	» 64	» 70
800	» 13	» 19	» 26	» 34	» 40	» 47	» 53	» 60	» 67	» 73	» 80
900	» 15	» 23	» 30	» 38	» 45	» 52	» 60	» 67	» 75	» 82	» 90
1,000	» 16	» 24	» 32	» 42	» 50	» 58	» 67	» 75	» 83	» 92	1 »
2,000	» 33	» 49	» 66	» 84	1 »	1 17	1 33	» 50	1 67	1 83	2 »
3,000	» 50	» 75	1 »	1 25	1 50	1 75	2 »	2 25	2 50	2 75	3 »
4,000	» 69	1 03	1 28	1 50	2 »	2 33	2 67	3 »	3 33	3 67	4 »
5,000	» 83	1 24	1 63	2 »	2 50	2 92	3 33	3 75	4 17	4 58	5 »
6,000	1 »	1 50	2 25	2 50	3 »	3 50	4 »	4 50	5 »	5 50	6 »
7,000	1 17	1 75	2 62	3 »	3 50	4 08	4 67	5 25	5 83	6 42	7 »
8,000	1 33	2 »	3 »	3 50	4 »	4 67	5 33	6 »	6 67	7 33	8 »
9,000	1 50	2 25	3 37	4 »	4 50	5 25	6 »	6 75	7 50	8 25	9 »
10,000	1 67	2 50	3 75	4 50	5 »	5 83	6 67	7 50	8 33	9 17	10 »
100,000	16 70	25 »	37 50	45 »	50 »	58 30	66 70	75 »	83 30	91 70	100 »
500,000	83 50	125 »	187 50	225 »	250 »	291 50	333 50	375 »	416 50	458 50	500 »
1,000,000	167 »	250 »	375 »	450 »	500 »	583 »	667 50	750 »	833 »	917 »	1,000 »

7 JOURS

MONTANT du CAPITAL.	TAUX A L'INTÉRÊT DE										
	1 0/0	1 1/2 0/0	2 0/0	2 1/2 0/0	3 0/0	3 1/2 0/0	4 0/0	4 1/2 0/0	5 0/0	5 1/2 0/0	6 0/0
fr.	fr. c.	fr. c.	fr. c.	fr. c.	fr. c.	fr. c.	fr. c.	fr. c.	fr. c.	fr. c.	fr. c.
1	» »	» »	» »	» »	» »	» »	» »	» »	» »	» »	» »
2	» »	» »	» »	» »	» »	» »	» »	» »	» »	» »	» »
3	» »	» »	» »	» »	» »	» »	» »	» »	» »	» »	» »
4	» »	» »	» »	» »	» »	» »	» »	» »	» »	» »	» »
5	» »	» »	» »	» »	» »	» »	» »	» »	» »	» 01	» 01
6	» »	» »	» »	» »	» »	» »	» »	» 01	» 01	» 01	» 01
7	» »	» »	» »	» »	» »	» »	» 01	» 01	» 01	» 01	» 01
8	» »	» »	» »	» »	» »	» 01	» 01	» 01	» 01	» 01	» 01
9	» »	» »	» »	» »	» 01	» 01	» 01	» 01	» 01	» 01	» 01
10	» »	» »	» »	» »	» 01	» 01	» 01	» 01	» 01	» 01	» 01
20	» »	» »	» »	» »	» 01	» 01	» 02	» 02	» 02	» 02	» 02
30	» »	» »	» 01	» 01	» 02	» 02	» 02	» 03	» 03	» 03	» 03
40	» »	» »	» 01	» 01	» 02	» 03	» 03	» 03	» 04	» 04	» 05
50	» 01	» 01	» 01	» 01	» 03	» 03	» 04	» 04	» 05	» 05	» 06
60	» 01	» 01	» 02	» 02	» 03	» 04	» 04	» 05	» 06	» 06	» 07
70	» 01	» 01	» 02	» 03	» 04	» 05	» 05	» 06	» 07	» 07	» 08
80	» 01	» 02	» 02	» 03	» 05	» 05	» 06	» 07	» 08	» 09	» 09
90	» 01	» 02	» 03	» 04	» 05	» 06	» 07	» 08	» 09	» 10	» 10
100	» 02	» 03	» 04	» 05	» 06	» 07	» 08	» 09	» 10	» 11	» 12
200	» 04	» 06	» 08	» 10	» 12	» 14	» 16	» 17	» 19	» 21	» 23
300	» 05	» 07	» 10	» 13	» 17	» 20	» 23	» 26	» 29	» 32	» 35
400	» 07	» 10	» 14	» 17	» 23	» 27	» 31	» 35	» 39	» 43	» 47
500	» 09	» 13	» 18	» 23	» 29	» 34	» 39	» 44	» 49	» 53	» 58
600	» 11	» 16	» 22	» 27	» 35	» 41	» 47	» 52	» 58	» 64	» 70
700	» 14	» 21	» 28	» 35	» 41	» 48	» 54	» 61	» 68	» 75	» 82
800	» 16	» 24	» 32	» 40	» 47	» 54	» 62	» 70	» 78	» 86	» 93
900	» 17	» 25	» 34	» 42	» 52	» 61	» 70	» 79	» 87	» 96	1 05
1,000	» 19	» 27	» 38	» 48	» 58	» 68	» 78	» 87	» 97	1 07	1 17
2,000	» 39	» 58	» 78	» 97	1 17	1 36	1 56	1 75	1 94	2 14	2 33
3,000	» 58	» 78	1 16	1 45	1 75	2 04	2 33	2 62	2 92	3 21	3 50
4,000	» 78	1 17	1 56	1 96	2 33	2 72	3 11	3 50	3 89	4 28	4 67
5,000	» 97	1 45	1 94	2 42	2 92	3 40	3 89	4 37	4 86	5 35	5 83
6,000	1 17	1 75	2 33	2 92	3 50	4 08	4 67	5 25	5 83	6 42	7 »
7,000	1 36	2 04	2 72	3 40	4 08	4 76	5 44	6 12	6 81	7 49	8 17
8,000	1 55	2 32	3 10	3 87	4 67	5 44	6 22	7 »	7 78	8 56	9 33
9,000	1 75	2 72	3 50	4 38	5 25	6 12	7 »	7 87	8 75	9 62	10 50
10,000	1 95	2 92	3 90	4 88	5 83	6 81	7 78	8 75	9 72	10 69	11 67
100,000	19 50	29 20	39 »	48 80	58 30	68 10	77 80	87 50	97 20	106 90	116 70
500,000	94 50	146 »	195 »	244 »	291 50	340 50	389 »	437 50	486 »	534 50	583 50
1,000,000	195 »	292 »	390 »	488 »	583 »	681 »	778 »	875 »	972 »	1,069	1,167

8 JOURS

MONTANT du CAPITAL.	TAUX A L'INTÉRÊT DE 1 0/0	1 1/2 0/0	2 0/0	2 1/2 0/0	3 0/0	3 1/2 0/0	4 0/0	4 1/2 0/0	5 0/0	5 1/2 0/0	6 0/0
fr.	fr. c.	fr. c.	fr. c.	fr. c.	fr. c.	fr. c.	fr. c.	fr. c.	fr. c.	fr. c.	fr. c.
1	» »	» »	» »	» »	» »	» »	» »	» »	» »	» »	» »
2	» »	» »	» »	» »	» »	» »	» »	» »	» »	» »	» »
3	» »	» »	» »	» »	» »	» »	» »	» »	» »	» »	» »
4	» »	» »	» »	» »	» »	» »	» »	» »	» »	» »	» 01
5	» »	» »	» »	» »	» »	» »	» »	» »	» 01	» 01	» 01
6	» »	» »	» »	» »	» »	» »	» 01	» 01	» 01	» 01	» 01
7	» »	» »	» »	» »	» »	» 01	» 01	» 01	» 01	» 01	» 01
8	» »	» »	» »	» »	» 01	» 01	» 01	» 01	» 01	» 01	» 01
9	» »	» »	» »	» »	» 01	» 01	» 01	» 01	» 01	» 01	» 01
10	» »	» »	» »	» »	» 01	» 01	» 01	» 01	» 01	» 01	» 01
20	» »	» »	» »	» 01	» 01	» 02	» 02	» 02	» 02	» 02	» 03
30	» »	» »	» »	» 01	» 02	» 02	» 03	» 03	» 03	» 04	» 04
40	» 01	» 01	» 02	» 02	» 03	» 03	» 04	» 04	» 05	» 05	» 05
50	» 01	» 01	» 02	» 02	» 03	» 04	» 04	» 05	» 06	» 06	» 07
60	» 01	» 01	» 02	» 02	» 04	» 05	» 05	» 06	» 07	» 07	» 08
70	» 01	» 02	» 02	» 04	» 05	» 05	» 06	» 07	» 08	» 09	» 09
80	» 02	» 03	» 04	» 05	» 05	» 06	» 07	» 08	» 09	» 10	» 11
90	» 02	» 03	» 04	» 05	» 06	» 07	» 08	» 09	» 10	» 11	» 12
100	» 02	» 03	» 04	» 05	» 07	» 08	» 09	» 10	» 11	» 12	» 13
200	» 04	» 06	» 08	» 10	» 13	» 16	» 18	» 20	» 22	» 24	» 27
300	» 07	» 09	» 14	» 17	» 20	» 23	» 27	» 30	» 33	» 37	» 40
400	» 09	» 13	» 18	» 23	» 27	» 31	» 36	» 40	» 44	» 49	» 53
500	» 11	» 16	» 22	» 27	» 33	» 39	» 44	» 50	» 56	» 61	» 67
600	» 13	» 19	» 26	» 34	» 40	» 47	» 53	» 60	» 67	» 73	» 80
700	» 15	» 22	» 30	» 38	» 47	» 54	» 62	» 70	» 78	» 86	» 93
800	» 18	» 27	» 36	» 45	» 53	» 62	» 71	» 80	» 89	» 98	1 07
900	» 20	» 30	» 40	» 50	» 60	» 70	» 80	» 90	1 »	1 10	1 20
1,000	» 22	» 33	» 44	» 55	» 67	» 78	» 89	1 »	1 11	1 22	1 33
2,000	» 44	» 66	» 88	1 10	1 33	1 56	1 78	2 »	2 22	2 44	2 67
3,000	» .66	» 99	1 32	1 65	2 »	2 33	2 67	3 »	3 33	3 67	4 »
4,000	» 89	1 33	1 78	2 22	2 67	3 11	3 56	4 »	4 44	4 89	5 33
5,000	1 11	1 66	2 22	2 72	3 33	3 89	4 44	5 »	5 56	6 11	6 67
6,000	1 33	1 99	2 66	3 33	4 »	4 67	5 33	6 »	6 67	7 33	8 »
7,000	1 56	2 34	3 12	3 90	4 67	5 44	6 22	7 »	7 78	8 56	9 33
8,000	1 78	2 67	3 56	4 45	5 33	6 22	7 11	8 »	8 89	9 78	10 67
9,000	2 »	3 »	4 »	5 »	6 »	7 »	8 »	9 »	10 »	11 »	12 »
10,000	2 22	3 33	4 44	5 55	6 67	7 78	8 89	10 »	11 11	12 22	13 33
100,000	22 20	33 30	44 40	55 50	66 70	77 80	88 90	100 »	111 10	122 20	133 30
500,000	111 »	166 50	222 »	277 50	333 50	389 »	444 50	500 »	555 »	611 »	666 50
1,000,000	222 »	333 »	444 »	555 »	667 »	778 »	889 »	1,000	1,110	1,122	1,133

9 JOURS

MONTANT du CAPITAL.	TAUX A L'INTÉRÊT DE										
	1 0/0	1 1/2 0/0	2 0/0	2 1/2 0/0	3 0/0	3 1/2 0/0	4 0/0	4 1/2 0/0	5 0/0	5 1/2 0/0	6 0/0
fr.	fr. c.	fr. c.	fr. c.	fr. c.	fr. c.	fr. c.	fr. c.	fr. c.	fr. c.	fr. c.	fr. c.
1	» »	» »	» »	» »	» »	» »	» »	» »	» »	» »	» »
2	» »	» »	» »	» »	» »	» »	» »	» »	» »	» »	» »
3	» »	» »	» »	» »	» »	» »	» »	» »	» »	» »	» »
4	» »	» »	» »	» »	» »	» »	» »	» »	» »	» »	» 01
5	» »	» »	» »	» »	» »	» »	» »	» »	» »	» 01	» 01
6	» »	» »	» »	» »	» »	» 01	» 01	» 01	» 01	» 01	» 01
7	» »	» »	» »	» »	» 01	» 01	» 01	» 01	» 01	» 01	» 01
8	» »	» »	» »	» »	» 01	» 01	» 01	» 01	» 01	» 01	» 01
9	» »	» »	» »	» 01	» 01	» 01	» 01	» 01	» 01	» 01	» 01
10	» »	» »	» »	» 01	» 01	» 01	» 01	» 01	» 01	» 01	» 01
20	» »	» »	» 01	» 01	» 01	» 02	» 02	» 02	» 02	» 03	» 03
30	» 01	» 01	» 02	» 02	» 03	» 03	» 03	» 03	» 04	» 04	» 04
40	» 01	» 01	» 02	» 03	» 03	» 03	» 04	» 04	» 05	» 05	» 06
50	» 01	» 01	» 02	» 03	» 04	» 04	» 05	» 06	» 06	» 07	» 07
60	» 01	» 02	» 03	» 04	» 04	» 05	» 06	» 07	» 07	» 08	» 09
70	» 01	» 02	» 03	» 04	» 05	» 06	» 07	» 08	» 09	» 10	» 10
80	» 02	» 03	» 04	» 05	» 06	» 07	» 08	» 09	» 10	» 11	» 12
90	» 02	» 03	» 04	» 06	» 07	» 08	» 09	» 10	» 11	» 12	» 13
100	» 03	» 04	» 05	» 07	» 07	» 09	» 10	» 11	» 14	» 14	» 15
200	» 05	» 07	» 10	» 13	» 15	» 17	» 20	» 22	» 25	» 27	» 30
300	» 07	» 10	» 14	» 18	» 22	» 26	» 30	» 34	» 37	» 41	» 45
400	» 10	» 15	» 20	» 25	» 30	» 35	» 40	» 45	» 50	» 55	» 60
500	» 13	» 19	» 26	» 31	» 37	» 44	» 50	» 56	» 62	» 69	» 75
600	» 15	» 23	» 30	» 38	» 45	» 52	» 60	» 67	» 75	» 82	» 90
700	» 18	» 27	» 36	» 46	» 52	» 61	» 70	» 79	» 87	» 96	1 05
800	» 20	» 30	» 40	» 50	» 60	» 70	» 80	» 90	1 »	1 10	1 20
900	» 22	» 33	» 44	» 55	» 67	» 79	» 90	1 01	1 12	1 24	1 35
1,000	» 25	» 37	» 50	» 63	» 75	» 87	1 »	1 12	1 25	1 37	1 50
2,000	» 50	» 75	1 »	1 25	1 50	1 75	2 »	2 25	2 50	2 75	3 »
3,000	» 75	1 12	1 50	1 86	2 25	2 62	3 »	3 37	3 75	4 12	4 50
4,000	1 »	1 50	2 »	2 50	3 »	3 50	4 »	4 50	5 »	5 50	6 »
5,000	1 25	1 87	2 50	3 62	3 75	4 37	5 »	5 62	6 25	6 87	7 50
6,000	1 50	1 95	3 »	3 75	4 50	5 25	6 »	6 75	7 50	8 25	9 »
7,000	1 75	2 62	3 50	4 38	5 25	6 12	7 »	7 87	8 75	9 62	10 50
8,000	2 »	3 »	4 »	5 »	6 »	7 »	8 »	9 »	10 »	11 »	12 »
9,000	2 25	3 37	4 50	5 62	6 75	7 87	9 »	10 12	11 25	12 37	13 50
10,000	2 50	3 75	5 »	6 25	7 50	8 75	10 »	11 25	12 50	13 75	15 »
100,000	25 »	37 50	50 »	62 50	75 »	87 50	100 »	112 50	125 »	137 50	150 »
500,000	125 »	187 50	250 »	312 50	375 »	437 50	500 »	562 50	625 »	687 50	750 »
1,000,000	250 »	375 »	500 »	625 »	750 »	875 »	1,000	1,125	1,250	1,375	1,500

10 JOURS

MONTANT du CAPITAL.	TAUX A L'INTÉRÊT DE 1 0/0	1 1/2 0/0	2 0/0	2 1/2 0/0	3 0/0	3 1/2 0/0	4 0/0	4 1/2 0/0	5 0/0	5 1/2 0/0	6 0/0
fr.	fr. c.	fr. c.	fr. c.	fr. c.	fr. c.	fr. c.	fr. c.	fr. c.	fr. c.	fr. c.	fr. c.
1	» »	» »	» »	» »	» »	» »	» »	» »	» »	» »	» »
2	» »	» »	» »	» »	» »	» »	» »	» »	» »	» »	» »
3	» »	» »	» »	» »	» »	» »	» »	» »	» »	» »	» »
4	» »	» »	» »	» »	» »	» »	» »	» »	» 01	» 01	» 01
5	» »	» »	» »	» »	» »	» »	» 01	» 01	» 01	» 01	» 01
6	» »	» »	» »	» »	» »	» 01	» 01	» 01	» 01	» 01	» 01
7	» »	» »	» »	» »	» 01	» 01	» 01	» 01	» 01	» 01	» 01
8	» »	» »	» »	» »	» 01	» 01	» 01	» 01	» 01	» 01	» 01
9	» »	» »	» 01	» 01	» 01	» 01	» 01	» 01	» 01	» 01	» 01
10	» »	» »	» 01	» 01	» 01	» 01	» 01	» 01	» 01	» 02	» 02
20	» »	» »	» 01	» 01	» 02	» 02	» 02	» 02	» 03	» 03	» 03
30	» 01	» 01	» 02	» 02	» 02	» 03	» 03	» 04	» 04	» 05	» 05
40	» 01	» 01	» 02	» 02	» 03	» 04	» 04	» 05	» 06	» 06	» 07
50	» 01	» 01	» 02	» 03	» 04	» 05	» 06	» 06	» 07	» 08	» 08
60	» 01	» 02	» 03	» 04	» 05	» 06	» 07	» 07	» 08	» 09	» 10
70	» 02	» 03	» 04	» 05	» 06	» 07	» 08	» 09	» 10	» 11	» 12
80	» 02	» 03	» 04	» 06	» 07	» 08	» 09	» 10	» 11	» 12	» 13
90	» 03	» 04	» 05	» 07	» 07	» 09	» 10	» 11	» 12	» 14	» 15
100	» 03	» 04	» 06	» 07	» 08	» 10	» 11	» 12	» 14	» 15	» 17
200	» 06	» 09	» 11	» 14	» 17	» 19	» 22	» 25	» 28	» 31	» 33
300	» 08	» 12	» 16	» 20	» 25	» 29	» 33	» 37	» 42	» 46	» 50
400	» 11	» 16	» 22	» 27	» 33	» 39	» 44	» 50	» 56	» 61	» 67
500	» 14	» 21	» 28	» 35	» 42	» 49	» 56	» 62	» 69	» 76	» 83
600	» 17	» 25	» 34	» 42	» 50	» 58	» 67	» 75	» 83	» 92	1 »
700	» 19	» 28	» 38	» 47	» 58	» 68	» 78	» 87	» 97	1 07	1 17
800	» 22	» 33	» 44	» 55	» 67	» 78	» 89	1 »	1 11	1 22	1 33
900	» 25	» 45	» 50	» 65	» 75	» 87	1 »	1 12	1 25	1 37	1 50
1,000	» 28	» 42	» 56	» 70	» 83	» 97	1 11	1 25	1 39	1 53	1 67
2,000	» 56	» 84	1 12	1 40	1 67	1 94	2 22	2 50	2 78	3 06	3 33
3,000	» 83	1 24	1 66	2 08	2 50	2 92	3 33	3 75	4 17	4 58	5 »
4,000	1 11	1 66	2 22	2 78	3 33	3 89	4 44	5 »	5 56	6 11	6 67
5,000	1 39	2 08	2 78	3 47	4 17	4 86	5 56	6 25	6 94	7 64	8 33
6,000	1 70	2 55	3 40	4 25	5 »	5 83	6 67	7 50	8 33	9 17	10 »
7,000	1 94	2 91	3 88	4 85	5 83	6 81	7 78	8 75	9 72	10 69	11 67
8,000	2 22	3 33	4 44	5 55	6 67	7 78	8 89	10 »	11 11	12 22	13 33
9,000	2 50	3 75	5 »	7 50	7 50	8 75	10 »	11 25	12 50	13 75	15 »
10,000	2 80	4 20	5 60	7 »	8 33	9 72	11 11	12 50	13 89	15 28	16 67
100,000	28 »	42 »	56 »	70 »	83 30	97 20	111 10	125 »	138 90	152 80	166 70
500,000	140 »	210 »	280 »	350 »	416 50	486 »	555 50	625 »	694 50	764 »	833 50
1,000,000	280 »	420 »	560 »	700 »	833 »	972 »	1,110	1,250	1,389	1,528	1,667

20 JOURS

MONTANT du CAPITAL.	TAUX A L'INTÉRÊT DE 1 0/0	1 1/2 0/0	2 0/0	2 1/2 0/0	3 0/0	3 1/2 0/0	4 0/0	4 1/2 0/0	5 0/0	5 1/2 0/0	6 0/0
fr.	fr. c.	fr. c.	fr. c.	fr. c.	fr. c.	fr. c.	fr. c.	fr. c.	fr. c.	fr. c.	fr. c.
1	» »	» »	» »	» »	» »	» »	» »	» »	» »	» »	» »
2	» »	» »	» »	» »	» »	» »	» »	» »	» 01	» 01	» 01
3	» »	» »	» »	» »	» »	» »	» »	» »	» 01	» 01	» 01
4	» »	» »	» »	» »	» 01	» 01	» 01	» 01	» 01	» 01	» 01
5	» »	» »	» »	» »	» 01	» 01	» 01	» 01	» 01	» 02	» 02
6	» »	» »	» »	» »	» 01	» 01	» 01	» 01	» 02	» 02	» 02
7	» »	» »	» »	» »	» 01	» 01	» 02	» 02	» 02	» 02	» 02
8	» »	» »	» »	» »	» 01	» 02	» 02	» 02	» 02	» 02	» 03
9	» »	» »	» »	» »	» 01	» 02	» 02	» 02	» 02	» 03	» 03
10	» »	» »	» »	» 01	» 02	» 02	» 02	» 02	» 03	» 03	» 03
20	» 01	» 01	» 01	» 02	» 03	» 04	» 04	» 05	» 06	» 06	» 07
30	» 01	» 01	» 02	» 03	» 05	» 06	» 07	» 07	» 08	» 09	» 10
40	» 02	» 02	» 03	» 04	» 07	» 08	» 09	» 10	» 11	» 12	» 13
50	» 02	» 03	» 04	» 05	» 08	» 10	» 11	» 12	» 14	» 15	» 17
60	» 03	» 04	» 06	» 08	» 10	» 12	» 13	» 15	» 17	» 18	» 20
70	» 04	» 06	» 08	» 10	» 12	» 14	» 16	» 17	» 19	» 21	» 23
80	» 04	» 06	» 08	» 10	» 13	» 16	» 18	» 20	» 22	» 24	» 27
90	» 05	» 07	» 10	» 13	» 15	» 17	» 20	» 22	» 25	» 27	» 30
100	» 06	» 09	» 12	» 15	» 17	» 19	» 22	» 25	» 28	» 31	» 33
200	» 11	» 17	» 22	» 33	» 33	» 39	» 44	» 50	» 56	» 61	» 67
300	» 16	» 24	» 32	» 40	» 50	» 58	» 67	» 75	» 83	» 92	1 »
400	» 22	» 33	» 44	» 55	» 67	» 78	» 89	1 »	1 11	1 22	1 33
500	» 28	» 42	» 56	» 70	» 83	» 97	1 11	1 25	1 39	1 53	1 67
600	» 33	» 49	» 66	» 82	1 »	1 17	1 33	1 55	1 67	1 83	2 »
700	» 39	» 58	» 78	» 96	1 17	1 36	1 56	1 75	1 94	2 14	2 33
800	» 44	» 55	» 88	» 99	1 33	1 56	1 78	2 »	2 22	2 44	2 67
900	» 50	» 75	1 »	1 25	1 50	1 75	2 »	2 25	2 50	2 75	3 »
1,000	» 56	» 84	1 12	1 40	1 67	1 94	2 22	2 50	2 78	3 06	3 33
2,000	1 11	1 66	2 22	3 33	3 33	3 89	4 44	5 »	5 56	6 11	6 67
3,000	1 66	2 49	3 32	3 95	5 »	5 83	6 67	7 50	8 33	9 17	10 »
4,000	2 22	3 33	4 44	5 56	6 67	7 78	8 89	10 »	11 11	12 12	13 33
5,000	2 77	4 15	5 54	6 92	8 33	9 72	11 11	12 50	13 89	15 28	16 67
6,000	3 33	4 44	6 66	7 77	10 »	11 67	13 33	15 »	16 67	18 33	20 »
7,000	3 89	5 83	7 78	9 72	11 67	13 61	15 56	17 50	19 44	21 39	23 33
8,000	4 44	6 66	8 88	11 10	13 33	15 56	17 78	20 »	22 22	24 44	26 67
9,000	5 »	7 50	10 »	12 50	15 »	17 50	20 »	22 50	25 »	27 50	30 »
10,000	5 56	8 34	11 12	13 90	16 67	19 44	22 22	25 »	27 78	30 56	33 33
100,000	55 60	83 40	111 20	139 »	166 70	194 40	222 20	250 »	277 80	305 60	333 30
500,000	278 »	417 »	552 »	695 »	837 »	972 »	1,111	1,250	1,389	1,578	1,666
1,000,000	556 »	834 »	1,112	1,390	1,667	1,944	2,222	1,250	2,778	3,056	3,333

30 JOURS

MONTANT du CAPITAL.	TAUX A L'INTÉRÊT DE										
	1 0/0	1 1/2 0/0	2 0/0	2 1/2 0/0	3 0/0	3 1/2 0/0	4 0/0	4 1/2 0/0	5 0/0	5 1/2 0/0	6 0/0
fr.	fr. c.	fr. c.	fr. c.	fr. c.	fr. c.	fr. c.	fr. c.	fr. c.	fr. c.	fr. c.	fr. c.
1	» »	» »	» »	» »	» »	» »	» »	» »	» »	» »	» »
2	» »	» »	» »	» »	» »	» 01	» 01	» 01	» 01	» 01	» 01
3	» »	» »	» »	» »	» 01	» 01	» 01	» 01	» 01	» 01	» 01
4	» »	» »	» »	» »	» 01	» 01	» 01	» 01	» 02	» 02	» 02
5	» »	» »	» »	» 01	» 01	» 01	» 02	» 02	» 02	» 02	» 02
6	» »	» »	» »	» 01	» 01	» 02	» 02	» 02	» 02	» 03	» 03
7	» »	» »	» 01	» 01	» 02	» 02	» 02	» 03	» 03	» 03	» 03
8	» »	» »	» 01	» 01	» 02	» 02	» 03	» 03	» 03	» 04	» 04
9	» »	» »	» 01	» 02	» 02	» 03	» 03	» 03	» 04	» 04	» 04
10	» 01	» 01	» 01	» 02	» 02	» 03	» 03	» 04	» 04	» 05	» 05
20	» 01	» 01	» 02	» 03	» 05	» 06	» 07	» 07	» 08	» 09	» 10
30	» 02	» 03	» 04	» 05	» 07	» 09	» 10	» 11	» 12	» 14	» 15
40	» 03	» 04	» 06	» 07	» 10	» 12	» 13	» 15	» 17	» 18	» 20
50	» 04	» 06	» 08	» 10	» 12	» 15	» 17	» 19	» 21	» 23	» 25
60	» 05	» 07	» 10	» 12	» 15	» 17	» 20	» 22	» 25	» 27	» 30
70	» 06	» 09	» 12	» 15	» 17	» 20	» 23	» 26	» 29	» 32	» 35
80	» 06	» 09	» 12	» 17	» 20	» 23	» 27	» 30	» 33	» 37	» 40
90	» 07	» 10	» 14	» 18	» 22	» 26	» 30	» 34	» 37	» 41	» 45
100	» 08	» 12	» 16	» 20	» 25	» 29	» 33	» 37	» 42	» 46	» 50
200	» 17	» 25	» 34	» 42	» 50	» 58	» 67	» 75	» 83	» 92	1 »
300	» 25	» 38	» 50	» 62	» 75	» 87	1 »	1 12	1 25	1 37	1 50
400	» 33	» 49	» 66	» 82	1 »	1 17	1 33	1 50	1 67	1 83	2 »
500	» 42	» 63	» 84	1 05	1 25	1 46	1 67	1 87	2 08	2 29	2 50
600	» 50	» 75	1 »	1 25	1 50	1 75	2 »	2 25	2 50	2 75	3 »
700	» 58	» 87	1 16	1 74	1 75	2 04	2 33	2 62	2 92	3 21	3 50
800	» 66	» 99	1 32	1 65	2 »	2 33	2 67	3 »	3 33	8 67	4 »
900	» 75	1 12	1 50	1 87	2 25	2 62	3 »	3 37	3 75	4 12	4 50
1,000	» 83	1 24	1 66	2 67	2 50	2 92	3 33	3 75	4 17	4 58	5 »
2,000	1 66	2 49	3 32	4 15	5 »	5 83	6 67	7 50	8 33	9 17	10 »
3,000	2 50	3 75	5 »	6 25	7 50	8 75	10 »	11 25	12 50	13 75	15 »
4,000	3 33	4 99	6 66	8 32	10 »	11 67	13 33	15 »	16 67	18 33	20 »
5,000	4 16	6 24	8 32	10 40	12 50	14 58	16 67	18 75	20 83	22 92	25 »
6,000	5 »	7 50	10 »	12 50	15 »	17 50	20 »	22 50	25 »	27 50	30 »
7,000	5 83	8 44	11 66	14 57	17 50	20 42	23 33	26 25	29 17	32 08	35 »
8,000	6 66	9 99	13 32	16 65	20 »	23 33	26 67	30 »	33 33	36 67	40 »
9,000	7 50	11 25	15 »	18 75	22 50	26 25	30 »	33 75	37 50	41 25	45 »
10,000	8 33	12 49	16 66	20 82	25 »	29 17	33 33	37 50	41 67	45 83	50 »
100,000	83 30	124 90	166 60	208 20	250 »	291 70	333 30	375 »	416 70	458 30	500 »
500,000	416 50	624 50	833 »	1,041	1,250	1,458 50	1,666 50	1,875	2,083 50	2,291 50	2,500
1,000,000	833 »	1,249	1,666	2,082	2,500	2,917	3,333	3,750	4,167	4,583	5,000

40 JOURS

MONTANT du CAPITAL.	TAUX A L'INTÉRÊT DE										
	1 0/0	1 1/2 0/0	2 0/0	2 1/2 0/0	3 0/0	3 1/2 0/0	4 0/0	4 1/2 0/0	5 0/0	5 1/2 0/0	6 0/0
fr.	fr. c.	fr. c.	fr. c.	fr. c.	fr. c.	fr. c.	fr. c.	fr. c.	fr. c.	fr. c.	fr. c.
1	» »	» »	» »	» »	» »	» »	» »	» »	» 01	» 01	» 01
2	» »	» »	» »	» »	» 01	» 01	» 01	» 01	» 01	» 01	» 01
3	» »	» »	» »	» »	» 01	» 01	» 01	» 01	» 02	» 02	» 02
4	» »	» »	» »	» 01	» 01	» 02	» 02	» 02	» 02	» 02	» 03
5	» »	» »	» 01	» 01	» 02	» 02	» 02	» 02	» 03	» 03	» 03
6	» »	» »	» 01	» 02	» 02	» 02	» 03	» 03	» 03	» 04	» 04
7	» »	» 01	» 02	» 02	» 02	» 03	» 03	» 03	» 04	» 04	» 05
8	» 01	» 01	» 02	» 03	» 03	» 03	» 04	» 04	» 04	» 05	» 05
9	» 01	» 01	» 02	» 03	» 03	» 03	» 04	» 04	» 05	» 05	» 06
10	» 01	» 01	» 02	» 03	» 03	» 04	» 04	» 05	» 06	» 06	» 07
20	» 02	» 02	» 02	» 04	» 07	» 08	» 09	» 10	» 11	» 12	» 13
30	» 03	» 04	» 06	» 08	» 10	» 12	» 13	» 15	» 17	» 18	» 20
40	» 04	» 06	» 08	» 10	» 13	» 16	» 18	» 20	» 22	» 24	» 27
50	» 06	» 08	» 11	» 14	» 17	» 19	» 22	» 25	» 28	» 31	» 33
60	» 07	» 10	» 14	» 17	» 20	» 23	» 27	» 30	» 33	» 37	» 40
70	» 08	» 12	» 16	» 20	» 23	» 27	» 31	» 35	» 39	» 43	» 47
80	» 09	» 13	» 18	» 22	» 27	» 31	» 36	» 40	» 44	» 49	» 53
90	» 10	» 15	» 20	» 25	» 30	» 35	» 40	» 45	» 50	» 55	» 60
100	» 11	» 16	» 22	» 26	» 33	» 39	» 44	» 50	» 56	» 61	» 67
200	» 22	» 33	» 44	» 55	» 67	» 78	» 89	1 »	1 11	1 22	1 33
300	» 33	» 49	» 66	» 82	1 »	1 17	1 33	1 50	1 67	1 83	2 »
400	» 44	» 66	» 88	1 10	1 33	1 56	1 78	2 »	2 22	2 44	2 67
500	» 56	» 84	1 12	1 40	1 67	1 94	2 22	2 50	2 78	3 06	3 33
600	» 66	» 99	1 32	1 65	2 »	2 33	2 67	3 »	3 33	3 67	4 »
700	» 78	1 17	1 56	1 95	2 33	2 72	3 11	3 50	3 89	4 28	4 67
800	» 89	1 34	1 78	2 22	2 67	3 11	3 56	4 »	4 44	4 89	5 33
900	1 »	1 50	2 »	2 50	3 »	3 50	4 »	4 50	5 »	5 50	6 »
1,000	1 11	1 66	2 22	2 77	3 33	3 89	4 44	5 »	5 56	6 11	6 67
2,000	2 22	3 33	4 44	5 55	6 67	7 78	8 89	10 »	11 11	12 22	13 33
3,000	3 33	4 99	6 66	8 32	10 »	11 67	13 33	15 »	16 67	18 33	20 »
4,000	4 44	6 66	8 88	11 10	13 33	15 56	17 78	20 »	22 22	24 44	26 67
5,000	5 56	8 34	11 12	13 90	16 67	19 44	22 22	25 »	27 78	30 56	33 33
6,000	6 66	9 99	13 32	16 65	20 »	23 33	26 67	30 »	33 33	36 67	40 »
7,000	7 78	11 67	15 56	19 45	23 33	27 22	31 11	35 56	38 89	42 78	46 67
8,000	8 89	13 33	17 78	22 22	26 67	31 11	35 56	40 »	44 44	48 89	53 33
9,000	10 »	15 »	20 »	25 »	30 »	35 »	40 »	45 »	50 »	55 »	60 »
10,000	12 11	16 66	22 22	27 77	33 33	38 89	44 44	50 »	55 56	61 11	66 67
100,000	111 10	166 60	222 20	277 70	333 30	388 90	444 40	500 »	555 60	611 10	666 70
500,000	555 50	833 »	1,111	1,388 50	1,666 50	1,944 60	2,222	2,500	2,778	3,055 50	3,333 50
1,000,000	1,111	1,666	2,222	2,777	3,333	3,889	4,444	5,000	5,556	6,111	6,667

50 JOURS

MONTANT du CAPITAL.	TAUX A L'INTÉRÊT DE										
	1 0/0	1 1/2 0/0	2 0/0	2 1/2 0/0	3 0/0	3 1/2 0/0	4 0/0	4 1/2 0/0	5 0/0	5 1/2 0/0	6 0/0
fr.	fr. c.	fr. c.	fr. c.	fr. c.	fr. c.	fr. c.	fr. c.	fr. c.	fr. c.	fr. c.	fr. c.
1	» »	» »	» »	» »	» »	» »	» 01	» 01	» 01	» 01	» 01
2	» »	» »	» »	» »	» 01	» 01	» 01	» 01	» 01	» 02	» 02
3	» »	» »	» »	» 01	» 01	» 01	» 02	» 02	» 02	» 02	» 02
4	» »	» »	» 01	» 01	» 02	» 02	» 02	» 02	» 03	» 03	» 03
5	» »	» »	» 01	» 01	» 02	» 02	» 03	» 03	» 03	» 04	» 04
6	» 01	» 01	» 01	» 02	» 02	» 03	» 03	» 04	» 04	» 05	» 05
7	» 01	» 01	» 02	» 02	» 03	» 03	» 04	» 04	» 05	» 05	» 06
8	» 01	» 01	» 02	» 03	» 03	» 04	» 04	» 05	» 06	» 06	» 07
9	» 01	» 01	» 02	» 03	» 04	» 04	» 05	» 06	» 06	» 07	» 07
10	» 01	» 02	» 02	» 04	» 04	» 05	» 06	» 06	» 07	» 08	» 08
20	» 02	» 03	» 04	» 06	» 08	» 10	» 11	» 12	» 14	» 15	» 17
30	» 04	» 06	» 08	» 10	» 12	» 15	» 17	» 19	» 21	» 23	» 25
40	» 06	» 09	» 12	» 15	» 17	» 19	» 22	» 25	» 28	» 31	» 33
50	» 07	» 10	» 14	» 17	» 21	» 24	» 28	» 31	» 35	» 38	» 42
60	» 08	» 12	» 16	» 20	» 25	» 29	» 33	» 37	» 42	» 46	» 50
70	» 09	» 14	» 18	» 23	» 29	» 34	» 39	» 44	» 49	» 53	» 58
80	» 11	» 16	» 22	» 27	» 33	» 39	» 44	» 50	» 56	» 61	» 67
90	» 12	» 18	» 24	» 30	» 37	» 44	» 50	» 56	» 62	» 69	» 75
100	» 14	» 21	» 28	» 35	» 42	» 49	» 56	» 62	» 69	» 76	» 83
200	» 28	» 42	» 56	» 70	» 83	» 97	1 11	1 25	1 39	1 53	1 67
300	» 42	» 63	» 84	1 05	1 25	1 46	1 67	1 87	2 08	2 29	2 50
400	» 56	» 84	1 12	1 40	1 67	1 94	2 22	2 50	2 78	3 06	3 33
500	1 69	1 03	1 38	1 72	2 08	2 43	2 78	3 12	3 47	3 82	4 17
600	» 83	1 24	1 66	2 07	2 50	2 92	3 33	3 75	4 17	4 58	5 »
700	» 97	1 45	1 94	2 42	2 92	3 40	3 89	4 37	4 86	5 35	5 83
800	1 11	1 66	2 22	2 77	3 33	3 89	4 44	5 »	5 56	6 11	6 67
900	1 25	1 87	2 50	3 12	3 75	4 37	5 »	5 62	6 25	6 87	7 50
1,000	1 39	2 08	2 78	3 47	4 17	4 86	5 56	6 25	6 94	7 64	8 33
2,000	2 78	3 17	5 56	6 95	8 33	9 72	11 11	12 50	13 89	15 28	16 67
3,000	4 17	6 25	8 34	10 42	12 50	14 58	16 67	18 75	20 83	22 92	25 »
4,000	5 56	8 35	11 12	13 90	16 67	19 44	22 22	25 »	27 78	30 56	33 33
5,000	6 94	10 41	13 88	17 35	20 83	24 31	27 78	34 25	34 72	38 19	41 67
6,000	8 33	12 49	16 66	20 82	25 »	29 17	33 33	37 50	41 67	45 83	50 »
7,000	9 72	14 58	19 44	24 30	29 17	34 03	38 89	43 75	48 61	53 47	58 33
8,000	11 11	16 66	22 22	27 77	33 33	38 89	44 44	50 »	55 56	61 11	66 67
9,000	12 50	18 75	25 »	31 25	37 50	43 75	50 »	56 25	62 50	68 75	75 »
10,000	13 89	20 83	27 78	34 72	41 67	48 61	55 56	62 50	69 44	76 39	83 33
100,000	138 90	208 30	277 80	347 20	416 70	486 10	555 60	625 »	694 40	763 90	833 30
500,000	694 50	1,041 50	1,389	1,736	2,083 50	2,450 50	2,778	3,125	3,472	3,819 50	4,166 50
1,000,000	1,389	2,083	2,778	3,472	4,167	4,861	5,556	6,250	6,944	7,639	8,333

60 JOURS

MONTANT du CAPITAL.	TAUX A L'INTÉRÊT DE										
	1 0/0	1 1/2 0/0	2 0/0	2 1/2 0/0	3 0/0	3 1/2 0/0	4 0/0	4 1/2 0/0	5 0/0	5 1/2 0/0	6 0/0
fr.	fr. c.	fr. c.	fr. c.	fr. c.	fr. c.	fr. c.	fr. c.	fr. c.	fr. c.	fr. c.	fr. c.
1	» »	» »	» »	» »	» »	» 01	» 01	» 01	» 01	» 01	» 01
2	» »	» »	» »	» »	» 01	» 01	» 01	» 01	» 02	» 02	» 02
3	» »	» »	» »	» »	» 01	» 02	» 02	» 02	» 02	» 03	» 03
4	» »	» »	» »	» 01	» 02	» 02	» 03	» 03	» 03	» 04	» 04
5	» »	» »	» 01	» 02	» 02	» 03	» 03	» 04	» 04	» 05	» 05
6	» 01	» 01	» 02	» 02	» 03	» 03	» 04	» 04	» 05	» 05	» 06
7	» 01	» 01	» 02	» 03	» 03	» 04	» 05	» 05	» 06	» 06	» 07
8	» 01	» 01	» 03	» 04	» 04	» 05	» 05	» 06	» 07	» 07	» 08
9	» 01	» 02	» 03	» 04	» 04	» 05	» 06	» 07	» 07	» 08	» 09
10	» 03	» 04	» 04	» 04	» 05	» 06	» 07	» 07	» 08	» 09	» 10
20	» 03	» 05	» 06	» 08	» 10	» 12	» 13	» 15	» 17	» 18	» 20
30	» 05	» 07	» 10	» 12	» 15	» 17	» 20	» 22	» 25	» 27	» 30
40	» 07	» 10	» 14	» 17	» 20	» 23	» 27	» 30	» 33	» 37	» 40
50	» 08	» 12	» 16	» 20	» 25	» 29	» 33	» 37	» 42	» 46	» 50
60	» 10	» 15	» 20	» 25	» 30	» 35	» 40	» 45	» 50	» 55	» 60
70	» 12	» 18	» 24	» 30	» 35	» 41	» 47	» 52	» 58	» 64	» 70
80	» 18	» 19	» 26	» 32	» 40	» 47	» 53	» 60	» 67	» 73	» 80
90	» 15	» 22	» 30	» 38	» 45	» 52	» 60	» 67	» 75	» 82	» 90
100	» 17	» 25	» 34	» 42	» 50	» 58	» 67	» 75	» 83	» 92	1 »
200	» 33	» 49	» 66	» 79	1 »	1 17	1 33	1 50	1 67	1 83	2 »
300	» 50	» 75	1 »	1 25	1 50	1 75	2 »	2 25	2 50	2 75	3 »
400	» 66	» 99	1 32	1 65	2 »	2 33	2 67	3 »	3 33	3 67	4 »
500	» 83	1 24	1 66	2 07	2 50	2 92	3 33	3 75	4 17	4 58	5 »
600	1 »	1 50	2 »	2 50	3 »	3 50	4 »	4 50	5 »	5 50	6 »
700	1 16	1 74	2 32	2 90	3 50	4 08	4 67	5 25	5 83	6 42	7 »
800	1 33	1 99	2 66	3 32	4 »	4 67	5 33	6 »	6 67	7 33	8 »
900	1 50	2 25	3 »	3 75	4 50	5 25	6 »	6 75	7 50	8 25	9 »
1,000	1 66	2 49	3 32	4 15	5 »	5 83	6 67	7 50	8 33	9 17	10 »
2,000	3 33	4 99	6 66	8 32	10 »	11 67	13 33	15 »	16 67	18 33	20 »
3,000	5 »	7 50	10 »	12 50	15 »	17 50	20 »	22 50	25 »	27 50	30 »
4,000	6 66	9 99	13 32	16 65	20 »	23 33	26 67	30 »	33 33	36 67	40 »
5,000	8 33	12 49	16 66	20 80	25 »	29 17	33 33	37 50	41 67	45 83	50 »
6,000	10 »	15 »	20 »	25 »	30 »	35 »	40 »	45 »	50 »	55 »	60 »
7,000	11 66	17 49	23 32	29 15	35 »	40 83	46 67	52 50	58 33	64 17	70 »
8,000	13 33	19 99	26 66	33 32	40 »	46 67	53 33	60 »	66 67	73 33	80 »
9,000	15 »	22 50	30 »	37 50	45 »	52 50	60 »	67 50	75 »	82 50	90 »
10,000	16 66	24 99	33 32	41 65	50 »	58 33	66 67	75 »	83 33	91 67	100 »
100,000	166 60	249 90	333 20	416 50	500 »	583 30	666 70	750 »	833 30	916 70	1,000
500,000	932 »	1,249	1,666	2,082 50	2,500	2,916 50	3,333 50	3,750	4,166 50	4,583 50	5,000
1,000,000	1,666	2,499	3,332	4,165	5,000	5,833	6,667	7,500	8,333	9,167	10,000

70 JOURS

MONTANT du CAPITAL.	TAUX A L'INTÉRÊT DE										
	1 0/0	1 1/2 0/0	2 0/0	2 1/2 0/0	3 0/0	3 1/2 0/0	4 0/0	4 1/2 0/0	5 0/0	5 1/2 0/0	6 0/0
fr.	fr. c.	fr. c.	fr. c.	fr. c.	fr. c.	fr. c.	fr. c.	fr. c.	fr. c.	fr. c.	fr. c.
1	» »	» »	» »	» »	» 01	» 01	» 01	» 01	» 01	» 01	» 01
2	» »	» »	» 01	» 01	» 01	» 01	» 02	» 02	» 02	» 02	» 02
3	» »	» »	» 01	» 01	» 02	» 02	» 02	» 03	» 03	» 03	» 03
4	» »	» 01	» 01	» 02	» 02	» 03	» 03	» 03	» 04	» 04	» 05
5	» 01	» 01	» 02	» 02	» 03	» 03	» 04	» 04	» 05	» 05	» 06
6	» 01	» 01	» 02	» 03	» 03	» 04	» 05	» 05	» 06	» 06	» 07
7	» 01	» 01	» 02	» 03	» 04	» 05	» 05	» 06	» 07	» 07	» 08
8	» 01	» 01	» 03	» 04	» 05	» 05	» 06	» 07	» 08	» 09	» 09
9	» 02	» 03	» 04	» 05	» 05	» 06	» 07	» 08	» 09	» 10	» 01
10	» 02	» 03	» 04	» 05	» 06	» 07	» 08	» 09	» 10	» 11	» 12
20	» 04	» 06	» 08	» 10	» 12	» 14	» 16	» 17	» 19	» 21	» 23
30	» 06	» 09	» 12	» 15	» 17	» 20	» 23	» 26	» 29	» 32	» 35
40	» 08	» 12	» 16	» 20	» 23	» 27	» 31	» 35	» 39	» 43	» 47
50	» 09	» 13	» 18	» 24	» 29	» 34	» 39	» 44	» 49	» 53	» 58
60	» 12	» 18	» 23	» 30	» 35	» 41	» 47	» 52	» 58	» 64	» 70
70	» 14	» 24	» 28	» 35	» 41	» 48	» 54	» 61	» 68	» 75	» 82
80	» 15	» 22	» 30	» 38	» 47	» 54	» 62	» 70	» 78	» 86	» 93
90	» 17	» 25	» 34	» 43	» 52	» 61	» 76	» 79	» 87	» 96	1 05
100	» 19	» 28	» 38	» 48	» 58	» 68	» 78	» 87	» 97	1 07	1 17
200	» 39	» 57	» 78	» 97	1 17	1 36	1 56	1 75	1 94	2 14	2 33
300	» 58	» 87	1 16	1 45	1 75	2 04	2 33	2 62	2 92	3 21	3 50
400	» 78	1 17	1 58	1 97	2 33	2 72	3 11	3 50	3 89	4 28	4 67
500	» 97	1 45	1 94	2 42	2 92	3 40	3 89	4 37	4 86	5 35	5 83
600	1 16	1 74	2 32	2 90	3 50	4 08	4 67	5 25	5 83	6 42	7 »
700	1 36	2 12	2 72	3 40	4 08	4 76	5 44	6 12	6 81	7 49	8 17
800	1 56	2 34	3 12	3 90	4 67	5 44	6 22	7 »	7 78	8 56	9 33
900	1 75	2 62	3 50	4 37	5 25	6 12	7 »	7 87	8 75	9 62	10 50
1,000	1 94	2 91	3 88	4 85	5 83	6 81	7 78	8 75	9 72	10 69	11 67
2,000	3 89	5 83	7 78	9 72	11 67	13 61	15 56	17 50	19 44	21 29	23 33
3,000	5 83	8 74	11 66	14 57	17 50	20 42	23 33	26 25	29 17	32 08	35 »
4,000	7 77	11 65	15 54	19 42	23 33	27 22	32 11	35 »	38 89	42 78	46 67
5,000	9 72	14 58	19 44	24 30	29 17	34 03	38 89	43 75	48 61	53 47	58 33
6,000	11 66	17 49	23 32	29 15	35 »	40 83	46 67	52 50	58 33	64 17	70 »
7,000	13 61	20 41	27 22	34 02	40 83	47 64	54 44	61 25	68 06	74 86	81 67
8,000	15 56	23 34	31 12	38 90	46 67	54 44	62 22	70 »	77 78	85 56	93 33
9,000	17 50	28 95	35 »	43 75	52 50	61 25	70 »	78 75	87 50	96 25	105 »
10,000	19 44	29 16	38 88	48 60	58 33	68 06	77 78	87 50	97 22	106 94	116 67
100,000	194 40	291 60	388 80	486 »	583 30	680 60	777 80	875 »	972 20	1 069 40	1,166 70
500,000	972 »	1,473	1,944	2,430	2,916	3,403	3,889	4,375	4,811	5,347	5,853 50
1,000,000	1,944	2,916	3,888	4,860	5,833	6,806	7,778	8,750	9,722	10,694	11,667

80 JOURS

MONTANT du CAPITAL.	TAUX A L'INTÉRÊT DE										
	1 0/0	1 1/2 0/0	2 0/0	2 1/2 0/0	3 0/0	3 1/2 0/0	4 0/0	4 1/2 0/0	5 0/0	5 1/2 0/0	6 0/0
fr.	fr. c.	fr. c.	fr. c.	fr. c.	fr. c.	fr. c.	fr. c.	fr. c.	fr. c.	fr. c.	fr. c.
1	» »	» »	» »	» »	» 01	» 01	» 01	» 01	» 01	» 01	» 01
2	» »	» »	» 01	» 01	» 01	» 02	» 02	» 02	» 02	» 02	» 03
3	» »	» 01	» 01	» 01	» 02	» 02	» 03	» 03	» 03	» 04	» 04
4	» 01	» 01	» 02	» 02	» 03	» 03	» 04	» 04	» 04	» 05	» 05
5	» 01	» 01	» 02	» 03	» 03	» 04	» 04	» 05	» 06	» 06	» 07
6	» 01	» 02	» 02	» 03	» 04	» 05	» 05	» 06	» 07	» 07	» 08
7	» 01	» 02	» 03	» 04	» 05	» 05	» 06	» 07	» 08	» 09	» 09
8	» 01	» 03	» 04	» 05	» 05	» 06	» 07	» 08	» 09	» 10	» 11
9	» 02	» 03	» 04	» 05	» 06	» 07	» 08	» 09	» 10	» 11	» 12
10	» 02	» 03	» 04	» 06	» 07	» 08	» 09	» 10	» 11	» 12	» 13
20	» 04	» 06	» 08	» 10	» 13	» 16	» 18	» 20	» 22	» 24	» 27
30	» 07	» 10	» 14	» 17	» 20	» 23	» 27	» 30	» 33	» 37	» 40
40	» 09	» 13	» 18	» 23	» 27	» 31	» 36	» 40	» 44	» 49	» 53
50	» 11	» 16	» 22	» 28	» 33	» 39	» 44	» 50	» 56	» 61	» 67
60	» 13	» 20	» 26	» 32	» 40	» 47	» 53	» 60	» 67	» 73	» 80
70	» 16	» 24	» 32	» 39	» 47	» 54	» 62	» 70	» 78	» 86	» 93
80	» 18	» 27	» 36	» 45	» 53	» 62	» 71	» 80	» 89	» 98	1 07
90	» 20	» 30	» 40	» 50	» 60	» 70	» 80	» 90	1 »	1 10	1 20
100	» 22	» 33	» 44	» 56	» 67	» 78	» 89	1 »	1 11	1 22	1 33
200	» 44	» 66	» 88	1 10	1 33	1 56	1 78	2 »	2 22	2 44	2 67
300	» 66	» 99	1 32	1 65	2 »	2 33	2 67	3 »	3 33	3 67	4 »
400	» 89	1 33	1 78	2 22	2 67	3 11	3 56	4 »	4 44	4 89	5 33
500	1 11	1 67	2 22	2 78	3 33	3 89	4 44	5 »	5 56	6 11	6 67
600	1 33	1 70	2 66	3 33	4 »	4 67	5 33	6 »	6 67	7 33	8 »
700	1 56	2 34	3 12	3 90	4 67	5 44	6 22	7 »	7 78	8 56	9 33
800	1 78	2 67	3 56	4 45	5 33	6 22	7 11	8 »	8 89	9 78	10 67
900	2 »	3 »	4 »	5 »	6 »	7 »	8 »	9 »	10 »	11 »	12 »
1,000	2 22	3 33	4 44	5 56	6 67	7 78	8 89	10 »	11 11	12 22	13 33
2,000	4 44	6 66	8 85	11 07	13 33	15 56	17 78	20 »	22 22	24 44	26 67
3,000	6 66	9 99	13 32	16 65	20 »	23 33	26 67	30 »	33 33	36 67	40 »
4,000	8 89	13 33	17 78	22 22	26 67	31 11	35 56	40 »	44 44	48 89	53 33
5,000	11 11	16 66	22 22	27 77	33 33	38 89	44 44	50 »	55 56	61 11	66 67
6,000	13 33	19 99	26 66	33 32	40 »	46 67	53 33	60 »	66 67	73 »	80 »
7,000	15 56	23 34	31 12	38 90	46 67	54 44	62 22	70 »	77 78	85 56	93 33
8,000	17 78	26 67	35 56	44 45	53 33	62 22	71 11	80 »	88 89	97 78	106 67
9,000	20 »	30 »	40 »	50 »	60 »	70 »	80 »	90 »	100 »	110 »	120 »
10,000	22 22	33 33	44 44	55 56	66 67	77 78	88 89	100 »	111 11	122 22	133 33
100,000	222 20	333 30	444 40	555 60	666 70	777 80	888 90	1,000	1,111 10	1,222 20	1,333 30
500,000	1,111	1,666 50	2,222	2,778	3,3[illegible]3 5	3,889	4,444 50	5,000	5,555 50	6,111	6,666 50
1,000,000	2,222	3,333	4,444	5,556	6,667	7,778	8,889	10,000	11,111	12,222	13,333

90 JOURS

MONTANT du CAPITAL.	TAUX A L'INTÉRÊT DE										
	1 0/0	1 1/2 0/0	2 0/0	2 1/2 0/0	3 0/0	3 1/2 0/0	4 0/0	4 1/2 0/0	5 0/0	5 1/2 0/0	6 0/0
fr.	fr. c.	fr. c.	fr. c.	fr. c.	fr. c.	fr. c.	fr. c.	fr. c.	fr. c.	fr. c.	fr. c.
1	» »	» »	» »	» »	» 01	» 01	» 01	» 01	» 01	» 01	» 01
2	» »	» »	» »	» 01	» 01	» 02	» 02	» 02	» 02	» 03	» 03
3	» »	» »	» 01	» 02	» 02	» 03	» 03	» 03	» 04	» 04	» 04
4	» 01	» 01	» 02	» 02	» 03	» 03	» 04	» 04	» 05	» 05	» 06
5	» 01	» 01	» 02	» 03	» 04	» 04	» 05	» 06	» 06	» 07	» 07
6	» 01	» 02	» 03	» 04	» 04	» 05	» 06	» 07	» 07	» 08	» 09
7	» 01	» 02	» 03	» 04	» 05	» 06	» 07	» 08	» 09	» 10	» 10
8	» 02	» 03	» 04	» 05	» 06	» 07	» 08	» 09	» 10	» 11	» 12
9	» 02	» 03	» 04	» 06	» 07	» 08	» 09	» 10	» 11	» 12	» 13
10	» 03	» 04	» 05	» 06	» 07	» 09	» 10	» 11	» 12	» 14	» 15
20	» 05	» 08	» 10	» 12	» 15	» 17	» 20	» 22	» 25	» 27	» 30
30	» 07	» 10	» 14	» 17	» 22	» 26	» 30	» 34	» 37	» 41	» 45
40	» 10	» 15	» 20	» 25	» 30	» 35	» 40	» 45	» 50	» 55	» 60
50	» 12	» 18	» 24	» 30	» 37	» 44	» 50	» 56	» 62	» 69	» 75
60	» 15	» 22	» 30	» 37	» 45	» 52	» 60	» 67	» 75	» 82	» 90
70	» 17	» 25	» 34	» 42	» 52	» 61	» 70	» 79	» 87	» 96	1 05
80	» 20	» 30	» 40	» 50	» 60	» 70	» 80	» 90	1 »	1 10	1 20
90	» 22	» 33	» 44	» 55	» 67	» 79	» 90	1 01	1 12	1 24	1 35
100	» 25	» 37	» 50	» 62	» 75	» 87	1 »	1 12	1 25	1 37	1 50
200	» 50	» 75	1 »	1 25	1 50	1 75	2 »	2 25	2 50	2 75	3 »
300	» 75	1 12	1 50	1 87	2 25	2 62	3 »	3 37	3 75	4 12	4 50
400	1 »	1 50	2 »	2 50	3 »	3 50	4 »	4 50	5 »	5 50	6 »
500	1 25	1 87	2 50	3 12	3 75	4 37	5 »	5 62	6 25	6 87	7 50
600	1 50	2 25	3 »	3 75	4 50	5 25	6 »	6 75	7 50	8 25	9 »
700	1 75	2 65	3 50	4 37	5 25	6 12	7 »	7 87	8 75	9 62	10 50
800	2 »	3 »	4 »	5 »	6 »	7 »	8 »	9 »	10 »	11 »	12 »
900	2 25	3 37	4 50	5 62	6 75	7 87	9 »	10 12	11 25	12 37	13 50
1,000	2 50	3 75	5 »	6 25	7 50	8 75	10 »	11 25	12 50	13 75	15 »
2,000	5 »	7 50	10 »	12 50	15 »	17 50	20 »	22 50	25 »	27 50	30 »
3,000	7 50	11 25	15 »	18 75	22 50	26 25	30 »	33 75	37 50	41 25	45 »
4,000	10 »	15 »	20 »	25 »	30 »	35 »	40 »	45 »	50 »	55 »	60 »
5,000	12 50	18 25	25 »	31 25	37 50	43 75	50 »	56 25	62 50	68 75	75 »
6,000	15 »	22 50	30 »	37 50	45 »	52 50	60 »	67 50	75 »	82 50	90 »
7,000	17 50	26 25	35 »	43 75	52 50	61 25	70 »	78 75	87 50	96 25	105 »
8,000	20 »	30 »	40 »	50 »	60 »	70 »	80 »	90 »	100 »	110 »	120 »
9,000	22 50	33 75	45 »	56 25	67 50	78 75	90 »	101 25	112 50	123 75	135 »
10,000	25 »	37 50	50 »	62 50	75 »	87 50	100 »	112 50	125 »	137 50	150 »
100,000	250 »	375 »	500 »	625 »	750 »	875 »	1,000	1,125	1,250	1,375	1,500
500,000	1,250	1,875	2,500	3,125	3,750	4,375	5,000	5,625	6,250	6,875	7,500
1,000,000	2,500	3,750	5,000	6,250	7,500	8,750	10,000	11,250	12,500	13,750	15,000

100 JOURS

MONTANT du CAPITAL.	TAUX A L'INTÉRÊT DE										
	1 0/0	1 1/2 0/0	2 0/0	2 1/2 0/0	3 0/0	3 1/2 0/0	4 0/0	4 1/2 0/0	5 0/0	5 1/2 0/0	6 0/0
fr.	fr. c.	fr. c.	fr. c.	fr. c.	fr. c.	fr. c.	fr. c.	fr. c.	fr. c.	fr. c.	fr. c.
1	» »	» »	» »	» »	» 01	» 01	» 01	» 01	» 01	» 02	» 02
2	» »	» »	» 01	» 01	» 02	» 02	» 02	» 02	» 03	» 03	» 03
3	» »	» 01	» 01	» 02	» 02	» 03	» 03	» 04	» 04	» 05	» 05
4	» 01	» 01	» 02	» 03	» 03	» 04	» 04	» 05	» 06	» 06	» 07
5	» 01	» 02	» 03	» 03	» 04	» 05	» 06	» 06	» 07	» 08	» 08
6	» 01	» 02	» 03	» 04	» 05	» 06	» 07	» 07	» 08	» 09	» 10
7	» 02	» 03	» 04	» 05	» 06	» 07	» 08	» 09	» 10	» 11	» 12
8	» 02	» 03	» 04	» 06	» 07	» 08	» 09	» 10	» 11	» 12	» 13
9	» 02	» 03	» 05	» 07	» 07	» 09	» 10	» 11	» 12	» 14	» 15
10	» 03	» 04	» 06	» 07	» 08	» 10	» 11	» 12	» 14	» 15	» 17
20	» 06	» 09	» 12	» 15	» 17	» 19	» 22	» 25	» 28	» 31	» 33
30	» 08	» 12	» 16	» 20	» 25	» 29	» 33	» 37	» 42	» 46	» 50
40	» 11	» 16	» 22	» 27	» 33	» 39	» 44	» 50	» 56	» 61	» 67
50	» 14	» 21	» 28	» 35	» 42	» 49	» 56	» 62	» 69	» 76	» 83
60	» 16	» 25	» 33	» 42	» 50	» 58	» 67	» 75	» 83	» 92	1 »
70	» 19	» 28	» 38	» 47	» 58	» 68	» 78	» 87	» 97	1 07	1 17
80	» 22	» 33	» 44	» 55	» 67	» 78	» 89	1 »	1 11	1 22	1 33
90	» 25	» 37	» 50	» 63	» 75	» 87	1 »	1 12	1 25	1 37	1 50
100	» 28	» 42	» 56	» 70	» 83	» 97	1 11	1 25	1 39	1 53	1 67
200	» 56	» 84	1 12	1 40	1 67	1 94	2 22	2 50	2 78	3 06	3 33
300	» 83	1 24	1 66	2 07	2 50	2 92	3 33	3 75	4 17	4 58	5 »
400	1 11	1 66	2 22	2 77	3 33	3 89	4 44	5 »	5 56	6 11	6 67
500	1 39	2 08	2 78	3 47	4 17	4 86	5 56	6 25	6 94	7 64	8 33
600	1 66	2 49	3 32	4 15	5 »	5 83	6 67	7 50	8 33	9 17	10 »
700	1 93	2 89	3 86	4 82	5 80	6 81	7 78	8 75	9 72	10 69	11 67
800	2 22	3 33	4 45	5 56	6 67	7 78	8 89	10 »	11 11	12 22	13 33
900	2 50	3 75	5 »	6 25	7 50	8 75	10 »	11 25	12 50	13 75	15 »
1,000	2 78	4 17	5 56	6 95	8 33	9 72	11 11	12 50	13 89	15 28	16 67
2,000	5 56	8 34	11 12	13 90	16 67	19 44	22 »	25 »	27 78	30 56	33 33
3,000	8 33	12 49	16 66	20 82	25 »	29 17	33 33	37 50	41 67	45 83	50 »
4,000	11 11	16 66	22 22	27 78	33 33	38 89	44 44	50 »	55 56	61 11	66 67
5,000	13 89	20 83	27 78	34 72	41 67	48 61	55 56	62 50	69 44	76 39	83 33
6,000	16 66	24 99	33 32	41 65	50 »	58 33	66 67	75 »	83 33	91 67	100 »
7,000	19 44	29 16	38 88	48 60	58 33	68 06	77 78	87 50	97 22	106 94	116 67
8,000	22 22	33 33	44 44	55 56	66 67	77 78	88 89	100 »	111 11	122 22	133 33
9,000	25 »	37 50	50 »	62 50	75 »	87 50	100 »	112 50	125 »	137 50	150 »
10,000	27 77	41 65	55 54	69 46	83 33	97 22	111 11	125 »	138 89	152 78	166 67
100,000	277 70	416 50	555 40	694 60	833 30	972 20	1,111 10	1,250	1,388 90	1,527 80	1,066 70
500,000	1,388 50	2,082 50	2,777	3,473	4,166 50	4,866	5,555 50	6,250	6,944 50	7,639	8,333 50
1,000,000	2,777	4,165	5,554	6,946	8,333	9,722	11,111	12,500	13,889	15,278	16,667

200 JOURS

MONTANT du CAPITAL.	TAUX A L'INTÉRÊT DE 1 0/0	1 1/2 0/0	2 0/0	2 1/2 0/0	3 0/0	3 1/2 0/0	4 0/0	4 1/2 0/0	5 0/0	5 1/2 0/0	6 0/0
fr.	fr. c.	fr. c.	fr. c.	fr. c.	fr. c.	fr. c.	fr. c.	fr. c.	fr. c.	fr. c.	fr. c.
1	» »	» »	» 01	» 01	» 02	» 02	» 02	» 02	» 03	» 03	» 03
2	» 01	» 01	» 02	» 03	» 03	» 04	» 04	» 05	» 06	» 06	» 07
3	» 02	» 02	» 03	» 04	» 05	» 06	» 07	» 07	» 08	» 09	» 10
4	» 02	» 03	» 04	» 05	» 07	» 08	» 09	» 10	» 11	» 12	» 13
5	» 03	» 04	» 05	» 06	» 08	» 10	» 11	» 12	» 14	» 15	» 17
6	» 03	» 05	» 06	» 08	» 10	» 12	» 13	» 15	» 17	» 18	» 20
7	» 04	» 06	» 08	» 10	» 12	» 14	» 16	» 17	» 19	» 21	» 23
8	» 04	» 06	» 09	» 11	» 13	» 16	» 18	» 20	» 22	» 24	» 27
9	» 05	» 08	» 10	» 12	» 15	» 17	» 20	» 22	» 25	» 27	» 30
10	» 06	» 09	» 11	» 14	» 17	» 19	» 22	» 25	» 28	» 31	» 33
20	» 11	» 16	» 22	» 28	» 33	» 39	» 44	» 50	» 56	» 61	» 67
30	» 16	» 24	» 32	» 41	» 50	» 58	» 67	» 75	» 83	» 92	1 »
40	» 22	» 33	» 44	» 56	» 67	» 78	» 89	1 »	1 11	1 22	1 33
50	» 28	» 42	» 56	» 70	» 83	» 97	1 11	1 25	1 39	1 53	1 67
60	» 33	» 49	» 66	» 83	1 »	1 17	1 33	1 50	1 67	1 83	2 »
70	» 39	» 58	» 78	» 97	1 17	1 36	1 56	1 75	1 94	2 14	2 33
80	» 44	» 66	» 89	1 11	1 33	1 56	1 78	2 »	2 22	2 44	2 67
90	» 50	» 75	1 »	1 25	1 50	1 75	2 »	2 25	2 50	2 75	3 »
100	» 56	» 84	1 12	1 39	1 67	1 94	2 22	2 50	2 78	3 06	3 33
200	1 11	1 67	2 22	2 78	3 33	3 89	4 44	5 »	5 56	6 11	6 67
300	1 66	2 50	3 33	4 16	5 »	5 83	6 67	7 50	8 33	9 17	10 »
400	2 22	3 33	4 44	5 56	6 67	7 78	8 89	10 »	11 11	12 22	13 33
500	2 78	4 16	5 56	6 95	8 33	9 72	11 11	12 50	13 89	15 28	16 67
600	3 33	5 »	6 67	8 33	10 »	11 67	13 33	15 »	16 67	18 33	20 »
700	3 89	5 83	7 78	9 72	11 67	13 61	15 56	17 50	19 44	21 39	23 33
800	4 45	6 66	8 89	11 11	13 35	15 56	17 78	20 »	22 22	24 44	26 67
900	5 »	7 50	10 »	12 50	15 »	17 50	20 »	22 50	25 »	27 50	30 »
1,000	5 56	8 33	11 11	13 89	16 67	19 44	22 22	25 »	27 78	30 56	33 33
2,000	11 11	16 67	22 22	27 78	33 33	38 89	44 44	50 »	55 56	61 11	66 67
3,000	16 66	25 »	33 33	41 67	50 »	58 33	66 67	75 »	83 33	91 67	100 »
4,000	22 22	33 33	44 44	55 56	66 67	77 78	88 89	100 »	111 11	122 22	133 33
5,000	27 78	41 66	55 55	69 44	83 33	97 22	111 11	125 »	138 89	152 78	166 67
6,000	33 33	50 »	66 67	83 33	100 »	116 67	133 33	150 »	166 67	183 33	200 »
7,000	38 89	58 33	77 78	97 22	116 67	136 11	155 56	175 »	194 44	213 89	233 23
8,000	44 44	66 66	88 89	111 11	133 33	155 56	177 78	200 »	222 22	244 44	266 67
9,000	50 »	75 »	100 »	125 »	150 »	175 »	200 »	225 »	250 »	275 »	300 »
10,000	55 56	83 33	111 11	138 89	166 67	194 44	222 22	250 »	277 78	305 56	333 33
100,000	555 60	833 30	1,111 10	1,388 90	1,666 70	1,944 40	2,222 20	2,500	2,777 80	3,055 60	3,333 30
500,000	2,778	4,166	5,555 50	6,944 50	8,333 30	9,722	11,111	12,500	13,889	15,278	16666 50
1,000,000	5,556	8,333	11,111	13,889	16,667	19,444	22,222	25,000	27,778	30,556	33,333

300 JOURS

MONTANT du CAPITAL.	TAUX A L'INTÉRÊT DE 1 0/0	1 1/2 0/0	2 0/0	2 1/2 0/0	3 0/0	3 1/2 0/0	4 0/0	4 1/2 0/0	5 0/0	5 1/2 0/0	6 0/0
fr.	fr. c.	fr. c.	fr. c.	fr. c.	fr. c.	fr. c.	fr. c.	fr. c.	fr. c.	fr. c.	fr. c.
1	» »	» 01	» 01	» 02	» 02	» 03	» 03	» 04	» 04	» 05	» 05
2	» 01	» 02	» 03	» 04	» 05	» 06	» 07	» 07	» 08	» 09	» 10
3	» 02	» 03	» 05	» 06	» 07	» 09	» 10	» 11	» 12	» 14	» 15
4	» 03	» 05	» 07	» 08	» 10	» 12	» 13	» 15	» 17	» 18	» 20
5	» 04	» 06	» 08	» 10	» 12	» 15	» 17	» 19	» 21	» 23	» 25
6	» 05	» 07	» 10	» 12	» 15	» 17	» 20	» 22	» 25	» 27	» 30
7	» 05	» 08	» 11	» 14	» 17	» 20	» 23	» 26	» 29	» 32	» 35
8	» 06	» 10	» 13	» 16	» 20	» 23	» 27	» 30	» 33	» 37	» 40
9	» 07	» 11	» 15	» 18	» 22	» 26	» 30	» 33	» 37	» 41	» 45
10	» 08	» 12	» 16	» 21	» 25	» 29	» 33	» 37	» 41	» 46	» 50
20	» 16	» 25	» 33	» 41	» 50	» 58	» 67	» 75	» 83	» 92	1 »
30	» 25	» 37	» 50	» 63	» 75	» 87	1 »	1 12	1 25	1 37	1 50
40	» 33	» 50	» 66	» 83	1 »	1 17	1 33	1 50	1 67	1 83	2 »
50	» 41	» 62	» 83	1 04	1 25	1 46	1 67	1 87	2 08	2 29	2 50
60	» 50	» 75	1 »	1 25	1 50	1 75	2 »	2 25	2 50	2 75	3 »
70	» 58	» 88	1 16	1 46	1 75	2 01	2 33	2 62	2 92	3 21	3 50
80	» 66	1 »	1 33	1 67	2 »	2 33	2 67	3 »	3 33	3 67	4 »
90	» 75	1 12	1 50	1 87	2 25	2 62	3 »	3 37	3 75	4 12	4 50
100	» 83	1 25	1 66	2 08	2 50	2 92	3 33	3 75	4 17	4 58	5 »
200	1 66	2 50	3 33	4 16	5 »	5 83	6 67	7 50	8 33	9 17	10 »
300	2 50	3 75	5 »	6 25	7 50	8 75	10 »	11 25	12 50	13 75	15 »
400	3 33	5 »	6 66	8 33	10 »	11 67	13 33	15 »	16 67	18 33	20 »
500	4 16	6 25	8 33	10 41	12 50	14 58	16 67	18 75	20 83	22 92	25 »
600	5 »	7 50	10 »	12 50	15 »	17 50	20 »	22 50	25 »	27 50	30 »
700	5 83	8 75	11 66	14 58	17 50	20 42	23 33	26 25	29 17	32 08	35 »
800	6 66	10 »	13 33	16 66	20 »	23 33	26 67	30 »	33 33	36 67	40 »
900	7 50	11 25	15 »	18 75	22 50	26 25	30 »	33 75	37 50	41 25	45 »
1,000	8 33	12 50	16 66	20 83	25 »	29 17	33 33	37 50	41 67	45 83	50 »
2,000	16 66	25 »	33 33	41 66	50 »	58 33	66 67	75 »	83 33	91 67	100 »
3,000	25 »	37 50	50 »	62 50	75 »	87 50	100 »	112 50	125 »	137 50	150 »
4,000	33 33	50 »	66 66	83 33	100 »	116 67	133 33	150 »	166 67	183 33	200 »
5,000	41 66	62 50	63 33	104 16	125 »	145 83	166 67	187 50	208 33	229 17	250 »
6,000	50 »	75 »	100 »	125 »	150 »	175 »	200 »	225 »	250 »	275 »	300 »
7,000	58 33	87 50	166 66	145 88	175 »	204 17	233 33	262 50	291 67	320 83	350 »
8,000	66 66	100 »	133 33	166 66	200 »	233 33	266 67	300 »	333 33	366 67	400 »
9,000	75 »	112 50	150 »	187 50	225 »	262 50	300 »	337 50	375 »	412 50	450 »
10,000	83 33	125 »	166 66	208 33	250 »	291 67	333 33	375 »	416 67	458 83	500 »
100,000	833 30	1,250	1,666 60	2,083 50	2,500	2,916	3,333 50	3,750	4,166 70	4,588 50	5,000
500,000	4,166	6,250	8,333	10416 50	12,500	14,580	16666 50	18,750	2083 350	22941 50	250,000
1,000,000	8,333	12,500	16,666	20,833	25,000	29,160	33,333	37,500	41,667	45,883	500,000

365 JOURS

MONTANT du CAPITAL.	TAUX A L'INTÉRÊT DE										
	1 0/0	1 1/2 0/0	2 0/0	2 1/2 0/0	3 0/0	3 1/2 0/0	4 0/0	4 1/2 0/0	5 0/0	5 1/2 0/0	6 0/0
fr.	fr. c.	fr. c.	fr. c.	fr. c.	fr. c.	fr. c.	fr. c.	fr. c.	fr. c.	fr. c.	fr. c.
1	» 01	» 01	» 02	» 02	» 03	» 04	» 04	» 05	» 05	» 06	» 06
2	» 02	» 03	» 04	» 05	» 06	» 07	» 08	» 09	» 10	» 11	» 12
3	» 03	» 04	» 06	» 08	» 09	» 11	» 12	» 14	» 15	» 17	» 18
4	» 04	» 06	» 08	» 10	» 12	» 14	» 16	» 18	» 20	» 22	» 24
5	» 05	» 08	» 10	» 12	» 15	» 18	» 20	» 23	» 25	» 28	» 30
6	» 06	» 09	» 12	» 15	» 18	» 21	» 24	» 27	» 30	» 33	» 36
7	» 07	» 10	» 14	» 18	» 21	» 25	» 28	» 32	» 35	» 39	» 43
8	» 08	» 12	» 16	» 20	» 24	» 28	» 32	» 36	» 41	» 45	» 49
9	» 09	» 13	» 18	» 23	» 27	» 32	» 36	» 41	» 46	» 50	» 55
10	» 10	» 15	» 20	» 25	» 30	» 35	» 41	» 46	» 51	» 56	» 61
20	» 20	» 30	» 41	» 51	» 61	» 71	» 81	» 91	1 01	1 12	1 22
30	» 30	» 45	» 60	» 75	» 91	1 06	1 22	1 37	1 52	1 67	1 82
40	» 40	» 60	» 80	1 »	1 22	1 42	1 62	1 82	2 03	2 23	2 43
50	» 52	» 78	1 01	1 26	1 52	1 77	2 03	2 28	2 53	2 79	3 04
60	» 60	» 91	1 21	1 52	1 82	2 13	2 43	2 74	3 04	3 35	3 65
70	» 74	1 06	1 42	1 59	2 13	2 48	2 84	3 19	3 55	3 90	4 26
80	» 81	1 21	1 62	2 03	2 43	2 84	3 24	3 65	4 06	4 46	4 87
90	» 91	1 37	1 82	2 28	2 74	3 19	3 65	4 11	4 56	5 02	5 47
100	1 52	1 52	2 03	2 53	3 04	3 55	4 06	4 56	5 07	5 58	6 08
200	2 02	3 04	4 05	5 07	6 08	7 10	8 11	9 12	10 14	11 15	12 17
300	3 04	4 56	6 08	7 60	9 12	10 65	12 17	13 69	15 21	16 73	18 25
400	4 06	6 08	8 11	10 14	12 17	14 19	16 22	18 25	20 28	22 31	24 33
500	5 07	7 60	10 14	12 68	15 21	17 74	20 28	22 81	24 35	27 88	30 42
600	6 08	9 12	12 16	15 21	18 25	21 29	24 33	27 37	30 42	33 46	36 50
700	7 09	10 64	14 19	17 74	21 29	24 84	28 39	31 94	35 49	39 03	42 58
800	8 11	12 16	16 22	20 28	24 33	28 39	32 44	36 50	40 56	44 61	48 67
900	9 12	13 68	18 25	22 81	27 37	31 94	36 50	41 06	45 62	50 19	54 75
1,000	10 14	15 21	20 28	25 34	30 42	35 49	40 56	45 62	50 69	55 76	60 83
2,000	20 28	30 41	40 55	50 69	60 83	70 97	81 11	91 25	101 39	111 53	121 67
3,000	30 41	45 62	60 88	76 04	91 25	106 46	121 67	136 87	52 08	167 29	182 50
4,000	40 55	60 83	81 11	101 39	121 67	141 94	162 22	182 50	202 78	223 06	243 33
5,000	50 02	101 04	101 39	126 73	152 08	177 43	202 78	228 12	253 47	278 82	304 17
6,000	60 83	91 25	121 66	152 08	182 50	212 92	243 33	273 75	304 17	334 58	365 »
7,000	70 97	106 46	141 94	177 43	212 92	248 40	283 89	319 37	354 86	390 35	425 83
8,000	81 11	121 66	102 22	202 78	243 33	283 89	324 44	365 »	405 56	446 11	486 67
9,000	91 25	136 37	182 50	228 12	273 75	319 37	365 »	410 62	456 25	501 87	547 50
10,000	101 39	154 08	202 78	253 47	304 17	354 86	405 56	456 25	506 94	557 64	608 33
100,000	1,013 90	1,520 80	2,027 80	3,041 70	3,041 70	3,548 60	4,055 60	4,562 50	5,069 40	5,576 40	6,083
500,000	5,060 50	7,604	10,139	15208 50	15208 50	17,743	20,278	22812 50	25,347	27,882	30,433
1,000,000	10,139	15,208	20,272	30,417	30,417	35,486	40,556	45,625	50,694	55,764	60,833

366 JOURS

MONTANT du CAPITAL.	TAUX A L'INTÉRÊT DE										
	1 0/0	1 1/2 0/0	2 0/0	2 1/2 0/0	3 0/0	3 1/2 0/0	4 0/0	4 1/2 0/0	5 0/0	5 1/2 0/0	6 0/0
fr.	fr. c.	fr. c.	fr. c.	fr. c.	fr. c.	fr. c.	fr. c.	fr. c.	fr. c.	fr. c.	fr. c.
1	» 01	» 01	» 02	» 02	» 03	» 04	» 04	» 05	» 05	» 06	» 06
2	» 02	» 03	» 04	» 05	» 06	» 07	» 08	» 09	» 10	» 11	» 12
3	» 03	» 04	» 06	» 07	» 09	» 11	» 12	» 14	» 15	» 17	» 18
4	» 04	» 06	» 08	» 10	» 12	» 14	» 16	» 18	» 20	» 22	» 24
5	» 05	» 08	» 10	» 13	» 15	» 18	» 20	» 23	» 25	» 28	» 30
6	» 06	» 09	» 12	» 15	» 18	» 21	» 24	» 27	» 30	» 34	» 37
7	» 07	» 11	» 14	» 18	» 21	» 25	» 28	» 32	» 36	» 39	» 43
8	» 08	» 12	» 16	» 21	» 24	» 28	» 33	» 37	» 41	» 45	» 49
9	» 09	» 13	» 18	» 23	» 27	» 32	» 37	» 41	» 46	» 50	» 55
10	» 10	» 15	» 20	» 25	» 30	» 36	» 41	» 46	» 51	» 56	» 61
20	» 20	» 30	» 40	» 51	» 61	» 71	» 81	» 91	1 02	1 12	1 22
30	» 30	» 45	» 60	» 76	» 91	1 07	1 22	1 37	1 52	1 68	1 83
40	» 40	» 61	» 81	1 01	1 22	1 42	1 63	1 83	2 03	2 24	2 44
50	» 50	» 76	1 01	1 27	1 52	1 78	2 03	2 29	2 54	2 80	3 05
60	» 61	» 91	1 23	1 57	1 83	2 13	2 44	2 74	3 05	3 35	3 66
70	» 71	1 06	1 42	1 78	2 13	2 49	2 85	3 20	3 56	3 91	4 27
80	» 81	1 22	1 62	2 03	2 44	2 85	3 25	3 66	4 07	4 47	4 88
90	» 91	1 37	1 83	2 29	2 74	3 20	3 66	4 12	4 57	5 03	5 49
100	1 01	1 52	2 03	2 54	3 05	3 56	4 07	4 57	5 08	5 59	6 10
200	2 03	3 05	4 06	5 08	6 10	7 12	8 13	9 15	10 17	11 18	12 20
300	3 05	4 57	6 10	7 62	9 15	10 67	12 20	13 72	15 25	16 77	18 30
400	4 06	6 10	8 14	10 16	12 20	14 23	16 27	18 30	20 33	22 37	24 40
500	5 08	7 62	10 16	12 71	15 25	17 79	20 33	22 87	25 42	27 96	30 50
600	6 10	9 15	12 20	15 25	18 30	21 35	24 40	27 45	30 50	33 55	36 60
700	7 12	10 67	14 23	17 79	21 35	24 91	28 47	32 02	35 58	39 14	42 70
800	8 13	12 20	16 26	20 33	24 40	28 47	32 53	36 60	40 67	44 73	48 80
900	9 15	13 72	18 30	22 87	27 45	32 02	36 60	41 17	45 75	50 32	54 90
1,000	10 16	15 25	20 33	25 42	30 50	35 58	40 67	45 75	50 83	55 92	61 »
2,000	20 33	30 50	40 66	50 84	61 »	71 17	81 33	91 50	101 67	111 83	122 »
3,000	30 50	45 75	61 »	76 25	91 50	106 75	122 »	137 25	152 50	167 75	183 »
4,000	40 66	61 »	84 33	101 67	122 »	142 33	162 67	183 »	203 33	223 67	244 »
5,000	50 83	76 25	101 66	127 08	152 50	177 92	203 33	228 75	254 17	279 58	305 »
6,000	61 17	91 50	122 »	152 50	183 »	213 50	244 »	274 50	305 »	335 50	366 »
7,000	71 16	106 75	142 33	177 92	213 50	249 08	284 67	320 25	355 83	391 42	427 »
8,000	81 33	122 »	162 66	203 33	244 »	284 67	325 33	366 »	406 67	447 33	488 »
9,000	91 16	137 25	183 »	228 75	274 50	320 25	366 »	411 75	451 50	503 25	549 »
10,000	101 66	157 50	203 33	254 16	305 »	353 13	406 67	457 50	508 33	559 17	610 »
100,000	1,016 60	1,575	2,033 30	2,541	3,050	3,558 30	4,066 70	4,575	5,083 30	5,591 70	6,100
500,000	5,083	7,875	10166 50	12,708	15,250	17794 50	20333 50	22,875	25416 50	27958 50	30,500
1,000,000	10,166	15,750	20,333	25,416	30,500	35,583	40,666	45,750	50,833	55,917	61,000

QUATRIÈME DIVISION

BARÊME DE COMPTES FAITS DEPUIS 1 CENTIME JUSQU'A 1,000 FR. LA PIÈCE

A 1 CENTIME LA PIÈCE			A 2 CENTIMES LA PIÈCE			A 3 CENTIMES LA PIÈCE			A 4 CENTIMES LA PIÈCE		
Nombre.	Valeur.		Nombre.	Valeur.		Nombre.	Valeur.		Nombre	Valeur.	
	F.	c.		Fr.	c.		Fr.	c.		Fr.	c.
2	»	2	2	»	4	2	»	6	2	»	8
3	»	3	3	»	6	3	»	9	3	»	12
4	»	4	4	»	8	4	»	12	4	»	16
5	»	5	5	»	10	5	»	15	5	»	20
6	»	6	6	»	12	6	»	18	6	»	24
7	»	7	7	»	14	7	»	21	7	»	28
8	»	8	8	»	16	8	»	24	8	»	32
9	»	9	9	»	18	9	»	27	9	»	36
10	»	10	10	»	20	10	»	30	10	»	40
11	»	11	11	»	22	11	»	33	11	»	44
12	»	12	12	»	24	12	»	36	12	»	48
13	»	13	13	»	26	13	»	39	13	»	52
14	»	14	14	»	28	14	»	42	14	»	56
15	»	15	15	»	30	15	»	45	15	»	60
16	»	16	16	»	32	16	»	48	16	»	64
17	»	17	17	»	34	17	»	51	17	»	68
18	»	18	18	»	36	18	»	54	18	»	72
19	»	19	19	»	38	19	»	57	19	»	76
20	»	20	20	»	40	20	»	60	20	»	80
21	»	21	21	»	42	21	»	63	21	»	84
22	»	22	22	»	44	22	»	66	22	»	88
23	»	23	23	»	46	23	»	69	23	»	92
24	»	24	24	»	48	24	»	72	24	»	96
25	»	25	25	»	50	25	»	75	25	1	»
30	»	30	30	»	60	30	»	90	30	1	20
35	»	35	35	»	70	35	1	05	35	1	40
40	»	40	40	»	80	40	1	20	40	1	60
50	»	50	50	1	»	50	1	50	50	2	»
60	»	60	60	1	20	60	1	80	60	2	40
70	»	70	70	1	40	70	2	10	70	2	80
80	»	80	80	1	60	80	2	40	80	3	20
90	»	90	90	1	80	90	2	70	90	3	60
100	1	»	100	2	»	100	3	»	100	4	»
200	2	»	200	4	»	200	6	»	200	8	»
300	3	»	300	6	»	300	9	»	300	12	»
400	4	»	400	8	»	400	12	»	400	16	»
500	5	»	500	10	»	500	15	»	500	20	»
600	6	»	600	12	»	600	18	»	600	24	»
700	7	»	700	14	»	700	21	»	700	28	»
800	8	»	800	16	»	800	24	»	800	32	»
900	9	»	900	18	»	900	27	»	900	36	»
1,000	10	»	1,000	20	»	1,000	30	»	1,000	40	»
2,000	20	»	2,000	40	»	2,000	60	»	2,000	80	»
3,000	30	»	3,000	60	»	3,000	90	»	3,000	120	»
4,000	40	»	4,000	80	»	4,000	120	»	4,000	160	»
5,000	50	»	5,000	100	»	5,000	150	»	5,000	200	»
6,000	60	»	6,000	120	»	6,000	180	»	6,000	240	»
7,000	70	»	7,000	140	»	7,000	210	»	7,000	280	»
8,000	80	»	8,000	160	»	8,000	240	»	8,000	320	»
9,000	90	»	9,000	180	»	9,000	270	»	9,000	360	»
10,000	100	»	10,000	200	»	10,000	300	»	10,000	400	»

A 5 CENTIMES LA PIÈCE.			A 6 CENTIMES LA PIÈCE.			A 7 CENTIMES LA PIÈCE.			A 8 CENTIMES LA PIÈCE.		
Nombre.	Valeur.		Nombre.	Valeur.		Nombre.	Valeur.		Nombre.	Valeur.	
	Fr.	c.		Fr.	c.		Fr.	c.		Fr.	c.
2	»	10	2	»	12	2	»	14	2	»	16
3	»	15	3	»	18	3	»	21	3	»	24
4	»	20	4	»	24	4	»	28	4	»	32
5	»	25	5	»	30	5	»	35	5	»	40
6	»	30	6	»	36	6	»	42	6	»	48
7	»	35	7	»	42	7	»	49	7	»	56
8	»	40	8	»	48	8	»	56	8	»	64
9	»	45	9	»	54	9	»	63	9	»	72
10	»	50	10	»	60	10	»	70	10	»	80
11	»	55	11	»	66	11	»	77	11	»	88
12	»	60	12	»	72	12	»	84	12	»	96
13	»	65	13	»	78	13	»	91	13	1	04
14	»	70	14	»	84	14	»	98	14	1	12
15	»	75	15	»	90	15	1	05	15	1	20
16	»	80	16	»	96	16	1	12	16	1	28
17	»	85	17	1	02	17	1	19	17	1	36
18	»	90	18	1	08	18	1	26	18	1	44
19	»	95	19	1	14	19	1	33	19	1	52
20	1	»	20	1	20	20	1	40	20	1	60
21	1	05	21	1	26	21	1	47	21	1	68
22	1	10	22	1	32	22	1	54	22	1	76
23	1	15	23	1	38	23	1	61	23	1	84
24	1	20	24	1	44	24	1	68	24	1	92
25	1	25	25	1	50	25	1	75	25	2	»
30	1	50	30	1	80	30	2	10	30	2	40
35	1	75	35	2	10	35	2	45	35	2	80
40	2	»	40	2	40	40	2	80	40	3	20
50	2	50	50	3	»	50	3	50	50	4	»
60	3	»	60	3	60	60	4	20	60	4	80
70	3	50	70	4	20	70	4	90	70	5	60
80	4	»	80	4	80	80	5	60	80	6	40
90	4	50	90	5	40	90	6	30	90	7	20
100	5	»	100	6	»	100	7	»	100	8	»
200	10	»	200	12	»	200	14	»	200	16	»
300	15	»	300	18	»	300	21	»	300	24	»
400	20	»	400	24	»	400	28	»	400	32	»
500	25	»	500	30	»	500	35	»	500	40	»
600	30	»	600	36	»	600	42	»	600	48	»
700	35	»	700	42	»	700	49	»	700	56	»
800	40	»	800	48	»	800	56	»	800	64	»
900	45	»	900	54	»	900	63	»	900	72	»
1,000	50	»	1,000	60	»	1,000	70	»	1,000	80	»
2,000	100	»	2,000	120	»	2,000	140	»	2,000	160	»
3,000	150	»	3,000	180	»	3,000	210	»	3,000	240	»
4,000	200	»	4,000	240	»	4,000	280	»	4,000	320	»
5,000	250	»	5,000	300	»	5,000	350	»	5,000	400	»
6,000	300	»	6,000	360	»	6,000	420	»	6,000	480	»
7,000	350	»	7,000	420	»	7,000	490	»	7,000	560	»
8,000	400	»	8,000	480	»	8,000	560	»	8,000	640	»
9,000	450	»	9,000	540	»	9,000	630	»	9,000	720	»
10,000	500	»	10,000	600	»	10,000	700	»	10,000	800	»

A 9 CENTIMES LA PIÈCE.		A 10 CENTIMES LA PIÈCE.		A 11 CENTIMES LA PIÈCE.		A 12 CENTIMES LA PIÈCE.	
Nombre.	Valeur.	Nombre.	Valeur.	Nombre.	Valeur.	Nombre.	Valeur.
	Fr. c.		Fr. c.		Fr. c.		Fr. c.
2	» 18	2	» 20	2	» 22	2	» 24
3	» 27	3	» 30	3	» 33	3	» 36
4	» 36	4	» 40	4	» 44	4	» 48
5	» 45	5	» 50	5	» 55	5	» 60
6	» 54	6	» 60	6	» 66	6	» 72
7	» 63	7	» 70	7	» 77	7	» 84
8	» 72	8	» 80	8	» 88	8	» 96
9	» 81	9	» 90	9	» 99	9	1 08
10	» 90	10	1 »	10	1 10	10	1 20
11	» 99	11	1 10	11	1 21	11	1 32
12	1 08	12	1 20	12	1 32	12	1 44
13	1 17	13	1 30	13	1 43	13	1 56
14	1 26	14	1 40	14	1 54	14	1 68
15	1 35	15	1 50	15	1 65	15	1 80
16	1 44	16	1 60	16	1 76	16	1 92
17	1 53	17	1 70	17	1 87	17	2 04
18	1 62	18	1 80	18	1 98	18	2 16
19	1 71	19	1 90	19	2 09	19	2 28
20	1 80	20	2 »	20	2 20	20	2 40
21	1 89	21	2 10	21	2 31	21	2 52
22	1 98	22	2 20	22	2 42	22	2 64
23	2 07	23	2 30	23	2 53	23	2 76
24	2 16	24	2 40	24	2 64	24	2 88
25	2 25	25	2 50	25	2 75	25	3 »
30	2 70	30	3 »	30	3 30	30	3 60
35	3 15	35	3 50	35	3 85	35	4 20
40	3 60	40	4 »	40	4 40	40	4 80
50	4 50	50	5 »	50	5 50	50	6 »
60	5 40	60	6 »	60	6 60	60	7 20
70	6 30	70	7 »	70	7 70	70	8 40
80	7 20	80	8 »	80	8 80	80	9 60
90	8 10	90	9 »	90	9 90	90	10 80
100	9 »	100	10 »	100	11 »	100	12 »
200	18 »	200	20 »	200	22 »	200	24 »
300	27 »	300	30 »	300	33 »	300	36 »
400	36 »	400	40 »	400	44 »	400	48 »
500	45 »	500	50 »	500	55 »	500	60 »
600	54 »	600	60 »	600	66 »	600	72 »
700	63 »	700	70 »	700	77 »	700	84 »
800	72 »	800	80 »	800	88 »	800	96 »
900	81 »	900	90 »	900	99 »	900	108 »
1,000	90 »	1,000	100 »	1,000	110 »	1,000	120 »
2,000	180 »	2,000	200 »	2,000	220 »	2,000	240 »
3,000	270 »	3,000	300 »	3,000	330 »	3,000	360 »
4,000	360 »	4,000	400 »	4,000	440 »	4,000	480 »
5,000	450 »	5,000	500 »	5,000	550 »	5,000	600 »
6,000	540 »	6,000	600 »	6,000	660 »	6,000	720 »
7,000	630 »	7,000	700 »	7,000	770 »	7,000	840 »
8,000	720 »	8,000	800 »	8,000	880 »	8,000	960 »
9,000	810 »	9,000	900 »	9,000	990 »	9,000	1,080 »
10,000	900 »	10,000	1,000 »	10,000	1,100 »	10,000	1,200 »

A 13 CENTIMES LA PIÈCE.		A 14 CENTIMES LA PIÈCE.		A 15 CENTIMES LA PIÈCE.		A 16 CENTIMES LA PIÈCE.	
Nombre.	Valeur.	Nombre.	Valeur.	Nombre.	Valeur.	Nombre.	Valeur.
	Fr. c.		Fr. c.		Fr. c.		Fr. c.
2	.... » 26	2	.... » 28	2	.... » 30	2	.... » 32
3	.... » 39	3	.... » 42	3	.... » 45	3	.... » 48
4	.... » 52	4	.... » 56	4	.... » 60	4	.... » 64
5	.... » 65	5	.... » 70	5	.... » 75	5	.... » 80
6	.... » 78	6	.... » 84	6	.... » 90	6	.... » 96
7	.... » 91	7	.... » 98	7	.... 1 05	7	.... 1 12
8	.... 1 04	8	.... 1 12	8	.... 1 20	8	.... 1 28
9	.... 1 17	9	.... 1 26	9	.... 1 35	9	.... 1 44
10	.... 1 30	10	.... 1 40	10	.... 1 50	10	.... 1 60
11	.... 1 43	11	.... 1 54	11	.... 1 65	11	.... 1 76
12	.... 1 56	12	.... 1 68	12	.... 1 80	12	.... 1 92
13	.... 1 69	13	.... 1 82	13	.... 1 95	13	.... 2 08
14	.... 1 82	14	.... 1 96	14	.... 2 10	14	.... 2 24
15	.... 1 95	15	.... 2 10	15	.... 2 25	15	.... 2 40
16	.... 2 08	16	.... 2 24	16	.... 2 40	16	.... 2 56
17	.... 2 21	17	.... 2 38	17	.... 2 55	17	.... 2 72
18	.... 2 34	18	.... 2 52	18	.... 2 70	18	.... 2 88
19	.... 2 47	19	.... 2 66	19	.... 2 85	19	.... 3 04
20	.... 2 60	20	.... 2 80	20	.... 3 »	20	.... 3 20
21	.... 2 73	21	.... 2 94	21	.... 3 15	21	.... 3 36
22	.... 2 86	22	.... 3 08	22	.... 3 30	22	.... 3 52
23	.... 2 99	23	.... 3 22	23	.... 3 45	23	.... 3 68
24	.... 3 12	24	.... 3 36	24	.... 3 60	24	.... 3 84
25	.... 3 25	25	.... 3 50	25	.... 3 75	25	.... 4 »
30	.... 3 90	30	.... 4 20	30	.... 4 50	30	.... 4 80
35	.... 4 55	35	.... 4 90	35	.... 5 25	35	.... 5 60
40	.... 5 20	40	.... 5 60	40	.... 6 »	40	.... 6 40
50	.... 6 50	50	.... 7 »	50	.... 7 50	50	.... 8 »
60	.... 7 80	60	.... 8 40	60	.... 9 »	60	.... 9 60
70	.... 9 10	70	.... 9 80	70	... 10 50	70	... 11 20
80	... 10 40	80	... 11 20	80	... 12 »	80	... 12 80
90	... 11 70	90	... 12 60	90	... 13 50	90	... 14 40
100	... 13 »	100	... 14 »	100	... 15 »	100	... 16 »
200	... 26 »	200	... 28 »	200	... 30 »	200	... 32 »
300	... 39 »	300	... 42 »	300	... 45 »	300	... 48 »
400	... 52 »	400	... 56 »	400	... 60 »	400	... 64 »
500	... 65 »	500	... 70 »	500	... 75 »	500	... 80 »
600	... 78 »	600	... 84 »	600	... 90 »	600	... 96 »
700	... 91 »	700	... 98 »	700	.. 105 »	700	.. 112 »
800	.. 104 »	800	.. 112 »	800	.. 120 »	800	.. 128 »
900	.. 117 »	900	.. 126 »	900	.. 135 »	900	.. 144 »
1,000	.. 130 »	1,000	.. 140 »	1,000	.. 150 »	1,000	.. 160 »
2,000	.. 260 »	2,000	.. 280 »	2,000	.. 300 »	2,000	.. 320 »
3,000	.. 390 »	3,000	.. 420 »	3,000	.. 450 »	3,000	.. 480 »
4,000	.. 520 »	4,000	.. 560 »	4,000	.. 600 »	4,000	.. 640 »
5,000	.. 650 »	5,000	.. 700 »	5,000	.. 750 »	5,000	.. 800 »
6,000	.. 780 »	6,000	.. 840 »	6,000	.. 900 »	6,000	.. 960 »
7,000	.. 910 »	7,000	.. 980 »	7,000	1,050 »	7,000	1,200 »
8,000	1,040 »	8,000	1,120 »	8,000	1,200 »	8,000	1,280 »
9,000	1,170 »	9,000	1,260 »	9,000	1,350 »	9,000	1,440 »
10,000	1,300 »	10,000	1,400 »	10,000	1,500 »	10,000	1,600 »

A 17 CENTIMES LA PIÈCE.			A 18 CENTIMES LA PIÈCE.			A 19 CENTIMES LA PIÈCE.			A 20 CENTIMES LA PIÈCE.		
Nombre.	Valeur.		Nombre.	Valeur.		Nombre.	Valeur.		Nombre.	Valeur.	
	Fr.	c.		Fr.	c.		Fr.	c.		Fr.	c.
2	»	34	2	»	36	2	»	38	2	»	40
3	»	51	3	»	54	3	»	57	3	»	60
4	»	68	4	»	72	4	»	76	4	»	80
5	»	85	5	»	90	5	»	95	5	1	»
6	1	02	6	1	08	6	1	14	6	1	20
7	1	19	7	1	26	7	1	33	7	1	40
8	1	36	8	1	44	8	1	52	8	1	60
9	1	53	9	1	62	9	1	71	9	1	80
10	1	70	10	1	80	10	1	90	10	2	»
11	1	87	11	1	98	11	2	09	11	2	20
12	2	04	12	2	16	12	2	28	12	2	40
13	2	21	13	2	34	13	2	47	13	2	60
14	2	38	14	2	52	14	2	66	14	2	80
15	2	55	15	2	70	15	2	85	15	3	»
16	2	72	16	2	88	16	3	04	16	3	20
17	2	89	17	3	06	17	3	23	17	3	40
18	3	06	18	3	24	18	3	42	18	3	60
19	3	23	19	3	42	19	3	61	19	3	80
20	3	40	20	3	60	20	3	80	20	4	»
21	3	57	21	3	78	21	3	99	21	4	20
22	3	74	22	3	96	22	4	18	22	4	40
23	3	91	23	4	14	23	4	37	23	4	60
24	4	08	24	4	32	24	4	56	24	4	80
25	4	25	25	4	50	25	4	75	25	5	»
30	5	10	30	5	40	30	5	70	30	6	»
35	5	95	35	6	30	35	6	65	35	7	»
40	6	80	40	7	20	40	7	60	40	8	»
50	8	50	50	9	»	50	9	50	50	10	»
60	10	20	60	10	80	60	11	40	60	12	»
70	11	90	70	12	60	70	13	30	70	14	»
80	13	60	80	14	40	80	15	20	80	16	»
90	15	30	90	16	20	90	17	10	90	18	»
100	17	»	100	18	»	100	19	»	100	20	»
200	34	»	200	36	»	200	38	»	200	40	»
300	51	»	300	54	»	300	57	»	300	60	»
400	68	»	400	72	»	400	76	»	400	80	»
500	85	»	500	90	»	500	95	»	500	100	»
600	102	»	600	108	»	600	114	»	600	120	»
700	119	»	700	126	»	700	133	»	700	140	»
800	136	»	800	144	»	800	152	»	800	160	»
900	153	»	900	162	»	900	171	»	900	180	»
1,000	170	»	1,000	180	»	1,000	190	»	1,000	200	»
2,000	340	»	2,000	360	»	2,000	380	»	2,000	400	»
3,000	510	»	3,000	540	»	3,000	570	»	3,000	600	»
4,000	680	»	4,000	720	»	4,000	760	»	4,000	800	»
5,000	850	»	5,000	900	»	5,000	950	»	5,000	1,000	»
6,000	1,020	»	6,000	1,080	»	6,000	1,140	»	6,000	1,200	»
7,000	1,190	»	7,000	1,260	»	7,000	1,330	»	7,000	1,400	»
8,000	1,360	»	8,000	1,440	»	8,000	1,520	»	8,000	1,600	»
9,000	1,530	»	9,000	1,620	»	9,000	1,710	»	9,000	1,800	»
10,000	1,700	»	10,000	1,800	»	10,000	1,900	»	10,000	2,000	»

A 21 CENTIMES LA PIÈCE.		A 22 CENTIMES LA PIÈCE.		A 23 CENTIMES LA PIÈCE.		A 24 CENTIMES LA PIÈCE.	
Nombre.	Valeur.	Nombre.	Valeur.	Nombre.	Valeur.	Nombre.	Valeur.
	Fr. c.		Fr. c.		Fr. c.		Fr. c.
2	» 42	2	» 44	2	» 46	2	» 48
3	» 63	3	» 66	3	» 69	3	» 72
4	» 84	4	» 88	4	» 92	4	» 96
5	1 05	5	1 10	5	1 15	5	1 20
6	1 26	6	1 32	6	1 38	6	1 44
7	1 47	7	1 54	7	1 61	7	1 68
8	1 68	8	1 76	8	1 84	8	1 92
9	1 89	9	1 98	9	2 07	9	2 16
10	2 10	10	2 20	10	2 30	10	2 40
11	2 31	11	2 42	11	2 53	11	2 64
12	2 52	12	2 64	12	2 76	12	2 88
13	2 73	13	2 86	13	2 99	13	3 12
14	2 94	14	3 08	14	3 22	14	3 36
15	3 15	15	3 30	15	3 45	15	3 60
16	3 36	16	3 52	16	3 68	16	3 84
17	3 57	17	3 74	17	3 91	17	4 08
18	3 78	18	3 96	18	4 14	18	4 32
19	3 99	19	4 18	19	4 37	19	4 56
20	4 20	20	4 40	20	4 60	20	4 80
21	4 41	21	4 62	21	4 83	21	5 04
22	4 62	22	4 84	22	5 06	22	5 28
23	4 83	23	5 06	23	5 29	23	5 52
24	5 04	24	5 28	24	5 52	24	5 76
25	5 25	25	5 50	25	5 75	25	6 »
30	6 30	30	6 60	30	6 90	30	7 20
35	7 35	35	7 70	35	8 05	35	8 40
40	8 40	40	8 80	40	9 20	40	9 60
50	10 50	50	11 »	50	11 50	50	12 »
60	12 60	60	13 20	60	13 80	60	14 40
70	14 70	70	15 40	70	16 10	70	16 80
80	16 80	80	17 60	80	18 40	80	19 20
90	18 90	90	19 80	90	20 70	90	21 60
100	21 »	100	22 »	100	23 »	100	24 »
200	42 »	200	44 »	200	46 »	200	48 »
300	63 »	300	66 »	300	69 »	300	72 »
400	84 »	400	88 »	400	92 »	400	96 »
500	105 »	500	110 »	500	115 »	500	120 »
600	126 »	600	132 »	600	138 »	600	144 »
700	147 »	700	154 »	700	161 »	700	168 »
800	168 »	800	176 »	800	184 »	800	192 »
900	189 »	900	198 »	900	207 »	900	216 »
1,000	210 »	1,000	220 »	1,000	230 »	1,000	240 »
2,000	420 »	2,000	440 »	2,000	460 »	2,000	480 »
3,000	630 »	3,000	660 »	3,000	690 »	3,000	720 »
4,000	840 »	4,000	880 »	4,000	920 »	4,000	960 »
5,000	1,050 »	5,000	1,100 »	5,000	1,150 »	5,000	1,200 »
6,000	1,260 »	6,000	1,320 »	6,000	1,380 »	6,000	1,440 »
7,000	1,470 »	7,000	1,540 »	7,000	1,610 »	7,000	1,680 »
8,000	1,680 »	8,000	1,760 »	8,000	1,840 »	8,000	1,920 »
9,000	1,890 »	9,000	1,980 »	9 000	2,070 »	9,000	2,160 »
10,000	2,100 »	10,000	2,200 »	10,000	2,300 »	10,000	2,400 »

A 25 CENTIMES LA PIÈCE.		A 26 CENTIMES LA PIÈCE.		A 27 CENTIMES LA PIÈCE.		A 28 CENTIMES LA PIÈCE.	
Nombre.	Valeur.	Nombre.	Valeur.	Nombre.	Valeur.	Nombre.	Valeur.
	Fr. c.		Fr. c.		Fr. c.		Fr. c.
2	» 50	2	» 52	2	» 54	2	» 56
3	» 75	3	» 78	3	» 81	3	» 84
4	1 »	4	1 04	4	1 08	4	1 12
5	1 25	5	1 30	5	1 35	5	1 40
6	1 50	6	1 56	6	1 62	6	1 68
7	1 75	7	1 82	7	1 89	7	1 96
8	2 »	8	2 08	8	2 16	8	2 24
9	2 25	9	2 34	9	2 43	9	2 52
10	2 50	10	2 60	10	2 70	10	2 80
11	2 75	11	2 86	11	2 97	11	3 08
12	3 »	12	3 12	12	3 24	12	3 36
13	3 25	13	3 38	13	3 51	13	3 64
14	3 50	14	3 64	14	3 78	14	3 92
15	3 75	15	3 90	15	4 05	15	4 20
16	4 »	16	4 16	16	4 32	16	4 48
17	4 25	17	4 42	17	4 59	17	4 76
18	4 50	18	4 68	18	4 86	18	5 04
19	4 75	19	4 94	19	5 13	19	5 32
20	5 »	20	5 20	20	5 40	20	5 60
21	5 25	21	5 46	21	5 67	21	5 88
22	5 50	22	5 72	22	5 94	22	6 16
23	5 75	23	5 98	23	6 21	23	6 44
24	6 »	24	6 24	24	6 48	24	6 72
25	6 25	25	6 50	25	6 75	25	7 »
30	7 50	30	7 80	30	8 10	30	8 40
35	8 75	35	9 10	35	9 45	35	9 80
40	10 »	40	10 40	40	10 80	40	11 20
50	12 50	50	13 »	50	13 50	50	14 »
60	15 »	60	15 60	60	16 20	60	16 80
70	17 50	70	18 20	70	18 90	70	19 60
80	20 »	80	20 80	80	21 60	80	22 40
90	22 50	90	23 40	90	24 30	90	25 20
100	25 »	100	26 »	100	27 »	100	28 »
200	50 »	200	52 »	200	54 »	200	56 »
300	75 »	300	78 »	300	81 »	300	84 »
400	100 »	400	104 »	400	108 »	400	112 »
500	125 »	500	130 »	500	135 »	500	140 »
600	150 »	600	156 »	600	162 »	600	168 »
700	175 »	700	182 »	700	189 »	700	196 »
800	200 »	800	208 »	800	216 »	800	224 »
900	225 »	900	234 »	900	243 »	900	252 »
1,000	250 »	1,000	260 »	1,000	270 »	1,000	280 »
2,000	500 »	2,000	520 »	2,000	540 »	2,000	560 »
3,000	750 »	3,000	780 »	3,000	810 »	3,000	840 »
4,000	1,000 »	4,000	1,040 »	4,000	1,080 »	4,000	1,120 »
5,000	1,250 »	5,000	1,300 »	5,000	1,350 »	5,000	1,400 »
6,000	1,500 »	6,000	1,560 »	6,000	1,620 »	6,000	1,680 »
7,000	1,750 »	7,000	1,820 »	7,000	1,890 »	7,000	1,960 »
8,000	2,000 »	8,000	2,080 »	8,000	2,160 »	8,000	2,240 »
9,000	2,250 »	9,000	2,340 »	9,000	2,430 »	9,000	2,520 »
10,000	2,500 »	10,000	2,600 »	10,000	2,700 »	10,000	2,800 »

A 29 CENTIMES LA PIÈCE.		A 30 CENTIMES LA PIÈCE.		A 31 CENTIMES LA PIÈCE.		A 32 CENTIMES LA PIÈCE.	
Nombre.	Valeur.	Nombre.	Valeur.	Nombre.	Valeur.	Nombre.	Valeur.
	F. c.		Fr. c.		Fr. c.		Fr. c.
2	» 58	2	» 60	2	» 62	2	» 64
3	» 87	3	» 90	3	» 93	3	» 96
4	1 16	4	1 20	4	1 24	4	1 28
5	1 45	5	1 50	5	1 55	5	1 60
6	1 74	6	1 80	6	1 86	6	1 92
7	2 03	7	2 10	7	2 17	7	2 24
8	2 32	8	2 40	8	2 48	8	2 56
9	2 61	9	2 70	9	2 79	9	2 88
10	2 90	10	3 »	10	3 10	10	3 20
11	3 19	11	3 30	11	3 41	11	3 52
12	3 48	12	3 60	12	3 72	12	3 84
13	3 77	13	3 90	13	4 03	13	4 16
14	4 06	14	4 20	14	4 34	14	4 48
15	4 35	15	4 50	15	4 65	15	4 80
16	4 64	16	4 80	16	4 96	16	5 12
17	4 93	17	5 10	17	5 27	17	5 44
18	5 22	18	5 40	18	5 58	18	5 76
19	5 51	19	5 70	19	5 89	19	6 08
20	5 80	20	6 »	20	6 20	20	6 40
21	6 09	21	6 30	21	6 51	21	6 72
22	6 38	22	6 60	22	6 82	22	7 04
23	6 67	23	6 90	23	7 13	23	7 30
24	6 96	24	7 20	24	7 44	24	7 68
25	7 25	25	7 50	25	7 75	25	8 »
30	8 70	30	9 »	30	9 30	30	9 60
35	10 15	35	10 50	35	10 85	35	11 20
40	11 60	40	12 »	40	12 40	40	12 80
50	14 50	50	15 »	50	15 50	50	16 »
60	17 40	60	18 »	60	18 60	60	19 20
70	20 30	70	21 »	70	21 70	70	22 40
80	23 20	80	24 »	80	24 80	80	25 60
90	26 10	90	27 »	90	27 90	90	28 80
100	29 »	100	30 »	100	31 »	100	32 »
200	58 »	200	60 »	200	62 »	200	64 »
300	87 »	300	90 »	300	93 »	300	96 »
400	116 »	400	120 »	400	124 »	400	128 »
500	145 »	500	150 »	500	155 »	500	160 »
600	174 »	600	180 »	600	186 »	600	192 »
700	203 »	700	210 »	700	217 »	700	224 »
800	232 »	800	240 »	800	248 »	800	256 »
900	261 »	900	270 »	900	279 »	900	288 »
1,000	290 »	1,000	300 »	1,000	310 »	1,000	320 »
2,000	580 »	2,000	600 »	2,000	620 »	2,000	640 »
3,000	870 »	3,000	900 »	3,000	930 »	3,000	960 »
4,000	1,160 »	4,000	1,200 »	4,000	1,240 »	4,000	1,280 »
5,000	1,450 »	5,000	1,500 »	5,000	1,550 »	5,000	1,600 »
6,000	1,740 »	6,000	1,800 »	6,000	1,860 »	6,000	1,920 »
7,000	2,030 »	7,000	2,100 »	7,000	2,170 »	7,000	2,240 »
8,000	2,320 »	8,000	2,400 »	8,000	2,480 »	8,000	2,560 »
9,000	2,610 »	9,000	2,700 »	9,000	2,790 »	9,000	2,880 »
10,000	2,900 »	10,000	3,000 »	10,000	3,100 »	10,000	3,200 »

A 33 CENTIMES LA PIÈCE.			A 34 CENTIMES LA PIÈCE.			A 35 CENTIMES LA PIÈCE.			A 36 CENTIMES LA PIÈCE.		
Nombre.	Valeur.		Nombre.	Valeur.		Nombre.	Valeur.		Nombre.	Valeur.	
	F.	c.		Fr.	c.		Fr.	c.		Fr.	c.
2	»	66	2	»	68	2	»	70	2	»	72
3	»	99	3	1	02	3	1	05	3	1	08
4	1	32	4	1	36	4	1	40	4	1	44
5	1	65	5	1	70	5	1	75	5	1	80
6	1	98	6	2	04	6	2	10	6	2	16
7	2	31	7	2	38	7	2	45	7	2	52
8	2	64	8	2	72	8	2	80	8	2	88
9	2	97	9	3	06	9	3	15	9	3	24
10	3	30	10	3	40	10	3	50	10	3	60
11	3	63	11	3	74	11	3	85	11	3	96
12	3	96	12	4	08	12	4	20	12	4	32
13	4	29	13	4	42	13	4	55	13	4	68
14	4	62	14	4	76	14	4	90	14	5	04
15	4	95	15	5	10	15	5	25	15	5	40
16	5	28	16	5	44	16	5	60	16	5	76
17	5	61	17	5	78	17	5	95	17	6	12
18	5	94	18	6	12	18	6	30	18	6	48
19	6	27	19	6	46	19	6	65	19	6	84
20	6	60	20	6	80	20	7	»	20	7	20
21	6	93	21	7	14	21	7	35	21	7	56
22	7	26	22	7	48	22	7	70	22	7	92
23	7	59	23	7	82	23	8	05	23	8	28
24	7	92	24	8	16	24	8	40	24	8	64
25	8	25	25	8	50	25	8	75	25	9	»
30	9	90	30	10	20	30	10	50	30	10	80
35	11	55	35	11	90	35	12	25	35	12	60
40	13	20	40	13	60	40	14	»	40	14	40
50	16	50	50	17	»	50	17	50	50	18	»
60	19	80	60	20	40	60	21	»	60	21	60
70	23	10	70	23	80	70	24	50	70	25	20
80	26	40	80	27	20	80	28	»	80	28	80
90	29	70	90	30	60	90	31	50	90	32	40
100	35	»	100	34	»	100	35	»	100	36	»
200	66	»	200	68	»	200	70	»	200	72	»
300	99	»	300	102	»	300	105	»	300	108	»
400	132	»	400	136	»	400	140	»	400	144	»
500	165	»	500	170	»	500	175	»	500	180	»
600	198	»	600	204	»	600	210	»	600	216	»
700	231	»	700	238	»	700	245	»	700	252	»
800	264	»	800	272	»	800	280	»	800	288	»
900	297	»	900	306	»	900	315	»	900	324	»
1,000	330	»	1,000	340	»	1,000	350	»	1,000	360	»
2,000	660	»	2,000	680	»	2,000	700	»	2,000	720	»
3,000	990	»	3,000	1,020	»	3,000	1,050	»	3,000	1,080	»
4,000	1,320	»	4,000	1,360	»	4,000	1.400	»	4,000	1,440	»
5,000	1,650	»	5,000	1,700	»	5,000	1,750	»	5,000	1,800	»
6,000	1,980	»	6,000	2,040	»	6,000	2,100	»	6,000	2,160	»
7,000	2,310	»	7,000	2,380	»	7,000	2,450	»	7,000	2,520	»
8,000	2,640	»	8,000	2,720	»	8,000	2,800	»	8,000	2,880	»
9,000	2,970	»	9,000	3,060	»	9,000	3,150	»	9,000	3,240	»
10,000	3,300	»	10,000	3,400	»	10,000	3,500	»	10,000	3,600	»

A 37 CENTIMES LA PIÈCE.		A 38 CENTIMES LA PIÈCE.		A 39 CENTIMES LA PIÈCE.		A 40 CENTIMES LA PIÈCE.	
Nombre.	Valeur.	Nombre.	Valeur.	Nombre.	Valeur.	Nombre.	Valeur.
	Fr. c.		Fr. c.		Fr. c.		Fr. c.
2	.... » 74	2	.... » 76	2	.... » 78	2	.... » 80
3	.... 1 11	3	.... 1 14	3	.... 1 17	3	.... 1 20
4	.... 1 48	4	.... 1 52	4	.... 1 56	4	.... 1 60
5	.... 1 85	5	.... 1 90	5	.... 1 95	5	.... 2 »
6	.... 2 22	6	.... 2 28	6	.... 2 34	6	.... 2 40
7	.... 2 59	7	.... 2 66	7	.... 2 73	7	.... 2 80
8	.... 2 96	8	.... 3 04	8	.... 3 12	8	.... 3 20
9	.... 3 33	9	.... 3 42	9	.... 3 51	9	.... 3 60
10	.... 3 70	10	.... 3 80	10	.... 3 90	10	.... 4 »
11	.... 4 07	11	.... 4 18	11	.... 4 29	11	.... 4 40
12	.... 4 44	12	.... 4 56	12	.... 4 68	12	.... 4 80
13	.... 4 81	13	.... 4 94	13	.... 5 07	13	.... 5 20
14	.... 5 18	14	.... 5 32	14	.... 5 46	14	.... 5 60
15	.... 5 55	15	.... 5 70	15	.... 5 85	15	.... 6 »
16	.... 5 92	16	.... 6 08	16	.... 6 24	16	.... 6 40
17	.... 6 29	17	.... 6 46	17	.... 6 63	17	.... 6 80
18	.... 6 66	18	.... 6 84	18	.... 7 02	18	.... 7 20
19	.... 7 03	19	.... 7 22	19	.... 7 41	19	.... 7 60
20	.... 7 40	20	.... 7 60	20	.... 7 80	20	.... 8 »
21	.... 7 77	21	.... 7 98	21	.... 8 19	21	.... 8 40
22	.... 8 14	22	.... 8 36	22	.... 8 58	22	.... 8 80
23	.... 8 51	23	.... 8 74	23	.... 8 97	23	.... 9 20
24	.... 8 88	24	.... 9 12	24	.... 9 36	24	.... 9 60
25	.... 9 25	25	.... 9 50	25	.... 9 75	25	... 10 »
30	... 11 10	30	... 11 40	30	... 11 70	30	... 12 »
35	... 12 95	35	... 13 30	35	... 13 65	35	... 14 »
40	... 14 80	40	... 15 20	40	... 15 60	40	... 16 »
50	... 18 50	50	... 19 »	50	... 19 50	50	... 20 »
60	... 22 20	60	... 22 80	60	... 23 40	60	... 24 »
70	... 25 90	70	... 26 60	70	... 27 30	70	... 28 »
80	... 29 60	80	... 30 40	80	... 31 20	80	... 32 »
90	... 33 30	90	... 34 20	90	... 35 10	90	... 36 »
100	... 37 »	100	... 38 »	100	... 39 »	100	... 40 »
200	... 74 »	200	... 76 »	200	... 78 »	200	... 80 »
300	.. 111 »	300	.. 114 »	300	.. 117 »	300	.. 120 »
400	.. 148 »	400	.. 152 »	400	.. 156 »	400	.. 160 »
500	.. 185 »	500	.. 190 »	500	.. 195 »	500	.. 200 »
600	.. 222 »	600	.. 228 »	600	.. 234 »	600	.. 240 »
700	.. 259 »	700	.. 266 »	700	.. 273 »	700	.. 280 »
800	.. 296 »	800	.. 304 »	800	.. 312 »	800	.. 320 »
900	.. 333 »	900	.. 342 »	900	.. 351 »	900	.. 360 »
1,000	.. 370 »	1,000	.. 380 »	1,000	.. 390 »	1,000	.. 400 »
2,000	.. 740 »	2,000	.. 760 »	2,000	.. 780 »	2,000	.. 800 »
3,000	1,110 »	3,000	1,140 »	3,000	1,170 »	3,000	1,200 »
4,000	1,480 »	4,000	1,520 »	4,000	1,560 »	4,000	1,600 »
5,000	1,850 »	5,000	1,900 »	5,000	1,950 »	5,000	2,000 »
6,000	2,220 »	6,000	2,280 »	6,000	2,340 »	6,000	2,400 »
7,000	2,590 »	7,000	2,660 »	7,000	2,730 »	7,000	2,800 »
8,000	2,960 »	8,000	3,040 »	8,000	3,120 »	8,000	3,200 »
9,000	3,330 »	9,000	3,420 »	9,000	3,510 »	9,000	3,600 »
10,000	3,700 »	10,000	3,800 »	10,000	3,900 »	10,000	4,000 »

A 41 CENTIMES LA PIÈCE.		A 42 CENTIMES LA PIÈCE.		A 43 CENTIMES LA PIÈCE.		A 44 CENTIMES LA PIÈCE.	
Nombre.	Valeur.	Nombre.	Valeur.	Nombre.	Valeur.	Nombre.	Valeur.
	Fr. c.		Fr. c.		Fr. c.		Fr. c.
2	.... » 82	2	.... » 84	2	.... » 86	2	.... » 88
3	.... 1 23	3	.... 1 26	3	.... 1 29	3	.... 1 32
4	.... 1 64	4	.... 1 68	4	.... 1 72	4	.... 1 76
5	.... 2 05	5	.... 2 10	5	.... 2 15	5	.... 2 20
6	.... 2 46	6	.... 2 52	6	.... 2 58	6	.... 2 64
7	.... 2 87	7	.... 2 94	7	.... 3 »	7	.... 3 08
8	.... 3 28	8	.... 3 36	8	.... 3 44	8	.... 3 52
9	.... 3 69	9	.... 3 78	9	.... 3 87	9	.... 3 96
10	.... 4 10	10	.... 4 20	10	.... 4 30	10	.... 4 40
11	.... 4 51	11	.... 4 62	11	.... 4 73	11	.... 4 84
12	.... 4 92	12	.... 5 04	12	.... 5 16	12	.... 5 28
13	.... 5 33	13	.... 5 46	13	.... 5 59	13	.... 5 72
14	.... 5 74	14	.... 5 88	14	.... 6 02	14	.... 6 16
15	.... 6 15	15	.... 6 30	15	.... 6 45	15	.... 6 60
16	.... 6 56	16	.... 6 72	16	.... 6 88	16	.... 7 04
17	.... 6 97	17	.... 7 14	17	.... 7 31	17	.... 7 48
18	.... 7 38	18	.... 7 56	18	.... 7 74	18	.... 7 92
19	.... 7 79	19	.... 7 98	19	.... 8 17	19	.... 8 36
20	.... 8 20	20	.... 8 40	20	.... 8 60	20	.... 8 80
21	.... 8 61	21	.... 8 82	21	.... 9 03	21	.... 9 24
22	.... 9 »	22	.... 9 24	22	.... 9 46	22	.... 9 68
23	.... 9 43	23	.... 9 66	23	.... 9 89	23	... 10 12
24	.... 9 84	24	... 10 08	24	... 10 32	24	... 10 56
25	... 10 25	25	... 10 50	25	... 10 75	25	... 11 »
30	... 12 30	30	... 12 60	30	... 12 90	30	... 13 20
35	... 14 35	35	... 14 70	35	... 15 05	35	... 15 40
40	... 16 40	40	... 16 80	40	... 17 20	40	... 17 60
50	... 20 50	50	... 21 »	50	... 21 50	50	... 22 »
60	... 24 60	60	... 25 20	60	... 25 80	60	... 26 40
70	... 28 70	70	... 29 40	70	... 30 10	70	... 30 80
80	... 32 80	80	... 33 60	80	... 34 40	80	... 35 20
90	... 36 90	90	... 37 80	90	... 38 70	90	... 39 60
100	... 41 »	100	... 42 »	100	... 43 »	100	... 44 »
200	... 82 »	200	... 84 »	200	... 86 »	200	... 88 »
300	.. 123 »	300	.. 126 »	300	.. 129 »	300	.. 132 »
400	.. 164 »	400	.. 168 »	400	.. 172 »	400	.. 176 »
500	.. 205 »	500	.. 210 »	500	.. 215 »	500	.. 220 »
600	.. 246 »	600	.. 252 »	600	.. 258 »	600	.. 264 »
700	.. 287 »	700	.. 294 »	700	.. 301 »	700	.. 308 »
800	.. 328 »	800	.. 336 »	800	.. 344 »	800	.. 352 »
900	.. 369 »	900	. 378 »	900	.. 387 »	900	.. 396 »
1,000	.. 410 »	1,000	.. 420 »	1,000	.. 430 »	1,000	.. 440 »
2,000	.. 820 »	2,000	.. 840 »	2,000	.. 860 »	2,000	.. 880 »
3,000	1,230 »	3,000	1,260 »	3,000	1,290 »	3,000	1,320 »
4,000	1,640 »	4,000	1,680 »	4,000	1,720 »	4,000	1,760 »
5,000	2,050 »	5,000	2,100 »	5,000	2,150 »	5,000	2,200 »
6,000	2,460 »	6,000	2,520 »	6,000	2,580 »	6,000	2,640 »
7,000	2,870 »	7,000	2,940 »	7,000	3,010 »	7,000	3,080 »
8,000	3,280 »	8,000	3,360 »	8,000	3,440 »	8,000	3,520 »
9,000	3,690 »	9,000	3,780 »	9,000	3,870 »	9,000	3,960 »
10,000	4,100 »	10,000	4,200 »	10,000	4,300 »	10,000	4,400 »

A 45 CENTIMES LA PIÈCE.			A 46 CENTIMES LA PIÈCE.			A 47 CENTIMES LA PIÈCE.			A 48 CENTIMES LA PIÈCE.		
Nombre.	Valeur. Fr.	c.	Nombre.	Valeur. Fr.	c.	Nombre.	Valeur. Fr.	c.	Nombre.	Valeur. Fr.	c.
2	»	90	2	»	92	2	»	94	2	»	96
3	1	35	3	1	38	3	1	41	3	1	44
4	1	80	4	1	84	4	1	88	4	1	92
5	2	25	5	2	30	5	2	35	5	2	40
6	2	70	6	2	76	6	2	82	6	2	88
7	3	15	7	3	22	7	3	29	7	3	36
8	3	60	8	3	68	8	3	76	8	3	84
9	4	05	9	4	14	9	4	23	9	4	32
10	4	50	10	4	60	10	4	70	10	4	80
11	4	95	11	5	06	11	5	17	11	5	28
12	5	40	12	5	52	12	5	64	12	5	76
13	5	85	13	5	98	13	6	11	13	6	24
14	6	30	14	6	44	14	6	58	14	6	72
15	6	75	15	6	90	15	7	05	15	7	20
16	7	20	16	7	36	16	7	52	16	7	68
17	7	65	17	7	82	17	7	99	17	8	16
18	8	10	18	8	28	18	8	46	18	8	64
19	8	55	19	8	74	19	8	93	19	9	12
20	9	»	20	9	20	20	9	40	20	9	60
21	9	45	21	9	66	21	9	47	21	10	08
22	9	90	22	10	12	22	10	34	22	10	56
23	10	35	23	10	58	23	10	81	23	11	04
24	10	80	24	11	04	24	11	28	24	11	52
25	11	25	25	11	50	25	11	75	25	12	»
30	13	50	30	13	30	30	14	10	30	14	40
35	15	75	35	16	10	35	16	45	35	16	80
40	18	»	40	18	40	40	18	80	40	19	20
50	22	50	50	23	»	50	23	50	50	24	»
60	27	»	60	27	60	60	28	20	60	28	80
70	31	50	70	32	20	70	32	90	70	33	60
80	36	»	80	36	80	80	37	60	80	38	40
90	40	50	90	41	40	90	42	30	90	43	20
100	45	»	100	46	»	100	47	»	100	48	»
200	90	»	200	92	»	200	94	»	200	96	»
300	135	»	300	138	»	300	141	»	300	144	»
400	180	»	400	184	»	400	188	»	400	192	»
500	225	»	500	230	»	500	235	»	500	240	»
600	270	»	600	276	»	600	282	»	600	288	»
700	315	»	700	322	»	700	329	»	700	336	»
800	360	»	800	368	»	800	376	»	800	384	»
900	405	»	900	414	»	900	423	»	900	432	»
1,000	450	»	1,000	460	»	1,000	470	»	1,000	480	»
2,000	900	»	2,000	920	»	2,000	940	»	2,000	960	»
3,000	1,350	»	3,000	1,380	»	3,000	1,410	»	3,000	1,440	»
4,000	1,800	»	4,000	1,840	»	4,000	1,880	»	4,000	1,920	»
5,000	2,250	»	5,000	2,300	»	5,000	2,350	»	5,000	2,400	»
6,000	2,700	»	6,000	2,760	»	6,000	2.820	»	6,000	2,880	»
7,000	3,150	»	7,000	3,220	»	7,000	3,290	»	7,000	3,360	»
8,000	3,600	»	8,000	3,680	»	8,000	3,760	»	8,000	3,840	»
9,000	4,050	»	9,000	4,140	»	9,000	4,230	»	9,000	4,320	»
10,000	4,500	»	10,000	4,600	»	10,000	4,700	»	10,000	4,800	»

A 49 CENTIMES LA PIÈCE.			A 50 CENTIMES LA PIÈCE.			A 55 CENTIMES LA PIÈCE.			A 60 CENTIMES LA PIÈCE.		
Nombre.	Valeur.		Nombre.	Valeur.		Nombre.	Valeur.		Nombre.	Valeur.	
	Fr.	c.		Fr.	c.		Fr.	c.		Fr.	c.
2	»	98	2	1	»	2	1	10	2	1	20
3	1	47	3	1	50	3	1	65	3	1	80
4	1	96	4	2	»	4	2	20	4	2	40
5	2	45	5	2	50	5	2	75	5	3	»
6	2	94	6	3	»	6	3	30	6	3	60
7	3	43	7	3	50	7	3	85	7	4	20
8	3	92	8	4	»	8	4	40	8	4	80
9	4	41	9	4	50	9	4	95	9	5	40
10	4	90	10	5	»	10	5	50	10	6	»
11	5	39	11	5	50	11	6	05	11	6	60
12	5	88	12	6	»	12	6	60	12	7	20
13	6	37	13	6	50	13	7	15	13	7	80
14	6	86	14	7	»	14	7	70	14	8	40
15	7	35	15	7	50	15	8	25	15	9	»
16	7	84	16	8	»	16	8	80	16	9	60
17	8	33	17	8	50	17	9	35	17	10	20
18	8	82	18	9	»	18	9	90	18	10	80
19	9	31	19	9	50	19	10	45	19	11	40
20	9	80	20	10	»	20	11	»	20	12	..
21	10	29	21	10	50	21	11	55	21	12	60
22	10	78	22	11	»	22	12	10	22	13	20
23	11	27	23	11	50	23	12	65	23	13	80
24	11	76	24	12	»	24	13	20	24	14	40
25	12	25	25	12	50	25	13	75	25	15	»
30	14	70	30	15	»	30	16	50	30	18	»
35	17	15	35	17	50	35	19	25	35	21	»
40	19	60	40	20	»	40	22	»	40	24	»
50	24	50	50	25	»	50	27	50	50	30	»
60	29	40	60	30	»	60	33	»	60	36	»
70	34	30	70	35	»	70	38	50	70	42	»
80	39	20	80	40	»	80	44	»	80	48	»
90	44	10	90	45	»	90	49	50	90	54	»
100	49	»	100	50	»	100	55	»	100	60	»
200	98	»	200	100	»	200	110	»	200	120	»
300	147	»	300	150	»	300	165	»	300	180	»
400	196	»	400	200	»	400	220	»	400	240	»
500	245	»	500	250	»	500	275	»	500	300	»
600	294	»	600	300	»	600	330	»	600	360	»
700	343	»	700	350	»	700	385	»	700	420	»
800	392	»	800	400	»	800	440	»	800	480	»
900	441	»	900	450	»	900	495	»	900	540	»
1,000	490	»	1,000	500	»	1,000	550	»	1,000	600	»
2,000	980	»	2,000	1,000	»	2,000	1,100	»	2,000	1,200	»
3,000	1,470	»	3,000	1,500	»	3,000	1,650	»	3,000	1,800	»
4,000	1,960	»	4,000	2,000	»	4,000	2,200	»	4,000	2,400	»
5,000	2,450	»	5,000	2,500	»	5,000	2,750	»	5,000	3,000	»
6,000	2,940	»	6,000	3,000	»	6,000	3,300	»	6,000	3,600	»
7,000	3,430	»	7,000	3,500	»	7,000	3,850	»	7,000	4,200	»
8,000	3,920	»	8,000	4,000	»	8,000	4,400	»	8,000	4,800	»
9,000	4,410	»	9,000	4,500	»	9,000	4,950	»	9,000	5,400	»
10,000	4,900	»	10,000	5,000	»	10,000	5,500	»	10,000	6,000	»

A 65 CENTIMES LA PIÈCE.		A 70 CENTIMES LA PIÈCE.		A 75 CENTIMES LA PIÈCE.		A 80 CENTIMES LA PIÈCE.	
Nombre.	Valeur.	Nombre.	Valeur.	Nombre.	Valeur.	Nombre.	Valeur.
	Fr. c.		Fr. c.		Fr. c.		Fr. c.
2	.... 1 30	2	.... 1 40	2	.... 1 50	2	.... 1 60
3	.... 1 95	3	.... 2 10	3	.... 2 25	3	.... 2 40
4	.... 2 60	4	.... 2 80	4	.... 3 »	4	.... 3 20
5	.... 3 25	5	.... 3 50	5	.... 3 75	5	.... 4 »
6	.... 3 90	6	.... 4 20	6	.... 4 50	6	.... 4 80
7	.... 4 55	7	.... 4 90	7	.... 5 25	7	.... 5 60
8	.... 5 20	8	.... 5 60	8	.... 6 »	8	.... 6 40
9	.... 5 85	9	.... 6 30	9	.... 6 75	9	.... 7 20
10	.... 6 50	10	.... 7 »	10	.... 7 50	10	.... 8 »
11	.... 7 15	11	.... 7 70	11	.... 8 25	11	.... 8 80
12	.... 7 80	12	.... 8 40	12	.... 9 »	12	.... 9 60
13	.... 8 45	13	.... 9 10	13	.... 9 75	13	... 10 40
14	.... 9 10	14	.... 9 80	14	... 10 50	14	... 11 20
15	.... 9 75	15	... 10 40	15	... 11 25	15	... 12 »
16	... 10 40	16	... 11 20	16	... 12 »	16	... 12 80
17	... 11 05	17	... 11 90	17	... 12 75	17	... 13 60
18	... 11 70	18	... 12 60	18	... 13 50	18	... 14 40
19	... 12 35	19	... 13 30	19	... 14 25	19	... 15 20
20	... 13 »	20	... 14 »	20	... 15 »	20	... 16 »
21	... 13 65	21	... 14 70	21	... 15 75	21	... 16 80
22	... 14 30	22	... 15 40	22	... 16 50	22	... 17 60
23	... 14 95	23	... 16 10	23	... 17 25	23	... 18 40
24	... 15 60	24	... 16 08	24	... 18 »	24	... 19 20
25	... 16 25	25	... 17 50	25	... 18 75	25	... 20 »
30	... 19 50	30	... 21 »	30	... 22 50	30	... 24 »
35	... 22 75	35	... 24 50	35	... 26 25	35	... 28 »
40	... 26 »	40	... [illegible] »	40	... 30 »	40	... 32 »
50	... 32 50	50	... 35 »	50	... 37 50	50	... 40 »
60	... 39 »	60	... 42 »	60	... 45 »	60	... 48 »
70	... 45 50	70	... 49 »	70	... 52 50	70	... 56 »
80	... 52 »	80	... 56 »	80	... 60 »	80	... 64 »
90	... 58 50	90	... 63 »	90	... 67 50	90	... 72 »
100	... 65 »	100	... 70 »	100	... 75 »	100	... 80 »
200	.. 130 »	200	.. 140 »	200	.. 150 »	200	.. 160 »
300	.. 195 »	300	.. 210 »	300	.. 225 »	300	.. 240 »
400	.. 260 »	400	.. 280 »	400	.. 300 »	400	.. 320 »
500	.. 325 »	500	.. 350 »	500	.. 375 »	500	.. 400 »
600	.. 390 »	600	.. 420 »	600	.. 450 »	600	.. 480 »
700	.. 455 »	700	.. 490 »	700	.. 525 »	700	.. 560 »
800	.. 520 »	800	.. 560 »	800	.. 600 »	800	.. 640 »
900	.. 585 »	900	.. 630 »	900	.. 675 »	900	.. 720 »
1,000	.. 650 »	1,000	.. 700 »	1,000	.. 750 »	1,000	.. 800 »
2,000	1,300 »	2,000	1,400 »	2,000	1,500 »	2,000	1,600 »
3,000	1,950 »	3,000	2,100 »	3,000	2,250 »	3,000	2,400 »
4,000	2,600 »	4,000	2,800 »	4,000	3,000 »	4,000	3,200 »
5,000	3,250 »	5,000	3,500 »	5,000	3,750 »	5,000	4,000 »
6,000	3,900 »	6,000	4,200 »	6,000	4,500 »	6,000	4,800 »
7,000	4,550 »	7,000	4,900 »	7,000	5,250 »	7,000	5,600 »
8,000	5,200 »	8,000	5,600 »	8,000	6,000 »	8,000	6,400 »
9,000	5,850 »	9,000	6,300 »	9 000	6,750 »	9,000	7,200 »
10,000	6,500 »	10,000	7,000 »	10,000	7,500 »	10,000	8,000 »

A 85 CENTIMES LA PIÈCE.			A 90 CENTIMES LA PIÈCE.			A 95 CENTIMES LA PIÈCE.			A 1 FRANC LA PIÈCE.		
Nombre.	Valeur.		Nombre.	Valeur.		Nombre.	Valeur.		Nombre.	Valeur.	
	Fr.	c.		Fr.	c.		Fr.	c.		Fr.	c.
2	1	70	2	1	80	2	1	90	2	2	»
3	2	55	3	2	70	3	2	85	3	3	»
4	3	40	4	3	60	4	3	80	4	4	»
5	4	25	5	4	50	5	4	75	5	5	»
6	5	10	6	5	40	6	5	70	6	6	»
7	5	95	7	6	30	7	6	65	7	7	»
8	6	80	8	7	20	8	7	60	8	8	»
9	7	65	9	8	10	9	8	55	9	9	»
10	8	50	10	9	»	10	9	50	10	10	»
11	9	35	11	9	90	11	10	45	11	11	»
12	10	20	12	10	80	12	11	40	12	12	»
13	11	05	13	11	70	13	12	35	13	13	»
14	11	90	14	12	60	14	13	30	14	14	»
15	12	75	15	13	50	15	14	25	15	15	»
16	13	60	16	14	40	16	15	20	16	16	»
17	14	45	17	15	30	17	16	15	17	17	»
18	15	30	18	16	20	18	17	10	18	18	»
19	16	15	19	17	10	19	18	05	19	19	»
20	17	»	20	18	»	20	19	»	20	20	»
21	17	85	21	18	90	21	19	95	21	21	»
22	18	70	22	19	80	22	20	90	22	22	»
23	19	55	23	20	70	23	21	85	23	23	»
24	20	40	24	21	60	24	22	80	24	24	»
25	21	25	25	22	50	25	23	75	25	25	»
30	25	50	30	27	»	30	28	50	30	30	»
35	29	75	35	31	50	35	33	25	35	35	»
40	34	»	40	36	»	40	38	»	40	40	»
50	42	50	50	45	»	50	47	50	50	50	»
60	51	»	60	54	»	60	57	»	60	60	»
70	59	50	70	63	»	70	66	50	70	70	»
80	68	»	80	72	»	80	76	»	80	80	»
90	76	50	90	81	»	90	85	50	90	90	»
100	85	»	100	90	»	100	95	»	100	100	»
200	170	»	200	180	»	200	190	»	200	200	»
300	255	»	300	270	»	300	285	»	300	300	»
400	340	»	400	360	»	400	380	»	400	400	»
500	425	»	500	450	»	500	475	»	500	500	»
600	510	»	600	540	»	600	570	»	600	600	»
700	595	»	700	630	»	700	665	»	700	700	»
800	680	»	800	720	»	800	760	»	800	800	»
900	765	»	900	810	»	900	855	»	900	900	»
1,000	850	»	1,000	900	»	1,000	950	»	1,000	1,000	»
2,000	1,700	»	2,000	1,800	»	2,000	1,900	»	2,000	2,000	»
3,000	2,550	»	3,000	2,700	»	3,000	2,850	»	3,000	3,000	»
4,000	3,400	»	4,000	3,600	»	4,000	3,800	»	4,000	4,000	»
5,000	4,250	»	5,000	4,500	»	5,000	4,750	»	5,000	5,000	»
6,000	5,100	»	6,000	5,400	»	6,000	5,700	»	6,000	6,000	»
7,000	5,950	»	7,000	6,300	»	7,000	6,650	»	7,000	7,000	»
8,000	6,800	»	8,000	7,200	»	8,000	7,600	»	8,000	8,000	»
9,000	7,650	»	9,000	8,100	»	9,000	8,550	»	9,000	9,000	»
10,000	8,500	»	10,000	9,000	»	10,000	9,500	»	10,000	10,000	»

A 1 FR. 25 C. LA PIÈCE.		
Nombre.	Valeur. F.	c.
2	2	50
3	3	75
4	5	»
5	6	25
6	7	50
7	8	75
8	10	»
9	11	25
10	12	50
11	13	75
12	15	»
13	16	25
14	17	50
15	18	75
16	20	»
17	21	25
18	22	50
19	23	75
20	25	»
21	26	25
22	27	50
23	28	75
24	30	»
25	31	25
30	37	50
35	43	75
40	50	»
50	62	50
60	75	»
70	87	50
80	100	»
90	112	50
100	125	»
200	250	»
300	375	»
400	500	»
500	625	»
600	750	»
700	875	»
800	1,000	»
900	1,125	»
1,000	1,250	»
2,000	2,500	»
3,000	3,750	»
4,000	5,000	»
5,000	6,250	»
6,000	7,500	»
7,000	8,750	»
8,000	10,000	»
9,000	11,250	»
10,000	12,500	»

A 1 FR. 50 C. LA PIÈCE.		
Nombre.	Valeur. Fr.	c.
2	3	»
3	4	50
4	6	»
5	7	50
6	9	»
7	10	50
8	12	»
9	13	50
10	15	»
11	16	50
12	18	»
13	19	50
14	21	»
15	22	50
16	24	»
17	25	50
18	27	»
19	28	50
20	30	»
21	31	50
22	33	»
23	34	50
24	36	»
25	37	50
30	45	»
35	52	50
40	60	»
50	75	»
60	90	»
70	105	»
80	120	»
90	135	»
100	150	»
200	300	»
300	450	»
400	600	»
500	750	»
600	900	»
700	1,050	»
800	1,200	»
900	1,350	»
1,000	1,500	»
2,000	3,000	»
3,000	4,500	»
4,000	6,000	»
5,000	7,500	»
6,000	9,000	»
7,000	10,500	»
8,000	12,000	»
9,000	13,500	»
10,000	15,000	»

A 1 FR. 75 C. LA PIÈCE.		
Nombre.	Valeur. Fr.	c.
2	3	50
3	5	25
4	7	»
5	8	75
6	10	50
7	12	25
8	14	»
9	15	75
10	17	50
11	19	25
12	21	»
13	22	75
14	24	50
15	26	25
16	28	»
17	29	75
18	31	50
19	33	25
20	35	»
21	36	75
22	38	50
23	40	25
24	42	»
25	43	75
30	52	50
35	61	25
40	70	»
50	87	50
60	105	»
70	122	50
80	140	»
90	157	50
100	175	»
200	350	»
300	525	»
400	700	»
500	875	»
600	1,050	»
700	1,225	»
800	1,400	»
900	1,575	»
1,000	1,750	»
2,000	3,500	»
3,000	5,250	»
4,000	7.000	»
5,000	8,750	»
6,000	10,500	»
7,000	12,250	»
8,000	14,000	»
9,000	15,750	»
10,000	17,500	»

A 2 FRANCS LA PIÈCE.		
Nombre.	Valeur. Fr.	c.
2	4	»
3	6	»
4	8	»
5	10	»
6	12	»
7	14	»
8	16	»
9	18	»
10	20	»
11	22	»
12	24	»
13	26	»
14	28	»
15	30	»
16	32	»
17	34	»
18	36	»
19	38	»
20	40	»
21	42	»
22	44	»
23	46	»
24	48	»
25	50	»
30	60	»
35	70	»
40	80	»
50	100	»
60	120	»
70	140	»
80	160	»
90	180	»
100	200	»
200	400	»
300	600	»
400	800	»
500	1,000	»
600	1,200	»
700	1,400	»
800	1,600	»
900	1,800	»
1,000	2,000	»
2,000	4,000	»
3,000	6,000	»
4,000	8,000	»
5,000	10,000	»
6,000	12,000	»
7,000	14.000	»
8,000	16,000	»
9,000	18,000	»
10,000	20,000	»

A 2 FR. 25 C. LA PIÈCE.			A 2 FR. 50 C. LA PIÈCE.			A 2 FR. 75 C. LA PIÈCE.			A 3 FRANCS LA PIÈCE.		
Nombre.	Valeur.		Nombre.	Valeur.		Nombre.	Valeur.		Nombre.	Valeur.	
	F.	c.		Fr.	c.		Fr.	c.		Fr.	c.
2	4	50	2	5	»	2	5	50	2	6	»
3	6	75	3	7	50	3	8	25	3	9	»
4	9	»	4	10	»	4	11	»	4	12	»
5	11	25	5	12	50	5	13	75	5	15	»
6	13	50	6	15	»	6	16	50	6	18	»
7	15	75	7	17	50	7	19	25	7	21	»
8	18	»	8	20	»	8	22	»	8	24	»
9	20	25	9	22	50	9	24	75	9	27	»
10	22	50	10	25	»	10	27	50	10	30	»
11	24	75	11	27	50	11	30	25	11	33	»
12	27	»	12	30	»	12	33	»	12	36	»
13	29	25	13	32	50	13	35	75	13	39	»
14	31	50	14	35	»	14	38	50	14	42	»
15	33	75	15	37	50	15	41	25	15	45	»
16	36	»	16	40	»	16	44	»	16	48	»
17	38	25	17	42	50	17	46	75	17	51	»
18	40	50	18	45	»	18	49	50	18	54	»
19	42	75	19	47	50	19	52	25	19	57	»
20	45	»	20	50	»	20	55	»	20	60	»
21	47	25	21	52	50	21	57	75	21	63	»
22	49	50	22	55	»	22	60	50	22	66	»
23	51	75	23	57	50	23	63	25	23	69	»
24	54	»	24	60	»	24	66	»	24	72	»
25	56	25	25	62	50	25	68	75	25	75	»
30	67	50	30	75	»	30	82	50	30	90	»
35	78	75	35	87	50	35	96	25	35	105	»
40	90	»	40	100	»	40	110	»	40	120	»
50	112	50	50	125	»	50	137	50	50	150	»
60	135	»	60	150	»	60	165	»	60	180	»
70	157	50	70	175	»	70	192	50	70	210	»
80	180	»	80	200	»	80	220	»	80	240	»
90	202	50	90	225	»	90	247	50	90	270	»
100	225	»	100	250	»	100	275	»	100	300	»
200	450	»	200	500	»	200	550	»	200	600	»
300	675	»	300	750	»	300	825	»	300	900	»
400	900	»	400	1,000	»	400	1,100	»	400	1,200	»
500	1,125	»	500	1,250	»	500	1,375	»	500	1,500	»
600	1,350	»	600	1,500	»	600	1,650	»	600	1,800	»
700	1,575	»	700	1,750	»	700	1,925	»	700	2,100	»
800	1,800	»	800	2,000	»	800	2,200	»	800	2,400	»
900	2,025	»	900	2,250	»	900	2,475	»	900	2,700	»
1,000	2,250	»	1,000	2,500	»	1,000	2,750	»	1,000	3,000	»
2,000	4,500	»	2,000	5,000	»	2,000	5,500	»	2,000	6,000	»
3,000	6,750	»	3,000	7,500	»	3,000	8,250	»	3,000	9,000	»
4,000	9,000	»	4,000	10,000	»	4,000	11.000	»	4,000	12,000	»
5,000	11,250	»	5,000	12,500	»	5,000	13,750	»	5,000	15,000	»
6,000	13,500	»	6,000	15,000	»	6,000	16,500	»	6,000	18,000	»
7,000	15,750	»	7,000	17,500	»	7,000	19,250	»	7,000	21.000	»
8,000	18,000	»	8,000	20,000	»	8,000	22,000	»	8,000	24,000	»
9,000	20,250	»	9,000	22,500		9,000	24,750	»	9,000	27,000	»
10,000	22,500	»	10,000	25,000	»	10,000	27,500	»	10,000	30,000	»

A 4 FRANCS LA PIÈCE.		A 5 FRANCS LA PIÈCE.		A 10 FRANCS LA PIÈCE.		A 15 FRANCS LA PIÈCE.	
Nombre.	Valeur.	Nombre.	Valeur.	Nombre.	Valeur.	Nombre.	Valeur.
	Fr.		Fr.		Fr.		Fr.
2	8	2	10	2	20	2	30
3	12	3	15	3	30	3	45
4	16	4	20	4	40	4	60
5	20	5	25	5	50	5	75
6	24	6	30	6	60	6	90
7	28	7	35	7	70	7	105
8	32	8	40	8	80	8	120
9	36	9	45	9	90	9	135
10	40	10	50	10	100	10	150
11	44	11	55	11	110	11	165
12	48	12	60	12	120	12	180
13	52	13	65	13	130	13	195
14	56	14	70	14	140	14	210
15	60	15	75	15	150	15	225
16	64	16	80	16	160	16	240
17	68	17	85	17	170	17	255
18	72	18	90	18	180	18	270
19	76	19	95	19	190	19	285
20	80	20	100	20	260	20	300
21	84	21	105	21	210	21	315
22	88	22	110	22	220	22	330
23	92	23	115	23	230	23	345
24	96	24	120	24	240	24	360
25	100	25	125	25	250	25	375
30	120	30	150	30	300	30	450
35	140	35	175	35	350	35	525
40	160	40	200	40	400	40	600
50	200	50	250	50	500	50	750
60	240	60	300	60	600	60	900
70	280	70	350	70	700	70	1,050
80	320	80	400	80	800	80	1,200
90	360	90	450	90	900	90	1,350
100	400	100	500	100	1,000	100	1,500
200	800	200	1,000	200	2,000	200	3,000
300	1,200	300	1,500	300	3,000	300	4,500
400	1,600	400	2,000	400	4,000	400	6,000
500	2,000	500	2,500	500	5.000	500	7,500
600	2,400	600	3,000	600	6,000	600	9,000
700	2,800	700	3,500	700	7,000	700	10,500
800	3,200	800	4,000	800	8,000	800	12,000
900	3,600	900	4,500	900	9,000	900	13,500
1,000	4,000	1,000	5,000	1,000	10,000	1,000	15,000
2,000	8,000	2,000	10,000	2,000	20,000	2,000	30,000
3,000	12,000	3,000	15,000	3,000	30,000	3,000	45,000
4,000	16,000	4,000	20,000	4,000	40,000	4,000	60,000
5,000	20,000	5,000	25,000	5,000	50,000	5,000	75,000
6,000	24,000	6,000	30,000	6,000	60,000	6,000	90,000
7,000	28,000	7,000	35,000	7,000	70,000	7,000	105,000
8,000	32,000	8,000	40,000	8,000	80,000	8,000	120,000
9,000	36,000	9,000	45,000	9,000	90,000	9,000	135,000
10,000	40,000	10,000	50,000	10,000	100,000	10,000	150,000

A 20 FRANCS LA PIÈCE.		A 25 FRANCS LA PIÈCE.		A 30 FRANCS LA PIÈCE.		A 40 FRANCS LA PIÈCE.	
Nombre.	Valeur.	Nombre.	Valeur.	Nombre.	Valeur.	Nombre.	Valeur.
	Fr.		Fr.		Fr.		Fr.
2	40	2	50	2	60	2	80
3	60	3	75	3	90	3	120
4	80	4	100	4	120	4	160
5	100	5	125	5	150	5	200
6	120	6	150	6	180	6	240
7	140	7	175	7	210	7	280
8	160	8	200	8	240	8	320
9	180	9	225	9	270	9	360
10	200	10	250	10	300	10	400
11	220	11	275	11	330	11	440
12	240	12	300	12	360	12	480
13	260	13	325	13	390	13	520
14	280	14	350	14	420	14	560
15	300	15	375	15	450	15	600
16	320	16	400	16	480	16	640
17	340	17	425	17	510	17	680
18	360	18	450	18	540	18	720
19	380	19	475	19	570	19	760
20	400	20	500	20	600	20	800
21	420	21	525	21	630	21	840
22	440	22	550	22	660	22	880
23	460	23	575	23	690	23	920
24	480	24	600	24	720	24	960
25	500	25	625	25	750	25	1,000
30	600	30	750	30	900	30	1,200
35	700	35	875	35	1,050	35	1,400
40	800	40	1,000	40	1,200	40	1,600
50	1,000	50	1,250	50	1,500	50	2,000
60	1,200	60	1,500	60	1,800	60	2,400
70	1,400	70	1,750	70	2,100	70	2,800
80	1,600	80	2,000	80	2,400	80	3,200
90	1,800	90	2,250	90	2,700	90	3,600
100	2,000	100	2,500	100	3,000	100	4,000
200	4,000	200	5,000	200	6,000	200	8,000
300	6,000	300	7,500	300	9,000	300	12,000
400	8,000	400	10,000	400	12,000	400	16,000
500	10,000	500	12,500	500	15,000	500	20,000
600	12.000	600	15,000	600	18,000	600	24,000
700	14,000	700	17,500	700	21,000	700	28,000
800	16,000	800	20,000	800	24,000	800	32,000
900	18,000	900	22,500	900	27,000	900	36,000
1,000	20,000	1,000	25,000	1,000	30,000	1,000	40,000
2,000	40,000	2,000	50,000	2,000	60,000	2,000	80,000
3,000	60,000	3,000	75,000	3,000	90,000	3,000	120,000
4,000	80,000	4,000	100,000	4,000	120,000	4,000	160,000
5,000	100,000	5,000	125,000	5,000	150,000	5,000	200,000
6,000	120,000	6,000	150,000	6,000	180,000	6,000	240,000
7,000	140,000	7,000	175,000	7,000	210,000	7,000	280,000
8,000	160,000	8,000	200,000	8,000	240,000	8,000	320,000
9,000	180,000	9,000	225,000	9,000	270,000	9,000	360,000
10,000	200,000	10,000	250,000	10,000	310,000	10,000	400,000

A 50 FRANCS LA PIÈCE.		A 60 FRANCS LA PIÈCE.		A 70 FRANCS LA PIÈCE.		A 80 FRANCS LA PIÈCE.	
Nombre.	Valeur.	Nombre.	Valeur.	Nombre.	Valeur.	Nombre.	Valeur.
	Fr.		Fr.		Fr.		Fr.
2	100	2	120	2	140	2	160
3	150	3	180	3	210	3	240
4	200	4	240	4	280	4	320
5	250	5	300	5	350	5	400
6	300	6	360	6	420	6	480
7	350	7	420	7	490	7	560
8	400	8	480	8	560	8	640
9	450	9	540	9	630	9	720
10	500	10	600	10	700	10	800
11	550	11	660	11	770	11	880
12	600	12	720	12	840	12	960
13	650	13	780	13	910	13	1,040
14	700	14	840	14	980	14	1,120
15	750	15	900	15	1,050	15	1,200
16	800	16	960	16	1,120	16	1,280
17	850	17	1,020	17	1,190	17	1,360
18	900	18	1,080	18	1,260	18	1,440
19	950	19	1,140	19	1,330	19	1,520
20	1,000	20	1,200	20	1,400	20	1,600
21	1,050	21	1,260	21	1,470	21	1,680
22	1,100	22	1,320	22	1,540	22	1,760
23	1,150	23	1,380	23	1,610	23	1,840
24	1,200	24	1,440	24	1,680	24	1,920
25	1,250	25	1,500	25	1,750	25	2,000
30	1,500	30	1,800	30	2,100	30	2,400
35	1,750	35	2,100	35	2,450	35	2,800
40	2,000	40	2,400	40	2,800	40	3,200
50	2,500	50	3,000	50	3,500	50	4,000
60	3,000	60	3,600	60	4,200	60	4,800
70	3,500	70	4,200	70	4,900	70	5,600
80	4,000	80	4,800	80	5,600	80	6,400
90	4,[illegible]00	90	5,400	90	6,300	90	7,200
100	5,000	100	6,000	100	7,000	100	8,000
200	10,000	200	12,000	200	14,000	200	16,000
300	15,000	300	18,000	300	21,000	300	24,000
400	20,000	400	24,000	400	28,000	400	32,000
500	25,000	500	30,000	500	35,000	500	40,000
600	30,000	600	36,000	600	42,000	600	48,000
700	35,000	700	42,000	700	49,000	700	56,000
800	40,000	800	48,000	800	56,000	800	64,000
900	45,000	900	54,000	900	63,000	900	72,000
1,000	50,000	1,000	60,000	1,000	70,000	1,000	80,000
2,000	100,000	2,000	120,000	2,000	140,000	2,000	160,000
3,000	150,000	3,000	180,000	3,000	210,000	3,000	240,000
4,000	200,000	4,000	240,000	4,000	280,000	4,000	320,000
5,000	250,000	5,000	300,000	5,000	350,000	5,000	400,000
6,000	300,000	6,000	360,000	6,000	420,000	6,000	480,000
7,000	350,000	7,000	420,000	7,000	490,000	7,000	560,000
8,000	400,000	8,000	480,000	8,000	560,000	8,000	640,000
9,000	450,000	9,000	540,000	9,000	630,000	9,000	720,000
10,000	500,000	10,000	600,000	10,000	700,000	10,000	800,000

A 90 FRANCS LA PIÈCE.		A 100 FRANCS LA PIÈCE.		A 500 FRANCS LA PIÈCE.		A 1,000 FRANCS LA PIÈCE.	
Nombre.	Valeur	Nombre.	Valeur.	Nombre.	Valeur.	Nombre.	Valeur.
	Fr.		Fr.		Fr.		Fr.
2	180	2	200	2	1,000	2	2,000
3	270	3	300	3	1,500	3	3,000
4	360	4	400	4	2,000	4	4,000
5	450	5	500	5	2,500	5	5,000
6	540	6	600	6	3,000	6	6,000
7	630	7	700	7	3,500	7	7,000
8	720	8	800	8	4,000	8	8,000
9	810	9	900	9	4,500	9	9,000
10	900	10	1,000	10	5,000	10	10,000
11	990	11	1,100	11	5,500	11	11,000
12	1,080	12	1,200	12	6,000	12	12,000
13	1,170	13	1,300	13	6,500	13	13,000
14	1,260	14	1,400	14	7,000	14	14,000
15	1,350	15	1,500	15	7,500	15	15,000
16	1,440	16	1,600	16	8,000	16	16,000
17	1,530	17	1,700	17	8,500	17	17,000
18	1,620	18	1,800	18	9,000	18	18,000
19	1,710	19	1,900	19	9,500	19	19,000
20	1,800	20	2,000	20	10,000	20	20,000
21	1,890	21	2,100	21	10,500	21	21,000
22	1,980	22	2,200	22	11,000	22	22,000
23	2,070	23	2,300	23	11,500	23	23,000
24	2,160	24	2,400	24	12,000	24	24,000
25	2,250	25	2,500	25	12,500	25	25,000
30	2,700	30	3,000	30	15,000	30	30,000
35	3,150	35	3,500	35	17,500	35	35,000
40	3,600	40	4,000	40	20,000	40	40,000
50	4,500	50	5,000	50	25,000	50	50,000
60	5,400	60	6,000	60	30,000	60	60,000
70	6,300	70	7,000	70	35,000	70	70,000
80	7,200	80	8,000	80	40,000	80	80,000
90	8,100	90	9,000	90	45,000	90	90,000
100	9,000	100	10,000	100	50,000	100	100,000
200	18,000	200	20,000	200	100,000	200	200,000
300	27,000	300	30,000	300	150,000	300	300,000
400	36,000	400	40,000	400	200,000	400	400,000
500	45,000	500	50,000	500	250,000	500	500,000
600	54,000	600	60,000	600	300,000	600	600,000
700	63,000	700	70,000	700	350,000	700	700,000
800	72,000	800	80,000	800	400,000	800	800,000
900	81,000	900	90,000	900	450,000	900	900,000
1,000	90.000	1,000	100,000	1,000	500,000	1,000	1,000,000
2,000	180,000	2,000	200,000	2,000	1,000,000	2,000	2,000,000
3,000	270,000	3,000	300,000	3,000	1,500,000	3,000	3,000,000
4,000	360,000	4,000	400,000	4,000	2,000,000	4,000	4,000,000
5,000	450,000	5,000	500,000	5,000	2,500,000	5,000	5,000,000
6,000	540,000	6,000	600,000	6,000	3,000,000	6,000	6,000,000
7,000	630,000	7,000	700,000	7,000	3,500,000	7,000	7,000,000
8,000	720,000	8,000	800,000	8,000	4,000,000	8,000	8,000,000
9,000	810,000	9,000	900,000	9,000	4,500,000	9,000	9,000,000
10,000	900,000	10,000	1,000,000	10,000	5,000,000	10,000	10,000,000

CINQUIÈME DIVISION

DICTIONNAIRE DES PRINCIPALES VILLES DE FRANCE ET DE L'UNIVERS

Aalborg (Danemark), 10,079 hab. — Commerce et pêche du hareng. — Fabriques de draps, coton, papiers.

Abbeville, S.-préf. (Somme). 19,314 hab. Dist. de Paris, 157 kil. Dist. d'Amiens, 45 kil. — Commerce: serrurerie, grains, tapis, fils, étoupes, toiles, draps fins, mousselines. — Foire : le 29 juillet (20 jours). — L'arrond. comprend 11 cantons, 181 communes et 140,738 hab.

Agen, Préf. (Lot-et-Garonne). 16,804 hab. Dist. de Paris, 731 kil.— Commerce: vins, eaux-de-vie, farines, fruits, prunes, chanvre, saucissons, oies, lin. — Foires : le 15 septembre (3 jours), lundi, mardi, mercredi saints, 1er lundi de juin (8 jours), 2me lundi de décembre et les 2 jours suivants, 15 jours avant le lundi gras (3 jours) et le dernier mercredi de chaque mois. — L'arrond. comprend 9 cantons, 72 communes, 80,082 hab.

Agram (Autriche), 20,000 hab. Dist. de Vienne, 220 kil. — Commerce en grains, blé, vins, chiffons, miel, bestiaux, tabac.

Aix, S.-préf. (Bouches-du-Rhône). 27,543 hab. Dist. de Paris, 765 kil. Dist. de Marseille, 28 kil. — Commerce : vins, eaux-de-vie, huile d'olive, amandes, laines, minoteries, pâtes, toiles peintes, cadres, moulures, chocolats, nougats, savons, fonderie de fer, chapellerie. — Foires : 9 février, 17 septembre, 4 décembre et Fête-Dieu. — L'arrond. comprend 10 cantons, 59 communes, 154,643 hab.

Aix-la-Chapelle (Prusse), 62,500 hab. — Eaux minérales, Plombières. — Fabriques de draps et étoffes légères, de soies mécaniques, d'épingles et d'aiguilles.

Ajaccio, S.-préf. (Corse). 18,014 hab. Dist. de Paris, 1,089 kil. — Commerce: vins, huiles, blés, oranges, citrons, cire, cuirs, chantiers de construction, pêche. L'arrond. comprend 12 cantons, 79 communes, 63,788 hab.

Alais, S.-préf. (Gard). 19,355 hab. Dist. de Paris, 674 kil. Dist. de Nîmes, 43 kil. — Commerce: soies, filature de cocons, mines de houille, fer, argent, fabr. de produits chimiques, mines de zinc.— Foires : 17 janvier, 27 avril, 24 août (8 jours), 24 octobre, 1er lundi de mars. — L'arrond. comprend 10 cantons, 98 communes et 123,274 hab.

Albertville, S.-préf. (Savoie). 3,887 hab. Dist. de Paris, 648 kil. Dist. de Chambéry, 50 kil. — Foires : le 1er jeudi après les Rois, le jeudi avant les Rameaux, le 1er et le 10 mai, 18 juin, le 1er jeudi d'août, le 28 septembre, le 18 octobre, le 1er jeudi après la Saint-Jean. — L'arrond. comprend 4 cantons, 41 communes, 35,408 hab.

Albi, Préf. (Tarn). 15,074 hab. Dist. de Paris, 657 kil. — Commerce: toiles, chapellerie, blés, vins, anis vert, prunes, droguerie, teintures, vermicelle. — Foires : 18 janvier, 13 mai, 16 juin, 22 juillet, 5 septembre, 18 octobre, 23 novembre, 21 décembre, quatrième mardi de Carême. — L'arrondissement comprend 8 cantons, 92 communes et 95,120 hab.

Alençon, Préf. (Orne). 14,874 hab. Dist. de Paris, 193 kil. — Commerce : toiles, dentelles point d'Alençon, bougran, filature coton et chanvre. — Foires : de 15 jours le 3 février, deuxième lundi de Carême, deuxième jeudi après Pâques, le jeudi qui précède la Pentecôte, premier jeudi de septembre, troisième jeudi de novembre. — L'arrond. comprend 6 cantons, 92 communes, 90,588 hab.

Alep (Turquie). 120,000 hab. — Exportation : les galles, les graines jaunes, les tapis, les laines, le coton et la soie.

Alger, Préf. (Algérie). 62,684 hab. Dist. de Marseille, 760 kil. — Entrepôt central du commerce de grains, huiles, fourrages, bestiaux, cuirs, laines, cotons, minerais, oranges et citrons.

Alexandrie (Italie). 47,000 hab. — Commerce: soie, froment, blé turc, légumes et vins. — Foire très-fréquentée, avec courses aux chevaux après le dernier dimanche de mai.

Alexandrie (Egypte). 180,000 hab. — Place principale du commerce avec l'Europe.

Altembourg (Duché d'Altembourg). 16,450 hab. — Ville commerçante.

Ambert, S.-préf. (Puy-de-Dôme). 7,456 hab. Dist. de Paris, [illegible] kil. Dist. de

Clermont-Ferrand, 75 kil. — Commerce : bestiaux, grains, comestibles, étoffes, rouenneries. — Foires : le 23 avril, mercredi Saint, 10 septembre, 1er octobre, 5 novembre, 1er décembre. — L'arrond. comprend 8 cantons, 53 communes, 83,132 habitants.

Amiens, Préf. (Somme). 61,178 hab. Dist. de Paris, 128 kil. — Dépôt des produits de ses manufactures. — Foires : le 24 juin (1 mois). — L'arrond. comprend 13 cantons, 250 communes et 194,021 habitants.

Amsterdam (Hollande). 264,000 hab. — Beau port. Raffineries de sucres, manuf. de tabac, fabr. de cigares, chant. de construction pour les navires.

Ancenis, S.-préf. (Loire-Inférieure). 4,158 hab. Dist. de Paris, 353 kil. Dist. de Nantes, 35 kil. — Commerce de bois, bestiaux, vins, vinaigres, eaux-de-vie, grains, fourrages, lins, poudrette. — Foires : Mi-Carême, 11 juin, 2 juillet, 1er décembre et premier jeudi du mois. — L'arrond. comprend 5 cantons, 27 communes, 50,889 hab.

Andelys (les), S.-Préf. (Eure). 5,080 hab. Dist. de Paris, 89 kil. Dist. d'Evreux, 26 kil. — Commerce : bestiaux, grains, farines, laines, cuirs, toiles, bas, porcelaines, nouveautés, perles et soies. — Foires : Mi-Carême, 4 juin, 14 septembre et premier lundi de novembre. — L'arrond. comprend 6 cantons, 117 communes, 61,311 hab.

Andrinople (Turquie). 120,000 hab. — Commerce important de vins, cocons, soies, laines, céréales, graines oléagineuses, cuirs, cire, principalement avec la France.

Angers, Préf. (Maine-et-Loire). 54,802 hab. Dist. de Paris, 283 kil. — Commerce : grains, chanvre, lin, graines, haricots, vins, ardoises, laines, cuirs, huiles. — Foires : de 8 jours le lendemain de la Fête-Dieu et le lendemain de la Saint-Martin, le deuxième mardi de chaque mois, le 1er mai et le 6 août. — L'arrond. comprend 9 cantons, 80 communes, 163,848 hab.

Angoulême, Préf. (Charente). 25,120 hab. Dist. de Paris. 443 kil. — Foires : du 24 au 1er juin et du 1er au 8 novembre pour cuirs, toiles, draps, bijoux, mercerie, et le 15 de chaque mois. — L'arrond. comprend 9 cantons, 136 communes, 137,983 hab.

Annecy, Préf. (Haute-Savoie). 10,205 hab. Dist. de Paris, 440 kil. — Commerce : indiennes, forges, fonderies, papeteries, chapellerie, coutellerie, couvertures. — Foires : 1er juillet et 3, 4 et 5 décembre. — L'arrond. comprend 7 cantons, 98 communes, 87,112 hab.

Anvers, (Belgique). 114,679 hab. — Commerce maritime considérable, soies, mousselines, toiles cirées, draps, dentelles, raffineries de sucre et filatures de coton.

Apt, S.-préf. (Vaucluse). 5,916 hab. Dist. de Paris, 722 kil. Dist. d'Avignon, 56 kil. — Commerce, confitures, bougies, faïences, truffes, amandes, fruits, — Foires : 2 janvier (3 jours), lundi de Quasimodo, le samedi qui précède le 26 juillet, 26 septembre, 13 décembre. L'arrond. comprend 5 cantons, 57 communes, 54,203 hab.

Arcis-sur-Aube, S.-préf. (Aube). 2,765 Dist. de Paris, 157 kil. Dist. de Troyes, 30 kil. — Commerce : grains, fab. de bonneterie en coton. — Foires : dernier vendredi de février, 9 mai, troisième vendredi de juin, 24 août, premier vendredi d'octobre, 1er décembre. — L'arrond. comprend 4 cantons, 93 communes, 34,760 habitants.

Argelès, S.-préf. (Hautes-Pyrénées). 1,708 hab. Dist. de Paris, 781 kil. Dist. de Tarbes, 36 kil. — Foires : mardi des Rameaux, troisième mardi de mai et de septembre. — L'arrond. comprend 5 cantons, 91 communes, 41,625 hab.

Argentan, S.-préf. (Orne). 5,648 hab. Dist. de Paris, 192 kil. Dist. d'Alençon, 53 kil. — Commerce : volailles, chevaux, tanneries, corroieries, mégisseries, fab. d'eaux-de-vie, cidre, vitraux, ganteries. — Foires : 22 janvier (3 jours), lundi de Quasimodo et de Pentecôte, deuxième mardi de juillet, 25 août, 3 et 28 novembre. — L'arrond. comprend 11 cantons, 174 communes, 96,042 hab.

Arles, S.-préf. (Bouches-du-Rhône). 25,831 hab. Dist. de Paris, 727 kil. Dist. de Marseille, 118 kil. — Commerce : laines, métis, mérinos, troupeaux, blé, vins, fruits, soie. Foires : 3, 20 mai et 28 août pour gros et menu bétail. — L'arrond. comprend 8 cantons, 32 communes, 52,508 habitants.

Arras, Préf. (Pas-de-Calais). 21,379 hab. Dist. de Paris, 193 kil. — Commerce : grains et graines oléagineuses. — Foires : 10 avril (15 jours). — L'arrond. comprend 10 cantons, 211 communes, 172,999 hab.

Astrakan, (Russie). 40,000 hab. — Chantiers, pêches considérables. Fab. d'étoffes de coton, soie, maroquin, de chagrin, de suifs, teintureries.

Athènes, cap. (Grèce). 45.000 hab. — Commerce, soie grège, laines, peaux brutes, éponges, cornes de bétail.

Aubusson, S.-préf. (Creuse). 6,515 hab. Dist. de Paris, 376 kil. Dist de Guéret, 42 kil. — Commerce : tapis, moquettes, siamoises. — Foires : 15 septembre, 25 octobre, 19 novembre, 7 décembre, troi sième samedi de Carême, samedi de Quasimodo, samedi avant les Rogations, samedi après la Pentecôte. — L'arrond. comprend 10 cantons, 99 communes, 100,370 hab.

Auch, Préf. (Gers). 10,459 hab. Dist. de Paris, 685 kil. — Commerce: vins, laines, eaux-de-vie, volailles, pâtés de foie, toiles, tanneries. — Foires : premier samedi de chaque mois. — L'arrond. comprend 6 cantons, 85 communes, 59,722 hab.

Augsbourg, (Bavière). 45,000 hab. — Célèbre par son commerce, qui dépasse annuellement 47 millions de florins.

Autun, S.-préf. (Saône-et-Loire). 11,970 hab. Dist. de Paris, 229 kil. Dist. de Mâcon, 116 kil. — Commerce : bois, chevaux, bestiaux, grains, tapis, tanneries, distillerie d'huile de schiste. — Foires les 14 et 28 janvier, 1er mars et 26 mai, 21 juin, 31 juillet (15 jours 27 septembre, 20 octobre, 12 et 28 novembre, 19 décembre. — L'arrond. comprend 8 cantons, 85 communes, 117,656 hab.

Aurillac, Préf. (Cantal). 9,782 hab. Dist. de Paris, 554 kil.— Commerce : fromages, bestiaux, chevaux, brasseries, toiles, chaudrons, sabots, parapluies, orfevrerie. — Foires : le 25 mai et le 14 octobre et 9 autres foires moins importantes que les deux autres. — L'arrond. comprend 8 cantons, 93 communes, 92,666 hab.

Auxerre, Préf. (Yonne). 15,091 hab. Dist. de Paris, 168 kil. — Commerce: bois, vins, chanvre, feuillettes, tan, ocre. — Foires : le 22 juillet, 11 octobre et les lundis de la Passion, avant la Chandeleur, avant la Pentecôte, avant le 8 septembre ; tous les premiers lundis de mois, foire importante. — L'arrond. comprend 12 cantons, 131 communes, 118,764 hab.

Avallon, S.-préf. (Yonne). 5,550 hab. Dist. de Paris, 222 kil. Dist. d'Auxerre, 50 kil. — Commerce, grains, vins, fourrages, bétail, tonneaux, merrains, cercles, vannerie, souliers, chanvre, faïence, poterie, draperie, bijouterie. — Foires : 23 juin, 29 août, 29 octobre, 18 novembre, 17 décembre, jeudi gras, jeudi de la Passion, premier lundi de septembre. — L'arrond. comprend 5 cantons, 71 communes, 45,200 hab.

Avesnes-sur-Helpe, S.-préf. (Nord). 3,048 hab. Dist. de Paris, 193 kil. Dist. de Lille, 96 kil.— Commerce : bois, marbre, pierre, lin, cuirs, ardoises, fer. — Foires : de neuf jours le premier dimanche d'août et le 8 de chaque mois. — L'arrond. comprend 10 cantons, 153 communes, 163,430 hab.

Avignon, Préf. (Vaucluse). 31,917 hab. Dist. de Paris, 727 kil. — Commerce : garance, garancine et chardons-carder, farine, grains, denrées coloniales, huiles, amandes, graines, luzerne, légumes. — Foires : 24 février (3 jours), 6 mai, 14 septembre, 30 novembre. — L'arrond. comprend 5 cantons, 20 communes, 81,610 habitants.

Avranches, S.-préf. (Manche). 8,215 hab. Dist. de Paris, 319 kil. Dist. de Saint-Lô, 57 kil. — Commerce : grains, cidre, fil blanc, beurre, bougies, dentelles, tanneries. — Foires : deuxième samedi de janvier et de février, la Mi-Carême, Rameaux, Quasimodo, deuxième samedi de mai, premier samedi d'août, 21 septembre, 1er et 31 octobre. — L'arrond. comprend 9 cantons, 124 communes, 116,468 hab.

Bagnères-de-Bigorre, S.-préf. (Hautes-Pyrénées). 9,443 hab. Dist. de Paris, 774 kil. Dist de Pau, 20 kil. — Commerce : étoffes, cadis, crêpes, étamines, reverses, burats, tricots, toiles de lin, coutellerie fine, scieries hydrauliques, teintureries, tanneries.— Foires : 11 novembre (4 jours), mardi après la Pentecôte et 26 août. — L'arrond. comprend 10 cantons, 194 communes, 90,175 hab.

Bahia, (Brésil). 190,000 hab. Archevêché. — Commerce très-actif de sucre et tabac, fabrique de cigarettes.

Bâle, (Suisse). 38,000 hab. — Ville riche et commerçante: rubans, étoffes de soie, tabac, tanneries et papeteries.

Baltimore (Etats-Unis d'Amérique). 200,000 hab. Port de mer commode et sûr. — Entrepôt et commerce de tabacs de Maryland et d'Ohio.

Bangkok, cap. (Royaume de Siam). 50,000 hab. Port de commerce.

Barbezieux, S.-préf. (Charente), 3,780 hab. Dist. de Paris, 480 kil. Dist. d'Angoulême, 32 kil. — Commerce: eaux minérales, truffes, fromages, pâtés, grains. — Foires : le premier mardi de chaque mois, foire à Paris (2 jours). — L'arrond. comprend 6 cantons, 80 communes, 53,926 habitants.

Barcelone (Espagne). 200,000 hab. sur les bords de la Méditerranée. — Commerce très-important.

Barcelonnette, S.-préf. (Basses-Alpes). 1,982 hab. Dist. de Paris, 755 kil. Dist. de Digne, 84 kil. — Commerce : petite draperie, cadis, blés, mulets, bœufs, moutons, métiers à soie. — Foires : 1er juin, 30 septembre. — L'arrond. comprend 4 cantons, 20 communes, 45,960 hab.

Bar-le-Duc, Préf. (Meuse). 14,505 hab. Dist. de Paris, 233 kil. — Commerce : cotons, calicots, siamoise, bonneterie, tricots, corsets, vins, eaux-de-vie, bière, fer, bois, cuirs, huiles, laines, confitures. — Foires : le jeudi après l'Ascension (8 jours), et le 3 novembre (3 jours). — L'arrond. comprend 8 cantons, 128 communes, 80,964 hab.

Bar-sur-Aube, S.-préf. (Aube). 4,744 hab. Dist. de Paris, 214 kil. Dist. de Troyes, 53 kil. — Foires: veille des Rameaux, 29 août. — L'arrond. comprend 4 cantons, 88 communes, 43,338 hab.

Bar-sur-Seine, S.-préf. (Aube). 2,821 hab. Dist. de Paris, 193 kil. Dist. de Troyes, 33 kil. — Commerce: vins, chanvre, laines, bois, tanneries, fabr. d'eaux-de-vie. — Foires: troisième vendredi de Carême, 5 septembre, 13 décembre, le lendemain de la Trinité. — L'arrond. comprend 5 cantons, 85 communes, 42,271 hab.

Basse-Terre, Chef-lieu (Ile de la Guadeloupe. Amérique). 9,490 hab. — Commerce : exploitation de sucre brut, café, cacao, coton, rhum, tafia, sirop, girofle, gingembre, vins, eaux-de-vie.

Bastia, S.-préf. (Corse). 20,194 hab. Dist. de Paris, 1,166 kil. Dist. d'Ajaccio, 153 kil. — Commerce: anchois, cornil, tanneries, savonneries, cuirs, vins, huiles. — Etablissements métallurgiques. — L'arrond. comprend 20 cantons, 93 communes, 77,058 hab.

Baugé, S.-préf. (Maine-et-Loire). 3,215 hab. Dist. de Paris, 274 kil. Dist. d'Angers, 38 kil. — Commerce de bois, bestiaux, fruits, huiles. — Foires: lundi de Pâques, lundi avant la Pentecôte, lundi après la Toussaint, depuis cette dernière jusqu'au lundi gras, tous les 15 jours. — L'arrond. comprend 6 cantons, 67 communes, 78,595 hab.

Baume-les-Dames, S.-préf. (Doubs). 2,564 hab. Dist. de Paris, 434 kil. Dist. de Besançon, 27 kil. — Commerce : carrière de gypse, tanneries, bestiaux, plâtre. — Foires : 31 janvier, 29 avril, 13 août, 30 octobre, premier jeudi de mars, juin, juillet, septembre. — L'arrond. comprend 7 cantons, 187 communes, 63,979 hab.

Bayeux, S.-préf. (Calvados). 8,552 hab. Dist. de Paris, 269 kil. Dist, de Caen, 27 kil. et demi. — Commerce : dentelles, porcelaines, chevaux, bétail, volaille, poisson, beurre, cidre, pommes, houille. — Foires: 6 février, 25 juin, 14 septembre, 18 octobre, 2, 3 et 4 novembre, 6 décembre. — L'arrond. comprend 6 cantons, 136 communes, 77,581 hab.

Bayonne, S.-préf. (Basses-Pyrénées). 23,276 hab. Dist. de Paris, 781 kil. Dist. de Pau, 104 kil. — Commerce : chocolats, toiles, draperies, soieries, étoffes de coton, vins, eaux-de-vie, liqueurs, jambons, laines d'Espagne, denrées coloniales, poteries, faïences, chantiers de construction. — L'arrond. comprend 8 cantons, 53 communes, 97,184 hab.

Bazas, S.-préf. (Gironde), 4,544 hab. Dist. de Paris, 624 kil. Dist. de Bordeaux, 61 kil. — Commerce : bétail, bois à brûler, cuirs, résine. — Foires : les 2 et 3 janvier, 20 mars, 25 juin, 30 août, 11 novembre et le premier jour de marché de chaque mois. — L'arrond. comprend 7 cantons, 71 communes, 56,381 hab.

Beaune, S.-préf. (Côte-d'Or). 10,547 hab. Dist. de Paris, 319 kil. Dist. de Dijon, 38 kil. — Commerce : vins, arbres, vinaigres, eaux-de-vie, cuirs, huiles, fécules, chapellerie, tonnellerie. — Foires : 28 février (5 jours), 11 novembre (15 jours). — L'arrond. comprend 10 cantons, 199 communes, 122,202 hab.

Beauvais, Préf. (Oise). 13,619 hab. Dist. de Paris, 72 kil. — Fabr. de tabletterie, étoffes et couvertures. — Foires : le premier samedi de chaque mois. — L'arrond. comprend 12 cantons, 242 communes, 126,411 hab.

Bellac, S.-préf. (Haute-Vienne). 3,611 hab. Dist. de Paris, 366 kil. Dist. de Limoges, 39 kil. — Fabr. de toiles, draps, couvertures, chapeaux, cuirs, soufflets, bois. — Foires : le 1er de chaque mois. — L'arrond. comprend 8 cantons, 65 communes, 80,205 hab.

Belley, S.-préf. (Ain). 4,270 hab. Dist. de Paris, 496 kil. Dist. de Bourg, 75 kil. — Commerce : soie, saucissons, bois. — Foires : le premier lundi de chaque mois, 23 juin, 28 août et 9 novembre. — L'arrond. comprend 9 cantons, 114 communes, 81,409 hab.

Belfort, S.-préf. (Haut-Rhin). 6,267 hab. Dist. de Paris, 423 kil. Dist. de Colmar, 69 kil. — Le voisinage de l'Allemagne et de la Suisse la rendent très-commerçante. — Foires : le premier lundi de chaque mois. — L'arrond. comprend 9 cantons, 191 communes, 132,245 hab.

Bergen (Norwége). 30,000 hab. — Son commerce consiste en exportation de harengs, stockfisch, morue, huile de foie de morue et rogues.

Bergerac, S.-préf. (Dordogne). 14,000 hab. Dist. de Paris, 524 kil. Dist. de Périgueux, 49 kil. — Commerce : vins, pépinières, marrons, truffes, feuillards. — Foires : le lundi de Pâques (8 jours), 11 novembre, les premier et troisième mercredi du mois. — L'arrond. comprend 13 cantons, 172 communes, 115,559 hab.

Berlin (Prusse), 450,000 hab. — Commerce très-étendu. — Foires aux laines : le 9 juin et les quatre jours suivants.

Bernay, S.-préf. (Eure). 7,412 hab. Dist. de Paris, 159 kil. Dist. d'Evreux, 60 kil. — Commerce de draps, frocs, flanelles, toiles, percales, fers, bougies. — Foire de 8 jours, le lundi de la semaine de la Passion, foire importante pour les laines le 8 juillet. — L'arrond. comprend 6 cantons, 124 communes, 72,676 hab.

Berne (Suisse). 24,600 hab. — Fabr. de chapeaux de paille fine et d'ouvrages en or et argent.

Besançon, Préf. (Doubs). 41,795 hab. Dist. de Paris, 388 kil. — Commerce: épiceries, chevaux, bestiaux, sel, beurre, fromages, grains, vins, fer, tôle, cuivres, fil de fer, horlogerie. — Foires: le premier lundi après la Purification, premier lundi après la Quasimodo, premier lundi après l'Ascension, deuxième lundi de juillet, premier lundi après la Saint-Martin. — L'arrond. comprend 8 cantons, 203 communes, 111,658 hab.

Béthune, S.-préf. (Pas-de-Calais). 7,681 hab. Dist. de Paris, 223 kil. Dist. d'Arras, 30 kil. — Commerce: lin, toiles, fils, graines, grès, sable, gravier, houille, tourbe, distilleries, sucre, betteraves. — Foires: 15 mars (10 jours) et 15 octobre. — L'arrond. comprend 8 cantons, 142 communes, 150,287 hab.

Béziers, S.-préf. (Hérault). 25,785 hab. Dist. de Paris, 756 kil. Dist. de Montpellier, 72 kil. — Commerce d'eaux-de-vie, esprits, cuirs, grains, graines. — Marché très-important tous les vendredis. — L'arrond. comprend 12 cantons, 99 communes, 150,695 hab.

Birmingham (Angleterre). 300,000 hab. Grande ville manufacturière à 109 milles de Londres. — Commerce des plus considérables, armes à feu, fonderies de cuivre, constructions de machines à vapeur, fabrique de quincaillerie, boutons, coutellerie, bijouterie, or et argent, etc.

Blaye, S.-préf. (Gironde). 4,197 hab. Dist. de Paris, 542 kil. Dist. de Bordeaux, 47 kil. — Commerce: vins, eaux-de-vie, huiles, pommes, noix, bois. — Foires: 4 jours, les 25 avril, 10 septembre, 25 novembre. — L'arrond. comprend 4 cantons, 56 communes, 58,549 hab.

Blidah, S.-préf. (Algérie). 8,921 hab. Dist. d'Alger, 48 kil. — Commerce: blé, avoine, orge, maïs, tabac, cochenille, vers à soie, bétail de toute sorte, mines de cuivre, carrières, tanneries et miroiteries, laines, huiles, oranges et cédrats.

Blois, préf. (Loir-et-Cher). 17,334 hab. Dist. de Paris, 179 kil. — Commerce: eaux-de-vie, gants, vins, bois, chaussures. — Foires: 1ers samedis de janvier, avril, octobre, 24 juin, 2e samedi de juillet, 25 août (11 jours), 6 décembre. — L'arrond. comprend 10 cantons, 139 communes, 140,239 hab.

Bogota (cap. Union colombienne). 50,000 hab.

Bonneville, S.-préf. (Haute-Savoie). 2,201 hab. Dist. de Paris, 512 kil. Dist. d'Annecy, 35 kil. — Commerce: tanneries. — Foires: 14 mars, 19 juillet, 11 novembre, 3 jours. — L'arrond. comprend 9 cantons, 64 communes et 69,648 hab.

Bone, S.-préf. (Constantine). 16,500 hab. Dist. de Constantine, 156 kil. — Commerce: grains, fourrages, huiles, farines, bestiaux, laines, cuirs, cire et tabacs, mines et carrières de marbres.

Bordeaux (Gironde). 181,434 hab. Dist de Paris, 561 kil. — Commerce: vins, liqueurs, construction de vaisseaux. — Foires: 1er mars (15 jours), 16 et 17 mai, 1er juin, 16 juillet, 16 août, 29 septembre, 15 octobre (15 jours). — L'arrond. comprend 18 cantons, 157 communes, 374,658 hab.

Boston (Etats-Unis d'Amérique). 180,[illegible]0 hab. — Commerce direct, avec toutes les parties du monde. Chantier de construction et bassin de carénage pour les vaisseaux de guerre.

Bologne (Italie). 109,395 hab. Ville industrielle et commerçante sur le canal de Bologne.

Boulogne-sur-Mer, S.-préf. (Pas-de-Calais). 36,455 hab. Dist. de Paris, 272 kil. Dist. d'Arras, 118 kil. — Entrepôt de denrées coloniales, lins, sels et autres, plumes, affineries, passementerie, fonderie, huiles, verres, chaux, tuyaux, ciment, scieries, ébénisteries, ateliers de marbre, poissons. — Foires: les 6 août et 11 novembre, 15 jours. — L'arrond. comprend 6 cantons, 101 communes et 141,600 hab.

Bourg, Préf. (Ain). 13,508 hab. Dist. de Paris, 332 kil. — Commerce: grains, volailles, bestiaux. — Marché important. Foires: le premier et le troisième mercredi de chaque mois. — L'arrond. comprend 10 cantons, 120 communes, 124,378 hab.

Bourganeuf, S.-préfecture (Creuse). 3,463 hab. Dist. de Paris, 378 kil. Dist. de Guéret, 32 kil. — Foires: 29 janvier, jeudi de la Mi-Carême, 26 juin, troisièmes mercredis des mois d'août, septembre, octobre, novembre et décembre — L'arrond. comprend 4 cantons, 41 communes, 41,349 hab.

Bourges, Préf. (Cher). 25,945 hab. Dist. de Paris, 232 kil. — Commerce: grains, volailles, vins, fruits, confiseries, marbreries, toiles, laines, chanvre, bois, fer. — Foires: 3 et 20 mai, 20 juin, 10 et 24 août, 17 octobre, 2 et 11 novembre, 26 décembre (20 jours), 29 décembre, mercredi des Cendres. — L'arrond. comprend 10 cantons, 100 communes, 135,352 hab.

Boussac, S.-préf. (Creuse). 1,058 hab. Dist. de Paris, 333 kil. Dist. de Guéret, 40 kil. — Commerce de chevaux, cuirs et laines, bestiaux. — Foires: le premier et le troisième jeudi de chaque mois. Foire grasse le 20 novembre. — L'arrond. comprend 4 cantons, 46 communes, 37,705 hab.

Brême (ville libre hanséatique). 70,600 hab. à 88 kil. de Hambourg. — Commerce très-florissant, principalement avec l'Amérique, les Indes et la Chine. Pêche de la baleine dans le Sud et le Groënland. Fab. de tabacs et de cigares.

Brescia (Italie). 40,440 hab. — Commerce : fab. d'acier, de fer, etc.

Breslau (Prusse). 115,000 hab. Ville riche et importante, la seconde du royaume par son commerce et son industrie. — Foires : le 1er juin et le 1er octobre.

Bressuire, S.-préf. (Deux-Sèvres). 3,175 hab. Dist. de Paris, 347 kil. Dist. de Niort, 70 kil. — Foires : les deuxièmes et quatrièmes jeudis de chaque mois, 26 juillet et 27 août — L'arrond. comprend 6 cantons, 92 communes, 76,072 hab.

Brest, S.-préf. (Finistère). 60,536 hab. Dist, de Paris, 574 kil. Dist. de Quimper, 78 kil. Entrepôt de sels. — Commerce : froment, avoine, vins, eaux-de-vie et bière. — Foires : le premier lundi de chaque mois. — L'arrond. comprend 12 cantons, 83 communes, 230,316 hab.

Briançon, S.-préf. (Hautes-Alpes). 3,412 hab. Dist. de Paris, 661 kil. Dist. de Gap, 90 kil. — Commerce. — Foires, premier lundi de mai, deuxième lundi de juin, de septembre et d'octobre. — L'arrond. comprend 5 cantons, 27 communes, 27,741 hab.

Briey, S.-préf. (Moselle). 1,847 hab. Dist. de Paris, 295 kil. Dist. de Metz, 26 kil. — Teinturerie, tannerie, filature de coton, brasseries. — Foires : le dernier lundi de mars, le lendemain de la Pentecôte, les derniers lundis de juillet et de septembre. — L'arrond. comprend 5 cantons, 131 communes, 64,511 hab.

Brignolles, S.-préf. (Var). 5,701 hab. Dist. de Paris, 819 kil. Dist. de Draguignan, 46 kil. — Commerce de prunes, huiles d'olive, vins, liqueurs, tanneries. — Foires : 31 janvier, 19 août, 11 novembre, lundi avant les Rameaux, mardi avant la Pentecôte. — L'arrond. comprend 8 cantons, 54 communes, 69,247 hab.

Brioude, S.-préf. (Haute-Loire). 4,866 hab. Dist. de Paris, 452 kil. Dist. du Puy, 64 kil. — Commerce de vins, grains et chanvres. — Foires : le 3 mai, 23 juin, 15 septembre, 23 novembre, 1er samedi de chaque mois et l'avant-dernier samedi de Carnaval. — L'arrond. comprend 8 cantons, 106 communes, 81,220 hab.

Bruges (Belgique). 50,208 hab, Dist. de Bruxelles, 88 kil.

Brives, S.-préf. (Corrèze). 10,038 hab. Dist. de Paris, 477 kil. Dist. de Tulle, 29 kil. — Commerce : cierges, huiles de noix, filature de coton, ardoises, meules de moulins, minerais, forges, bois, dindes, truffes, fruits, petits pois, cèpes, marrons, noix, vins, bestiaux, laines, porcs. — Foires : 7 janvier, 3 février, 1er et 17 mars, 17 avril, 19 mai, 12, 13, 14 et 19 juin, 20 juillet, 11 août, 9 septembre, 18 octobre, 21 novembre, 13 décembre, mercredi saint. — L'arrond. comprend 10 cantons, 97 communes, 114,847 hab.

Brunn (Autriche). 60,000 hab. Première ville de l'empire par ses manufactures de laines.

Brunswick (duché de Brunswick). 44,000 hab. — Manufacture d'objets en papier mâché et en tôle vernie, plateaux peints et vernis, tabatières, librairie. — Deux foires de deux semaines en février et août.

Bruxelles (Belgique). 308,666 hab. Dist. de Paris, 300 kil. — Commerce : laines, draperies, tapis, toiles, cotons, soieries, dentelles, tulles, cuirs et peaux, forges et armurerie.

Bude (Autriche). 40,000 hab. Siége du gouvernement. — Commerce de ciment hydraulique.

Buenos-Ayres, cap. (République Argentine). 200,000 hab. — Commerce : scieries mécaniques, moulins à vapeur. Port très-vaste. Principale place de commerce après Rio-de-Janeiro.

Bukarest, cap. (Principautés-Unies). 120,000 hab. — Filature à vapeur.

Burgos (Espagne). 22,085 hab. — Commerce : vins, grains et laines, mines de charbon, pierre, cuivre argentifère.

Caen, Préf. (Calvados). 36,087 hab. Dist. de Paris, 223 kil. — Commerce : bonneterie, blondes et dentelles, calicots, graines oléagineuses, huile de colza, sel. — Foires : 28 octobre, 28 décembres, premier lundi de Carême et vendredi saint, le deuxième dimanche après Pâques (15 jours) est une des plus belles de France. — L'arrond. comprend 9 cantons, 188 communes, 131,959 hab.

Cahors, Préf. (Lot). 13,281 hab. Dist. de Paris, 596 kil. — Commerce : vins, eaux-de-vie, truffes noires, huiles, prunes. — Foires : 3 janvier, 3 novembre et le 1er des autres mois. — L'arrond. comprend 12 cantons, 130 communes, 117,448 hab.

Calvi, S-préf. (Corse.) 1,824 hab. Dist. de Paris 1,223 kil. Dist. d'Ajaccio 96 kil. — Commerce : vins, huile d'olive, amandes, corints, oranges, gens, cire, cuirs, peaux, bois, pêches. — L'arrond. comprend 6 cantons, 35 communes et 25,124 hab.

Cambrai. S.-préf. (Nord). 18,517 hab. Dist. de Paris, 178 kil. Dist. de Lille, 60 kil. — Commerce : blé, huile, graine, toiles fines, houblons ; lin, beurre, bestiaux, laines, charbons, savons, sel, bonneterie, sucre, distillerie. — Foires : 1er mai et 1er novembre. — L'arrond. comprend 7 cantons, 118 communes, 193,855 hab.

Canton (Chine), 1,000,000 hab. Dist. de Pékin 2,000 kil. — Industrie et commerce très-importants.

Caracas (Etats-Unis de Venezuela). 60,000 hab. Centre d'un grand commerce. — Elle fait annuellement par le port voisin de la Guayra pour 30 millions d'affaires avec l'Europe.

Carcassonne, Préf. (Aude). 22,185 hab. Dist. de Paris, 781 kil. — Commerce : fabrique de draps, distilleries. — Foires : 3 principales de trois jours chacune : 6 mars, mardi de la Pentecôte, Sainte-Catherine (25 nov). L'arrond. comprend 12 cantons, 140 communes, 93,916 hab.

Carlsruhe (gr. duché de Bade), 30,000 hab. — Commerce en tabac, machines, rubans, produits chimiques, papier.

Carpentras. S.-préf. (Vaucluse). 10,751 hab. Dist. de Paris, 690 kil. Dist. d'Avignon, 4 kil. — Commerce de soie, amandes, alizaris, graines, garance, laine, safran, cire, miel, graines, huile, d'olive, essences, fruits, truffes, tannerie, chapeaux. — Foires : 21 septembre et 27 novembre. — L'arrond. comprend 5 cantons, 31 communes, 55,436 hab.

Carlstadt (Autriche). 8,000 hab. — Commerce en grains, blé, bestiaux.

Caschau (Autriche). 20,000 hab. — Commerce : vins, fruits, fers, cuivre, toiles, papiers, fabrique de briques et creusets réfractaires.

Castellane. S.-préf. (Basses-Alpes). 1,815 hab. Dist. de Paris, 782 kil. Dist. de Digne, 50 kil. — Commerce : draps communs, pruneaux castellane, fruits secs et confits. — L'arrond. comprend 6 cantons, 48 communes, 20,998 hab.

Castelnaudary (Aude). 8,883 hab. Dist. de Paris, 40 kil. — Commerce : blés, vins, laines, bestiaux, instruments aratoires. — Foires : 7 et 8 janvier, 22 juillet, 10 et 11 septembre, 2 et 3 novembre, 1er lundi de mars, lundi avant les Rogations, lundi avant la Saint-Jean-Baptiste. — L'arrond. comprend 5 cantons, 74 communes, 48,953 habitants.

Castel-Sarrazin. S.-préf. (Tarn-et-Garonne). 6.719 hab. Dist. de Paris, 644 kil. Dist. de Montauban, 8 kil. — Commerce : serges, toiles, huiles. — Foires, 30 avril, 29 août, 4 novembre. — L'arrond. comprend 7 cantons, 81 communes et 68,682 hab.

Castres. S.-préf. (Tarn). 19,877 hab. Dist. de Paris, 733 kil. — Commerce de draps fins, draps, cuirs, laine et filoselle. — Foires : 28 avril, 10 juin 8 jours, 28 août, 3 novembre, et 6 décembre, 1er samedi de Carême — L'arrond. comprend 14 cantons, 92 communes, 139,779 hab.

Catamarca (Répub. Argentine). 30,000 hab. Cette province est riche en métaux, cuivre, or, argent, plomb ; il y a beaucoup de mines en exploitation, cuirs de vaches, peaux de chevreaux, laines et crins, figues sèches, raisins secs et pêche.

Catane (Italie). 80,000 hab. — Commerce en blé, soude, soufre, soie, huile, réglisse, coton, citrons, oranges et vins, peaux de chèvres et de chevreuils, cantharides.

Cayenne, capitale de la Guyane française (Amérique). 8,000 hab. — Commerce : coton, café, sucre, rocou, cacao, vanille, girofle. Jardin des plantes.

Châlons (Marne). 17,692 hab. Dist. de Paris, 170 kil. — Commerce : grains, avoine, laine, vins de Champagne, osiers. — Foires : le samedi avant le 1er samedi de Carême (8 jours), le 3me mardi après Pâques (8 jours), le 1er septembre, le 1er samedi après la Saint-Denis, le 1er samedi après la Saint-Martin. — L'arrond. comprend 5 cantons, 104 communes, 59,054 hab.

Châlon-sur-Saône, S.-préf. (Saône-et-Loire). 19,364 hab. Dist. de Paris, 343 kil. Dist. de Mâcon, 60 kil. — Commerce de commission et d'entrepôt de vins. — Foires : le 11 février (2 jours), 27 février, 25 juin, 9 août, 12 septembre, 30 octobre. — L'arrond. comprend 10 cantons, 154 communes 141,833 hab.

Chambéry, Préf. (Savoie). 18,310 hab. Dist. de Paris, 600 kil. — Commerce : gaze à soie, savon, bougies, draps, bas, cuirs. — Foires : les 16, 17 et 18 août et 16, 17 et 18 novembre. — L'arrond. comprend 14 cantons 161 communes, 145,000 hab.

Charleroi (Belgique). 8,380 hab. Dist. de Bruxelles, 44 kil. — Fabrique de clouterie, ouvrages en fer, verreries.

Charolles, S.-préf. (Saône-et-Loire). 2,784 hab. Dist. de Mâcon, 61 kil. Commerce de bœufs, bois, fer, blé, vins, charbons. — Foires : le 2me mercredi de chaque mois. — L'arrond. comprend 13 cantons, 135 communes et 132,720 hab.

Chartres (Eure-et-Loir). 17,460 hab. Dist. de Paris, 88 kil. — Commerce : tanneries, grains, pâtés, fab. de bonneteries. — Foires : 11 mai (10 jours), 24 août (3 jours), 8 septembre (10 jours), 30 novembre (2 jours). — L'arrond. comprend 8 cantons, 166 communes, 112,458 hab.

Châteaubriant, S.-préf. (Loire-Inférieure). 4,844 hab. Distance de Paris, 350 kil. Dist. de Nantes, 65 kil. — Commerce : confitures sèches. — Foires : le 14 septembre, mercredi après la Toussaint et après la Trinité. — L'arrond. comprend 7 cantons, 37 communes et 77,095 hab.

Château-Chinon, S.-préf. (Nièvre). 2,652 hab. Dist. de Paris, 271 kil. Dist. de Nevers, 64 kil. — Commerce de froment, bestiaux, avoine, chevaux, porcs, bois. — Foires : lundi après le 1er janvier, premier lundi de Carême, lundi de la Semaine-Sainte, la veille de l'Ascension, le 26 juillet, le 7 septembre et le lundi après la Toussaint. — L'arrond. comprend 5 cantons, 61 communes, 67,741 hab.

Châteaudun, S.-préf. (Eure-et-Loir). 6,387 hab. Dis. de Paris, 132 kil. Dist. de Chartres, 44 kil. — Foires : le dernier jeudi de janvier, jeudi de la Mi-Carême, deuxième jeudi de juin, premier jeudi de juillet (8 jours) et dernier jeudi d'octobre. — L'arrond. comprend 5 cantons, 80 communes et 65,570 hab.; célèbre par son héroïque défense en 1870.

Château-Gontier, S.-préf. (Mayenne). 7,029 hab. Dist. de Paris, 294 kil. Dist. de Laval, 30 kil. — Commerce de fil de lin, graine, fil, toiles, blé. — Foires : le 7 mai, le premier jeudi de juillet, 30 août, jeudi de la Mi-Carême, mardi après la Toussaint. — L'arrond. comprend 6 cantons, 73 communes et 76,397 hab.

Châteaulin (Finistère). 3,204 hab. Dist. de Paris, 559 kil. Dist. de Quimper, 28 kil. — Commerce : ardoises, beurre, fer, poisson. — Foires : 12 mars, 6 mai, 18 octobre, 23 novembre, le premier jeudi de chaque mois. — L'arrond. comprend 7 cantons, 60 communes, 108,87 hab.

Châteauroux, Préf. (Indre). 17,171 hab. Dist. de Paris, 257 kil. — Fab. de draps, filatures de laine, tanneries. — Foires : le 1er mai, les 7 septembre, 9 octobre, 30 novembre, 21 décembre, premier samedi de Carême et tous les samedis depuis le 1er juin jusqu'au 1er juillet. — L'arrond. comprend 8 cantons, 81 communes, 106,767 hab.

Château-Salins (Meurthe). 2,232 hab. Dist. de Paris, 356 kil. Dist. de Nancy, 30 kil. — Commerce de toiles de chanvre, verrerie, moulins à plâtre, tanneries. — Foires : le lundi le plus rapproché du 24 juin. — L'arrond. comprend 5 cantons, 147 communes, 60,626 hab.

Château-Thierry, S.-préf. (Aisne). 6,320 hab. Dist. Paris, 95 kil. Dist. de Laon, 50 kil. — Commerce : grains, vins, laines, moutons, bestiaux, meubles. — Foires : derniers vendredis de janvier et juillet, (3 jours), après l'Ascension (3 jours). — L'arrond. comprend 5 cantons, 124 communes, 62,113 hab.

Châtellerault, S.-préf. (Vienne). 14,288 hab. Dist. de Paris, 305 kil. Dist. de Poitiers, 33 kil. — Commerce de farine, merrains, pruneaux, haricots, gomme, chanvre, anis vert, vins, résine en pierre. — Foires : premier jeudi de chaque mois, et 16 août (15 jours). — L'arrond. comprend 6 cantons, 51 communes, 60,318 hab.

Châtillon-sur-Seine, S.-préf. (Côte-d'Or). 4,770 hab. Dist. de Paris, 227 kil. Distance de Dijon, 9 kil. — Battoirs à écorce. — Foires : 27 janvier, mardi de Pâques, 5 et 18 juin, 21 août, 19 octobre et 4 décembre. — L'arrond. comprend 6 cantons, 116 communes, 48,693 hab.

Chaumont, Préf. (Haute-Marne). 7,800 hab. Dist. de Paris, 262 kil. — Fab. de gants de peau, blanchisserie de cire. — Foires : le samedi 15 jours avant Pâques, 9 mai, 8 juin, 12 août, 3 octobre, 11 novembre, 21 décembre. — L'arrond. comprend 10 cantons, 195 communes et 84,439 hab.

Cherbourg, S.-préf. (Manche). 28,439 hab. Dist. de Paris, 343 kil. Dist. de Saint-Lô, 74 kil. — Commerce. — Foires : le 27 janvier, lundi de la semaine sainte, la Trinité, la Saint-Louis. — L'arrond. comprend 5 cantons, 73 communes, 998,606 habitants.

Céret, S.-préf. (Pyrénées-Orientales). 3,722 hab. Dist. de Paris, 873 kil. Dist. de Perpignan, 31 kil. — Commerce d'huile, denrées coloniales, cuirs tannés, manches de fouets, fruits, exploitation de plâtrières. — Foire : 28 octobre. — L'arrond. comprend 4 cantons, 43 communes, 43,593 hab.

Chicago, (Etats-Unis). 225,000 hab. Métropole commerciale et maritime du Nord-Ouest des Etats-Unis. — Commerce : grains et farines, viandes salées et fumées, peaux et fourrures brutes.

Chinon, S.-préf. (Indre-et-Loire). 6,820 hab. Dist. de Paris, 43 kil. — Commerce : grains, vins, fruits, prunes, abricots. — Foires : le premier jeudi d'avril, février, juin, août, octobre et décembre. — L'arrond. comprend 7 cantons, 87 communes, 89,149 hab.

Cholet, S.-préf. (Maine-et-Loire). 13,086 hab. Dist. de Paris, 362 kil. Dist. d'Angers, 58 kil. — Commerce de mouchoirs, siamoises, flanelles, calicots. — Foires : premier samedi de chaque mois. — L'arrond. comprend 7 cantons, 80 communes et 129,248 hab.

Christiania (Norwége). 57,000 hab. Port large et sûr.

Civray, S.-préf. (Vienne). 2,265 hab. Dist. de Paris, 397 kil. Dist. de Poitiers, 55 kil. — Commerce : grains, truffes, marrons, graines, bestiaux. — Foires : 17 janvier, lundi avant la Mi-Carême, 30 juin, 2 octobre, 13 novembre, lundi avant la Pentecôte. — L'arrond. comprend 5 cantons, 45 communes, 49,491 hab.

Clamecy, S.-préf. (Nièvre). 5,531 hab. Dist. de Paris, 209 kil. Dist. de Nevers, 72 kil. — Commerce de bois, charbons, bestiaux, moulins, tanneries. — Foires, 9 février, 20 mai, 28 juin, 19 octobre, jeudi avant les Rameaux, samedi après le 8 septembre et le premier samedi de septembre. — L'arrond. comprend 6 cantons, 93 communes, 74,022 hab.

Clermont, S.-préf. (Oise). 3,658 hab.

Dist. de Paris, 66 kil. Dist. de Beauvais, 26 kil. — Commerce : blés, lin, toiles. — Foires : le 10 août, mardi après la Chandeleur, 30 novembre, foire aux bestiaux gras tous les 15 jours. — L'arrond. comprend 8 cantons, 168 communes, 88,914 hab.

Clermont-Ferrand, Préf. (Puy-de-Dôme). 34,656 hab. Dist. de Paris, 382 kil. — Entrepôt général du commerce de Bordeaux et de Lyon, entrepôt des départements du Midi pour Paris. Clermont est le centre de l'industrie agricole, des pâtes, vermicelles, macaronis et pâtes d'Italie, fruits confits, pâtes d'abricots. — Foires : 9 mai (8 jours), mardi saint, 23 juin, 16 août, 11 novembre. — L'arrond. comprend 14 cantons, 109 communes, 171,891 hab.

Coblentz (Prusse). 24,000 hab. — Commerce des produits du pays, vins, laines. — Ville forte et port libre.

Cognac, S.-préf. (Charente). 9,422 hab. Dist. de Paris, 460 kil. — Dist. d'Angoulême, 40 kil. — Commerce : vins, eaux-de-vie. — Foires, le deuxième samedi de chaque mois. — L'arrond. comprend 4 cantons, 63 communes, 65,778 hab.

Colmar, Préf. (Haut-Rhin). 21,815 hab. Dist. de Paris, 450 kil. — Commerce de fer, épiceries, drogueries, vins, filatures et tissages. — L'arrond. comprend 13 cantons, 140 communes, 217,693 hab.

Comayagua (République de Honduras). 15,000 hab. — Collége, évêché.

Commercy, S.-préf. (Meuse). 3,811 hab. Dist. de Paris, 271 kil. Dist. de Bar-le-Duc, 39 kil. — Commerce : grains, bois, huiles, navettes, fourrages, broderies, bestiaux, forges.— Foires : 10 mars, 2 mai, 27 juillet, 15 septembre, 8 décembre. — L'arrond. comprend 7 cantons, 179 communes, 79,957 hab.

Compiègne, S.-préf. (Oise). 12,160 hab. Dist. de Paris, 75 kil. Dist. de Beauvais, 60 kil. — Commerce de bois, charbons, chanvre, sucre, sabots, boissellerie, fécules. — Foires : le 15 de chaque mois. — L'arrond. comprend 8 cantons, 157 communes, 96,207 hab.

Condom, S.-préf. (Gers). 8,080 hab. Dist. de Paris, 671 kil. Dist. d'Auch, 43 kil. — Commerce : grains, farines, eaux-de-vie. — Foires : 22 juin, 5 septembre, 25 novembre, mercredi, 15 jours avant les Cendres, lundi de Quasimodo. — L'arrond. comprend 6 cantons, 87 communes, 70,143 hab.

Confolens, S.-préf. (Charente). 2,665 hab. Dist. de Paris. 446 kil. Dist. d'Angoulême, 60 kil. — Commerce : bois merrain et de construction, bœufs gras. — Foires : 23 août, le 12 de chaque mois. — L'arrond. comprend 6 cantons, 66 communes, 65,968 hab.

Constantine, Préf. (Constantine. Algérie.) 39,988 hab. Dist. d'Alger, 422 kil. — Commerce important, laines, grains et cuirs.

Constantinople (capitale de la Turquie). 900,000 hab. Dist. de Paris, 2,600 kil. — Exportation : laines, soies, cotons, céréales, graines oléagineuses, cuivre, avelanède, cire, cornes de bufle, de bœuf et de mouton, poil de chameau, etc. — Grandes et immenses constructions, qui sont le siége du commerce de toutes les nations.

Copenhague (Danemark). 154,254 hab. Dist. de Paris, 1,080 kil. — Commerce : graines oléagineuses, peaux brutes, froment et millet.

Corbeil, S.-préf. (Seine-et-Oise). 5,404 hab. Dist. de Paris, 32 kil. Dist de Versailles, 50 kil. — Commerce de grains, farines, plâtre, tuiles, huiles et chandelles. — Foire : le 6 septembre. — L'arrond. comprend 4 cantons, 93 communes, 70,457 hab.

Corte, S.-préf. (Corse). 5,740 hab. Dist. de Paris, 1,245 kil. Dist. d'Ajaccio, 60 kil. — Commerce : vins, blés. — L'arrond. comprend 17 cantons, 100 communes, 61,168 hab.

Cork (Angleterre), 105,000 hab. — Commerce de bestiaux, viandes salées, beurre salé, eaux-de-vie de grains, colle forte, draps communs, savons.

Cosne, S.-préf. (Nièvre). 6,521 hab. Dist. de Paris, 183 kil. Dist. de Nevers, 65 kil. — Commerce : coutellerie, limes, forges, clouterie. — Foires : le dernier mercredi de janvier, 29 avril, mardi de la Passion, deuxième mercredi de juin, dernier mercredi d'août, 29 septembre (3 jours), 9 novembre. — L'arrond. comprend 6 cantons, 65 communes, 77,858 hab.

Coulommiers, S.-préf. (Seine-et-Marne). 4,317 hab. Dist. de Paris, 62 kil. Dist. de Melun, 47 kil. — Commerce de laines, fourrages, veaux. — Foires : le lundi qui suit le premier dimanche de mai, 10 et 11 octobre. — L'arrond. comprend 4 cantons, 77 communes, 54,924 hab.

Coutances, S.-préf. (Manche). 8,169 hab. Dist. de Paris, 310 kil. Dist. de Saint-Lô, 28 kil. — Commerce de grains, beurre, volaille, colza, chevaux, bestiaux, œufs, graines, trèfle, lin. — Foires : le 30 septembre (3 jours) et la veille des Rameaux. — L'arrond. comprend 10 cantons, 130 communes, 120,428 hab.

Cracovie (Autriche). 40,633 hab. — Commerce de vins, cire, soies de porc, plumes et semences de trèfles.

Damas (Turquie), 120,000 hab. — Une des villes les plus florissantes. Kans pour recevoir ses caravanes. — Commerce :

garances, laines, soieries, fruits exquis, vins, eau de rose.

Damiette (Égypte). 30,000 hab. — Grand commerce avec la Syrie et tout l'Orient.

Dantzick (Prusse), 80,000 hab. — Spacieux magasins pour les céréales et vastes chantiers pour les bois, distilleries d'eaux-de-vie, travail de l'ambre.

Darmstadt (grand duché de Hesse-Darmstadt). 30,000 hab.

Dax, S. préf. (Landes). 9,144 hab. Dist. de Paris, 740 kil. Dist. de Mont-de-Marsan, 56 kil. — Commerce : planches, bois, bêtes à cornes, mules, chevaux. — Foire pour chevaux et bœufs le dernier samedi d'août. — L'arrond. comprend 8 cantons, 106 communes, 110,912 hab.

Die, S.-préf. (Drôme). 3,758 hab. — Dist. de Paris, 625 kil. Dist. de Valence, 46 kil. — Commerce : soies, vins, cotons. — Foires : 8 avril, premier dimanche de juillet, 10 août, 9 et 25 novembre, 9 et 21 décembre. — L'arrond. comprend 9 cantons, 117 communes, 63,312 hab.

Dieppe, S.-Préf. (Seine-Inférieure). 18,926 hab. Dist. de Paris, 167 kil. Dist. de Rouen, 55 kil. — Commerce de denrées coloniales, huîtres, ivoire, horlogerie, corderie, scieries, bois. — Foires : les 16 août et 1er décembre. — L'arrond. comprend 8 cantons, 168 communes, 112,313 hab.

Digne, Préf. (Basses-Alpes). 6,131 hab. Dist. de Paris, 750 kil. — Commerce : fruits secs et confits, pruneaux et pistoles, miel, cire jaune, peaux de chevreau, coutellerie, draperie. — Foires : les lundis après les Cendres, après l'Octave de Pâques, après l'Octave de la Fête-Dieu, après le 28 août, après le 1er novembre. — L'arrond. comprend 9 cantons, 84 communes, 49,024 hab.

Dijon, Préf. (Côte-d'Or). 36,197 hab. Dist. de Paris, 304 kil. — Commerce : chapeaux, liqueurs, vinaigre, moutarde, pain d'épice, eau-de-vie de marc, cuirs, huiles, chanvre, blés, grains, farines. — Foires : 15 janvier, 1er et 10 mars (3 jours), 23 avril, 10 et 24 juin (7 jours), 25 août, 10 novembre. — L'arrond. comprend 14 cantons, 264 communes, 147,144 hab.

Dinan, S.-préf. (Côtes-du-Nord). 8,061 hab. Dist. de Paris, 374 kil. Dist. de Saint-Brieuc, 56 kil. — Commerce de grains, cidre, beurre, cire, miel, suif, peaux, chanvre, lin, fil. — Foires : les deuxième et quatrième jeudis de Carême, le dernier jeudi de chaque mois. — L'arrond. comprend 10 cantons, 91 communes, 122,202 hab.

Domfront, S.-préf (Orne). 4,809 hab. Dist. de Paris, 254 kil. Dist. d'Alençon, 62 kil. — Foires : le deuxième lundi de janvier, premier lundi de Carême, lundi de la semaine sainte, troisième lundi après Quasimodo, lundi après l'Ascension, après la Saint-Jean, premier lundi d'août, le lundi après l'Angevine, premier lundi d'octobre, premier lundi après la Toussaint, deuxième lundi de décembre. — L'arrond. comprend 8 cantons, 180 communes, 134,476 hab.

Dôle, S.-préf. (Jura). 12,000 hab. Dist. de Paris, 351 kil. Dist. de Lons-le-Saunier, 47 kil. — Commerce : grains, farines, carrières, hauts-fourneaux, vins, houille. — Foires : le deuxième jeudi de tous les mois et de quatre jours le jour de la Pentecôte. — L'arrond. comprend 9 cantons, 137 communes, 74.105 hab.

Douai, S.-préf. (Nord). 20,065 hab. Dist. de Paris, 202 kil. Dist. de Lille, 32 kil. — Commerce : lin, huile et sucre, fonderie de canons. — Foires : le 1er juin (5 jours), 1er août, 1er octobre (15 jours) et le 22 de chaque mois. — L'arrond. comprend 6 cantons, 66 communes, 115,065 hab.

Doullens, S. préf. (Somme), 4,198 hab. Dist de Paris, 158 kil. Dist. d'Amiens, 30 kil. — Commerce de grains, bestiaux, toiles, coton, papier, huiles et sucre. — Foires : 29 septembre et mardi qui suit le 11 novembre. — L'arrond. comprend 4 cantons, 89 communes, 59,963 hab.

Draguignan, Préf. (Var). 9,285 hab. Dist. de Paris, 864 kil. — Commerce : cuirs, savons, soieries, distilleries, huile d'olive. — Foires : 10 février, lundi après la Pentecôte, troisième samedi de juillet, 1er septembre, deuxième samedi de novembre. — L'arrond. comprend 11 cantons, 61 communes, 88,736 hab.

Dresde (royaume de Saxe), 128,152 hab. Dist. de Leipsick, 92 kil. — Fabr. de poteries, tabac, voitures, fonderies de cloches.

Dreux, S.-préf. (Eure-et-Loir). 6,778 hab. Dist. de Paris, 81 kil. Dist. de Chartres, 33 kil. — Commerce de chaussures. — Foires : premier lundi après la Chandeleur, lundi de Pâques, lundi de la Pentecôte, premier lundi de juillet, premier de septembre (3 jours), premier d'octobre. — L'arrond. comprend 5 cantons, 80 communes, 65,570 hab.

Dublin (Angleterre), 258,361 hab. Dist. de Londres, 420 kil. Dist. de Paris, 740 kil.

Dunkerque, S.-préf. (Nord). 33,093 hab. Dist. de Paris, 236 kil. Dist. de Lille, 76 kil. — Commerce : huîtres, morue, harengs. — Foires : 1er janvier et 24 juin. — L'arrond. comprend 7 cantons, 60 communes, 113,184 hab.

Edimbourg (Angleterre). 195,000 hab. Dist. de Londres, 397 milles. — Université célèbre. — Commerce : verreries papeteries, imprimeries, librairies et savonneries, etc.

Embrun, S.-préf. (Hautes-Alpes), 3,085 hab. Dist. de Paris, 698 kil. Dist. de Gap, 40 kil. — Foires: premier samedi de l'année, quatrième lundi de Carême, 28 avril, 1er juin, 25 août, 25 octobre, 5 décembre. — L'arrond. comprend 7 cantons, 36 communes, 31,312 hab.

Épernay, S.-préf. (Marne). 11,418 hab. Dist. de Paris, 142 kil. Dist. de Châlons, 32 kil. — Commerce de vins. — Foires : troisième samedi de Carême, 22 juillet, le samedi du 14 septembre (3 jours), samedi avant la Toussaint. — L'arrond. comprend 9 cantons, 177 communes, 96,078 hab.

Épinal, Préf. (Vosges). 11,121 hab. Dist. de Paris, 378 kil. — Commerce : vins, grains, chevaux, bestiaux, papeterie, planches, toiles, fils, chapellerie. — Foires : les premier et troisième mercredi de chaque mois. — L'arrond. comprend 6 cantons, 126 communes, 98,931 hab.

Essek (Autriche). 13,000 hab. — Commerce de grains, bestiaux, vins, esprit-de-prunes, bois, cuirs, laines, glands, miel, cire, sangsues, potasse, chiffons.

Espalion, S.-préf. (Aveyron). 4,279 hab. Dist. de Paris, 573 kil. Dist. de Rodez, 32 kil. — Foires : mercredi avant les Rameaux, mercredi avant la Pentecôte, 22 janvier, 31 août, 11 novembre. — L'arrond. comprend 9 cantons, 48 communes, 64,264 hab.

Etampes, S.-préf. (Seine-et-Oise). 8,068 hab. Dist. de Paris, 52 kil. Dist. de Versailles, 50 kil. — Commerce : farines, laines métis, mégisseries, pépinières, truffes. — Foires : 21 juin, 2 septembre, 29 septembre (8 jours), 15 novembre (2 jours). — L'arrond. comprend 4 cantons, 60 communes, 41,317 hab.

Evreux, Préf. (Eure). 12,330 hab. Dist. de Paris, 104 kil. — Commerce de grains, coutils, bonneterie, épicerie, fonderie de fer et de cuivre. — Foires : 31 janvier, 20 avril, 20 juillet, 11 août, 18 septembre, 6 décembre (2 jours), mardi de la Pentecôte. — L'arrond. comprend 11 cantons, 224 communes, 116,058 hab.

Falaise, S.-préf. (Calvados). 8,104 hab. Dist. de Paris, 214 kil. Dist. de Caen, 34 kil. — Commerce : teinture, filatures de coton, bonneterie, tannerie. — Foire de Guibray, au faubourg de Guibray, 13 août. — L'arrond. comprend 5 cantons, 114 communes, 56,384 hab.

Fez ou **Fès** (Maroc). 80,000 hab. — Bains sulfureux et ferrugineux. — Fabr. de couvertures de laines, armes blanches et à feu, maroquin, poudre à canon et babouches.

Figeac, S.-préf. (Lot), 7,399 hab. Dist. de Paris, 584 kil. Dist. de Cahors, 72 kil. — Commerce : bestiaux, cuirs, laines. — Fabrique d'étoffes et de toiles. — Foires : 23 avril, le 15 de chaque mois et tous les samedis, depuis le premier samedi d'octobre jusque et y compris avant le mercredi des Cendres. — L'arrond. comprend 7 cantons, 112 communes, 90,568 hab.

Florac, S.-préf. (Lozère). 2,181 hab. Dist. de Paris, 604 kil. Dist. de Mende, 36 kil. — Culture du mûrier et de la vigne. — Foires : 13 janvier, 6 février, lundi de Pâques, 11 juin, 6 août, 21 septembre, 6 décembre. — L'arrond. comprend 7 cantons, 52 communes, 37,848 hab.

Florence (Italie). 120,000 hab. — Commerce de soieries, essences, rosolio, chocolat, cire, mosaïques, chapeaux de paille, ouvrages d'art en marbre et en albâtre.

Foix, Préf. (Ariége), 6,246 hab. Dist. de Paris, 770 kil. — Commerce : hauts-fourneaux, mines de plomb argentifère et zinc, carrières de marbre, carrières de plâtre. — Foires : lundi après l'Epiphanie, premier mercredi de Carême, mercredi après Pâques, le lendemain de la Trinité, 10 juillet, 9 septembre, 4 novembre, 9 décembre, premier vendredi de chaque mois. — L'arrond. comprend 8 cantons, 139 communes, 85,484 hab.

Forcalquier, S.-préf. (Basses-Alpes). 2,737 hab. Dist. de Paris, 755 kil. Dist. de Digne, 50 kil. — Commerce : filature, soie, poterie, chapellerie, laines, amandes, graines de trèfle et luzernes, miel et cire jaune. — Foires : 27 janvier, mercredi après Pâques, 16 août, 1er et 31 octobre, 30 novembre et 21 décembre. — L'arrond. comprend 6 cantons, 50 communes, 34,266 hab.

Fontainebleau, S.-préf. (Seine-et-Marne). 9,081 hab. Dist. de Paris, 60 kil. Dist. de Melun, 16 kil. — Commerce de Chasselas de Fontainebleau. — Foires : le mercredi, veille de la Mi-Carême, le lendemain de Trinité (3 jours), le lendemain de Sainte-Catherine, 26 novembre (3 jours). — L'arrond. comprend 7 cantons, 101 communes, 80,753 hab.

Fontenay-le-Comte, S.-préf. (Vendée). 7,593 hab. Dist. de Paris, 452 kil. Dist. de La Roche-sur-Yon, 56 kil. — Commerce : toiles, draps communs, chapeaux, minoteries, huileries, blé, bois, cordes, lins, chanvres, noir animal et engrais. — Foires : 31 janvier, 25 mars, 24 juin, 2 août, 11 octobre. — L'arrond. comprend 9 cantons, 111 communes, 133,185 hab.

Fort-de-France (Ile de la Martinique). 11,295 hab. — Commerce : café, cannes à sucre, cacao, coton, gingembre, aloès, tabac, cocos, bananes, oranges, citrons, ananas, etc.

Fou-Chov-Foo (Chine). 600,000 hab. — Un des cinq ports chinois ouverts au commerce européen. — Débouché principal de la province produisant le thé noir.

Fougères, S.-préf. (Ille-et-Vilaine). 9,051 hab. Dist. de Paris, 298 kil. Dist. de Rennes, 46 kil. — Commerce : bourre, et salaisons, fabr. de toiles, de chaussures — Foires : 3 août, le premier mardi de septembre, le samedi le plus près de la Chandeleur, samedi après la Mi-Carême, veille du dimanche des Rameaux, samedi après les Rogations, après la Saint-Jean. — L'arrond. comprend 6 cantons, 57 communes, 84,069 hab.

Francfort-sur-le-Mein (Prusse). 91,180 hab. — Deux foires importantes à Pâques et vers l'automne.

Francfort-sur-l'Oder (Prusse), 35,000 hab. — Commerce : fabriques. — 3 foires par an : 1re, Reminiscere ; 2e Sainte-Marguerite ; 3e, Saint-Martin.

Fribourg (Suisse). 10,000 hab. — Commerce de bois, bétail, fromages, paille tressée.

Gaillac, S.-préf. (Tarn). 7,842 hab. Dist. de Paris, 703 kil. Dist. d'Alby, 21 kil. — Commerce de vins, grains, anis vert, coriandre, prunes, genièvre, légumes, trèfle. — Foires : le vendredi après les Rois et mercredi de la Mi-Carême, 1er mai, 20 juin, 11 août, 30 septembre, 7 novembre et 12 décembre. — L'arrond. comprend 8 cantons, 75 communes et 68,487 hab.

Gand (Belgique). 115,958 hab. — Commerce : nombreuses fabriques et usines.

Gannat, S.-préf. (Allier). 5,480 hab. Dist. de Paris, 342 kil. Dist de Moulins, 58 kil. — Commerce : vins, blé et pommes de terre. — Foires : 4 mai, 14 septembre, 18 novembre, 22 décembre, premier mardi de Carême, lundi après le 9 juillet. — L'arrond. comprend 5 cantons, 66 communes, 65,895 hab.

Gap, Préf. (Hautes-Alpes). 7,527 hab. Dist. de Paris, 672 kil. — Commerce : forges et hauts-fourneaux, pelleteries. — Foires : lundi qui suit la Sexagésime, 1er mai, 1er lundi d'août, 18 septembre, 11 novembre (3 jours). — L'arrond. comprend 14 cantons, 126 communes, 64,064 hab.

Gênes (Italie). 140,000 hab. — Commerce : soieries, velours, ganterie de peaux, fleurs artificielles, cuirs tannés, pâtes alimentaires, fruits confits, bijouterie, coraux, casquettes, chapeaux de paille, vastes chantiers de construction pour la marine.

Genève (Suisse). 50,000 hab. — Cette ville a un port très-fréquenté. — Manuf. imp. d'horlogerie, de bijouterie et d'orfévrie. — Commerce de banque et d'expéditions.

Gex, S.-préf. (Ain). 2,478 hab. Dist. de Paris, 483 kil. Dist. de Bourg, 103 kil. — Commerce : charbons, bois, vins, graines, foins. — L'arrond. comprend 3 cantons, 31 communes, 21,454 hab.

Gien, S.-préf. (Loiret). 6,727 hab. Dist. de Paris, 148 kil. Dist. d'Orléans, 68 kil. — Vignoble considérable, faïence opaque. — Foires : le premier samedi après le 1er janvier, le deuxième lundi de Carême, le dernier samedi d'avril, le samedi qui précède le 20 juin, le deuxième samedi d'août, octobre et novembre. — L'arrond. comprend 5 cantons, 49 communes, 54,616 hab.

Glasgow (Angleterre). 394,000 hab. Dist. de Londres, 397 milles. — Commerce de toiles, fil de coton, usines nombreuses, relations commerciales très-étendues.

Gothembourg (Suède). 55,000 hab. — Excellent port avec chantiers de construction. — Exportation de bois, fers en barres, fontes brutes, aciers, clous, alun, avoines et autres grains.

Gorée (ville, chef-lieu de l'île Gorée, Afrique). 3,000 hab. — Le reste de l'arrond., 38,000 hab.

Gourdon, S.-préf. (Lot). 5,090 hab. Dist. de Paris, 538 kil. Dist. de Cahors, 44 kil. — Commerce de vins et truffes. — L'arrond. comprend 9 cantons, 76 communes, 80,903 hab.

Gratz (Autriche). 70,000 hab. — Commerce : cuirs, faïences et métaux.

Grasse, S.-préf. (Alpes-Maritimes). 11,750 hab. Dist. de Paris, 912 kil. Dist. de Nice, 48 kil. — Commerce : huiles d'olive, parfumerie, fabrique de savon, tanneries, figues sèches, soie. — Foires de 2 jours : le lundi après Saint-Marc, le lundi après Saint-Michel, après Saint-André, le dernier lundi de février. — L'arrond. comprend 18 cantons, 47 communes, 69,892 hab.

Gray, S.-préf. (Haute-Saône). 7,131 hab. Dist. de Paris, 344 kil. Dist. de Vesoul, 56 kil. — Commerce important de grains. — On y remarque le superbe moulin Tramoy bâti sur pilotis, lequel moût 14,000 kilog. de blé par jour. — Foires : le 8 de chaque mois. — L'arrond. comprend 8 cantons, 165 communes, 79,776 hab.

Grenoble, Préf. (Isère). 35,234 hab. Dist. de Paris, 643 kil. — Commerce de liqueurs, gants. — Foires : le 22 janvier (3 jours), le lundi de la semaine sainte (6 jours), le 16 août (8 jours), le 4 décembre (3 jours). — L'arrond. comprend 20 cantons, 213 communes, 220,503 hab.

Guatemala (Rép. de Guatemala), 60,000 hab. — Fab. d'étoffes de coton, poterie. — Commerce d'orfévrerie. — Fab. de tabac de Zapaca.

Guelma, S.-préf. (Constantine). 5,653 hab. Dist. de Constantine, 100 kil. — Commerce : huiles, farines, mines de fer, d'antimoine, de mercure.

Guéret, Préf. (Creuse). 4,462 hab. Dist. de Paris, 345 kil. — Foires : 4 janvier, 7 février, 9 mars, 9 avril, 30 mai, 28 et 29 juin, 9 août, 10 septembre, 1er et 25 octobre, 15 novembre et 17 décembre. — L'arrond. comprend 7 cantons, 75 communes, 94,633 hab.

Guinguamp, S.-préf. (Côtes-du-Nord). 6,619 hab. Dist. de Paris, 505 kil. Dist. de Saint-Brieuc, 32 kil. — Dépôt de remonte pour les chevaux. — Foires : les 23 juin, 24 décembre, samedi des Rameaux, premier samedi de mai, de juillet, deuxième samedi de septembre, premier samedi après le 15 octobre, premier samedi de janvier et les suivants. — L'arrond. comprend 10 cantons, 74 communes, 128,190 hab.

Guyaquil (Rép. de l'Équateur). 25,000 hab. — Commerce : cacao, chapeaux de paille, orseille, cuirs, quinquina, café, caoutchouc, riz, coton, tabac, tamarin, bois de construction.

Haarlem (Hollande). 31,000 hab. — Magnifiques pâturages. — Commerce de tulipes, hyacinthes et autres fleurs. — Manuf. de coton, renommée pour ses tissus de laine.

Hambourg (ville libre hanséatique). 160,000 hab. Dist. de Brême, 88 kil. — Commerce important avec le Nord de l'Allemagne, dont Hambourg est le principal entrepôt, et un grand commerce maritime avec le reste du monde.

Havre, S.-préf. (Seine-Inférieure). 71,580 hab. Dist. de Paris, 213 kil. Dist. de Rouen, 78 kil. — Commerce d'importation et d'exportation avec toutes les parties du monde, corderies, chantiers de construction. — L'arrond. comprend 10 cantons, 121 communes, 192,524 hab.

Hazebrouck, S.-préf. (Nord). 5,980 hab. Dist. de Paris, 238 kil. Dist. de Lille, 47 kil. — Commerce : toiles, lin, beurre, tannerie, bestiaux, blés, graines, houblons et bois. — Foires : les troisième lundi d'avril, deuxième lundi de juin, lundi après la Toussaint, six francs-marchés, kermesse (9 jours). — L'arrond. comprend 7 cantons, 53 communes, 109,036 hab.

Heidelberg (grand-duché de Bade) : 16,000 hab. Dist. de Carlsruhe, 48 kil. — Entrepôt de marchandises.

Hérat (Perse). 100,000 hab. — Fab. nombreuses et florissantes, eau-de-rose estimée. — Fab. de sabres.

Honolulu (royaume hawaïen). 16,000 hab. — Productions : arrowroot, cuirs, sucres, cafés, oranges, pulu ou laine végétale extraite de la fougère.

Inspruck (Autriche). 15,000 hab. Dist. de Vienne, 134 kil.

Ispahan (Perse). 200,000 hab. — Manuf. d'étoffes de coton, soie, velours, draps, verres, teintures. — Fab. de sucre, de cuirs, de poteries ; son commerce est très-étendu.

Issingeaux, S.-préf. (Haute-Loire). 8,357 hab. Dist. de Paris, 508 kil. Dist. du Puy, 28 kil. — Commerce : blondes, bois, grains et bestiaux, tanneries. — Foires : le premier jeudi après les Rois, le premier jeudi après Quasimodo, le jeudi après le 29 juin et le jeudi après le 29 septembre. — L'arrond. comprend 6 cantons, 41 communes, 88,996 hab.

Issoire, S.-préf. (Puy-de-Dôme). 6,073 hab. Dist. de Clermont, 35 kil. Dist. de Paris, 417 kil. — Commerce d'huile de noix, chanvre, blé, vins, pommes. — — Foires, les 26 janvier, lundi de Quasimodo, 10 août et samedi, veille de Notre-Dame de septembre. — L'arrond. comprend 9 cantons, 115 communes, 93,740 hab.

Issoudun, S.-préf. (Indre). 14,910 hab. Dist. de Paris, 233 kil. Dist. de Châteauroux, 27 kil. — Commerce de laines, vins, blé et autres céréales. — Foires : les 27 janvier, 2 mai, 23 juin, 7 et 21 juillet, 12 septembre et octobre, 25 novembre, 24 décembre et le samedi après la Mi-Carême. — L'arrond. comprend 4 cantons, 49 communes, 52,599 hab.

Yvetot, S.-préf. (Seine-Inférieure). 8,479 hab. Dist de Paris, 161 kil. Dist. de Rouen, 34 kil. — L'arrond. comprend 10 cantons, 121 communes, 192,524 hab.

Jassy (Principautés - Unies, Moldavie). 100,000 hab. — Commerce de blé, orge, graines, maïs, haricots, tabac, graines de lin, merrains, laines.

Joigny, S.-préf. (Yonne). 5,824 hab. Dist. de Paris, 142 kil. Dist. d'Auxerre, 28 kil. — Commerce de vins, bois, feuillettes, charbon, raisiné. — Foires : les 2 janvier, lundi de Pâques, 11 et 28 mai, 28 août, 14 septembre et 1er octobre. — L'arrond. comprend 9 cantons, 108 communes, 98,491 hab.

Jonzac, S.-préf. (Charente-Inférieure). 3,157 hab. Dist. de Paris, 500 kil. Dist. de La Rochelle, 110 kil. — Commerce de grains, carrières de pierres, bestiaux, œufs, volailles. — Foires : deuxième vendredi de chaque mois et le lundi qui suit le 16 juillet (3 jours). L'arrond. comprend 7 cantons, 120 communes, 82,632 hab.

Karlsbad (Autriche). 4,800 hab. — Bains d'eaux minérales, ouvrages en acier et quincaillerie, fabr. d'épingles.

Kief (Russie). 70,000 hab. — Commerce de bois de construction, fer, câbles.

La Châtre, S.-préf. (Indre). 5,082 hab. Dist. de Paris, 291 kil. Dist. de Châteauroux, 36 kil. — Commerce : laines, châtaignes, tanneries.— Foires : les 5 janvier, 27 juin, 23 août, veille des Rameaux et de la Pentecôte. — L'arrond. comprend 5 cantons, 59 communes, 58,384 hab.

La Flèche, S.-préf. (Sarthe). 8,428 hab. Dist. de Paris, 256 kil. Dist du Mans, 43 kil. — Commerce : poulardes, blés, fruits, papeteries, tanneries, ganteries, parapluies. — Foires : le mercredi après le 1er janvier, premier mercredi d'avril, juillet, deuxième mercredi de décembre, troisième mercredi de février, quatrième mercredi d'avril, août, septembre, dernier mercredi de janvier, juillet, octobre. — L'arrond. comprend 7 cantons, 75 communes, 99,690 hab.

Langres, S.-préf. (Haute-Marne). 7,450 hab. Dist. de Paris, 289 kil. Dist. de Chaumont, 35 kil. — Commerce d'épiceries, draperie, rouennerie, brasserie, grains, vins, bœufs, moutons, fromages, faïences, meules. — Foires : 7 janvier, 15 février (8 jours), 22 mars, 11 avril, 1er mai, 15 juillet, 30 septembre, 25 novembre et octobre, 15 décembre et le vendredi de la semaine de la Fête-Dieu. — L'arrond. comprend 10 cantons, 210 communes, 97,261 hab.

La Haye (Hollande), 87,300 hab. — Commerce en toiles, beurre, fromages, viande salée, étain, épiceries, etc., etc.

Lannion, S.-préf. (Côtes-du-Nord). 5,509 hab. Dist. de Paris, 519 kil. Dist. de Saint-Brieuc, 78 kil. — Exportation. — Foires : 23 juin, 1er août, 29 et 30 septembre, 1er et 31 octobre, 24 décembre, jeudi avant le dimanche gras, jeudi de la Mi-Carême, jeudi saint, le cinquième jeudi après Pâques, et 9 autres foires moins importantes. — L'arrond. comprend 7 cantons, 65 communes, 118,097 hab.

Laon, Préf. (Aisne). 8,760 hab. Dist. de Paris, 129 kil. — Commerce de grains, vins. — Foires : lundi après le 1er janvier (5 jours), quatrième samedi de mai (5 jours), 10 août. — L'arrond. comprend 11 cantons, 188 communes, 163,483 hab.

La Palisse, S.-préf. (Allier). 2,830 hab. Dist. de Paris, 339 kil. Dist. de Moulins, 50 kil. — Commerce : blé et mouture, chanvre, bestiaux, toiles, fil et coton. — Foires, 16 janvier, février et juin, 12 mars, 3 avril, 6 mai, 2 juillet, 6 août, 2 octobre, 13 novembre, 28 décembre. — L'arrond. comprend 6 cantons, 75 communes, 86,837 hab.

La Paz (République de Bolivie). 76,000 hab. — Mines de cuivre et d'or. — Evêché.

Largentière, S.-préf. (Ardèche). 3,306 hab. Dist. de Paris, 645 kil. Dist. de Privas, 42 kil. — Commerce en soie grége et ouvrée, tirtis, filoselle, vignobles, châtaigniers, oliviers, noyers, arbres fruitiers. — Foires : les 22 janvier, 15 mars, 18 juillet, premier lundi d'octobre, 11 novembre, 17 décembre. — L'arrond. comprend 10 cantons, 106 communes, 108,136 hab.

La Réole, S.-préf. (Gironde). 4,167 hab. Dist. de Paris, 625 kil. Dist. de Bordeaux, 64 kil. — Commerce : vins, coutellerie, eaux-de-vie, grains, graines, bestiaux, peignes, chapeaux. — Foires : 21 mars, 8 juin, 1er août, 3 novembre, deuxième samedi de chaque mois. — L'arrond. comprend 6 cantons, 103 communes, 52,213 hab.

L'Assomption (Républ. du Paraguay). 25,000 hab. — Commerce de *maté* (thé du Paraguay), tabac, indigo, bois de teinture, chanvre, coton, caoutchouc, cire vierge, plantes médicinales.

Lausanne (Suisse). 24,000 hab. — Fabr. de toiles, draps, chapeaux, horlogerie, instruments de musique, filatures de coton, teintureries, tanneries très-renommées.

La Tour-du-Pin, S.-préf. (Isère). Dist. de Paris, 522 kil. Dist. de Grenoble, 56 kil. — Foires : 24 février, 14 juin, 29 août, 11 novembre. — L'arrond. comprend 8 cantons, 123 communes, 130,809 hab.

Laval, Préf. (Mayenne). 25,447 hab. Dist. de Paris, 283 kil. — Commerce de graines, trèfle, laines, toiles, coutils, fils, calicots, fer, bois, marbre. — Foires : 9 septembre (8 jours), 3 novembre, mardi après la Mi-Carême, avant la Saint-Jean, dernier mercredi d'avril, 12 autres, le premier samedi de chaque mois. — L'arrond. comprend 9 cantons, 90 communes, 130,355 hab.

Lavaur, S.-préf. (Tarn). 7,077 hab. Dist. de Paris, 695 kil. Dist. d'Albi, 50 kil. — Commerce : maïs, blés, légumes, mûriers, soies. — Foires : 6 mai, 9 septembre, 18 décembre, samedi après le 4 février, samedi avant la Saint-Jean, samedi avant la Toussaint. — L'arrond. comprend 5 cantons, 57 communes, 52,127 hab.

Le Blanc, S.-préf. (Indre). 5,824 hab. Dist. de Paris, 293 kil. Dist. de Châteauroux, 57 kil. — Commerce de bois, fer, laines. — Foires, le deuxième samedi de chaque mois et le 11 novembre. — L'arrond. comprend 6 cantons, 59 communes, 60,110 hab.

Le Caire (Égypte). 400,000 hab. — Principal entrepôt du commerce. — Passage des caravanes pour les Indes.

Le Cap haïtien (Républ. d'Haïti). 8,000 hab. — Commerce important en café, cacao, bois de campêche, accajou, cuirs de bœuf, cire jaune.

Lectoure, S.-préf. (Gers). 5,873 hab. Dist. de Paris, 645 kil. Dist. d'Auch, 36 kil. — Commerce : blés, bétail, vins, mules. — Foires, 7 janvier (2 jours), deuxième vendredi des mois de février, mars, avril, mai, juin, juillet, août, septembre, octobre et décembre. — L'arrond. comprend 5 cantons, 72 communes, 47,926 hab.

Leipsik (Prusse). 80,000 hab. Dist. de Dresde, 92 kil. — Commerce: toiles cirées, pianos, laines, imprimeries en lettres. — Il s'y tient 3 grandes foires : au 1er janvier, à Pâques et à la Saint-Michel.

Le Mans, Préf. (Sarthe). 41,774 hab. Dist. de Paris, 214 kil. — Commerce de bestiaux, trèfles, luzernes, plumes, vieux linge, vins, eaux-de-vie, toiles, filatures de chanvre. — Foires : 3 novembre (8 jours), vendredi après le 1er janvier, dernier vendredi de janvier, troisième vendredi de février, juin, juillet, août, troisième vendredi après la Toussaint, quatrième vendredi d'avril, deuxième vendredi de décembre. — L'arrond. comprend 10 cantons, 113 communes, 176,748 hab.

Lemberg ou **Léopold** (Autriche). 74,000 hab. Dist. de Vienne, 440 kil.

Léon (Espagne). 50,040 hab. — Commerce de charbon de bois, kaolins, laines, vins, grains, noix, bois, mines de charbon de terre.

Le Puy, Préf. (Haute-Loire). 19,545 hab. Dist. de Paris, 610 kil. — Commerce de dentelles. — Foires : 7 janvier, 3 février, 26 mars, mardi de la Passion, jeudi saint, les Rogations (3 jours), 12 juillet, 16 août, 9 et 30 septembre (2 jours), 11 novembre, 1, 9 et 22 décembre. Tous les samedis, depuis mai jusqu'à la Saint-Jean. — L'arrond. comprend 14 cantons, 115 communes, 142,375 hab.

Les Sables, S.-préf. (Vendée). 7,147 hab. Dist. de Paris, 463 kil. Dist. de La Roche-sur-Yon, 4 kil. — Exportation de grains et sels ; importation de vins, bois; construction de navires. — Foires : deuxième mercredi de chaque mois. — L'arrond. comprend 11 cantons, 83 communes, 114,947 hab.

Lesparre, S.-préf. (Gironde). 2,690 hab. Dist. de Paris, 630 kil. Dist. de Bordeaux, 65 kil. — Commerce: vins, graines, chevaux, bœufs, porcs. — Foires : le premier vendredi de chaque mois. — L'arrond. comprend 4 cantons, 30 communes, 42,357 hab.

Le Vigan, S.-préf. (Gard). 5,021 hab. Dist. de Paris, 676 kil. Dist. de Nîmes, 79 kil. — Commerce: bonneterie, ganteries, tanneries, filatures de soie, coton, vers à soie. — Foires : 25 janvier, 12 mai, 9 et 22 septembre, 15 octobre, 13 et 31 décembre. — L'arrond. comprend 10 cantons, 75 communes, 60,247 hab.

Leyden (Hollande). 36,725 hab. — Commerce de beurre et de fromages. Impressions d'indienne et fabr. de draps, forges et fonderies.

Libourne, S.-préf. (Gironde). 13,471 hab. Dist. de Paris, 545 kil. Dist. de Bordeaux, 33 kil. — Commerce : vins, eaux-de-vie, farines, bestiaux, étoffes, corderies, clouteries. — Foires : le 1er juin (2 jours), 14 autres foires, 11 novembre (4 jours), deuxième mardi du mois, et le dixième jours avant Pâques. — L'arrond. comprend 9 cantons, 132 communes, 117,697 hab.

Liége (Belgique). 103,886 hab. — Dist. de Bruxelles, 114 kil. — Fabr. d'armes, fonderies de fer et de cuivre, ateliers de constructions mécaniques, fabr. de draps, d'aciers, fer-blanc, laiton, zinc, limes et outils, manufactures d'étoffes de laine, coton, filatures de lin et coton.

Lille, Préf. (Nord). 180,440 hab. Dist. de Paris, 241 kil. — Commerce de toiles, tissus, fil, lin, dentelles, sucre, trois-six, filatures de coton et de lin, fabr. de fil, dentelles, de sarraux, mouchoirs, indienne; huileries et distilleries. — Foire le 26 août (15 jours). — L'arrond. comprend 16 cantons, 129 communes, 523,231 hab.

Lima (Pérou). 100,341 hab. — Fabr. de savons, chandelles, chocolats, distilleries d'alcools, centre d'un grand commerce.

Limoges, Préf. (Haute-Vienne). 53,032 hab. Dist. de Paris, 371 kil. — Manuf. de porcelaines, de ganterie, droguets, papiers, imprimeries, cordonnerie, librairies, liquides et saboterie. — Foires: deuxième jeudi de janvier, 22 mai, 1er avril, 1er juillet, deuxième jeudi de juillet, 22 septembre, premier lundi après le 13 octobre, 18 novembre. — L'arrond. comprend 10 cantons, 79 communes, 151,066 hab.

Limoux, S.-préf. (Aude). 6,208 hab. Dist. de Paris, 806 kil. Dist. de Carcassonne, 25 kil. — Manufactures de draps, filatures de laine, blés, fourrages, vins. — Foires : 25 janvier, 23 avril, 23 juin, 9, 10 et 11 septembre et 12 novembre. — L'arrond. comprend 8 cantons, 150 communes, 67,191 hab.

Lisbonne (cap. du Portugal). 260,000 hab. Dist. de Paris, 1,820 kil. — Elle possède une rade vaste et excellente. Une des villes les plus commerçantes de l'Europe.

Lisieux, S.-préf. (Calvados). 12,103 hab. Dist. de Paris, 190 kil. Dist. de Caen, 48 kil. — Commerce : draps, toiles, filatures de laine, coton, lin, grains, cidre, chanvre. — Foires : 11 juin (8 jours), 1er août, 16 octobre, mercredi des Cendres, jeudi saint. — L'arrond. comprend 6 cantons, 123 communes, 69,064 hab.

Livourne (Italie). 80,000 hab. — Port franc. — Livourne, par sa position maritime, étend ses relations avec toutes les places d'Europe, mais principalement avec la France et l'Angleterre.

Loches, S.-préf. (Indre-et-Loire). 5,048

hab. Dist. de Paris, 249 kil. Dist. de Tours, 39 kil — Fabr. de toiles, draperie et tannerie. Commerce de vins, bois, laines, céréales et bestiaux. — Foires : le premier mercredi de chaque mois, excepté novembre. — L'arrond. comprend 6 cantons, 68 communes, 65,108 hab.

Lodève, S.-Préf. (Hérault). 10,320 hab. Dist. de Paris, 696 kil. Dist. de Montpellier, 53 kil. — Commerce de draps, eaux-de-vie, huiles, amandes, savons. — Foires : le 13 février, le lundi des Rogations, les 25 août, lundi de la troisième semaine de novembre. Chaque foire dure 2 jours. — L'arrond. comprend 4 cantons, 73 communes, 56,382 hab.

Lombez, S.-préf. (Gers). 1,710 hab. Dist. de Paris, 730 kil. Dist. d'Auch, 35 kil. — Foires : le dernier vendredi de chaque mois, les 7 septembre et 25 octobre (2 jours). — L'arrond. comprend 4 cantons, 71 communes, 39,581 hab.

Londres (capitale de l'Angleterre). 2,805,034 hab. Dist. de Paris, 420 kil. — Commerce immense avec toutes les parties du monde.

Lons-le-Saulnier, Préf. (Jura). 9,022 hab. Dist. de Paris, 409 kil. — Commerce : grains, farines, vins, fer, bois, fromages. — Foire le premier jeudi de chaque mois. — L'arrond. comprend 11 cantons, 212 communes, 101,295 hab.

Lorient, S.-préf. (Morbihan). 27,250 hab. Dist. de Paris, 500 kil. Dist. de Vannes, 60 kil. — Commerce en cire, miel, beurre, eaux-de vie, conserves de sardines à l'huile. — Foire de 15 jours, le dimanche des Rameaux. — L'arrond. comprend 11 cantons, 51 communes, 169,111 hab.

Loudéac, S.-préf. (Côtes-du-Nord). 5,985 hab. Dist. de Paris, 476 kil. Dist. de Saint-Brieuc, 50 kil. — Commerce : toiles de Bretagne. — Foires : premier samedi de chaque mois, mardi de Pâques, 9 mai, 14 septembre, 27 décembre. — L'arrond. comprend 9 cantons, 59 communes, 91,296 hab.

Loudun, S.-Préf. (Vienne). 4,282 hab. Dist. de Paris, 303 kil. Dist. de Poitiers, 54 kil. — Commerce : pois, fèves, vesces, cire, fruits, vins, eaux-de-vie, dentelles, huiles, chènevis, lin, farines, soie, oies. — Foires : les 14 septembre, mardi avant la Mi-Carême, 14 avril, 8 mai, 11 juin, 25 août, 15 novembre. — L'arrond. comprend 4 cantons, 57 communes, 35,304 hab.

Louhans, S.-préf. (Saône-et-Loire). 3,785 hab. Dist. de Paris, 378 kil. Dist. de Mâcon, 57 kil. — Commerce de grains, chevaux, bœufs, chapons, porcs gras, poulardes, blés, maïs. — Foires : le premier lundi de chaque mois, les 11 juin, 14 août, 1er et 17 janvier, et 2 février. — L'arrond. comprend 8 cantons, 81 communes, 86,107 hab.

Louviers, S.-préf. (Eure). 11,053 hab. Dist. de Paris, 110 kil. Dist. d'Evreux, 22 kil. et demi. — Commerce : laines, soies, toiles, draps fins. — Foires : 24 février, 23 avril, 4 juillet, 29 septembre, 11 novembre. — L'arrond. comprend 5 cantons, 111 communes, 67,320 hab.

Lubeck (ville libre hanséatique). 300,000 hab.

Lunéville, S.-préf. (Meurthe). 12,383 hab. Dist. de Paris, 343 kil. Dist. de Nancy, 30 kil. — Commerce de vins, grains, eaux-de-vie, houblon, tabac, lin, bois, broderie, ganterie, blanchisserie de toiles, faïencerie. — Foires : lundi gras, 23 avril, 4 juin, 1er octobre. — L'arrond. comprend 6 cantons, 145 communes, 84,393 hab.

Lure, S.-préf. (Haute-Saône). 3,626 hab. Dist. de Paris, 391 kil. Dist. de Vesoul, 28 kil. — Fabr. de tissus. Commerce de cuirs, fer, grains, épicerie, mercerie, vins, bois, fromages, blé. — Foires : les premier et troisième mardis de chaque mois. — L'arrond. comprend 10 cantons, 203 communes et 135,257 hab.

Luxembourg (Hollande). 13,700 hab.

Lyon, Préf. (Rhône). 328,343 hab. Dist. de Paris, 468 kil. — Commerce de soies, mousselines, toiles, fil et coton, chapelleries, librairies, papiers peints. — Foires : 5 jours, le 24 juin, 29 juin, 14 juillet et jour de la Pentecôte. — L'arrond. comprend 19 cantons, 130 communes, 502,801 hab.

Mâcon, Préf. (Saône-et-Loire). 16,926 hab. Dist. de Paris, 401 kil. — Commerce : vins estimés, cerceaux, merrains. — Foires : les 20 mai, 10 août, 29 septembre, 2 novembre, jeudi gras. — L'arrond. comprend 9 cantons, 130 communes, 121,690 habitants.

Madrid (Espagne). 298,337 hab. — Fonderies de bronze. Ecoles des mines, d'architecture, etc.

Maestricht (Hollande). 31,000 hab. — Beau port.

Magdebourg (Prusse). 78,000 hab. — Houillères terreuses.

Malines (Belgique). 32,491 hab. Dist. d'Anvers, 25 kil. — Commerce considérable de dentelles dites *point de Malines*.

Mamers, S.-Préf. (Sarthe). 5,721 hab. Dist. de Paris, 183 kil. Dist. du Mans, 48 kil. — Commerce : toiles, tanneries, moulins à blanc. — Foires : premier lundi de mai, quatrième lundi de Carême, quatrième lundi d'août, deuxième et quatrième lundis de septembre, premier lundi d'octobre. — L'arrond. comprend 10 cantons, 142 communes, 221,721 hab.

Managua (République de Nicaragua). 15,000 hab. — Un journal.

Manchester (Angleterre). 357,097 hab. — Manuf. d'articles coton, filatures, percale, calicots, basins. — Ville manufacturière.

Manheim (grand duché de Bade). 32,000 hab. — Port franc. Bateaux à vapeur pour la Hollande.

Mantes, S.-Préf. (Seine-et-Oise). 5,196 hab. Dist. de Paris, 57 kil. Dist. de Versailles, 50 kil. — Commerce de vins, blé, fruits, légumes, cuirs, arbres, plants, fers, bonneterie, vannerie. — Foires : le mercredi qui suit le 22 juillet (3 jours), mercredi qui suit la Saint-André (3 jours). — L'arrond. comprend 5 cantons, 126 communes, 56,615 hab.

Marennes, S.-préf. (Charente-Inférieure). 4,428 hab. Dist. de Paris, 489 kil. Dist. de la Rochelle, 50 kil. — Commerce : sels, eaux-de-vie, vins rouges, fèves de marais, pois verts, lentilles, maïs, huîtres. — Foires le troisième jeudi de chaque mois. — L'arrond. comprend 6 cantons, 34 communes, 53,375 hab.

Marmande, S.-préf. (Lot-et-Garonne). 8,500 hab. Dist. de Paris, 632 kil. Dist. d'Agen, 59 kil. — Commerce : grains, eaux-de-vie, farines, vins, chanvre et prunes. — Foires : 21 janvier, 1er juin, 22 juillet, 18 octobre, premier samedi de chaque mois. — L'arrond. comprend 9 cantons, 98 communes. 97,676 hab.

Maroc (Empire du Maroc). 80,000 hab — Immense fabrique de maroquin, vastes magasins de blé.

Marseille, Préf. (Bouches-du-Rhône). 300,141 hab. Dist. de Paris, 883 kil. — Commerce qui s'étend dans toutes les parties du monde, le Levant et les colonies. Fabr. de produits chimiques, savons, soude, huile d'olive, salaisons, entrepôt de marchandises prohibées. — Foire de 15 jours le 31 août. — L'arrond. comprend 9 cantons, 17 communes, 340,752 hab.

Marvejols, S.-préf. (Lozère). 4,828 hab. Dist. de Paris, 553 kil. Dist. de Mende, 30 kil. — Commerce : chapellerie, draps, étoffes, serges, laines. — Foires : 17 janvier, 23 avril, 22 juillet, 30 septembre, 11 novembre, 1er décembre. — L'arrond. comprend 10 cantons, 78 communes, 51,224 hab.

Mascara, S.-préf. (Oran). 8,092 hab. Dist. d'Oran, 96 kil. — Commerce de laines, fruits, raisins, vins, fourrages, huile d'olive, burnous. Forêts d'oliviers, de thuyas, chênes verts.

Mauléon, S.-préf. (Basses-Pyrénées). 1,742 hab. Dist. de Paris, 791 kil. Dist. de Pau, 60 kil. — Foire, 6 septembre. — L'arrond. comprend 6 cantons, 107 communes, 65,116 hab.

Mauriac, S.-préf. (Cantal). 3,175 hab. Dist. de Paris, 540 kil. Dist. d'Aurillac, 3 kil. — Foires : 22 janvier, deuxième mercredi de Carême, 25 avril, 17 mai, 8 juin (8 jours), 12 juillet, 16 août, 18 octobre, 21 novembre, 22 décembre. — L'arrond. comprend 6 cantons, 57 communes, 59,268 hab.

Mayenne, S.-préf. (Mayenne). 9,905 hab. Dist. de Paris, 253 kil. Dist. de Laval, 30 kil. — Fabr. de mouchoirs, toiles et calicots. — Foires : 2 janvier, vendredi avant la Passion, 22 juillet, lundi après la Trinité, 22 septembre, 23 novembre. — L'arrond. comprend 12 cantons, 111 communes, 161,103 hab.

Meaux, S.-préf. (Seine-et-Marne). 9,302 hab. Dist. de Paris, 44 kil. Dist. de Melun, 52 kil. — Commerce de grains, farines, moulins, fromages de Brie, scieries, laines. — Foires : 15 mai et 12 novembre (3 jours). — L'arrond. comprend 7 cantons, 154 communes, 94,257 hab.

Melle, S.-préf. (Deux-Sèvres). 2,538 hab. Dist. de Paris, 391 kil. Dist. de Niort, 30 kil. — Commerce : bestiaux, mules, mulets, grains, luzerne, cire, laines. — Foires : 18 janvier, 11 et 22 février, 25 avril, 28 juin, 1er et 31 août, premiers samedis d'octobre et de décembre, 8 novembre, mercredi de la deuxième semaine de Carême, mercredi de la Passion. — L'arrond. comprend 7 cantons, 92 communes, 74,732 hab.

Melun, Préf. (Seine-et-Marne). 8,249 hab. Dist. de Paris, 45 kil. — Foires : les 24 juin, 11 novembre et deuxième samedi d'avril. — L'arrond. comprend 6 cantons, 97 communes, 66,203 hab.

Mende, Préf. (Lozère). 5,963 hab. Dist. de Paris, 538 kil. — Commerce de cadis et serges. — Foires : 6 janvier, 20 mai, 15 juin, 20 septembre, deuxième lundi après Pâques, 2 novembre. — L'arrond. comprend 7 cantons, 63 communes, 48,193 hab.

Metz, Préf. (Mozelle). 45,207 hab. Dist. de Paris, 318 kil. — Commerce : papiers peints, draperies, broderies sur mousseline. — Foires, premier lundi de mars (2 jours), 1er mai (15 jours) dernier lundi d'octobre (2 jours). — L'arrond. comprend 9 cantons, 223 communes, 165,179 hab. (Ville cédée à la Prusse.)

Messine (Italie). 120,000 hab. — Le plus beau port de la Sicile, sur le détroit. — Filateurs de soie, manuf. de tissus de coton, tanneries et fabr. de jus de citron concentré.

Mexico (Mexique). 180,000 hab. — Commerce : orfèvrerie, bijouterie, passementerie, sellerie, ouvrages en bois.

Mézières, Préf. (Ardennes). 4,735 hab. Dist. de Paris, 235 kil. — Commerce : draps, casimirs, cuirs de laine, de castorines, de châles cachemires, flanelles, tissus mérinos; occupent le premier rang.

—L'arrond. comprend 7 cantons, 99 communes, 80,178 hab.

Milan (Italie). 220,000 hab. — Commerce : soie, velours, lampas, madras, riz, fromages. Fabr. de cuirs, peaux travaillées et vernies.

Millau, S.-préf. (Aveyron). 13,601 hab. Dist. de Paris, 629 kil. Dist. de Rodez, 27 kil. — Fabr. de gants de peaux, tanneries et mégisseries, chamoiseries, laines, cuirs, bois. — Foires : 6 et 7 août, mai, 28 et 29 octobre, 15 et 16 novembre, mercredi des Cendres (2 jours). — L'arrond. comprend 9 cantons, 49 communes, 66,389 hab.

Millianah, S.-Préf. (Alger). 7,916 hab. Dist. d'Alger, 118 kil. — Commerce de vins, fruits et céréales, grains et fourrages.

Mirande, S.-Préf. (Gers). 3,314 hab. Dist. de Paris, 705 kil. Dist. d'Auch, 25 kil. — Commerce : bestiaux, volailles, vins et eaux-de-vie, laines, plumes, chapellerie. — Foires : le premier lundi de chaque mois (refoire tous les 15 jours), quatrième lundi de novembre.—L'arrond. comprend 8 cantons, 141 communes, 78,320 hab.

Mirecourt, S.-préf. (Vosges). 5,476 hab. Dist. de Paris, 345 kil. Dist. d'Epinal, 32 kil. — Commerce : dentelles, broderies, instruments de musique, vins, eaux-de-vie, moutons.— Foires le deuxième lundi de chaque mois. — L'arrond. comprend 6 cantons, 142 communes, 69,330 hab.

Miyako (Japon). 500,000 hab. — Affinerie de cuivre. Fabr. de porcelaines et d'étoffes de soie. Ses ouvrages en acier sont fort estimés.

Moissac, S.-préf. (Tarn-et-Garonne). 9,452 hab. Dist. de Paris, 637 kil. Dist. de Montauban, 30 kil. — Commerce : farines, huiles, vins et laines. — Foires : deuxième samedi des mois de janvier, février, mars, mai, octobre et décembre, lundi saint, 25 juin, 1er septembre. — L'arrond. comprend 6 cantons, 50 communes, 56,478 hab.

Monaco (Monaco). 2,000 hab. — Manuf. de tissus de coton, distillerie d'essences.

Mons (Belgique). 25,000 hab. Dist. de Bruxelles, 48 kil. — Ecoles des mines.

Montargis, S.-préf. (Loiret). 7,740 hab. Dist. de Paris, 110 kil. Dist. d'Orléans, 60 kil. — Commerce de cire, safran, miel, mouton, cuirs.— Foires : le samedi avant le jeudi gras, troisième samedi après Pâques, 31 mai, 1er juin, 21 juillet (15 jours), samedi après Saint-Rémy (2 jours). — L'arrond. comprend 7 cantons, 95 communes, 80,748 hab.

Montauban, Préf. (Tarn-et-Garonne). 23,071 hab. Dist. de Paris, 641 kil. — Fabr. d'étoffes, cadis, molletons, minoteries, grains, draperies, fabr. de toiles. —Foires : 19 mars, 26 juillet, 13 octobre et le premier samedi de chaque mois. — L'arrond. comprend 11 cantons, 63 communes, 103,809 hab.

Montbéliard, S.-préf. (Doubs). 6,418 hab. Dist. de Paris, 441 kil. Dist. de Besançon, 75 kil. — Commerce : vins, fromages, tuileries, cuirs, planches, bois.— Foires le dernier lundi de chaque mois. — L'arrond. comprend 7 cantons, 161 communes, 71,962 hab.

Montbrison, S.-préf. (Loire). 6,246 hab. Dist. de Paris, 447 kil. Dist. de Saint-Etienne, 32 kil. — Commerce de grains. — Foires : les 18 octobre, premier jeudi de Carême, samedi saint, jeudi avant la Pentecôte, samedi avant Notre-Dame-d'Août, et samedi avant Noël.—L'arrond. comprend 9 cantons, 138 communes, 133,812 hab.

Mont-de-Marsan, Préf. (Landes). 5,226 hab. Dist. de Paris, 702 kil.—Commerce : eaux-de-vie, vins. — Foires : premier mardi de Carême, deuxième mardi de mai, premier mardi après les Rois. — L'arrond. comprend 12 cantons, 117 communes, 110,917 hab.

Montélimart, S.-préf. (Drôme). 10,050 hab. Dist. de Paris, 605 kil. Dist. de Valence, 44 kil. — Commerce : soie, vins, bois, truffes, nougat, tuiles, briques. — Foires : 9 janvier, 5 février, 7 mars, 10 avril, 8 mai, 10 juin, 16 juillet, 14 août, 4 septembre, 10 octobre, 13 novembre.— L'arrond. comprend 6 cantons, 69 communes, 70,251 hab.

Montévidéo, Cap. (République de l'Urugay). 50,000 hab. — Exporte : peaux brutes de bœufs, de veaux et de chevaux, etc., cornes, ongles et os de bœufs, viande salée, suif, tabac, plumes de vautour.

Montdidier, S.-préf. (Somme). 3,959 hab. Dist. de Paris, 98 kil. Dist. d'Amiens, 36 kil. — Commerce de grains, blé, bestiaux, volailles, tanneries, bonneterie, sucre. — Foires : mardi après le 8 septembre (8 jours), et second samedi de mai. — L'arrond. comprend 5 cantons, 144 communes, 67,321 hab.

Montfort, S.-préf. (Ille-et-Vilaine). 2,290 hab. Dist. de Paris, 382 kil. Dist. de Rennes, 23 kil. — Foires, 3 février, 25 avril, juin, 6 décembre, mardi qui suit le 18 octobre, et troisième vendredi de janvier, mars, mai, juillet, août, septembre, novembre. — L'arrond. comprend 5 cantons, 46 communes, 61,265 hab.

Montluçon, S.-préf. (Allier). 17,985 hab. Dist. de Paris, 314 kil. Dist. de Moulins, 72 kil. — Commerce : glaces, hauts-fourneaux, forges à fer et verreries.—Foires : 29 janvier, 5 avril, 2 mai, 21 juin, mardi après le 8 septembre, 7 octobre et le 22 décembre. — L'arrond. comprend 7 cantons, 92 communes, 114,722 hab.

Montmédy, S.-préf. (Meuse). 1,977 hab. Dist. de Paris, 281 kil. Dist. de Bar-le-Duc, 103 kil. — Commerce : cuirs, pelleteries, gants et autres objets en peaux. — Foires : 15 janvier, avril, juillet et octobre. — L'arrond. comprend 6 cantons, 131 communes et 62,052 hab.

Montmorillon, S.-préf. (Vienne). 4,864 hab. Dist. de Paris, 388 kil. Dist. de Poitiers, 52 kil. — Commerce de biscuits et macarons, bière. — Foires : le 27 août. — L'arrond. comprend 6 cantons, 60 communes et 63,901 hab.

Montpellier, Préf. (Hérault). 49,330 hab. Dist. de Paris, 750 kil. — Commerce : eaux-de-vie, produits chimiques, vert-de-gris, fruits, couvertures. — Deux foires, le lundi de Quasimodo, le 2 novembre. — L'arrond. comprend 14 cantons, 114 communes, 172,381 hab.

Montreuil, S.-préfecture (Pas-de-Calais). 3,315 hab. Dist. de Paris, 200 kil. D'Arras, 79 kil. — Commerce : tannerie, clouterie, raffinerie de sel. — Foires : dimanche de la Fête-Dieu (8 jours) et 28 novembre (15 jours). — L'arrond. comprend 6 cantons, 140 communes, 76,949 hab.

Morlaix, S.-préf. (Finistère). 13,422 hab. Dist. de Paris, 517 kil. Distance de Quimper, 84 kil. — Commerce : grains, beurre, graines oléagineuses, porc salé, suifs, miel, cire, cuirs, chevaux, fils, mines de plomb. Manufacture des tabacs. — Foires, le deuxième samedi de tous les mois (moins octobre, novembre), 15 et 16 octobre. — L'arrond. comprend 10 cantons, 58 communes et 143,102 hab.

Mortagne, S.-préf. (Orne). 4,697 hab. Dist. de Paris, 154 kil. Dist. d'Alençon, 45 kil. — Commerce : chanvre, cotonnade, toiles, enveloppes. — Foires de 3 jours le 1er décembre, troisième samedi de Carême, premier samedi de mai et d'octobre. — Courses aux chevaux le premier dimanche de septembre et foire de Saint-Remy le lendemain des courses. — L'arrond. comprend 11 cantons, 149 communes et 113,522 hab.

Mortain, S.-préf. (Manche) 2,166 hab. Dist. de Paris, 271. Dist. de St-Lô, 56 kil. — Filatures de coton. — Foires : le premier vendredi de mars (2 jours) et le premier samedi de chaque mois. — L'arrond. comprend 8 cantons, 74 communes et 71,026 hab.

Moscou (Russie). 370,000 hab. — Commerce d'huile, d'anis, plumes, fourrures de Sibérie, pierreries, cristal, malachites, laines russes, poil de chèvre et de chameau.

Mostaganem, S.-préf. (Oran). 12,000 hab. Dist. d'Oran, 76 kil. — Commerce de laine, bestiaux, grains, fourrages, figues, céréales, soie, coton, vignes, garance, lin, maïs, figues sèches.

Moulins, Préf. (Allier). 19,900 hab. Dist. de Paris, 288 kil. — Commerce : bois, charbons, houille, fer, bonneterie, corroierie, ébénisterie. — Foires : 5 janvier, premier lundi de Carême, lundi de la Passion, 11 juin, 12 et 14 août. — L'arrond. comprend 7 cantons, 74 communes, 108,710 hab.

Moutiers, S.-préf. (Savoie). 1,780 hab. Dist. de Paris, 670 kil. Dist. de Chambéry, 75 kil. — Commerce de bestiaux, fromages et de peaux, mines. — Foires : le premier lundi après le 6 janvier, premier lundi de Carême, lundi avant les Rameaux, lundi avant la Pentecôte, (25 juin, 12 juin, 12 septembre, lundi avant le 25 octobre, premier lundi de décembre. — L'arrond. comprend 4 cantons, 55 communes et 38,910 hab.

Mulhouse, S.-préf. (Haut-Rhin). 56,618 hab. Dist. de Paris, 475 kil. Dist. de Colmar, 30 kil. — Commerce : toiles de coton et mousselines peintes. Foires : 14 septembre, 6 décembre, mardi de Pâques, mardi de la Pentecôte. (Elles sont assez considérables.) — L'arrond. comprend 8 cantons, 159 communes et 179,347 hab. (Cédée à la Prusse.)

Munich (Bavière). 160,000 hab. Dist. de Paris, 760 kil.

Munster (Prusse). 35,000 hab. — Commerce en articles de fabriques et en produits du pays. Fil, toiles et jambons de Westphalie.

Murat (Cantal). 2,662 hab. Dist. de Paris, 652 kil. Dist. d'Aurillac, 50 kil. — Foires : 4 juillet, 18 octobre, 12 novembre, mardi de l'Epiphanie, mardi après la Mi-Carême, après Pâques, mercredi avant Noël. — L'arrond. comprend 3 cantons, 36 communes et 33,352 hab.

Muret, S. préf. (Haute-Garonne). 4,051 hab. Dist. de Paris, 708 kil. Dist. de Toulouse, 20 kil. — Foires le dernier samedi de chaque mois. — L'arrond. comprend 10 cantons, 126 communes, 91,035 hab.

Mytho (Cochinchine). — Ville fortifiée 12,000 hab. Grand entrepôt de riz.

Nancy, Préf. (Meurthe). 46,186 hab. Dist. de Paris, 316 kil. — Fab. de broderies et liqueurs. — Foires : 20 mai (20 jours), deuxième lundi de février, 2me et 3me samedis de juin et novembre. — L'arrond. comprend 8 cantons, 187 communes, 151,382 hab.

Namur (Belgique). 25,398 hab. Evêché. La première industrie de Namur est la coutellerie ; fab. de toutes espèces d'ouvrages en fer et en acier. Fonderies, tréfileries, verreries, tanneries et carrières de pierres.

Nanking (Chine). — Fab. de satin grand commerce.

Nantes, Préf. (Loire-Inférieure). 107,597 hab. Dist. de Paris, 142 kil. — Commerce : grains, blé, vins, produits des Iles, pâtes alimentaires. — Foires : le 1er février, 12 autres foires, 15 mars, 25 avril, 25 mai, 16 juillet, les premier, deuxième, troisième, quatrième samedis de septembre. 2 septembre, 11 octobre, et le 1er décembre. — L'arrond. comprend 17 cantons, 70 communes 267,902 hab.

Nantua, S.-préf. (Ain). 3,677 hab. Dist. de Paris, 474 kil. Distance de Bourg, 45 kil. — Foires : 18 juin, 29 novembre. — L'arrond. comprend 6 cantons, 73 communes, 51,749 hab.

Naples (Italie). 480,000 hab. — Ville maritime, au fond du golfe de son nom.

Napoléon - Vendée ou **La Roche-sur-Yon**, Préf. (Vendée). 7,440 hab. Dist. de Paris 413 kil. — L'arrond. comprend 10 cantons, 104 communes et 151,341 hab.

Napoléonville, S.-préf. (Morbihan). 7,018 hab. Dist. de Paris, 461 kil. Dist. de Vannes, 48 kil. — Commerce de grains, fils, toiles, chevaux, bestiaux, bourre. — Foires : le 2 mars, 20 juin, 22 octobre, premier et troisième lundi de chaque mois. — L'arrond. comprend 7 cantons, 48 communes, 104,152 hab.

Narbonne, S.-préf. (Aude). 16,047 hab. Dist. de Paris, 735 kil. Dist. de Carcassonne, 60 kil. — Commerce : fab. de vert-de-gris. Distilleries d'eaux-de-vie. Tuileries, minoteries, vins, esprits, sels, salicor, salpêtre, vers à soie, miel. — Foires : 22 mars, 7 août, marchés très-importants le jeudi pour vins et trois-six. — L'arrond. comprend 6 cantons, 71 communes et 75,566 hab.

Nérac, S.-préf. (Lot-et-Garonne). 7,517 hab. Dist. de Paris, 649 kil. Dist. d'Agen, 26 kil. — Commerce de liége, bouchons, vins, eaux-de-vie et farines. — Foires : 15 juin (3 jours), le jeudi après le 15 juin, 27 août, 29 octobre, 15 décembre, Jeudi-Gras, samedi après Pâques et le lendemain du premier dimanche de mai. — L'arrond. comprend 7 cantons, 62 communes et 60,376 hab.

Neufchâteau, S.-préf. (Vosges). 3,589 hab. Dist. de Paris. 307 kil. Dist. d'Epinal, 70 kil. — Commerce : toiles, clous et pointes. — Foires : le 30 janvier, le dernier samedi de février, lundi Saint, premier samedi de juin, 26 juillet, 30 septembre, 1er décembre. — L'arrond. comprend 5 cantons, 132 communes, 52,596 hab.

Neufchâtel, S.-préf (Seine-Inférieure). 3,331 hab. Dist. de Paris 139 kil. dist. de Rouen, 44 kil. — Foires : 6 juillet et 13 novembre (6 jours chacune). — L'arrond. comprend 8 cantons, 142 communes 81,125 hab.

Nevers (Nièvre). 20,710 hab. Dist. de Paris, 234 kil. — Commerce de fer et acier, bois, fab. de poteries, faïences. — Foires, 11 janvier le samedi après le Carnaval, le lundi de Quasimodo, le 14 mai, le lendemain de la St-Cyr, le lundi après la Ste-Madeleine, le 2 septembre, le samedi après la St-Denis, le 2 décembre. — L'arrond. comprend 8 cantons, 98 communes, 123,152 hab.

New-York. (Etats-Unis d'Amérique). 1,003,250 hab. Ville la plus commerçante des Etats-Unis et l'un des ports le plus sûr du monde.

Nice, S.-préf. (Alpes-Maritimes). 48,160 hab. Dist. de Paris, 880 kil. — Commerce : huiles d'olive, citrons, oranges et légumes. — L'arrond. comprend 11 cantons, 40 communes, 104,913 hab.

Nîmes, Préf. (Gard). 60,250 hab. Dist. de Paris, 713 kil. — Commerce : châles, foulards, gants, bonnets, fleurets, lacets, tapis, épiceries, rouenneries, corderie, bougies. — Foires : 14 mai (3 jours), 16 août (3 jours) 29 septembre. — L'arrond. comprend 11 cantons, 73 communes et 159,793.

Niort, Préf. (Deux-Sèvres). 20,785 hab. Dist. de Paris, 411 kil. — Commerce de laines, grains, cuirs, peaux, chevaux, mulets, chamoiserie, chapellerie, clouterie, angélique confite. — Foires : 6 février et 7 mai (8 jours), jeudi de l'Octave de la Fête-Dieu, 6 octobre, 30 novembre (8 jours). — L'arrond. comprend 10 cantons, 73 communes, 109,559 hab.

Nogent-le-Rotrou, S.-préf. (Eure-et-Loir). 7,705 hab. Dist. de Paris, 148 kil. Dist. de Chartres, 67 kil. — Foires : deuxième samedi de Carême, premier samedi de mai, 24 et 25 juin (8 jours), 13 septembre, dernier samedi de novembre. — L'arrond. comprend 4 cantons, 54 communes et 43,965 hab.

Nogent-sur-Seine, S.-préfect. (Aube). 3,619 hab. Dist. de Paris, 104 kil. Dist. de Troyes, 56 kil. — Commerce : port d'approvisionnements, flottage du bois en train. — Foires : 25 mars, 11 juin, dernier lundi d'août, 28 octobre. — L'arrond. comprend 4 cantons, 60 communes et 36,452 hab.

Nontron, S.-préf. (Dordogne). 3,557 hab. Dist. de Paris, 501 kil. Dist. de Périgueux, 47 kil. — Commerce de fers, bestiaux, coutellerie. — Foires : les deuxièmes mardis de janvier, mars, avril, mai, juin, juillet, septembre et novembre, le 18 février, le 13 août, 18 octobre et 29 décembre. — L'arrond. comprend 8 cantons, 80 communes et 84,113 hab.

Nouméa, Port-de-France, Océanie (Nouvelle-Calédonie). 1,500 hab. Siége du gouvernement colonial.

Nouvelle-Orléans (Et.-Unis d'Amérique)

135,000 hab. — Commerce très-étendu avec l'Europe et le Mexique.

Novare (Italie). 20,000 hab. — Commerce en riz, blé, vins, chanvre, lin, soie.

Nuremberg (Bavière). 72,000 hab. — Manuf. d'ouvrages en fer, cuirs et aciers, de planches de cuivre, d'épingles, d'aiguilles, objets de curiosités.

Nyons, S.-préf. (Drôme). 3,553 hab. Dist. de Paris, 651 kil. Dist. de Valence, 90 kil. — Commerce : huile d'olive, poteries, soie. — Foires : le premier jeudi de janvier, 5 février, Jeudi-Saint, 11 mai, 22 juin, 29 août, 18 octobre, 9 décembre. — L'arrond. comprend 4 cantons, 74 communes, 34,467 hab.

Odessa (Russie). 115,000 hab. — Exportation de graines de lin, grains et farines, laines, bois, poix, suif.

Oloron, S.-préf. (Basses-Pyrénées). 8,796 hab. Dist. de Paris, 789 kil. Dist. de Pau, 32 kil. — Commerce de laines, lames, agnelines, peaux de mouton, entrepôt de salé pour l'Espagne, jambons, papeteries, bois, bestiaux, chevaux navarrais, manufacture de peignes en buis. — Foires : 1er mai (2 jours), 9 septembre (2 jours). — L'arrond. comprend 8 cantons, 79 communes, 70,114 habitants.

Oran, Préf. (Oran). 35,317 hab. Dist. d'Alger, 410 kil.— Exportation de grains, laines, bestiaux, mines de plomb, cuivre, fer, carrières de marbre, onyx et porphyre.

Orange. S.-préf. (Vaucluse). 9,949 hab. Dist. d'Avignon, 30 kil. Dist. de Paris, 653 kil. — Filat. de soie, moulin à ouvrer les soies. — Commerce : garance, fruits, truffes, safran, vins, eaux-de-vie, miel, laine, grès et poterie. — Foires : 4 février, 27 avril, dernier jeudi de mai, premier jeudi de juillet, 24 août, 21 décembre. — L'arrond. comprend 7 cantons, 48 communes et 74,842 hab.

Orléans, Préf. (Loiret). 47,088 hab. Dist. de Paris, 115 kil. — Commerce : de couvertures laines, bonneterie, vinaigres, vins, esprits et eaux-de-vie. — Foires : le 18 mars, 1er juin (15 jours), le deuxième jeudi de juillet, le 18 septembre, 18 novembre. — L'arrond. comprend 14 cantons, 107 communes et 159,972 hab.

Ostende (Belgique). 15,009 hab. Dist. de Bruges, 16 kil. — Pêche de la morue et du hareng, fab. de cordages, toile à voiles.

Orthez, S.-préf. (Basses-Pyrénées). 6,573 hab. Dist. de Paris, 776 kil. Dist. de Pau, 40 kil. — Commerce : cuirs, jambons, plumes d'oie, laines, mégisserie, lin, bois et pierres. — Foires : 1er mars, juin, octobre. L'arrond. comprend 7 cantons, 135 communes, 74,130 hab.

Paimbœuf, S.-préf. (Loire-Inférieure). 3,062 hab. Dist. de Paris, 432 kil. Dist. de Nantes, 44 kil. — Construction des gros navires et bateaux à vapeur. — L'arrond. comprend 5 cantons, 26 communes et 47,690 hab.

Palerme (Italie). 200,000 hab. — Commerce en blé, vins, fruits, thon mariné, anchois, soufre, sumac, graines de lin, suif, manne, huiles, tartres, amandes pistaches, peaux d'agneau et chevreuil.

Pamiers, S.-préf. (Ariége). 7,406 hab. Dist. de Paris, 751 kil. Dist. de Foix, 19 kil. — Commerce : fabrique de fers, faux, aciers et limes, filatures, laine et coton, hauts-fourneaux. — Foires : les 3 septembre, 25 octobre, lundi avant le Jeudi-Gras et le premier samedi de chaque mois. — L'arrond. comprend 6 cantons, 113 communes, 78,852 hab.

Papeete, ch.-lieu (Ile Taïti. Océanie). 2,000 hab. — Siége principal du commerce du protectorat. — On évalue ses mouvements annuels à 6,000,000 de fr.

Paris, Préf. (Seine). 1,996,151 hab. — Commerce : étoffes, draps, produits chimiques, peausserie, mégisserie, tanneries, papeterie, bijouterie, porcelaines, cristaux, ébénisteries, menuiseries, typographies, librairies, gravures et une foule d'autres industries. — Paris comprend 20 arrond.

Parme (Italie), 50,000 hab, — Manuf. de tabacs. — Commerce : vins, fromages, grains, soies.

Parthenay, S.-préf. (Deux-Sèvres). 4,551 hab. Dist. de Paris, 357 kil. Dist. de Niort, 44 kil. — Fabrique de pinchina et de calmouk, tanneries, blé et bestiaux. — L'arrond. comprend 8 cantons, 79 communes, 73,137 hab.

Patras (Grèce). 28,000 hab. — Commerce très-actif avec l'Angleterre, l'Autriche et l'Allemagne.

Pau, Préf. (Basses-Pyrénées). 24,563 hab. Dist. de Paris, 756 kil. — Commerce de toiles, de linges de table et mouchoirs de Béarn, jambons et chevaux navarrais. — Foires (3 jours): 11 novembre, premier lundi de Carême, 20 juin. — L'arrond. comprend 11 cantons, 185 communes, et 128,942 hab.

Périgueux. Préf. (Dordogne). 20,550 hab. Dist. de Paris, 479 kil. — Commerce : fers, épiceries, liqueurs, cochons, carrières de pierres. — Foires : mercredi après les Rois, 26 et 27 mai, 26 juillet, 8 septembre, premier mercredi de septembre, mercredi de la Mi-Carême. — L'arrond. comprend 9 cantons, 113 communes, 115,147 hab.

Pékin, cap. (Chine), 1,500,000 hab. — Ville immense.

Pernambuco (Brésil), 180,000 hab. — Commerce : sucre, cotons, cuirs.

Péronne, S.-préf. (Somme). 3,853 hab. Dist. de Paris, 131 kil. Dist. d'Amiens, 51 kil. — Foires : 29 septembre (9 jours), et deuxième lundi de Carême. — L'arrond. comprend 8 cantons, 179 communes, 109,710 hab.

Perpignan, Préf. (Pyrénées-Orientales). 25,274 hab. Dist. de Paris, 846 kil. — Commerce de vins, cuirs, eaux-de-vie, laines, huiles, fers, bouchons, miel. — Foires : 17 janvier, 15 mai et 11 novembre (3 jours). — L'arrond. comprend 7 cantons, 86 communes, 96,458 hab.

Pesth (Autriche), 120,000 hab. — Commerce en grains, vins, laines, bois, bestiaux. — Les quatre foires qui ont lieu par an réunissent des commerçants de toutes les parties de l'Europe.

Philadelphie (États-Unis d'Amérique). 600,000 hab. — Port sûr et vaste. — Grand commerce avec la France, l'Angleterre et les Indes. — Mines de charbons et de fer en abondance.

Pithiviers, S.-préf. (Loiret). 4,817 hab. Dist de Paris, 85 kil. Dist. d'Orléans, 42 kil. — Commerce : laines, miel, vins, cire, safran. — Foires : 18 janvier (2 jours), 23 avril, 30 juin, 21 septembre, 18 novembre, premier samedi de mars. — L'arrond. comprend 5 cantons, 98 communes, 61,776 hab.

Ploermel, S.-préf. (Morbihan). 5,254 hab. Dist. de Paris, 415 kil. Dist. de Vannes, 42 kil. — Commerce de bestiaux, chanvre, miel, toiles, étoffes de laine et fils de chanvre. — Foires : le troisième lundi de chaque mois. — L'arrond. comprend 8 cantons, 65 communes, 93,011 habitants.

Plymouth (Angleterre), 160,000 hab. — Grand port — Fab. de sucre, de cordes, canevas, chandelles, câbles, biscuit de marine, etc.

Pointe-à-Pitre (la), S.-préf. (île de la Guadeloupe, Amérique), 15,647 hab. — Une rade magnifique à l'abri de tous les vents.

Poitiers, Préf. (Vienne), 31,044 hab. Dist. de Paris, 338 kil. — Commerce : grains, luzerne, sainfoin, laines, vins, blés, chanvre, lin, cire, miel, cuirs, peaux et plumes — Foires, 5 janvier, 16 mai (8 jours), 24 juin, 30 août, 18 octobre et le jour de la Mi-Carême. — L'arrond. comprend 10 cantons, 83 communes, 115,515 hab.

Poligny, S.-préf. (Jura), 5,410 hab. — Dist. de Paris, 388 kil. Dist. de Lons-le-Saunier, 29 kil.— Commerce : bœufs, chevaux, vins, blés, fromages, bois, mercerie. — Foires, le quatrième lundi de janvier, de mars, le lundi et le mardi après le 3 mai, deuxième lundi de septembre, deuxième lundi d'octobre, deuxième lundi de décembre. — L'arrond. comprend 7 cantons, 152 communes, 71,649 hab.

Pontarlier, S.-préf. (Doubs). 4,896 hab. — Dist. de Paris, 463 kil. Dist. de Besançon, 60 kil. — Commerce : grains, vins, liqueurs, bois, fromages, chevaux, forges : horlogerie. — Foires, deuxième jeudi de février, quatrième jeudi de mars et d'avril, troisième jeudi de juin et juillet, premier jeudi de septembre, troisième jeudi d'octobre, premier lundi de novembre et le deuxième jeudi d'octobre. — L'arrond. comprend 5 cantons, 88 communes, 50,473 hab.

Pondichéry, ch.-lieu des Établissements français dans l'Inde (Asie), 48,135 hab. — Fab. de toiles peintes, mouchoirs, guinées bleues et blanches, mousselines fortes ; à 4,080 kil. de l'île de la Réunion et 17,080 kil. de Brest.

Pont-Audemer, S.-préf. (Eure). 6,020 hab. Dist. de Paris, 170 kil. Dist. d'Evreux, 70 kil. — Commerce : colle forte, tanneries, corroieries, éperonneries, cotons, lin, papeteries, grains, bestiaux, cidres, et bois. — Foires : les Lundi-Gras, lundi de Pâques, lundi de la Pentecôte. — L'arrond. comprend 8 cantons, 124 communes, 77,402 hab.

Pont-l'Évêque, S.-préf. (Calvados). 2,783 hab. Dist. de Paris, 193 kil. Dist. de Caen, 44 kil. — Commerce : bestiaux, bois, cidre, froment, beurre, tanneries. — Foires : le premier lundi de mai et juin, deuxième lundi de juillet, 30 septembre et 12 novembre. — L'arrond. comprend 5 cantons 108 communes, 59,101 hab.

Pontoise, S.-Préf. (Seine-et-Oise). 5,605 hab. Dist de Paris, 32 kil. Dist. de Versailles, 35 kil. — Commerce de blés et farines. — Foires : 4 mai, 8 septembre (8 jours), 11 novembre (3 jours). — L'arrond. comprend. 7 cantons, 163 communes, 108,937 hab.

Port-au-Prince (Haïti. Rép. d'). 20,000 hab. — Port et rade sûrs et commodes.

Porto (Portugal), 100,000 hab. — Magasins de vins, fonderies, tanneries, chapelleries, soieries et vanneries, filature et tissage de laine.

Port-Saïd (Égypte), 7,000 hab. — Ateliers de construction et de réparations. — Port franc.

Portsmouth (Angleterre). 94.575 hab. — Port maritime et garnison, à 75 milles de Londres.

Posen (Prusse). 56,000 hab. Dist. de Berlin, 275 kil. — Ville commerçante. — Dix foires annuelles, y compris deux aux laines.

Prades, S.-préf. (Pyrénées-Orientales). 3,436 hab. Dist. de Paris, 887 kil. Dist. de Perpignan, 42 kil. — Commerce : chanvre, fers, légumes, vins, fruits excellents. — Foires : le premier mardi de Carême (2 jours), premier mardi de septembre, premier mardi de juin. — L'arrond. comprend 6 cantons, 102 communes, 49,439 habitants.

Prague (cap. de la Bohême). 170,000 hab. — Fabrication : machines, produits métallurgiques et chimiques, couleurs, allumettes, capsules, savons et bougies, alcools et liqueurs, huiles de colza, bières, brasseries, raffineries de sucre, chocolats, café, chicorée, faïence et porcelaines, tannerie, ganterie. — Commerce : céréales, trèfles, colza, houblon, laines, cuirs, peaux, plumes et bois.

Privas, Préf. (Ardèche). 6,289 hab. Dist. de Paris, 608 kil. — Commerce : soie, cuirs tannés, beurre, fromage, gibier, châtaignes, culture du mûrier, mines de fer exploitées. — Foires : les 3 mai, 24 août, 29 septembre, 20 octobre, 23 novembre et 20 décembre. — L'arrond. comprend 10 cantons, 108 communes, 124,745 hab.

Provins, S.-préf. (Seine-et-Marne), 6,475 hab. Dist. de Paris, 87 kil. Dist. de Melun, 48 kil. — Commerce : cuirs, grains, laine, fours à chaux. — Foires, 2 février, dimanche de la Trinité, 24 juin, 11 septembre et 11 novembre. L'arrond. comprend. 5 cantons, 99 communes, 56,263 hab.

Pujet-Théniers, S.-préf. (Alpes-Maritimes), 1,299 hab. Dist. de Paris, 826 kil. Dist. de Nice, 70 kil. — Source d'eau minérale ferrugineuse. — Manuf. de draps, tanneries. — Foires : les 2 janvier, 25 avril, 18 octobre et 30 novembre. — L'arrond. comprend 6 cantons, 47 communes, 24,013 hab.

Puebla (Mexique), 70,000 hab. — Commerce très-étendu. — Nombreuses manufactures de coton et lainage, minoteries importantes.

Quimper-Corentin, Préf. (Finistère). 10,804 hab. Dist. de Paris, 549 kil. — Commerce : blé, cire, tanneries, papeteries, miel, toiles de lin, chanvre, chevaux, beurres, sardines et poissons. — Foires : les 15 avril, 2 mai et le troisième samedi des autres mois. — L'arrond. comprend 9 cantons, 62 communes, 130,773 hab.

Quimperlé, S.-préf. (Finistère). 6,371 hab. Dist. de Paris, 512 kil. Dist. de Quimper, 44 kil. — Commerce : grains, bois, bestiaux, cuirs, miel, cire. — Foires : le lundi de la Passion (3 jours), 24 juillet, 10 août, 29 septembre et 28 octobre. — L'arrond. comprend 5 cantons, 21 communes, 49,517 habitants.

Quito (Rép. de l'Équateur), 70,000 hab. — Commerce : étoffes de laine appelées bayetas, ponchos, dentelles, broderies à l'aiguille, draps, tapis, peintures.

Raguse (Autriche), 7,000 hab. — Commerce de savons. — Construction de vaisseaux.

Rambouillet, S.-préf. (Seine-et-Oise). 3,521 hab. Dist. de Paris, 51 kil. Dist. de Versailles, 32 kil. — Commerce de grains, laines, farines, bois. — Foires, les lundi de Quasimodo, deuxième lundi de septembre. — L'arrond. comprend 6 cantons, 119 communes, 67,555 hab.

Ratisbonne (Bavière), 27,000 hab. — Evêché. — Fab. de tabac, sucre de betteraves, papiers, porcelaines, crayons et bière.

Remiremont, S.-préf. (Vosges), 5,887 hab. Dist. de Paris, 404 kil. Dist. d'Epinal, 28 kil. — Commerce : bestiaux, céréales, draps, toiles, fourrages. — Foires, les premiers et troisièmes mardis de chaque mois. — L'arrond. comprend 4 cantons, 39 communes, 73,614 hab.

Redon, S.-préf. (Ille-et-Vilaine). 5,695 hab. Dist. de Paris, 398 kil. Dist. de Rennes, 65 kil. — Commerce de vins de Bordeaux, miel, cire, beurre, bois, fers, sels, poteries, châtaignes, marrons, grains. — Foires, le deuxième lundi de chaque mois, lundi des Rameaux et 24 octobre. — L'arrond. comprend 7 cantons, 46 communes, 86,027 hab.

Rennes, Préf. (Ille-et-Vilaine). 40,874 hab. Dist. de Paris, 523. kil. — Commerce : toiles, lins, fils, papiers, cuirs, tanneries, imprimeries, marrons, amidon, miel, volaille, beurre. — Foires, le premier de chaque mois. — L'arrond. comprend 10 cantons, 78 communes, 150,211 hab.

Réthel, S.-préf. (Ardennes), 7,112 hab. Dist. de Paris, 193 kil. Dist. de Mézières, 50 kil. — Commerce : fabrique de châles cachemires, tissus-mérinos, flanelle, mousselines-laine, bonneterie, toiles, filature de laine peignée. — Foires, premier lundi de Carême, lundi après l'Ascension, avant Saint-Jean-Baptiste, après Sainte-Anne, après Saint-Remy, après Sainte-Catherine. — L'arrond. comprend 6 cantons, 108 communes, 64,393 hab.

Reims, S.-préf. (Marne). 58,915 hab. — Dist. de Paris, 160 kil. Dist. de Châlons, 43 kil. — Commerce : draps, flanelles, casimirs, châles, biscuits, pain d'épice. — Foires, 7 janvier (3 jours), mardi après Pâques, 23 juillet (8 jours), 30 septembre (3 jours). — Foires aux laines, les premiers et troisièmes jeudis de juin, juillet, août (2 jours). — L'arrond. comprend 10 cantons, 181 communes, 151,498 hab.

Rhodes (Turquie), 25,000 hab. — Importante par ses fortifications et ses chantiers de construction. — Commerce : cotons, fruits, huile et vin.

Ribérac, S.-préf. (Dordogne). 3,768 hab. — Dist. de Paris, 502 kil. Dist. de Périgueux, 37 kil. — Commerce : vins, grains, toiles, porcs, chapeaux. — Foires, deuxième vendredi de janvier, premier vendredi de Carême, vendredi de la Mi-Carême, vendredi avant les Rameaux, lundi de la Trinité, premier vendredi de juillet, août, septembre et octobre. — L'arrond. comprend 7 cantons, 74 communes, 93,103 hab.

Riga (Russie), 102,000 hab. Dist. de Saint-Pétersbourg, 552 kil. — Exportation de lin, chanvre, bois de construction, grains.

Rio-Janeiro (Brésil). 350,000 hab. — Commerce : café, sucre, coton, cuirs, bois d'ébénisterie, tapioca, tabac, cacao, copahu, or en poudre, caoutchouc, diamants et pierres précieuses.

Riom, S.-préf. (Puy-de-Dôme). 9,411 hab. Dist. de Paris, 367 kil. Dist. de Clermont-Ferrand, 15 kil. — Commerce : vins, fruits, cuirs, chanvre, fils, toiles. Fabr. de cotonine, pâtes, peluches, allumettes, huile de noix, pâtes d'abricots. — Foires : lundi après le 11 juin, 19 octobre, mercredi des Cendres (3 jours), 11 août, 20 octobre. — L'arrond. comprend 13 cantons, 128 communes, 146,206 hab.

Roanne, S.-préf. (Loire). 19,220 hab. Dist. de Paris, 385 kil. Dist. de Saint-Etienne. — Fabr. de cotonnades. — Foires : deuxièmes mardis de janvier, avril, mai, juillet, septembre, octobre novembre, premier lundi après le Mardi-Gras, 17 août, 9 novembre. — L'arrond. comprend 10 cantons, 111 communes, 149,772 habitants.

Rochechouart, S.-préf. (Haute-Vienne). 4,246 hab. Dist. de Paris, 415 kil. Dist. de Limoges, 42 kil. — Commerce : faïences, carrières, kaolin, toiles, fils. — Foire le 26 de chaque mois. — L'arrond. comprend 5 cantons, 30 communes, 50,579 hab.

Rochefort, S.-préf. (Charente-Inférieure). 30,161 hab. Dist. de Paris, 468 kil. Dist. de La Rochelle, 32 kil. — Troisième port militaire de France. — Commerce : tuiles, tuyaux, chaux et briques. — Foires : de 8 jours le 4 mars, les 11 juillet, 11 novembre, le deuxième jeudi de chaque mois. — L'arrond. comprend 5 cantons, 41 communes, 70,825 hab.

Rochelle (La) Préf. (Charente-Inférieure). 18,730 hab. Dist. de Paris, 473 kil. — Commerce : eaux-de-vie, esprits, sels, denrées coloniales et charbons. — Foire le 1er juillet (8 jours). — L'arrond. comprend 7 cantons, 55 communes, 82,593 habitants.

Rocroi, S.-préf. (Ardennes). 2,529 hab. Dist. de Paris, 214 kil. Dist. de Mézières, 27 kil. — Foires : derniers mardis de février, avril, juin, août, octobre et décembre. L'arrond. comprend 5 cantons, 69 communes, 51,617 hab.

Rodez, Préf. (Aveyron). 9,695 hab. Dist. de Paris, 604 kil. — Commerce de draps, fromages, bestiaux, filatures de laine ; fabr. de serges, tricots, couvertures en laine. — Foires, Mi-Carême, 30 juin, 9 septembre et 1er décembre. — L'arrond. comprend 11 cantons, 76 communes, 108,735 hab.

Rome (Italie). 206,000 hab. — Manuf. de soieries ; fabr. de draps, indiennes, fleurs artificielles, reliquaires, médailles, mosaïques, camées.

Romorantin, S.-préf. (Loir-et-Cher). 7,867 hab. Dist. de Paris, 185 kil. Dist. de Blois, 41 kil. — Foires : les mercredis après la Mi-Carême, après le 10 mai, après la Saint-Jean (5 jours), après la Saint-Roch, premier lundi après la Saint-Martin (7 jours). — L'arrond. comprend 6 cantons, 49 communes, 55,059 hab.

Rotterdam (Hollande). 110,000 hab. Dist. de La Haye, 12 kil. Dist. d'Amsterdam, 84 kil. — Commerce très-actif avec les deux Indes.

Rouen, Préf. (Seine-Inférieure). 100,681 hab. Dist. 126 kil. de Paris. — Fabr. de rouenneries, indiennes, mouchoirs, savons, teintureries, acides. — Foires : le 20 février (15 jours), à la Chandeleur, veille de l'Ascension, 20 juin, 23 octobre. — L'arrond. comprend 15 cantons, 157 communes, 274,672 hab.

Ruffec, S.-préf. (Charente). 3,150 hab. Dist. de Paris, 404 kil. Dist. d'Angoulême, 48 kil. — Commerce : tanneries, distilleries, forges, bois, grains, bétail, marrons, fromages, truffes. — Foires : 28, 29 et 30 octobre, 11 juin et 28 de chaque mois. — L'arrond. comprend 4 cantons, 82 communes, 54,563 hab.

Saigon, Ch.-l. (Cochinchine. Asie). 82,136 hab. A 90 kil. de la mer. — Port sûr et accessible aux navires du plus fort tonnage.

Sainte-Menehould, S.-préf. (Marne). 4,180 hab. Dist. de Paris, 212 kil. Dist. de Châlons, 42 kil. — Foires : 22 février, veille de l'Ascension, 24 août, 11 novembre. — L'arrond. comprend 3 cantons, 80 communes, 33,665 hab.

Saintes, S.-préf. (Charente-Inférieure). 11,580 hab. Dist. de Paris, 464 kil. Dist. de La Rochelle. 72 kil. — Commerce : grains, esprits, eaux-de-vie et poteries. — Foires, 29 et 30 avril, 1er mai, 27, 28 et 29 juillet et tous les premiers lundis de chaque mois. — L'arrond. comprend 8 cantons, 109 communes, 106,904 hab.

Salonique (Turquie), 80,000 hab. Dist. de Constantinople, 520 kil. — Commerce de soie, coton, tabac, laine, serge, chanvre, lin, sésame, peaux de lièvre et d'agneau, cire jaune, blé, orge, maïs, seigle ; fabr. de tapis de laine, de maroquin et d'étoffes de soie ordinaires.

Sancerre, S.-préf. (Cher). 3,698 hab

Dist. de Paris, 194 kil. Dist. de Bourges, 48 kil. — Commerce: chanvre, grains, noix, bestiaux, laines, vins. — Foires, 1er septembre, premier samedi de février, jeudi de la Passion (4 jours), quatrième samedi après Pâques, deuxième samedi de juin, premier samedi de novembre. — L'arrond. comprend 8 cantons, 76 communes, 81,873 hab.

San Domingo (Répub. dominicaine). 10,000 hab. — Commerce considérable d'acajou, gaïac, bois jaune, cuirs, cire, écaille, gomme de gaïac.

San Francisco (Etats-Unis). 100,000 habitants.

San Paulo (Brésil). 30.000 hab. — Commerce: sucre, tabac, café, tafia. — Siége d'un évêché.

San Salvador (Répub. du Salvador). 50,000 hab. — Evêché. — Produits: tabac, café et riz.

Santiago de Chili (Chili). 120,000 hab. — Siége d'un archevêché. — Elle possède des mines d'or, d'argent, de cuivre, très-riches mines de houille.

Sarlat, S.-préf. (Dordogne). 6,493 hab. Dist. de Paris, 536 kil. Dist. de Périgueux, 70 kil. — Commerce : huile de noix, truffes, bestiaux.— Foires : 5 juillet, 6 décembre, mercredi de la Mi-Carême, premier vendredi de mai et d'octobre. — L'arrond. comprend 10 cantons, 133 communes, 114,451 hab.

Sarrebourg, S.-préf. (Meurthe) 2,992 hab. Dist. de Paris, 390 kil. Dist. de Nancy, 66 kil. — Foires, le lundi après la Pentecôte et le premier dimanche de septembre; foire aux bestiaux le premier mardi de chaque mois. — L'arrond. comprend 5 cantons, 116 communes, 71,019 hab.

Sarreguemines, S.-préf. (Moselle). 6,812 hab. Dist. de Paris, 393 kil. Dist. de Metz, 75 kil. — Commerce : faïences poteries, fabr. de velours, d'allumettes, chicorée, amidon, pianos, savons, chandelles, sabots.— Foires : à la Mi-Carême, 15 mars, mardi de la Pentecôte, de la Saint-Michel, Saint-Thomas. — L'arrond. comprend 8 cantons, 156 communes, 131,876 hab.

Sartène, S.-préf. (Corse). 3,966 hab. Dist. de Paris, 1,169 kil. Dist. d'Ajaccio, 83 kil. — Commerce : grains, huiles, cire, cuirs, peaux, planches, bois. — Foires : 27 et 28 septembre de chaque année. — L'arrond. comprend 8 cantons, 46 communes, 32,728 hab.

Saumur, S.-préf. (Maine-et-Loire). 12,449 hab. Dist. de Paris, 297 kil. Dist. d'Angers, 48 kil. — Commerce: eaux-de-vie, vins, vinaigre, chanvre, lin, pruneaux, tanneries. — L'arrond. comprend 7 cantons, 83 communes, 95,489 hab.

Savenay, S.-préf. (Loire-Inférieure). 2,870 hab. Dist. de Paris, 410 kil. Dist. de Nantes, 36 kil. — Commerce: bestiaux, grains. — Foires: le mercredi après le 22 janvier, la veille du Jeudi-Gras, la veille de la Mi-Carême, mardi après Pâques, deuxième mercredi après la Pentecôte, les 4 juillet, 16 août, 14 septembre. — L'arrond. comprend 11 cantons, 53 communes, 55,021 hab.

Saverne, S.-préf. (Bas-Rhin). 5,474 hab. Dist de Paris, 416 kil. Dist. de Srasbourg, 38 kil.—Commerce: bonneterie, culotterie, bois, brasserie, corderie, filatures de coton et tissus. — Foires : mercredi avant la Pentecôte (2 jours), dimanche avant la Nativité, mercredi avant la Saint-André. — L'arrond. comprend 7 cantons, 164 communes, 105,270 hab. (Ville cédée à la Prusse.)

Sainte-Affrique, S.-préf. (Aveyron). 6,722 hab. Dist. de Paris, 657 kil. Dist. de Rodez, 84 kil. — Commerce : draps, tanneries, mégisseries, laines, fromages, ganterie. — Foires : 6 février, 24 mars, 4 mai, 16 juin, 14 septembre, 3 novembre et 7 décembre. — L'arrond. comprend 6 cantons, 52 communes, 58,614 habitants.

Saint-Amand, S.-préf. (Cher). 8,635 hab. Dist. de Paris, 265 kil. Dist. de Bourges, 45 kil. — Commerce: fer, chanvre, peaux, châtaignes. — Foires: 3 août, 31 décembre, lundi avant la Purification, premier lundi de carême, troisième lundi après Pâques, 17 juin, mercredi avant le 8 septembre, lundi après la Saint-Luc (8 jours). — L'arrond. comprend 11 cantons, 115 communes, 119,188 hab.

Saint-Brieuc, Préf. (Côtes-du-Nord). 14,007 hab. Dist. de Paris, 451 kil. — Commerce : toiles, serges, fil, beurre, cidre, sel, légumes, salaisons. — Foires: tous les mercredis de mai, 7 et 30 septembre. — L'arrond. comprend 12 cantons, 95 communes, 183,457 hab.

Saint-Calais, S.-préf. (Sarthe). 3,592 hab. Dist. de Paris, 187 kil. Dist. du Mans, 44 kil. — Commerce de blé, graines.—Foires : les troisièmes jeudis de janvier, quatrième avant Pâques, deuxième de mai, deuxième de juin, le mardi et le jeudi qui suivent le premier dimanche de septembre, deuxième après la Toussaint. — L'arrond. comprend 6 cantons, 56 communes, 65,460 hab.

Saint-Dié, S.-préf. (Vosges). 10,482 hab. Dist. de Paris, 394 kil. Dist. d'Epinal, 55 kil. — Commerce : coutils, fils, tissus, laines, bonneterie. — Foires, tous les mardis. — L'arrond. comprend 9 cantons, 109 communes, 180,527 hab.

Saint-Claude, S.-préf. (Jura). 6,758 hab. Dist. de Paris, 465 kil. Dist. de Lons-le-Saunier, 54 kil. — Fabr. de pipes, de boutons, mètres. — Foires le 12 de chaque mois, excepté celle de juin qui se trouve le 7.— L'arrond. comprend 5 cantons 82 communes, 51,428 hab.

Saint-Denis, S.-préf. (Seine). 26,227 hab. Dist. de Paris, 9 kil. — Commerce : farines, vins, vinaigre, bois, laines, distilleries, filatures de laines, tanneries, produits chimiques, fonderies de fer et de cuivre. — L'arrond. comprend 4 cantons, 30 communes, 178,359 hab.

Saint-Denis, ch.-l. (Ile de la Réunion. Afrique). Partie sous le vent. 38,765 hab. — Commerce de poisson.

Saint-Etienne, Préf. (Loire). 93,057 hab. Dist. de Paris, 464, kil. — Extraction de houille, fabr. de rubans, armes, quincaillerie, forges, faux, lames de scies. — Foires : 25 avril, 25 juin, 9 septembre, 2 décembre, premiers et deuxièmes mercredis de chaque mois pour les chevaux. — L'arrond. comprend 11 cantons, 74 communes, 253,524 hab.

Saint-Flour, S.-préf. (Cantal). 4,709 hab. Dist. de Paris, 484 kil. Dist. d'Aurillac, 75 kil. — Commerce : étoffes, colle forte, poterie. — Foires : 3 février, 28 avril, 2 juin, 14 juillet, 11 août, 7 novembre, 18 décembre, premier jeudi de Carême, veille des Rameaux, samedi avant la Saint-Jean, avant la Saint-Michel. — L'arrond. comprend 6 cantons, 74 communes, 52,708 hab.

Saint-Gall (Suisse). 12,000 hab. Dist. de Zurich, 50 kil. — Fabr. imp. de mousselines, broderies, toiles de coton, toiles de lin; fabr. de mécaniques et fonderie à Saint-Georges.

Saint-Gaudens, S.-préf. (Haute-Garonne). 4,986 hab. Dist. de Paris, 773 kil. Dist. de Toulouse, 89 kil. — Fabr. de porcelaines, filatures de laine, fabr. de rubans, fils, gilets, tricots, papeteries, tanneries; grains. — Foires : deuxième lundi de Carême, jeudi après l'Ascension, premier jeudi de septembre, jeudi après la Saint-Nicolas. — L'arrond. comprend 11 cantons, 231 communes, 136,265 hab.

Saint-Girons, S.-préf. (Ariége). 4,678 hab. Dist. de Paris, 784 kil. Dist. de Foix, 44 kil. — Commerce : laines, porcs et mulets. — Foires : 2 janvier, premier lundi de Carême, premier lundi de la Mi-Carême, mercredi après Pâques, 16 mai, 5 juin, deuxième lundi de juillet, 6 août, 9 septembre, 9 octobre, 2 novembre.

Saint-Irieix, S.-préf. (Haute-Vienne). 7,740 hab. Dist. de Paris, 417 kil. Dist. de Limoges. 41 kil. — Commerce : moulins à pâte, toiles, fil, tanneries. — Foires : 13 janvier, 26 juin, juillet et août, 22 septembre, 9 novembre, 10 décembre. — L'arrond. comprend 4 cantons, 26 communes, 45,187 hab.

Saint-Jean-d'Angély, S.-préf. (Charente-Inférieure). 7,104 hab. Dist. de Paris, 438 kil. Dist. de La Rochelle, 160 kil. — Commerce : eaux-de-vie, bois, graines de trèfle, vins, blés, luzerne, lin, colza; plâtrières. — Foires, 22 juin (3 jours), troisième samedi de chaque mois. (juin excepté), marché tous les samedis. — L'arrond. comprend 7 cantons, 120 communes, 83,930 hab.

Saint-Jean-de-Maurienne, S.-préf. (Savoie). 2,943 hab. Dist. de Paris, 666 kil. Dist. de Chambéry, 73 kil. — Commerce : vins, fourrages, ardoises, hauts-fourneaux, chaux hydraulique; beaux pâturages. — Foires : le dernier vendredi avant le dimanche des Rameaux, dernier vendredi de mai, 31, 22 et 23 juin, 27 août, 30 et 31 octobre. — L'arrond. comprend 6 cantons, 69 communes, 53,370 hab.

Saint-Julien, S.-préf. (Haute-Savoie). 1,252 hab. Dist. de Paris, 445 kil. Dist. d'Annecy, 33 kil. — Foires : premiers lundis de juin et de septembre. — L'arrond. comprend 6 cantons, 76 communes, 54,350 hab.

Saint-Lô, Préf, (Manche). 8,869 hab. Dist. de Paris, 285 kil. — Commerce : laines, coton, tanneries, coutelleries, volailles, fil, miel, cidre, bestiaux, grains, bonneterie, toiles. — Foires : les 25 janvier, 28 avril, 22 juillet et septembre, 29 novembre. — L'arrond. comprend 9 cantons, 117 communes, 92,905 hab.

Saint-Louis (Ch.-l. de l'Ile. Sénégal. Afrique). 15,000 hab. — Commerce : gomme, graines oléagineuses, cuirs, huiles, amandes de palme, cire, ivoire, or, bœufs, plumes de parure et gousses tinctoriales.

Saint-Louis de Maragnan (Brésil). 40,000 hab. — Evêché. — Fonderie et construction de machines.

Saint-Marcellin, S.-préf. (Isère). 3,092 hab. Dist. de Paris, 580 kil. Dist. de Grenoble, 15 kil. — Foires : les 20 janvier, 2 mai, 3 juillet, 10 août, 30 septembre et 8 novembre. — L'arrond. comprend 7 cantons, 84 communes, 82,496 hab.

Saint-Malo, S.-préf. (Ille-et-Vilaine). 9,433 hab. Dist. de Paris, 376 kil. Dist. de Rennes, 70 kil. — Commerce de toiles de Bretagne. — Entrepôt réel de marchandises prohibées. — L'arrond. comprend 7 cantons, 62 communes, 130,372 habitants.

Saint-Omer, S.-préf. (Pas-de-Calais), 19,932 hab. Dist. de Paris, 241 kil. Dist. d'Arras, 68 kil. — Commerce : savons, sucres, pipes, perles, étoffes, broderies, lingeries, couvertures, distilleries, épiceries, grains, huiles, vins, eau-de-vie, houilles. — Foires : 29 septembre (9 jours), premier jeudi après le Carnaval (10 jours) et 4 octobre. — L'arrond. comprend 7 cantons, 118 communes, 101,177 hab.

Saint-Pol, S.-préf. (Pas-de-Calais). 3,405 hab. Dist. de Paris, 186 hab. Dist. d'Arras, 34 kil. — Commerce : huile, laine, tabacs, porcs, moutons, expédition d'œufs et volailles. — Foires, 15 mars

(9 jours) et 10 novembre. — L'arrond. comprend 6 cantons, 191 communes, 81,595 hab.

Saint-Paul, ch.-lieu de la partie Sous-le-Vent (île de la Réunion), 27,960 hab. — Commerce de poisson.

Saint-Pétersbourg (Russie). 450,000 hab Dist. de Paris, 2,320 kil. Dist. de Moscou, 696 kil. — Le commerce est considérable : cuivre, fer, suif, grains, farine, potasse, chanvre, lin, huile, peaux, laine, cachemires et crins.

Saint-Pierre (île de la Martinique. Amérique). 21,535 hab. Dist. de Port-de-France, 36 kil. — Entrepôt pour les colonies voisines. — Rade superbe.

Saint-Pierre (ch.-lieu des îles Saint-Pierre et Miquelon), 2,546 hab. et 8,000 dans la saison de la pêche.

Saint-Pons, S.-préf. (Hérault). 6,147 hab. Dist. de Paris, 775 kil. Dist. de Montpellier, 126 kil. — Commerce de draps, forte carrière de marbre et mines de fer. — Foires : les 30 avril, 16 et 17 septembre et 13 décembre (2 jours). — L'arrond. comprend 5 cantons, 46 communes, 47,787 habitants.

Saint-Quentin, S.-préf. (Aisne). 32,680 kil. — Commerce de grains, lin, coton en laine et filé. — Foires : le 9 de chaque mois, celle d'octobre (20 jours), pour chevaux et bestiaux. — L'arrond. comprend 7 cantons, 127 communes, 142,334 hab.

Saint-Sever, S.-préf (Landes). 4,926 hab. Dist. de Paris, 707 kil. Dist. de Mont-de-Marsan, 16 kil. — Foires : tous les samedis, de 15 en 15 jours de la Pentecôte, le vendredi et samedi avant la Saint-Martin (2 jours). — L'arrond. comprend 8 cantons, 107 communes, 86,674 hab.

Sceaux, S.-préf. (Seine). 2,469 kil. Dist. de Paris, 10 kil. — Commerce de bestiaux et comestibles. — L'arrond. comprend 4 cantons, 40 communes, 122,085 hab.

Schlestadt, S.-préf. (Bas-Rhin), 10,050 hab. Dist. de Paris, 440 kil. Dist. de Strasbourg, 42 kil. — Fab. de savon, armes, brasseries, bonneterie, tissus métalliques. — Foires : premier mardi de mars, mardi avant la Pentecôte, quatrième mardi d'août et de novembre. — L'arrond. comprend 8 cantons, 113 communes, 140,086 hab. (Ville cédée à la Prusse.)

Sedan, S.-préf. (Ardennes). 15,526 hab. Dist. de Paris, 257 kil. Dist. de Mézières, 20 kil. — Manuf. de draps fins, velours, paletots, casimirs, filatures de laine. — Foires : les premiers lundis de de Carême, mai, août et novembre. — L'arrond. comprend 5 cantons, 81 communes, 70,744 hab. (Célèbre par la capitulation de Napoléon III.)

Segré, S.-préf. (Maine-et-Loire). 2,813 hab. Dist. de Paris, 331 kil. Dist d'Angers, 35 kil. — Foires, les 8 janvier, 28 mai, 22 août et le premier mercredi de chaque mois. — L'arrond. comprend 5 cantons, 61 communes, 65,109 hab.

Semur, S.-préf. (Côte-d'Or). 3,760 hab. Dist. de Paris, 245 kil. Dist. de Dijon, 70 kil. — Commerce : grains, chevaux, bêtes à laine, chanvre, serge, droguets, tannerie, beurre, fruits, miel. — Foires : les 22 janvier, 21 février, 26 mars, 16 avril, 31 mai, 25 juin, 9 septembre, 20 octobre, 20 novembre, 18 décembre. — L'arrond. comprend 6 cantons, 138 communes, 64,427 hab.

Senlis, S.-préf. (Oise). 5,239 hab. Dist. de Beauvais, 52 kil. Dist. de Paris, 43 kil. — Commerce : grains, farines, laines et bois. — Foires : le 25 avril (9 jours) et le premier mardi de chaque mois. — L'arrond. comprend 7 cantons, 133 communes, 89,715 hab.

Sens, S.-préf. (Yonne). 10,781 hab. Dist. de Paris, 111 kil. Dist. d'Auxerre, 58 kil. — Commerce : vins, grains, bois, charbon, chanvre, laines, tuiles, merrains, feuillettes, cuirs, tan. — Foires : les 30 avril, 1er et 21 septembre. — Archevêché. — L'arrond. comprend 6 cantons, 91 communes, 67,310 hab.

Sétif, S.-préf. (Constantine), 9,235 hab. Dist. de Constantine, 130 kil. — Commerce de fruits, chevaux, mulets, chèvres, étoffes, sel, forêt de cèdres.

Séville (Espagne), 81,546 hab. — Fab. de porcelaines, parfumeries. — Manuf. de tabac.

Shang-Haï (Chine). 1,500,000 hab. — Un des cinq ports ouverts au commerce européen. — Grand commerce de soie.

Sisteron, S.-préf. (Basses-Alpes). 4,141 hab. Dist. de Paris. 704 kil. Dist. de Digne, 40 kil. — Foires : 17 janvier, Lundi-Gras, 11 et 24 juin. 24 août, 11 et 25 novembre et 21 décembre. — L'arrond. comprend 5 cantons, 49 communes, 22,752 hab.

Smyrne (Turquie), 185,000 hab. — Une des principales places du Levant. — Commerce considérable en fruits, laines, cotons, opium, valloncée, alizarès, huile, laine de chevrons, cocons en soie, sangsues.

Soissons, S.-préfet. (Aisne). 8,880 hab. Dist. de Paris, 105 kil. Dist. de Laon, 32 kil. — Commerce : blé, haricots, fabrique d'instruments aratoires, fonderie en seconde fusion, sucrerie, distillerie, scierie mécanique. — Foires : lundi après la Saint-Martin (8 jours). — L'arrond. comprend 6 cantons, 166 communes, 71,586 hab.

Southampton (Angleterre). 46,960 hab.

— A 75 milles de Londres. — Docks magnifiques.

Stockholm (Suède). 130,000 hab. — Port vaste et sûr. — Grande exportation de fers.

Strasbourg, Préf. (Bas-Rhin). 84.177 hab. Dist. de Paris, 456 kil. — Commerce : chevaux, draperies, étoffes de laines, crêpes, rubanneries, cotonnades, toiles peintes, dentelles, verroteries, faux, faucilles, pelles, limes et instruments en acier. — Foires : le premier lundi après le 1er mai (3 jours). L'arrond. comprend 12 cantons, 161 communes, 258,763 habitants (Ville cédée à la Prusse.)

Stuttgart (cap. du royaume de Wurtemberg), 46,500 hab.

Syra (Grèce), 24,750 hab. — Commerce : morue, draps, soieries, cuirs non ouvrés, poterie, parfumerie, modes, quincaillerie et bijoux.

Tananarive (île de Madagascar), 60,000 hab. — Cap. de l'île possède une imprimerie établie par les missionnaires.

Tarbes, Préf. (Hautes-Pyrénées), 13,911 hab. Dist. de Paris, 756 kil. — Commerce de denrées, grains, bestiaux, papeterie, chevaux. — Foire de 3 jours, en novembre. — L'arrond. comprend 11 cantons, 195 communes, 108,452 hab.

Tarente (Italie), 24,000 hab. — Productions : vins exquis, pêche active de poissons et coquillages.

Tauris (Perse), 200,000 hab. — Il s'y fait annuellement 50 à 60 millions d'affaires.

Téhéran (cap. Perse), 140,000 hab. — Fab. de tapis, ouvrages en fer.

Thiers, S.-préf. (Puy-de-Dôme). 16,080 hab. Dist. de Paris, 385 kil. Dist. de Clermont-Ferrand, 42 kil. — Commerce de coutellerie et papeterie. — Foires les 14 septembre, 29 octobre, deuxième jeudi de Carême, jeudi de Pâques, cinquième jeudi après Pâques, huitième jeudi après Pâques, dernier lundi de juillet, jeudi avant la Noël. — L'arrond. comprend 6 cantons, 39 communes, 76,203 hab.

Thionville, S.-préf. (Moselle), 5,410 hab. Dist. de Paris, 336 hab. Dist. de Metz, 28 kil. — Commerce : toiles de chanvre, chapellerie, tannerie, cuirs, brasseries, colle-forte, forges, minerai, tuilerie. — Foires : les 14 septembre, troisième lundi de chaque mois. — L'arrond. comprend 5 cantons, 119 communes, 90,591 hab.

Thonon, S.-préf. (Haute-Savoie), 5,066 hab. — Commerce : laitage, fromages, biscuits. — Foires : les premiers mercredis, des mois, d'avril, juillet, septembre et le premier lundi de décembre. — L'arrond. comprend 6 cantons, 70 communes, 62,658 hab.

Tien-Tsin (Chine), 1,500,000 hab. — Ville immense. — Grand entrepôt de sel.

Tlemcen, S.-préf. (Oran). 19,896 hab. — Dist. d'Oran, 114 kil. — Production et commerce d'huile d'olive, de grains, laines, bestiaux, farines, carrières de marbre ou agate antique, mines de plomb.

Tonnerre, S.-préf. (Yonne), 5,167 hab. Dist. de Paris, 184 kil. Dist. d'Auxerre, 36 kil. — Foires : 3 janvier, le lendemain des Cendres, jeudi de la Passion, 13 mai, 25 juin, 27 août, 30 septembre et 12 novembre. — L'arrond. comprend 5 cantons, 82 communes, 42,824 hab.

Toul, S.-préf. (Meurthe), 6,842 hab. Dist. de Paris, 294 kil. Dist. de Nancy, 23 kil. — Commerce de vins, eaux-de-vie. broderies. — Foires : le 3 septembre (3 jours), deuxième vendredi de juillet, deuxième vendredi de novembre. — L'arrond. comprend 5 cantons, 119 communes, 62,054 hab. (Ville cédée à la Prusse.)

Toulon, S.-préf. (Var), 54,623 hab. Dist. de Paris, 872 kil. Dist. de Draguignan, 80 kil. — Commerce : vins, eaux-de-vie, huiles, olives, fruits, câpres, figues, amandes, oranges, jujubes, grains, liége, farine et productions du pays.

Toulouse, Préf. (Haute-Garonne), 114,095 hab. Dist. de Paris, 706 kil. — Foires : lundi de Quasimodo (8 jours), 24 juin (8 jours), 24 août (8 jours) 30 novembre (8 jours). — L'arrond. comprend 12 cantons, 128 communes, 205,254 hab.

Tournon, S.-préf. (Ardèche), 4,845 hab. Dist. de Paris, 543 kil. Dist. de Privas, 55 kil. — Commerce : vins fins, soieries, draperies, bois de constructions. — Foires : 22 janvier, mercredi après Pâques, 29 mai, 29 août, 3 novembre, 17 décembre. — L'arrond. comprend 11 cantons, 125 communes, 154,303 hab.

Tours, Préf. (Indre-et-Loire), 38,519 hab. Dist. de Paris, 236 kil. — Commerce : soie, draps, tapis, cire, cuirs, vins, vitraux, chanvres, hauts-fourneaux. — Foires : les 10 mai et 10 août (10 jours), le 30 octobre (1 jour). — L'arrond. comprend 11 cantons, 126 communes, 170,936 habitants.

Troyes, Préf. (Aube), 33,385 hab. Dist. de Paris, 161 kil. — Commerce : fabrique de bonneterie, de coton, tricots, ganterie, basin, coutils piqués façon, filature, laine et coton. — Foires : deuxième lundi de Carême, premier septembre, 10 février, Jeudi-Saint, premier samedi de juin, juillet et août. — L'arrond. comprend 9 cantons, 120 communes, 98,230 hab.

Trébizonde (Turquie), 42,000 hab. — Port sur la mer Noire. — Place importante par son commerce de transit avec la Perse et la Géorgie. — Exportation de cuivre, cire, noix de galle, bois de buis peaux de grèbe, coton en laine, haricots, noisettes et maïs.

Trieste (Autriche). 80,000 à 85,000 hab. — Commerce de produits du Levant, chantiers de constructions.

Tripoli (États barbaresques). 20,000 hab. — Principal dépôt des marchandises européennes.

Trèves (Prusse). 20,000 hab. — Fab. de toiles et d'étoffes de laine, tanneries, fonderies, forges et usines. — Commerce de vins fins.

Trévoux S.-préf. (Ain). 2,700 hab. Dist. de Paris, 450 kil. Dist. de Bourg, 52 kil. — Fab. d'orfèvrerie, d'affinage et titrage d'or et d'argent. — Foires : 2 janvier, 3 mai, 11 novembre. — L'arrond. comprend 7 cantons, 112 communes, 93,638 habitants.

Tulle, S.-préf. (Corrèze). 11,911 hab. Dist. de Paris, 480 kil. — Commerce : armes, papiers, bougies, laines, huiles, saboterie, toiles, eaux-de-vie, corroierie. — Foires : 17 et 18 janvier, 1er juin (8 jours) — L'arrond. comprend 12 cantons, 118 communes, 133,081 habitants.

Tunis (États barbaresques). 120,000 hab. — Manufact. de soieries, de lainages et fer. — Commerce : laines, huile d'olive, céréales, dattes, denrées coloniales.

Turin (Italie). 180,000 hab. — Manufacture royale d'armes et de tabacs.

Ulm. (Royaume de Wurtemberg). 21,000 hab. — Grand commerce d'expédition.

Utrecht (Hollande) 53,083 hab. — Importante par son industrie, ses établissements et par son commerce.

Ussel, S.-préf. (Corrèze). 3,940 hab. Dist. de Paris, 464 kil. Dist. de Tulle, 63 kil. — Commerce : chanvre, étoffes pour le pays. — Foires : lundi avant le Mardi-Gras, 4 mai, 4 juillet, 10 et 29 août, 21 septembre, 19 octobre, 12 novembre. — L'arrond. comprend 7 cantons, 71 communes et 62,915 habitants.

Uzès, S.-préf. (Gard). 5,814 hab. Dist. de Paris, 680 kil. Dist. de Nîmes, 24 kil. — Commerce de soie, vins, eaux-de-vie, poteries, huiles, sucres, bois. — Foires : 24 juin, 14 août, 6 septembre, 11 octobre, 14 décembre. — L'arrond. comprend 8 cantons, 99 communes, 86,433 habitants.

Valence, Préf. (Drôme). 17,430 hab. Dist. de Paris, 560 kil. — Commerce : coton, laines, soie, draperies, toiles, papeteries, corderies, hauts-fourneaux, gants. — Foires : le 3 janvier, le 3 et le 4 mars, le 3 juillet, le 3 mai, le 26 août, le 6 novembre. — L'arrond. comprend 10 cantons, 107 communes, 157,201 habitants.

Valence (Espagne). 106,000 habitants. — Fabrique de soieries, fab. de cigarettes.

Valenciennes. S.-préf. (Nord). 24,354 hab. Dist. de Paris, 210 kil. Dist. de Lille, 54 kil. — Commerce : charbons, bois, sucre, clouterie, hauts-fourneaux, forges, laminoirs et fonderies, filature et tissage de laines, fabrique de batiste et dentelles, verre, sucre, café, huiles, corroieries, tanneries, cuirs. — Foires : du 15 au 25 septembre. — L'arrond. comprend 7 cantons, 81 communes, 171,305 habitants.

Valladolid (Espagne), 39,519 hab. — Commerce : vins, grosses toiles, cuirs, papiers, pâturages.

Valognes, S.-préf. (Manche). 4,921 hab. Dist. de Paris, 324 hab. Dist. de Saint-Lô, 58 kil. — Commerce : fil, toiles, plumes, miel, cire, grains, volailles, gibier. — Foires : 15 février, 12 juillet, 9 septembre, 16 novembre 9 et 31 décembre, premier mardi de juin, premier mardi d'octobre. — L'arrond. comprend 7 cantons, 118 communes, et 84,786 hab.

Valparaiso (Chili), 80,000 hab. — Chantier de construction, magasins de douanes pour le transit.

Vannes, Préf. (Morbihan). 43,034 hab. Dist. de Paris, 459 kil. — Commerce : grains, sel, chanvre, miel, cire, beurre, cidre, suif, fers ; construction de navires. — Foires : 21 mai, 22 août. — L'arrond. comprend 11 cantons, 79 communes, 134,810 habitants.

Varsovie (Russie). 230,255 hab. Dist. de Paris, 1,488 kil. — Commerce de sucre, soierie, fab. de stéarine, manuf. de métaux, fab. d'outils aratoires, usines à chaux, voitures renommées en Europe.

Vashington (Etats-Unis). 61,782 hab. — Arsenal de la marine, dépôt de l'artillerie.

Vassy, S.-Préf. (Haute-Marne). 3,027 hab. Dist. de Paris, 229 kil. Dist. de Chaumont, 60 kil. — Commerce : chevaux, bœufs, moutons, draperie, mercerie, quincaillerie. — Foires : le 15 mars et le lendemain de la Pentecôte, 1er septembre, 7 décembre. — L'arrond. comprend 8 cantons, 145 communes, 77,396 habitants.

Vendôme, S.-préf. (Loir-et-Cher). 873 hab. Dist. de Paris, 177 kil. Dist. de Blois, 32 kil. — Foires : le 3 février (8 jours), vendredi de la Passion, après Saint-Georges, avant le dimanche de la Trinité, après le 4 juillet, 10 septembre (8 jours), 12 novembre, dernier vendredi de décembre. — L'arrond. comprend 8 cantons, 109 communes, 80,460 habitants.

Venise (Italie). 294,454 hab. Dist. de Milan, 284 kil. — Commerce : verroteries, os d'animaux, sardines et autres poissons de mer estimés.

Verdun, S.-préf. (Meuse). 10,246 ab. — Commerce : lingerie, dragées et liqueurs. — Foires : le premier lundi de Carême, 25 mai, 22 juillet, 11 novembre. — L'arrond. comprend 7 cantons, 149 communes, 78,180 habitants.

Versailles, Préf. (Seine-et-Oise). 35,094 hab. Dist. de Paris, 19 kil. — Commerce de fourrages. — Foires de 7 jours : les 20 et 21 mars, 1er mai, 25 août, 9 octobre. — L'arrond. comprend 10 cantons, 114 communes, 188,846 habitants.

Vervins, S.-préf. (Aisne). 2,500 hab. Dist. de Paris, 167 kil. Dist. de Laon, 39 kil. — Commerce : vannerie, bonneterie. — Foires, 1er mars, 1er mai, 1er septembre, 1er décembre. — L'arrond. comprend 8 cantons, 132 communes, 120,509 hab.

Vesoul, Préf. (Haute-Saône). 6,273 hab. Dist. de Paris, 362 kil. — Commerce : grains, fers, vins, bestiaux, fourrages, cuirs, légumes secs. — Foires : le deuxième jeudi de chaque mois et le 25 novembre. — L'arrond. comprend 10 cantons, 215 communes, 102,673 habitants.

Vienne, S.-préf. (Isère). 24,817 hab. Dist. de Paris, 147 kil. Dist. de Grenoble, 80 kil. — Commerce de draps, forges, fonderies, verreries, bougies. — Foires : 17 janvier, 25 avril, 26 juillet, 30 septembre (toutes de 3 jours). — L'arrond. comprend 10 cantons, 132 communes, 147,578 habitants.

Vienne (capitale de l'Autriche). 570,000 hab. Dist. de Paris, 1,120 kil.

Villefranche, S.-préf. (Rhône). 12,876 hab. Dist. de Paris, 439 kil. Dist. de Lyon, 30 kil. — Commerce de toiles, fil, nankinets, toiles peintes. - Foires : les 15 et 16 mars et 11 novembre, lundi de Pâques, de Pentecôte, les premiers lundis de janvier, avril, juillet et octobre. — L'arrond. comprend 9 cantons, 129 communes et 175,847 habitants.

Villefranche, S.-préf. (Aveyron). 9,511 hab. Dist. de Paris, 637 kil. Dist. de Rodez, 56 kil. — Foires, 22 janvier, 10 février, Mi-Carême, Jeudi-Saint, 18 avril, 22 mai, 16 juin, 17 juillet, 24 août, 21 septembre, 29 octobre, 25 novembre, 22 décembre. — L'arrond. comprend 7 cantons, 60 communes, 102,068 habitants.

Villefranche, S.-préf. (Haute-Garonne). 2,820 hab. Dist. de Paris, 705 kil. Dist. de Toulouse, 36 kil. — Produits de céréales. — Foires, 22 janvier, 8 mai, 16 août, 30 septembre et dernier vendredi de chaque mois. — L'arrond. comprend 6 cantons, 93 communes et 58,923 hab.

Villeneuve-sur-Lot, S.-préf. (Lot-et-Garonne). 13,114 hab. Dist. de Paris, 681 kil. d'Agen, 26 kil. — Commerce de prunes. — Foires : 3 février, 20 mai, 19 juin, 4 août, 1er septembre, 13 octobre, 26 novembre, 28 décembre, lundi de la Quasimodo, mercredi de la Mi-Carême. — L'arrond. comprend 10 cantons, 84 communes et 89,828 habitants.

Vire, S.-préf. (Calvados). 6,448 hab. Dist. de Paris, 270 kil. Dist. de Caen, 59 kil. — Commerce : drap, papeteries, cordes, tanneries, carrosseries, sabots, sarrazin, seigle, colza, froment, avoine, grains. — Foires : 29 septembre (8 jours), 15, 16 et 26 novembre, 7 décembre, vendredi et samedi de la Passion, vendredi après l'Ascension (8 jours). — L'arrond. comprend 6 cantons, 96 communes, 80,820 habitants.

Vissembourg, S.-préf. (Bas-Rhin). 5,257 hab. Dist. de Paris, 511 kil. Dist. de Strasbourg, 58 kil. — Commerce : allumettes, brasseries, bonneterie, imageries, savons, eaux-de-vie. — Foires : le jeudi des Quatre-Temps. — L'arrond. comprend 6 cantons, 103 communes, 84,851 hab. (Ville cédée à la Prusse.)

Vitré, S.-préf. (Ile-et-Vilaine), 8,613 hab. Dist. de Paris, 316 kil. Dist. de Rennes, 36 kil. — Fab. de toiles, tricots, tannerie, cire et miel. — Foires, le Vendredi-Saint, tous les lundis, depuis la Saint-Georges jusqu'au deuxième lundi de septembre, deuxième lundi de chaque mois. — L'arrond. comprend 6 cantons, 61 communes, 80,666 habitants.

Vitry-le-Fançais, S.-préf. (Marne). 7,862 hab. Dist. de Paris, 181 kil. Dist. de Châlons, 32 kil. — Commerce de blé, bois, laines, bonneterie, huileries, chapellerie tanneries. — Foires : 24 février, 22 juillet, 1er septembre, 11 novembre, 1er décembre, quatrième mardi après Pâques, (15 jours), 15 avril et 1er octobre. — L'arrond. comprend 5 cantons, 123 communes, 50,511 habitants.

Volfembuttel (Duché de Brunswick), 9,500 hab. — Commerce de blé, laine et fil de lin.

Voolwich (Angleterre). 26,000, hab. — Grand arsenal, docks, chantiers pour la marine royale, fonderie de canon, ancres, chaînes.

Vouziers, S.-préf. (Ardennes). 2,985 hab. Dist. de Paris, 223 kil. Dist. de Mézières, 50 kil. — Commerce : grains, vin, pierres à bâtir, houilles, ardoises. — Foires, les samedis veille du Dimanche-Gras, des Rameaux, de la Pentecôte, les samedis qui précèdent le 27 août, la Saint-Martin. — L'arrond. comprend 8 cantons, 121 communes et 58,932 hab.

Woorms (grand-duché de Hesse-Darmstadt). 10,000 habitants.

DEUXIÈME PARTIE

PREMIÈRE DIVISION

CONSIDÉRATIONS GÉNÉRALES

SUR LES ARTS ET MÉTIERS.

Les conditions sociales forment trois grandes divisions qui sont : l'agriculture, le commerce et les arts et métiers. Nous ne nous occuperons, dans la deuxième partie de notre ouvrage, que de ce qui concerne uniquement la troisième de ces grandes divisions. Depuis trente ans, le commerce et l'agriculture n'ont pas, à beaucoup près, progressé aussi sensiblement que les arts et métiers ; du reste, ceci se comprend parfaitement, car la clef de la progression du commerce et de l'agriculture est due en partie au perfectionnement des arts et métiers. Ainsi, au point de vue commercial, qu'un artiste ou un artisan invente ou perfectionne un objet quelconque d'un usage général, immédiatement le commerce en éprouve un bien-être sensible. Quant au perfectionnement agricole, il est dû en partie aux inventions ou au perfectionnement des outils aratoires, et, certes, l'agriculture aurait fait des progrès bien plus grands si les cultivateurs n'étaient pas généralement aussi routiniers ; disons-le en passant, les agriculteurs ont tort de ne pas se tenir au courant des inventions et des perfectionnements des outils aratoires ; car souvent, moyennant une dépense insignifiante, ils pourraient se rendre acquéreurs de divers outils qui rendraient de grands services en accélérant le travail agricole, en économisant la force des hommes et des animaux. Malheureusement le cultivateur est méfiant, et nous savons, par expérience, que les conseils d'hommes dévoués et désintéressés ne sont généralement pas pris en considération.

Les personnes professant les arts et métiers se subdivisent en deux classes distinctes : la première comprend les artistes tels que peintres en miniature, sculpteurs, dessinateurs, compositeurs de musique, poëtes, prosateurs, auteurs dramatiques, géographes, astronomes, etc. La deuxième se compose d'artisans proprement dit, tels que : forgerons, bijoutiers, tailleurs, ferblantiers, chapeliers, cordonniers, maréchaux-ferrants, maçons, menuisiers, serruriers, charpentiers, etc., etc.

Chacune de ces deux classes est indispensable à la société et lui rend d'immenses services. Cependant, nous ne pouvons nous empêcher de reconnaître qu'elles ne sont pas également récompensées : d'une part, l'ouvrier artisan gagne peu, il est vrai ; mais enfin, avec de l'ordre et de l'économie, il est toujours à peu près sûr de vivre et de donner du pain à sa famille ; ses goûts sont généralement modestes ; son rôle ne consistant qu'à exécuter des travaux préalablement conçus ; par le fait il n'est pas astreint aux fatigues d'esprit, qui usent bien plus facilement l'homme que les fatigues du corps ; en résumé, l'existence de l'artisan ouvrier est humble, mais supportable ; tandis qu'il n'en est pas de même de l'artiste, ce dernier est véritablement malheureux tant qu'il n'arrive pas à se faire connaître. Il est vrai qu'une fois connu il se trouve, par ce fait, dans une excellente voie de fortune, il se trouve parfois largement récompensé de ses années de souffrances ; mais le nombre de ceux qui arrivent à cet heureux résultat forme une faible minorité, et le plus grand nombre, malgré leur talent, vivent d'une manière obscure, et parfois dans la gêne. N'y a-t-il aucun remède à ce mal? N'y a-t-il personne de moralement responsable? Si, il y a d'abord le public amateur d'objets d'art, qui a la sotte habitude de ne s'en rapporter qu'à la signature. Ainsi, en fait de peinture, un tableau passera pour un chef-d'œuvre s'il est signé par un peintre en renom ; à côté, il y aura un véritable chef-d'œuvre qui passera inaperçu, par le seul fait que l'artiste ne sera pas connu. Il est bien entendu que nous faisons allusion au public acheteur et non connaisseur qui, du reste, forme l'immense majorité. Quant aux connaisseurs, ils sont très-rares et presque toujours très-pauvres, ce qui les met dans l'impossibilité d'encourager les arts. Quand on pense que souvent le hasard où l'intrigue ouvre les portes de la renommée à des artistes d'un ordre secondaire pour laisser derrière eux, non des artistes, mais parfois des génies, on se prend à regretter que le public riche et amateur soit si inintelligent et qu'il se laisse toujours aveuglément guider dans son choix; et, pourtant, ne serait-il pas facile de former une société des arts où la valeur des artistes serait discutée sans parti pris; le rôle d'une société de ce genre serait noble et grand, car son jugement impartial ferait souvent sortir de la misère des artistes véritablement distingués, peintres ou sculpteurs, qui, après avoir passé une année ou deux à l'exécution d'une œuvre quelconque, exposeraient avec confiance dans les salons de cette société impartiale et libre; ils attendraient avec courage le résultat d'un examen sérieux, et il est certain que, quel que soit le verdict, ils s'inclineraient sans murmurer; car ils sauraient qu'il a été prononcé par des hommes qu'on pourrait, à juste titre, appeler les protecteurs des arts. L'écoulement des produits artistiques pourrait, grâce à cette société, se faire d'artistes à amateurs, et, certes, les uns et les autres s'en trouveraient bien; de cette manière l'artiste ne se trouverait pas exposé à passer par les fourches caudines de ces misérables usuriers qui, à l'instar des loups cerviers, ne dédaignent pas de saisir leur proie partout où ils la rencontrent, quels qu'en soient l'honnêteté et l'intérêt, et ne se font aucun scrupule d'offrir 50 francs d'un objet d'art dont parfois ils ont le placement assuré à 500 francs. L'artiste inconnu, et qui parfois se trouve dans la misère, accepte les offres de ces usuriers ; mais que doit-il se passer au fond de son cœur? Combien doit-il mépriser et détester la société si ingrate? et surtout combien ne doit-il pas regretter d'avoir embrassé la noble et sublime carrière des arts! Et cependant, malgré ses misères, pas un ne se décourage, pas un n'abandonne son poste. Disons-le franchement, les vrais artistes ne sont pas des hommes ordinaires; du reste, le Créateur semble avoir prévu leur misère parmi la société en leur donnant une clause inestimable et qui leur permet de supporter jusqu'à la mort les plus rudes épreuves : cette clause qui, selon nous, constitue leur plus clair bénéfice, se nomme *l'amour de l'art.* Le gouvernement, de son côté, peut justement endosser une partie de cette grave responsabilité du sort des artistes. Selon nous, il ne fait pas assez, et il lui serait facile, en sollicitant la Chambre, de faire voter chaque année par elle une somme suffisante qui permît d'aider d'une manière efficace les vrais artistes : soit en achetant leur œuvre ou en leur faisant une rente annuelle, non à titre d'aumône, mais bien à titre d'encouragement aux arts.

Allons, Messieurs du gouvernement, et vous, Messieurs les riches amateurs, faites chacun de votre côté un effort pour que la classe si intéressante des artistes, qui font l'honneur de la France, puisse, comme le maçon et le charpentier, par le produit de leurs œuvres, vivre et donner du pain à leurs femmes et à leurs enfants.

Des patrons, leurs installations, leurs comptabilités, leurs contre-maîtres, ouvriers et apprentis.

La plus grande partie des patrons ont été précédemment ouvriers ou contre-maîtres, c'est ce qui nous engage à leur donner quelques avis qui, nous l'espérons, seront bien accueillis par eux. Tout ouvrier ou contre-maître s'établissant doit apporter le plus grand soin possible à son installation; surtout de ne pas créer de trop fortes dettes, ce qui est toujours la source d'une grande gêne; dans l'intérêt de sa tranquillité, il vaut mieux qu'il commence en petit et s'agrandisse insensiblement et au fur et à mesure de l'accroissement de sa clientèle; il doit, en outre, avoir beaucoup d'ordre dans sa comptabilité et surtout s'en rendre compte lui-même.

La première partie de cet ouvrage traitant spécialement du commerce et de la comptabilité commerciale, nous ne reviendrons pas sur ce que nous avons dit à ce sujet; car ce qui vient d'être dit sur le commerce en général, s'applique en tout point aux patrons et industriels : nous les engageons à être justes et bons envers leurs contre-maîtres, ouvriers et apprentis, à tout point de vue; ils y trouveront leurs avantages, car l'ouvrier bien traité travaille consciencieusement et s'attache à son maître, et souvent cette circonstance n'est pas étrangère à la prospérité d'une maison. Pour bien se convaincre de son zèle, le chef d'établissement n'a qu'à se reporter au temps où il était apprenti, ouvrier ou contre-maître, et faire son profit des observations qu'il n'aura pas manqué de recueillir dès son jeune âge. Si, en faisant son tour de France, il a rencontré des maîtres injustes et sévères, il doit s'attacher à ce que sa conduite soit tout à fait l'opposé de celle de ces gens. De cette manière, il prospérera, sera heureux et rendra heureux ceux qui l'entourent. Un chef d'établissement, quel qu'il soit, ne doit jamais perdre de vue qu'un des moyens infaillibles d'arriver à une fortune honorablement acquise, c'est de fabriquer consciencieusement, avoir toujours une tendance au perfectionnement et ne mettre en vente que des articles parfaitement finis; enfin, ne jamais tromper ceux qui lui achètent ses produits. De plus, il doit se contenter d'un bénéfice modeste; en agissant ainsi, un patron peut relever une maison tombée en décadence et arriver, d'une manière certaine, à un bien-être justement acquis. La question de l'achat des matières premières, et généralement de tout ce qu'il consomme, devra par lui être étudiée sérieusement, car il ne devra pas ignorer qu'il y a des fournisseurs bien plus avantageux les uns que les autres; ce sera donc à lui d'acquérir toutes les connaissances nécessaires touchant cette question, et faire en sorte d'avoir ses matières premières dans les meilleures conditions possibles. Nous le répétons, pour le chef d'établissement, ce point est un des plus importants.

DES CONTRE-MAITRES.

Considérations générales.

Avec de l'argent, tout individu, sans aucune espèce de connaissance de quoi que ce soit, peut, du jour au lendemain, se constituer patron, industriel, en se rendant acquéreur d'une fabrique ou d'une usine quelconque; il n'en est pas de même du contre-maître, lequel n'arrive à ce poste d'honneur que par ses connaissances, son activité, son intelligence approfondie. Nous ne pouvons mieux le comparer qu'à un officier de l'armée ayant porté le sac aussi; le contre-maître est généralement l'ami et le conseiller de son maître, sur qui, du reste, il porte toujours beaucoup d'intérêt. Bien souvent nous avons été témoins de la supériorité intellectuelle et morale de ces braves chefs ouvriers pour lesquels notre estime est acquise mille fois.

Les lignes suivantes, nous les adressons principalement aux jeunes contre-maîtres, persuadés que nous ne sommes pas les seuls qui aient, depuis longtemps, mis en pratique les principes que nous exposons. L'ouvrier supérieur, appelé par son patron à la dignité de contre-maître, devra-t-il s'en énorgueillir? Non, il devra, au contraire, rentrer en lui-même et se demander s'il est réellement bien apte à remplir convenablement et avec dignité ce poste d'honneur et de confiance qu'on veut bien lui confier. Si, après un sérieux examen de lui-même, il se croit capable de remplir ces fonctions, il devra agir, surtout en commençant, avec une certaine réserve; il faudra qu'il se rende compte, autant que possible, du caractère des ouvriers placés sous ses ordres. Les ordres qu'il donnera aux ouvriers ou apprentis devront toujours être donnés avec politesse, et dans les cas même les plus graves, il s'efforcera de conserver son sang-froid, ce qui est un indice incontestable de la force morale. Le nouveau contre-maître ne devra pas s'étonner de s'être fait des ennemis de ses anciens camarades, il ne devra attacher aucune importance à cette circonstance qui, du reste, n'est l'effet que d'une jalousie passagère. S'il possède un esprit ferme, juste et loyal, il reconquerra promptement ses anciens amis qui, quoique placés sous ses ordres, seront contents d'avoir pour chef un homme juste et honnête. Par sa position, le contre-maître est parfois plus à même d'influer sur le bonheur des ouvriers que le maître lui-même; aussi doit-il apporter une grande circonspection dans la décision des actes de son administration: c'est-à-dire ne pas punir ou faire renvoyer des ouvriers placés sous ses ordres sans des motifs sérieux et impartialement constatés. Il doit avoir une aversion très-grande pour tout ouvrier assez *infâme* pour s'abaisser au rôle d'espion, il ne doit jamais les engager en accueillant favorablement leur déposition, ni placer sa confiance en des rapporteurs qui généralement sont de faux et lâches ouvriers, n'ayant pour toute arme qu'une langue vipérienne capable d'empoisonner tous ceux qui les entourent. Si un ouvrier s'est mal conduit et qu'il y ait lieu d'ouvrir une enquête sur son compte, que le contre-maître agisse franchement, qu'ilpuise ses renseignements non pas auprès des infâmes et lâches mouchards, mais bien au sein même des ouvriers qui sont sous ses ordres, et ce qu'ils diront sera vrai, car tous sont solidaires et seront les premiers et les plus intéressés à chasser de leur troupeau la brebis galeuse qui s'y était glissée.

Par conséquent, l'intérêt et la dignité du contre-maître est de ne jamais agir d'une manière sournoise en écoutant d'infâmes rapporteurs, car s'il agissait ainsi, il serait tout à fait *indigne* de la position qu'il occupe, et, de plus, il se créerait des ennemis dangereux qui, tôt ou tard, lui feraient perdre sa position, ce qui serait, du reste, juste et impartial. Dans ses décisions et avec toutes ses qualités, y joindre celle d'une inflexibilité sévère pour faire exécuter ses ordres ou ceux de son maître, surtout quand il est sûr de ne rien avoir à se reprocher. Disons-le franchement, la place de contre-maître est difficile à exercer, car elle est hérissée de difficultés, ce qui est cause que ce poste est honoré et respecté de tous; car nous reconnaissons avec plaisir qu'il est généralement rempli par des hommes honnêtes et capables.

DES OUVRIERS.

Considérations générales sur les corporations anciennes et modernes.

S'il y a en ce monde une classe respectable et digne d'intérêt, c'est bien la classe ouvrière qui ne reçoit de la société, en échange de son rude labeur, que ce qui est strictement indispensable à son existence et à celle de sa famille.

L'ouvrier est celui qu'on peut appeler l'honnêteté même; l'idée ne lui vient jamais de tenir un rang supérieur à sa position. Aussi, par ce fait, ne fait-il jamais de dupes. Deux choses importantes apportent un soulagement à sa pénible existence : la première, c'est la considération dont il jouit de la part des honnêtes gens; la deuxième, c'est sa liberté; car, il n'est pas comme l'employé ou le domestique, à qui l'on fait faire toute espèce de travaux, et à qui l'on accorde le moins de liberté possible. Non! L'ouvrier est en quelque sorte l'égal de son patron. Il est son collaborateur, et le chef d'établissement ne peut exiger de lui qu'un certain nombre d'heures déterminé à l'avance. Il n'a pas le droit non plus de lui faire faire des travaux en dehors du métier qu'il exerce. La condition sociale de l'ouvrier s'est bien améliorée, surtout depuis quelques années, tant au point de vue moral qu'au point de vue matériel. Ces perfectionnements sont dus premièrement aux diverses et nombreuses grèves qui ont eu lieu dernièrement, au goût et au désir prononcé de s'instruire. Ces perfectionnements, nous en avons la conviction, ne tendront qu'à s'accroître, car la société finira bien par comprendre qu'il est juste que la classe qui lui rapporte le plus ne soit pas déshéritée.

Les associations modernes pour la classe ouvrière sont une excellente chose. Elles contribueront beaucoup à son bien-être. Dans ces réunions il se dit des vérités au point de vue moral qui portent généralement leurs fruits. L'ouvrier qui les fréquente arrive à préférer passer son temps perdu à s'instruire plutôt que de le passer au cabaret ; et sous tous les rapports il s'en trouvera bien.

En dehors de ces associations qui ne datent que de quelques années, il y a diverses corporations constituant un corps d'état quelconque à un jour déterminé, et une fois par an. De nos jours ces réunions se rendent à la messe, bannière en tête (ce qui n'a pas précisément sa raison d'être). Mais, toutefois, nous approuvons hautement les ouvriers d'avoir conservé ces anciennes coutumes qui ont le précieux avantage de réunir une fois par an, autour d'une même table, les hommes d'un même corps d'état ; et, parfois, cette réunion et cette fête sympathique font disparaître bien des haines, des jalousies et des discordes. Conservez donc, braves ouvriers, vos anciennes traditions, et vous n'en serez que plus heureux.

De l'avantage que les jeunes ouvriers ont à faire leur tour de France.

Bien des jeunes gens, ayant appris un état quelconque, entreprennent de faire leur tour de France. Ce système est excellent ; aussi, regrettons-nous qu'il ne soit pas suivi par un plus grand nombre. Il est difficile qu'un ouvrier soit supérieur dans sa partie, s'il ne voyage pas dans plusieurs villes. Les bienfaits du voyage ne s'étendent pas seulement au perfectionnement du métier, mais ils forment et instruisent. Le voyage est une école excellente ; l'ouvrier se rend compte par lui-même des diverses manières de travailler dans les différentes villes de France, et il peut facilement adopter tel ou tel perfectionnement qui lui paraît utile et sérieux ; et si, plus tard, il veut se fixer dans sa ville natale ou dans toute autre, il apposera un cachet à son établissement et à sa manière de faire, qui le feront toujours distinguer à son avantage de ses confrères qui n'auraient pas voyagé.

Le jeune homme qui entreprend son tour de France doit, autant que possible, se rendre compte géographiquement des pays qu'il parcourt, et ne jamais quitter une ville un peu importante sans avoir visité ses principaux monuments. Ces connaissances lui seront utiles plus tard, surtout dans la conversation. Il pourra avoir un calepin sur lequel il relatera ses impressions sur tel ou tel pays. Il se munira d'une bonne carte de

France, collée sur toile et pliée. Il devra consulter cette carte très-souvent, afin de bien se familiariser en se formant une idée exacte de la forme de la France, de son étendue, de ses villes, etc., etc. De cette manière il joindra la théorie à la pratique; et quand il reviendra dans son pays, non-seulement il pourra raisonner des contrées qu'il aura parcourues, mais de bien d'autres lieux. Il devra scrupuleusement observer tout ce qui a rapport à son état et prendre des notes pour le perfectionnement qu'il rencontrera ou sur les diverses manières de travailler. Il ne faut pas qu'il oublie qu'il voyage surtout pour s'instruire de son métier, et que les connaissances les plus futiles en apparence pourront lui être précieuses pour s'assurer si un système est bon ou mauvais. Et pour arriver à ce résultat il ne devra pas craindre de puiser des renseignements auprès de son patron ou de ses camarades, et leur faire expliquer minutieusement ce qu'il ne comprendrait pas. Du reste, ce n'est pas un déshonneur de chercher à s'instruire; c'est ainsi qu'il arrivera à être supérieur dans sa partie.

Comment l'ouvrier peut, sans perdre son temps, acquérir une bonne instruction qui le mette à même de raisonner, conduire ses affaires et diriger un établissement, si plus tard il est appelé à devenir patron.

Il est une chose que l'ouvrier ne doit pas oublier, c'est qu'il n'y a pas que les gens riches de naissance qui soient appelés à occuper de hautes positions. Ne voit-on pas tous les jours de riches commerçants, de célèbres manufacturiers avoir débuté dans la vie sans un centime et être arrivés par des voies honorables au faîte de la fortune? L'intelligence, l'ordre, l'amour du travail les avaient guidés seuls dans les sentiers difficiles de la vie; mais combien ces guides sont plus sûrs et plus fidèles qu'une fortune qu'on trouve toute faite en naissant! Oui, l'ouvrier, quelle que soit son humble origine, peut arriver un jour, par son activité, aux plus hautes positions industrielles et sociales; mais, pour cela, il ne faut pas se le dissimuler, il faut du travail, du travail, et puis encore du travail; il ne devra pas se contenter de ses perfections pour tout ce qui concerne son métier; mais encore, au lieu de passer ses moments de loisir au café ou au cabaret, il devra les passer chez lui et s'instruire; si cette instruction qu'il acquiert ne lui sert pas immédiatement, elle pourra lui servir plus tard; les connaissances qu'il puisera devront être sérieuses et à même de lui rendre service. Il ne faudra pas qu'il suive l'exemple de bien des jeunes gens frivoles qui ont un goût très-prononcé pour la lecture, mais qui ne lisent que des romans inutiles ou bien de petits journaux littéraires; ces lectures sont parfois agréables, mais elles sont absolument creuses et ne donnent pas la moindre petite parcelle d'instruction.

Voici comment pourra procéder le jeune ouvrier n'ayant reçu de ses parents qu'une faible instruction élémentaire, c'est-à-dire sachant à peu près lire, pouvant écrire une lettre avec vingt-cinq fautes d'orthographe dans une page ; enfin, connaissant tant bien que mal ses quatre premières règles: c'est à peu près la seule instruction que reçoivent les enfants issus de parents d'une condition modeste. Il devra aller le soir aux classes d'adultes et se perfectionner par l'étude de la grammaire, où sont expliqués les principes de la langue ; l'étudier patiemment, avec attention, afin de bien la comprendre, et se mettre en état de répondre à toutes les questions qu'on pourrait lui adresser. Il étudiera en même temps l'arithmétique et la géographie universelle, plus l'histoire universelle, comprenant : 1° l'histoire ancienne ; 2° l'histoire du moyen âge ; 3° l'histoire moderne ; enfin tout ce qui doit former une instruction solide. Il faudra qu'il prenne ses leçons le soir, pendant trois ou quatre années ; ce laps de temps suffira pour acquérir une bonne instruction. Ces connaissances acquises, il ne devra pas s'arrêter là ; c'est alors que, s'il cesse de fréquenter l'école, il devra s'instruire chez lui par la lecture et l'étude d'ouvrages instructifs. Les connaissances qui viennent d'être mentionnées ci-dessus sont les bases de l'instruction ; jusque-là ces connaissances ne lui auront rien appris de ce qu'il faudra plus tard qu'il connaisse, c'est-à-dire les diverses questions sociales formant plusieurs subdivisions, connaissances que, sans l'instruction première, il lui serait impossible d'apprendre. Il pourra donc, comme nous le disons plus haut, terminer chez lui ses études par la lecture de bons ouvrages. Ainsi, à l'école, il n'aura appris que superficiellement la géographie et l'histoire ; il pourra se perfectionner en lisant la *Géographie universelle*, par Malte-Brun ; l'*Histoire de France*, par Henri Martin, ou d'autres historiens célèbres et impartiaux. Il devra, comme base d'instruction politique, lire et tâcher de comprendre les œuvres de Thiers, son *Histoire de la Révolution française*, son *Consulat et l'Empire*. L'étude d'ouvrages aussi sérieux le mettra à même de comprendre les journaux politiques et de pouvoir discuter savamment les diverses questions politiques.

La question d'économie sociale devra, pour lui, être l'objet d'une étude approfondie ; car c'est par elle qu'il se rendra compte des misères de la grande famille ouvrière dont il fait partie ; pour cette question, il lira les œuvres des socialistes célèbres, entre autres, celles de Proudhon qui, selon nous, est un de ceux qui aient le mieux traité cette question. S'il veut se rendre compte de la valeur des sciences théologiques, i n'aura besoin de lire aucun ouvrage traitant cette question, car son simple bon sens lui suffira pour connaître le fond vrai de cette science qui est que toutes les religions, sans en excepter aucune, sont bonnes, par cette raison bien simple que toutes sont basées sur la morale et l'honnêteté. Si cependant il a la curiosité de lire un ouvrage traitant de diverses religions, il pourra lire les *Ruines* de Volney, un vrai chef-d'œuvre, dans ce genre. La lecture des œuvres de certains auteurs célèbres tels que : J.-J. Rousseau, Voltaire, Victor Hugo, Eugène Sue, Alphonse Karr, Erckmann - Chatrian, Léon Gozlan, George Sand, Balzac, Alexandre Dumas, etc., etc., lui sera indispensable pour arriver à se former une idée à peu près juste du cœur humain. Tour à tour ses lectures amusantes et instructives dérouleront sous ses yeux les types les plus variés et les plus disparates, en le mettant à même de voir à nu les vices et les qualités inhérentes à l'espèce humaine. Il devra lire aussi certains ouvrages excellents, tels que : *La Femme*, par Michelet; *La Physiologie du mariage*, par Balzac, et autres auteurs traitant ce sujet. Ces lectures supérieures lui apprendront à connaître la femme au point de vue physique et moral; et, quand il sera marié, il aura plus d'une fois l'occasion de mettre en pratique les excellents conseils qu'il aura puisés dans ces ouvrages. En réfléchissant un peu, l'ouvrier courageux qui désire s'instruire reconnaîtra que notre programme peut facilement être suivi, et cela, sans qu'il ait besoin de perdre une seule heure de travail. Quant aux dépenses des ouvrages que nous avons cités, elles sont insignifiantes, si on réfléchit que ces divers ouvrages peuvent être acquis insensiblement et arriver au bout de quatre à cinq ans à avoir sa bibliothèque bien montée, sans avoir eu de fortes dépenses à faire à la fois.

L'ouvrier qui suivra la conduite que nous indiquons économisera sur la dépense du café le montant de la valeur de sa bibliothèque. Pour ce qui est de l'école d'adultes du soir, il n'aura rien à dépenser, attendu qu'elle est gratuite. Arrivé à cette instruction que nous venons d'indiquer, l'ouvrier sera, à l'âge de 20 ans, un homme mûr, juste et honnête; et, quel que soit le poste important qu'il devra occuper un jour, il en remplira les fonctions avantageusement, car il aura acquis par l'instruction tous les éléments nécessaires.

Comment les ouvriers peuvent arriver le plus promptement possible à avoir un établissement à leur compte.

L'ouvrier ne possédant généralement pas de capitaux, il lui est, par ce fait, assez difficile de se rendre acquéreur d'un établissement. Toutefois il peut, par sa bonne conduite, arriver à ce résultat en s'attirant la confiance de son patron qui peut lui céder son établissement et lui acorder un délai nécessaire pour en acquitter le montant. L'intérêt de l'ouvrier, une fois son tour de France terminé, sera de se fixer dans une ville quelconque, y demeurer le plus longtemps possible, et surtout faire en sorte de ne pas changer souvent de maison ; c'est ainsi qu'il arrivera à se faire connaître. Si sa conduite est bonne, il pourra facilement arriver à avoir un fonds à son compte, soit qu'un patron chez qui il aurait travaillé longtemps eût confiance en lui, ou enfin qu'il fasse un mariage convenable, qui le mette à même d'avoir, par la dot de sa femme, les avances premières. Du reste, l'ouvrier reconnu honnête et travailleur a bientôt la confiance de tout le monde, et il trouve, plus qu'il ne lui en faut, des fournisseurs lui vendant à terme tout ce dont il peut avoir besoin. Avant d'acquérir un établissement il fera bien d'y regarder à deux fois ; car il y en a qui ne valent absolument rien, et il ne faudra pas qu'il oublie qu'une fois chef d'établissement, sa liberté se trouve en quelque sorte aliénée. Il ne doit donc pas se laisser guider par le vain orgueil de devenir maître ; car si ce mot est orné de quelques roses, il est parfois accompagné d'épines bien rudes. Il vaut mieux qu'il reste ouvrier plutôt que d'assumer les charges trop lourdes. En conséquence, il devra toujours demander des délais les plus longs possibles, tant pour payer son établissement que pour payer le matériel premier dont il aura besoin.

Apprentissage des jeunes gens. — Choix et conseils aux parents sur les divers métiers.

Nous adressons les lignes suivantes aux pères et mères de famille :

Arrivé à l'âge de 14 à 15 ans, l'enfant n'est pas encore à même de juger ce qui lui conviendrait le mieux en fait d'état. C'est plutôt aux pères et mères d'examiner cette question qui, à bien des points de vue, est très-importante. Ainsi, un père de famille, désirant faire apprendre un état à un de ses enfants, doit d'abord se rendre compte de ses forces physiques et morales. S'il est intelligent et spirituel, mais faible de corps, il lui faut une profession qui lui permette d'employer ses facultés intellectuelles, tout en ménageant la faiblesse de ses facultés physiques. Dans ce cas, si le père peut lui donner une bonne instruction, c'est ce qu'il aura de mieux à faire ; car, un enfant, quoique faible de corps, pourra se créer une bonne position, soit dans l'enseignement, le notariat, le commerce ou d'autres professions qui ne demandent à l'homme qu'une bonne instruction, et dans laquelle la force physique est inutile. Si, au contraire, il est fort, robuste, mais peu amateur de l'instruction, dans ce cas, il faut lui donner un état à l'aide duquel ses facultés physiques pourront se développer. Il deviendra un bon ouvrier, et il sera plus heureux que d'avoir une position plus élevée qui ne serait pas dans ses goûts.

Quand un père de famille désire faire apprendre un état à un de ses enfants, il doit le consulter et tâcher de connaître son goût. Quand l'enfant est fixé dans son choix, le père doit lui en expliquer clairement le bon et le mauvais côté : mais ces explications ne doivent pas avoir un cachet d'autorité, car l'enfant se trouve impressionné, ce qui l'empêche de dire sa manière de penser. Enfin, si, d'accord avec son fils, le père le met en apprentissage, et que le jeune apprenti reconnaisse au bout d'un mois ou deux qu'il ne se plaît nullement et qu'il avait eu une fausse idée du métier qu'il désirait apprendre, dans ce cas, le père ne doit pas l'obliger à continuer son apprentissage; mais cependant il doit lui donner à comprendre que les changements d'idées sont funestes aux intérêts de la famille et principalement aux siens propres. Il doit, en outre, lui demander quel serait l'état qu'il préférerait à celui qu'il a commencé et faire la critique du nouvel état qu'il voudrait apprendre, en lui donnant à comprendre que dans tous les métiers sans exception, il y a des peines à endurer. Mais, surtout, il ne doit jamais le contrarier ni le brusquer; il doit, au contraire, lui parler comme si c'était à un homme raisonnable. A la suite d'explications amicales, l'enfant peut revenir sur ses premiers mauvais pressentiments, persévérer dans son premier apprentissage et devenir plus tard un excellent ouvrier. Si, au contraire, il persiste à s'y déplaire, il ne faut pas hésiter à lui faire apprendre un autre état qui serait mieux à son goût.

Les parents pauvres et sans perspective de pouvoir améliorer leur sort devront, autant que possible, faire apprendre à leurs enfants des états qui ne demandent pas beaucoup d'argent pour s'établir. Car, de cette manière, leurs fils pourront devenir chefs de maison et les aider dans leur vieillesse. Ainsi, les métiers de tailleur, cordonnier, menuisier, maréchal-ferrant, charron, charpentier, maçon, couvreur, etc., etc., sont autant de professions n'exigeant pas une forte somme d'argent pour pouvoir s'établir. Les parents veilleront que leurs enfants en apprentissage ne soient pas trop négligés au point de vue de l'instruction, et s'ils peuvent obtenir du patron que l'apprenti aille une heure ou deux à l'école d'adultes du soir, ce sera une excellente chose.

Des grèves. — Considérations générales sur leur bon et mauvais côté.

On ne peut nier qu'en France les grèves sont pour beaucoup dans le perfectionnement du bien-être de l'ouvrier, et certes, ce fait n'est pas à l'avantage des chefs d'établissements; car enfin s'ils avaient les premiers apporté un soulagement à l'ouvrier, en élevant un peu son salaire, il est probable que bien des discordes auraient été évitées. Les zizanies produites par les grèves ont toujours été occasionnées par des prétentions fort exagérées de part et d'autre, et un entêtement préjudiciable aux intérêts des deux parties. Les causes de ces discordes sont que l'ouvrier croit généralement que le chef d'établissement est un monsieur fortuné, et qu'il n'y a absolument qu'à lui demander pour qu'il donne, ou du moins que, s'il ne donne pas, c'est qu'il ne veut pas; de là des prétentions parfois extraordinaires. Sans doute, il y a des patrons qui sont riches, qui pourraient se contenter d'un mince bénéfice et bien payer leurs ouvriers, mais ces patrons ne forment que la minorité; la majorité des chefs de maisons ne peuvent augmenter le salaire de leurs ouvriers sans s'exposer à ne pouvoir continuer leur industrie; car, pour bien des patrons, leurs charges sont très-lourdes, le prix d'établissement, les loyers chers, les frais généraux, les pertes commerciales, la concurrence à soutenir, sont autant de charges qui leur incombent et qui sont cause que parfois, malgré leur bon vouloir, ils ne peuvent accéder, même en partie, à leurs réclamations. Il y a même bien des patrons qui, désireux d'améliorer le sort de leurs ouvriers, sont très-contents qu'ils fassent grève, car, dans ce cas, la majorité des chefs d'établissement sont contraints d'augmenter les salaires, ce qui, par le fait, n'est plus un service pour aucun d'eux.

Ainsi nous avons personnellement connu des chefs d'industrie, désirant sincèrement le bien-être des ouvriers, nous dire : « Nous augmenterions bien le salaire de nos ouvriers, mais ce serait un bienfait sans « aucune portée que nous ne pourrions continuer si nos concurrents « n'augmentent pas les leurs; car, donnant un salaire supérieur, nous « nous voyons dans la nécessité de renchérir nos produits, tandis que « nos concurrents conservent leurs prix, grâce à ce que leurs dépenses « restent les mêmes. Au contraire, si tous nous faisions un sort préférable « à nos ouvriers, nous augmenterions nos produits, et nos intérêts, ainsi « que les leurs, seraient sauvegardés. » Oui, nous savons qu'il y a des patrons qui désireraient ardemment que chaque ouvrier puisse gagner largement sa vie; mais, nous le répétons, leur bonne volonté ne suffit pas toujours.

Comme nous l'avons dit en commençant, ce qui a bien souvent nui et ce qui nuira toujours au bienfait des grèves, ce sont les demandes exagérées d'un côté, et l'entêtement de l'autre de ne vouloir rien céder. Ainsi, par exemple, un ouvrier gagne 3 francs par jour (pour douze heures de travail); il assiste à des réunions dans lesquelles on propose une grève;

là, il se dit des choses violentes et souvent exagérées. Pour amortir ces exagérations, il faudrait un orateur délégué des patrons qui fît ressortir l'impossibilité où ces derniers se trouvent de satisfaire à une demande de modification trop grande. C'est ainsi que la lumière se ferait et qu'on finirait par s'entendre; mais la plupart du temps la société ne prend pas ces précautions et ne décide aucune proposition d'augmentation de salaire et de diminution du nombre d'heures de travail, qui serait soumise aux patrons, et que, si ces derniers refusent de faire droit à leur réclamation, la grève éclatera tel jour, à telle heure, et simultanément dans tous les ateliers.

Veut-on savoir quelle modification on a demandé aux patrons? L'ouvrier gagnant 3 francs par jour pour douze heures de travail, gagnera 3 fr. 75 c. pour dix heures. Pour une seule fois, cette demande d'amélioration est exagérée. Voilà : on s'est dit qu'on transigerait, et qu'il valait mieux demander plus que moins. Ce sont là, selon nous, bien des concessions. Pour des questions aussi graves, elles n'ont pas leur raison d'être et sont préjudiciables à la majestueuse dignité des grèves. Eh! quoi! dix, vingt, trente mille ouvriers seront assez peu conséquents de traiter leurs intérêts généraux comme on le ferait d'un marché vulgaire! Non, ce n'est pas ainsi qu'ils devraient agir; au lieu d'exagérer leur demande, qu'ils se bornent à ne demander strictement que ce qu'ils pensent que les patrons pourront leur accorder, et de cette manière ils réussiront bien plus facilement, et la plupart du temps la réunion aura suffi pour avoir ce qu'ils désirent sans qu'ils se soient vus dans la terrible nécessité de se déclarer en grève. Les patrons, de leur côté, se rassemblent, car la nouvelle leur est parvenue. Seront-ils plus raisonnables? Auront-ils plus de sang-froid? Examineront-ils à fond la question, et cela sans parti pris? On pourrait le juger à la première vue, et pourtant il n'en est rien. A la nouvelle d'une demande exagérée du double, j'admets, ils ont bondi de colère; ils ne veulent entendre parler d'aucune conciliation; ils fermeront leurs ateliers, et rira bien qui rira le dernier. Ils jurent tous qu'ils se ruineront entièrement plutôt que de céder. Ainsi, la plupart de ces hommes qui ont été ouvriers eux-mêmes, dans leur premier mouvement, deviennent féroces quand il s'agit de leurs intérêts; ils trouvent monstrueux qu'un homme, qui a souvent femme et enfants, ait l'impitoyable prétention de gagner 3 fr. 75 c. pour dix heures de travail au lieu de 3 francs pour douze heures. Ils ne se rappellent plus qu'ils ont été ouvriers et que cette somme est encore bien minime; ils ne font pas attention non plus que depuis qu'ils sont établis la plupart d'entre eux dépensent pour eux, leur femme et leurs enfants, chaque jour, trois ou quatre fois une somme supérieure. Pauvre humanité ! es-tu ainsi pétrie de vices !

Il est vrai que cette première réunion, toute pleine de colère, fait place à d'autres réunions où des sentiments humains trouvent à se faire jour; la nuit a porté conseil sans doute; et puis la femme, cette sûre et fidèle conseillère de l'homme, a dit son mot; elle a rappelé à son seigneur et maître, que tous deux ils sont d'origine ouvrière, et que, s'ils ont acquis un bien-être, c'est un peu grâce à leurs braves ouvriers. Elle explique doucement que les suites d'une grève sont souvent fatales à tous; et enfin, elle ne voit pas pourquoi on n'essayerait pas de transiger, en offrant une certaine augmentation de salaire; ce qui, après tout calcul fait, ne serait pas leur ruine; qui sait s'il ne gagnerait pas davantage que précédemment, car si l'ouvrier est bien rétribué, il travaille davantage. Enfin, tous ses excellents raisonnements font revenir le mari de sa première idée; il promet qu'une modification sera proposée, et l'on arrive à une conciliation.

Pour clore les débats, disons-le en terminant : ce n'est pas ainsi que la chose devrait se passer. Il ne devrait y avoir emportement ni d'un côté ni de l'autre et surtout pas d'exagération.

Nous espérons et nous avons la profonde conviction que, dans un prochain avenir, la question des grèves se jugera plus raisonnablement; du jour que les grèves pourront avoir lieu, leur syndicat aura ses droits comme le commerce a les siens.

En attendant, nous sommes heureux de pouvoir constater que les grèves, tant bien que mal dirigées, ont eu pour effet d'apporter une sorte de bien-être à la grande famille.

Considérations générales sur les sociétés ouvrières alimentaires.

Depuis plusieurs années, dans les grands centres, des industriels dévoués ont essayé de développer chez la classe ouvrière le goût des sociétés alimentaires; tous les renseignements que nous avons puisés, au point de vue du bienfait que ces sociétés ont produit, sont excellents; cela se comprend facilement, car elles n'ont pour but qu'une chose, le bien-être de l'ouvrier. Ces sociétés se sont surtout développées à Paris, à Lyon et à Marseille. Leurs statuts varient; nous les avons tous examinés, mais, de notre avis et de celui de divers sociétaires, le mécanisme supérieur à tous les autres est le suivant : 200 ouvriers veulent former une société alimentaire, ils passent un acte de société par lequel ils ne se constituent que pour le délai d'un an. Le jour même de la formation de la société, chaque sociétaire verse entre les mains d'un trésorier responsable et nommé à la majorité par la société une somme de 20 francs ; vingt fois 200 nous donne 4,000 francs pour un nombre de 200 sociétaires ; ce chiffre est en numéraire. Toutefois chaque société s'organise à sa manière; elles peuvent se constituer en versant 5 francs, 20 francs ou 50 francs, peu importe; nous ne donnons ici qu'un exemple.

Voilà donc la nouvelle société à la tête d'une somme de 4,000 francs. Voici quel sera l'emploi de cette somme : premièrement, elle louera, autant que possible, au centre des sociétaires, un magasin au rez-de-chaussée, donnant sur une cour, afin que le loyer soit moins cher, plus une cave; elle ne passera bail que pour une année et elle paiera l'année entière de suite. Ces locaux coûteront à la société, pour l'année, 500 francs.

La société déléguera à la majorité un de ses membres pour remplir les fonctions suivantes : se rendre tous les matins à trois ou quatre heures, selon la saison et selon les villes, au magasin et y attendre l'arrivée de deux sociétaires ; ils se rendront tous trois aux halles centrales, si c'est à Paris, ou aux principaux marchés, si c'est dans d'autres villes; là, d'un commun accord, ils feront l'acquisition des denrées nécessaires. En cas de contestation, la majorité de deux voix l'emportera sur la troisième.

Aussitôt les acquisitions terminées, ils les feront rendre et se rendront eux-mêmes au magasin. Là, ils établiront un ordre du jour écrit, bien lisible, en rendant compte exactement de la qualité et du nombre; le chiffre du poids et de la mesure achetés, ainsi que le prix d'achat, et plus bas le prix de vente, qui sera le même que le prix d'achat.

Voici, du reste, un modèle de cet ordre du jour :

LA BIENVENUE

Société alimentaire.

SIÈGE DE LA SOCIÉTÉ : 15, RUE RAMBUTEAU.

Paris, le 28 novembre 1871.

ORDRE DU JOUR.

Achat.

250 kilog. pommes de terre, à	0,20 c.	50 fr.	» c.
100 litres haricots secs, à	0,30 c.	30	»
100 choux en bloc, le cent.		16	50
30 kilog. ognons, à	0,25 c.	7	50
30 d° riz, à.	0,50 c.	15	»
80 d° bœuf, à.	1 fr.	80	»
20 d° lard salé, à.	1,50 c.	30	»
TOTAL.		229 fr.	» c.

Taxe des denrées.

Pommes de terre, le kilog.	0 fr.	20 c.
Haricots secs.	0	30
Choux, 1er lot, 30 centimes pièce.	0	30
D° 2e d°, 20 d°	0	20
D° 3e d°, 10 d°	0	10
Ognons, le kilog.	0	25
Riz, d°	0	50
Bœuf, d°	1	»
Lard salé, d°	1	50

L'employé secrétaire,

J. BERNARD.

Les vérificateurs,

RICHARD, LEGUERRIER.

Cet ordre du jour sera affiché dans l'endroit le plus apparent du magasin, afin que chaque sociétaire venant acheter des denrées puisse en prendre connaissance. La société devra faire l'acquisition de vins, huile, vinaigre, etc., etc., en traitant directement avec les maisons les plus avantageuses; elle fera venir ses vins de la province même, et achetés dans les meilleures conditions possibles. En agissant ainsi, elle pourra avoir du vin à 0,45 centimes le litre, équivalent et même supérieur au vin de 80 centimes, ce qui se vend en détail dans le commerce. Les vins, les huiles et autres denrées seront livrés à prix coûtant; le secrétaire et l'employé dont nous avons désigné les fonctions seront tenus d'établir une comptabilité en règle, et jour par jour, des achats et ventes qui se feront; une indemnité de 50 à 60 francs par mois leur sera accordée; cette somme, quoique minime, leur sera suffisante, car ils ne seront tenus que jusqu'à 11 heures du matin; passé cette heure, le magasin sera fermé. Les associés s'entendront pour que deux parmi eux viennent à tour de rôle chaque matin au magasin accompagner l'employé pour les acquisitions. Ils pourront se relever tous les deux, quatre, six ou huit jours, selon qu'ils le désireront. Par exemple, l'employé arrivant au magasin à 3 heures du matin n'attendra les deux inspecteurs que pendant une heure; passé ce délai, si personne ne se présente, il partira seul faire ses acquisitions, et signalera dans son procès-verbal l'absence des inspecteurs.

Une fois la société constituée, aucun des sociétaires n'aura le droit de se retirer, quand même ses raisons seraient sérieuses, telles que, par exemple, le départ forcé d'une ville pour une autre. Enfin, qu'un des sociétaires ait profité ou non des bienfaits de la société, la somme qu'il aura versée sera acquise à cette dernière. Au bout d'une année, la société réglera ses comptes en assemblée générale, et reconnaîtra que sur la somme qu'elle a reçue il reste tant en caisse, formant une somme de tant à la disposition de chaque sociétaire. Ceux qui voudront se retirer, le pourront, et le montant de ce qui leur revient leur sera remis.

Si un certain nombre désire se reconstituer à nouveau, ils renouvelleront, pour une année, les statuts précédents, et pourront apporter dans leur nouvel acte telle modification qui leur paraîtra convenable.

Nous terminerons en disant que nous avons acquis la certitude que ces sortes de sociétés ont toujours porté leurs fruits. Ainsi, tel ménage qui dépense 5 francs par jour pour son alimentation achetée par les voies ordinaires, ne dépensera qu'environ 3 fr. 50 c. par le système des sociétés alimentaires.

Nous engageons donc beaucoup les ouvriers à essayer, et, nous en sommes certains, ils s'en trouveront bien.

Considérations générales sur les devis et marchés.

En fondant notre ouvrage, notre but a été de donner des renseignements utiles aux industriels, commerçants et propriétaires ; aussi, est-ce pour arriver plus sûrement à ce résultat que nous nous efforçons d'être clair. Nous souhaitons qu'on comprenne bien que les diverses parties que nous traitons sont véritablement utiles. Ainsi, tout ce qui touche aux devis et marchés est extrêmement précieux à connaître pour ceux qui s'occupent d'entreprises. Combien de contestations seraient évitées et de malheurs prévus, si chacun se rendait bien compte de la législation ! A ce point de vue, pour faciliter l'industriel ou le propriétaire à qui cette division est utile, nous avons réuni dans ce traité spécial tout ce qui a rapport aux devis et aux marchés ; de manière que le lecteur peut, dans un instant, se rendre compte de tout ce qui a rapport aux entreprises et aux constructions. Nous avons cru nécessaire de faire suivre nos observations particulières du texte même de la loi sur les devis et marchés.

Texte de la loi des devis et marchés.

1787. — Lorsqu'on charge quelqu'un de faire un ouvrage, on peut convenir qu'il fournira seulement son travail ou son industrie, ou bien qu'il fournira aussi la matière.

1788. — Si, dans le cas où l'ouvrier fournit la matière, la chose vient à périr, de quelque manière que ce soit, avant d'être livrée, la perte en est pour l'ouvrier, à moins que le maître ne fût en demeure de recevoir la chose.

1789. — Dans le cas où l'ouvrier fournit seulement son travail ou son industrie, si la chose vient à périr, l'ouvrier n'est tenu que de sa faute.

1790. — Si, dans le cas de l'article précédent, la chose vient à périr, quoique sans aucune faute de la part de l'ouvrier, avant que l'ouvrage ait été reçu, et sans que le maître fût en demeure de le vérifier, l'ouvrier n'a point de salaire à réclamer, à moins que la chose n'ait péri par le vice de la matière.

1791. — S'il s'agit d'un ouvrage à plusieurs pièces ou à la mesure, la vérification peut s'en faire par partie : elle est censée faite pour toutes les parties payées, si le maître paie l'ouvrier en proportion de l'ouvrage fait.

1792. — Si l'édifice, construit à prix fait, périt en tout ou en partie par le vice de la construction, même par le vice du sol, les architectes et entrepreneurs en sont responsables pendant dix ans.

1793. — Lorsqu'un architecte ou un entrepreneur s'est chargé de la construction à forfait d'un bâtiment, d'après un plan arrêté et convenu avec le propriétaire du sol, il ne peut demander aucune augmentation de prix, ni sous le prétexte de l'augmentation de la main-d'œuvre ou des matériaux, ni sous celui de changements ou d'augmentations faits sur ce plan, si ces changements ou augmentations n'ont pas été autorisés par écrit, et le prix convenu avec le propriétaire.

1794. — Le maître peut résilier, par sa seule volonté, le marché à forfait, quoique l'ouvrage soit déjà commencé, en dédommageant l'entrepreneur de toutes ses dépenses, de tous ses travaux et de tout ce qu'il aurait pu gagner dans cette entreprise.

1795. — Le contrat de louage d'ouvrage est dissous par la mort de l'ouvrier, de l'architecte ou entrepreneur.

1796. — Mais le propriétaire est tenu de payer en proportion du prix porté par la convention, à leur succession, la valeur des ouvrages faits et celle des matériaux préparés, lors seulement que ces travaux ou ces matériaux peuvent lui être utiles.

1797. — L'entrepreneur répond du fait des personnes qu'il emploie.

1798. — Les maçons, charpentiers et autres ouvriers qui ont été employés à la construction d'un bâtiment ou d'autres ouvrages faits à l'entreprise, n'ont d'action contre celui pour lequel les ouvrages ont été faits que jusqu'à concurrence de ce dont il se trouve débiteur envers l'entrepreneur, au moment ou leur action est intentée.

1799. — Les maçons, charpentiers, serruriers et autres ouvriers qui font directement des marchés à prix fait, sont astreints aux règles prescrites dans la présente section ; ils sont entrepreneurs dans la partie qu'ils traitent.

DEUXIÈME DIVISION

TRAITÉ EXPLIQUÉ

DES

DEVIS ET MARCHÉS

Des conditions indispensables au contrat des devis et marchés.

Les actes des devis et marchés doivent réciproquement engager les deux parties, c'est-à-dire qu'à l'exemple du vendeur et de l'acheteur, chacune des parties entend recevoir la valeur de ce qu'elle donne. Si, d'une part, l'entrepreneur veut qu'on lui paie le montant de son travail, de son côté le propriétaire tient à ne pas payer un prix supérieur à celui stipulé par le traité; il faut aussi, sous peine de nullité, que les devis soient réalisables; car la promesse de faire une chose impossible est nulle. Toutefois, cette impossibilité ne s'applique pas à des causes telles que : manque de fonds de la part de l'entrepreneur, ou bien encore incapacité; mais, par exemple, de s'engager à construire une maison de 1,500 mètres de hauteur, chose qui serait considérée comme une folie et annulerait le traité de devis et marché; ils peuvent être encore annulés par les causes suivantes : ainsi, la construction d'un établissement contraire aux lois et bonnes mœurs.

L'entreprise des travaux pouvant faciliter la contrebande, etc., etc., dans les devis et marchés le prix doit toujours être fixé approximativement; il pourrait survenir des désagréments graves si la différence était par trop grande, soit d'un côté, soit de l'autre, car ceci pourrait laisser à supposer que le traité est factice et que de secondes conventions secrètes existent; la mort de l'entrepreneur ou du propriétaire peut amener de mauvais résultats pour un traité qui serait fait dans des conditions anormales ; donc, l'intérêt des deux parties est de faire leur traité d'une manière sérieuse; toutefois, l'estimation peut subir un écart, mais il ne faut pas que cet écart soit trop considérable.

Des obligations qui émanent des devis et marchés.

Entre autres obligations que contracte l'individu qui entreprend une construction quelconque, on peut classer, en première ligne, celle de donner à son travail toute la solidité que prescrivent les règles de l'art, de se conformer dans ses travaux aux lois établies pour protéger l'intérêt des voisins ; il est tenu, en outre, de se conformer aux lois de police.

Un propriétaire, confiant la construction d'un bâtiment à un architecte ou à un entrepreneur, doit exiger qu'il donne une solidité suffisante aux travaux dont il a l'entreprise, cela dans son intérêt aussi bien que dans celui de la société ; car la sûreté publique veut que le passant ne soit pas exposé à être écrasé par l'éboulement d'une maison mal construite ; à cet effet, l'entrepreneur est tenu de s'assurer de la solidité du sol, de faire des fondations selon l'importance du bâtiment, de n'employer que des matériaux d'une qualité suffisamment bonne. Si l'entrepreneur, par ignorance ou par mauvaise foi, n'exécutait pas tout ce que prescrit la loi et les règles de son art, et que, par suite de ce calcul ou de cette ignorance, il arrive des accidents, il en est incontestablement responsable, tant vis-à-vis de la société que du propriétaire. L'intérêt de l'entrepreneur est d'être sévère et attentif envers ceux qui lui fournissent les matériaux ou qui travaillent pour lui. Du reste, quand un entrepreneur est véritablement honnête et sérieux, c'est-à-dire qu'il y regarde à deux fois avant de signer un traité, il est bien rare, dans ce cas, qu'il lui arrive du désagrément.

De la garantie du propriétaire contre l'entrepreneur.

Comme il est dit dans l'article 1792 (page 335), l'entrepreneur est responsable de son travail pendant dix ans ; si, avant cette époque, le bâtiment s'effondrait, en tout ou en partie, il serait responsable, quand même cet effondrement, total ou partiel, proviendrait d'un vice du sol. L'entrepreneur doit donc, dans son intérêt, s'assurer sérieusement si le sol est capable, sans des travaux extraordinaires, de supporter la construction. En cas de vice de cette construction, l'entrepreneur ne pouvant pas alléguer que la faute provient d'un ou de plusieurs de ses ouvriers, puisque seul il est responsable aux yeux de la loi, il doit par conséquent surveiller souvent et attentivement afin que ses ordres soient exactement suivis. Il est utile que l'entrepreneur comprenne bien que cette garantie de dix années auprès du propriétaire s'applique uniquement aux travaux faits consciencieusement ; mais si l'entrepreneur a trompé le propriétaire de manière à ce qu'il soit impossible à celui-ci de s'en apercevoir, dans ce cas, le recours du propriétaire contre l'entrepreneur peut avoir lieu même trente ans moins un jour à partir du jour de la découverte de la fraude ; ces sortes de dols de la part de l'entrepreneur peuvent avoir diverses causes. Ainsi, un propriétaire commande pour la façade de son bâtiment un mur en pierres de taille ou en marbre; eh bien, si l'entrepreneur met, pour tromper la vue, des marbres ou des pierres de taille sur champ et qui laissent au milieu un creux qu'il remplit avec des matériaux inférieurs, cette action est une fraude que le propriétaire a toujours le droit de poursuivre; et quand même ce mur fraudé n'aurait jamais menacé de s'écrouler, serait-il constaté que la solidité du mur est supérieure à la pierre de taille ou au marbre, comme le propriétaire l'aurait commandé, cette action n'atténuerait nullement la fraude pour les dix années pendant lesquelles les entrepreneurs garantissent leurs travaux, à partir du jour de la livraison du bâtiment qu'ils ont entrepris, qui peut se faire de diverses manières, soit par un rapport d'expert, soit simplement par la remise des clefs au propriétaire.

L'intérêt de l'entrepreneur veut qu'il retire une déclaration du propriétaire, datée et signée. Cette déclaration doit être précieusement conservée par l'entrepreneur; car, si quelques jours après le délai de dix années, cette construction venait à s'écrouler, muni de sa déclaration, il prouverait que l'expiration de dix années a eu lieu tel jour. L'entrepreneur doit donc, dans son intérêt, quand le tout est terminé, en faire reconnaître la livraison au plus tôt, attendu que la garantie ne part, pour la période de dix années, que du jour de la livraison.

Comment le propriétaire doit exercer sa garantie contre l'entrepreneur.

Quand, avant le délai de dix années arrivé, il survient un accident à la construction que le propriétaire a fait faire, son premier soin est de faire constater par expert les causes de l'accident, les moyens de le réparer et d'évaluer le montant des travaux à faire. Ces précautions prises, le propriétaire a un délai de trente ans pour attaquer l'entrepreneur. Toutefois, il doit, sous peine de perdre ses droits vis-à-vis de l'entrepreneur, suivre les règles suivantes : 1° ne pas faire faire la restauration de l'accident avant la décision du jugement, sauf le cas où un jugement provisoire autorise le propriétaire, ou même lui ordonne de faire tels travaux de consolidation dans l'intérêt de la sûreté publique des voisins ou du propriétaire lui-même. Dans ce cas, il ne devra faire que les travaux désignés par le jugement provisoire; 2° si le propriétaire doit de l'argent à l'entrepreneur, il ne doit pas lui en remettre le montant avant que le jugement soit prononcé, à moins cependant qu'il retire de l'entrepreneur une quittance dans laquelle l'accident arrivé à la construction est expliqué et l'intention qu'a le propriétaire de se réserver tous dommages et intérêts relatifs à cet accident quand il est arrivé à une maison.

Le propriétaire n'est pas tenu de faire restaurer par l'entrepreneur de cette maison; le jugement estime que tel accident cause un préjudice de 10,000 francs au propriétaire et condamne l'entrepreneur à verser cette somme audit propriétaire; celui-ci est libre de faire faire la restauration par qui bon lui semble, et même de ne pas la faire faire si cela lui plaît.

Considérations sur les lois du voisinage et les règlements de police.

Tout individu, entreprenant une construction quelconque, est non-seulement tenu à construire dans de bonnes conditions, mais encore il est tenu de se conformer aux lois du voisinage et de la police; et, en cas de contestation, son ignorance de la loi à ce sujet ne pourrait être une excuse aux yeux des juges. Ainsi, pour les alignements, il doit puiser des renseignements auprès des autorités civiles. Il est des cas où des contre-murs sont utiles; par exemple : pour le curage d'un puits, d'une fosse d'aisance. Or, si de l'omission de ces précautions résulte un dommage, l'entrepreneur en est responsable. La vue des balcons exige de la part de l'entrepreneur beaucoup de précautions. Il est obligé de suivre exactement les distances; car, dans le cas contraire, le voisin pourrait l'attaquer pour les fondations d'un mur mitoyen; l'entrepreneur ne doit le tracer qu'après que les deux propriétaires sont d'accord sur l'alignement. Enfin, pour tout ce qui concerne les règlements de police, l'entrepreneur doit les suivre strictement, quand même le propriétaire ne lui en ferait pas l'observation. Ainsi, les règlements de police défendent de poser les âtres de cheminée sur des pièces de bois, et qu'aucun bois ne traverse la cheminée. Nous engageons les entrepreneurs à se mettre bien en règle pour toutes ces questions, car elles ont une importance très-grand. Ainsi, si le feu prend à une maison par suite d'une mauvaise construction de cheminée, dans ce cas, l'entrepreneur est responsable du dommage occasionné au propriétaire et même aux voisins.

Des architectes. — Leurs plans et devis. — Leurs attributions. — Leur responsabilité.

Le propriétaire qui fait construire peut, suivant le genre du bâtiment qu'il désire faire ériger, se servir ou ne pas se servir d'architecte. Ainsi, pour la construction d'une simple maison d'habitation, bien des propriétaires dressent eux-mêmes leur plan et le font exécuter par leur entrepreneur; il n'en est pas de même pour un monument ou une maison importante ; dans ce cas, un architecte est, pour ainsi dire, indispensable ; son rôle consiste à dresser les plans, à les discuter et les expliquer au propriétaire, et ensuite à les faire exécuter par l'entrepreneur. Sa surveillance, pour tout ce qui concerne la construction qu'il dirige, doit être suivie ; car il est responsable auprès du propriétaire de la défectuosité qui pourrait exister dans les travaux qu'il dirige. Ainsi, le propriétaire est pour ainsi dire obligé d'avoir une confiance aveugle dans son architecte, attendu qu'il n'a pas les connaissances nécessaires pour reconnaître la défectuosité qui peut exister dans un plan qu'il approuvera.

Ainsi, par exemple, si avant un délai de dix ans la construction que l'architecte a dirigée venait à s'écrouler en tout ou en partie, les experts doivent décider si cet écroulement provient d'un défaut du plan de l'architecte, soit à cause d'un mur ne portant pas d'aplomb ou par la rupture de certaines pièces de bois jugées trop minces, ou enfin, par toute autre cause ; dans ces divers cas, l'architecte est formellement responsable auprès du propriétaire des divers dommages que l'écroulement aura fait subir à sa propriété. Au cas où le plan de l'architecte n'aurait pas été suivi de point en point, et où le propriétaire aurait apporté lui-même ou fait apporter par un tiers des changements à ce plan et sans le consentement de l'architecte, dans ce cas, le propriétaire perdrait son droit vis-à-vis de l'architecte ; car on pourrait supposer que ce sont précisément ces changements qui ont occasionné l'écroulement.

Il est donc de l'intérêt du propriétaire, quand il se sert d'un architecte, de ne rien changer au plan de ce dernier sans son consentement, et ensuite il peut exiger que ce plan soit signé par l'architecte et qu'il lui soit remis (à lui, propriétaire) pour, en cas d'un malheur arrivé à son bâtiment, s'en servir pour établir son droit.

TROISIÈME DIVISION

CONSIDÉRATIONS GÉNÉRALES

SUR

L'ARPENTAGE, LE CUBAGE, LE JAUGEAGE

Et la division des Terrains. — Cadastre, etc.

De nos jours l'arpentage, comme bien d'autres sciences, tend à se vulgariser, car on commence à s'apercevoir que cette science est indispensable à connaître, surtout pour les artisans, les fermiers, les propriétaires, etc. Notre but, en traitant cette partie, est simplement d'amener tout homme possédant un champ, un pré, une vigne, à pouvoir les mesurer et se rendre ainsi compte par lui-même de l'étendue des terrains. Nous ne pensons pas trop nous avancer en disant que nous croyons avoir atteint ce but; car nous nous sommes attaché à expliquer cette science d'une manière claire, afin que tout individu, sans être arpenteur, pût facilement et avec précision mesurer un champ. Beaucoup de procès ont eu lieu, auxquels on pourrait donner pour cause l'ignorance de l'arpentage; car pour les questions de bornage, de cadastre, pour pouvoir s'en rendre un compte fidèle, il est indispensable de recourir à l'arpentage; d'un autre côté, par l'ignorance de cette science, un cultivateur peut tous les jours se voir lésé dans ses intérêts : ainsi, pour l'achat d'une propriété, il devra s'en rapporter à un géomètre dont il ignore les capacités, et qu'il ne pourra pas vérifier après lui; il en est de même pour un particulier désirant vendre telle ou telle propriété; s'il est à même de se rendre compte de son étendue, il pourra parfois la vendre un prix supérieur, pouvant assurer à l'acquéreur que sa propriété contient tant de mètres superficiels. Ne voit-on pas tous les jours dans nos campagnes, des propriétés réputées contenir telle mesure, dont l'estimation et l'étendue, qui remontent parfois à plusieurs siècles, sont absolument fausses? En cas de doute et quand cela est nécessaire, l'individu qui sait mesurer peut se rendre un compte exact et fidèle de la superficie de tel ou tel terrain, et ce n'est qu'alors qu'il peut agir en connaissance de cause.

Dans les partages des familles, la connaissance de l'arpentage est encore quelque chose de précieux, car non-seulement on s'évite des frais énormes occasionnés par les arpenteurs, mais encore on est plus sûr de ce que l'on fait, vu qu'on met tout le temps nécessaire pour ne pas se tromper, et cela d'autant mieux qu'on est grandement intéressé dans l'affaire. En admettant, ce qui arrive assez souvent du reste, que la famille désire avoir un géomètre pour le partage de ses biens, c'est toujours une bonne chose de pouvoir vérifier si le géomètre ne s'est pas trompé. Il est également très-utile pour le possesseur de biens de pouvoir se rendre compte par lui-même s'il ne paye pas trop d'impôts ; il ne peut là encore en être sûr qu'en sachant la contenance de ses terres, et s'il s'est glissé une erreur, il est à même de pouvoir la rectifier.

Enfin, absolument à tous les points de vue, l'arpentage est une chose indispensable à connaître pour toute personne possédant du terrain ou en louant ; c'est pour ces divers motifs, que nous ne saurions trop engager les cultivateurs et toutes les personnes dont nous avons parlé ci-dessus à ne pas négliger ces connaissances, car d'elles, souvent, peuvent dépendre leurs intérêts et leur tranquillité.

Nous devons, en outre, essayer de persuader à nos lecteurs que cette science n'est pas aussi difficile à apprendre qu'on pourrait le supposer, car avec un peu d'intelligence et de bonne volonté, muni de notre traité, on pourra facilement acquérir, en peu de temps, tout ce qu'il est nécessaire de savoir à ce point de vue.

Destinant ce traité aux personnes qui ont besoin de connaître l'arpentage, et non à celles qui en font leur profession, nous nous sommes efforcé de le rendre clair et précis ; nous l'avons donc dégagé de tous termes techniques qui ne servent qu'à rendre un livre incompréhensible, nous n'avons pas voulu non plus donner une trop grande quantité de solutions, parce que cela encore ne sert qu'à embrouiller le lecteur. D'après toutes les recherches que nous avons faites sur les divers traités d'arpentage, nous sommes forcés d'avouer que tous les traités faits jusqu'à ce jour ne pouvaient, en aucune manière, apprendre l'arpentage à un individu quelconque, si cet individu n'avait déjà des notions de cette science.

Tout ce qui a été écrit sur ce sujet, a été écrit pour servir à ceux qui faisaient leur profession de l'arpentage ; c'est pour ce motif que ces divers traités n'ont rendu aucun service au simple particulier, ne voulant pas faire sa profession de l'arpentage, mais reconnaissant qu'il lui serait très-utile d'en connaître les éléments, afin qu'il puisse mettre cette science en pratique pour son usage personnel. Reconnaissant donc qu'il y a un vide à combler à ce point de vue, nous nous sommes efforcé de le combler, et pour atteindre plus facilement ce but, nous avons tenu à donner au lecteur des exemples clairs et précis, afin qu'il lui fût facile de se rendre un compte exact de cette science, et qu'il puisse avec un peu d'attention distinguer chaque pièce de ce mécanisme qui, du reste, est d'une grande simplicité ; car si cette science n'a pas été rendue vulgaire à l'égal de bien d'autres, la faute en est aux auteurs qui ont fait des traités pour ainsi dire impossibles à comprendre. La plupart ont donné dans leur traité cinquante fois plus d'exemples qu'il n'en fallait, et cela, presque toujours, pour arriver à former de ce tout un volume énorme parfois, mais ne pouvant rendre aucun service, par son manque de clarté.

Des lignes.

Une ligne est une figure qui n'a qu'une dimension : la longueur.

La ligne droite est celle dont tous les éléments sont dans la même direction. (*a b*, fig. 1.)

La ligne courbe est celle dont les éléments changent à chaque instant de direction. (*c d*, fig. 2.)

La ligne brisée est celle qui est composée de lignes droites de directions différentes. (*a b c d e*, fig 3.)

Des lignes droites sont parallèles lorsque, situées dans un même plan, elles ne peuvent se rencontrer si loin qu'on les prolonge (*a b c d e f*, fig. 4.)

Deux lignes sont concourantes lorsqu'elles tendent à se rencontrer. (*a b c d*, fig. 5.)

Un angle est l'écartement de deux lignes qui se coupent. (*a c d*, fig. 6.)

La grandeur d'un angle ne dépend pas de la longueur des côtés, mais de leur écartement.

Les deux lignes sont dites perpendiculaires et les angles sont droits. (*c d e*, fig. 7.)

On distingue plusieurs espèces d'angles : 1° l'angle droit ; 2° l'angle aigu ; 3° l'angle obtus.

L'angle droit est celui dont les côtés sont perpendiculaires l'un sur l'autre. (*a o c*, fig. 8.)

L'angle aigu est plus petit que l'angle droit. (*a b o*, fig. 9.)

L'angle obtus est plus grand que l'angle droit. (*a o m*, fig. 10.)

Une circonférence est une ligne courbe fermée, dont tous les points sont également distants d'un point intérieur C qu'on appelle centre (*a b c d*, fig. 11.)

Un rayon est une droite qui joint le centre C à un point quelconque de la circonférence.

Un diamètre est une droite qui passe par le centre et se termine de part et d'autre à la circonférence ; il est le double du rayon.

Des surfaces.

Une surface est une figure qui a deux dimensions : la longueur et la largeur.

Toutes les surfaces sont des cercles ou des polygones.

Le cercle est la surface renfermée dans une circonférence. (Fig. 12.)

Un polygone est une surface limitée par plusieurs lignes droites qui se coupent. Le périmètre ou contour du polygone est la somme de ses côtés.

Un polygone est régulier quand ses angles sont égaux ainsi que ses côtés; dans le cas contraire, il est irrégulier. (*a b c d e f*, fig. 13.)

Le rayon d'un polygone régulier est une ligne droite qui va du centre O à un sommet quelconque A.

L'apothème est la perpendiculaire abaissée du centre O sur un côté quelconque A.

On distingue plusieurs espèces de polygones:

Le triangle est un polygone de 3 côtés.
Le quadrilatère — 4 —
Le pentagone — 5 —
L'hexagone — 6 —
L'heptagone — 7 —
L'octogone — 8 —

Etc., etc., etc.

Des triangles.

La hauteur d'un triangle est la perpendiculaire abaissée du sommet sur le côté opposé, qui prend alors le nom de base. On peut prendre pour basé un côté quelconque. (*a b c d*, fig. 14.)

Il y a plusieurs espèces de triangles; les plus remarquables sont: 1° le triangle équilatéral; 2° le triangle isocèle; 3° le triangle rectangle.

Le triangle équilatéral est celui dont les angles sont égaux ainsi que les côtés. (Fig. 15.)

Le triangle isocèle est celui qui a deux angles égaux, les côtés opposés à ces angles sont aussi égaux. (Fig. 16.)

Le triangle rectangle est celui qui a un angle droit ; le côté opposé à cet angle s'appelle hypothénuse. (Fig. 17.)

Des quadrilatères.

Le carré est un quadrilatère qui a ses côtés égaux ainsi que ses angles. (Fig. 18.)

Le rectangle est un quadrilatère qui a ses côtés opposés égaux et parallèles deux à deux, et ses angles droits. (Fig. 19.)

Le parallélogramme est un quadrilatère qui a ses côtés opposés égaux et parallèles deux à deux, mais ses angles ne sont pas droits. (Fig. 20.)

Le losange est un quadrilatère qui a ses quatre côtés égaux et parallèles deux à deux, mais ses angles ne sont pas droits. (Fig. 21.)

Le trapèze est un quadrilatère qui a deux côtés opposés parallèles. Ces côtés s'appellent bases.

La hauteur d'un parallélogramme est la perpendiculaire abaissée d'un côté sur le côté opposé.

La hauteur d'un trapèze est la perpendiculaire abaissée d'une base sur l'autre. (Fig. 22.)

Manière de trouver la longueur d'une circonférence.

On trouve la longueur d'une circonférence en multipliant le diamètre par 3,1416.

Si, par exemple, le diamètre d'une circonférence est 1m40, je multiplie 1m40 par 3,1416 et j'obtiens 4m40 pour la longeur de la circonférence. (Fig. 23.)

MANIÈRE DE S'Y PRENDRE POUR ARPENTER ET DESCRIPTION DES INSTRUMENTS NÉCESSAIRES.

L'arpentage est l'art de mesurer les terrains.

Il est besoin pour arpenter d'avoir des jalons, des fiches, une chaîne d'arpenteur et une équerre d'arpenteur.

Des jalons.

Les jalons sont des piquets de bois bien droits que l'on plante en terre aussi verticalement que possible pour limiter ou déterminer les lignes qu'on trace sur le terrain. Ils portent à leur extrémité supérieure une fente destinée à recevoir un papier blanc qui puisse être vu de loin.

Des fiches.

Les fiches, au nombre de dix, sont ordinairement de gros fils de fer de 50 centimètres, pointus à une extrémité et recourbés à l'autre. Elles sont destinées à marquer le point où aboutit l'extrémité de la chaîne lorsqu'on arpente.

De la chaîne d'arpenteur.

La chaîne d'arpenteur est destinée à mesurer les lignes sur le terrain; elle a une longueur de dix mètres; elle est divisée de mètre en mètre par des anneaux en cuivre.

Chaque mètre contient cinq chaînons de chacun 20 centimètres de longueur. L'anneau du milieu est plus grand que les autres. Elle est terminée, à chaque extrémité, par une poignée qui compte dans sa longueur.

De l'équerre d'arpenteur.

L'équerre d'arpenteur est destinée à tracer des droites sur le terrain et à élever des perpendiculaires sur ces droites. C'est une boîte de cuivre ordinairement à huit pans, terminée par une douille dans laquelle on introduit un piquet ferré appelé bâton d'équerre, que l'on enfonce verticalement en terre lorsqu'on opère. Sur chaque pan de l'équerre est une fente appelée *pinnule* qui permet avec celle du pan opposé de viser les objets placés à une certaine distance. Quatre des pinnules sont moitié pinnules et moitié fenêtres; elles sont disposées de telle manière que la fenêtre d'un pan correspond à la pinnule du pan opposé. Chaque pinnule est garnie d'un crin très-fin qui la divise verticalement en deux parties égales. On fait toujours les observations par les pinnules.

MANIÈRE DE SE SERVIR DES INSTRUMENTS D'ARPENTAGE.

Vérification de l'équerre.

Pour vérifier si une équerre est bonne, on la plante verticalement sur le terrain, on vise par deux pinnules opposées et on fait planter assez loin un jalon dans cette direction. On opère de même pour les deux autres pinules sans déranger l'équerre. Cela fait, on fait tourner l'équerre jusqu'à ce qu'on puisse apercevoir le premier jalon par les deux dernières pinnules employées; si l'équerre est bonne, on doit apercevoir le deuxième jalon par les deux pinnules dont on s'est servi en premier lieu.

MANIÈRE DE TRACER UNE LIGNE DROITE SUR LE TERRAIN.

Pour tracer une droite sur le terrain, on plante l'équerre à l'une des extrémités de la droite, et on la fait tourner jusqu'à ce qu'on aperçoive un jalon planté à l'avance à l'autre extrémité; on fait alors planter d'autres jalons dans cette direction, plus ou moins selon la longueur de la ligne.

MANIÈRE DE MESURER UNE LIGNE DROITE SUR LE TERRAIN.

L'aide-arpenteur, ou porte-chaîne, prend les dix fiches de la main gauche, prend une poignée de la chaîne dans la droite et s'avance dans la direction tracée. Il ne doit pas trop tendre sa chaîne, car il pourrait la rompre; d'ailleurs la longueur de 1 centimètre qu'on lui donne ordinairement en plus compense le raccourcissement produit par la courbure. L'arpenteur a soin de faire signe à l'aide s'il doit aller à droite ou à gauche pour se trouver parfaitement dans la direction des jalons. Lorsque la chaîne est suffisamment tendue, l'aide plante une fiche, avance et continue ainsi. Lorsque ses dix fiches sont épuisées, il attend l'arpenteur qui marque sur son carnet 10 (la longueur de 10 décamètres se nomme portée), et remet les dix fiches à l'aide. On continue de la même manière jusqu'à ce que la ligne soit mesurée.

MANIÈRE DE MENER UNE PERPENDICULAIRE A UNE DROITE SUR LE TERRAIN.

Il y a deux cas à considérer :

Premier cas. — D'un point situé sur une droite, élever une perpendiculaire à cette droite.

On plante l'équerre à la place du jalon qui marque le pied de la perpendiculaire, de manière à apercevoir les jalons placés aux deux extrémités de la ligne par deux pinnules opposées. On vise ensuite par les deux pinnules qui sont à angle droit avec les premières, et on fait planter un ou plusieurs jalons dans cette direction.

Deuxième cas. — Abaisser d'un point extérieur à une droite une perpendiculaire sur cette droite.

L'arpenteur tâtonne et cherche sur la ligne un point d'où il puisse apercevoir, par deux pinnules, les extrémités de la ligne et par les pinnules à angle droit avec les premières, le point extérieur. Avec un peu d'habitude on trouve promptement ce point; on y plante un jalon et on a ainsi la perpendiculaire demandée.

Dans quelques cas simples on peut se servir, pour mesurer les lignes, d'une perche de longueur connue, et pour élever les perpendiculaires, d'un cordeau. On a par ce dernier moyen deux cas à examiner, comme avec l'équerre.

Premier cas. — On plante sur la ligne deux piquets à égale distance du point donné, on prend un cordeau plus long que la distance de ces deux piquets, on en prend le milieu; on fixe chacune de ses extrémités au pied de ces piquets, puis, prenant le milieu du cordeau, on s'éloigne jusqu'à ce que les deux moitiés soient suffisamment tendues; on plante un piquet au point où l'on s'arrête, et on a la perpendiculaire demandée.

Deuxième cas. — On prend un cordeau dont on fixe une extrémité au point donné, puis on s'éloigne en tendant le cordeau. On cherche sur la ligne le point dont la distance au point donné est la plus petite possible. On y plante un piquet et on a ainsi la perpendiculaire demandée.

Il faut qu'avant d'attaquer l'arpentage proprement dit, les conseils que nous venons de donner soient parfaitement connus, et se rappeler que par l'extrémité d'une ligne, nous entendons le jalon qui la limite, et par point, le jalon qui le détermine.

Manière de mesurer les surfaces.

Le système métrique dont l'usage est si facile, est assez connu maintenant pour que nous nous dispensions d'exprimer les résultats autrement qu'en hectares, ares et centiares. Nous rappellerons d'abord qu'il faut cent centiares au mètre carré pour faire un are, et cent ares pour faire un hectare.

Nous allons donner les règles pour trouver la surface des différentes figures :

Triangle. — On trouve la surface d'un triangle en multipliant la base par la hauteur et prenant la moitié du produit.

Carré. — On trouve la surface d'un carré en multipliant le côté par lui-même.

Rectangle. — On trouve la surface d'un rectangle en multipliant la base par la hauteur.

Parallélogramme. — On trouve la surface d'un parallélogramme en multipliant la base par la hauteur.

Trapèze. — On trouve la surface d'un trapèze en additionnant les deux bases, prenant la moitié de la somme et multipliant cette moitié par la hauteur.

Quadrilatère quelconque. — On trouve la surface d'un quadrilatère quelconque en le divisant en deux triangles, cherchant la surface de chaque triangle et les additionnant.

Polygone régulier. — On trouve la surface d'un polygone régulier en multipliant le périmètre par la moitié de l'apothème.

Polygone quelconque. — On trouve la surface d'un polygone quelconque en le décomposant en triangle et en trapèze, cherchant la contenance de chaque surface partielle et les additionnant.

Surface terminée par une ligne courbe. — On trouve la contenance d'une surface terminée par une ligne courbe en la décomposant en trapèze et en triangles s'il y a lieu, cherchant la contenance de chaque partie et les additionnant.

Manière de mesurer un champ triangulaire A B C.

J'abaisse du sommet la perpendiculaire sur la base, je mesure ces deux lignes, je trouve pour la base 65m30 et pour la longueur ou hauteur 112m40. Je multiplie ces deux nombres, je trouve en forçant 7,340m09, je prends la moitié de ce produit et j'ai 3670 mètres carrés ou 36 ares 70 centiares. (*a b c d,* fig. 24.)

Manière de mesurer un champ rectangulaire A B C D.

Je mesure la base A B et la hauteur B C, je trouve que la base A B contient 285m 70 et la hauteur ou longueur B C, 87m 20, je multiplie ces deux nombres et je trouve 24,627 mètres carrés ou 2 hectares 46 ares 27 centiares. (*a b c d,* fig. 25.)

Manière de mesurer un champ A B C D qui a la forme d'un parallélogramme.

D'un point quelconque E de A B, j'élève la perpendiculaire E F à cette ligne, je mesure ces deux lignes, je trouve pour A B 132m40 et pour E F 43 mètres. Je multiplie ces deux nombres et j'obtiens 5,693m90 ou 56 ares 93 centiares. (*a b c d e f,* fig. 26.)

Manière de mesurer un terrain A B C D qui a la forme d'un trapèze.

D'un point quelconque E de A B, j'élève une perpendiculaire E F sur l'autre base C D, je mesure les bases A B et C D et la hauteur E F, je trouve pour A B 329m50, pour C D 150m80 et pour F E 103m30, j'additionne 329m 50 et 150m 80, je trouve 480m30. Je prends la moitié de ce nombre, j'ai 240m 15 que je multiplie par la hauteur 103m 30. Le produit exprime la surface de2 hectares, 48 ares, 07 centiares. (*a b c d e f,* fig. 27.)

Manière de mesurer un champ A B C D qui a la forme d'un quadrilatère quelconque.

Je jalonne une ligne qui joint deux sommets opposés, B et D par exemple; mon champ est alors divisé en deux triangles. Des deux autres sommets A et C, j'abaisse les perpendiculaires A E et C F sur B D, je mesure ces trois lignes, je trouve que B D égale 215m20, A E 80m 50, C F

180m 70; j'additionne les deux hauteurs 80m 50 et 180m 70, j'ai 261m 20 que je multiplie par la diagonale B D; j'obtiens le produit de 56,210 dont je prends la moitié et j'obtiens la surface du champ, 28,105 mètres carrés ou 2 hectares 81 ares 05 centiares. (*a b c d e f*, fig. 28.)

Manière de mesurer un champ de plus de quatre côtés.

Il y a deux manières d'opérer, nous allons les faire connaître successivement :

1re *Méthode*. — Soit à mesurer le champ A B C D E F.

Je tire une diagonale A D par exemple, puis des sommets B C E F, j'abaisse les perpendiculaires B C, C H, E J, F I sur A D; mon champ se trouve ainsi divisé en 4 triangles et 2 trapèzes.

Je cherche la surface de chaque triangle et de chaque trapèze comme on l'a vu page 349, j'additionne tous mes résultats et j'ai la surface totale. En supposant que mon champ ait pour dimensions les nombres écrits sur la figure, j'aurai :

Surface ABC	égale	1,132 m. q.	5
— BGHC	—	6,913 —	2
— DHC	—	4,345 —	6
— DEJ	—	4,150 —	8
— EJIF	—	7,429 —	4
— FIA	—	3,416 —	3

Surface ABCDEF égale. . . . . . . 27,387 m. q. 7 ou 2 hectares 73 ares 87 centiares . (*a b c d e f g*, fig. 29.)

2e *Méthode*. — Soit à mesurer le champ ABCDE.

D'un sommet quelconque, A par exemple, je mène les diagonales AC et AD ; mon champ est ainsi divisé en trois triangles. Du sommet B j'abaisse A, la perpendiculaire BF sur AC et des sommets C et E les perpendiculaires CG sur EH sur AD. Cela fait, je mesure les lignes AC, BF, AD, CG, EH et je cherche la surface de chacun des trois triangles entre lesquels j'ai divisé mon champ. Je fais la somme des surfaces partielles et j'ai la surface demandée.

Si mon champ a pour dimensions les nombres écrits sur la figure, j'aurai :

Surface ABC	égale.	1,422 m. q.	9
— ACD	—	14,326 —	0
— ADE	—	3,945 —	1

Surface ABCDE égale . . . 19,694 m. q. 0 ou 1 hectare 96 ares 94 centiares, (*a b c d e f g h*, fig. 30.)

Manière de trouver la surface d'un pré terminé par une rivière.

Des points E, F, G où la courbure est le plus sensible, j'abaisse les perpendiculaires EH, FI, GJ sur la base. Cela fait, je peux considérer les différentes lignes de E, EF, FG, et alors les différentes parties, etc., entre lesquelles j'ai divisé mon pré sont des trapèzes dont les bases sont DA, EH, etc., et les hauteurs, AH, H, etc. Je cherche la contenance de chaque trapèze, je fais la somme des différentes surfaces partielles pour avoir la surface totale. En supposant que mon pré ait pour dimensions les nombres écrits sur la figure, j'aurai :

Première surface, égale . .		288	m. q.	96
Deuxième —	— . .	1,182	—	00
Troisième —	— . .	1,112	—	40
Quatrième —	— . .	809	—	46

Total des surfaces, égale. 3,392 m. q. 82 ou en forçant, 33 ares 93 centiares, (*a b c d*, fig. 31.)

Manière de trouver la surface d'un bois (ABCDEFG), dans lequel on ne peut pénétrer.

J'entoure mon bois d'une surface facilement mesurable, du rectangle par exemple, je cherche la surface du rectangle et la surface des triangles et du trapèze qui ne font pas partie du bois, en retranchant la somme de ces trois dernières surfaces de la surface du rectangle. J'ai la surface du bois. En supposant qu'il ait pour dimensions les longueurs écrites sur la figure, j'aurai :

La surface du rectangle égale . .	116,499	m. q
Celle du premier triangle	6,762	—
Celle du trapèze	12,414	—
Celle du deuxième triangle . . .	39,866	—
Et la surface extérieure au bois .	39,042	—

La surface du bois égale, supposons, 116,499 m. q. moins 39,042 m. q. ou 7,7457 mètres carrés, ou mieux 7 hectares 74 ares 57 centiares.

Si l'on avait à trouver la surface d'une pièce d'eau irrégulière, d'un étang, par exemple, on ferait une opération analogue, (*a b c d e f g*. fig. 32.)

Manière de trouver la surface d'un cercle.

Soit, par exemple, à trouver la surface d'une table ronde ayant 47 de diamètre. Je prends la moitié du diamètre pour avoir le rayon 0,85 ; je multiplie ce rayon par lui-même ; autrement dit, j'en fais le carré ; j'obtiens 0,7225 que je multiplie par 3,1416 et j'obtiens 2 mètres carrés pour la surface demandée. (Fig. 33.)

DU CUBAGE.

Notions préliminaires.

Un volume ou solide est ce qui a trois dimensions : longueur, largeur, hauteur ou épaisseur.

Parmi les solides, les plus remarquables sont le *prisme*, le *cylindre*, la *pyramide*, le *cône*, la *sphère*.

Le *prisme* est un solide dont les deux extrémités sont des polygones égaux et parallèles et les faces des parallélogrammes ou des rectangles. C'est un volume qu'on retrouve presque partout.

Les *bases* sont les deux polygones dont nous avons parlé et sa *hauteur* la perpendiculaire abaissée d'une base sur l'autre. Un mur ordinaire, une solive, un carreau, sont des prismes. (Fig. 34.)

Le *cylindre* est un volume engendré par la révolution d'un rectangle tournant autour d'un de ses côtés. Ses *bases* sont les cercles décrits par les deux côtés parallèles et mobiles du rectangle. Sa *hauteur* est la perpendiculaire abaissée d'une base sur l'autre. Un rouleau, un tuyau de poële sont des cylindres. (Fig. 35.)

La *pyramide* est un volume limité d'une part par un polygone qui est sa *base*, et, d'autre part, par une suite de triangles ayant pour base les côtés de la base de la pyramide et pour sommet un point commun nommé sommet de la pyramide. (Fig. 36.)

Un *tronc de pyramide* est la partie de la pyramide qui reste lorsqu'on enlève la partie supérieure coupée par un plan parallèle à la base. (Fig. 30.)

Le *cône* est un volume engendré par la révolution d'un triangle rectangle tournant autour d'un des côtés de l'angle droit. Sa *base* est le cercle décrit par le côté mobile de l'angle droit du triangle rectangle et sa *hauteur* est la perpendiculaire abaissée du sommet sur la base. (Fig. 38.)

Un *tronc de cône* est la partie du cône qui reste lorsqu'on ënlève la partie supérieure coupée par un plan parallèle à la base. Sa *hauteur* est la perpendiculaire abaissée d'une base sur l'autre.

La *sphère* est un solide engendré par la révolution d'un demi-cercle tournant autour de son diamètre ; tous les points de la surface d'une sphère sont également distants d'un point intérieur qu'on nomme *centre*.

Un *rayon* est une ligne droite qui va du centre à un point quelconque de la surface de la sphère.

Un diamètre est une ligne qui passe par le centre et aboutit de part et d'autre à la surface de la sphère.

REMARQUES.

Lorsque toutes les faces d'un prisme sont des rectangles, le prisme est un *parallélipipède rectangle,* et si les faces sont des carrés, il est un *cube.*

Manière de trouver le volume des différents corps.

De même que nous avons exprimé les surfaces en hectares, ares et centiares, de même nous exprimerons les volumes en mètres cubes, décimètres cubes et centimètres cubes, ou en stères et décistères selon les cas. Nous allons donner les règles pour trouver le volume des différents corps.

Prisme. — Pour trouver le volume d'un prisme, on multiplie la surface de la base par la hauteur.

Cylindre. — Pour trouver le volume d'un cylindre, on multiplie la surface du cercle de la base par la hauteur.

Pyramide. — Pour trouver le volume d'une pyramide, on multiplie la surface du polygone de la base par la hauteur, et on prend le tiers du produit.

Cône. — Pour trouver le volume d'un cône, on multiplie la surface du cercle de la base par la hauteur, et on prend le tiers du produit.

Tronc de cône. — Pour trouver le volume d'un tronc de cône, on fait le carré du rayon de la base supérieure, le carré de celui de la base inférieure, le produit des deux rayons. On additionne les trois résultats, on multiplie la somme par la hauteur, le produit par 3,1416, et on prend le tiers du nouveau produit.

Sphère. — Pour trouver le volume d'une sphère, on fait le cube du rayon ; on multiplie ce cube par 4 et par 3,1416, et l'on prend le tiers du produit.

PROBLÈMES.

Cuber une poutre ayant une hauteur de 6^{m} 80, sa base étant un carré de 0^{m}35 de côté.

Je multiplie 0^{m}35 par 0^{m}35 pour avoir la surface de la base, et le produit 0,1225 par la hauteur 6^{m}8, et j'obtiens 833 décimètres cubes. (Fig. 39.)

Cuber un rouleau de bois ayant 1m 80 de hauteur, la base ayant 0m50 de diamètre.

Je prends la moitié du diamètre pour avoir le rayon. Je multiplie ce rayon 0,25 par lui-même, et le produit 0,0625 par 3,1416, et j'ai la surface du cercle de la base. Je multiplie ce nombre par la hauteur 1m80 et j'obtiens 0m353 décimètres cubes pour le volume demandé. (Fig. 40.)

Remarque. — Si l'on coupait la surface latérale d'un cylindre perpendiculairement aux bases, et si on l'étendait sur une surface plane, on obtiendrait un rectangle qui aurait pour longueur la circonférence de base du cylindre et pour hauteur celle de ce volume. Dans le cas qui nous occupe, cette surface serait un rectangle ayant pour dimensions 1m57 et 1m 8.

Manière de cuber une pyramide de 0m 80 de hauteur ayant pour base un rectangle ayant pour dimensions 0m45 et 0m 30.

Je multiplie 0m45 par 0m30 pour avoir la surface de la base. Je multiplie le produit 0,135 par la hauteur 0m80; je prends le tiers du produit et j'ai 36 décimètres cubes pour le volume demandé. (Fig. 41.)

Manière de cuber un carré ayant 0m 45 de hauteur, sa base ayant 0m 12 de rayon.

Je fais le carré du rayon 0m12; je multiplie ce carré 0,144 par 3,1416, j'ai 0,04524 pour la surface de la base; je multiplie cette surface par 0,45, hauteur du cône; je prends le tiers du produit, et j'obtiens pour le volume demandé 6 décimètres 786 centimètres cubes. (Fig. 42.)

Manière de cuber une boule de 0m 12 de rayon.

Je fais le cube de 0,12 ou je le multiplie trois fois par lui-même, j'a 0,001728, que je multiplie par 3,1416. Je multiplie le nouveau produit 0,0054287 par 4, je prends le tiers du résultat 0,021714 et j'obtiens enfin 0 mètre cube 7 décimètres cubes 238 centimètres cubes, volume demandé. (Fig. 43.)

Manière de cuber un tas de pierres comme ceux que l'on rencontre le long des routes.

Plusieurs moyens ont été employés : le plus simple est celui don nous allons nous servir; il donne, d'ailleurs, le volume à moins d'un millième. Soit un tas de pierres ayant 0m70 de hauteur, 4m30 de longueur sur 1m90 de largeur à sa base inférieure, 3 mètres de longueur sur 1m30 de largeur à sa base supérieure.

J'additionne 4m30 et 3 mètres, je prends la moitié de la somme 7m30 pour avoir la longueur moyenne 3m65.

J'additionne de même 1m90 et 1m30 et je prends la moitié de la somme 3m20 pour avoir la largeur moyenne 1m60. Je considère alors mon tas de pierres comme un parallélipipède ayant 3m65 de longueur, 1m60 de largeur et 0m70 de hauteur. Pour avoir son volume, je multiplie ses trois dimensions et j'ai pour produit 4 mètres cubes 88 décimètres cubes. (Fig. 44.)

Manière de trouver le volume d'un corps irrégulier quelconque. d'une grappe de raisin, par exemple.

Je prends un vase exactement rempli d'eau, je le pose sur un plat et je fais descendre doucement la grappe de raisin dans le vase. Une partie de l'eau s'écoule dans le plat, mais le vase est toujours plein; je n'ai plus qu'à mesurer l'eau écoulée pour avoir le volume de la grappe de raisin. Si, par exemple, il s'en est écoulé 0l25, j'en conclurai que la grappe de raisin a un volume de 0 décimètre cube 250 centimètres cubes.

Manière de trouver le volume de la maçonnerie d'un puits.

La maçonnerie d'un puits a pour volume la différence de deux cylindres. Pour trouver ce volume, on cherche la surface de la couronne (différence des bases des deux cylindres), et on multiplie cette surface par la profondeur du puits. Si, par exemple, le rayon extérieur est 1m30, le rayon intérieur 0m80 et la profondeur du puits 12m5, du carré 1m69 du rayon extérieur, je retranche le carré 0m64 du rayon intérieur, je multiplie la différence 1m05 par 3m1416 et le produit 3m298 par la profondeur 12m5, et j'obtiens le volume demandé, 41 mètres cubes 225 décimètres cubes. (Fig. 45.)

DU BOIS CARRÉ.

Lorsque les pièces de bois sont équarries, elles portent le nom de bois carré. Le volume des bois de charpente s'exprime en stères, décistères et centistères. Pour trouver le volume d'un arbre équarri, on mesure l'équarrissage au milieu, ou on additionne celui des deux bouts et on prend la moitié de la somme, on multiplie cet équarrissage par lui-même pour avoir la surface moyenne des bases et le produit par la hauteur.

Soit, par exemple, à cuber un arbre qui a 0m35 d'équarrissage au milieu et 6m40 de hauteur; je multiplie 0m35 par 0m 35 et le produit 0m1125 par la hauteur 6m4, et j'ai le volume de la pièce de bois, 7 décistères 8 centistères. (Fig. 46.)

DU BOIS EN GRUME.

Le bois en grume est le bois tel qu'on l'abat, encore revêtu de son écorce.

Pour trouver le volume d'un morceau de bois en grume, on cherche la surface du cercle du milieu et on le multiplie par la hauteur.

Soit à cuber un arbre de 8^m50 de hauteur et dont la circonférence est de 1^m05. Je mesure la hauteur que je trouve égale à 8^m5 et la circonférence du milieu que je trouve égale à 1^m5 (on peut aussi mesurer les circonférences des deux bouts, les additionner et prendre la moitié de la somme). Je divise 1^m5 par 3^m1416, j'ai le diamètre; je prends la moitié de ce diamètre et j'ai le rayon 0^m17. Je cherche la surface du cercle de 0^m17 du rayon, je la trouve égale à 0^m0907, je multiplie ce nombre par la hauteur 8^m5 et j'ai le volume demandé, 7 décistères 7 centistères. On peut aussi prendre la moitié de la somme.

On a l'habitude de mesurer le bois en grume et de le ramener au volume du bois équarri. Il est nécessaire alors de compenser la perte que produit l'équarrissage. On a trouvé par l'observation que chacun des côtés d'un arbre équarri égale le cinquième de la circonférence du même arbre en grume.

D'après cela, si je veux avoir au cinquième déduit le volume de l'arbre que je viens de cuber, je prends le cinquième de la circonférence 1^m5, je retranche ce cinquième 0^m21 de 1^m5, je prends le quart du reste 0^m84 et je retombe dans le cas du bois équarri. Je multiplie 0^m21 par 0^m21 et le produit 0^m0441 par la hauteur de l'arbre 8^m5 et j'ai le volume de 37 centistères. J'agirais de même, si je voulais cuber au sixième déduit. (Fig. 47.)

DU JAUGEAGE.

Manière de jauger une cuve, un seau.

Soit, par exemple, une cuve de $1^m\,60$ de hauteur; le rayon de l'ouverture est $1^m\,20$ et celui du fond $0^m\,95$.

Je multiplie $1^m\,20$ par $1^m\,20$ pour avoir le carré du rayon de l'ouverture; $0^m\,95$ par $0^m\,95$ pour avoir le carré du rayon du fond; $1^m\,20$ par $0^m\,95$ pour avoir le produit des deux rayons. J'additionne les trois résultats 1,44, 0,9025 et 1,14; je multiplie la somme 3,4825 par 3,1416, le produit 10,9286 par la hauteur de la cuve $1^m\,60$, et je prends le tiers du résultat 19,371. J'ai enfin le volume cherché, 6 mètres 457 décimètres cubes.

Remarque. — On s'y prendrait absolument de la même manière si l'on avait à cuber un tronc de cône. (Fig. 48.)

Manière de jauger un tonneau.

Comme il faut pour jauger un tonneau connaître le diamètre du bouge, et qu'il est impossible de le mesurer directement, nous allons d'abord résoudre cette question.

Manière de trouver le diamètre d'une circonférence dont on connaît la longueur.

Soit, par exemple, à trouver le diamère d'une circonférence de 5m 48 de longueur. Je n'ai qu'à diviser 5m 48 par le nombre constant 3,1416, et j'ai le diamètre 1m 74.

Nous pouvons maintenant jauger un tonneau. Supposons que le diamètre du bouge soit 0m 66, celui du jable 0m 95 et la longueur du tonneau 0m 95. Je double le diamètre du bouge et au résultat 1m 32 j'ajoute le diamètre du jable 0m 54; je prends le tiers du résultat 1m 86, ce qui me donne 0m 62, puis la moitié de 0m 62, ce qui me donne 0m 31. J'élève ce nombre au carré, je trouve 0,0961, que je multiplie par 3,1416. J'ai 0,319; je multiplie ce nombre par 0m 95, longueur du tonneau, et j'ai enfin sa contenance, 0 mètre cube 186 décimètres cubes ou 286 litres, puisque le décimètre cube est un litre. (Fig. 49.)

DIVISION DES TERRAINS AGRICOLES.

Avant de faire une opération sur le terrain on doit faire le croquis du champ et de l'opération sur une feuille de papier et vérifier les calculs avant de poser les bornes.

Manière de diviser un champ de forme triangulaire en 2, 3, 4, etc., parties égales.

Je divise la base du champ en autant de parties égales qu'il doit y avoir de parts, et je joins chaque point de division au sommet du triangle, et mon champ est divisé. Si la base du triangle a 418 mètres et qu'il y ait quatre partageants, chaque part aura 104m 5.

Manière de diviser un champ en forme de rectangle ou de parallélogramme en 2, 3, etc., parties égales.

Si j'ai à diviser un champ en trois parties égales, par exemple, je divise la hauteur ou les côtés en trois parties égales et je mène des parallèles aux côtés *abcd* du champ, et mon champ est divisé en trois parties égales *abcd*. Si la hauteur *Ff, fe, E,* est de 72 mètres, chaque part est égale à 24 mètres.

Je diviserais d'une manière analogue mon champ dans le sens de la largeur au lieu de le diviser dans celui de la longueur. (Fig. 51.)

Manière de diviser un champ ayant la forme d'un trapèze en 2, 3, etc., parties égales.

Soit, par exemple, le champ à diviser en deux parties égales. On peut le diviser dans le sens de la largeur ou dans celui de la longueur. Nous allons examiner successivement ces deux cas.

Pour le diviser dans le sens de la largeur, je divise *ab* et *dc*, qui ont l'une 315^{m} 2, l'autre 190^{m} 6, en deux parties égales et je joins les deux points de division.

Si je veux le diviser dans le sens de la longueur, c'est-à-dire parallèlement aux bases, le moyen le plus simple consiste dans le tâtonnement. Je mesure la hauteur, je la trouve égale à 77^{m} 8. Comme la partie inférieure est plus longue que la partie supérieure, elle doit être moins large si les deux parts doivent être égales. Je donne à la partie inférieure 34^{m} 20 de hauteur; celle de la partie supérieure sera alors de 43^{m} 6 et la ligne *AB* a alors 262^{m} 52. En cherchant la surface de chaque trapèze, je trouve que *ABba* contient 9866 mètres carrés et *abCD* 9990. Le trapèze supérieur est donc trop grand et le trapèze inférieur trop petit. J'augmente de 20 centimètres la hauteur de celui-ci et je diminue d'autant celle de l'autre; la ligne *aba* alors 262^{m} 30. Je calcule de nouveau la surface de chaque trapèze; je trouve pour *ABba* 9933 mètres carrés et pour *abCD* 9936 mètres carrés.

Ces deux surfaces étant à très-peu près égales et leur somme égalan la surface totale, j'en conclus que mon champ est bien divisé.

Les figures que nous venons d'apprendre à diviser sont les plus communes. Quant aux autres, leur division exige plus de connaissances en géométrie qu'on n'en possède généralement. C'est pourquoi nous n'en parlerons pas ici. (Fig. 52 et 53.)

DU CADASTRE.

Le cadastre est le relevé exact du territoire d'une commune. Ce registre, qui rend d'immenses services, est déposé dans la maison commune où chacun peut aller faire des recherches et prendre des renseignements.

Dans les recherches on a besoin de deux livres :

1° *Le plan cadastral;*

2° *L'état de sections.*

Nous allons examiner comment ces livres sont formés, et des indications que nous allons donner, on déduira la manière de procéder dans les recherches.

Toutes les parties du territoire n'étant pas également fertiles ne doivent pas payer le même impôt. On a donc divisé le territoire par sections qu'on a désignées par les différentes lettres de l'alphabet. C'est ainsi qu'on dit : section *A*, section *C*, etc. On a levé le plan de ces différentes sections, en ayant soin de mesurer exactement chaque parcelle, et on a rapporté ce plan à une certaine échelle. Comme les sections sont ordinairement trop grandes pour qu'on puisse les rapporter sur une même feuille, on a divisé le plan d'une section en parties. C'est ainsi qu'on dit qu'un champ est dans la section *B*, feuille 3.

Chaque partie de section est limitée sur le plan par un liseré, et selon sa couleur il est facile de savoir à côté de quelle part se trouve telle autre. Sur chaque section sont en outre écrits les noms des différents cantons. Toutes les parcelles sont numérotées.

Pour qu'une parcelle soit complétement déterminée, il faut donc qu'on connaisse la section et le numéro de la feuille à laquelle elle appartient et son numéro propre.

L'état des sections est un livre ordinairement très-volumineux qui correspond exactement au plan parcellaire. Ce livre contient, dans des colonnes différentes, la lettre de la section, le numéro de la parcelle et celui de la feuille, l'indication du canton, le nom du propriétaire, la contenance, le revenu et la cote de l'impôt. C'est sur cette cote que se calculent les centimes additionnels. On voit par la disposition de ce livre le moyen de faire les recherches.

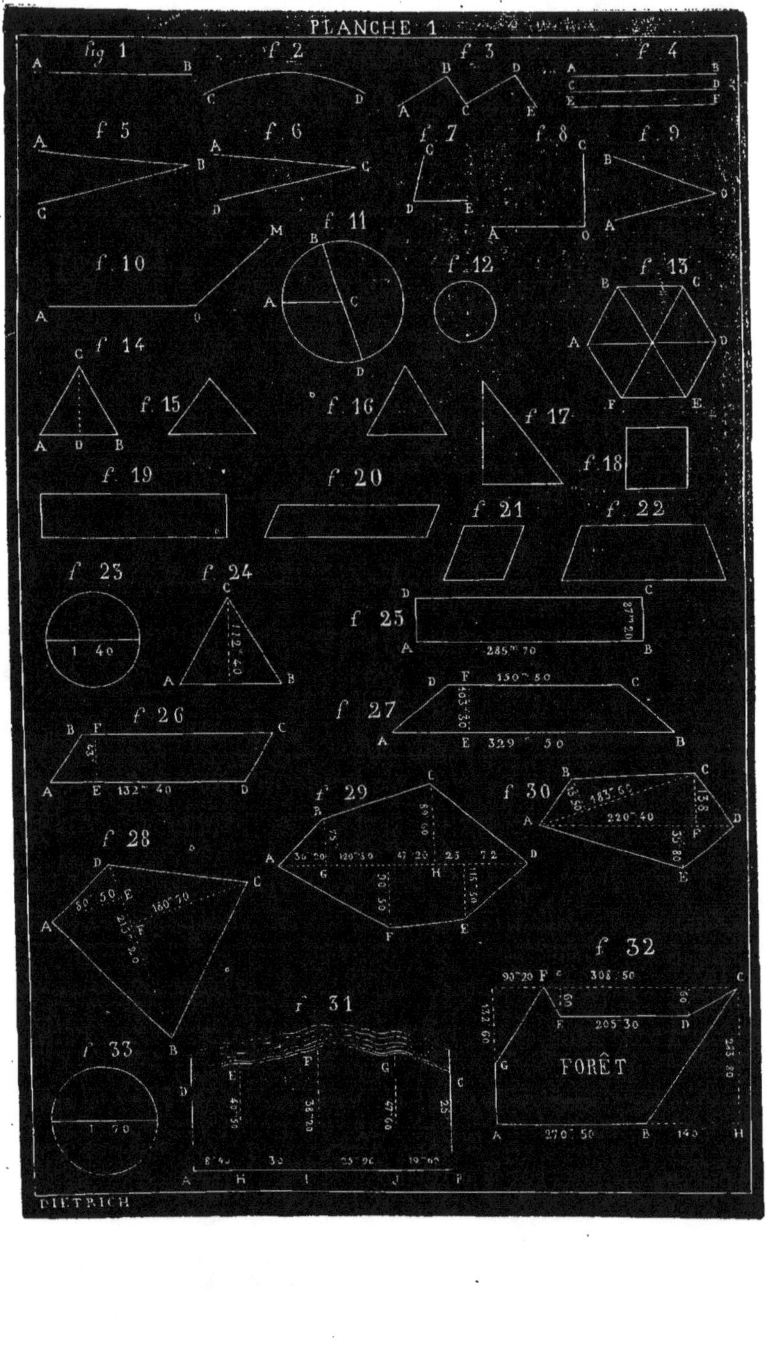

PLANCHE 1

fig. 1 — f. 2 — f. 3 — f. 4 — f. 5 — f. 6 — f. 7 — f. 8 — f. 9 — f. 10 — f. 11 — f. 12 — f. 13 — f. 14 — f. 15 — f. 16 — f. 17 — f. 18 — f. 19 — f. 20 — f. 21 — f. 22 — f. 23 — f. 24 — f. 25 — f. 26 — f. 27 — f. 28 — f. 29 — f. 30 — f. 31 — f. 32 — f. 33

FORÊT

DIETRICH

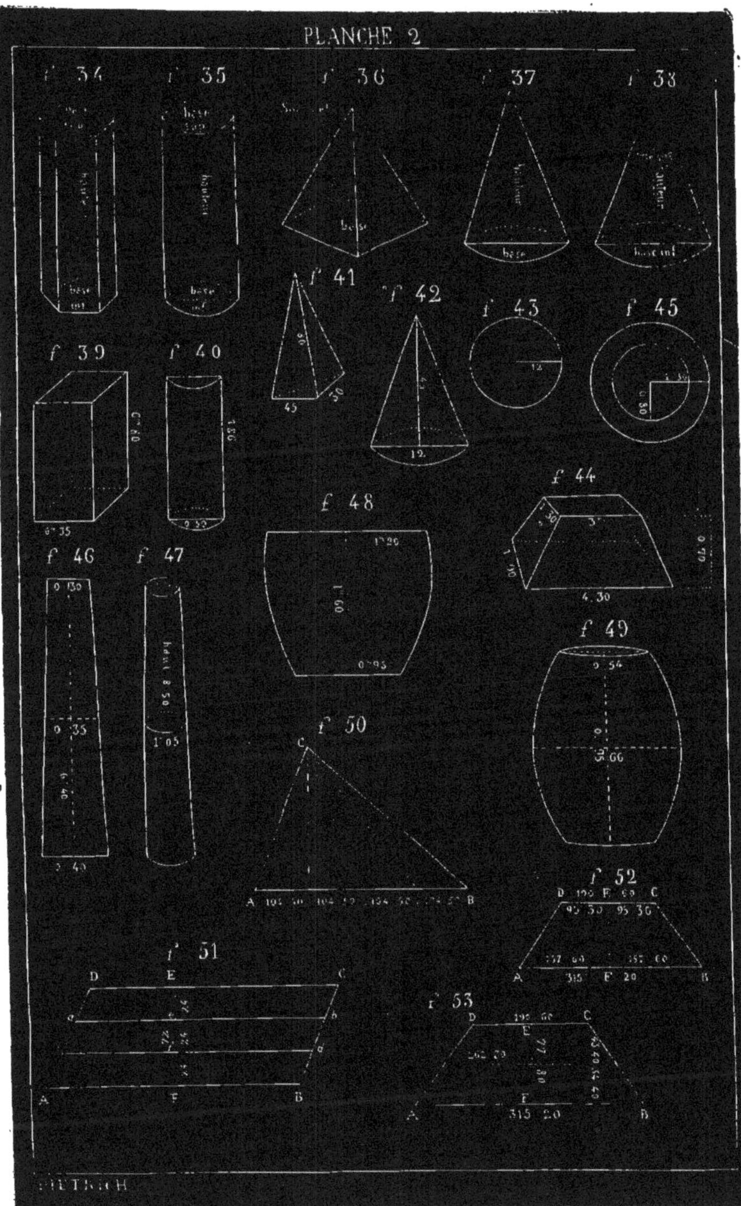
PLANCHE 2
f 34
f 35
f 36
f 37
f 38
f 39
f 40
f 41
f 42
f 43
f 45
f 44
f 48
f 46
f 47
f 49
f 50
f 52
f 51
f 53

QUATRIÈME DIVISION

CONSIDÉRATIONS GÉNÉRALES

SUR LES BOIS

Le bois est un des produits les plus importants de la terre, et qui, sous mille formes diverses, rend à la société des services d'une haute importance.

Notre intention n'est pas de développer la question du bois, au point de vue agricole ; nous ne nous occuperons de cette question qu'au point de vue des arts et de l'industrie.

Tous les bois, sans exception, sont susceptibles d'être ouvrés, toutefois, selon leurs qualités particulières. Tel bois ne peut servir qu'à une chose déterminée. Ainsi, le peuplier d'Italie n'a aucune valeur, étant employé, comme cloison ou parquet, dans une pièce où il y aurait de l'humidité; car, dans ce cas, il pourrirait dans un bref délai. Ce même bois, employé comme charpente d'une construction et parfaitement à l'abri de toute humidité est, dans ces conditions, d'une durée extrême.

Le chêne a une qualité tout opposée ; un morceau de chêne, destiné à rester constamment dans l'eau, ne se pourrit pas ; il acquiert, au contraire, une dureté équivalente à celle du fer.

Les bois destinés au service des arts et de l'industrie sont de deux qualités : 1° les bois indigènes, comprenant tous les bois de provenance européenne ; 2° les bois exotiques, provenant de l'Asie, de l'Afrique, de l'Amérique et de l'Océanie.

Voici les qualités et les défauts des diverses espèces de bois :

Abricotier ou **prunier.** — Ce bois est très-précieux pour les ouvrages destinés à être tournés; ses veinages sont magnifiques. Il est susceptible d'être atteint par les vers ; c'est, du reste, un des bois les moins employés dans les arts.

Accacia. — Ce bois est beaucoup employé pour la fabrication des chaises. Ce bois est d'un grain fin et peu serré ; il possède les qualités d'être dur, nerveux, liant, flexible. Certains tourneurs s'en servent pour la fabrication de pilons, mortiers, boîtes à tabac, etc., etc.

Alizier. — Ce bois est d'une dureté extrême; sa couleur varie selon son âge. Au cœur il est aussi noir que de l'encre; mais il est impossible de se servir de cette partie noire, attendu qu'elle se fend. L'alizier sert à la fabrication des rabots à moulures. Les tourneurs l'emploient pour la fabrication de divers outils exigeant un bois très-dur. Ce bois a le défaut d'être sujet au percement des vers de grosse espèce. Toutefois, on peut le garantir de cet inconvénient en le faisant séjourner dans de l'eau salée, pendant 15 à 18 jours.

Amandier. — Ce bois est d'une qualité hors ligne, mais qui, malheureusement, n'est pas appréciée; toutefois, les tourneurs l'emploient assez fréquemment pour la fabrication de manches d'outils tranchants, à l'usage des menuisiers, charpentiers et charrons, tels que : ciseaux, fermoirs, bédanes, et enfin les divers outils destinés à pénétrer dans le bois, en frappant avec un maillet l'extrémité de leur manche. L'amandier a la qualité de ne pas se fendre. On ne peut se servir de ce bois que tout autant qu'il a atteint une sécheresse complète. Le ver n'a aucune action sur lui.

Amelanchier. — Ce bois est excellent pour la fabrication des cannes et des manches d'outils. Sa base sert à la fabrication des tabatières hors ligne.

Aune. — Ce bois est extrêmement léger. Il sert à la fabrication des échelles, des perches avec lesquelles on fait les échafaudages des maçons. Les chaisiers l'emploient avec avantage. Ce bois possède des loupes dont les veines sont d'une beauté remarquable et servent à la fabrication de meubles recherchés.

Bouleau. — Ce bois est d'une couleur blanche, d'un poids léger et d'une texture molle; seul, son tronc sert à faire des planches destinées au remplissage des constructions.

Buis. — Ce bois est le plus dur, le plus compact et le plus lourd de toutes les espèces de bois connus. Son diamètre n'atteint jamais une importance considérable; et le temps qu'il met pour arriver à son âge mûr, est d'environ 100 à 120 ans. On l'emploie avantageusement pour la fabrication de divers objets industriels, tels que : boules, coupe-papiers, services de table, etc., etc. Il sert, en outre, pour la gravure de divers dessins destinés à être galvanisés et à servir à l'impression typographique.

Cerisier. — Ce bois est généralement peu employé dans les arts; on ne s'en sert guère que pour faire des étuis destinés à renfermer des aiguilles.

Charme. — Ce bois est surtout employé pour le chauffage; toutefois les menuisiers s'en servent pour faire des maillets, des rabots, des varlopes, etc. Ce bois se fend très-difficilement. Les ébénistes ne peuvent s'en servir, car il a le défaut de jaunir en séchant.

Châtaignier. — Ce bois est presque exclusivement destiné à la fabrication des cerceaux. L'ébénisterie ni la menuiserie ne peuvent en tirer parti pour la fabrication des meubles.

Chêne. — Le chêne est un bois très-commun, qui rend de grands services aux arts et à l'industrie. Toutefois, il n'a de la valeur, qu'arrivé à l'âge de maturité; et si cet âge est dépassé d'un certain nombre d'années, son emploi dans les arts est d'une qualité inférieure; car, dans ce cas, il a le défaut d'être dur, noir, lourd, gras, cassant et sujet à la vermoulure.

Les pays qui fournissent les plus beaux chênes et de meilleure qualité sont la Champagne et les Vosges.

Cormier. — Ce bois est extrêmement lourd et d'un usage assez restreint dans les arts. Il rend de grands services pour la fabrication de toute espèce de vis, mais surtout pour les vis de pressoir. Il existe deux espèces de cormier : celui de prairie et celui de montagne. Le cormier de montagne est petit, dur et veiné de noir; celui de plaine est gros, plein, uni et d'une couleur rousse. Il est de qualité inférieure à celui des montagnes.

Cornouiller. — Ce bois est possesseur d'un grain fin; il est noueux, liant, flexible, serré, dur, pesant, et a la singularité de noircir en vieillissant. Il est excellent pour la fabrication d'échelons pour échelles, de manches de marteaux, de bâtons pour escrime, de cannes, etc., etc.

Érable. — Ce bois rend des services considérables aux arts et métiers, et est généralement très-apprécié pour les montures de scies, les manches et autres instruments de travail ; pour les ceintures et les dessus de table; pour la fabrication des violons, guitares, harpes et autres instruments à cordes. Il sert également pour la fabrication de meubles supérieurs, des ouvrages de luxe, tels que : tableteries, coffres, pupitres, nécessaires de travail, etc., etc. Enfin, ce bois possède des qualités multiples et fort appréciées des connaisseurs.

Frêne. — Ce bois est d'une qualité hors ligne, surtout au point de vue de l'élasticité et de sa belle couleur. On l'emploie de préférence à tout autre pour la fabrication des chaises, des brancards, des voitures, des échelles, des manches de pioches, de bêche et, généralement, pour toute espèce d'outils aratoires, etc., etc.

Gènevrier. — Cet arbuste est peu connu. Toutefois les tourneurs l'emploient avec succès pour la fabrication de petits nécessaires de dames. Son veinage est admirable et son grain très-fin.

Guimier. — Ce bois est d'une couleur vert olive. Il sert à la confection de tables et de comptoirs de luxe. Toutefois, il a le défaut d'être sujet à la piqûre du ver de noyer; mais en entretenant proprement le meuble, on évite cet inconvénient.

Hêtre. — Cet arbre est susceptible d'atteindre des proportions gigantesques; son usage dans les arts est considérable. Toutefois, il est nécessaire de ne l'employer que lorsqu'il est parfaitement sec. On s'en sert pour la confection de tables, armoires, commodes, buffets, fauteuils. Son défaut est de casser net; c'est ce qui est cause qu'on ne l'emploie pas dans la construction. Ce bois est excellent pour la construction des établis de menuisiers, des étaux de bouchers, charcutiers, etc., etc. Le hêtre supporte parfaitement le placage, et prend bien la peinture.

Houx. — Ce bois est d'une dureté extrême, il est pesant, noueux et d'un grain très-fin; on s'en sert pour des manches de marteaux. Les fabricants de tabletterie l'emploient pour les carreaux blancs de damiers, échiquiers; ce bois, bien débité, a la singularité, étant poli, d'être aussi beau que l'ivoire.

If. — L'if est un bois vert très-recherché dans les arts, c'est un des bois qui travaillent le moins; il est, en outre, incorruptible. Les couteliers s'en servent pour les manches de canifs, de grattoirs et généralement pour tous les articles de bureaux, tels que règles, équerres, etc., etc. Les tourneurs l'emploient avantageusement pour la fabrication de boîtes légères et solides.

Liége. — Le liége est une variété du chêne; son écorce seule est employée dans les arts pour la fabrication des bouchons, de semelles d'intérieur, etc., etc.

Lilas. — Ce bois est généralement peu employé dans les arts; néanmoins il réunit des qualités analogues à celles de certains bois des îles; son aubier est considérable, mais susceptible d'être travaillé.

Marronnier.— Ce bois est tendre et a la qualité d'être d'une blancheur très-remarquable; mais cette blancheur ne se conserve qu'en ayant pris préalablement certaines mesures que d'autres arbres n'exigent pas et sans lesquelles le bois jaunirait en vieillissant; il faut donc que le marronnier soit abattu par un temps sec et froid ; il faut, en outre, qu'il soit débité sous un bref délai; les planches seront placées isolément, et de manière que le séchage s'opère promptement. Préparé ainsi, ce bois est d'une beauté remarquable; il sert à la fabrication d'objets frais et délicats, tels que corbeilles, vases, tables de travail, paniers de dames, paniers à papier de luxe, monopodes ou panneaux sur lesquels on peint l'huile des fleurs, des fruits, des paysages, des figures, etc.

Merisier. — Ce bois est principalement employé par les fabricants de chaises; il a les qualités d'être très-compact, très-résistant et supportant bien l'assemblage; toutefois,il a le défaut d'être sujet aux vers et à la vermoulure.

Mûrier. — Ce bois, quoique d'une qualité assez bonne, est peu employé dans les arts; toutefois, certains tourneurs s'en servent pour la fabrication de certains articles de bureaux, tels que sébiles pour poudre, pains à cacheter, plumes, etc., etc.

Noisetier. — Cet arbre ne vient jamais très-gros; son grain est fin et serré. Les tonneliers s'en servent pour la fabrication de cercles et faussets; les vaniers en tirent parti pour construire des mannes, des gros paniers, etc., etc.

Noyer. — Ce bois rend de précieux services pour les arts et l'industrie; son veinage est très-beau, c'est ce qui est cause qu'on le débite en placage. Il est certains meubles soignés qui atteignent un prix égal aux meubles faits avec des bois exotiques les plus rares. Le noyer est de deux espèces diverses : 1° le noyer noir, dit d'Auvergne, est d'une qualité douce et liante, servant à la fabrication de meubles, tels que commodes, buffets, bois de lit, tables, comptoirs, etc.; 2° le noyer blanc servant à la fabrication des coffres de voitures, tables, commodes, buffets, lits, secrétaires, de fabrication inférieure, etc.; ce bois est susceptible d'être attaqué par un petit ver qui le traverse en tout sens. Le noyer noir est moins sujet à cet inconvénient. Les sculpteurs se servent du bois de noyer avec avantage.

Olivier. — Ce bois est propriétaire d'une couleur jaune; il est dur, compacte, il exhale une odeur très-agréable; les tabletiers s'en servent en remplacement du buis. Comme il a le défaut de s'effeuiller, il est très-difficile, vu cet inconvénient, de s'en servir pour la fabrication des meubles.

Oranger. — On se sert rarement de ce bois dans les arts et l'industrie ; quelques tourneurs, pourtant, s'en servent pour la fabrication d'étuis, lesquels ont l'avantage d'exhaler une odeur agréable.

Orme. — Ce bois est d'une qualité hors ligne pour le charronnage ; il est d'un grain peu serré ; son polissage est difficile à obtenir, vu sa qualité chanvreuse. L'orme ne s'éclate pas, il se coupe comme le hêtre, sur tous sens ; ce bois a la singularité de changer de couleur en vieillissant. Aucun bois ne réunit des qualités aussi avantageuses que l'orme pour la fabrication des écrous pour vis de pressoir, moyeux de roues, jantes, etc., etc.

Osier. — Ce bois est très-flexible et très-léger ; on s'en sert surtout pour la fabrication des articles de vannerie.

Peuplier.— Il existe plusieurs espèces de peupliers : il y a le peuplier blanc, le peuplier noir, le peuplier d'Italie, le peuplier de Hollande et le peuplier Caroline. Mais toutes ces sortes diverses ont à peu près les mêmes défauts et les mêmes qualités ; ce bois est très-susceptible d'humidité et pourrit facilement ; on s'en sert surtout pour la charpente et les planches de remplissage ; il reçoit supérieurement le placage.

Pin. — Ce bois est blanc et léger ; il ne sert presque exclusivement que pour les constructions navales.

Platane. — Ce bois est tendre, léger et d'un veinage remarquablement beau ; depuis quelques années, on fabrique des meubles avec ce bois qui sont d'une beauté remarquable ; il a l'avantage de ne pas travailler une fois sec ; dans les arts, il n'est pas d'un usage encore très répandu, quoique possédant des qualités avantageuses.

Poirier sauvage.— Ce bois est d'une qualité supérieure qui sert pour la fabrication des poupées de tour, des mandrins, des modèles, etc., etc. Il a le défaut d'être sujet à la piqûre du ver.

Pommier cultivé. — Ce bois n'est point beau, mais il est très-résistant ; il est très-avantageux pour la fabrication de vis et écrous, des manches susceptibles de fatiguer beaucoup.

Prunier. — Ce bois est très-dur et d'un veinage remarquable ; on peut difficilement l'employer pour la fabrication des grands meubles, car, presque toujours, le centre du tronc est pourri ; on l'emploie pour des petits meubles précieux, tels que vide-poches, dévidoirs, nécessaires, etc., etc.

Sapin.—Ce bois est surtout employé pour de grands travaux, tels que la charpente et constructions de marine ; on distingue deux sortes de sapin : 1° le sapin central, qui nous vient des Vosges, de la Moselle, du Puy-de-Dôme ; 2° le sapin du Nord, provenant de la Suède, la Norwége ; le sapin du Nord est d'une qualité supérieure aux autres sapins ; on prétend que cette supériorité provient de ce que les sapins du Nord ne sont pas saignés, c'est-à-dire qu'on n'a pas extrait de leurs pores la résine qu'ils renferment.

Tilleul. — Ce bois est doux, soyeux, léger, d'un grain fin ; il se coupe facilement sur tous les sens. Les sculpteurs s'en servent très-avantageusement.

NOUVEAU BARÊME POUR LE CUBAGE DES BOIS

Ronds, carrés, équarris et méplats, indispensables aux marchands de bois, charpentiers, charrons, tourneurs menuisiers, ébénistes, etc., etc.

LONGUEURS.	PRODUITS d'une pièce de bois de 10 cent. de circonférence	PRODUITS d'une pièce de bois de 11 cent. de circonférence	PRODUITS d'une pièce de bois de 12 cent. de circonférence	PRODUITS d'une pièce de bois de 13 cent. de circonférence	PRODUITS d'une pièce de bois de 14 cent. de circonférence	PRODUITS d'une pièce de bois de 15 cent. de circonférence	PRODUITS d'une pièce de bois de 16 cent. de circonférence	PRODUITS d'une pièce de bois de 17 cent. de circonférence
m. c.	Produits.	Produits.	Produits.	Produits.	Produits.	Produits.	Produits.	Produits.
	mèt. d. c. m. d.	mèt. d. c. m. d.	mèt. d. c. m. d.	mèt. d. c. m. d.	mèt. d. c. m. d.	mèt. d. c. m. d.	mèt. d. c. m. d.	mèt. d. c. m. d.
» 10	» » » 1 »	» » » 1 »	» » » 1 »	» » » 1 »	» » » 1 »	» » » 1 »	» » » 1 »	» » » 1 »
» 15	» » » 1 5	» » » 1 5	» » » 1 5	» » » 1 5	» » » 1 5	» » » 1 5	» » » 1 5	» » » 1 5
» 20	» » » 2 »	» » » 2 »	» » » 2 »	» » » 2 »	» » » 2 »	» » » 3 »	» » » 3 »	» » » 3 »
» 25	» » » 2 5	» » » 2 5	» » » 2 5	» » » 2 5	» » » 2 5	» » » 3 5	» » » 3 5	» » » 3 5
» 30	» » » 3 »	» » » 3 »	» » » 3 »	» » » 3 »	» » » 4 »	» » » 4 »	» » » 4 »	» » » 5 »
» 35	» » » 3 5	» » » 3 5	» » » 3 5	» » » 3 5	» » » 4 5	» » » 4 5	» » » 4 5	» » » 5 5
» 40	» » » 4 »	» » » 4 »	» » » 4 »	» » » 5 »	» » » 5 »	» » » 6 »	» » » 6 »	» » » 6 »
» 45	» » » 4 5	» » » 4 5	» » » 4 5	» » » 5 5	» » » 5 5	» » » 6 5	» » » 6 5	» » » 6 5
» 50	» » » 5 »	» » » 5 »	» » » 6 »	» » » 6 »	» » » 7 »	» » » 7 »	» » » 8 »	» » » 8 »
» 55	» » » 5 5	» » » 5 5	» » » 6 5	» » » 6 5	» » » 7 5	» » » 7 5	» » » 8 5	» » » 8 5
» 60	» » » 6 »	» » » 6 »	» » » 7 »	» » » 7 »	» » » 8 »	» » » 9 »	» » » 9 »	» » 1 » »
» 65	» » » 6 5	» » » 6 5	» » » 7 5	» » » 7 5	» » » 8 5	» » » 9 5	» » » 9 5	» » 1 » 5
» 70	» » » 7 »	» » » 7 »	» » » 8 »	» » » 9 »	» » » 9 »	» » 1 » »	» » 1 1 »	» » 1 1 »
» 75	» » » 7 5	» » » 7 5	» » » 8 5	» » » 9 5	» » » 9 5	» » 1 » 5	» » 1 1 5	» » 1 1 5
» 80	» » » 8 »	» » » 8 »	» » » 9 »	» » 1 » »	» » 1 1 »	» » 1 2 »	» » 1 2 »	» » 1 3 »
» 85	» » » 8 5	» » » 8 5	» » » 9 5	» » 1 » 5	» » 1 1 5	» » 1 2 5	» » 1 2 5	» » 1 3 5
» 90	» » » 9 »	» » » 9 »	» » 1 » »	» » 1 1 »	» » 1 2 »	» » 1 3 »	» » 1 4 »	» » 1 5 »
» 95	» » » 9 5	» » » 9 5	» » 1 1 5	» » 1 1 5	» » 1 2 5	» » 1 3 5	» » 1 4 5	» » 1 5 5
1 »	» » 1 » »	» » 1 1 »	» » 1 2 »	» » 1 3 »	» » 1 4 »	» » 1 5 »	» » 1 6 »	» » 1 7 »
2 »	» » 2 » »	» » 2 2 »	» » 2 4 »	» » 2 6 »	» » 2 8 »	» » 3 » »	» » 3 2 0	» » 3 4 »
3 »	» » 3 » »	» » 3 3 »	» » 3 6 »	» » 3 9 »	» » 4 2 »	» » 4 5 »	» » 4 8 »	» » 5 1 »
4 »	» » 4 » »	» » 4 4 »	» » 4 8 »	» » 5 2 »	» » 5 6 »	» » 6 » »	» » 6 4 »	» » 6 8 »
5 »	» » 5 » »	» » 5 5 »	» » 6 » »	» » 6 5 »	» » 7 » »	» » 7 5 »	» » 8 » »	» » 8 5 »
6 »	» » 6 » »	» » 6 6 »	» » 7 2 »	» » 7 8 »	» » 8 4 »	» » 9 » »	» » 9 6 »	» 1 » 2 »
7 »	» » 7 » »	» » 7 7 »	» » 8 4 »	» » 9 1 »	» » 9 8 »	» 1 » 5 »	» 1 1 2 »	» 1 1 9 »
8 »	» » 8 » »	» » 8 8 »	» » 9 6 »	» 1 » 4 »	» 1 1 2 »	» 1 2 » »	» 1 2 8 »	» 1 3 6 »
9 »	» » 9 » »	» » 9 9 »	» 1 » 8 »	» 1 1 7 »	» 1 2 6 »	» 1 3 5 »	» 1 4 4 »	» 1 5 3 »
10 »	» 1 » » »	» 1 1 » »	» 1 2 » »	» 1 3 » »	» 1 4 » »	» 1 5 » »	» 1 6 » »	» 1 7 » »
11 »	» 1 1 » »	» 1 2 1 »	» 1 3 2 »	» 1 4 3 »	» 1 5 4 »	» 1 6 5 »	» 1 7 6 »	» 1 8 7 »
12 »	» 1 2 » »	» 1 3 2 »	» 1 4 4 »	» 1 5 6 »	» 1 6 8 »	» 1 8 » »	» 1 9 2 »	» 2 » 4 »
13 »	» 1 3 » »	» 1 4 3 »	» 1 5 6 »	» 1 6 9 »	» 1 8 2 »	» 1 9 5 »	» 2 » 8 »	» 2 2 1 »
14 »	» 1 4 » »	» 1 5 4 »	» 1 6 8 »	» 1 8 2 »	» 1 9 6 »	» 2 1 » »	» 2 2 4 »	» 2 2 8 »
15 »	» 1 5 » »	» 1 6 5 »	» 1 8 » »	» 1 9 5 »	» 2 1 » »	» 2 2 5 »	» 2 4 » »	» 2 5 5 »
16 »	» 1 6 » »	» 1 7 6 »	» 1 9 2 »	» 2 » 8 »	» 2 2 4 »	» 2 4 » »	» 2 5 6 »	» 2 7 2 »
17 »	» 1 7 » »	» 1 8 7 »	» 2 » 4 »	» 2 2 1 »	» 2 3 8 »	» 2 5 5 »	» 2 7 2 »	» 2 8 9 »
18 »	» 1 8 » »	» 1 9 8 »	» 2 1 6 »	» 2 3 4 »	» 2 5 2 »	» 2 7 » »	» 2 8 8 »	» 3 » 6 »
19 »	» 1 9 » »	» 2 » 9 »	» 2 2 8 »	» 2 4 7 »	» 2 6 6 »	» 2 8 5 »	» 3 » 4 »	» 3 2 3 »
20 »	» 2 » » »	» 2 2 » »	» 2 4 » »	» 2 6 » »	» 2 8 » »	» 3 » » »	» 3 2 » »	» 3 4 » »

LONGUEURS.	PRODUITS d'une pièce de bois de 18 cent. de circonférence	PRODUITS d'une pièce de bois de 19 cent. de circonférence	PRODUITS d'une pièce de bois de 11 à 20 cent. de circonférence	PRODUITS d'une pièce de bois de 12 à 21 cent. de circonférence	PRODUITS d'une pièce de bois de 13 à 22 cent. de circonférence	PRODUITS d'une pièce de bois de 14 à 23 cent. de circonférence	PRODUITS d'une pièce de bois de 15 à 24 cent. de circonférence	PRODUITS d'une pièce de bois de 16 à 25 cent. de circonférence
m. c.	Produits.	Produits.	Produits.	Produits.	Produits.	Produits.	Produits.	Produits.
	mèt. d. c. m. d.	mèt. d. c. m. d.	mèt. d. c. m. d.	mèt. d. c. m. d.	mèt. d. c. m. d.	mèt. d. c. m. d.	mèt. d. c. m. d.	mèt. d. c. m. d.
» 10	» » » 1 »	» » » 1 »	» » » 2 »	» » » 2 »	» » » 2 »	» » » 3 »	» » » 3 »	» » » 4 »
» 15	» » » 1 5	» » » 1 5	» » » 2 5	» » » 2 5	» » » 2 5	» » » 4 5	» » » 4 5	» » » 6 »
» 20	» » » 3 »	» » » 3 »	» » » 4 »	» » » 5 »	» » » 5 »	» » » 6 »	» » » 7 »	» » » 8 »
» 25	» » » 3 5	» » » 3 5	» » » 4 5	» » » 5 5	» » » 5 5	» » » 7 5	» » 8 7 5	» » 1 » »
» 30	» » » 5 »	» » » 5 »	» » » 6 »	» » » 7 »	» » » 8 »	» » » 9 »	» » 1 » »	» » 1 2 »
» 35	» » » 5 5	» » 5 5 »	» » » 6 5	» » » 7 5	» » » 8 5	» » 1 0 5	» » 1 1 6	» » 1 4 »
» 40	» » » 7 »	» » » 7 »	» » » 8 »	» » 1 » »	» » 1 1 »	» » 1 2 »	» » 1 4 »	» » 1 6 »
» 45	» » » 7 5	» » » 7 5	» » » 8 5	» » 1 » 5	» » 1 1 5	» » 1 3 5	» » 1 5 7	» » 1 8 »
» 50	» » » 9 »	» » » 9 »	» » 1 1 »	» » 1 2 »	» » 1 4 »	» » 1 6 »	» » 1 8 »	» » 2 » »
» 55	» » » 9 5	» » » 9 5	» » 1 1 5	» » 1 2 5	» » 1 4 5	» » 1 7 6	» » 1 9 8	» » 2 2 »
» 60	» » 1 » »	» » 1 1 »	» » 1 3 »	» » 1 5 »	» » 1 7 »	» » 1 9 »	» » 2 1 0	» » 2 4 »
» 65	» » 1 » 5	» » 1 1 5	» » 1 3 5	» » 1 5 5	» » 1 7 5	» » 2 » 7	» » 2 2 7	» » 2 6 »
» 70	» » 1 2 »	» » 1 3 »	» » 1 5 »	» » 1 7 »	» » 1 9 »	» » 2 2 »	» » 2 5 »	» » 2 8 »
» 75	» » 1 2 5	» » 1 3 5	» » 1 5 5	» » 1 7 5	» » 1 9 5	» » 2 3 6	» » 2 6 8	» » 3 » »
» 80	» » 1 4 »	» » 1 5 »	» » 1 7 »	» » 2 » »	» » 2 2 »	» » 2 5 »	» » 2 8 »	» » 3 2 »
» 85	» » 1 4 5	» » 1 5 5	» » 1 7 5	» » 2 » 5	» » 2 2 5	» » 2 6 6	» » 2 9 8	» » 3 4 »
» 90	» » 1 6 »	» » 1 7 »	» » 1 9 »	» » 2 2 »	» » 2 5 »	» » 2 8 »	» » 3 2 »	» » 3 6 »
» 95	» » 1 6 5	» » 1 7 5	» » 1 9 5	» » 2 2 5	» » 2 5 5	» » 2 9 5	» » 3 3 8	» » 3 8 »
1 »	» » 1 8 »	» » 1 9 »	» » 2 2 »	» » 2 5 »	» » 2 8 »	» » 3 2 »	» » 3 6 »	» » 4 » »
2 »	» » 3 6 »	» » 3 8 »	» » 4 4 »	» » 5 » »	» » 5 7 »	» » 6 4 »	» » 7 2 »	» » 8 » »
3 »	» » 5 4 »	» » 5 7 »	» » 6 6 »	» » 7 5 »	» » 8 6 »	» » 9 6 »	» 1 » 8 »	» 1 2 » »
4 »	» » 7 2 »	» » 7 6 »	» » 8 8 »	» 1 » » »	» 1 1 4 »	» 1 2 8 »	» 1 4 4 »	» 1 6 » »
5 »	» » 9 » »	» » 9 5 »	» 1 1 » »	» 1 2 6 »	» 1 4 3 »	» 1 6 1 »	» 1 8 » »	» 2 » » »
6 »	» 1 » 8 »	» 1 1 4 »	» 1 3 2 »	» 1 5 1 »	» 1 7 2 »	» 1 9 3 »	» 2 1 6 »	» 2 4 » »
7 »	» 1 2 6 »	» 1 3 3 »	» 1 5 4 »	» 1 7 » »	» 2 » » »	» 2 2 5 »	» 2 5 2 »	» 2 8 » »
8 »	» 1 4 4 »	» 1 5 2 »	» 1 7 6 »	» 2 » 1 »	» 2 2 9 »	» 2 5 8 »	» 2 8 8 »	» 3 2 » »
9 »	» 1 6 2 »	» 1 7 1 »	» 1 9 8 »	» 2 2 6 »	» 2 5 7 »	» 2 9 » »	» 3 2 4 »	» 3 6 » »
10 »	» 1 8 » »	» 1 9 » »	» 2 2 » »	» 2 5 2 »	» 2 8 6 »	» 3 2 » »	» 3 6 » »	» 4 » » »
11 »	» 1 9 8 »	» 2 » 9 »	» 2 4 2 »	» 2 7 7 »	» 3 1 4 »	» 3 5 4 »	» 3 9 6 »	» 4 4 » »
12 »	» 2 1 6 »	» 2 2 8 »	» 2 6 4 »	» 3 » 2 »	» 3 4 3 »	» 3 8 6 »	» 4 3 2 »	» 4 8 » »
13 »	» 2 3 4 »	» 2 4 7 »	» 2 8 6 »	» 3 2 7 »	» 3 7 1 »	» 4 1 8 »	» 4 6 8 »	» 5 2 » »
14 »	» 2 5 2 »	» 2 6 6 »	» 3 » 8 »	» 3 5 3 »	» 4 » » »	» 4 5 » »	» 5 » 4 »	» 5 6 » »
15 »	» 2 7 » »	» 2 8 5 »	» 3 3 » »	» 3 7 8 »	» 4 2 9 »	» 4 8 3 »	» 5 4 » »	» 6 » » »
16 »	» 2 8 8 »	» 3 » 4 »	» 3 5 2 »	» 4 » 3 »	» 4 5 7 »	» 5 1 5 »	» 5 7 6 »	» 6 4 » »
17 »	» 3 » 6 »	» 3 2 3 »	» 3 7 4 »	» 4 2 8 »	» 4 8 6 »	» 5 4 7 »	» 6 1 2 »	» 6 8 » »
18 »	» 3 2 4 »	» 3 4 2 »	» 3 9 6 »	» 4 5 3 »	» 5 1 4 »	» 5 7 9 »	» 6 4 8 »	» 7 2 » »
19 »	» 3 4 2 »	» 3 6 1 »	» 4 1 8 »	» 4 7 9 »	» 5 4 3 »	» 6 1 1 »	» 6 8 4 »	» 7 6 » »
20 »	» 3 6 » »	» 3 8 » »	» 4 4 » »	» 5 » 4 »	» 5 7 2 »	» 6 4 4 »	» 7 2 » »	» 8 » » »

LONGUEURS.	PRODUITS d'une pièce de bois de 17 à 26 cent. de circonférence	PRODUITS d'une pièce de bois de 18 à 27 cent. de circonférence	PRODUITS d'une pièce de bois de 19 à 28 cent. de circonférence	PRODUITS d'une pièce de bois de 20 à 29 cent. de circonférence	PRODUITS d'une pièce de bois de 21 à 30 cent. de circonférence	PRODUITS d'une pièce de bois de 22 à 31 cent. de circonférence	PRODUITS d'une pièce de bois de 23 à 32 cent. de circonférence	PRODUITS d'une pièce de bois de 24 à 33 cent. de circonférence
m. c.	Produits.	Produits.	Produits.	Produits.	Produits.	Produits.	Produits.	Produits.
	mèt. d. c. m. d.	mèt. d. c. m. d.	mèt. d. c. m. d.	mèt. d. c. m. d.	mèt. d. c. m. d.	mèt. d. c. m. d.	mèt. d. c. m. d.	mèt. d. c. m. d.
» 10	» » » 4 »	» » » 4 »	» » » 5 »	» » » 5 »	» » » 6 »	» » » 6 »	» » » 7 »	» » » 7 »
» 15	» » » 6 »	» » » 6 »	» » » 2 5	» » » 7 5	» » » 9 »	» » » 9 »	» » 1 » 5	» » 1 » 5
» 20	» » » 8 »	» » » 9 »	» » 1 » »	» » 1 1 »	» » 1 2 »	» » 1 3 »	» » 1 4 »	» » 1 5 »
» 25	» » 1 » »	» » 1 1 2	» » 1 2 5	» » 1 3 7	» » 1 5 »	» » 1 6 »	» » 1 7 5	» » 1 8 7
» 30	» » 1 3 »	» » 1 4 »	» » 1 5 »	» » 1 7 »	» » 1 8 »	» » 2 » »	» » 2 2 »	» » 2 3 »
» 35	» » 1 5 »	» » 1 6 3	» » 1 7 5	» » 1 9 8	» » 2 1 »	» » 2 3 3	» » 2 3 7	» » 2 6 9
» 40	» » 1 7 »	» » 1 9 »	» » 2 1 »	» » 2 3 »	» » 2 5 »	» » 2 7 »	» » 2 9 »	» » 3 1 »
» 45	» » 1 9 »	» » 2 1 4	» » 2 3 6	» » 2 5 9	» » 2 8 »	» » 3 » 4	» » 3 2 8	» » 3 4 9
» 50	» » 2 2 »	» » 2 4 »	» » 2 6 »	» » 2 9 »	» » 3 1 »	» » 3 4 »	» » 3 6 »	» » 3 9 »
» 55	» » 2 4 2	» » 2 6 2	» » 2 8 6	» » 3 1 9	» » 3 4 »	» » 3 7 4	» » 3 9 6	» » 4 2 9
» 60	» » 2 6 »	» » 2 9 »	» » 3 1 »	» » 3 4 »	» » 3 7 »	» » 4 » »	» » 4 4 »	» » 4 7 »
» 65	» » 2 8 1	» » 3 1 6	» » 3 3 6	» » 3 6 8	» » 4 » »	» » 4 3 3	» » 4 7 6	» » 5 » 9
» 70	» » 3 1 »	» » 3 4 »	» » 3 7 »	» » 4 » »	» » 4 4 »	» » 4 7 »	» » 5 1 »	» » 5 5 »
» 75	» » 3 » »	» » 3 6 4	» » 3 9 6	» » 4 2 9	» » 4 6 1	» » 5 » 4	» » 5 4 6	» » 5 8 9
» 80	» » 3 5 »	» » 3 8 »	» » 4 2 »	» » 4 6 »	» » 5 » »	» » 5 4 »	» » 5 8 »	» » 6 3 »
» 85	» » 3 7 2	» » 4 » 4	» » 4 4 6	» » 4 8 9	» » 5 2 1	» » 5 7 4	» » 6 1 6	» » 6 6 9
» 90	» » 3 9 »	» » 4 3 »	» » 4 7 »	» » 5 2 »	» » 5 6 »	» » 6 1 »	» » 6 6 »	» » 7 1 »
» 95	» » 4 1 »	» » 4 5 4	» » 4 9 6	» » 5 3 9	» » 5 8 1	» » 6 4 4	» » 6 9 6	» » 7 4 9
1 »	» » 4 4 »	» » 4 8 »	» » 5 3 »	» » 5 8 »	» » 6 3 »	» » 6 8 »	» » 7 3 »	» » 7 9 »
2 »	» » 8 8 »	» » 9 7 »	» 1 » 6 »	» 1 1 6 »	» 1 2 6 »	» 1 3 6 »	» 1 4 7 0	» 1 5 8 »
3 »	» 1 3 2 »	» 1 4 5 »	» 1 5 2 »	» 1 7 4 »	» 1 8 7 »	» 2 » 4 »	» 2 2 » »	» 2 3 7 »
4 »	» 1 7 6 »	» 1 9 4 »	» 2 1 2 »	» 2 3 2 »	» 2 5 2 »	» 2 7 2 »	» 2 9 4 »	» 3 1 6 »
5 »	» 2 2 » »	» 2 4 3 »	» 2 6 6 »	» 2 9 » »	» 3 1 5 »	» 3 4 1 »	» 3 6 8 »	» 3 9 6 »
6 »	» 2 6 4 »	» 2 9 1 »	» 3 1 9 »	» 3 4 8 »	» 3 7 8 »	» 4 » 9 »	» 4 4 1 »	» 4 7 5 »
7 »	» 3 » 8 »	» 3 4 » »	» 3 7 2 »	» 4 » 6 »	» 4 4 1 »	» 4 7 7 »	» 5 1 5 »	» 5 5 4 »
8 »	» 3 5 3 »	» 3 8 8 »	» 4 2 5 »	» 4 6 4 »	» 5 » 1 »	» 5 4 5 »	» 5 8 8 »	» 6 3 3 »
9 »	» 3 9 7 »	» 4 3 7 »	» 4 7 8 »	» 5 2 2 »	» 5 6 7 »	» 6 1 3 »	» 6 6 2 »	» 7 1 2 »
10 »	» 4 4 2 »	» 4 8 6 »	» 5 3 2 »	» 5 8 » »	» 6 3 » »	» 6 8 2 »	» 7 3 6 »	» 7 9 2 »
11 »	» 4 8 6 »	» 5 3 4 »	» 5 8 5 »	» 6 3 8 »	» 6 9 3 »	» 7 5 » »	» 8 » 9 »	» 8 7 1 »
12 »	» 5 3 » »	» 5 8 3 »	» 6 3 8 »	» 6 9 6 »	» 7 5 6 »	» 8 1 8 »	» 8 8 3 »	» 9 5 » »
13 »	» 5 7 4 »	» 6 3 1 »	» 6 9 1 »	» 7 5 4 »	» 8 1 9 »	» 8 8 6 »	» 9 5 6 »	1 » 2 9 »
14 »	» 6 1 8 »	» 6 8 » »	» 7 4 4 »	» 8 1 2 »	» 8 8 2 »	» 9 5 4 »	1 » 3 » »	1 1 0 8 »
15 »	» 6 6 3 »	» 7 2 9 »	» 7 9 8 »	» 8 7 » »	» 9 4 5 »	1 » 2 3 »	1 1 » 4 »	1 1 8 8 »
16 »	» 7 » 7 »	» 7 7 7 »	» 8 5 1 »	» 9 2 8 »	1 » » 8 »	1 » 9 1 »	1 1 7 7 »	1 2 6 7 »
17 »	» 7 5 1 »	» 8 2 6 »	» 9 » 4 »	» 9 8 6 »	1 » 7 1 »	1 1 5 9 »	1 2 5 1 »	1 3 4 6 »
18 »	» 7 9 5 »	» 8 7 4 »	» 9 5 7 »	1 0 4 4 »	1 1 3 4 »	1 2 2 7 »	1 3 2 4 »	1 4 2 5 »
19 »	» 8 3 9 »	» 9 2 3 »	1 » 1 » »	1 1 » 2 »	1 1 9 7 »	1 2 9 5 »	1 3 9 8 »	1 5 0 4 »
20 »	» 8 8 4 »	» 9 7 2 »	1 » 6 4 »	1 1 6 » »	1 2 6 » »	1 3 6 4 »	1 4 7 2 »	1 5 8 4 »

LONGUEURS.	PRODUITS d'une pièce de bois de 25 à 34 cent. de circonférence	PRODUITS d'une pièce de bois de 26 à 35 cent. de circonférence	PRODUITS d'une pièce de bois de 27 à 36 cent. de circonférence	PRODUITS d'une pièce de bois de 28 à 37 cent. de circonférence	PRODUITS d'une pièce de bois de 29 à 38 cent. de circonférence	PRODUITS d'une pièce de bois de 30 à 39 cent. de circonférence	PRODUITS d'une pièce de bois de 31 à 40 cent. de circonférence	PRODUITS d'une pièce de bois de 32 à 41 cent. de circonférence
m. c.	Produits.	Produits.	Produits.	Produits.	Produits.	Produits.	Produits.	Produits.
	mèt. d. c. m. d.	mèt. d. c. m. d.	mèt. d. c. m. d.	mèt. d. c. m. d.	mèt. d. c. m. d.	mèt. d. c. m. d.	mèt. d. c. m. d.	mèt. d. c. m. d.
» 10	» » » 8 »	» » » 9 »	» » » 9 »	» » 1 » »	» » 1 1 »	» » 1 1 »	» » 1 2 »	» » 1 3 »
» 15	» » 1 2 »	» » 1 3 5	» » 1 3 5	» » 1 5 »	» » 1 6 »	» » 1 6 »	» » 1 8 »	» » 1 9 5
» 20	» » 1 7 »	» » 1 8 »	» » 1 9 »	» » 2 » »	» » 2 2 »	» » 2 3 »	» » 2 4 »	» » 2 6 »
» 25	» » 2 1 2	» » 2 2 5	» » 2 3 7	» » 2 5 »	» » 2 7 5	» » 2 8 7	» » 3 » »	» » 3 2 5
» 30	» » 2 5 »	» » 2 7 »	» » 2 9 »	» » 3 » »	» » 3 3 »	» » 3 5 »	» » 3 7 »	» » 3 9 »
» 35	» » 2 9 1	» » 3 1 7	» » 3 3 5	» » 3 5 »	» » 3 8 5	» » 4 0 8	» » 4 3 »	» » 4 5 5
» 40	» » 3 3 »	» » 3 6 »	» » 3 8 »	» » 4 1 »	» » 4 4 »	» » 4 6 »	» » 4 9 1	» » 5 1 »
» 45	» » 3 7 1	» » 4 » 5	» » 4 2 5	» » 4 6 »	» » 4 9 5	» » 5 1 7	» » 5 5 1	» » 5 7 4
» 50	» » 4 2 »	» » 4 5 »	» » 4 8 »	» » 5 1 »	» » 5 5 »	» » 5 8 »	» » 6 2 »	» » 6 5 »
» 55	» » 4 6 2	» » 4 9 5	» » 5 2 8	» » 5 6 »	» » 6 » 5	» » 6 3 8	» » 6 8 2	» » 7 1 5
» 60	» » 5 1 »	» » 5 4 »	» » 5 8 »	» » 6 1 »	» » 6 6 »	» » 7 » »	» » 7 4 0	» » 7 8 »
» 65	» » 5 4 2	» » 5 8 5	» » 6 2 8	» » 6 6 »	» » 7 1 5	» » 7 5 8	» » 8 » 1	» » 8 4 5
» 70	» » 6 » »	» » 6 3 »	» » 6 7 »	» » 7 2 »	» » 7 7 »	» » 8 1 »	» » 8 6 »	» » 9 1 »
» 75	» » 6 4 3	» » 6 7 5	» » 7 1 8	» » 7 7 »	» » 8 2 5	» » 8 6 8	» » 9 2 1	» » 9 7 5
» 80	» » 6 9 »	» » 7 2 »	» » 7 7 »	» » 8 2 »	» » 8 8 »	» » 9 3 »	» » 9 9 »	» 1 » 4 »
» 85	» » 7 3 3	» » 7 6 5	» » 8 1 8	» » 8 7 »	» » 9 3 5	» » 9 8 8	» 1 » 5 2	» 1 1 » 5
» 90	» » 7 7 »	» » 8 1 »	» » 8 7 »	» » 9 2 »	» » 9 9 »	» 1 » 5 »	» 1 1 1 »	» 1 1 7 »
» 95	» » 8 1 3	» » 8 5 5	» » 9 1 8	» » 9 7 »	» 1 » 4 5	» 1 1 » 8	» 1 1 7 2	» 1 2 3 4
1 »	» » 8 5 »	» » 9 1 »	» » 9 7 »	» 1 » 3 »	» 1 1 » »	» 1 1 7 »	» 1 2 4 »	» 1 3 1 »
2 »	» 1 7 » »	» 1 8 2 »	» 1 9 4 »	» 2 » 7 »	» 2 2 » »	» 2 3 4 «	» 2 4 8 »	» 2 6 2 »
3 »	» 2 5 5 »	» 2 7 3 »	» 2 9 1 »	» 3 1 » »	» 3 3 » »	» 3 5 1 »	» 3 7 2 »	» 3 9 3 »
4 »	» 3 4 » »	» 3 6 4 »	» 3 8 8 »	» 4 1 4 »	» 4 4 » »	» 4 6 8 »	» 4 9 6 »	» 5 2 4 »
5 »	» 4 2 5 »	» 4 5 5 »	» 4 8 6 »	» 5 1 8 »	» 5 5 1 »	» 5 8 5 »	» 6 2 » »	» 6 5 6 »
6 »	» 5 1 » »	» 5 4 6 »	» 5 8 3 »	» 6 2 1 »	» 6 6 1 »	» 7 » 2 »	» 7 4 4 »	» 7 8 7 »
7 »	» 5 9 5 »	» 6 3 7 »	» 6 8 0 »	» 7 2 5 »	» 7 7 1 »	» 8 1 9 »	» 8 6 8 »	» 9 1 8 »
8 »	» 6 8 » »	» 7 2 8 »	» 7 7 7 »	» 8 2 8 »	» 8 8 1 »	» 9 3 6 »	» 9 9 2 »	1 » 4 9 »
9 »	» 7 6 5 »	» 8 1 9 »	» 8 7 4 »	» 9 3 2 »	» 9 9 1 »	1 » 5 3 »	1 1 1 6 »	1 1 8 » »
10 »	» 8 5 » »	» 9 1 » »	» 9 7 2 »	1 0 3 6 »	1 1 » 2 »	1 1 7 » »	1 2 4 » »	1 3 1 2 »
11 »	» 9 3 5 »	1 » » 1 »	1 0 6 9 »	1 1 3 9 »	1 2 1 2 »	1 2 8 7 »	1 3 6 4 »	1 4 4 3 »
12 »	1 » 2 0 »	1 » 9 2 »	1 1 6 6 »	1 2 4 3 »	1 3 2 2 »	1 4 » 4 »	1 4 8 8 »	1 5 7 4 »
13 »	1 » 5 » »	1 1 8 3 »	1 2 6 3 »	1 3 4 6 »	1 4 3 2 »	1 5 2 1 »	1 6 1 2 »	1 7 » 5 »
14 »	1 1 9 » »	1 2 7 4 »	1 3 6 » »	1 4 5 » »	1 5 4 2 »	1 6 3 8 »	1 7 3 6 »	1 8 3 6 »
15 »	1 2 7 5 »	1 3 6 5 »	1 4 5 8 »	1 5 5 4 »	1 6 5 3 »	1 7 5 5 »	1 8 6 » »	1 9 6 8 »
16 »	1 3 6 » »	1 4 5 6 »	1 5 5 5 »	1 6 5 7 »	1 7 6 3 »	1 8 7 2 »	1 9 8 4 »	2 » 9 9 »
17 »	1 4 4 5 »	1 5 4 7 »	1 6 5 2 »	1 7 6 1 »	1 8 7 3 »	1 9 8 9 »	2 1 » 8 »	2 2 3 » »
18 »	1 5 3 » »	1 6 3 8 »	1 7 4 9 »	1 8 6 4 »	1 9 8 3 »	2 1 » 6 »	2 2 3 2 »	2 3 6 1 »
19 »	1 6 1 5 »	1 7 2 0 »	1 8 4 6 »	1 9 6 8 »	2 » 9 3 »	2 2 2 3 »	2 3 5 6 »	2 4 9 2 »
20 »	1 7 » » »	1 8 2 » »	1 9 9 4 »	2 » 7 2 »	2 2 » 4 »	2 3 4 » »	2 4 8 » »	2 6 2 4 »

LONGUEURS.	PRODUITS d'une pièce de bois de 33 à 42 cent. de circonférence	PRODUITS d'une pièce de bois de 34 à 43 cent. de circonférence	PRODUITS d'une pièce de bois de 35 à 44 cent. de circonférence	PRODUITS d'une pièce de bois de 36 à 45 cent. de circonférence	PRODUITS d'une pièce de bois de 37 à 46 cent. de circonférence	PRODUITS d'une pièce de bois de 38 à 47 cent. de circonférence	PRODUITS d'une pièce de bois de 39 à 48 cent. de circonférence	PRODUITS d'une pièce de bois de 40 à 49 cent. de circonférence
m. c.	Produits.	Produits.	Produits.	Produits.	Produits.	Produits.	Produits.	Produits.
	mèt. d. c. m. d.	mèt. d. c. m. d.	mèt. d. c. m. d.	mèt. d. c. m. d.	mèt. d. c. m. d.	mèt. d. c. m. d.	mèt. d. c. m. d.	mèt. d. c. m. d.
» 10	» » 1 3 »	» » 1 4 »	» » 1 5 »	» » 1 6 »	» » 1 7 »	» » 1 7 »	» » 1 8 »	» » 1 9 »
» 15	» » 1 9 5	» » 2 1 »	» » 2 2 5	» » 2 4 »	» » 2 5 5	» » 2 5 5	» » 2 7 »	» » 2 8 5
» 20	» » 2 7 »	» » 2 9 »	» » 3 » »	» » 3 2 »	» » 3 4 »	» » 3 5 »	» » 3 7 »	» » 3 9 »
» 25	» » 3 3 7	» » 3 6 2	» » 3 7 5	» » » 4 »	» » 4 2 5	» » 4 3 7	» » 4 6 2	» » 4 8 7
» 30	» » 4 1 »	» » 4 3 »	» » 4 5 »	» » 4 8 »	» » 5 1 »	» » 5 3 »	» » 5 5 »	» » 5 8 »
» 35	» » 4 7 8	» » 5 » 1	» » 5 2 5	» » 5 6 »	» » 5 9 5	» » 6 1 8	» » 6 4 1	» » 6 7 7
» 40	» » 5 5 »	» » 5 8 »	» » 6 1 »	» » 6 4 »	» » 6 8 »	» » 7 1 »	» » 7 4 »	» » 7 8 »
» 45	» » 6 1 4	» » 6 5 2	» » 6 8 6	» » 7 2 »	» » 7 6 5	» » 7 9 8	» » 8 3 2	» » 8 7 7
» 50	» » 6 9 »	» » 7 3 »	» » 7 6 »	» » 8 1 »	» » 8 6 »	» » 8 9 »	» » 9 3 »	» » 9 8 »
» 55	» » 7 5 9	» » 8 » 3	» » 8 3 6	» » 8 9 1	» » 9 4 6	» » 9 7 9	» 1 » 2 3	» 1 » 7 8
» 60	» » 8 2 »	» » 8 6 »	» » 9 1 »	» » 9 7 »	» 1 » 3 »	» 1 » 7 »	» 1 1 2 »	» 1 1 7 »
» 65	» » 8 8 8	» » 9 3 1	» » 9 8 6	» 1 » 5 1	» 1 1 1 6	» 1 1 5 »	» 1 2 1 3	» 1 2 6 7
» 70	» » 9 6 »	» 1 » 2 »	» 1 » 7 »	» 1 1 3 »	» 1 2 » »	» 1 2 5 »	» 1 3 » »	» 1 3 7 »
» 75	» 1 » 2 9	» 1 » 9 3	» 1 1 4 6	» 1 2 1 1	» 1 2 8 6	» 1 3 4 »	» 1 3 9 9	» 1 4 6 8
» 80	» 1 1 1 »	» 1 1 6 »	» 1 2 3 »	» 1 2 9 »	» 1 3 7 »	» 1 4 2 »	» 1 4 9 »	» 1 5 6 »
» 85	» 1 1 7 9	» 1 2 3 2	» 1 3 » 6	» 1 3 7 1	» 1 4 5 6	» 1 5 0 9	» 1 5 8 9	» 1 6 5 8
» 90	» 1 2 5 »	» 1 3 1 »	» 1 3 8 »	» 1 4 5 »	» 1 5 4 »	» 1 6 » »	» 1 6 7 »	» 1 7 6 »
» 95	» 1 3 1 9	» 1 3 8 2	» 1 4 5 7	» 1 5 3 1	» 1 6 2 6	» 1 6 8 9	» 1 7 6 8	» 1 8 5 8
1 »	» 1 3 8 »	» 1 4 6 »	» 1 5 4 »	» 1 6 2 »	» 1 7 » »	» 1 7 8 »	» 1 8 7 »	» 1 9 6 »
2 »	» 2 7 7 »	» 2 9 2 »	» 3 » 8 »	» 3 2 4 »	» 3 4 » »	» 3 5 4 »	» 3 7 4 »	» 3 9 2 »
3 »	» 4 1 5 »	» 4 3 8 »	» 4 6 2 »	» 4 8 6 »	» 5 1 » »	» 5 3 5 »	» 5 6 1 »	» 5 8 8 »
4 »	» 5 5 4 »	» 5 8 4 »	» 6 1 6 »	» 6 4 8 »	» 6 8 » »	» 7 1 4 »	» 7 4 8 »	» 7 8 4 »
5 »	» 6 9 3 »	» 7 3 1 »	» 7 7 » »	» 8 1 » »	» 8 5 1 »	» 8 9 3 »	» 9 3 6 »	» » 9 8 »
6 »	» 8 3 1 »	» 8 7 7 »	» 9 2 4 »	» 9 7 3 »	1 » 2 1 »	1 » 7 1 »	1 1 2 3 »	1 1 7 6 »
7 »	» 9 7 » »	1 » 2 3 »	1 » 7 8 »	1 1 3 4 »	1 1 9 1 »	1 2 5 » »	1 3 1 » »	1 3 7 2 »
8 »	1 1 » 8 »	1 1 6 9 »	1 2 3 2 »	1 2 9 6 »	1 3 6 1 »	1 4 2 8 »	1 4 9 7 »	1 5 6 8 »
9 »	1 2 4 7 »	1 3 1 5 »	1 3 8 6 »	1 4 5 8 »	1 5 3 1 »	1 6 » 7 »	1 6 8 4 »	1 7 6 4 »
10 »	1 3 8 6 »	1 4 6 2 »	1 5 4 » »	1 6 2 » »	1 7 » 2 »	1 7 8 6 »	1 8 7 2 »	1 9 6 » »
11 »	1 5 2 4 »	1 6 0 8 »	1 6 9 4 »	1 7 8 2 »	1 8 7 2 »	1 9 6 4 »	2 » 5 9 »	2 1 5 6 »
12 »	1 6 6 3 »	1 7 5 4 »	1 8 4 8 »	1 9 4 4 »	2 » 4 2 »	2 1 4 3 »	2 2 4 6 »	2 3 5 2 »
13 »	1 8 » 1 »	1 9 » » »	2 » » 2 »	2 1 » 6 »	2 2 1 2 »	2 3 2 1 »	2 4 3 3 »	2 5 4 8 »
14 »	1 9 4 » »	2 » 4 6 »	2 1 5 6 »	2 2 6 8 »	2 3 8 2 »	2 5 » » »	2 6 2 » »	2 7 4 4 »
15 »	2 » 7 9 »	2 1 9 3 »	2 3 1 » »	2 4 3 » »	2 5 5 3 »	2 6 7 9 »	2 8 » 8 »	2 9 4 » »
16 »	2 2 1 7 »	2 3 3 9 »	2 4 6 4 »	2 5 9 2 »	2 7 2 3 »	2 8 5 7 »	2 9 9 5 »	3 1 3 6 »
17 »	2 3 5 6 »	2 4 8 5 »	2 6 1 8 »	2 7 5 4 »	2 8 9 3 »	3 » 3 6 »	3 1 8 2 »	3 3 3 2 »
18 »	2 4 9 4 »	2 6 3 1 »	2 7 7 2 »	2 9 1 6 »	3 » 6 3 »	3 2 1 4 »	3 3 6 9 »	3 5 2 8 »
19 »	2 6 3 3 »	2 7 7 7 »	2 9 2 6 »	3 » 7 8 »	3 2 3 3 »	3 3 9 3 »	3 5 5 6 »	3 7 2 4 »
20 »	2 7 7 2 »	2 9 2 4 »	2 » 8 » »	3 2 4 » »	3 4 » 4 »	3 5 7 2 »	3 7 4 4 »	3 9 2 » »

LONGUEURS.	PRODUITS d'une pièce de bois de 41 à 50 cent. de circonférence	PRODUITS d'une pièce de bois de 42 à 51 cent. de circonférence	PRODUITS d'une pièce de bois de 43 à 52 cent. de circonférence	PRODUITS d'une pièce de bois de 44 à 53 cent. de circonférence	PRODUITS d'une pièce de bois de 45 à 54 cent. de circonférence	PRODUITS d'une pièce de bois de 46 à 55 cent. de circonférence	PRODUITS d'une pièce de bois de 47 à 56 cent. de circonférence	PRODUITS d'une pièce de bois de 48 à 57 cent. de circonférence
m. c.	Produits.	Produits.	Produits.	Produits.	Produits.	Produits.	Produits.	Produits.
	mèt. d. c. m. d.	mèt. d. c. m. d.	mèt. d. c. m. d.	mèt. d. c. m. d.	mèt. d. c. m. d.	mèt. d. c. m. d.	mèt. d. c. m. d.	mèt. d. c. m. d.
» 10	» » 2 » »	» » 2 1 »	» » 2 2 »	» » 2 3 »	» » 2 4 »	» » 2 5 »	» » 2 6 »	» » 2 7 »
» 15	» » 3 » »	» » 3 1 5	» » 3 3 »	» » 3 4 5	» » 3 6 »	» » 3 7 5	» » 3 9 »	» » 4 » 5
» 20	» » 4 1 »	» » 4 2 »	» » 4 4 »	» » 4 6 »	» » 4 8 »	» » 5 1 »	» » 5 2 »	» » 5 4 »
» 25	» » 5 1 2	» » 5 2 5	» » 5 5 »	» » 5 7 5	» » 6 » »	» » 6 3 7	» » 6 5 »	» » 6 7 5
» 30	» » 6 1 »	» » 6 4 »	» » 6 7 »	» » 7 » »	» » 7 2 »	» » 7 6 »	» » 7 9 »	» » 8 2 »
» 35	» » 7 1 1	» » 7 4 8	» » 7 8 1	» » 8 1 7	» » 8 4 »	» » 8 8 7	» » 9 2 1	» » 9 5 7
» 40	» » 8 2 »	» » 8 5 »	» » 8 9 »	» » 9 3 »	» » 9 7 »	» 1 » 2 »	» 1 » 5 »	» 1 » 9 »
» 45	» » 9 2 2	» » 9 5 6	» » 9 » 1	» 1 » 4 8	» 1 » 9 1	» 1 1 4 7	» 1 1 3 1	» 1 2 2 6
» 50	» 1 » 2 »	» 1 » 7 »	» 1 1 2 »	» 1 1 6 »	» 1 2 1 »	» 1 2 8 »	» 1 3 1 »	» 1 3 6 »
» 55	» 1 1 2 2	» 1 1 7 7	» 1 2 3 2	» 1 2 7 6	» 1 3 3 1	» 1 4 » 8	» 1 4 3 1	» 1 4 9 6
» 60	» 1 2 3 »	» 1 2 8 »	» 1 3 4 »	» 1 4 » »	» 1 4 5 »	» 1 5 3 »	» 1 5 7 0	» 1 6 4 »
» 65	» 1 3 3 2	» 1 3 » 6	» 1 4 5 1	» 1 5 1 1	» 1 5 7 1	» 1 6 5 7	» 1 7 » 1	» 1 7 7 7
» 70	» 1 4 3 »	» 1 4 9 »	» 1 5 6 »	» 1 6 3 »	» 1 7 » »	» 1 7 9 »	» 1 8 4 »	» 1 9 1 »
» 75	» 1 5 3 2	» 1 5 9 7	» 1 6 7 1	» 1 7 4 6	» 1 8 2 1	» 1 9 1 8	» 1 9 7 1	» 2 » 4 8
» 80	» 1 6 4 »	» 1 7 1 »	» 1 7 8 »	» 1 8 7 »	» 1 9 4 »	» 2 » 4 »	» 2 1 » »	» 2 1 9 »
» 85	» » 7 4 3	» 1 8 1 7	» 1 8 9 1	» 1 9 8 7	» 2 » 6 1	» 2 1 6 7	» 2 2 3 1	» 2 3 2 7
» 90	» 1 8 4 »	» 1 9 2 »	» 2 » » »	» 2 1 » »	» 2 1 8 »	» 2 3 » »	» 2 3 6 »	» 2 4 6 »
» 95	» 1 9 4 2	» 2 » 2 7	» 2 1 1 1	» 2 2 1 7	» 2 3 » 2	» 2 4 2 8	» 2 4 9 1	» 2 5 9 7
1 »	» 2 » 5 »	» 2 1 4 »	» 2 2 3 »	» 2 3 3 »	» 2 4 3 »	» 2 5 7 »	» 2 6 3 »	» 2 7 3 »
2 »	» 4 1 » »	» 4 2 8 »	» 4 4 7 »	» 4 6 6 »	» 4 8 6 »	» 5 1 5 »	» 5 2 6 »	» 5 5 7 »
3 »	» 6 1 5 »	» 6 4 2 »	» 6 7 » »	» 6 9 9 »	» 7 2 9 »	» 7 7 2 »	» 7 8 9 »	» 8 3 » »
4 »	» 8 2 » »	» 8 5 6 »	» 8 9 4 »	» 9 3 2 »	» 9 7 2 »	1 » 3 » »	1 » 5 2 »	1 1 » 4 0
5 »	1 » 2 5 »	1 » 7 1 »	1 1 1 8 »	1 1 6 6 »	1 2 1 5 »	1 2 8 8 »	1 3 1 6 »	1 3 7 8 »
6 »	1 2 3 » »	1 2 8 5 »	1 3 4 1 »	1 3 9 9 »	1 4 5 8 »	1 5 4 5 »	1 5 7 9 »	1 6 5 1 »
7 »	1 4 3 5 »	1 4 9 9 »	1 5 6 5 »	1 6 3 2 »	1 7 » 1 »	1 8 » 3 »	1 8 4 2 »	1 9 2 5 »
8 »	1 6 4 » »	1 7 1 3 »	1 7 8 8 »	1 8 6 5 »	1 9 4 4 »	2 » 6 » »	2 1 » 5 »	2 1 9 8 »
9 »	1 8 4 5 »	1 9 2 7 »	2 » 1 2 »	2 » 9 9 »	2 1 8 7 »	2 3 1 8 »	2 3 6 8 »	2 4 7 2 »
10 »	2 » 5 » »	2 1 4 2 »	2 2 3 6 »	2 3 3 2 »	2 4 3 » »	2 5 7 6 »	2 6 3 2 »	2 7 3 6 »
11 »	2 2 5 5 »	2 3 5 6 »	2 4 5 9 »	2 5 6 5 »	2 6 7 3 »	2 8 3 3 »	2 8 9 5 »	3 » » 9 »
12 »	2 4 6 » »	2 5 7 » »	2 6 8 3 »	2 7 9 8 »	2 9 1 6 »	3 » 9 1 »	3 1 5 8 »	3 3 8 3 »
13 »	2 6 6 5 »	2 7 8 4 »	8 9 » 6 »	3 » 3 1 »	3 1 5 9 »	3 3 4 8 »	3 4 2 1 »	3 5 5 6 »
14 »	2 8 7 » »	2 9 9 8 »	3 1 3 » »	3 2 6 5 »	3 4 » 2 »	3 6 » 6 »	3 6 8 4 »	3 8 3 » »
15 »	3 » 7 5 »	3 2 1 3 »	3 3 5 4 »	3 4 9 8 »	3 6 4 5 »	3 8 6 4 »	3 9 4 8 »	4 1 » 4 »
16 »	3 2 8 » »	3 4 2 7 »	3 5 7 7 »	3 7 3 1 »	3 8 8 8 »	4 1 2 1 »	4 2 1 1 »	4 3 7 7 »
17 »	3 4 8 5 »	3 6 4 1 »	3 8 » 1 »	3 9 6 4 »	4 1 3 1 »	4 3 7 0 »	4 4 7 4 »	4 6 5 1 »
18 »	3 6 9 » »	3 8 5 5 »	4 » 2 4 »	4 1 9 7 »	4 3 7 4 »	4 6 3 6 »	4 9 3 7 »	4 9 2 4 »
19 »	3 8 9 5 »	4 » 6 9 »	4 2 4 8 »	4 4 3 1 »	4 6 1 7 »	4 8 9 4 »	5 » » » »	5 1 9 8 »
20 »	4 1 » » »	4 2 8 4 »	4 4 7 2 »	4 6 6 4 »	4 8 6 » »	5 1 5 2 »	5 2 6 4 »	5 4 7 2 »

LONGUEURS.	PRODUITS d'une pièce de bois de 49 à 58 cent. de circonférence	PRODUITS d'une pièce de bois de 50 à 59 cent. de circonférence	PRODUITS d'une pièce de bois de 51 à 60 cent. de circonférence	PRODUITS d'une pièce de bois de 52 à 61 cent. de circonférence	PRODUITS d'une pièce de bois de 53 à 62 cent. de circonférence	PRODUITS d'une pièce de bois de 54 à 63 cent. de circonférence	PRODUITS d'une pièce de bois de 55 à 64 cent. de circonférence	PRODUITS d'une pièce de bois de 56 à 65 cent. de circonférence
m. c.	Produits.	Produits.	Produits.	Produits.	Produits.	Produits.	Produits.	Produits.
	mèt. d. c. m. d.	mèt. d. c. m. d.	mèt. d. c. m. d.	mèt. d. c. m. d.	mèt. d. c. m. d.	mèt. d. c. m. d.	mèt. d. c. m. d.	mèt. d. c. m. d.
» 10	» » 2 8 »	» » 2 9 »	» » 3 » »	» » 3 1 »	» » 3 2 »	» » 3 4 »	» » 3 5 »	» » 3 6 »
» 15	» » 4 2 »	» » 4 3 5	» » 4 5 »	» » 4 6 5	» » 4 8 »	» » 5 1 »	» » 5 2 5	» » 5 4 »
» 20	» » 5 6 »	» » 5 9 »	» » 6 1 »	» » 6 3 »	» » 6 5 »	» » 6 8 »	» » 7 » »	» » 7 2 »
» 25	» » 7 » »	» » 7 3 8	» » 7 6 2	» » 7 8 8	» » 8 1 2	» » 8 5 »	» » 8 7 5	» » 9 » »
» 30	» » 8 5 »	» » 8 8 »	» » 9 1 »	» » 9 4 »	» » 9 8 »	» 1 » 2 »	» 1 » 5 »	» 1 » 9 »
» 35	» » 9 9 1	» 1 » 2 7	» 1 » 6 1	» 1 » 9 7	» 1 1 4 3	» 1 1 9 »	» 1 2 2 5	» 1 2 7 2
» 40	» 1 1 3 »	» 1 1 8 »	» 1 2 2 »	» 1 2 6 »	» 1 3 1 »	» 1 3 6 »	» 1 4 » »	» 1 4 5 »
» 45	» 1 2 7 1	» 1 3 2 7	» 1 3 6 2	» 1 4 1 8	» 1 4 7 4	» 1 5 3 »	» 1 5 7 5	» 1 6 3 1
» 50	» 1 4 2 »	» 1 4 7 »	» 1 5 3 »	» 1 5 8 »	» 1 6 4 »	» 1 7 » »	» 1 7 6 »	» 1 8 2 »
» 55	» 1 5 6 2	» 1 6 1 7	» 1 6 8 3	» 1 7 3 8	» 1 8 » 4	» 1 8 7 »	» 1 9 3 6	» 2 » » 2
» 60	» 1 7 » »	» 1 7 7 »	» 1 8 3 »	» 1 8 9 »	» 1 9 6 »	» 2 » 4 »	» 2 1 1 »	» 2 1 8 »
» 65	» 1 8 4 2	» 1 9 1 7	» 1 9 8 2	» 2 » 4 7	» 2 1 2 3	» 2 2 1 »	» 2 1 8 6	» 2 3 6 2
» 70	» 1 9 8 »	» 2 » 7 »	» 2 1 4 »	» 2 2 1 »	» 2 2 9 »	» 2 3 8 »	» 2 4 6 »	» 2 5 4 »
» 75	» 2 1 2 1	» 2 2 1 7	» 2 2 9 2	» 2 3 6 8	» 2 4 5 »	» 2 5 5 »	» 2 6 3 5	» 2 7 2 1
» 80	» 2 2 7 »	» 2 3 6 »	» 2 4 4 »	» 2 5 2 »	» 2 6 2 »	» 2 7 2 »	» 2 8 1 »	» 2 9 1 »
» 85	» 2 4 1 2	» 2 5 » 7	» 2 5 9 2	» 2 6 7 7	» 2 7 8 2	» 2 8 9 »	» 2 9 8 5	» 3 » 9 2
» 90	» 2 5 5 »	» 2 6 6 »	» 2 7 5 »	» 2 8 4 »	» 2 9 5 »	» 3 » 6 »	» 3 1 6 »	» 3 2 7 »
» 95	» 2 6 9 2	» 2 8 » 7	» 2 9 » 3	» 2 9 9 8	» 3 1 1 3	» 3 2 3 »	» 3 3 3 5	» 3 4 5 3
1 »	» 2 8 4 »	» 2 9 5 »	» 3 » 6 »	» 3 1 7 »	» 3 2 8 »	» 3 4 » »	» 3 5 2 »	» 3 6 4 »
2 »	» 5 6 8 »	» 5 9 » »	» 6 1 2 »	» 6 3 4 »	» 6 5 7 »	» 6 8 » »	» 7 » 4 »	» 7 2 8 »
3 »	» 8 5 2 »	» 8 8 5 »	» 9 1 8 »	» 9 5 1 »	» 9 8 5 »	1 » 2 » »	1 » 5 6 »	1 » 9 2 »
4 »	1 1 3 6 »	1 1 8 » »	1 2 2 4 »	1 2 6 8 »	1 3 1 4 »	1 3 6 » »	1 4 » 8 »	1 4 5 6 »
5 »	1 1 4 2 1	1 4 7 5 »	1 5 3 » »	1 5 8 6 »	1 6 4 3 »	1 7 » 1 »	1 7 6 » »	1 8 2 » »
6 »	1 7 » 5 »	1 7 7 » »	1 8 3 6 »	1 9 » 3 »	1 9 7 1 »	2 » 4 1 »	2 1 1 2 »	2 1 8 4 »
7 »	1 9 8 9 »	2 » 6 5 »	2 1 4 2 »	2 2 2 » »	2 3 » » »	2 3 8 1 »	2 4 6 4 »	2 5 4 8 »
8 »	2 2 7 3 »	2 3 6 » »	2 4 4 8 »	2 5 3 7 »	2 6 2 8 »	2 7 2 1 »	2 8 1 6 »	2 9 1 2 »
9 »	2 5 5 8 »	2 6 5 5 »	2 7 5 4 »	2 8 5 4 »	2 9 5 7 »	3 » 6 1 »	3 1 6 8 »	3 2 7 6 »
10 »	2 8 4 2 »	2 9 5 » »	3 » 6 » »	3 1 7 2 »	3 2 8 6 »	3 4 » 2 »	3 5 2 » »	3 6 4 » »
11 »	3 1 2 6 »	3 2 4 5 »	3 3 6 6 »	3 4 8 9 »	3 6 1 4 »	3 7 4 2 »	3 8 7 2 »	4 » » 4 »
12 »	3 4 1 » »	3 5 4 » »	3 6 7 2 »	3 8 » 6 »	3 9 4 3 »	4 » 8 2 »	4 2 2 4 »	4 3 6 8 »
13 »	3 6 9 4 »	3 8 3 5 »	3 9 7 8 »	4 1 2 3 »	4 2 7 1 »	4 4 2 2 »	4 5 7 6 »	4 7 3 2 »
14 »	3 9 7 8 »	4 1 3 » »	4 2 8 4 »	4 4 4 » »	4 6 » » »	4 7 6 2 »	4 9 2 8 »	5 » 9 6 »
15 »	4 2 6 8 »	4 4 2 5 »	4 5 9 » »	4 7 5 8 »	4 9 2 9 »	5 1 » 3 »	5 2 8 » »	5 4 6 » »
16 »	4 5 4 7 »	4 7 2 0 »	4 8 9 6 »	5 » 7 5 »	5 2 5 7 »	5 4 4 3 »	5 6 3 2 »	5 8 2 4 »
17 »	4 8 3 1 »	5 » 1 5 »	5 2 2 » »	5 3 9 2 »	5 5 8 6 »	5 7 8 3 »	5 9 8 4 »	6 1 8 8 »
18 »	5 1 1 5 »	5 3 1 » »	5 5 » 8 »	5 7 » 9 »	5 9 1 4 »	6 1 2 3 »	6 3 3 6 »	6 5 5 2 »
19 »	5 3 9 9 »	5 6 » 5 »	5 8 1 4 »	6 » 2 6 »	6 2 4 3 »	6 4 6 3 »	6 6 8 8 »	6 9 1 6 »
20 »	5 6 8 4 »	5 9 » » »	6 1 2 » »	6 3 4 4 »	6 5 7 2 »	6 8 » 4 »	7 » 4 » »	7 2 8 » »

LONGUEURS.	PRODUITS d'une pièce de bois de 57 à 66 cent. de circonférence	PRODUITS d'une pièce de bois de 58 à 67 cent. de circonférence	PRODUITS d'une pièce de bois de 59 à 68 cent. de circonférence	PRODUITS d'une pièce de bois de 60 à 69 cent. de circonférence	PRODUITS d'une pièce de bois de 61 à 70 cent. de circonférence	PRODUITS d'une pièce de bois de 62 à 71 cent. de circonférence	PRODUITS d'une pièce de bois de 63 à 72 cent. de circonférence	PRODUITS d'une pièce de bois de 64 à 73 cent. de circonférence
m. c.	Produits.	Produits.	Produits.	Produits.	Produits.	Produits.	Produits.	Produits.
	mèt. d. c. m. d.	mèt. d. c. m. d.	mèt. d. c. m. d.	mèt. d. c. m. d.	mèt. d. c. m. d.	mèt. d. c. m. d.	mèt. d. c. m. d.	mèt. d. c. m. d.
» 10	» » 3 7 »	» » 3 8 »	» » 4 » »	» » 4 1 »	» » 4 2 »	» » 4 4 »	» » 4 5 »	» » 4 6 »
» 15	» » 5 5 5	» » 5 7 »	» » 6 » »	» » 6 1 5	» » 6 3 »	» » 6 6 »	» » 6 7 5	» » 6 9 »
» 20	» » 7 5 »	» » 7 7 »	» » 8 » »	» » 8 2 »	» » 8 5 »	» » 8 8 »	» » 9 » »	» » 9 3 »
» 25	» » 9 3 7	» » 9 6 2	» 1 » » »	» 1 » 2 5	» 1 1 6 2	» 1 1 » »	» 1 1 2 5	» 1 1 6 2
» 30	» 1 1 2 »	» 1 1 6 »	» 1 2 » »	» 1 2 4 »	» 1 2 8 »	» 1 3 2 »	» 1 3 6 »	» 1 4 » »
» 35	» 1 3 » 7	» 1 3 5 3	» 1 4 » »	» 1 4 4 7	» 1 4 9 3	» 1 5 4 »	» 1 5 8 8	» 1 6 3 3
» 40	» 1 5 » »	» 1 5 5 »	» 1 6 » »	» 1 6 5 »	» 1 7 » »	» 1 7 6 »	» 1 8 1 »	» 1 8 7 »
» 45	» 1 6 8 7	» 1 7 4 4	» 1 8 » »	» 1 8 5 6	» 1 9 1 2	» 1 9 8 »	» 2 » 3 6	» 2 1 » 3
» 50	» 1 8 8 »	» 1 9 4 »	» 2 » » »	» 2 » 7 »	» 2 1 3 »	» 2 2 » »	» 2 2 6 »	» 2 3 3 »
» 55	» 2 » 6 8	» 2 1 3 4	» 2 2 » »	» 2 2 7 7	» 2 3 4 3	» 2 4 2 »	» 2 4 8 6	» 2 5 6 3
» 60	» 2 2 5 »	» 2 3 2 »	» 2 4 » »	» 2 4 8 »	» 2 5 6 »	» 2 6 4 »	» 2 7 2 0	» 2 8 » »
» 65	» 2 4 3 7	» 2 5 1 3	» 2 6 » »	» 2 6 8 6	» 2 7 7 3	» 2 8 6 »	» 2 9 4 6	» 3 » 3 3
» 70	» 2 6 3 »	» 2 7 1 »	» 2 8 » »	» 2 8 9 »	» 2 9 8 »	» 3 » 8 »	» 3 1 7 »	» 3 2 7 »
» 75	» 2 8 1 7	» 2 9 » 3	» 3 » » »	» 3 » 9 6	» 3 1 9 3	» 3 3 » »	» 3 3 9 6	» 3 5 » 3
» 80	» 3 » » »	» 3 1 » »	» 3 2 » »	» 3 3 1 »	» 3 4 1 »	» 3 5 2 »	» 3 6 3 »	» 3 7 4 »
» 85	» 3 1 8 7	» 3 2 9 3	» 3 4 » »	» 3 5 1 7	» 3 6 2 3	» 3 7 4 »	» 3 8 5 6	» 3 9 7 3
» 90	» 3 3 8 »	» 3 4 9 »	» 3 6 1 »	» 3 7 2 »	» 3 8 4 »	» 3 9 6 »	» 4 » 8 »	» 4 2 1 »
» 95	» 3 5 6 8	» 3 6 8 4	» 3 8 1 »	» 3 9 2 7	» 4 » 5 3	» 4 1 8 »	» 4 3 » 6	» 4 4 4 3
1 »	» 3 7 6 »	» 3 8 8 »	» 4 » 1 »	» 4 1 4 »	» 4 2 7 »	» 4 4 » »	» 4 5 3 »	» 4 6 7 »
2 »	» 7 5 2 »	» 7 7 7 »	» 8 » 2 »	» 8 2 8 »	» 8 5 4 »	» 8 8 » »	» 9 » 7 »	» 9 3 4 »
3 »	1 2 8 » »	1 1 6 5 »	1 2 » 3 »	1 2 4 2 »	1 2 8 1 »	1 3 2 » »	» 1 3 6 »	1 4 » 1 »
4 »	1 5 » 4 »	1 5 5 4 »	1 6 » 4 »	1 6 5 6 »	1 7 » 8 »	1 7 6 » »	1 8 1 4 »	1 8 6 8 »
5 »	1 8 8 1 »	1 9 4 3 »	2 » » 6 »	2 » 7 » »	2 1 3 5 »	2 2 » 1 »	2 2 6 8 »	2 3 3 6 »
6 »	2 2 5 7 »	2 3 3 1 »	2 4 » 7 »	2 4 8 4 »	2 5 6 2 »	2 6 4 1 »	2 7 2 1 »	2 8 » 3 »
7 »	2 6 3 3 »	2 7 2 » »	2 8 » 8 »	2 8 9 8 »	2 9 8 9 »	3 » 8 1 »	3 1 7 5 »	3 2 7 » »
8 »	3 » » 9 »	3 1 » 8 »	3 2 » 9 »	3 3 1 2 »	3 4 1 6 »	3 5 2 1 »	3 6 2 8 »	3 7 3 7 »
9 »	3 3 8 5 »	3 4 9 7 »	3 6 1 » »	3 7 2 6 »	3 8 4 3 »	3 9 6 1 »	4 » 8 2 »	4 2 » 4 »
10 »	3 7 6 2 »	3 8 8 6 »	4 » 1 2 »	4 1 4 » »	4 2 7 » »	4 4 » 2 »	4 5 3 6 »	4 6 7 2 »
11 »	4 1 3 8 »	4 2 7 4 »	4 4 1 3 »	4 5 5 4 »	4 6 9 7 »	4 8 4 2 »	4 9 8 9 »	5 1 3 9 »
12 »	4 5 1 4 »	4 6 6 3 »	4 8 1 4 »	4 9 6 8 »	5 1 2 4 »	5 2 8 2 »	5 4 4 3 »	5 6 » 6 »
13 »	4 8 9 » »	5 » 5 1 »	5 2 1 5 »	5 3 8 2 »	5 5 5 1 »	5 7 2 2 »	3 8 9 6 »	6 » 7 3 »
14 »	5 2 6 6 »	5 4 4 » »	5 6 1 6 »	5 7 9 6 »	5 9 7 8 »	6 1 6 2 »	6 3 5 » »	6 5 4 » »
15 »	5 6 4 3 »	5 8 2 9 »	6 » 1 8 »	6 2 1 » »	6 4 » 5 »	6 6 » 3 »	6 8 » 4 »	7 » » 8 »
16 »	6 » 1 9 »	6 2 1 » »	6 4 1 9 »	6 6 2 4 »	6 8 3 2 »	7 » 4 3 »	7 2 5 7 »	7 4 7 5 »
17 »	6 3 9 5 »	6 6 » 6 »	6 8 2 » »	7 » 3 8 »	7 2 5 9 »	7 4 8 3 »	7 7 1 1 »	7 9 4 2 »
18 »	6 7 7 1 »	6 9 9 4 »	7 2 2 1 »	7 4 5 2 »	7 6 8 6 »	7 9 2 3 »	8 1 6 4 »	8 4 » 9 »
19 »	7 1 4 7 »	7 3 8 3 »	7 6 2 2 »	7 8 6 6 »	8 1 1 3 »	8 3 6 3 »	8 6 1 8 »	8 8 7 6 »
20 »	7 5 2 4 »	7 7 2 » »	8 » 2 4 »	8 2 8 » »	8 5 4 » »	8 8 » 4 »	9 » 7 2 »	9 3 4 4 »

LONGUEURS.	PRODUITS d'une pièce de bois de 65 à 74 cent. de circonférence	PRODUITS d'une pièce de bois de 66 à 75 cent. de circonférence	PRODUITS d'une pièce de bois de 67 à 76 cent. de circonférence	PRODUITS d'une pièce de bois de 68 à 77 cent. de circonférence	PRODUITS d'une pièce de bois de 69 à 78 cent. de circonférence	PRODUITS d'une pièce de bois de 70 à 79 cent. de circonférence	PRODUITS d'une pièce de bois de 71 à 80 cent. de circonférence	PRODUITS d'une pièce de bois de 72 à 81 cent. de circonférence
m. c.	Produits.	Produits.	Produits.	Produits.	Produits.	Produits.	Produits.	Produits.
	mèt. d. c. m. d.	mèt. d. c. m. d.	mèt. d. c. m. d.	mèt. d. c. m. d.	mèt. d. c. m. d.	mèt. d. c. m. d.	mèt. d. c. m. d.	mèt. d. c. m. d.
» 10	» » 4 8 »	» » 4 9 »	» » 5 » »	» » 5 2 »	» » 5 3 »	» » 5 5 »	» » 5 6 »	» » 5 8 »
» 15	» » 7 2 »	» » 7 3 5	» » 7 5 »	» » 7 8 »	» » 7 9 5	» » 8 2 5	» » 8 4 »	» » 8 7 »
» 20	» » 9 6 »	» » 9 9 »	» 1 » 1 »	» 1 » 4 »	» 1 » 7 »	» 1 1 1 »	» 1 1 3 »	» 1 1 6 »
» 25	» 1 2 » »	» 1 2 3 6	» 1 2 6 2	» 1 3 » »	» 1 3 3 7	» 1 3 8 7	» 1 4 1 2	» 1 4 5 »
» 30	» 1 4 4 »	» 1 4 8 »	» 1 5 2 »	» 1 5 7 »	» 1 6 1 »	» 1 6 7 »	» 1 7 » »	» 2 7 5 »
» 35	» 1 6 8 »	» 1 7 2 7	» 1 7 7 3	» 1 8 3 0	» 1 8 7 8	» 1 9 4 8	» 1 9 8 3	» 3 » 4 9
» 40	» 1 9 2 »	» 1 9 8 »	» 2 » 3 »	» 2 » 9 »	» 2 1 5 »	» 2 2 2 »	» 2 2 7 »	» 3 3 3 »
» 45	» 2 1 6 »	» 2 2 2 7	» 2 2 8 4	» 2 3 5 1	» 2 4 1 8	» 2 4 9 7	» 2 5 5 3	» 3 7 4 6
» 50	» 2 4 » »	» 2 4 7 »	» 2 5 4 »	» 2 6 1 »	» 2 6 9 »	» 2 7 8 »	» 2 8 4 »	» 3 9 1 »
» 55	» 2 6 4 »	» 2 7 1 7	» 2 7 9 4	» 2 8 7 1	» 2 9 5 9	» 3 » 5 8	» 3 1 2 4	» 4 3 » 1
» 60	» 2 8 8 »	» 2 9 7 »	» 3 » 5 »	» 3 1 4 »	» 3 2 3 »	» 3 3 3 »	» 3 4 » »	» 4 5 » »
» 65	» 3 1 2 »	» 3 2 1 8	» 3 3 » 4	» 3 4 » 1	» 3 5 9 9	» 3 6 » 8	» 3 6 8 3	» 4 8 7 5
» 70	» 3 3 6 »	» 3 4 6 »	» 3 5 6 »	» 3 6 6 »	» 3 7 7 »	» 3 8 9 »	» 3 9 7 »	» 5 » 8 »
» 75	» 3 6 » »	» 3 7 » 7	» 3 8 1 4	» 3 9 2 1	» 4 » 3 9	» 4 1 6 8	» 4 2 5 3	» 5 4 4 3
» 80	» 3 8 4 »	» 3 9 6 »	» 4 » 7 »	» 4 1 9 »	» 4 3 1 »	» 4 4 4 »	» 4 5 4 »	» 5 6 7 »
» 85	» 4 » 8 »	» 4 2 » 8	» 4 3 2 4	» 4 4 5 2	» 4 5 7 9	» 4 7 1 8	» 4 8 2 3	» 6 » 2 4
» 90	» 4 3 2 »	» 4 4 5 »	» 4 5 8 »	» 4 7 1 »	» 4 8 5 »	» 4 9 9 »	» 5 1 1 »	» 6 2 5 »
» 95	» 4 5 6 »	» 4 6 9 8	» 4 8 3 4	» 4 9 7 3	» 5 1 1 9	» 5 2 6 8	» 5 3 9 3	» 6 5 9 7
1 »	» 4 8 1 »	» 4 9 5 »	» 5 » 9 »	» 5 2 3 »	» 5 3 8 »	» 5 5 3 »	» 5 6 8 »	» 6 8 3 »
2 »	» 9 6 2 »	1 9 9 » »	1 » 1 8 »	1 » 4 7 »	1 » 7 6 »	1 1 » 6 »	1 1 3 6 »	1 1 6 6 »
3 »	1 4 4 3 »	1 4 8 5 »	1 5 2 7 »	1 5 7 » »	1 6 1 4 »	1 6 5 9 »	1 7 » 4 »	1 7 4 9 »
4 »	1 9 2 4 »	1 9 8 » »	2 » 3 6 »	2 » 9 4 »	2 1 5 2 »	2 2 1 2 »	2 2 7 2 »	2 3 3 2 »
5 »	2 4 » 5 »	2 4 7 5 »	2 5 4 6 »	2 6 1 8 »	2 6 9 1 »	2 7 6 5 »	2 8 4 » »	2 9 1 6 »
6 »	2 8 » 6 »	2 9 7 » »	3 » 5 5 »	3 1 4 4 »	3 2 2 9 »	3 3 1 8 »	3 4 » 8 »	3 4 9 9 »
7 »	3 3 6 7 »	3 4 6 5 »	3 5 6 4 »	3 6 6 5 »	3 7 6 7 »	3 8 7 1 »	3 9 7 6 »	4 » 8 2 »
8 »	3 8 4 8 »	3 9 6 » »	4 » 7 3 »	4 1 8 8 »	4 3 » 5 »	4 4 2 4 »	4 5 4 4 »	4 6 6 5 »
9 »	4 3 2 9 »	4 4 5 5 »	4 5 8 2 »	4 7 1 2 »	4 8 4 3 »	4 9 7 7 »	4 1 1 2 »	5 2 4 8 »
10 »	4 8 1 » »	4 9 5 » »	5 » 9 2 »	5 2 3 6 »	5 3 8 2 »	5 5 3 » »	5 6 8 » »	5 8 3 2 »
11 »	5 2 9 1 »	5 4 4 5 »	5 6 » 1 »	5 7 5 9 »	5 9 2 » »	6 » 8 3 »	6 2 4 8 »	6 4 1 5 »
12 »	5 7 7 2 »	5 9 4 » »	6 1 1 » »	6 2 8 3 »	6 4 5 8 »	6 6 3 6 »	6 8 1 6 »	6 9 9 8 »
13 »	6 2 5 3 »	6 4 3 5 »	6 6 1 9 »	6 8 » 6 »	6 9 9 6 »	7 1 8 9 »	7 3 8 4 »	6 5 8 1 »
14 »	6 7 3 4 »	6 9 3 » »	7 1 2 8 »	7 3 3 » »	7 5 3 4 »	7 7 4 2 »	7 9 5 2 »	8 1 6 4 »
15 »	7 2 1 5 »	7 4 2 5 »	7 6 3 8 »	7 8 5 4 »	8 » 7 3 »	8 2 9 5 »	8 5 2 » »	8 7 4 8 »
16 »	7 6 9 6 »	7 9 2 » »	8 1 4 7 »	8 3 7 7 »	8 6 1 1 »	8 8 4 8 »	9 » 8 8 »	9 3 3 1 »
17 »	8 1 7 7 »	8 4 1 5 »	8 6 5 6 »	8 9 » 1 »	9 1 4 9 »	8 4 » 1 »	9 6 5 6 »	9 9 1 4 »
18 »	8 6 5 8 »	8 9 1 » »	9 1 6 5 »	9 4 2 4 »	9 6 8 7 »	9 9 5 4 »	10 2 2 4 »	10 4 9 7 »
19 »	9 1 3 9 »	9 4 » 5 »	9 6 7 4 »	9 9 4 8 »	10 4 2 5 »	10 5 » 7 »	10 7 9 2 »	11 » 8 » »
20 »	9 6 2 » »	9 9 » » »	10 1 8 4 »	10 4 7 2 »	10 7 6 4 »	10 » 6 » »	11 3 6 » »	11 6 6 4 »

LONGUEURS	PRODUITS d'une pièce de bois de 73 à 82 cent. de circonférence	PRODUITS d'une pièce de bois de 74 à 83 cent. de circonférence	PRODUITS d'une pièce de bois de 75 à 84 cent. de circonférence	PRODUITS d'une pièce de bois de 76 à 85 cent. de circonférence	PRODUITS d'une pièce de bois de 77 à 86 cent. de circonférence	PRODUITS d'une pièce de bois de 78 à 87 cent. de circonférence	PRODUITS d'une pièce de bois de 79 à 88 cent. de circonférence	PRODUITS d'une pièce de bois de 80 à 89 cent. de circonférence
m. c.	Produits.	Produits.	Produits.	Produits.	Produits.	Produits.	Produits.	Produits.
	mèt. d. c. m. d.	mèt. d. c. m. d.	mèt. d. c. m. d.	mèt. d. c. m. d.	mèt. d. c. m. d.	mèt. d. c. m. d.	mèt. d. c. m. d.	mèt. d. c. m. d.
» 10	» » 5 9 »	» » 6 1 »	» » 6 3 »	» » 6 4 »	» » 6 6 »	» » 6 7 »	» » 6 9 »	» » 7 1 »
» 15	» » 8 8 5	» » 9 1 5	» » 9 4 5	» » 9 6 »	» » 9 9 »	» 1 » » 5	» 1 » 3 5	» 1 » 6 5
» 20	» 1 1 9 »	» 1 2 2 »	» 1 2 6 »	» 1 2 9 »	» 1 3 2 »	» 1 3 5 »	» 1 3 9 »	» 1 4 2 »
» 25	» 1 4 8 7	» 1 5 2 5	» 1 5 7 5	» 1 6 1 2	» 1 6 5 »	» 1 6 8 7	» 1 7 3 7	» 1 7 7 6
» 30	» 1 7 9 »	» 1 8 4 »	» 1 9 » »	» 1 9 3 »	» 1 9 8 »	» 2 » 3 »	» 2 » 9 »	» 2 1 3 »
» 35	» 2 » 8 8	» 2 1 4 7	» 2 2 1 6	» 2 2 5 1	» 2 3 1 »	» 2 3 6 8	» 2 4 3 8	» 2 4 8 5
» 40	» 2 3 9 »	» 2 4 5 »	» 2 5 3 »	» 2 5 8 »	» 2 6 4 »	» 2 7 1 »	» 2 7 8 »	» 2 8 4 »
» 45	» 2 6 8 6	» 2 7 5 6	» 2 8 4 6	» 2 9 0 2	» 2 9 7 »	» 3 » 4 9	» 3 1 2 7	» 3 1 9 5
» 50	» 2 9 9 »	» 3 » 7 »	» 3 1 7 »	» 3 2 3 »	» 3 3 1 »	» 3 3 9 »	» 3 4 7 »	» 3 5 6 »
» 55	» 3 2 8 9	» 3 3 7 7	» 3 4 8 7	» 3 5 5 3	» 3 6 4 1	» 3 7 2 9	» 3 8 1 7	» 3 9 1 6
» 60	» 3 5 8 »	» 3 6 8 »	» 3 7 9 »	» 3 8 7 »	» 3 9 7 »	» 4 » 7 »	» 4 1 7 »	» 4 2 7 »
» 65	» 3 8 7 8	» 3 9 8 6	» 4 1 » 6	» 4 1 9 2	» 4 3 » 1	» 4 4 » 9	» 4 5 1 7	» 4 6 2 6
» 70	» 4 1 8 »	» 4 2 9 »	» 4 4 3 »	» 4 5 2 »	» 4 6 3 »	» 4 7 5 »	» 4 8 7 »	» 4 9 8 »
» 75	» 4 4 7 8	» 4 5 9 6	» 4 7 4 6	» 4 8 4 2	» 4 9 9 1	» 5 » 8 9	» 5 2 1 9	» 5 3 3 6
» 80	» 4 7 8 »	» 4 9 1 »	» 5 » 6 »	» 5 1 6 »	» 5 2 9 »	» 5 4 3 »	» 5 5 7 »	» 5 6 9 »
» 85	» 5 » 7 8	» 5 2 1 7	» 5 3 7 6	» 5 4 8 2	» 5 6 2 1	» 5 7 6 9	» 5 9 1 2	» 6 » 4 6
» 90	» 5 3 8 »	» 5 5 2 »	» 5 6 8 »	» 5 8 1 »	» 5 9 5 »	» 6 1 1 »	» 6 2 6 »	» 6 4 » »
» 95	» 5 6 7 8	» 5 8 2 7	» 5 9 9 6	» 6 1 3 3	» 6 2 8 1	» 6 4 4 9	» 6 6 8 »	» 6 7 5 6
1 »	» 5 9 8 »	» 6 1 4 »	» 6 3 » »	» 6 4 6 »	» 6 6 2 »	» 6 7 8 »	» 6 9 5 »	» 7 1 2 »
2 »	1 1 9 7 »	1 2 2 8 »	1 1 2 6 »	1 2 9 2 »	1 3 2 4 »	1 3 5 7 »	1 3 » 9 »	1 4 2 4 »
3 »	1 7 9 5 »	1 8 4 2 »	1 8 9 » »	1 9 3 8 »	1 9 8 6 »	2 » 3 5 »	2 » 8 5 »	2 1 3 6 »
4 »	2 3 9 4 »	2 4 5 6 »	2 5 2 » »	2 5 8 4 »	2 6 4 8 »	2 7 1 4 »	2 7 8 1 »	2 8 4 8 »
5 »	2 9 9 3 »	3 » 7 1 »	3 1 5 » »	3 2 3 » »	3 3 1 1 »	3 3 9 3 »	3 4 7 6 »	3 5 6 » »
6 »	3 5 9 1 »	3 6 8 5 »	3 7 8 » »	3 8 7 6 »	3 9 7 3 »	4 » 7 1 »	4 1 7 1 »	4 2 7 2 »
7 »	4 1 9 » »	4 2 9 9 »	4 4 1 » »	4 5 2 2 »	4 6 3 5 »	4 7 5 » »	4 8 6 6 »	4 9 8 4 »
8 »	4 7 8 8 »	4 9 1 3 »	5 » 4 » »	5 1 6 8 »	5 2 9 7 »	5 4 2 8 »	5 5 6 1 »	5 6 9 6 »
9 »	5 3 8 7 »	5 5 2 7 »	5 6 7 » »	5 8 1 4 »	5 9 5 9 »	6 1 » 8 »	6 2 5 7 »	6 4 » 8 »
10 »	5 9 8 6 »	6 1 4 2 »	6 3 » » »	6 4 6 » »	6 6 2 2 »	6 7 8 6 »	6 9 5 2 »	7 1 2 » »
11 »	6 5 8 4 »	6 7 5 6 »	6 9 3 » »	7 1 » 6 »	7 2 8 4 »	7 4 6 4 »	7 6 4 7 »	7 8 3 2 »
12 »	7 1 8 3 »	7 3 7 » »	7 5 6 » »	7 7 5 2 »	7 9 4 6 »	8 4 4 3 »	8 3 4 2 »	8 5 4 4 »
13 »	7 7 8 1 »	7 9 8 4 »	8 1 9 » »	8 3 9 8 »	8 6 » 8 »	8 8 2 1 »	9 » 3 7 »	9 2 5 6 »
14 »	8 3 8 » »	8 5 9 8 »	8 8 2 » »	9 » 4 4 »	9 2 7 » »	9 5 » » »	9 7 3 2 »	9 9 6 8 »
15 »	8 9 7 9 »	9 2 1 3 »	8 4 5 » »	9 6 9 » »	9 9 3 3 »	10 1 7 9 »	10 4 2 8 »	10 6 8 » »
16 »	9 5 7 7 »	9 8 2 7 »	10 » 8 » »	10 3 3 6 »	10 5 9 5 »	10 8 5 7 »	10 1 2 3 »	11 3 9 2 »
17 »	10 1 7 6 »	10 4 4 1 »	10 7 1 » »	10 9 8 2 »	11 2 5 7 »	11 5 3 6 »	11 8 1 8 »	12 1 » 4 »
18 »	10 7 7 4 »	10 » 5 5 »	11 3 4 » »	11 6 2 8 »	11 9 1 9 »	12 2 1 4 »	12 5 1 3 »	12 8 1 6 »
19 »	11 3 7 3 »	11 6 6 9 »	11 9 7 » »	12 2 7 4 »	12 5 8 1 »	12 8 9 3 »	13 2 » 8 »	13 5 2 8 »
20 »	11 9 7 2 »	11 2 8 4 »	12 6 » » »	12 9 2 » »	13 2 4 4 »	13 5 7 2 »	13 9 » 4 »	14 2 4 » »

LONGUEURS.	PRODUITS d'une pièce de bois de 81 à 90 cent. de circonférence	PRODUITS d'une pièce de bois de 82 à 91 cent. de circonférence	PRODUITS d'une pièce de bois de 83 à 92 cent. de circonférence	PRODUITS d'une pièce de bois de 84 à 93 cent. de circonférence	PRODUITS d'une pièce de bois de 85 à 94 cent. de circonférence	PRODUITS d'une pièce de bois de 86 à 95 cent. de circonférence	PRODUITS d'une pièce de bois de 87 à 96 cent. de circonférence	PRODUITS d'une pièce de bois de 88 à 97 cent. de circonférence
m. c.	Produits.	Produits.	Produits.	Produits.	Produits.	Produits.	Produits.	Produits.
	mèt. d. c. m. d.	mèt. d. c. m. d.	mèt. d. c. m. d.	mèt. d. c. m. d.	mèt. d. c. m. d.	mèt. d. c. m. d.	mèt. d. c. m. d.	mèt. d. c. m. d.
» 10	» » 7 2 »	» » 7 4 »	» » 7 6 »	» » 7 8 »	» » 7 9 »	» » 8 1 »	» » 8 3 »	» » 8 5 »
» 15	» 1 » 8 »	» 1 1 1 »	» 1 1 4 »	» 1 1 7 »	» 1 1 8 5	» 1 2 1 5	» 1 2 4 5	» 1 2 7 5
» 20	» 1 4 5 »	» 1 4 9 »	» 1 5 2 »	» 1 5 6 »	» 1 5 9 »	» 1 6 3 »	» 1 6 7 »	» 1 7 » »
» 25	» 1 8 1 2	» 1 8 6 2	» 1 9 » »	» 1 9 5 »	» 1 9 8 2	» 2 » 3 7	» 2 » 8 7	» 2 1 2 5
» 30	» 2 1 8 »	» 2 2 3 »	» 2 2 9 »	» 2 3 4 »	» 2 3 9 »	» 2 4 5 »	» 2 5 » »	» 2 5 6 »
» 35	» 2 5 4 3	» 2 6 » 1	» 2 6 7 1	» 2 7 3 »	» 2 7 8 3	» 2 8 5 8	» 2 9 1 7	» 2 9 8 »
» 40	» 2 9 1 »	» 2 9 8 »	» 3 » 5 »	» 3 1 2 »	» 3 1 9 »	» 3 2 7 »	» 3 3 4 »	» 3 4 1 »
» 45	» 3 2 7 4	» 3 3 5 2	» 3 4 3 1	» 3 5 1 »	» 3 5 8 4	» 3 6 7 8	» 3 7 5 7	» 3 8 3 6
» 50	» 3 6 4 »	» 3 7 3 »	» 3 8 1 »	» 3 9 » »	» 3 9 9 »	» 4 » 8 »	» 4 1 7 »	» 4 2 6 »
» 55	» 4 » » 4	» 4 1 » 3	» 4 1 9 1	» 4 2 2 »	» 4 3 8 9	» 4 4 8 8	» 4 5 8 7	» 4 6 8 6
» 60	» 4 3 7 »	» 4 4 7 »	» 4 5 8 »	» 4 6 8 »	» 4 7 9 »	» 4 9 » »	» 5 » 1 »	» 5 1 2 »
» 65	» 4 7 3 4	» 4 8 4 3	» 4 9 6 2	» 5 » 7 »	» 5 1 8 4	» 5 3 » 8	» 5 4 2 7	» 5 5 4 6
» 70	» 5 1 » »	» 5 2 2 »	» 5 3 4 »	» 5 4 6 »	» 5 5 9 »	» 5 7 2 »	» 5 8 4 »	» 5 9 7 »
» 75	» 5 4 6 4	» 5 5 9 3	» 5 7 2 1	» 5 8 5 »	» 5 9 8 9	» 6 1 2 8	» 6 2 5 7	» 6 3 9 2
» 80	» 5 8 3 »	» 5 9 6 »	» 6 1 1 »	» 6 2 5 »	» 6 3 9 »	» 6 5 4 »	» 6 6 8 »	» 6 8 3 »
» 85	» 6 1 9 4	» 6 3 3 3	» 6 4 9 2	» 6 6 4 1	» 6 7 8 9	» 6 9 4 8	» 7 » 9 7	» 7 2 5 7
» 90	» 6 5 6 »	» 6 7 1 »	» 6 8 7 »	» 7 » 3 »	» 7 1 9 »	» 7 3 6 »	» 7 5 1 »	» 7 6 8 »
» 95	» 6 9 2 4	» 7 » 8 3	» 7 2 5 2	» 7 4 2 1	» 7 5 8 9	» 7 7 6 8	» 7 9 2 7	» 8 1 » 7
1 »	» 7 2 9 »	» 7 4 6 »	» 7 6 3 »	» 7 8 1 »	» 7 9 9 »	» 8 1 7 »	» 8 3 5 »	» 8 5 3 »
2 »	1 4 5 8 »	1 4 9 2 »	1 5 2 7 »	1 5 6 2 »	1 5 9 8 »	1 6 3 4 »	1 6 7 » »	1 7 0 7 »
3 »	2 1 8 7 »	2 2 3 8 »	2 2 9 » »	2 3 4 3 »	2 3 9 7 »	2 4 5 1 »	2 5 » 5 »	2 5 6 » »
4 »	2 9 1 6 »	2 9 8 4 »	3 » 5 4 »	3 1 2 4 »	3 1 9 6 »	3 2 6 8 »	3 3 4 » »	3 4 1 4 »
5 »	3 6 4 5 »	3 7 3 1 »	3 8 1 8 »	3 9 » 6 »	3 9 9 5 »	4 » 8 5 »	4 1 7 6 »	4 2 6 8 »
6 »	4 3 7 4 »	4 4 7 7 »	4 5 8 1 »	4 6 8 7 »	4 7 9 4 »	4 9 » 2 »	5 » 1 1 »	5 1 2 1 »
7 »	5 1 » 3 »	5 2 2 3 »	5 3 4 5 »	5 4 6 8 »	5 5 9 3 »	5 7 1 9 »	5 8 4 6 »	5 9 7 5 »
8 »	5 8 3 2 »	5 9 6 9 »	6 1 » 8 »	6 2 4 9 »	6 3 9 2 »	6 5 3 6 »	6 6 8 1 »	6 8 2 8 »
9 »	6 5 6 1 »	6 7 1 5 »	6 8 7 2 »	7 » 3 » »	7 1 9 1 »	7 3 5 3 »	7 5 1 6 »	7 6 8 2 »
10 »	7 2 9 » »	7 4 6 2 »	7 6 3 6 »	7 8 1 2 »	7 9 9 » »	8 1 7 » »	8 3 5 2 »	8 5 3 6 »
11 »	8 » 1 9 »	8 2 » 8 »	8 3 9 9 »	8 5 9 3 »	8 7 8 9 »	8 9 8 7 »	9 1 8 7 »	9 3 8 9 »
12 »	8 7 4 8 »	8 9 5 4 »	9 1 6 3 »	9 3 7 4 »	9 5 8 8 »	9 8 » 4 »	10 » 2 2 »	10 2 4 3 »
13 »	9 4 7 7 »	9 7 » » »	9 9 2 6 »	10 1 5 5 »	10 3 8 7 »	10 6 2 1 »	10 8 5 7 »	11 » 9 6 »
14 »	10 2 » 6 »	10 4 4 6 »	10 6 9 » »	10 9 3 6 »	11 1 8 6 »	11 4 3 8 »	11 6 9 2 »	11 9 5 » »
15 »	10 9 3 5 »	11 1 9 3 »	11 4 5 4 »	11 7 1 8 »	11 9 8 5 »	12 2 5 5 »	12 5 2 8 »	12 8 » 4 »
16 »	11 6 6 4 »	11 9 3 9 »	12 2 1 7 »	12 4 9 9 »	12 7 8 4 »	13 » 7 2 »	13 3 6 3 »	13 6 5 7 »
17 »	12 3 9 3 »	12 6 8 5 »	12 9 8 1 »	13 2 8 » »	13 5 8 3 »	13 8 8 9 »	14 1 9 8 »	14 5 1 1 »
18 »	13 1 2 2 »	13 4 3 1 »	13 7 4 4 »	14 » 6 1 »	14 3 8 2 »	14 7 » 6 »	15 » 3 3 »	15 3 6 4 »
19 »	13 8 5 1 »	14 1 7 7 »	14 5 » 8 »	14 8 4 2 »	15 1 8 1 »	15 5 2 3 »	15 8 6 8 »	16 2 1 8 »
20 »	14 5 8 » »	14 9 2 4 »	15 2 7 2 »	14 6 2 4 »	15 9 8 » »	16 3 4 » »	16 7 » 4 »	17 » 7 2 »

LONGUEURS.	PRODUITS d'une pièce de bois de 89 à 98 cent. de circonférence	PRODUITS d'une pièce de bois de 90 à 99 cent. de circonférence	PRODUITS d'une pièce de bois de 91 à 100 c. de circonférence	PRODUITS d'une pièce de bois de 92 à 101 c. de circonférence	PRODUITS d'une pièce de bois de 93 à 102 c. de circonférence	PRODUITS d'une pièce de bois de 94 à 103 c. de circonférence	PRODUITS d'une pièce de bois de 95 à 104 c. de circonférence	PRODUITS d'une pièce de bois de 96 à 105 c. de circonférence
m. c.	Produits.	Produits.	Produits.	Produits.	Produits.	Produits.	Produits.	Produits.
	mèt. d. c. m. d.	mèt. d. c. m d.	mèt. d. c. m. d.	mèt. d. c. m. d.	mèt. d. c. m. d.	mèt. d. c. m. d.	mèt. d. c. m. d.	mèt. d. c. m. d.
» 10	» » 8 7 »	» » 8 9 »	» » 9 1 »	» » 9 2 »	» » 9 4 »	» » 9 6 »	» » 9 8 »	» 1 » » »
» 15	» 1 3 » 5	» 1 3 3 5	» 1 3 6 5	» 1 3 8 »	» 1 4 1 »	» 1 4 4 »	1 4 7 » »	» 1 5 » »
» 20	» 1 7 4 »	» 1 7 8 »	» 1 8 2 »	» 1 8 5 »	» 1 8 9 »	» 1 9 3 »	» 1 9 7 »	» 2 » 1 »
» 25	» 2 1 7 5	» 2 2 2 5	» 2 2 7 6	» 2 3 1 2	» 2 3 6 2	» 2 4 1 2	» 2 4 6 2	» 2 5 1 2
» 30	» 2 6 1 »	» 2 6 7 »	» 2 7 3 »	» 2 7 7 »	» 2 8 4 »	» 2 9 » »	» 2 9 6 »	» 3 » 2 »
» 35	» 3 » 4 5	» 3 1 1 5	» 3 1 8 5	» 3 2 3 1	» 3 3 1 3	» 3 3 8 3	» 3 4 5 3	» 3 5 2 3
» 40	» 3 4 8 »	» 3 5 6 »	» 3 6 4 »	» 3 7 2 »	» 3 7 9 »	» 3 8 7 »	» 3 9 5 »	» 4 » 3 »
» 45	» 3 9 1 5	» 4 » » 5	» 4 » 9 5	» 4 1 8 5	» 4 2 6 4	» 4 3 5 3	» 4 4 4 3	» 4 5 3 4
» 50	» 4 3 6 »	» 4 4 5 »	» 4 5 5 »	» 4 6 4 »	» 4 7 4 »	» 4 8 4 »	» 4 9 4 »	» 5 » 4 »
» 55	» 4 7 9 6	» 4 8 9 5	» 5 » » 5	» 5 » » 4	» 5 2 1 4	» 5 3 2 4	» 5 4 3 4	» 5 5 4 4
» 60	» 5 2 3 »	» 5 3 4 »	» 5 4 6 »	» 5 5 7 »	» 5 6 9 »	» 5 8 » »	» 5 9 2 »	» 6 » 4 »
» 65	» 5 6 6 6	» 5 7 8 5	» 6 » 1 »	» 6 » 3 4	» 6 1 6 4	» 6 2 8 3	» 6 4 1 3	» 6 5 4 3
» 70	» 6 1 » »	» 6 2 3 »	» 6 3 7 »	» 6 5 » »	» 6 6 4 »	» 6 7 7 »	» 6 9 1 »	» 7 » 5 »
» 75	» 6 5 3 6	» 6 6 7 5	» 6 8 2 5	» 6 9 6 4	» 7 1 1 4	» 7 2 5 3	» 7 4 » 4	» 7 5 5 4
» 80	» 6 9 7 »	» 7 1 2 »	» 7 2 8 »	» 7 4 3 »	» 7 5 8 »	» 7 7 4 »	» 7 9 » »	» 8 » 6 »
» 85	» 7 4 » 6	» 7 5 6 5	» 7 6 3 5	» 7 8 9 4	» 8 » 5 4	» 8 2 2 3	» 8 3 9 4	» 8 5 6 4
» 90	» 7 8 4 »	» 8 » 2 »	» 8 1 9 »	» 8 3 6 »	» 8 5 3 »	» 8 7 1 »	» 8 8 9 »	» 9 » 7 »
» 95	» 8 2 7 6	» 8 4 6 5	» 8 5 4 5	» 8 8 2 4	» 9 » » 4	» 9 1 9 3	» 9 3 8 4	» 9 5 7 4
1 »	» 8 7 2 »	» 8 9 1 »	» 9 1 » »	» 9 2 9 »	» 9 4 8 »	» 9 6 8 »	» 9 8 8 »	1 » » 8 »
2 »	1 7 4 4 »	1 7 8 2 »	1 8 2 » »	1 8 5 8 »	1 8 9 7 »	1 9 3 6 »	1 9 7 6 »	2 » 1 6 »
3 »	2 6 1 6 »	2 6 7 3 »	2 7 3 » »	2 7 8 7 »	2 8 4 5 »	2 9 » 4 »	2 9 6 4 »	3 » 2 4 »
4 »	3 4 8 8 »	3 5 6 4 »	3 6 4 » »	3 7 1 6 »	3 7 9 4 »	3 8 7 3 »	3 9 5 2 »	4 » 3 2 »
5 »	4 3 6 1 »	4 4 5 5 »	4 5 5 » »	4 6 4 6 »	4 7 4 3 »	4 8 4 1 »	4 9 4 » »	5 » 4 » »
6 »	5 2 3 3 »	5 3 4 6 »	5 4 6 » »	5 5 7 5 »	5 6 9 1 »	5 8 » 9 »	5 9 2 8 »	6 » 4 8 »
7 »	6 1 » 5 »	6 2 3 7 »	6 3 7 » »	6 5 » 4 »	6 6 4 » »	6 7 7 8 »	6 9 1 6 »	7 » 5 6 »
8 »	6 9 7 7 »	7 1 2 8 »	7 2 8 » »	7 4 3 3 »	7 5 8 8 »	7 7 4 6 »	7 9 » 4 »	8 » 6 4 »
9 »	7 8 4 9 »	8 » 1 9 »	8 1 9 » »	8 3 6 2 »	8 5 3 7 »	8 7 1 4 »	8 8 9 2 »	9 » 7 2 »
10 »	8 7 2 2 »	8 9 1 » »	9 1 » » »	9 2 9 2 »	9 4 8 6 »	9 6 8 3 »	9 8 8 » »	10 » 8 » »
11 »	9 5 9 4 »	9 8 » 1 »	10 » 1 » »	10 2 2 1 »	10 4 3 4 »	10 6 5 1 »	10 8 6 8 »	11 » 8 8 »
12 »	10 4 6 6 »	10 6 9 2 »	10 9 2 » »	11 1 5 » »	11 3 8 3 »	11 6 1 9 »	11 8 5 6 »	12 » 9 6 »
13 »	11 3 3 8 »	11 5 8 3 »	11 8 3 » »	12 » 7 9 »	12 3 3 1 »	12 5 8 7 »	12 8 4 4 »	13 1 » 4 »
14 »	12 2 1 » »	12 4 7 4 »	12 7 4 » »	13 » » 8 »	13 2 8 » »	13 5 5 6 »	13 8 3 2 »	14 1 1 2 »
15 »	13 » 8 3 »	13 3 6 5 »	13 6 5 » »	13 9 3 8 »	14 2 2 9 »	14 5 2 4 »	14 8 2 » »	15 1 2 » »
16 »	13 9 5 5 »	14 2 5 6 »	14 5 6 » »	14 8 6 7 »	15 1 7 7 »	15 4 9 2 »	15 8 » 8 »	16 1 2 8 »
17 »	14 8 2 7 »	15 1 4 7 »	15 4 7 » »	15 7 9 6 »	16 1 2 6 »	16 4 6 1 »	16 7 9 6 »	17 1 3 6 »
18 »	15 6 9 9 »	16 » 3 8 »	16 3 8 » »	16 7 2 5 »	17 » 7 4 »	17 4 2 9 »	17 7 8 4 »	18 1 4 4 »
19 »	16 5 7 1 »	16 9 2 9 »	17 2 9 » »	17 6 5 4 »	18 » 2 3 »	18 3 9 7 »	18 7 7 2 »	19 1 5 2 »
20 »	17 4 4 4 »	17 2 » » »	18 2 » » »	18 5 8 4 »	18 9 7 2 »	19 3 6 6 »	19 7 6 » »	20 1 6 » »

LONGUEURS.	PRODUITS d'une pièce de bois de 97 à 106 c. de circonférence	PRODUITS d'une pièce de bois de 98 à 107 c. de circonférence	PRODUITS d'une pièce de bois de 99 à 108 c. de circonférence	PRODUITS d'une pièce de bois de 100 à 109 c. de circonférence	PRODUITS d'une pièce de bois de 101 à 110 c. de circonférence	PRODUITS d'une pièce de bois de 102 à 111 c. de circonférence	PRODUITS d'une pièce de bois de 103 à 112 c. de circonférence	PRODUITS d'une pièce de bois de 104 à 113 c. de circonférence
m. c.	Produits.	Produits.	Produits.	Produits.	Produits.	Produits.	Produits.	Produits.
	mèt. d. c. m. d.	mèt. d. c. m. d.	mèt. d. c. m. d.	mèt. d. c. m. d.	mèt. d. c. m. d.	mèt. d. c. m. d.	mèt. d. c. m. d.	mèt. d. c. m. d.
» 10	» 1 » 2 »	» 1 » 4 »	» 1 » 6 »	» 1 » 9 »	» 1 1 1 »	» 1 1 3 »	» 1 1 5 »	» 1 1 7 »
» 15	» 1 5 3 »	» 1 5 6 »	» 1 5 9 »	» 1 6 3 5	» 1 6 6 5	» 1 6 9 5	» 1 7 2 5	» 1 7 5 5
» 20	» 2 » 5 »	» 2 » 9 »	» 2 1 3 »	» 2 1 8 »	» 2 2 2 »	» 2 2 6 »	» 2 3 » »	» 2 3 5 »
» 25	» 2 5 6 2	» 2 6 1 2	» 2 6 6 2	» 2 6 2 5	» 2 7 7 5	» 2 8 2 5	» 2 8 7 5	» 2 9 3 5
» 30	» 3 » 8 »	» 3 1 4 »	» 3 2 » »	» 3 2 7 »	» 3 3 3 »	» 3 3 9 »	» 3 4 6 »	» 3 5 2 »
» 35	» 3 5 9 3	» 3 6 6 3	» 3 7 3 3	» 3 8 1 5	» 3 8 8 5	» 3 9 5 5	» 4 » 3 6	» 4 1 » 5
» 40	» 4 1 1 »	» 4 1 9 »	» 4 2 7 »	» 4 3 6 »	» 4 4 4 »	» 4 5 2 »	» 4 6 1 »	» 4 7 » »
» 45	» 4 6 2 4	» 4 6 1 4	» 4 8 » 3	» 4 9 » 5	» 4 9 9 5	» 5 » 8 5	» 5 1 8 6	» 5 2 8 7
» 50	» 5 1 4 »	» 5 2 4 »	» 5 3 4 »	» 5 4 5 »	» 5 5 5 »	» 5 6 6 »	» 5 7 6 »	» 5 8 8 »
» 55	» 5 6 5 4	» 5 7 6 4	» 5 8 7 4	» 5 9 9 5	» 6 1 » 5	» 6 2 2 6	» 6 3 3 6	» 6 4 6 8
» 60	» 6 1 6 »	» 6 2 9 »	» 6 4 1 »	» 6 5 4 »	» 6 6 6 »	» 6 7 9 »	» 6 9 2 »	» 7 » 5 »
» 65	» 6 6 7 2	» 6 8 1 4	» 6 9 4 4	» 7 » 8 5	» 7 2 1 5	» 7 3 5 6	» 7 3 9 6	» 7 6 3 7
» 70	» 7 1 9 »	» 7 3 4 »	» 7 4 8 »	» 7 6 3 »	» 7 7 7 »	» 7 9 2 »	» 8 » 7 »	» 8 2 3 »
» 75	» 7 7 » 3	» 7 8 6 4	» 8 » 1 4	» 8 1 7 5	» 8 3 2 5	» 8 4 8 6	» 8 6 4 6	» 8 8 1 8
» 80	» 8 2 2 »	» 8 3 8 »	» 8 5 5 »	» 8 7 2 »	» 8 8 8 »	» 9 » 5 »	» 9 2 2 »	» 9 4 » »
» 85	» 8 7 3 4	» 8 9 » 4	» 9 » 8 4	» 9 2 6 5	» 9 4 3 5	» 9 6 4 6	» 9 7 9 6	» 9 9 3 8
» 90	» 9 2 5 »	» 9 4 3 »	» 9 6 2 »	» 9 8 1 »	1 » » » »	1 » 1 8 »	1 » 3 8 »	1 » 5 8 »
» 95	» 9 7 6 4	» 9 9 5 4	1 » 1 5 4	1 » 3 5 5	1 » 5 5 5	1 » 7 4 6	1 » 9 5 6	1 1 1 6 8
1 »	1 » 2 8 »	1 » 4 8 »	1 » 6 9 »	1 » 9 » »	1 1 1 1 »	1 1 3 2 »	1 1 5 3 »	1 1 7 6 »
2 »	2 » 5 6 »	2 » 9 7 »	2 1 3 8 »	2 1 8 » »	2 2 2 2 »	2 2 6 4 »	2 3 » 7 »	2 3 5 2 »
3 »	3 » 8 4 »	3 1 4 5 »	3 2 » 7 »	3 2 7 » »	3 3 3 3 »	3 3 9 6 »	3 4 6 » »	3 5 1 8 »
4 »	4 1 1 2 »	4 1 9 4 »	4 2 7 6 »	4 3 6 » »	4 4 4 4 »	4 5 2 8 »	4 6 1 4 »	4 7 » 4 »
5 »	5 1 4 1 »	5 2 4 3 »	5 3 4 6 »	5 4 5 » »	5 5 5 5 »	5 6 6 1 »	5 7 6 8 »	5 8 8 » »
6 »	6 1 6 9 »	6 2 9 1 »	6 4 1 5 »	6 5 4 » »	6 6 6 6 »	6 7 9 3 »	6 9 2 1 »	7 » 5 6 »
7 »	7 1 9 7 »	7 3 4 » »	7 4 8 4 »	7 6 3 » »	7 7 7 7 »	7 9 2 5 »	8 » 7 5 »	8 2 3 2 »
8 »	8 2 2 5 »	8 3 8 9 »	8 5 5 3 »	8 7 2 » »	8 8 8 8 »	9 » 5 7 »	9 2 2 8 »	9 4 » 8 »
9 »	9 2 5 3 »	9 4 3 8 »	9 6 2 2 »	9 8 1 » »	9 9 9 9 »	10 1 8 9 »	10 3 8 2 »	10 5 8 4 »
10 »	10 2 8 2 »	10 4 8 6 »	10 6 9 2 »	10 9 » » »	11 1 1 » »	11 3 2 2 »	11 5 3 6 »	11 7 6 » »
11 »	11 3 1 » »	11 5 3 4 »	11 7 6 1 »	11 9 9 » »	12 2 2 1 »	12 4 5 4 »	12 6 8 9 »	12 9 3 6 »
12 »	12 3 3 8 »	12 5 8 3 »	12 8 3 » »	13 » 8 » »	13 3 3 2 »	13 5 8 6 »	13 8 4 3 »	14 1 1 2 »
13 »	13 3 6 6 »	13 6 3 1 »	13 8 9 9 »	14 1 7 » »	14 4 4 3 »	14 7 1 8 »	14 9 9 6 »	15 2 8 8 »
14 »	14 3 9 4 »	14 6 8 » »	14 9 6 8 »	15 2 6 » »	15 5 5 4 »	15 8 5 » »	16 1 5 » »	16 4 6 4 »
15 »	15 4 2 3 »	15 7 2 9 »	16 » 3 8 »	16 3 5 » »	16 6 6 5 »	16 9 8 3 »	17 3 » 4 »	17 6 4 » »
16 »	16 4 5 1 »	16 7 7 7 »	17 1 » 7 »	17 4 4 » »	17 7 7 6 »	18 1 1 5 »	18 4 5 7 »	18 8 1 6 »
17 »	17 4 7 9 »	17 8 2 6 »	18 1 7 6 »	18 5 3 » »	18 8 8 7 »	19 2 4 7 »	19 6 1 1 »	19 9 9 2 »
18 »	18 5 » 7 »	18 8 7 4 »	19 2 4 5 »	19 6 2 » »	19 9 9 8 »	20 3 7 9 »	20 7 6 4 »	21 1 6 8 »
19 »	19 5 3 5 »	19 9 2 3 »	20 3 1 4 »	20 7 1 » »	21 1 » 9 »	21 5 1 1 »	21 9 1 8 »	22 3 4 4 »
20 »	20 5 6 4 »	20 9 7 2 »	21 3 8 4 »	20 8 » » »	22 2 2 » »	22 6 4 4 »	22 » 7 2 »	23 5 2 » »

LONGUEURS.	PRODUITS d'une pièce de bois de 105 à 114 c. de circonférence	PRODUITS d'une pièce de bois de 106 à 115 c. de circonférence	PRODUITS d'une pièce de bois de 107 à 116 c. de circonférence	PRODUITS d'une pièce de bois de 108 à 117 c. de circonférence	PRODUITS d'une pièce de bois de 109 à 118 c. de circonférence	PRODUITS d'une pièce de bois de 110 à 119 c. de circonférence	PRODUITS d'une pièce de bois de 120 à 120 c. de circonférence
m. c.	Produits.	Produits.	Produits.	Produits.	Produits.	Produits.	Produits.
	mèt. d. c. m. d.	mèt. d. c. m. d.	mèt. d. c. m. d.	mèt. d. c. m. d.	mèt. d. c. m. d.	mèt. d. c. m. d.	mèt. d. c. m. d.
» 10	» 1 1 9 »	» 1 2 2 »	» 1 2 4 »	» 1 2 6 »	» 1 2 8 »	» 1 3 » »	» 1 4 4 »
» 15	» 1 7 8 5	» 1 8 3 »	» 1 8 6 »	» 1 8 9 »	» 1 9 2 »	» 1 9 5 »	» 2 1 6 »
» 20	» 2 3 9 »	» 2 4 3 »	» 2 4 8 »	» 2 5 2 »	» 2 5 7 »	» 2 6 1 »	» 2 8 8 »
» 25	» 2 9 8 7	» 3 » 3 7	» 3 1 » »	» 3 1 5 »	» 3 2 1 2	» 3 2 6 2	» 3 6 » »
» 30	» 3 5 9 »	» 3 6 5 »	» 3 7 2 »	» 3 7 9 »	» 3 8 5 »	» 3 9 2 »	» 4 3 2 »
» 35	» 4 » 8 8	» 4 2 5 8	» 4 3 4 »	» 4 4 2 1	» 4 4 9 1	» 4 5 7 3	» 5 » 4 »
» 40	» 4 7 9 »	» 4 8 7 »	» 4 9 6 »	» 5 » 5 »	» 5 1 4 »	» 5 2 3 »	» 5 7 6 »
» 45	» 5 3 8 6	» 5 4 7 9	» 5 5 8 »	» 5 6 8 1	» 5 7 8 3	» 5 8 8 3	» 6 4 8 »
» 50	» 5 9 8 »	» 6 » 9 »	» 6 2 » »	» 6 3 1 »	» 6 4 3 »	» 6 5 4 »	» 7 2 » »
» 55	» 6 5 7 8	» 6 6 9 9	» 6 8 2 »	» 6 9 4 1	» 7 » 7 3	» 7 1 9 4	» 7 9 2 »
» 60	» 7 1 7 »	» 7 3 1 »	» 7 4 4 »	» 7 5 8 »	» 7 7 1 »	» 7 8 5 »	» 8 6 4 »
» 65	» 7 7 6 7	» 7 6 1 9	» 8 » 6 »	» 8 2 1 1	» 8 3 5 3	» 8 5 » 4	» 9 3 6 »
» 70	» 8 3 7 »	» 8 5 2 »	» 8 6 8 »	» 8 8 4 »	» 9 » » »	» 9 1 6 »	1 » » 8 »
» 75	» 8 9 6 8	» 9 6 2 9	» 9 3 » »	» 9 4 7 1	» 9 6 4 3	» 9 8 1 4	1 » 8 » »
» 80	» 9 5 7 »	» 9 7 5 »	» 9 9 2 »	1 » 1 » »	1 » 2 8 »	1 » 4 7 »	1 1 5 2 »
» 85	1 » 1 6 8	1 » 3 5 9	1 » 5 4 »	1 » 7 3 1	1 » 9 2 3	1 1 1 2 4	1 2 2 4 »
» 90	1 » 7 7 »	1 » 9 7 »	1 1 1 7 »	1 1 3 7 »	1 1 5 7 »	1 1 7 8 »	1 2 9 6 »
» 95	1 1 3 6 8	1 1 5 7 9	1 1 7 9 »	1 2 » » 1	1 2 2 1 3	1 2 4 3 4	1 3 6 8 »
1 »	1 1 9 7 »	1 2 1 9 »	1 2 4 1 »	1 2 6 3 »	1 2 8 6 »	1 3 » 9 »	1 4 4 » »
2 »	2 3 9 4 »	2 4 3 8 »	2 4 8 2 »	2 5 2 7 »	2 5 7 2 »	2 6 1 8 »	2 8 8 » »
3 »	3 5 9 1 »	3 6 5 7 »	3 7 2 3 »	3 7 9 » »	3 8 5 8 »	3 9 2 7 »	4 3 2 » »
4 »	4 7 8 8 »	4 8 7 6 »	4 9 6 4 »	5 » 5 4 »	5 1 4 4 »	5 2 3 6 »	5 7 6 » »
5 »	5 9 8 5 »	6 » 9 5 »	6 2 » 6 »	6 3 1 8 »	6 4 3 1 »	6 5 4 5 »	7 2 » » »
6 »	7 1 8 2 »	7 3 1 4 »	7 4 4 7 »	7 5 8 1 »	7 7 1 7 »	7 8 5 4 »	8 6 4 » »
7 »	8 3 7 9 »	8 5 3 3 »	8 6 8 8 »	8 8 4 5 »	9 » » 3 »	9 1 6 3 »	10 » 8 » »
8 »	9 5 7 6 »	9 7 5 2 »	9 9 2 9 »	10 1 » 8 »	10 2 8 9 »	10 4 7 2 »	11 5 2 » »
9 »	10 7 7 3 »	10 9 7 1 »	11 1 7 » »	11 3 7 2 »	11 5 7 5 »	11 7 8 1 »	12 9 6 » »
10 »	11 9 7 » »	12 1 9 » »	12 4 1 2 »	12 6 3 6 »	12 8 6 2 »	13 » 9 » »	14 4 » » »
11 »	13 1 6 7 »	13 4 » 9 »	13 6 5 3 »	13 8 9 9 »	14 1 4 8 »	14 3 9 9 »	15 8 4 » »
12 »	14 3 6 4 »	14 6 2 8 »	14 8 9 4 »	15 1 6 3 »	15 4 3 4 »	15 7 » 8 »	17 2 8 » »
13 »	15 5 6 1 »	15 8 4 7 »	16 1 3 5 »	16 4 2 6 »	16 7 2 » »	17 » 1 7 »	18 7 2 » »
14 »	16 7 5 8 »	17 » 6 6 »	17 3 7 6 »	17 6 9 » »	18 » » 6 »	13 3 2 6 »	20 1 6 » »
15 »	17 9 5 5 »	18 2 8 5 »	18 6 1 8 »	18 9 5 4 »	19 2 9 3 »	19 6 3 5 »	21 6 » » »
16 »	19 1 5 2 »	19 5 » 4 »	19 8 5 9 »	20 2 1 7 »	20 5 7 9 »	20 9 4 4 »	23 » 4 » »
17 »	20 3 4 9 »	20 7 2 3 »	21 1 » » »	21 4 8 1 »	21 8 6 5 »	22 2 5 3 »	24 4 8 » »
18 »	21 5 4 6 »	21 9 4 2 »	22 3 4 1 »	22 7 4 4 »	23 1 5 1 »	23 5 6 2 »	25 9 2 » »
19 »	22 7 4 3 »	23 1 6 1 »	23 5 8 2 »	24 » » 8 »	24 4 3 7 »	24 8 7 1 »	27 3 6 » »
20 »	23 9 4 » »	24 3 8 » »	24 8 2 4 »	25 2 7 2 »	25 7 2 4 »	26 1 8 » »	28 8 » » »

CINQUIÈME DIVISION.

TRAITÉ EXPLIQUÉ DES MÉTAUX

ET

RECETTES PROVENANT D'EXPÉRIENCES FAITES DANS LES PRINCIPALES MANUFACTURES DE L'EUROPE

PAR DES CHIMISTES DISTINGUÉS

Pour le trempage des Outils et Instruments en acier, tels que : outils agricoles, outils de tailleur de pierres, outils de sculpteur, outils de maréchal ferrant, serrurier et forgeron, outils de menuisier et charpentier, outils de coutellerie en général, et instruments de chirurgie, etc., etc.

Notre intention n'est pas de nous étendre longuement, en traitant la partie des métaux; nous donnerons, sur chaque métal ayant trait aux outils, ce qu'il est indispensable d'en connaître. Ce que nous croyons être le plus précieux pour l'ouvrier, c'est la trempe des outils; aussi avons-avons apporté un grand soin dans la vérification des recettes que nous donnons; chacune d'elles a été expérimentée scrupuleusement par des hommes compétents; aussi n'hésitons-nous pas à nous porter garants de leur efficacité.

Du fer.

Le fer est incontestablement celui des métaux, le plus précieux qui existe, non comme valeur intrinsèque, mais comme rendant d'immenses services, au point de vue de l'outillage en général.

Ce métal est à peu près le seul capable de se ployer à toutes les exigences des inventions nouvelles, et on peut dire qu'il est de nos jours un des plus puissants auxiliaires des découvertes et inventions nouvelles. C'est à l'Orient que revient l'honneur de la découverte de ce précieux métal, remontant à près de trois mille ans; le fer est considéré comme un des métaux les plus durs, et sa dureté peut atteindre un degré bien supérieur en le convertissant en acier.

Le fer est-très-malléable au marteau, toutefois il n'est pas possible de le réduire en feuilles aussi minces que l'or ou l'argent; mais il peut atteindre une finesse extraordinaire : ainsi il est possible d'obtenir des fils de fer aussi minces qu'un cheveu; il est acquis à la science que le fer est très-difficile à fondre; il faut une chaleur de forge d'environ 1,400 degrés pour arriver à ce qu'il fusionne.

Origine et fabrication du fer.

Certaines montagnes recèlent dans leur sein des mines de fer, ce sont de petites globules grisâtres mêlées de terre et de sable; on amène ce minerai dans les manufactures, et là, par le moyen de fours chauffés à un degré extrême, on arrive à rendre en liquide le minerai et à séparer la terre et la sable.

Le fer fondu se divise en trois classes qui sont :

1° La fonte blanche;

2° La fonte grise;

3° La fonte noire.

La fonte blanche est très-dure et très-cassante; la lime n'a aucune action sur elle, elle ne peut être ni ployée ni percée.

La fonte grise est beaucoup moins cassante et moins dure, on peut avec assez de facilité la limer, la tailler, et même la travailler sur le tour.

La fonte noire est d'une qualité inférieure; aussi ne l'emploie-t-on jamais comme ornement ni ustensiles.

Du fer malléable.

On obtient le fer malléable en faisant refondre de nouveau la fonte. Par cette deuxième opération on arrive à le séparer des matières étrangères.

De l'acier de cémentation.

On obtient l'acier de cémentation en mettant dans un creuset des barreaux de fer avec du charbon du bois; on fait rougir les barreaux dans ce mélange pendant dix ou douze heures, et au bout de ce laps de temps ces barreaux ont la qualité d'acier. Pour arriver à ce que l'acier ait une dureté extrême, il faut le plonger pendant qu'il est rouge dans un liquide froid. La pesanteur de l'acier est plus considérable que celle du fer; l'acier résiste à la lime, il coupe le verre et est très-cassant. Pour rendre l'acier relativement tendre et non cassant, il suffit de le faire rougir et de le laisser refroidir sans le plonger dans aucun liquide.

De l'acier fondu.

De toutes les diverses qualités d'acier, la meilleure est l'acier fondu ; sa texture est la plus compacte, aussi est-il employé de préférence par les fabricants de coutellerie fine, d'instruments de chirurgie, etc., etc. L'acier fondu ne peut être soudé avec le fer ; le système le plus avantageux pour obtenir de l'acier fondu consiste à enfermer hermétiquement dans des creusets une certaine quantité de fer mêlé avec du charbon et du verre pilé, bien chauffer le creuset à blanc et l'entretenir dans cet état jusqu'à ce que l'opération soit terminée.

De l'alliage de l'acier et du fer pour la fabrication des outils et instruments.

Généralement, les outils et instruments tranchants ne possèdent qu'une faible partie d'acier, à part toutefois les outils très-petits, tels qu'aiguilles, canifs, couteaux et petits ciseaux, etc., etc. Le système du mariage du fer et de l'acier n'offre du reste aucun inconvénient, car, par exemple, pour qu'une hache soit bonne, il n'est pas absolument nécessaire qu'elle soit toute en acier, il suffit d'une tranche d'acier d'environ 4 centimètres de hauteur, ce qui permet d'aiguiser cet outil un grand nombre de fois avant d'arriver à l'usure de ces 4 centimètres. Tout en reconnaissant que ce mariage n'offre aucun inconvénient pour la qualité de l'outil, nous devons, cependant, faire remarquer que généralement on n'apporte pas assez de soin dans cette opération délicate; souvent le forgeron attache trop d'importance à la partie du fer et pas assez à la partie de l'acier, tandis que c'est précisément le contraire qui devrait avoir lieu, la partie fer n'étant que le maintien de la partie acier qui deviendra la partie agissante. Il importe peu que la première soit plus ou moins soignée, toute l'attention doit porter sur la seconde, de laquelle dépendra la qualité bonne ou mauvaise de l'outil ou de l'instrument.

L'ouvrier devra donc, pour obtenir un bon mariage de l'acier et du fer, observer les règles suivantes :

1° Faire chauffer la partie fer supérieurement à la partie acier ; 2° faire en sorte, aussitôt que la partie acier est suffisamment chaude, que la partie fer soit prête à recevoir le mariage attendu (il n'y a pas un grand inconvénient à ce que le fer reste un peu plus de temps au feu, tandis qu'il en est autrement de l'acier) ; 3° pétrir les deux parties avec *vitesse* et *fermeté*, et surtout de ne pas les laisser trop refroidir ; 4° les faire chauffer une second fois à un degré égal à la première, rebattre avec *justesse* et *vitesse* pour donner le coup de maître ou affinage et laisser refroidir.

Dans cette opération, il faut autant que possible ne faire chauffer que deux fois. Si, pour l'affinage, il est nécessaire de faire chauffer une troisième fois, dans ce cas on devra chauffer à un degré moins élevé. Ce système peut s'appliquer généralement à toute fabrication d'outils ou instruments tranchants ; il est le résultat reconnu le plus avantageux.

Considérations générales sur le trempage des outils et instruments.

La question du trempage des outils et instruments tranchants à été de tout temps l'objet de recherches sérieuses de la part d'hommes spéciaux. En effet, cette question est véritablement importante, car, pour qu'un outil ou un instrument tranchant soit bon et durable, il ne suffit pas qu'il soit fabriqué avec de l'acier excellent, il faut surtout qu'il soit bien trempé, c'est même là le point le plus essentiel.

La science a fait de nos jours beaucoup de progrès à ce point de vue, mais malheureusement elle n'a pas assez défini le genre de trempage qui convient de préférence à tel outil qu'à tel autre, et il est pourtant bien acquis que tel système de trempage est bon pour tel outil, et ne vaut absolument rien pour tel autre. Aussi notre but est-il, en traitant cette question du trempage des outils en général, d'expliquer clairement, d'après des recherches scientifiques et sérieuses, les meilleurs procédés à suivre, en ayant soin surtout de donner une division claire et précise des outils qui doivent être trempés de telle ou telle manière.

Pour arriver plus sûrement à notre but, nous avons divisé les outils et instruments qui doivent être trempés par tel ou tel procédé, pensant avec raison que ce moyen est le plus simple de rendre notre traité pratique et compréhensible à tous.

Du trempage des outils agricoles destinés à creuser le sol, tels que soc de charrue, pioche, herse, etc., etc.

Le trempage des outils agricoles demande un soin tout particulier. Nous n'entendons parler dans cet article que des outils destinés à creuser la terre, et par conséquent susceptibles de rencontrer des obstacles qui les useraient ou les casseraient très-vite, s'ils ne recevaient pas une trempe spéciale. Parmi ces obstacles, nous citerons les grosses pierres qui se trouvent dans le sein de la terre et qui cassent un soç de charrue ou la pointe d'une pioche, si ces outils ne sont pas trempés d'une manière convenable. Une racine d'arbre aura pour effet de ployer facilement un soc de charrue si ce dernier n'est pas trempé convenablement, ou si le mariage du fer et de l'acier n'est pas savamment combiné. Il faut donc que le soc de la charrue réunisse autant que possible la solidité et l'élasticité, solidité pour que le frottement de la terre ne l'use pas trop vite, et élasticité pour éviter la casse à l'encontre d'un des obstacles que nous citons plus haut; c'est pour ces motifs que nous ne saurions trop vivement engager les forgerons à apporter le plus de soins possibles à la bonne confection de ces précieux outils qui sont parmi tous les plus utiles.

L'ouvrier qui tiendra, comme c'est son devoir, à fournir des outils conditionnés d'une manière solide et durable, devra s'y prendre de la manière suivante :

1° Les outils devront être solidement établis, même aux dépens de l'élégance, car il est presque impossible qu'un outil destiné à creuser la terre réunisse simultanément les qualités d'élégance et de solidité ;

2° La quantité d'acier qui rentrera dans la fabrication des outils aratoires devra être d'un tiers environ ; leur extrémité sera en acier pur, la base de la partie acier ne devra pas se séparer subitement d'avec la partie fer. L'acier devra se perdre à une distance assez éloignée de son extrémité, afin d'avoir une assise solide dans la partie fer, et constituer ainsi un mariage capable de résister à certains corps qui se trouvent dans la terre, tels que rocs, pierres, racines, etc. ;

3° Le trempage de tous les outils aratoires sans exception devra se faire d'après la recette suivante, laquelle est en usage dans diverses fermes-modèles d'Angleterre, de Suisse et d'Amérique :

Mettre dans un baril ouvert à une de ses extrémités ou, mieux encore, dans un vase d'une capacité d'environ 100 litres, en fer, fonte ou en cuivre, mais ayant de 60 à 70 centimètres de profondeur pour pouvoir plonger facilement les outils destinés au trempage, mettre dans ce baril ou ce vase ce qui suit : 1° 60 litres d'eau ; 2° 2 kilogrammes de sel de cuisine ; 3° 3 kilogrammes 500 grammes de suie de cheminée ordinaire ; 4° 3 kilogrammes de limon de rivière, qu'on trouvera facilement soit dans un ruisseau ou une rivière. Pour que le liquide arrive à son perfectionnement, on devra pendant une période de 15 à 18 jours le remuer énergiquement, à l'aide d'un bâton deux fois par jour ; ce n'est qu'au bout de ce laps de temps qu'il sera possible de s'en servir ; chaque fois qu'on désirera tremper un outil aratoire dans ce liquide, il sera nécessaire de le remuer afin de mélanger les divers ingrédients qui le composent.

Comme il existe des terrains en France dans le sein desquels il n'y a ni rocs, ni pierres, ni racines, et que généralement l'avantage des agriculteurs de ces contrées est d'avoir des outils aratoires trempés d'une manière vive, c'est-à-dire durable, vu que ces outils, dans ces terrains, ne sont pas susceptibles de se casser violemment, dans ce cas, la trempe de ces deux outils devra être double : la première opération devra consister, après les avoir fait chauffer convenablement, à les tremper d'abord dans un baquet d'eau fraîche, et, après avoir subi ce premier trempage, les rechauffer un peu moins que la première fois, et enfin les tremper dans la composition dont nous venons de donner la recette.

Considérations générales sur le trempage des outils destinés à miner le roc, tailler la pierre et le marbre, etc.

Bien des recettes ont été inventées pour arriver au perfectionnement du trempage des outils destinés à travailler la pierre sous quelque nom ou quelque forme qu'ils se présentent; en examinant de près les essais qui ont été faits à ce sujet, nous nous sommes bien vite aperçu qu'ils n'étaient basés sur aucun fait sérieux; après avoir soumis à l'analyse une grande quantité de formules diverses, nous avons reconnu que ces formules étaient purement fantaisistes. Du reste, nous nous expliquons les causes de ce fait; les chimistes ayant jusqu'à ce jour négligé l'importante question du trempage des outils, le taillandier ou le forgeron se voyait contraint à faire des essais lui-même pour obtenir une trempe d'une qualité suffisamment bonne pour satisfaire ses clients. Généralement ces essais, n'ayant aucune base scientifique, sérieuse ou calculée, la réussite d'un ou de quelques-uns sur cent n'était que le résultat du hasard.

Nous nous sommes mis en relation avec ouvriers mineurs, tailleurs de pierres et de marbre, lesquels nous ont donné des notions sur la question du trempage des outils d'après lesquelles nous avons conclu que des expériences scientifiques et basées sur des résultats positifs pouvaient seules amener un heureux résultat de cette importante question.

Nous pourrions donner plusieurs recettes pour le trempage des outils ci-indiqués; mais le résultat de nos observations nous a prouvé que la recette unique que nous donnerons peut être facilement et efficacement adoptée pour le trempage de tous les outils destinés à fouiller le roc, les diverses espèces de pierre et de marbre. MM. les taillandiers et forgerons pourront facilement, d'après nos données, réduire ou augmenter notre formule comme quantité de liquide, en tenant compte toutefois des proportions respectives des ingrédients.

Recettes pour le trempage des outils destinés à miner le roc, travailler les pierres et les marbres.

Mettre ce qui suit soit dans un baril, soit dans un chaudron ou une marmite ayant au maximum une contenance de 20 litres :

1° Eau ordinaire, 10 litres; 2° sel de cuisine, 3 kilogrammes; 3° crotins de cheval desséchés au soleil et pulvérisés, 1 kilogramme ; 4° vieux fers, tels que vieux clous ou vieille ferraille, 1 kil. 500 gr.; 5° briques pulvérisées, 500 grammes; 6° charbon de bois pulvérisé et passé au tamis, 1 kilogramme. Ce mélange ne pourra servir au trempage qu'après avoir séjourné environ deux mois dans le vase dans lequel on l'aura mis. Il sera nécessaire de le remuer énergiquement au moins une fois par jour: chaque fois qu'un outil sera destiné au trempage, on aura soin de remuer ce liquide, après quoi les outils pourront purement et simplement être précipités dans le vase.

Considérations générales sur le trempage des outils de charpentiers, charrons, menuisiers, bûcherons, et généralement tous les outils destinés à travailler le bois.

Nous pourrions, dans cet article, donner les mêmes observations que nous avons déjà données dans notre article précédent, concernant le trempage des outils destinés à travailler la pierre. Nos recherches scientifiques ont été les mêmes; toutefois, notre recette diffère en ce sens que l'acier destiné à travailler le bois doit recevoir une trempe plus douce que celui destiné à travailler la pierre. Pour les outils destinés à travailler le bois, nous avons reconnu, d'après nos nombreuses expériences, diverses recettes se résumant, en définitif, à une seule, que nous donnons ci-après.

Recette pour le trempage des outils destinés à travailler le bois.

Mettre dans un tonneau ou un vase en fer, en fonte ou en cuivre d'une capacité d'environ 30 litres les ingrédients ci-après :

1° Eau ordinaire, 15 litres; 2° sel de cuisine, 1 kil. 500 gr.; 3° vase de rivière ou de ruisseau, 2 kilogrammes; 4° vieux cuirs provenant de vieilles chaussures, coupés extrêmement menus, 1 kilogramme; 5° suie de cheminée, 1 kil. 500 gr.: le tout devra rester environ deux mois sans s'en servir; on devra chaque jour remuer fortement ce liquide. Les outils ci-indiqués au trempage devront être précipités dans ce liquide d'une manière brusque et non insensiblement.

On aura soin de remuer le liquide avant de précipiter les outils destinés au trempage.

Recette pour le trempage des outils à l'usage des mécaniciens, serruriers, maréchaux ferrants, et généralement tous les outils destinés à couper, ciseler, perforer et graver le fer, l'acier, le cuivre, etc., etc.

Mettre dans un baril ou un vase en fer, en fonte ou en cuivre d'une contenance d'environ 30 litres les ingrédients ci-après :

1° Eau ordinaire, 15 litres; 2° sel de cuisine, 3 kilogrammes; 3° vieux cuirs provenant de chaussures coupées en menus morceaux, 2 kil. 500 gr.; 4° charbon de bois pulvérisé et passé au tamis, 2 kilogrammes; 5° charbon de terre pulvérisé et passé au tamis, 1 kilogramme; 6° urine d'homme, 6 litres. Le tout devra séjourner trois mois environ avant de s'en servir; on devra remuer ce liquide une fois par jour. Les outils désignés plus haut et destinés à la trempe devront être précipités dans le vase.

Recette pour le trempage des articles de coutellerie, tels que ciseaux, couteaux, tranchets, et généralement tous les articles de grosse coutellerie destinés à la trempe en paquet ou séparément.

Mettre dans un tonneau ou un vase en fer, en fonte ou en cuivre d'une capacité d'environ 30 litres ce qui suit :

1° Eau ordinaire, 20 litres; 2° sel de cuisine, 2 kilogrammes ; 3° crotins de cheval séchés au soleil et pulvérisés, 500 grammes; 4° cornes de moutons, de bœufs ou de pieds de cheval râpés ou coupés le plus menu possible, 2 kil. 500 gr.; 5° os de bœuf râpés ou coupés le plus menu possible, 1 kilogramme; 6° suie de cheminée, 500 grammes. Laisser séjourner le tout environ trois ou quatre mois, en ayant soin de remuer le mélange de temps à autre. Les outils sus-indiqués et désignés à la trempe y seront précipités avec vitesse.

Considérations générales sur le trempage des rasoirs et instruments de chirurgie.

La fabrication des rasoirs et instruments de chirurgie doit être, autant que possible, faite avec de l'acier de première qualité et sans aucun alliage de fer, et cela d'autant plus que l'hygiène s'oppose à ce que leur qualité dérive de l'effet d'un trempage plus ou moins savamment combiné. On doit donc se borner à tremper les outils de chirurgie, ainsi que les rasoirs, dans de l'eau vive, fraîche et limpide.

Indépendamment des recettes que nous donnons sur le trempage des différents outils, nos recherches nous ont amené à découvrir une composition que de nombreuses expériences nous ont prouvé l'efficacité incontestable de ces bons résultats. Toutefois cette recette revenant à un prix relativement élevé, nous la donnons à part, car nous comprenons parfaitement qu'il y a plus de petites bourses que de grandes, et il est probable qu'il y a des ouvriers et des cultivateurs qui hésiteraient à payer quelques centimes en plus pour un trempage supérieur à un autre; du reste, la recette que nous donnons ci-après et dont nous garantissons l'efficacité pourra être employée spécialement pour le trempage de petits outils ayant une valeur assez importante, tels que les outils pour le roc, la pierre, le marbre, les outils de ciseleurs, graveurs sur métaux, ceux de charpentiers, menuisiers, serruriers, tourneurs, enfin pour les articles de coutellerie. Voici cette recette : Mettre dans un vase en fer, en fonte ou en cuivre d'une contenance de 15 à 20 litres ce qui suit : 1° Suif pur, 5 kilog.; 2° huile de poissons, 2 kilog. 500 gr.; 3° cire jaune en poudre, 1 kilog.; 4° résine, 500 gr.; 5° huile de pied de bœuf, 225 gr.; 6° sel de cuisine, 1 kilog.; faire fondre le tout à petit feu pendant deux ou trois heures, retirer le vase du feu après ce laps de temps, et le laisser reposer environ une demie heure, enlever l'écume superficielle, qu'on jettera et transvaser la graisse dans un vase bien propre en fer, en fonte ou en cuivre; avoir le soin de ne pas mélanger le dépôt qui se trouvera au fond du vase et qui aura servi à l'ébullition de ce composé. Le lendemain cette composition ainsi épurée sera figée; préparée ainsi, elle pourra servir pendant plusieurs années. Qu'elle soit, selon la température, figée ou liquide, son effet est le même; les outils destinés a recevoir ce trempage y seront plongés, après avoir été chauffés comme pour une trempe ordinaire. L'ouvrier devra tenir l'outil à l'aide d'une pince et ne le laisser dans cette graisse que 10 à 12 secondes, au bout desquelles il retirera l'outil et le laissera refroidir à terre.

Nota. — Nous ferons remarquer que les recettes que nous avons données pour le trempage des différents outils peuvent se conserver une année environ sans perdre leur valeur. Nous engageon les personnes qui ont beaucoup d'outils à tremper à avoir deux tonneaux ou deux vases destinés au trempage : pendant qu'on épuise l'un, l'autre est en train d'acquérir les qualités voulues pour servir à son tour.

TARIF DU POIDS DES FERS PLATS

Épaisseur en millimètres.	Largeur en millimètres.	Kilogrammes.	Grammes.	Épaisseur en millimètres.	Largeur en millimètres.	Kilogrammes.	Grammes.	Épaisseur en millimètres.	Largeur en millimètres.	Kilogrammes.	Grammes.	Épaisseur en millimètres.	Largeur en millimètres.	Kilogrammes.	Grammes.	Épaisseur en millimètres.	Largeur en millimètres.	Kilogrammes.	Grammes.	Épaisseur en millimètres.	Largeur en millimètres.	Kilogrammes.	Grammes.
2	2	»	031	3	3	»	070	4	4	»	124	5	5	»	195	6	6	»	280	7	7	»	382
2	3	»	046	3	4	»	093	4	5	»	156	5	6	»	234	6	7	»	327	7	8	»	436
2	4	»	062	3	5	»	117	4	6	»	187	5	7	»	273	6	8	»	374	7	9	»	491
2	5	»	078	3	6	»	140	4	7	»	218	5	8	»	312	6	9	»	421	7	10	»	546
2	6	»	093	3	7	»	163	4	8	»	249	5	9	»	351	6	10	»	468	7	11	»	600
2	7	»	109	3	8	»	187	4	9	»	280	5	10	»	390	6	11	»	514	7	12	»	655
2	8	»	124	3	9	»	210	4	10	»	312	5	11	»	429	6	12	»	561	7	13	»	709
2	9	»	140	3	10	»	234	4	11	»	343	5	12	»	468	6	13	»	608	7	14	»	764
2	10	»	156	3	11	»	257	4	12	»	374	5	13	»	507	6	14	»	655	7	15	»	819
2	11	»	171	3	12	»	280	4	13	»	405	5	14	»	546	6	15	»	702	7	16	»	873
2	12	»	187	3	13	»	304	4	14	»	436	5	15	»	585	6	16	»	718	7	17	»	928
2	13	»	202	3	14	»	327	4	15	»	468	5	16	»	624	6	17	»	795	7	18	»	982
2	14	»	218	3	15	»	351	4	16	»	499	5	17	»	663	6	18	»	812	7	19	1	037
2	15	»	234	3	16	»	374	4	17	»	530	5	18	»	702	6	19	»	889	7	20	1	092
2	16	»	249	3	17	»	397	4	18	»	561	5	19	»	741	6	20	»	936	7	21	1	146
2	17	»	265	3	18	»	421	4	19	»	592	5	20	»	780	6	21	»	982	7	22	1	201
2	18	»	280	3	19	»	444	4	20	»	624	5	21	»	819	6	22	1	029	7	23	1	255
2	19	»	296	3	20	»	468	4	21	»	655	5	22	»	858	6	23	1	076	7	24	1	310
2	20	»	312	3	21	»	491	4	22	»	686	5	23	»	897	6	24	1	123	7	25	1	365
2	21	»	327	3	22	»	514	4	23	»	717	5	24	»	936	6	25	1	170	7	26	1	419
2	22	»	343	3	23	»	538	4	24	»	748	5	25	»	975	6	26	1	216	7	27	1	474
2	23	»	358	3	24	»	561	4	25	»	780	5	26	1	014	6	27	1	263	7	28	1	528
2	24	»	374	3	25	»	585	4	26	»	811	5	27	1	053	6	28	1	310	7	29	1	583
2	25	»	390	3	26	»	608	4	27	»	842	5	28	1	092	6	29	1	357	7	30	1	638
2	30	»	468	3	30	»	702	4	30	»	936	5	30	1	170	6	30	1	404	7	31	1	692
2	35	»	546	3	35	»	819	4	35	1	092	5	35	1	365	6	35	1	638	7	35	1	914
2	40	»	624	3	40	»	936	4	40	1	248	5	40	1	560	6	40	1	872	7	40	2	184
2	45	»	702	3	45	1	053	4	45	1	404	5	45	1	755	6	45	2	106	7	45	2	457
2	50	»	780	3	50	1	170	4	50	1	560	5	50	1	950	6	50	2	340	7	50	2	730

TARIF DU POIDS DES FERS PLATS (*Suite*)

Épaisseur en millimètres.	Largeur en millimètres.	Kilogrammes.	Grammes.	Épaisseur en millimètres.	Largeur en millimètres.	Kilogrammes.	Grammes.	Épaisseur en millimètres.	Largeur en millimètres.	Kilogrammes.	Grammes.	Épaisseur en millimètres.	Largeur en millimètres.	Kilogrammes.	Grammes.	Épaisseur en millimètres.	Largeur en millimètres.	Kilogrammes.	Grammes.	Épaisseur en millimètres.	Largeur en millimètres.	Kilogrammes.	Grammes.
8	8	»	499	9	9	»	631	10	10	»	780	11	11	»	943	12	12	1	123	13	13	1	318
8	9	»	561	9	10	»	702	10	11	»	858	11	12	1	029	12	13	1	216	13	14	1	419
8	10	»	624	9	11	»	772	10	12	»	936	11	13	1	115	12	14	1	310	13	15	1	521
8	11	»	686	9	12	»	842	10	13	1	014	11	14	1	201	12	15	1	404	13	16	1	622
8	12	»	748	9	13	»	912	10	14	1	092	11	15	1	287	12	16	1	497	13	17	1	723
8	13	»	811	9	14	»	982	10	15	1	170	11	16	1	372	12	17	1	591	13	18	1	825
8	14	»	873	9	15	1	053	10	16	1	248	11	17	1	458	12	18	1	684	13	19	1	926
8	15	»	936	9	16	1	123	10	17	1	326	11	18	1	544	12	19	1	778	13	20	2	028
8	16	»	998	9	17	1	193	10	18	1	404	11	19	1	630	12	20	1	872	13	21	2	129
8	17	1	060	9	18	1	263	10	19	1	482	11	20	1	716	12	21	1	965	13	22	2	230
8	18	1	123	9	19	1	333	10	20	1	560	11	21	1	801	12	22	2	059	13	23	2	332
8	19	1	185	9	20	1	404	10	21	1	638	11	22	1	887	12	23	2	152	13	24	2	433
8	20	1	218	9	21	1	474	10	22	1	716	11	23	1	973	12	24	2	246	13	25	2	535
8	21	1	310	9	22	1	544	10	23	1	794	11	24	2	059	12	25	2	340	13	26	2	636
8	22	1	372	9	23	1	614	10	24	1	872	11	25	2	145	12	26	2	433	13	27	2	737
8	23	1	435	9	24	1	684	10	25	1	950	11	26	2	230	12	27	2	527	13	28	2	839
8	24	1	497	9	25	1	755	10	26	2	028	11	27	2	316	12	28	2	620	13	29	2	940
8	25	1	560	9	26	1	825	10	27	2	106	11	28	2	402	12	29	2	714	13	30	3	042
8	26	1	622	9	27	1	895	10	28	2	184	11	29	2	488	12	30	2	808	13	31	3	143
8	27	1	634	9	28	1	965	10	29	2	262	11	30	2	574	12	31	2	901	13	32	3	244
8	28	1	717	9	29	2	035	10	30	2	340	11	31	2	659	12	32	2	995	13	33	3	346
8	29	1	809	9	30	2	106	10	31	2	418	11	32	2	745	12	33	3	088	13	34	3	447
8	30	1	872	9	31	2	176	10	32	2	496	11	33	2	831	12	34	3	182	13	35	3	549
8	31	1	934	9	32	2	246	10	33	2	574	11	34	2	917	12	35	3	276	13	36	3	650
8	32	1	996	9	33	2	316	10	34	2	652	11	35	3	003	12	36	3	369	13	37	3	751
8	35	2	184	9	35	2	457	10	35	2	730	11	36	3	088	12	37	3	463	13	38	3	853
8	40	2	496	9	40	2	808	10	40	3	120	11	40	3	432	12	40	3	744	13	40	4	056
8	45	2	808	9	45	3	159	10	45	3	510	11	45	3	861	12	45	4	212	13	45	4	563
8	50	3	120	9	50	3	510	10	50	3	900	11	50	4	290	12	50	4	680	13	50	5	070

TARIF DU POIDS DES FERS PLATS

Épaisseur en millimètres.	Largeur en millimètres.	Kilogrammes.	Grammes.	Épaisseur en millimètres.	Largeur en millimètres.	Kilogrammes.	Grammes.	Épaisseur en millimètres.	Largeur en millimètres.	Kilogrammes.	Grammes.	Épaisseur en millimètres.	Largeur en millimètres.	Kilogrammes.	Grammes.	Épaisseur en millimètres.	Largeur en millimètres.	Kilogrammes.	Grammes.	Épaisseur en millimètres.	Largeur en millimètres.	Kilogrammes.	Grammes.
14	14	1	528	15	15	1	755	16	16	1	996	17	17	2	254	18	18	2	527	19	19	2	815
14	15	1	638	15	16	1	872	16	17	2	121	17	18	2	386	18	19	2	667	19	20	2	964
14	16	1	747	15	17	1	989	16	18	2	246	17	19	2	519	18	20	2	808	19	21	3	112
14	17	1	856	15	18	2	106	16	19	2	371	17	20	2	652	18	21	2	948	19	22	3	260
14	18	1	965	15	19	2	223	16	20	2	496	17	21	2	784	18	22	3	088	19	23	3	408
14	19	2	074	15	20	2	340	16	21	2	620	17	22	2	917	18	23	3	229	19	24	3	556
14	20	2	184	15	21	2	457	16	22	2	745	17	23	3	049	18	24	3	369	19	25	3	705
14	21	2	293	15	22	2	574	16	23	2	870	17	24	3	182	18	25	3	510	19	26	3	853
14	22	2	402	15	23	2	691	16	24	2	995	17	25	3	315	18	26	3	650	19	27	4	001
14	23	2	511	15	24	2	808	16	25	3	120	17	26	3	447	18	27	3	790	19	28	4	149
14	24	2	620	15	25	2	925	16	26	3	244	17	27	3	580	18	28	3	931	19	29	4	297
14	25	2	730	15	26	3	042	16	27	3	369	17	28	3	712	18	29	4	071	19	30	4	446
14	26	2	839	15	27	3	159	16	28	3	494	17	29	3	845	18	30	4	212	19	31	4	594
14	27	2	948	15	28	3	276	16	29	3	619	17	30	3	978	18	31	4	352	19	32	4	742
14	28	3	057	15	29	3	393	16	30	3	744	17	31	4	110	18	32	4	492	19	33	4	890
14	29	3	166	15	30	3	510	16	31	3	868	17	32	4	243	18	33	4	633	19	34	5	038
14	30	3	276	15	31	3	627	16	32	3	993	17	33	4	375	18	34	4	773	19	35	5	187
14	31	3	385	15	32	3	744	16	33	4	118	17	34	4	508	18	35	4	914	19	36	5	335
14	32	3	494	15	33	3	861	16	34	4	243	17	35	4	641	18	36	5	054	19	37	5	483
14	33	3	603	15	34	3	978	16	35	4	368	17	36	4	773	18	37	5	194	19	38	5	631
14	34	3	712	15	35	4	095	16	36	4	492	17	37	4	906	18	38	5	335	19	39	5	779
14	35	3	822	15	36	4	212	16	37	4	617	17	38	5	038	18	39	5	475	19	40	5	928
14	36	3	931	15	37	4	329	16	38	4	742	17	39	5	171	18	40	5	616	19	41	6	076
14	37	4	040	15	38	4	446	16	39	4	867	17	40	5	304	18	41	5	756	19	42	6	224
14	38	4	149	15	39	4	563	16	40	4	992	17	41	5	436	18	42	5	896	19	43	6	372
14	40	4	368	15	40	4	680	16	41	5	116	17	42	5	569	18	43	6	037	19	44	6	520
14	45	4	914	15	45	5	265	16	45	5	616	17	45	5	967	18	45	6	318	19	45	6	669
14	50	5	460	15	50	5	850	16	50	6	240	17	50	6	630	18	50	7	020	19	50	7	410
»	»	»	»	»	»	»	»	»	»	»	»	»	»	»	»	»	»	»	»	»	»	»	»

TARIF DU POIDS DES FERS PLATS (*Suite*)

Épaisseur en millimètres.	Largeur en millimètres.	Kilogrammes.	Grammes.	Épaisseur en millimètres.	Largeur en millimètres.	Kilogrammes.	Grammes.	Épaisseur en millimètres.	Largeur en millimètres.	Kilogrammes.	Grammes.	Épaisseur en millimètres.	Largeur en millimètres.	Kilogrammes.	Grammes.	Épaisseur en millimètres.	Largeur en millimètres.	Kilogrammes.	Grammes.	Épaisseur en millimètres.	Largeur en millimètres.	Kilogrammes.	Grammes.
20	20	3	120	21	21	3	439	22	22	3	775	23	23	4	126	24	24	4	492	25	25	4	875
20	21	3	276	21	22	3	603	22	23	3	946	23	24	4	305	24	25	4	680	25	26	5	070
20	22	3	432	21	23	3	767	22	24	4	118	23	25	4	485	24	26	4	867	25	27	5	265
20	23	3	588	21	24	3	931	22	25	4	290	23	26	4	664	24	27	5	056	25	28	5	460
20	24	3	744	21	25	4	095	22	26	4	461	23	27	4	843	24	28	5	244	25	29	5	655
20	25	3	900	21	26	4	258	22	27	4	633	23	28	5	023	24	29	5	430	25	30	5	850
20	26	4	056	21	27	4	422	22	28	4	804	23	29	5	202	24	30	5	616	25	31	6	045
20	27	4	212	21	28	4	586	22	29	4	976	23	30	5	382	24	31	5	803	25	32	6	240
20	28	4	368	21	29	4	750	22	30	5	148	23	31	5	561	24	32	5	990	25	33	6	435
20	29	4	524	21	30	4	914	22	31	5	319	23	32	5	740	24	33	6	177	25	34	6	630
20	30	4	680	21	31	5	077	22	32	5	491	23	33	5	920	24	34	6	364	25	35	6	825
20	31	4	836	21	32	5	241	22	33	5	662	23	34	6	099	24	35	6	552	25	36	7	020
20	32	4	992	21	33	5	405	22	34	5	834	23	35	6	278	24	36	6	739	25	37	7	215
20	33	5	148	21	34	5	569	22	35	6	006	23	36	6	458	24	37	6	926	25	38	7	410
20	34	5	304	21	35	5	733	22	36	6	177	23	37	6	637	24	38	7	113	25	39	7	605
20	35	5	460	21	36	5	896	22	37	6	349	23	38	6	817	24	39	7	300	25	40	7	800
20	36	5	616	21	37	6	060	22	38	6	520	23	39	6	996	24	40	7	488	25	41	7	995
20	37	5	772	21	38	6	224	22	39	6	692	23	40	7	176	24	41	7	675	25	42	8	190
20	38	5	928	21	39	6	388	22	40	6	864	23	41	7	355	24	42	7	862	25	43	8	385
20	39	6	084	21	40	6	552	22	41	7	035	23	42	7	534	24	43	8	049	25	44	8	580
20	40	6	240	21	41	6	715	22	42	7	207	23	43	7	714	24	44	8	236	25	45	8	775
20	41	6	396	21	42	6	879	22	43	7	378	23	44	7	893	24	45	8	424	25	46	8	970
20	42	6	552	21	43	7	043	22	44	7	550	23	45	8	073	24	46	8	611	25	47	9	165
20	43	6	708	21	44	7	207	22	45	7	722	23	46	8	252	24	47	8	798	25	48	9	360
20	44	6	864	21	45	7	371	22	46	7	893	23	47	8	431	24	48	8	985	25	49	9	555
20	45	7	020	21	46	7	534	22	47	8	065	23	48	8	611	24	49	9	172	25	50	9	750
20	50	7	800	21	50	8	190	22	50	8	580	23	50	8	970	24	50	9	360	25	55	10	725
»	»	»	»	»	»	»	»	»	»	»	»	»	»	»	»	»	»	»	»	»	»	»	»
»	»	»	»	»	»	»	»	»	»	»	»	»	»	»	»	»	»	»	»	»	»	»	»

TARIF DU POIDS DES FERS PLATS

Épaisseur en millimètres.	Largeur en millimètres.	Kilogrammes.	Grammes.	Épaisseur en millimètres.	Largeur en millimètres.	Kilogrammes.	Grammes.	Épaisseur en millimètres.	Largeur en millimètres.	Kilogrammes.	Grammes.	Épaisseur en millimètres.	Largeur en millimètres.	Kilogrammes.	Grammes.	Épaisseur en millimètres.	Largeur en millimètres.	Kilogrammes.	Grammes.	Épaisseur en millimètres.	Largeur en millimètres.	Kilogrammes.	Grammes.
26	26	5	272	27	27	5	686	28	28	6	115	29	29	6	559	30	30	7	020	31	31	7	495
26	27	5	475	27	28	5	896	28	29	6	333	29	30	6	786	30	31	7	254	31	32	7	737
26	28	5	678	27	29	6	107	28	30	6	552	29	31	7	012	30	32	7	488	31	33	7	979
26	29	5	881	27	30	6	318	28	31	6	770	29	32	7	238	30	33	7	722	31	34	8	221
26	30	6	034	27	31	6	528	28	32	6	988	29	33	7	464	30	34	7	956	31	35	8	463
26	31	6	286	27	32	6	739	28	33	7	207	29	34	7	690	30	35	8	190	31	36	8	701
26	32	6	489	27	33	6	949	28	34	7	425	29	35	7	917	30	36	8	424	31	37	8	946
26	33	6	692	27	34	7	160	28	35	7	644	29	36	8	143	30	37	8	658	31	38	9	183
26	34	6	895	27	35	7	371	28	36	7	862	29	37	8	369	30	38	8	892	31	39	9	430
26	35	7	098	27	36	7	581	28	37	8	080	29	38	8	595	30	39	9	126	31	40	9	672
26	36	7	300	27	37	7	792	28	38	8	299	29	39	8	821	30	40	9	360	31	41	9	913
26	37	7	503	27	38	8	002	28	39	8	517	29	40	9	048	30	41	9	594	31	42	10	155
26	38	7	706	27	39	8	213	28	40	8	736	29	41	9	274	30	42	9	828	31	43	10	397
26	39	7	909	27	40	8	424	28	41	8	954	29	42	9	500	30	43	10	062	31	44	10	639
26	40	8	112	27	41	8	634	28	42	9	172	29	43	9	726	30	44	10	296	31	45	10	881
26	41	8	314	27	42	8	845	28	43	9	391	29	44	9	952	30	45	10	530	31	46	11	122
26	42	8	517	27	43	9	055	28	44	9	609	29	45	10	179	30	46	10	764	31	47	11	364
26	43	8	720	27	44	9	266	28	45	9	828	29	46	10	405	30	47	10	998	31	48	11	606
26	44	8	923	27	45	9	477	28	46	10	046	29	47	10	631	30	48	11	232	31	49	11	848
26	45	9	126	27	46	9	687	28	47	10	264	29	48	10	857	30	49	11	466	31	50	12	090
26	46	9	328	27	47	9	898	28	48	10	483	29	49	11	083	30	50	11	700	31	55	13	299
26	47	9	531	27	48	10	108	28	49	10	701	29	50	11	310	30	55	12	870	31	56	13	540
26	48	9	734	27	49	10	319	28	50	10	920	29	55	12	441	30	56	13	104	31	57	13	782
26	49	9	937	27	50	10	530	28	55	12	012	29	56	12	667	30	57	13	338	31	58	14	024
26	50	10	140	27	55	11	583	28	56	12	230	29	57	12	893	30	58	13	572	31	59	14	266
26	55	11	356	27	56	11	793	28	57	12	448	29	58	13	119	30	59	13	806	31	60	14	508
»	»	»	»	»	»	»	»	»	»	»	»	»	»	»	»	»	»	»	»	»	»	»	»
»	»	»	»	»	»	»	»	»	»	»	»	»	»	»	»	»	»	»	»	»	»	»	»
»	»	»	»	»	»	»	»	»	»	»	»	»	»	»	»	»	»	»	»	»	»	»	»

TARIF DU POIDS DES FERS PLATS (*Suite*)

Épaisseur en millimètres.	Largeur en millimètres.	Kilogrammes.	Grammes.	Épaisseur en millimètres.	Largeur en millimètres.	Kilogrammes.	Grammes.	Épaisseur en millimètres.	Largeur en millimètres.	Kilogrammes.	Grammes.	Épaisseur en millimètres.	Largeur en millimètres.	Kilogrammes.	Grammes.	Épaisseur en millimètres.	Largeur en millimètres.	Kilogrammes.	Grammes.	Épaisseur en millimètres.	Largeur en millimètres.	Kilogrammes.	Grammes.
32	32	7	987	33	33	8	494	34	34	9	016	35	35	9	555	36	36	10	103	37	37	10	678
32	33	8	236	33	34	8	751	34	35	9	282	35	36	9	828	36	37	10	388	37	38	10	966
32	34	8	486	33	35	9	009	34	36	9	547	35	37	10	101	36	38	10	670	37	39	11	255
32	35	8	736	33	36	9	266	34	37	9	812	35	38	10	374	36	39	10	951	37	40	11	544
32	36	8	985	33	37	9	523	34	38	10	077	35	39	10	647	36	40	11	232	37	41	11	832
32	37	9	235	33	38	9	781	34	39	10	342	35	40	10	920	36	41	11	512	37	42	12	121
32	38	9	484	33	39	10	038	34	40	10	608	35	41	11	193	36	42	11	793	37	43	12	409
32	39	9	734	33	40	10	296	34	41	10	873	35	42	11	466	36	43	12	070	37	44	12	698
32	40	9	984	33	41	10	553	34	42	11	138	35	43	11	739	36	44	12	355	37	45	12	987
32	41	10	233	33	42	10	810	34	43	11	403	35	44	12	012	36	45	12	636	37	46	13	275
32	42	10	483	33	43	11	068	34	44	11	668	35	45	12	285	36	46	12	916	37	47	13	564
32	43	10	732	33	44	11	325	34	45	11	934	35	46	12	558	36	47	13	197	37	48	13	852
32	44	10	982	33	45	11	583	34	46	12	199	35	47	12	831	36	48	13	478	37	49	14	141
32	45	11	232	33	46	11	840	34	47	12	464	35	48	13	104	36	49	13	759	37	50	14	430
32	46	11	481	33	47	12	097	34	48	12	729	35	49	13	377	36	50	14	040	37	55	15	873
32	47	11	731	33	48	12	355	34	49	12	994	35	50	13	650	36	55	15	414	37	56	16	161
32	48	11	980	33	49	12	612	34	50	13	260	35	55	15	015	36	56	15	721	37	57	16	450
32	49	12	230	33	50	12	870	34	55	14	586	35	56	15	288	36	57	16	005	37	58	16	738
32	50	12	480	33	55	14	157	34	56	14	851	35	57	15	561	36	58	16	286	37	59	17	024
32	55	13	728	33	56	14	414	34	57	15	116	35	58	15	834	36	59	16	567	37	60	17	316
32	56	13	977	33	57	14	671	34	58	15	381	35	59	16	101	36	60	16	848	37	61	17	604
32	57	14	227	33	58	14	929	34	59	15	646	35	60	16	380	36	61	17	128	37	62	17	893
32	58	14	476	33	59	15	186	34	60	15	912	35	61	16	653	36	62	17	409	37	63	18	181
32	59	14	726	33	60	15	441	34	61	16	177	35	62	16	926	36	63	17	690	37	64	18	470
32	60	14	976	33	61	15	701	34	62	16	442	35	63	17	199	36	64	17	971	37	65	18	759
»	»	»	»	»	»	»	»	»	»	»	»	»	»	»	»	»	»	»	»	»	»	»	»
»	»	»	»	»	»	»	»	»	»	»	»	»	»	»	»	»	»	»	»	»	»	»	»
»	»	»	»	»	»	»	»	»	»	»	»	»	»	»	»	»	»	»	»	»	»	»	»
»	»	»	»	»	»	»	»	»	»	»	»	»	»	»	»	»	»	»	»	»	»	»	»

TARIF DU POIDS DES FERS PLATS

Épaisseur en millimètres.	Largeur en millimètres.	Kilogrammes.	Grammes.	Épaisseur en millimètres.	Largeur en millimètres.	Kilogrammes.	Grammes.	Épaisseur en millimètres.	Largeur en millimètres.	Kilogrammes.	Grammes.	Épaisseur en millimètres.	Largeur en millimètres.	Kilogrammes.	Grammes.	Épaisseur en millimètres.	Largeur en millimètres.	Kilogrammes.	Grammes.	Épaisseur en millimètres.	Largeur en millimètres.	Kilogrammes.	Grammes.
38	38	11	263	39	39	11	863	40	40	12	480	41	41	13	111	42	42	13	759	43	43	14	422
38	39	11	550	39	40	12	168	40	41	12	792	41	42	13	431	42	43	14	086	43	44	14	757
38	40	11	856	39	41	12	472	40	42	13	104	41	43	13	751	42	44	14	414	43	45	15	093
38	41	12	152	39	42	12	776	40	43	13	416	41	44	14	071	42	45	14	742	43	46	15	428
38	42	12	448	39	43	13	080	40	44	13	728	41	45	14	391	42	46	15	069	43	47	15	763
38	43	12	745	39	44	13	384	40	45	14	040	41	46	14	710	42	47	15	397	43	48	16	099
38	44	13	041	39	45	13	689	40	46	14	352	41	47	15	030	42	48	15	724	43	49	16	434
38	45	13	338	39	46	13	993	40	47	14	664	41	48	15	350	42	49	16	052	43	50	16	770
38	46	13	634	39	47	14	297	40	48	14	976	41	49	15	670	42	50	16	380	43	55	18	447
38	47	13	930	39	48	14	601	40	49	15	288	41	50	15	990	42	55	18	018	43	56	18	782
38	48	14	277	39	49	14	905	40	50	15	600	41	55	17	589	42	56	18	345	43	57	19	117
38	49	14	523	39	50	15	210	40	55	17	160	41	56	17	909	42	57	18	673	43	58	19	453
38	50	14	820	39	55	16	731	40	56	17	472	41	57	18	228	42	58	19	000	43	59	19	788
38	55	16	302	39	56	17	035	40	57	17	784	41	58	18	548	42	59	19	328	43	60	20	124
38	56	16	598	39	57	17	339	40	58	18	096	41	59	18	868	42	60	19	656	43	61	20	459
38	57	16	894	39	58	17	643	40	59	18	408	41	60	19	188	42	61	19	983	43	62	20	794
38	58	17	191	39	59	17	947	40	60	18	720	41	61	19	507	42	62	20	311	43	63	21	130
38	59	17	487	39	60	18	252	40	61	19	032	41	62	19	827	42	63	20	638	43	64	21	465
38	60	17	781	39	61	18	556	40	62	19	344	41	63	20	147	42	64	20	966	43	65	21	800
38	61	18	080	39	62	18	860	40	63	19	656	41	64	20	467	42	65	21	294	43	66	22	136
38	62	18	375	39	63	19	164	40	64	19	968	41	65	20	787	42	66	21	621	43	67	22	471
38	63	18	673	39	64	19	468	40	65	20	280	41	66	21	106	42	67	21	949	43	68	22	807
38	64	18	969	39	65	19	773	40	66	20	592	41	67	21	426	42	68	22	276	43	69	23	142
38	65	19	266	39	66	20	877	40	67	20	904	41	68	21	746	42	69	22	604	43	70	23	478
»	»	»	»	»	»	»	»	»	»	»	»	»	»	»	»	»	»	»	»	»	»	»	»
»	»	»	»	»	»	»	»	»	»	»	»	»	»	»	»	»	»	»	»	»	»	»	»
»	»	»	»	»	»	»	»	»	»	»	»	»	»	»	»	»	»	»	»	»	»	»	»
»	»	»	»	»	»	»	»	»	»	»	»	»	»	»	»	»	»	»	»	»	»	»	»
»	»	»	»	»	»	»	»	»	»	»	»	»	»	»	»	»	»	»	»	»	»	»	»

TARIF DU POIDS DES FERS PLATS (*Suite*)

Épaisseur en millimètres.	Largeur en millimètres.	Kilogrammes.	Grammes.	Épaisseur en millimètres.	Largeur en millimètres.	Kilogrammes.	Grammes.	Épaisseur en millimètres.	Largeur en millimètres.	Kilogrammes.	Grammes.	Épaisseur en millimètres.	Largeur en millimètres.	Kilogrammes.	Grammes.	Épaisseur en millimètres.	Largeur en millimètres.	Kilogrammes.	Grammes.	Épaisseur en millimètres.	Largeur en millimètres.	Kilogrammes.	Grammes.
44	44	15	100	45	45	15	795	46	46	16	504	47	47	17	230	48	48	17	971	49	49	18	727
44	45	15	444	45	46	16	146	46	47	16	863	47	48	17	596	48	49	18	345	49	50	19	110
44	46	16	787	45	47	16	497	46	48	17	222	47	49	17	963	48	50	18	720	49	55	21	021
44	47	16	130	45	48	16	848	46	49	17	581	47	50	18	330	48	55	20	592	49	56	21	403
44	48	16	473	45	49	17	199	46	50	17	940	47	55	20	163	48	56	20	966	49	57	21	785
44	49	16	816	45	50	17	550	46	55	19	734	47	56	20	529	48	57	21	340	49	58	22	167
44	50	17	160	45	55	19	305	46	56	20	092	47	57	20	896	48	58	21	715	49	59	22	549
44	55	18	876	45	56	19	656	46	57	20	451	47	58	21	262	48	59	22	089	49	60	22	932
44	56	19	219	45	57	20	007	46	58	20	810	47	59	21	629	48	60	22	464	49	61	23	314
44	57	19	562	45	58	20	358	46	59	21	169	47	60	21	996	48	61	22	838	49	62	23	696
44	58	19	905	45	59	20	709	46	60	21	528	47	61	22	362	48	62	23	212	49	63	24	078
44	59	20	248	45	60	21	060	46	61	21	886	47	62	22	729	48	63	23	587	49	64	24	460
44	60	20	592	45	61	21	411	46	62	22	245	47	63	23	095	48	64	23	961	49	65	24	843
44	61	20	935	45	62	21	762	46	63	22	604	47	64	23	462	48	65	24	336	49	66	25	225
44	62	21	278	45	63	22	113	46	64	22	963	47	65	23	829	48	66	24	710	49	67	25	607
44	63	21	621	45	64	22	464	46	65	23	322	47	66	24	195	48	67	25	084	49	68	25	989
44	64	21	964	45	65	22	815	46	66	23	680	47	67	24	562	48	68	25	459	49	69	26	371
44	65	22	308	45	66	23	166	46	67	24	039	47	68	24	928	48	69	25	833	49	70	26	754
44	66	22	651	45	67	23	517	46	68	24	398	47	69	25	295	48	70	26	803	»	»	»	»
44	67	22	994	45	68	23	868	46	69	24	757	47	70	25	662	»	»	»	»	»	»	»	»
44	68	23	337	45	69	24	219	46	70	25	116	»	»	»	»	»	»	»	»	»	»	»	»
44	69	23	680	45	70	24	570	»	»	»	»	»	»	»	»	»	»	»	»	»	»	»	»
44	70	24	024	»	»	»	»	»	»	»	»	»	»	»	»	»	»	»	»	»	»	»	»
»	»	»	»	»	»	»	»	»	»	»	»	»	»	»	»	»	»	»	»	»	»	»	»
»	»	»	»	»	»	»	»	»	»	»	»	»	»	»	»	»	»	»	»	»	»	»	»
»	»	»	»	»	»	»	»	»	»	»	»	»	»	»	»	»	»	»	»	»	»	»	»
»	»	»	»	»	»	»	»	»	»	»	»	»	»	»	»	»	»	»	»	»	»	»	»
»	»	»	»	»	»	»	»	»	»	»	»	»	»	»	»	»	»	»	»	»	»	»	»
»	»	»	»	»	»	»	»	»	»	»	»	»	»	»	»	»	»	»	»	»	»	»	»

TARIF DU POIDS DES FERS PLATS (*Fin*)

Épaisseur en millimètres.	Largeur en millimètres.	Kilogrammes.	Grammes.	Épaisseur en millimètres.	Largeur en millimètres.	Kilogrammes.	Grammes.	Épaisseur en millimètres.	Largeur en millimètres.	Kilogrammes.	Grammes.	Épaisseur en millimètres.	Largeur en millimètres.	Kilogrammes.	Grammes.	Épaisseur en millimètres.	Largeur en millimètres.	Kilogrammes.	Grammes.
50	50	19	500	55	55	23	595	60	60	28	080	65	65	32	955	70	70	38	220
50	51	19	890	55	56	24	024	60	61	28	548	65	66	33	462	75	75	43	875
5[illegible]	52	20	280	55	57	24	453	60	62	29	016	65	67	33	660	80	80	49	920
50	53	20	670	55	58	24	882	60	63	29	484	65	68	34	476	85	85	56	355
50	54	21	060	55	59	25	311	60	64	29	952	65	69	34	983	90	90	63	180
50	55	21	450	55	60	25	740	60	65	30	420	65	70	35	490	95	95	70	395
50	56	21	840	55	61	26	169	60	66	30	888					100	100	78	000
50	57	22	230	55	62	26	598	60	67	31	356								
50	58	22	620	55	63	27	027	60	68	31	824								
50	59	23	010	55	64	27	456	60	69	32	292								
50	60	23	400	55	65	27	885	60	70	32	760								
50	61	23	790	55	66	28	314												
50	62	24	180	55	67	28	743												
50	63	24	570	55	68	29	172												
50	64	24	960	55	69	29	601												
50	65	25	350	55	70	30	030												
50	66	25	740																
50	67	26	130																
50	68	26	520																
50	69	26	910																
50	70	27	300																

TARIF DU POIDS DES FERS RONDS

Diamètres en millimètres	Kilog.	Grammes.	Diamètres en millimètres	Kilog.	Grammes.	Diamètres en millimètres	Kilog.	Grammes.	Diamètres en millimètres	Kilog.	Grammes.	Diamètres en millimètres	Kilog.	Grammes.
2	0	024	21	2	701	41	10	297	61	22	704	81	40	191
3	0	055	22	2	964	42	10	805	62	23	547	82	41	191
4	0	097	23	3	240	43	11	326	63	24	314	83	42	202
5	0	153	24	3	528	44	11	859	64	25	091	84	43	225
6	0	220	25	3	828	45	12	405	65	25	892	85	44	260
7	0	300	26	4	140	46	12	962	66	26	684	86	45	307
8	0	392	27	4	465	47	13	532	67	27	490	87	46	367
9	0	496	28	4	802	48	14	113	68	28	328	88	47	438
10	0	612	29	5	151	49	14	708	69	29	165	89	48	524
11	0	741	30	5	513	50	15	314	70	30	019	90	49	620
12	0	881	31	5	886	51	15	933	71	30	881	91	50	729
13	1	035	32	6	272	52	16	563	72	31	757	92	51	850
14	1	200	33	6	671	53	17	207	73	32	645	93	52	983
15	1	378	34	7	082	54	17	863	74	33	545	94	54	128
16	1	568	35	7	504	55	18	530	75	34	457	95	55	287
17	1	770	36	7	939	56	19	209	76	35	384	96	56	456
18	1	984	37	8	385	57	19	903	77	36	321	97	57	639
19	2	211	38	8	846	58	20	607	78	37	270	98	58	823
20	2	448	39	9	317	59	21	324	79	38	232	99	60	010
			40	9	792	60	22	053	80	39	168	100	61	259

TARIF DU POIDS DES FERS CARRÉS

Carrés en millimètres.	POIDS.		Carrés en millimètres.	POIDS.		Carrés en millimètres.	POIDS.		Carrés en millimètres.	POIDS.		Carrés en millimètres.	POIDS.		Carrés en millimètres.	POIDS.		Carrés en millimètres.	POIDS.		Carrés en millimètres.	POIDS.	
	Kilog.	Gram.		Kilog.	Gram.		Kilog.	Gram.		Kilog.	Gram.		Kilog.	Gram.		Kilog.	Gram.		Kilog.	Gram.		Kilog.	Gram.
2	»	030	26	5	171	51	19	897	76	44	183	101	78	037	126	121	451	151	174	410	176	236	966
3	»	069	27	5	576	52	20	685	77	45	356	102	79	589	127	123	380	152	176	745	177	239	658
4	»	122	28	5	997	53	21	489	78	46	514	103	81	157	128	125	337	153	179	071	178	242	386
5	»	191	29	6	434	54	22	307	79	47	743	104	82	740	129	127	297	154	181	427	179	245	105
6	»	275	30	6	885	55	23	141	80	48	960	105	84	338	130	129	285	155	183	789	180	247	860
7	»	375	31	7	351	56	23	990	81	50	191	106	85	955	131	131	275	156	186	170	181	250	612
8	»	490	32	7	833	57	24	855	82	51	438	107	87	579	132	133	290	157	188	557	182	253	398
9	»	620	33	8	331	58	25	734	83	52	700	108	89	220	133	135	314	158	190	974	183	256	200
10	»	765	34	8	843	59	26	629	84	53	978	109	90	880	134	137	363	159	193	[illegible]	184	258	998
11	»	926	35	9	371	60	27	540	85	55	271	110	92	565	135	139	414	160	195	840	185	261	812
12	1	101	36	9	914	61	28	465	86	56	579	111	94	255	136	141	494	161	198	287	186	264	659
13	1	292	37	10	472	62	29	406	87	57	902	112	95	961	137	143	576	162	200	766	187	267	503
14	1	499	38	11	046	63	30	362	88	59	241	113	97	677	138	145	686	163	203	244	188	270	381
15	1	721	39	11	635	64	31	334	89	60	595	114	99	419	139	147	798	164	205	754	189	273	256
16	1	958	40	12	240	65	32	321	90	61	965	115	101	174	140	149	940	165	208	263	190	276	165
17	2	211	41	12	869	66	33	323	91	63	349	116	102	928	141	152	082	166	210	803	191	279	070
18	2	479	42	13	494	67	34	340	92	64	749	117	104	720	142	154	254	167	213	342	192	282	009
19	2	761	43	14	144	68	35	373	93	66	164	118	106	518	143	156	437	168	215	983	193	284	945
20	3	060	44	14	810	69	36	411	94	67	195	119	108	330	144	158	630	169	218	483	194	287	915
21	3	374	45	15	491	70	37	485	95	69	041	120	110	160	145	160	834	170	221	085	195	290	881
22	3	702	46	16	187	71	38	563	96	70	501	121	112	003	146	163	067	171	223	685	196	293	882
23	4	047	47	16	899	72	39	617	97	71	978	122	113	852	147	165	301	172	226	317	197	296	879
24	4	406	48	17	625	73	40	760	98	73	470	123	115	725	148	167	565	173	228	948	198	299	910
25	4	781	49	18	367	74	41	891	99	74	977	124	117	626	149	169	830	174	231	611	199	302	937
»	»	»	50	19	125	75	43	031	100	76	500	125	119	525	150	172	125	175	234	272	200	306	»

TARIF DE COMPTES FAITS POUR LES JOURNÉES D'OUVRIERS

Depuis 1 franc par Jour jusqu'à 12 francs, et depuis 1 Jour jusqu'à 31 Jours.

Journée à 1 fr.			Journée à 1 fr. 25			Journée à 1 fr. 50			Journée à 1 fr. 75			Journée à 2 fr.			Journée à 2 fr. 25			Journée à 2 fr. 50			Journée à 2 fr. 75			Journée à 3 fr.		
Jours.	Fr.	C.	Jours.	Fr.	C.	Jours.	Fr.	C.	Jours.	Fr.	C.	Jours.	Fr.	C.	Jours.	Fr.	C.	Jours.	Fr.	C.	Jours.	Fr.	C.	Jours.	Fr.	C.
1	1	»	1	1	25	1	1	50	1	1	75	1	2	»	1	2	25	1	2	50	1	2	75	1	3	»
2	2	»	2	2	50	2	3	»	2	3	50	2	4	»	2	4	50	2	5	»	2	5	50	2	6	»
3	3	»	3	3	75	3	4	50	3	5	25	3	6	»	3	6	75	3	7	50	3	8	25	3	9	»
4	4	»	4	5	»	4	6	»	4	7	»	4	8	»	4	9	»	4	10	»	4	11	»	4	12	»
5	5	»	5	6	25	5	7	50	5	8	75	5	10	»	5	11	25	5	12	50	5	13	75	5	15	»
6	6	»	6	7	50	6	9	»	6	10	50	6	12	»	6	13	50	6	15	»	6	16	50	6	18	»
7	7	»	7	8	75	7	10	50	7	12	25	7	14	»	7	15	75	7	17	50	7	19	25	7	21	»
8	8	»	8	10	»	8	12	»	8	14	»	8	16	»	8	18	»	8	20	»	8	22	»	8	24	»
9	9	»	9	11	25	9	13	50	9	15	75	9	18	»	9	20	25	9	22	50	9	24	75	9	27	»
10	10	»	10	12	50	10	15	»	10	17	50	10	20	»	10	22	50	10	25	»	10	27	50	10	30	»
11	11	»	11	13	75	11	16	50	11	19	25	11	22	»	11	24	75	11	27	50	11	30	25	11	33	»
12	12	»	12	15	»	12	18	»	12	21	»	12	24	»	12	27	»	12	30	»	12	33	»	12	36	»
13	13	»	13	16	25	13	19	50	13	22	75	13	26	»	13	29	25	13	32	50	13	35	75	13	39	»
14	14	»	14	17	50	14	21	»	14	24	50	14	28	»	14	31	50	14	35	»	14	38	50	14	42	»
15	15	»	15	18	75	15	22	50	15	26	25	15	30	»	15	33	75	15	37	50	15	41	25	15	45	»
16	16	»	16	20	»	16	24	»	16	28	»	16	32	»	16	36	»	16	40	»	16	44	»	16	48	»
17	17	»	17	21	25	17	25	50	17	29	75	17	34	»	17	38	25	17	42	50	17	46	75	17	51	»
18	18	»	18	22	50	18	27	»	18	31	50	18	36	»	18	40	50	18	45	»	18	49	50	18	54	»
19	19	»	19	23	75	19	28	50	19	33	25	19	38	»	19	42	75	19	47	50	19	52	25	19	57	»
20	20	»	20	25	»	20	30	»	20	35	»	20	40	»	20	45	»	20	50	»	20	55	»	20	60	»
21	21	»	21	26	25	21	31	50	21	36	75	21	42	»	21	47	25	21	52	50	21	57	75	21	63	»
22	22	»	22	27	50	22	33	»	22	38	50	22	44	»	22	49	50	22	55	»	22	60	50	22	66	»
23	23	»	23	28	75	23	34	50	23	40	25	23	46	»	23	51	75	23	57	50	23	63	25	23	69	»
24	24	»	24	30	»	24	36	»	24	42	»	24	48	»	24	54	»	24	60	»	24	66	»	24	72	»
25	25	»	25	31	25	25	37	50	25	43	75	25	50	»	25	56	25	25	62	50	25	68	75	25	75	»
26	26	»	26	32	50	26	39	»	26	45	50	26	52	»	26	58	50	26	65	»	26	71	50	26	78	»
27	27	»	27	33	75	27	40	50	27	47	25	27	54	»	27	60	75	27	67	50	27	74	25	27	81	»
28	28	»	28	35	»	28	42	»	28	49	»	28	56	»	28	63	»	28	70	»	28	77	»	28	84	»
29	29	»	29	36	25	29	43	50	29	50	75	29	58	»	29	65	25	29	72	50	29	79	75	29	87	»
30	30	»	30	37	50	30	46	»	30	52	50	30	60	»	30	67	50	30	75	»	30	82	50	30	90	»
31	31	»	31	38	75	31	47	50	31	54	25	31	62	»	31	69	75	31	77	50	31	85	25	31	93	»

TARIF DE COMPTES FAITS POUR LES JOURNÉES D'OUVRIERS (*Suite*)

Journée à 3 fr. 25			Journée à 3 fr. 50			Journée à 3 fr. 75			Journée à 4 fr.			Journée à 4 fr. 25			Journée à 4 fr. 50			Journée à 4 fr. 75			Journée à 5 fr.			Journée à 5 fr. 25		
Jours.	Fr.	C.	Jours.	Fr.	C.	Jours.	Fr.	C.	Jours.	Fr.	C.	Jours.	Fr.	C.	Jours.	Fr.	C.	Jours.	Fr.	C.	Jours.	Fr.	C.	Jours.	Fr.	C.
1	3	25	1	3	50	1	3	75	1	4	»	1	4	25	1	4	50	1	4	75	1	5	»	1	5	25
2	6	50	2	7	»	2	7	50	2	8	»	2	8	50	2	9	»	2	9	50	2	10	»	2	10	50
3	9	75	3	10	50	3	11	25	3	12	»	3	12	75	3	13	50	3	14	25	3	15	»	3	15	75
4	13	»	4	14	»	4	15	»	4	16	»	4	17	»	4	18	»	4	19	»	4	20	»	4	21	»
5	16	25	5	17	50	5	18	75	5	20	»	5	21	25	5	22	50	5	23	75	5	25	»	5	26	25
6	19	50	6	21	»	6	22	50	6	24	»	6	25	50	6	27	»	6	28	50	6	30	»	6	31	50
7	22	75	7	24	50	7	26	25	7	28	»	7	29	75	7	31	50	7	33	25	7	35	»	7	36	75
8	26	»	8	28	»	8	30	»	8	32	»	8	34	»	8	36	»	8	38	»	8	40	»	8	42	»
9	29	25	9	31	50	9	33	75	9	36	»	9	38	25	9	40	50	9	42	75	9	45	»	9	47	75
10	32	50	10	35	»	10	37	50	10	40	»	10	42	50	10	45	»	10	47	50	10	50	»	10	52	50
11	35	75	11	38	50	11	41	25	11	44	»	11	46	75	11	49	50	11	52	25	11	55	»	11	57	75
12	39	»	12	42	»	12	45	»	12	48	»	12	51	»	12	54	»	12	57	»	12	60	»	12	63	»
13	42	25	13	45	50	13	48	75	13	52	»	13	55	25	13	58	50	13	61	75	13	65	»	13	68	25
14	45	50	14	49	»	14	52	50	14	56	»	14	59	50	14	63	»	14	66	50	14	70	»	14	73	50
15	48	75	15	52	50	15	56	25	15	60	»	15	63	75	15	67	50	15	71	25	15	75	»	15	78	75
16	52	»	16	56	»	16	60	»	16	64	»	16	68	»	16	72	»	16	76	»	16	80	»	16	84	»
17	54	25	17	59	50	17	63	75	17	68	»	17	72	25	17	76	50	17	80	75	17	85	»	17	89	25
18	58	50	18	63	»	18	67	50	18	72	»	18	76	50	18	81	»	18	85	50	18	90	»	18	94	50
19	61	75	19	66	50	19	71	25	19	76	»	19	80	75	19	85	50	19	90	25	19	95	»	19	99	75
20	65	»	20	70	»	20	75	»	20	80	»	20	85	»	20	90	»	20	95	»	20	100	»	20	105	»
21	68	25	21	73	50	21	78	75	21	84	»	21	89	25	21	94	50	21	99	75	21	105	»	21	110	25
22	71	50	22	77	»	22	82	50	22	88	»	22	93	50	22	99	»	22	104	50	22	110	»	22	115	50
23	74	75	23	80	50	23	86	25	23	92	»	23	97	75	23	103	50	23	109	25	23	115	»	23	120	75
24	78	»	24	84	»	24	90	»	24	96	»	24	102	»	24	108	»	24	114	»	24	120	»	24	126	»
25	81	25	25	87	50	25	93	75	25	100	»	25	106	25	25	112	50	25	118	75	25	125	»	25	131	25
26	84	50	26	91	»	26	97	50	26	104	»	26	110	50	26	117	»	26	123	50	26	130	»	26	136	50
27	87	75	27	94	50	27	101	25	27	108	»	27	114	75	27	121	50	27	128	25	27	135	»	27	141	75
28	91	»	28	98	»	28	105	»	28	112	»	28	119	»	28	126	»	28	133	»	28	140	»	28	147	»
29	94	25	29	101	50	29	108	75	29	116	»	29	123	25	29	130	50	29	137	75	29	145	»	29	152	25
30	97	50	30	105	»	30	112	50	30	120	»	30	127	50	30	135	»	30	142	50	30	150	»	30	157	50
31	100	75	31	108	50	31	116	25	31	124	»	31	131	75	31	139	50	31	147	25	31	155	»	31	162	75

TARIF DE COMPTES FAITS POUR LES JOURNÉES D'OUVRIERS (*Suite*)

JOURNÉE A 5 FR. 50			JOURNÉE A 5 FR. 75			JOURNÉE A 6 FR.			JOURNÉE A 7 FR.			JOURNÉE A 8 FR.			JOURNÉE A 9 FR.			JOURNÉE A 10 FR.			JOURNÉE A 11 FR.			JOURNÉE A 12 FR.		
Jours.	Fr.	C.	Jours.	Fr.	C.	Jours.	Fr.	C.	Jours.	Fr.	C.	Jours.	Fr.	C.	Jours.	Fr.	C.	Jours.	Fr.	C.	Jours.	Fr.	C.	Jours.	Fr.	C.
1	5	50	1	5	75	1	6	»	1	7	»	1	8	»	1	9	»	1	10	»	1	11	»	1	12	»
2	11	»	2	11	50	2	12	»	2	14	»	2	16	»	2	18	»	2	20	»	2	22	»	2	24	»
3	16	50	3	16	75	3	18	»	3	21	»	3	24	»	3	27	»	3	30	»	3	33	»	3	36	»
4	22	»	4	23	»	4	24	»	4	28	»	4	32	»	4	36	»	4	40	»	4	44	»	4	48	»
5	27	50	5	28	75	5	30	»	5	35	»	5	40	»	5	45	»	5	50	»	5	55	»	5	60	»
6	33	»	6	34	50	6	36	»	6	42	»	6	48	»	6	54	»	6	60	»	6	66	»	6	72	»
7	38	50	7	40	25	7	42	»	7	49	»	7	56	»	7	63	»	7	70	»	7	77	»	7	84	»
8	44	»	8	46	»	8	48	»	8	56	»	8	64	»	8	72	»	8	80	»	8	88	»	8	96	»
9	40	50	9	51	75	9	54	»	9	63	»	9	72	»	9	81	»	9	90	»	9	99	»	9	108	»
10	55	»	10	57	50	10	60	»	10	70	»	10	80	»	10	90	»	10	100	»	10	110	»	10	120	»
11	60	50	11	63	25	11	66	»	11	77	»	11	88	»	11	99	»	11	110	»	11	121	»	11	132	»
12	66	»	12	69	»	12	72	»	12	84	»	12	96	»	12	108	»	12	120	»	12	132	»	12	144	»
13	71	50	13	74	75	13	78	»	13	91	»	13	104	»	13	117	»	13	130	»	13	143	»	13	156	»
14	77	»	14	80	50	14	84	»	14	98	»	14	112	»	14	126	»	14	140	»	14	154	»	14	168	»
15	82	50	15	86	25	15	90	»	15	105	»	15	120	»	15	135	»	15	150	»	15	165	»	15	180	»
16	88	»	16	92	»	16	96	»	16	112	»	16	128	»	16	144	»	16	160	»	16	176	»	16	192	»
17	93	10	17	97	75	17	102	»	17	119	»	17	136	»	17	153	»	17	170	»	17	187	»	17	204	»
18	99	»	18	103	50	18	108	»	18	126	»	18	144	»	18	162	»	18	180	»	18	198	»	18	216	»
19	104	50	19	109	25	19	114	»	19	133	»	19	152	»	19	171	»	19	190	»	19	209	»	19	228	»
20	110	»	20	115	»	20	120	»	20	140	»	20	160	»	20	180	»	20	200	»	20	220	»	20	240	»
21	115	50	21	120	75	21	126	»	21	147	»	21	168	»	21	189	»	21	210	»	21	231	»	21	252	»
22	121	»	22	126	50	22	132	»	22	154	»	22	176	»	22	198	»	22	220	»	22	242	»	22	264	»
23	126	50	23	132	25	23	138	»	23	161	»	23	184	»	23	207	»	23	230	»	23	253	»	23	276	»
24	132	»	24	138	»	24	144	»	24	168	»	24	192		24	216	»	24	240	»	24	264	»	24	288	»
25	137	50	25	143	75	25	150	»	25	175	»	25	200	»	25	225	»	25	250	»	25	275	»	25	300	»
26	143	»	26	149	50	26	156	»	26	182	»	26	208	»	26	234	»	26	260	»	26	286	»	26	312	»
27	148	50	27	155	25	27	162	»	27	189	»	27	216	»	27	243	»	27	270	»	27	297	»	27	324	»
28	154	»	28	161	»	28	168	»	28	196	»	28	224	»	28	252	»	28	280	»	28	308	»	28	336	»
29	159	50	29	166	75	29	174	»	29	203	»	29	232	»	29	261	»	29	290	»	29	319	»	29	348	»
30	165	»	30	172	50	30	180	»	30	210	»	30	240	»	30	270	»	30	300	»	30	330	»	30	360	»
31	170	50	31	178	25	31	186	»	31	217	»	31	248	»	31	279	»	31	310	»	31	241	»	31	372	»

TARIF DES TRAVAUX D'OUVRIERS

Depuis 1 heure jusqu'à 100 heures et depuis 20 centimes jusqu'à 1 franc par heure

NOMBRE D'HEURES A 20 C.						NOMBRE D'HEURES A 25 C.						NOMBRE D'HEURES A 30 C.					
Heures	Fr.	C.	Heures	Fr.	C.	Heures	Fr.	C.	Heures	Fr.	C.	Heures	Fr.	C.	Heures	Fr.	C.
1	»	20	51	10	20	1	»	25	51	12	75	1	»	30	51	15	30
2	»	40	52	10	40	2	»	50	52	13	»	2	»	60	52	15	60
3	»	60	53	10	60	3	»	75	53	13	25	3	»	90	53	15	90
4	»	80	54	10	80	4	1	»	54	13	50	4	1	20	54	16	20
5	1	»	55	11	»	5	1	25	55	13	75	5	1	50	55	16	50
6	1	20	56	11	20	6	1	50	56	14	»	6	1	80	56	16	80
7	1	40	57	11	40	7	1	75	57	14	25	7	2	10	57	17	10
8	1	60	58	11	60	8	2	»	58	14	50	8	2	40	58	17	40
9	1	80	59	11	80	9	2	25	59	14	75	9	2	70	59	17	70
10	2	»	60	12	»	10	2	50	60	15	»	10	3	»	60	18	»
11	2	20	61	12	20	11	2	75	61	15	25	11	3	30	61	18	30
12	2	40	62	12	40	12	3	»	62	15	50	12	3	60	62	18	60
13	2	60	63	12	60	13	3	25	63	15	75	13	3	90	63	18	90
14	2	80	64	12	80	14	3	50	64	16	»	14	4	20	64	19	20
15	3	»	65	13	»	15	3	75	65	16	25	15	4	50	65	19	50
16	3	20	66	13	20	16	4	»	66	16	50	16	4	80	66	19	80
17	3	40	67	13	40	17	4	25	67	16	75	17	5	10	67	20	10
18	3	60	68	13	60	18	4	50	68	17	»	18	5	40	68	20	40
19	3	80	69	13	80	19	4	75	69	17	25	19	5	70	69	20	70
20	4	»	70	14	»	20	5	»	70	17	50	20	6	»	70	21	»
21	4	20	71	14	20	21	5	25	71	17	75	21	6	30	71	21	30
22	4	40	72	14	40	22	5	50	72	18	»	22	6	60	72	21	60
23	4	60	73	14	60	23	5	75	73	18	25	23	6	90	73	21	90
24	4	80	74	14	80	24	6	»	74	18	50	24	7	20	74	22	20
25	5	»	75	15	»	25	6	25	75	18	75	25	7	50	75	22	50
26	5	20	76	15	20	26	6	50	76	19	»	26	7	80	76	22	80
27	5	40	77	15	40	27	6	75	77	19	25	27	8	10	77	23	10
28	5	60	78	15	60	28	7	»	78	19	50	28	8	40	78	23	40
29	5	80	79	15	80	29	7	25	79	19	75	29	8	70	79	23	70
30	6	»	80	16	»	30	7	50	80	20	»	30	9	»	80	24	»
31	6	20	81	16	20	31	7	75	81	20	25	31	9	30	81	24	30
32	6	40	82	16	40	32	8	»	82	20	50	32	9	60	82	24	60
33	6	60	83	16	60	33	8	25	83	20	75	33	9	90	83	24	90
34	6	80	84	16	80	34	8	50	84	21	»	34	10	20	84	25	20
35	7	»	85	17	»	35	8	75	85	21	25	35	10	50	85	25	50
36	7	20	86	17	20	36	9	»	86	21	50	36	10	80	86	25	80
37	7	40	87	17	40	37	9	25	87	21	75	37	11	10	87	26	10
38	7	60	88	17	60	38	9	50	88	22	»	38	11	40	88	26	40
39	7	80	89	17	80	39	9	75	89	22	25	39	11	70	89	26	70
40	8	»	90	18	»	40	10	»	90	22	50	40	12	»	90	27	»
41	8	20	91	18	20	41	10	25	91	22	75	41	12	30	91	27	30
42	8	40	92	18	40	42	10	50	92	23	»	42	12	60	92	27	60
43	8	60	93	18	60	43	10	75	93	23	25	43	12	90	93	27	90
44	8	80	94	18	80	44	11	»	94	23	50	44	13	20	94	28	20
45	9	»	95	19	»	45	11	25	95	23	75	45	13	50	95	28	50
46	9	20	96	19	20	46	11	50	96	24	»	46	13	80	96	28	80
47	9	40	97	19	40	47	11	75	97	24	25	47	14	10	97	29	10
48	9	60	98	19	60	48	12	»	98	24	50	48	14	40	98	29	40
49	9	80	99	19	80	49	12	25	99	24	75	49	14	70	99	29	70
50	10	»	100	20	»	50	12	50	100	25	»	50	15	»	100	30	»

NOMBRE D'HEURES A 35 C.						NOMBRE D'HEURES A 40 C.						NOMBRE D'HEURES A 45 C.					
Heures	Fr.	C.	Heure.	Fr.	C.	Heures	Fr.	C.	Heures	Fr.	C.	Heures	Fr.	C.	Heures	Fr.	C.
1	»	35	51	17	85	1	»	40	51	20	40	1	»	45	51	22	95
2	»	70	52	18	20	2	»	80	52	20	80	2	»	90	52	23	40
3	1	05	53	18	55	3	1	20	53	21	20	3	1	35	53	23	85
4	1	40	54	18	90	4	1	60	54	21	60	4	1	80	54	24	30
5	1	75	55	19	25	5	2	»	55	22	»	5	2	25	55	24	75
6	2	10	56	19	60	6	2	40	56	22	40	6	2	70	56	25	20
7	2	45	57	19	95	7	2	80	57	22	80	7	3	15	57	25	65
8	2	80	58	20	30	8	3	20	58	23	20	8	3	60	58	26	10
9	3	15	59	20	65	9	3	60	59	23	60	9	4	05	59	26	55
10	3	50	60	21	»	10	4	»	60	24	»	10	4	50	60	27	»
11	3	85	61	21	35	11	4	40	61	24	40	11	4	95	61	27	45
12	4	20	62	21	70	12	4	80	62	24	80	12	5	40	62	27	90
13	4	55	63	22	05	13	5	20	63	25	20	13	5	85	63	28	35
14	4	90	64	22	40	14	5	60	64	25	60	14	6	30	64	28	80
15	5	25	65	22	75	15	6	»	65	26	»	15	6	75	65	29	25
16	5	60	66	23	10	16	6	40	66	26	40	16	7	20	66	29	70
17	5	95	67	23	45	17	6	80	67	26	80	17	7	65	67	30	15
18	6	30	68	23	80	18	7	20	68	27	20	18	8	10	68	30	60
19	6	65	69	24	15	19	7	60	69	27	60	19	8	55	69	31	05
20	7	»	70	24	50	20	8	»	70	28	»	20	9	»	70	31	50
21	7	35	71	24	85	21	8	40	71	28	40	21	9	45	71	31	95
22	7	70	72	25	20	22	8	80	72	28	80	22	9	90	72	32	40
23	8	05	73	25	55	23	9	20	73	29	20	23	10	35	73	32	85
24	8	40	74	25	90	24	9	60	74	29	60	24	10	80	74	33	30
25	8	75	75	26	25	25	10	»	75	30	»	25	11	25	75	33	75
26	9	10	76	26	60	26	10	40	76	30	40	26	11	70	76	34	20
27	9	45	77	26	95	27	10	80	77	30	80	27	12	15	77	34	65
28	9	80	78	27	30	28	11	20	78	31	20	28	12	60	78	35	10
29	10	15	79	27	65	29	11	60	79	31	60	29	13	05	79	35	55
30	10	50	80	28	»	30	12	»	80	32	»	30	13	50	80	36	»
31	10	85	81	28	35	31	12	40	81	32	40	31	13	95	81	36	45
32	11	20	82	28	70	32	12	80	82	32	80	32	14	40	82	36	90
33	11	55	83	29	05	33	13	20	83	33	20	33	14	85	83	37	35
34	11	90	84	29	40	34	13	60	84	33	60	34	15	30	84	37	80
35	12	25	85	29	75	35	14	»	85	34	»	35	15	75	85	38	25
36	12	60	86	30	10	36	14	40	86	34	40	36	16	20	86	38	70
37	12	95	87	30	45	37	14	80	87	34	80	37	16	65	87	39	15
38	13	30	88	30	80	38	15	20	88	35	20	38	17	10	88	39	60
39	13	65	89	31	15	39	15	60	89	35	60	39	17	55	89	40	15
40	14	»	90	31	50	40	16	»	90	36	»	40	18	»	90	40	50
41	14	35	91	31	85	41	16	40	91	36	40	41	18	45	91	40	95
42	14	70	92	32	20	42	16	80	92	36	80	42	18	90	92	41	40
43	15	05	93	32	55	43	17	20	93	37	20	43	19	35	93	41	85
44	15	40	94	32	90	44	17	60	94	37	60	44	19	80	94	42	30
45	15	75	95	33	25	45	18	»	95	38	»	45	20	25	95	42	75
46	16	10	96	33	60	46	18	40	96	38	40	46	20	70	96	43	20
47	16	45	97	33	95	47	18	80	97	38	80	47	21	15	97	43	65
48	16	80	98	34	30	48	19	20	98	39	20	48	21	60	98	44	10
49	17	15	99	34	65	49	19	60	99	39	60	49	22	05	99	44	55
50	17	50	100	35	»	50	20	»	100	40	»	50	22	50	100	45	»

NOMBRE D'HEURES A 50 C.						NOMBRE D'HEURES A 55 C.						NOMBRE D'HEURES A 60 C.					
Heures	Fr.	C.	Heures	Fr.	C.	Heures	Fr.	C.	Heures	Fr.	C.	Heures	Fr.	C.	Heures	Fr.	C.
1	»	50	51	25	50	1	»	55	51	28	05	1	»	60	51	30	60
2	1	»	52	26	»	2	1	10	52	28	60	2	1	20	52	31	20
3	1	50	53	26	50	3	1	65	53	29	15	3	1	80	53	31	80
4	2	»	54	27	»	4	2	20	54	29	70	4	2	40	54	32	40
5	2	50	55	27	50	5	2	75	55	30	25	5	3	»	55	33	»
6	3	»	56	28	»	6	3	30	56	30	80	6	3	60	56	33	60
7	3	50	57	28	50	7	3	85	57	31	35	7	4	20	57	34	20
8	4	»	58	29	»	8	4	40	58	31	90	8	4	80	58	34	80
9	4	50	59	29	50	9	4	95	59	32	45	9	5	40	59	35	40
10	5	»	60	30	»	10	5	50	60	33	»	10	6	»	60	36	»
11	5	50	61	30	50	11	6	05	61	33	55	11	6	60	61	36	60
12	6	»	62	31	»	12	6	60	62	34	10	12	7	20	62	37	20
13	6	50	63	31	50	13	7	15	63	34	65	13	7	80	63	37	80
14	7	»	64	32	»	14	7	70	64	35	20	14	8	40	64	38	40
15	7	50	65	32	50	15	8	25	65	35	75	15	9	»	65	39	»
16	8	»	66	33	»	16	8	80	66	36	30	16	9	60	66	39	60
17	8	50	67	33	50	17	9	35	67	36	85	17	10	20	67	40	20
18	9	»	68	34	»	18	9	90	68	37	40	18	10	80	68	40	80
19	9	50	69	34	50	19	10	45	69	37	95	19	11	40	69	41	40
20	10	»	70	35	»	20	11	»	70	38	50	20	12	»	70	42	»
21	10	50	71	35	50	21	11	55	71	39	05	21	12	60	71	42	60
22	11	»	72	36	»	22	12	10	72	39	60	22	13	20	72	43	20
23	11	50	73	36	50	23	12	65	73	40	15	23	13	80	73	43	80
24	12	»	74	37	»	24	13	20	74	40	70	24	14	40	74	44	40
25	12	50	75	37	50	25	13	75	75	41	25	25	15	»	75	45	»
26	13	»	76	38	»	26	14	30	76	41	80	26	15	60	76	45	60
27	13	50	77	38	50	27	14	85	77	42	35	27	16	20	77	46	20
28	14	»	78	39	»	28	15	40	78	42	90	28	16	80	78	46	80
29	14	50	79	39	50	29	15	95	79	43	45	29	17	40	79	47	40
30	15	»	80	40	»	30	16	50	80	44	»	30	18	»	80	48	»
31	15	50	81	40	50	31	17	05	81	44	55	31	18	60	81	48	60
32	16	»	82	41	»	32	17	60	82	45	10	32	19	20	82	49	20
33	16	50	83	41	50	33	18	15	83	45	65	33	19	80	83	49	80
34	17	»	84	42	»	34	18	70	84	46	20	34	20	40	84	50	40
35	17	50	85	42	50	35	19	25	85	46	75	35	21	»	85	51	»
36	18	»	86	43	»	36	19	80	86	47	30	36	21	60	86	51	60
37	18	50	87	43	50	37	20	35	87	47	85	37	22	20	87	52	20
38	19	»	88	44	»	38	20	90	88	48	40	38	22	80	88	52	80
39	19	50	89	44	50	39	21	45	89	48	95	39	23	40	89	53	40
40	20	»	90	45	»	40	22	»	90	49	50	40	24	»	90	54	»
41	20	50	91	45	50	41	22	55	91	50	05	41	24	60	91	54	60
42	21	»	92	46	»	42	23	10	92	50	60	42	25	20	92	55	20
43	21	50	93	46	50	43	23	65	93	51	15	43	25	80	93	55	80
44	22	»	94	47	»	44	24	20	94	51	70	44	26	40	94	56	40
45	22	50	95	47	50	45	24	75	95	52	25	45	27	»	95	57	»
46	23	»	96	48	»	46	25	20	96	52	80	46	27	60	96	57	60
47	23	50	97	48	50	47	25	85	97	53	35	47	28	20	97	58	20
48	24	»	98	49	»	48	26	40	98	53	90	48	28	80	98	58	80
49	24	50	99	49	50	49	26	95	99	54	45	49	29	40	99	59	40
50	25	»	100	50	»	50	27	50	100	55	»	50	30	»	100	60	»

NOMBRE D'HEURES A 65 C.						NOMBRE D'HEURES A 70 C.						NOMBRE D'HEURES A 75 C.					
Heures	Fr.	C.	Heures	Fr.	C.	Heures	Fr.	C.	Heures	Fr.	C.	Heures	Fr.	C.	Heures	Fr.	C.
1	»	65	51	33	15	1	»	70	51	35	70	1	»	75	51	38	25
2	1	30	52	33	80	2	1	40	52	36	40	2	1	50	52	39	»
3	1	95	53	34	45	3	2	10	53	37	10	3	2	25	53	39	75
4	2	60	54	35	10	4	2	80	54	37	80	4	3	»	54	40	50
5	3	25	55	35	75	5	3	50	55	38	50	5	3	75	55	41	25
6	3	90	56	36	40	6	4	20	56	39	20	6	4	50	56	42	»
7	4	55	57	37	05	7	4	90	57	39	90	7	5	25	57	42	75
8	5	20	58	37	70	8	5	60	58	40	60	8	6	»	58	43	50
9	5	85	59	38	35	9	6	30	59	41	30	9	6	75	59	44	25
10	6	50	60	39	»	10	7	»	60	42	»	10	7	50	60	45	»
11	7	15	61	39	65	11	7	70	61	42	70	11	8	25	61	45	75
12	7	80	62	40	30	12	8	40	62	43	40	12	9	»	62	46	50
13	8	45	63	40	95	13	9	10	63	44	10	13	9	75	63	47	25
14	9	10	64	41	60	14	9	80	64	44	80	14	10	50	64	48	»
15	9	75	65	42	25	15	10	50	65	45	50	15	11	25	65	48	75
16	10	40	66	42	90	16	11	20	66	46	20	16	12	»	66	49	50
17	11	05	67	43	55	17	11	90	67	46	90	17	12	75	67	50	25
18	11	70	68	44	20	18	12	60	68	47	60	18	13	50	68	51	»
19	12	35	69	44	85	19	13	30	69	48	30	19	14	25	69	51	75
20	13	»	70	45	50	20	14	»	70	49	»	20	15	»	70	52	50
21	13	65	71	46	15	21	14	70	71	49	70	21	15	75	71	53	25
22	14	30	72	46	80	22	15	40	72	50	40	22	16	50	72	54	»
23	14	95	73	47	45	23	16	10	73	51	10	23	17	25	73	54	75
24	15	60	74	48	10	24	16	80	74	51	80	24	18	»	74	55	50
25	16	25	75	48	75	25	17	50	75	52	50	25	18	75	75	56	25
26	16	90	76	49	40	26	18	20	76	53	20	26	19	50	76	57	»
27	17	55	77	50	05	27	18	90	77	53	90	27	20	25	77	57	75
28	18	20	78	50	70	28	19	60	78	54	60	28	21	»	78	58	50
29	18	85	79	51	35	29	20	30	79	55	30	29	21	75	79	59	25
30	19	50	80	52	»	30	21	»	80	56	»	30	22	50	80	60	»
31	20	15	81	52	65	31	21	70	81	56	70	31	23	25	81	60	75
32	20	80	82	53	30	32	22	40	82	57	40	32	24	»	82	61	50
33	21	45	83	53	95	33	23	10	83	58	10	33	24	75	83	62	25
34	22	10	84	54	60	34	23	80	84	58	80	34	25	50	84	63	»
35	22	75	85	55	25	35	24	50	85	59	50	35	26	25	85	63	75
36	23	40	86	55	90	36	25	20	86	60	20	36	27	»	86	64	50
37	24	05	87	56	55	37	25	90	87	60	90	37	27	75	87	65	25
38	24	70	88	57	20	38	26	60	88	61	60	38	28	50	88	66	»
39	25	35	89	57	85	39	27	30	89	62	30	39	29	25	89	66	75
40	26	»	90	58	50	40	28	»	90	63	»	40	30	»	90	67	50
41	26	65	91	59	15	41	28	70	91	63	70	41	30	75	91	68	25
42	27	30	92	59	80	42	29	40	92	64	40	42	31	50	92	69	»
43	27	95	93	60	45	43	30	10	93	65	10	43	32	25	93	69	75
44	28	60	94	61	10	44	30	80	94	65	80	44	33	»	94	70	50
45	29	25	95	61	75	45	31	50	95	66	50	45	33	75	95	71	25
46	29	90	96	62	40	46	32	20	96	67	20	46	34	50	96	72	»
47	30	55	97	63	05	47	32	90	97	67	90	47	35	25	97	72	75
48	31	20	98	63	70	48	33	60	98	68	60	48	36	»	98	73	50
49	31	85	99	64	35	49	34	30	99	69	30	49	36	75	99	74	25
50	32	50	100	65	»	50	35	»	100	70	»	50	37	50	100	75	»

NOMBRE D'HEURES A 80 C.						NOMBRE D'HEURES A 85 C.						NOMBRE D'HEURES A 90 C.					
Heures	Fr.	C.	Heures	Fr.	C.	Heures	Fr.	C.	Heures	Fr.	C.	Heures	Fr.	C.	Heures	Fr.	C.
1	»	80	51	40	80	1	»	85	51	43	35	1	»	90	51	45	90
2	1	60	52	41	60	2	1	70	52	44	20	2	1	80	52	46	80
3	2	40	53	42	40	3	2	55	53	45	05	3	2	70	53	47	70
4	3	20	54	43	20	4	3	40	54	45	90	4	3	60	54	48	60
5	4	»	55	44	»	5	4	25	55	46	75	5	4	50	55	49	50
6	4	80	56	44	80	6	5	10	56	47	60	6	5	40	56	50	40
7	5	60	57	45	60	7	5	95	57	48	45	7	6	30	57	51	30
8	6	40	58	46	40	8	6	80	58	49	30	8	7	20	58	52	20
9	7	20	59	47	20	9	7	65	59	50	15	9	8	10	59	53	10
10	8	»	60	48	»	10	8	50	60	51	»	10	9	»	60	54	»
11	8	80	61	48	80	11	9	35	61	51	85	11	9	90	61	54	90
12	9	60	62	49	60	12	10	20	62	52	70	12	10	80	62	55	80
13	10	40	63	50	40	13	11	05	63	53	55	13	11	70	63	56	70
14	11	20	64	51	20	14	11	90	64	54	40	14	12	60	64	57	60
15	12	»	65	52		15	12	75	65	55	25	15	13	50	65	58	50
16	12	80	66	52	80	16	13	60	66	56	10	16	14	40	66	59	40
17	13	60	67	53	60	17	14	45	67	56	95	17	15	30	67	60	30
18	14	40	68	54	40	18	15	30	68	57	30	18	16	20	68	61	20
19	15	20	69	55	20	19	16	15	69	58	65	19	17	10	69	62	10
20	16	»	70	56	»	20	17	»	70	59	50	20	18	»	70	63	»
21	16	80	71	56	80	21	17	85	71	60	35	21	18	90	71	63	90
22	17	60	72	57	60	22	18	70	72	61	20	22	19	80	72	64	80
23	18	40	73	58	40	23	19	55	73	62	05	23	20	70	73	65	70
24	19	20	74	59	20	24	20	40	74	62	90	24	21	60	74	66	60
25	20	»	75	60	»	25	21	25	75	63	75	25	22	50	75	67	50
26	20	80	76	60	80	26	22	10	76	64	60	26	23	40	76	68	40
27	21	60	77	61	60	27	22	95	77	65	45	27	24	30	77	69	30
28	22	40	78	62	40	28	23	80	78	66	30	28	25	20	78	70	20
29	23	20	79	63	20	29	24	65	79	67	15	29	26	10	79	71	10
30	24	»	80	64	»	30	25	50	80	68	»	30	27	»	80	72	»
31	24	80	81	64	80	31	26	35	81	63	85	31	27	90	81	72	90
32	25	60	82	65	60	32	27	20	82	65	30	32	28	80	82	73	80
33	26	40	83	66	40	33	28	05	83	70	55	33	29	70	83	74	70
34	27	20	84	67	20	34	28	90	84	71	40	34	30	60	84	75	60
35	28	»	85	68	»	35	29	75	85	72	25	35	31	50	85	76	50
36	28	80	86	68	80	36	30	60	86	73	10	36	32	40	86	77	40
37	29	60	87	69	60	37	31	45	87	73	95	37	33	30	87	78	30
38	30	40	88	70	40	38	32	30	88	74	80	38	34	20	88	79	20
39	31	20	89	71	20	39	33	15	89	75	65	39	35	10	89	80	10
40	32	»	90	72	»	40	34	»	90	76	50	40	36	»	90	81	»
41	32	80	91	72	80	41	34	85	91	77	35	41	36	90	91	81	90
42	33	60	92	73	60	42	35	70	92	78	20	42	37	80	92	82	80
43	34	40	93	74	40	43	36	55	93	79	05	43	38	70	93	83	70
44	35	20	94	75	20	44	37	40	94	79	90	44	39	60	94	84	60
45	36	»	95	76	»	45	38	25	95	80	75	45	40	50	95	85	50
46	36	80	96	76	80	46	39	10	96	81	60	46	41	40	96	86	40
47	37	60	97	77	60	47	39	95	97	82	45	47	42	30	97	87	30
48	38	40	98	78	40	48	40	80	98	83	30	48	43	20	98	88	20
49	39	20	99	79	20	49	41	65	99	84	15	49	44	10	99	89	10
50	40	»	100	80	»	50	42	50	100	85	»	50	45	»	100	90	»

NOMBRE D'HEURES A 95 C.									NOMBRE D'HEURES A 1 FR.								
Heures	Fr.	C.	Heures	Fr.	C.	Heures	Fr.	C.	Heures	Fr.	C.	Heures	Fr.	C.	Heures	Fr.	C.
1	»	95	35	33	25	68	64	60	1	1	»	35	35	»	68	68	»
2	1	90	36	34	20	69	65	55	2	2	»	36	36	»	69	69	»
3	2	85	37	35	15	70	66	50	3	3	»	37	37	»	70	70	»
4	3	80	38	36	10	71	67	45	4	4	»	38	38	»	71	71	»
5	4	75	39	37	05	72	68	40	5	5	»	39	39	»	72	72	»
6	5	70	40	38	»	73	69	35	6	6	»	40	40	»	73	73	»
7	6	65	41	38	95	74	70	30	7	7	»	41	41	»	74	74	»
8	7	60	42	39	90	75	71	25	8	8	»	42	42	»	75	75	»
9	8	55	43	40	85	76	72	20	9	9	»	43	43	»	76	76	»
10	9	50	44	41	80	77	73	15	10	10	»	44	44	»	77	77	»
11	10	45	45	42	75	78	74	10	11	11	»	45	45	»	78	78	»
12	11	40	46	43	70	79	75	05	12	12	»	46	46	»	79	79	»
13	12	35	47	44	65	80	76	»	13	13	»	47	47	»	80	80	»
14	13	30	48	45	60	81	76	95	14	14	»	48	48	»	81	81	»
15	14	25	49	46	55	82	77	90	15	15	»	49	49	»	82	82	»
16	15	20	50	47	50	83	78	85	16	16	»	50	50	»	83	83	»
17	16	15	51	48	45	84	79	80	17	17	»	51	51	»	84	84	»
18	17	10	52	49	40	85	80	75	18	18	»	52	52	»	85	85	»
19	18	05	53	50	35	86	81	70	19	19	»	53	53	»	86	86	»
20	19	»	54	51	30	87	82	65	20	20	»	54	54	»	87	87	»
21	19	95	55	52	25	88	83	60	21	21	»	55	55	»	88	88	»
22	20	90	56	53	20	89	84	55	22	22	»	56	56	»	89	89	»
23	21	85	57	54	15	90	85	50	23	23	»	57	57	»	90	90	»
24	22	80	58	55	10	91	86	45	24	24	»	58	58	»	91	91	»
25	23	75	59	56	05	92	87	40	25	25	»	59	59	»	92	92	»
26	24	70	60	57	»	93	88	35	26	26	»	60	60	»	93	93	»
27	25	65	61	57	95	94	89	30	27	27	»	61	61	»	94	94	»
28	26	60	62	58	90	95	90	25	28	28	»	62	62	»	95	95	»
29	27	55	63	59	85	96	91	20	29	29	»	63	63	»	96	96	»
30	28	50	64	60	80	97	92	15	30	30	»	64	64	»	97	97	»
31	29	45	65	61	75	98	93	10	31	31	»	65	65	»	98	98	»
32	30	40	66	62	70	99	94	05	32	32	»	66	66	»	99	99	»
33	31	35	67	63	65	100	95	»	33	33	»	67	67	»	100	100	»
34	32	30							34	34	»						

SEPTIÈME DIVISION.

TABLEAU SYNOPTIQUE DES MONNAIES FRANÇAISES ET ÉTRANGÈRES

donnant le nom de chaque pièce, la désignation du métal, leur poids et leur valeur relative avec la monnaie française.

MONNAIE D'ANGLETERRE

NOMS DES PIÈCES.	MÉTAL.	POIDS de chaque pièce.		VALEUR en monnaie française.	
		gram.	milligr.	francs.	cent.
Souverain. . . .	or. . . .	7	988	25	15
1/2 Souverain. .	or. . . .	3	994	12	57
Couronne. . . .	argent. .	28	276	5	75
1/2 Couronne. .	argent. .	14	138	2	87
Florin.	argent. .	11	310	2	30
Shilling.	argent. .	5	655	1	15
6 pence.	argent. .	2	828	»	57
4 pence.	argent. .	1	885	»	38
3 pence.	argent. .	1	414	»	28
1 penny.	bronze. .	9	450	»	11

MONNAIE D'AUTRICHE

NOMS DES PIÈCES.	MÉTAL.	POIDS de chaque pièce.		VALEUR en monnaie française.	
		gram.	milligr	francs.	cent.
Quadruple ducat	or. . . .	13	960	47	21
Ducat.	or. . . .	3	480	11	80
Krone.	or. . . .	11	111	34	39
1/2 Krone. . . .	or. . . .	5	556	17	10
Souverain. . . .	or. . . .	»	»	34	84
2 Florins. . . .	argent. .	24	691	4	90
1 Florin	argent. .	12	345	2	45
1/4 Florin. . . .	argent. .	5.	341	»	61
2 Thalers. . . .	argent. .	37	034	7	35
1 Thaler.	argent. .	18	517	3	68
10 Kreutzers. . .	argent. .	2	»	»	22
5 Kreutzers. . .	argent. .	1	330	»	11

MONNAIE DE BADE

NOMS DES PIÈCES.	MÉTAL.	POIDS de chaque pièce.		VALEUR en monnaie française.	
		gram.	milligr	francs.	cent.
2 Gulden	argent. .	21	164	4	21
1 Gulden	argent. .	10	582	2	10
1/2 Gulden. . . .	argent. .	5	291	1	05

MONNAIE DE BAVIÈRE

NOMS DES PIÈCES.	MÉTAL.	POIDS de chaque pièce.		VALEUR en monnaie française.	
		gram.	milligr	francs.	cent.
Ducat.	or. . . .	3	400	11	75
Krone.	or. . . .	11	111	34	39
1/2 Krone. . . .	or. . . .	5	556	17	19
2 Gulden	argent. .	21	164	4	21
1 Gulden	argent. .	10	582	2	10
1/2 Gulden. . . .	argent. .	5	291	1	05
1/4 Florin. . . .	billon. .	4	578	»	61
6 Kreutzers. . .	billon. .	2	550	»	18
2 Thalers. . . .	argent. .	37	034	7	35
1 Thaler.	argent. .	18	517	3	68

MONNAIE DE BELGIQUE

NOMS DES PIÈCES.	MÉTAL.	POIDS de chaque pièce.		VALEUR en monnaie française.	
		gram.	milligr	francs	cent.
100 Francs . . .	or. . . .	37	258	100	»
50 Francs . . .	or. . . .	16	129	59	»
20 Francs . . .	or. . . .	6	451	20	»
10 Francs . . .	or. . . .	3	225	10	»
5 Francs . . .	or. . . .	1	612	5	»
5 Francs . . .	argent. .	25	»	5	»
2 Francs . . .	argent	10	»	2	»
1 Franc. . . .	argent. .	5	»	1	»
50 Centimes. . .	argent. .	2	500	»	50
20 Centimes. . .	argent. .	1	»	»	20

MONNAIE DE DANEMARK

NOMS DES PIÈCES.	MÉTAL.	POIDS de chaque pièce.		VALEUR en monnaie française.	
		gram.	milligr	francs.	cent.
2 Christian . . .	or. . . .	13	284	40	90
1 Christian . . .	or. . . .	6	642	20	40
Dobbelt.	argent. .	28	892	5	57
Rigsdaler. . . .	argent. .	14	446	2	77
Halvdaler. . . .	argent. .	7	223	1	38
Marc.	billon. .	3	897	»	43
4 Skillings. . . .	billon. .	1	856	»	10

MONNAIE D'ESPAGNE

NOMS DES PIÈCES.	MÉTAL.	POIDS de chaque pièce.		VALEUR en monnaie française.	
		gram.	milligr	francs.	cent.
Doublon (10 écus)	or.. . .	8	387	25	95
4 Escudos. . . .	or.. . .	3	3548	10	30
2 Escudos. . . .	or.. . .	1	6774	5	19
4 Réaux.	argent..	5	192	»	92
Média Péséta . .	argent..	2	596	»	46
Réal de veillon..	argent..	1	298	»	23
Duro	argent..	25	960	5	15
Escudo.	argent..	12	980	2	57

MONNAIE DE FRANCE

NOMS DES PIÈCES.	MÉTAL.	POIDS de chaque pièce.		VALEUR en monnaie française.	
		gram.	milligr	francs.	cent.
100 Francs . . .	or.. . .	32	258	100	»
50 Francs . . .	or.. . .	16	129	50	»
20 Francs . . .	or.. . .	6	451	20	»
10 Francs . . .	or.. . .	3	225	10	»
5 Francs . . .	or.. . .	1	612	5	»
5 Francs . . .	argent..	25	»	5	»
2 Francs . . .	argent..	10	»	2	»
1 Franc. . . .	argent..	5	»	1	»
50 Centimes. . .	argent..	2	50	»	50
20 Centimes. . .	argent..	1	»	»	20

MONNAIE DE LA GRÈCE

NOMS DES PIÈCES.	MÉTAL.	POIDS de chaque pièce.		VALEUR en monnaie française.	
		gram.	milligr	francs.	cent.
20 Drachmes . .	or.. . .	6	451	20	»
10 Drachmes . .	or.. . .	3	225	10	»
5 Drachmes . .	or.. . .	1	612	5	»
2 Drachmes . .	argent..	10	»	2	»
1 Drachme. . .	argent..	5	»	1	»
50 Septa	argent..	2	500	»	50
20 Septa	argent..	1	»	»	20

MONNAIE DE HANOVRE

NOMS DES PIÈCES.	MÉTAL.	POIDS de chaque pièce.		VALEUR en monnaie française.	
		gram.	milligr	francs.	cent.
Krone.	or.. . .	11	111	34	39
1/2 Krone. . . .	or.. . .	5	556	17	19
Thaler.	argent..	18	519	3	68
1/6 Thaler. . . .	argent..	4	677	»	58
2 Thalers. . . .	argent..	37	034	7	35
1 Thaler.	argent..	18	517	3	68

MONNAIE D'ITALIE

NOMS DES PIÈCES.	MÉTAL.	POIDS de chaque pièce.		VALEUR en monnaie française.	
		gram.	milligr	francs.	cent.
100 Francs.. . .	or.. . .	32	258	100	»
50 Francs.. . .	or.. . .	16	129	50	»
20 Francs.. . .	or.. . .	6	451	20	»
10 Francs.. . .	or.. . .	3	225	10	»
5 Francs.. . .	or.. . .	1	612	5	»
5 Francs.. . .	argent..	25	»	5	»
2 Francs.. . .	argent..	10	»	2	»
1 Franc. . . .	argent..	5	»	1	»
50 Centimes. . .	argent..	2	500	»	50
20 Centimes. . .	argent..	1	»	»	20

MONNAIE TURQUE

NOMS DES PIÈCES.	MÉTAL.	POIDS de chaque pièce.		VALEUR en monnaie française.	
		gram.	milligr	francs.	cent.
500 Piastres. . .	or.. . .	36	082	113	47
250 Piastres. . .	or.. . .	18	041	56	73
100 Piastres. . .	or.. . .	7	216	22	69
50 Piastres. . .	or.. . .	3	608	11	35
25 Piastres. . .	or.. . .	1	804	5	67
20 Piastres. . .	argent..	24	055	4	38
10 Piastres. . .	argent..	12	027	2	19
5 Piastres. . .	argent..	6	013	1	10
2 Piastres. . .	argent..	2	405	»	43
1 Piastre . . .	argent..	1	202	»	21
1/2 Piastre.. . .	argent..	»	601	»	105

MONNAIE DES PAYS-BAS

NOMS DES PIÈCES.	MÉTAL.	POIDS de chaque pièce.		VALEUR en monnaie française.	
		gram.	milligr	francs.	cent.
Double Ducat. .	or. . . .	6	988	23	48
Ducat.	or. . . .	3	494	11	74
2 Guillaumes d'or	or. . . .	13	458	41	58
Guillaumes d'or.	or. . . .	6	729	20	79
1/2 Guillaume. .	or. . . .	3	364	10	39
Rixdaler.	argent. .	25	»	5	21
1 Florin.	argent. .	10	»	2	08
1/2 Florin. . . .	argent. .	5	»	1	04
25 Cents. . . .	argent. .	3	575	»	50
10 Cents.	argent. .	1	430	»	20
1/4 Florin. . . .	argent. .	3	180	»	50
1/10 Florin. . .	argent. .	1	250	»	20
1/20 Florin. . .	argent. .	»	610	»	10
5 Cents.	argent. .	»	715	»	10

MONNAIE DE TUNIS

NOMS DES PIÈCES.	MÉTAL.	POIDS de chaque pièce.		VALEUR en monnaie française.	
		gram.	milligr	francs.	cent.
100 Piastres. . .	or. . . .	19	492	60	29
50 Piastres. . .	or. . . .	9	760	30	19
25 Piastres. . .	or. . . .	4	855	15	01
10 Piastres. . .	or. . . .	1	916	5	93
5 Piastres. . .	or. . . .	»	940	2	92
2 Piastres. . .	argent. .	6	194	1	23

MONNAIE DE PORTUGAL

NOMS DES PIÈCES.	MÉTAL.	POIDS de chaque pièce.		VALEUR en monnaie française.	
		gram.	milligr	francs.	cent.
Couronne. . . .	or. . . .	17	735	55	88
1/2 Couronne. .	or. . . .	8	868	27	94
1/5 Couronne . .	or. . . .	3	547	11	17
1/10 Couronne. .	or. . . .	1	774	5	59
5 Testons. . . .	argent. .	12	500	2	52
2 Testons. . . .	argent. .	5	»	1	01
Teston.	argent. .	2	500	»	50
1/2 Teston. . . .	argent. .	1	250	»	25

MONNAIE DE PRUSSE

NOMS DES PIÈCES.	MÉTAL.	POIDS de chaque pièce.		VALEUR en monnaie française.	
		gram.	milligr	francs.	cent.
2 Frédérics d'or.	or. . . .	13	364	41	20
Frédéric.	or. . . .	6	682	20	60
1/2 Frédéric. . .	or. . . .	3	341	10	30
Couronne. . . .	or. . . .	11	120	34	39
1/2 Couronne . .	or. . . .	5	560	17	19
2 Thalers. . . .	argent. .	37	036	7	35
Thaler.	argent .	18	518	3	68

MONNAIE DE RUSSIE

NOMS DES PIÈCES.	MÉTAL.	POIDS de chaque pièce.		VALEUR en monnaie française.	
		gram.	milligr	francs.	cent.
1/2 Impériale. .	or. . . .	6	545	20	60
Rouble	argent. .	20	511	3	92
Poltinnick. . . .	argent. .	10	255	1	96
Tchetvertak. . .	argent. .	5	127	»	98
Abassis.	argent. .	4	079	»	44
Florin polonais. .	argent. .	3	059	»	38
Grivenik.	argent. .	2	039	»	22
Piétak.	argent. .	1	019	»	11

MONNAIE DE ROME

NOMS DES PIÈCES.	MÉTAL.	POIDS de chaque pièce.		VALEUR en monnaie française.	
		gram.	milligr	francs.	cent.
100 Lira.	or. . . .	32	278	99	7839
50 Lira.	or. . . .	16	129	49	8919
20 Lira.	or. . . .	6	45161	19	9568
10 Lira.	or. . . .	3	22580	9	9784
5 Lira.	or. . . .	1	61246	4	9872
5 Lira.	argent. .	25	»	4	9625
2 L. 50 Cent.	argent. .	12	5000	2	30
2 Lira.	argent. .	10	»	1	8416
1 Lira.	argent. .	5	»	»	9208
50 Centimes. . .	argent. .	2	5000	»	4604
25 Centimes. . .	argent. .	1	2500	»	23

MONNAIE DE SAXE

NOMS DES PIÈCES.	MÉTAL.	POIDS de chaque pièce.		VALEUR en monnaie française.	
		gram.	milligr	francs.	cent.
Krone.	or.. . .	11	120	34	39
1/2 Krone. . . .	or.. . .	5	560	17	19
Thaler..	argent..	18	519	3	68
1/6 Thaler. . . .	argent..	4	677	»	53
2 Thaler.. . . .	argent..	37	034	7	28
1 Thaler.. . . .	argent..	18	517	3	68

MONNAIE DE SUÈDE

NOMS DES PIÈCES.	MÉTAL.	POIDS de chaque pièce.		VALEUR en monnaie française.	
		gram.	milligr	francs.	cent.
Ducat.	or.. . .	3	482	11	66
1/2 Ducat. . . .	or.. . .	1	741	5	83
Carolin	or.. . .	3	225	10	»
Specie..	argent..	34	006	5	62
1/2 Specie.. . .	argent..	17	003	2	81
1/4 Specie. . . .	argent..	8	501	1	40
1/8 Specie . . .	argent..	4	250	»	80
25 Ort	argent..	2	125	»	40
10 Ort..	argent..	»	850	»	16

MONNAIE DU WURTEMBERG

NOMS DES PIÈCES.	MÉTAL.	POIDS de chaque pièce.		VALEUR en monnaie française.	
		gram.	milligr	francs.	cent.
Ducat.	or.. .	3	490	11	75
Krone.	or.. . .	11	120	34	39
1/2 Krone. . . .	or.. . .	5	560	17	19
2 Gulden	argent..	21	212	4	21
60 Kreutzers . .	argent..	10	606	2	10
1/2 Gulden.. . .	argent..	5	303	1	05
2 Thalers. . . .	argent..	37	034	7	35
1 Thaler.. . . .	argent..	18	517	3	68

MONNAIE DE NORVÉGE

NOMS DES PIÈCES.	MÉTAL.	POIDS de chaque pièce.		VALEUR en monnaie française.	
		gram.	milligr	francs.	cent.
Spéciedaler . . .	argent..	28	940	5	58
1/2 Spéciedaler..	argent..	14	474	2	79
Ort.	argent..	5	970	»	77
12 Skillings. .	argent..	2	890	»	38

MONNAIE DE LA SUISSE

NOMS DES PIÈCES.	MÉTAL.	POIDS de chaque pièce.		VALEUR en monnaie française.	
		gram.	milligr	francs.	cent.
5 Francs	argent..	25	»	5	»
2 Francs	argent..	10	»	2	»
1 Franc.	argent..	5	»	1	»
50 Centimes. . .	argent..	2	500	»	50

MONNAIE D'ÉGYPTE

NOMS DES PIÈCES.	MÉTAL.	POIDS de chaque pièce.		VALEUR en monnaie française.	
		gram.	milligr	francs.	cent.
100 Piastres. . .	or.. . .	8	500	25	56
50 Piastres. . .	or.. . .	4	250	12	78
25 Piastres. . .	or.. . .	2	130	6	39
10 Piastres. . .	argent..	12	500	2	48
5 Piastres. . .	argent..	6	250	1	24
2 1/2 Piastres.	argent..	3	120	»	62
1 Piastre . . .	argent..	1	250	»	25

MONNAIE DE PERSE

NOMS DES PIÈCES.	MÉTAL.	POIDS de chaque pièce.		VALEUR en monnaie française.	
		gram.	milligr	francs.	cent.
Thoman.	or.. . .	3	76	11	14
1/2 Thoman. . .	or.. . .	1	88	5	57
Sachib-Kéran . .	argent..	10	40	2	22
Banabat. . . .	argent..	5	20	1	11
Abassis.	argent..	2	8	»	44
Schabi..	cuivre..	18	10	»	11

MONNAIE DES ÉTATS-UNIS

NOMS DES PIÈCES.	MÉTAL.	POIDS de chaque pièce.		VALEUR en monnaie française.	
		gram.	milligr	francs.	cent.
Double aigle.. .	or.. . .	33	437	103	42
Aigle.	or.. . .	16	718	51	71
5 Dollars. . . .	or.. . .	8	359	25	85
2 1/2 Dollars.. .	or.. . .	4	180	12	92
1 Dollar.	or.. . .	1	672	5	17
1 Dollar.	argent..	26	739	5	31
1/2 Dollar. . . .	argent..	13	364	2	65
Dime.	argent..	2	672	»	58
1/2 Dime.. . . .	argent..	1	336	»	26
1/4 Dollar. . . .	argent..	6	682	1	32

MONNAIE DU MEXIQUE

NOMS DES PIÈCES.	MÉTAL.	POIDS de chaque pièce.		VALEUR en monnaie française	
		gram.	milligr	francs.	cent.
Onza de oro. . .	or.. . .	27	»	81	19
2 Pistoles. . . .	or.. . .	13	500	40	59
1 Pistole. . . .	or.. . .	6	750	20	29
Escudo oro. .	or.. . .	3	375	10	14
Esendillo. . . .	or.. . .	1	687	5	07
Piastre.	argent..	27	»	5	35
1/2 Piastre.. . .	argent..	13	500	2	67
1/4 Piastre.. . .	argent..	6	750	1	33
Réal plata. . . .	argent..	3	375	»	66
Médio réal.. . .	argent..	1	687	»	33

MONNAIE DU BRÉSIL

NOMS DES PIÈCES.	MÉTAL.	POIDS de chaque pièce.		VALEUR en monnaie française.	
		gram.	milligr	francs.	cent.
20,000 Reis. . .	or.. . .	17	926	56	31
10,000 » . . .	or.. . .	8	963	28	15
5,000 » . . .	or.. . .	4	486	14	07
2,000 » . .	argent..	25	495	4	96
1,000 » . . .	argent..	12	840	2	48
500 » . . .	argent..	6	250	1	14
200 » . . .	argent..	2	500	»	46

TARIF DES MATIÈRES ET ESPÈCES D'OR

TITRES en millièmes.	VALEUR AU TARIF par kilogramme.		VALEUR RÉELLE ou sans retenue.	
1,000	3,437 fr.	30 c.	3,444 fr.	44 c.
900	3,093	30	3,100	»
800	2,749	60	2,755	56
700	2,405	90	2,411	11
600	2,062	20	2,066	67
500	1,718	50	1,722	22
400	1,374	80	1,377	78
300	1,031	10	1,033	33
200	687	40	688	89
100	343	70	344	44
90	309	33	310	»
80	274	96	275	56
70	240	60	241	11
60	206	22	206	67
50	171	85	172	22
40	137	48	137	78
30	103	11	103	33
20	68	74	68	89
10	34	37	34	44
9	30	93	31	»
8	27	50	27	56
7	24	06	24	11
6	20	62	20	67
5	17	19	17	22
4	13	75	13	78
3	10	31	10	33
2	6	87	6	89
1	3	44	3	44

Tarif des Matières et Espèces d'Argent

TITRES en millièmes.	VALEUR AU TARIF par kilogramme.		VALEUR RÉELLE ou sans retenue.	
1,000	220 fr.	56 c.	222 fr.	22 c.
900	198	50	200	»
800	176	44	177	78
700	154	39	156	56
600	132	33	133	33
500	110	28	111	11
400	88	22	88	89
300	66	16	66	67
200	44	11	44	44
100	22	05.6	22	22
90	19	85.0	20	»
80	17	64	17	78
70	15	43.9	15	56
60	13	2.33	13	33
50	11	0.28	11	11
40	8	8.22	8	89
30	6	61.6	6	67
20	4	41	4	44
10	2	20.56	2	22
9	1	98	2	»
8	1	76	1	78
7	1	54	1	56
6	1	32	1	33
5	1	10	1	11
4	»	88	»	89
3	»	66	»	67
2	»	44	»	44
1	»	22	»	22

HUITIÈME DIVISION.

PRÉCIS DE GÉOGRAPHIE

CONTENANT

LES DÉPARTEMENTS FRANÇAIS ET LES PAYS ÉTRANGERS, LA HAUTEUR DES MONTAGNES ET DES ÉDIFICES, LA LONGUEUR DES FLEUVES, ETC., ETC.

Considérations générales sur la France.

La France, autrefois appelée Gaule, du nom des Gaulois qui l'habitaient, puis des Francs, peuples guerriers qui lui laissèrent leur nom, est le plus beau pays de l'Europe, et peut-être même du monde. Il réunit tous les climats de l'univers ; mais, en général, le chaud et le froid y sont tempérés. Le Midi donne les fruits des climats les plus chauds, et le Nord cultive les produits des pays froids. La France est un des pays chrétiens les plus florissants de l'univers. Elle est remarquable par la variété et l'abondance de ses productions, dont elle fait une exportation considérable. A elle seule elle a produit plus de grands hommes que le reste de l'Europe, tant au point de vue de la guerre que du génie. Elle envoie ses modes au monde entier.

Elle est bornée au nord par les Pays-Bas et la Belgique ; à l'est, par le Rhin et les Alpes qui la séparent de l'Allemagne, de la Suisse et de l'Italie ; au sud par la Méditerranée et les Pyrénées.

Cette puissance est la troisième en population et la quatrième en étendue. Elle fut fondée en 420, époque de l'avénement de son premier roi. Elle compte 35 millions d'habitants, dont 32 millions de catholiques.

Elle possède de riches mines de fer, de plomb, de cuivre, de houille, etc., etc., et des manufactures de toute espèce, dont la réputation est due au perfectionnement.

Les eaux minérales, en France, sont nombreuses, et peu de pays en possèdent autant. Elles sont efficaces par leurs propriétés médicinales et savamment appliquées. Les minéraux sont nombreux et bien utilisés. Les rivières fertilisent son sol, et beaucoup sont canalisées. Les fleuves l'arrosent en grande partie, et la plupart sont navigables.

La France était autrefois divisée en 32 provinces principales; mais en 1790, elle a été divisée en 86 départements. Depuis la guerre d'Italie on en a ajouté 3 nouveaux.

Depuis la guerre avec la Prusse, nous avons cédé, par le traité de 1871, à peu près la valeur de 2 départements.

Ces départements sont gouvernés ou administrés par un préfet; chaque arrondissement par un sous-préfet, sous la direction du préfet; chaque canton ou commune par un conseil municipal nommé par les électeurs.

Le gouvernement, en France, est aujourd'hui républicain. Il se compose d'un président nommé par élections, et d'une assemblée nationale, composée de députés envoyés par les électeurs des départements.

Considérations générales sur l'Europe.

L'Europe, placée dans le nord-ouest de l'ancien continent est une des plus petites des cinq parties du monde; elle est bornée au nord par l'Océan glacial arctique, formé par la mer Blanche et la mer de Kara. A l'ouest, elle est bornée par l'Océan atlantique; au sud, par la Méditerranée; à l'est, par les monts Ourals et le Don, qui la séparent de l'Asie.

Longtemps cette partie fut couverte de sombres forêts et habitée par des hordes sauvages et guerrières, qui ne vivaient que de pillage et selon leur caprice. Elle fut longtemps inconnue aux peuples de l'Afrique et de l'Asie. Mais la navigation ayant fait des progrès, fut une des causes de l'essor prodigieux qu'elle prit, et de la supériorité immense qu'elle acquit sur les autres parties du monde. Elle porte aujourd'hui le flambeau de la science et de l'industrie plus loin qu'aucune autre. Les différents peuples qui l'habitaient, actifs et intelligents, vainquirent les obstacles naturels et les difficultés des différents pays qu'ils habitaient.

Plus riche, plus entreprenante, et surtout plus adroite avec ses seules mines de fer ou de plomb, que le Nouveau-Monde avec ses mines d'or et de diamants; plus productive par l'industrie de ses habitants que l'Ancien-Monde par les trésors inépuisables de sa nature et de son éternel printemps. L'Europe envoie ses modes, ses lois et ses découvertes dans toutes les parties du globe. Elle dirige le progrès, éclaire et civilise le genre humain. Aucune autre partie du mond n'a fourni autant de héros et de savants que l'Europe.

L'air y est plus pur que dans les autres contrées. Elle est plus peuplée, à proportion, car elle renferme deux cent cinquante millions d'habitants, qui forment le quart de la population de notre globe.

Toutes les formes de gouvernement sont représentées en Europe, depuis l'autocratie la plus absolue jusqu'à la démocratie radicale.

Elle se divise en seize parties principales, dont quatre au nord qui sont : l'Angleterre, le Danemarck, la Suède et la Norwége et la Russie d'Europe, y compris la Pologne ; sept au milieu, qui sont : la France, la Hollande, la Belgique, la Confédération germanique, l'Autriche, la Suisse et la Prusse ; cinq au midi, qui sont : l'Espagne, l'Italie, le Portugal, la Turquie et la Grèce avec les îles Ioniennes.

Sans offrir la végétation vigoureuse des contrées équinoxiales, le sol de l'Europe, bien cultivé, offre à ses habitants de tous les produits récoltés dans les différentes contrées des quatre autres parties du monde. Ses vaisseaux marchands sillonnent toutes les mers et portent leurs riches produits jusqu'aux extrémités les plus reculées du globe, et ses vaisseaux de guerre sont redoutés partout.

Elle est baignée par de nombreuses mers intérieures et beaucoup de fleuves qui l'arrosent et facilitent les communications entre chaque ville, et, mieux encore, les chemins de fer, qui ont pris aujourd'hui une si grande extension, et qui ont donné au commerce un essor que rien ne peut entraver.

La religion qui domine en Europe est la religion catholique et romaine, qui envoie des missionnaires dans l'univers entier. Les autres sont : la religion grecque, la religion protestante, la religion mahométane, près de deux millions de juifs épars çà et là, et près de cinquante mille de différentes autres religions. La principale mer d'Europe est la Méditerranée qui baigne ses côtes.

AIN (N° 1)

372,000 habitants; 4 arrondissements, 35 cantons, 448 communes; superficie en kilomètres carrés, 5,798 kil.

Villes principales: Bourg, 13,743 hab.; Belley, 4,624 hab.; Gex, 2,642 hab.; Nantua, 3,776 hab.; Trévoux, 2,863 hab.

Commerce et industrie. — Grains, vins, farines, construction de bateaux, boissellerie, scieries hydrauliques, mastic bitumeux, poterie grossière, faïences, tuiles, briques, carreaux, chaux hydraulique; tissage de soie, mégisserie, chapeaux de paille, peignes d'Oyonnax, tabletterie, toiles, huile de noix, horlogerie; mines de fer.

Notes historiques, curiosités et célébrités. — Ce département comprend les anciens pays de Bresse, de Bugey et de Gex, cédés à la France par la Savoie, sous Henri IV, en 1601. Il est couvert par les montagnes du Jura qui sont riches en sites variés et en forêts de sapins. On admire à Bourg le plus beau morceau gothique qui existe en France, l'Eglise Notre-Dame-de-Brou. — C'est la patrie de l'amiral de Coligny; Jérôme Lalande, astronome; Ozanam, mathématicien; Joubert, général; Carra, conventionnel; abbé Picquet, missionnaire.

AISNE (N° 2)

565,000 habitants; 5 arrondissements, 37 cantons, 838 communes; superficie en kilomètres carrés, 7,352 kil.

Villes principales: Laon, 10,268 hab.; Château-Thierry, 6,519 hab.; Saint-Quentin, 32,690 hab.; Soissons, 11,099 hab.; Vervins, 2,732 hab.

Commerce et industrie. — Céréales, graines oléagineuses, haricots, lin, fourrages, huiles, blé, laines, toiles; fabriques de tissus de coton, batiste, linge de table; manufacture de glaces, de produits chimiques, de tissus de laine; blanchisseries; usines de fer; fabriques de tôle; briqueteries, tuiles, moulins.

Notes historiques, curiosités et célébrités. — Près de Soissons, Clovis défit Siagrius, général romain. Les Espagnols ont assiégé la ville de Soissons en 1557 et prise d'assaut. La cathédrale de Laon, précieux monument de l'architecture religieuse; on cite son triple portail, ses rosaces élégantes et hardies, ses deux tours légères, dont l'une s'élevait à 300 pieds au-dessus du sol. — C'est la patrie d'Abeilard; cardinal de Bourbon; Antoine, roi de Navarre; La Fontaine, fabuliste; Serrurier, d'Estrées, Henri de Condé, de Choiseul, maréchaux; Caulaincourt, Foy, généraux.

ALLIER (N° 3)

376,000 habitants; 4 arrondissements, 28 cantons, 838 communes; superficie en kilomètres carrés, 7,308 kil.

Villes principales: Moulins, 19,890 hab.; Gannat, 5,528 hab.; La Palisse, 2,821 hab.; Montluçon, 18,675 hab.

Commerce et industrie. — Forges et hauts-fourneaux, papeteries, coutelleries; légumes, fruits, céréales; porcelaines et poteries; couvertures de laine et de coton, draps, filatures, tanneries; on y exploite la houille.

Notes historiques, curiosités et célébrités. — Ce département était gouverné par la maison royale de France qui en a tiré son nom. Vichy, ville remarquable par ses eaux minérales, ainsi que Néris et Bourbon-l'Archambault. L'abbaye des Sept-Fonds, à 24 kil. de Moulins. — C'est la patrie du connétable de Bourbon, des maréchaux de Villars et de Berwick; Aubry, médecin; Beauchamp, conventionnel; Pierre Petit, intendant des fortifications sous Louis XIV.

ALPES (BASSES-) (N° 4)

143,000 habitants; 5 arrondissements, 30 cantons, 255 communes; superficie en kilomètres carrés, 6,954 kil.

Villes principales: Digne, 7,002 hab.; Barcelonnette, 2,000 hab.; Castellane, 1,842 hab.; Forcalquier, 2,841 hab.; Sisteron, 4,210 hab.

Commerce et industrie. — Exportation de cire, miel et fruits secs; peausserie, coutellerie commune, faïenceries, oranges, bonnets, soies, fromages, beurre et eaux-de-vie, huileries, forges et hauts-fourneaux.

Notes historiques, curiosités et célébrités. — Ce département renferme une contrée montagneuse, hérissée de cimes élevées et d'âpres rochers, à laquelle succèdent de superbes pâturages. Il s'y trouve une fontaine intermittente qui coule de 7 minutes en 7 minutes. — C'est la patrie de Gassendi, un des plus grands philosophes du XVIIe siècle; Laugier, historien; de Villeneuve, amiral; Deleuze, propagateur du magnétisme; abbé Gaspard, académicien; Pascalis, général; Baylo, médecin.

ALPES (HAUTES-) (N° 5)

122,000 habitants ; 3 arrondissements, 24 cantons, 189 communes ; superficie en kilomètres carrés, 5,589 kil.

Villes principales : Gap, 8,165 hab. ; Briançon, 3,579 hab. ; Embrun, 4,183 hab.

Commerce et industrie. — Fabriques de faux, rabots, ciseaux ; cristaux de roche ; filatures, papeterie, craie de Briançon ; mines de plomb noir, forges et hauts-fourneaux, pelleteries, usines et fabriques.

Notes historiques, curiosités et célébrités. — Ce département est couvert par les Alpes, masses majestueuses et élancées qui s'abaissent par degrés. D'immenses glaciers couvrent ces montagnes ; des forêts épaisses et de belles vallées. On y admire le mausolée en albâtre du dernier connétable de France, de Lesdiguières, sculpté par Richier. — C'est la patrie de Guillaume, abbé de Saint-Denis ; de Lesdiguières, connétable ; du cardinal de Tencin ; Pierre de Bruys, hérésiarque du XIIe siècle.

ALPES-MARITIMES (N° 6)

199,000 habitants ; 3 arrondissements, 25 cantons, 148 communes ; superficie en kilomètres carrés, 3,839 kil.

Villes pricipales : Nice, 50,180 hab. ; Grasse, 12,241 hab. ; Puget-Théniers, 1,289 hab.

Commerce et industrie. — Pâturages, fruits ; papeteries, savonneries, tanneries, tabac et toiles ; bois de construction, essences, parfums, distilleries, filatures de soie, moulins à huiles. Education d'abeilles et de vers à soie ; arbres fruitiers. Eaux minérales.

Notes historiques, curiosités et célébrités. — Ce département a été formé du comté de Nice qui appartenait à la Sardaigne. Il est entouré par la chaîne des Alpes. Dans ses environs se trouvent Cannes, sur le golfe du même nom, où débarqua Napoléon Ier à son retour de l'île d'Elbe, et l'île Sainte-Marguerite, où fut détenu le prisonnier connu sous le nom de Masque de Fer. — C'est la patrie de Masséna, général ; Cavour, ministre d'Italie ; l'économiste Blanqui.

ARDÈCHE (N° 7)

387,000 habitants ; 3 arrondissements, 31 cantons, 335 communes ; superficie en kilomètres carrés, 5,526 kil.

Villes principales : Privas, 7,204 hab. ; Largentière, 3,144 hab. ; Tournon, 5,509 hab.

Commerce et industrie. — La production de la soie et la fabrication du papier sont en première ligne. Vins, houille, grès, pierre à chaux, antimoine, cire, bougies, draps, chapeaux de paille ; mines de fer, hauts-fourneaux, fonderies et forges, tanneries, mégisseries, ganteries.

Notes historiques, curiosités et célébrités. — Ce département comprend l'ancienne province du Vivarais ; il est limité par les Cévennes, qui y présentent leur plus haut sommet, le mont Mézenc ; il est parcouru par l'Ardèche, qui offre à l'admiration une belle cascade, et le majestueux pont d'Arc, formé par la nature. — C'est la patrie du cardinal de Bernis ; des frères Montgolfier, inventeurs des aérostats ; général Rampon ; Ollivier de Serres, agronome ; cardinal de Tournon ; Boissy-d'Anglas, président de la Convention.

ARDENNES (N° 8)

327,000 habitants ; 5 arrondissements, 31 cantons, 335 communes ; superficie en kilomètres carrés, 5,232 kil.

Villes principales : Mézières, 5,818 hab. ; Réthel, 7,400 hab. ; Rocroy, 2,998 hab. ; Sedan, 15,057 hab ; Vouziers, 3,073 hab.

Commerce et industrie. — Grandes manufactures de draps, casimirs, cuirs, laines, castorine, châles cachemires, flanelles et tissus mérinos ; grains, fruits, chanvre, minerai, ardoises, bonneterie. Hauts-fourneaux, feux d'affinerie, laminoirs, fonderies de cuivre et de zinc ; fabrique de clous, ferronnerie, batterie de cuisine, chaudronnerie ; fabriques de céruse, verreries, chandelles et cire.

Notes historiques, curiosités et célébrités. — Ce département, limitrophe de la Belgique, vit souvent son territoire disputé ; Mézières fut vaillamment défendue par Bayard contre Charles-Quint et fut prise, en 1871, par les Prussiens. Rocroy, célèbre par la victoire que le grand Condé y remporta en 1643 sur les Espagnols. — C'est la patrie des maréchaux de Turenne, d'Asfeld et Macdonald ; des généraux Savary, duc de Rovigo, la Condamine.

ARIÉGE (N° 9)

250,000 habitants; 3 arrondissements, 20 cantons, 230 communes; superficie en kilomètres carrés, 4,893 kil.

Villes principales: Foix, 6,746 hab.; Pamiers, 7,877 hab.; Saint-Girons, 4,745 hab.

Commerce et industrie. — Céréales, fruits, pâturages, vin, chanvre, bétail, fer, marbre, albâtre, plombagine; forges et hauts-fourneaux. Exploitation de mines de plomb, argent et zinc; carrières de marbre et de plâtre. Fabriques de draps, cuirs, laines, castorine, serge et étoffes de coton; moutons renommés; manufactures de produits chimiques, tabletterie, faïencerie, verrerie.

Notes historiques, curiosités et célébrités. — Ce département tire son nom de la rivière qui le traverse, et était autrefois gouverné par des comtes; les hautes montagnes du sud offrent de nombreuses curiosités naturelles, entre autres la grotte de Bédaillat. — C'est la patrie de Gaston Phœbus et Gaston de Foix; Benoît XII, pape; Vidal, astronome; Clausel, maréchal; Elie, historien; Bayle, critique du XVIIe siècle.

AUBE (N° 10)

262,000 habitants; 5 arrondissements, 26 cantons, 447 communes; superficie en kilomètres carrés, 6,001 kil.

Villes principales: Troyes, 35,678 hab.; Arcis-sur-Aube, 2,784 hab.; Bar-sur-Aube, 4,809 hab.; Bar-sur-Seine, 2,920 hab.; Nogent-sur-Seine, 3,641 hab.

Commerce et industrie. — Grains, foin, orge, avoine, toiles, bonneterie, draperies, toiles peintes, lacets, rubans, fils, papeterie et tannerie. Fabriques de gants, tricots, tissus de coton, draperies, poteries, verreries, tuileries, faïenceries; scieries hydrauliques, distilleries, corderies, sucreries, charcuterie renommée; filatures de laine et coton.

Notes historiques, curiosités et célébrités. — Il se conclut un traité célèbre entre Henri V, roi d'Angleterre, et Charles VI, roi de France, en 1420. — C'est la patrie de Morel et Le Bé, imprimeurs du XVIe siècle; Beugnot, ancien ministre; Des Ursins et du Chesne, historiens; Urbin IV, pape; maréchal Valée; Pierre et François Pitou, jurisconsultes.

AUDE (N° 11)

289,000 habitants; 4 arrondissements, 31 cantons, 434 communes; superficie en kilomètres carrés, 6,313 kil.

Villes principales: Carcassonne, 22,173 hab.; Castelnaudary, 9,075 hab.; Limoux, 6,770 hab.; Narbonne, 17,172 hab.

Commerce et industrie. — Fabriques de draps, peignes, jais, tonneaux, vert-de-gris; grains, foins, eaux-de-vie, huile d'olive, miel, cire jaune, soude et houille; carrières de marbre, vermillon, mines de fer, cuirs, filatures de laine; salines; forges et hauts-fourneaux, acier estimé, papeteries et distilleries.

Notes historiques, curiosités et célébrités. — Ce département est baigné d'un côté par la Méditerranée; il formait une des plus importantes colonies romaines des Gaules. On y admire la cathédrale de Narbonne et surtout le chœur. — C'est la patrie du cardinal Dupuis; Bousquet et de La Faille, annalistes; Fabre d'Églantine, conventionnel; Barthez, médecin; Andréossy, Gros, Sabatier, Ramel; Guiraut et Soumet, poëtes; Dejean, général.

AVEYRON (N° 12)

400,000 habitants; 5 arrondissements, 42 cantons, 274 communes; superficie en kilomètres carrés, 8,743 kil.

Villes principales: Rodez, 12,037 hab.; Espallon, 4,330 hab.; Milhau, 13,663 hab.; Saint-Affrique, 7,046 hab.; Villefranche, 9,719 habitants.

Commerce et industrie. — Froment, seigle, avoine, orge, maïs, truffes, fromages renommés (dits Roquefort); forges et hauts-fourneaux, fer, fonte, moulage en deuxième fusion, alun, sulfate de fer, houillères d'une richesse inépuisable, minerai de fer, cuivre, plomb et argent; laines, draps communs, toiles grises, filatures, tannerie, chapellerie.

Notes historiques, curiosités et célébrités. — Ce département correspond à l'ancien pays de Rouergue; il est parcouru par trois rivières et beaucoup de montagnes; on y remarque quelques volcans anciens et un grand nombre de curiosités naturelles. — C'est la patrie de Gozon de la Valette, grand maître de l'ordre de Malte; chevalier d'Estaing; de Belle-Isle, maréchal; Affre, archevêque de Paris; Jean de Serres et Louis Blanc, historiens.

BOUCHES-DU-RHONE (N°13)

548,000 habitants ; 3 arrondissements, 27 cantons, 106 communes ; superficie en kilomètres carrés, 5,104 kil.

Villes principales : Marseille, 300,131 hab. ; Aix, 28,152 hab. ; Arles, 26,367 hab.

Commerce et industrie. — Fabrique de savon, raffineries, soude factice, produits chimiques, tanneries, soufre, ouvrages en corail, huile d'olive, soie, vins, fruits, acides végétaux et minéraux, marbre et albâtre, poissons, usines métallurgiques.

Notes historiques, curiosités et célébrités. — Marseille fut fondée en l'an 600 avant Jésus-Christ ; son port marchand peut contenir 1,000 bâtiments de commerce ; est le lazaret le plus beau de l'Europe. Cette ville fut ravagée en 1720, par la peste qui emporta près de 40.000 habitants ; M. de Belzunce, son évêque, fit preuve d'un grand dévouement. — Bailly de Suffren, d'Entrecasteaux, Forbin, Gantheaume, amiraux ; Nostradamus, astrologue ; Chabert et Gardanne, généraux ; Portalis et Thiers, ministres ; Pétrone, poëte ; Adanson et Tournefort, botanistes.

CALVADOS (N°14)

475,000 habitants ; 6 arrondissements, 37 cantons, 792 communes ; superficie en kilomètres carrés, 5,520 kil.

Villes principales : Caen, 41,564 hab. ; Bayeux, 9,138 hab. ; Falaise, 8,183 hab. ; Lisieux, 12,618 hab. ; Pont-l'Évêque, 2,880 hab. ; Vire, 6,863 hab.

Commerce et industrie. — Filatures de laines et cotons, fabriques de draps fins et communs, étoffes et couvertures de laine, siamoises et étoffes de coton, dentelles, blondes, toiles, cretonne, molletons, flanelles ; papeteries, huileries, raffineries, distilleries, fabriques de produits chimiques, coutelleries, brasseries, corderies, fromages estimés de Livarot ; pêches importantes.

Notes historiques, curiosités et célébrités. — Ce département doit son nom à une chaîne de récifs qui est le long de sa côte. Il est arrosé par l'Orne et la Vire. — On remarque à Caen une abbaye, le palais et le tombeau de Guillaume le Conquérant, qui est né à Falaise. C'est encore la patrie de Dumont d'Urville, amiral ; du général Decaen ; Touret, jurisconsulte ; Chartier, Basselin, poëtes ; Laplace, astronome ; Castel, naturaliste ; Du Hamel, Gosselin et Varignon, historiens.

CANTAL (N°15)

238,000 habitants ; 4 arrondissements, 23 cantons, 259 communes ; superficie en kilomètres carrés, 5,741 kil.

Villes principales : Aurillac, 10,998 hab. ; Mauriac, 3,291 hab. ; Murat, 2,606 hab. ; Saint-Flour, 5,218 hab.

Commerce et industrie. — Immenses pâturages où l'on élève chevaux et bêtes à cornes ; fabriques de fromages dits d'Auvergne ; tanneries, parcheminеries, chaudronneries, papeteries ; étoffes grossières de laine, toile de chanvre. Eaux minérales.

Notes historiques, curiosités et célébrités. — Ce département tire son nom d'une des plus hautes montagnes de l'Auvergne ; il est presque partout hérissé de montagnes qui offrent, en beaucoup d'endroits, des colonnes basaltiques régulières. — C'est la patrie de Gerbert, savant mathématicien et pape sous le nom de Silvestre II ; des deux Noailles, l'un maréchal et l'autre cardinal ; abbé Chappe, astronome ; Carrier, révolutionnaire ; Delzons, général ; de La Force, géographe ; Odilon, abbé de Cluny.

CHARENTE (N°16)

378,000 habitants ; 5 arrondissements, 29 cantons, 434 communes ; superficie en kilomètres carrés, 5,942 kil.

Villes principales : Angoulême, 25,116 hab. ; Barbezieux, 3,881 hab. ; Cognac, 9,412 hab. ; Confolens, 2,717 hab. ; Ruffec, 3,175 hab.

Commerce et industrie. — Eaux-de-vie, vins, bestiaux, bois merrains, bouchons de liége ; distilleries, mines de fer, forges et fabriques d'acier, tanneries et mégisseries, filatures de chanvre et de lin, fabriques de cordages pour la marine, manufactures de draps, carrières de plâtre, de pierres de taille et de liais.

Notes historiques, curiosités et célébrités. — Ce département est parsemé de collines et de vallées très-fertiles. Dans ses environs se trouve Jarnac, célèbre par la bataille que les catholiques y livrèrent aux calvinistes, en 1569. — C'est la patrie du duc de La Rochefoucauld, penseur ; de Marguerite de Valois et de François Ier ; de Montalembert, ministre ; Balzac, académicien ; La Quintinie, jardinier ; Montalembert, ingénieur ; Octavien et Mellin de Saint-Gelais, poëtes.

CHARENTE-INFÉRIEURE (N° 17)

481,000 habitants; 6 arrondissements, 39 cantons, 480 communes; superficie en kilomètres carrés, 6,825 kil.

Villes principales : La Rochelle, 18,720 hab.; Jonzac, 3,147 hab. ; Marennes, 4,426 hab. ; Rochefort, 30,151 hab. ; Saintes, 11,570 hab.

Commerce et industrie. — Eaux-de-vie, vins, vinaigre, laines brutes, sels, grains, pierres de taille, briques; distilleries. Exploitations de marais salants, parcs d'huîtres vertes et pêche à la sardine, raffineries de sucre, fabrique de vinaigre, poteries, bonneteries, tanneries, fabrique de grosses étoffes de laine.

Notes historiques, curiosités et célébrités. — Ce département est l'ancien pays d'Aunis; et sa capitale est célèbre par le siége terrible qu'elle soutint contre les armées de Louis XIII en 1628. Elle fut le boulevard des calvinistes. C'est la patrie de Tallemant des Réaux, historien; d'Agrippa d'Aubigné; Réaumur, physicien; Guillotin, médecin; la Galissonnière, Tréville, Duperré, amiraux; E. Pelletan, écrivain; Lafaille et Bompland, naturalistes.

CHER (N° 18)

327,000 habitants ; 3 arrondissements, 29 cantons, 290 communes ; superficie en kilomètres carrés, 7,199 kil.

Villes principales : Bourges, 30,119 hab. ; Saint-Amand, 8,757 hab. ; Sancerre, 3,707 hab.

Commerce et industrie. — Draps communs, toiles grossières, laines et bois. Etablissements métallurgiques, fabriques et blanchisseries, filatures de coton, coutelleries, fabrique de porcelaine ; tanneries et brasseries, chevaux et pâturages estimés.

Notes historiques, curiosités et célébrités. — Ce département doit son nom à la principale rivière qui l'arrose. On y remarque la cathédrale de Bourges, surmontée de 2 tours d'une hauteur considérable et l'une des plus magnifiques de l'Europe. La petite ville de Sancerre soutint un siége mémorable contre Charles IX, qui la prit et la détruit en partie : on y mangea les cuirs, parchemins et toutes les bêtes immondes. C'est la patrie de Jacques-Cœur, de Louis XI, Bourdaloue, prédicateur ; de Rochambeau, maréchal ; de Georges Sand, auteur.

CORRÈZE (N° 19)

311,000 habitants ; 3 arrondissements, 29 cantons, 286 communes ; superficie en kilomètres carrés, 5,866 kil.

Villes principales : Tulle, 12,606 hab. ; Brives, 10,389 hab. ; Ussel, 4,029 hab.

Commerce et industrie. — Grains, vins, châtaignes, truffes, bœufs, huiles de noix, fromages ; manufacture d'armes (Tulle), filature de coton, forges, houillères ; manufacture d'étoffes de laine du pays, papeteries, brasseries, tanneries, verreries, briqueterie.

Notes historiques, curiosités et célébrités. — Ce département est montagneux et pittoresque. Tulle, chef-lieu, possède une manufacture d'armes à feu ; dans ses environs sont les ruines de l'ancienne Tintignac. — C'est la patrie du maréchal Brune, du cardinal Dubois ; de Bâluze, historiographe ; de Boyer, chirurgien ; d'Espagne, général ; Fœletz, académicien ; Lasteyrie du Saillant, agronome ; Latreille, naturaliste ; Marmontel, académicien ; Treilhard, jurisconsulte.

CORSE (N° 20)

260,000 habitants ; 5 arrondissements, 61 cantons, 354 communes ; superficie en kilomètres carrés, 8,747 kil.

Villes principales : Ajaccio, 14,558 hab. ; Bastia, 21,535 hab. ; Calvi, 1,884 hab. ; Corte, 6,094 hab. ; Sartène, 4,082 hab.

Commerce et industrie. — Olives, pâtes d'Italie, savonnerie, tuilerie, tannerie, fabrique de fromages, de draps et de toiles grossières ; mines de cuivre, fer, charbon, granit, porphyre ; il existe une forge et hauts-fourneaux à l'anglaise. — Pêcheries importantes.

Notes historiques, curiosités et célébrités. — Cette île forme un département, et n'appartient à la France que depuis 1768 ; elle dépendait autrefois d'une nation italienne, les Génois ; une chaîne de montagnes élevées la couvre du Nord au Sud. — Ajaccio a vu naître le plus grand capitaine des temps anciens et modernes, Napoléon Ier ; Abattucci, ministre et général ; cardinal Fesch ; d'Ornano, Sébastiani, maréchaux ; Louis, roi de Hollande ; Paoli, général ; Lucien, prince de Canino.

COTE-D'OR (N° 21)

: 82,000 habitants ; 4 arrondissements, 36 cantons, 727 communes ; superficie en kilomètres carrés, 876.

Villes principales : Dijon, 39,193 hab. ; Beaune, 10,907 hab. ; Châtillon-sur-Seine, 4,860 hab. ; Semur, 3.892 hab.

Commerce et industrie. — Vins en grand, grains, farines, fruits, vinaigre, moutarde estimée, eaux-de-vie de marc et de grains. Exploitation en grand du minerai de fer. Forges et hauts-fourneaux; fers, acier cémenté, limes, tôles, fils de fer, tuileries; fabrique de papiers, de poteries et de faïences; pierres lithographiques.

Notes historiques, curiosités et célébrités. — Dijon, sa capitale, fut pendant longtemps le siége de la brillante cour des ducs de Bourgogne ; sa cathédrale est remarquable par la hauteur et la légèreté de sa flèche. Les Prussiens ont occupé cette ville en 1870 et 1871. Dans ses environs se trouve le château de Bourbilly, qui rappelle le souvenir de Mme de Sévigné. — C'est la patrie du savant Saumaise ; de Bossuet, évêque ; de Crébillon, Piron, poètes ; de Buffon, Daubenton, naturalistes; de Charles le Téméraire ; de saint Bernard ; de Rameau, musicien ; Petiot, ministre.

COTES-DU-NORD (N° 22)

641,050 habitants ; 5 arrondissements, 48 cantons, 548 communes ; superficie en kilomètres carrés, 6,885 kil.

Villes principales : Saint-Brieuc, 15,812 hab. ; Guingamp, 6,977 hab. ; Lannion, 6,882 hab. ; Loudéac, 6,072 hab.

Commerce et industrie. — Grains, pommes à cidre, bétail, beurre, bois, sel, miel et cire. Fabriques de fil et de toiles, d'étoffes communes, de poteries, faïenceries, de sucre de betteraves; des tanneries, des forges et des hauts-fourneaux. — Pêche maritime très-importante.

Notes historiques, curiosités et célébrités. — Ce département s'étend le long de la Manche, et est parcouru par les montagnes de Menez et d'Arez ; la Roche-Derrien fut le théâtre d'une bataille en 1347 entre les maisons de Blois et de Montfort. C'est la patrie de Beaumanoir, Coëtlogon, Guébriant, maréchaux ; Jobert de Lamballe, médecin ; Lucas, académicien ; Plélo, diplomate ; Valentin, peintre; de Quélen, archevêque de Paris ; Renan, professeur ; Duclos, historiographe ; Lebrigant, minéralogiste ; Logonidec, linguiste.

CREUZE (N° 23)

274,000 habitants ; 4 arrondissements, 25 cantons, 261 communes ; superficie en kilomètres carrés, 5,568.

Villes principales : Guéret, 5,126 hab. ; Aubusson, 6,625 hab. ; Bourganeuf, 3,501 hab. ; Boussac, 1,072 hab.

Commerce et industrie. — Célèbres manufactures de tapis, à Aubusson et Felletin. Céréales, châtaignes, miel, cire, tuiles, fils, houille, granit, pierres de taille ; mine de plomb argentifère et d'antimoine. Filatures.

Notes historiques, curiosités et célébrités. — Ce département est sillonné de petites montagnes, l'un des moins fertiles de France. Il possède des restes d'antiquités romaines et celtiques. — C'est la patrie de Duprat, jurisconsulte ; d'Aubusson, grand maître de l'ordre Saint-Jean de Jérusalem ; du maréchal de la Feuillade ; du cardinal de la Roche-Aymon ; de Lourdoueix, écrivain ; de Quinault et Tristan l'Hermite, poètes ; Varillas, historien.

DORDOGNE (N° 24)

502,000 habitants ; 5 arrondissements, 58 cantons, 261 communes ; superficie en kilomètres carrés, 9,182.

Villes principales : Périgueux, 20,401 hab. ; Bergerac, 12,224 hab. ; Nontron, 3,622 hab. ; Sarlat, 6,822 hab.

Commerce et industrie. — Grains, truffes, gibier, châtaignes. Métallurgie de fer, papeterie, tanneries, tuileries, briqueteries, teintureries, chapelleries, distilleries, clouteries, faïenceries, poteries de grès.

Notes historiques, curiosités et célébrités. — Ce département formait autrefois la province du Périgord, arrosé par la Dordogne ; il possède des grottes magnifiques, entre autres celle des Eyzies, fameuse par les fossiles et les ustensiles de silex qu'on y a trouvés. Citons encore l'abbaye de Brantôme, dont on voit les ruines. — C'est la patrie de Montaigne, écrivain sceptique ; de Bugeaud, de Caumont, de Biron, maréchaux ; de Brantôme, historien ; de Belzunce, évêque ; de Daumesnil, général ; du comte de Horn, capitaine ; de Beaumont, de Fénelon, archevêques.

DOUBS (N° 25)

298,000 habitants ; 4 arrondissements, 27 cantons, 640 communes ; superficie en kilomètres carrés, 5,227.

Villes principales : Besançon, 46,061 hab. ; Baume, 2,562 hab. ; Montbeillard, 6,479 hab. ; Pontarlier, 4,945 hab.

Commerce et industrie. — La fabrique d'horlogerie de Besançon livre au commerce de 3 à 400,000 montres en or et argent par an, fonte et fabrique de fer et d'acier, cuivre, houilles, pierres de taille, usines de fer, eaux sulfureuses, grains, papeterie, faïenceries, huileries, chapellerie, tissage de coton.

Notes historiques, curiosités et célébrités. — Ce département est couvert par les montagnes du Jura ; il est arrosé par le Doubs ; cette rivière forme le lac de Saint-Point, et produit du côté de la Suisse une magnifique cascade, sous le nom de Saut-du-Doubs ; on remarque la citadelle de Besançon, située sur un roc inaccessible et qui a, dit-on, précédé de 450 ans la fondation de Rome ; il possède les curieuses grottes d'Oselle.— C'est la patrie de Victor Hugo, poëte ; de Cuvier, naturaliste ; du cardinal de Grandvelle ; du général Oudot ; du pape Callixte II ; du maréchal Moncey.

DROME (N° 26)

324,000 habitants ; 4 arrondissements, 28 cantons, 362 communes ; superficie en kilomètres carrés, 6,521.

Villes principales : Valence, 20,142 hab. ; Dié, 3,762 hab. ; Montélimart, 11,100 hab. ; Nyons, 3,611 hab.

Commerce et industrie. — Céréales, fruits, huiles de noix et d'olives, châtaignes, garance, faïence ; fonderie de canons, fabrique d'étoffes de laine ; pierres de taille, vers à soie, filatures de soie, de coton et de laine, fabrique de grosse draperie, serges et ratines, papeteries, corderies, tanneries, maroquineries, teintureries, hauts-fourneaux, bois. Eaux minérales.

Notes historiques, curiosités et célébrités. — Ce département ressemble à un amphithéâtre formé par des montagnes détachées des Alpes, qui vont en s'abaissant jusqu'à la rive gauche du Rhône, on remarque le château de Grignan, séjour de Me de Sévigné et de sa fille. — C'est la patrie de Béranger, légiste ; de Championnet, général ; de Faujas de Saint-Fond, naturaliste ; de Lally de Tollendal, marin ; Montalivet, ministre ; de Sibour, archevêque ; de Freycinet, navigateur.

EURE (N° 27)

399,000 habitants ; 5 arrondissements, 36 cantons, 701 communes ; superficie en kilomètres carrés, 5,957.

Villes pricipales : Evreux, 12,320 hab. ; les Andelys, 5,161 hab. ; Bernay, 7,510 hab. ; Pont-Audemer, 6,182 hab.

Commerce et in'ustrie. — Céréales, lin, fruits, betteraves, chevaux, bestiaux, toiles et étoffes de laines, draps de Louviers. Usines à fer, hauts-fourneaux et forges. Fabrique de fil de fer, d'épingles et de clous, laminerie, tannerie, fabrique de coutils, de rubans de fil, de velours.

Notes historiques, curiosités et célébrités. — Ce département est arrosé par la rivière dont il porte le nom ; on y remarque la cathédrale d'Evreux ; Ivry célèbre par une victoire d'Henri IV et Cocherel ; par une autre de Du Guesclin, en 1364. — C'est la patrie de Benserade, Chaulieu, poètes ; de Blanchard, aréonaute, Boivin, académicien ; de Brunel, ingénieur ; de Fresnel, physicien ; de Dumoulin, historien, ; de Cousin, sculpteur ; de Nicolas Poussin, peintre ; du général de Blammont, de Siret, grammairien.

EURE-ET-LOIR (N° 28)

291,000 habitants ; 4 arrondissemnts, 24 cantons, 426 communes ; superficie en kilomètres carrés, 5,894.

Villes principales : Chartres, 19,442 hab. ; Châteaudun, 6,781 hab. ; Dreux, 7,237 hab. ; Nogent-le-Rotrou, 7,006 hab.

Commerce et industrie. — Chanvre, fruits, pâtés, avoine, volailles, grès, marne abondante, Fabrique de couvertures de laine, de bonneterie, de papeterie, de clouterie. Tanneries, mégisseries, tuileries, poteries, filatures de coton et de laine ; fonderie, fours à chaux, lavoir de laine, élévation en grand de béliers mérinos.

Notes historiques, curiosités et célébrités. — Ce département correspond à l'ancienne Beauce, célèbre par ses abondantes récoltes de blé, on y remarque la cathédrale de Chartres, où fut sacré Henri IV, et qui est la plus grande église de France ; on y admire surtout le chœur et le clocher. Dans les environs se trouve Dreux, célèbre par la bataille qui s'y livra en 1562. — C'est la patrie de Rotrou et Régnier poëtes ; du général Marceau ; de Panard, chansonnier ; Brissot de Varville et Petion, conventionnels.

FINISTÈRE (N° 29)

662,050 habitants; 5 arrondissements, 43 cantons, 283 communes; superficie en kilomètres carrés, 6,721.

Villes principales : Quimper, 12,532 hab.; Brest, 79,847 hab.; Chateaulin, 3,259 hab.; Morlaix, 14,046 hab.; Quimperlé, 6,863 hab.

Commerce et industrie. — Beurre, miel; papeteries, faïenceries, forges et hauts-fourneaux, corderies et fabriques de cire, de chandelles et de savon; huileries, tanneries. Manufacture de draps, toiles et minoteries. Manufacture de tabac et pêches de sardines.

Notes historiques, curiosités et célébrités. — Ce département comprend l'ancienne Cornouaille, c'est-à-dire le pays où les descendants de la nation celtique des Bretons ont le plus longtemps conservé la langue et les mœurs de leurs ancêtres. Brest possède un arsenal, un bagne qui peut contenir 4,000 condamnés et une rade magnifique et sûre qui contient 500 vaisseaux de guerre; on cite son goulet. — C'est la patrie d'Albert le Grand, légendaire; de la Tour d'Auvergne; du général Moreau; de Cornic, Linois et de Tobriant, marins; Tanneguy-Duchâtel, connétable.

GARD (N° 30)

430,000 habitants; 4 arrondissements, 38 cantons, 348 communes; superficie en kilomètres carrés, 5,835.

Villes principales : Nîmes, 60,240 hab.; Alais, 19,964 hab.; Uzès, 5,895 hab.; le Vigan, 5,104 hab.

Commerce et industrie. — Vins, graines oléagineuses, plantes médicinales et propres à la teinture, vers à soie, olives; hauts-fourneaux, chaux grasse et hydraulique, mines de plomb, fer et de houille, verreries, papeteries, étoffes de laines, tapis, couvertures, chapeaux de soie, peaux fines et légères.

Notes historiques, curiosités et célébrités. — Ce département est couvert au nord par les Cévennes et baigné au sud par la Méditerranée. Nîmes, sa capitale, possède des monuments antiques: l'Amphithéâtre ou les Arènes, la Maison-Carrée; la Tour-Magne et une belle fontaine, œuvre de Pradier. — C'est la patrie de Nicot, ambassadeur; des poëtes Gilbert et Reboul; du chevalier d'Assas; de Clément IV, pape; de Guillaume de Villeneuve, historien; Florian, fabuliste; de Rivarol, critique; de Guizot, ministre et historien.

GARONNE (HAUTE-) (N° 31)

495,000 habitants; 4 arrondissements, 39 cantons, 578 communes; superficie en kilomètres carrés, 6,289.

Villes principales : Toulouse, 126,936 hab.; Muret, 4,060 hab.; Saint-Gaudens, 5,286 hab.; Villefranche, 2,329 hab.

Commerce et industrie. — Vins, maïs, chanvre, lin, melon, châtaignes, fruits, orangers; fabriques d'acier cémenté de limes, faulx et faucilles. Exploitation de marbre, fabrique de cuivres laminés, creusets, cuirs, tissus de coton, carosserie, dentelles, comestibles, volailles grasses, oies salées, truffes.

Notes historiques, curiosités et célébrités. — Ce département a été formé en partie du Languedoc et en partie de la Gascogne. On admire le fameux canal du Languedoc, construit sous Louis XIV. Toulouse possède de beaux monuments, entre autres le Capitole et une institution littéraire, l'académie des Jeux Floraux. — C'est la patrie de Clémence Isaure; de Cujas, jurisconsulte; Berrarde de Ventadour, de Figuière, troubadours; de Lapeyrouze, botaniste; de Villèle, ministre; de Roguet et du comte de Las Cases, généraux; Delayrol, compositeur.

GERS (N° 32)

297,931 habitants; 5 arrondissements, 29 cantons, 467 communes; superficie en kilomètres carrés, 6,280.

Villes principales : Auch, 12,500 hab.; Condom, 8,140 hab.; Lectoure, 6,086 hab.; Lombez, 1,714 hab.; Mirande, 4,010 hab.

Commerce et industrie. — Grains, légumes, betteraves, vins, eaux-de-vie, chevaux, mulets, bêtes à cornes, pierres à chaux. Fabriques de toiles, gros draps, burats, cadis, étoffes de coton, chapellerie, rubans de fil. Distilleries, crème à tartre, tanneries, scieries, verres, faïence et poterie.

Notes historiques, curiosités et célébrités. — Ce département comprenait autrefois le pays d'Armagnac et quelques pays de la Gascogne. On admire la cathédrale d'Auch, qui offre un mélange d'architecture gothique et de style moderne; ses vitraux sont magnifiques. On remarque aux environs d'Auch la petite ville d'Eauze qui fut, du temps des Romains, une importante cité. — C'est la patrie de l'illustre maréchal Lannes; de l'amiral Villaret-Joyeuse; de Lahire et Xaintrailles, capitaines; des comtes d'Armagnac; des maréchaux de Roquelaure et des Termes; de Montesquiou, Persil et Salvandy, ministres.

GIRONDE (N° 33)

702,000 habitants; 6 arrondissements, 48 cantons, 546 communes; superficie en kilomètres carrés, 974,032 kil.

Villes principales : Bordeaux, 194,241 hab.; Bazas, 4,766 hab.; Blaye, 4,761 hab.; Lesparre, 3,726 hab.; Libourne, 14,639 hab.; La Réole, 4,244 hab.

Commerce et industrie. — Vins renommés, eaux-de-vie, céréales; chantiers de construction; fabrique d'essence de térébenthine, de résine et de goudron; hauts-fourneaux pour la fonte du fer; fabriques de plomb laminé et de chasse, raffineries, tanneries, tonnelleries, tuileries, faïenceries, poteries, filatures de coton; manufactures d'indiennes, teintureries, chapelleries.

Notes historiques, curiosités et célébrités. — Ce département est le plus grand de France. Bordeaux, sa capitale, est une des plus belles villes et des plus commerçantes de France; elle possède un port sûr et commode; un beau pont de dix-sept arches. Dans les environs, Coutras, célèbre par la victoire que Henri IV remporta sur les catholiques; la Tour de Corduan, le plus beau phare de l'Europe. Parmi les hommes célèbres, Montesquieu, Clément V, pape, Favereau, Nansouty, César et Faucher, généraux; Dupaty, sculpteur; Desèze, avocat; saint Paulin, évêque.

HÉRAULT (N° 34)

427,000 habitants; 4 arrondissements, 36 cantons, 330 communes; superficie en kilomètres carrés, 6,198 kil.

Villes principales : Montpellier, 55,606 hab.; Béziers, 27,722 hab.; Lodève, 10,571.; Saint-Pons, 6,214 hab.

Commerce et industrie. — Blé, vins, figues sèches, fruits, olives, sardines, raisins secs, soie; mines de charbon et de plomb; filatures de coton et fabriques de soieries, de vert-de-gris, produits chimiques; exploitation de marbre, marais salants; pêche à la sardine.

Notes historiques, curiosités et célébrités. — Ce département a été formé en partie du bas Languedoc. Des ramifications des Cévennes couvrent une partie de ce département. La ville de Montpellier possède une célèbre école de médecine, un jardin botanique, et la place du Peyrou est une des plus belles de l'Europe. C'est la patrie de Cambacérès, chancelier; de Jayme, roi d'Ara- gon; du cardinal Fleury; de Latude, astronome; d'Esprit; de Pellison, de de Mairan et de Flourens, académicien.

ILLE-ET-VILAINE (N° 35).

593,000 habitants, 6 arrondissements; 43 cantons, 350 communes; superficie en kilomètres carrés, 6,725 kil.

Villes principales : Rennes, 49,241 hab.; Montfort, 2,280 hab.; Redon, 6,064 hab.; Vitré, 8,937 hab.

Commerce et industrie. — Sarrasin, froment, seigle, pommes à cidre, chanvre; mines de fer et de plomb, forges, carrières d'ardoises; fabriques de toiles fortes, de filets, de cordages, tanneries, fonderies: forges et hauts-fourneaux; fabrique d'hameçons, de faïence et de poterie, verrerie, distillerie, brasserie, papeterie.

Notes historiques, curiosités et célébrités. — Ce département est baigné par la Manche; le canal d'Ille-et-Vilaine le traverse. Saint-Aubin-du-Cormier, célèbre par la bataille de 1488, où le duc d'Orléans (plus tard Louis XII) fut fait prisonnier. Dol, autrefois place forte. C'est la patrie de Duguay-Trouin, la Barbinais, Porée de la Touche, Dufresne, Marion, La Bourdonnais et Cartier, marins; Surcouf, Blaise, Fontan, corsaires; Maupertuis, astronome; Lanjuinais, conventionnel; Duval, Lucas et Turquety, poètes; Lamennais, philosophe, Châteaubriand.

INDRE (N° 36)

278,000 habitants; 4 arrondissements; 23 cantons, 246 communes; superficie en kilomètres carrés, 6,795.

Villes principales : Châteauroux, 17,161 hab.; La Châtre, 5,167 hab.; Issoudun, 14,261 habitants.

Commerce et industrie. — Grains, pommes de terre, vins, fruits, chanvre, lin, moutons, bestiaux, volailles; mines de fer; fabriques de draps, de faux, toiles de lin et chanvre. Manufacture de porcelaine, exploitation de pierres lithographiques, de chaux hydraulique, de terre à gazette.

Notes historiques, curiosités et célébrités. — Ce département tire son nom de la principale rivière qui l'arrose. Parmi les villes il faut citer Valençay, remarquable par son superbe château, qui a appartenu au célèbre Talleyrand. Parmi les hommes remarquables on peut citer le cardinal Othon; Jean de Méry, anatomiste; de Nailhac, grand maître de Malte; Corbin, avocat; Bertrand et de Riffardeau, généraux; Mariveaux et Mhubot, professeurs.

INDRE-ET-LOIRE (N° 37)

322,562 habitants ; 3 arrondissements, 24 cantons, 281 communes; superficie en kilomètres carrés, 6,113 kil.

Villes principales : Tours, 42,450 hab. ; Chinon, 6,895 hab. ; Loches, 5,154 hab.

Commerce et industrie. — Laines, bois et charbons, boissellerie, tonnellerie, rillettes de Tours, hauts-fourneaux, fonte et gros fer, acier cémenté, faulx, limes et râpes, plomb ouvré, faïence, poterie, chaux, minium, céruse; fabrique d'étoffes de soie, tanneries, draperies, toiles de chanvre, passementerie, rubans.

Notes historiques, curiosités et célébrités. — Ce département est arrosé par la Loire, la Vienne, et il a été surnommé le *Jardin de la France*. Tours, capitale de la Touraine, possède un beau pont et une belle cathédrale. Dans le voisinage était le château de Plessis-lès-Tours, habité par Louis XI. Cette ville fut le siége de la délégation du gouvernement de la France en 1870, et fut occupée par les Prussiens. Elle a vu naître le maréchal Boucicaut, Montausier, et les écrivains Destouches, Boully et de Balzac ; le roi Charles VIII.

ISÈRE (N° 38)

576,745 habitants ; 4 arrondissements ; 32 cantons, 584 communes ; superficie en kilomètres carrés. 8,289 kil.

Villes principales : Grenoble, 40,484 hab. ; Saint-Marcellin, 3,173 hab. ; Latour-du-Pin, 2,809 habitants; Vienne, 2,407 hab.

Commerce et industrie. — Exploitation de ciment, renommé dans le monde entier ; ganterie, papeterie, filature de laine, draps, chapeaux de paille et de feutre; fonte, moulage en 2e fusion, fonderie de canons, foyers à acier, taillanderie, zinc, plomb laminé, cuivre laminé, chaux, couperose artificielle, alquifoux, céruse, térébenthine estimée et liqueurs.

Notes historiques, curiosités et célébrités. — Ce département comprend d'anciens pays du Dauphiné. Des rameaux des Alpes couvrent une grande partie de ce département, et offrent des aspects grandioses, qu'on surnomme les merveilles du Dauphiné; de belles vallées, entre autres, celles du Grésivaudan. C'est la patrie de Bayard ; des écrivains Mably et Condillac; du mécanicien Vaucanson ; de Barnave ; de Casimir Périer.

JURA (N° 39)

297,554 habitants; 4 arrondissements, 32 cantons, 584 communes ; superficie en kilomètres carrés, 4,994 kil.

Villes principales : Lons-le-Saulnier, 9,943 hab. ; Dôle, 11,093 hab. ; Poligny, 5,392 hab. ; Saint-Claude, 6,809 hab.

Commerce et industrie. — Vinaigres, tanneries, beurre, aciers et faulx, porcelaines, poteries de terre, chaux hydraulique, tuileries; travail de pierres fines et du strass ; hauts-fourneaux et fontes, fers estimés, tirerie, tréfilerie, tôlerie, moulage 2e fusion ; fabrique de tabletterie, fromages dits de Gruyère.

Notes historiques, curiosités et célébrités. — Ce département touche à la Suisse et est couvert par les montagnes qui portent son nom. Il est arrosé par l'Ain, dont on visite avec intérêt les sources, curieuses par l'abondance de leurs eaux et le profond et pittoresque amphithéâtre d'où elles sortent

C'est la patrie du général Lecourbe ; de Vernet, ancien sénateur ; de Rouget de l'Isle, auteur de la *Marseillaise ;* de Coitier, médecin de Louis XI ; du général Pichegru.

LANDES (N° 40)

298,895 habitants ; 3 arrondissements, 28 cantons, 333 communes; superficie en kilomètres carrés, 9,321 kil.

Villes principales : Mont-de-Marsan, 8,455 hab. ; Dax, 9,469 hab. ; Saint-Sever, 4,980 hab.

Commerce et industrie. — Résines, grains, safrans, vins, eaux-de-vie; jambons, soie ; usines à fer, fonte, gros fers, martinet à cuivre, verreries et faïenceries, tuileries, toiles à voiles et à brets.

Notes historiques, curiosités et célébrités. — Ce département est un des plus grands de France, mais des moins peuplés. Il n'y croît presque partout que des bruyères et de sombres forêts de pins. On s'occupe de défricher les landes On remarque une fontaine toujours bouillante, dont on ne peut supporter la chaleur à dix pas. Parmi les hommes célèbres, on compte le général Lamarque, le philosophe Mallebranche, et saint Vincent de Paul.

LOIR-ET-CHER (N° 41)

270,000 habitants ; 3 arrondissements, 24 cantons, 296 communes ; superficie en kilomètres carrés, 6,350 kil.

Villes principales : Blois, 20,068 hab.; Romorantin, 7,867 hab.; Vendôme, 9,938 hab.

Commerce et industrie. — Grand commerce de laines et bois merrains. Fabriques de serge, de draps, de bonneterie, de laine, de couvertures de coton, de toiles, de gants. Usines à fers, fours à chaux, manufactures de sucre de betteraves.

Notes historiques, curiosités et célébrités. — Ce département est traversé par le Loir, la Loire et le Cher ; il comprend une partie de la Sologne, pays de landes. Blois, capitale, possède un beau pont, un ancien et remarquable château, auquel se rattachent beaucoup de souvenirs: les deux Guise y furent assassinés en 1588 ; la cour de Marie-Louise s'y retira après la prise de Paris ; le château de Chambord, beau monument gothique. — C'est la patrie de la reine Claude ; du physicien Papin; Louis XII; poëte Ronsard.

LOIRE (N° 42)

537,050 habitants ; 3 arrondissements, 28 cantons, 321 communes; superficie en kilomètres carrés, 4,759 kil.

Villes principales : Saint-Etienne, 96,620 hab.; Montbrison, 6,475 hab.; Roanne, 19,354 habitants.

Commerce et industrie. — Soies, rubans, cordonnets, broderies, teinturerie, dentelles, linge de table, toiles, baptiste, papeterie, tannerie ; houillères très-importantes ; construction de bateaux en chêne et sapin ; térébenthine, résine, goudron, fromages de Roche. Manufactures importantes d'armes de guerre et de chasse ; hauts-fourneaux, fonte, gros fer, fours d'affinage.

Notes historiques, curiosités et célébrités. — Ce département comprend l'ancienne partie du Forez ; il est traversé par la Loire et possède les mines de houille les plus importantes de la France. Saint-Galmier et Saint-Alban connus par leurs eaux minérales. — C'est la patrie de l'anatomiste Guichard et du naturaliste Duvernay.

LOIRE (HAUTE-) (N° 43)

313,200 habitants ; 3 arrondissements, 28 cantons, 256 communes ; superficie en kilomètres carrés, 4,962 kil.

Villes principales : Le Puy, 19,532 hab.; Brioude, 4,932 hab.; Yssengeaux, 8,393 hab.

Commerce et industrie. — Grains, liqueurs, bois, rubans, papier ; filature de laine, tanneries, mégisseries ; fabriques de blondes et dentelles ; houille en abondance, cuivre, plomb argentifère, alquifoux, antimoine, asphalte, pouzzolane, marbre.

Notes historiques, curiosités et célébrités. — Ce département correspond à l'ancien pays du Velay ; les montagnes du Velay et les Cévennes qui le traversent, offrent des traces d'anciens volcans. On y voit les groupes basaltiques d'Espaly, des cascades nombreuses et des rochers de formes fantastiques ; on y admire Notre-Dame-du-Puy, statue colossale, au sommet du mont Corneille, près de la Loire, dans un site pittoresque. — C'est la patrie des généraux Lafayette et de Latour-Maubourg, et de la famille Polignac.

LOIRE-INFÉRIEURE (N° 44)

600,100 habitants ; 5 arrondissements, 45 cantons, 208 communes ; superficie en kilomètres carrés, 6,874 kil.

Villes principales : Nantes, 111,956 hab.; Ancenis, 4,148 hab.; Châteaubriant, 4,834 hab.; Paimbœuf, 3,194 hab.; Saint-Nazaire, 18,896 habitants.

Commerce et industrie. — Animaux, mules et chevaux ; fourrages pressés pour les colonies ; chaussures et cuirs, ardoises, briques, chaux ; hauts-fourneaux, fonte, gros fer, machines à vapeur pour la marine, plomb de chasse et en tuyaux, bouteilles, porcelaines, noir de fumée et charbon animal ; filatures de coton, indienne ; constructions maritimes, armements et pêches importantes.

Notes historiques, curiosités et célébrités. — Ce département est baigné d'un côté par l'Océan. Nantes, sa capitale, possède de superbes promenades, des quais majestueux, des ports nombreux et beaux ; elle rappelle le fameux édit de Nantes, publié par Henri IV, et dont la révocation, par Louis XIV, fut si funeste à la France. — C'est la patrie de La Noue ; Germain Boffran, architecte ; général Cambronne ; Olivier de Clisson ; de Charette.

LOIRET (N° 45)

353,000 habitants; 4 arrondissements, 31 cantons, 349 communes; superficie en kilomètres carrés, 6,771 kil.

Villes principales: Orléans, 49,100 hab.; Gien, 6,717 hab.; Montargis, 8,403 hab.; Pithiviers, 4,928 hab.

Commerce et industrie. — Vinaigreries, distilleries, blanchisseries de cire; fabriques de céruse, de draps communs, serges et couvertures de laine; parcheminerics, tanneries, belles et riches pépinières; filatures de coton et de laine; fabriques de faïence et poterie.

Notes historiques, curiosités et célébrités. — Ce département est traversé par la Loire, qui l'arrose; il formait l'Orléanais avec Orléans pour capitale; cette ville a soutenu un siége mémorable contre les Anglais, qui furent repoussés par Jeanne d'Arc; elle a été occupée, en 1871, par les Prussiens. Dans ses environs, se sont livrées bien des batailles sanglantes. — C'est la patrie de Guillaume de Lorris et de Jean de Meung, poëtes; Sully, ministre; Girodet, peintre; Poisson, géomètre et de l'amiral Coligny.

LOT (N° 46)

289,000 habitants; 3 arrondissements, 29 cantons, 315 communes; superficie en kilomètres carrés, 5,211 kil.

Villes principales: Cahors, 14,415 hab.; Figeac, 7,610 hab.; Gourdon, 5,204 hab.

Commerce et industrie. — Céréales, millet, maïs, vins, eaux-de-vie, légumes, tabac, truffes, noix, châtaignes; deux forges, un haut-fourneau, un martinet à cuivre, quelques houillères, tuileries et poteries, un petit nombre de fabriques de ratines, de bonneterie, d'étoffes de coton et de toile, tanneries et papeteries.

Notes historiques, curiosités et célébrités. — Ce département comprend l'ancien pays de Quercy; il est traversé par le Lot, qui lui donne son nom. Cahors, sa capitale, ville très-ancienne, fut assiégée par Henri IV, qui la prit d'assaut en 1580. — C'est la patrie de Jean XXII, pape; de Genouillac, surintendant des finances; Lagier, Farinier, Vassal, cardinaux; Cavaignac, Ambert, Dufour, Montfort, Ramel, généraux; Clément Marot, poëte; de Thémines, maréchal; Murat, roi de Naples.

LOT-ET-GARONNE (N° 47)

330,850 habitants; 4 arrondissements, 35 cantons, 312 communes; superficie en kilomètres carrés, 5,383 kil.

Villes principales: Agen, 18,222 hab; Marmande, 8,564 hab.; Nérac, 7,717 hab.; Villeneuve-d'Agen, 13,114 hab.

Commerce et industrie. — Céréales, maïs, millet, eaux-de-vie, chanvre, tabac, garance, résine, goudron, térébenthine, chênes à liége et à noix de galles, prunes. Manufacture de tabac, fabrique de bouchons, distilleries, riches minoteries, hauts-fourneaux, martinets à cuivre.

Notes historiques, curiosités et célébrités. — Ce département est traversé par la Garonne. Agen est sa capitale. On y remarque la promenade du Gravier, une des plus belles de France. Il faut citer Marmande, détruite par les Sarrazins au VIIIe siècle, et rebâtie par Richard Cœur-de-Lion. — C'est la patrie du savant Joseph Scaliger; Bernard Palissy, potier célèbre; de Lacépède, naturaliste; Jasmin, poëte; Barbier; maréchal d'Estrade; de Rowas, physicien.

LOZÈRE (N° 48)

137,000 habitants; 3 arrondissements, 24 cantons, 193 communes; superficie en kilomètres carrés, 5,169 kil.

Villes principales: Mende, 6,453 hab.; Florac, 2,185 hab.; Marvejols, 5,046 hab.

Commerce et industrie. — Céréales, châtaignes, moutons, bois, argent, plomb, antimoine. Exploitation de mines de plomb, d'argent et de cuivre; fonderie de grenaille; litharge rouge et oxyde blanc de plomb; filature de laine et fabriques de serge et cadis, laines peignées, couvertures de laine, filatures de coton.

Notes historiques, curiosités et célébrités. — Ce département tire son nom d'un des principaux sommets des Cévennes. On y remarque Châteauneuf de Randon, fameux par le siége de 1380, pendant lequel mourut Du Guesclin. — C'est la patrie du pape Urbain V; du comte de Livarol, littérateur; Chaptal, comte Pelet, ministre; Borelli, Brun, de Villeret, Chalbos, Meynadier, Thilonier, généraux.

MAINE-ET-LOIRE (N° 49)

532,000 habitants ; 5 arrondissements ; 34 cantons, 375 communes, superficie en kilomètres carrés, 7,120.

Villes principales : Angers, 54,791 hab., Baugé, 3,562 hab. ; Cholet, 13,360 hab. ; Saumur, 13,660 hab. ; Segré, 2,861 hab.

Commerce et industrie. — Céréales, légumes, fruits, chanvre, lin, vins, chevaux, bestiaux, abeilles, bois, ardoises, charbons, pierres à bâtir, chaux hydraulique, briques, tuiles, poteries ; manufacture de toiles à voiles, filature de lin et laine, fabrique de chapelets, coutils et linges de table : siamoises, flanelles, calicots, percales ; distilleries, tanneries et brasseries.

Notes historiques, curiosités et célébrités. — Ce département est traversé par la Loire et par la Maine, Angers en est la capitale, et aussi celle de tout l'Anjou. — On remarque Baugé, où il se livra une bataille en 1421 ; Fontevrault qui avait une célèbre abbaye ; — Ce pays compte parmi les grands hommes : de Contades, de Scépaux, maréchaux ; Delaunay, jurisconsulte ; David, statuaire ; les généraux Bontemps, Lemoine, Quetineau Delaage, Desjardins, Beaurepaire, Bourmont, Cathelineau, d'Autichamp, Bonchamps et Charette.

MANCHE (N° 50)

574,000 habitants ; 6 arrondissements, 48 cantons, 643 communes ; superficie en kilomètres carrés, 5,928.

Villes principales : Saint-Lô, 9,693 hab. ; Avranches, 8,642 hab. ; Cherbourg, 37,215 hab. ; Coutances, 8,159 hab. ; Mortain, 2,443 hab.

Commerce et industrie. — Céréales, graines, genêts, fourrages, fruits à cidre, eaux-de-vie de poiré, abeilles, bois, houille, fers, fonte du fer, exploitation du marbre, travail du zinc et du cuivre, exploitation de poissons salés et frais, beurre, cidre, miel ; fabrique d'étoffes de fil et de coton, blondes et dentelles.

Notes historiques, curiosités et célébrités. — Ce pays s'avance dans la mer à laquelle il doit son nom, et se compose, en grande partie, de la presqu'île du Cotentin. — On remarque Cherbourg, pour son beau port et sa rade, qui est défendue par une digue immense, le mont Saint-Michel s'élève dans la baie du même nom. — Ses hommes célèbres sont : Vicq d'Azir, médecin ; l'amiral Tourville, Elie de Beaumont, jurisconsulte ; Leverrier, astronome ; Morel, philosophe ; de Beauvais, évêque.

MARNE (N° 51)

391,000 habitants ; 5 arrondissements, 32 cantons, 673 communes ; superficie en kilomètres carrés, 8,180.

Villes principales : Châlons, 67,921 hab. ; Epernay, 11,704 hab. ; Reims 60,734 hab. ; Sainte-Menehould, 4,326 hab. ; Vitry-le-François 7,852 hab.

Commerce et industrie. — Vins de Champagne, céréales, fourrages, moutons mérinos, abeilles, bois, tourbe, marne ; filatures en grand de laine, fabrication des lainages et tissus de toute espèce, tanneries, teintureries, papeteries, verreries, faïenceries, poteries, corderies, moulins à huile, fabrique de savon noir, de meules de moulin et de blanc d'Espagne (craie).

Notes historiques, curiosités et célébrités. — Ce département est traversé par la rivière à laquelle il doit son nom. Châlons en est la capitale. On admire sa cathédrale. Cette ville rappelle la défaite d'Attila, roi des Huns. — Reims : sa cathédrale est la plus belle de France. C'est à Reims que Clovis fut baptisé, et que l'on sacrait les rois de France. — Parmi les grands hommes, on compte : de Châtillon, de Joyeuse, d'Uxelles, Drouet, maréchaux ; Urbain II, pape ; Colbert, ministre ; Lacaille, astronome ; Royer-Collard, philosophe.

MARNE (HAUTE) N° 52)

259,000 habitants ; 3 arrondissements, 28 cantons, 550 communes ; superficie en kilomètres carrés, 6,219.

Villes principales : Chaumont, 8,285 hab. ; Langres, 8,320 hab. ; Vassy, 3,105 hab.

Commerce et industrie. — Céréales, vins, bois, volailles, abeilles, fer, marbre, gypse, marne, pointes de Paris, exploitation des mines de fer ; fabrique de tôles et fers noirs, de limes, de râpes, coutellerie ; fabrique de gants, eaux-de-vie, marc, vinaigreries, tanneries, cires, bougies et chandelles, filature de laine.

Notes historiques, curiosités et célébrités. — Ce département offre quelques montagnes et le plateau de Langres. — On admire à Chaumont un viaduc grandiose du chemin de fer ; Vassy, célèbre par le massacre des protestants, en 1562. — Parmi les grands hommes que ce pays a produits, on compte : le sire de Joinville, François de Lorraine, Duchâtel, aumônier de France ; Tassel, Robert, peintres ; Diderot, philosophe ; Decrès, ministre, Roger, académicien.

MAYENNE (N° 53)

308,000 habitants; 3 arrondissements, 27 cantons, 274 communes; superficie en kilomètres carrés, 5,170.

Villes principales : Laval, 27,189 hab.; Château-Gontier, 7,364 hab.; Mayenne, 10,894 hab.

Commerce et industrie. — Céréales, pommes, cidre, vins ordinaires, chevaux, volailles, abeilles, bois, anthracite, houille, pierres à chaux, manganèse, ardoises, filatures de lin; tissage de toiles, cotonnades, coutils en fils croisés, usines à fer, fours à chaux, papeteries, sources ferrugineuses.

Notes historiques, curiosités et célébrités. — Ce département est traversé par la rivière qui porte son nom. — On remarque Craon, qui se distingue par deux familles qui en ont porté le nom. — Parmi les grands hommes qu'il a produits on remarque : Ambroise Paré, chirurgien; Garnier, historiographe; Pyrard, voyageur; Volney, philosophe; de Cheverus, cardinal; Barier, graveur; Barbeu, Bigot, Touvri, médecins.

MEURTHE (N° 54)

428,380 habitants, 5 arrondissements, 29 cantons, 714 communes; superficie en kilomètres carrés, 6,090.

Villes principales : Nancy, 49,993 hab.; Château-Salins, 2,323 hab.; Lunéville, 15,184 hab.; Sarrebourg, 3,030 hab.; Toul, 7,410 hab.

Commerce et industrie. — Légumes, chanvre, houblon, fruits, chevaux, abeilles, bois, houille, fabriques d'étoffes de laine, de chandelles, d'instruments de musique, d'outils en fer et en acier, de pipes; salines importantes, sel gemme, soude factice, sel fossile, sucre, papiers, cristallerie de Baccarat.

Notes historiques, curiosités et célébrités. — Ce département est arrosé par la Moselle et la Meurthe. Une grande partie de ce département a été cédée à la Prusse en 1871. Nancy, une des plus belles villes de France, fut un quartier général des Prussiens en 1870-1871. — On remarque dans les environs la belle manufacture de cristaux de Baccarat. — Parmi les hommes célèbres on compte : de Bassompierre, de Beauvau, Lobau, Gouvion de Saint-Cyr, maréchaux; Drouot, Granjean, Gérard, Rottembourg, généraux; de Rigny, amiral; Mme de Graffigny, Chompré, Palissot, littérateurs; Mathieu, agronome; le duc de Choiseul, Régnier, le baron Louis de Neufchâteau, ministres.

MEUSE (N° 55)

302,000 habitants, 4 arrondissements, 28 cantons, 588 communes; superficie en kilomètres carrés, 6,227.

Villes principales: Bar-le-Duc, 15,334 hab.; Commercy, 4,099 hab.; Montmédy, 2,135 hab.; Verdun, 12,941 hab.

Commerce et industrie. — Vins, cerises, chanvre, fourrages, céréales, bois, chevaux, porcs, fers, toiles de coton, bois merrains et de construction; fabriques de voitures à ressort; des fours à chaux, des tuileries, des faïenceries; fabriques de sucre de betterave, de cire; confitures de groseilles et de framboises; dragées et liqueurs.

Notes historiques, curiosités et célébrités. — Ce département est arrosé par la Meuse et l'Ornain. Dans ses environs se trouve Ligny, petite ville, connue par la rencontre des alliés, en 1815, et une bataille; Vaucouleurs, qui rappelle le souvenir de Jeanne d'Arc; Varennes, où fut arrêté le roi Louis XVI s'enfuyant de Paris, en 1791. — On compte parmi les grands hommes qu'il a produits : le duc de Guise, dit le Balafré; Thévenin, Ribouté, littérateurs; de Bar, Moreau, peintres; Hogier, architecte, Maréchal, ingénieur; Oudinot, Exelmans, Gérard, maréchaux,

MORBIHAN (N° 56)

501,000 habitants, 4 arrondissements, 37 cantons, 236 communes; superficie en kilomètres carrés, 6,797.

Villes principales : Vannes, 14,560 hab.; Lorient, 37,655 hab.; Pontivy, 8,146 hab.; Ploërmel, 5,697 hab.

Commerce et industrie. Céréales, chanvre, pommes de terre, fruits à cidre, oignons, chevaux, abeilles; Établissements métallurgiques de 1er rang; manufactures de draps et étoffes de laine communes, tanneries, papeteries, filatures de coton, fabriques de dentelles, pêche à la sardine,

Notes historiques, curiosités et célébrités. — Ce département a des côtes fort découpées. il est parsemé d'îles, dont les plus remarquables sont l'île-aux-Moines et l'île d'Arz, Belle-Isle. D'immenses travaux de fortifications y ont été faits; la presqu'île de Quiberon, où les émigrés furent battus et massacrés, ou obligés de se jeter à la mer. — On remarque aussi Hennebon, petite ville où la comtesse de Montfort se défendit vaillamment contre Charles de Blois. — Les hommes célèbres sont : du Guesclin, de Richemond, connétables; Bouvet, amiral; Georges Cadoudal, général allemand; Bisson, marin.

MOSELLE (N° 57)

452,167 habitants, 4 arrondissements, 27 cantons, 628 communes; superficie en kilomètres carrés, 5,368.

Villes principales : Metz, 54,817 hab.; Briey, 1,876 hab.; Sarreguemines, 6,802 hab.; Thionville, 7,376 hab.

Commerce et industrie. — Graines oléagineuses, fruits, légumes, vins, bois, fourrages, abeilles, métaux, draperies, ganterie, vannerie et tannerie, forges et usines de Thionville, 3 fabriques de faïences, verrerie de Saint-Louis.

Notes historiques, curiosités et célébrités. — Ce département a été cédé, en grande partie, à la Prusse, en 1871. Il est traversé par la Moselle et la Sarre, Metz, sa capitale, a soutenu un siége contre Charles-Quint, en 1552. Les Prussiens la prirent par la trahison du commandant de l'armée française en 1871. Gravelotte rappelle la victoire des Français, en 1871. C'est la patrie des maréchaux Fabert, de la Salle, Molitor, de Kellermann, Richepanse, Eblé, Custine, Houchard, Schneider, généraux, de Bouchotte, Montalivet, ministres; de Pilastre du Rosier, aéronaute; Leclerc, graveur.

NIÈVRE (N° 58)

352,157 habitants; 4 arrondissements, 25 cantons, 317 communes; superficie en kilomètres carrés, 6,816.

Villes principales : Nevers, 20,700 hab.; Château-Chinon, 2,713 hab.; Clamecy, 5,616 hab.; Cosne, 6,575 hab.

Commerce et industrie. — Plomb, cuivre, houille, marbre, granit, grès, ocre jaune; bois; exploitation des mines et la fonte des fers, usines métallurgiques, verreries, poteries et faïenceries, charbon de bois.

Notes historiques, curiosités et célébrités. — Ce département est arrosé par la Loire, la Nièvre et l'Allier, et couvert en partie par les montagnes du Morvan. On admire à Cosne le beau point de vue qu'offre sa promenade sur les bords de la Loire. Parmi les grands hommes qu'il a produits il faut citer le maréchal de Vauban; Billaut, poëte; Bussy-Rabutin, littérateur; de Marchangy, avocat; Coquille, historien; les Dupin.

NORD (N° 59)

1,392,041 habitants; 7 arrondissements, 60 cantons, 662 communes; superficie en kilomètres carrés, 5,680.

Villes principales : Lille, 154,749 hab.; Avesnes, 3,737 hab.; Cambrai, 22,207 hab.; Douai, 24,105 hab.; Dunkerque, 33,083 hab.

Commerce et industrie. — Céréales, betteraves; graines oléagineuses, légumes, tabac, lin, bois; forges et hauts-fourneaux, fonte et gros fer, fonderie de canons à Douai, clouteries, scieries de marbre, filature en grand de coton, lin, laine, soie, draps de Roubaix et Tourcoing, moulins à huile, houilles, savons.

Notes historiques, curiosités et célébrités. — Ce département est baigné part la mer du Nord, d'une partie; et touche à la Belgique du côté du nord. Sa capitale est Lille, ville manufacturière, avec une citadelle construite par Vauban, et qui soutint des siéges en 1708 et 1792. Dans les environs se trouve Denain, célèbre par la bataille du maréchal de Villars; Bouvines, par la victoire de Philippe-Auguste en 1214. C'est la patrie de Baudouin, empereur de Constantinople; Costers, Jacobs, Jean-Bart, marins; Bart, Roussin, Vaustable, amiraux; Mortier, maréchal; Dumouriez, Vandamme, Négrier, généraux.

OISE (N° 60)

401,274 habitans; 4 arrondissements, 35 cantons, 700 communes; superficie en kilomètres carrés, 5,855.

Villes principales : Beauvais, 15,307 hab.; Clermont, 5,743 hab.; Compiègne, 12,150 hab.; Senlis, 5,879 hab.

Commerce et industrie. — Céréales, fruits, chanvre, plantes potagères, marais légumiers, cidre, vins, moutons, tréfilerie, feux d'affinerie, tôlerie, ferblanterie, limes et serpes, usines à cuivre, zinc laminé, toiles métalliques, aluns, filatures de laine, fabriques de draps et couvertures de lainages et tapis de Beauvais.

Notes historiques, curiosités et célébrités. — Ce département est arrosé par l'Oise et l'Aisne. La ville de Beauvais n'est connue que par la défense héroïque de Jeanne Hachette, qui repoussa l'armée de Charles le Téméraire en 1472. Compiègne, qui possède un beau château et une magnifique forêt. Chantilly, qui rappelle le séjour des princes de Condé. C'est la patrie de Charles IV, roi; de Crèvecœur, maréchal; de Villiers de l'Isle-Adam; de Calvin, chef de secte; de Jeanne Hachette; du duc d'Enghien; de du Belloy, cardinal; de Baumé, chimiste.

ORNE (N° 61)

414,618 habitants; 4 arrondissements, 34 cantons, 511 communes; superficie en kilomètres carrés, 6,097.

Villes principales: Alençon, 16,115 hab.; Argentan, 5,401 hab.; Domfront, 4,866 hab; Mortagne 4,830.

Commerce et industrie. — Fourrages, chanvre, lin, légumes secs, cidre, bière, porcs, volailles, chevaux, bois; usines à cuivre et laiton, hauts-fourneaux et forges, fonte et gros fer, tréfilerie, acier cémenté, fil d'acier, aiguilles, fil de laiton, épingles: fabriques de toiles, cretonne, mousseline, lacets, quincaillerie, faïence; tissage de coton, dentelles d'Alençon.

Notes historiques, curiosités et célébrités. — Ce département est arrosé par l'Orne et la Sarthe. On remarque dans ce pays le célèbre monastère de la Trappe, fondé en 1664; la cathédrale de Séez est remarquable par ses beaux marbres et ses sculptures; cette ville a eu pour évêque Hennuyer, qui refusa et s'opposa aux massacres de la Saint-Barthélemy. — C'est la patrie du maréchal Matignon; de l'historien Mézerai; Marigny, vice-amiral; Bonnet, Ernouf, baron de Valazé, généraux.

PAS-DE-CALAIS (N° 62)

749,777 habitants; 6 arrondissements, 43 cantons, 903 communes; superficie en kilomètres carrés, 6,605.

Villes principales : Arras, 25,749 hab.; Béthune, 8,178 hab.; Boulogne, 40,251 hab ; Montreuil, 3,655 hab.; Saint-Omer 2,186 hab.; Saint-Pol, 3,567 hab.

Commerce et industrie. — Lin, houblon, tabac, pommes, cidre, betteraves, graines oléagineuses; forges et hauts-fourneaux, gros fer, moulage deuxième fusion, feux d'affinerie, plumes métalliques, huiles de graines, filatures et tissage du lin, tulles, dentelles, coton, construction de machines; chaux grasse et hydraulique, eaux-de-vie de grains, armements pour la pêche.

Notes historiques, curiosités et célébrités. Ce département est baigné par la Manche et par le détroit auquel il donne son nom. On remarque Calais, prise par les Anglais en 1347; elle fut reprise par François de Guise en 1558; Ardres, célèbre par l'entrevue du Camp du Drap-d'Or; Azincourt, fameux par une victoire des Anglais; Lens, où Condé remporta une victoire en 1648. — C'est la patrie d'Eustache de Saint-Pierre; abbé Suger, ministre; maréchal Dubiez; amiral Rosamel; Lebrun, romancier; les deux Robespierre; Sainte-Beuve, poëte.

PUY-DE-DOME (N° 63)

571,690 habitants; 5 arrondissements, 50 cantons, 443 communes; superficie en kilomètres carrés, 7,950.

Villes principales : Clermont-Ferrand, 38,690 hab.; Ambert, 7,519 hab.; Issoire, 6,294 hab.; Riom, 10,614 hab.; Thiers, 16,137 hab.

Commerce et industrie. — Vins, céréales, légumes, fruits, pâtes d'Italie estimées, bois; plomb sulfuré, tripoli, rubans de fil, camelots, quincaillerie; exploitation considérable de houille, antimoine argentifère, de bitume et de laves; fabriques de papier, coutellerie; filatures à caoutchouc: grand commerce de fromages; eaux minérales.

Notes historiques, curiosités et célébrités. — Ce département est une des plus importantes régions de la France, par ses curiosités naturelles, ses grottes, ses colonnes de basalte; ses montagnes sont, pour la plupart, d'anciens volcans; il est arrosé par l'Allier et la Dordogne. On y remarque la fontaine pétrifiante de Saint-Allyre, la cathédrale de Clermont, édifice gothique ancien et ses vitraux; il y fut tenu la première croisade. — C'est la patrie du fameux mathématicien Pascal; Grégoire de Tours; Desaix, général; l'Hospital, chancelier; d'Estaing, amiral; Roche, général.

PYRÉNÉES (BASSES-) (N° 64)

435,486 habitants; 5 arrondissements, 40 cantons, 560 communes; superficie en kilomètres carrés, 7,622.

Villes principales : Pau, 24,563 hab.; Bayonne, 26,333 hab.; Mauléon, 1,876 hab.; Oloron, 9,085 hab.; Orthez, 6,627 hab.

Commerce et industrie. — Céréales, maïs, châtaignes, chanvre, lin, vins, fruits, chevaux, mulets, moutons; exploitations de carrières de marbre, forges de fer; fabriques d'étoffes et couvertures de laines, tanneries, filatures de lin, fabriques de toiles et mouchoirs imprimés; eaux-de-vie, fabriques de chocolat; manufactures de faïence, tuiles et poterie vernie. Pêche.

Notes historiques, curiosités et célébrités. — Ce département, baigné par l'Océan, a été formé par l'ancien Béarn, dont la capitale est Pau. On y remarque le château où est né Henri IV; Bayonne, place forte, où fut inventée la baïonnette. — C'est la patrie d'Henri IV; Gassion, maréchal; Bernadotte, roi de Suède; d'Orthez, gouverneur de Bayonne; Jacques Laffitte, banquier; Bergeret, vice-amiral.

PYRÉNÉES (HAUTES-) (Nº 65)

240,252 habitants; 3 arrondissements, 26 cantons, 497 communes; superficie en kilomètres carrés, 4,529.

Villes principales : Tarbes, 15,658 hab.; Argelès, 1,698 hab.; Bagnères, 9,443 hab.

Commerce et industrie — Sarrasin, maïs, vins, chevaux, mulets, ânes, bêtes à cornes, moutons, volailles, abeilles, bois; fabriques d'étoffes de laine, de cuirs et peaux, toiles et mouchoirs de coton, de papiers communs, de fer et de clous, bois de construction et merrains pour futailles.

Notes historiques, curiosités et célébrités. — Ce département est un des plus intéressants par ses sites pittoresques, ses sources minérales et ses cascades. Ce pays est arrosé par l'Adour et le Gave de Pau, qui descend du mont Perdu et forme une cascade de 410 mètres; et la brèche de Roland, vaste coupure de 100 mètres que la nature a ouverte et que les traditions ont attribuée à Roland, neveu de Charlemagne. — C'est la patrie de Barbazan, général; Larrey, chirurgien; Barrère, conventionnel; Ribes, médecin.

PYRÉNÉES-ORIENTALES (Nº 66)

189,490 habitants; 3 arrondissements, 17 cantons, 228 communes; superficie en kilomètres carrés, 4,122.

Villes principales : Perpignan, 25,274 hab.; Céret, 3,737 hab.; Prades, 3,579 hab.

Commerce et industrie. — Céréales, oliviers, châtaigniers, légumes, fruits, vins renommés, abeilles, vers à soie; les vins de Grenache, de Malvoisie et de Roussillon; fers et draps communs; usines à fer, tôle et ferblanc, forges à la Catalane, usines à huiles, fabriques de bonneterie de laine; papeterie, vannerie; rancio. Grandes pêches.

Notes historiques, curiosités et célébrités. — Ce département est limité par la Méditerranée; le chef-lieu est Perpignan, ancienne capitale du Roussillon, qui n'appartient à la France que depuis 1642. Dans le voisinage est la tour de Roussillon, sur l'emplacement de l'ancienne Ruscino. — C'est la patrie de Bérenger de Palasol, Corbiac, troubadours; Rigaud, peintre; Arago, littérateur; Arago, voyageur; Arago, astronome.

RHIN (BAS-) (Nº 67)

588,970 habitants; 4 arrondissements, 33 cantons, 543 communes; superficie en kilomètres carrés, 4,553.

Villes principales : Strasbourg, 84,167 hab.; Saverne, 5,489 hab.; Schlesdadt, 10,040 hab.; Wissembourg, 5,570 hab.

Commerce et industrie. — Céréales, vins, tabacs, garance, chanvre, graines oléagineuses, houblon, merisier, chevaux, bêtes à cornes, poisson du Rhin. Mines de fer, de houille, de lignite, d'ocre, d'asphalte; carrières d'ardoises, de pierre, de plâtre, de marne, tourbières. Manufactures et fabriques en quantité considérable et ateliers de construction.

Notes historiques, curiosités et célébrités. — Ce département a été tout entier cédé à la Prusse en 1871; sa capitale, Strasbourg, est célèbre par sa cathédrale surmontée d'une admirable flèche; c'est à Strasbourg que Guttenberg inventa les caractères d'imprimerie; elle soutint un siége terrible en 1870. — C'est la patrie de Brand, jurisconsulte; Oberlin, antiquaire; Kellermann, Kléber, Becker, Schramm, Thurot, Schwartz, généraux; Humann, ministre.

RHIN (HAUT-) (Nº 68)

530,285 habitants; 3 arrondissements, 29 cantons, 490 communes; superficie en kilomètres carrés, 4,107.

Villes principales : Colmar, 23,669 hab.; Belfort, 8,400 hab.; Mulhouse, 58,773 hab.

Commerce et industrie. — Céréales, vins, chanvre, garance, gentiane, merises, chevaux, porcs, chèvres. L'industrie métallurgique, surtout celle du fer, y est très-importante. Mines de fer, hauts-fourneaux et fontes, machines diverses; filatures de laine, fabrique de draps, lainage, filatures de coton (800,000 broches); moulage deuxième fusion.

Notes historiques, curiosités et célébrités. — Ce département a été cédé à la Prusse, excepté une petite partie au sud-ouest. On remarque Belfort, qui a soutenu un siége brillant en 1870, et qui commande une trouée célèbre entre le Jura et les Vosges. — C'est la patrie de Léon XII, pape; Lambert, astronome; maréchal Lefebvre; généraux Rapt, Schérer, Beurmann; Haussmann, chimiste manufacturier; les Pfeffel, jurisconsultes et poëtes.

RHONE (N° 69)

678,648 habitants; 2 arrondissements, 26 cantons, 259 communes; superficie en kilomètres carrés, 2,790.

Villes principales : Lyon, 325,954 hab.; Villefranche, 12,469 hab.

Commerce et industrie. — Fruits, plantes oléagineuses, mérinos, chèvres, ânes, boissons; fabrique de soieries de 1er ordre; de mousselines, de toiles et de fil, coton; chapellerie fort estimée, verreries, papeteries, fabrique de papiers peints, charcuterie renommée, liqueurs et librairie.

Notes historiques, curiosités et célébrités. — Ce département est en partie couvert de montagnes, qui appartiennent aux Cévennes; Lyon, 1re grande et belle ville, en est la capitale; on y remarque de beaux quais, l'hôtel de ville, le palais du commerce, celui des arts, la place Bellecourt et la cathédrale de Saint-Jean. — C'est la patrie de Claude, empereur; Sidoine Apollinaire, évêque; P. Valdo, chef des Vaudois; saint Ambroise; Jacquart, inventeur; Suchet, maréchal; de Jussieu, botaniste.

SAONE (HAUTE-) (N° 70)

317,709 habitants; 3 arrondissements, 583 communes; superficie en kilomètres carrés, 5,339.

Villes principales : Vesoul, 7,614 hab.; Gray, 6,764 hab.; Lure, 3,757 hab.

Commerce et industrie. — Céréales, fourrages, merises, chanvre, betteraves, vins, porcs, poisson, fer, houille, sel gemme, granit, marbre, grès, cire; usines à fer, verreries, faïenceries, tuyaux de drainages; filatures et fabrique de tissus de coton; des chapelleries des tanneries.

Notes historiques, curiosités et célébrités. — Ce pays est arrosé par la Saône. On remarque : Vesoul, sa capitale; une épidémie, en 1586, fit périr toute sa population, à l'exception de 75 habitants; Luxeuil, petite ville renommée pour ses eaux minérales, et son abbaye, que saint Colomban y établit. C'est la patrie de Renard, ambassadeur; Jouffroy, cardinal; président Jeannin; Greuse et Prudhon, peintres; Robert, géographe.

SAONE-ET-LOIRE (N° 71)

600,006 habitants; 48 cantons, 585 communes; superficie en kilomètres carrés, 8,561.

Villes principales : Mâcon, 18,382 hab.; Autun, 12.389 hab.; Châlon-sur-Saône, 19,902 hab.; Charolles, 3,295 hab.; Louhans, 3.871 hab.

Commerce et industrie. — Céréales, vins' pommes de terre, chanvre, graines oléagineuses' plantes médicinales, bœufs du Charolais, volailles' abeilles, tissus de coton, draps, couvertures' établissements métallurgiques, de premier rang. fabriques d'horlogerie, de tapis de poils et couvertures de laine, manufactures de sucre, mines de houilles, de schiste.

Notes historiques, curiosités et célébrités. — Ce pays est traversé par une chaîne de montagnes; la Saône arrose la partie orientales. On remarque : Autun, où l'on trouve de curieuses antiquités romaines et une cathédrale, c'est l'ancienne Augustodunum; Cluny, qui avait une abbaye célèbre. — C'est la patrie de Divitiak, chef des Eduens; Eumène, Arborius, rhéteurs; Lamartine, poëte; Mathieu, astronome; comte de Rambuteau, préfet.

SARTHE (N° 72)

463,619 habitants; 4 arrondissements, 33 cantons, 391 communes; superficie en kilomètres carrés, 6,206.

Villes principales : Le Mans, 45,230 hab.; La Flèche, 9,292 hab.; Mamers, 5,832 hab.; Saint-Calais, 3648 hab.

Commerce et industrie. — Céréales, maïs, sarrasin, légumes, fruits à cidre, marrons, vins médiocres, volailles estimées, forges et hauts-fourneaux, fonte 2e fusion, gros fers, tôles, verreries, magnaneries, noix, tanneries, cuirs, peaux, gants, papeteries, moulins, blanchisseries.

Notes historiques, curiosités et célébrités. — Ce département est traversé par la rivière dont il porte le nom; il correspond en partie à l'ancien Maine, dont Le Mans est la capitale. Une funeste bataille y fut livrée en 1871 entre Français et Prussiens; Conlie fut le siége d'un camp en 1870-1871 pendant le temps de la guerre. — C'est la patrie de Garnier, poëte tragique; Pilon, sculpteur; Chappe, inventeur du télégraphe; Baïf, littérateur.

SAVOIE (N° 73)

271,163 habitants ; 4 arrondissements, 28 cantons, 331 communes ; superficie en kilomètres carrés, 5,759.

Villes principales : Chambéry, 18,279 hab. ; Albertville, 4,430 hab. ; Moutiers, 1,956 hab. ; Saint-Jean-de-Maurienne, 3,088 hab.

Commerce et industrie. — Froment, maïs, sarrasin, plantes aromatiques et médicinales, légumes, fruits ; éducation de vers à soie, cristaux, draps, gants, papiers, poteries et sel, ardoiseries, tanneries et verreries. Bestiaux, draps, fromages, vins, kirsch du Chablais, liqueurs et miel renommés.

Notes historiques, curiosités et célébrités. — Ce département a été formé de l'ancien duché du même nom ; on y remarque Aix-les-Bains et ses eaux minérales, et l'ancienne abbaye de Haute-Combe, où sont les tombeaux des ducs de Savoie. Chambéry en est la capitale ; on y remarque un château sur une hauteur qui domine la ville. — C'est la patrie de Vaugelas, grammairien ; abbé de Saint-Réal, historiographe ; de Maistre, écrivain.

SAVOIE (HAUTE-) (N° 74)

273,768 habitants ; 4 arrondissements, 27 cantons, 309 communes ; superficie en kilomètres carrés, 4,317.

Villes principales : Annecy, 11,554 hab. ; Bonneville, 2,284 hab. ; Saint-Julien, 1,410 hab., Thonon, 5,530 hab.

Commerce et industrie. — Froment, sarrasin, maïs, plantes potagères, moutons, vaches ; bois de sapin et de construction ; hauts-fourneaux, forges, laminoirs, fonderies, fours à chaux, scieries hydrauliques ; fabrique d'indiennes, tanneries, papeteries et verreries, tabacs.

Notes historiques, curiosités et célébrités. — Ce département a été formé de l'ancienne partie septentrionale du duché de Savoie ; il offre des aspects majestueux, des glaciers, des pics élancés ; on y remarque Chamonix, par les merveilles naturelles dont elle est entourée, la mer de glace, le Jardin, le glacier des Bossons. — C'est la patrie de Berthollet, chimiste ; Lange, peintre ; Gerdil, cardinal.

SEINE (N° 75)

2,150,916 habitants ; 3 arrondissements, 20 cantons, 81 communes ; superficie en kilomètres carrés, 475.

Villes principales : Paris, 1,825,374 hab. ; Saint-Denis, 26,117 hab. ; Sceaux, 2,578 hab.

Commerce et industrie. — Lavage, filage et tissage de laines, fabrique d'étoffes de soie, filature et tissage du coton, fabrique de dentelles et de blondes, de fleurs artificielles, de tapis et tentures, de papiers peints, d'outils, d'armes et instruments, de tissus imperméables, de bronze, d'orfèvrerie et plaqué, bijouterie et joaillerie ; fabrique de produits chimiques, instruments de musique, typographie, châles, fonderies et fers, usines de toutes espèces, gravures, etc., etc.

Notes historiques, curiosités et célébrités. — Ce département est un des plus petits, mais le plus important parce qu'il a pour capitale Paris, ville qui a produit le plus grand nombre d'hommes célèbres dont voici quelques-uns : Lenôtre, Mansart, architectes ; La Condamine, Delambre, astronomes ; Molière, Favart, Marivaux, Beaumarchais, auteurs ; Racine, J.-J.-Rousseau, Lamothe, Quinault, et une foule d'autres qu'il serait trop long d'énumérer.

SEINE-ET-MARNE (N° 76)

354,400 habitants ; 5 arrondissements, 29 cantons, 527 communes ; superficie en kilomètres carrés, 6,033.

Villes principales : Melun, 11,408 hab. ; Coulommiers, 4,445 hab. ; Fontainebleau, 10,787 hab. ; Meaux, 11,343 hab. ; Provins, 7,596 habitants.

Commerce et industrie. — Céréales, chanvre, légumes, fourrages, raisins Fontainebleau, vins, moutons, mérinos ; carrières de pierres de taille, fabrique de meules de moulin ; manufactures de porcelaines, de toiles peintes, tanneries importantes, filature de coton.

Notes historiques, curiosités et célébrités. — Ce département est arrosé par la Seine, la Marne et le Loing. On y remarque Fontainebleau, jolie ville et son beau château et une forêt vaste ; Montereau célèbre par la victoire de Napoléon Ier en 1814 ; Meaux, où on remarque une belle cathédrale gothique. — C'est la patrie de Mirabeau, orateur ; Philippe-Auguste, Philippe-le-Bel, Henri III, Louis XIII, Thibaud VI, rois ; Martin IV, pape ; Jacques Amyot, évêque ; Moreau, Guyot, poètes ; Jehan de Chelles, Pierre de Montereau, architectes, Valentin, peintre.

SEINE-ET-OISE (N° 77)

533,737 habitants ; 6 arrondissements, 36 cantons, 684 communes ; superficie en kilomètres carrés, 5,736.

Villes principales: Versailles, 44,021 hab. ; Corbeil, 5,541 hab. ; Etampes, 8,228 hab. ; Pontoise, 6,287 hab.; Rambouillet, 3,971 hab.

Commerce et industrie. — Céréales, légumes, fruits renommés, betteraves, vins communs, chevaux, moutons, vaches laitières, indiennes, châles et tissus de cachemires ; manufacture de porcelaines ; filatures hydrauliques de coton et laine, fabrique de produits chimiques; fonderies de métaux ; fabrique de joujoux, bonneterie de laines filées ; tourbes.

Notes historiques, curiosités et célébrités. — Ce département est arrosé par la Seine, l'Oise et la Marne. Versailles, capitale, est une belle ville qui possède un château superbe bâti par Louis XIV et de magnifiques jardins; elle fut le quartier général du roi de Prusse en 1870 et 1871. On y remarque Marly qui a une machine et un aqueduc pour conduire les eaux de Versailles. — C'est la patrie de saint Louis, Henri II, Charles IX, Louis XIV et Louis XVI, rois de France ; de Montfort, de Montmorency, connétables ; Sully, ministre ; Berthier, Blanchard, Hoche, Leclerc, Lefort, généraux ; abbé de L'Epée ; La Bruyère ; Houdon, sculpteur ; Philippe V, roi d'Espagne.

SEINE-INFÉRIEURE (N° 78)

792,768 habitants ; 5 arrondissements, 50 cantons, 761 communes ; superficie en kilomètres carrés, 5,603.

Villes principales : Rouen, 100,671 hab. ; Dieppe, 19,946 hab. ; le Havre, 74,900 hab. ; Neufchâtel, 3,616 hab. ; Yvetot, 8,873 hab. ;

Commerce et industrie. — Céréales, colza, betteraves, houblon, fruits, cidre, moutons, volailles, moellons, pavés, chaux, argile, marne, tourbe ; fabriques de toiles peintes et étoffes de laines ; filature et teinture de coton, de laine, fabriques de tissus dits rouenneries et calicots, des draps, flanelle, serge, filatures de lin ; raffineries de sucre et d'huile ; pêche maritime ; ouvrages d'ivoire.

Notes historiques, curiosités et célébrités. — Ce département est arrosé par la Seine, qui acquiert une largeur considérable, à Rouen, capitale possédant une belle cathédrale gothique ; cette ville fut occupée par les Prussiens en 1870-1871. Jeanne d'Arc fut brulée à Rouen par les Anglais en 1430. On y remarque le Havre, un des ports de mer marchands les plus commerçants ; Arques, où Henri IV remporta une victoire ; Eu, qui possède un château magnifique. — C'est la patrie des deux Corneille ; Benserade, de Fontenelle, Chaulieu, Du Belley, Ancelot, Delavigne, Mme du Bocage, poëtes ; Bernardin-de-Saint-Pierre, Mmes Scudéri et Lafayette, littérateurs ; Boïeldieu, compositeur ; Duquesne, Gonneville, marins ; Duvivier, Levavasseur, généraux ; Lesueur, graveur, Géricault, Restout, Court, peintres.

SÈVRES (DEUX-) (N° 79)

333,165 habitants; 4 arrondissements, 31 cantons, 355 communes; superficie en kilomètres carrés, 5,999.

Villes principales : Niort, 20,775 hab. ; Bressuire, 2,820 hab. ; Melle, 2,556 hab. ; Parthenay, 4,844 hab.

Commerce et industrie. — Légumes, fruits, noix, amandes, châtaignes, houblon, vin ordinaire, eaux-de-vie, pierres à meules et à bâtir ; bestiaux et bœufs, grains, graines, lins, vinaigre, ganterie, fabrique de souliers, filatures de laine et coton, manufactures de crins frisés, distilleries, huileries.

Notes historiques, curiosités et célébrités. — Ce département tire son nom de la Sèvre Niortaise qui l'arrose au sud. On y remarque Thouars par son magnifique château qui appartenait à la famille Trémouille et Châtillon, où les Vendéens remportèrent une victoire en 1793. — C'est la patrie de Jacques Yver, poëte ; Isambert et Larcher, jurisconsultes ; de la Meilleraie, maréchal ; Deliniers, amiral ; Chabot, général ; Caillié, voyageur.

SOMME (N° 80)

572,690 habitants ; 5 arrondisements, 41 cantons, 833 communes ; superficie en kilomètres carrés, 9,161 kil.

Villes principales : Amiens, 61,063 hab. ; Abbeville, 19,385 hab. ; Doullens, 4,706 hab. ; Montdidier, 4,326 hab. ; Péronne, 1,262 hab.

Commerce et industrie. — Graines oléagineuses, betteraves, fruits à cidre, chevaux, lin, chanvre ; poterie, tuiles, carreaux; chaux, acide sulfurique ; filature et tissage de coton et de laine, velours de coton et d'Utrecht, satins turcs, prunelles, poils de chèvre, piqués, laines, draps, papiers, sucreries, bonneterie en grand, serrureries, tanneries, cordes et ficelles ; vins et eaux-de-vie.

Notes historiques, curiosités et célébrités. — Ce département est baigné par la Manche. Amiens, ancienne et grande ville, fameuse par le traité de paix qui fut signé entre la France et l'Angleterre le 25 mars 1802 ; elle possède une belle cathédrale gothique de 1er ordre ; cette ville fut prise par les Espagnols en 1597, et Henri IV les en chassa la même année. Corbie, petite ville célèbre par son abbaye de Bénédictins ; Crécy, où on prétend que les premiers canons furent vus ; Nesle, qui soutint un siége contre Charles le Téméraire ; Saint-Valery, où Guillaume le Conquérant partit à la tête de cent mille hommes et 1,400 voiles pour conquérir l'Angleterre. — C'est la patrie de Pierre l'Hermite, prédicateur ; Parmentier, agronome ; Voiture, poëte, Delambre, astronome ; Pérée, contre-amiral ; Duméril, naturaliste ; Du Cange, jurisconsulte.

TARN (N° 81)

355,523 habitants ; 4 arrondissements, 35 cantons, 315 communes ; superficie en kilomètres carrés, 5,742.

Villes principales : Albi, 16,576 hab. ; Castres, 21,367 hab. ; Gaillac, 7,870 hab. ; Lavaur, 7,376 hab.

Commerce et industrie. — Chanvre, anis, coriandre, pastel, chevaux, volailles, abeilles, vers à soie, fabriques importantes de draps et étoffes, filatures, papeteries, forges métallurgiques, fabriques d'acier, mines de houille et mines de fer exploitées, minoteries, martinets à cuivre, fabriques de bonnets, tanneries, chapelleries, teintureries.

Notes historiques, curiosités et célébrités. — Ce département est couvert de montagnes qui appartiennent aux Cévennes, et est traversé par la rivière qui lui donne son nom. Albi, sa capitale, possède une cathédrale magnifique. Cette ville a donné son nom à une secte d'hérétiques, contre lesquels on fit une croisade vers le treizième siècle. On cite parmi les grands hommes le navigateur Lapérouse ; M. et Mme Dacier, philologues ; les généraux d'Hautpoul et Dugua ; le maréchal Soult ; Rivals, père et fils, peintres.

TARN-ET-GARONNE (N° 82)

228,069 habitants ; 3 arrondissements, 24 cantons 193 communes ; superficie en kilomètres carrés, 3,720.

Villes principales : Montauban, 25,991 hab. ; Castel-Sarrasin, 6,835 hab. ; Moissac, 9,661 hab.

Commerce et industrie. — Sarrazin, millet noir, légumes, melons, truffes, châtaignes, lin, chanvre, safran, tabac, fruits, vins, volailles, minoterie, draperie, toilerie, préparation de duvets et plumes à écrire, mécaniques à filer la laine et le coton, fabriques de toiles à sacs, tanneries et teintureries estimées, deux hauts-fourneaux.

Notes historiques, curiosités et célébrités. — Ce département est arrosé par la Garonne et le Tarn qui lui ont donné leur nom. Il a pour capitale, Montauban, qui fut pendant les guerres de religion une des principales places des protestants, et qui soutint un siége terrible contre Louis XIII, en 1621, et le repoussa ; mais en 1629 elle lui ouvrit ses portes. Ce roi en fit raser les fortifications. — Parmi les hommes célèbres, on cite : de Pompignan, poëte ; Ingres, peintre ; le général Guibert ; Olympe de Gouges ; Jean-Bon-Saint-André, conventionnel ; de la Valette, grand maître de Malte.

VAR (N° 83)

308,550 habitants ; 3 arrondissements, 27 cantons, 142 communes ; superficie en kilomètres carrés, 6,083.

Villes principales : Draguignan, 9,819 hab. ; Brignolles, 5,945 hab. ; Toulon, 77,126 hab.

Commerce et industrie. — Céréales, fruits du Midi, mûriers, oliviers, fleurs odoriférantes, orangers, limons, grenades, figues, câpres, safran, plantes aromatiques, vins et eaux-de-vie, filature et ouvraison de soie, parfumerie, fabrique d'essences, de savons, de papiers, de faïences, de bouchons ; pêche importante.

Notes historiques, curiosités et célébrités. — Ce département occupe une partie de l'ancienne Provence. Il est couvert de montagnes en partie. On remarque Toulon qui possède le premier arsenal de France et un port maritime de guerre. Cette ville fut livrée aux Anglais, en 1793, et reprise après un siége fameux, où le jeune Bonaparte se distingua par son génie. On cite parmi les hommes célèbres : Reille, général ; Désaugiers, chansonnier ; Peyrese, mathématicien ; Agricola, historien ; Gallus, poëte ; Barras, Isnard, l'abbé Siéyès, conventionnels.

VAUCLUSE (N° 84)

266,101 habitants ; 4 arrondissements, 22 cantons, 149 communes ; superficie en kilomètres carrés, 3,547.

Villes principales : Avignon, 26,427, hab. ; Apt, 5,940 hab. ; Carpentras, 10,848 hab. ; Orange, 106,22 hab.

Commerce et industrie. — Céréales, fruits, légumes, garance, olivier, plantes aromatiques et médicinales, vins renommés, moutons, bêtes à cornes, fabriques de soieries estimées, distilleries, tanneries, papeteries, fabrique d'étoffes de laines et de draperies ; filature de chanvre, fabrique de toiles et de produits chimiques, hauts-fourneaux, laminage de cuivre et de plomb, fonderie de fonte de fer deuxième fusion.

Notes historiques, curiosités et célébrités. — Ce département a été formé du comtat d'Avignon, qui a appartenu aux papes jusqu'en 1791. Il est couvert, en partie, de montagnes. Avignon, sa capitale, fut, pendant 68 ans, la résidence des papes. On y remarque l'ancien palais des papes, la cathédrale. Vaucluse est célèbre par sa fontaine que Pétrarque a chantée. Parmi ses hommes célèbres on peut citer : Fléchier, évêque ; Bourdaloue, missionnaire ; Crillon, capitaine d'Henri IV ; Vernet, peintre ; Lagarde, Meunier, des Essarts, généraux.

VENDÉE (N° 85)

404,473 habitants; 3 arrondissements, 30 cantons, 296 communes; superficie en kilomètres carrés, 6,703.

Villes principales : La Roche-sur-Yon, 8,710 hab. ; Fontenay-le-Comte, 8,062 hab.; les Sables-d'Olonne, 7,352 hab.

Commerce et industrie. — Céréales, chanvre, légumes, fourrages, vins, gros bétail, moutons, chevaux de petite taille, papeteries, fabriques de sucre de betterave, tanneries, corderies, chapelleries d'étoffes et toiles communes, armements pour la pêche.

Notes historiques, curiosités et célébrités. — Ce département tire son nom de la rivière qui l'arrose. Ce pays se distingua en 1793, lors de la République, par son attachement à la monarchie. Une lutte acharnée qui y eut lieu prit le nom de *Guerre de la Vendée*. La Roche-sur-Yon en est la capitale. Cette ville a changé deux ou trois fois de nom. On distingue Maillezais, qui eut une célèbre abbaye au moyen âge. Parmi les hommes célèbres, on cite : l'amiral Gauthier; Rapin, poëte; Colot, médecin, de Salle, journaliste; Billard, Bonamy, généraux; Brisson, Tiraguau, jurisconsultes; Imbert, voyageur.

VIENNE (N° 86)

324,537 habitants, 5 arrondissements, 31 cantons, 296 communes; superficie en kilomètres carrés, 6,970.

Villes principales : Poitiers, 31,034 hab.; Châtellerault, 14,278 hab.; Civray, 2,284 hab.; Loudun, 4,403 hab.; Montmorillon, 5,203 hab.

Commerce et industrie. — Céréales, vins communs, eaux-de-vie, truffes, châtaignes, noix, fruits, moutons, mulets, pierres de taille, miel, cire, trèfle et sainfoin, armes et coutellerie de Châtellerault. Exploitation, préparation et fabrication de métaux en grand.

Notes historiques, curiosités et célébrités. — Ce département tire son nom de la rivière qui l'arrose. Poitiers, sa capitale, possède quelques restes d'antiquités. On y admire la cathédrale. Charles Martel y remporta une victoire sur les Sarrazins en 732, et le prince Noir y vainquit le roi Jean en 1356. On remarque aussi aux environs Vouillé, célèbre par la victoire que Clovis y remporta sur les Visigoths en 507. C'est la patrie de la Balue, cardinal; de Hugues de Poitiers, de Richard, chroniqueurs; des Sainte-Marthe, érudits; de la marquise de Montespan, de saint Hilaire, évêque.

VIENNE (HAUTE-) (N° 87)

326,137 habitants; 4 arrondissements, 27 cantons, 200 communes, superficie en kilomètres carrés, 5,516.

Villes principales : Limoges, 53,022 hab.; Bellac, 3,674 hab.; Rochechouart, 4,261 hab.; Saint-Irieix, 7,826 hab.

Commerce et industrie. — Vins, seigles, sarrasin, froment, avoine, maïs, millet, légumes, mulets, chevaux, bestiaux, carrières de terre et d'émail à porcelaines, forges et hauts-fourneaux au bois, tréfilerie et clouterie, porcelaines, manufactures de flanelle, chapellerie, distillerie.

Notes historiques, curiosités et célébrités. — Ce département est arrosé par la Vienne. On y remarque Chalus, au siége de laquelle Richard Cœur-de-Lion mourut, et la Roche-Abeille, où le duc d'Anjou remporta une victoire en 1569 sur les protestants. On cite parmi les grands hommes qu'il a produits : saint Eloi, Clément VI, Grégoire XI, papes; d'Aguesseau, chancelier; Dupuytren, chirurgien; la Reynie, ministre; Gay-Lussac, chimiste; Jourdan, maréchal; Dalesme, Souham, de Bonneval, généraux; Muret, littérateur; Dorat, poëte.

VOSGES (N° 88)

418,998 habitants; 5 arrondissements, 30 cantons, 546 communes; superficie en kilomètres carrés, 6,079.

Villes principales : Epinal, 11,870 habitants; Mirecourt, 5,735 hab.; Neufchâteau, 3,793 hab.; Remiremont, 6,074 hab.; Saint-Dié, 10,472 hab.

Commerce et industrie. — Céréales, avoine, bière, eaux-de-vie de marc; kirschwasser, plantes médicinales, houblon, chanvre, lin, fromages, poissons, hauts-fourneaux, forges, fabrique d'aciers naturels fer-blanc, tôle, tréfilerie, ateliers de coutellerie, exploitation de granit et de marbre, filature et tissage d'étoffes de coton; commerce de fromages, acier et merrain.

Notes historiques, curiosités et célébrités. — Ce département est couvert en partie par les monts dont il porte le nom, et est arrosé par la Meurthe et la Moselle. Une partie de ce pays a été cédé à la Prusse en 1871. On y remarque Domrémy, lieu de naissance de Jeanne d'Arc. C'est la patrie de Victor, maréchal; de Boulay, ministre; de Blaise, mathématicien; de Gelée, dit le Lorrain, paysagiste.

YONNE (N° 89)

372,589 habitants, 5 arrondissements, 37 cantons, 482 communes; superficie en kilomètres carrés, 7,428.

Villes principales : Auxerre, 15,497 hab.; Avallon, 6,070 hab.; Joigny, 6,239 hab.; Sens, 11,901 hab.; Tonnerre, 5,429 hab.

Commerce et industrie. — Céréales, vins, fruits et légumes, châtaignes, truffes, chanvre, pâturages, tourbes, hauts-fourneaux, fonte, gros fer, forges, verreries, gobeleteries, faïences, poteries, tuiles et carreaux, dits de Bourgogne, briques, chaux et ciment hydraulique, filature et tissage de laine, serge, papeterie, scieries hydrauliques, fabriques de feuillettes, grains, charbon de bois.

Notes historiques, curiosités et célébrités. — Ce département occupe une partie de l'ancienne Bourgogne et de la Champagne. Il est arrosé par la rivière qui lui a donné son nom. On remarque Fontenay, célèbre par la bataille qui s'y livra entre les fils de Louis le Débonnaire; Sens, qui possède une belle cathédrale et le mausolée de Louis XIV. Il s'y est tenu plusieurs conciles, notamment en 1140, où Abeilard fut condamné. On cite parmi les grands hommes : saint Germain l'Auxerrois, Germain de Brie, historien, de Bèze, successeur de Calvin; Jean Cousin, peintre; Vauban, ingénieur; Soufflot architecte; le maréchal Davoust; Bourbotte, Maure, conventionnels; Marie, avocat.

PAYS ÉTRANGERS

ROYAUME D'ANGLETERRE

30,000,000 d'habitants ; 52 comtés ; superficie en kilomètres carrés, 300,000.

Villes principales : Londres, 3,000,000 d'hab. ; Manchester, 460,000 hab. ; Liverpool, 450,000 hab ; Bristol, 155,000 hab.; Birmingham ; 300,000 hab. ; Edimbourg, 170,000 hab. ; Glascow, 400,000 hab. ; Dublin, 250,000 hab. ; Corck, 106,000 hab.; Plymouth, 90,000 hab. ; Portsmouth, 70,000 hab. ; Greenwich, 140,000 hab. , Leicester, 80,000 hab. ; Newcastle, 90,000 hab.

Commerce et industrie. — Peu de pays possèdent autant de mines que l'Angleterre : le charbon de terre, le fer, le cuivre et l'étain donnent surtout d'énormes produits ; on y élève des bœufs nombreux ; les chevaux anglais sont renommés ainsi que les moutons ; toiles de calicots unies ; toiles teintes ou imprimées, batistes et mousselines, fils de coton ; étoffes de laine, draps ; laine et coton ; lainages divers ; manufactures de laines, cotons, quincaillerie, d'armes, de verres, de tapis, de cotonnades, de châles crêpes, de bombassins ; de stoffs ; fonderies de canons ; fabriques de mousselines, de basins, de percales, de velours, de soieries, de machines à vapeur et de toutes sortes d'outils en acier ou en fer ; de bas et chaussettes à la mécanique ; de toutes sortes d'étoffes ; hauts-fourneaux et fontes, fabrique de rubans et horlogerie, de bas de laine et de soie ; usines de fer et de cuivre ; construction de vaisseaux, chantiers de construction et pêcheries importantes.

Notes historiques, curiosités et célébrités. — L'Angleterre, qu'on nomme aussi indifféremment Grande-Bretagne ou îles Britanniques, forme le principal archipel de l'Europe par son commerce, sa puissance et son génie. Ces îles étaient autrefois divisées entre elles, et formaient les trois royaumes distincts d'Angleterre, d'Ecosse et d'Irlande ; aujourd'hui réunies, elles forment le royaume d'Angleterre, dont Londres est la capitale, ville industrieuse et commerçante s'il en fût, qui possède la cathédrale de Saint-Paul, l'abbaye de Westminster, où sont déposés les tombeaux des rois et des grands hommes, le palais Saint-James, la tour de Londres et le tunnel sous la Tamise ; cette ville a éprouvé de grands désastres : une famine extraordinaire en 1258 : une épidémie qui enleva 100,000 personnes en 1665 et un incendie qui brûla 30,000 maisons en 1666. On remarque encore Portsmouth, premier port de la marine, qui contient 1,200 vaisseaux ; Greenwich, célèbre par son observatoire et son hôpital maritime ; Hastings, célèbre par la victoire de Guillaume le Conquérant ; Edimbourg, qui possède une université célèbre, et le château d'Holy-Rood, résidence ancienne des rois d'Ecosse et que Charles X habita en fugitif pendant 2 fois : en 1789 et en 1830 ; Dublin, ville très-ancienne qui possède une université célèbre, de nombreux établissements scientifiques et littéraires ; Oxford et Cambrige, sièges de deux célèbres universités. Windsor, jolie petite ville, possède la plus belle maison de plaisance des rois d'Angleterre sur les côtes d'Irlande : au nord, on admire, le Pavé des Géants, assemblage étrange et grandiose de plusieurs milliers de colonnes basaltiques, rangées avec une symétrie admirable. Parmi les grands hommes que ce pays a produits, il faut citer : Shakspeare, Milton, Bacon, Thomas-Morus, Halley, Pope, Hampden, Temple, Hogarth, Pitt, Fox, Hume, Blair, Law, Walter-Scott, Thomas Reid, Richardson, Young, Moore et Jardine, Sheridan, Burck, Nelson, duc de Vellington, Sterne, Watt, Pence, Dugald-Stewart, Cromwell, Richard Cœur-de-Lion, Coork.

ROYAUME D'ITALIE

25,000,000 d'habitants; 4 provinces principales; superficie en kilomètres carrés, 296,000.

Villes principales : Milan, 280,000 hab.; Florence, 120,000 hab.; Venise, 120,000 hab.; Parme, 47,000 hab.; Livourne. 100,000 hab.; Pise, 50,000 hab.; Sienne, 35,000 hab.; Ancône, 45,000 hab.; Rome, 220,000 hab.; Naples, 450,000 hab.; Palerme, 200,000 hab.; Messine, 100,000 hab.; Catane, 70,000 hab.; Plaisance, 40,000 hab.; Brescia, 35,000 hab.; et Pavie, 25,000 hab.

Commerce et industrie. — L'industrie manufacturière est encore peu avancée en Italie. Les fabriques de céruse et de parchemin, de vitriol, de Rome, donnent des produits recherchés; on y cultive céréales, fourrages naturels, les fruits tels que figues, prunes, amandes, les oranges, les citrons, les pèches, les grenades, les melons, et généralement toute espèce de légumes y viennent en abondance. Les pâtes d'Italie sont renommées; le sol produit des vins délicieux; il s'y fait un grand commerce de corail.

Notes historiques, curiosités et hommes célèbres. — L'Italie était, avant 1859, partagée en 9 Etats; mais en 1870, les Etats de l'Eglise, qui reconnaissaient le Pape pour souverain et qui étaient un territoire indépendant de l'Italie, furent absorbés par le royaume, et ne forment aujourd'hui qu'une seule monarchie. C'est un des plus beaux pays qu'on connaisse, et on l'a appelé le jardin de l'Europe; il est arrosé par un grand nombre de fleuves et de rivières et baigné par la Méditerranée. On y admire au fond du golfe qui en porte le nom, Naples la première ville d'Italie, la cathédrale de Saint-Janvier, le musée Bourbonien, les grottes de Pausilippe, où le tombeau de Virgile est situé; dans les environs de Naples on remarque, Portici et son beau palais royal, des jardins magnifiques et les ruines d'Herculanum, engloutie par le Vésuve, en l'an 79 avant Jésus-Christ, ainsi que Pompéies, qui furent découvertes seulement en 1755. A l'entrée du golfe de Naples se trouvent les îles Capri, Ischia, renommées par ses vins et Procida; Rome, ancienne reine du monde, bien déchue de ce qu'elle fut autrefois; elle est arrosée par le Tibre; elle conserve encore les restes les plus précieux de l'antiquité et des monuments remarquables, entre autres, l'église Saint-Pierre, la plus belle qui existe dans l'univers; Saint-Jean de Latran, Saint-Paul, Sainte-Croix de Jérusalem, Saint-Louis des Français et une foule d'autres églises plus belles les unes que les autres; le Vatican, où sont renfermés des chefs-d'œuvre : le Laocoon, l'Apollon du Belvédère, l'Antinoüs et un grand nombre d'autres, le Colisée, immense amphithéâtre. Florence est la capitale du royaume; on y admire la cathédrale, le palais Pitti, la galerie Médicis, une des plus belles qui existent; Milan, ancienne capitale de la Lombardie, grande et belle ville, possède une admirable cathédrale de 500 pieds de long sur 200 de large; elle est surmontée de 365 clochers. Aux environs on remarque Magenta, Turbigo, célèbres par les victoires des Français; Pavie, qui possède une université, et où François Ier perdit une bataille en 1525; Marignan, connue par une victoire du même; Agnadel où les Français furent vainqueurs en 1509 et 1705; Lodi, Castiglione, où les Français furent vainqueurs en 1796; Solférino, où les Français furent vainqueurs des Autrichiens en 1859; Gaëte, place forte et qui fut le dernier asile du roi de Naples qui soutint un siége contre les Piémontais en 1860; Marengo, où Napoléon, aidé par le général Dessaix, battit les Autrichiens en 1800. — C'est la patrie du Tasse, du Dante, de Pétrarque; des peintres le Guido, les trois Carrache, le Dominiquin, de Michel-Ange, de Raphaël, l'Albane, de Léonard de Vinci, des Pline, Machiavel; des papes Grégoire XIII, Benoît XIV, Pie VI; Alfieri, Cimabué, Boccace, Giotto, peintres; Léon X, pape; Galilée, astronome; Pie VII, pape; le Corrége, peintre; Christophe Colomb, Améric Vespuce et André Doria.

EMPIRE DE PRUSSE

28,000,000 d'habitants; 11 provinces; superficie en kilomètres carrés 355,000 kil.

Villes principales : Berlin, 650,000 hab.; Posen, 45,000 hab.; Kœnigsberg, 100,000 hab.; Dantzig, 80,000 hab.; Postdam, 45.000 hab.; Stettin, 60,000 hab.; Breslau, 160,000 hab.; Magdebourg, 80.000 hab.; Munster, 25,000 hab.; Coblentz, 25.000 hab.; Cologne, 120,000 hab.; Aix-la-Chapelle, 65,000 hab.; Crevelt, 55,000 hab.; Dusseldorf, 55,000 hab.; Elberfeld, 65,000 hab.; Hanovre, 80,000 hab.; Kiel, 20,000 hab.; Altona, 54,000 hab.; Cassel, 40,000 hab,; Francfort-sur-le-Mein, 90,000 hab.; Hambourg, 60,000 hab.

Commerce et industrie. — Dans ce pays, l'industrie est très-importante; la fabrique des toiles s'y fait en grand; la métallurgie, la passementerie et la fabrication des étoffes de laine et de coton y sont très-actives.

La Prusse possède des mines de fer, de zinc, de plomb, de cuivre et de houille. L'exploitation de ces mines occupe 100,000 ouvriers ; les vallées sont riches en pâturages ; les bords du Rhin sont fertiles en grains, céréales, fourrages et vins renommés. Sur le bord de la mer, on recueille l'ambre jaune. La Prusse possède en outre des hauts-fourneaux et de magnifiques manufactures de cristaux et de porcelaines dites de Saxe.

Notes historiques, curiosités et hommes célèbres. — La plus grande partie de la Prusse était autrefois la Germanie ; cette contrée était presque partout couverte de forêts, et surtout celle de Teutoburgienne, célèbre par le massacre des trois légions romaines que commandait Varus ; les peuples étaient fiers et belliqueux, firent souvent trembler l'empire romain, et contribuèrent pour beaucoup à sa ruine. La Prusse se composait, il y a quelques années, de deux parties séparées par divers États de l'Allemagne ; mais depuis 1871, elle forme un territoire compact et a pris le nom d'empire, comprenant le gouvernement d'Alsace-Lorraine.

Cet empire à pour capitale Berlin, deuxième ville d'Allemagne ; on y remarque la belle promenade sous les tilleuls ; l'Arsenal, un des plus vastes de l'Europe ; le palais du roi ; musée, université, académie ; on y remarque encore, Tilsit, célèbre par l'entrevue de Napoléon Ier et d'Alexandre Ier, empereur de Russie ; Friedland et Eylau, célèbres par deux victoires que les Français y remportèrent ; Postdam, jolie ville, qui possède de beaux châteaux ; Brandebourg, qui doit sa prospérité aux réfugiés protestants qui vinrent s'y établir, lors de la révocation de l'édit de Nantes ; Breslau, grande ville, qui a une belle cathédrale et une célèbre université ; Lutzen, célèbre par la victoire et la mort de Gustave-Adolphe en 1632, et par une victoire de Napoléon Ier en 1813 ; Cologne, qui possède une belle cathédrale ; Aix-la-Chapelle, ville ancienne, illustrée par le séjour de Charlemagne ; Tolbiac, célèbre par une victoire des Francs sur les Allemands. C'est la patrie de Gœthe, poëte ; Kant, philosophe ; Copernic, astronome ; le grand Frédéric, roi de Prusse ; Otto de Guérike, inventeur ; Luther ; saint Bruno, fondateur des Chartreux ; Rubens, peintre ; Herschell, astronome ; Albert Durer, peintre ; Guttenberg, inventeur.

RÉPUBLIQUE SUISSE

2,500,000 habitants ; 22 cantons ; superficie en kilomètres carrés 40,900.

Villes principales : Zurich, 20.000 hab. ; Genève, 45,000 hab. ; Bâle, 40,000 hab. ; Lucerne, 12,000 hab. ; Lausanne, 20,000 hab. ; Schaffouse, 10,000 hab.

Commerce et industrie. — Le commerce est très-florissant, malgré les obstacles qu'oppose la nature du sol ; l'horlogerie y fait d'immenses progrès. Manufactures de soie et étoffes de draps, toiles de lin et de chanvre de coton ; fabrique de papiers, gants, dentelles, chapeaux de paille et instruments de mathématiques, tanneries cuirs et peaux ; mines de fer, de cuivre, de plomb ; cristal, soufre, beaux marbres et eaux minérales. L'industrie agricole est dans un état prospère ; il y a surtout de belles prairies.

Notes historiques, curiosités et célébrités. — La Suisse fut habitée pendant longtemps par des populations qui recherchaient le séjour des lacs, comme on le voit par les habitations lacustres (sur pilotis) qu'on a trouvées sur le lac de Zurich et autres endroits. On y remarque la ville de Zurich, qui fut le théâtre d'une bataille gagnée par les Français contre les Austro-Russes en 1796 ; un traité y fut conclu entre la France et l'Autriche en 1859 ; les cantons, d'Uri, de Schwitz, d'Unterwalden ont la gloire d'avoir fondé la confédération. On admire la cataracte de Laufen, de 60 pieds ; dans le canton de Berne, on admire les Alpes avec leurs plus hauts sommets et leurs plus vastes glaciers ; le Valais, que les torrents les plus rapides parcourent et qui forment de belles cascades : la plus haute est celle de Pisse-Vache, qui a 100 mètres. — C'est la patrie d'Holbein, Bernouilli, Euler, Hermann, Buxtorff, Jean-Jacques Rousseau, A. Saussure, Bonnet, Pictet, Necker, Mme de Staël, Tœpfer, Pradier, Gessner, Bodmer, Zwingle, Jean de Muller, Guillaume Tell, Arnold de Melchthal et Stauffœcher.

ROYAUME D'ESPAGNE

20,000,000 d'habitants ; 13 capitaineries générales ; superficie en kilomètres carrés, 465,000.

Villes principales : Valence, 107,000 hab. ; Murcie, 30,000 hab. ; Grenade, 80,000 hab. ; Séville, 100,000 hab. ; Cordoue, 36,000 hab. ; Cadix, 80,000 hab. ; Saragosse, 60,000 hab. ; Madrid, 800,000 hab., Badajoz, 22,000 hab.

Commerce et industrie. — L'Espagne est un des pays les plus arriérés pour l'industrie ; la fabrication du coton se fait en grand dans la Catalogne et celle des toiles est très-importante ; fabriques de mégisseries, glaces, papiers, nankins, toiles cirées et peintes, porcelaines et faïences, chapeaux soie filée et tissus ; elle renferme des mines d'or et d'argent, de plomb, de fer, de cuivre et de mercure ; citronniers, orangers, caroubiers, grenadiers, palmiers, dattiers. Les vignes y sont renommées.

Notes historiques, curiosités et célébrités. — L'Espagne forme avec le Portugal une vaste presqu'île qu'on nommait autrefois péninsule hispanique ou Ibérique. Ce pays est traversé par les Pyrénées et par les monts Cantabres; les guerres civiles empêchent ce royaume de prospérer. On y remarque Madrid, capitale du royaume, qui fut tour à tour occupée par les Maures et les Espagnols : les Français y entrèrent en 1808; on y admire la Place-Major, le palais du Conseil; la Corogne, victoire des Français sur les Anglais, 1809; Saragosse, prise par les Français, 1809; Léon, par sa belle cathédrale; on admire à Tolède le vaste palais de l'Alcazar et sa belle cathédrale, chef-d'œuvre de magnificence; Grenade, où on admire la forteresse et le palais de l'Alhambra. — C'est la patrie du Cid, Lope de Vega, Calderon de Barca, des deux Sénèque, de Lucain, d'Averrhoës, de Barthélemy de Las-Cases, de Michel de Cervantès, de Velasquez, de Murillo, Quevedo de Villegas, Ercilla, Gonzalve de Cordoue, Théodose, Adrien et Trajan, trois empereurs romains.

ROYAUME DE GRÈCE

1,500,000 habitants; divisée en 14 monarchies; superficie en kilomètres carrés, 52,000.

Villes principales : Athènes, 50,000 hab.; Patras, 30,000 hab.; Corfou, 25,000 hab.; Zante, 20,000 hab.; Hydra, 18,000 hab.; Syra, 35,000 hab.

Commerce et industrie. — L'agriculture est fort négligée, et, quoique fertile, elle produit peu de grains; mais l'olivier, le cédrat, les orangers, les grenadiers, les mûriers y abondent; elle récolte du coton, des vins et des raisins renommés; les vers à soie et les abeilles y donnent des produits excellents. Dans l'archipel, on pêche des éponges; les marbres de l'île de Paros et du mont Pentélique sont célèbres.

Notes historiques, curiosités et célébrités. — La Grèce eut d'abord pour habitants des hordes sauvages dont la principale était celle des Pélasges, d'après laquelle elle fut appelée Pélasgie.

Parmi ses villes, qui furent fameuses dans l'antiquité, on distingue Athènes, capitale; on y remarque encore le Parthénon; Navarin, où les flottes combinées de la France, de l'Angleterre et de la Russie remportèrent une victoire sur la flotte turco-égyptienne en 1827 ; Sparta, bâtie sur les ruines de l'ancienne Sparte ; Milo, où on a trouvé de célèbres antiquités ; Pharsale, célèbre par la victoire de César sur Pompée; Delphes, par un temple à Apollon ; Olympie, renommée par les jeux qu'on y célébraient tous les quatre ans, et beaucoup d'autres dont on admire aujourd'hui les ruines. — C'est la patrie d'Homère, Miltiade, Thémistocle, Aristide, Périclès, Alcibiade, Léonidas, Euripide, Climène, Xénophon, Epaminondas, Pélopidas, Philopémen, Polybe, Aratus, Pindare et une foule d'autres grands philosophes et guerriers.

TURQUIE D'EUROPE

15,000,000 d'habitants; 11 vilayets ou gouvernements; superficie en kilomètres carrés, 528,000.

Villes principales : Constantinople, 800,000 hab.; Rodosto, 40,000 hab.; Salonique, 70,000 hab.; Andrinople, 100,000 hab.; Sophia, 50,000 hab.; Janina, 40,000 hab.; Jassy, 80,000 hab.; Buckharest, 130,000 hab.; Belgrade, 30,000 hab.

Commerce et industrie. — Mieux cultivée, ce serait une des plus belles contrées de l'Europe. Les principaux produits sont : le blé, le riz, le vin, les raisins, l'huile d'olives, le pavot, le tabac, le coton et la soie; on y élève beaucoup de rosiers pour fabriquer de l'huile et essence de roses, fabrique de soies, imprimerie orientale à Constantinople, ouvrages en acier; chaudronnerie, ferblanterie et armes à feu.

Notes historiques, curiosités et célébrités. La région qui est occupée par les Turcs, en Europe, correspond aux anciens pays de l'Illyrie, de la Macédoine, de l'Epire, de la Thrace et de la Thessalie. Alexandre réunit tous ces divers pays sous sa domination, mais, à sa mort, ils furent démembrés : les Romains s'emparèrent d'une partie, mais ils furent chassés par des peuples qui sortirent de l'Asie. Les Croisés fondèrent l'Empire latin d'Orient, mais les Turcs finirent par rester les seuls maîtres de ces contrées. Constantinople est remarquable par son étendue et son aspect imposant ; elle possède un sérail, de nombreuses mosquées, surtout Sainte-Sophie, qui est comparée à Saint-Pierre de Rome; les mosquées des sultans Ahmed. Soliman-Asman, la plus belle. Philippes, célèbre par une victoire d'Octave et d'Antoine sur Brutus et Cassius, et qui décida du sort de l'Empire romain. — C'est la patrie du grand Constantin.

EMPIRE D'AUTRICHE.

36,000,000 d'habitants ; 18 provinces ; superficie en kilomètres carrés, 623,000.

Villes principales : Vienne, 600,000 hab ; Lintz, 30,000 hab. ; Inspruck, 16,000 hab. ; Gratz, 65,000 hab. ; Prague, 130,000 hab. ;

Brünn, 60,000 hab. ; Lemberg, 70,000 hab. ; Cracovie, 40,000 hab. ; Presbourg, 45,000 hab. ; Bude, 55,000 hab. ; Theresiopel, 50,000 hab. ; Pesth, 130,000 hab.

Commerce et industrie. — L'industrie métallurgique y est très-importante ; les cuirs, les toiles, dentelles, draps, étoffes de soie, verreries, peaux chamoisées, bois sculptés ; l'agriculture y est très-avancée, mais la nature du pays est peu favorable ; l'Autriche possède des mines d'or, d'argent, de fer, de cuivre et de plomb. — Le sol produit céréales, chanvre, garance et tabacs, les vins du Rhin sont estimés.

Notes historiques, curiosités et hommes célèbres. — Le Norique, la Pannonie et la Dacie sont les anciens pays auxquels correspond l'Empire austro-hongrois. Il se forma, au moyen âge, plusieurs États indépendants, mais l'archiduché d'Autriche fut le plus puissant et il réunit les autres États sous sa domination et prit le nom d'empire d'Allemagne. En 1806, ils prirent le nom d'empire d'Autriche, dont Vienne est la capitale. Elle a de beaux édifices, parmi lesquels on cite le palais impérial et la cathédrale de Saint-Étienne ; cette ville fut assiégée et prise par les Français en 1805 et 1809 ; dans les environs se trouve Wagram, célèbre par une victoire des Français en 1809 ; Trente, célèbre par le concile qui s'y tint ; Sadowa, par une victoire des Prussiens en 1866, et Austerlitz, autre victoire des Français en 1805, et le pont de Lodi, passage effectué par l'armée française sous le feu terrible de l'armée autrichienne. — C'est la patrie de Jean Huss, Jérôme de Prague, Stanislas Leczietzski, Mozart, Boscovich.

ROYAUME DE DANEMARK.

1,800,000 habitants ; 1 province ; superficie en kilomètres carrés, 38,000.

Villes principales : Copenhague, 155,000 hab. ; Elseneur, 10,000 hab. ; Aalborg, 10,000 hab. ; Aarhuus, 10,000 hab.

Commerce et industrie. — Peu productif au nord ; il y a de riches pâturages ; on y fait de riches récoltes de blé, de chanvre, de lin, de tabac, de houblon et de colza ; pêcheries importantes.

Notes historiques, curiosités et hommes célèbres. — Ce pays correspond à une partie de l'ancienne Chersonèse cimbrique. Les Cimbres et les Jutes furent les premiers peuples qui l'habitèrent. Le Danemark autrefois était très-puissant : il possédait la Suède et la Norwége, qui l'une et l'autre ont secoué son joug, et la Prusse en a pris une autre partie en 1864. Les Danois possèdent l'île d'Islande, pays froid et stérile, mais intéressant par ses montagnes volcaniques, dont la principale est le mont Hékla, en éruption et dont les flammes, la fumée et les laves brûlantes contrastent avec les neiges et les glaces dont elle est constamment couverte. Le Danemark a de nombreuses sources d'eaux chaudes ; les plus fameuses sont les Geisirs, qui s'élancent en jets magnifiques et intermittents. Copenhague, sa capitale a été incendiée trois fois au XVIIIe siècle. On y remarque les châteaux de Christiansbourg et d'Amalienborg, son université et sa bibliothèque royale.

ROYAUME DE BELGIQUE.

5,000,000 d'habitants ; 9 provinces ; superficie en kilomètres carrés, 29,500.

Villes principales : Bruges, 50,000 hab. ; Ypres, 25,000 hab. ; Gand, 130,000 hab. ; Anvers, 120,000 hab. ; Malines, 36,000 hab. ; Bruxelles, 200,000 hab. ; Louvain, 32,000 hab. ; Mons, 28,000 hab. ; Liége, 100,000 hab. ; Namur, 26,000 hab. ; Tournai, 32,000 hab.

Commerce et industrie. — Fabrique de toiles de Flandre, dentelles, cotons imprimés, tapis, soieries et draps de Verviers, d'armes, coutellerie, d'orfévrerie ; forges et hauts-fourneaux, machines à vapeur ; brasseries et blanchisseries ; le sol, très fertile, produit du blé, lin, chanvre, tabac et garance ; carrières de marbre, usines de plomb, de fer et surtout de houille, qui sont nombreuses.

Notes historiques, curiosités et hommes célèbres. — Ce pays occupe une partie de l'ancienne Gaule, et fut souvent disputé. En 1830, il forma un état indépendant. Nous y remarquons Bruxelles, capitale du royaume, belle et grande ville ; aux environs, Waterloo, célèbre par la victoire des alliés qui consomma la ruine du grand Napoléon, en 1815 ; Anvers, défendue par une citadelle que les Français prirent en 1831 ; Fontenoy, où les Français remportèrent une victoire sur les Anglais et les Hollandais ; Jemmapes, célèbre par la victoire des Français sur les Autrichiens, et Fleurus, par trois victoires gagnées par les Français ; Bruges, où on admire la cathédrale et la tour des halles. — C'est la patrie de Vander Meulen, Jean van Eyck ; des deux Champagne, de Charles VII, Téniers, Van Dick ; Charles-Quint, Jordaëns, Van Helmont, de Vesale, Clairfayt, Prince de Ligne, Roland de Lassus, Jean Bollandus, Mercator, Grétry, Ortelius, Péterneff, d'Edelinck, Grutter, Warin.

ROYAUME DE HOLLANDE

3,500,000 habitants ; 11 provinces ; superficie en kilomètres carrés, 32,000.

Villes principales : Leeuwarden, 27,000 hab. ; Nimègue, 25,000 hab. ; Utrecht, 60,000 hab. ; Amsterdam, 265,000 hab. ; Harlem, 30,000 hab. ; La Haye, 90,000 hab. ; Leyde, 38,000 hab. ; Maëstricht, 30,000 hab.

Commerce et industrie. — La tourbe, la garance, les harengs, les fromages, l'eau-de-vie de grains, la faïence, les toiles, papiers, les étoffes de soie, blanchisserie, fabrique de tabac, raffinerie de sucre, de salpêtre, de céruse ; vermillon et fleurs. — Le sol est préservé de l'inondation par de fortes digues.

Notes historiques, curiosités et hommes célèbres. — Dans l'antiquité, les Pays-Bas ou Hollande faisait partie de la Gaule et de la Germanie. Elle fut partagée entre plusieurs chefs indépendants ; ils furent tous réunis à la maison d'Autriche, puis, ils conquirent leur indépendance en 1579, sous Philippe II ; Napoléon Ier s'empara de ce pays ; mais il redevint indépendant après les désastres des Français en 1815. On y remarque Amsterdam, belle et grande ville, qui possède le plus bel hôtel de ville du monde, et un port qui contient 1,200 vaisseaux ; Harlem, qui possède une cathédrale avec un orgue colossal de 60 registres et 8,000 tuyaux ; Leyde, célèbre par son université et l'imprimerie des Elzéviers. — C'est la patrie des amiraux Ruyter et Tromp ; Erasme, J. Second, Suysch, Huygens, Guillaume III, Jean II, Jean et Corneille de With ; de Rembrandt, de Gérard, de Miéris, de Dow, Lucas de Leyde, du célèbre Thomas à Kempis.

ROYAUME DE SUÈDE ET NORWÈGE

5,800,000 habitants ; 5 provinces ; superficie en kilomètres carrés, 738,000.

Villes principales : Stockholm, 135,000 hab. ; Noorkœping, 25,000 hab. ; Malmœ, 20,000 hab. ; Gothembourg, 45,000 hab. ; Christiania, 65,000 hab. ; Bergen, 30,000 hab. ; Drontheim, 20,000 habitants.

Commerce et industrie. — L'industrie y est active, principalement en draps, tissus de laine, châles, tissus de coton et de lin ; les sucres, les papiers, les cuirs, les huiles, les machines et les planches pour constructions maritimes. Il y a aussi des mines d'argent, de cuivre, de plomb, de cobalt et de fer très-estimées.

Notes historiques, curiosités et hommes célèbres. — Ce royaume est aussi nommé Scandinavie ; il portait le même nom chez les anciens ; de ces pays sortirent les Hérules, qui portèrent les derniers coups à l'Empire romain, et les Normands, qui s'établirent sur les côtes de France. On y remarque Stockholm, qui semble placé au milieu d'un grand et superbe jardin ; le palais du roi est un des plus beaux de l'Europe ; Christiania, capitale de la Norwège, a l'aspect agréable et majestueux ; sur ses côtes se trouve le gouffre dangereux de Malstrœm, qui attire quelquefois les navires et les engloutit, et fait un bruit qui s'entend de loin ; cette partie est hérissée de montagnes. Ce pays a de sombres forêts, des cascades magnifiques et des glaciers. — C'est la patrie de Gustave Wasa, de Linné et de Berzélius.

EMPIRE DE RUSSIE

77,000,000 d'habitants ; 65 gouvernements ; superficie en kilomètres carrés, 5,870,000.

Villes principales : Saint-Pétersbourg, 550,000 hab. ; Moscou, 450,000 hab. ; Kazan, 65,000 hab. ; Nijni-Novgorod, 36,000 hab. ; Saratow, 65,000 hab. ; Riga, 75,000 hab. ; Wilna, 50,000 hab. ; Varsovie, 165,000 hab. ; Astrakan, 50,000 hab. ; Odessa, 107,000 hab. ; Cronstadt, 40,000 hab. ; Sébastopol, 50,000 hab. ; Tobolsk, 30,000 hab. ; Tiflis, 50,000 hab.

Commerce et industrie. — Les monts Ourals renferment des mines d'or, de diamants, de cuivre, de fer, de platine et de charbon. La Russie exporte des cuirs, des fourrures et des bois de construction très estimés. Elle produit et exporte du blé en quantités considérables ; elle possède des manufactures d'armes, des fonderies de fer, de cuivre et d'acier. Dans le midi, on récolte du vin, toutes sortes de fruits et de légumes ; le miel y est en abondance et on en fabrique une liqueur estimée, l'hydromel ; ses peaux d'animaux sont très-recherchées ; les rennes, surtout, font l'objet d'un commerce et sont les seuls animaux domestiques qu'on rencontre dans une grande partie de la Russie ; elle fait un immense commerce avec l'Asie.

Notes historiques, curiosités et célébrités. —Cet empire immense, qui s'étend jusque dans l'Asie, est baigné au nord par l'océan Glacial arctique, et couvert d'immenses steppes incultes et de sombres forêts. — Les monts Ourals le traversent et le séparent de l'Asie. On y remarque Saint-Pétersbourg, ville magnifique et capitale de l'Empire, qui fut fondée en 1703 par Pierre-le-Grand. On y admire la régularité de ses rues, la statue équestre de Pierre-le-Grand, en bronze, posée sur un énorme rocher de granit et qui pèse 1,500,000 kilogrammes. Son transport a été un des plus grands efforts de la mécanique ; la colonne d'Alexandre Ier, formée d'un seul bloc de granit ;

le palais de l'Amirauté, le palais de la Tauride, le palais d'hiver, le palais d'été, et l'Observatoire de Paulkova. On y remarque aussi Moscou, l'ancienne capitale, qui fut prise par les Français en 1812 et brûlée par les Russes ; on y admire sa cathédrale, le palais du Kremlin ; la grande tour d'Iwan Wéliki, où se trouve une cloche du poids de 200,000 kilog., remise en usage depuis 1836 ; Bordiro, où se livra en 1812 la fameuse bataille de la Moskowa ; Sébastopol, assiégée et prise par les armées anglo-françaises ; Odessa bombardée par les mêmes en 1855 ; Nijni-Novgorod, célèbre par sa foire annuelle : 100,000 négociants viennent y échanger les marchandises de l'Asie et de l'Europe ; Smolensk, prise par les Français en 1812 ; on y remarque les ruines d'Inkermann, où les Anglo-Français vainquirent les Russes en 1854 ; Eupatoria, prise par les mêmes ; Pultava, célèbre par la victoire que Pierre-le-Grand y remporta sur Charles XII, roi de Suède ; Narva, où Charles XII vainquit Pierre-le-Grand. Au nord, on trouve la petite rivière de l'Alma, célèbre par la victoire des alliés. — Parmi les hommes célèbres que la Russie a fournis, on remarque Pierre-le-Grand ; Ruric, fondateur ; Alexandre II ; les princes Dolgorouki ; Catherine II, impératrice ; Vrangel, voyageur célèbre ; le célèbre Souvaroff, et dans la partie polonaise cédée à la Russie, le prince Poniatowski, et une foule d'autres qui ne sont pas connus.

ROYAUME DE PORTUGAL.

4,500,000 habitants ; 17 districts ; superficie en kilomètres carrés, 87,000.

Villes principales : Lisbonne, 275,000 hab. ; Sétubal, 20,000 hab. ; Coïmbre, 16,000 hab. ; Porto, 100,000 hab. ; Bragance, 16,000 hab.

Commerce et industrie. — L'industrie consiste en draps communs, étoffes de laine et de soie, tissus de fil et de coton. — Ce pays possède des mines d'or, d'argent, de fer, d'étain et de cuivre ; le sol est très fertile, mais mal cultivé ; il produit des oranges, des citrons, des olives et des vins renommés.

Notes historiques, curiosités et hommes célèbres. — Ce pays correspond à la partie de l'ancienne Lusitanie, et fut envahi par les Maures au VIIIe siècle, et repris par les Espagnols aux rois maures. Henri de Bourgogne, qui avait rendu des services au roi d'Espagne, reçut de lui le comté de Portugal, aujourd'hui érigé en royaume. Il fut conquis par Philippe II roi d'Espagne et reconquit son indépendance en 1640. On admire, à Lisbonne, sa capitale, le palais de l'Inquisition, la Bourse, l'hôtel des Indes et la place du Rocio. Cette ville fut détruite en partie par un tremblement de terre en 1755. Alméida fut prise par les Français en 1810. — C'est la patrie du Camoëns, des D'Albuquerque, Bartallozzi, de saint Antoine de Padoue et d'Alméida et d'une foule d'autres guerriers célèbres.

LONGUEUR DES PRINCIPAUX FLEUVES DU GLOBE.

NOMS DES FLEUVES.	PAYS OU ILS SONT SITUÉS.	EMBOUCHURES.	LONGUEURS KILO-MÉTRIQUES.
Amazone	Amérique	Océan atlantique	5.400
Jénisseï	Asie	Océan arctique	5.000
Yang-Tse-Kiang	Asie	Mer orientale	4.600
Nil et le fleuve Blanc	Afrique	Méditerranée	4.400
Hoang-Ho	Asie	Mer orientale	4.200
Léna	Asie	Océan arctique	4.000
Oby	Asie	Ocean arctique	4.000
Amour	Asie	Mer du Japon	3.800
Léna	Asie	Océan arctique	3.700
Jénisseï	Asie	Océan arctique	3.600
Missouri	Amérique	Mississipi	3.500
Méi-Kong	Asie	Mer de Chine	3.500
Plata et Parana	Amérique	Océan atlantique	3.440
Niger	Afrique	Océan atlantique	3.400
Oby	Asie	Océan arctique	3.300
Saint-Laurent et Saint-Louis	Amérique	Golfe de Saint-Laurent	3.300
Mississipi	Amérique	Golfe du Mexique	3.200
Mackensie	Amérique	Océan arctique	3.200
Parana	Amérique	La Plata	3.200
Volga	Europe	Mer Caspienne	3.400
Salouen	Asie	Mer des Indes	2.900
Danube	Europe	Mer Noire	2.800
Rio-del-Norte	Amérique	Golfe du Mexique	2.700
Indus	Asie	Golfe d'Oman	2.600
Euphrate	Asie	Golfe Persique	2.500
Gange	Asie	Golfe de Bengale	2.400
Orénoque	Amérique	Océan atlantique	2.400
Para	Amérique	Océan atlantique	2.300
Arkansas	Amérique	Mississipi	2.200
San-Francisco	Amérique	Océan atlantique	2.100
Saint-Laurent (du lac Ontario)	Amérique	Golfe Saint-Laurent	1.900
Djihoun ou Amou	Asie	Mer d'Aral	1.900
Paraguay	Amérique	Parana	1.800
Dniéper	Europe	Mer Noire	1.700
Sir-Daria	Asie	Mer d'Aral	1.600
Ohio	Amérique	Mississipi	1.600
Orégon	Amérique	Océan Pacifique	1.600
Sénégal	Afrique	Océan atlantique	1.600
Don	Europe	Mer d'Azof	1.500
Oural	Europe	Mer Caspienne	1.500
Gambie	Afrique	Océan atlantique	1.300
Tigre	Asie	Euphrate	1.300
Kolyma	Asie	Océan arctique	1.300
Dwina	Europe	Mer Blanche	1.300
Pechtora	Europe	Océan arctique	1.300
Rhin	Europe	Mer du Nord	1.200
Loire	Europe	Océan atlantique	1.000
Vistule	Europe	Mer Baltique	1.000
Elbe	Europe	Mer du Nord	1.000
Tage	Europe	Océan atlantique	900
Oder	Europe	Mer Baltique	900
Rhône	Europe	Méditerranée	800
Guadiana	Europe	Océan atlantique	800
Douro	Europe	Océan atlantique	800
Dniester	Europe	Mer Noire	800
Seine	Europe	Manche	700
Ebre	Europe	Méditerranée	700
Garonne	Europe	Océan atlantique	600
Guadalquivir	Europe	Océan atlantique	600
Niémen	Europe	Mer Baltique	600
Pô	Europe	Mer Adriatique	600
Pruth	Europe	Danube	600
Severn	Europe	Canal de Bristol	400
Tamise	Europe	Mer du Nord	300
Plata (Rio de la)	Amérique	Océan atlantique	240

HAUTEUR DES PRINCIPALES MONTAGNES DU GLOBE

AU-DESSUS DU NIVEAU DE LA MER.

NOMS des MONTAGNES.	LIEUX OU ELLES SONT SITUÉES	HAUTEUR en MÈTRES	NOMS des MONTAGNES.	LIEUX OU ELLES SONT SITUÉES	HAUTEUR en MÈTRES
Mont Everest . . .	Himalaya (Asie) . .	8,840	Mont Terror. . . .	Océanie	4,232
Ranchinga (Sikking)	Himalaya (Asie) . .	8,582	Jung-Frau.	Europe	4,180
Dhaulagiri.	Himalaya (Asie) . .	8,176	Coffre de Perote. .	Amérique	4,088
Juvahir	Himalaya (Asie) . .	7,824	Mont Ophyr. . . .	Océanie	3,950
Choomalari	Himalaya (Asie) . .	7,298	Grand Pelvoux . .	Europe	3,934
Aconcaga	Amérique	6,834	Lac Titicaca. . . .	Amérique	3,915
Sahama (volcan) . .	Amérique	6,812	Ortler-Spitz	Europe	3,908
Demavend.	Asie.	6,559	Mont Visp.	Europe	3,840
Chimborazo	Amérique	6,530	Fusi-No-Yama . . .	Asie.	3,793
Sorata.	Amérique	6,487	Rimdjani	Océanie	3,768
Illimagni.	Amérique	6,445	Tubreonon.	Océanie	3,734
Aréquipa	Amérique	6,190	Semeru-Gunong . .	Océanie	3,729
Kindu-Koh.	Asie.	6,167	Pic de Ténériffe . .	Afrique	3,710
Kilimanjaro	Afrique	6,096	Alaid	Asie.	3,658
Chipicani (volcan) .	Amérique	6,018	Sesarga.	Océanie	3,658
Cayambé.	Amérique	5,954	Mulahaçen.	Europe	3,555
Antisana.	Amérique	5,833	Mont Anbotismène.	Afrique	3,507
Cotapaxi.	Amérique	5,753	Atlas	Afrique	3,475
Pichu-Pichu	Amérique	5,690	Col du Géant . . .	Europe	3,426
Elbrouz	Asie.	5,642	Maladetta	Europe	3,404
Mont Saint-Élie . .	Amérique	5,443	Bélouka	Asie.	3,372
Pic d'Orizaba . . .	Amérique	5,295	Mont Perdu	Europe	3,351
Popocatepelt. . . .	Amérique	5,250	Viguemale.	Europe	3,298
Mont Ararat. . . .	Asie.	5,155	Mont Etna.	Europe	3,237
Kasbeck.	Asie.	5,045	Piton des Neiges .	Afrique	3,067
Mont Woso. . . .	Afrique	5,040	Ruska-Poyand . . .	Europe	3,021
Cerro de Potosi . .	Amérique	4,923	Mont Taurus. . . .	Asie.	2,987
Mont Brown. . . .	Amérique	4,874	Mont Edgecumbe .	Océanie	2,935
Mowuna Roa . . .	Océanie	4,838	Mont Budosch. . .	Europe	2,924
Mont Blanc	Europe (Alpes). . .	4,815	Mont Surul	Europe	2,924
Klientschewsk. . .	Asie.	4,80[illegible]	Olympe	Europe	2,906
Sierra Nevada . . .	Amérique	4,786	Liban	Asie.	2,906
Mont Rose (Alpes).	Europe	4,636	Pic du Midi	Europe	2,877
Ras-Dajan	Afrique	4,620	Ile Fogo (volcan) .	Afrique	2,789
Singalan.	Océanie	4,572	Canigou.	Europe	2,785
Montagne du Beautemps	Amérique	4,540	Schischaldinskoï. .	Amérique	2,729
Tinster-Aar-Horn. .	Europe	4,362	—	—	—

HAUTEUR DES PRINCIPALES MONTAGNES DU GLOBE

AU-DESSUS DU NIVEAU DE LA MER. (*Suite.*)

NOMS des MONTAGNES.	LIEUX OU ELLES SONT SITUÉES	HAUTEUR en MÈTRES	NOMS des MONTAGNES.	LIEUX OU ELLES SONT SITUÉES	HAUTEUR en MÈTRES
Grand Balkan . . .	Europe	2,705	Sierra d'Estrella . .	Europe	1,700
Pic Lomnitz. . . .	Europe	2,701	Humboldt	Océanie	1,682
Monte Rotondo. . .	Europe	2,672	Mont Tendre. . . .	Europe	1,682
Pic Dodabetta . . .	Asie.	2,670	Mont Dargal. . . .	Océanie	1,673
Monte d'Oro	Europe	2,652	Puy Mary	Europe	1,658
Lombock	Océanie	2,648	Koniakofsky	Asie.	1,645
Pedrotalagalla . . .	Asie.	2,524	Mont Hussoko. . .	Europe	1,624
Sneehatten.	Europe	2,500	Schneekoppe. . . .	Europe	1,608
Mont Parnasse. . .	Europe	2,459	Mont Adelat. . . .	Europe	1,578
Yanteles.	Amérique	2,447	Hékla	Europe	1,560
Taygète	Europe	2,419	Snœfell-Iokul . . .	Europe	1,559
Mont du Pic. . . .	Afrique	2,412	Mont des Géants. .	Europe	1,512
Monte Vellino . . .	Europe	2,393	La Solfatare. . . .	Amérique	1,485
Mont Ziria.	Europe	2,374	Puy-de-Dôme. . . .	Europe	1,465
Tomboro.	Océanie	2,316	Guebwiller.	Europe	1,429
Mont Sinaï	Asie.	2,285	Mont Giganta . . .	Amérique	1,402
Montagnes Bleues .	Amérique	2,218	Pointe-Noire. . . .	Europe	1,372
Mont Sarmiento . .	Amérique	2,106	Montagne Pelée . .	Amérique	1,351
Mont del Cobre . .	Amérique	2,100	Ben-Nevis.	Europe	1,325
Mont Athos	Europe	2,066	Mont Jorullo . . .	Amérique	1,300
Mont Koschiuscko .	Océanie	1,981	Mont Bathurst. . .	Océanie	1,219
Mont Ossa.	Europe	1,972	Vésuve	Europe	1,198
Mont Ventoux. . .	Europe	1,912	Mont Parnasse. . .	Europe	1,194
Puy de Sancy. . .	Europe	1,886	Mont Erix.	Europe	1,187
Plomb du Cantal. .	Europe	1,858	Montagne de la Table	Afrique	1,163
Mont Ruivo	Afrique	1,847	Broken	Europe	1,140
Mont Seaview. . .	Océanie	1,829	Sierra da Foya. . .	Europe	1,100
Mont Chaco	Amérique	1,829	Snowdon	Europe	1,089
Mont Itambe. . . .	Amérique	1,817	Sierra Ventana. . .	Amérique	1,067
Tandiamole	Asie.	1,762	Shehallion.	Europe	1,039
Le Mezenc.	Europe	1,754	Mont Hymette. . .	Europe	1,027
Hélicon	Europe	1,749	Stromboli	Europe	901
Mont Lindsay . . .	Océanie	1,737	Assomption	Océanie	639

HAUTEURS PRINCIPALES DE QUELQUES LIEUX HABITÉS DU GLOBE D'APRÈS L'ANNUAIRE DU BUREAU DES LONGITUDES.

NOMS DES LIEUX.	LIEUX où ils SONT SITUÉS.	HAUTEUR en MÈTRES	NOMS DES LIEUX.	LIEUX où ils SONT SITUÉS.	HAUTEUR en MÈTRES
Maison de poste d'Apo.	Amérique.	4,382	Madrid (ville).	Europe.	608
Maison de poste d'Ancomarca.	Amérique.	4,330	Inspruck.	Europe.	566
Village de Tacora	Amérique.	4,173	Lausanne (seuil de l'église).	Europe.	529
Ville de Calamarca.	Amérique.	4,161	Munich (sol de Notre-Dame).	Europe.	515
Métairie d'Antisana.	Amérique.	4,101	Augsbourg (sol de Saint-Ulrich).	Europe.	491
Potosi (ville).	Amérique.	4,061	Langres (sol de la Cathédrale).	Europe.	475
Puno (ville).	Amérique.	3,923	Salzbourg (ville)	Europe.	452
Oruro (ville)	Amérique.	3,796	Neufchâtel ville)	Europe.	438
La Paz (ville)	Amérique.	3,726	Plombières.	Europe.	421
Micicipampa (ville).	Amérique.	3,618	Genève (sol de l'Observatoire).	Europe.	408
Quito (ville)	Amérique.	2,908	Clermont-Ferrand (sol de la Cathédrale)	Europe.	407
Caxamarca (ville).	Amérique.	2,860	Lac de Genève.	Europe.	375
La Plata (ville).	Amérique.	2,844	Freyberg.	Europe.	372
Santa-Fé de Bogota.	Amérique.	2,661	Ulm (ville).	Europe.	369
Cuença (ville).	Amérique.	2,633	Ratisbonne (ville).	Europe.	362
Cochabanba (ville)	Amérique.	2,548	Brousse	Asie.	305
Hospice du grand St-Bernard.	Europe.	2,474	Gotha (village)	Europe.	285
Aréquipa (ville).	Amérique.	2,393	Dijon (sol de Saint-Bénigne).	Europe.	246
Mexico (ville).	Amérique.	2,277	Turin (ville)	Europe.	230
Hospice du Saint-Gothard	Europe.	2,075	Prague (ville).	Europe.	179
Saint-Véran (village)	Europe.	2,040	Chalons-s.-Saône (sol de St-Pierre).	Europe.	178
Brueil (village)	Europe.	2,007	Mâcon (étiage de la Saône).	Europe.	170
Kars (ville).	Asie.	1,905	Lyon (Rhône au pont de la Guillotière).	Europe.	163
Maurin (village).	Europe.	1,902	Cassel (ville).	Europe.	158
Erzeroum (ville).	Asie.	1,864	Lima (ville).	Amérique.	156
Héas (village).	Europe.	1,497	Moscou (sol de l'Observatoire)	Europe.	142
Hispahan (ville).	Asie.	1,345	Gœttingue	Europe.	134
Gavarnie (village, l'auberge).	Europe.	1,335	Vienne (ville)	Europe.	133
Briançon (sol de l'église).	Europe.	1,321	Toulouse (la Garonne)	Europe.	132
Barége (village, cour des bains).	Europe.	1,241	Bologne (ville).	Europe.	121
Téhéran (ville)	Europe.	1,230	Milan	Europe.	120
Saint-Ildephonse (palais)	Europe.	1,155	Dresde (ville).	Europe.	90
Mont-d'Or (bains).	Europe.	1,040	Constantinople (colline de Péra).	Asie.	88
Pontarlier (sol du clocher).	Europe.	838	Paris (Observatoire 1er étage).	Europe.	65
Jérusalem (sol du St-Sépulcre).	Asie.	779	Trébizonde.	Asie.	58
St-Sauveur (terrasse des bains).	Europe.	728	Parme (sol de Saint-Jean).	Europe.	49
Luz (église)	Europe.	706	Berlin (sol de l'ancien Observatoire).	Europe.	34
Tripolitza.	Europe.	663	Rome (sol de Saint-Pierre).	Europe.	29

PRINCIPAUX PASSAGES (DE MONTAGNES), DU GLOBE AU-DESSUS DU NIVEAU DE LA MER

NOMS DES PASSAGES.	LIEUX OU ILS SONT SITUÉS.	HAUTEUR EN MÈTRES.
Passage du Mont-Paquani.	Amérique.	4,641
— de Gualilas.	Amérique.	4,520
— de Tolapalca	Amérique.	4,290
— des Altos-de-los-Huessos.	Amérique.	4,137
— du Mont-Cervin.	Europe.	3,410
— Port-d'Oo.	Europe.	3,002
— Port-Viel-d'Estaubc.	Europe.	2,562
— Port-de-Pinede.	Europe.	2,499
— du Grand-Saint-Bernard.	Europe.	2,472
— du Col-de-Seigne	Europe.	2,461
— du Col-de-Furka.	Europe.	2,439
— Port-de-Gavarnie	Europe.	2,333
— du Col-Ferret.	Europe.	2,321
— Port-de-Cavarère.	Europe.	2,241
— du Petit-Saint-Bernard.	Europe.	2,292
— de Tourmalet.	Europe.	2,177
— du Saint-Gothard.	Europe.	2,075
— du Mont-Cenis	Europe.	2,066
— du Simplon.	Europe.	2,005
— du Mont Genèvre.	Europe.	1,937
— du Splugen.	Europe.	1,925
— La-Poste-du-Mont-Cenis	Europe.	1,906
— le Col-de-Tende.	Europe.	1,795
— les Taures-de-Rastadt.	Europe.	1,559
— du Brenner.	Europe.	1,420

HAUTEURS DE QUELQUES ÉDIFICES AU-DESSUS DU SOL.

NOMS DES ÉDIFICES	LIEUX OU ILS SONT SITUÉS.	HAUTEUR EN MÈTRES.
La plus haute des pyramides d'Egypte.	Afrique	146
La tour de Strasbourg (au-dessus du pavé).	Europe.	142
La tour de Saint-Étienne, à Vienne.	Europe.	138
La coupole de Saint-Pierre, à Rome	Europe.	132
La tour de Saint-Michel, à Hambourg	Europe.	130
La flèche de l'église d'Anvers	Europe.	120
La tour de Saint-Pierre, à Hambourg.	Europe.	119
Le clochet neuf de la cathédrale de Chartres	Europe.	113
La tour de Saint-Michel, à Bordeaux.	Europe.	113
La coupole de Saint-Paul, à Londres.	Europe.	110
Le dôme de Milan, au-dessus de la place.	Europe.	109
La tour des Asinelli, à Bologne.	Europe.	107
La flèche des Invalides, au-dessus du pavé.	Europe.	105
Le sommet du Panthéon, au-dessus du pavé.	Europe.	79
La balustrade de la tour de Notre-Dame.	Europe.	66
La colonne de la place Vendôme.	Europe.	43
La plate-forme de l'Observatoire de Paris.	Europe.	27
La mâture d'un vaisseau français de 120 canons au-dessus de la quille	Europe.	73

TROISIÈME PARTIE

PREMIÈRE DIVISION

PROCÉDURE CIVILE ET COMMERCIALE

Expliquée clairement et rendue facile à tous

Des citations.

Toute citation devant les juges de paix contiendra la date des jour, mois et an, les nom, profession et domicile du demandeur, les nom, demeure et immatricule de l'huissier, les nom et demeure du demandeur; elle énoncera sommairement l'objet et les moyens de la demande, et indiquera le juge de paix qui doit connaître de la demande, et le jour et l'heure de la comparution.

En matière purement personnelle ou mobilière, la citation sera donnée devant le juge du domicile du défendeur ; s'il n'a pas de domicile, devant le juge de sa résidence.

Elle le sera devant le juge de la situation de l'objet litigieux, lorsqu'il s'agira : — 1° des actions pour dommages aux champs, fruits et récoltes; — 2° des déplacements de bornes, des usurpations de terres, arbres, haies, fossés et autres clôtures, commis dans l'année; des entreprises sur les cours d'eau, commises pareillement dans l'année, et de toutes autres actions possessoires; — 3° des réparations locatives; — 4° des indemnités prétendues par le fermier ou locataire pour non-jouissance, lorsque le droit ne sera pas contesté, et des dégradations alléguées par le propriétaire.

La citation sera notifiée par l'huissier de la justice de paix du domicile du défendeur; en cas d'empêchement, par celui qui sera commis par le juge : copie en sera laissée à la partie; s'il ne se trouve personne en son domicile, la copie sera laissée au maire ou adjoint de la commune qui visera l'original sans frais.

Il y aura un jour au moins entre celui de la citation et le jour indiqué pour la comparution, si la partie citée est domiciliée dans la distance de trois myriamètres; — si elle est domiciliée au delà de cette distance, il sera ajouté un jour par trois myriamètres. — Dans le cas où les délais n'auront pas été observés, si le défendeur ne comparaît pas, le juge ordonnera qu'il soit assigné, et les frais de la première citation seront à la charge du demandeur.

Dans les cas urgents, le juge donnera une cédule pour abréger les délais, et pourra permettre de citer même dans le jour et à l'heure indiqués.

Les parties pourront toujours se présenter volontairement devant un juge de paix, auquel cas il jugera leur différend, soit en dernier ressort, si les lois ou les parties l'y autorisent, soit à la charge de l'appel, encore qu'il ne fût le juge naturel des parties ni à raison du domicile du défendeur, ni à raison de la situation de l'objet litigieux.— La déclaration des parties qui demanderont jugement sera signée par elles, ou mention sera faite, si elles ne peuvent signer.

Des audiences du juge de paix et de la comparution des parties.

Les juges de paix indiqueront au moins deux audiences par semaines: ils pourront juger tous les jours, même ceux de dimanches et fêtes, le matin et l'après-midi.—Ils pourront donner audience chez eux en tenant les portes ouvertes.

Au jour indiqué par la citation ou convenu entre les parties, elles comparaîtront en personne, ou par leurs fondés de pouvoir, sans qu'elles puissent faire signifier aucune défense.

Les parties seront tenues de s'expliquer avec modération devant le juge, et de garder en tout le respect qui est dû à la justice; si elles y manquent, le juge les y rappellera d'abord par un avertissement; en cas de récidive, elles pourront être condamnées à une amende qui n'excédera pas la somme de dix francs, avec affiches du jugement dont le nombre n'excédera pas celui des communes du canton.

Dans le cas d'insulte ou d'irrévérence grave envers le juge, il en dressera procès-verbal, et pourra condamner à un emprisonnement de trois jours au plus.

Les parties ou leurs fondés de pouvoir seront entendus contradictoitoirement. La cause sera jugée sur-le-champ ou à la première audience; le juge, s'il le croit nécessaire, se fera remettre les pièces.

Lorsqu'une des parties déclarera vouloir s'inscrire en faux, déniera l'écriture ou déclarera ne pas la reconnaître, le juge lui en donnera acte : il paraphera la pièce, et renverra la cause devant les juges qui doivent en connaître.

Dans le cas où un interlocutoire aurait été ordonné, la cause sera jugée définitivement au plus tard dans le délai de quatre mois du jour du jugement interlocutoire : après ce délai, l'instance sera périmée de droit ; le jugement qui serait rendu sur le fond sera sujet à l'appel, même dans les matières dont le juge de paix connaît en dernier ressort, et sera annulé, sur la réquisition de la partie intéressée. — Si l'instance est périmée par la faute du juge, il sera passible des dommages et intérêts.

L'appel des jugements de la justice de paix ne sera pas recevable après les trois mois, à dater du jour de la signification faite par l'huissier de la justice de paix, ou tel autre, commis par le juge.

Les jugements des justices de paix, jusqu'à concurrence de trois cents francs, seront exécutoires par provision, nonobstant l'appel, et sans qu'il soit besoin de fournir caution ; les juges de paix pourront, dans les autres cas, ordonner l'exécution provisoire de leurs jugements, mais à la charge de donner caution.

Les minutes de tout jugement seront portées par le greffier sur la feuille d'audience, et signées par le juge qui aura tenu l'audience et par le greffier.

Des jugements par défaut et des oppositions.

Si, au jour indiqué par la citation, l'une des parties ne comparaît pas, la cause sera jugée par défaut.

La partie condamnée par défaut pourra former opposition dans les trois jours de la signification faite par l'huissier du juge de paix, ou autre qu'il aura commis. — L'opposition contiendra sommairement les moyens de la partie et assignation au prochain jour d'audience, en observant toutefois les délais prescrits pour les citations : elle indiquera les jour et heure de la comparution, et sera notifiée ainsi qu'il est dit ci-dessus.

Si le juge de paix sait par lui-même, ou par les représentations qui lui seraient faites à l'audience par les proches, voisins ou amis du défendeur, que celui-ci n'a pu être instruit de la procédure, il pourra, en adjugeant le défaut, fixer, pour le délai de l'opposition, le temps qui lui paraîtra convenable ; et, dans le cas où la prorogation n'aurait été ni accordée d'office ni demandée, le défaillant pourra être relevé de la rigueur du délai, et admis à opposition, en justifiant qu'à raison d'absence ou de maladie grave, il n'a pu être instruit de la procédure.

La partie opposante qui se laisserait juger une seconde fois par défaut, ne sera plus reçue à former une nouvelle opposition.

Des jugements qui ne sont pas définitifs et de leur exécution.

Les jugements qui ne seront pas définitifs ne seront point expédiés quand ils auront été rendus contradictoirement et prononcés en présence des parties. Dans le cas où le jugement ordonnerait une opération à laquelle les parties devraient assister, il indiquera le lieu, le jour et l'heure, et la prononciation vaudra citation.

Si le jugement ordonne une opération par des gens de l'art, le juge délivrera à la partie requérante cédule de citation pour appeler les experts; elle fera mention du lieu, du jour et de l'heure, et contiendra le fait, les motifs et la disposition du jugement relative à l'opération. Si le jugement ordonne une enquête, la cédule de citation fera mention de la date du jugement, du lieu, du jour et de l'heure.

Toutes les fois que le juge de paix se transportera sur le lieu contentieux soit pour en faire la visite, soit pour entendre les témoins, il sera accompagné du greffier, qui apportera la minute du jugement préparatoire.

Il n'y aura lieu à l'appel des jugements préparatoires qu'après le jugement définitif, et conjointement avec l'appel de ce jugement; mais l'exécution des jugements préparatoires ne portera aucun préjudice aux droits des parties sur l'appel, sans qu'elles soient obligées de faire à cet égard aucune protestation ni réserve. — L'appel des jugements interlocutoires est permis avant que le jugement définitif ait été rendu. — Dans ce cas, il sera donné expédition du jugement interlocutoire.

Des visites des lieux et des appréciations.

Lorsqu'il s'agira, soit de constater l'état des lieux, soit d'apprécier la valeur des indemnités et dédommagements demandés, le juge de paix ordonnera que le lieu contentieux sera visité par lui, en présence des parties.

Si l'objet de la visite ou de l'appréciation exige des connaissances qui soient étrangères au juge, il ordonnera que les gens de l'art, qu'il nommera par le même jugement, feront la visite avec lui, et donneront leur avis : il pourra juger sur le lieu même sans désemparer. Dans les causes sujettes à l'appel le procès-verbal de la visite sera dressé par le greffier, qui constatera le serment prêté par les experts. Le procès-verbal sera signé par le juge, par le greffier et par les experts; et, si les experts ne savent ou ne peuvent signer, il en sera fait mention.

Dans les causes non sujettes à l'appel il ne sera point dressé de procès-verbal, mais le jugement énoncera les noms des experts, la prestation de leur serment et le résultat de leur avis.

De la récusation des juges de paix.

Les juges de paix pourront être récusés : 1° quand ils auront intérêt personnel à la contestation; 2° quand ils seront parents ou alliés d'une des parties jusqu'au degré de germain inclusivement; 3° si, dans l'année qui a précédé la récusation, il y a eu procès criminel entre eux et l'une des parties, ou son conjoint, ou ses parents et alliés en ligne directe; 4° s'il y a un procès civil existant entre eux et l'une des parties, ou son conjoint; 5° s'ils ont donné un avis écrit dans l'affaire.

La partie qui voudra récuser un juge de paix sera tenue de former la récusation, et d'en exposer les motifs par un acte qu'elle fera signifier par le premier huissier, requis au greffier de la justice de paix, qui visera l'original. L'exploit sera signé sur l'original et la copie par la partie ou son fondé de pouvoir spécial. La copie sera déposée au greffe, et communiquée immédiatement au juge par le greffier.

Le juge sera tenu de donner, au bas de cet acte, dans le délai de deux jours, sa déclaration par écrit portant ou son acquiescement à la récusation, ou son refus de s'abstenir, avec ses réponses aux moyens de récusation.

Dans les trois jours de la réponse du juge qui refuse de s'abstenir, ou faute par lui de répondre, expédition de l'acte de récusation, et de la déclaration du juge, s'il y en a, sera envoyée par le greffier sur la réquisition de la partie la plus diligente, au procureur de la République près le tribunal de première instance dans le ressort duquel la justice de paix est située : la récusation y sera jugée en dernier ressort dans la huitaine sans qu'il soit besoin d'appeler les parties.

De la conciliation.

Aucune demande principale introductive d'instance entre parties capables de transiger, et sur des objets qui peuvent être la matière d'une transaction, ne sera reçue dans les tribunaux de première instance que le défendeur n'ait été préalablement appelé en conciliation devant le juge de paix, ou que les parties n'y aient volontairement comparu.

Sont dispensés des préliminaires de la conciliation : 1° les demandes qui intéressent l'État et le domaine, les communes, les établissements publics, les mineurs, les interdits, les curateurs aux successions vacantes; 2° les demandes qui requièrent célérité; 3° les demandes en intervention ou en garantie; 4° les demandes en matière de commerce; 5° les demandes de mise en liberté, celles en main-levée de saisie ou d'opposition, en payement de loyers, fermages ou arrérages de rentes ou pensions, celles des avoués en payement de frais; 6° les demandes formées contre plus de deux parties, encore qu'elles aient le même intérêt; 7° les demandes en vérification d'écritures, en désaveu, en règlement de juges, en renvoi, en prise à partie; les demandes contre un tiers saisi, et en général sur les saisies, sur les offres réelles, sur la remise des titres, sur leur communication, sur les séparations de biens, sur les tutelles et curatelles.

Le défendeur sera cité en conciliation : 1° en matière personnelle et réelle, devant le juge de paix de son domicile; s'il y a deux défendeurs, devant le juge de l'un d'eux, au choix du demandeur; 2° en matière de Société autre que celle de commerce, tant qu'elle existe, devant le juge du lieu où elle est établie; 3° en matière de succession, sur les demandes entre héritiers, jusqu'au partage inclusivement; sur les demandes qui seraient intentées par les créanciers du défunt avant le partage; sur les demandes relatives à l'exécution des dispositions à cause de la mort, jusqu'au jugement définitif devant le juge de paix du lieu où la succession est ouverte.

Le délai de la citation sera de trois jours au moins.

La citation sera donnée par un huissier de la justice de paix du défendeur; elle énoncera sommairement l'objet de la conciliation.

Les parties comparaîtront en personne; en cas d'empêchement, par un fondé de pouvoir.

Lors de la comparution, le demandeur pourra expliquer, même augmenter sa demande, et le défendeur former celles qu'il jugera convenables : le procès-verbal qui en sera dressé contiendra les conditions de l'arrangement, s'il y en a; dans le cas contraire, il fera sommairement mention que les parties n'ont pu s'accorder. Les conventions des parties, insérées au procès-verbal, ont force d'obligation privée.

Celle des parties qui ne comparaîtra pas sera condamnée à une amende de dix francs, et toute audience lui sera refusée jusqu'à ce qu'elle ait justifié de la quittance.

La citation en conciliation interrompra la prescription et fera courir les intérêts; le tout pourvu que la demande soit formée dans le mois, à dater du jour de la non-comparution ou de la non-conciliation.

En cas de non-comparution de l'une des parties, il en sera fait mention sur le registre du greffe de la justice de paix, et sur l'original ou la copie de la citation, sans qu'il soit besoin de dresser procès-verbal.

Constitutions d'avoué et défenses.

Le défendeur sera tenu, dans les délais de l'ajournement, de constituer avoué, ce qui se fera par acte signifié d'avoué à avoué. Le défendeur ni le demandeur ne pourront révoquer leur avoué sans en constituer un autre. Les procédures faites seront valables.

Si la demande a été formée à bref délai, le défendeur pourra, au jour de l'échéance, faire présenter à l'audience un avoué, auquel il sera donné acte de sa constitution; ce jugement ne sera point levé; l'avoué sera tenu de réitérer, dans le jour, sa constitution par acte; faute par lui de le faire, le jugement sera levé à ses frais.

Dans la quinzaine du jour de la constitution, le défendeur fera signifier ses défenses signées de son avoué; elles contiendront offre de communiquer les pièces à l'appui ou à l'amiable, d'avoué à avoué, ou par la voie du greffe.

Dans la huitaine suivante le demandeur fera signifier sa réponse aux défenses.

Si le défendeur n'a point fourni ses défenses dans le délai de quinzaine, le demandeur poursuivra l'audience sur un simple acte d'avoué à avoué.

Après l'expiration du délai accordé au demandeur pour faire signifier sa réponse, la partie la plus diligente pourra poursuivre l'audience sur un simple acte d'avoué à avoué; pourra même le demandeur poursuivre l'audience, après la signification des défenses, et sans y répondre.

Aucunes autres écritures ni significations n'entreront en taxe.

Dans tous les cas où l'audience peut être poursuivie sur un acte d'avoué à avoué, il n'en sera admis en taxe qu'un seul pour chaque partie.

Des audiences, de leur publicité et de leur police.

Pourront les parties, assistées de leurs avoués, se défendre elles-mêmes : le tribunal cependant aura la faculté de leur interdire ce droit, s'il reconnaît que la passion ou l'inexpérience les empêche de discuter leur cause avec la décence convenable ou la clarté nécessaire pour l'instruction des juges.

Les parties ne pourront charger de leur défense, soit verbale, soit par écrit, même à titre de consultation, les juges en activité de service, procureurs généraux, avocats généraux, procureurs de la République, substituts des procureurs généraux, même dans les tribunaux autres que ceux près desquels ils exercent leurs fonctions : pourront néanmoins les juges, procureurs généraux, avocats généraux, procureurs de la République et substituts des procureurs généraux, plaider dans tous les tribunaux leurs causes personnelles et celles de leurs femmes, parents ou alliés en ligne directe, et de leurs pupilles.

Les plaidoiries seront publiques, excepté dans le cas où la loi ordonne qu'elles seront secrètes. Pourra cependant le tribunal ordonner qu'elles se feront à huis clos, si la discussion publique devait entraîner ou scandale ou des inconvénients graves; mais, dans ce cas, le tribunal sera tenu d'en délibérer, et de rendre compte de sa délibération au procureur général près la cour d'appel, et, si la cause est pendante dans une cour d'appel, au ministre de la justice.

Ceux qui assisteront aux audiences se tiendront découverts, dans le respect et le silence; tout ce que le président ordonnera pour le maintien de l'ordre sera exécuté ponctuellement et à l'instant. — La même disposition sera observée dans tous les lieux où, soit les juges, soit les procureurs de la République exerceront des fonctions de leur état.

Si un ou plusieurs individus, quels qu'ils soient, interrompent le silence, donnent des signes d'approbation ou d'improbation soit à la défense des parties, soit au discours des juges ou du ministère public, soit aux interpellations, avertissements ou ordres des présidents, juge-commissaire ou procureur de la République, soit aux jugements ou ordonnances, causent ou excitent du tumulte de quelque manière que ce soit, et si, après l'avertissement des huissiers, ils ne rentrent pas dans l'ordre sur-le-champ, il leur sera enjoint de se retirer, et les résistants saisis et déposés à l'instant dans la maison d'arrêt pour vingt-quatre heures; ils y seront reçus sur l'exhibition de l'ordre du président, qui sera mentionné au procès-verbal de l'audience.

Si le trouble est causé par un individu remplissant une fonction près le tribunal, il pourra, outre la peine ci-dessus, être suspendu de ses fonctions: la suspension, pour la première fois, ne pourra excéder le terme de trois mois. Le jugement sera exécutoire par provision, ainsi que dans le cas de l'article précédent.

Ceux qui outrageraient ou menaceraient les juges ou les officiers de justice dans l'exercice de leurs fonctions seront, de l'ordonnance du président, du juge-commissaire ou du procureur de la République, chacun dans le lieu dont la police lui appartient, saisis et déposés à l'instant dans la maison d'arrêt; interrogés dans les vingt-quatre heures, et condamnés par le tribunal, sur le vu du procès-verbal qui constatera le délit, à une détention qui ne pourra excéder le mois, et à une amende qui ne pourra être moindre de vingt-cinq francs ni excéder trois cents francs. — Si le délinquant ne peut être saisi à l'instant, le tribunal prononcera contre lui, dans les vingt-quatre heures, les peines ci-dessus, sauf l'opposition que le condamné pourra former dans les dix jours du jugement en se mettant en état de détention.

Des jugements.

Les jugements seront rendus à la pluralité des voix, et prononceront sur-le-champ : néanmoins les juges pourront se retirer dans la chambre du conseil pour y recueillir les avis; ils pourront aussi continuer la cause à une des prochaines audiences, pour prononcer le jugement.

S'il se forme plus de deux opinions, les juges plus faibles en nombre seront tenus de se réunir à l'une des deux opinions qui auront été émises par le plus grand nombre ; toutefois, ils ne seront tenus de s'y réunir qu'après que les voix auront été recueillies une seconde fois.

En cas de partage, on appellera, pour le vider, un juge, à défaut du juge, un suppléant ; à son défaut, un avocat attaché au barreau ; et à son défaut, un avoué; tous appelés selon l'ordre du tableau : l'affaire sera de nouveau plaidée.

Si le jugement ordonne la comparution des parties, il indiquera le jour de la comparution.

Tout jugement qui ordonnera un serment énoncera les faits sur lesquels il sera reçu.

Le serment sera fait par la partie en personne, et à l'audience. Dans le cas d'un empêchement légitime et dûment constaté, serment pourra être prêté devant le juge que le tribunal aura commis, et qui se transportera chez la partie assisté du greffier. — Si la partie à laquelle le serment est déféré est trop éloignée, le tribunal pourra ordonner qu'elle prêtera le serment devant le tribunal du lieu de sa résidence. — Dans tous les cas, le serment sera fait en présence de l'autre partie, ou elle dûment appelée par acte d'avoué à avoué, et, s'il n'y a pas d'avoué constitué, par exploit contenant l'indication du jour de la prestation.

Dans les cas où les tribunaux peuvent accorder des délais pour l'exécution de leurs jugements, ils le feront par le jugement même qui statuera sur la contestation, et qui énoncera les motifs du délai.

Le délai courra du jour du jugement, s'il est contradictoire, et de celui de la signification, s'il est par défaut.

Le débiteur ne pourra obtenir un délai, ni jouir du délai qui lui aura été accordé, si ses biens sont vendus à la requête d'autres créanciers, s'il est en état de faillite, de contumace, ou s'il est constitué prisonnier, ni enfin lorsque, par son fait, il aura diminué les sûretés qu'il avait données par le contrat à son créancier.

Les actes conservatoires seront valables, nonobstant le délai accordé.

Tous jugements qui condamneront en des dommages et intérêts en contiendront la liquidation, ou ordonneront qu'ils seront donnés par état.

Les jugements qui condamneront à une restitution de fruits ordonneront qu'elle sera faite en nature pour la dernière année; et, pour les années précédentes, suivant les mercuriales du marché le plus voisin, eu égard aux saisons et aux prix communs de l'année, sinon à dire d'experts, à défaut de mercuriales. Si la restitution en nature pour la dernière année est impossible, elle se fera comme pour les années précédentes.

Toute partie qui succombera sera condamnée aux dépens.

Pourront néanmoins les dépens être compensés, en tout ou en partie, entre conjoints, ascendants, descendants, frères et sœurs ou alliés au même degré; les juges pourront aussi compenser les dépens, en tout ou en partie, si les parties succombent respectivement sur quelques chefs.

Les avoués et huissiers qui auront excédé les bornes de leur ministère, les tuteurs, curateurs, héritiers bénéficiaires ou autres administrateurs qui auront compromis les intérêts de leur administration, pourront être condamnés aux dépens, en leur nom et sans répétition, même aux dommages et intérêts, s'il y a lieu, sans préjudice de l'interdiction contre les avoués et huissiers, et de la destitution contre les tuteurs et autres, suivant la gravité des circonstances.

Les avoués pourront demander la distraction des dépens à leur profit, en affirmant, lors de la prononciation du jugement, qu'ils ont fait la plus grande partie des avances. La distraction des dépens ne pourra être prononcée que par le jugement qui en portera la condamnation: dans ce cas, la taxe sera poursuivie et l'exécutoire délivré au nom de l'avoué, sans préjudice de l'action contre sa partie.

S'il a été formé une demande provisoire, et que la cause soit en état sur le provisoire et sur le fond, les juges seront tenus de prononcer sur le tout par un seul jugement.

L'exécution provisoire sans caution sera ordonnée s'il y a titre authentique, promesse reconnue, ou condamnation précédente par jugement dont il n'y a point d'appel. — L'exécution provisoire pourra être ordonnée, avec ou sans caution, lorsqu'il s'agira: — 1° d'apposition et levée de scellés, ou confection d'inventaires; — 2° de réparations urgentes; — 3° d'expulsion des lieux, lorsqu'il n'y a pas de bail, ou que le bail est expiré; — 4° de séquestres, commissaires et gardiens, — 5° de réception de caution et certificateurs; — 6° de nomination de tuteurs, curateurs, et autres administrateurs, et de reddition de compte ; — 7° de pensions ou provisions alimentaires.

Si les juges ont omis de prononcer l'exécution provisoire, ils ne pourront l'ordonner par un second jugement, sauf aux parties à la demander sur l'appel.

L'exécution provisoire ne pourra être ordonnée pour les dépens, quand même ils seraient adjugés pour tenir lieu de dommages et intérêts.

La rédaction des jugements contiendra les noms des juges, du procureur de la République s'il a été entendu, ainsi que des avoués ; les noms, professions et demeures des parties, leurs conclusions, l'exposition sommaire des points de fait et de droit, les motifs et le dispositif des jugements.

La rédaction sera faite sur les qualités signifiées entre les parties : en conséquence, celle qui voudra lever un jugement contradictoire, sera tenue de signifier à l'avoué de son adversaire les qualités contenant les noms, professions et demeures des parties, les conclusions et les points de fait et de droit.

L'original de cette signification restera pendant vingt-quatre heures entre les mains des huissiers audienciers.

L'avoué qui voudra s'opposer, soit aux qualités, soit à l'exposé des points de fait et de droit, le déclarera à l'huissier, qui sera tenu d'en faire mention.

Sur un simple acte d'avoué à avoué, les parties seront réglées sur cette opposition par le juge qui aura présidé ; en cas d'empêchement, par le plus ancien, suivant l'ordre du tableau.

S'il y a avoué en cause, le jugement ne pourra être exécuté qu'après avoir été signifié à avoué, à peine de nullité ; les jugements provisoires et définitifs qui prononceront des condamnations seront en outre signifiés à la partie, à personne ou domicile, et il sera fait mention de la signification à l'avoué.

Si l'avoué est décédé ou a cessé de postuler, la signification à la partie suffira, mais il y sera fait mention du décès ou de la cessation des fonctions de l'avoué.

Des jugements par défaut et oppositions.

Si le défendeur ne constitue pas avoué, ou si l'avoué constitué ne se présente pas au jour indiqué pour l'audience, il sera donné défaut.

Le défaut sera prononcé à l'audience, sur l'appel de la cause ; et les conclusions de la partie qui le requiert seront adjugées si elles se trouvent justes et bien vérifiées : pourront néanmoins les juges faire mettre les pièces sur le bureau pour prononcer le jugement à l'audience suivante.

Lorsque plusieurs parties auront été citées pour le même objet à différents délais, il ne sera pris défaut contre aucune d'elles qu'après l'échéance du plus long délai.

Toutes les parties appelées et défaillantes seront comprises dans le même défaut ; et, s'il en est pris contre chacune d'elles séparément, les frais desdits défauts n'entreront point en taxe, et resteront à la charge de l'avoué, sans qu'il puisse les répéter contre la partie.

Si, de deux ou de plusieurs parties assignées, l'une fait défaut, et l'autre comparaît, le profit du défaut sera joint, et le jugement de jonction sera signifié à la partie défaillante par un huissier commis ; la signification contiendra assignation au jour auquel la cause sera appelée ; il sera statué par un seul jugement, qui ne sera pas susceptible d'opposition.

Le défendeur qui aura constitué avoué, pourra, sans avoir fourni de défense, suivre l'audience par un seul acte et prendre défaut contre le demandeur qui ne comparaîtrait pas.

Les jugements par défaut ne seront pas exécutés avant l'échéance de la huitaine de la signification à avoué s'il y a eu constitution d'avoué, et de la signification à personne ou domicile s'il n'y a pas eu constitution d'avoué, à moins que, en cas d'urgence, l'exécution n'en ait été ordonnée avant l'expiration de ce délai. Pourront aussi les juges, dans le cas seulement où il y aurait péril en la demeure, ordonner l'exécution nonobstant l'opposition, avec ou sans caution, ce qui ne pourra se faire que par le même jugement.

Tous jugements par défaut contre une partie qui n'a pas constitué d'avoué seront signifiés par un huissier commis soit par le tribunal, soit par le juge du domicile du défaillant que le tribunal aura désigné ; ils seront exécutés dans les six mois de leur obtention, sinon seront réputés non avenus.

Le jugement est réputé exécuté, lorsque les meubles saisis ont été vendus, ou que le condamné a été emprisonné ou recommandé, ou que la saisie d'un ou de plusieurs de ses immeubles lui a été notifiée, ou que les frais ont été payés, ou enfin lorsqu'il y a quelque acte duquel il résulte nécessairement que l'exécution du jugement a été connue de la partie défaillante ; l'opposition formée dans les délais ci-dessus et dans les formes ci-après prescrites suspend l'exécution, si elle n'a pas été ordonnée nonobstant opposition.

Lorsque le jugement aura été rendu contre une partie n'ayant pas d'avoué, l'opposition pourra être formée, soit par acte extrajudiciaire, soit par déclaration sur les commandements, procès-verbaux de saisie ou d'emprisonnement, ou tout autre acte d'exécution, à la charge par l'opposant de la réitérer avec constitution d'avoué, par requête, dans la huitaine ; passé lequel temps, elle ne sera plus recevable, et l'exécution sera continuée, sans qu'il soit besoin de le faire ordonner. — Si l'avoué de la partie qui a obtenu le jugement est décédé, ou ne peut plus postuler, elle fera notifier une nouvelle constitution d'avoué au défaillant, lequel sera tenu, dans les délais ci-dessus, à compter de la signification, de réitérer son opposition par requête, avec constitution d'avoué. — Dans aucun cas, les moyens d'opposition fournis postérieurement à la requête n'entreront en taxe.

Il sera tenu au greffe un registre sur lequel l'avoué de l'opposant fera mention sommaire de l'opposition, en énonçant les noms des parties et de leurs avoués, les dates du jugement et de l'opposition : il ne sera dû de droit d'enregistrement que dans le cas où il en serait délivré expédition.

Aucun jugement par défaut ne sera exécuté à l'égard d'un tiers, que sur un certificat du greffier, constatant qu'il n'y a aucune opposition portée sur le registre.

L'opposition ne pourra jamais être reçue contre un jugement qui aurait débouté d'une première opposition.

De la caution à fournir pour les étrangers.

Tous les étrangers, demandeurs principaux ou intervenants, seront tenus, si le défendeur le requiert, avant toute exception, de fournir caution, de payer les frais et dommages-intérêts auxquels ils pourraient être condamnés.

Le jugement qui ordonnera la caution fixera la somme jusqu'à concurrence de laquelle elle sera fournie ; le demandeur qui consignera cette somme, ou qui justifiera que ses immeubles situés en France sont suffisants pour en répondre sera dispensé de fournir caution.

Des enquêtes.

Les faits dont une partie demandera à faire preuve seront articulés succinctement par un simple acte de conclusion, sans écriture ni requête. — Ils seront, également par un simple acte, déniés ou reconnus dans les trois jours, sinon ils pourront être tenus pour confessés ou avérés.

Si les faits sont admissibles, qu'ils soient déniés, et que la loi n'en défende pas la preuve, elle pourra être ordonnée.

Le tribunal pourra aussi ordonner d'office la preuve des faits qui lui paraîtront concluants, si la loi ne le défend pas.

Le jugement qui ordonnera la preuve contiendra : 1° les faits à prouver ; — 2° la nomination du juge devant qui l'enquête sera faite. — Si les témoins sont trop éloignés, il pourra être ordonné que l'enquête sera faite devant un juge commis par un tribunal désigné à cet effet.

La preuve contraire sera de droit ; la preuve du demandeur et la preuve contraire seront commencées et terminées dans les délais fixés par les articles suivants.

Si l'enquête est faite au même lieu où le jugement a été rendu ou dans la distance de trois myriamètres, elle sera commencée dans la huitaine du jour de la signification à avoué ; si le jugement est rendu contre une partie qui n'avait point d'avoué, le délai courra du jour de la signification à personne ou domicile : ces délais courent également contre celui qui a signifié le jugement, le tout à peine de nullité. Si le jugement est susceptible d'opposition, le délai courra du jour de l'expiration des délais de l'opposition.

Si l'enquête doit être faite à une plus grande distance, le jugement fixera le délai dans lequel elle sera commencée.

L'enquête est censée commencée, pour chacune des parties respectivement, par l'ordonnance qu'elle obtient du juge-commissaire, à l'effet d'assigner les témoins aux jour et heure par lui indiqués. — En conséquence, le juge-commissaire ouvrira les procès-verbaux respectifs par la mention de la réquisition et de la délivrance de son ordonnance.

Les témoins seront assignés à personne ou domicile : ceux domiciliés dans l'étendue de trois myriamètres du lieu où se fait l'enquête, le seront au moins un jour avant l'audition ; il sera ajouté un jour par trois myriamètres pour ceux domiciliés à une plus grande distance. Il sera donné copie à chaque témoin du dispositif du jugement, seulement en ce qui concerne les faits admis, et de l'ordonnance du juge-commissaire : le tout à peine de nullité des dépositions des témoins envers lesquels les formalités ci-dessus n'auraient pas été observées.

La partie sera assignée, pour être présente à l'enquête, au domicile de son avoué, si elle en a constitué, sinon à son domicile ; le tout trois jours au moins avant l'audition : les noms, professions et demeures des témoins à produire contre elle lui seront notifiés.

Nul ne pourra être assigné comme témoin s'il est parent ou allié en ligne directe de l'une des parties, ou son conjoint.

Les procès-verbaux d'enquête contiendront la date des jour et heure, es comparutions ou défauts des parties et témoins, la représentation des assignations, les remises à autres jour et heure, si elles sont ordonnées, à peine de nullité.

Le témoin déposera, sans qu'il lui soit permis de lire aucun projet écrit. Sa déposition sera consignée sur le procès-verbal : elle lui sera lue, et il lui sera demandé s'il y persiste : le tout à peine de nullité; et il lui sera demandé aussi s'il requiert taxe.

Lors de la lecture de sa déposition le témoin pourra faire tels changements et additions que bon lui semblera ; ils seront écrits à la suite ou à la marge de sa déposition, il lui en sera donné lecture, ainsi que de la déposition, et mention en sera faite.

Le juge-commissaire pourra, soit d'office, soit sur la réquisition des parties ou de l'une d'elles, faire au témoin les interpellations qu'il croira convenables pour éclaircir sa déposition ; les réponses du témoin seront signées de lui après lui avoir été lues, ou mention sera faite s'il ne veut ou ne peut signer. Elles seront également signées du juge et du greffier : le tout à peine de nullité.

La partie ne pourra, ni interrompre le témoin dans sa déposition, ni lui faire aucune interpellation directe, mais sera tenue de s'adresser au juge-commissaire, à peine de dix francs d'amende, et de plus forte amende, même d'exclusion, en cas de récidive : ce qui sera prononcé par le juge-commissaire. Ses ordonnances seront exécutoires nonobstant appel ou opposition.

L'enquête sera respectivement parachevée dans la huitaine de l'audition des premiers témoins, à peine de nullité, si le jugement qui l'a ordonnée n'a fixé un plus long délai.

La partie qui aura fait entendre plus de cinq témoins sur un même fait ne pourra répéter les frais des autres dépositions.

Le délai pour faire enquête étant expiré, la partie la plus diligente fera signifier à avoué copie des procès-verbaux, et poursuivra l'audience sur un simple acte.

L'enquête ou la déposition déclarée nulle par la faute du juge-commissaire sera recommencée à ses frais ; les délais de la nouvelle enquête ou de la nouvelle audition de témoins courront du jour de la signification du jugement qui l'aura ordonnée : la partie pourra faire entendre les mêmes témoins ; et, si quelques-uns ne peuvent être entendus, les juges auront tel égard que de raison aux dépositions par eux faites dons la première enquête.

Des descentes sur les lieux.

Le tribunal pourra, dans les cas où il le croira nécessaire, ordonner que l'un des juges se transportera sur les lieux, mais il ne pourra l'ordonner dans les matières où il n'échoit qu'un simple rapport d'experts, s'il n'en est requis par l'une ou par l'autre des parties.

Le jugement commettra l'un des juges qui y auront assisté.

Sur la requête de la partie la plus diligente le juge-commissaire rendra une ordonnance qui fixera les lieux, jour et heure de la descente; la signification en sera faite d'avoué à avoué, et vaudra sommation.

Le juge-commissaire fera mention, sur la minute de son procès-verbal, des jours employés aux transport, séjour et retour.

L'expédition du procès-verbal sera signifiée par la partie la plus diligente aux avoués des autres parties; et, trois jours après, elle pourra poursuivre l'audience sur un simple acte.

La présence du ministère public ne sera nécessaire que dans le cas où il sera lui-même partie.

Les frais de transport seront avancés par la partie requérante, et par elle consignés au greffe.

Du renvoi à un autre Tribunal pour parenté ou alliance.

Lorsqu'une partie aura deux parents ou alliés jusqu'au degré de cousin issu de germain inclusivement, parmi les juges d'un tribunal de première instance, ou trois parents ou alliés au même degré dans une cour, ou lorsqu'elle aura un parent audit degré parmi les juges du tribunal de première instance, ou deux parents dans la cour, et qu'elle sera membre du tribunal ou de cette cour, l'autre partie pourra demander le renvoi.

Le renvoi sera demandé avant le commencement de la plaidoirie; et, si l'affaire est en rapport, avant que l'instruction soit achevée, ou que les délais soient expirés, sinon il ne sera plus reçu.

Le renvoi sera proposé par acte au greffe, lequel contiendra les moyens, et sera signé de la partie ou de son fondé de procuration spéciale et authentique.

Sur l'expédition dudit acte, présentée avec les pièces justificatives, il sera rendu jugement qui ordonnera : — 1° la communication aux juges, à raison desquels le renvoi est demandé, pour faire, dans un délai fixe, leur déclaration au bas de l'expédition du jugement; — 2° la communication au ministère public; — 3° le rapport, à jour indiqué, par l'un des juges nommés par ledit jugement.

Si les causes de la demande en renvoi sont avouées ou justifiées dans un tribunal de première instance, le renvoi sera fait à l'un des autres tribunaux ressortissant en la même cour d'appel; et si c'est dans une cour d'appel, le renvoi sera fait à l'une des trois cours les plus voisines.

Celui qui succombera sur sa demande en renvoi sera condamné à une amende qui ne pourra être moindre de cinquante francs, sans préjudice des dommages-intérêts de la partie, s'il y a lieu.

Si le renvoi est prononcé, qu'il n'y ait pas d'appel, ou que l'appelant ait succombé, la contestation sera portée devant le tribunal qui devra en connaître, sur simple assignation, et la procédure y sera continuée suivant ses derniers errements.

Du désistement.

Le désistement peut être fait et accepté par de simples actes signés des parties ou de leurs mandataires, et signifiés d'avoué à avoué.

Le désistement, lorsqu'il aura été accepté, emportera, de plein droit, consentement que les choses soient remises de part et d'autre au même état qu'elles étaient avant la demande. — Il emportera également soumission de payer les frais, au payement desquels la partie qui se sera désistée sera contrainte, sur simple ordonnance du président mise au bas de la taxe, parties présentes ou appelées par acte d'avoué à avoué.

Procédure devant les tribunaux de commerce.

La procédure devant les tribunaux de commerce se fait sans le ministère d'avoué.

Toute demande doit y être formée par exploit d'ajournement.

Le délai sera au moins d'un jour.

Dans les cas qui requerront célérité, le président du tribunal pourra permettre d'assigner, même de jour à jour et d'heure à heure, et de saisir les effets mobiliers. Il pourra, suivant l'exigence des cas, assujétir le demandeur à donner caution, ou à justifier de solvabilité suffisante. Ses ordonnances seront exécutoires nonobstant opposition ou appel.

Dans les affaires maritimes où il existe des parties non domiciliées, et dans celles où il s'agit d'agrès, victuailles, équipages et radoubs de vaisseaux prêts à mettre à la voile, et autres matières urgentes et provisoires, l'assignation de jour à jour ou d'heure à heure pourra être donnée sans ordonnance, et le défaut pourra être jugé sur-le-champ.

Toutes assignations données à bord à la personne assignée seront valables.

Le demandeur pourra assigner, à son choix, — devant le tribuna du domicile du défendeur ; — devant celui dans l'arrondissement duquel la promesse a été faite et la marchandise livrée ; — devant celui dans l'arrondissement duquel le payement devait être effectué.

Les parties seront tenues de comparaître en personne ou par le ministère d'un fondé de procuration spéciale.

Si les parties comparaissent, et qu'à la première audience il n'intervienne pas jugement définitif, les parties non domiciliées dans le lieu où siége le tribunal seront tenues d'y faire élection d'un domicile. — L'élection de domicile doit être mentionnée sur le plumitif de l'audience ; à défaut de cette élection, toute signification, même celle d'un jugement définitif, sera faite valablement au greffe du tribunal.

Les étrangers demandeurs ne peuvent être obligés, en matière de commerce, à fournir une caution de payer les frais et dommages-intérêts auxquels ils pourront être condamnés, même lorsque la demande est portée devant un tribunal civil dans les lieux où il n'y a pas de tribunal de commerce.

Si le tribunal est incompétent à raison de la matière, il renverra les parties, encore que le déclinatoire n'ait pas été proposé. Le déclinatoire pour toute autre cause ne pourra être proposé que préalablement à toute autre défense.

Le même jugement pourra, en rejetant le déclinatoire, statuer sur le fond, mais par deux dispositions distinctes, l'une sur la compétence, l'autre sur le fond ; les dispositions sur la compétence pourront toujours être attaquées par la voie de l'appel.

Les veuves et héritiers des justiciables du tribunal de commerce y seront assignés en reprise, ou par action nouvelle, sauf, si les qualités sont contestées, à les renvoyer aux tribunaux ordinaires pour y être réglés, et ensuite être jugés sur le fond au tribunal de commerce.

Si une pièce produite est méconnue, déniée ou arguée de faux, et que la partie persiste à s'en servir, le tribunal renverra devant les juges qui doivent en connaître, et il sera sursis au jugement de la demande principale. — Néanmoins si la pièce n'est relative qu'à un des chefs de la demande, il pourra être passé outre au jugement des autres chefs.

Le tribunal pourra, dans tous les cas, ordonner, même d'office, que les parties seront entendues en personne, à l'audience ou dans la chambre, et, s'il y a empêchement légitime, commettre un des juges, ou même un juge de paix, pour les entendre, lequel dressera procès-verbal de leurs déclarations.

S'il y a lieu à renvoyer les parties devant des arbitres pour examen de comptes, pièces et registres, il sera nommé un ou trois arbitres pour entendre les parties et les concilier, si faire se peut, sinon donner leur avis. — S'il y a lieu à visite ou estimation d'ouvrages ou marchandises, il sera nommé un ou trois experts. — Les arbitres et les experts seront nommés d'office par le tribunal, à moins que les parties n'en conviennent à l'audience.

La récusation ne pourra être proposée que dans les trois jours de la nomination.

Le rapport des arbitres et experts sera déposé au greffe du tribunal.

Si le tribunal ordonne la preuve par témoins ; il y sera procédé dans les formes ci-dessus prescrites pour les enquêtes sommaires. Néanmoins, dans les causes sujettes à appel, les dépositions seront rédigées par écrit par le greffier, et signées par le témoin ; en cas de refus, mention en sera faite.

Si le demandeur ne se présente pas, le tribunal donnera défaut, et renverra le défendeur de la demande. — Si le défendeur ne comparaît pas, il sera donné défaut, et les conclusions du demandeur seront adjugées, si elles se trouvent justes et bien vérifiées.

Aucun jugement par défaut ne pourra être signifié que par un huissier commis à cet effet par le tribunal ; la signification contiendra, à peine de nullité, élection de domicile dans la commune où elle se fait, si le demandeur n'y est pas domicilié. — Le jugement sera exécutoire un jour après la signification et jusqu'à l'opposition.

L'opposition ne sera plus recevable après la huitaine du jour de la signification.

L'opposition contiendra les moyens de l'opposant, et assignation dans le délai de la loi ; elle sera signifiée au domicile élu.

L'opposition faite à l'instant de l'exécution, par déclaration sur le procès-verbal de l'huissier, arrêtera l'exécution, à la charge, par l'opposant de la réitérer dans les trois jours par exploit contenant assignation, passé lequel délai elle sera censée non avenue.

Les tribunaux de commerce pourront ordonner l'exécution provisoire de leurs jugements, lorsqu'il y aura titre non attaqué ou condamnation précédente dont il n'y aura pas d'appel ; dans les autres cas, l'exécution n'aura lieu qu'à la charge de donner caution ou de justifier de solvabilité suffisante.

La caution sera présentée par acte signifié au domicile de l'appelant, s'il demeure dans le lieu où siége le tribunal, sinon au domicile par lui élu, avec sommation à jour et à heure fixes de se présenter au greffe pour prendre communication, sans déplacement, des titres de la caution, s'il est ordonné qu'elle en fournira, et à l'audience pour voir prononcer sur l'admission en cas de contestation.

Si l'appelant ne comparaît pas, ou ne conteste point la caution, elle fera sa soumission au greffe ; s'il conteste, il sera statué au jour indiqué par la sommation ; dans tous les cas, le jugement sera exécutoire nonobstant opposition ou appel.

Les tribunaux de commerce ne connaîtront point de l'exécution de leurs jugements.

De l'appel, et de l'instruction sur l'appel.

Le délai pour interjeter appel sera de deux mois; il courra, pour les jugements contradictoires, du jour de la signification à personne ou à domicile; — pour les jugements par défaut, du jour où l'opposition ne sera plus recevable. — L'intimé pourra néanmoins interjeter incidemment appel en tout état de cause, quand même il aurait signifié le jugement sans protestation.

Ces délais emporteront déchéance : ils courront contre toutes parties, sauf le recours contre qui de droit; mais ils ne courront contre le mineur non émancipé que du jour où le jugement aura été signifié tant au tuteur qu'au subrogé tuteur, encore que ce dernier n'ait pas été en cause.

Ceux qui demeurent hors de la France continentale auront pour interjeter appel, outre le délai de trois mois depuis la signification du jugement, le délai des ajournements.

Ceux qui sont absents du territoire européen pour service de terre ou de mer, ou employés dans les négociations extérieures pour le service de l'État, auront, pour interjeter appel, outre le délai de deux mois depuis la signification du jugement, le délai de huit mois.

Les délais de l'appel seront suspendus par la mort de la partie condamnée. — Ils ne reprendront leur cours qu'après la signification du jugement faite au domicile du défunt, à compter de l'expiration des délais pour faire inventaire et délibérer, si le jugement a été signifié avant que ces derniers délais fussent expirés. — Cette signification pourra être faite aux héritiers collectivement, et sans désignation des noms et qualité.

Dans le cas où le jugement aurait été rendu sur une pièce fausse, ou si la partie avait été condamnée faute de représenter une pièce décisive qui était retenue par son adversaire, les délais de l'appel ne courront que du jour où le faux aura été reconnu ou juridiquement constaté, ou que la pièce aura été recouvrée, pourvu que, dans ce dernier cas, il y ait preuve par écrit du jour où la pièce a été recouvrée, et non autrement.

L'appel d'un jugement préparatoire ne pourra être interjeté qu'après le jugement définitif, et conjointement avec l'appel de ce jugement; et le délai de l'appel ne courra que du jour de la signification du jugement définitif : cet appel sera recevable, encore que le jugement préparatoire ait été exécuté sans réserves. — L'appel d'un jugement interlocutoire pourra être interjeté avant le jugement définitif; il en sera de même des jugements qui auraient accordé une provision.

Sont réputés préparatoires les jugements rendus pour l'instruction de la cause, et qui tendent à mettre le procès en état de recevoir jugement définitif. — Sont réputés interlocutoires les jugements rendus lorsque le tribunal ordonne, avant dire droit, une preuve, une vérification, ou une instruction qui préjuge le fond.

Seront sujets à l'appel les jugements qualifiés en dernier ressort, lorsqu'ils auront été rendus par des juges qui ne pouvaient prononcer qu'en première instance. — Ne seront recevables les appels des jugements rendus sur des matières dont la connaissance en dernier ressort appartient aux premiers juges, mais qu'ils auraient omis de qualifier, ou qu'ils auraient qualifiés en premier ressort.

L'appel des jugements définitifs ou interlocutoires sera suspensif, si le jugement ne prononce pas l'exécution provisoire dans le cas où elle est autorisée. — L'exécution des jugements mal à propos qualifiés en dernier ressort ne pourra être suspendue qu'en vertu de défenses obtenues par l'appelant, à l'audience de la cour, sur assignation à bref délai. — A l'égard des jugements non qualifiés, ou qualifiés en premier ressort, et dans lesquels les juges étaient autorisés à prononcer en dernier ressort, l'exécution provisoire pourra en être ordonnée par la cour, à l'audience et sur un simple acte.

Si l'exécution provisoire n'a pas été prononcée dans les cas où elle est autorisée, l'intimé pourra, sur un simple acte, le faire ordonner à l'audience avant le jugement de l'appel.

Si l'exécution provisoire a été ordonnée hors des cas prévus par la loi, l'appelant pourra obtenir des défenses à l'audience, sur assignation à bref délai, sans qu'il puisse en être accordé sur requête non communiquée.

En aucun cas il ne pourra être accordé des défenses, ni être rendu aucun jugement tendant à arrêter directement ou indirectement l'exécution du jugement.

Tout appel, même de jugement rendu sur l'instruction par écrit, sera porté à l'audience, sauf à la cour à ordonner l'instruction par écrit, s'il y a lieu.

Dans la huitaine de la constitution d'avoué par l'intimé, l'appelant signifiera ses griefs contre le jugement. L'intimé répondra dans la huitaine suivante.

Il ne sera formé, en cause d'appel, aucune nouvelle demande, à moins qu'il ne s'agisse de compensation, ou que la demande nouvelle ne soit la défense à l'action principale. — Pourront aussi les parties demander les intérêts, arrérages, loyers et autres accessoires échus depuis le jugement de première instance, et les dommages et intérêts pour le préjudice souffert depuis ledit jugement.

Lorsqu'il y aura appel d'un jugement interlocutoire, si le jugement est infirmé, et que la matière soit disposée à recevoir une décision définitive, les cours et autres tribunaux d'appel pourront statuer en même temps sur le fond définitivement, par un seul et même jugement. — Il en sera de même dans le cas où les cours ou tribunaux d'appel infirmeraient, soit pour vice de forme, soit pour toute autre cause, des jugements définitifs.

Des redditions de comptes.

Les comptables commis par justice seront poursuivis devant les juges qui les auront commis ; les tuteurs, devant les juges du lieu où la tutelle a été déférée ; tous autres comptables devant les juges de leur domicile.

En cas d'appel d'un jugement qui aurait rejeté une demande en reddition de compte, l'arrêt infirmatif renverra, pour la reddition et le jugement du compte, au tribunal où la demande avait été formée, ou à tout autre tribunal de première instance que l'arrêt indiquera. — Si le compte a été rendu et jugé en première instance, l'exécution de l'arrêt infirmatif appartiendra à la cour qui l'aura rendu, où à un autre tribunal qu'elle aura indiqué par le même arrêt.

Tout jugement portant condamnation de rendre compte fixera le délai dans lequel le compte sera rendu, et commettra un juge.

Le rendant n'emploiera pour dépenses communes que les frais de voyage, s'il y a lieu, les vacations de l'avoué qui aura mis en ordre les pièces du compte, les grosses et copies, les frais de présentation et affirmation.

Le compte contiendra les recettes et dépenses effectives ; il sera terminé par la récapitulation de la balance desdites recette et dépense, sauf à faire un chapitre particulier des objets à recouvrer.

Le rendant présentera et affirmera son compte en personne ou par procureur spécial, dans le délai fixé, et au jour indiqué par le juge-commissaire, les oyants présents, ou appelés à personne ou domicile, s'ils n'ont avoué, et par acte d'avoué s'ils en ont constitué.—Le délai passé, le rendant y sera contraint par saisie et vente de ses biens jusqu'à concurrence d'une somme que le tribunal arbitrera ; il pourra même y être contraint par corps, si le tribunal l'estime convenable.

Le compte présenté et affirmé, si la recette excède la dépense, l'oyant pourra requérir du juge-commissaire exécutoire de cet excédant, sans approbation du compte.

Les quittances de fournisseurs, ouvriers, maîtres de pension, et autres de même nature, produites commes pièces justificatives du compte, sont dispensées de l'enregistrement.

Aux jour et heure indiqués par le commissaire, les parties se présenteront devant lui pour fournir débats, soutènement et réponses sur son procès-verbal : si les parties ne se présentent pas, l'affaire sera portée à l'audience sur un simple acte.

Si les parties ne s'accordent pas, le commissaire ordonnera qu'il en sera par lui fait rapport à l'audience au jour qu'il indiquera ; elles seront tenues de s'y trouver sans aucune sommation.

Le jugement qui interviendra sur l'instance de compte contiendra le calcul de la recette et des dépenses, et fixera le reliquat précis, s'il y en a aucun.

Des saisies-arrêts ou oppositions.

Tout créancier peut, en vertu des titres authentiques ou privés, saisir-arrêter entre les mains d'un tiers les sommes et effets appartenant à son débiteur, ou s'opposer à leur remise.

S'il n'y a pas de titre, le juge du domicile du débiteur, et même celui du domicile du tiers saisi, pourront, sur requête, permettre la saisie-arrêt et opposition.

Tout exploit de saisie-arrêt ou opposition, fait en vertu d'un titre, contiendra l'énonciation du titre et de la somme pour laquelle elle est faite : si l'exploit est fait en vertu de la permission du juge, l'ordonnance énoncera la somme pour laquelle la saisie-arrêt ou opposition est faite, et il sera donné copie de l'ordonnance en tête de l'exploit. — Si la créance pour laquelle on demande la permission de saisir-arrêter n'est pas liquide, l'évaluation provisoire en sera faite par le juge. — L'exploit contiendra aussi élection de domicile dans le lieu où demeure le tiers saisi, si le saisissant n'y demeure pas : le tout à peine de nullité.

La saisie-arrêt ou opposition formée entre les mains des receveurs, dépositaires ou administrateurs de caisses ou deniers publics, en cette qualité, ne sera point valable, si l'exploit n'est fait à la personne proposée pour le recevoir, et s'il n'est visé par elle sur l'original, ou, en cas de refus, par le procureur de la République.

L'huissier qui aura signé la saisie-arrêt ou opposition sera tenu, s'il en est requis, de justifier de l'existence du saisissant à l'époque où le pouvoir de saisir a été donné, à peine d'interdiction et des dommages et intérêts des parties.

Dans la huitaine de la saisie-arrêt ou opposition, outre un jour pour trois myriamètres de distance entre le domicile du tiers-saisi et celui du saisissant, et un jour pour trois myriamètres de distance entre le domicile de ce dernier et celui du débiteur saisi, le saisissant sera tenu de dénoncer la saisie-arrêt ou opposition au débiteur saisi, et de l'assigner de validité.

Dans un pareil délai, outre celui en raison des distances à compter du jour de la demande en validité, cette demande sera dénoncée, à la requête du saisissant, au tiers saisi, qui ne sera tenu de faire aucune déclaration avant que cette dénonciation lui ait été faite.

Faute de demande en validité, la saisie ou opposition sera nulle : faute de dénonciation de cette demande au tiers saisi, les payements par lui faits jusqu'à la dénonciation seront valables.

Le tiers saisi ne pourra être assigné en déclaration, s'il n'y a titre authentique, ou jugement qui ait déclaré la saisie-arrêt ou l'opposition valable.

Le tiers saisi assigné fera sa déclaration et l'affirmera au greffe, s'il est sur les lieux ; sinon, devant le juge de paix de son domicile, sans qu'il soit besoin, dans ces cas, de réitérer l'affirmation au greffe.

La déclaration énoncera les causes et le montant de la dette, les payements à compte, si aucuns ont été faits, l'acte ou les causes de libération si le tiers saisi n'est plus débiteur, et, dans tous les cas, les saisies-arrêts ou oppositions formées entre ses mains.

S'il survient de nouvelles saisies-arrêts ou oppositions, le tiers-saisi les dénoncera à l'avoué du premier saisissant, par extrait contenant les noms et élection de domicile des saisissants, et les causes des saisies-arrêts ou oppositions.

Le tiers saisi qui ne fera pas sa déclaration, ou qui ne fera pas les justifications ordonnées par les articles ci-dessus, sera déclaré débiteur pur et simple des causes de la saisie.

Si la saisie-arrêt ou opposition est formée sur effets mobiliers, le tiers saisi sera tenu de joindre à sa déclaration un état détaillé desdits effets.

Seront insaisissables : 1° les choses déclarées insaisissables par la loi ; 2° les provisions alimentaires adjugées par justice ; 3° les sommes et objets disponibles déclarés insaisissables par le testateur ou donateur ; 4° les sommes et pensions pour aliments, encore que le testament ou l'acte de donation ne les déclare pas insaisissables.

Les provisions alimentaires ne pourront être saisies que pour cause d'aliments ; les objets mentionnés aux n°s 3 et 4 du précédent article pourront être saisis par des créanciers postérieurs à l'acte de donation ou à l'ouverture du legs ; et ce, en vertu de la permission du juge, et pour la portion qu'il déterminera.

Des saisies-exécutions.

Toute saisie-exécution sera précédée d'un commandement à la personne ou au domicile du débiteur, fait au moins un jour avant la saisie, et contenant notification du titre, s'il n'a déjà été notifié.

Il contiendra élection de domicile jusqu'à la fin de la poursuite, dans la commune où doit se faire l'exécution, si le créancier n'y demeure ; et le débiteur pourra faire à ce domicile élu toutes significations, même d'offres réelles et d'appel.

L'huissier sera assisté de deux témoins, Français, majeurs, non parents ni alliés des parties ou de l'huissier, jusqu'au degré de cousin issu de germain inclusivement, ni leurs domestiques ; il énoncera sur le procès-verbal leurs noms, professions et demeures : les témoins signeront l'original et les copies. La partie poursuivante ne pourra être présente à la saisie.

Si les portes sont fermées ou si l'ouverture en est refusée, l'huissier pourra établir gardien aux portes pour empêcher le divertissement : il se retirera sur-le-champ, sans assignation, devant le juge de paix, ou, à son défaut, devant le commissaire de police, et, dans les communes où il n'y en a pas, devant le maire, et à son défaut, devant l'adjoint, en présence desquels l'ouverture des portes, même celle des meubles fermants sera faite au fur et à mesure de la saisie. L'officier qui se transportera ne dressera point de procès-verbal, mais il signera celui de l'huissier, lequel ne pourra dresser du tout qu'un seul et même procès-verbal.

Le procès-verbal contiendra la désignation détaillée des objets saisis : s'il y a des marchandises, elles seront pesées, mesurées ou jaugées, suivant leur nature.

L'argenterie sera spécifiée par pièces et poinçons, et elle sera pesée.

S'il y a des deniers comptants, il sera fait mention du nombre et de la qualité des espèces : l'huissier les déposera au lieu établi pour les consignations, à moins que le saisissant et la partie saisie, ensemble les opposants, s'il y en a, ne conviennent d'un autre dépositaire.

Si le saisi est absent, et qu'il y ait refus d'ouvrir aucune pièce ou meuble, l'huissier en requerra l'ouverture ; et, s'il se trouve des papiers, il requerra l'apposition des scellés par l'officier appelé pour l'ouverture.

Ne pourront être saisis : 1° les objets que la loi déclare immeubles par destination ; 2° le coucher nécessaire des saisis, ceux de leurs enfants vivant avec eux, les habits dont les saisis sont vêtus et couverts ; 3° les livres relatifs à la profession du saisi, jusqu'à la somme de 300 francs, à son choix ; 4° les machines et instruments servant à l'enseignement, pratique et exercice des sciences et arts jusqu'à concurrence de la même somme, et au choix du saisi; 5° les équipements des militaires, suivant l'ordonnance et le grade; 6° les outils des artisans nécessaires à leurs occupations personnelles; 7° les farines et menues denrées nécessaires à la consommation du saisi et de sa famille pendant un mois; 8° enfin une vache, ou trois brebis, ou deux chèvres, au choix du saisi, avec les pailles, fourrages et grains nécessaires pour la litière et la nourriture desdites animaux pendant un mois.

Lesdits objets ne pourront être saisis pour aucune créance, même celle de l'État, si ce n'est pour aliments fournis à la partie saisie, ou sommes dues aux fabricants ou vendeurs desdits obejts, ou à celui qui aura prêté pour les acheter, fabriquer ou réparer; pour fermages et moissons des terres à la culture desquelles ils sont employés; loyer des manufactures, moulins, pressoirs, usines dont ils dépendent, et loyer des lieux servant à l'habitation personnelle du débiteur. — Les objets spécifiés sous le n° 2 du précédent article ne pourront être saisis pour aucune créance.

En cas de saisie d'animaux et d'ustensiles servant à l'exploitation des terres, le juge de paix pourra, sur la demande du saisissant, le propriétaire et le saisi entendus ou appelés, établir un garant à l'exploitation.

Le procès-verbal contiendra indication du jour de la vente.

Si la partie saisie offre un gardien solvable, et qui se charge volontairement et sur-le-champ, il sera établi par l'huissier.

Si le saisi ne présente gardien solvable et de la qualité requise, il en sera établi un par l'huissier.

Ne pourront être établis gardiens, le saisissant, son conjoint, ses parents et alliés jusqu'au degré de cousin issu de germain inclusivement, et ses domestiques; mais le saisi, son conjoint, ses parents, alliés et domestiques, pourront être établis gardiens, de leur consentement et de celui du saisissant.

Le procès-verbal sera fait sans déplacer; il sera signé par le gardien en l'original et la copie : s'il ne sait signer, il en sera fait mention; et il lui sera laissé copie du procès-verbal.

Le gardien ne peut se servir des choses saisies, les louer ou prêter, à peine de privation des frais de garde, et de dommages-intérêts, au paiement desquels il sera contraignable par corps.

Celui qui se prétendra propriétaire des objets saisis ou de partie d'iceux, pourra s'opposer à la vente par exploit signifié au gardien, et dénoncé au saisissant et au saisi, contenant assignation libellée et l'énonciation des preuves de propriété, à peine de nullité; il y sera statué par le tribunal du lieu de la saisie, comme en matière sommaire. — Le réclamant qui succombera sera condamné, s'il y échet, aux dommages et intérêts du saisissant.

Les créanciers du saisi, pour quelque cause que ce soit, même pour loyers, ne pourront former opposition que sur le prix de la vente : leurs oppositions contiendront les causes ; elles seront signifiées au saisissant et à l'huissier ou autre officier chargé de la vente, avec élection de domicile dans le lieu où la saisie est faite, si l'opposant n'y est pas domicilié : le tout à peine de nullité des oppositions, et des dommages-intérêts contre l'huissier, s'il y a lieu.

Le créancier opposant ne pourra faire aucune poursuite, si ce n'est contre la partie saisie, et pour obtenir condamnation : il n'en sera fait aucune contre lui, sauf à discuter les causes de son opposition lors de la distribution des deniers.

L'huissier qui, se présentant pour saisir, trouverait une saisie déjà faite et un gardien établi, ne pourra pas saisir de nouveau ; mais il pourra procéder au récolement des meubles et effets sur le procès-verbal, que le gardien sera tenu de lui représenter : il saisira les effets omis, et fera sommation au premier saisissant de vendre le tout dans la huitaine ; le procès-verbal de récolement vaudra opposition sur les deniers de la vente.

Faute par le saisissant de faire vendre dans le délai ci-après fixé, tout opposant ayant titre exécutoire pourra, sommation préalablement faite au saisissant, et sans former aucune demande en subrogation, faire procéder au récolement des effets saisis, sur la copie de procès-verbal de saisie, que le gardien sera tenu de représenter, et de suite à la vente.

Il y aura au moins huit jours entre la signification de la saisie au débiteur et la vente.

Si la vente se fait à un jour autre que celui indiqué par la signification, la partie saisie sera appelée, avec un jour d'intervalle, outre un jour pour trois myriamètres en raison de la distance du domicile du saisi, et du lieu où les effets seront vendus.

La vente sera faite au plus prochain marché public, au jour et heure ordinaires des marchés, ou un jour de dimanche : pourra néanmoins le tribunal permettre de vendre les effets en un autre lieu plus avantageux. Dans tous les cas, elle sera annoncée un jour auparavant par quatre placards au moins affichés, l'un au lieu où sont les effets, l'autre à la porte de la maison commune, le troisième au marché du lieu, et, s'il n'y en a pas, au marché voisin, le quatrième à la porte de l'auditoire de la justice de paix ; et, si la vente se fait dans un lieu autre que le marché ou le lieu où sont les effets, un cinquième placard sera apposé au lieu où se fera la vente. — La vente sera en outre annoncée par la voie des journaux dans les villes où il y en a.

Lorsque la valeur des effets saisis excédera le montant des causes de la saisie des oppositions, il ne sera procédé qu'à la vente des objets suffisant à fournir somme nécessaire pour le paiement des créances et frais.

Le procès-verbal constatera la présence ou le défaut de comparution de la partie saisie.

L'adjudication sera faite au plus offrant, en payant comptant : faute de payement, l'effet sera revendu sur-le-champ à la folle enchère de l'adjudicataire.

Les commissaires-priseurs et huissiers seront personnellement responsables du prix des adjudications, et feront mention, dans leurs procès-verbaux, des noms et domiciles des adjudicataires : ils ne pourront recevoir d'eux aucune somme au-dessus de l'enchère, à peine de concussion.

De la saisie des fruits pendants par racine, ou de la saisie-brandon.

La saisie-brandon ne pourra être faite que dans les six semaines qui précéderont l'époque ordinaire de la maturité des fruits ; elle sera précédée d'un commandement, avec un jour d'intervalle.

Le procès-verbal de saisie contiendra l'indication de chaque pièce, sa contenance et sa situation, et deux au moins de ses tenants et aboutissants, et la nature des fruits.

Si les communes sur lesquelles les biens sont situés sont contiguës ou voisines, il sera établi un seul gardien autre néanmoins qu'un garde champêtre ; le visa sera donné par le maire de la commune du chef-lieu de l'exploitation ; et, s'il n'y en a pas, par le maire de la commune où est située la majeure partie des biens.

La vente sera annoncée par placards affichés, huitaine au moins avant la vente, à la porte du saisi, à celle de la maison commune, et, s'il n'y en a pas, au lieu où s'apposent les actes de l'autorité publique ; au principal marché du lieu, et, s'il n'y en a pas, au marché le plus voisin, et à la porte de l'auditoire de la justice de paix.

Les placards désigneront les jour, heure et lieu de la vente ; les noms et demeures du saisi et du saisissant ; la quantité d'hectares et la nature de chaque espèce de fruits, la commune où ils sont situés, sans autre désignation.

L'apposition des placards sera constatée.

La vente sera faite un jour de dimanche ou de marché.

Elle pourra être faite sur les lieux ou sur la place de la commune où est située la majeure partie des objets saisis. — La vente pourra aus s être faite sur le marché du lieu, et, s'il n'y en a pas, sur le marché le plus voisin.

De la saisie immobilière.

La saisie immobilière sera précédée d'un commandement à personne ou domicile; en tête de cet acte, il sera donné copie entière du titre en vertu duquel elle est faite. Ce commandement contiendra élection de domicile dans le lieu où siége le tribunal qui devra connaître de la saisie, si le créancier n'y demeure pas; il énoncera que, faute de payement, il sera procédé à la saisie des immeubles du débiteur; l'huissier ne se fera pas assister de témoins; il fera dans le jour viser l'original par le maire du lieu où le commandement sera signifié.

La saisie immobilière ne pourra être faite que trente jours après le commandement; si le créancier laisse écouler plus de quatre-vingt-dix jours entre le commandement et la saisie, il sera tenu de le réitérer dans les formes et avec les délais ci-dessus.

Le procès-verbal de saisie contiendra, outre toutes les formalités communes à tous les exploits : 1° l'énonciation du titre exécutoire en vertu duquel la saisie est faite; 2° la mention du transport de l'huissier sur les biens saisis; 3° l'indication des biens saisis, savoir : si c'est une maison, l'arrondissement, la commune, la rue, le numéro, s'il y en a, et, dans le cas contraire, deux au moins des tenants et aboutissants; si ce sont des biens ruraux, la désignation des bâtiments, quand il y en aura, la nature et la contenance approximative de chaque pièce, le nom du fermier ou colon, s'il y en a, l'arrondissement et la commune où les biens sont situés; 4° la copie littérale de la matrice du rôle de la contribution foncière pour les articles saisis; 5° l'indication du tribunal où la saisie sera portée; 6° et enfin constitution d'avoué chez lequel le domicile du saisissant sera élu de droit.

Le procès-verbal de saisie sera visé, avant l'enregistrement, par le maire de la commune dans laquelle sera situé l'immeuble saisi; et, si la saisie comprend des biens situés dans plusieurs communes, le visa sera donné successivement par chacun des maires à la suite de la partie du procès-verbal relative aux biens situés dans la commune.

La saisie immobilière sera dénoncée au saisi dans les quinze jours qui suivront celui de la clôture du procès-verbal, outre un jour par cinq myriamètres de distance entre le domicile du saisi et le lieu où siége le tribunal qui doit connaître de la saisie. L'original sera visé dans le jour par le maire du lieu où l'acte de dénonciation aura été signifié.

La saisie immobilière et l'exploit de dénonciation seront transcrits, au plus tard, dans les quinze jours qui suivront celui de la dénonciation, sur le registre à ce destiné, au bureau des hypothèques de la situation des biens, pour la partie des objets saisis qui se trouvent dans l'arrondissement.

Si le conservateur ne peut procéder à la transcription de la saisie à l'instant où elle lui est présentée, il fera mention, sur l'original qui lui sera laissé, des heure, jour, mois et an auxquels il aura été remis, et, en cas de concurrence, le premier présenté sera transcrit.

S'il y a eu précédente saisie, le conservateur constatera son refus en marge de la seconde; il énoncera la date de la précédente saisie, les noms, demeures et professions du saisissant et du saisi, l'indication du tribunal où la saisie est portée, le nom de l'avoué du saisissant et la date de la transcription.

Si les immeubles saisis ne sont pas loués ou affermés, le saisi restera en possession jusqu'à la vente, comme séquestre judiciaire, à moins que, sur la demande d'un ou plusieurs créanciers, il n'en soit autrement ordonné par le président du tribunal, dans la forme des ordonnances sur référé.—Les créanciers pourront, néanmoins, après y avoir été autorisés par ordonnance du président rendue dans la même forme, faire procéder à la coupe et à la vente, en tout ou en partie, des fruits pendants par les racines. — Les fruits seront vendus aux enchères ou de toute autre manière autorisée par le président, dans le délai qu'il aura fixé, et le prix sera déposé à la Caisse des dépôts et consignations.

Les fruits naturels et industriels recueillis postérieurement à la transcription, ou le prix qui en reviendra, seront immobilisés pour être distribués avec le prix de l'immeuble par ordre d'hypothèque.

Les baux qui n'auront pas acquis date certaine avant le commandement pourront être annulés, si les créanciers ou l'adjudicataire le demandent.

Les loyers de fermages seront immobilisés à partir de la transcription de la saisie, pour être distribués avec le prix de l'immeuble par ordre d'hypothèque. Un simple acte d'opposition à la requête du poursuivant vaudra saisie-arrêt entre les mains des fermiers et locataires, qui ne pourront se libérer qu'en exécution de mandements de collocation, ou par le versement de loyers ou fermages à la Caisse des consignations; ce versement aura lieu à leur réquisition, ou sur la simple sommation des créanciers. A défaut d'opposition, les payements faits au débiteur seront valables, et celui-ci sera comptable, comme séquestre judiciaire, des sommes qu'il aura reçues.

La partie saisie ne peut, à compter du jour de la transcription de la saisie, aliéner les immeubles saisis, à peine de nullité, et sans qu'il soit besoin de la faire prononcer.

Néanmoins l'aliénation ainsi faite aura son exécution si, avant le jour fixé pour l'adjudication, l'acquéreur consigne somme suffisante pour acquitter en principal, intérêts et frais, ce qui est dû aux créanciers inscrits, ainsi qu'au saisissant, et s'il leur signifie l'acte de consignation.

Si les deniers ainsi déposés ont été empruntés, les prêteurs n'auront d'hypothèques que postérieurement aux créances inscrites sur l'aliénation.

Les enchères sont faites par le ministère d'avoué et à l'audience. Aussitôt que les enchères seront ouvertes, il sera allumé successivement des bougies préparées de manière que chacune ait une durée d'environ une minute. L'enchérisseur cesse d'être obligé, si son enchère est couverte par une autre, lors même que cette dernière sera déclarée nulle.

L'adjudication ne pourra être faite qu'après l'extinction de trois bougies allumées successivement. S'il ne survient pas d'enchères pendant la durée de ces bougies, le poursuivant sera déclaré adjudicataire pour la mise à prix. Si, pendant la durée d'une des trois bougies, il survient des enchères, l'adjudication ne pourra être faite qu'après l'extinction des deux bougies sans nouvelle enchère survenue pendant leur durée.

L'avoué dernier enchérisseur sera tenu, dans les trois jours de l'adjudication, de déclarer l'adjudicataire, et de fournir son acceptation, sinon de représenter son pouvoir, lequel demeurera annexé à la minute de sa déclaration : faute de ce faire, il sera réputé adjudicataire en son nom.

Toute personne pourra, dans les huit jours qui suivront l'adjudication, faire, par le ministère d'un avoué, une surenchère, pourvu qu'elle soit du sixième au moins du prix principal de la vente.

La surenchère sera faite au greffe du tribunal qui a prononcé l'adjudication : elle contiendra constitution d'avoué, et ne pourra être rétractée ; elle devra être dénoncée par le surenchérisseur, dans les trois jours, aux avoués de l'adjudicataire, du poursuivant et de la partie saisie, si elle a constitué avoué, sans néanmoins qu'il soit nécessaire de faire cette dénonciation à la personne ou au domicile de la partie saisie qui n'aurait pas d'avoué. La dénonciation sera faite par un simple acte, contenant avenir pour l'audience qui suivra l'expiration de la quinzaine sans autre procédure.

Au jour indiqué il sera ouvert de nouvelles enchères, auxquelles toute personne pourra concourir; s'il ne se présente pas d'enchérisseurs, le surenchérisseur sera déclaré adjudicataire : en cas de folle enchère, il sera tenu par corps de la différence entre son prix et celui de la vente. — Lorsqu'une seconde adjudication aura eu lieu, après surenchère ci-dessus, aucune autre surenchère des mêmes biens ne pourra être reçue.

Les avoués ne pourront enchérir pour les membres du tribunal devant lequel se poursuit la vente, à peine de nullité de l'adjudication ou de la surenchère, et de dommages-intérêts. — Ils ne pourront, sous les mêmes peines, enchérir pour le saisi ni pour les personnes notoirement insolvables. L'avoué poursuivant ne pourra se rendre personnellement adjudicataire ni surenchérisseur, à peine de nullité de l'adjudication ou de la surenchère, et de dommages-intérêts envers toutes les parties.

Des voies à prendre pour avoir expédition ou copie d'un acte, ou pour les faire réformer.

Le notaire ou autre dépositaire qui refusera de délivrer expédition ou copie d'un acte aux parties intéressées en nom direct, héritiers ou ayants droit, y sera condamné, et par corps sur assignation à bref délai, donnée en vertu de permission du président du tribunal de première instance, sans préliminaire de conciliation.

L'affaire sera jugée sommairement, et le jugement exécuté nonobstant opposition ou appel.

La partie qui voudra obtenir copie d'un acte non enregistré, ou même resté imparfait, présentera sa requête au président du tribunal de première instance, sauf l'exécution des lois et règlements relatifs à l'enregistrement.

La délivrance sera faite, s'il y a lieu, en exécution de l'ordonnance mise en suite de la requête, et il en sera fait mention au bas de la copie délivrée.

En cas de refus de la part du notaire ou dépositaire, il en sera référé au président du tribunal de première instance.

La partie qui voudra se faire délivrer une seconde grosse soit d'une minute d'acte, soit par forme d'ampliation sur une grosse déposée, présentera, à cet effet, requête au président du tribunal de première instance : en vertu de l'ordonnance qui interviendra, elle fera sommation au notaire pour faire la délivrance à jour et heure indiqués, et aux parties intéressées, pour y être présentes ; mention sera faite de cette ordonnance au bas de la seconde grosse, ainsi que de la somme pour laquelle on pourra exécuter, si la créance est acquittée ou cédée en partie.

En cas de contestation les parties se pourvoiront en référé.

Celui qui, dans le cours d'une instance, voudra se faire délivrer expédition ou extrait d'un acte dans lequel il n'aura pas été partie se pourvoira ainsi qu'il va être réglé.

La demande à fin de compulsoire sera formée par requête d'avoué à avoué : elle sera portée à l'audience sur un simple acte, et jugée sommairement sans aucune procédure.

Le jugement sera exécutoire nonobstant appel ou opposition.

Les procès-verbaux de compulsoire ou de collation seront dressés et l'expédition ou copie délivrée par le notaire ou dépositaire, à moins que le tribunal qui l'aura ordonnée n'ait commis un de ses membres, ou tout autre juge du tribunal de première instance, ou un autre notaire.

Dans tous les cas les parties pourront assister au procès-verbal, et y insérer les dires qu'elles aviseront.

Si les frais et les déboursés de la minute de l'acte sont dus au dépositaire, il pourra refuser expédition tant qu'il ne sera pas payé desdits frais, outre ceux d'expédition.

Les parties pourront collationner l'expédition ou copie à la minute dont lecture sera faite par le dépositaire : si elles prétendent qu'elles ne sont pas conformes, il en sera référé, à jour indiqué par le procès-verbal, au président du tribunal, lequel fera la collation : à cet effet le dépositaire sera tenu d'apporter la minute. — Les frais du procès-verbal, ainsi que ceux du transport du dépositaire, seront avancés par le requérant.

Autorisation de la femme mariée.

La femme qui voudra se faire autoriser à la poursuite de ses droits, après avoir fait une sommation à son mari, et sur le refus par lui fait, présentera requête au président, qui rendra ordonnance portant permission de citer le mari, à jour indiqué, à la chambre du conseil pour déduire les causes de son refus.

Le mari entendu, ou faute par lui de se présenter, il sera rendu, sur les conclusions du ministère public, jugement qui statuera sur la demande de la femme.

Dans le cas de l'absence présumée du mari, ou lorsqu'elle aura été déclarée, la femme qui voudra se faire autoriser à la poursuite de ses droits présentera également requête au président du tribunal, qui ordonnera la communication au ministère public, et commettra un juge pour faire son rapport à jour indiqué.

La femme de l'interdit se fera autoriser en la forme prescrite en l'article précédent : elle joindra à sa requête le jugement d'interdiction.

Des séparations de biens.

Aucune demande en séparation de biens ne pourra être formée sans une autorisation préalable, que le président du tribunal devra donner sur la requête qui lui sera présentée à cet effet. Pourra néanmoins le président, avant de donner l'autorisation, faire les observations qui lui paraîtront convenables.

Le greffier du tribunal inscrira sans délai, dans un tableau placé à cet effet dans l'auditoire, un extrait de la demande en séparation, lequel contiendra : 1° la date de la demande ; 2° les noms, prénoms, profession et demeure des époux ; 3° les noms et la demeure de l'avoué constitué, qui sera tenu de remettre, à cet effet, ledit extrait au greffier dans les trois jours de la demande.

Pareil extrait sera inséré dans les tableaux placés, à cet effet, dans l'auditoire du tribunal de commerce, dans les chambres d'avoués de première instance et dans celles de notaires, le tout dans les lieux où il y en a : lesdites insertions seront certifiées par le greffier et par les secrétaires des chambres.

Le même extrait sera inséré, à la poursuite de la femme, dans l'un des journaux qui s'impriment dans le lieu où siége le tribunal, et, s'il n'y en a pas, dans l'un de ceux établis dans le département, s'il y en a. — Ladite insertion sera justifiée ainsi qu'il est dit au titre *de la Saisie immobilière.*

Il ne pourra être, sauf les actes conservateurs, prononcé, sur la demande en séparation, aucun jugement qu'un mois après l'observation des formalités ci-dessus prescrites, et qui seront observées à peine de nullité, laquelle pourra être opposée par le mari ou par les créanciers.

La renonciation de la femme à la communauté sera faite au greffe du tribunal saisi de la demande en séparation.

De la séparation de corps et du divorce.

L'époux qui voudra se pourvoir en séparation de corps sera tenu de présenter au président du tribunal de son domicile requête contenant sommairement les faits; il y joindra les pièces à l'appui, s'il y en a.

La requête sera répondue d'une ordonnance portant que les parties comparaîtront devant le président au jour qui sera indiqué par ladite ordonnance.

Les parties seront tenues de comparaître en personne, sans pouvoir se faire assister d'avoués ni de conseils.

Le président fera aux deux époux les représentations qu'il croira propres à opérer un rapprochement; s'il ne peut y parvenir, il rendra, ensuite de la première ordonnance, une seconde portant qu'attendu qu'il n'a pu concilier les parties, il les renvoie à se pourvoir, sans citation préalable, au bureau de conciliation; il autorisera par la même ordonnance la femme à procéder sur la demande, et à se retirer provisoirement dans telle maison dont les parties seront convenues, ou qu'il indiquera d'office; il ordonnera que les effets à l'usage journalier de la femme lui seront remis. Les demandes en provision seront portées à l'audience.

La cause sera instruite dans les formes établies pour les autres demandes, et jugée sur les conclusions du ministère public.

Extrait du jugement qui prononcera la séparation sera inséré aux tableaux exposés tant dans l'auditoire des tribunaux que dans les chambres d'avoués et notaires.

Des avis de parents.

Lorsque la nomination d'un tuteur n'aura pas été faite en sa présence, elle lui sera notifiée, à la diligence du membre de l'assemblée qui aura été désigné par elle: ladite notification sera faite dans les trois jours de la délibération, outre un jour par trois myriamètres de distance entre le lieu où s'est tenue l'assemblée et le domicile du tuteur.

Toutes les fois que les délibérations du conseil de famille ne seront pas unanimes, l'avis de chacun des membres qui le composent sera mentionné dans le procès-verbal. — Les tuteur, subrogé tuteur ou curateur, même les membres de l'assemblée pourront se pourvoir contre la délibération; ils formeront leur demande contre les membres qui auront été d'avis de la délibération, sans qu'il soit nécessaire d'appeler en conciliation.

La cause sera jugée sommairement.

Dans tous les cas où il s'agit d'une délibération sujette à homologation, une expédition de la délibération sera présentée au président, lequel, par ordonnance au bas de ladite délibération, ordonnera la communication au ministère public, et commettra un juge pour en faire le rapport au jour indiqué.

Si le tuteur, ou autre chargé de poursuivre l'homologation, ne le fait dans le délai fixé par la délibération, ou, à défaut de fixation, dans le délai de quinzaine, un des membres de l'assemblée pourra poursuivre l'homologation contre le tuteur, et aux frais de celui-ci, sans répétition.

Ceux des membres de l'assemblée qui croiront devoir s'opposer à l'homologation le déclareront, par acte extrajudiciaire, à celui qui est chargé de la poursuivre ; et, s'ils n'ont pas été appelés, ils pourront former opposition au jugement.

Les jugements rendus sur délibération du conseil de famille seront sujets à l'appel.

De l'interdiction.

Dans toute poursuite d'interdiction les faits d'imbécillité, de démence ou de fureur seront énoncés en la requête présentée au président du Tribunal; on y joindra les pièces justificatives, et on indiquera les témoins.

Le président du Tribunal ordonnera la communication de la requête au ministère public, et commettra un juge pour faire rapport à jour indiqué.

La requête et l'avis du conseil de famille seront signifiés au défendeur avant qu'il soit procédé à son interrogatoire. — Si l'interrogatoire et les pièces produites sont suffisantes, et si les faits peuvent être justifiés par témoins, le Tribunal ordonnera, s'il y a lieu, l'enquête, qui se fera dans la forme ordinaire. — Il pourra ordonner, si les circonstances l'exigent, que l'enquête sera faite hors de la présence du défendeur; mais, dans ce cas, son conseil pourra le représenter.

L'appel interjeté par celui dont l'interdiction aura été prononcée sera dirigé contre le provoquant. — L'appel interjeté par le provoquant ou par un des membres de l'assemblée le sera contre celui dont l'interdiction aura été provoquée. — En cas de nomination du conseil, l'appel de celui auquel il aura été donné sera dirigé contre le provoquant.

De l'apposition des scellés après décès.

Lorsqu'il y aura lieu à l'apposition des scellés après décès, elle sera faite par les juges de paix, et à leur défaut, par leurs suppléants.

Les juges de paix et leurs suppléants se serviront d'un sceau particulier, qui restera entre leurs mains, et dont l'empreinte sera déposée au greffe du Tribunal de première instance.

L'apposition des scellés pourra être requise : 1° par tous ceux qui prétendront droit dans la succession ou dans la communauté ; 2° par tous créanciers fondés en titre exécutoire ou autorisés par une permission, soit du Tribunal de première instance, soit du juge de paix du canton où le scellé doit être apposé ; 3° et, en cas d'absence, soit du conjoint, soit des héritiers ou de l'un d'eux, par les personnes qui demeuraient avec le défunt et par ses serviteurs et domestiques. Les prétendants droit et les créanciers mineurs émancipés pourront requérir l'apposition des scellés sans l'assistance de leur curateur. — S'ils sont mineurs non émancipés, et s'ils n'ont pas de tuteur, ou s'il est absent, elle pourra être requise par un de leurs parents.

Le scellé sera apposé soit à la diligence du ministère public, soit sur la déclaration du maire ou adjoint de la commune, et même d'office par le juge de paix : 1° si le mineur est sans tuteur, et que le scellé ne soit pas requis par un parent ; 2° si le conjoint, ou si les héritiers ou l'un d'eux, sont absents ; 3° si le défunt était dépositaire public ; auquel cas le scellé ne sera apposé que pour raison de ce dépôt, et sur les objets qui le composent.

Le scellé ne pourra être apposé que par le juge de paix des lieux ou par ses suppléants.

Si le scellé n'a pas été apposé avant l'inhumation, le juge constatera, par son procès-verbal, le moment où il a été requis de l'apposer, et les causes qui ont retardé soit la réquisition, soit l'apposition.

Le procès-verbal d'apposition contiendra : 1° la date des an, mois, jour et heure ; 2° les motifs de l'apposition ; 3° les noms, profession et demeure du requérant, s'il en a, et son élection de domicile dans la commune où le scellé est apposé, s'il n'y demeure ; 4° s'il n'y a pas de partie requérante, le procès-verbal énoncera que le scellé a été apposé d'office ou sur le réquisitoire ou sur la déclaration de l'un des fonctionnaires dénommés dans l'article 911 ; 5° l'ordonnance qui permet le scellé, s'il en a été rendu ; 6° les comparutions et dires des parties ; 7° la désignation des lieux, bureaux, coffres, armoires, sur les ouvertures desquels le scellé a été apposé ; 8° une description sommaire des effets qui ne sont pas mis sous les scellés ; Pr. 924 ; 9° le serment, lors de la clôture de l'apposition, par ceux qui demeureront dans le lieu, qu'ils n'ont rien détourné directement ou indirectement ; 10° l'établissement du gardien présenté, s'il a des qualités requises ; sauf, s'il ne les a pas, ou s'il n'en est pas présenté, à en établir un d'office par le juge de paix.

Les clefs des serrures sur lesquelles le scellé a été apposé resteront, jusqu'à sa levée, entre les mains du greffier de la justice de paix, lequel fera mention, sur le procès-verbal, de la remise qui lui en aura été faite, et ne pourront le juge de paix ni le greffier aller, jusqu'à la levée, dans la maison où est le scellé, à peine d'interdiction, à moins qu'ils n'en soient requis, ou que leur transport n'ait été précédé d'une ordonnance motivée.

Si, lors de l'apposition, il est trouvé un testament ou autres papiers cachetés, le juge de paix constatera la forme extérieure, le sceau et la suscription, s'il y en a, paraphera l'enveloppe avec les parties présentes, si elles le savent ou le peuvent, et indiquera les jour et heure où le paquet sera par lui présenté au président du Tribunal de première instance : il fera mention du tout sur son procès-verbal, lequel sera signé des parties ; sinon mention sera faite de leur refus.

Sur la réquisition de toute partie intéressée le juge de paix fera, avant l'apposition du scellé, la perquisition du testament dont l'existence sera annoncée ; et, s'il le trouve, il procédera ainsi qu'il est dit ci-dessus.

Aux jour et heure indiqués, sans qu'il soit besoin d'aucune assignation, les paquets trouvés cachetés seront présentés par le juge de paix au président du tribunal de première instance, lequel en fera l'ouverture, en constatera l'état, et en ordonnera le dépôt, si le contenu concerne la succession.

Si les paquets cachetés paraissent, par leur suscription, ou par quelque autre preuve écrite, appartenir à des tiers, le président du tribunal ordonnera que ces tiers seront appelés dans un délai qu'il fixera pour qu'ils puissent assister à l'ouverture : il le fera au jour indiqué, en leur présence ou à leur défaut, et, si les paquets sont étrangers à la succession, il les leur remettra sans en faire connaître le contenu, ou les cachètera de nouveau pour leur être remis à la première réquisition.

Si un testament est trouvé ouvert, le juge de paix en constatera l'état.

Si les portes sont fermées, s'il se rencontre des obstacles à l'apposition des scellés ; s'il s'élève, soit avant, soit pendant le scellé, des difficultés, il y sera statué en référé par le président du Tribunal. A cet effet il sera sursis, et établi par le juge de paix garnison extérieure, même intérieure, si le cas y échet, et il en référera sur-le-champ au président du Tribunal. — Pourra néanmoins le juge de paix, s'il y a péril dans le retard, statuer par provision, sauf à en référer ensuite au président du Tribunal.

Dans le cas où il sera référé par le juge de paix au président du Tribunal, soit en matière de scellé, soit en autre matière, ce qui en sera fait et ordonné sera constaté sur le procès-verbal dressé par le juge de paix ; le président signera ses ordonnances sur ledit procès-verbal.

Lorsque l'inventaire sera parachevé, les scellés ne pourront être apposés, à moins que l'inventaire ne soit attaqué, et qu'il ne soit ainsi ordonné par le président du Tribunal. — Si l'apposition des scellés est requise pendant le cours de l'inventaire, les scellés ne seront apposés que sur les objets non inventoriés.

S'il n'y a aucun effet mobilier, le juge de paix dressera un procès-verbal de carence. — S'il y a des effets mobiliers qui soient nécessaires à l'usage des personnes qui restent dans la maison, ou sur lesquels le scellé ne puisse être mis, le juge de paix fera un procès-verbal contenant description sommaire desdits effets.

Dans les communes où la population est de vingt mille âmes et au-dessus, il sera tenu, au greffe du tribunal de première instance, un registre d'ordre pour les scellés, sur lequel seront inscrits, d'après la déclaration que les juges de paix de l'arrondissement seront tenus d'y faire parvenir dans les vingt-quatre heures de l'apposition : 1° les noms et demeures des personnes sur les effets desquelles le scellé aura été apposé ; 2° le nom et la demeure du juge qui a fait l'apposition ; 3° le jour où elle a été faite.

Des oppositions aux scellés.

Les oppositions aux scellés pourront être faites, soit par une déclaration sur le procès-verbal de scellé, soit par exploit signifié au greffier du juge de paix.

Toutes oppositions à scellé contiendront, à peine de nullité, outre les formalités communes à tout exploit : — 1° élection de domicile dans la commune ou dans l'arrondissement de la justice de paix où le scellé est apposé, si l'opposant n'y demeure pas ; — 2° l'énonciation précise de la cause de l'opposition.

De la levée du scellé.

Le scellé ne pourra être levé et l'inventaire fait que trois jours après l'inhumation, s'il a été apposé auparavant, et trois jours après l'apposition, si elle a été faite depuis l'inhumation, à peine de nullité des procès-verbaux de levée de scellés et inventaire, et des dommages et intérêts contre ceux qui les auront faits et requis : le tout, à moins que, pour des causes urgentes et dont il sera fait mention dans son ordonnance, il n'en soit autrement ordonné par le président du Tribunal de première instance. Dans ce cas, si les parties qui ont droit d'assister à la levée ne sont pas présentes, il sera appelé pour elles, tant à la levée qu'à l'inventaire, un notaire nommé d'office par le président.

Si les héritiers ou quelques-uns d'eux sont mineurs non émancipés, il ne sera pas procédé à la levée des scellés, qu'ils n'aient été, ou préalablement pourvus de tuteurs, ou émancipés.

Les formalités pour parvenir à la levée des scellés seront : 1° une réquisition à cet effet, consignée sur le procès-verbal du juge de paix ; — 2° une ordonnance du jour, indicative du jour et heure où la levée sera faite ; — 3° une sommation d'assister à cette levée, faite au conjoint survivant, aux présomptifs héritiers, à l'exécuteur testamentaire, aux légataires universels et à titre universel s'ils sont connus, et aux opposants. — Il ne sera pas besoin d'appeler les intéressés demeurant hors de la distance de cinq myriamètres; mais on appellera pour eux, à la levée et à l'inventaire, un notaire nommé d'office par le président du Tribunal de première instance. — Les opposants seront appelés aux domiciles par eux élus.

Si l'un des opposants avait des intérêts différents de ceux des autres, ou des intérêts contraires, il pourra assister en personne, ou par un mandataire particulier, à ses frais.

Le conjoint commun en biens, les héritiers, l'exécuteur testamentaire et les légataires universels ou à titre universel pourront convenir du choix d'un ou deux notaires, et d'un ou deux commissaires-priseurs ou experts; s'ils n'en conviennent pas, il sera procédé, suivant la nature des objets, par un ou deux notaires, commissaires-priseurs ou experts, nommés d'office par le président du Tribunal de première instance. Les experts prêteront serment devant le juge de paix.

Le procès-verbal de levée comprendra : 1° la date ; 2° les noms, profession, demeure et élection de domicile du requérant ; 3° l'énonciation de l'ordonnance délivrée pour la levée ; 4° l'énonciation de la sommation prescrite par l'article 931 du Code de procédure ; 5° les comparutions et dires des parties ; 6° la nomination des notaires, commissaires-priseurs et experts qui doivent opérer ; 7° la reconnaissance des scellés, s'ils sont sains et entiers : s'ils ne le sont pas, l'état des altérations ; sauf à se pourvoir ainsi qu'il appartiendra pour raison desdites altérations ; 8° les réquisitions à fin de perquisitions, le résultat desdites perquisitions, et toutes autres demandes sur lesquelles il y aura lieu de statuer.

Les scellés seront levés successivement, et au fur et à mesure de la confection de l'inventaire : ils seront réapposés à la fin de chaque vacation.

On pourra réunir les objets de même nature pour être inventoriés successivement suivant leur ordre ; ils seront dans ce cas replacés sous les scellés.

S'il est trouvé des objets et papiers étrangers à la succession et réclamés par des tiers, ils seront remis à qui il appartiendra ; s'ils ne peuvent être remis à l'instant, et qu'il soit nécessaire d'en faire la description, elle sera faite sur le procès-verbal des scellés, et non sur l'inventaire.

Si la cause de l'apposition des scellés cesse avant qu'ils soient levés ou pendant le cours de leur levée, ils seront levés sans description.

De l'inventaire.

L'inventaire peut être requis par ceux qui ont droit de requérir la levée du scellé.

Il doit être fait en présence : 1° du conjoint survivant; 2° des héritiers présomptifs ; 3° de l'exécuteur testamentaire, si le testament est connu ; 4° des donataires et légataires universels ou à titre universel, soit en propriété, soit en usufruit, ou eux dûment appelés, s'ils demeurent dans la distance de cinq myriamètres : s'ils demeurent au delà, il sera appelé, pour tous les absents, un seul notaire, nommé par le président du Tribunal de première instance, pour représenter les parties appelées et défaillantes.

Outre les formalités communes à tous les actes devant notaires, l'inventaire contiendra : 1° les noms, professions et demeures des requérants, des comparants, des défaillants et des absents, s'ils sont connus, du notaire appelé pour les représenter, des commissaires-priseurs et experts, et la mention de l'ordonnance qui commet le notaire pour les absents et défaillants ; — 2° l'indication des lieux où l'inventaire est fait ; — 3° la description et estimation des effets, laquelle sera faite à juste valeur et sans crue ; — 4° la désignation des qualités, poids et titre de l'argenterie ; — 5° la désignation des espèces en numéraire ; — 6° les papiers seront cotés par première et dernière ; ils seront paraphés de la main d'un des notaires ; s'il y a des livres et registres de commerce, l'état en sera constaté, les feuillets en seront pareillement cotés et paraphés, s'ils ne le sont ; s'il y a des blancs dans les pages écrites, ils seront bâtonnés ; — 7° la déclaration des titres actifs et passifs ; — 8° la mention du serment prêté, lors de la clôture de l'inventaire, par ceux qui ont été en possession des objets avant l'inventaire ou qui ont habité la maison dans laquelle sont lesdits objets, qu'ils n'en ont détourné, vu détourner ni su qu'il en ait été détourné aucun ; — 9° la remise des effets et papiers, s'il y a lieu, entre les mains de la personne dont on conviendra, ou qui, à défaut, sera nommée par le président du tribunal.

Si, lors de l'inventaire, il s'élève des difficultés, ou s'il est formé des réquisitions pour l'administration de la communauté ou de la succession, ou pour autres objets, et qu'il n'y soit déféré par les autres parties, les notaires délaisseront les parties à se pourvoir en référé devant le président du tribunal de première instance ; ils pourront en référer eux-mêmes, s'ils résident dans le canton où siége le tribunal : dans ce cas, le président mettra son ordonnance sur la minute du procès-verbal.

De la vente du mobilier.

Lorsque la vente des meubles dépendants d'une succession aura lieu, cette vente sera faite dans les formes prescrites au titre des *Saisies-Exécutions.*

Il y sera procédé sur la réquisition de l'une des parties intéressées, en vertu de l'ordonnance du président du Tribunal de première instance, et par un officier public.

On appellera les parties ayant droit d'assister à l'inventaire, et qui demeureront ou auront élu domicile dans la distance de cinq myriamètres : l'acte sera signifié au domicile élu.

S'il s'élève des difficultés, il pourra être statué provisoirement en référé par le président du tribunal de première instance.

La vente se fera dans le lieu où sont les effets, s'il n'en est autrement ordonné.

La vente sera faite tant en absence que présence, sans appeler personne pour les non comparants.

Le procès-verbal fera mention de la présence ou de l'absence du requérant.

Si toutes les parties sont majeures, présentes et d'accord, et qu'il n'y ait aucun tiers intéressé, elles ne seront obligées à aucune des formalités ci-dessus.

De la vente des biens immeubles.

La vente des immeubles appartenant à des mineurs ne pourra être ordonnée que d'après un avis de parents énonçant la nature des biens et leur valeur approximative. Cet avis ne sera pas nécessaire, si les biens appartiennent en même temps à des majeurs, et si la vente est poursuivie par eux. Il sera procédé alors conformément au titre des *Partages et Licitations.*

Lorsque le tribunal homologuera cet avis, il déclarera, par le même jugement, que la vente aura lieu soit devant un des juges du tribunal à l'audience des criées, soit devant un notaire à cet effet commis. Si les immeubles sont situés dans plusieurs arrondissements, le tribunal pourra commettre un notaire dans chacun de ces arrondissements, et même donner commission rogatoire à chacun des tribunaux de la situation de ces biens.

Le jugement qui ordonnera la vente déterminera la mise à prix de chacun des immeubles à vendre et les conditions de la vente. Cette mise à prix sera réglée, soit d'après l'avis des parents, soit d'après les titres de propriété, soit d'après les baux authentiques ou sous seing privé ayant date certaine, et, à défaut de baux, d'après le rôle de la contribution foncière. Néanmoins le tribunal pourra, suivant les circonstances, faire procéder à l'estimation totale ou partielle des immeubles. Cette estimation aura lieu, selon l'importance et la nature des biens, par un ou trois experts, que le tribunal commettra à cet effet.

Si l'estimation a été ordonnée, l'expert ou les experts, après avoir prêté serment soit devant le président du tribunal, soit devant un juge de paix commis par lui, rédigeront leur rapport, qui indiquera solennellement les bases de l'estimation, sans entrer dans le détail descriptif des biens à vendre. La minute du rapport sera déposée au greffe du tribunal. Il n'en sera pas délivré d'expédition.

Les enchères seront ouvertes sur un cahier des charges déposé par l'avoué au greffe du tribunal, ou dressé par le notaire commis, et déposé dans son étude, si la vente doit avoir lieu devant notaire. — Ce cahier contiendra : 1° l'énonciation du jugement qui a autorisé la vente ; — 2° celle des titres qui établissent la propriété ; — 3° l'indication de la nature ainsi que de la situation des biens à vendre, celle des corps d'héritage, de leur contenance approximative, et de deux des tenants et aboutissants ; — 4° l'énonciation du prix auquel les enchères seront ouvertes, et les conditions de la vente.

Après le dépôt du cahier des charges, il sera rédigé et imprimé des placards qui contiendront : 1° l'énonciation du jugement qui a autorisé la vente ; — 2° les noms, professions et domiciles du mineur, de son tuteur et de son subrogé tuteur ; — 3° la désignation des biens, telle qu'elle a été insérée dans le cahier des charges ; — 4° le prix auquel seront ouvertes les enchères sur chacun des biens à vendre ; — 5° les jour, lieu et heure de l'adjudication, ainsi que l'indication soit du notaire et de sa demeure, soit du tribunal devant lequel l'adjudication aura lieu, et, dans tous les cas, de l'avoué du vendeur.

Dans les huit jours qui suivront l'adjudication, toute personne pourra faire une surenchère du sixième. Lorsqu'une seconde adjudication aura eu lieu après la surenchère ci-dessus, aucune autre surenchère des mêmes biens ne pourra être reçue.

Des partages et licitations.

Lorsque le partage doit être fait en justice, la partie la plus diligente se pourvoira.

Entre deux demandeurs la poursuite appartiendra à celui qui aura fait viser le premier l'original de son exploit par le greffier du tribunal : ce visa sera daté du jour et de l'heure.

Le jugement qui prononcera sur la demande en partage commettra, s'il y a lieu, un juge et en même temps un notaire. Si, dans le cours des opérations, le juge ou le notaire est empêché, le président du tribunal pourvoira au remplacement par une ordonnance sur requête, laquelle ne sera susceptible ni d'opposition ni d'appel.

En prononçant sur cette demande, le tribunal ordonnera par le même jugement le partage, s'il peut avoir lieu, ou la vente par licitation, qui sera faite devant un membre du tribunal ou devant un notaire. Le tribunal pourra, soit qu'il ordonne le partage, soit qu'il ordonne la licitation, déclarer qu'il y sera immédiatement procédé sans expertise préalable, même lorsqu'il y aura des mineurs en cause.

Lorsque le tribunal ordonnera l'expertise, il pourra commettre un ou trois experts, qui prêteront serment. Les rapports d'experts présenteront sommairement les bases de l'estimation, sans entrer dans le détail descriptif des biens à partager ou à liciter : le poursuivant demandera l'entérinement du rapport par un simple acte de conclusions d'avoué à avoué.

On se conformera, pour la vente, aux formalités prescrites dans le Code pour vente des biens immeubles appartenant à des mineurs, en ajoutant dans le cahier des charges : les noms, demeure et profession du poursuivant, les noms et demeure de son avoué, les noms, demeures et professions des colicitants et de leurs avoués.

Dans la huitaine du dépôt du cahier des charges au greffe ou chez le notaire, sommation sera faite, par un simple acte, aux colicitants, en l'étude de leurs avoués, d'en prendre communication. — S'il s'élève des difficultés sur le cahier des charges, elles seront vidées à l'audience, sans aucune requête, et sur un simple acte d'avoué à avoué. — Le jugement qui interviendra ne pourra être attaqué que par la voie de l'appel. — Tout autre jugement sur les difficultés relatives aux formalités postérieures à la sommation de prendre communication du cahier des charges ne pourra être attaqué ni par opposition ni par appel.

Lorsque la situation des immeubles aura exigé plusieurs expertises distinctes, et que chaque immeuble aura été déclaré impartageable, il n'y aura cependant pas lieu à licitation, s'il résulte du rapprochement des rapports que la totalité des immeubles peut se partager commodément.

Si la demande en partage n'a pour objet que la division d'un ou plusieurs immeubles sur lesquels les droits des intéressés soient déjà liquidés, les experts, en procédant à l'estimation, composeront les lots, d'après les prescriptions du Code; et, après que leur rapport aura été entériné, les lots seront tirés au sort, soit devant le juge-commissaire, soit devant le notaire déjà commis par le tribunal.

Le notaire commis procédera seul et sans l'assistance d'un second notaire ou de témoins : si les parties se font assister auprès de lui d'un conseil, les honoraires de ce conseil n'entreront point dans les frais de partage, et seront à leur charge. — Le notaire rédigera en un procès-verbal séparé les difficultés et dires des parties : ce procès-verbal sera, par lui, remis au greffe, et y sera retenu. — Si le juge-commissaire renvoie les parties à l'audience, l'indication du jour où elles devront comparaître leur tiendra lieu d'ajournement. — Il ne sera fait aucune sommation pour comparaître soit devant le juge, soit à l'audience.

Le cohéritier choisi par les parties ou l'expert nommé pour la formation des lots en établira la composition par un rapport qui sera reçu et rédigé par le notaire à la suite des opérations précédentes.

Lorsque les lots auront été fixés et que les contestations sur leur formation, s'il y en a eu, auront été jugées, le poursuivant fera sommer les partageants à l'effet de se trouver, à jour indiqué, en l'étude du notaire pour assister à la clôture de son procès-verbal, en entendre lecture, et le signer avec lui, s'ils le peuvent et le veulent.

Le notaire remettra l'expédition du procès-verbal de partage à la partie la plus diligente pour en poursuivre l'homologation par le tribunal; sur le rapport du juge-commissaire, le tribunal homologuera le partage, s'il y a lieu, les parties présentes, ou appelées si toutes n'ont pas comparu à la clôture du procès-verbal, et sur les conclusions du procureur de la République, dans les cas où la qualité des parties requerra son ministère.

Le jugement d'homologation ordonnera le tirage des lots soit devant le juge-commissaire, soit devant le notaire, lequel en fera la délivrance aussitôt après le tirage.

Soit le greffier, soit le notaire, seront tenus de délivrer tels extraits, en tout ou en partie, du procès-verbal de partage, que les parties intéressées requerront.

Du bénéfice d'inventaire.

Si l'héritier veut, avant de prendre qualité, et conformément au Code civil, se faire autoriser à procéder à la vente d'effets mobiliers dépendant de la succession, il présentera, à cet effet, requête au président du tribunal de première instance dans le ressort duquel la succession est ouverte. — La vente en sera faite par un officier public, après les affiches et publications ci-dessus prescrites pour la vente du mobilier.

S'il y a lieu à vendre des immeubles dépendants de la succession, l'héritier bénéficiaire présentera au président du tribunal de première instance du lieu de l'ouverture de la succession une requête dans laquelle ces immeubles seront désignés sommairement. Cette requête sera communiquée au ministère public; sur ses conclusions et le rapport du juge nommé à cet effet, il sera rendu jugement qui autorisera la vente et fixera la mise à prix, ou qui ordonnera préalablement que les immeubles seront vus et estimés par un expert nommé d'office. — Dans ce dernier cas, le rapport de l'expert sera entériné sur requête par le tribunal, et sur les conclusions du ministère public le tribunal ordonnera la vente.

S'il y a lieu à faire procéder à la vente du mobilier et des rentes dépendants de la succession, la vente sera faite suivant les formes prescrites pour la vente de ces sortes de biens, à peine contre l'héritier bénéficiaire d'être réputé héritier pur et simple.

Le prix de la vente du mobilier sera distribué par contribution entre les créanciers opposants, suivant les formalités indiquées au titre *de la Distribution par contribution.*

Le prix de la vente des immeubles sera distribué suivant l'ordre des priviléges et hypothèques.

Le créancier ou autre partie intéressée qui voudra obliger l'héritier bénéficiaire à donner caution, lui fera faire sommation à cet effet, par acte extrajudiciaire signifié à personne ou domicile.

Dans les trois jours de cette sommation, outre un jour par trois myriamètres de distance entre le domicile de l'héritier et la commune où siége le tribunal, il sera tenu de présenter caution au greffe du tribunal de l'ouverture de la succession, dans la forme prescrite pour les réceptions de caution.

S'il s'élève des difficultés relativement à la réception de la caution, les créanciers provoquants seront représentés par l'avoué le plus ancien.

DEUXIÈME DIVISION.

CONSEILS DE PRUD'HOMMES

Composition des conseils de prud'hommes; mode et époque du renouvellement de leurs membres.

Les conseils de prud'hommes seront établis sur la demande motivée des Chambres de commerce ou des Chambres consultatives de manufactures. Cette demande sera d'abord communiquée au préfet, qui examinera si elle est de nature à être accueillie. Il la transmettra ensuite à notre ministre de l'intérieur, qui, avant de nous en rendre compte, s'assurera si l'industrie qui s'exerce dans la ville est assez importante pour faire autoriser la création d'un conseil de prud'hommes.

Des attributions et juridiction des conseils de prud'hommes.

Les conseils de prud'hommes seront chargés de veiller à l'exécution des mesures conservatrices de la propriété des marques empreintes aux différents produits de la fabrique.

Tout marchand fabricant qui voudra pouvoir revendiquer devant les tribunaux la propriété de sa marque sera tenu d'en adopter une assez distincte des autres marques, pour qu'elles ne puissent être confondues et prises l'une pour l'autre.

Les conseils de prud'hommes réunis sont arbitres de la suffisance ou insuffisance de différence entre les marques déjà adoptées et les nouvelles qui seraient déjà proposées, ou même entre celles déjà existantes; et, en cas de contestation, elle sera portée devant le tribunal de commerce, qui prononcera, après avoir vu l'avis du conseil des prud'hommes.

Indépendamment du dépôt ordonné par l'article 18 de la loi du 18 germinal an xi au greffe du tribunal de commerce, nul ne sera admis à intenter action en contrefaçon de sa marque, s'il n'a, en outre, déposé un modèle de cette marque au secrétariat du conseil des prud'hommes.

Il sera dressé procès-verbal de ce dépôt sur un registre en papier timbré, ouvert à cet effet, et qui sera coté et paraphé par le conseil des prud'hommes. Une expédition de ce procès-verbal sera remise au fabricant pour lui servir de titre contre les contrefacteurs.

S'il était nécessaire, comme dans les ouvrages de quincaillerie et de coutellerie, de faire empreindre la marque sur des tables particulières, celui à qui elle appartiendra payera une somme de six francs entre les mains du receveur de la commune. Cette somme, ainsi que toutes les autres qui seraient comptées pour le même objet, seront mises en réserve, et destinées à faire l'acquisition des tables et à les entretenir.

De la juridiction des conseils de prud'hommes.

Nul ne sera justiciable des conseils de prud'hommes s'il n'est marchand fabricant, chef d'atelier, contre-maître, teinturier, ouvrier, compagnon ou apprenti; ceux-ci cesseront de l'être dès que les contestations porteront sur des affaires autres que celles relatives à la branche d'industrie qu'ils cultivent, et aux conventions dont cette industrie aura été l'objet : dans ce cas, ils s'adresseront aux juges ordinaires.

La juridiction des conseils de prud'hommes s'étend sur tous les marchands fabricants, les chefs d'atelier, contre-maîtres, teinturiers, compagnons et apprentis, travaillant pour la fabrique du lieu ou du canton de la situation de la fabrique, suivant qu'il sera exprimé dans les décrets particuliers d'établissement de chacun de ces conseils, à raison des localités, quel que soit l'endroit de la résidence desdits ouvriers.

Les conseils de prud'hommes ne connaîtront que comme arbitres des contestations entre fabricants ou marchands; pour les marques, entre un fabricant et ses ouvriers contre-maîtres, des difficultés relatives aux opérations de la fabrique.

De l'inspection des prud'hommes dans les ateliers.

L'inspection dans les ateliers, autorisée par l'article 29, titre IV de la loi du 18 mars 1806, n'aura lieu qu'après que le propriétaire de l'atelier aura été prévenu deux jours avant celui où les prud'hommes devront se rendre dans son domicile; celui-ci est tenu de leur donner un état exact du nombre de métiers qu'il a en activité, et des ouvriers qu'il occupe.

L'inspection des prud'hommes a pour objet unique d'obtenir des informations sur le nombre de métiers et d'ouvriers; et, en aucun cas, ils ne peuvent en profiter pour exiger la communication des livres d'affaires, et des procédés nouveaux de fabrication que l'on voudrait tenir secrets.

Si, pour effectuer leur inspection, les prud'hommes ont besoin du concours de la police municipale, cette police est tenue de leur fournir tous les renseignements et toutes les facilités qui sont en son pouvoir.

Du local où seront placés les conseils de prud'hommes et des frais qu'entraînera la tenue de leurs séances.

Le local nécessaire aux conseils de prud'hommes, pour la tenue de leurs séances, sera fourni par les villes où ils seront établis.

Les dépenses de premier établissement seront pareillement acquittées par ces villles ; il en sera de même des dépenses ayant pour objet le chauffage, l'éclairage et les autres menus frais.

Le président du conseil des prud'hommes présentera chaque année, au maire, l'état des dépenses désignées dans l'article ci-dessus : celui-ci les comprendra dans son budget ; et, lorsqu'elles auront été approuvées, il en ordonnancera le payement, d'après les demandes particulières qui lui seront faites.

De la juridiction des prud'hommes pour les intérêts civils.

Les conseils de prud'hommes sont autorisés à juger toutes les contestations qui naîtront entre les marchands fabricants, chefs d'atelier, contre-maîtres, ouvriers, compagnons et apprentis, quelle que soit la quotité de la somme dont elles seraient l'objet.

Leurs jugements seront définitifs et sans appel, si la condamnation n'excède pas cent francs en capital et accessoires. — Au-dessus de cent francs, ils seront sujets à l'appel devant le tribunal de commerce de l'arrondissement ; et, à défaut de tribunal de commerce, devant le tribunal de première instance.

Les jugements des conseils de prud'hommes, jusqu'à concurrence de trois cents francs, seront exécutoires par provision nonobstant appel, et sans qu'il soit besoin, pour la partie qui aura obtenu gain de cause, de fournir caution. — Au-dessus de trois cents francs, ils seront exécutoires, par provision, en fournissant caution.

Les patrons, réunis en assemblée particulière, nomment directement les prud'hommes patrons. — Les contre-maîtres, chefs d'atelier et les ouvriers, également réunis en assemblées particulières, nomment les prud'hommes ouvriers en nombre égal à celui des patrons. — Au premier tour de scrutin, la majorité absolue des suffrages est nécessaire ; la majorité relative suffit au second tour.

Les conseils de prud'hommes sont renouvelés par moitié tous les trois ans. Le sort désigne ceux des prud'hommes qui sont remplacés la première fois. — Les prud'hommes sont rééligibles. — Lorsque, par un motif quelconque, il y a lieu de procéder au remplacement d'un ou plusieurs membres d'un conseil de prud'hommes, le préfet convoque les électeurs. — Tout membre élu en remplacement d'un autre ne demeure en fonction que pendant la durée du mandat confié à son prédécesseur.

Le bureau général est composé, indépendamment du président ou du vice-président, d'un nombre égal de prud'hommes patrons et de prud'hommes ouvriers. Ce nombre est au moins de deux prud'hommes ouvriers, quel que soit celui des membres dont se compose le conseil.

Les jugements des conseils de prud'hommes sont signés par le président et par le secrétaire.

Les jugements des conseils de prud'hommes sont définitifs et sans appel, lorsque le chiffre de la demande n'excède pas deux cents francs en capital. — Au-dessus de deux cents faancs, les jugements sont sujets à l'appel devant le tribunal de commerce.

Lorsque le chiffre de la demande excède deux cents francs, le jugement de condamnation peut ordonner l'exécution immédiate et à titre de provision, jusqu'à concurrence de cette somme, sans qu'il soit besoin de fournir caution. — Pour le surplus, l'exécution provisoire ne peut être ordonnée qu'à la charge de fournir caution.

Les jugements par défaut qui n'ont pas été exécutés dans le délai de six mois sont réputés non avenus.

Les conseils de prud'hommes peuvent être dissous par un décret du chef de l'État, sur la proposition du ministre compétent.

L'autorité administrative peut toujours, lorsqu'elle le juge convenable, réunir les conseils de prud'hommes, qui doivent donner leur avis sur les questions qui leur sont posées.

Tout membre d'un conseil de prud'hommes qui, sans motifs légitimes et après mise en demeure, se refuserait à remplir le service auquel il est appelé, pourra être déclaré démissionnaire. — Le président constate le refus de service par un procès-verbal contenant l'avis motivé du conseil, le prud'homme préalablement entendu ou dûment appelé. — Si le conseil n'émet pas son avis dans le délai d'un mois à dater de la convocation, il est passé outre. — Sur le vu du procès-verbal, la démission est déclarée par arrêté du préfet. — En cas de réclamation, il est statué définitivement par le ministre de l'agriculture, du commerce et des travaux publics, sauf recours au Conseil d'État, pour excès de pouvoir.

Tout membre d'un conseil de prud'hommes qui aura manqué gravement à ses devoirs dans l'exercice de ses fonctions, sera appelé par le président devant le conseil, pour s'expliquer sur les faits qui lui sont reprochés. — Si le conseil n'émet pas son avis motivé dans le délai d'un mois, à dater de la convocation, il est passé outre. — Un procès-verbal est dressé par le président.

Le procès-verbal est transmis par le préfet, avec son avis, au ministre. — Les peines suivantes peuvent être prononcées suivant les cas : — la censure, — la suspension pour un temps qui ne peut excéder six mois, — la déchéance, — la censure et la suspension sont prononcées par un arrêt ministériel, la déchéance est prononcée par un décret.

Le prud'homme contre lequel la déchéance a été prononcée ne peut être élu aux mêmes fonctions pendant six ans, à dater du décret.

DU CONTRAT D'APPRENTISSAGE.

De la nature et de la forme du contrat.

Le contrat d'apprentissage est celui par lequel un fabricant, un chef d'atelier ou un ouvrier s'oblige à enseigner la pratique de sa profession à une autre personne, qui s'oblige, en retour, à travailler avec lui ; le tout à des conditions et pendant un temps convenus.

Le contrat d'apprentissage est fait par acte public ou par acte sous seing privé. — Il peut aussi être fait verbalement ; mais la preuve testimoniale n'en est reçue que conformément au titre du Code civil *des Contrats ou des obligations conventionnelles en général*. — Les notaires, les secrétaires des conseils de prud'hommes et les greffiers des justices de paix peuvent recevoir l'acte d'apprentissage. — Cet acte est soumis pour l'enregistrement au droit fixe d'un franc, lors même qu'il contiendrait des obligations de sommes ou valeurs mobilières, ou des quittances. Les honoraires dus aux officiers publics sont fixés à deux francs.

L'acte d'apprentissage contiendra : — 1° les nom, prénoms, âge, profession et domicile du maître ; — 2° les nom, prénoms, âge et domicile de l'apprenti ; — 3° les nom, prénoms, professions et domicile de ses père et mère, de son tuteur, ou de la personne autorisée par les parents, et, à leur défaut, par le juge de paix ; — 4° la date et la durée du contrat ; — 5° les conditions de logement, de nourriture, de prix, et toutes autres arrêtées entre les parties. — Il devra être signé par le maître et par les représentants de l'apprenti.

Des conditions du contrat.

Nul ne peut recevoir des apprentis mineurs, s'il n'est âgé de vingt et un ans au moins.

Aucun maître, s'il est célibataire ou en état de veuvage, ne peut loger, comme apprenties, des jeunes filles mineures.

Sont incapables de recevoir des apprentis : les individus qui ont subi une condamnation pour crime; — ceux qui ont été condamnés pour attentat aux mœurs; — ceux qui ont été condamnés à plus de trois mois d'emprisonnement.

L'incapacité résultant de l'article 6 pourra être levée par le préfet, sur l'avis du maire, quand le condamné, après l'expiration de sa peine, aura résidé pendant trois ans dans la même commune. — A Paris, les incapacités seront levées par le préfet de police.

Devoirs des maîtres et des apprentis.

Le maître doit se conduire envers l'apprenti en bon père de famille, surveiller sa conduite et ses mœurs, soit dans la maison, soit au dehors, et avertir ses parents ou leurs représentants des fautes graves qu'il pourrait commettre ou des penchants vicieux qu'il pourrait avoir.

Il doit aussi les prévenir sans retard, en cas de maladie, d'absence ou de tout fait de nature à motiver leur intervention.

Il n'emploiera l'apprenti, sauf conventions contraires, qu'aux travaux et services qui se rattachent à l'exercice de sa profession. Il ne l'emploiera jamais à ceux qui seraient insalubres ou au-dessus de ses forces.

La durée du travail effectif des apprentis âgés de moins de quatorze ans ne pourra dépasser dix heures par jour.

Pour les apprentis âgés de quatorze à seize ans, elle ne pourra dépasser douze heures.

Aucun travail de nuit ne peut être imposé aux apprentis âgés de moins de seize ans.

Est considéré comme travail de nuit tout travail fait entre neuf heures du soir et cinq heures du matin.

Les dimanches et jours de fête reconnues ou légales, les apprentis, dans aucun cas, ne peuvent être tenus vis-à-vis de leur maître à aucun travail de leur profession.

Dans le cas où l'apprenti serait obligé, par suite des conventions ou conformément à l'usage, de ranger l'atelier aux jours ci-dessus marqués, ce travail ne pourra se prolonger au delà de dix heures du matin.

Il ne pourra être dérogé aux dispositions contenues dans les trois premiers paragraphes du présent article que par arrêté rendu par le préfet sur l'avis du maire.

Si l'apprenti âgé de moins de seize ans ne sait pas lire, écrire et compter, ou s'il n'a pas encore terminé sa première éducation religieuse, le maître est tenu de lui laisser prendre, sur la journée de travail, le temps et la liberté nécessaires pour son instruction.

Néanmoins ce temps ne pourra pas excéder deux heures par jour.

L'apprenti doit à son maître fidélité, obéissance et respect; il doit l'aider, par son travail, dans la mesure de son aptitude et de ses forces.

Il est tenu de remplacer, à la fin de l'apprentissage, le temps qu'il n'a pu employer par suite de maladie ou d'absence ayant duré plus de quinze jours.

Le maître doit enseigner à l'apprenti, progressivement et complétement, l'art, le métier ou la profession sépciale qui fait l'objet du contrat.

Il lui devra, à la fin de l'apprentissage, un congé d'acquit ou certificat constatant l'exécution du contrat.

Tout fabricant, chef d'atelier ou ouvrier, convaincu d'avoir détourné un apprenti de chez son maître, pour l'employer en qualité d'apprenti ou d'ouvrier, pourra être passible de tout ou partie de l'indemnité á prononcer au profit du maître abandonné.

De la résolution du contrat.

Les deux premiers mois d'apprentissage sont considérés comme un temps d'essai pendant lequel le contrat peut être annulé par la seule volonté de l'une des parties. Dans ce cas, aucune indemnité ne sera allouée à l'une ou à l'autre partie, à moins de conventions expresses.

Le contrat d'apprentissage sera résolu de plein droit :

1° Par la mort du maître ou de l'apprenti;

2° Si l'apprenti ou le maître est appelé au service militaire;

3° Si le maître ou l'apprenti vient à être frappé d'une des condamnations prévues en l'article 6 de la présente loi;

4° Pour les filles mineures, dans le cas de décès de l'épouse du maître ou de toute autre femme de la famille qui dirigeait la maison à l'époque du contrat.

Le contrat peut être résolu sur la demande des parties ou de l'une d'elles :

1° Dans le cas où l'une des parties manquerait aux stipulations du contrat;

2° Pour cause d'infraction grave ou habituelle aux prescriptions de la présente loi;

3° Dans le cas d'inconduite habituelle de la part de l'apprenti;

4° Si le maître transporte sa résidence dans une autre commune que celle qu'il habitait lors de la convention.

Néanmoins la demande en résolution de contrat fondée sur ce motif ne sera recevable que pendant trois mois, à compter du jour où le maître aura changé de résidence;

5° Si le maître ou l'apprenti encourait une condamnation emportant un emprisonnement de plus d'un mois;

6° Dans le cas où l'apprenti viendrait à contracter mariage.

Si le temps convenu pour la durée de l'apprentissage dépasse le maximum de la durée consacrée par les usages locaux, ce temps peut être réduit ou le contrat résolu.

De la compétence.

Toute demande à fin d'exécution ou de résolution de contrat sera jugée par le conseil des prud'hommes dont le maître est justiciable, et, à défaut, par le juge de paix du canton.

Les réclamations qui pourraient être dirigées contre les tiers, seront portées devant le conseil des prud'hommes ou devant le juge de paix du lieu de leur domicile.

Dans les divers cas de résolution prévus, les indemnités ou les restitutions qui pourraient être dues à l'une ou à l'autre des parties, seront, à défaut de stipulations expresses, réglées par le conseil des prud'hommes ou par les juges de paix dans les cantons qui ne ressortissent point à la juridiction d'un conseil de prud'hommes.

Toute contravention aux articles 4, 5, 6, 9 et 10 de la présente loi sera poursuivie devant le tribunal de police et punie d'une amende de cinq à quinze francs. — Pour les contraventions aux articles 4,5, 9 et 10, le tribunal de police pourra, dans le cas de récidive, prononcer, outre l'amende, un emprisonnement d'un à cinq jours. — En cas de récidive, la contravention à l'article 6 sera poursuivie devant les tribunaux correctionnels et punie d'un emprisonnement de quinze jours à trois mois, sans préjudice d'une amende qui pourra s'élever de cinquante francs à trois cents francs.

Des ateliers et manufactures insalubres.

A compter de la publication du présent décret, les manufactures et ateliers qui répandent une odeur insalubre ou incommode, ne pourront être formés sans une permission de l'autorité administrative : ces établissements seront divisés en trois classes : — la première classe comprendra ceux qui doivent être éloignés des habitations particulières;

— la deuxième, les manufactures et ateliers dont l'éloignement des habitations n'est pas rigoureusement nécessaire, mais dont il importe néanmoins de ne permettre la formation qu'après avoir acquis la certitude que les opérations qu'on y pratique sont exécutées de manière à ne pas incommoder les propriétaires du voisinage, ni à leur causer des dommages. — Dans la troisième classe seront placés les établissements qui peuvent rester sans inconvénient auprès des habitations, mais doivent rester soumis à la surveillance de la police.

La permission nécessaire pour la formation des manufactures et ateliers compris dans la première classe sera accordée avec les formalités ci-après, par un décret rendu en notre Conseil d'État. — Celle qu'exigera la mise en activité des établissements compris dans la deuxième classe, le sera par les préfets sur l'avis des sous-préfets. — Les permissions pour l'exploitation des établissements placés dans la dernière classe seront délivrées par les sous-préfets, qui prendront préalablement l'avis des maires.

La permission pour les manufactures et fabriques de première classe ne sera accordée qu'avec les formalités suivantes : — la demande en autorisation sera présentée au préfet, affichée par son ordre dans toutes les communes, à cinq kilomètres de rayon. — Dans ce délai, tout particulier sera admis à présenter ses moyens d'opposition. — Les maires des communes auront la même faculté.

S'il y a des oppositions, le conseil de préfecture donnera son avis, sauf la décision du Conseil d'État.

S'il n'y a pas d'opposition, la permission sera accordée, s'il y a lieu, sur l'avis du préfet et le rapport de notre ministre de l'intérieur.

S'il s'agit de fabriques de soude, ou si la fabrique doit être établie dans la ligne des douanes, notre directeur général des douanes sera consulté.

L'autorisation de former des manufactures et ateliers compris dans la deuxième classe ne sera accordée qu'après que les formalités suivantes auront été remplies : — l'entreprenur adressera d'adord sa demande au sous-préfet de son arrondissement, qui la transmettra au maire de la commune, dans laquelle on projette de former l'établissement, en le chargeant de procéder à des informations *de commodo et incommodo*. Ces informations terminées, le sous-préfet prendra sur le tout un arrêté qu'il transmettra au préfet. Celui-ci statuera, sauf le recours à notre Conseil d'État par toutes parties intéressées. — S'il y a opposition, il en sera statué par le conseil de préfecture, sauf le recours au Conseil d'État.

Les manufactures et ateliers ou établissements portés dans la troisième classe ne pourront se former que sur la permission du préfet de police à Paris, et sur celle du maire dans les autres villes. — S'il s'élève des réclamations contre la décision prise par le préfet de police ou les maires, sur une demande en formation de manufacture ou d'atelier compris dans la troisième classe, elles seront jugées en conseil de préfecture.

L'autorité locale indiquera le lieu où les manufactures et ateliers compris dans la première classe pourront s'établir, et exprimera sa distance des habitations particulières. Tout individu qui ferait des constructions dans le voisinage de ces manufactures et ateliers, après que la formation en aura été permise, ne sera plus admis à en solliciter l'éloignement.

La division en trois classes des établissements qui répandent une odeur insalubre ou incommode, aura lieu conformément au tableau annexé au présent décret. Elle servira de règle, toutes les fois qu'il sera question de prononcer sur des demandes en formation de ces établissements.

Les dispositions du présent decret n'auront point d'effet rétroactif : en conséquence, tous les établissements qui sont aujourd'hui en activité, continueront à être exploités librement, sauf les dommages dont pourront être passibles les entrepreneurs de ceux qui préjudicient aux propriétés de leurs voisins; les dommages seront arbitrés par les tribunaux.

Toutefois, en cas de graves inconvénients pour la salubrité publique, la culture ou l'intérêt général, les fabriques et ateliers de première classe qui les causent pourront être supprimés en vertu d'un décret rendu en notre Conseil d'État, après avoir entendu la police locale, pris l'avis des préfets, reçu la défense des manufacturiers ou fabricants.

Les établissements maintenus par l'article 11 cesseront de jouir de cet avantage, dès qu'ils seront transférés dans un autre emplacement, ou qu'il y aura une interruption de six mois dans leurs travaux. Dans l'un et l'autre cas, ils rentreront dans la catégorie des établissements à former, et ils ne pourront être remis en activité qu'après avoir obtenu, s'il y a lieu, une nouvelle permission.

A compter de ce jour, la nomenclature jointe à la présente ordonnance servira seule de règle pour la formation des établissements répandant une odeur insalubre ou incommode.

Le procès-verbal d'information de *commodo et incommodo*, pour la formation des établissements compris dans la seconde classe de la nomenclature, sera pareillement exigible, en outre de l'affiche de demande, pour la formation de ceux compris dans la première classe.

Les permissions nécessaires pour la formation des établissements compris dans la troisième classe seront délivrées, dans les départements, par les sous-préfets, après avoir pris préalablement l'avis des maires et de la police locale.

Les attributions données aux préfets et aux sous-préfets relativement à la formation des établissements répandant une odeur insalubre ou incommode, seront exercées par notre directeur général de la police dans toute l'étendue du département de la Seine, et dans les communes de Saint-Cloud, de Meudon et de Sèvres, du département de Seine-et-Oise.

Les préfets sont autorisés à faire suspendre la formation ou l'exercice des établissements nouveaux qui, n'ayant pu être compris dans la nomenclature précitée, seraient cependant de nature à y être placés.

Ils pourront accorder l'autorisation d'établissement pour tous ceux qu'ils jugeront devoir appartenir aux deux dernières classes de la nomenclature, en remplissant les formalités prescrites par le décret du 15 octobre 1810, sauf, dans les deux cas, à en rendre compte à notre directeur général des manufactures et du commerce.

Dispositions générales.

Toute nouvelle découverte ou invention dans tous les genres d'industrie confère à son auteur, sous les conditions et pour le temps ci-après déterminés, le droit exclusif d'exploiter à son profit ladite découverte ou invention. — Ce droit est constaté par des titres délivrés par le gouvernement, sous le nom de *brevets d'invention.*

Seront considérées comme inventions ou découvertes nouvelles : — l'invention de nouveaux produits industriels ; — l'invention de nouveaux moyens ou l'application nouvelle de moyens connus, pour l'obtention d'un résultat ou d'un produit industriel.

Ne sont pas susceptibles d'être brevetés : — 1° les compositions pharmaceutiques ou remèdes de toute espèce, lesdits objets demeurant soumis aux lois et règlements spéciaux sur la matière, et notamment au décret du 18 août 1810, relatif aux remèdes secrets ; 2° les plans ou combinaisons de crédit ou de finances.

La durée des brevets sera de cinq, dix ou quinze années. — Chaque brevet donnera lieu au payement d'une taxe qui est fixée ainsi qu'il suit, savoir : — 500 francs pour un brevet de cinq ans ; — 1,000 francs pour un brevet de dix ans ; — 1,500 francs pour un brevet de quinze ans. — Cette taxe sera payée par annuités de 100 francs sous peine de déchéance si le breveté laisse écouler un terme sans l'acquitter.

Des formalités relatives à la délivrance des brevets.

Des demandes de brevets.

Quiconque voudra prendre un brevet d'invention devra déposer, sous cachet, au secrétariat de la préfecture, dans le département où il est domicilié, ou dans tout autre département en y élisant domicile : — 1° sa demande au ministre de l'agriculture et du commerce ; — 2° une description de la découverte, invention ou application faisant l'objet du brevet demandé ; — 3° les dessins ou échantillons qui seraient nécessaires pour l'intelligence de la description ; — et 4° un bordereau des pièces déposées.

La demande sera limitée à un seul objet principal, avec les objets de détail qui le constituent, et les applications qui auront été indiquées. — Elle mentionnera la durée que les demandeurs entendent assigner à leur brevet, et ne contiendra ni restrictions, ni conditions, ni réserves. — Elle indiquera un titre renfermant la désignation sommaire et précise de l'objet de l'invention. — La description ne pourra être écrite en langue étrangère. Elle devra être sans altérations ni surcharges. Les mots rayés comme nuls seront comptés et constatés, les pages et les renvois paraphés.

Les dessins seront tracés à l'encre et d'après une échelle métrique. — Un duplicata de la description et des dessins sera joint à la demande. — Toutes les pièces seront signées par le demandeur ou par un mandataire, dont le pouvoir restera annexé à la demande.

Aucun dépôt ne sera reçu que sur la production d'un récépissé constatant le versement d'une somme de 100 francs à valoir sur le montant de la taxe du brevet. — Un procès-verbal, dressé sans frais par le secrétaire général de la préfecture, sur un registre à ce destiné, et signé par le demandeur, constatera chaque dépôt, en énonçant le jour et l'heure de la remise des pièces. — Une expédition dudit procès-verbal sera remise au déposant, moyennant le remboursement des frais de timbre.

La durée du brevet courra du jour du dépôt ci-dessus prescrit.

De la délivrance des brevets.

Aussitôt après l'enregistrement des demandes, et dans les cinq jours de la date du dépôt, les préfets transmettront les pièces, sous le cachet de l'inventeur, au ministre de l'agriculture et du commerce, en y joignant une copie certifiée du procès-verbal de dépôt, le récépissé constatant le versement de la taxe, et, s'il y a lieu, le pouvoir mentionné ci-dessus.

A l'arrivée des pièces au ministère de l'agriculture et du commerce, il sera procédé à l'ouverture, à l'enregistrement des demandes et à l'expédition des brevets dans l'ordre de la réception desdites demandes.

Les brevets dont la demande aura été régulièrement formée seront délivrés, sans examen préalable, aux risques et périls des demandeurs, et sans garantie, soit de la réalité, de la nouveauté ou du mérite de l'invention, soit de la fidélité ou de l'exactitude de la description. — Un arrêté du ministre, constatant la régularité de la demande, sera délivré au demandeur et constituera le brevet d'invention. — A cet arrêté sera joint le duplicata certifié de la description et des dessins mentionné dans l'article 6, après que la conformité avec l'expédition originale en aura été reconnue et établie au besoin. — La première expédition des brevets sera délivrée sans frais. — Toute expédition ultérieure, demandée par le breveté ou ses ayants cause, donnera lieu au payement d'une taxe de 25 francs. — Les frais de dessin, s'il y a lieu, demeureront à la charge de l'impétrant.

Toute demande dans laquelle n'auraient pas été observées les formalités ci-dessus prescrites, sera rejetée. La moitié de la somme versée restera acquise au Trésor; mais il sera tenu compte de la totalité de cette somme au demandeur, s'il reproduit sa demande dans un délai de trois mois, à compter de la date de la notification du rejet de sa requête.

Une ordonnance royale, insérée au *Bulletin des lois,* proclamera, tous les trois mois, les brevets délivrés.

La durée des brevets ne pourra être prolongée que par une loi.

Des certificats d'addition.

Le breveté ou les ayants droit au brevet auront, pendant toute la durée du brevet, le droit d'apporter à l'invention des changements, perfectionnements ou additions. Ces changements, perfectionnements ou additions seront constatés par des certificats délivrés dans la même forme que le brevet principal, et qui produiront, à partir des dates respectives des demandes et de leur expédition, les mêmes effets que ledit brevet principal, avec lequel ils prendront fin. — Chaque demande de certificat d'addition donnera lieu au payement d'une taxe de 20 francs. — Les certificats d'addition, pris par un des ayants droit, profiteront à tous les autres.

Tout breveté qui, pour un changement, perfectionnement ou addition, voudra prendre un brevet principal de cinq, dix ou quinze années, au lieu d'un certificat d'addition expirant avec le brevet primitif, devra remplir les formalités prescrites par la loi.

Nul autre que le breveté ou ses ayants droit, agissant comme il est dit ci-dessus, ne pourra, pendant une année, prendre valablement un brevet pour un changement, perfectionnement ou addition à l'invention qui fait l'objet du brevet primitif. — Néanmoins, toute personne qui voudra prendre brevet pour changement, addition ou perfectionnement à une découverte déjà brevetée, pourra, dans le cours de ladite année, former une demande qui sera transmise, et restera déposée, sous cachet, au ministère de l'agriculture et du commerce. — L'année expirée, le cachet sera brisé et le brevet délivré.—Toutefois, le breveté principal aura la préférence pour les changements, perfectionnements et additions pour lesquels il aurait lui-même, pendant l'année, demandé un certificat d'addition ou un brevet.

Quiconque aura pris un brevet pour une découverte, invention ou application se rattachant à l'objet d'un autre brevet, n'aura aucun droit d'exploiter l'invention déjà brevetée, et réciproquement le titulaire du brevet primitif ne pourra exploiter l'invention, objet du nouveau brevet.

De la transmission et de la cession des brevets.

Tout breveté pourra céder la totalité ou partie de son brevet. — La cession totale ou partielle d'un brevet, soit à titre gratuit, soit à titre onéreux, ne pourra être faite que par acte notarié. — Aucune cession ne sera valable, à l'égard des tiers, qu'après avoir été enregistrée au secrétariat de la préfecture du département dans lequel l'acte aura été passé. — L'enregistrement des cessions et de tous autres actes emportant mutation sera fait sur la production et le dépôt d'un extrait authentique de l'acte de cession ou de mutation. — Une expédition de chaque procès-verbal d'enregistrement, accompagnée de l'extrait de l'acte ci-dessus mentionné, sera transmise, par les préfets, au ministre de l'agriculture et du commerce, dans les cinq jours de la date du procès-verbal.

Il sera tenu, au ministère de l'agriculture et du commerce, un registre sur lequel seront inscrites les mutations intervenues sur chaque brevet, et, tous les trois mois, une ordonnance royale proclamera, dans la forme déterminée par la loi, les mutations enregistrées pendant le trimestre expiré.

Les cessionnaires d'un brevet et ceux qui auront acquis d'un breveté ou de ses ayants droit la faculté d'exploiter la découverte ou l'invention, profiteront, de plein droit, des certificats d'addition qui seront ultérieurement délivrés au breveté ou à ses ayants droit. Réciproquement, le breveté ou ses ayants droit profiteront des certificats d'addition qui seront ultérieurement délivrés aux cessionnaires. — Tous ceux qui auront droit de profiter des certificats d'addition pourront en lever une expédition au ministère de l'agriculture et du commerce, moyennant un droit de 20 francs.

De la communication et de la publication des descriptions et dessins de brevets.

Les descriptions, dessins, échantillons et modèles des brevets délivrés resteront, jusqu'à l'expiration des brevets, déposés au ministère de l'agriculture et du commerce, où ils seront communiqués, sans frais, à toute réquisition. — Toute personne pourra obtenir, à ses frais, copie desdites descriptions et dessins, suivant les formes qui seront déterminées dans le règlement.

Après le payement de la deuxième annuité, les descriptions et dessins seront publiés, soit textuellemnt, soit par extraits. — Il sera, en outre, publié, au commencement de chaque année, un catalogue contenant les titres des brevets délivrés dans le courant de l'année précédente.

Le recueil des descriptions et dessins et le catalogue publiés en exécution de l'article précédent seront déposés au ministère de l'agriculture et du commerce et au secrétariat de la préfecture de chaque département, où ils pourront être consultés sans frais.

A l'expiration des brevets, les originaux des descriptions et dessins seront déposés au Conservatoire royal des arts et métiers.

Des droits des étrangers.

Les étrangers pourront obtenir en France des brevets d'invention.

Les formalités et conditions déterminées par la présente loi seront applicables aux brevets demandés ou délivrés en exécution de l'article précédent.

L'auteur d'une invention ou découverte déjà brevetée à l'étranger pourra obtenir un brevet en France; mais la durée de ce brevet ne pourra excéder celle des brevets antérieurement pris à l'étranger.

Seront nuls et de nul effet les brevets délivrés dans les cas suivants, savoir: 1° si la découverte, invention ou application n'est pas nouvelle; — 2° si la découverte, invention ou application n'est pas, aux termes de l'article 3, susceptible d'être brevetée; — 3° si les brevets portent sur des principes, méthodes, systèmes, découvertes et conceptions théoriques ou purement scientifiques dont on n'a pas indiqué les applications industrielles; — 4° si la découverte, invention ou application est reconnue contraire à l'ordre ou à la sûreté publique, aux bonnes mœurs ou aux lois du Royaume, sans préjudice, dans ce cas et dans celui du paragraphe précédent, des peines qui pourraient être encourues pour la fabrication ou le débit d'objets prohibés; — 5° si le titre sous lequel le brevet a été demandé indique frauduleusement un objet autre que le véritable objet de l'invention; — 6° si la description jointe au brevet n'est pas suffisante pour l'exécution de l'invention, ou si elle n'indique pas, d'une manière complète et loyale, les véritables moyens de l'inventeur; — 7° si le brevet a été obtenu contrairement aux dispositions de l'article 18. — Seront également nuls, et de nul effet, les certificats comprenant des changements, perfectionnements ou additions qui ne se rattacheraient pas au brevet principal.

Ne sera pas réputée nouvelle toute découverte, invention ou application qui, en France ou à l'étranger, et antérieurement à la date du dépôt de la demande, aura reçu une publicité suffisante pour pouvoir être exécutée.

Sera déchu de tous ses droits : — 1° le breveté qui n'aura pas acquitté son annuité avant le commencement de chacune des années de la durée de son brevet; — 2° le breveté qui n'aura pas mis en exploitation sa découverte ou invention en France, dans le délai de deux ans, à dater du jour de la signature du brevet, ou qui aura cessé de l'exploiter pendant deux années consécutives, à moins que, dans l'un ou l'autre cas, il ne justifie des causes de son inaction; — 3° le breveté qui aura introduit en France des objets fabriqués en pays étrangers et semblables à ceux qui sont garantis par son brevet. — Néanmoins, le ministre de l'agriculture, du commerce et des travaux publics pourra autoriser l'introduction : — 1° des modèles de machines; — 2° des objets fabriqués à l'étranger, destinés à des expositions publiques ou à des essais faits avec l'assentiment du Gouvernement.

Quiconque, dans des enseignes, annonces, prospectus, affiches, marques ou estampilles, prendra la qualité de breveté sans posséder un brevet délivré conformément aux lois, ou après l'expiration d'un brevet antérieur; ou qui, étant breveté, mentionnera sa qualité de breveté ou son brevet sans y ajouter ces mots: *sans garantie du gouvernement,* sera puni d'une amende de cinquante francs à mille francs. — En cas de récidive, l'amende pourra être portée au double.

Des actions en nullité et en déchéance.

L'action en nullité et l'action en déchéance pourront être exercées par toute personne y ayant intérêt. — Ces actions, ainsi que toutes contestations relatives à la propriété des brevets, seront portées devant les tribunaux civils de première instance.

Si la demande est dirigée en même temps contre le titulaire du brevet et contre un ou plusieurs cessionnaires partiels, elle sera portée devant le tribunal du domicile du titulaire du brevet.

L'affaire sera instruite et jugée dans la forme prescrite pour les matières sommaires, par les articles 405 et suivants du Code de procédure civile. Elle sera communiquée au procureur de la République.

Dans toute instance tendant à faire prononcer la nullité ou la déchéance d'un brevet, le ministère public pourra se rendre partie intervenante et prendre des réquisitions pour faire prononcer la nullité ou la déchéance absolue du brevet. — Il pourra même se pourvoir directement par action principale pour faire prononcer la nullité.

Lorsque la nullité ou la déchéance absolue d'un brevet aura été prononcée par jugement ou par arrêt ayant acquis force de chose jugée, il en sera donné avis au ministre de l'agriculture et du commerce, et la nullité ou la déchéance sera publiée.

De la contrefaçon, des poursuites et des peines.

Toute atteinte portée aux droits du breveté, soit par la fabrication de produits, soit par l'emploi de moyens faisant l'objet de son brevet, constitue le délit de contrefaçon. — Ce délit sera puni d'une amende de cent à deux mille francs.

Ceux qui auront sciemment recélé, vendu ou exposé en vente, ou introduit sur le territoire français, un ou plusieurs objets contrefaits, seront punis des mêmes peines que les contrefacteurs.

Les peines établies par la présente loi ne pourront être cumulées. — La peine la plus forte sera seule prononcée pour tous les faits antérieurs au premier acte de poursuite.

Dans le cas de récidive, il sera prononcé, outre l'amende portée aux articles 40 et 41, un emprisonnement d'un mois à six mois. — Il y a récidive lorsqu'il a été rendu contre le prévenu, dans les cinq années antérieures, une première condamnation pour un des délits prévus par la présente loi. — Un emprisonnement d'un mois à six mois pourra aussi être prononcé, si le contrefacteur est un ouvrier ou un employé ayant travaillé dans les ateliers ou dans l'établissement du breveté, ou si le contrefacteur, s'étant associé avec un ouvrier ou un employé du breveté, a eu connaissance, par ce dernier, des procédés décrits au brevet. — Dans ce dernier cas, l'ouvrier ou l'employé pourra être poursuivi comme complice.

L'action correctionnelle pour l'application des peines ci-dessus ne pourra être exercée par le ministère public que sur la plainte de la partie lésée.

Le tribunal correctionnel, saisi d'une action pour délit de contrefaçon, statuera sur les exceptions qui seraient tirées par le prévenu, soit de la nullité ou de la déchéance du brevet, soit des questions relatives à la propriété dudit brevet.

Les propriétaires de brevet pourront, en vertu d'une ordonnance du président du tribunal de première instance, faire procéder, par tous huissiers, à la désignation et description détaillées, avec ou sans saisie, des objets prétendus contrefaits. — L'ordonnance sera rendue sur simple requête, et sur la représentation du brevet ; elle contiendra, s'il y a lieu, la nomination d'un expert pour aider l'huissier dans sa description. — Lorsqu'il y aura lieu à la saisie, ladite ordonnance pourra imposer au requérant un cautionnement qu'il sera tenu de consigner avant d'y faire procéder. — Le cautionnement sera toujours imposé à l'étranger breveté qui requerra la saisie. — Il sera laissé copie au détenteur des objets décrits ou saisis, tant de l'ordonnance que de l'acte constatant le dépôt de cautionnement, le cas échéant : le tout à peine de nullité et de dommages-intérêts contre l'huissier.

A défaut, par le requérant, de s'être pourvu, soit par la voie civile, soit par la voie correctionnelle, dans le délai de huitaine, outre un jour par trois myriamètres de distance, entre le lieu où se trouvent les objets saisis ou décrits et le domicile du contrefacteur, recéleur, introducteur ou débitant, la saisie ou description sera nulle de plein droit, sans préjudice des dommages-intérêts qui pourront être réclamés, s'il y a lieu.

La confiscation des objets reconnus contrefaits, et, le cas échéant, celle des instruments ou ustensiles destinés spécialement à leur fabrication, seront, même en cas d'acquittement, prononcées contre le contrefacteur, le recéleur, l'introducteur ou le débitant. — Les objets confisqués seront remis au propriétaire du brevet, sans préjudice de plus amples dommages-intérêts et de l'affiche du jugement, s'il y a lieu.

Loi du 23 mai 1868. — Loi relative à la garantie des inventions susceptibles d'être brevetées et des dessins de fabrique qui seront admis aux expositions publiques.

Tout Français ou étranger, auteur soit d'une découverte ou invention susceptible d'être brevetée aux termes de la loi du 5 juillet 1844, soit d'un dessin de fabrique qui doit être déposé conformément à la loi du 18 mars 1806, ou ses ayants droit, peuvent, s'ils sont admis dans une exposition publique autorisée par l'administration, se faire délivrer par le préfet ou le sous-préfet, dans le département ou l'arrondisssement duquel cette exposition est ouverte, un certificat descriptif de l'objet déposé.

Ce certificat assure à celui qui l'obtient les mêmes droits que lui conférerait un brevet d'invention ou un dépôt légal de dessin de fabrique à dater du jour de l'admission jusqu'à la fin du troisième mois qui suivra la clôture de l'exposition, sans préjudice du brevet que l'exposant peut prendre ou du dépôt qu'il peut opérer avant l'expiration de ce terme.

La demande de ce certificat doit être faite dans le premier mois au plus tard de l'ouverture de l'exposition. Elle est adressée à la préfecture ou à la sous-préfecture et accompagnée d'une description exacte de l'objet garanti et, s'il y a lieu, d'un plan ou d'un dessin dudit objet. Les demandes ainsi que les décisions prises par le préfet ou par le sous-préfet sont inscrites sur un registre spécial qui est ultérieurement transmis au ministère de l'agriculture, du commerce et des travaux publics, et communiqué sans frais à toute réquisition. La délivrance du certificat est gratuite.

MARQUES DE FABRIQUE.

Du droit de propriété des marques.

La marque de fabrique ou de commerce est facultative. — Toutefois, des décrets, rendus en la forme des règlements d'administration publique, peuvent exceptionnellement la déclarer obligatoire pour les produits qu'ils déterminent. — Sont considérées comme marques de fabrique et de commerce les noms sous une forme distinctive, les dénominations, emblèmes, empreintes, timbres, cachets, vignettes, reliefs, lettres, chiffres, enveloppes et tous autres signes servant à distinguer les produits d'une fabrique ou les objets d'un commerce.

Nul ne peut revendiquer la propriété exclusive d'une marque, s'il n'a été déposé deux exemplaires du modèle de cette marque au greffe du tribunal de commerce de son domicile.

Le dépôt n'a d'effet que pour quinze années. — La propriété de la marque peut toujours être conservée pour un nouveau terme de quinze années au moyen d'un nouveau dépôt.

Il est perçu un droit fixe d'un franc pour la rédaction du procès-verbal de dépôt de chaque marque et pour le coût de l'expédition, non compris les frais de timbre et d'enregistrement.

Dispositions relatives aux étrangers.

Les étrangers qui possèdent en France des établissements d'industrie ou de commerce jouissent, pour les produits de leurs établissements, du bénéfice de la présente loi, en remplissant les formalités qu'elle prescrit.

Les étrangers et les Français dont les établissements sont situés hors de France jouissent également du bénéfice de la présente loi pour les produits de ces établissements, si, dans les pays où ils sont situés, des conventions diplomatiques ont établi la réciprocité pour les marques françaises. — Dans ce cas, le dépôt des marques étrangères a lieu au greffe du tribunal de commerce du département de la Seine.

Pénalités.

Sont punis d'une amende de cinquante francs à trois mille francs et d'un emprisonnement de trois mois à trois ans, ou de l'une de ces peines seulement : — 1° ceux qui ont contrefait une marque ou fait usage d'une marque contrefaite ; — 2° ceux qui ont frauduleusement apposé sur leurs produits ou les objets de leur commerce une marque appartenant à autrui ; — 3° ceux qui ont sciemment vendu ou mis en vente un ou plusieurs produits revêtus d'une marque contrefaite ou frauduleusement apposée.

Sont punis d'une amende de cinquante francs à deux mille francs, et d'un emprisonnement d'un mois à un an, ou de l'une de ces peines seulement : — 1° ceux qui, sans contrefaire une marque, en ont fait une imitation frauduleuse de nature à tromper l'acheteur, ou ont fait usage d'une marque frauduleusement imitée ; — 2° ceux qui ont fait usage d'une marque portant des indications propres à tromper l'acheteur sur la nature du produit ; — 3° ceux qui ont sciemment vendu ou mis en vente un ou plusieurs produits revêtus d'une marque frauduleusement imitée ou portant des indications propres à tromper l'acheteur sur la nature du produit.

Sont punis d'une amende de 50 à 1,000 francs et d'un emprisonnement de quinze jours à six mois, ou de l'une de ces peines seulement :

— 1° ceux qui n'ont pas apposé sur leurs produits une marque déclarée obligatoire ; — 2° ceux qui ont vendu ou mis en vente un ou plusieurs produits ne portant pas la marque obligatoire pour cette espèce de produits ; — 3° ceux qui ont contrevenu aux dispositions des décrets rendus en exécution de l'article 1er de la présente loi.

Les peines établies par la présente loi ne peuvent être cumulées. — La peine la plus forte est seule prononcée pour tous les faits antérieurs au premier acte de poursuite.

Les peines portées aux articles 7, 8 et 9 peuvent être élevées au double en cas de récidive. — Il y a récidive lorsqu'il a été prononcé contre le prévenu, dans les cinq années antérieures, une condamnation pour un des délits prévus par la présente loi.

Les délinquants peuvent, en outre, être privés du droit de participer aux élections des tribunaux et des chambres de commerce, des chambres consultatives des arts et manufactures, et des conseils de prud'hommes, pendant un temps qui n'excédera pas dix ans. — Le tribunal peut ordonner l'affiche du jugement dans les lieux qu'il détermine, et son insertion intégrale ou par extrait dans les journaux qu'il désigne : le tout aux frais du condamné.

La confiscation des produits peut, même en cas d'acquittement, être prononcée par le tribunal, ainsi que celle des instruments et ustensiles ayant spécialement servi à commettre le délit. — Le tribunal peut ordonner que les produits confisqués soient remis au propriétaire de la marque contrefaite ou frauduleusement apposée ou imitée, indépendamment de plus amples dommages-intérêts, s'il y a lieu. — Il est prescrit, dans tous les cas, la destruction des marques reconnues contraires aux dispositions de la loi.

Dans le cas prévu par les deux premiers paragraphes, le tribunal prescrit toujours que les marques déclarées obligatoires soient apposées sur les produits qui y sont assujettis. — Le tribunal peut prononcer la confiscation des produits, si le prévenu a encouru, dans les cinq années antérieures, une condamnation pour un des délits prévus par les deux premiers paragraphes.

Décret portant règlement d'administration publique pour l'exécution de la loi du 23 juin 1857 sur les marques de fabrique et de commerce.

Le dépôt que les fabricants, commerçants ou agriculteurs peuvent faire de leur marque au greffe du tribunal de commerce de leur domicile, ou, à défaut de tribunal de commerce, au greffe du tribunal civil, pour jouir des droits résultant de la loi du 23 juin 1857, est soumis aux dispositions suivantes :

Ce dépôt doit être fait par la partie intéressée ou par son fondé de pouvoir spécial. — La procuration peut être sous seing privé, mais enregistrée ; elle doit être laissée au greffier. — Le modèle à fournir consiste en deux exemplaires, sur papier libre, d'un dessin, d'une gravure ou d'une empreinte représentant la marque adoptée. — Le papier forme un carré de dix-huit centimètres de côté, dont le modèle occupe le milieu.

Si la marque est en creux ou en relief sur les produits, si elle a dû être réduite pour ne pas excéder les dimensions du papier, ou si elle présente quelque autre particularité, le déposant l'indique sur les deux exemplaires, soit par une ou plusieurs figures de détail, soit au moyen d'une légende explicative. — Ces indications doivent occuper la gauche du papier où est figurée la marque; la droite est réservée aux mentions prescrites par l'article 5.

Un des deux exemplaires de la marque est collé par le greffier sur une des feuilles d'un registre tenu à cet effet et dans l'ordre des présentations. L'autre est transmis dans les cinq jours, au plus tard, au ministère de l'agriculture, du commerce et des travaux publics, pour être déposé au Conservatoire national des arts et métiers. — Le registre est en papier libre du format de vingt-quatre centimètres de largeur sur quarante de hauteur, coté et parafé par le président du tribunal de commerce ou du tribunal civil, suivant les cas.

Le greffier dresse le procès-verbal du dépôt dans l'ordre des présentations, sur un registre en papier timbré, coté et parafé comme il est dit à l'article précédent. Il indique dans ce procès-verbal : — 1° le jour et l'heure du dépôt; — 2° le nom du propriétaire de la marque et celui de son fondé de pouvoirs; — 3° la profession du propriétaire son domicile et le genre d'industrie pour lequel il a l'intention de se servir de la marque. — Chaque procès-verbal porte un numéro d'ordre. Ce numéro est également inscrit sur les deux modèles, ainsi que le nom, le domicile et la profession du propriétaire de la marque, le lieu et la date du dépôt, et le genre d'industrie auquel la marque est destinée. Lorsque, au bout de quinze ans, le propriétaire d'une marque en fait un nouveau dépôt, cette circonstance doit être mentionnée sur les modèles et dans le procès-verbal de dépôt. Le procès-verbal et les modèles sont signés par le greffier et par le déposant ou par son fondé de pouvoir. Une expédition du procès-verbal de dépôt est délivrée au déposant.

Des poids et mesures en France.

Il n'y aura qu'un seul étalon des poids et mesures pour toute la France. Ce sera une règle de platine, sur laquelle sera placé le mètre qui a été adopté pour l'unité fondamentale de tout le système des mesures. Leur nomenclature est définitivement adoptée comme il suit :

On appellera *mètre* la mesure de longueur égale à la dix-millionième partie de l'arc du méridien terrestre compris entre le pôle boréal et l'équateur; — *are*, la mesure de superficie pour les terrains égale à un carré de dix mètres de côté; — *stère*, la mesure destinée particulièrement au bois de chauffage, et qui sera égale au mètre cube; — *litre*, la mesure de capacité, tant pour les liquides que pour les matières sèches, dont le contenant sera celle du cube de la dixième partie du mètre; — *gramme*, le poids absolu d'un volume d'eau pure égale au cube de la centième partie du mètre, et à la température de la glace fondante; enfin l'unité de monnaie prendra le nom de *franc* pour remplacer celui de *livre*. La dixième partie du mètre se nommera *décimètre*, et sa centième partie, *centimètre*. — On appelle *décamètre* une mesure égale à dix mètres; ce qui fournit une mesure très-commode pour l'arpentage. — *Hectomètre* signifiera la longueur de cent mètres. — Enfin *kilomètre* et *myriamètre* seront des longueurs de mille et dix mille mètres, et désigneront principalement les distances itinéraires. — Les dénominations des mesures des autres genres seront déterminées d'après les mêmes principes que celles de l'article précédent. Ainsi, *décilitre* sera une mesure de capacité dix fois plus petite que le litre; *centigramme* sera la centième partie du poids d'un gramme. — On dira de même *décalitre* pour désigner une mesure contenant dix litres; *hectolitre*, pour une mesure égale à cent litres; un *kilogramme* sera un poids de mille grammes. — On composera d'une manière analogue les noms de toutes les autres mesures. Cependant, lorsqu'on voudra exprimer les dixièmes ou les centièmes du franc, unités des monnaies, on se servira des mots *décime* et *centime*, déjà reçus en vertu des décrets antérieurs. — Dans les poids et les mesures de capacité, chacune des mesures décimales de ces deux genres aura son double et sa moitié, afin de donner à la vente de divers objets toute la commodité que l'on peut désirer; il y aura donc le *double litre* et le *demi-litre*, le *double hectogramme* et le *demi-hectogramme*, et ainsi des autres.

Tableau de la désignation des noms des nouvelles mesures.

Mesures itinéraires.

Myriamètre ou lieue vaut 10,000 mètres.
Kilomètre ou mille vaut 1,000 mètres.

Mesures de longueur.

Décamètre ou perche vaut 10 mètres.
Mètre (unité fondamentale des poids et mesures, dix-millionième partie du quart du méridien terrestre).
Décimètre on palme vaut le 10e du mètre.
Centimètre ou doigt vaut le 100e du mètre.
Millimètre ou trait vaut le 1,000e du mètre.

Mesures agraires.

Hectare ou arpent vaut 10,000 mètres carrés.
Are ou perche carrée vaut 100 mètres carrés.
Centiare ou mètre carré.

Mesures de capacité, pour les liquides.

Décalitre ou velte vaut 10 décimètres cubes.
Litre ou pinte vaut 1 décimètre cube.
Décilitre ou verre vaut un 10e de décimètre.

Mesures de capacité, pour les matières sèches.

Kilolitre ou muid vaut 1 mètre cube ou 1,000 décimètres cubes.
Hectolitre ou setier vaut 100 decimètres cubes.
Litre ou pinte vaut 1 décimètre cube.

Mesures de solidité.

Stère vaut 1 mètre cude.
Décistère ou solive vaut le 10e du mètre cube.
Millier vaut 1,000 livres (poids du tonneau de mer).
Quintal vaut 100 livres.
Kilogramme ou livre. Le poids de l'eau sous le volume de décimètre cube contient 16 onces.
Hectogramme ou once. Le 16e de l'once contient 10 gros.
Décagramme ou gros. Le 16e de l'once contient 10 deniers.
Gramme ou denier. Le 10e du gros contient 10 grains.
Décagramme ou grain vaut le 10e du denier.

Il est permis d'employer, pour les usages du commerce, — 1° une mesure de longueur égale à deux mètres, qui prendra le nom de toise, et se divisera en six pieds ; — 2° une mesure égale au tiers du mètre ou sixième de la toise, qui aura le nom de pied et se divisera en douze pouces, et le pouce en douze lignes. Chacune de ces mesures portera sur l'une de ses faces les divisions correspondantes du mètre, savoir : la toise, deux mètres divisés en décimètres, et le premier décimètre en millimètres ; et le pied, trois décimètres, un tiers divisé en centimètres ; en tout 333 millimètres 1/3.

Le mesurage des toiles et étoffes pourra se faire avec une mesure égale à douze décimètres, qui prendra le nom d'aune. Cette mesure se divisera en demi quarts, huitièmes et seizièmes, ainsi qu'en tiers, sixièmes et douzièmes ; elle portera sur l'une de ses faces les divisions correspondantes du mètre en centimètres seulement ; savoir : cent-vingt centimètres numérotés de dix en dix.

Les mesures dont il est question dans les articles précédents pourront être construite, d'une seule pièce, ou brisées à charnière, ou de toute autre manière qu'il conviendra, pourvu que les fractions soient des parties aliquotes desdites mesures, et ne puissent, par aucune autre combinaison, reproduire les anciennes mesures locales qu'elles doivent remplacer.

Les grains et autres matières sèches pourront être mesurés, dans la vente au détail, avec une mesure égale au huitième de l'hectolitre, laquelle prendra le nom de boisseau, et aura son double, son demi et son quart. Chacune de ces mesures portera son nom, et, en outre, l'indication de son rapport avec l'hectolitre, savoir :

Le double boisseau.	1/4	d'hectolitre.
Le boisseau	1/8	—
Le demi-boisseau.	1/16	—
Le quart de boisseau	1/32	—

Pour la vente en détail des graines, grenailles, farines, légumes secs ou verts, le litre pourra se diviser en demi, quarts et huitièmes, et chacune de ces mesures portera le nom indicatif de son rapport avec le litre.

Les mesures dont l'usage est permis par les articles 4 et 5 seront construites en bois, dans la forme cylindrique, et auront le diamètre égal à la hauteur.

Pour la vente en détail du vin, de l'eau-de-vie et autres boissons ou liqueurs, on pourra employer des mesures d'un quart, d'un huitième et d'un seizième de litre ; ces trois dernières mesures seront construites, comme les autres mesures de liquides, en étain, au titre fixe; leur forme sera cylindrique, et elles auront la hauteur double du diamètre. Pour la vente du lait, elles seront en fer-blanc, et dans la forme propre à ces sortes de mesures. Chacune desdites mesures portera le nom indicatif de son rapport avec le litre.

Pour la vente en détail de toutes les substances dont le prix et la quotité se règlent au poids, les marchands pourront employer les poids usuels suivants, savoir :

La livre, égale au demi-kilogramme ou cinq cents grammes, laquelle se divisera en seize onces; l'once, seizième de la livre, qui se divisera en huit gros; le gros, huitième de l'once, qui se divisera en soixante-douze grains. Chacun de ces poids se divisera, en outre, en demi, quarts, ou huitièmes. Ils porteront, avec le nom qui leur sera propre, l'indication de leur valeur en grammes; savoir :

La livre	grammes	500
La demi-livre.	—	250
Le quart de livre ou quarteron. .	—	125
Le huitième ou demi-quart	—	62
L'once.	—	31
La demi-once.	—	15.6
Le quart d'once ou deux gros . .	—	7.8
Le gros	—	3.9

Ces poids ne pourront être construits qu'en fer ou en cuivre : l'usage des poids en plomb ou de toute autre matière est interdit.

Les mesures et les poids mentionnés ci-dessus ne pourront être mis dans le commerce qu'après avoir été vérifiés dans les bureaux établis à cet effet, et marqués du poinçon aux armes de la République.

TROISIÈME DIVISION

EXPLICATION

DES LOIS GÉNÉRALES

CONCERNANT TOUS LES FRANÇAIS

CHAPITRE PREMIER

De la jouissance des droits civils. — De la privation des droits civils par la perte de la qualité de Français. — De la privation des droits civils par suite de condamnations judiciaires. — Des actes de naissance.

De la jouissance des droits civils.

L'exercice des droits civils est indépendant de la qualité de citoyen, laquelle ne s'acquiert et ne se conserve que conformément à la loi constitutionnelle

Tout Français jouira des droits civils.

Tout individu né en France d'un étranger pourra, dans l'année qui suivra l'époque de sa majorité, réclamer la qualité de *Français*, pourvu que, dans le cas où il résiderait en France, il déclare que son intention est d'y fixer son domicile, et, que, dans le cas où il résiderait en pays étranger, il fasse sa soumission de fixer en France son domicile, et qu'il l'y établisse dans l'année à compter de l'acte de soumission.

Tout enfant né d'un Français en pays étranger, est Français. — Tout enfant né, en pays étranger, d'un Français qui aurait perdu la qualité de Français, pourra toujours recouvrer cette qualité.

L'étranger jouira en France des mêmes droits civils que ceux qui sont ou seront accordés aux Français par les traités de la nation à laquelle cet étranger appartiendra.

L'étrangère qui aura épousé un Français suivra la condition de son mari.

L'étranger qui aura été admis par autorisation du gouvernement à établir son domicile en France, y jouira de tous les droits civils tant qu'il continuera d'y résider.

L'étranger, même non-résidant en France, pourra être cité devant les tribunaux français pour l'exécution des obligations par lui contractées en France avec un Français ; il pourra être traduit devant les tribunaux de France pour les obligations par lui contractées en pays étranger envers des Français.

Un Français pourra être traduit devant un tribunal de France pour les obligations par lui contractées en pays étranger, même avec un étranger.

En toutes matières, autres que celles de commerce, l'étranger qui sera demandeur, sera tenu de donner caution pour le payement des frais et dommages-intérêts résultant du procès, à moins qu'il ne possède, en France, des immeubles d'une valeur suffisante pour assurer ce payement.

De la privation des droits civils par la perte de la qualité de Français.

La qualité de Français se perdra : — 1° par la naturalisation acquise en pays étranger ; — 2° par l'acceptation non autorisée par le gouvernement de fonctions publiques conférées par un gouvernement étranger ; 3° enfin par tout établissement fait en pays étranger, sans esprit de retour. — Les établissements de commerce ne pourront jamais être considérés comme ayant été faits sans esprit de retour.

Le Français qui aura perdu sa qualité de Français, pourra toujours la recouvrer en rentrant en France avec l'autorisation du gouvernemen et en déclarant qu'il veut s'y fixer, et qu'il renonce à toute distinction contraire à la loi française.

Une femme française qui épousera un étranger, suivra la condition de son mari. — Si elle devient veuve, elle recouvrera la qualité de Française, pourvu qu'elle réside en France, ou qu'elle y rentre avec l'autorisation du gouvernement et en déclarant qu'elle veut s'y fixer.

Le Français qui, sans autorisation du gouvernement, prendrait du service militaire chez l'étranger, ou s'affilierait à une corporation militaire étrangère, perdra sa qualité de Français. — Il ne pourra rentrer en France qu'avec la permission du gouvernement et recouvrer la qualité de Français qu'en remplissant les conditions imposées à l'étranger pour devenir citoyen, le tout sans préjudice des peines prononcées par la loi criminelle contre les Français qui ont porté ou porteront les armes contre leur patrie.

De la privation des droits civils par suite de condamnations judiciaires.

Les condamnations à des peines dont l'effet est de priver celui qui est condamné de toute participation aux droits civils ci-après exprimés, emporteront la mort civile.

La condamnation à la mort naturelle emportera la mort civile.

Les autres peines afflictives perpétuelles n'emporteront la mort civile qu'autant que la loi y aurait attaché cet effet.

Des actes de naissance.

Les déclarations de naissance seront faites, dans les trois jours de l'accouchement, à l'officier de l'état civil du lieu : l'enfant lui sera présenté.

La naissance de l'enfant sera déclarée par le père, ou, à défaut du père, par les docteurs en médecine ou en chirurgie, sages-femmes, officiers de santé ou autres personnes qui auront assisté à l'accouchement; et, lorsque la mère sera accouchée hors de son domicile, par la personne chez qui elle sera accouchée. — L'acte de naissance sera rédigé de suite en présence de deux témoins.

L'acte de naissance énoncera le jour, l'heure et le lieu de la naissance, le sexe de l'enfant, et les prénoms qui lui seront donnés; les prénoms, noms, profession et domicile des père et mère, et ceux des témoins.

Toute personne qui aura trouvé un enfant nouveau-né sera tenu de le remettre à l'officier de l'état civil, ainsi que les vêtements et autres effets trouvés avec l'enfant, et de déclarer toutes les circonstances du temps et du lieu où il aura été trouvé. — Il en sera dressé un procès-verbal détaillé, qui énoncera en outre l'âge apparent de l'enfant, son sexe, les noms qui lui seront donnés, l'autorité civile à laquelle il sera remis : ce procès-verbal sera inscrit sur les registres.

S'il naît un enfant pendant un voyage de mer, l'acte de naissance sera dressé, dans les vingt-quatre heures, en présence du père s'il est présent, et de deux témoins pris parmi les officiers du bâtiment, ou, à leur défaut, parmi les hommes de l'équipage.

Au premier port où le bâtiment abordera, soit de relâche, soit pour toute autre cause que celle de son désarmement, les officiers de l'administration de la marine, capitaine, maître ou patron, seront tenus de déposer deux expéditions authentiques des actes de naissance qu'ils auront rédigés, savoir : dans un port français, au bureau du préposé à l'inscription maritime; et dans un port étranger, entre les mains du consul. — L'une de ces deux expéditions restera déposée au bureau de l'inscription maritime ou à la chancellerie du consulat; l'autre sera envoyée au ministre de la marine, qui fera parvenir une copie, de lui certifiée, de chacun desdits actes, à l'officier de l'état civil du domicile du père de l'enfant, ou de la mère si le père est inconnu : cette copie sera inscrite de suite sur les registres.

A l'arrivée du bâtiment dans le port de desarmement le rôle d'équipage sera déposé au bureau du préposé à l'inscription maritime, qui enverra une expédition de l'acte de naissance, de lui signée, à l'officier de l'état civil du domicile du père de l'enfant, ou de la mère si le père est inconnu : cette expédition sera inscrite de suite sur les registres.

CHAPITRE II.

Des actes de mariage. — Des qualités et conditions requises pour pouvoir contracter mariage. — Des formalités relatives à la célébration du mariage. — Des oppositions au mariage. — Des demandes en nullité de mariage. — Des obligations qui naissent du mariage. — Des droits et devoirs respectifs des époux. — Des seconds mariages. — De la séparation de corps. — Du mariage sous le régime de la communauté. — Du mariage sous le régime dotal. — De la constitution de dot. — Des droits du mari sur les biens dotaux et l'inaliénabilité dotale. — De la restitution de la dot. — Des biens paraphernaux.

Des actes de mariage.

Avant la célébration du mariage, l'officier de l'état civil fera deux publications, à huit jours d'intervalle, un jour de dimanche, devant la porte de la maison commune. Ces publications, et l'acte qui en sera dressé, énonceront les prénoms, noms, professions et domiciles des futurs époux, leur qualité de majeurs ou de mineurs, et les prénoms, noms, professions et domiciles de leurs pères et mères. Cet acte énoncera, en outre, les jours, lieux et heures où les publications auront été faites : il sera inscrit sur un seul registre, qui sera coté et paraphé, et déposé, à la fin de chaque année, au greffe du tribunal de l'arrondissement.

Un extrait de l'acte de publication sera et restera affiché à la porte de la maison commune, pendant les huit jours d'intervalle de l'une à l'autre publication. Le mariage ne pourra être célébré avant le troisième jour, depuis et non compris celui de la seconde publication.

Si le mariage n'a pas été célébré dans l'année, à compter de l'expiration du délai des publications, il ne pourra plus être célébré qu'après que de nouvelles publications auront été faites dans la forme ci-dessus prescrite.

Les actes d'opposition au mariage seront signés sur l'original et sur la copie par les opposants ou par leurs fondés de pouvoirs par procuration spéciale et authentique ; ils seront signifiés, avec la copie de la procuration, à la personne ou au domicile des parties, et à l'officier de l'état civil, qui mettra son *visa* sur l'original.

L'officier de l'état civil fera, sans délai, une mention sommaire des oppositions sur le registre des publications; il fera aussi mention, en marge de l'inscription desdites oppositions, des jugements ou des actes de mainlevée dont l'expédition lui aura été remise.

En cas d'opposition, l'officier de l'état civil ne pourra célébrer le mariage avant qu'on lui en ait remis la mainlevée, sous peine de trois cents francs d'amende, et de tous dommages-intérêts quelconques.

S'il n'y a point d'opposition, il en sera fait mention dans l'acte de mariage; et si les publications ont été faites dans plusieurs communes, les parties remettront un certificat délivré par l'officier de l'état civil de chaque commune, constatant qu'il n'existe point d'opposition.

L'officier de l'état civil se fera remettre l'acte de naissance de chacun des futurs époux. Celui des époux qui serait dans l'impossibilité de se le procurer, pourra le suppléer, en rapportant un acte de notoriété délivré par le juge de paix du lieu de sa naissance, ou par celui de son domicile.

L'acte de notoriété contiendra la déclaration faite par sept témoins de l'un ou de l'autre sexe, parents ou non parents, des prénoms, nom, profession et domicile du futur époux, et de ceux de ses père et mère s'ils sont connus; le lieu, et, autant que possible, l'époque de sa naissance et les causes qui empêchent d'en rapporter l'acte. Les témoins signeront l'acte de notoriété avec le juge de paix; et, s'il en est qui ne puissent ou ne sachent signer, il en sera fait mention.

L'acte de notoriété sera présenté au tribunal de première instance du lieu où doit se célébrer le mariage. Le tribunal, après avoir entendu le procureur de la République, donnera ou refusera son homologation, selon qu'il trouvera suffisantes ou insuffisantes les déclarations des témoins, et les causes qui empêchent de rapporter l'acte de naissance.

L'acte authentique du consentement des père et mère ou aïeuls et aïeules, ou, à leur défaut, celui de la famille, contiendra les prénoms, noms, professions et domiciles du futur époux et de tous ceux qui auront concouru à l'acte, ainsi que leur degré de parenté.

Le mariage sera célébré dans la commune où l'un des deux époux aura son domicile. Ce domicile, quant au mariage, s'établira par six mois d'habitation continue dans la même commune.

Le jour désigné par les parties après les délais des publications, l'officier de l'état civil, dans la maison commune, en présence de quatre témoins, parents ou non parents, fera lecture aux parties des pièces ci-dessus mentionnées relatives à leur état et aux formalités du mariage, recevra de chaque partie, l'une après l'autre, la déclaration qu'elles veulent se prendre pour mari et femme; il prononcera au nom de la loi qu'elles sont unies par le mariage, et il en dressera acte sur-le-champ.

On énoncera, dans l'acte de mariage : 1° les prénoms, noms, professions, âges, lieux de naissance et domicile des époux; — 2° s'ils sont majeurs ou mineurs; — 3° les prénoms, noms, professions et domiciles des pères et mères; — 4° le consentement des pères et mères, aïeuls et aïeules, et celui de la famille dans le cas où ils sont requis; — 5° les actes respectueux, s'il en a été fait; — 6° les publications dans les divers domiciles; — 7° les oppositions s'il y en a eu; leur mainlevée, ou la mention qu'il n'y a point eu d'opposition; — 8° la déclaration des contractants de se prendre pour époux, et le prononcé de leur union par l'officier public; — les prénoms, noms, âge, professions et domiciles des témoins, et leur déclaration s'ils sont parents ou alliés des parties, de quel côté et à quel degré.

Des qualités et conditions requises pour contracter mariage.

L'homme avant dix-huit ans révolus, la femme avant quinze ans révolus, ne peuvent contracter mariage.

Néanmoins il est loisible au chef de l'Etat d'accorder des dispenses d'âge pour des motifs graves.

Il n'y a pas de mariage lorsqu'il n'y a point de consentement.

On ne peut contracter un second mariage avant la dissolution du premier.

Le fils qui n'a pas atteint l'âge de vingt-cinq ans accomplis, la fille qui n'a pas atteint l'âge de vingt et un ans accomplis, ne peuvent contracter mariage sans le consentement de leurs père et mère : en cas de dissentiment, le consentement du père suffit.

Si l'un des deux est mort, ou s'il est dans l'impossibilité de manifester sa volonté, le consentement de l'autre suffit.

Si le père et la mère sont morts, ou s'ils sont dans l'impossibilité de manifester leur volonté, les aïeuls et aïeules les remplacent : s'il y a dissentiment entre l'aïeul et l'aïeule de la même ligne, il suffit du consentement de l'aïeul. — S'il y a dissentiment entre les deux lignes, ce partage emportera consentement.

Les enfants de famille ayant atteint la majorité sont tenus, avant de contracter mariage, de demander, par un acte respectueux et formel, le conseil de leur père et de leur mère, ou celui de leurs aïeuls et aïeules lorsque leur père et leur mère sont décédés, ou dans l'impossibilité de manifester leur volonté.

Depuis la majorité jusqu'à l'âge de trente ans accomplis pour les fils, et jusqu'à l'âge de vingt-cinq ans accomplis pour les filles, l'acte respectueux prescrit par le paragraphe précédent, et sur lequel il n'y aurait pas de consentement au mariage, sera renouvelé deux autres fois, de mois en mois; et, un mois après le troisième acte, il pourra être passé outre à la célébration du mariage.

Après l'âge de trente ans pour les fils et de vingt-cinq ans pour les filles, il pourra être, à défaut de consentement sur un acte respectueux, passé outre, un mois après, à la célébration du mariage.

L'acte respectueux sera notifié par deux notaires, ou par un notaire et deux témoins ; et dans le procès-verbal qui doit en être fait, il sera fait mention de la réponse.

En cas d'absence de l'ascendant auquel eût dû être fait l'acte respectueux, il sera passé outre à la célébration du mariage, en représentant le jugement qui aurait été rendu pour déclarer l'absence, ou, à défaut de ce jugement, celui qui aurait ordonné l'enquête, ou, s'il n'y a point encore eu de jugement, un acte de notoriété délivré par le juge de paix du lieu où l'ascendant a eu son dernier domicile connu. Cet acte contiendra la déclaration de quatre témoins appelés d'office par ce juge de paix.

Les officiers de l'état civil qui auraient procédé à la célébration des mariages contractés par des fils n'ayant pas atteint l'âge de vingt-cinq ans accomplis, ou par des filles n'ayant pas atteint l'âge de vingt et un ans accomplis, sans que le consentement des pères et mères, celui des aïeuls et aïeules, et celui de la famille, dans le cas où ils sont requis, soient énoncés dans l'acte de mariage, seront, à la diligence des parties intéressées et du procureur de la République près le tribunal du lieu où le mariage aura été célébré, condamnés à une amende qui ne pourra dépasser trois cents francs, et, en outre, à un emprisonnement dont la durée ne pourra être moindre de six mois.

Lorsqu'il n'y aura pas eu d'actes respectueux dans les cas où ils sont prescrits, l'officier de l'état civil qui aurait célébré le mariage, sera condamné à la même amende, et à un emprisonnement qui ne pourra être moindre d'un mois.

L'enfant naturel qui n'a point été reconnu, et celui qui, après l'avoir été, a perdu ses père et mère, ou dont les père et mère ne peuvent manifester leur volonté, ne pourra, avant l'âge de vingt et un ans révolus, se marier qu'après avoir obtenu le consentement d'un tuteur qui lui sera nommé.

S'il n'y a ni père ni mère, ni aïeuls ni aïeules, ou s'ils se trouvent tous dans l'impossiblité de manifester leur volonté, les fils ou filles mineures de vingt et un ans ne peuvent contracter mariage sans le consentement du conseil de famille.

En ligne directe, le mariage est prohibé entre tous les ascendants et descendants légitimes ou naturels, et les alliés dans la même ligne.

En ligne collatérale, le mariage est prohibé entre le frère et la sœur légitimes ou naturels, et les alliés au même degré.

Le mariage est encore prohibé entre l'oncle et la nièce, la tante et le neveu.

Néanmoins il est loisible au chef de l'État de lever, pour des causes graves, les prohibitions aux mariages entre beaux-frères et belles-sœurs, oncle et nièce, tante et neveu.

Des formalités relatives à la célébration du mariage.

Le mariage sera célébré publiquement devant l'officier civil du domicile de l'une des deux parties.

Les deux publications seront faites à la municipalité du lieu où chacune des parties contractantes aura son domicile.

Néanmoins, si le domicile actuel n'est établi que par six mois de résidence, les publications seront faites en outre à la municipalité du dernier domicile.

Si les parties contractantes, ou l'une d'elles, sont, relativement au mariage, sous la puissance d'autrui, les publications seront encore faites à la municipalité du domicile de ceux sous la puissance desquels elles se trouvent.

Le mariage contracté en pays étranger entre Français, et entre Français et étrangers, sera valable s'il a été célébré dans les formes usitées dans le pays, pourvu qu'il ait été précédé de publications.

Des oppositions au mariage.

Le droit de former opposition à la célébration du mariage appartient à la personne engagée par mariage avec une des deux parties contractantes.

Le père, et, à défaut de père, la mère, et à défaut de père et mère, les aïeuls et aïeules, peuvent former opposition au mariage de leurs enfants et descendants, encore que ceux-ci aient vingt-cinq ans accomplis.

A défaut d'aucun ascendant, le frère ou la sœur, l'oncle ou la tante, le cousin ou la cousine germains, majeurs, ne peuvent former aucune opposition que dans les deux cas suivants :

1° Lorsque le consentement du conseil de famille n'a pas été obtenu ; 2° lorsque l'opposition est fondée sur l'état de démence du futur époux. Cette opposition, dont le tribunal pourra prononcer mainlevée pure et simple, ne sera jamais reçue, qu'à la charge, par l'opposant, de provoquer l'interdiction, et d'y faire statuer dans le délai qui sera fixé par le jugement.

Dans les deux cas, le tuteur ou curateur ne pourra, pendant la durée de la tutelle ou curatelle, former opposition qu'autant qu'il y aura été autorisé par le conseil de famille, qu'il pourra convoquer.

Tout acte d'opposition énoncera la qualité qui donne à l'opposant le droit de la former : il contiendra élection de domicile dans le lieu où le mariage devra être célébré ; il devra également, à moins qu'il ne soit fait à la requête d'un ascendant, contenir les motifs de l'opposition : le tout à peine de nullité, et de l'interdiction de l'officier ministériel qui aurait signé l'acte contenant opposition.

Le tribunal de première instance prononcera dans les dix jours sur la demande en mainlevée.

S'il y a appel, il y sera statué dans les dix jours de la citation.

Si l'opposition est rejetée, les opposants, autres néanmoins que les ascendants, pourront être condamnés à des dommages-intérêts.

Des demandes en nullité de mariage.

Le mariage qui a été contracté sans le consentement libre des deux époux, ou de l'un d'eux, ne peut être attaqué que par les époux, ou par celui des deux dont le consentement n'a pas été libre. Lorsqu'il y a eu erreur dans la personne, le mariage ne peut être attaqué que par celui des deux époux qui a été induit en erreur.

Dans ce cas, la demande en nullité n'est plus recevable, toutes les fois qu'il y a eu cohabitation continuée pendant six mois depuis que l'époux a acquis sa pleine liberté, ou que l'erreur a été par lui reconnue.

Le mariage contracté sans le consentement des père et mère, des ascendants ou du conseil de famille, dans les cas où ce consentement était nécessaire, ne peut être attaqué que par ceux dont le consentement était requis, ou par celui des deux époux qui avait besoin de ce consentement.

L'action en nullité ne peut plus être intentée ni par les époux, ni par les parents dont le consentement était requis, toutes les fois que le mariage a été approuvé expressément ou tacitement par ceux dont le consentement était nécessaire, ou lorsqu'il s'est écoulé une année sans réclamation de leur part, depuis qu'ils ont eu connaissance du mariage. Elle ne peut être intentée non plus par l'époux, lorsqu'il s'est écoulé une année sans réclamation de sa part depuis qu'il a atteint l'âge compétent pour consentir par lui-même au mariage.

Le mariage contracté par des époux qui n'avaient point encore l'âge requis, ou dont l'un des deux n'avait point atteint cet âge, ne peut plus être attaqué : 1° lorsqu'il s'est écoulé six mois depuis que cet époux ou les époux ont atteint l'âge compétent ; 2° lorsque la femme qui n'avait point cet âge a conçu avant l'échéance de six mois.

Le père, la mère, les ascendants et la famille qui ont consenti au mariage contracté dans ce cas ne sont point recevables à en demander la nullité.

L'époux au préjudice duquel a été contracté un second mariage peut en demander la nullité même du vivant de l'époux qui était engagé avec lui.

Si les nouveaux époux opposent la nullité du premier mariage, la validité ou la nullité de ce mariage doit être jugée préalablement.

Si le mariage n'a point été précédé des deux publications requises, ou s'il n'a pas été obtenu des dispenses permises par la loi, ou si les intervalles prescrits dans les publications et la célébration n'ont point été observés, le procureur de la République fera prononcer contre l'officier public une amende qui ne pourra excéder trois cents francs ; et, contre les parties contractantes, ou ceux sous la puissance desquels elles ont agi, une amende proportionnée à leur fortune.

Des obligations qui naissent du mariage.

Les époux contractent ensemble, par l'effet seul du mariage, l'obligation de nourrir, entretenir et élever leurs enfants.

L'enfant n'a pas d'action contre ses père et mère pour un établissement par mariage ou autrement.

Les enfants doivent des aliments à leurs père et mère et autres ascendants qui sont dans le besoin.

Les gendres et belles-filles doivent également, et dans les mêmes circonstances, des aliments à leurs beau-père et belle-mère ; mais cette obligation cesse, — 1° lorsque la belle-mère a convolé en secondes noces ; — 2° lorsque celui des époux qui produisait l'affinité, et les enfants issus de son union avec l'autre époux, sont décédés.

Les obligations résultant de ces dispositions sont réciproques.

Les aliments ne sont accordés que dans la proportion du besoin de celui qui les réclame, et de la fortune de celui qui les doit.

Lorsque celui qui fournit ou celui qui reçoit des aliments est replacé dans un état tel que l'un ne puisse plus en donner ou que l'autre n'en ait plus besoin en tout ou en partie, la décharge ou réduction peut en être demandée.

Si la personne qui doit fournir les aliments justifie qu'elle ne peut payer la pension alimentaire, le tribunal pourra, en connaissance de cause, ordonner qu'elle recevra dans sa demeure, qu'elle nourrira et entretiendra celui auquel elle devra des aliments.

Le tribunal prononcera également si le père ou la mère qui offrira de recevoir, nourrir et entretenir dans sa demeure l'enfant à qui il devra des aliments, devra, dans ce cas, être dispensé de payer la pension alimentaire.

Des droits et des devoirs respectifs des époux.

Les époux se doivent mutuellement fidélité, secours, assistance.

Le mari doit protection à sa femme, la femme obéissance à son mari.

La femme est obligée d'habiter avec le mari, et de le suivre partout où il juge à propos de résider : le mari est obligé de la recevoir, et de lui fournir tout ce qui est nécessaire pour les besoins de la vie, selon ses facultés et son état.

La femme ne peut ester en jugement sans l'autorisation de son mari, quand même elle serait marchande publique, ou non commune, ou séparée de biens.

L'autorisation du mari n'est pas nécessaire lorsque la femme est poursuivie en matière criminelle ou de police.

La femme, même non commune ou séparée de biens, ne peut donner, aliéner, hypothéquer, acquérir, à titre gratuit ou onéreux, sans le concours du mari dans l'acte, ou son consentement par écrit.

Si le mari refuse d'autoriser sa femme à ester en jugement, le juge peut donner l'autorisation.

Si le mari refuse d'autoriser sa femme à passer un acte, la femme peut faire citer son mari directement devant le tribunal de première instance de l'arrondissement du domicile commun, qui peut donner ou refuser son autorisation après que le mari aura été entendu ou dûment appelé dans la chambre du conseil.

La femme, si elle est marchande publique, peut, sans l'autorisation de son mari, s'obliger pour ce qui concerne son négoce, et, audit cas, elle oblige aussi son mari s'il y a communauté entre eux. — Elle n'est pas réputée marchande publique, si elle ne fait que détailler les marchandises du commerce de son mari, mais seulement quand elle fait un commerce séparé.

Lorsque le mari est frappé d'une condamnation emportant peine afflictive ou infamante, encore qu'elle n'ait été prononcée que par contumace, la femme, même majeure, ne peut, pendant la durée de la peine, ester en jugement, ni contracter, qu'après s'être fait autoriser par le juge, qui peut, en ce cas, donner l'autorisation sans que le mari ait été entendu ou appelé.

Si le mari est interdit ou absent, le juge peut, en connaissance de cause, autoriser la femme, soit pour ester en jugement, soit pour contracter.

Toute autorisation générale, même stipulée par contrat de mariage, n'est valable que quant à l'administration des biens de la femme.

Si le mari est mineur, l'autorisation du juge est nécessaire à la femme, soit pour ester en jugement, soit pour contracter.

La nullité fondée sur le défaut d'autorisation ne peut être opposée que par la femme, par le mari, ou par leurs héritiers.

La femme peut tester sans l'autorisation de son mari.

Des seconds mariages.

La femme ne peut contracter un nouveau mariage qu'après dix mois révolus depuis la dissolution du mariage précédent.

De la séparation de corps.

Dans le cas où il y a lieu à la demande en divorce pour cause déterminée, il sera libre aux époux de former demande en séparation de corps.

Elle sera intentée, instruite et jugée de la même manière que toute autre action civile; elle ne pourra avoir lieu que par le consentement mutuel des époux.

La femme contre laquelle la séparation de corps sera prononcée pour cause d'adultère sera condamnée par le même jugement, et sur la réquisition du ministère public, à la réclusion dans une maison de correction pendant un temps déterminé, qui ne pourra être moindre de trois mois, ni excéder deux années.

Le mari restera le maître d'arrêter l'effet de cette condamnation en consentant à reprendre sa femme.

La séparation de corps emportera toujours séparation de biens.

Du mariage sous le régime de la communauté.

La loi ne régit l'association conjugale, quant aux biens, qu'à défaut de conventions spéciales, que les époux peuvent faire comme ils le jugent à propos, pourvu qu'elles ne soient pas contraires aux bonnes mœurs, et, en outre, sous les modifications qui suivent.

Les époux ne peuvent déroger ni aux droits résultant de la puissance maritale sur la personne de la femme et des enfants, qui appartiennent au mari, comme chef, ni aux droits conférés au survivant des époux.

Ils ne peuvent faire aucune convention ou renonciation dont l'objet serait de changer l'ordre légal des successions, soit par rapport à eux-mêmes dans la succession de leurs enfants ou descendants, soit par rapport à leurs enfants entre eux, sans préjudice des donations entre-vifs ou testamentaires qui pourront avoir lieu.

Les époux peuvent déclarer, d'une manière générale, qu'ils entendent se marier ou sous le régime de la communauté ou sous le régime dotal.

La simple stipulation que la femme se constitue ou qu'il lui est constitué des biens en dot ne suffit pas pour soumettre ces biens au régime dotal, s'il n'y a dans le contrat de mariage une déclaration expresse à cet égard. — La soumission au régime dotal ne résulte pas non plus de la simple déclaration faite par les époux, qu'ils se marient sans communauté, ou qu'ils seront séparés de biens.

Toutes conventions matrimoniales seront rédigées, avant le mariage, par acte devant notaire.

Elles ne peuvent recevoir aucun changement après la célébration du mariage.

Les changements qui y seraient faits avant cette célébration doivent être constatés par acte passé dans la même forme que le contrat de mariage. — Nul changement ou contre-lettre n'est, au surplus, valable sans la présence ou le consentement simultané de toutes les personnes qui ont été parties dans le contrat de mariage.

Tous changements et contre-lettres seront sans effet à l'égard des tiers, s'ils n'ont été rédigés à la suite de la minute du contrat de mariage; et le notaire ne pourra, à peine des dommages et intérêts des parties, et sous plus grande peine s'il y a lieu, délivrer ni grosses ni expéditions du contrat de mariage sans transcrire à la suite le changement ou la contre-lettre.

Du mariage sous le régime dotal.

La dot, sous ce régime, est le bien que la femme apporte au mari pour supporter les charges du mariage.

Tout ce que la femme se constitue ou qui lui est donné en contrat de mariage est dotal s'il n'y a stipulation contraire.

De la constitution de dot.

La constitution de dot peut frapper tous les biens présents et à venir de la femme, ou tous ses biens présents seulement, ou une partie de ses biens présents et à venir, ou même un objet individuel. — La constitution, en termes généraux, de tous les biens de la femme ne comprend pas les biens à venir.

La dot ne peut être constituée ni même augmentée pendant le mariage.

Si les père et mère constituent coinjointement une dot sans distinguer la part de chacun, elle sera censée constituée par portions égales. — Si la dot est constituée par le père seul pour droits paternels et maternels, la mère, quoique présente au contrat, ne sera point engagée, et la dot demeurera en entier à la charge du père.

Si le survivant des père ou mère constitue une dot pour biens paternels et maternels sans spécifier les portions, la dot se prendra d'abord sur les droits du futur époux dans les biens du conjoint prédécédé, et le surplus sur les biens du constituant.

Quoique la fille dotée par ses père et mère ait des biens à elle propres dont ils jouissent, la dot sera prise sur les biens des constituants, s'il n'y a stipulation contraire.

Ceux qui constituent une dot sont tenus à la garantie des objets constitués.

Les intérêts de la dot courent de plein droit du jour du mariage contre ceux qui l'ont promise, encore qu'il y ait terme pour le payement, s'il n'y a stipulation contraire.

Des droits du mari sur les biens dotaux, et de l'inaliénabilité du fonds dotal.

Le mari seul a l'administration des biens dotaux pendant le mariage. — Il a seul le droit d'en poursuivre les débiteurs et détenteurs, d'en percevoir les fruits et les intérêts, et de recevoir le remboursement des capitaux. — Cependant il peut être convenu, par le contrat de mariage, que la femme touchera annuellement, sur ses seules quittances, une partie de ses revenus pour son entretien et ses besoins personnels.

Le mari n'est pas tenu de fournir caution pour la réception de la dot s'il n'y a pas été assujetti par le contrat de mariage.

Si la dot ou partie de la dot consiste en objets mobiliers mis à prix par le contrat, sans déclaration que l'estimation n'en fait pas vente, le mari en devient propriétaire, et n'est débiteur que du prix donné au mobilier.

L'estimation donnée à l'immeuble constitué en dot n'en transporte point la propriété au mari, s'il n'y en a déclaration expresse.

L'immeuble acquis des deniers dotaux n'est pas dotal si la condition de l'emploi n'a été stipulée par le contrat de mariage.—Il en est de même de l'immeuble donné en payement de la dot constituée en argent.

Les immeubles constitués en dot ne peuvent être aliénés ou hypothéqués pendant le mariage, ni par le mari, ni par la femme, ni par les deux conjointement, sauf les exceptions qui suivent.

La femme peut, avec l'autorisation de son mari, ou, sur son refus, avec permission de justice, donner ses biens dotaux pour l'établissement des enfants qu'elle aurait d'un mariage antérieur; mais, si elle n'est autorisée que par justice, elle doit réserver la jouissance à son mari.

Elle peut aussi, avec l'autorisation de son mari, donner ses biens dotaux pour l'établissement de leurs enfants communs.

L'immeuble dotal peut être aliéné lorsque l'aliénation en a été permise par le contrat de mariage.

L'immeuble dotal peut encore être aliéné avec permission de justice, et aux enchères, après trois affiches : — pour tirer de prison le mari ou la femme; — pour fournir des aliments à la famille; — pour payer les dettes de la femme ou de ceux qui ont constitué la dot, lorsque ces dettes ont une date certaine antérieure au contrat de mariage; — pour faire de grosses réparations indispensables pour la conservation de l'immeuble dotal; — enfin lorsque cet immeuble se trouve indivis avec des tiers, et qu'il est reconnu impartageable. — Dans tous ces cas, l'excédant du prix de la vente au-dessus des besoins reconnus restera dotal, et il en sera fait emploi comme tel au profit de la femme.

L'immeuble dotal peut être échangé, mais avec le consentement de la femme, contre un autre immeuble de même valeur, pour les quatre cinquièmes au moins, en justifiant de l'utilité de l'échange, en obtenant l'autorisation en justice, et d'après une estimation par experts nommés d'office par le tribunal.— Dans ce cas, l'immeuble reçu en échange sera dotal; l'excédant du prix, s'il y en a, le sera aussi, et il en sera fait emploi comme tel au profit de la femme.

Si, hors les cas d'exception qui viennent d'être expliqués, la femme ou le mari, ou tous les deux conjointement, aliènent le fonds dotal, la femme ou ses héritiers pourront faire révoquer l'aliénation après la dissolution du mariage, sans qu'on puisse leur opposer aucune prescription pendant sa durée : la femme aura le même droit après la séparation de biens. — Le mari lui-même pourra faire révoquer l'aliénation pendant le mariage, en demeurant néanmoins sujet aux dommages et intérêts de l'acheteur, s'il n'a pas déclaré dans le contrat que le bien vendu était dotal.

Les immeubles dotaux non déclarés aliénables par le contrat de mariage sont imprescriptibles pendant le mariage, à moins que la prescription n'ait commencé auparavant. — Ils deviennent néanmoins prescriptibles après la séparation de biens, quelle que soit l'époque à laquelle la prescription a commencé.

Le mari est tenu, à l'égard des biens dotaux, de toutes les obligations de l'usufruitier. — Il est responsable de toutes prescriptions acquises et détériorations survenues par sa négligence.

Si la dot est mise en péril, la femme peut poursuivre la séparation de biens.

De la restitution de la dot.

Si la dot consiste en immeubles, ou en meubles non estimés par le contrat de mariage, ou bien mis à prix, avec déclaration que l'estimation n'en ôte pas la propriété à la femme, — le mari ou ses héritiers peuvent être contraints de la restituer sans délai après la dissolution du mariage.

Si elle consiste en une somme d'argent, ou en meubles mis à prix par le contrat, sans déclaration que l'estimation n'en rend pas le mari propriétaire, la restitution n'en peut être exigée qu'un an après la dissolution.

Si les meubles dont la propriété reste à la femme ont dépéri par l'usage, et sans la faute du mari, il ne sera tenu de rendre que ceux qui resteront, et dans l'état où ils se trouveront. — Et néanmoins la femme pourra, dans tous les cas, retirer les linges et hardes à son usage actuel, sauf à précompter leur valeur lorsque ces linges et hardes auront été primitivement constitués avec estimation.

Si la dot comprend des obligations ou constitutions de rente qui ont péri, ou souffert des retranchements qu'on ne puisse imputer à la négligence du mari, il n'en sera point tenu, et il en sera quitte en restituant les contrats.

Si un usufruit a été constitué en dot, le mari ou ses héritiers ne sont obligés, à la dissolution du mariage, que de restituer le droit d'usufruit, et non les fruits échus durant le mariage.

Si le mariage a duré dix ans depuis l'échéance des termes pris pour le payement de la dot, la femme ou ses héritiers pourront la répéter contre le mari après la dissolution du mariage, sans être tenus de prouver qu'il l'a reçue, à moins qu'il ne justifiât de diligences inutilement par lui faites pour s'en procurer le payement.

Si le mariage est dissous par la mort de la femme, l'intérêt et les fruits de la dot à restituer courent de plein droit au profit de ses héritiers depuis le jour de la dissolution. — Si c'est par la mort du mari, la femme a le droit d'exiger les intérêts de sa dot pendant l'an de deuil, ou de se faire fournir des aliments pendant ledit temps aux dépens de la succession du mari; mais dans les deux cas, l'habitation durant cette année et les habits de deuil doivent lui être fournis sur la succession, et sans imputation sur les intérêts à elle dus.

A la dissolution du mariage, les fruits des immeubles se partagent entre le mari et la femme ou leurs héritiers, à proportion du temps qu'il a duré, pendant la dernière année. — L'année commence à partir du jour où le mariage a été célébré.

La femme et ses héritiers n'ont point de privilége pour la répétition de la dot sur les créanciers antérieurs à elle en hypothèque.

Si le mari était déjà insolvable, et n'avait ni art ni profession lorsque le père a constitué une dot à sa fille, celle-ci ne sera tenue de rapporter à la succession du père que l'action qu'elle a contre celle de son mari pour s'en faire rembourser. — Mais si le mari n'est devenu insolvable que depuis le mariage, — ou s'il avait un métier ou une profession qui lui tenait lieu de bien, — la perte de la dot tombe uniquement sur la femme.

Des biens paraphernaux.

Tous les biens de la femme qui n'ont pas été constitués en dot sont paraphernaux.

Si tous les biens de la femme sont paraphernaux, et s'il n'y a pas de convention dans le contrat pour lui faire supporter une portion des charges du mariage, la femme y contribue jusqu'à concurrence du tiers de ses revenus.

La femme a l'administration et la jouissance de ses biens paraphernaux; — mais elle ne peut les aliéner ni paraître en jugement à raison desdits biens sans l'autorisation du mari, ou, à son refus, sans la permission de la justice.

Si la femme donne sa procuration au mari pour administrer ses biens paraphernaux, avec charge de lui rendre compte des fruits, il sera tenu vis-à-vis d'elle comme tout mandataire.

Si le mari a joui des biens paraphernaux de sa femme sans mandat, et néanmoins sans opposition de sa part, il n'est tenu, à la dissolution du mariage ou à la première demande de la femme, qu'à la représentation des fruits existants, et il n'est point comptable de ceux qui ont été consommés jusqu'alors.

Si le mari a joui des biens paraphernaux malgré l'opposition constatée de la femme, il est comptable envers elle de tous les fruits, tant existants que consommés.

Le mari qui jouit des biens paraphernaux est tenu de toutes les obligations de l'usufruitier.

CHAPITRE III

De l'adoption. — De la puissance paternelle. — De la tutelle officieuse. — De la tutelle des père et mère. — De la tutelle des ascendants. — De la tutelle déférée par le conseil de famille. — De la tutelle déférée par le père et la mère. — Du subrogé tuteur. — Des causes qui dispensent de la tutelle. — Des incapacités. — Des exclusions et destitutions de la tutelle. — De l'administration du tuteur. — Des comptes de tutelle. — De l'émancipation. — De la majorité. — De l'interdiction. — Du conseil judiciaire.

De l'adoption et de ses effets.

L'adoption n'est permise qu'aux personnes de l'un ou de l'autre sexe, âgées de plus de cinquante ans, qui n'auront, à l'époque de l'adoption, ni enfants, ni descendants légitimes, et qui auront au moins quinze ans de plus que les individus qu'elles se proposent d'adopter.

Nul ne peut être adopté par plusieurs si ce n'est par deux époux. — Nul époux ne peut adopter qu'avec le consentement de l'autre conjoint.

La faculté d'adopter ne pourra être exercée qu'envers l'individu à qui l'on aura, dans sa minorité, et pendant six ans au moins, fourni des secours et donné des soins non interrompus, ou envers celui qui aurait sauvé la vie à l'adoptant soit dans un combat, soit en le retirant des flammes ou des flots. — Il suffira, dans ce deuxième cas, que l'adoptant soit majeur, plus âgé que l'adopté, sans enfants ni descendants légitimes; et, s'il est marié, que son conjoint consente à l'adoption.

L'adoption ne pourra, en aucun cas, avoir lieu avant la majorité de l'adopté. Si l'adopté, ayant encore ses père et mère ou l'un des deux, n'a point accompli sa vingt-cinquième année, il sera tenu de rapporter le consentement donné à l'adoption par ses père et mère ou par le survivant; et, s'il est majeur de vingt-cinq ans, de requérir leur conseil.

L'adoption conférera le nom de l'adoptant à l'adopté en l'ajoutant au nom propre de ce dernier.

L'adopté restera dans sa famille naturelle, et y conservera tous ses droits; néanmoins le mariage est prohibé:—entre l'adoptant, l'adopté et ses descendants; — entre les enfants adoptifs du même individu; — entre l'adopté et les enfants qui pourraient survenir à l'adoptant; — entre l'adopté et le conjoint de l'adoptant, et réciproquement entre l'adoptant et le conjoint de l'adopté.

L'obligation naturelle, qui continuera d'exister entre l'adopté et ses père et mère, de se fournir des aliments dans les cas déterminés par la loi, sera considérée comme commune à l'adoptant et à l'adopté, l'un envers l'autre.

L'adopté n'acquerra aucun droit de successibilité sur les biens des parents de l'adoptant, mais il aura sur la succession de l'adoptant les mêmes droits que ceux qui y aurait l'enfant né en mariage, même quand il y aurait d'autres enfants de cette dernière qualité nés depuis l'adoption.

Si l'adopté meurt sans descendants légitimes, les choses données par l'adoptant, ou recueillies dans sa succession, et qui existeront en nature lors du décès de l'adopté, retourneront à l'adoptant ou à ses descendants, à la charge de contribuer aux dettes, et sans préjudice des droits des tiers. — Le surplus des biens de l'adopté appartiendra à ses propres parents, et ceux-ci excluront toujours, pour les objets mêmes spécifiés au présent article, tous héritiers de l'adoptant autres que ses descendants.

Si, du vivant de l'adoptant, et après le décès de l'adopté, les enfants ou descendants laissés par celui-ci mouraient eux-mêmes sans postérité, l'adoptant succédera aux choses par lui données, comme il est dit au paragraphe précédent ; mais ce droit sera inhérent à la personne de l'adoptant, et non transmissible à ses héritiers, même en ligne descendante.

De la puissance paternelle.

L'enfant, à tout âge, doit honneur et respect à ses père et mère.

Il reste sous leur autorité jusqu'à sa majorité ou son émancipation.

Le père seul exerce cette autorité durant le mariage.

L'enfant ne peut quitter la maison paternelle sans la permission de son père, si ce n'est pour enrôlement volontaire après l'âge de dix-huit ans révolus.

Le père qui aura des sujets de mécontentement très-graves sur la conduite d'un enfant, aura les moyens de correction suivants :

Si l'enfant est âgé de moins seize ans commencés, le père pourra le faire détenir pendant un temps qui ne pourra excéder un mois ; et, à cet effet, le président du tribunal d'arrondissement devra, sur sa demande, délivrer l'ordre d'arrestation.

Depuis l'âge de seize ans commencés jusqu'à la majorité ou l'émancipation, le père pourra seulement requérir la détention de son enfant pendant six mois au plus ; il s'adressera au président dudit tribunal, qui, après en avoir conféré avec le procureur de la République, délivrera l'ordre d'arrestation ou le refusera, et pourra, dans le premier cas, abréger le temps de la détention requis par le père.

Il n'y aura, dans l'un et l'autre cas, aucune écriture ni formalité judiciaire, si ce n'est l'ordre même d'arrestation, dans lequel les motifs n'en seront pas énoncés. Le père sera seulement tenu de souscrire une soumission de payer tous les frais et de fournir les aliments convenables.

Le père est toujours maître d'abréger la durée de la détention par lui ordonnée ou requise. Si, après sa sortie, l'enfant tombe dans de nouveaux écarts, la détention pourra être de nouveau ordonnée de la manière prescrite plus haut.

La mère survivante et non remariée, ne pourra faire détenir un enfant qu'avec le concours des deux plus proches parents paternels, et par voie de réquisition.

Lorsque l'enfant aura des biens personnels, ou lorsqu'il exercera un état, sa détention ne pourra, même au-dessous de seize ans, avoir lieu que par voie de réquisition. — L'enfant détenu pourra adresser un mémoire au procureur général près la cour d'appel. Celui-ci se fera rendre compte par le procureur de la République près le tribunal de première instance, et fera son rapport au président de la cour d'appel, qui, après en avoir donné avis au père et avoir recueilli tous les renseignements, pourra révoquer ou modifier l'ordre délivré par le président du tribunal de première instance.

Le père, durant le mariage, et, après la dissolution du mariage, les survivants des père et mère, auront la jouissance des biens de leurs enfants jusqu'à l'âge de dix-huit ans accomplis, ou jusqu'à l'émancipation qui pourrait avoir lieu avant l'âge de dix-huit ans.

Les charges de cette jouissance seront : — 1° celles auxquelles sont tenus les usufruitiers ; — 2° la nourriture, l'entretien et l'éducation des enfants selon leur fortune ; — 3° le payement des arrérages ou intérêts des capitaux ; — 4° les frais funéraires et ceux de la dernière maladie.

Cette jouissance n'aura pas lieu au profit de celui des père et mère contre lequel le divorce aurait été prononcé, et elle cessera à l'égard de la mère dans le cas d'un second mariage.

Elle ne s'étendra pas aux biens que les enfants pourront acquérir par un travail et une industrie séparés, ni à ceux qui leur seront donnés ou légués sous la condition expresse que les père et mère n'en jouiront pas.

De la tutelle officieuse.

Tout individu âgé de plus de cinquante ans, et sans enfants ni descendants légitimes, qui voudra, durant la minorité d'un individu, se l'attacher par un titre légal, pourra devenir son tuteur officieux en obtenant le consentement des père et mère de l'enfant, ou du survivant d'entre eux, ou, à leur défaut, d'un conseil de famille, ou enfin, si l'enfant n'a pas de parents connus, en obtenant le consentement des administrateurs de l'hospice où il aura été recueilli, ou de la municipalité du lieu de sa résidence.

Un époux ne peut devenir tuteur officieux qu'avec le consentement de l'autre conjoint.

Le juge de paix du domicile de l'enfant dressera procès-verbal des demandes et consentements relatifs à la tutelle officieuse.

Cette tutelle ne pourra avoir lieu qu'au profit d'enfants âgés de moins de quinze ans. — Elle emportera avec soi, sans préjudice de toutes stipulations particulières, l'obligation de nourrir le pupille, de l'élever, de le mettre en état de gagner sa vie.

Si le pupille a quelque bien, et s'il était antérieurement en tutelle, l'administration de ses biens, comme celle de sa personne, passera au tuteur officieux, qui ne pourra néanmoins imputer les dépenses de l'éducation sur les revenus du pupille.

Si le tuteur officieux, après cinq ans révolus depuis la tutelle, et dans la prévoyance de son décès avant la majorité du pupille, lui confère l'adoption par acte testamentaire, cette disposition sera valable, pourvu que le tuteur officieux ne laisse point d'enfants légitimes.

Dans le cas où le tuteur officieux mourrait, soit avant les cinq ans, soit après ce temps sans avoir adopté son pupille, il sera fourni à celui-ci, durant sa minorité, des moyens de subsister, dont la quotité et l'espèce, s'il n'y a été antérieurement pourvu par une convention formelle, seront réglées soit amiablement entre les représentants respectifs du tuteur et du pupille, soit judiciairement en cas de contestation.

Si, à la majorité du pupille, son tuteur officieux veut l'adopter, et que le premier y consente, il sera procédé à l'adoption selon les formes prescrites au chapitre précédent, et les effets en seront, en tous points, les mêmes.

Si, dans les trois mois qui suivront la majorité du pupille, les réquisitions par lui faites à son tuteur officieux à fin d'adoption sont restées sans effet, et que le pupille ne se trouve point en état de gagner sa vie, le tuteur officieux pourra être condamné à indemniser le pupille de l'incapacité où celui-ci pourrait se trouver de pourvoir à sa subsistance. — Cette indemnité se résoudra en secours propres à lui procurer un métier : le tout sans préjudice des stipulations qui auraient pu avoir lieu dans la prévoyance de ce cas.

Le tuteur officieux qui aurait eu l'administration de quelques biens pupillaires, en devra rendre compte dans tous les cas.

De la tutelle des père et mère.

Le père est, durant le mariage, administrateur des biens personnels de ses enfants mineurs. Il est comptable, quant à la propriété et aux revenus, des biens dont il n'a pas la jouissance; et, quant à la propriété seulement, de ceux des biens dont la loi lui donne l'usufruit.

Après la dissolution du mariage arrivée par la mort naturelle ou civile de l'un des époux, la tutelle des enfants mineurs et non émancipés appartient de plein droit au survivant des père et mère.

Pourra néanmoins le père nommer à la mère survivante et tutrice un conseil spécial, sans l'avis duquel elle ne pourra faire aucun acte relatif à la tutelle. Si le père spécifie les actes pour lesquels le conseil sera nommé, la tutrice sera habile à faire les autres sans son assistance.

Si, lors du décès du mari, la femme est enceinte, il sera nommé un curateur par le conseil de famille. A la naissance de l'enfant la mère en deviendra tutrice, et le curateur en sera de plein droit le subrogé tuteur.

La mère n'est point tenue d'accepter la tutelle ; néanmoins, et en cas qu'elle la refuse, elle devra en remplir les devoirs jusqu'à ce qu'elle ait fait nommer un tuteur.

Si la mère tutrice veut se remarier, elle devra, avant l'acte de mariage, convoquer le conseil de famille, qui décidera si la tutelle doit lui être conservée. A défaut de cette convocation, elle perdra la tutelle de plein droit, et son nouveau mari sera solidairement responsable de toutes les suites de la tutelle qu'elle aura indûment conservée.

Lorsque le conseil de famille dûment convoqué conservera la tutelle à la mère, il lui donnera nécessairement pour cotuteur le second mari, qui deviendra solidairement responsable avec sa femme de la gestion postérieure au mariage.

De la tutelle déférée par le père ou la mère.

Le droit individuel de choisir un tuteur parent, ou même étranger, n'appartient qu'au dernier mourant des père et mère.

La mère remariée, et non maintenue dans la tutelle des enfants de son premier mariage, ne peut leur choisir un tuteur.

Lorsque la mère remariée, et maintenue dans la tutelle, aura fait choix d'un tuteur aux enfants de son premier mariage, ce choix ne sera valable qu'autant qu'il sera confirmé par le conseil de famille.

Le tuteur élu par le père ou la mère n'est pas tenu d'accepter la tutelle, s'il n'est d'ailleurs dans la classe des personnes qu'à défaut de cette élection spéciale, le conseil eût pu en charger.

De la tutelle des ascendants.

Lorsqu'il n'a pas été choisi au mineur un tuteur par le dernier mourant de ses père et mère, la tutelle appartient de droit à son aïeul paternel ; à défaut de celui-ci, à son aïeul maternel, et ainsi en remontant, de manière que l'ascendant paternel soit toujours préféré à l'ascendant maternel du même degré.

Si, à défaut de l'aïeul paternel et de l'aïeul maternel du mineur, la concurrence se trouvait établie entre deux ascendants du degré supérieur qui appartinssent tous deux à la ligne paternelle du mineur, la tutelle passera de droit à celui des deux qui se trouvera être l'aïeul paternel du père du mineur.

Si la même concurrence a lieu entre deux bisaïeuls de la ligne maternelle, la nomination sera faite par le conseil de famille, qui ne pourra néanmoins que choisir l'un de ces deux ascendants.

De la tutelle déférée par le conseil de famille.

Lorsqu'un enfant mineur et non émancipé restera sans père ni mère, ni tuteur élu par ses père et mère, ni ascendants mâles, comme aussi lorsque le tuteur de l'une des qualités ci-dessus exprimées se trouvera ou dans le cas des exclusions dont il sera parlé ci-après, ou valablement excusé, il sera pourvu, par un conseil de famille, à la nomination d'un tuteur.

Ce conseil sera convoqué soit sur la réquisition et à la diligence des parents du mineur, de ses créanciers ou d'autres parties intéressées, soit même d'office et à la poursuite du juge de paix du domicile du mineur. Toute personne pourra dénoncer à ce juge de paix le fait qui donnera lieu à la nomination d'un tuteur.

Le conseil de famille sera composé, non compris le juge de paix, de six parents ou alliés, pris tant dans la commune où la tutelle sera ouverte que dans la distance de deux myriamètres, moitié du côté paternel, moitié du côté maternel, et en suivant l'ordre de proximité dans chaque ligne. Le parent sera préféré à l'allié du même degré ; et, parmi les parents du même degré, le plus âgé à celui qui le sera le moins.

Les frères germains du mineur et les maris des sœurs germaines sont seuls exceptés de la limitation du nombre posé au paragraphe précédent. S'ils sont six ou au delà, ils seront tous membres du conseil de famille, qu'ils composeront seuls avec les veuves d'ascendants et les ascendants valablement excusés s'il y en a. S'ils sont en nombre inférieur, les autres parents ne seront appelés que pour compléter le conseil.

Lorsque les parents ou alliés de l'une ou de l'autre ligne se trouveront en nombre insuffisant sur les lieux, le juge de paix appellera soit des parents ou alliés domiciliés à de plus grandes distances, soit, dans la commune même, des citoyens connus pour avoir eu des relations d'amitié avec le père ou la mère du mineur.

Le juge de paix pourra, lors même qu'il y aurait sur les lieux un nombre suffisant de parents ou alliés, permettre de citer, à quelque distance qu'ils soient domiciliés, des parents ou alliés plus proches en degrés ou de mêmes degrés que les parents ou alliés présents.

Le délai pour comparaître sera réglé par le juge de paix à jour fixe, mais de manière qu'il y ait toujours, entre la citation notifiée et le jour indiqué pour la réunion du conseil, un intervalle de trois jours au moins quand toutes les parties citées résideront dans la commune, ou dans la distance de deux myriamètres. Toutes les fois que, parmi les parties citées, il s'en trouvera de domiciliées au delà de cette distance, le délai sera augmenté d'un jour par trois myriamètres.

Les parents, alliés ou amis, ainsi convoqués, seront tenus de se rendre en personne, ou de se faire représenter par un mandataire spécial. Le fondé de pouvoir ne peut représenter plus d'une personne.

Tout parent, allié ou ami, convoqué, et qui, sans excuse légitime, ne comparaîtra point, encourra une amende qui ne pourra excéder cinquante francs, et sera prononcée sans appel par le juge de paix.

S'il y a excuse suffisante, et qu'il convienne, soit d'attendre le membre absent, soit de le remplacer, en ce cas, comme en tout autre où l'intérêt du mineur semblera l'exiger, le juge de paix pourra ajourner l'assemblée ou la proroger.

Cette assemblée se tiendra de plein droit chez le juge de paix, à moins qu'il ne désigne lui-même un autre local. La présence des trois quarts au moins de ses membres convoqués, sera nécessaire pour qu'elle délibère.

Le conseil de famille sera présidé par le juge de paix, qui y aura voix délibérative et prépondérante en cas de partage.

Quand le mineur domicilié en France, possédera des biens dans les colonies, ou réciproquement, l'administration spéciale de ces biens sera donnée à un protuteur. En ce cas, le tuteur et le protuteur seront indépendants, et non responsables l'un envers l'antre pour leur gestion respective.

Le tuteur agira et administrera, en cette qualité, du jour de sa nomination, si elle a lieu en sa présence ; sinon du jour qu'elle lui aura été notifiée.

La tutelle est une charge personnelle qui ne passe point aux héritiers du tuteur. Ceux-ci seront seulement responsables de la gestion de leur auteur; et, s'ils sont majeurs, ils seront tenus de la continuer jusqu'à la nomination d'un nouveau tuteur.

Du subrogé tuteur.

Dans toute tutelle il y aura un subrogé tuteur, nommé par le conseil de famille. Ses fonctions consisteront à agir pour les intérêts du mineur, lorsqu'ils seront en opposition avec ceux du tuteur.

Le tuteur devra, avant d'entrer en fonctions, faire convoquer, pour la nomination du subrogé tuteur, un conseil de famille. S'il s'est ingéré dans la gestion avant d'avoir rempli cette formalité, le conseil de famille, convoqué, soit sur la réquisition des parents, créanciers ou autres parties intéressées, soit d'office par le juge de paix, pourra, s'il y a eu dol de la part du tuteur, lui retirer la tutelle, sans préjudice des indemnités dues au mineur.

Dans les autres tutelles la nomination du subrogé tuteur aura lieu immédiatement après celle du tuteur.

En aucun cas, le tuteur ne votera pour la nomination du subrogé tuteur, lequel sera pris, hors le cas de frères germains, dans celle des deux lignes à laquelle le tuteur n'appartiendra point.

Le subrogé tuteur ne remplacera pas de plein droit le tuteur lorsque la tutelle deviendra vacante, ou qu'elle sera abandonnée par absence; mais il devra, en ce cas, sous peine des dommages-intérêts qui pourraient en résulter pour le mineur, provoquer la nomination d'un nouveau tuteur.

Les fonctions de subrogé tuteur cesseront à la même époque que la tutelle.

Des causes qui dispensent de la tutelle.

Sont dispensés de la tutelle : — les présidents et conseillers à la cour de cassation ;—le procureur général et les avocats généraux en la même cour ; — les préfets ; — tous citoyens exerçant une fonction publique dans un département autre que celui où la tutelle s'établit.

Sont également dispensés de la tutelle : — les militaires en activité de service, et tous autres citoyens qui remplissent, hors du territoire de la République, une mission du gouvernement.

Tout citoyen non parent ni allié ne peut être forcé d'accepter la tutelle que dans le cas où il n'existerait pas, dans la distance de quatre myriamètres, des parents ou alliés en état de gérer la tutelle.

Tout individu âgé de soixante-cinq ans accomplis peut refuser d'être tuteur. Celui qui aura été nommé avant cet âge, pourra, à soixante-dix ans, se faire décharger de la tutelle.

Tout individu atteint d'une infirmité grave et dûment justifiée, est dispensé de la tutelle. — Il pourra même s'en faire décharger si cette infirmité est survenue depuis sa nomination.

Deux tutelles sont, pour toutes personnes, une juste dispense d'en accepter une troisième. — Celui qui, époux ou père, sera déjà chargé d'une tutelle, ne pourra être tenu d'en accepter une seconde, excepté celle de ses enfants.

Ceux qui ont cinq enfants légitimes sont dispensés de toute tutelle autre que celle desdits enfants. — Les enfants morts en activité de service dans les armées seront toujours comptés pour opérer cette dispense. — Les autres enfants morts ne seront comptés qu'autant qu'ils auront eux-mêmes laissé des enfants actuellement existants.

La survenance d'enfants pendant la tutelle ne pourra autoriser à l'abdiquer.

Si le tuteur nommé est présent à la délibération qui lui défère la tutelle, il devra sur-le-champ, et sous peine d'être déclaré non recevable dans toute réclamation ultérieure, proposer ses excuses, sur lesquelles le conseil de famille délibérera.

Si le tuteur nommé n'a pas assisté à la délibération qui lui a déféré la tutelle, il pourra faire convoquer le conseil de famille pour délibérer sur ses excuses. — Ses diligences à ce sujet devront avoir lieu dans le délai de trois jours, à partir de la notification qui lui aura été faite de sa nomination; lequel délai sera augmenté d'un jour par trois myriamètres de distance du lieu de son domicile à celui de l'ouverture de la tutelle; passé ce délai, il sera non recevable.

Si ses excuses sont rejetées, il pourra se pourvoir devant les tribunaux pour les faire admettre; mais il sera, pendant le litige, tenu d'administrer provisoirement.

S'il parvient à se faire exempter de la tutelle, ceux qui auront rejeté l'excuse, pourront être condamnés aux frais de l'instance. — S'il succombe, il sera condamné lui-même.

De l'incapacité, des exclusions et destitutions de la tutelle.

Ne peuvent être tuteurs ni membres des conseils de famille : — 1° les mineurs, excepté le père ou la mère; — 2° les interdits; — 3° les femmes autres que la mère et les ascendants; — 4° tous ceux qui ont ou dont les père ou mère ont avec le mineur un procès dans lequel l'état de ce mineur, sa fortune, ou une partie notable de ses biens sont compromis.

La condamnation à une peine afflictive ou infamante emporte de plein droit l'exclusion de la tutelle. Elle emporte de même la destitution dans le cas où il s'agirait d'une tutelle antérieurement déférée.

Sont aussi exclus de la tutelle, et même destituables s'ils sont en exercice: 1° les gens d'une inconduite notoire; — 2° ceux dont la gestion attesterait l'incapacité ou l'infidélité.

Tout individu qui aura été exclu ou destitué d'une tutelle ne pourra être membre d'un conseil de famille.

Toutes les fois qu'il y aura lieu à une destitution de tuteur, elle sera prononcée par le conseil de famille, convoqué à la diligence du subrogé tuteur, ou d'office par le juge de paix. — Celui-ci ne pourra se dispenser de faire cette convocation quand elle sera formellement requise par un ou plusieurs parents ou alliés du mineur au degré de cousin germain ou à des degrés plus proches.

Toute délibération du conseil de famille qui prononcera l'exclusion et la destitution du tuteur sera motivée, et ne pourra être prise qu'après avoir entendu ou appelé le tuteur.

Si le tuteur adhère à la délibération, il en sera fait mention, et le nouveau tuteur entrera aussitôt en fonctions. — S'il y a réclamation, le subrogé tuteur poursuivra l'homologation de la délibération devant le tribunal de première instance, qui prononcera, sauf l'appel. — Le tuteur exclu ou destitué peut lui-même, en ce cas, assigner le subrogé tuteur pour se faire déclarer maintenu en la tutelle.

Les parents ou alliés qui auront requis la convocation pourront intervenir dans la cause, qui sera instruite et jugée comme affaire urgente.

De l'administration du tuteur.

Le tuteur prendra soin de la personne du mineur, et le représentera dans tous les actes civils. — Il administrera ses biens en bon père de famille, et répondra des dommages-intérêts qui pourraient résulter d'une mauvaise gestion. — Il ne peut ni acheter les biens du mineur ni les prendre à ferme, à moins que le conseil de famille n'ait autorisé le subrogé tuteur à lui en passer bail, ni accepter la cession d'aucun autre droit ou créance contre son pupille.

Dans les dix jours qui suivront celui de sa nomination, dûment connue de lui, le tuteur requerra la levée des scellés s'ils ont été apposés, et fera procéder immédiatement à l'inventaire des biens du mineur en présence du subrogé tuteur. — S'il lui est dû quelque chose par le mineur, il devra le déclarer dans l'inventaire, à peine de déchéance, et ce, sur la réquisition que l'officier public sera tenu de lui en faire, et dont mention sera faite au procès-verbal.

Dans le mois qui suivra la clôture de l'inventaire le tuteur fera vendre, en présence du subrogé tuteur, aux enchères reçues par un officier public, et après les affiches ou publications dont le procès-verbal fera mention, tous les meubles autres que ceux que le conseil de famille l'aurait autorisé à conserver en nature.

Les père et mère, tant qu'ils ont la jouissance propre et légale des biens du mineur, sont dispensés de vendre les meubles s'ils préfèrent les garder pour les remettre en nature. — Dans ce cas ils en feront faire, à leurs frais, une estimation à juste valeur par un expert qui sera nommé par le subrogé tuteur et prêtera serment devant le juge de paix. Ils rendront la valeur estimative de ceux des meubles qu'ils ne pourraient représenter en nature.

Lors de l'entrée en exercice de toute tutelle, autre que celle des père et mère, le conseil de famille réglera par aperçu, et selon l'importance des biens régis, la somme à laquelle pourra s'élever la dépense annuelle du mineur, ainsi que celle d'administration de ses biens. — Le même acte spécifiera si le tuteur est autorisé à s'aider, dans sa gestion, d'un ou plusieurs administrateurs particuliers salariés, et gérant sous sa responsabilité.

Ce conseil déterminera positivement la somme à laquelle commencera, pour le tuteur, l'obligation d'employer l'excédant des revenus sur la dépense : cet emploi devra être fait dans le délai de six mois, passé lequel le tuteur devra les intérêts à défaut d'emploi.

Si le tuteur n'a pas fait déterminer par le conseil de famille la somme à laquelle doit commencer l'emploi, il devra, après le délai exprimé au paragraphe précédent, les intérêts de toute somme non employée, quelque modique qu'elle soit.

Le tuteur, même le père ou la mère, ne peut emprunter pour le mineur, ni aliéner ou hypothéquer ses biens immeubles, sans y être autorisé par un conseil de famille. — Cette autorisation ne devra être accordée que pour cause d'une nécessité absolue ou d'un avantage évident. — Dans le premier cas, le conseil de famille n'accordera son autorisation qu'après qu'il aura été constaté, par un compte sommaire présenté par le tuteur, que les derniers, effets mobiliers et revenus du mineur sont insuffisants. — Le conseil de famille indiquera, dans tous les cas, les immeubles qui devront être vendus de préférence, et toutes les conditions qu'il jugera utiles.

Les délibérations du conseil de famille relatives à cet objet ne seront exécutées qu'après que le tuteur en aura demandé et obtenu l'homologation devant le tribunal de première instance, qui y statuera en la chambre du conseil, et après avoir entendu le procureur de la République.

La vente se fera publiquement, en présence du subrogé tuteur, aux enchères, qui seront reçues par un membre du tribunal de première instance, ou par un notaire à ce commis, et à la suite de trois affiches apposées, par trois dimanches consécutifs, aux lieux accoutumés dans le canton. — Chacune de ces affiches sera visée et certifiée par le maire des communes où elles auront été apposées.

Le tuteur ne pourra accepter ni répudier une succession échue au mineur sans une autorisation préalable du conseil de famille. L'acceptation n'aura lieu que sous bénéfice d'inventaire.

Dans le cas où la succession répudiée au nom du mineur n'aurait pas été acceptée par un autre, elle ne pourra être reprise soit par le tuteur autorisé à cet effet par une nouvelle délibération du conseil de famille, soit par le mineur devenu majeur, mais dans l'état où elle se trouvera lors de la reprise et sans pouvoir attaquer les ventes et autres actes qui auraient été légalement faits durant la vacance.

La donation faite au mineur ne pourra être acceptée par le tuteur qu'avec l'autorisation du conseil de famille. — Elle aura, à l'égard du mineur, le même effet qu'à l'égard du majeur.

Aucun tuteur ne pourra introduire en justice une action relative aux droits immobiliers du mineur, ni acquiescer à une demande relative aux mêmes droits, sans l'autorisation du conseil de famille.

La même autorisation sera nécessaire au tuteur pour provoquer un partage; mais il pourra, sans cette autorisation, répondre à une demande en partage dirigée contre le mineur.

Pour obtenir à l'égard du mineur tout l'effet qu'il aurait entre majeurs, le partage devra être fait en justice, et précédé d'une estimation faite par experts nommés par le tribunal de première instance du lieu de l'ouverture de la succession. — Les experts, après avoir prêté, devant le président du même tribunal ou autre juge par lui délégué, le serment de bien et fidèlement remplir leur mission, procéderont à la division des héritages et à la formation des lots, qui seront tirés au sort, et en présence soit d'un membre du tribunal, soit d'un notaire par lui commis, lequel fera la délivrance des lots. — Tout autre partage ne sera considéré que comme provisionnel.

Le tuteur qui aura des sujets de mécontentement graves sur la conduite du mineur pourra porter ses plaintes à un conseil de famille; et, s'il est autorisé par ce conseil, provoquer la réclusion du mineur.

Des comptes de la tutelle.

Tout tuteur est comptable de sa gestion lorsqu'elle finit.

Tout tuteur autre que le père et la mère peut être tenu, même durant la tutelle, de remettre au subrogé tuteur des états de situation de sa gestion aux époques que le conseil de famille aurait jugé à propos de fixer, sans néanmoins que le tuteur puisse être astreint à en fournir plus d'un chaque année. Ces états de situation seront rédigés et remis, sans frais, sur papier non timbré, et sans aucune formalité de justice.

Le compte définitif de tutelle sera rendu aux dépens du mineur lorsqu'il aura atteint sa majorité ou obtenu son émancipation. Le tuteur en avancera les frais. — On y allouera au tuteur toutes dépenses suffisamment justifiées, et dont l'objet sera utile.

Tout traité qui pourra intervenir entre le tuteur et le mineur devenu majeur sera nul, s'il n'a été précédé de la reddition d'un compte détaillé, et de la remise des pièces justificatives ; le tout constaté par un récépissé de l'ayant-compte dix jours au moins avant le traité.

Si le compte donne lieu à des contestations, elles seront poursuivies et jugées comme les autres contestations en matière civile.

La somme à laquelle s'élèvera le reliquat dû par le tuteur portera intérêt, sans demande, à compter de la clôture du compte. Les intérêts de ce qui sera dû au tuteur par le mineur ne courront que du jour de la sommation de payer qui aura suivi la clôture du compte.

Toute action du mineur contre son tuteur, relativement aux faits de la tutelle, se prescrit par dix ans, à compter de la majorité.

De l'émancipation.

Le mineur est émancipé de plein droit par le mariage.

Le mineur, même non marié, pourra être émancipé par son père, ou, à défaut de père, par sa mère, lorsqu'il aura atteint l'âge de quinze ans révolus. Cette émancipation s'opérera par la seule déclaration du père ou de la mère, reçue par le juge de paix assisté de son greffier.

Le mineur resté sans père ni mère pourra aussi, mais seulement à l'âge de dix-huit ans accomplis, être émancipé si le conseil de famille l'en juge capable. — En ce cas, l'émancipation résultera de la délibération qui l'aura autorisée, et de la déclaration que le juge de paix, comme président du conseil de famille, aura faite dans le même acte, *que le mineur est émancipé.*

Lorsque le tuteur n'aura fait aucune diligence pour l'émancipation du mineur dont il est parlé au paragraphe précédent, et qu'un ou plusieurs parents ou alliés de ce mineur, au degré de cousin germain ou à des degrés plus proches, le jugeront capable d'être émancipé, ils pourront requérir le juge de paix de convoquer le conseil de famille pour délibérer à ce sujet. — Le juge de paix devra déférer à cette réquisition.

Le compte de tutelle sera rendu au mineur émancipé, assisté d'un curateur qui lui sera nommé par le conseil de famille.

Le mineur émancipé passera les baux dont la durée n'excédera point neuf ans; il recevra ses revenus, en donnera décharge, et fera tous les actes qui ne sont que de pure administration, sans être restituable contre ses actes dans tous les cas où le majeur ne le serait pas lui-même.

Il ne pourra intenter une action immobilière, ni y défendre, même recevoir et donner décharge d'un capital mobilier, sans l'assistance de son curateur qui, au dernier cas, surveillera l'emploi du capital reçu.

Le mineur émancipé ne pourra faire d'emprunts sous aucun prétexte sans une délibération du conseil de famille, homologuée par le tribunal de première instance, après avoir entendu le procureur de la République.

Il ne pourra non plus vendre ni aliéner ses immeubles, ni faire aucun autre acte que ceux de pure administration, sans observer les formes prescrites au mineur non émancipé. — A l'égard des obligations qu'il aurait contractées par voies d'achats ou autrement, elles seront réductibles en cas d'excès : les tribunaux prendront, à ce sujet, en considération la fortune du mineur, la bonne ou mauvaise foi des personnes qui auront contracté avec lui, l'utilité ou l'inutilité des dépenses.

Tout mineur émancipé dont les engagements auraient été réduits en vertu du paragraphe précédent pourra être privé du bénéfice de l'émancipation, laquelle lui sera retirée en suivant les mêmes formes que celles qui auront eu lieu pour la lui conférer.

Dès le jour où l'émancipation aura été révoquée le mineur rentrera en tutelle, et y restera jusqu'à sa majorité accomplie.

Le mineur émancipé qui fait un commerce est réputé majeur pour les faits relatifs à ce commerce.

De la majorité.

La majorité est fixée à vingt et un ans accomplis ; à cet âge on est capable de tous les actes de la vie civile.

De l'interdiction.

Le majeur qui est dans un état habituel d'imbécillité, de démence ou de fureur doit être interdit, même lorsque cet état présente des intervalles lucides.

Tout parent est recevable à provoquer l'interdiction de son parent. Il en est de même de l'un des deux époux à l'égard de l'autre.

Dans le cas de fureur, si l'interdiction n'est provoquée ni par l'époux ni par les parents, elle doit l'être par le procureur de la République, qui, dans les cas d'imbécillité ou de démence, peut aussi la provoquer contre un individu qui n'a ni époux, ni épouse, ni parents connus.

Toute demande en interdiction sera portée devant le tribunal de première instance.

Les faits d'imbécillité, de démence et de fureur seront articulés par écrit. Ceux qui poursuivront l'interdiction présenteront les témoins et les pièces.

Le tribunal ordonnera que le conseil de famille donne son avis sur l'état de la personne dont l'interdiction est demandée.

Ceux qui auront provoqué l'interdiction ne pourront faire partie du conseil de famille; cependant l'époux ou l'épouse et les enfants de la personne dont l'interdiction sera provoquée, pourront y être admis sans y avoir voix délibérative.

Après avoir reçu l'avis du conseil de famille, le tribunal interrogera le défendeur à la chambre du conseil : s'il ne peut s'y présenter, il sera interrogé dans sa demeure par l'un des juges à ce commis, assisté du greffier. Dans tous les cas, le procureur de la République sera présent à l'interrogatoire.

Après le premier interrogatoire, le tribunal commettra, s'il y a lieu, un administrateur provisoire pour prendre soin de la personne et des biens du défendeur.

Le jugement sur une demande en interdiction ne pourra être rendu qu'à l'audience publique, les parties entendues ou appelées.

En rejetant la demande en interdiction, le tribunal pourra néanmoins, si les circonstances l'exigent, ordonner que le défendeur ne pourra désormais plaider, transiger, emprunter, recevoir un capital mobilier, ni en donner décharge, aliéner, ni grever ses biens d'hypothèques, sans l'assistance d'un conseil qui lui sera nommé par le même jugement.

En cas d'appel du jugement rendu en première instance, la cour d'appel pourra, si elle le juge nécessaire, interroger de nouveau, ou faire interroger par un commissaire, la personne dont l'interdiction est demandée.

Tout arrêt ou jugement portant interdiction, ou nomination d'un conseil, sera, à la diligence des demandeurs, levé, signifié à partie, et inscrit, dans les dix jours, sur les tableaux qui doivent être affichés dans la salle de l'audience et dans les études des notaires de l'arrondissement.

L'interdiction, ou la nomination d'un conseil, aura son effet du jour du jugement. Tous actes passés postérieurement par l'interdit, ou sans l'assistance du conseil, seront nuls de droit.

Les actes antérieurs à l'interdiction pourront être annulés, si la cause de l'interdiction existait notoirement à l'époque où ces actes ont été faits.

Après la mort d'un individu, les actes par lui faits ne pourront être attaqués pour cause de démence, qu'autant que son interdiction aurait été prononcée ou provoquée avant son décès; à moins que la preuve de la démence ne résulte de l'acte même qui est attaqué.

Du conseil judiciaire.

Il peut être défendu aux prodigues de plaider, de transiger, d'emprunter, de recevoir un capital mobilier et d'en donner décharge, d'aliéner, ni de grever leurs biens d'hypothèques, sans l'assistance d'un conseil qui leur est nommé par le tribunal.

La défense de procéder sans l'assistance d'un conseil peut être provoquée par ceux qui ont droit de demander l'interdiction; leur demande doit être instruite et jugée de la même manière. Cette défense ne peut être levée qu'en observant les mêmes formalités.

Aucun jugement, en matière d'interdiction, ou de nomination de conseil, ne pourra être rendu, soit en première instance, soit en cour d'appel, que sur les conclusions du ministère public.

CHAPITRE IV.

Des immeubles. — Des meubles. — De la propriété. — De l'usufruit. — De l'usage et de l'habitation. — Des servitudes de service foncier. — Des servitudes qui dérivent de la situation des lieux. — Des servitudes établies par les lois. — Du mur et du fossé mitoyen. — De la distance et des ouvrages requis pour certaines constructions. — Des vues sur la propriété de son voisin. — De l'égoût des toits. — Du droit de passage. — Des diverses espèces de servitudes qui peuvent être établies sur les biens.

Des immeubles.

Les biens sont immeubles, ou par leur nature, ou par leur destination, ou par l'objet auquel ils s'appliquent.

Les fonds de terre et les bâtiments sont immeubles par leur nature.

Les moulins à vent ou à eau fixés sur piliers et faisant partie du bâtiment sont aussi immeubles par leur nature.

Les récoltes pendantes par les racines et les fruits des arbres non encore recueillis sont pareillement immeubles. — Dès que les grains sont coupés et les fruits détachés, quoique non enlevés, ils sont meubles. — Si une partie seulement de la récolte est coupée, cette partie seule est meuble.

Les coupes ordinaires de bois taillis ou de futaies mises en coupes réglées ne deviennent meubles qu'au fur et à mesure que les arbres sont abattus.

Les animaux que le propriétaire du fonds livre au fermier ou au métayer pour la culture, estimés ou non, sont censés immeubles tant qu'ils demeurent attachés au fonds par l'effet de la convention. — Ceux qu'il donne à cheptel à d'autres qu'au fermier ou métayer sont meubles.

Les tuyaux servant à la conduite des eaux dans une maison ou autre héritage sont immeubles, et font partie du fonds auquel ils sont attachés.

Les objets que le propriétaire d'un fonds y a placés pour le service et l'exploitation de ce fonds sont immeubles par destination. — Ainsi sont immeubles par destination, quand ils ont été placés par le propriétaire pour le service et l'exploitation du fonds : — les animaux attachés à la culture ; — les ustensiles aratoires ; — les semences données aux fermiers ou colons partiaires ; — les pigeons des colombiers ; — les lapins de garenne ; — les ruches à miel ; — les poissons des étangs ; — les pressoirs, chaudières, alambics, cuves et tonnes ; — les ustensiles nécessaires à l'exploitation des forges, papeteries et autres usines ; — les pailles ou engrais. = Sont aussi immeubles par destination tous effets mobiliers que le propriétaire a attachés au fonds à perpétuelle demeure.

Le propriétaire est censé avoir attaché à son fonds des effets mobiliers à perpétuelle demeure, quand ils y sont scellés en plâtre, ou à chaux, ou à ciment, ou lorsqu'ils ne peuvent être détachés sans être fracturés ou détériorés, ou sans briser ou détériorer la partie du fonds à laquelle ils sont attachés. — Les glaces d'un appartement sont censées mises à perpétuelle demeure lorsque le parquet sur lequel elles sont attachées fait corps avec la boiserie. — Il en est de même des tableaux et autres ornements. — Quant aux statues, elles sont immeubles lorsqu'elles sont placées dans une niche pratiquée exprès pour les recevoir, encore qu'elles puissent être enlevées sans fracture ou détérioration.

Sont immeubles par l'objet auquel ils s'appliquent : — l'usufruit des choses immobilières ; — les servitudes ou services fonciers ; — les actions qui tendent à revendiquer un immeuble.

Des meubles.

Les biens sont meubles par leur nature, ou par la détermination de la loi.

Sont meubles par leur nature, les corps qui peuvent se transporter d'un lieu à un autre, soit qu'ils se meuvent par eux-mêmes comme les animaux, soit qu'ils ne puissent changer de place que par l'effet d'une force étrangère, comme les choses inanimées.

Sont meubles par la détermination de la loi, les obligations et actions qui ont pour objet des sommes exigibles ou des effets mobiliers; les actions ou intérêts dans les compagnies de finance, de commerce ou d'industrie, encore que des immeubles dépendants de ces entreprises appartiennent aux compagnies. Ces actions ou intérêts sont réputés meubles à l'égard de chaque associé seulement, tant que dure la société. — Sont aussi meubles, par la détermination de la loi, les rentes perpétuelles ou viagères, soit sur l'État, soit sur des particuliers.

Toute rente établie à perpétuité pour le prix de la vente d'un immeuble, ou comme condition de la cession à titre onéreux ou gratuit d'un fonds immobilier, est essentiellement rachetable. — Il est néanmoins permis au créancier de régler les clauses et conditions du rachat. Il lui est aussi permis de stipuler que la rente ne pourra lui être remboursée qu'après un certain terme, lequel ne peut jamais excéder trente ans: toute stipulation contraire est nulle.

Les bateaux, bacs, navires, moulins et bains sur bateaux, et généralement toutes usines non fixées par des piliers, et ne faisant point partie de la maison, sont meubles: la saisie de quelques-uns de ces objets peut cependant, à cause de leur importance, être soumise à des formes particulières.

Les matériaux provenant de la démolition d'un édifice, ceux assemblés pour en construire un nouveau, sont meubles jusqu'à ce qu'ils soient employés par l'ouvrier dans une construction.

Le mot *meubles*, employé seul dans les dispositions de la loi ou de l'homme, sans autre addition ni désignation, ne comprend pas l'argent comptant, les pierreries, les dettes actives, les livres, les médailles, les instruments des sciences, des arts et métiers, le linge de corps, les chevaux, équipages, armes, grains, vins, foins et autres denrées; il ne comprend pas aussi ce qui fait l'objet d'un commerce.

Les mots *meubles meublants* ne comprennent que les meubles destinés à l'usage et à l'ornement des appartements, comme tapisseries, lits, siéges, glaces, pendules, tables, porcelaines et autres objets de cette nature. — Les tableaux et les statues qui font partie du meuble d'un appartement y sont aussi compris, mais non les collections de tableaux qui peuvent être dans les galeries ou pièces particulières. — Il en est de même des porcelaines: celles seulement qui font partie de la décoration d'un appartement sont comprises sous la dénomination de *meubles meublants*.

L'expression *biens meubles*, celle de *mobiliers* ou *d'effets mobiliers*, comprennent généralement tout ce qui est censé meubles d'après les régles ci-dessus établies. — La vente ou le don d'une maison meublée ne comprend que les meubles meublants.

La vente ou le don d'une maison avec tout ce qui s'y trouve ne comprend pas l'argent comptant, ni les dettes actives et autres droits dont les titres peuvent être déposés dans la maison; tous les autres effets mobiliers y sont compris.

De la propriété.

La propriété est le droit de jouir et disposer des choses de la manière la plus absolue, pourvu qu'on n'en fasse pas un usage prohibé par les lois ou par les règlements.

Nul ne peut être contraint de céder sa propriété, si ce n'est pour cause d'utilité publique, et moyennant une juste et préalable indemnité.

La propriété d'une chose, soit mobilière, soit immobilière, donne droit sur tout ce qu'elle produit, et sur ce qui s'y unit accessoirement, soit naturellement, soit artificiellement. Ce droit s'appelle *droit d'accession.*

De l'usufruit.

L'usufruit est le droit de jouir des choses dont un autre a la propriété comme le propriétaire lui-même, mais à la charge d'en conserver la substance.

L'usufruit est établi par la loi, ou par la volonté de l'homme.

L'usufruit peut être établi ou purement, ou à certain jour, ou à condition.

Il peut être établi sur toute espèce de biens meubles ou immeubles.

De l'usage et de l'habitation.

Les droits d'usage et d'habitation s'établissent et se perdent de la même manière que l'usufruit.

On ne peut en jouir, comme dans le cas de l'usufruit, sans donner préalablemeut caution, et sans faire des états et inventaires.

L'usager et celui qui a un droit d'habitation doivent en jouir en bons pères de famille.

Les droits d'usage et d'habitation se règlent par le titre qui les a établis, et reçoivent, d'après ces dispositions, plus ou moins d'étendue.

Si le titre ne s'explique pas sur l'étendue de ces droits, ils sont réglés ainsi qu'il suit :

Celui qui a l'usage des fruits d'un fonds ne peut en exiger qu'autant qu'il lui en faut pour ses besoins et ceux de sa famille. Il peut en exiger pour les besoins mêmes des enfants qui lui sont survenus depuis la concession de l'usage.

L'usager ne peut céder ni louer son droit à un autre.

Celui qui a un droit d'habitation dans une maison peut y demeurer avec sa famille, quand même il n'aurait pas été marié à l'époque où ce droit lui a été donné.

Le droit d'habitation se restreint à ce qui est nécessaire pour l'habitation de celui à qui ce droit est concédé et de sa famille.

Le droit d'habitation ne peut être ni cédé ni loué.

Si l'usager absorbe tous les fruits du fonds, ou s'il occupe la totalité de la maison, il est assujetti aux frais de culture, aux réparations d'entretien, et au payement des contributions comme usufruitier. S'il ne prend qu'une partie des fruits, ou s'il n'occupe qu'une partie de la maison, il contribue au prorata de ce dont il jouit.

L'usage des bois et forêts est réglé par des lois particulières.

Des servitudes ou services fonciers.

Une servitude est une charge imposée sur un héritage pour l'usage et l'utilité d'un héritage appartenant à un autre propriétaire.

La servitude n'établit aucune prééminence d'un héritage sur l'autre.

Elle dérive de la situation naturelle des lieux, ou des obligations imposées par la loi, ou des conventions entre les propriétaires.

Des servitudes qui dérivent de la situation des lieux.

Les fonds inférieurs sont assujettis, envers ceux qui sont plus élevés, à recevoir les eaux qui en découlent naturellement *sans que la main de l'homme y ait contribué*. Le propriétaire inférieur ne peut point élever de digue qui empêche cet écoulement. Le propriétaire supérieur ne peut rien faire qui aggrave la servitude du fonds inférieur.

Celui qui a une source dans son fonds peut en user à sa volonté, sauf le droit que le propriétaire du fonds inférieur pourrait avoir acquis par titre ou par prescription.

La prescription, dans ce cas, ne peut s'acquérir que par une jouissance non interrompue pendant l'espace de trente années, à compter du moment où le propriétaire du fonds inférieur a fait et terminé des ouvrages apparents destinés à faciliter la chute et le cours de l'eau dans sa propriété.

Le propriétaire de la source ne peut en changer le cours, lorsqu'il fournit aux habitants d'une commune, village ou hameau, l'eau qui leur est nécessaire; mais, si les habitants n'en ont pas acquis ou prescrit l'usage, le propriétaire peut réclamer une indemnité, laquelle est réglée par experts.

Celui dont la propriété borde une eau courante, peut s'en servir à son passage pour l'irrigation de ses propriétés. Celui dont cette eau traverse l'héritage peut même en user dans l'intervalle qu'elle y parcourt, mais à la charge de la rendre, à la sortie de ses fonds, à son cours ordinaire.

S'il s'élève une contestation entre les propriétaires auxquels ces eaux peuvent être utiles, les tribunaux, en prononçant, doivent concilier l'intérêt de l'agriculture avec le respect dû à la propriété ; et, dans tous les cas, les règlements particuliers et locaux sur l'usage des eaux doivent être observés.

Tout propriétaire peut obliger son voisin au bornage de leurs propriétés contiguës. Le bornage se fait à frais communs.

Tout propriétaire peut clore son héritage.

Le propriétaire qui veut se clore perd son droit au parcours et vaine pâture en proportion du terrain qu'il y soustrait.

Des servitudes établies par la loi.

Les servitudes établies par la loi ont pour objet l'utilité publique ou communale, ou l'utilité des particuliers.

Celles établies pour l'utilité publique et communale ont pour objet le marchepied le long des rivières navigables ou flottables, la construction ou réparation des chemins ou autres ouvrages publics ou communaux. Tout ce qui concerne cette espèce de servitude est déterminé par des lois ou des règlements particuliers.

La loi assujettit les propriétaires à différentes obligations l'un à l'égard de l'autre, indépendamment de toute convention.

Partie de ces obligations est réglée par les lois sur la police rurale. Les autres sont relatives au mur et au fossé mitoyens au cas où il y a lieu à contre-mur, aux vues sur la propriété du voisin, à l'égoût des toits, au droit de passage.

Du mur et du fossé mitoyens.

Dans les villes et les campagnes tout mur servant de séparation entre bâtiments jusqu'à l'héberge, ou entre cours et jardins, et même entre clos dans les champs, est présumé mitoyen s'il n'y a titre ou marque du contraire.

Il y a marque de non-mitoyenneté lorsque la sommité du mur est droite et à plomb de son parement d'un côté, et présente de l'autre un plan incliné ;—lors encore qu'il n'y a que d'un côté ou un chaperon ou des filets et corbeaux de pierre qui y auraient été mis en bâtissant le mur. Dans ce cas le mur est censé appartenir exclusivement au propriétaire du côté duquel sont l'égoût ou les corbeaux et filets de pierre.

La réparation et la reconstruction du mur mitoyen sont à la charge de tous ceux qui y ont droit, et proportionnellement au droit de chacun.

Cependant tout copropriétaire d'un mur mitoyen peut se dispenser de contribuer aux réparations et reconstructions en abandonnant le droit de mitoyenneté, pourvu que le mur mitoyen ne soutienne pas un bâtiment qui lui appartienne.

Tout copropriétaire peut faire bâtir contre un mur mitoyen, et y faire placer des poutres ou solives dans toute l'épaisseur du mur, à cinquante-quatre millimètres (deux pouces) près, sans préjudice du droit qu'a le voisin de faire réduire à l'ébauchoir la poutre jusqu'à la moitié du mur dans le cas où il voudrait lui-même asseoir des poutres dans le même lieu, ou y adosser une cheminée.

Tout copropriétaire peut faire exhausser le mur mitoyen, mais il doit payer seul la dépense de l'exhaussement, les réparations d'entretien au-dessus de la hauteur de la clôture commune, en outre l'indemnité de la charge en raison de l'exhaussement et suivant la valeur.

Si le mur mitoyen n'est pas en état de supporter l'exhaussement, celui qui veut l'exhausser doit le faire reconstruire en entier à ses frais, et l'excédant d'épaisseur doit se prendre de son côté.

Le voisin qui n'a pas contribué à l'exhaussement peut en acquérir la mitoyenneté en payant la moitié de la dépense qu'il a coûté, et la valeur, ou la moitié du sol fourni pour l'excédant d'épaisseur s'il y en a.

Tout propriétaire joignant un mur a de même la faculté de le rendre mitoyen en tout ou en partie en remboursant au maître du mur la moitié de sa valeur, ou la moitié de la valeur de la portion qu'il veut rendre mitoyenne, et moitié de la valeur du sol sur lequel le mur est bâti.

L'un des voisins ne peut pratiquer dans le corps d'un mur mitoyen aucun enfoncement, ni y appliquer ou appuyer aucun ouvrage sans le consentement de l'autre, ou sans avoir, à son refus, fait régler par experts les moyens nécessaires pour que le nouvel ouvrage ne soit pas nuisible aux droits de l'autre.

Chacun peut contraindre son voisin, dans les villes et faubourgs, à contribuer aux constructions et réparations de la clôture faisant séparation de leurs maisons, cours et jadins, assis ès dits villes et faubourgs; la hauteur de la clôture sera fixée suivant les règlements particuliers ou les usages constants et reconnus; et, à défaut d'usages et de règlements, touit mur de séparation entre voisins qui sera construit ou rétabli à l'avenir doit avoir au moins trente-deux décimètres (dix pieds) de hauteur, compris le chaperon, dans les villes de cinquante mille âmes et au-dessus, et vingt-six décimètres (huit pieds) dans les autrés.

Lorsque les différents étages d'une maison appartiennent à divers propriétaires, si les titres de propriété ne règlent pas le mode de réparations et reconstructions, elles doivent être faites ainsi qu'il suit : — Les gros murs et le toit sont à la charge de tous les propriétaires, chacun en proportion de la valeur de l'étage qui lui appartient. — Le propriétaire de chaque étage fait le plancher sur lequel il marche. — Le propriétaire du premier étage fait l'escalier qui y conduit, le propriétaire du second étage fait, à partir du premier, l'escalier qui conduit chez lui, et ainsi de suite.

Lorsqu'on reconstruit un mur mitoyen ou une maison, les servitudes actives et passives se continuent à l'égard du nouveau mur ou de la nouvelle maison, sans toutefois qu'elles puissent être aggravées, et pourvu que la reconstruction se fasse avant que la prescription soit acquise.

Tous fossés entre deux héritages sont présumés mitoyens, s'il n'y a titre ou marque du contraire.

Il y a marque de non-mitoyenneté lorsque la levée ou le rejet de la terre se trouve seulement d'un côté du fossé.

Le fossé est sensé appartenir exclusivement à celui du côté duquel le rejet se trouve.

Le fossé mitoyen doit être entretenu à frais communs.

Toute haie qui sépare des héritages est réputée mitoyenne, à moins qu'il n'y ait qu'un seul des héritages en état de clôture ou s'il n'y a titre ou possession suffisante au contraire.

Il n'est permis de planter des arbres de haute tige qu'à la distance de deux mètres de la ligne séparative des deux héritages pour les arbres à haute tige, et à la distance d'un demi-mètre pour les autres arbres et haies vives.

Le voisin peut exiger que les arbres et les haies plantées à une moindre distance soient arrachés. — Celui sur la propriété duquel avancent les branches des arbres du voisin, peut contraindre celui-ci à couper ces branches. — Si ce sont les racines qui avancent sur son héritage, il a le droit de les y couper lui-même.

Les arbres qui se trouvent dans la haie mitoyenne sont mitoyens comme la haie, et chacun des deux propriétaires a droit de requérir qu'ils soient abattus.

De la distance et des ouvrages intermédiaires requis pour certaines constructions.

Celui qui fait creuser un puits ou une fosse d'aisance près d'un mur mitoyen ou non, — celui qui veut y construire cheminée ou âtre, forge ou fourneau, — y adosser une étable, — ou établir contre ce mur un magasin de sel ou amas de matières corrosives, — est obligé à laisser la distance prescrite par les règlements et usages particuliers sur ces objets, ou à faire les ouvrages proscrits par les mêmes règlements et usages, pour éviter de nuire au voisin.

Des vues sur la propriété de son voisin.

L'un des voisins ne peut, sans le consentement de l'autre, pratiquer dans le mur mitoyen aucune fenêtre ou ouverture, en quelque manière que ce soit, même à verre dormant.

Le propriétaire d'un mur non mitoyen, joignant immédiatement l'héritage d'autrui, peut pratiquer dans ce mur des jours ou fenêtres à fer maillé et verre dormant. — Ces fenêtres doivent être garnies d'un treillis de fer dont les mailles auront un décimètre (environ trois pouces huit lignes) d'ouverture au plus, et d'un châssis à verre dormant.

Ces fenêtres ou jours ne peuvent être établis qu'à vingt-six décimètres (huit pieds) au-dessus du plancher ou sol de la chambre qu'on veut éclairer, si c'est à rez-de-chaussée, et à dix-neuf décimètres (six pieds) au-dessus du plancher pour les étages supérieurs.

On ne peut avoir des vues droites ou fenêtres d'aspect, ni balcons ou autres semblables saillies, sur l'héritage clos ou non clos de son voisin, s'il n'y a dix-neuf décimètres (six pieds) de distance entre le mur où on les pratique et ledit héritage.

On ne peut avoir des vues par côté ou obliques sur le même héritage, s'il n'y a six décimètres (deux pieds) de distance.

La distance dont il est parlé dans les deux paragraphes précédents, se compte depuis le parement extérieur du mur où l'ouverture se fait, et, s'il y a balcons ou autres semblables saillies, depuis leur ligne extérieure jusqu'à la ligne de séparation des deux propriétés.

De l'égoût des toits.

Tout propriétaire doit établir des toits de manière que les eaux pluviales s'écoulent sur son terrain ou sur la voie publique ; il ne peut les faire verser sur le fonds de son voisin.

Du droit de passage.

Le propriétaire dont les fonds sont enclavés, et qui n'a aucune issue sur la voie publique, peut réclamer un passage sur les fonds de ses voisins pour l'exploitation de son héritage, à la charge d'une indemnité proportionnée au dommage qu'il peut occasionner.

Le passage doit régulièrement être pris du côté où le trajet est le plus court du fonds enclavé à la voie publique.

Néanmoins il doit être fixé dans l'endroit le moins dommageable à celui sur le fonds duquel il est accordé.

L'action en indemnité est prescriptible, et le passage doit être continué quoique l'action en indemnité ne soit plus recevable.

Des diverses espèces de servitudes qui peuvent être établies sur les biens.

Il est permis aux propriétaires d'établir, sur leurs propriétés, ou en faveur de leurs propriétés, telles servitudes que bon leur semble, pourvu néanmoins que les services établis ne soient imposés ni à la personne ni en faveur de la personne, mais seulement à un fonds et pour un fonds, et pourvu que ces services n'aient d'ailleurs rien de contraire à l'ordre public.— L'usage et l'étendue des servitudes ainsi établies se règlent par le titre qui les constitue ; à défaut de titre par les règles ci-après.

Les servitudes sont établies ou pour l'usage des bâtiments ou pour celui des fonds de terre. — Celles de la première espèce s'appellent *urbaines*, soit que les bâtiments auxquels elles sont dues soient situés à la ville ou à la campagne. — Celles de la seconde espèce se nomment *rurales*.

Les servitudes sont ou continues ou discontinues. — Les servitudes continues sont celles dont l'usage est ou peut être continuel sans avoir besoin du fait actuel de l'homme, tels sont les conduites d'eau, les égoûts, les vues et autres de cette espèce. — Les servitudes discontinues sont celles qui ont besoin du fait actuel de l'homme pour être exercées : tels sont les droits de passage, puisage, pacage et autres semblables.

Les servitudes sont apparentes ou non apparentes. — Les servitudes apparentes sont celles qui s'annoncent par des ouvrages extérieurs, telles qu'une porte, une fenêtre, un aqueduc. — Les servitudes non apparentes sont celles qui n'ont pas de signes extérieurs de leur existence, comme, par exemple la prohibition de bâtir sur un fonds, ou de ne bâtir qu'à une hauteur déterminée.

CHAPITRE V

Des différentes manières dont on acquiert la propriété. — De l'ouverture des successions et de la saisine des héritiers. — Des qualités requises pour succéder. — De la renonciation aux successions. — Du bénéfice d'inventaire, de ses effets et des obligations de l'héritier bénéficiaire. — De la capacité de disposer ou de recevoir par donation entre-vifs ou par testament. — De la forme des donations entre-vifs. — Des règles générales sur la forme des testaments. — Des institutions d'héritiers et des legs en général. — Du legs universel. — Du legs à titre universel. — Des legs particuliers. — Des exécutions testamentaires. — De la révocation des testaments et de leur caducité. — Des dispositions entre époux soit par contrat de mariage, soit pendant le mariage.

DES DIFFÉRENTES MANIÈRES DONT ON ACQUIERT LA PROPRIÉTÉ.

La propriété des biens s'acquiert et se transmet par succession, par donation entre-vifs ou testamentaire, et par l'effet des obligations.

La propriété s'acquiert aussi par accession ou incorporation, et par prescription.

Les biens qui n'ont pas de maître appartiennent à l'État.

Il est des choses qui n'appartiennent à personne, et dont l'usage est commun à tous. — Des lois de police règlent la manière d'en jouir.

La faculté de chasser ou de pêcher est également réglée par des lois particulières.

La propriété d'un trésor appartient à celui qui l'a trouvé dans son propre fonds : si le trésor est trouvé dans le fonds d'autrui, il appartient pour moitié à celui qui l'a découvert, et pour l'autre moitié au propriétaire du fonds. — Le trésor est toute chose cachée ou enfouie sur laquelle personne ne peut justifier sa propriété, et qui est découverte par le pur effet du hasard.

De l'ouverture des successions, et de la saisine des héritiers.

Les successions s'ouvrent par la mort naturelle.

Si plusieurs personnes respectivement appelées à la succession l'une de l'autre périssent dans un même événement sans qu'on puisse reconnaître laquelle est décédée la première, la présomption de survie est déterminée par les circonstances du fait ; et, à leur défaut, par la force de l'âge ou du sexe.

Si ceux qui ont péri ensemble avaient moins de quinze ans, le plus âgé sera présumé avoir survécu. — S'ils étaient tous au-dessus de soixante ans, le moins âgé sera présumé avoir survécu. — Si les uns avaient moins de quinze ans, et les autres plus de soixante, les premiers seront présumés avoir survécu.

Si ceux qui ont péri ensemble avaient quinze ans accomplis et moins de soixante, le mâle est toujours présumé avoir survécu lorsqu'il y a égalité d'âge, ou si la différence qui existe n'excède pas une année. — S'ils étaient du même sexe, la présomption de survie qui donne ouverture à la succession dans l'ordre de la nature doit être admise : ainsi le plus jeune est présumé avoir survécu au plus âgé.

La loi règle l'ordre de succéder entre les héritiers légitimes; à leur défaut, les biens passent aux enfants naturels, ensuite à l'époux survivant ; et, s'il n'y en a pas, à l'État.

Les héritiers légitimes sont saisis de plein droit des biens, droits et actions du défunt, sous l'obligation d'acquitter toutes les charges de la succession : les enfants naturels, l'époux survivant et l'État doivent se faire envoyer en possession par justice dans les formes déterminées.

Des qualités requises pour succéder.

Pour succéder, il faut nécessairement exister à l'instant de l'ouverture de la succession. — Ainsi sont incapables de succéder : 1. celui qui n'est pas encore conçu ; — 2. l'enfant qui n'est pas né viable.

Un étranger n'est admis à succéder aux biens que son parent étranger ou Français possède dans le territoire de la République, que dans les cas et de la manière dont un Français succède à son parent possédant des biens dans le pays de cet étranger.

Sont indignes de succéder, et comme tels exclus des successions :— 1. celui qui serait condamné pour avoir donné ou tenté de donner la mort au défunt ; — 2. celui qui a porté contre le défunt une accusation capitale jugée calomnieuse ; — 3. l'héritier majeur qui, instruit du meurtre du défunt, ne l'aura pas dénoncé à la justice.

Le défaut de dénonciation ne peut être opposé aux ascendants et descendants du meurtrier, ni à ses alliés au même degré, ni à son époux ou à son épouse, ni à ses frères ou sœurs, ni à ses oncles ou tantes, ni à ses neveux et nièces.

L'héritier exclu de la succession pour cause d'indignité, est tenu de rendre tous les fruits et revenus dont il a eu la jouissance depuis l'ouverture de la succession.

Les enfants de l'indigne, venant à la succession de leur chef, et sans le secours de la représentation, ne sont pas exclus pour la faute de leur père ; mais celui-ci ne peut, en aucun cas, réclamer sur les biens de cette succession, l'usufruit que la loi accorde aux pères et mères sur les biens de leurs enfants.

De la renonciation aux successions.

La renonciation à une succession ne se présume pas : elle ne peut plus être faite qu'au greffe du tribunal de première instance dans l'arrondissement duquel la succession s'est ouverte, sur un registre particulier tenu à cet effet.

L'héritier qui renonce est censé n'avoir jamais été héritier.

La part du renonçant accroît à ses cohéritiers ; s'il est seul, elle est dévolue au degré subséquent.

On ne vient jamais par représentation d'un héritier qui a renoncé : si le renonçant est seul héritier de son dégré, ou si tous ses cohéritiers renoncent, les enfants viennent de leur chef, et succèdent par tête.

Les créanciers de celui qui renonce au préjudice de leurs droits, peuvent se faire autoriser en justice à accepter la succession du chef de leur débiteur, en son lieu et place. — Dans ce cas, la renonciation n'est annulée qu'en faveur des créanciers, et jusqu'à concurrence seulement de leurs créances : elle ne l'est pas au profit de l'héritier qui a renoncé.

La faculté d'accepter ou de répudier une succession se prescrit par le laps de temps requis pour la prescription la plus longue des droits immobiliers.

Tant que la prescription du droit d'accepter n'est pas acquise contre les héritiers qui ont renoncé, ils ont la faculté d'accepter encore la succession si elle n'a pas été déjà acceptée par d'autres héritiers ; sans préjudice néanmoins des droits qui peuvent être acquis à des tiers sur les biens de la succession, soit par prescription, soit par acte valablement fait avec le curateur à la succession vacante.

On ne peut, même par contrat de mariage, renoncer à la succession d'un homme vivant, ni aliéner les droits éventuels qu'on peut avoir à cette succession.

Les héritiers qui auraient diverti ou recélé des effets d'une succession sont déchus de la faculté d'y renoncer : ils demeurent héritiers purs et simples, nonobstant leur renonciation, sans pouvoir prétendre aucune part dans les objets divertis ou recélés.

Du bénéfice d'inventaire, de ses effets, et des obligations de l'héritier bénéficiaire.

La déclaration d'un héritier, qu'il entend ne prendre cette qualité que sous bénéfice d'inventaire, doit être faite au greffe du tribunal de première instance dans l'arrondissement duquel la succession s'est ouverte : elle doit être inscrite sur le registre destiné à recevoir les actes de renonciation.

Cette déclaration n'a d'effet qu'autant qu'elle est précédée ou suivie d'un inventaire fidèle et exact des biens de la succession.

L'héritier a trois mois pour faire inventaire, à compter du jour de l'ouverture de la succession.— Il a, de plus, pour délibérer sur son acceptation ou sur sa renonciation, un délai de quarante jours, qui commence à courir du jour de l'expiration des trois mois donnés pour l'inventaire, ou du jour de la clôture de l'inventaire s'il a été terminé avant les trois mois.

Si cependant il existe dans la succession des objets susceptibles de dépérir ou dispendieux à conserver, l'héritier peut, en sa qualité d'habile à succéder, et sans qu'on puisse en induire de sa part une acceptation, se faire autoriser par justice à procéder à la vente de ces effets.— Cette vente doit être faite par l'officier public, après les affiches et publications.

Pendant la durée des délais pour faire inventaire et pour délibérer, l'héritier ne peut être contraint à prendre qualité, et il ne peut être obtenu contre lui de condamnation s'il renonce lorsque les délais sont expirés ou avant. Les frais par lui faits légitimement jusqu'à cette époque sont à la charge de la succession.

Après l'expiration des délais ci-dessus, l'héritier, en cas de poursuite dirigée contre lui peut demander un nouveau délai, que le tribunal saisi de la contestation accorde ou refuse suivant les circonstances.

Les frais de poursuite, dans le cas du paragraphe précédent, sont à la charge de la succession si l'héritier justifie ou qu'il n'avait pas eu connaissance du décès, ou que les délais ont été insuffisants, soit à raison de la situation des biens, soit à raison des contestations survenues : s'il n'en justifie pas, les frais restent à sa charge personnelle.

L'héritier conserve néanmoins la faculté de faire encore inventaire, et de se porter héritier bénéficiaire s'il n'a pas fait d'ailleurs acte d'héritier, ou s'il n'existe pas contre lui de jugement, passé en force de chose jugée, qui le condamne en qualité d'héritier pur et simple.

L'héritier qui s'est rendu coupable de recélé, ou qui a omis, sciemment et de mauvaise foi, de comprendre dans l'inventaire des effets de la succession, est déchu du bénéfice d'inventaire.

L'effet du bénéfice d'inventaire est de donner à l'héritier l'avantage — 1° de n'être tenu du payement des dettes de la succession que jusqu'à concurrence de la valeur des biens qu'il a recueillis, même de pouvoir se décharger du payement des dettes en abandonnant tous les biens de la succession aux créanciers et aux légataires ; — 2° de ne pas confondre ses biens personnels avec ceux de la succession, et de conserver contre elle le droit de réclamer le payement de ses créances.

L'héritier bénéficiaire est chargé d'administrer les biens de la succession, et doit rendre compte de son administration aux créanciers et aux légataires. — Il ne peut être contraint sur ses biens personnels qu'après avoir été mis en demeure de présenter son compte, et faute d'avoir satisfait à cette obligation. — Après l'apurement du compte, il ne peut être contraint sur ses biens personnels que jusqu'à concurrence seulement des sommes dont il se trouve reliquataire.

Il n'est tenu que des fautes graves dans l'administration dont il est chargé.

Il ne peut vendre les meubles de la succession que par le ministère d'un officier public, aux enchères, et après les affiches et publications accoutumées. S'il les représente en nature, il n'est tenu que de la dépréciation ou de la détérioration causée par sa négligence.

Il ne peut vendre les immeubles que dans les formes prescrites par les lois sur la procédure; il est tenu d'en déléguer le prix aux créanciers hypothécaires qui se sont fait connaître.

Il est tenu, si les créanciers ou autres personnes intéressées l'exigent, de donner caution bonne et solvable de la valeur du mobilier compris dans l'inventaire, et de la portion du prix des immeubles non déléguée aux créanciers hypothécaires. — Faute par lui de fournir cette caution, les meubles sont vendus, et leur prix est déposé, ainsi que la portion non déléguée du prix des immeubles, pour être employés à l'acquit des charges de la succession.

S'il y a des créanciers opposants, l'héritier bénéficiaire ne peut payer que dans l'ordre et de la manière réglés par le juge. — S'il n'y a pas de créanciers opposants, il paye les créanciers et les légataires à mesure qu'ils se présentent.

Les créanciers non opposants qui ne se présentent qu'après l'apurement du compte et le payement du reliquat, n'ont de recours à exercer que contre les légataires. — Dans l'un et l'autre cas, le recours se prescrit par le laps de trois ans, à compter du jour de l'apurement du compte, et du payement du reliquat.

Les frais de scellés, s'il en a été apposé, d'inventaire et de compte, sont à la charge de la succession.

De la capacité de disposer ou de recevoir par donation entre-vifs ou par testament.

Pour faire une donation entre-vifs ou un testament il faut être sain d'esprit.

Toutes personnes peuvent disposer et recevoir, soit par donation entre-vifs, soit par testament, excepté celles que la loi déclare incapables.

Le mineur âgé de moins de seize ans ne pourra aucunement disposer.

Le mineur parvenu à l'âge de seize ans ne pourra disposer que par testament, et jusqu'à concurrence seulement de la moitié des biens dont la loi permet au majeur de disposer.

La femme mariée ne pourra donner entre-vifs sans l'assistance ou le consentement spécial de son mari, ou sans y être autorisée par la justice. Elle n'aura besoin ni du consentement du mari ni d'autorisation de la justice pour disposer par testament.

Pour être capable de recevoir entre-vifs, il suffit d'être conçu au moment de la donation ; pour être capable de recevoir par testament il suffit d'être conçu à l'époque du décès du testateur. — Néanmoins la donation ou le testament n'auront d'effet qu'autant que l'enfant sera né viable.

Le mineur, quoique parvenu à l'âge de seize ans, ne pourra, même par testament, disposer au profit de son tuteur. — Le mineur devenu majeur ne pourra disposer, soit par donations entre-vifs, soit par testament, au profit de celui qui a été son tuteur, si le compte de la tutelle n'a été préalablement rendu et apuré. — Sont exceptés, dans les deux cas ci-dessus, les ascendants des mineurs qui sont ou qui ont été leurs tuteurs.

Les docteurs en médecine ou en chirurgie, les officiers de santé et les pharmaciens, qui auront traité une personne pendant la maladie dont elle meurt, ne pourront profiter des dispositions entre-vifs ou testamentaires qu'elle aurait faites en leur faveur pendant le cours de cette maladie. — Sont exceptées : 1° les dispositions rémunératoires faites à titre particulier, eu égard aux facultés du disposant et aux services rendus; universelles dans le cas de parenté jusqu'au quatrième degré inclusivement, pourvu toutefois que le décédé n'ait pas d'héritiers en ligne directe; à moins que celui au profit de qui la disposition a été faite, ne soit lui-même du nombre de ces héritiers. — Les mêmes règles seront observées à l'égard du ministre du culte.

Les dispositions entre-vifs ou par testament, au profit des hospices, des pauvres d'une commune ou d'un établissement d'utilité publique, n'auront leur effet qu'autant qu'elles seront autorisées par une ordonnance du chef de l'État.

Toute disposition au profit d'un incapable sera nulle, soit qu'on la déguise sous la forme d'un contrat onéreux, soit qu'on la fasse sous le nom de personnes interposées. Seront réputées personnes interposées les père et mère, les enfants et descendants, et l'époux de la personne incapable.

On ne pourra disposer au profit d'un étranger que dans le cas où cet étranger pourrait disposer au profit d'un Français.

De la forme des donations entre-vifs.

Tous actes portant donation entre-vifs seront passés devant notaire dans la forme ordinaire des contrats, et il en restera minute sous peine de nullité.

La donation entre vifs n'engagera le donateur et ne produira aucun effet que du jour qu'elle aura été acceptée en termes exprès. — L'acceptation pourra être faite du vivant du donateur par un acte postérieur et authentique, dont il restera minute ; mais alors la donation n'aura d'effet, à l'égard du donateur, que du jour où l'acte qui constatera cette acceptation lui aura été notifié.

Si le donataire est majeur, l'acceptation doit être faite par lui ou en son nom, par la personne fondée de sa procuration portant pouvoir d'accepter les donations qui auraient été ou qui pourraient être faites. — Cette procuration devra être passée devant notaires, et une expédition devra être annexée à la minute de la donation, ou à la minute de l'acceptation qui sera faite par un acte séparé.

La femme mariée ne pourra accepter une donation sans le consentement de son mari, ou, en cas de refus du mari, sans autorisation de la justice.

La donation faite à un mineur non émancipé ou à un interdit devra être acceptée par son tuteur. — Le mineur émancipé pourra accepter avec l'assistance de son curateur. — Néanmoins les père et mère du mineur émancipé ou non émancipé ou les autres ascendants, même du vivant des père et mère, quoiqu'ils ne soient ni tuteurs ni curateurs du mineur, pourront accepter pour lui.

Le sourd-muet qui saura écrire, pourra accepter lui-même ou par un fondé de pouvoir. — S'il ne sait pas écrire, l'acceptation doit être faite par un curateur nommé à cet effet.

Les donations faites au profit des hospices, des pauvres d'une commune ou d'établissements d'utilité publique, seront acceptées par les administrateurs de ces communes ou établissements, après y avoir été dûment autorisés.

La donation dûment acceptée sera parfaite par le seul consentement des parties, et la propriété des objets donnés sera transférée au donataire, sans qu'il soit besoin d'autre tradition.

Lorsqu'il y aura donation de biens susceptibles d'hypothèques, la transcription des actes contenant la donation et l'acceptation, ainsi que la notification de l'acceptation qui aurait eu lieu par acte séparé, devra être faite aux bureaux des hypothèques dans l'arrondissement desquels les biens sont situés.

Cette transcription sera faite à la diligence du mari, lorsque les biens auront été donnés à sa femme ; et, si le mari ne remplit pas cette formalité, la femme pourra y faire procéder sans autorisation. — Lorsque la donation sera faite à des mineurs, à des interdits, ou à des établissements publics, la transcription sera faite à la diligence des tuteurs, curateurs ou administrateurs.

Le défaut de transcription pourra être opposé par toutes personnes ayant intérêt, excepté toutefois celles qui sont chargées de faire faire la transcription, ou leurs ayants cause, et le donateur.

Les mineurs, les interdits, les femmes mariées ne seront point restitués contre le défaut d'acceptation ou de transcription de donations, sauf leur recours contre leurs tuteurs ou maris, s'il y échet, et sans que la restitution puisse avoir lieu, dans le cas même où lesdits tuteurs et maris se trouveraient insolvables.

La donation entre-vifs ne pourra comprendre que les biens présents du donateur; si elle comprend des biens à venir, elle sera nulle à cet égard.

Toute donation entre-vifs faite sous des conditions dont l'exécution dépend de la seule volonté du donateur, sera nulle.

Elle sera pareillement nulle, si elle a été faite sous la condition d'acquitter d'autres dettes ou charges que celles qui existaient à l'époque de de la donation, ou qui seraient exprimées, soit dans l'acte de donation, soit dans l'état qui devrait y être annexé.

En cas que le donateur se soit réservé la liberté de disposer d'un effet compris dans la donation, ou d'une somme fixe sur les biens donnés, s'il meurt sans en avoir disposé, ledit effet ou ladite somme appartiendra aux héritiers du donatenr, nonobstant toutes clauses et stipulations à ce coutraires.

Tout acte de donation d'effets mobiliers ne sera valable que pour les effets dont un état estimatif, signé du donateur et du donataire, ou de ceux qui acceptent pour lui, aura été annexé à la minute de la donation.

Il est permis au donateur de faire la réserve à son profit, ou de disposer au profit d'un autre, de la jouissance ou de l'usufruit des biens meubles ou immeubles donnés.

Lorsque la donation d'effets mobiliers aura été faite avec réserve d'usufruit, le donataire sera tenu, à l'expiration de l'usufruit, de prendre les effets donnés qui se trouveront en nature, dans l'état où ils seront;

et il aura action contre le donateur ou ses héritiers pour raison des objets non existants jusqu'à concurrence de la valeur qui leur aura été donnée dans l'état estimatif.

Le donateur pourra stipuler le droit de retour des objets donnés, soit pour le cas du prédécès du donataire seul, soit pour le cas du prédécès du donataire et de ses descendants. — Ce droit ne pourra être stipulé qu'au profit du donateur seul.

L'effet du droit de retour sera de résoudre toutes les aliénations des biens donnés, et de faire revenir ces biens au donateur, francs et quittes de toutes charges et hypothèques, sauf néanmoins l'hypothèque de la dot et des conventions matrimoniales, si les autres biens de l'époux donataire ne suffisent pas, et dans le cas seulement où la donation lui aura été faite par le même contrat de mariage, duquel résultent ses droits et hypothèques.

Des règles générales sur la forme des testaments.

Toute personne pourra disposer par testament, soit sous le titre d'institution d'héritier, soit sous le titre de legs, soit sous toute autre dénomination propre à manifester sa volonté.

Un testament ne pourra être fait dans le même acte par deux ou plusieurs personnes, soit au profit d'un tiers, soit à titre de disposition réciproque et mutuelle.

Un testament pourra être olographe, ou fait par acte public, ou dans la forme mystique.

Le testament olographe ne sera point valable, s'il n'est écrit en entier, daté et signé de la main du testateur : il n'est assujetti à aucune autre forme.

Le testament par acte public est celui qui est reçu par deux notaires en présence de deux témoins, ou par un notaire en présence de quatre témoins : aucun n'est valable sans l'une de ces deux conditions.

Si le testament est reçu par deux notaires, il leur est dicté par le testateur, et il doit être écrit par l'un de ces notaires tel qu'il est dicté. — S'il n'y a qu'un notaire, il doit être également dicté par le testateur, et écrit par ce notaire. — Dans l'un et l'autre cas, il doit en être donné lecture au testateur en présence des témoins. — Il est fait du tout mention expresse.

Ce testament doit être signé par le testateur; s'il déclare qu'il ne sait ou ne peut signer, il sera fait dans l'acte mention expresse de sa déclaration, ainsi que de la cause qui l'empêche de signer.

Le testament devra être signé par les témoins ; et néanmoins, dans les campagnes, il suffira qu'un des deux témoins signe, si le testament est reçu par deux notaires et que deux des quatre témoins signent, s'il est reçu par un notaire.

Ne pourront être pris pour témoins du testament par acte public ni les légataires, à quelque titre qu'ils soient, ni leurs parents ou alliés jusqu'au quatrième degré inclusivement, ni les clercs de notaires par lesquels les actes seront reçus.

Lorsque le testateur voudra faire un testament mystique ou secret, il sera tenu de signer ses dispositions, soit qu'il les ait écrites lui-même, ou qu'il les ait fait écrire par un autre. Sera le papier qui contiendra ses dispositions, ou le papier qui servira d'enveloppe, s'il y en a une, clos et scellé. Le testateur le présentera ainsi clos et scellé au notaire, et à six témoins au moins, ou il le fera clore et sceller en leur présence, et il déclarera que le contenu en ce papier est son testament écrit et signé de lui, ou écrit par un autre et signé de lui; le notaire en dressera l'acte de suscription, qui sera écrit sur ce papier ou sur la feuille qui servira d'enveloppe; cet acte sera signé tant par le testateur que par le notaire, ensemble par les témoins. Tout ce que dessus sera fait de suite et sans divertir à autres actes; et en cas que le testateur, par un empêchement survenu depuis la signature du testament, ne puisse signer l'acte de suscription, il sera fait mention de la déclaration qu'il en aura faite, sans qu'il soit besoin, en ce cas, d'augmenter le nombre des témoins.

Si le testateur ne sait signer, ou s'il n'a pu le faire lorsqu'il a fait écrire ses dispositions, il sera appelé à l'acte de suscription un témoin, outre le nombre porté au paragraphe précédent, lequel signera l'acte avec les témoins autres; et il y sera fait mention de la cause pour laquelle ce témoin aura été appelé.

Ceux qui ne savent ou ne peuvent lire, ne pourront faire de dispositions dans la forme du testament mystique.

En cas que le testateur ne puisse parler, mais qu'il puisse écrire, il pourra faire un testament mystique, à la charge que le testament sera entièrement écrit, daté et signé de sa main, qu'il le présentera au notaire et aux témoins, et que, au haut de l'acte de suscription, il écrira, en leur présence, que le papier qu'il présente est son testament : après quoi le notaire écrira l'acte de suscription, dans lequel il sera fait mention que le testateur écrit ces mots en présence du notaire et des témoins.

Les témoins appelés pour être présents aux testaments devront être mâles, majeurs, citoyens français, jouissant de leurs droits civils.

Des institutions d'héritiers et des legs en général.

Les dispositions testamentaires sont ou universelles, ou à titre universel, ou à titre particulier. — Chacune de ces dispositions, soit qu'elle ait été faite sous la dénomination d'institution d'héritier, soit qu'elle ait été faite sous la dénomination de legs, produira son effet suivant les règles ci-après établies pour les legs universerls, pour les legs à titre universel, et pour les legs particuliers.

Du legs universel.

Le legs universel est la disposition testamentaire par laquelle le testateur donne à une ou plusieurs personnes l'universalité des biens qu'il laissera à son décès.

Lorsque au décès du testateur il y a des héritiers auxquels une quotité de ses biens est réservée par la loi, ces héritiers sont saisis de plein droit, par sa mort, de tous les biens de la succession, et le légataire universel est tenu de leur demander la délivrance des biens compris dans le testament.

Néanmoins, dans les mêmes cas, le légataire universel aura la jouissance des biens compris dans le testament à compter du jour du décès si la demande en délivrance a été faite dans l'année depuis cette époque; sinon cette jouissance ne commencera que du jour de la demande formée en justice, ou du jour que la délivrance aurait été volontairement consentie.

Lorsque au décès du testateur il n'y aura pas d'héritiers auxquels une quotité de ses biens soit réservée par la loi, le légataire universel sera saisi de plein droit par la mort du testateur, sans être tenu de demander la délivrance.

Tout testament olographe sera, avant d'être mis à exécution, présenté au président du tribunal de première instance de l'arrondissement dans lequel la succession est ouverte. Ce testament sera ouvert, s'il est cacheté. Le président dressera procès-verbal de la présentation, de l'ouverture et de l'état du testament, dont il ordonnera le dépôt entre les mains du notaire par lui commis. — Si le testament est dans la forme mystique, sa présentation, son ouverture, sa description et son dépôt seront faits de la même manière; mais l'ouverture ne pourra se faire qu'en présence de ceux des notaires et des témoins, signataires de l'acte de suscription, qui se trouveront sur les lieux, ou eux appelés.

Si le testament est olographe ou mystique, le légataire universel sera tenu de se faire envoyer en possession par une ordonnance du président mise au bas d'une requête à laquelle sera joint l'acte de dépôt.

Le légataire universel qui sera en concours avec un héritier auquel la loi réserve une quotité des biens sera tenu des dettes et charges de la succession du testateur, personnellement pour sa part et portion, et hypothécairement pour le tout ; et il sera tenu d'acquitter tous les legs, sauf le cas de réduction.

Du legs à titre universel.

Le legs à titre universel est celui par lequel le testateur lègue une quote-part des biens dont la loi lui permet de disposer, telle qu'une moitié, un tiers, ou tous ses immeubles, ou tout son mobilier, ou une quotité fixée de tous ses immeubles ou de tout son mobilier.—Tout autre legs ne forme qu'une disposition à titre particulier.

Les légataires à titre universel seront tenus de demander la délivrance aux héritiers auxquels une quotité des biens est réservée par la loi ; à leur défaut, aux légataires universels ; et, à défaut de ceux-ci, aux héritiers appelés dans l'ordre établi au titre *des successions* du Code civil,

Le légataire à titre universel sera tenu, comme le légataire universel, des dettes et charges de la succession du testateur, personnellement pour sa part et portion, et hypothécairement pour le tout.

Lorsque le testateur n'aura disposé que d'une quotité de la portion disponible, et qu'il l'aura fait à titre universel, ce légataire sera tenu d'acquitter les legs particuliers par contribution avec les héritiers naturels.

Des legs particuliers.

Tout legs pur et simple donnera au légataire, du jour du décès du testateur, un droit à la chose léguée, droit transmissible à ses héritiers ou ayants cause.— Néanmoins le légataire particulier ne pourra se mettre en possession de la chose léguée, ni en prétendre les fruits ou intérêts, qu'à compter du jour de sa demande en délivrance.

Les intérêts ou fruits de la chose léguée courront au profit du légataire dès le jour du décès, et sans qu'il ait formé sa demande en justice : — 1° lorsque le testateur aura expressément déclaré sa volonté, à cet égard, dans le testament ; — 2° lorsqu'une rente viagère ou une pension aura été léguée à titre d'aliments.

Les frais de la demande en délivrance seront à la charge de la succession, sans néanmoins qu'il puisse en résulter de réduction de la réserve légale. — Les droits d'enregistrement seront dus par le légataire. — Le tout, s'il n'en a été autrement ordonné par le testament. — Chaque legs pourra être enregistré séparément, sans que cet enregistrement puisse profiter à aucun autre qu'au légataire ou à ses ayants cause.

Les héritiers du testateur, ou autres débiteurs d'un legs, seront personnellement tenus de l'acquitter, chacun au prorata de la part et portion dont ils profiteront dans la succession. Ils en seront tenus hypothécairement pour le tout jusqu'à concurrence de la valeur des immeubles de la succession dont ils seront détenteurs.

La chose léguée sera délivrée avec les accessoires nécessaires, et dans l'état où elle se trouvera au jour du décès du donateur.

Lorsque celui qui a légué la propriété d'un immeuble l'a ensuite augmentée par des acquisitions, ces acquisitions, fussent-elles contiguës, ne seront pas censées, sans une nouvelle disposition, faire partie du legs. — Il en sera autrement des embellissements ou des constructions nouvelles faites sur le fonds légué, ou d'un enclos dont le testateur aurait augmenté l'enceinte.

Si, avant le testament ou depuis, la chose léguée a été hypothéquée pour une dette de la succession, ou même pour la dette d'un tiers, ou si elle est grevée d'un usufruit, celui qui doit acquitter le legs n'est point tenu de la dégager, à moins qu'il n'ait été chargé de le faire par une disposition expresse du testateur.

Lorsque le testateur aura légué la chose d'autrui, le legs sera nul, soit que le testateur ait connu ou non qu'elle ne lui appartenait pas.

Lorsque le legs sera d'une chose indéterminée, l'héritier ne sera pas obligé de la donner de la meilleure qualité, et il ne pourra l'offrir de la plus mauvaise.

Le legs fait au créancier ne sera pas censé en compensation de sa créance, ni le legs fait au domestique, en compensation de ses gages.

Le légataire à titre particulier ne sera point tenu des dettes de la succession, sauf la réduction du legs ainsi qu'il est dit ci-dessus, et sauf l'action hypothécaire des créanciers.

Des exécuteurs testamentaires.

Le testateur pourra nommer un ou plusieurs exécuteurs testamentaires.

Il pourra leur donner la saisine de tout ou seulement d'une partie de son mobilier ; mais elle ne pourra durer au delà de l'an et jour à compter de son décès. S'il ne la leur a pas donnée, ils ne pourront l'exiger.

L'héritier pourra faire cesser la saisine en offrant de remettre aux exécuteurs testamentaires une somme suffisante pour le payement des legs mobiliers, ou en justifiant de ce payement.

Celui qui ne peut s'obliger, ne peut pas être exécuteur testamentaire.

La femme mariée ne pourra accepter l'exécution testamentaire qu'avec le consentement de son mari. — Si elle est séparée de biens, soit par contrat de mariage, soit par jugement, elle le pourra avec le consentement de son mari, ou, à son refus, autorisée par la justice.

Le mineur ne pourra être exécuteur testamentaire, même avec l'autorisation de son tuteur ou curateur.

Les exécuteurs testamentaires feront apposer les scellés, s'il y a des héritiers mineurs, interdits ou absents. Ils feront faire, en présence de l'héritier présomptif, ou lui dûment appelé, l'inventaire des biens de la succession. — Ils provoqueront la vente du mobilier, à défaut de deniers suffisants pour acquitter les legs.

Ils veilleront à ce que le testament soit exécuté ; et ils pourront, en cas de contestation sur son exécution, intervenir pour en soutenir la validité. — Ils devront, à l'expiration de l'année du décès du testateur, rendre compte de leur gestion.

Les pouvoirs de l'exécuteur testamentaire ne passeront point à ses héritiers.

S'il y a plusieurs exécuteurs testamentaires qui aient accepté, un seul pourra agir au défaut des autres ; et ils seront solidairement responsables du compte du mobilier qui leur a été confié, à moins que le testateur n'ait divisé leurs fonctions et que chacun d'eux ne se soit renfermé dans celle qui lui était attribuée.

Les frais faits par l'exécuteur testamentaire pour l'apposition des scellés, l'inventaire, le compte et les autres frais relatifs à ses fonctions, seront à la charge de la succession.

De la révocation des testaments, et de leur caducité.

Les testaments ne pourront être révoqués, en tout ou en partie, que par un testament postérieur ou par un acte devant notaires, portant déclaration du changement de volonté.

Les testaments postérieurs qui ne révoqueront pas d'une manière expresse les précédents, n'annuleront, dans ceux-ci, que celles des dispositions y contenues qui se trouveront incompatibles avec les nouvelles, ou qui seront contraires.

La révocation faite dans un testament postérieur aura tout son effet, quoique ce nouvel acte reste sans exécution par l'incapacité de l'héritier institué ou du légataire, ou par le refus de recueillir.

Toute aliénation, celle même par vente avec faculté de rachat ou par échange, que fera le testateur de tout ou de partie de la chose léguée, emportera la révocation du legs pour tout ce qui a été aliéné, encore que l'aliénation postérieure soit nulle, et que l'objet soit rentré dans la main du testateur.

Toute disposition testamentaire sera caduque, si celui en faveur de qui elle est faite, n'a pas survécu au testateur.

Toute disposition testamentaire faite sous une condition dépendante d'un événement incertain, et telle que, dans l'intention du testateur, cette disposition ne doive être exécutée qu'autant que l'événement arrivera ou n'arrivera pas, sera caduque, si l'héritier institué ou le légataire décède avant l'accomplissement de la condition.

La condition qui, dans l'intention du testateur, ne fait que suspendre l'exécution de la disposition, n'empêchera pas l'héritier institué, ou le légataire, d'avoir un droit acquis et transmissible à ses héritiers.

Le legs sera caduc, si la chose léguée a totalement péri pendant la vie du testateur. — Il en sera de même, si elle a péri depuis sa mort, sans le fait et la faute de l'héritier, quoique celui-ci ait été mis en retard de la délivrer, lorsqu'elle eût également dû périr entre les mains du légataire.

La disposition testamentaire sera caduque, lorsque l'héritier institué ou le légataire la répudiera, ou se trouvera incapable de la recueillir.

Il y aura lieu à accroissement au profit des légataires dans le cas où le legs sera fait à plusieurs conjointement : le legs sera réputé fait conjointement lorsqu'il le sera par une seule et même disposition, et que le testateur n'aura pas assigné la part de chacun des colégataires dans la chose léguée.

Des dispositions entre époux, soit par contrat du mariage, soit pendant le mariage.

Les époux pourront, par contrat de mariage, se faire réciproquement, ou l'un d'eux à l'autre, telle donation qu'ils jugeront à propos.

Toute donation entre-vifs de biens présents faite entre les époux par contrat de mariage ne sera point censée faite sous la condition de survie du donataire, si cette condition n'est formellement exprimée ; et elle sera soumise à toutes les règles et formes ci-dessus prescrites pour ces sortes de donations.

La donation de biens à venir, ou de biens présents et à venir, faite entre époux par contrat de mariage, soit simple, soit réciproque, sera soumise aux règles établies par le chapitre précédent, à l'égard des donations pareilles qui leur seront faites par un tiers ; sauf qu'elle ne sera point transmissible aux enfants issus du mariage, en cas de décès de l'époux donataire avant l'époux donateur.

L'époux pourra, soit par contrat de mariage, soit pendant le mariage, pour le cas où il ne laisserait point d'enfants ni descendants, disposer en faveur de l'autre époux, en propriété, de tout ce dont il pourrait disposer en faveur d'un étranger, et, en outre, de l'usufruit de la totalité de la portion dont la loi prohibe la disposition au préjudice des héritiers. — Et, pour le cas où l'époux donateur laisserait des enfants ou descendants, il pourra donner à l'autre époux, ou un quart en propriété et un autre quart en usufruit, ou la moitié de tous ses biens en usufruit seulement.

Le mineur ne pourra, par contrat de mariage, donner à l'autre époux, soit par donation simple, soit par donation réciproque, qu'avec le consentement et l'assistance de ceux dont le consentement est requis pour la validité de son mariage; et, avec ce consentement, il pourra donner tout ce que la loi permet à l'époux majeur de donner à l'autre conjoint.

Toutes donations faites entre époux pendant le mariage, quoique qualifiées entre-vifs, seront toujours révocables. — La révocation pourra être faite par la femme, sans y être autorisée par le mari ni par justice. — Ces donations ne seront point révoquées par la survenance d'enfants.

Les époux ne pourront, pendant le mariage, se faire, ni par acte entre-vifs, ni par testaments, aucune donation mutuelle et réciproque par un seul et même acte.

L'homme ou la femme qui, ayant des enfants d'un autre lit, contractera un second ou subséquent mariage, ne pourra donner à son nouvel époux qu'une part d'enfant légitime le moins prenant, et sans que, dans aucun cas, ces donations puissent excéder le quart des biens.

Les époux ne pourront se donner indirectement au delà de ce qui leur est permis par les dispositions ci-dessus. — Toute donation, ou déguisée, ou faite à personnes interposées, sera nulle.

Seront réputées faites à personnes interposées, les donations de l'un des époux aux enfants ou à l'un des enfants de l'autre époux issus d'un autre mariage, et celles faites par le donateur aux parents dont l'autre époux sera héritier présomptif au jour de la donation, encore que ce dernier n'ait point survécu à son parent donataire.

CHAPITRE VI.

Des règles communes aux baux de maisons et des biens ruraux. — Des règles particulières aux baux à loyer. — Des règles particulières des baux à ferme. — Du louage d'ouvrage et d'industrie. — Des devis et marchés. — Des hypothèques. — Des privilèges. — Des privilèges sur les meubles. — Des privilèges sur les immeubles. — Du cautionnement. — Des transactions. — De la prescription. — Des causes qui empêchent la prescription. — Des causes qui interrompent la prescription. — Des causes qui suspendent le cours de la prescription. — Du temps requis pour prescrire. — De la prescription trentenaire. — De la prescription par dix et vingt ans. — Des prescriptions particulières. — Des vices rédhibitoires. — Changement de noms. — Vente des engrais.

Des règles communes aux baux des maisons et des biens ruraux.

On peut louer ou par écrit ou verbalement.

Si le bail fait sans écrit n'a encore reçu aucune exécution, et que l'une des parties le nie, la preuve ne peut être reçue par témoins, quelque modique qu'en soit le prix, et quoiqu'on allègue qu'il y ait eu des arrhes données. — Le serment peut seulement être déféré à celui qui nie le bail.

Lorsqu'il y aura contestation sur le prix du bail verbal dont l'exécution a commencé, et qu'il n'existera point de quittance, le propriétaire en sera cru sur son serment, si mieux n'aime le locataire demander l'estimation par experts; auquel cas les frais de l'expertise restent à sa charge, si l'estimation excède le prix qu'il a déclaré.

Le preneur a le droit de sous-louer, et même de céder son bail à un autre, si cette faculté ne lui a pas été interdite. — Elle peut être interdite pour le tout ou partie. — Cette clause est toujours de rigueur.

Le bailleur est obligé, par la nature du contrat, et sans qu'il soit besoin d'aucune stipulation particulière : — 1° de délivrer au preneur la chose louée; — 2° d'entretenir cette chose en état de servir à l'usage pour lequel elle a été louée; — 3° d'en faire jouir paisiblement le preneur pendant la durée du bail.

Le bailleur est tenu de livrer la chose en bon état de réparations de toute espèce. — Il doit y faire, pendant la durée du bail, toutes les réparations qui peuvent devenir nécessaires, autres que les locatives.

Il est dû garantie au preneur pour tous les vices ou défauts de la chose louée qui en empêchent l'usage, quand même le bailleur ne les aurait pas connus lors du bail. — S'il résulte de ces vices ou défauts quelque perte pour le preneur, le bailleur est tenu de l'indemniser.

Si, pendant la durée du bail, la chose louée est détruite en totalité par cas fortuit, le bail est résilié de plein droit; si elle n'est détruite qu'en partie, le preneur peut, suivant les circonstances, demander ou une diminution du prix, ou la résiliation même du bail. Dans l'un et l'autre cas, il n'y a lieu à aucun dédommagement.

Le bailleur ne peut, pendant la durée du bail, changer la forme de la chose louée.

Si, durant le bail, la chose louée a besoin de réparations urgentes et qui ne puissent être différées jusqu'à sa fin, le preneur doit les souffrir, quelque incommodité qu'elles lui causent, et qu'il soit privé, pendant qu'elles se font, d'une partie de la chose louée. — Mais si ces réparations durent plus de quarante jours, le prix du bail sera diminué à proportion du temps et de la partie de la chose louée dont il aura été privé. — Si les réparations sont de telle nature qu'elles rendent inhabitable ce qui est nécessaire au logement du preneur et de sa famille, celui-ci pourra faire résilier le bail.

Le bailleur n'est pas tenu de garantir le preneur du trouble que des tiers apportent par voie de fait à sa jouissance, sans prétendre d'ailleurs aucun droit sur la chose louée, sauf au preneur à les poursuivre en son nom personnel.

Si, au contraire, le locataire ou le fermier a été troublé dans sa jouissance par suite d'une action concernant la propriété du fonds, il a droit à une diminution proportionnée sur le prix du bail à loyer ou à ferme, pourvu que le trouble et l'empêchement aient été dénoncés au propriétaire.

Si ceux qui ont commis les voies de fait prétendent avoir quelque droit sur la chose louée, ou si le preneur est lui-même cité en justice pour se voir condamner au délaissement de la totalité ou de partie de cette chose, ou à souffrir l'exercice de quelque servitude, il doit appeler le bailleur en garantie, et doit être mis hors d'instance, s'il l'exige, en nommant le bailleur pour lequel il possède.

Le preneur est tenu de deux obligations principales : — 1° d'user de la chose louée en bon père de famille et suivant la destination qui a été donnée par le bail, ou suivant celle présumée d'après les circonstances à défaut de convention ;— 2° de payer le prix du bail aux termes convenus.

Si le preneur emploie la chose louée à un autre usage que celui auquel elle a été destinée, ou dont il puisse résulter un dommage pour le bailleur, celui-ci peut, suivant les circonstances, faire résilier le bail.

S'il a été fait un état des lieux entre le bailleur et le preneur, celui-ci doit rendre la chose telle qu'il l'a reçue suivant cet état, excepté ce qui a péri ou a été dégradé par vétusté ou force majeure.

S'il n'a pas été fait d'état des lieux, le preneur est présumé les avoir reçus en bon état de réparations locatives, et doit les rendre tels, sauf la preuve contraire.

Il répond des dégradations ou des pertes qui arrivent pendant sa jouissance, à moins qu'il ne prouve qu'elles ont eu lieu sans sa faute.

Il répond de l'incendie, à moins qu'il ne prouve, — que l'incendie est arrivé par cas fortuit ou force majeure, ou par vice de construction, — ou que le feu a été communiqué par une maison voisine.

S'il y a plusieurs locataires, tous sont solidairement responsables de l'incendie, — à moins qu'ils ne prouvent que l'incendie a commencé dans l'habitation de l'un d'eux, auquel cas celui-là seul en est tenu ; — ou que quelques-uns ne prouvent que l'incendie n'a pu commencer chez eux, auquel cas ceux-là n'en sont pas tenus.

Le preneur est tenu des dégradations et des pertes qui arrivent par le fait des personnes de sa maison ou de ses sous-locataires.

Si le bail a été fait sans écrit, l'une des parties ne pourra donner congé à l'autre qu'en observant les délais fixés par l'usage des lieux.

Le bail cesse de plein droit à l'expiration du terme fixé, lorsqu'il a été fait par écrit, sans qu'il soit nécessaire de donner congé.

Si à l'expiration des baux écrits, le preneur reste et est laissé en possession, il s'opère un nouveau bail dont l'effet est réglé par l'article relatif aux locations faites sans écrits.

Lorsqu'il y a un congé signifié, le preneur, quoiqu'il ait continué sa jouissance, ne peut invoquer la tacite réconduction.

Le contrat de louage se résout par la perte de la chose louée, et par le défaut respectif du bailleur et du preneur de remplir leurs engagements.

Le contrat de louage n'est point résolu par la mort du bailleur, ni par celle du preneur.

Si le bailleur vend la chose louée, l'acquéreur ne peut expulser le fermier ou locataire qui a un bail authenthique ou dont la date est certaine, à moins qu'il ne se soit réservé ce droit par le contrat de bail.

S'il a été convenu, lors du bail, qu'en cas de vente l'acquéreur pourrait expulser le fermier ou locataire, et qu'il n'ait été fait aucune stipulation sur les dommages et intérêts, le bailleur est tenu d'indemniser le fermier ou le locataire de la manière suivante.

S'il s'agit d'une maison, appartement ou boutique, le bailleur paye, à titre de dommages et intérêts, au locataire évincé, une somme égale au prix du loyer, pendant le temps qui, suivant l'usage des lieux, est accordé entre le congé et la sortie.

S'il s'agit de biens ruraux, l'indemnité que le bailleur doit payer au fermier est du tiers du prix du bail pour tout le temps qui reste à courir.

L'indemnité se réglera par experts, s'il s'agit de manufactures, usines ou autres établissements qui exigent de grandes avances.

L'acquéreur qui veut user de la faculté réservée par le bail d'expulser le fermier ou locataire en cas de vente, est en outre tenu d'avertir le locataire au temps d'avance usité dans le lieu pour les congés. — Il doit aussi avertir le fermier des biens ruraux au moins un an à l'avance.

Les fermiers ou locataires ne peuvent être expulsés qu'ils ne soient payés par le bailleur ou, à son défaut, par un nouvel acquéreur, des dommages-intérêts ci-dessus expliqués.

Si le bail n'est pas fait par acte authentique, ou n'a point de date certaine, l'acquéreur n'est tenu d'aucuns dommages et intérêts.

L'acquéreur à pacte de rachat ne peut user de la faculté d'expulser le preneur jusqu'à ce que, par l'expiration du délai fixé pour le réméré, il devienne propriétaire incommutable.

Des règles particulières aux baux à loyer.

Le locataire qui ne garnit pas la maison de meubles suffisants peut être expulsé, à moins qu'il ne donne des sûretés capables de répondre du loyer.

Le sous-locataire n'est tenu envers le propriétaire que jusqu'à concurrence du prix de sa sous-location dont il peut être débiteur au moment de la saisie, et sans qu'il puisse opposer des payements faits par anticipation. — Les payements faits par le sous-locataire soit en vertu d'une stipulation portée en son bail, soit en conséquence de l'usage des lieux ne sont pas reputés faits par anticipation.

Les réparations locatives ou de menu entretien dont le locataire est tenu, s'il n'y a clause contraire, sont celles désignées comme telles par l'usage des lieux, et entre autres les réparations à faire : aux âtres, contre-cœurs, chambranles et tablettes de cheminées ; au récrépiment du bas des murailles des appartements et autres lieux d'habitation à la hauteur d'un mètre ;— aux pavés et carreaux des chambres, lorsqu'il y en a seulement quelques-uns de cassés ; — aux vitres, à moins qu'elles ne soient cassées par la grêle ou autres accidents extraordinaires ou de force majeure dont le locataire ne peut être tenu; — aux portes, croisées, portes de cloisons ou de fermeture de boutiques, gonds, targettes et serrures.

Aucune des réparations réputées locatives n'est à la charge des locataires, quand elles ne sont occasionnées que par vétusté ou force majeure.

Le curement des puits et celui des fosses d'aisance sont à la charge du bailleur, s'il n'y a clause contraire.

Le bail des meubles fournis pour garnir une maison entière, un corps de logis entier, une boutique, ou tous autres appartements, est censé fait pour la durée ordinaire des baux de maisons, corps de logis, boutiques ou autres appartements, selon l'usage des lieux.

Le bail d'un appartement meublé est censé fait à l'année, quand il a été fait à tant par an; — au mois, quand il a été fait à tant par mois; — au jour, s'il a été fait à tant par jour. — Si rien ne constate que le bail soit fait à tant par an, par mois ou par jour, la location est censée faite suivant l'usage des lieux.

Si le locataire d'une maison ou d'un appartement continue sa jouissance, après l'expiration du bail par écrit, sans opposition de la part du bailleur, il sera censé les occuper, aux mêmes conditions, pour le terme fixé par l'usage des lieux, et ne pourra plus en sortir ni en être expulsé qu'après un congé donné suivant le délai fixé par l'usage des lieux.

En cas de résiliation par la faute du locataire, celui-ci est tenu de payer le prix du bail pendant le temps nécessaire à la relocation, sans préjudice des dommages et intérêts qui ont pu résulter de l'abus.

Le bailleur ne peut résoudre la location, encore qu'il déclare vouloir occuper par lui-même la maison louée, s'il n'y a eu convention contraire.

S'il a été convenu dans le contrat de louage que le bailleur pourrait venir occuper la maison, il est tenu de signifier d'avance un congé aux époques déterminées par l'usage des lieux.

Des règles particulières aux baux à ferme.

Celui qui cultive sous la condition d'un partage de fruits avec le bailleur, ne peut ni sous-louer, ni céder, si la faculté ne lui en a été expressément accordée par le bail.

En cas de contravention, le propriétaire a droit de rentrer en jouissance, et le preneur est condamné aux dommages-intérêts résultant de l'inexécution du bail.

Si le preneur d'un héritage rural ne le garnit pas des bestiaux et des ustensiles nécessaires à son exploitation, s'il abandonne la culture, s'il ne cultive pas en bon père de famille, s'il emploie la chose louée à un autre usage que celui auquel elle a été destinée, ou, en général, s'il n'exécute pas les clauses du bail, et qu'il en résulte un dommage pour le bailleur, celui-ci peut, suivant les circonstances, faire résilier le bail. — En cas de résiliation provenant du fait du preneur, celui-ci est tenu des dommages et intérêts.

Tout preneur de bien rural est tenu d'engranger dans les lieux à ce destinés d'après le bail.

Le preneur d'un bien rural est tenu, sous peine de tous dépens, dommages et intérêts, d'avertir le propriétaire des usurpations qui peuvent être commises sur les fonds. Cet avertissement doit être donné dans le même délai que celui qui est réglé en cas d'assignation suivant la distance des lieux.

Si le bail est fait pour plusieurs années, et que, pendant la durée du bail, la totalité ou la moitié d'une récolte au moins soit enlevée par des cas fortuits, le fermier peut demander une remise du prix de sa location, à moins qu'il ne soit indemnisé par les récoltes précédentes. — S'il n'est pas indemnisé, l'estimation de la remise ne peut avoir lieu qu'à la fin du bail, auquel temps il se fait une compensation de toutes les années de jouissance. — Et cependant le juge peut provisoirement dispenser le preneur de payer une partie du prix en raison de la perte soufferte.

Si le bail n'est que d'une année, et que la perte soit de la totalité des fruits, ou au moins de la moitié, le preneur sera déchargé d'une partie proportionnelle du prix de la location. — Il ne pourra prétendre aucune remise, si la perte est moindre de moitié.

Le fermier ne peut obtenir de remise, lorsque la perte des fruits arrive après qu'ils sont séparés de la terre, à moins que le bail ne donne au propriétaire une quotité de la récolte en nature, auquel cas le propriétaire doit supporter sa part de la perte, pourvu que le preneur ne fût pas en demeure de lui délivrer sa portion de récolte. — Le fermier ne peut également demander une remise, lorsque la cause du dommage était existante et connue à l'époque où le bail a été passé.

Le preneur peut être chargé de ces cas fortuits par une stipulation expresse.

Cette stipulation ne s'entend que des cas fortuits ordinaires, tels que grêle, feu du ciel, gelée ou coulure. — Elle ne s'entend pas des cas fortuits extraordinaires, tels que les ravages de la guerre ou une inondation, auxquels le pays n'est pas ordinairement sujet, à moins que le preneur n'ait été chargé de tous les cas fortuits prévus ou imprévus.

Le bail sans écrit d'un fonds rural est censé fait pour le temps qui est nécessair afin que le preneur recueille tous les fruits de l'héritage affermé. — Ainsi le bail à ferme d'un pré, d'une vigne, et de tout autre fonds dont les fruits se recueillent en entier dans le cours de l'année est censé fait pour un an. — Le bail des terres labourables, lorsqu'elles se divisent par soles ou saisons, est censé fait pour autant d'années qu'il y a de soles.

Le bail des héritages ruraux, quoique fait sans écrit, cesse de plein droit à l'expiration du temps pour lequel il est censé fait, selon le paragraphe précédent.

Si, à l'expiration des baux ruraux écrits, le preneur reste et est laissé en possession, il s'opère un nouveau bail.

Le fermier sortant doit laisser à celui qui lui succède dans la culture des logements convenables et autres facilités pour les travaux de l'année suivante, et réciproquement le fermier entrant doit procurer à celui qui sort les logements convenables et autres facilités pour la consommation des fourrages, et pour les récoltes restant à faire. — Dans l'un et l'autre cas, on doit se conformer à l'usage des lieux.

Le fermier sortant doit aussi laisser les pailles et engrais de l'année, s'il les a reçus lors de son entrée en jouissance; et, quand même il ne les aurait pas reçus, le propriétaire pourra les retenir suivant l'estimation.

Du louage d'ouvrage et d'industrie.

Il y a trois espèces principales de louage d'ouvrage et d'industrie: — 1° le louage des gens de travail qui s'engagent au service de quelqu'un; — 2° celui des voituriers, tant par terre que par eau, qui se chargent du transport des personnes ou des marchandises; — 3° celui des entrepreneurs d'ouvrages par suite de devis ou marchés.

Des devis et des marchés.

Lorsqu'on charge quelqu'un de faire un ouvrage, on peut convenir qu'il fournira seulement son travail ou son industrie, ou bien qu'il fournira aussi la matière.

Si, dans le cas où l'ouvrier fournit la matière, la chose vient à périr, de quelque manière que ce soit, avant d'être livrée, la perte en est pour l'ouvrier, à moins que le maître ne fût en demeure de recevoir la chose.

Dans le cas où l'ouvrier fournit seulement son travail ou son industrie, si la chose vient à périr, l'ouvrier n'est tenu que de sa faute.

Si, dans le cas du paragraphe précédent, la chose vient à périr, quoique sans aucune faute de la part de l'ouvrier, avant que l'ouvrage ait été reçu, et sans que le maître fût en demeure de le vérifier, l'ouvrier n'a point de salaire à réclamer, à moins que la chose n'ait péri par le vice de la matière.

S'il s'agit d'un ouvrage à plusieurs pièces ou à la mesure, la vérification peut s'en faire par parties: elle est censée faite pour toutes les parties payées, si le maître paye l'ouvrier en proportoin de l'ouvrage fait.

Si l'édifice construit à prix fait périt en tout ou en partie par le vice de la construction, même par le vice du sol, les architectes et entrepreneurs en sont responsables pendant dix ans.

Lorsqu'un architecte ou un entrepreneur s'est chargé de la construction à forfait d'un bâtiment d'après un plan arrêté et convenu avec le propriétaire du sol, il ne peut demander aucune augmentation de prix, ni sous le prétexte de l'augmentation de la main-d'œuvre ou des matériaux, ni sous celui de changements ou augmentations faits sur ce plan, si ces changements ou augmentations n'ont pas été autorisés par écrit, et le prix convenu avec le propriétaire.

Le maître peut résilier, par sa seule volonté, le marché à forfait, quoique l'ouvrage soit déjà commencé, en dédommageant l'entrepreneur de toutes ses dépenses, de tous ses travaux, et de tout ce qu'il aurait pu gagner dans cette entreprise.

Le contrat de louage d'ouvrage est dissous par la mort de l'ouvrier, de l'architecte ou entrepreneur.

Mais le propriétaire est tenu de payer, en proportion du prix porté par la convention, à leur succession, la valeur des ouvrages faits et celle des matériaux préparés, alors seulement que ces travaux ou ces matériaux peuvent lui être utiles.

L'entrepreneur répond du fait des personnes qu'il emploie.

Les maçons, charpentiers et autres ouvriers qui ont été employés à la construction d'un bâtiment ou d'autres ouvrages faits à l'entreprise, n'ont d'action contre celui pour lequel les ouvrages ont été faits que jusqu'à concurrence de ce dont il se trouve débiteur envers l'entrepreneur au moment où leur action est intentée.

Les maçons, charpentiers, serruriers et autres ouvriers qui font directement des marchés à prix faits sont astreints aux règles prescrites dans la présente section : ils sont entrepreneurs dans la partie qu'ils traitent.

Des hypothèques.

L'hypothèque est un droit réel sur les immeubles affectés à l'acquittement d'une obligation. — Elle est, de sa nature, indivisible, et subsiste en entier sur tous les immeubles affectés, sur chacun et sur chaque portion de ces immeubles. — Elle les suit dans quelques mains qu'ils passent.

L'hypothèque n'a lieu que dans les cas et suivant les formes autorisées par la loi.

Elle est ou légale, ou judiciaire, ou conventionnelle.

L'hypothèque légale est celle qui résulte de la loi. — L'hypothèque judiciaire est celle qui résulte des jugements ou actes judiciaires. —

L'hypothèque conventionnelle est celle qui dépend des conventions et de la forme extérieure des actes et des contrats.

Sont seuls susceptibles d'hypothèques : — 1° les biens immobiliers qui sont dans le commerce, et leurs accessoires réputés immeubles ; — 2° l'usufruit des mêmes biens et accessoires pendant le temps de sa durée.

Les meubles n'ont pas de suite par hypothèque.

Des priviléges.

Le privilége est un droit que la qualité de la créance donne à un créancier d'être préféré aux autres créanciers, même hypothécaires.

Entre les créanciers privilégiés la préférence se règle par les différentes qualités des priviléges.

Les créanciers privilégiés qui sont dans le même rang sont payés par concurrence.

Le privilége à raison des droits du Trésor du gouvernement, et l'ordre dans lequel il s'exerce, sont réglés par les lois qui les concernent. — Le Trésor ne peut cependant obtenir de privilége au préjudice des droits antérieurement acquis à des tiers.

Les priviléges peuvent être sur les meubles ou sur les immeubles.

Des priviléges sur les meubles.

Les créances privilégiées sur certains meubles sont :

1° Les loyers et fermages des immeubles, sur les fruits de la récolte de l'année, et sur le prix de tout ce qui garnit la maison louée ou la ferme, et de tout ce qui sert à l'exploitation de la ferme ; savoir : pour tout ce qui est échu, et pour tout ce qui est à échoir, si les baux sont authentiques, ou si, étant sous signature privée, ils ont une date certaine ; et, dans ces deux cas, les autres créanciers ont le droit de relouer la maison ou la ferme pour le restant du bail, et de faire leur profit des baux ou fermages, à la charge toutefois de payer au propriétaire tout ce qui lui serait encore dû ; — et, à défaut de baux authentiques, ou lorsque étant sous signature privée, ils n'ont pas une date certaine, pour une année à partir de l'expiration de l'année courante ; — le même privilége a lieu pour les réparations locatives, et pour tout ce qui concerne l'exécution du bail ; — néanmoins les sommes dues pour les semences ou pour les frais de la récolte de l'année sont payées sur le prix de la récolte, et celles dues pour ustensiles, sur le prix de ces ustensiles, par préférence au propriétaire, dans l'un et l'autre cas ; — le propriétaire peut saisir les meubles qui garnissent sa maison ou sa ferme, lorsqu'ils ont été déplacés sans son consentement, et il conserve sur eux son privilége, pourvu qu'il ait fait la revendication, savoir, lorsqu'il s'agit du mobilier qui garnissait une ferme, dans le délai de quarante jours ; et dans celui de quinzaine, s'il s'agit des meubles garnissant une maison ;

2° La créance sur le gage dont le créancier est saisi ;

3° Les frais faits pour la conservation de la chose ;

4° Le prix d'effets mobiliers non payés, s'ils sont encore en la possession du débiteur, soit qu'il ait acheté à terme ou sans terme. — Si la vente a été faite sans terme, le vendeur peut même revendiquer ces effets tant qu'ils sont en la possession de l'acheteur, et empêcher la revente, pourvu que la revendication soit faite dans la huitaine de la livraison, et que les effets se trouvent dans le même état dans lequel cette livraison a été faite ; — le privilége du vendeur ne s'exerce toutefois qu'après celui du propriétaire de la maison ou de la ferme, à moins qu'il ne soit prouvé que le propriétaire avait connaissance que les meubles et autres objets garnissant sa maison ou sa ferme n'appartenaient pas au locataire ; — il n'est rien innové aux lois et usages du commerce sur la revendication ;

5° Les fournitures d'un aubergiste, sur les effets du voyageur qui ont été transportés dans son auberge ;

6° Les frais de voiture et les dépenses accessoires, sur la chose voiturée ;

7° Les créances résultant d'abus et prévarications commis par des fonctionnaires publics dans l'exercice de leurs fonctions, sur les fonds de leur cautionnement, et sur les intérêts qui en peuvent être dus.

Des priviléges sur les immeubles.

Les créanciers privilégiés sur les immeubles sont :

1° Le vendeur sur l'immeuble vendu, pour le payement du prix. — S'il y a plusieurs ventes successives dont le prix soit dû en tout ou en partie, le premier vendeur est préféré au second, le deuxième au troisième, et ainsi de suite ;

2° Ceux qui ont fourni les deniers pour l'acquisition d'un immeuble, pourvu qu'il soit authentiquement constaté par l'acte d'emprunt que la somme était destinée à cet emploi, et par la quittance du vendeur, que ce payement a été fait des deniers empruntés ;

3° Les cohéritiers, sur les immeubles de la succession, pour la garantie des partages faits entre eux, et des soulte ou retour des lots ;

4° Les architectes, entrepreneurs, maçons et autres ouvriers employés pour édifier, reconstruire ou réparer des bâtiments, canaux ou autres ouvrages quelconques, pourvu néanmoins que, par un expert nommé d'office par le tribunal de première instance dans le ressort duquel les bâtiments sont situés, il ait été dressé préalablement un procès-verbal à l'effet de constater l'état des lieux relativement aux ouvrages que le propriétaire déclarera avoir dessein de faire, et que les ouvrages aient été, dans les six mois au plus de leur perfection, reçus par un expert également nommé d'office ; — mais le montant du privilége ne peut excéder les valeurs constatées par le second procès-verbal, et il se réduit à la plus-value existante à l'époque de l'aliénation de l'immeuble, et résultant des travaux qui y ont été faits ;

5° Ceux qui ont prêté les deniers pour payer ou rembourser les ouvriers jouissent du même privilége, pourvu que cet emploi soit authentiquement constaté par l'acte d'emprunt et par la quittance des ouvriers.

Du cautionnement.

Celui qui se rend caution d'une obligation, se soumet envers le créancier à satisfaire à cette obligation, si le débiteur n'y satisfait pas lui-même.

Le cautionnement ne peut exister que sur une obligation valable. — On peut néanmoins cautionner une obligation, encore qu'elle pût être annulée par une exception purement personnelle à l'obligé; par exemple, dans le cas de minorité.

Le cautionnement ne peut excéder ce qui est dû par le débiteur, ni être contracté sous des conditions plus onéreuses. — Il peut être contracté pour une partie de la dette seulement, et sous des conditions moins onéreuses. Le cautionnement qui excède la dette, ou qui est contracté sous des conditions plus onéreuses, n'est point nul; il est seulement réductible à la mesure de l'obligation principale.

On peut se rendre caution sans ordre de celui pour lequel on s'oblige, et même à son insu. — On peut aussi se rendre caution, non-seulement du débiteur principal, mais encore de celui qui l'a cautionné.

Le cautionnement ne se présume point; il doit être exprès, et on ne peut pas l'étendre au delà des limites dans lesquelles il a été contracté.

Le cautionnement indéfini d'une obligation principale s'étend à tous les accessoires de la dette, même aux frais de la première demande, et à tous ceux postérieurs à la dénonciation qui en est faite à la caution.

Les engagements des cautions passent à leurs héritiers.

Le débiteur obligé à fournir une caution doit en présenter une qui ait la capacité de contracter, qui ait un bien suffisant pour répondre de l'objet de l'obligation, et dont le domicile soit dans le ressort de la cour d'appel où elle doit être donnée.

La solvabilité d'une caution ne s'estime qu'eu égard à ses propriétés foncières, excepté en matière de commerce, ou lorsque la dette est modique. — On n'a point égard aux immeubles litigieux, ou dont la discussion deviendrait trop difficile par l'éloignement de leur situation.

Lorsque la caution reçue par le créancier, volontairement ou en justice, est ensuite devenue insolvable, il doit en être donné une autre. — Cette règle reçoit exception dans le cas seulement où la caution n'a été donnée qu'en vertu d'une convention par laquelle le créancier a exigé une telle personne pour caution.

Des transactions.

La transaction est un contrat par lequel les parties terminent une contestation née, ou préviennent une contestation à naître. — Ce contrat doit être rédigé par écrit.

Pour transiger, il faut avoir la capacité de disposer des objets compris dans la transaction.

On peut transiger sur l'intérêt civil qui résulte d'un délit. — La transaction n'empêche pas la poursuite du ministère public.

On peut ajouter à une transaction la stipulation d'une peine contre celui qui manquera de l'exécuter.

Les transactions se renferment dans leur objet ; la renonciation qui y est faite à tous droits, actions et prétentions, ne s'entend que de ce qui est relatif au différend qui y a donné lieu.

Les transactions ne règlent que les différends qui s'y trouvent compris, soit que les parties aient manifesté leur intention par des expressions spéciales ou générales, soit que l'on reconnaisse cette intention par une suite nécessaire de ce qui est exprimé.

Si celui qui avait transigé sur un droit qu'il avait de son chef, acquiert ensuite un droit semblable du chef d'une autre personne, il n'est point, quant au droit nouvellement acquis, lié par la transaction antérieure.

La transaction faite par l'un des intéressés ne lie point les autres intéressés, et ne peut être opposée par eux.

Les transactions ont, entre les parties, l'autorité de la chose jugée en dernier ressort. — Elles ne peuvent être attaquées pour cause d'erreur de droit ni pour cause de lésion.

Néanmoins une transaction peut être rescindée, lorsqu'il y a erreur sur la personne ou sur l'objet de la contestation. — Elle peut l'être dans tous les cas où il y a dol ou violence.

Il y a également lieu à l'action en rescision contre une transaction, lorsqu'elle a été faite en exécution d'un titre nul, à moins que les parties n'aient expressément traité sur la nullité.

La transaction faite sur pièces qui depuis ont été reconnues fausses est entièrement nulle.

La transaction sur un procès terminé par un jugement passé en force de chose jugée, dont les parties ou une d'elles n'avaient point connaissance, est nulle. — Si le jugement ignoré des parties est susceptible d'appel, la transaction sera valable.

Lorsque les parties ont transigé généralement sur toutes les affaires qu'elles pouvaient avoir ensemble, les titres qui leur étaient inconnus, et qui auraient été postérieurement découverts, ne sont point une cause de rescision, à moins qu'ils n'aient été retenus par le fait de l'une des parties. — Mais la transaction serait nulle, si elle n'avait qu'un objet sur lequel il serait constaté, par des titres nouvellement découverts, que l'une des parties n'avait aucun droit.

L'erreur de calcul dans une transaction doit être réparée.

Vices rédhibitoires dans les ventes et échanges d'animaux domestiques.

Sont réputés vices rédhibitoires, et donneront ouverture à action, dans les ventes ou échanges des animaux domestiques ci-dessous dénommés, sans distinction des localités où les ventes et échanges auront eu lieu, les maladies ou défauts ci-après, savoir :

Pour le cheval, l'âne ou le mulet,

La fluxion périodique des yeux, l'épilepsie ou le mal caduc, la morve, le farcin, les maladies anciennes de poitrine ou vieilles courbatures, l'immobilité, la pousse, le cornage chronique, le tic sans usure des dents, les hernies inguinales intermittentes, la boiterie intermitente pour cause de vieux mal.

Pour l'espèce bovine,

La phthisie pulmonaire, l'épilepsie ou mal caduc.

Les suites de la non-délivrance, } après le part chez le vendeur.
Le renversement du vagin ou de l'utérus, }

Pour l'espèce ovine,

La clavelée : cette maladie, reconnue chez un seul animal, entraînera la rédhibition de tout le troupeau. — La rédhibition n'aura lieu que si le troupeau porte la marque du vendeur. — Le sang de rate : cette maladie n'entraînera la rédhibition du troupeau qu'autant que, dans le délai de la garantie, sa perte constatée s'élèvera au quinzième au moins des animaux achetés. — Dans ce dernier cas, la rédhibition n'aura lieu également que si le troupeau porte la marque du vendeur.

Le délai pour intenter l'action rédhibitoire sera, non compris le jour fixé pour la livraison, — de trente jours pour le cas de fluxion périodique des yeux et d'épilepsie ou mal caduc, — de neuf jours pour tous les autres cas.

Si la livraison de l'animal a été effectuée, ou s'il a été conduit, dans les délais ci-dessus, hors du lieu du domicile du vendeur, les délais seront augmentés d'un jour par cinq myriamètres de distance du domicile du vendeur au lieu où l'animal se trouve.

Dans tous les cas, l'acheteur, à peine d'être non recevable, sera tenu de provoquer la nomination d'experts chargés de dresser procès-verbal; la requête sera présentée au juge de paix du lieu où se trouve l'animal. — Le juge nommera immédiatement, suivant l'exigence des cas, un ou trois experts, qui devront opérer dans le plus bref délai.

La demande sera dispensée du préliminaire de conciliation, et l'affaire instruite et jugée comme matière sommaire.

Si pendant la durée des délais l'animal vient à périr, le vendeur ne sera pas tenu de la garantie, à moins que l'acheteur ne prouve que la perte de l'animal provient de l'une des maladies spécifiées ci-dessus.

Le vendeur sera dispensé de la garantie résultant de la morve et du farcin pour le cheval, l'âne et le mulet, et de la clavelée pour l'espèce ovine, s'il prouve que l'animal, depuis la livraison, a été mis en contact avec des animaux atteints de ces maladies.

De la prescription.

La prescription est un moyen d'acquérir ou de se libérer par un certain laps de temps, et sous les conditions déterminées par la loi.

On ne peut d'avance renoncer à la prescription; on peut renoncer à la prescription acquise.

La renonciation à la prescription est expresse ou tacite : la renonciation tacite résulte d'un fait qui suppose l'abandon du droit acquis.

Celui qui ne peut aliéner ne peut renoncer à la prescription acquise.

Les juges ne peuvent suppléer d'office le moyen résultant de la prescription.

La prescription ne peut être opposée en tout état de cause, même devant la cour d'appel, à moins que la partie qui n'aurait pas opposé le moyen de la prescription ne doive, par les circonstances, être présumée y avoir renoncé.

Les créanciers ou tout autre personne ayant intérêt à ce que la prescription soit acquise, peuvent l'opposer en cas que le débiteur propriétaire y renonce.

On ne peut prescrire le domaine des choses qui ne sont point dans le commerce.

L'État, les établissements publics et les communes sont soumis aux mêmes prescriptions que les particuliers, et peuvent également les opposer.

Des causes qui empêchent la prescription.

Ceux qui possèdent pour autrui, ne prescrivent jamais, par quelque laps de temps que ce soit. — Ainsi, le fermier, le dépositaire, l'usufruitier, et tous autres qui détiennent précairement la chose du propriétaire, ne peuvent la prescrire.

Néanmoins les personnes peuvent prescrire, si le titre de leur possession se trouve interverti, soit par une cause venant d'un tiers, soit par la contradiction qu'elles ont opposée au droit du propriétaire.

Ceux à qui les fermiers, dépositaires et autres détenteurs précaires ont transmis la chose par un titre translatif de propriété, peuvent la prescrire.

On ne peut pas prescrire contre son titre, en ce sens que l'on ne peut point se changer à soi-même la cause et le principe de sa possession.

On peut prescrire contre son titre, en ce sens que l'on prescrit la libération de l'obligation que l'on a contractée.

Des causes qui interrompent la prescription.

La prescription peut être interrompue ou naturellement ou civilement.

Il y a interruption naturelle, lorsque le possesseur est privé, pendant plus d'un an, de la jouissance de la chose, soit par l'ancien propriétaire, soit même par un tiers.

Une citation en justice, un commandement ou une saisie, signifiés à celui qu'on veut empêcher de prescrire, forment l'interruption civile.

La citation en conciliation devant le bureau de paix interrompt la prescription, du jour de sa date, lorsqu'elle est suivie d'une assignation en justice donnée dans les délais de droit.

La citation en justice, donnée même devant un juge incompétent, interrompt la prescription.

Si l'assignation est nulle par défaut de forme, — si le demandeur se désiste de sa demande, — s'il laisse périmer l'instance, ou si sa demande est rejetée, l'interruption est regardée comme non avenue.

La prescription est interrompue par la reconnaissance que le débiteur ou le possesseur fait du droit de celui contre lequel il prescrivait.

L'interpellation faite, conformément aux paragraphes qui précèdent, à l'un des débiteurs solidaires, ou sa reconnaissance, interrompt la prescription contre tous les autres, même contre leurs héritiers.—L'interpellation faite à l'un des héritiers d'un débiteur solidaire, ou la reconnaissance de cet héritier, n'interrompt pas la prescription à l'égard des autres cohéritiers, quand même la créance serait hypothécaire, si l'obligation n'est indivisible. — Cette interpellation ou cette reconnaissance n'interrompt la prescription, à l'égard des autres codébiteurs, que pour la part dont cet héritier est tenu. — Pour interrompre la prescription pour le tout à l'égard des autres codébiteurs, il faut l'interpellation faite à tous les héritiers du débiteur décédé, ou la reconnaissance de tous ces héritiers.

L'interpellation faite au débiteur principal, ou sa reconnaissance, interrompt la prescription contre la caution.

Des causes qui suspendent le cours de la prescription.

La prescription court contre toutes personnes, à moins qu'elles ne soient dans quelque exception établie par une loi.

La prescription ne court pas contre les mineurs et les interdits.

Elle ne court point entre époux.

La prescription court contre la femme mariée, encore qu'elle ne soit point séparée par contrat de mariage ou en justice, à l'égard des biens dont le mari a l'administration, sauf son recours contre le mari.

Néanmoins elle ne court point, pendant le mariage, à l'égard de l'aliénation d'un fonds constitué selon le régime dotal.

La prescription est pareillement suspendue pendant le mariage: — 1° dans le cas où l'action de la femme ne pourrait être exercée qu'après une option à faire sur l'acceptation ou la renonciation à la communauté; — 2° dans le cas où le mari, ayant vendu le bien propre de sa femme sans son consentement, est garant de la vente, et dans tous les autres cas où l'action de la femme réfléchirait contre le mari.

La prescription ne court point, — à l'égard d'une créance qui dépend d'une condition, jusqu'à ce que la condition arrive; — à l'égard d'une action en garantie, jusqu'à ce que l'éviction ait lieu; — à l'égard d'une créance à jour fixe, jusqu'à ce que ce jour soit arrivé.

La prescription ne court pas contre l'héritier bénéficiaire à l'égard des créances qu'il a contre la succession. — Elle court contre une succession vacante, quoique non pourvue de curateur.

Elle court encore pendant les trois mois pour faire inventaire, et les quarante jours pour délibérer.

Du temps requis pour prescrire. — Dispositions générales.

La prescription se compte par jours, et non par heures.

Elle est acquise, lorsque le dernier jour du terme est accompli.

De la prescription trentenaire.

Toutes les actions, tant réelles que personnelles, sont prescrites par trente ans, sans que celui qui allègue cette prescription soit obligé d'en rapporter un titre, ou qu'on puisse lui opposer l'exception déduite de la mauvaise foi.

Après vingt-huit ans de la date du dernier titre, le débiteur d'une rente peut être contraint à fournir à ses frais un titre nouveau à son créancier ou à ses ayants cause.

De la prescription par dix et vingt ans.

Celui qui acquiert de bonne foi et par juste titre un immeuble en prescrit la propriété par dix ans, si le véritable propriétaire habite dans le ressort de la cour d'appel dans l'étendue de laquelle l'immeuble est situé, et par vingt ans, s'il est domicilié hors dudit ressort.

Si le véritable propriétaire a eu son domicile en différents temps dans le ressort et hors du ressort, il faut, pour compléter la prescription, ajouter à ce qui manque aux dix ans de présence un nombre d'années d'absence double de celui qui manque pour compléter dix ans de présence.

Le titre nul par défaut de forme ne peut servir de base à la prescription de dix et vingt ans.

La bonne foi est toujours présumée, et c'est à celui qui allègue la mauvaise foi à la prouver.

Il suffit que la bonne foi ait existé au moment de l'acquisition.

Après dix ans l'architecte et les entrepreneurs sont déchargés de la garantie des gros ouvrages qu'ils ont faits ou dirigés.

De quelques prescriptions particulières.

L'action des maîtres et instituteurs des sciences et arts, pour les leçons qu'ils donnent au mois ; — celle des hôteliers et traiteurs, à raison du logement et de la nourriture qu'ils fournissent ; — celle des ouvriers et gens de travail, pour le payement de leurs journées, fournitures et salaires, se prescrivent par six mois.

L'action des médecins, chirurgiens et apothicaires, pour leurs visites, opérations et médicaments ; — celle des huissiers, pour le salaire des actes qu'ils signifient, et des commissions qu'ils exécutent; — celle des marchands pour les marchandises qu'ils vendent aux particuliers non marchands; — celle des maîtres de pension sur leurs élèves, et des autres maîtres pour le prix de l'apprentissage. Les sommes dues aux domestiques qui se louent à l'année, se prescrivent par un an.

L'action des avoués, pour le payement de leurs frais et salaires, se prescrit par deux ans, à compter du jugement des procès, ou de la conciliation des parties, ou depuis la révocation desdits avoués. A l'égard des affaires non terminées, ils ne peuvent former de demandes pour leurs frais et salaires qui remonteraient à plus de cinq ans.

La prescription dans les cas ci-dessus a lieu, quoiqu'il y ait eu continuation de fournitures, livraisons, services et travaux. — Elle ne cesse de courir que lorsqu'il y a eu compte arrêté, cédule ou obligation, ou citation en justice non périmée.

Néanmoins ceux auxquels ces prescriptions seront opposées, peuvent déférer le serment à ceux qui les opposent, sur la question de savoir si la chose a été réellement payée. — Le serment pourra être déféré aux veuves et héritiers, ou aux tuteurs de ces derniers, s'ils sont mineurs, pour qu'ils aient à déclarer s'ils ne savent pas que la chose soit due.

Les juges et avoués sont déchargés des pièces cinq ans après le jugement des procès. Les huissiers, après deux ans, depuis l'exécution de la commission, ou la signification des actes dont ils étaient chargés, en sont pareillement déchargés.

Les arrérages de rentes perpétuelles et viagères, — ceux des pensions alimentaires, — les intérêts des sommes prêtées, et généralement tout ce qui est payable par année, ou à des termes périodiques plus courts, se prescrivent par cinq ans.

Les prescriptions dont il s'agit dans les paragraphes précédents, courent contre les mineurs et les interdits, sauf leur recours contre leurs tuteurs.

En fait de meubles, la possession vaut titre. — Néanmoins celui qui a perdu ou auquel il été a volé une chose, peut la revendiquer pendant trois ans, à compter du jour de la perte ou du vol, contre celui dans les mains duquel il la trouve, sauf à celui-ci son recours contre celui duquel il la tient.

Si le possesseur actuel de la chose volée ou perdue l'a achetée dans une foire ou dans un marché, ou dans une vente publique, ou d'un marchand vendant des choses pareilles, le propriétaire originaire ne peut se la faire rendre qu'en remboursant au possesseur le prix qu'elle lui a coûté.

Des prénoms.

Les noms en usage dans les différents calendriers, et ceux des personnages connus de l'histoire ancienne, pourront seuls être reçus comme prénoms, sur les registres de l'état civil destinés à constater la naissance des enfants, et il est interdit aux officiers publics d'en admettre aucun autre dans leurs actes.

Toute personne qui porte actuellement comme prénom, soit le nom d'une famille existante, soit un nom quelconque qui ne se trouve pas compris dans la désignation du paragraphe précédent, pourra en demander le changement, en se conformant aux dispositions de ce même paragraphe.

Le changement aura lieu d'après un jugement du tribunal d'arrondissement, qui prescrira la rectification de l'acte de l'état civil. — Ce jugement sera rendu, le commissaire du gouvernement entendu, sur simple requête présentée par celui qui demandera le changement, s'il est majeur ou émancipé, et par ses père et mère ou tuteur, s'il est mineur.

Des changements de noms.

Toute personne qui aura quelque raison de changer de nom en adressera la demande motivée au gouvernement.

Le gouvernement prononcera dans la forme prescrite pour les règlements d'administration publique.

S'il admet la demande, il autorisera le changement de nom, par un arrêté rendu dans la même forme, mais qui n'aura son exécution qu'après la révolution d'une année, à compter du jour de son insertion au *Bulletin des lois*.

Pendant le cours de cette année, toute personne y ayant droit sera admise à présenter requête au gouvernement pour obtenir la révocation de l'arrêté autorisant le changement de nom; et cette révocation sera prononcée par le gouvernement, s'il juge l'opposition fondée.

S'il n'y a pas eu d'oppositions, ou si celles qui ont été faites n'ont point été admises, l'arrêté autorisant le changement de nom aura son plein et entier effet à l'expiration de l'année.

Il n'est rien innové, par la présente loi, aux dispositions des lois existantes relatives aux questions d'état entraînant changement de nom, qui continueront à se poursuivre devant les tribunaux dans les formes ordinaires.

VENTE DES ENGRAIS

27 juillet 1867.

Loi relative à la répression des fraudes dans la vente des engrais.

Seront punis d'un emprisonnement de trois mois à un an et d'une amende de 50 francs à 2,000 francs :

1° Ceux qui, en vendant ou mettant en vente des engrais ou amendements, auront trompé ou tenté de tromper l'acheteur, soit sur leur nature, leur composition ou le dosage des éléments qu'ils contiennent, soit sur leur provenance, soit en les désignant sous un nom qui, d'après l'usage, est donné à d'autres substances fertilisantes ;

2° Ceux qui, sans avoir prévenu l'acheteur, auront vendu ou tenté de vendre des engrais ou amendements qu'ils sauront être falsifiés, altérés ou avariés.

En cas de récidive commise dans les cinq ans qui ont suivi la condamnation, la peine pourra être élevée jusqu'au double du maximum.

Les tribunaux pourront ordonner que les jugements de condamnation soient, par extraits ou intégralement, aux frais des condamnés, affichés dans les lieux et publiés dans les journaux qu'ils détermineront.

QUATRIÈME DIVISION.

TARIFS GÉNÉRAUX

TARIF DES NOTAIRES

Il sera taxé aux notaires pour tous les actes indiqués par le Code civil et le Code judiciaire.

Pour chaque vacation de trois heures :

1° Aux compulsoires faits en leur étude ;

2° Devant le juge, en cas que le transport devant lui ait été requis ;

3° A tout acte respectueux et formel pour demander le conseil du père et de la mère, ou celui des aïeuls ou aïeules à l'effet de contracter mariage ;

4° Aux inventaires contenant estimation des biens meubles et immeubles des époux qui veulent demander le divorce par consentement mutuel ;

5° Aux procès-verbaux qu'ils doivent dresser de tout ce qui aura été dit et fait devant le juge, en cas de demande en divorce par consentement mutuel ;

6° Aux inventaires après décès :

7° En référé devant le président du tribunal, s'il s'élève des difficultés ou s'il est formé des réquisitions pour l'administration de la communauté, ou de la succession, ou pour tous autres objets ;

8° A tous les procès-verbaux qu'ils dresseront en tous autres cas, et dans lesquels ils seront tenus de constater le temps qu'ils auront employé ;

9° Au greffe, pour y déposer la minute du procès-verbal des difficultés élevées dans les partages, contenant les dires des parties ;

A Paris	9 fr.	»
Dans les villes où il y a tribunal de première instance	6	»
Partout ailleurs	4	»

Dans tous les cas où il est alloué des vacations aux notaires, il ne leur sera rien passé pour les minutes de leurs procès-verbaux.

Quand les notaires seront obligés de se transporter à plus d'un myriamètre de leur résidence, indépendamment de leur journée, il leur sera alloué pour tous frais de voyage et nourriture, par chaque myriamètre, un cinquième de leurs vacations, et autant pour le retour.

Et par journée, qui sera comptée à raison de cinq myriamètres, aussi pour l'aller et le retour, quatre vacations.

Il sera passé aux notaires pour la formation des comptes que les copartageants peuvent se devoir de la masse générale de la succession, des lots et des fournissements à faire à chacun des copartageants, une somme correspondante au nombre des vacations que le juge arbitrera avoir été employées à la confection de l'opération.

Tous les autres actes du ministère des notaires, notamment les partages et ventes volontaires qui auront lieu par-devant eux, seront taxés par le président du tribunal de première instance de leur arrondissement, suivant leur nature et les difficultés que leur rédaction aura présentées, et sur les renseignements qui lui seront fournis par les notaires et les parties.

Les expéditions de tous les actes reçus par les notaires, y compris celles des inventaires et de tous procès-verbaux, contiendront vingt-cinq lignes à la page et quinze syllabes à la ligne, et leur seront payées par chaque rôle :

A Paris	3 fr.	»
Dans les villes où il y a tribunal de première instance . . .	2	»
Partout ailleurs.	1	50

Les notaires seront tenus de prendre à leur Chambre de discipline et de faire afficher dans leurs études, l'extrait des jugements qui ont prononcé des interdictions contre des particuliers, ou qui leur auront nommé des conseils, sans qu'il soit besoin de leur signifier les jugements.

Tarifs des contrats de mariage

Première division.

Jusqu'à 10,000 francs, 1 franc pour 100 francs.

Deuxième division.

De 10,000 à 50,000 francs, 50 centimes pour 100 francs.

Troisième division.

De 50,000 à 100,000 francs, 25 centimes pour 100 francs.

Quatrième division.

De 100,000 francs et au-dessus, 2 centimes 1/2 pour 100 francs.

Tarifs des actes de vente.

Première division.

Jusqu'à 10,000 francs, 1 franc par 100 francs.

Deuxième division.

De 10,000 à 50,000 francs, 50 centimes pour 100 francs.

Troisième division.

De 50,000 à 100,000 francs, 25 centimes pour 100 francs.

Quatrième division.

De 100,000 francs et au-dessus, 2 centimes 1/2 pour 100 francs.

Tarifs des adjudications d'immeubles.

Première division.

En détail, jusqu'à 10,000 francs, 12 fr. 50 c. par 100 francs, tous déboursés compris, à l'exception de transcription et purge légale.

Deuxième division.

Sur un seul lot, supérieur à 10,000 francs, 10 francs par 100 francs, tous déboursés compris, à l'exception de transcription et purge légale.

Tarif d'adjudication de bail.

2 francs par 100 francs, sur années et charges cumulées.

Tarif d'adjudication mobilière.

10 francs par 100 francs, tous déboursés compris.

Tarif d'adjudication de droits mobiliers et incorporels.

5 francs par 100 francs, sur le prix de la vente.

Tarif d'adjudication de récoltes et de coupes de bois.

3 francs par 100 francs, tous déboursés compris.

Il est dû un droit fixe de 4 francs, pour chacun des actes ci-après :

Acte d'acquiescement ;
Acte d'adhésion ;
Acte de congé ;
Acte de déclaration de command ;
Acte de dépôt ;
Acte de révocation de procuration ;
Acte de renonciation.

Il est dû un droit fixe de 2 francs, pour chacun des actes suivants :

Brevet d'apprentissage ;
Certificat de vie (autres que ceux des pensionnaires de l'État) ;
Endossement ;
Mention sur pièces.

Il est dû un droit fixe pour chacun des actes ci-après :	Passés en brevet. .	3 francs.
	Passés en minutes.	4 francs.

Consentement,
Procuration,
Autorisation,
Décharge,
Ratification,
Substitution de pouvoirs,
Désistement.

Il est dû 50 centimes par 100 francs, pour chacun des actes suivants :

Abandon de biens ;
Billet à ordre ;
Certificat de propriété ;
Cession de biens ;
Cautionnement ;
Déclaration de privilége de second ordre ;
Délivrance de legs ;
Prorogation de délai ;
Quittance ;
Retrait des droits litigieux ou de réméré.

Tarifs des baux et sous-baux.

50 centimes par 100 francs, jusqu'à 500 francs.
30 centimes par 100 francs, au-dessus de 500 francs.
Le tout sur années et charges cumulées.

Tarif des bordereaux d'inscription.

1 franc par 100 francs.

Tarifs des comptes d'administration, de bénéfice d'inventaire ou d'exécution testamentaire, compte de tutelle.

1 franc par 100 francs, sur la recette brute.

Tarif des concordats.

1 franc par 100 francs, sur les sommes à payer par le débiteur.

Il est dû 1 franc par 100 francs pour chacun des actes ci-après :

Contribution de deniers ;

Ouverture de crédit ;
Dation en payement ;
Titre nouvel ;
Marche ;
Obligation ;
Ordre entre créanciers ;
Transport-cession ;
Délégation.

Tarif des dépôts et retraits

De pièces pour l'accomplissement des formalités aux hypothèques. 2 francs.
D'un contrat de vente. 4 francs.

Tarif des dépôts de testaments olographes.

1 franc par 100 francs jusqu'à 10,000 francs, lorsque la disposition est faite en faveur d'étrangers ou collatéraux.

50 centimes par 100 francs, si la disposition a lieu en ligne directe.

Tarif des donations entre-vifs.

1 franc par 100 francs, en ligne directe.
1 fr. 50 c. par 100 francs, entre étrangers et collatéraux.

Tarif des donations entre époux.

8 francs par chaque acte.

Tarif des échanges.

1 franc par 100 francs de la valeur vénale de la plus forte part.

Tarif des inventaires.

6 francs pour chaque vacation de trois heures.

Tarif des mainlevées.

4 francs pour chaque créancier.

Tarif des liquidations et partages.

1 franc par 100 francs, sur les valeurs liquidées et partagées.

Il est dû 2 francs par 100 francs pour chacun des actes ci-après :

Constitution de rente perpétuelle calculée sur le capital aliéné ;

Constitution de rente viagère calculée sur le capital aliéné.

Tarif des résiliations de baux.

2 centimes par 100 francs, sur le fermage et les charges cumulés des années restant à courir.

Tarif des révocations de donation ou de testament.

8 francs de droit fixe.

Tarif des actes de société.

1 franc par 100 francs, sur apports réunis.

Tarif de cession ou constitution d'usufruit.

1 franc par 100 francs, calculé sur le capital.

Tarif du testament public ou mystique.

1 franc par 100 francs, en ligne directe.

1 fr. 50 c. par 100 francs, entre étrangers et collatéraux.

Tarif de translation d'hypothèque.

8 francs pour droit fixe.

Tarif du contrat d'union.

1 franc par 100 francs, sur les valeurs qui y sont soumises.

Tarif des indemnités de voyage.

1 franc par kilomètre.

TARIF DES AVOUÉS

Saisie immobilière.

Il est alloué aux avoués de première instance, pour chacune des vacations suivantes :

Vacation à faire transcrire la saisie immobilière ;

Vacation pour se faire délivrer l'extrait des inscriptions ;

Vacation à l'examen de l'état d'inscription et pour préparer la sommation au vendeur de l'immeuble saisi ;

Vacation à la mention sommaire du jugement d'adjudication, au moyen de la transcription de la saisie ;

A Paris	6 fr.	»
Ailleurs	4	50

Pour vacation à la publication, compris les dires qui pourront avoir lieu :

A Paris	3 fr.	»
Ailleurs	2	45

Pour l'acte de la dénonciation de la plus ample saisie au premier saisissant, à la requête du plus ample saisissant, avec sommation de se mettre en état :

A Paris	3 fr.	»
Ailleurs	2	25

Pour la copie, le quart.

Vacation pour déposer au greffe les titres justificatifs d'une demande en distraction d'objets immobiliers saisis :

A Paris	3 fr.	»
Ailleurs	2	45

Requête non signifiée sur le consentement de toutes les parties intéressées, pour demander, après saisie immobilière, que l'immeuble saisi soit vendu aux enchères par-devant notaire ou en justice.

A chaque avoué signataire de la requête :

A Paris	6 fr.	»
Ailleurs	4	50

Surenchère sur aliénation volontaire.

Requête pour faire commettre un huissier :

A Paris . . . . 2 fr. »
Ailleurs 1 50

Vacation pour faire au greffe la soumission de la caution et déposer les titres justificatifs de sa solvabilité :

A Paris . . . . 3 fr. »
Ailleurs 2 25

Vacation pour prendre communication des pièces justificatives de la solvabilité :

A Paris . . . . 3 fr. »
Ailleurs 2 25

Vente de biens de mineurs.

Requête à fin d'homologation de l'avis du conseil de famille pour aliéner les immeubles des mineurs :

A Paris . . . . 7 fr. 50
Ailleurs 5 50

Vacation à prendre communication de la minute du rapport des experts :

A Paris . . . . 6 fr. 50
Ailleurs 4 50

Requête pour demander l'entérinement du rapport :

A Paris . . . . 7 fr. 50
Ailleurs 5 50

Vacation à prendre communication du cahier des charges, au cas de renvoi devant notaire :

A Paris . . . . 6 fr. »
Ailleurs 4 50

Requête pour obtenir l'autorisation de vendre au-dessous de la mise à prix :

A Paris . . . . 7 fr. 50
Ailleurs 5 50

Partage et licitation.

Requête à fin de remplacement du juge ou du notaire commis :

A Paris	3 fr. »
Ailleurs	2 25

Vacation à prendre communication du procès-verbal d'expertise :

A Paris	6 fr. »
Ailleurs	4 50

Acte de conclusions d'avoué à avoué pour demander l'entérinement du rapport :

A Paris	7 fr. 50
Ailleurs	5 50

Sommation à prendre communication du cahier des charges :

A Paris	1 fr. »
Ailleurs	0 75

Vacation à prendre communication du cahier des charges, au greffe, pour chaque avoué colicitant;

En l'étude du notaire, pour l'avoué poursuivant et pour chaque avoué colicitant :

A Paris	6 fr. »
Ailleurs	4 50

Actes de conclusions d'avoué à avoué pour obtenir l'autorisation de vendre au-dessous de la mise à prix :

A Paris	7 fr. 50
Ailleurs	5 50

Pour la grosse du cahier des charges, pour chaque rôle :

A Paris	2 fr. »
Ailleurs	1 50

Vacation pour déposer au greffe le cahier des charges :

A Paris	3 fr. »
Ailleurs	2 45

Pour l'extrait qui doit être inséré dans le Journal :

A Paris	2 fr. »
Ailleurs	1 50

Pour faire faire l'insertion extraordinaire :

A Paris	2 fr. »
Ailleurs	1 50

Pour faire légaliser la signature de l'imprimeur par le maire :

A Paris	2 fr. »
Ailleurs	1 50

Pour l'extrait qui doit être imprimé et placardé :

A Paris	6 fr. »
Ailleurs	4 50

Pour vacation à l'adjudication :

A Paris	15 fr. »
Ailleurs	12 »

Indépendamment des émoluments ci-dessus fixés, il sera alloué à l'avoué poursuivant sur le prix des biens dont l'adjudication sera faite au-dessus de 2,000 francs, savoir :

Depuis 2,000 francs jusqu'à 10,000 francs, 1 franc par 100 francs.

Sur la somme excédant 10,000 francs jusqu'à 50,000 francs, 50 centimes par 100 francs.

Sur la somme excédant 50,000 francs jusqu'à 100,000 francs, 25 centimes par 100 francs.

Et sur l'excédant de 100,000 francs indéfiniment, 2 centimes et demi par 100 francs.

Vacation au jugement de remise :

A Paris	6 fr. »
Ailleurs	4 90

Vacation pour enchérir :

A Paris	7 fr. 50
Ailleurs	5 63

Vacation pour enchérir et se rendre adjudicataire :

A Paris . . . . 15 fr. »
Ailleurs 11 25

Vacation pour faire la déclaration de command :

A Paris . . . . 6 fr. »
Ailleurs 5 50

Vacation pour faire au greffe la surenchère du sixième au moins du prix principal de l'adjudication :

A Paris . . . . 15 fr. »
Ailleurs 11 25

Pour acte de la dénonciation de la surenchère contenant avenir :

A Paris . . . . 1 fr. »
Ailleurs 0 75

TAXE DES HUISSIERS ET DES JUGES DE PAIX

Il sera taxé aux huissiers :

Pour l'original :

De chaque citation contenant demande :

A Paris . . . . 1 fr. 50
Dans les villes où il y a tribunal de première instance 1 25
Dans les autres villes et cantons ruraux 1 25
De signification de jugement 1 25
De sommation de fournir caution ou d'être présent à la réception et soumission de la caution ordonnée 1 25
D'opposition au jugement par défaut, contenant assignation à la prochaine audience 1 50
De demande en garantie 1 50
De citation aux témoins 1 50
De citation aux gens de l'art et experts 1 50
De citation en conciliation 1 50
De citation aux membres qui doivent composer le conseil de famille 1 50
De notification de l'avis du conseil de famille 1 50
D'opposition aux scellés 1 50
De sommation à la levée des scellés 1 50
Et pour chaque copie des actes ci-dessus énoncés, le quart de l'original.

Il sera taxé aux huissiers :

Pour la copie des pièces qui pourra être donnée avec les actes par chaque rôle d'expédition de vingt lignes à la page et de dix syllabes à la ligne, savoir :

A Paris	» fr. 25
Dans les villes où il y a tribunal de première instance	» 20
Dans les autres villes et cantons ruraux	» 20

Il sera alloué aux huissiers pour transport au delà de 10 kilomètres, pour frais de voyage, qui ne pourra excéder une journée de 50 kilomètres, savoir :

Au delà de 5 kilomètres et jusqu'à 10 kilomètres, pour aller et retour :

A Paris	4 fr. »
Dans les villes et cantons ruraux	4 »
Au delà de 10 kilomètres, il sera alloué par chaque demi-myriamètre (5 kilomètres), sans distinction	2 »
Il sera taxé pour visa de chacun des actes qui y sont assujettis :	
A Paris	1 »
Dans les villes où il y a tribunal de première instance	» 75
Dans les autres villes et cantons ruraux	» 75

TAXE DES HUISSIERS AUDIENCIERS PRÈS LES TRIBUNAUX DE PREMIÈRE INSTANCE

Il sera taxé aux huissiers audienciers des tribunaux de première instance, savoir :

Pour chaque appel de cause sur le rôle et lors des jugements par défaut, nterlocutoires et définitifs, sans qu'il soit alloué aucun droit pour les jugements préparatoires et de simple remise :

A Paris	» fr. 30
Dans les tribunaux du ressort	» 25

Pour signification de toute espèce, d'avoué à avoué, sans aucune distinction, à l'ordinaire :

A Paris	» fr. 30
Dans les tribunaux du ressort	» 25

Pour significations extraordinaires, c'est-à-dire à une autre heure que celle où se font les significations ordinaires, suivant l'usage du tribunal :

A Paris	1 fr. »

Il est alloué aux huissiers audienciers des tribunaux de première instance :

Pour la publication d'un cahier de charges :

A Paris . . . . 1 fr. »
Partout ailleurs . . . . » 75

Il est alloué à ces mêmes huissiers :

Lors de l'adjudication, y compris les frais de bougies que les huissiers disposeront et allumeront eux-mêmes :

A Paris . . . . 5 fr. »
Partout ailleurs 3 75

Il sera taxé aux huissiers audienciers de la cour d'appel de Paris :

Pour l'appel des causes sur le rôle, ou lors des arrêts par défaut, interlocutoires et définitifs, à la charge d'envoyer des bulletins aux avoués pour toutes les remises de causes qui seront ordonnées. . . . . . . 1 fr. 25

Il sera taxé aux huissiers audienciers de la cour d'appel de Paris,

Pour signification de toute espèce, d'avoué à avoué, sans aucune distinction :

A l'ordinaire . . . . 0 fr. 75
A l'extraordinaire ou à heure datée 1 50

TAXE DES HUISSIERS NON AUDIENCIERS.

Actes de première classe.

Il est alloué aux huissiers ordinaires :

Pour l'original du commandement tendant à saisie immobilière :

A Paris . . . . 2 fr. »
Partout ailleurs 1 50

Pour chaque copie, le quart de l'original.

Il est alloué aux huissiers ordinaires :

Pour l'original
De l'assignation en référé ;
De la demande en nullité de bail ;
De l'acte d'opposition ;
De la signification aux créanciers inscrits de l'acte de consignation ;

De la sommation à la partie saisie et aux créanciers inscrits de prendre communication du cahier des charges ;

De la signification du jugement d'adjudication ;

De la demande en résolution qui doit être formée avant l'adjudication et notifiée au greffe ;

De l'exploit d'ajournement ;

De l'acte d'appel qui doit être en même temps notifié au greffier du tribunal et visé par lui ;

De la signification du bordereau de collocation avec commandement ;

De la signification des jour et heure de l'adjudication sur folle enchère ;

De la sommation à faire à l'ancien et au nouveau propriétaire, et, s'il y a lieu, au créancier surenchérisseur ;

De l'avertissement qui doit être donné au subrogé tuteur ;

De la demande en partage ;

Et, généralement, de tous actes simples non compris dans ceux ci-après :

A Paris . . . . 2 fr. »

Partout ailleurs. 1 50

Pour chaque copie, le quart de l'original.

Procès-verbaux et actes de seconde classe.

Pour un procès-verbal de saisie immobilière auquel il n'aura été employé que trois heures :

A Paris . . . . 6 fr. »

Ailleurs. . . . . 4 »

Et cette somme sera augmentée, par chacune des vacations subséquentes qui auront pu être employées, de :

A Paris . . . . 5 fr. »

Ailleurs . . . . 4 »

Il est alloué aux huissiers ordinaires :

Pour la dénonciation de la saisie immobilière à la partie saisie :

A Paris . . . . 2 fr. 50

Ailleurs . . . . 2 »

Pour la copie de la dénonciation, le quart.

DES EXPERTS, DES DÉPOSITAIRES DE PIÈCES, ET DES TÉMOINS.

Il sera taxé aux experts, par chaque vacation de trois heures, quand ils opéreront dans les lieux où ils sont domiciliés ou dans la distance de 20 kilomètres, savoir : dans le département de la Seine :

Pour les artisans ou laboureurs. . . . . 4 fr. »
Pour les architectes et autres artistes . . . . 8 »

Dans les autres départements :

Aux artisans et laboureurs. . . . . 3 fr. »
Aux architectes et aux autres artistes . . . . 6 »

Au delà de 20 kilomètres, il sera alloué par chaque 10 kilomètres (1 myriamètre) pour frais de voyage et nourriture, aux architectes et autres artistes, soit pour aller, soit pour revenir :

A ceux de Paris . . . . 6 fr. »
A ceux des départements 4 50

Il leur sera alloué, pendant leur séjour, à la charge de faire quatre vacations par jour, savoir :

A ceux de Paris . . . . 32 fr. »
A ceux des départements. . . . . 24 »

La taxe sera réduite dans le cas où le nombre de quatre vacations n'aurait pas été employé.

Il sera taxé aux experts en vérification d'écriture, et en cas d'inscription en faux incident, par chaque vacation de trois heures, indépendamment de leurs frais de voyage, s'il y a lieu :

A Paris . . . . 8 fr. »
Dans les autres tribunaux . . . . 6 »

Il leur sera alloué pour frais de voyage, s'ils sont domiciliés à plus de 20 kilomètres du lieu où se fait la vérification :

A Paris. . . . . 32 fr. »
Dans les autres départements. . . . . 24 »

Il sera taxé aux dépositaires qui devront représenter les pièces de comparaison ou vérification d'écritures ou arguées de faux, en inscription de faux incident, indépendamment de leurs frais de voyage, par chaque vacation de trois heures devant le juge-commissaire ou le greffier :

1° Aux greffiers. .	1° Des cours d'appel.	12 fr.	»
	2° De justice criminelle.	12	»
	3° Des tribunaux de première instance	10	»
2° Aux notaires . .	1° De Paris.	9	»
	2° Des départements.	6	75
3° Aux avoués. . .	1° Des cours d'appel	8	»
	2° Des tribunaux de première instance	6	»
4° Aux huissiers. .	1° De Paris.	5	»
	2° Des départements.	4	»
5° Aux autres fonctionnaires publics ou autres particuliers, s'ils le requièrent		6	»

Il sera taxé au témoin, à raison de son état et de sa profession, une journée pour sa déposition ; et, s'il n'a pas été entendu le premier jour pour lequel il aura été cité, il lui sera passé deux journées, indépendamment des frais de voyage, si le témoin est domicilié à plus de 20 kilomètres du lieu où se fait l'enquête.

Le maximum de la taxe des témoins sera de.	10 fr.	»
Et le minimum de.	2	50
Les frais de voyage sont fixés à.	3	»
par 10 kilomètres, aller et retour.		

INDEMNITÉS DE TRANSPORT DUES AUX JUGES DE PAIX

Les indemnités établies au profit des juges de paix sont fixées, savoir :

A 5 francs en cas de transport à plus de 5 kilomètres du chef-lieu du canton ;

A 6 francs en cas de transport à plus de 10 kilomètres.

Nota. — Si les opérations durent plus d'un jour, l'indemnité est fixée suivant la distance, à 5 ou 6 francs par jour.

TAXE DES ACTES ET VACATIONS DUE AUX GREFFIERS DES JUGES DE PAIX

Il sera taxé pour chaque rôle d'expédition délivré, savoir :

A Paris.	» fr.	50
Dans les villes où il y a un tribunal de première instance et dans les autres villes et cantons ruraux	»	40

Il sera taxé pour l'expédition du procès-verbal constatant que les parties n'ont pu être conciliées, savoir :

A Paris.	1 fr.	»
Dans les villes et cantons ruraux.	»	80

Il sera taxé pour transport sur les lieux litigieux :

Par chaque vacation de trois heures..	3 fr.	33

Il sera taxé pour la transmission au procureur de la République de la récusation et de la réponse du juge, tous frais de port compris, savoir :

Dans toute la France..	5 fr.	»

Il est alloué aux greffiers 3 fr. 33 par vacation de trois heures pour assistance :

1° Aux conseils de famille;
2° Aux appositions des scellés;
3° Aux reconnaissances et levées de scellés;
4° Aux référés;
5° Aux actes de notoriété.

Il est alloué aux greffiers de justice de paix pour chaque opposition aux scellés, qui sera formée par déclaration sur le procès-verbal de scellés :

A Paris. . . . . » fr. 50
Dans les villes où il y a tribunal de première instance et toutes les autres villes et cantons ruraux. . . . . » 40

Il est alloué aux greffiers pour chaque extrait des oppositions aux scellés, à raison, par chaque opposition de :

A Paris. . . . . » fr. 50
Dans les villes où il y a tribunal de première instance et dans toutes les autres villes et cantons ruraux. . . . . . » 40

DES HONORAIRES ET VACATIONS DES MÉDECINS, CHIRURGIENS, SAGES-FEMMES, EXPERTS ET INTERPRÈTES.

Les honoraires et vacations des médecins, chirurgiens, sages-femmes, experts et interprètes, à raison des opérations qu'ils feront, sur la réquisition des officiers de justice ou de police judiciaire, seront réglés ainsi qu'il suit :

Chaque médecin ou chirurgien recevra, savoir :

1° Pour chaque visite et rapport, y compris le premier pansement, s'il y a lieu :

Dans la ville de Paris. 6 fr. »
Dans les villes de quarante mille habitants et au-dessus. . . 5 »
Dans les autres villes et communes. . . . . 3 »

2° Pour les ouvertures de cadavre ou autres opérations plus difficiles que la simple visite, et en sus des droits ci-dessus :

Dans la ville de Paris . . . . 9 fr. »
Dans les villes de quarante mille habitants et au-dessus. . . 7 »
Dans les autres villes et communes. . . . . 5 »

Les visites faites par les sages-femmes seront payées :

A Paris. . . . . 3 fr. »
Dans toutes les autres villes et communes. . . . . 2 »

Outre les droits ci-dessus, le prix des fournitures nécessaires pour les opérations sera remboursé.

Pour les frais d'exhumation des cadavres, on suit les tarifs locaux.

Il ne sera rien alloué pour soins et traitements administrés, soit après le premier pansement, soit après les visites ordonnées d'office.

Chaque expert ou interprète recevra, pour chaque vacation de trois heures et pour chaque rapport, lorsqu'il sera fait par écrit, savoir :

A Paris. . . . . 5 fr. »
Dans les villes de quarante mille habitants et au-dessus. . 4 »
Dans les autres villes et communes. . . . . 3 »

Les vacations de nuit seront payées *moitié en sus.*

Il ne pourra être alloué, pour *chaque journée,* que deux vacations de jour et une de nuit.

Les traductions par écrit seront payées, pour chaque rôle de *trente lignes* à la page, et de seize à dix-huit syllabes à la ligne, savoir :

A Paris . . . . 1 fr. 25
Dans les villes de quarante mille habitants et au-dessus. . 1 »
Dans les autres villes et communes. . . . . » 75

Dans le cas de transport à plus de 2 kilomètres de leur résidence, les médecins, chirurgiens, sages-femmes, experts et interprètes, outre la taxe ci-dessus fixée pour leurs vacations, seront indemnisés de leurs frais de voyage et séjour de la manière déterminée dans le chapitre VIII ci-après.

Dans tous les cas où les médecins, chirurgiens, sages-femmes, experts et interprètes seront appelés, soit devant le juge d'instruction, soit aux débats à raison de leurs déclarations, visites ou rapports, les indemnités dues pour cette comparution leur seront payées comme à des témoins, s'ils requièrent taxe.

TARIF DES COMMISSAIRES-PRISEURS

Il sera alloué aux commissaires-priseurs :

1° Pour droits de prisée, pour chaque vacation de trois heures :

A Paris, Lyon, Bordeaux, Rouen, Toulouse et Marseille . . 6 fr. »
Partout ailleurs . . . . 5 »

2° Pour assistance aux référés et pour chaque vacation :

A Paris, Lyon, Bordeaux, Rouen, Toulouse et Marseille . . 5 fr. »
Partout ailleurs . . . . 4 »

3° Pour tous droits de vente, non compris les déboursés pour y parvenir et en acquitter les droits, non plus que la rédaction des placards, 6 pour 100 sur le produit des ventes, sans distinction de résidence.

Il pourra, en outre, être alloué une ou plusieurs vacations sur la réquisition des parties, constatée par le procès-verbal du commissaire-priseur, à l'effet de préparer les objets mis en vente.

Ces vacations extraordinaires ne seront passées en taxe qu'autant que le produit de la vente s'élèvera à trois mille francs.

Chacune de ces vacations de trois heures donnera droit aux émoluments fixés par le n° 1er du présent article.

4° Pour expédition ou extrait des procès-verbaux de vente, s'ils sont requis, outre le timbre, et pour chaque rôle de vingt-cinq lignes à la page et de quinze syllabes à la ligne . . . . 1 fr. 50

5° Pour consignation à la caisse s'il y a lieu :

A Paris, Lyon, Bordeaux, Rouen, Toulouse et Marseille. . 6 fr. »
Partout ailleurs . . . . 5 »

6° Pour assistance à l'essai ou au poinçonnage des matières d'or et d'argent :

A Paris, Lyon, Bordeaux, Rouen, Toulouse et Marseille . . . 6 fr. »
Partout ailleurs . . . . 5 »

7° Pour payement des contributions, conformément aux dispositions des lois des 5-18 août 1791 et 12 novembre 1808 :

A Paris, Lyon, Bordeaux, Rouen, Toulouse et Marseille. . . 4 fr. »
Partout ailleurs. . . . . 3 »

L'état des vacations, droits et remises alloués aux commissaires-priseurs, sera délivré sans frais aux parties. Si la taxe est requise, elle sera faite par le président du tribunal de première instance, ou par un juge délégué.

Toutes perceptions directes ou indirectes, autres que celles autorisées par la présente loi, à quelque titre et sous quelque dénomination qu'elles aient lieu, sont formellement interdites.

En cas de contravention, l'officier public pourra être suspendu ou destitué, sans préjudice de l'action en répétition de la partie lésée et des peines prononcées par la loi contre la concussion.

Il est également interdit aux commissaires-priseurs de faire aucun abonnement ou modification à raison des droits ci-dessus fixés, si ce n'est avec l'État et les établissements publics.

Toute contravention sera punie d'une suspension de quinze jours à six mois. En cas de récidive, la destitution pourra être prononcée.

Il y aura, entre les commissaires-priseurs d'une même résidence, une bourse commune dans laquelle entrera la moitié des droits proportionnels qui leur seront alloués sur chaque vente.

Néanmoins, les commissaires-priseurs attachés au mont-de-piété et les commissaires-priseurs du domaine feront leurs versements à la bourse commune conformément aux traités passés entre eux et les autres commissaires-priseurs. Ces traités seront soumis à l'homologation du tribunal de première instance, sur les conclusions du procureur de la République.

Toute convention entre les commissaires-priseurs, qui aurait pour objet de modifier directement ou indirectement le taux fixé par l'article précédent, est nulle de plein droit, et les officiers qui auraient concouru à cette convention encourront les peines sus-énoncées.

Les fonds de la bourse commune sont affectés comme garantie principale au payement des deniers produits par les ventes : ils seront saisissables.

La répartition des émoluments de la bourse commune sera faite tous les deux mois, par portions égales, entre les commissaires-priseurs.

TARIF DES DIFFÉRENTS PROTÊTS.

Protêt simple.

		Total
Original et copie	1 fr. 70	5 fr. 15
Transcription sur le répertoire	0 75	
Timbre du protêt	1 »	
Timbre du registre	» 50	
Enregistrement	1 20	

Protêt à deux domiciles.

		Total
Protêt simple	5 fr. »	6 fr. »
Emoluments pour le second effet	» 50	
Second domicile au besoin	» 50	

Protêt de perquisition.

		Total
Original et copie	5 fr. »	12 fr. 65
Droit de copies	1 25	
Des copies du titre	» 50	
Visa	1 »	
Timbre des copies	2 50	
Enregistrement	1 15	
Transcription du titre au registre Transcription du procès-verbal de perquisition et du protêt	» 75	
Papier du registre pour la transcription	» 50	

Protêt au parquet.

Le protêt simple	4	85	8	95
Deuxième copie au parquet	»	60		
Troisième au tribunal et droit de la copie de titre	1	50		
Visa	1	»		
Timbre	1	»		

Intervention.

Original et copie	2	»	3	65
Transcription au registre	»	25		
Papier du registre	»	25		
Enregistrement	1	25		

Dénonciation de protêt.

Original	2	»	6	40
Copie de l'exploit	»	50		
Copie du billet Copie de protêt	»	75		
Copie d'intervention	»	25		
Copie de compte de retour	»	25		
Timbre	1	50		
Enregistrement	1	15		

Dispositions spéciales sur le timbre.

A partir du 15 juillet 1862, le droit de timbre perçu à raison de la dimension du papier est fixé comme il suit :

Demi-feuille de petit papier	» fr.	5
Feuille de petit papier	1	»
Feuille de moyen papier	1	50
Feuille de grand papier	2	»
Feuille de grand registre	3	»

A partir de la même époque, la faculté d'abonnement au profit des sociétés, compagnies d'assurances et assureurs, s'exercera à raison de 3 centimes par 1,000 francs du total des sommes assurées.

Les bordereaux et arrêtés des agents de change et courtiers seront assujettis au droit de timbre du total des sommes employées aux opérations qui y sont mentionnées.

Ce droit sera, savoir :

Pour les sommes :	de 10,0000 francs et au-dessous	» fr.	50
	au-dessus de 10,000 francs	1	50

Le papier destiné à ces bordereaux et arrêtés sera fourni par les agents de change et courtiers, et timbré à l'extraordinaire.

Ceux qui, dans une intention frauduleuse, ont altéré, employé, vendu ou tenté de vendre des papiers timbrés ayant déjà servi, sont poursuivis devant le tribunal correctionnel et punis d'une amende de 50 à 1,000 francs. En cas de récidive, la peine est d'un emprisonnement de cinq jours à un mois, et l'amende est doublée.

L'amende est de 50 francs pour chaque acte ou écrit sous signature privée sujet au timbre de dimension et fait sur papier non timbré.

Les préposés des douanes, des contributions indirectes et ceux des octrois ont, pour constater les contraventions au timbre des actes ou écrits sous signature privée, et pour saisir les pièces en contravention, les mêmes attributions que les préposés de l'enregistrement.

Les receveurs de l'enregistrement pourront suppléer à la formalité du visa, pour toute espèce de timbres de dimension, au moyen de l'apposition de timbres mobiles.

A partir du 1er janvier 1863, le droit de timbre auquel les warrants endossés séparément des récépissés sont soumis sur les négociations relatives aux marchandises déposées dans les Magasins généraux, pourra être acquitté par l'apposition sur ces effets de timbres mobiles que l'administration de l'enregistrement est autorisée à vendre et à faire vendre.

Sont considérés comme non timbrés les actes ou écrits sur lesquels le timbre mobile aurait été apposé.

TARIF DE L'ENREGISTREMENT

Les droits d'enregistrement sont *fixes* ou *proportionnels*, suivant la nature des actes et mutations qui y sont assujettis.

Le droit fixe s'applique aux actes, soit civils, soit judiciaires ou extrajudiciaires, qui ne contiennent ni obligation, ni libération, ni condamnation, ni collocation ou liquidation de sommes et valeurs, ni transmission de propriété, d'usufruit où de jouissance de biens meubles ou immeubles.

Le droit proportionnel est établi pour les obligations, libérations, condamnations, collocations ou liquidations de sommes et valeurs, et pour toute transmission de propriété, d'usufruit ou de jouissance de biens meubles et immeubles, soit entre-vifs, soit par décès. Il est assis sur les valeurs.

Il n'est dû aucun droit d'enregistrement pour les extraits, copies ou expéditions des actes qui doivent être enregistrés sur les minutes ou originaux. — Quant à ceux des actes judiciaires qui ne sont assujettis à l'enregistrement que sur les expéditions, chaque expédition doit être enregistrée, savoir : la première, pour le droit proportionnel, s'il y a lieu, ou pour le droit fixe, si le jugement n'est pas passible du droit proportionnel; et chacune des autres, pour le droit fixe.

Lorsqu'un acte translatif de propriété ou d'usufruit comprend des meubles et immeubles, le droit d'enregistrement est perçu sur la totalité du prix, au taux réglé pour les immeubles, à moins qu'il ne soit stipulé un prix particulier pour les objets mobiliers, et qu'ils ne soient désignés et estimés, article par article, dans le contrat.

Dans le cas de transmission de biens, la quittance donnée, ou l'obligation consentie par le même acte pour tout ou partie du prix entre les contractants, ne peut être sujette à un droit particulier d'enregistrement.

Mais lorsque, dans un acte quelconque, soit civil, soit judiciaire ou extrajudiciaire, il y a plusieurs dispositions indépendantes ou ne dérivant pas nécessairement les unes des autres, il est dû pour chacune d'elles, et selon son espèce, un droit particulier.

La mutation d'un immeuble en propriété ou usufruit sera suffisamment établie, pour la demande du droit d'enregistrement et la poursuite du payement contre le nouveau possesseur, soit par l'inscription de son nom au rôle de la contribution foncière et des payements par lui faits d'après ce rôle, soit par les baux par lui passés, ou enfin par des transactions ou autres actes constatant sa propriété ou son usufruit.

La jouissance, à titre de ferme, ou de location, ou d'engagement d'un immeuble, sera aussi suffisamment établie, pour la demande et la poursuite du payement des droits des baux ou engagements non enregistrés, par des actes qui la feront connaître, ou par des payements de contributions imposées aux fermiers, locataires et détenteurs temporaires.

Des délais pour l'enregistrement des actes et déclarations.

Les délais pour faire enregistrer les actes publics sont, savoir : — de quatre jours, pour ceux des huissiers et autres ayant pouvoir de faire des exploits et procès-verbaux ; — de dix jours, pour les actes des notaires qui résident dans la commune où le bureau d'enregistrement est établi ; — de quinze jours pour ceux des notaires qui n'y résident pas ; — de vingt jours, pour les actes judiciaires soumis à l'enregistrement sur les minutes, et pour ceux dont il ne reste pas de minute au greffe, ou qui se délivrent en brevet ; — de vingt jours aussi, pour les actes des administrations centrales et municipales assujettis à la formalité de l'enregistrement.

Les testaments déposés chez les notaires, ou par eux reçus, seront enregistrés dans les trois mois du décès des testateurs, à la diligence des héritiers, donataires, légataires ou exécuteurs testamentaires.

Les actes qui, à l'avenir, seront faits sous signature privée, et qui porteront transmission de propriété ou d'usufruit de biens immeubles, et les baux à ferme ou à loyer, sous-baux, cessions ou subrogations de baux, et les engagements, aussi sous signature privée, de biens de même nature, seront enregistrés dans les trois mois de leur date. — Pour ceux des actes de ces espèces qui seront passés en pays étranger, ou dans les îles ou colonies françaises où l'enregistrement n'aurait pas encore été établi, le délai sera de six mois, s'ils sont faits en Europe ; d'une année, si c'est en Amérique ; et de deux années, si c'est en Asie ou en Afrique.

Les délais pour l'enregistrement des déclarations que les héritiers, donataires ou légataires auront à passer des biens à eux échus ou transmis par décès, sont, savoir : — de six mois, à compter du jour du décès, lorsque celui dont on recueille la succession est décédé en France ; — de huit mois, s'il est décédé dans toute autre partie de l'Europe ; — d'une année, s'il est mort en Amérique ; — et de deux années, si c'est en Afrique ou en Asie. — Le délai de six mois ne courra que du jour de la mise en possession : pour la succession d'un absent ; celle d'un condamné, si ses biens sont séquestrés ; celle qui aurait été séquestrée pour toute autre cause ; celle d'un défenseur de la patrie, s'il est mort en activité de service hors de son département, ou enfin celle qui serait recueillie par indivis avec la nation. — Si, avant les derniers six mois des délais fixés pour les déclarations des successions de personnes décédées hors de France, les héritiers prennent possession des biens, il ne restera d'autre délai à courir, pour passer déclaration, que celui de six mois, à compter du jour de la prise de possession.

Le jour de la date de l'acte, ou celui de l'ouverture de la succession, ne sera point compté. — Si le dernier jour du délai se trouve être un dimanche ou un jour férié, ou s'il tombe dans les jours complémentaires, ces jours-là ne seront point comptés non plus.

DES DROITS FIXES D'ENREGISTREMENT D'ACTES

Les actes compris sous cet article seront enregistrés et les droits payés ainsi qu'il suit, savoir :

Actes sujets à un droit fixe de 1 franc.

1° Les abstentions, répudiations et renonciations à successions, legs ou communautés, lorsqu'elles seront pures et simples, si elles ne sont pas faites en justice ;

2° Les acceptations de successions, legs ou communautés, aussi lorsqu'elles sont pures et simples ;

3° Les acceptations de transport ou délégations de créances à terme, faites par actes séparés, lorsque le droit proportionnel a été acquitté pour le transport ou la délégation ; — et celles qui se font dans les actes mêmes de délégation de créance aussi à terme ;

4° Les acquiescements purs et simples, quand ils ne sont point faits en justice ;

5° Les actes de notoriété ;

6° Les actes qui ne contiennent que l'exécution, le complément et la consommation d'actes antérieurs enregistrés ;

7° Les actes refaits pour cause de nullité ou autres motifs, sans aucun changement qui ajoute aux objets des conventions ou à leur valeur ;

8° Les adjudications à la folle enchère, lorsque le prix n'est pas supérieur à celui de la précédente adjudication, si elle a été enregistrée ;

9° Les adoptions ;

10° Les attestations pures et simples ;

11° Les avis de parents, autres que ceux contenant nomination de tuteurs et curateurs ;

12° Les autorisations pures et simples ;

13° Les bilans ;

14° Les brevets d'apprentissage qui ne contiennent ni obligation de sommes et valeurs mobilières, ni quittance ;

15° Les cautionnements de personnes à représenter en justice ;

16° Les certificats de cautions et de cautionnements ;

17° Les certificats purs et simples, ceux de vie par chaque individu, et ceux de résidence ;

18° Les collations d'actes et pièces ou des extraits d'iceux, par quelque officier public qu'elles soient faites ;

19° Les compromis ;

20° Les connaissements ou reconnaissances de chargement par mer, et les lettres de voiture ;

21° Les consentements purs et simples ;

22° Les décharges également pures et simples, et les récépissés de pièces ;

23° Les déclarations, aussi pures et simples, en matière civile ;

24° Les déclarations ou élections de command ou d'ami, lorsque la faculté d'élire un command a été réservée dans l'acte d'adjudication ou le contrat de vente, et que la déclaration est faite par acte public, et notifiée dans les vingt-quatre heures de l'adjudication ou du contrat ;

25° Les délivrances de legs pures et simples ;

26° Les dépôts d'actes et pièces chez des officiers publics ;

27° Les dépôts et consignations de sommes et effets mobiliers chez des officiers publics ;

28° Les désistements purs et simples ;

29° Les devis d'ouvrage et entreprises qui ne contiennent aucune obligation de somme et valeur, ni quittance ;

30° Les exploits, les significations ;

31° Les lettres missives qui ne contiennent ni obligation, ni quittance, ni autre convention donnant lieu au droit proportionnel ;

32° Les nominations d'experts ou arbitres ;

33° Les prises de possession en vertu d'actes enregistrés ;

34° Les prisées de meubles ;

35° Les procès-verbaux et rapports d'employés, gardes, commissaires, séquestres, experts, arpenteurs et agents forestiers ou ruraux ;

36° Les procurations et pouvoirs pour agir ;

37° Les promesses d'indemnités indéterminées et non susceptibles d'estimation ;

38° Les ratifications pures et simples d'actes en forme ;

39° Les reconnaissances, aussi pures et simples, ne contenant aucune obligation ni quittance ;

40° Les résiliements purs et simples, faits par actes authentiques dans les vingt-quatre heures des actes résiliés ;

41° Les rétractations et révocations ;

42° Les réunions de l'usufruit à la propriété, lorsque la réunion s'opère par acte de cession, et qu'elle n'est pas faite pour un prix supérieur à celui sur lequel le droit a été perçu lors de l'aliénation de la propriété ;

43° Les soumissions et enchères ;

44° Les titres nouvels ou reconnaissances de rentes dont les contrats sont justifiés en forme.

Les actes suivants sont sujets à un droit fixe de 2 francs

1° Les inventaires de meubles, objets mobiliers, titres et papiers ;

2° Les clôtures d'inventaires ;

3° Les procès-verbaux d'apposition, de reconnaissance et de levée des scellés ;

4° Les procès-verbaux de nomination de tuteurs et curateurs ;

5° Les jugements de juges de paix ;

6° Les ordonnances des juges des tribunaux civils, rendues sur requêtes ou mémoires ; celles de référé, de compulsoire et d'injonction ; celles portant permission de saisir-gager, revendiquer ou vendre, et celles des commissaires du Gouvernement, dans les cas où la loi les autorise à en rendre. Les actes et jugements préparatoires ou d'instruction des tribunaux et des arbitres, et les actes faits ou passés aux greffes des mêmes tribunaux portant acquiescement, dépôt, décharge, désaveu, exclusion de tribunaux, affirmation de voyage, opposition à remise de pièces, enchères, surenchères, renonciation à communauté, succession ou legs, reprise d'instance, communication de pièces sans déplacement, affirmation et vérification de créance, opposition à délivrance de jugement ;

7° Les ordonnances sur requêtes ou mémoires, celles de réassigné, et tous actes et jugements préparatoires ou d'instruction des tribunaux de commerce ; — et les actes passés aux greffes des mêmes tribunaux, portant dépôt de bilan et registres, opposition à publication de séparation, dépôt de sommes et pièces et tous autres actes conservatoires ou de formalité ;

8° Les expéditions des ordonnances et procès-verbaux des officiers publics de l'état civil, contenant indication du jour ou prorogation de délai pour la tenue des assemblées préliminaires au mariage ou à divorce.

Actes sujets à un droit fixe de 3 francs.

1° Les contrats de mariage qui ne contiennent d'autres dispositions que des déclarations, de la part des futurs, de ce qu'ils apportent eux-mêmes en mariage et se constituent sans aucune stipulation avantageuse entre eux ;

2° Les partages de biens meubles et immeubles entre copropriétaires, à quelque titre que ce soit ;

3° Les prestations de serment des greffiers et huissiers, des juges de paix, des gardes des douanes, gardes forestiers et gardes champêtres, pour entrer en fonctions ;

4° Les actes de société ;

5° Les testaments et tous autres actes de libéralité qui ne contiennent que des dispositions soumises à l'événement du décès, et les dispositions de même nature qui sont faites par contrat de mariage entre les futurs ou par d'autres personnes ;

6° Les unions et directions de créanciers ;

7° Les expéditions des jugements des tribunaux civils, rendus en première instance ou sur appel, portant acquiescement, acte d'affirmation, d'appel, de conversion, d'opposition en saisie, débouté d'opposition, décharge et renvoi de demande, déchéance d'appel, péremption d'instance, déclinatoire, entérinement de procès-verbaux et rapports, homologation d'actes d'union et atermoiements ; injonction de procéder à inventaire, licitation, partage ou vente, mainlevée d'opposition ou de saisie, nullité de procédure, maintenue en possession, résolution de contrat ou de clause de contrat pour cause de nullité radicale ; reconnaissance d'écriture ; nomination de commissaires, de directeurs et séquestres ; publication judiciaire de donation, bénéfice d'inventaire, rescision, soumission et exécution de jugement ; — et généralement tous jugements de ces tribunaux, ceux de commerce et d'arbitrage, contenant des dispositions définitives qui ne peuvent donner lieu au droit proportionnel, ou dont le droit proportionnel ne s'élèverait pas à 3 francs, et qui ne sont pas classés dans les autres paragraphes du présent article.

Les actes suivants sont sujets à un droit fixe de 5 francs.

1° Les abonnements de biens, soit volontaires, soit forcés, pour être vendus en direction ;

2° Les actes d'émancipation. — *Le droit est dû par chaque émancipé ;*

3° Les déclarations et significations d'appel des jugements des juges de paix aux tribunaux civils ;

Les actes suivants sont sujets à un droit fixe de 10 francs.

Les déclarations et significations d'appel des jugements des tribunaux civils, de commerce et d'arbitrage.

Les actes suivants sont sujets à un droit fixe de 15 francs.

1° Les jugements des tribunaux civils portant interdiction, et ceux de séparation de biens entre mari et femme, lorsqu'ils ne portent point condamnation de sommes et valeurs, ou lorsque le droit proportionnel ne s'élèvera pas à 15 francs ;

2° Le premier acte de recours au tribunal de cassation, soit par requête, mémoire ou déclaration, soit en matière civile, de police ou correctionnelle ;

3° Les prestations de serment des notaires, des greffiers et huissiers des tribunaux civils, criminels, correctionnels et de commerce, et de tous employés salariés par le gouvernement, sauf les exceptions indiquées ailleurs.

Les actes suivants sont sujets à un droit fixe de 25 francs.

Chaque expédition de jugement du tribunal de cassation délivrée à partie

DROITS PROPORTIONNELS

Les actes et mutations compris sous cet article seront enregistrés, et les droits payés suivant les quotités ci-après, savoir :

25 centimes par 100 francs

1° Les baux de pâturage et nourriture d'animaux. — *Le droit sera perçu sur le prix cumulé des années du bail, savoir : à raison de 25 centimes par 100 francs sur les deux premières années, et du demi-droit sur les années suivantes;*

2° Les baux à cheptel, et reconnaissances de bestiaux. — *Le droit sera perçu sur le prix exprimé dans l'acte, ou, à défaut, d'après l'évaluation qui sera faite du bétail ;*

3° Les mutations qui s'effectueront par décès en propriété ou usufruit de biens meubles, en ligne directe.

---

50 centimes par 100 francs

1° Les abonnements pour fait d'assurance ou grosse aventure. — *Le droit est perçu sur la valeur des objets abandonnés ;*

2° Les actes et contrats d'assurance. — *Le droit est dû sur la valeur de la prime ;*

3° Les adjudications au rabais et marchés pour constructions, réparations, entretien, approvisionnements et fournitures dont le prix doit être payé par le Trésor national, ou par les administrations centrales et municipales, ou par des établissements publics. — *Le droit est dû sur la totalité du prix ;*

4° Les atermoiements entre débiteurs et créanciers. — *Le droit est perçu sur les sommes que le débiteur s'oblige de payer ;*

5° Les baux ou conventions pour nourriture de personnes, lorsque les années sont limitées. — *Le droit est dû sur le prix cumulé des années du bail ou de la convention. — S'il s'agit de baux de nourriture de mineurs, il ne sera perçu qu'un demi-droit ou 25 centimes par 100 francs, sur le montant des années réunies ,*

6° Les billets à ordre, les cessions d'actions et coupons d'actions mobilières des Compagnies et Sociétés d'actionnaires, et tous autres effets négociables de particuliers ou de Compagnies, à l'exception des lettres de change tirées de place en place. — *Les effets négociables de cette nature pourront n'être présentés à l'enregistrement qu'avec les protêts qui en auront été faits ;*

7° Les brevets d'apprentissage, lorsqu'ils contiendront stipulation de sommes ou valeurs mobilières, payées ou non ;

8° Les cautionnements de sommes et objets mobiliers, les garanties et les indemnités de même nature. — *Le droit sera perçu indépendamment de celui de la disposition que le cautionnement, l'indemnité ou la garantie aura pour objet, mais sans pouvoir l'excéder ;*

9° Les expéditions des jugements contradictoires ou par défaut des juges de paix, des tribunaux civils, de commerce et d'arbitrage, de la police ordinaire, de la police correctionnelle et des tribunaux criminels, portant condamnation, collocation ou liquidation de sommes et valeurs mobilières, intérêts et dépens entre particuliers ;

10° Les obligations à la grosse aventure, ou pour retour de voyage ;

11° Les quittances, remboursements ou rachats de rentes et redevances de toute nature ; les retraits exercés en vertu de réméré, par actes publics, dans les délais stipulés, ou faits sous signature privée, et présentés à l'enregistrement avant l'expiration de ces délais, et tous autres actes et écrits portant libération de sommes et valeurs mobilières.

---

1 franc par 100 francs

1° Les adjudications au rabais ;

2° Les baux à ferme ou à loyer, d'une seule année. — Ceux faits pour deux années. — *Le droit sera perçu sur le prix cumulé des deux années.* — Ceux d'un plus long temps, pourvu que leur durée soit limitée. — *Le droit sera également perçu sur le prix cumulé, savoir : pour les deux premières années, à raison de 1 franc par 100 francs ; et pour les autres années, sur le pied de 25 centimes par 100 francs.* — Et les sous-baux, subrogations, cessions et rétrocessions de baux. — *Le droit sera liquidé et perçu sur les années à courir comme il est établi pour les baux, savoir : à raison de 1 franc pour 100 sur les deux premières années restant à courir, et de 25 centimes par 100 francs pour les autres années.* — Seront considérés, pour la liquidation et le payement du droit, comme baux de neuf années, ceux faits pour trois, six ou neuf ans ;

3° Les contrats, transactions, promesses de payer, arrêtés de comptes, billets, mandats ; les transports, cessions et délégations de créances à terme ; les délégations de prix stipulées dans un contrat, pour acquitter des créances à terme envers un tiers, sans énonciation de titre enregistré, sauf, pour ce cas, la restitution dans un délai prescrit, s'il est justifié d'un titre précédemment enregistré ; les reconnaissances, celles de dépôts de sommes chez des particuliers, et tous autres actes ou écrits qui contiendront obligations de sommes, sans libéralité et sans que l'obligation soit le prix d'une transmission de meubles ou immeubles non enregistrée ;

4° Les mutations de biens immeubles, en propriété ou usufruit, qui auront lieu par décès en ligne directe.

---

1 fr. 25 cent. par 100 francs

1° Les donations entre-vifs, en propriété ou usufruit, de biens meubles en ligne directe. — *Il ne sera perçu que moitié droit, si elles sont faites par contrat de mariage aux futurs ;*

2° Les mutations en propriété ou usufruit de biens meubles, qui s'effectuent par décès, entre collatéraux et autres personnes non parentes, soit par testament ou autre acte de libéralité à cause de mort. — *Il ne sera dû que moitié droit pour celles qui auront lieu entre époux.*

---

2 francs par 100 francs.

1° Les adjudications, ventes, reventes, cessions, rétrocessions, marchés, traités, et ous autres actes, soit civils, soit judiciaires, translatifs de propriéte, à titre onéreux, de meubles, récoltes de l'année sur pied, coupes de bois taillis et de hautes futaies, et autres objets mobiliers généralement quelconques, même les ventes de biens de cette nature faites par la nation. — Les adjudications à la folle enchère de biens meubles sont assujetties au même droit, mais seulement sur ce qui excède le prix de la précédente adjudication, si le droit en a été acquitté ;

2° Les constitutions de rentes, soit perpétuelles, soit viagères, et de pensions, à titre onéreux, les cessions, transports et délégations qui en sont faits au même titre, et les baux de biens meubles faits pour un temps illimité ;

3° Les échanges de biens immeubles. — *Le droit sera perçu sur la valeur d'une des parts, lorsqu'il n'y aura aucun retour. S'il y a retour, le droit sera payé à raison de 2 francs par 100 francs sur la moindre portion, et comme pour vente sur le retour ou la plus-value ;*

4° Les élections ou déclarations de command ou d'ami, sur adjudication ou contrat de vente de biens meubles, lorsque l'élection est faite après les vingt-quatre heures, ou sans que la faculté d'élire un command ait été réservée dans l'acte d'adjudication ou le contrat de vente ;

5° Les engagements de biens immeubles ;

6° Les parts et portions acquises par licitation de biens meubles indivis;

7° Les retours de partages de biens meubles ;

8° Les dommages-intérêts prononcés par les tribunaux criminels, correctionnels et de police.

---

2 fr. 50 cent. par 100 francs.

1° Les donations entre-vifs, en propriété ou usufruit, de biens meubles, par des collatéraux et autres personnes non parentes. — *Il ne sera perçu que moitié droit si elles sont faites par contrat de mariage aux futurs.*

2° Les donations entre-vifs, en propriété ou usufruit, de biens immeubles en ligne directe. — *Il ne sera perçu que moitié droit, si elles sont faites par contrat de mariage aux futurs;*

3° Les transmissions de propriété ou d'usufruit de biens immeubles, qui s'effectuent par décès, entre époux.

---

4 francs par 100 francs.

1° Les adjudications, ventes, reventes, cessions, rétrocessions, et tous autres actes civils et judiciaires translatifs de propriété ou d'usufruit de biens immeubles, à titre onéreux. Les adjudications à la folle enchère de biens de même nature sont assujetties au même droit, mais seulement sur ce qui excède le prix de la précédente adjudication, si le droit en a été acquitté. — La quotité du droit d'enregistrement des adjudications de domaines nationaux sera réglée par des lois particulières;

2° Les baux à rentes perpétuelles de biens immeubles, ceux à vie, et ceux dont la durée est illimitée ;

3° Les déclarations ou élections de command ou d'ami, par suite d'adjudication ou contrats de vente de biens immeubles autres que celles des domaines nationaux, si la déclaration est faite après les vingt-quatre heures de l'adjudication ou du contrat, ou lorsque la faculté d'élire un command n'y a pas été réservée ;

4° Les parts et portions indivises de biens immeubles acquises par licitation;

5° Les retours d'échange et de partages de biens immeubles;

6° Les retraits exercés après l'expiration des détails convenus par le contrat de vente sous faculté de réméré.

---

5 francs par 100 francs.

1° Les donations entre-vifs de biens immeubles, en propriété ou usufruit, par des collatéraux et autres personnes non parentes. — *Il ne sera perçu que moitié, si elles sont faites par contrat de mariage aux futurs ;*

2° Les mutations de biens immeubles en propriété ou usufruit, qui s'effectuent par décès, entre collatéraux et personnes non parentes, soit par succession, soit par testament ou autre acte de libéralité à cause de mort.

CINQUIÈME DIVISION.

FORMULAIRE GÉNÉRAL

DES

ACTES INDUSTRIELS ET COMMERCIAUX

POUVANT ÊTRE FAITS SOUS SIGNATURE PRIVÉE

Du bail.

Le bail est un acte par lequel une ou plusieurs personnes s'obligent à faire jouir une ou plusieurs autres personnes, pendant un temps déterminé et moyennant un prix que celles-ci s'obligent à payer aux époques fixées.

Le bail peut être fait verbalement ou par écrit.

Le bail se divise en deux parties, savoir :

Le le bail à ferme,

Et le bail à loyer.

Le bail à ferme comprend les biens ruraux, tels que : terres, vignes, prés, bois, etc.

Le bail à loyer comprend le louage des maisons d'habitation et d'exploitation, etc., etc.

Le bailleur et le preneur sont les deux parties à l'acte.

Le bailleur est la partie qui donne à loyer ou à ferme.

Et le preneur est celui qui occupe ou exploite la chose louée.

Il n'est pas nécessaire d'être propriétaire pour louer la propriété de la chose; il s'agit seulement d'en avoir l'administration, ainsi :

La femme, pour les biens dont elle a l'administration,

Le mineur émancipé,

L'individu pourvu d'un conseil judiciaire, peuvent louer leurs biens propres, pour neuf années entières et consécutives, et au-dessous, sans l'autorisation de leurs mari, curateur ou conseil.

Le mari et le tuteur peuvent louer les biens de la femme, du mineur, ou de l'interdit.

L'usufruitier, c'est-à-dire celui qui a la jouissance, pendant sa vie, d'un immeuble quelconque, peut louer les biens dont il a l'usufruit.

Règles relatives aux baux à loyer et à ferme.

Des baux à loyer.

Tout locataire ne garnissant pas la maison de meubles et objets mobiliers suffisamment pour répondre du loyer, peut être expulsé, s'il ne donne pas d'autres garanties pouvant faire face au loyer.

Pour éviter toute espèce de chicane, le bailleur et le preneur doivent faire, au moment de l'entrée en jouissance, un état des lieux.

Le preneur doit rendre les lieux tels qu'il les a pris, à l'exception cependant de ce qui aurait péri ou aurait été dégradé par vétusté et force majeure.

Les réparations locatives sont à la charge du locataire, à moins qu'il n'ait été stipulé le contraire dans le bail.

Les grosses réparations sont à la charge du bailleur.

Le bail et l'état des lieux doivent être faits doubles entre les parties et signées d'icelles.

Des baux à ferme.

Tout fermier doit cultiver en bon père de famille, et suivant l'usage du pays, sous peine de résiliation du bail, si bon semblait au propriétaire.

Il doit garnir les lieux qu'il occupe de bestiaux et ustensiles de culture nécessaires à son exploitation, sous peine de dommages-intérêts, au profit du bailleur; néanmoins, ce dernier peut, dans le cas contraire, faire résilier le bail.

Le fermier ne peut distraire ni pailles ni fumiers de la ferme, qui sont destinés à l'engrais.

Il doit engranger les grains et fourrages dans les endroits à ce destinés par le bail.

Il doit prévenir le propriétaire, sur-le-champ, des usurpations et empiétements qui peuvent être commis sur les fonds par les propriétaires riverains, sous peine de tous dépens, dommages et intérêts.

Les biens affermés doivent, autant que possible, être désignés pièce par pièce, et par tenants et aboutissants.

Du sous-bail.

Le locataire peut sous-louer, si cette faveur ne lui a pas été interdite dans le bail : néanmoins il reste le seul garant envers le propriétaire, et c'est à lui directement que ce dernier doit donner congé.

De la résiliation de bail.

La résiliation de bail est l'acte par lequel les parties qui ont fait des conventions en consentent volontairement la non-exécution.

Du congé de location.

On appelle congé de location la notification faite soit par le bailleur, soit par le locataire ou fermier, entendant par cet acte faire cesser la location à telle époque.

Lorsque le bail est fait par écrit, le congé devient inutile et le bail cesse de plein droit lors de l'expiration du terme fixé.

Quand le temps n'est pas déterminé par le bail, le congé est nécessaire pour faire cesser.

Tout bail de terres labourables, lorsqu'il est d'usage de cultiver par soles ou saisons, est censé fait pour autant d'années qu'il y a de soles.

Les délais pour les congés sont déterminés par l'usage des lieux comme il suit :

A Paris, les délais sont de six semaines pour les logements de 400 francs et au-dessous ; de trois mois pour ceux au-dessus de 400 francs, n'importe à quelque somme le loyer s'élève.

Le délai est de six mois pour une maison en totalité, un corps de logis ou une boutique.

Le congé est signifié par un huissier ou peut être fait verbalement par le bailleur et le preneur.

Des délais d'enregistrement.

- Les baux, sous-baux et résiliations doivent être enregistrés dans les trois mois du jour de leur date.

Des droits d'enregistrement du bail

Le bail à ferme ou à loyer des biens meubles et immeubles, lorsque la durée est limitée, sont soumis au droit de 20 centimes par 100 francs sur le prix cumulé de toutes les années et sur le montant des charges imposées au preneur.

Tout bail fait pour trois, six ou neuf années est considéré, pour la perception des droits d'enregistrement, comme bail de neuf années.

Quand le loyer ou fermage d'un bail est stipulé payable en nature, on en fait une évaluation en argent, d'après les dernières mercuriales du chef-lieu de canton où les biens sont situés.

Néanmoins, quand il s'agit de denrées, d'objets dont la valeur ne puisse être constatée par les mercuriales, les parties en font une déclaration estimative.

Le bail d'industrie ou d'ouvrage est assujetti aux mêmes droits.

De la résiliation et de la sous-location.

Pour la résiliation et la sous-location de bail, le droit est le même que pour le bail, sauf cependant que le droit ne se perçoit que sur le prix cumulé des années restant à courir.

FORMULES COMMERCIALES ET INDUSTRIELLES

Bail d'une maison en totalité.

Entre les soussignés :

M. Henri Dussausse, ancien négociant, propriétaire, demeurant à. . . . . *d'une part*,

Et M. Théodule James, docteur-médecin, demeurant à. . . . . *d'autre part*.

Il a été convenu et arrêté ce qui suit :

M. Dussausse a, par ces présentes, loué pour neuf années entières et consécutives qui ont commencé à courir le. . . . . pour finir à pareille époque de l'année. . . . .

A M. James, qui accepte :

Une maison avec toutes ses aisances, circonstances et dépendances, située à Soissons, rue des Bardes, composée :

Au rez-de-chaussée, de trois chambres à feu, salon, cabinet de toilette et cuisine.

Au premier étage, de deux chambres, dont une à feu, petit cabinet à côté de la chambre à feu.

Au deuxième étage (désigner ce dont il se compose).

Grenier sur le tout couvert en ardoises.

Jardin derrière ladite maison, entouré de murs de tous côtés, de la contenance de. . . . .

Le tout s'entretenant tient : par devant à , par derrière à , d'un côté ouest à , de l'autre côté, est, à

Ainsi que cette maison et ses dépendances s'étendent, se poursuivent et comportent, sans aucune exception ni réserve; au surplus, M. James déclare les avoir visités et les parfaitement connaître.

Le présent bail est fait aux charges, clauses et conditions suivantes, que le preneur s'oblige à exécuter et accomplir fidèlement, savoir :

1° De garnir la maison constamment de meubles et objets mobiliers en suffisante quantité pour répondre du loyer ;

2° D'entretenir ladite maison et ses dépendances en bon état de toutes les réparations locatives et de les rendre à la fin du bail suivant l'état qui en sera fait par les parties dans quinze jours à dater de l'entrée en jouissance;

3° D'acquitter exactement et ce sans diminution du loyer, les contributions personnelle et mobilière et autres taxes de toute nature mises ou à mettre sur ladite maison et dépendances, et ce de façon à ce que le bailleur ne soit nullement inquiété ni recherché à ce sujet;

4° De ne pouvoir céder son droit au présent bail ni sous-louer en tout ou en partie, sans le consentement formel et par écrit du bailleur, à peine de résiliation si bon semble à ce dernier et de tous dommages-intérêts; (cette condition ne devra figurer dans un bail que de commun accord entre les parties;)

5° Et de payer les frais des présentes et ceux auxquels elles donneront ouverture.

Loyer.

Le présent bail est en outre fait moyennant un loyer annuel de 800 fr., que M. James s'oblige à payer à M. Dussausse, en sa demeure à en deux termes et payements égaux, les et de chaque année pour faire le payement du premier terme le , celui du second le , et ainsi de suite jusqu'à la fin du présent bail.

Fait double à le 18

(*Signatures.*)

Bail d'une boutique.

Entre les soussignés :

M. Louis Leguerrier, négociant, demeurant à Lille, *d'une part*

Et M. Duteau, marchand de vins, demeurant aussi à Lille, *d'autre part*,

A été convenu et arrêté ce qui suit :

M. Leguerrier donne, par ces présentes, à loyer, pour douze années qui commenceront à courir le pour finir à pareille époque de l'année

A M. Duteau, qui accepte,

Une boutique et arrière-boutique composée de trois pièces, le tout dépendant d'une maison située à , rue , n° , lesquelles pièces se trouvent à la gauche de l'entrée principale de ladite maison;

Telle que cette boutique existe, sans aucune exception ni réserve. Au surplus M. Duteau déclare la connaître parfaitement pour l'avoir vue et visitée dans toute son étendue.

Le présent bail est fait aux conditions suivantes que M. Duteau s'oblige à exécuter :

1° Il devra tenir les lieux loués constamment garnis de meubles et objets mobiliers en quantité et valeur suffisantes pour répondre du payement des loyers ;

2° Il devra entretenir les lieux loués, durant le bail, en bon état de réparations locatives et devra les rendre à la fin du bail conformément à l'état dressé par M. , architecte-voyer, le , lequel a été approuvé le même jour par M. Duteau. Cet état est enregistré à le , f° c° , etc. ;

3° Le preneur devra acquitter exactement ses contributions personnelle, mobilière et de patente et devra satisfaire à toutes les charges de ville et de police dont les locataires sont ordinairement tenus, ainsi que les contributions des portes et fenêtres à la charge des lieux loués ;

4° De ne pouvoir faire aucun changement à la distribution des lieux loués sans le consentement du bailleur ;

5° Il ne devra faire dans cette boutique aucun autre commerce que celui de (*désigner quel est le genre de commerce*) ; de ne pouvoir vendre ni annoncer aucun article n'ayant pas trait au commerce dont s'agit.

En outre, le présent bail est fait moyennant la somme de

Fait double à le 18

(*Signatures.*)

Bail d'un appartement

Entre les soussignés,

M. Charles Demailly, marchand de faïences, demeurant à Clermont-Ferrant, rue de la Friperie, n° ..., *d'une part,*

Et M. André Clémant, coiffeur, demeurant audit lieu de Clermont, *d'autre part,*

A été convenu et arrêté ce qui suit :

M. Demailly donne, par ces présentes, à loyer à M. Clémant, qui accepte :

Un appartement sis au premier étage d'une maison sise à ......, rue

....., n° ..., consistant, cet appartement, dans deux chambres, dont une à feu, cabinet, cuisine et salle à manger, le tout éclairé par trois croisées donnant sur la rue; duquel appartement dépendent une cave, un grenier et un bûcher.

Le présent bail est fait sous les charges et conditions suivantes, que M. Clémant s'oblige à exécuter, savoir :

1° De garnir l'appartement loué de meubles et effets mobiliers en quantité suffisante pour répondre du loyer pendant toute la durée du présent bail;

2° D'entretenir ledit appartement de toutes réparations locatives et en le rendre, à la fin du bail, en bon état;

3° De souffrir les grosses réparations dont ledit appartement peut avoir besoin pendant le cours du bail et ce, sans diminution de loyer;

4° D'acquitter exactement et sans diminution du loyer les contributions personnelle et mobilière, de rembourser au bailleur les contributions des portes et fenêtres, et de satisfaire à toutes les charges de ville et de police dont les locataires sont ordinairement tenus;

5° De ne pouvoir céder son droit au présent bail ni sous-louer, en tout ou en partie, sans le consentement formel et par écrit du bailleur.

6° Et de payer les frais occasionnés par les présentes.

Et, en outre, le présent bail est fait moyennant un loyer annuel de ....., que M. Clémant s'oblige à payer le .... de chaque année, en la demeure de M. Demailly, et pour commencer le payement de la première année, le .... et continuer ainsi jusqu'à la fin du présent bail.

Fait double à ......, le

(*Signatures.*)

Bail d'une écurie et d'une remise.

Entre les soussignés :

M. Pierre Leroux, négociant, demeurant à ....., *d'une part,*

Et M. Jules Bouzier, marchand fruitier, demeurant à ....., *d'autre part,*

Il a été convenu et arrêté ce qui suit :

M. Leroux donne à loyer à M. Bouzier, qui accepte :

Une écurie et remise faisant partie d'une maison sise à ....., rue ....., n° ...; lesquelles écurie et remise ont leur entrée sur ladite rue.

Ainsi qu'elles se poursuivent et comportent, sans en rien excepter ni réserver.

Le présent bail est fait pour trois années entières et consécutives, qui commenceront à courir le ......, et, en outre, aux charges et conditions suivantes :

M. Bouzier devra entretenir les bâtiments présentement loués en bon état de toutes les réparations locatives jusqu'à la fin du présent bail.

Il devra souffrir les grosses réparations, et ne devra faire aucun changement aux bâtiments.

Et, en outre, le présent bail est fait moyennant un loyer annuel de 70 francs, que M. Bouzier s'oblige à payer à M. Leroux, le 25 décembre de chaque année, pour faire le payement de la première année le 25 décembre prochain, et ainsi continuer jusqu'à la fin du bail.

Fait double à ......, le

(Signatures.)

Bail d'un atelier.

Entre les soussignés:

M. Jourdant, Georges, ancien serrurier, propriétaire, demeurant à ......, *d'une part,*

Et, M. Fouquet, Élie-Alfred, ancien serrurier, demeurant à ......, *d'autre part,*

A été convenu et arrêté ce qui suit :

M. Jourdant a, par ces présentes, loué pour dix-huit années entières et consécutives qui commenceront, à courir le ...... prochain, pour finir à pareil jour de l'année ......

A M. Fouquet, qui accepte :

Un atelier de serrurier faisant partie d'une maison située à ......, rue ......, n° ...; lequel atelier se trouve au midi de ladite maison et donne sur la cour;

Ensemble tous les ustensiles scellés dans le mur, servant à ladite profession de serrurier.

Le présent bail est fait aux charges, clauses et conditions suivantes, que M. Fouquet s'oblige à exécuter :

1° De prendre les lieux et ustensiles loués dans l'état où ils se trouveront au jour de l'entrée en jouissance, et suivant l'état des lieux et valeur des objets qui seront faits entre les parties au moment de l'entrée en jouissance;

2° D'entretenir l'atelier en bon état de toutes réparations locatives ;

3° De souffrir que toutes les grosses réparations soient faites aux lieux loués et de ne pouvoir y faire aucun changement;

4° Et de payer les frais auxquels ces présentes donneront ouverture.

Et, en outre, le présent bail est fait moyennant un loyer annuel de 350 francs, que M. Fouquet s'oblige à payer à M. Jourdant, en sa demeure à ....., en deux termes et payements égaux, les ...... de chaque année pour faire le payement du premier terme le ......, celui du second terme le ...., pour ainsi continuer de terme en terme et d'année en année jusqu'à la fin du présent bail.

Fait double à ......, le (*Signatures.*)

Bail d'un chantier.

Entre les soussignés,

M. Isidore Montargis, entrepreneur de maçonnerie, demeurant à . . . *d'une part,*

Et M. Louis Ladoux, propriétaire, demeurant à *d'autre part,*

A été convenu et arrêté ce qui suit :

M. Montargis loue par ces présentes, pour neuf années entières et consécutives, qui commenceront à courir le 1er novembre prochain, et finiront à la même époque de l'année . . .

A M. Ladoux, qui accepte :

Un chantier de la contenance de . . , situé à . . . de forme rectangulaire, entouré de murs de tous côtés. Il existe sur ce chantier un hangar, dont M. Ladoux sera tenu à l'entretien pendant le cours du premier bail.

Le présent bail est fait aux conditions suivantes, que M. Ladoux s'engage à exécuter :

1° De ne pouvoir déposer dans le chantier présentement loué, que le bois et les outils utiles et nécessaires à la charpente ;

2° De faire toutes les réparations locatives, dont les locataires sont ordinairement tenus.

3° De souffrir toutes les grosses réparations, dont peuvent avoir besoin les murs de clôture. Quant au hangar, il devra être entretenu par le preneur et à ses frais ;

4° Et de payer les frais auxquels ces présentes donneront ouverture.

Et, en outre, le présent bail est fait, moyennant un loyer annuel de 300 francs, que M. Ladoux s'oblige à payer à M. Montargis, et en la demeure de ce dernier, le . . . de chaque année, pour faire le payement du premier terme le . . . celui du second terme le. . . . . . pour continuer jusqu'à la fin du présent bail.

Fait double à . . . le . . . (*Signatures.*)

Résiliation de bail.

Entre les soussignés,

M. Jacques Benac, propriétaire, ancien négociant, demeurant à

d'une part,

Et M. Théodore Irech, marchand de vins, demeurant à

d'autre part,

A été convenu et arrêté ce qui suit :

Le bail fait par M. Benac à M. Irech, pour six années entières et consécutives, qui ont commencé à courir le . . . pour finir le . . . moyennant un loyer annuel de. . .

D'un appartement faisant partie d'une maison située à . . . suivant acte sous seing privé, en date du . . . à . . .

Est et demeure résilié purement et simplement à partir du . . . sans indemnité de part et d'autre, et ce de convention expresse entre eux.

En conséquence, le sieur Irech devra rendre cet appartement en bon état de toutes réparations locatives, remettre les clefs, et payer le terme échéant de ses loyers le . . .

Les frais occasionnés par les présentes seront supportés par M. Irech.

Fait double à . . . le . . .

(*Signatures.*)

Quittance de loyer.

Je soussigné, reconnais avoir reçu de M. Benac, la somme de . . . montant de . . . mois échus le . . . du loyer d'une chambre qu'il occupe dans la maison m'appartenant, située à . . y compris les impôts des portes et fenêtres.

Dont quittance sans réserve.

A . . . le . . . mil huit . . .

(*Signature.*)

Quittance de fermage.

Je soussigné, Jules Irech, demeurant à . . . reconnais avoir reçu de M. Ricard, la somme de . . . montant du terme échu le . . . du fermage de deux pièces de terre et pré que je lui ai loués verbalement, ou : suivant écrit sous signature privée, fait double à . . . le . . .

De laquelle somme je lui donne quittance.

A . . . le . . . mil . . .

(*Signature.*)

Congé.

Entre les soussignés,

M. Henri Lombard, marchand de grains, demeurant à *d'une part,*

Et M. Edmond Ricou, propriétaire, demeurant à *d'autre part,*

A été convenu et arrêté ce qui suit :

M. Lombard, propriétaire d'un corps de bâtiment, situé à. . . . déclare, par ces présentes, donner congé à M. Ricou d'une remise et écurie faisant partie dudit corps de bâtiment, et ce pour le 24 juin prochain.

M. Ricou déclare accepter le congé pour ledit jour, et s'oblige à faire toutes les réparations locatives, justifier de l'acquit des contributions et remettre les clés.

Fait double à . . . le . . . mil . . .

(*Signatures.*)

Vente d'un fonds de commerce.

Entre les soussignés :

M. Auguste Anglais, marchand d'étoffes, demeurant à *d'une part,*

Et M. Narcisse Aubert, célibataire majeur, marchand d'étoffes, demeurant à *d'autre part,*

A été convenu et arrêté ce qui suit :

M. Anglais vend, par ces présentes, et s'oblige à garantir de tous troubles, saisies, revendication et autres empêchements généralement quelconques,

A M. Aubert, qui accepte :

Le fonds de commerce de marchand d'étoffes que M. Anglais exploite dans une maison située à

Ensemble la clientèle, l'achalandage y attachés ainsi que les meubles, effets mobiliers et ustensiles en dépendant désignés dans un état estimatif, dressé par les parties, sur une feuille de papier au timbre de un franc, lequel état est demeuré ci-joint, après avoir été certifié véritable et signé par les parties.

Ainsi, au surplus, que le tout se poursuit et comporte sans en rien excepter ni réserver.

Au moyen des présentes, M. Aubert pourra jouir, faire et disposer du fonds présentement vendu, et il devra lui en être fait livraison le 1er septembre prochain.

La présente vente est faite aux charges, clauses et conditions suivantes que M. Aubert s'oblige à exécuter et accomplir fidèlement, savoir :

1° De prendre ledit fonds de commerce, les meubles, effets mobiliers et ustensiles en dépendant dans l'état où ils se trouveront le jour de son entrée en jouissance ;

2° D'acquitter, à compter du 1er septembre prochain, la patente, les contributions personnelle et mobilière et toutes autres charges de ville et de police de façon que M. Anglais ne soit jamais inquiété ni recherché à ce sujet ;

3° De payer les frais auxquels ces présentes donneront ouverture.

En outre la présente vente est faite moyennant la somme de onze mille francs s'appliquant, savoir :

Huit mille francs pour la clientèle et l'achalandage du fonds, et trois mille francs pour les meubles, effets mobiliers et ustensiles détaillés et estimés dans l'état ci-joint ;

Laquelle somme de onze mille francs M. Aubert s'oblige de payer à M. Anglais dans le délai de onze années à partir du premier septembre prochain avec intérêts au taux de cinq pour cent par an, payables annuellement.

Néanmoins M. Aubert pourra se libérer par anticipation et par fractions qui ne pourront être inférieures à mille francs.

Il demeure expressément convenu, comme condition essentielle des présentes et sans l'exécution de laquelle elles n'auraient pas lieu, qu'avant quinze années à compter de ce jour, M. Anglais ne pourra établir aucun commerce de marchand d'étoffes dans la ville de   ni faire valoir directement ou indirectement aucun autre fonds de même commerce à peine de tous dépens, dommages et intérêts et sans préjudice du droit qu'aurait M. Aubert de faire fermer l'établissement nouvellement créé.

Et par ces mêmes présentes, M. Anglais cède et transporte pour tout le temps qui en reste à courir et à compter du 1er septembre prochain, son droit au bail des lieux dans lesquels le fonds de commerce de marchand d'étoffes présentement vendu est exploité.

Ces cession et transport de bail sont faits, à la charge par M. Aubert, qui s'y oblige, de se conformer à toutes les charges et obligations qui ont été imposées à M. Anglais par son bail et desquelles M. Aubert déclare avoir parfaite connaissance par la visite qu'il en a faite.

Fait double à   le   18

(*Signatures.*)

Vente d'une maison.

Entre les soussignés :

M. Georges Dumoulin, menuisier, demeurant à *d'une part,*

Et M. Aimé Métrillot, propriétaire, demeurant à *d'autre part,*

A été convenu et arrêté ce qui suit :

M. Dumoulin vend, par ces présentes, et s'oblige de tous troubles dettes, hypothèques et autres empêchements quelconques,

A M. Métrillot, qui accepte :

Une maison située à Périgueux, rue Saint-Jacques, n°

Cette maison consiste dans :

Deux chambres à feu au rez-de-chaussée, cuisine et cabinet de toilette, cave sous ces deux chambres ; deux chambres également à feu au premier étage, grenier dessus, couvert en tuiles, cour devant, jardin derrière entouré de murs, de la contenance d'environ dix ares.

Le tout s'entretenant tient : par devant à la rue, par derrière aux bâtiments de M. , d'un côté à , et d'autre côté à

Ainsi que le tout se poursuit et comporte, sans aucune exception ni réserve et sans garantie : à l'égard de la maison, de son bon ou mauvais état de construction et de réparation, des vues, passages et mitoyennetés, et, à l'égard du terrain, de son plus ou moins de contenance, la différence en plus ou en moins excédât-elle même un vingtième, devant faire le profit ou la perte de M. Métrillot.

Cet immeuble appartient à M. Desmoulin (*établir l'origine de la propriété*).

Au moyen des présentes et à compter du premier février prochain, M. Métrillot pourra faire et disposer de la maison et dépendances présentement vendues en pleine et absolue propriété.

La présente vente est faite sous les charges et conditions suivantes, que M. Métrillot s'oblige à exécuter :

1° De prendre ladite maison et dépendances dans l'état où elles se trouvent actuellement ;

2° De souffrir les servitudes passives de toute nature qui peuvent et pourront grever lesdits biens, sauf à l'acquéreur à s'en défendre et à jouir de celles actives, le tout s'il en existe à ses risques et périls ;

3° De payer les impôts et contributions de toute nature à compter du jour de l'entrée en jouissance ;

4° Et de payer les frais et droits auxquels ces présentes donneront ouverture.

En outre, la présente vente est faite et acceptée moyennant la somme de six mille francs de prix principal, que M. Métrillot s'oblige de payer à M. Dumoulin, dans le délai de trois ans, à compter du premier février prochain, avec intérêts sur le pied de cinq pour cent l'an, payables tous les ans.

Fait double à le mil

(*Signatures.*)

Échange d'une maison avec jardin contre une pièce de terre et une pièce de pré.

Entre les soussignés :

1° Louis Lamouline, propriétaire, demeurant à Dordives (Loiret), *d'une part,*

2° Et Jules Dutot, cultivateur, demeurant à Souppes, *d'autre part.*

A été convenu et arrêté ce qui suit :

M. Lamouline cède et abandonne, à titre d'échange, à M. Dutot, qui accepte:

Une maison d'habitation située à Souppes, rue aux Pins, composée de : deux chambres au rez-de-chaussée, dont une avec cheminée, cave sous l'une de ces chambres ; deux autres chambres et un cabinet au premier étage, grenier dessus couvert en tuiles ;

Jardin entouré de murs de tous côtés, se trouvant derrière ladite maison, de la centenance de 10 ares 70 centiares.

Le tout s'entretenant tient : par devant à la rue des Pins; par derrière au sieur Poirier; d'un côté à M. Aubry, et d'autre côté à plusieurs.

Droit de communauté à un puits se trouvant devant ladite maison. — M. Lamouline est propriétaire de ces immeubles comme les ayant acquis (*s'étendre le plus possible sur l'établissement de propriété*).

En contr'échange, M. Dutot cède et abandonne audit titre d'échange à M. Lamouline, qui accepte :

1° Une pièce de terre de la contenance de 2 hectares 18 ares 42 centiares, sise à la Croix-Tirée, commune de Dordives, tenant d'un long à Paupardin; d'autre long à Templier; d'un bout à Galant, et d'autre bout à Péant ;

2° Et 42 ares 21 centiares de pré, sis au lieu dit la Grande-Prairie, même commune, tenant d'un long, etc., etc. — M. Dutot a acquis ces immeubles, etc.

Ainsi que les immeubles échangés de part et d'autre se poursuivent et comportent, sans aucune exception ni réserve et sans garantie : à l'égard de la maison, de son bon ou mauvais état de construction et de réparations, des vues, passages et mitoyennetés ; et à l'égard du terrain, de son plus ou moins de contenance, la différence entre la contenance réelle et celle ci-dessus indiquée excédât-elle un vingtième, le tout devant faire le profit ou la perte des échangistes.

Au moyen des présentes et à compter de ce jour, chacun des échangistes pourra faire et disposer des biens par lui reçus en échange comme bon lui semblera et comme de chose lui appartenant en toute propriété, et il en entrera en jouissance, savoir : De la maison et du jardin le onze novembre prochain, et des pièces de terre et pré, à compter de ce jour.

Cet échange est fait à la charge par les parties, qui s'y obligent respectivement :

1° De souffrir les servitudes passives, apparentes ou occultes, continues ou discontinues, qui peuvent et pourront grever les biens reçus en échange ;

2° De payer les impôts et contributions de toute nature à compter du premier janvier prochain ;

3° D'acquitter par moitié les droits d'enregistrement des présentes.

Les sieurs Lamouline et Dutot s'obligent à se communiquer respectivement les titres de propriété étant en leur possession concernant les biens échangés, et ce à toute réquisition et sous récépissé.

Le présent échange est fait sans soulte ni retour.

Fait double à Souppes, le. . . . . mil. . . . .

Acte de Société en nom collectif.

Article premier. — Une Société en nom collectif est établie entre les soussignés pour exploiter en commun le commerce de chaussures, sis à..., appartenant à M. Rolleau.

Art. 2. — La Société aura lieu pour dix ans, à partir du 1er juillet prochain, sous la raison sociale : Nolleau et Compagnie.

M. Nolleau aura seul la signature sociale, et ne pourra en faire usage que pour tout ce qui concerne les affaires de la Société.

Art. 3. — Le siége de la Société sera dans la maison habitée par M. Nolleau, où il exploite son magasin de chaussures.

Art. 4. — M. Nolleau apporte à ladite Société son fonds de commerce avec tout ce qui en dépend, ainsi que les crédits pouvant être dus.

M. Combe a versé dès avant ce jour dans la Société la somme de 5,000 francs en deniers comptants.

Art. 5. — Le décès de l'un ou de l'autre des associés amènera la dissolution de la Société, et le survivant d'eux aura la faculté de conserver pour son compte personnel l'établissement dont il s'agit, en remboursant aux héritiers ou représentants de l'associé prédécédé le montant de sa mise sociale.

Pour effectuer ce remboursement, l'associé survivant aura un délai de trois ans, à la charge de payer les intérêts des sommes par lui conservées; ce délai pourra être anticipé si bon semble au survivant.

Dans le cas où le survivant ne voudrait pas conserver l'établissement aux conditions ci-dessus établies, les héritiers pourront exercer cette faculté à son égard, et, en cas de refus des deux côtés, il sera procédé à la vente de l'établissement et à la liquidation des biens et valeurs dépendant de ladite Société.

Art. 6. — Ni l'un ni l'autre des associés ne pourra céder ses droits dans la présente Société sans le consentement de l'un d'eux.

Art. 7. — Il est référé au tribunal de commerce de . . . . (*l'arrondissement*), pour juger toutes les difficultés et contestations qui pourront survenir quant à l'exécution des présentes, soit entre les associés eux-mêmes, soit entre l'un d'eux et les héritiers ou représentants de l'autre.

Fait double entre les associés, à . . . ., le. . . . . .

(*Signatures.*)

Acte de Société entre deux associés.

Entre les soussignés :

M. Abel Tarrapon, négociant, demeurant à. . . . . . ., *d'une part,*

Et M. Jules Gogois, marchand de vins, demeurant à. . . . . . ., *d'autre part,*

A été convenu et arrêté ce qui suit :

Une Société pour le commerce de vins en gros est formée et consentie entre les soussignés, aux conditions ci-après :

Article premier. — M. Gogois apporte dans la susdite Société son fonds de commerce de vins déjà établi, ensemble les pratiques, ustensiles et objets utiles audit fonds de commerce, le tout d'une valeur de. . . . ., ainsi du reste qu'il en a justifié à M. Tarrapon, qui déclare les parfaitement connaître.

Art. 2. — M. Tarrapon apporte dans la même Société une somme de. . . . ., en espèces.

Art. 3. — Ladite Société aura lieu pour quinze ans, à partir du. . . . ., pour finir le. . . . .

Art. 4. — Cette Société est formée sous la raison sociale de commerce *Tarrapon et Gogois*, et devra s'exercer en la maison de ce dernier.

Art. 5. — Tous les effets de commerce et obligations seront signés par M. Tarrapon seul.

Art. 6. — La tenue des livres et la caisse de Société seront tenues par M. Gogois.

Art. 7. — Tous les effets de commerce pourront être reçus et payés par chacun des associés.

Art. 8. — Chacun des associés prélèvera tous les deux mois, sur les bénéfices de ladite Société, une somme de. . . . . ., qu'il emploiera pour ses besoins personnels.

Art. 9. — M. Tarrapon sera seul chargé des achats. Au-delà de la somme de. . . . . . ., ils ne pourront être faits sans l'avis et le consentement de son associé.

Art. 10. — Il sera fait un inventaire tous les ans, et les bénéfices seront partagés par moitié entre les associés, l'autre moitié restera en caisse pour l'achat des marchandises.

Art. 11. — S'il survient des contestations entre les associés pendant le cours de ladite Société, elles seront discutées et terminées par la voie des arbitres, auxquels les associés déclarent s'en rapporter dès maintenant.

Art. 12. — Lors de l'expiration de ladite Société, il sera fait entre les associés un partage par moitié des capitaux en caisse, des créances à recouvrer et des marchandises.

Fait double à. . . . . ., le . . . . . mil. . . . .

(*Signatures.*)

Billet à ordre.

Paris, le 15 janvier 1871. *B. P. F. 1,100.*

Au 30 mars prochain, je payerai à M. de Royerres, marchand de vins en gros, demeurant à. . . . . . ., ou à son ordre, la somme de onze cents francs, valeur reçue en marchandises (*ou en argent*), payable au domicile de M. Servety, négociant à. . . . . . (*ou à mon domicile*).

(*Signature.*)

Endossement.

Passé à l'ordre de M. Gérard, valeur en compte (*ou valeur reçue en marchandises ou en argent*).

Paris, le 5 février 1871.

(*Signature.*)

Aval.

Je soussigné, Hector Mésot, négociant, demeurant à. . . . ., m'oblige à payer la somme de cinq cent cinquante francs, montant du billet ci-dessus, si toutefois il n'est pas acquitté à son échéance par le souscripteur.

Paris, le 1er mars 1871. (*Signature*)

Lettre de change à échéance fixe.

Lyon, le 20 avril 1871. *Bon pour 1,500 francs.*

Au trois mai prochain, il vous plaira payer à M. Terrisse, négociant à . . . ., ou à son ordre, la somme de quinze cents francs, valeur reçue en argent, suivant avis de . . . . .

A M. Nasse, banquier à. . . . . .

(*Signature.*)

Lettre de change à vue.

Lyon, le 10 mars 1871. *Bon pour 500 francs.*

A vue, il vous plaira payer à M. Alliot ou à son ordre, la somme de cinq cents francs, que vous passerez en compte, suivant avis de . . . .

A M. Chaisemartin, banquier à. . . . . .

(*Signature.*)

Lettre de change payable à l'ordre du tireur

Lyon, le 16 septembre. *Bon pour 1,800 francs.*

Au quinze novembre prochain, vous voudrez bien payer, par ce mandat, à mon ordre, la somme de mille huit cents francs pour solde de compte, suivant avis de ce jour.

A M. Bonnabel, banquier à. . . . . .

(*Signature.*)

Prêt à intérêt.

Je soussigné, Gustave Columeau, bijoutier, demeurant à La Ferté, reconnais que M. Hippolyte Gervais, libraire, demeurant au même lieu, m'a prêté cejourd'hui même la somme de deux cents francs ; laquelle somme je m'oblige à lui rendre et rembourser dans le délai de six mois, à compter de ce jour, et à lui payer les intérêts sur le pied de cinq pour cent par an, à partir de ce jour et jusqu'à son remboursement.

Fait à . . . . . ., le . . . . . . mil. . . . .

Bon pour la somme de deux cents francs.

(*Signature.*)

Lettre de voiture.

Sous la conduite de M. Eugène Legros, roulier, demeurant à . . . ., rue. . . . . ., n° . . .

Six pièces de vin de Bordeaux, seconde qualité, contenant chacune . . . . . et portant pour marques les initiales M et L, n° III.

Pour être rendues et livrées à . . . . ., le quinzième jour de la date de la présente lettre de voiture. Il sera payé audit sieur Legros, pour l'expédition et le prix desdites six pièces de vin, la somme de. . . .

Ledit sieur Legros sera tenu de toutes les garanties prononcées par le Code de commerce.

A . . . . . ., le . . . . . . mil . . . .

(*Signature.*)

Procuration pour gérer une maison de commerce.

Le soussigné Jules Fortin, marchand de vins en gros, demeurant à Elbeuf,

Donne, par ces présentes, pouvoir à M. Alfred Almin, employé de commerce, demeurant audit lieu d'Elbeuf.

De plus pour lui et en son nom :

Gérer et administrer, tant par l'actif que par le passif, toutes les affaires commerciales dudit sieur Fortin, et notamment sa maison de commerce de marchand de vins en gros, établie audit lieu d'Elbeuf, rue . . . . .

Par conséquent, toucher et recevoir toutes les sommes pouvant être dues à M. Fortin, pour quelque cause que ce soit, clore et arrêter tous comptes, en fixer les reliquats, les payer ou recevoir.

Acheter et vendre toutes marchandises, se charger de toutes commissions, passer tous marchés, les exécuter, souscrire tous billets à ordre et effets de commerce ou autres, tirer et accepter toutes lettres de change, signer tous endossements et avals, payer et arrêter tous comptes, faire tous protêts, signer tous mandats, en un mot, continuer et faire toutes les opérations de M. Fortin.

Retirer des bureaux de poste ou de tous roulages et messageries toutes lettres, caisses, paquets et ballots, chargés ou non chargés, à l'adresse de M. Fortin.

De toutes sommes reçues, donner quittances et décharges, faire mainlevées et consentir radiation de toutes inscriptions, oppositions avec ou sans payement.

Bon pour pouvoir.

(*Signature.*)

Procuration pour vendre des biens immeubles.

Le soussigné Alfred Leloup, marchand boucher, demeurant à Auxerre,

Donne, par ces présentes, pouvoir à M. Louis Huard, jardinier, demeurant à Clermont-Ferrand ,

De pour lui et en son nom :

Vendre soit à l'amiable, soit aux enchères, par partie ou par lots, à telles personnes que bon semblera à M. Huard, et aux prix et conditions qu'il avisera, une maison avec jardin situés à . . . . ensemble toutes les aisances, circonstances et dépendances, sans aucune exception ni réserve;

Fixer toutes époques d'entrée en jouissance, convenir du mode et des époques de payement de prix; les recevoir en principal et intérêts soit comptant soit aux termes convenus.

De toutes sommes reçues donner toutes quittances et décharges, remettre tous titres et pièces ou, obliger M. Leloup à leur remise.

Aux effets ci-dessus, passer et signer tous actes, élire domicile et faire tout ce qui sera nécessaire.

Bon pour pouvoir.

(*Signature.*)

Procuration pour gérer et administrer, toucher et payer.

Je soussigné, Georges Pinçon, horloger, demeurant à Paris,

Donne, par ces présentes, pouvoir à M. Edmond Jacquot, employé, demeurant à Sens,

De pour moi et en mon nom :

Régir, gérer et administrer tous les biens meubles et immeubles et affaires de M. Pinçon.

En conséquence, recevoir tous loyers, fermages, intérêts, arrérages et autres revenus, échus et à échoir; recevoir aussi tous capitaux et remboursements qui lui sont dus ou lui seront dus par la suite;

Acquitter les sommes qui pourront être dues par le constituant, notamment toutes impositions; faire toutes réclamations en dégrèvement et présenter à cet effet tous mémoires ou pétitions ;

Faire tous emplois de fonds soit en placement sur particulier ou sur l'État, soit en acquisitions industrielles, ou d'immeubles; accepter toutes obligations, cession et transport; obliger le constituant au payement des acquisitions qui seront faites;

De toutes sommes reçues donner quittances et décharges; faire mainlevée de toutes inscriptions, saisies et oppositions, avec ou sans payement; remettre tous titres et pièces; en retirer décharge;

Céder et transporter toutes créances, sans garantie, aux prix et conditions que le mandataire avisera; toucher le prix dudit transport.

A défaut de payement, et en cas de contestations quelconques, exercer toutes les poursuites nécessaires;

Élire domicile, passer et signer tous actes, et généralement, faire tout ce qui sera utile et nécessaire dans l'intérêt de M. Pinçon.

Bon pour pouvoir.

(*Signature.*)

Bordereau d'inscription hypothécaire.

Inscription est requise au bureau des hypothèques de . . .

Au profit de M. Louis Maslin, propriétaire, demeurant . . . . . pour lequel domicile est élu à . . .

Contre M. Victor Leroy, cultivateur, demeurant à. . .

Pour sûreté :

1° De la somme de 750 francs montant en principal d'une obligation souscrite par ledit sieur Leroy, au profit dudit sieur Maslin, suivant acte sous signatures privées fait double à . . . . . le . . . . et dont l'un des originaux porte cette mention : Enregistré à . . . . . le. . . . . folio . . . volume . . . n°. . . reçu. . . (signé) . . . ci 750 »

2° Des intérêts dont la loi conserve le rang . . . . mémoire

3° Et des frais de mise à exécution actuellement indéterminés . . . . indéterminé.

Il a été convenu dans ladite obligation :

1° Que la somme de 750 francs serait payable en la demeure de M. Maslin, dans deux ans du jour de ladite obligation, et produirait, à compter du jour de ladite obligation, des intérêts à raison de cinq pour cent par an, payables tous les ans au même lieu que le principal.

2° Qu'à défaut de payement d'une seule année d'intérêts à son échéance, le montant en principal des causes de ladite obligation deviendrait de suite et de plein droit exigible, si bon semblait au créancier quinze jours après un simple commandement de payer resté infructueux, sans qu'il soit besoin de remplir aucune autre formalité judiciaire.

Par hypothèque sur :

1° Une maison située à. . . . . . ., avec toutes ses aisances, circonstances et dépendances;

2° Une pièce de terre de la contenance de. . . . . . ., sise à. . .

3° Et généralement tous les biens immeubles que le sieur Leroy peut posséder dans l'étendue du bureau des hypothèques de. . . . .

(*Signature du créancier.*)

Inscription de privilége est requise au bureau des hypothèques de. .

Au profit de M. Jules Marteau, marchand épicier, demeurant à. . .

Pour lequel domicile est élu en sa demeure ;

Contre M. Martin Marteau, ouvrier menuisier, demeurant à. . . . .

En vertu d'un acte sous signature privée fait double entre les susnommés à. . . . ., le. . . . ., et dont l'un des originaux porte cette mention : enregistré à. . . . . . ., contenant liquidation et partage des immeubles dépendant de la succession de Julien Marteau, leur père, décédé.

Pour sûreté :

1° De la somme de 8,000 francs, montant de la soulte mise à la charge du sieur Martin Marteau en faveur du sieur Jules Marteau, par ledit acte acte de partage, ci. . . . . 8,000 fr.

Cette somme a été stipulée exigible le. . . . ., et productive d'intérêts à cinq pour cent par an, payables tous les ans à partir de. . . . .

2° Et des intérêts dont la loi conserve le rang. Mémoire.

Par privilége sur une manœuvrerie située à. . . . ., et consistant en : laquelle manœuvrerie à été abandonnée à M. Martin Marteau par le partage sus-énoncé.

(*Signature du créancier.*)

Autorisation maritale pour faire le commerce.

Le soussigné Marius Deschamp, menuisier, demeurant à Bayonne,

Déclare, par ces présentes, autoriser spécialement Marie Collin, son épouse, demeurant à Bordeaux,

A exercer personnellement et pour son compte personnel la profession de marchande de poissons à Bordeaux, et faire, en conséquence, sans l'assistance de son mari, toutes les opérations concernant son commerce, toucher et recevoir le montant de toutes traites, billets et lettres de change, donner toutes quittances et décharges, endosser tous billets et lettres de change, en souscrire et généralement faire le nécessaire pour ledit commerce.

Bon pour autorisation.

(*Signature.*)

Legs à titre universel.

Je soussigné, Germain Simon, rentier, demeurant à. . . . .

Institue pour mon légataire universel M. Aimé Leblanc, mon neveu, étudiant en droit, demeurant à. . . . .

En conséquence, je lui lègue la totalité des biens meubles et immeubles que je laisserai au jour de mon décès, sans aucune exception ni réserve ; il pourra en jouir, faire et disposer comme de chose lui appartenant en pleine et absolue propriété, à compter du jour de mon décès.

Fait et écrit en entier de ma main à. . . . ., le cinq mars mil huit .

(*Signature du testateur.*)

Testament olographe.

Je soussigné, Maurice Leblanc, propriétaire, demeurant à . . . . ., ai fait par le présent mes dispositions testamentaires suivantes :

Je donne et lègue à Marie Leblanc, ma nièce, la moitié de tous les biens meubles et immeubles qui m'appartiendront au jour de mon décès.

Je donne et lègue à Edouard Mathieu, mon filleul, la somme de cinq cents francs, à prendre sur les plus clairs deniers qui dépendront de ma succession : de laquelle somme de cinq cents francs il pourra jouir, faire et disposer comme bon lui semblera à compter du jour de mon décès.

Je donne et lègue à Jules Creuzet, mon domestique, si toutefois il est encore à mon service au moment de mon décès, une rente annuelle et viagère de quatre cents francs, exempte de toute retenue et payable tous les six mois par moitié et à l'avance.

Fait et écrit en entier de ma main, à. . . . . . ., le onze mai mil huit cent. . . . . . .

(*Signature.*)

Bail d'une ferme.

Les soussignés :

M. Jean-Louis Crublier, propriétaire, et Mme Marie Galant, sa femme, demeurant ensemble à Marville,

Louent, par ces présentes, et donnent à bail à ferme pour quinze années entières et consécutives qui commenceront à courir le. . . . . ., pour finir à pareille époque de l'année mil huit cent. . . . . . .

A M. Armand Despagnat, cultivateur, et à dame Eugénie Mongin, sa femme, demeurant ensemble aux Fontaines, commune et canton de Brissac (Marne).

A ce présente et acceptant, la femme, autorisée de son mari :

Une petite ferme sise à Argentan (Loiret), consistant en : 1° différents bâtiments d'habitation et d'exploitation, cour, jardin, accins, circonstances et dépendances ;

2° Et la quantité de 62 hectares, 45 ares, 33 centiares de terres et clos, en cinquante-huit pièces sises sur le canton d'Argentan.

Ainsi que le tout se poursuit et comporte sans aucune exception ni réserve. Au surplus, M. et Mme Despagnat déclarent les parfaitement connaître.

Conditions et charges.

Le présent bail est fait et accepté sous les conditions suivantes : que M. et Mme Despagnat s'obligent solidairement à exécuter et accomplir :

1° Ils habiteront par eux-mêmes les biens loués ; il les garniront de meubles, effets mobiliers, bestiaux et instruments aratoires en quantité et valeurs suffisantes, tant pour la bonne exploitation des terres, que pour répondre du payement des loyers ;

2° Ils cultiveront, fumeront et ensemenceront les terres suivant l'usage du pays ; ils pourront les surcharger, mais en les fumant convenablement ; enfin, ils devront, à leur sortie, laisser les terres bien assolées, d'après le mode de culture ordinaire ;

3° Ils devront laisser à leur sortie, la quantité de . . . . ensemencées en luzerne ou sainfoin de deux ou trois ans, de belle venue ;

4° Ils prendront et rendront sans compte toutes les pailles attachées à l'exploitation des biens loués, sans pouvoir en vendre ni détruire aucune, et aux époques d'usage ;

5° Ils ne pourront sous-louer ni céder leur droit au présent bail, en tout ou en partie, sans le consentement exprès et par écrit des bailleurs, à peine de nullité desdites sous-location et cession et de tous dommages intérêts ;

6° Ils devront tous les ans piocher au pied des arbres fruitiers et les émonder et écheniller et les entretenir en bon état.

7° Si les arbres fruitiers viennent à périr au cours du présent bail, par quelque motif que ce soit, le tronc appartiendra aux bailleurs et les preneurs auront droit aux branches.

8° Les bailleurs auront le droit de semer dans les terres où les preneurs feront leurs dernières avoines telles graines de sainfoin, trèfle ou luzerne que bon leur semblera.

Fermage.

En outre, le présent bail est fait moyennant un fermage annuel de 900 francs, que les preneurs s'obligent solidairement à payer aux bailleurs, et en leur demeure respective, le . . . . . de chaque année, pour faire le payement de la première année le . . . . ., et ainsi de suite d'année à autre, de manière qu'à la fin du présent bail il soit payé autant d'années de loyer qu'il y aura d'années de jouissance. Tout payement devra être fait en espèces monétaires d'or ou d'argent ayant cours, et non autrement.

Obligation des bailleurs.

Les bailleurs s'obligent solidairement à tenir les preneurs clos et à couvert, et à les faire jouir des biens loués, paisiblement et sans troubles, pendant le cours du présent bail.

Fait double entre les parties, à Argentan, le. . . . . mil huit cent. . . . .

(*Signatures.*)

Bail de terres et pré.

Les soussignés :

Hector Gérard, propriétaire, demeurant aux Buttes, commune et canton de Louzerat, *d'une part,*

Et Marin Cauchat, cultivateur, demeurant au même lieu, *d'autre part,*

Sont convenus de ce qui suit :

M. Gérard loue par ces présentes, à titre de bail à ferme, à M. Cauchat, qui accepte :

1° Une pièce de terre située à Bellefontaine, terroir de Louzerat, de la contenance de 30 ares 60 centiares, tenant d'un long à Jarry ; d'autre long à Cousin ; d'un bout le chemin, et d'autre bout plusieurs ;

2° Une autre pièce de terre sise à la Motte, même terroir, de la contenance de 15 ares 10 centiares, tenant d'un long Jumin ; d'autre long Gendrot ; d'un bout Narcisse Jérôme, et d'autre faisant hache sur plusieurs ;

3° Une pièce de pré de la contenance de 52 ares 90 centiares, située aux Errata, terroir de Louzerat, tenant d'un long Méroy ; d'autre long Guillaume ; d'un bout plusieurs, et d'autre bout la rivière du Fusin.

Ainsi que ces immeubles se poursuivent et comportent, sans aucune exception ni réserve et sans garantie de mesure.

Durée du bail.

Le présent bail est fait pour neuf années entières et consécutives, qui commenceront à courir le . . . . . pour finir à pareille époque de l'année mil huit cent . . . . .

Conditions.

Ce bail est fait aux charges et conditions suivantes, que le preneur s'oblige à exécuter :

1° De jouir des biens loués en bon père de famille ;

2° De bien cultiver, labourer, fumer et ensemencer les terres en temps et saison convenables, sans pouvoir les dessoler ni surcharger de récoltes, et de les rendre à la fin du bail en bon état de culture et d'engrais ;

3° De payer toutes les contributions dont les biens loués peuvent être grevés, et ce, sans diminution du fermage ci-après stipulé ;

4° De ne pouvoir céder son droit au présent bail sans le consentement par écrit du bailleur ;

5° Et de payer les frais auxquels ces présentes donneront ouverture.

Et en outre, le présent bail est fait moyennant un fermage annuel de cent francs, que le preneur s'oblige de payer au bailleur le . . . . . de chaque année, pour faire le payement de la première année le . . . . , celui de la seconde année un an après, pour ainsi continuer jusqu'à la fin du présent bail, de manière qu'il soit payé autant d'années de fermage qu'il y aura d'années de jouissance.

Fait double entre les soussignés, à Louzerat, le quinze mai mil huit cent . . . . .

(*Signatures.*)

SIXIÈME DIVISION

NOUVELLE LOI SUR LE RECRUTEMENT DE L'ARMÉE

VOTÉE PAR L'ASSEMBLÉE NATIONALE

AVEC EXPLICATIONS ET NOTES SUR CHAQUE ARTICLE

TITRE PREMIER

Dispositions générales.

ART. 1. — « Tout Français doit le service militaire personnel. »

On ne peut que reconnaître la sagesse du législateur en ce qui concerne cet article. N'est-il pas juste, en effet, que tous les citoyens, quel que soit leur rang dans la société ou leur fortune, paient de leur personne quand il s'agit de défendre le sol sacré de la patrie?

L'impôt du sang est l'impôt égalitaire par excellence.

ART. 2. — « Il n'y a dans les troupes françaises ni prime en argent, ni prix quelconque d'engagement. »

Avant cette loi un grand nombre de militaires intéressés par les primes d'engagement restaient sous les drapeaux; et, les services qu'ils pouvaient rendre n'étaient rien en comparaison du préjudice qu'ils causaient souvent par les mauvais exemples qu'ils donnaient aux jeunes soldats par leur inconduite. A partir de la présente loi, ces abus disparaîtront avec la suppression des primes d'engagement.

ART. 3. — « Tout Français qui n'est pas déclaré impropre à tout service militaire peut être appelé, depuis l'âge de vingt ans jusqu'à celui de quarante ans, à faire partie de l'armée active et des réserves, selon le mode déterminé par la loi. »

Tout citoyen âgé de vingt à quarante ans et exempt d'infirmités est donc tenu de se rendre à l'appel qui lui sera fait.

Art. 4. — « Le remplacement est supprimé.

« Les dispenses de service, dans les conditions spécifiées par la loi, ne sont pas accordées à titre de libération définitive. »

Ainsi, personne n'est absolument exempt du devoir de servir sa patrie; parmi les jeunes gens, il en est auxquels la loi est, en raison de leur profession ou de leurs études, obligée d'accorder des facilités pour ne pas rompre leur carrière et par suite causer du préjudice à la nation, mais ces jeunes gens ne doivent jamais oublier que le ministre de la guerre peut, quand besoin est, les appeler immédiatement sous les drapeaux comme les autres jeunes gens de la classe dont ils font partie.

Art. 5. — « Les hommes présents au corps ne prennent part à aucun vote. »

Le rôle du citoyen doit s'effacer devant le devoir du soldat; les leçons de l'histoire, l'expérience des dernières années nous ont appris à nos dépens que les préoccupations politiques ne s'accordent guère avec les exigences de la discipline.

Art. 6. — « Tout corps organisé en armes est soumis aux lois militaires, fait partie de l'armée et relève, soit du ministre de la guerre, soit du ministre de la marine. »

Tout homme valide de vingt à quarante ans faisant partie de l'armée active ou de la réserve, il en résulte que la garde nationale se trouve supprimée. Il n'y a pas lieu d'ailleurs de regretter cette institution dont les services que l'on en pouvait attendre sont toujours restés à l'état d'illusion; il en est de même des corps francs; parmi ces derniers, quelques-uns ont rendu des services réels pendant la guerre franco-prussienne, nous nous plaisons à le reconnaître, mais d'autres se sont signalés par leur inertie, pour ne pas dire plus. Il y a donc tout lieu d'approuver l'article 6 sans restriction aucune.

Art. 7. — « Nul n'est admis dans les troupes françaises s'il n'est Français.

« Sont exclus du service militaire, et ne peuvent à aucun titre servir dans l'armée :

« 1° Les individus qui ont été condamnés à une peine afflictive ou infamante;

« 2° Ceux qui, ayant été condamnés à une peine correctionnelle de de deux ans d'emprisonnement et au-dessus, ont en outre été placés par le jugement de condamnation sous la surveillance de la haute police, et interdits en tout ou en partie des droits civiques, civils ou de famille. »

La légion étrangère est un corps spécial réservé aux citoyens dont la nationalité n'est pas française ; il y a tout intérêt pour le pays à ne pas permettre un contact pernicieux entre ses enfants et des étrangers dont le véritable but n'est pas toujours d'être utiles en servant dans notre armée.

Quant aux individus que la loi exclut en raison des peines afflictives ou infamantes auxquelles ils ont été condamnés, on comprend aisément l'utilité de cette précaution ; leur contact serait plus dissolvant qu'on ne saurait le dire; il ne doit y avoir dans l'armée française que des hommes d'une honnêteté absolue et d'une pureté de mœurs irréprochable.

TITRE II.

DES APPELS.

Première section.

Du recensement et du tirage au sort.

Art. 8. — « Chaque année, le tableau de recensement des jeunes gens ayant atteint l'âge de vingt ans révolus dans l'année précédente et domiciliés dans le canton, est dressé par les maires :

« 1° Sur la déclaration à laquelle sont tenus les jeunes gens, leurs parents ou leurs tuteurs;

« 2° D'office, d'après les registres de l'état civil et tous autres documents et renseignements.

« Ces tableaux mentionnent dans une colonne d'observations la profession de chacun des jeunes gens inscrits.

« Ces tableaux sont publiés et affichés dans chaque commune et dans les formes prescrites par les articles 63 et 64 du Code civil. La dernière publication doit avoir lieu au plus tard le 15 janvier.

« Un avis publié dans les formes indique le lieu ou le jour où il sera procédé à l'examen desdits tableaux et à la désignation, par le sort, du numéro assigné à chaque jeune homme inscrit. »

Malgré le service obligatoire, le tirage au sort n'en existe pas moins.

Il a pour but de servir au classement des jeunes soldats, classement pour lequel on aura recours au numéro d'abord, et ensuite aux aptitudes de chacun. Ainsi, on tiendra compte de la profession des jeunes gens inscrits, et le numéro qu'ils auront amené servira à les classer sans donner lieu à aucune idée de partialité.

Art. 9. — « Les individus nés en France de parents étrangers, et les individus nés à l'étranger de parents étrangers naturalisés Français, et mineurs au moment de la naturalisation de leurs parents, concourent, dans les cantons où ils sont domiciliés, au tirage qui suit la déclaration par eux faite en vertu de l'article 9 du Code civil et de l'article 2 de la loi du 7 février 1851.

« Les individus déclarés Français en vertu de l'article 1er de la loi du 7 février 1851, concourent également, dans le canton où ils sont domiciliés, au tirage qui suit l'année de leur majorité, s'ils n'ont pas réclamé leur qualité d'étranger conformément à ladite loi.

« Les uns et les autres ne sont assujettis qu'aux obligations de service de la classe à laquelle ils appartiennent par leur âge. »

Tout individu né en France, de parents étrangers, doit le service militaire, à moins qu'il ne déclare, à l'époque de sa majorité, qu'il prétend conserver la nationalité à laquelle il appartient, et dans ce cas, il n'est plus astreint au service militaire, mais il cesse de jouir des bénéfices attachés à la nationalité française, et il est soumis à la législation qui régit les étrangers ayant leur domicile en France.

Art. 10. — « Sont considérés comme légalement domiciliés dans le canton :

« 1° — Les jeunes gens même émancipés, engagés, établis au dehors, absents ou en état d'emprisonnement, si d'ailleurs leurs père, mère ou tuteur ont leur domicile dans une des communes du canton, ou si leur père expatrié avait son domicile dans une desdites communes ;

« 2° Les jeunes gens mariés dont le père, ou la mère à défaut du père, sont domiciliés dans le canton, à moins qu'ils ne justifient de leur domicile réel dans un autre canton ;

« 3° Les jeunes gens mariés et domiciliés dans le canton, alors même que leur père ou leur mère n'y seraient pas domiciliés ;

« 4° Les jeunes gens nés et résidant dans le canton, qui n'auraient ni leur père, ni leur mère, ni tuteur ;

« 5° Les jeunes gens résidant dans le canton qui ne seraient dans aucun des cas précédents, et qui ne justifieraient pas de leur inscription dans un autre canton. »

Les listes de recrutement doivent être dressées dans chaque commune et envoyées ensuite au chef-lieu de canton. Le domicile des parents ou du tuteur des jeunes gens ayant l'âge requis pour le service militaire est considéré comme le domicile légal de ces mêmes jeunes gens.

Art. 11. — « Sont, d'après la notoriété publique, considérés comme ayant l'âge requis pour le tirage, les jeunes gens qui ne peuvent produire, ou n'ont pas produit, avant le tirage, un extrait des registres de l'état civil constatant un âge différent, ou qui, à défaut de registres, ne peuvent prouver, ou n'ont pas prouvé leur âge, conformément à l'article 46 du Code civil. »

Lorsque, par suite d'incendie, ou par tout autre motif, les registres de l'état civil sont détruits ou ont disparu, les jeunes gens sont appelés à servir, lorsque, d'après l'avis de ceux qui les connaissent, ils sont considérés comme ayant l'âge requis pour le tirage. S'ils ne veulent pas se conformer à cette décision, ils sont tenus de prouver, au moyen de pièces officielles qu'ils n'ont pas, en réalité, l'âge qui leur est assigné par la notoriété publique.

Art. 12. — « Si dans les tableaux de recensement, ou dans les tirages des années précédentes, des jeunes gens ont été omis, ils sont inscrits sur les tableaux de recensement de la classe qui est appelée après la découverte de l'omission, à moins qu'ils n'aient trente ans accomplis à l'époque de la clôture des tableaux.

« Après cet âge, ils sont soumis aux obligations de la classe à laquelle ils appartiennent. »

Lorsque, par erreur ou omission, un homme n'a pas été incorporé, si l'on vient à découvrir cet oubli, on l'inscrit sur les tableaux de recensement de la classe la plus rapprochée, à moins cependant qu'il ne se soit écoulé une période de dix ans ; et alors, il y a prescription comme pour tous les délits ; mais après l'âge de trente ans, il sera soumis aux obligations de la classe à laquelle il appartient.

Art. 13. — « Dans les cantons composés de plusieurs communes, l'examen des tableaux de recensement et le tirage au sort ont lieu au chef-lieu de canton, en séance publique, devant le sous-préfet assisté des maires du canton.

« Dans les communes qui forment un ou plusieurs cantons, le sous-préfet est assisté du maire et de ses adjoints. Dans les villes divisées en plusieurs arrondissements, le préfet ou son délégué est assisté d'un officier municipal de l'arrondissement.

« Le tableau est lu à haute voix. Les jeunes gens, leurs parents ou ayants-cause, sont entendus dans leurs observations. Le sous-préfet statue après avoir pris l'avis des maires. Le tableau rectifié, s'il y a lieu, et définitivement arrêté, est revêtu de leurs signatures.

« Dans les cantons composés de plusieurs communes, l'ordre dans lequel ils seront appelés pour le tirage est, chaque fois, indiqué par le sort. »

On comprend de quelle importance est l'exactitude des tableaux de recensement; aussi, les parents et les jeunes gens intéressés devront-ils adresser, au plus tôt, les réclamations qu'ils pourront avoir à formuler, dans le but d'éviter les erreurs, de manière que, lorsque les tableaux de recensement arriveront aux conseils de révision, ils soient parfaitement exacts.

Art. 14. — « Le sous-préfet inscrit en tête de la liste de tirage les noms des jeunes gens qui se trouveront dans les cas prévus par l'article 60 de la présente loi.

« Les premiers numéros leur sont attribués de droit.

« Ces numéros sont, en conséquence, extraits de l'urne avant l'opération du tirage. »

Ainsi, d'après cet article, les jeunes gens qui, au moyen de manœuvres frauduleuses, n'ont pas comparu devant le conseil de révision, ou qui, à l'aide de fraudes, se sont fait exempter ou dispenser par un conseil de révision, auront leurs noms en tête de la liste de tirage et les premiers numéros leur seront attribués de droit; ils seront, de plus, soumis à des peines variables avec la nature des manœuvres frauduleuses auxquelles ils se seront livrés.

Art. 15. — « Avant de commencer l'opération du tirage, le sous-préfet compte publiquement les numéros et les dépose dans l'urne, après s'être assuré que le nombre est égal à celui des jeunes gens appelés à y concourir; il en fait la déclaration à haute voix. »

« Aussitôt, chacun des jeunes gens appelés dans l'ordre du tableau prend dans l'urne un numéro qui est immédiatement proclamé et inscrit.

Les parents des absents ou, à leur défaut, le maire de leur commune, tirent à leur place.

« L'opération du tirage achevée est définitive.

« Elle ne peut, sous aucun prétexte, être recommencée, et chacun garde le numéro qu'il a tiré ou qu'on a tiré pour lui.

« La liste par ordre de numéros est dressée à mesure que les numéros sont tirés de l'urne. Il y est fait mention des cas et des motifs d'exemption et des dispenses que les jeunes gens ou leurs parents ou les maires des communes se proposent de faire valoir devant le conseil de révision mentionné en l'article 27.

« Le sous-préfet y ajoute ses observations.

« La liste du tirage est ensuite lue, arrêtée et signée de la même manière que le tableau de recensement, et annexée avec ledit tableau au procès-verbal des opérations. Elle est publiée et affichée dans chaque commune du canton.

« Les jeunes gens qui ne se trouveront pas pourvus de bons numéros seront inscrits à la suite avec des numéros supplémentaires et tireront entre eux pour déterminer l'ordre suivant lequel ils seront inscrits. »

Les mauvais numéros sont ceux qui resteront quelque temps de plus à l'armée, et comme ils seront désignés par le sort, on évitera de la sorte toutes les récriminations, et on ne pourra pas crier à l'injustice !

Deuxième section.

Des exemptions. — Des dispenses et des sursis d'appel.

Art. 16. — « Sont exemptés du service militaire les jeunes gens que leurs infirmités rendent impropres à tout service actif ou auxiliaire dans l'armée. »

On entend par *service actif* celui qui comprend toute l'armée active prenant part aux opérations de guerre. Les *services auxiliaires*, tout en faisant partie de l'armée, ne rentrent pas dans la catégorie précédente; ainsi, pour citer quelques exemples, les employés de l'intendance, les infirmiers appartiennent aux services auxiliaires. Un homme aveugle, par exemple, étant impropre à tout service actif ou auxiliaire, sera exempté du service militaire, c'est-à-dire que, quoi qu'il arrive, il est bien définitivement libéré.

Art. 17. — « Sont dispensés du service dans l'armée active :

« 1° L'aîné d'orphelins de père et de mère ;

« 2° Le fils unique ou l'aîné des fils, ou, à défaut de fils ou de gendre, le petit-fils unique ou l'aîné des petits-fils d'une femme actuellement veuve, ou d'une femme dont le mari a été légalement déclaré absent, ou d'un père aveugle ou entré dans sa soixante-dixième année ;

« Dans les cas prévus par les deux paragraphes précédents, le frère puîné jouira de la dispense si le frère aîné est aveugle ou atteint de toute autre infirmité incurable qui le rend impotent ;

« 3° Le plus âgé des deux frères appelés à faire partie du même tirage, si le plus jeune est reconnu propre au service ;

« 4° Celui dont un frère sera dans l'armée active ;

« 5° Celui dont un frère sera mort en activité de service ou aura été réformé ou admis à la retraite pour blessures reçues dans un service commandé ou pour infirmités contractées dans les armées de terre et de mer.

« La dispense accordée, conformément aux paragraphes 5 et 6 ci-dessus, ne sera appliquée qu'à un seul frère pour un même cas, mais elle se répétera dans la même famille autant de fois que les mêmes droits s'y reproduiront.

« Le jeune homme omis, qui ne s'est pas présenté par lui et ses ayants-cause au tirage de la classe à laquelle il appartient, ne peut réclamer le bénéfice des dispenses indiquées par le présent article, si les causes de ces dispenses ne sont survenues que postérieurement à la clôture des listes.

« Les causes de ces dispenses doivent, pour produire leur effet, exister au jour où le conseil de révision est appelé à statuer.

« Néanmoins, l'appelé ou l'engagé qui, postérieurement, soit à la décision du conseil de révision, soit au 1er juillet, soit à son incorporation, devient l'aîné d'orphelins de père et de mère, le fils unique ou l'aîné des fils, ou, à défaut du fils ou du gendre, le petit-fils unique ou l'aîné des petits-fils d'une femme veuve, d'une femme dont le mari a été légalement déclaré absent, ou d'un père aveugle, est, sur sa demande et pour le temps qu'il a encore à servir, envoyé dans ses foyers en disponibilité, à moins qu'en raison de sa présence sous les drapeaux, il n'ait procuré la dispense du service à un frère puîné actuellement vivant. Le bénéfice de la disposition du paragraphe précédent s'étend aux militaires devenus fils aînés ou petit-fils aînés de septuagénaire, par suite du décès d'un frère.

« Les dispenses énoncées au présent article, ne sont applicables qu'aux enfants légitimes. »

D'après les *dispenses* énumérées ci-dessus, les jeunes gens qui en ont le bénéfice peuvent, tout en étant tenus à des exercices plus ou moins fréquents ne pas faire partie de l'armée active ; mais, et nous attirons l'attention du lecteur sur cette distinction, *ils ne sont pas exemptés, ils ne sont que dispensés,* c'est-à-dire que, soit en cas de guerre, soit à toute réquisition du ministre de la guerre, leur dispense cesse, ils rentrent de nouveau dans l'armée active, où ils sont assimilés aux hommes de la classe dont ils font partie.

ART. 18. — « Peuvent être ajournés deux années de suite à un nouvel examen, les jeunes gens qui, au moment de la réunion du conseil de révision, n'ont pas la taille d'un mètre cinquante-quatre centimètres ou sont reconnus d'une complexion trop faible pour un service armé.

« Les jeunes gens ajournés à un nouvel examen du conseil de révision sont tenus, à moins d'une autorisation spéciale, de se représenter au conseil de révision devant lequel ils ont comparu.

« Après l'examen définitif, ils sont classés, et ceux de ces jeunes gens reconnus propres au service armé, soit à un service auxiliaire, sont soumis, selon la catégorie dans laquelle ils sont placés, à toutes les obligations de la classe à laquelle ils appartiennent. »

Avant cette loi, les jeunes gens de constitution trop faible et ceux qui n'avaient pas encore atteint la taille de 1m54 au moment où ils passaient devant le conseil de révision étaient définitivement exemptés, et, il arrivait assez fréquemment que tel conscrit qui avait été réformé pour défaut de taille ou faiblesse de complexion se trouvait au bout d'un an ou deux avoir une taille suffisante et une constitution assez robuste pour le métier des armes. Avec la loi nouvelle, il n'en sera plus ainsi, les jeunes gens qui se trouveront dans ce cas seront ajournés deux années de suite à un nouvel examen, et selon qu'ils seront reconnus aptes au service actif ou au service auxiliaire, ils seront soumis aux obligations de la classe à laquelle ils appartiendront. Dans le cas où ils seraient restés impropres au service militaire, ils obtiendraient une dispense ou une exemption définitive selon le degré d'infirmité qui serait constaté.

ART. 19. — « Les élèves de l'École polytechnique et les élèves de l'École forestière sont considérés comme présents sous les drapeaux dans l'armée active pendant tout le temps par eux passé dans lesdites écoles.

« Les lois d'organisation prévues par l'article 45 de la présente loi déterminent, pour ceux de ces jeunes gens qui ont satisfait aux examens de sortie et ne sont pas placés dans les armées de terre ou de mer, les emplois auxquels ils peuvent être appelés, soit dans la disponibilité, soit dans la réserve de l'armée active, soit dans l'armée territoriale, ou dans les services auxiliaires.

« Les élèves de l'École polytechnique et de l'École forestière qui ne satisfont pas aux examens de sortie de ces écoles suivent les conditions de la classe de recrutement à laquelle ils appartiennent par leur âge; le temps passé par eux à l'École polytechnique ou à l'École forestière est déduit des années de service déterminées par l'article 36 de la présente loi.

Art. 20. — « Sont, à titre conditionnel, dispensés du service militaire :

« 1° Les membres de l'instruction publique, les élèves de l'École normale supérieure de Paris dont l'engagement de se vouer pendant dix ans à la carrière de l'enseignement aura été accepté par le recteur de l'Académie, avant le tirage au sort, et s'ils réalisent cet engagement;

« 2° Les professeurs des institutions nationales des sourds-muets et des institutions nationales des jeunes aveugles, aux mêmes conditions que les membres de l'instruction publique;

« 3° Les artistes qui ont remporté les grands prix de l'Institut, à condition qu'ils passeront à l'école de Rome les années réglementaires et rempliront toutes leurs obligations envers l'État;

« 4° Les élèves de l'école des langues orientales vivantes, nommés après examen, à condition de passer dix ans tant dans lesdites écoles que dans un service public;

« 5° Les membres et novices des associations religieuses vouées à l'enseignement ou reconnues comme établissements d'utilité publique, et les directeurs, maîtres adjoints, élèves maîtres des écoles fondées ou entretenues par les associations laïques, lorsqu'elles remplissent les mêmes conditions; pourvu toutefois que les uns et les autres, avant le tirage au sort, aient pris devant le recteur de l'académie l'engagement de se consacrer pendant dix ans à l'enseignement et s'ils réalisent cet engagement dans un des établissements religieux ou laïques, à condition que cet établissement existe depuis deux ans, et renferme trente élèves au moins;

« 6° Les jeunes gens qui, sans être compris dans les paragraphes précédents, se trouvent dans les cas prévus par l'article 79 de la loi du 15 mars 1850, et par l'article 18 de la loi du 10 avril 1867, et ont, avant l'époque fixée pour le tirage, contracté devant le recteur le même engagement et aux mêmes conditions.

« L'engagement de se vouer pendant dix ans à l'enseignement peut être réalisé par les instituteurs et par les instituteurs adjoints, mentionnés au paragraphe 6, tant dans les écoles publiques que dans les écoles libres désignées à cet effet par le ministre de l'instruction publique, après avis du conseil départemental;

« 7° Les élèves ecclésiastiques désignés à cet effet par les archevêques et par les évêques, et les jeunes gens autorisés à continuer leurs études pour se vouer au ministère dans les cultes salariés par l'Etat, sous la condition qu'ils seront assujettis au service militaire, s'ils cessent les études en vue desquelles ils auront été dispensés, ou si à vingt-six ans, les premiers ne sont pas entrés dans les ordres majeurs, et les seconds n'ont pas reçu la consécration. »

Les *dispenses conditionnelles* dont il est question dans cet article indiquent que ceux qui en jouissent peuvent être appelés en temps de guerre sous les drapeaux; et, de plus, qu'ils peuvent aussi être appelés au service militaire, même en temps de paix, s'ils ne remplissent pas les obligations qu'ils ont contractées et qui leur ont valu ces dispenses. Les dispenses accordées aux élèves ecclésiastiques sont soumises aux mêmes conditions.

Art. 21. — « Les jeunes gens liés au service dans les armées de terre ou de mer, en vertu d'un brevet ou d'une commission, et qui cessent leur service ;

« Les jeunes marins portés sur les registres matricules de l'inscription maritime, conformément aux règles prescrites par les articles 1, 2, 3, 4 et 5 de la loi du 25 octobre 1795, 3 brumaire an IV, qui se feront rayer de l'inscription maritime ;

« Les jeunes gens désignés à l'article 19 ci-dessus, qui cessent d'être dans une des positions indiquées audit article avant d'avoir accompli les conditions qu'il leur impose, sont tenus :

« 1° D'en faire la déclaration au maire de la commune dans les deux mois, et de retirer expédition de leur déclaration ;

« 2° D'accomplir dans l'armée active le service prescrit par la présente loi, et de faire ensuite partie des réserves selon la classe à laquelle ils appartiennent.

« Faute par eux de faire la déclaration ci-dessus et de la soumettre au visa du préfet du département, dans le délai d'un mois, ils seront passibles des peines portées par l'article 60 de la présente loi.

« Ils sont rétablis dans la première classe appelée après la cessation de leur service, fonctions ou études ; mais le temps écoulé depuis la cessation de leurs service, fonctions ou études jusqu'au moment de la déclaration, ne compte pas dans les années de service exigées par la présente loi.

« Toutefois, est déduit du nombre d'années pendant lesquelles tout Français fait partie de l'armée, le temps déjà passé au service de l'État, par les marins inscrits et par les jeunes gens liés au service dans les armées de terre et de mer, en vertu d'un brevet ou d'une commission. »

Cet article indique que ceux qui ont obtenu les dispenses énumérées dans l'article précédent et qui cessent de remplir leurs engagements rentrent dans la catégorie ordinaire. Ils sont, de plus, tenus de déclarer au maire de la commune qu'ils ne sont plus dans une des positions indiquées à l'article 19. Faute par eux de faire cette déclaration, ils seront poursuivis et passibles des peines indiquées par l'article 60 de la présente loi (1).

Quant aux marins inscrits et qui se feront rayer de l'inscription maritime et aux jeunes gens liés au service dans les armées de terre et de mer et qui cessent leur service, le temps qu'ils auront fait en cette qualité viendra en déduction sur les années de service. Ils sont également tenus de faire une déclaration dans laquelle ils font connaître les changements survenus dans leur situation.

Art. 22. — « Peuvent être dispensés à titre provisoire, comme soutiens indispensables de famille, et s'ils en remplissent effectivement les devoirs, les jeunes gens désignés par les conseils municipaux de la commune où ils sont domiciliés.

« La liste est présentée au conseil de révision par le maire.

« Ces dispenses peuvent être accordées par département jusqu'à concurrence de 4 pour 100 du nombre des jeunes gens reconnus propres au service et compris dans la première partie des listes du recrutement cantonal.

« Tous les ans, le maire de chaque commune fait connaître au conseil de révision la situation des jeunes gens qui ont obtenu les dispenses à titre de soutiens de famille pendant les années précédentes. »

Ainsi, quelque soit le nombre des jeunes gens inscrits, s'il ne s'en trouve que cent reconnus propres au service militaire, quatre seulement pourront obtenir une dispense à titre provisoire comme soutiens de

(1) Voyez l'*article* 60.

famille. Ils peuvent être rappelés en temps de guerre ou sur l'ordre du ministre de la guerre, et comme, chaque année, le maire de leur commune fait connaître leur situation ; ils seraient immédiatement rappelés s'ils ne remplissaient plus les obligations auxquelles ils sont tenus en vertu de la dispense qui leur est accordée.

Art. 23. — « En temps de paix, il peut être accordé des sursis d'appel aux jeunes gens qui, avant le tirage au sort, en auront fait la demande. A cet effet, ils doivent établir que, soit pour leur apprentissage, soit pour les besoins de l'exploitation agricole, industrielle ou commerciale, à laquelle ils se livrent pour leur compte ou pour celui de leurs parents, il est indispensable qu'ils ne soient pas enlevés immédiatement à leurs travaux. Ce sursis d'appel ne confère ni exemption, ni dispense.

« Il n'est accordé que pour un an, et peut néanmoins être renouvelé pour une deuxième année.

« Le jeune homme qui a obtenu un sursis d'appel conserve le numéro qui lui est échu lors du tirage au sort, et, à l'expiration de ce sursis, il est tenu de satisfaire à toutes les obligations que lui imposait la loi en vertu de son numéro. »

Cette mesure a pour but de ne pas entraver le commerce, l'industrie et l'agriculture, tout en sauvegardant les intérêts des particuliers. On ne saurait trop approuver la sagesse de cette loi.

Art. 24. — « Ces demandes de sursis, adressées au maire, sont instruites par lui ; le conseil municipal donne son avis. Elles sont remises au conseil de révision et envoyées par duplicata au sous-préfet, qui les transmet au préfet, avec ses observations, et y joint tous les documents nécessaires.

« Il peut être accordé, pour tout le département et par chaque classe, des sursis d'appel jusqu'à concurrence de 4 pour 100 du nombre des jeunes gens reconnus propres au service militaire dans ladite classe et compris dans la première partie des listes de recrutement cantonal. »

On comprend parfaitement que le maire est plus à même que qui que ce soit de reconnaître si ces demandes sont fondées. De plus, le conseil municipal donnant son avis, on évitera les récriminations et les accusations de partialité qu'on ne manquerait pas de formuler contre le maire s'il était seul juge de la question. Les sursis ne seront donc accordés qu'à ceux qui en auront réellement besoin, et s'il y a plusieurs postulants, on choisira ceux qui ont le plus de droits à cette faveur.

Art. 25. — « Les jeunes gens dispensés du service dans l'armée active, aux termes de l'article 17 de la présente loi, les jeunes gens dispensés à titre de soutiens de famille, ainsi que les jeunes gens auxquels il est accordé des sursis d'appel, sont astreints, par un règlement du ministre de la guerre, à certains exercices.

« Quand les causes de dispenses viennent à cesser, ils sont soumis à toutes les obligations de la classe à laquelle ils appartiennent. »

Il résulte de la disposition de cet article, que les jeunes gens dispensés du service dans l'armée active, en vertu de l'article 17 de la présente loi (*voyez cet article*), ainsi que ceux qui ont obtenu un sursis d'appel, seront astreints à certains exercices. On comprend l'immense utilité de cette mesure, si l'on calcule que, grâce aux différentes dispenses, le nombre des jeunes gens qui restent dans leurs foyers peut s'élever annuellement à plus de 15,000 hommes, qui constitueraient des non-valeurs, si on ne les soumettait aux exercices et aux manœuvres nécessaires pour en faire de bons soldats, lorsqu'en cas de guerre ils seraient appelés sous les drapeaux.

Quand les raisons qui leur ont valu des dispenses ont cessé d'être, ils sont soumis aux obligations de la classe à laquelle ils appartiennent.

Art. 26. — « Les jeunes gens dispensés du service dans l'armée active, aux termes de l'article 17 ci-dessus, les jeunes gens dispensés à titre de soutiens de famille, ainsi que ceux qui ont obtenu des sursis d'appel, sont appelés, en cas de guerre, comme les hommes de leur classe.

« L'autorité militaire en dispose alors selon les besoins des différents services. »

En cas de guerre, il n'existe plus de dispenses, plus de sursis, tous les citoyens ne doivent plus avoir qu'une idée, courir à la défense de la patrie. Tous les jeunes soldats sont alors mis à la disposition de l'autorité militaire, qui les dirige alors selon les besoins du moment.

Troisième section.

Des conseils de révision et des listes de recrutement cantonal.

Art. 27. — « Les opérations du recrutement sont revues, les réclamations auxquelles ces opérations peuvent donner lieu, les causes d'exemption et de dispense prévues par les articles 16, 17 et 20 de la présente loi, sont jugées en séance publique par un conseil de révision composé :

« Du préfet, président, ou, à son défaut, du secrétaire général ou du conseiller de préfecture délégué par le préfet;

« D'un conseiller de préfecture désigné par le préfet.

« D'un membre du conseil général du département autre que le représentant élu dans le canton où la révision a eu lieu;

« D'un membre du conseil d'arrondissement également autre que le représentant élu dans le canton où la révision a lieu;

« Tous deux désignés par la commission permanente du conseil général, conformément à l'article 82 de la loi du 10 août 1871;

« D'un officier général ou supérieur désigné par l'autorité militaire.

« Un membre de l'intendance, le commandant du recrutement, un médecin militaire, ou, à défaut, un médecin civil désigné par l'autorité militaire assistent aux opérations du conseil de révision. Le membre de l'intendance est entendu dans l'intérêt de la loi toutes les fois qu'il le demande, et peut faire consigner ses observations au registre des délibérations.

« Le conseil de révision se transporte dans les divers cantons. Toutefois, suivant les localités, le préfet peut exceptionnellement réunir, dans le même lieu, plusieurs cantons pour les opérations du conseil.

« Le sous-préfet ou le fonctionnaire par lequel il aura été suppléé pour les opérations du tirage, assiste aux séances que le conseil de révision tient dans son arrondissement.

« Il a voix consultative.

« Les maires des communes auxquelles appartiennent les jeunes gens appelés devant le conseil de révision assistent aux séances et peuvent être entendus.

« Si, par suite d'une absence, le conseil de révision ne se compose que de quatre membres, il peut délibérer, mais la voix du président n'est pas prépondérante.— La décision ne peut être prise qu'à la majorité de trois voix. En cas de partage, elle est ajournée. »

Toutes ces précautions doivent rassurer complétement les jeunes conscrits; elles indiquent suffisamment que leurs intérêts ne seront pas lésés, et que la plus grande impartialité présidera aux opérations de recrutement; s'ils ont des observations à faire, ils peuvent les faire par l'entremise du maire de leur commune présent à la révision des listes de recrutement.

Art. 28. — « Les jeunes gens portés sur les tableaux de recensement, ainsi que ceux des classes précédentes qui ont été ajournés conformément à l'article 18 ci-dessus, sont convoqués, examinés et entendus par le conseil de révision. Ils peuvent alors faire connaître l'arme dans laquelle ils désirent être placés.

« S'ils ne se rendent pas à la convocation ou s'ils ne se font pas représenter, ou s'ils n'obtiennent pas un délai, il est procédé comme s'ils étaient présents.

« Dans le cas d'exemptions pour infirmités, le conseil de révision ne prononce qu'après avoir entendu le médecin qui assiste au conseil.

« Les cas de dispense sont jugés sur la production de documents authentiques, ou, à défaut de documents, sur les certificats signés de trois pères de famille domiciliés dans le même canton, dont les fils sont soumis à l'appel et ont été appelés. Ces certificats doivent, en outre, être signés et approuvés par le maire de la commune du réclamant. La substitution de numéros peut avoir lieu entre frères, si celui qui se présente comme substituant est reconnu propre au service par le conseil de révision. »

C'est un grand avantage pour les jeunes gens de pouvoir choisir, dans une certaine mesure, l'arme dans laquelle ils désirent entrer. Ils auront à tenir compte dans ce choix, non-seulement de leur goût, mais encore de leurs aptitudes, et ne pas choisir une arme dans laquelle leurs forces seraient inférieures aux travaux et aux exercices auxquels ils seront astreints. Les jeunes gens qui désirent des sursis et des dispenses, et qui ne peuvent produire de documents authentiques, peuvent les remplacer par des certificats émanant de trois pères de famille du canton. On comprend que, de cette manière, il n'y a à craindre ni fraude, ni complaisance de leur part, puisque le nombre de sursis et de dispenses à accorder étant limité pour chaque canton, ils ont tout intérêt à ce qu'ils ne soient donnés qu'à ceux qui en ont réellement besoin. Le gouvernement et les particuliers trouvent donc leur intérêt dans cette mesure de prudence.

Art. 29. — « Lorsque les jeunes gens portés sur les tableaux de recensement ont fait des réclamations dont l'admission ou le rejet dépend de la décision à intervenir sur des questions judiciaires relatives à leur état ou à leurs droits civils, le conseil de révision ajourne sa décision ou ne prend qu'une décision conditionnelle.

« Les questions sont jugées contradictoirement avec le préfet, à la requête de la partie la plus diligente. Les tribunaux statuent sans délai, le ministère public entendu. »

Les cas prévus par cet article sont assez nombreux, nous signalerons entre autres la situation d'un jeune homme qui serait sous le coup de poursuites judiciaires, ou bien le cas où le conscrit, si les registres de l'état-civil avaient été détruits, prétendrait n'avoir pas encore atteint l'âge du tirage au sort.

Art. 30. — « Hors les cas prévus par l'article précédent, les décisions du conseil de révision sont définitives. Elles peuvent néanmoins être attaquées devant le Conseil d'État pour incompétence ou excès de pouvoir.

« Elles peuvent aussi être attaquées pour violation de la loi, mais par le ministre de la guerre seulement, et dans l'intérêt de la loi. Toutefois, l'annulation profite aux parties lésées. »

Il peut se présenter des cas où des jeunes gens se croyant véritablement lésés dans leurs intérêts jugent à propos d'attaquer devant le Conseil d'État les décisions du conseil de révision. Si la loi n'a pas été rigoureusement observée, le ministre de la guerre peut les faire annuler. Dans ces cas, l'injustice commise est réparée et les parties lésées profitent de l'annulation.

Art. 31. — « Après que le conseil de révision a statué sur les cas d'exemption et sur ceux de dispenses, ainsi que sur toutes les réclamations auxquelles les opérations peuvent donner lieu, la liste du recrutement cantonal est définitivement arrêtée et signée par le conseil de révision.

« Cette liste, divisée en cinq parties, comprend :

« 1° Par ordre de numéro de tirage, tous les jeunes gens déclarés propres au service militaire, et qui ne doivent pas être classés dans les catégories suivantes ;

« 2° Tous les jeunes gens dispensés en exécution de l'article 17 de la présente loi;

« 3° Tous les jeunes gens conditionnellement dispensés en vertu de l'article 20, ainsi que les jeunes gens liés au service en vertu d'un engagement volontaire, d'un brevet ou d'une commission, et les jeunes marins inscrits ;

« 4° Les jeunes gens qui, pour défaut de taille ou pour toute autre cause, ont été dispensés du service dans l'armée active, mais ont été reconnus aptes à faire partie d'un des services auxiliaires de l'armée ;

« 5° Enfin les jeunes gens qui ont été ajournés à un nouvel examen du conseil de révision. »

D'après cette disposition, les diverses catégories de jeunes gens se trouvent parfaitement établies; chacun est classé d'après son numéro de tirage, ses aptitudes et le service dont il est appelé à faire partie.

Art. 32. — « Quand les listes du recrutement de tous les cantons du département ont été arrêtées, conformément aux prescriptions de l'article précédent, le conseil de révision, auquel sont adjoints deux autre membres du conseil général également désignés par la commission permanente, et réuni au chef-lieu du département, prononce sur les demandes de dispenses pour soutien de famille, sur les demandes de sursis d'appel. »

Le conseil de révision ne peut statuer immédiatement sur les demandes de sursis et de dispenses qui lui sont adressées; mais lorsque les opérations sont terminées, les membres de ce conseil, assistés de deux autres membres du conseil général se réunissent au chef-lieu du département, examinent les demandes, en pèsent la valeur et se prononcent sur chacune d'elles sans qu'on puisse revenir sur leur décision.

Quatrième section.

Du registre matricule.

Art. 33. — « Il est tenu par département, ou par circonscriptions déterminées dans chaque département, en vertu d'un règlement d'administration publique, un registre matricule, dressé au moyen des listes mentionnées en l'article 31 ci-dessus, et sur lequel sont portés tous les jeunes gens qui n'ont pas été déclarés impropres à tout service militaire et qui n'ont pas été ajournés à un nouvel examen du conseil de révision.

« Ce registre mentionne l'incorporation de chaque homme inscrit, ou la position dans laquelle il est laissé, et successivement tous les changements qui peuvent survenir dans sa situation, jusqu'à ce qu'il passe dans l'armée territoriale. »

Le registre matricule contenant tous les noms des hommes valides de vingt a quarante ans, avec leur adresse et les changements qui ont pu survenir soit dans leur santé, soit à un autre point de vue, on se figure combien il sera facile en temps de guerre de rappeler sous les drapeaux tous les hommes valides et de les soumettre aux obligations de la classe à laquelle ils appartiennent.

Art. 34 — « Tout homme inscrit sur le registre matricule, qui change de domicile, est tenu d'en faire la déclaration à la mairie de la commune qu'il quitte et à la mairie du lieu où il vient s'établir.

« Le maire de chacune des communes transmet, dans les huit jours, copie de ladite déclaration au bureau du registre matricule de la circonscription dans laquelle se trouve la commune. »

Tous les citoyens faisant partie de l'armée, soit dans le service actif, soit dans le service auxiliaire, en un mot, tous les hommes valides âgés de vingt à quarante ans, lorsqu'ils changent de domicile, sont tenus d'en faire la déclaration à la mairie de la commune qu'ils quittent et à la mairie de la commune où ils vont se fixer. Ceux qui négligent cette formalité sont passibles de poursuites judiciaires et, si on appelait sous les drapeaux la classe dont ils font partie, ils seraient poursuivis comme réfractaires.

Art. 35. — « Tout homme, inscrit sur le registre matricule, qui entend se fixer en pays étranger, est tenu, dans sa déclaration à la mairie de la commune où il réside, de faire connaître le lieu où il va établir son domicile, et, dès qu'il y est arrivé, d'en prévenir l'agent consulaire de France. Le maire de la commune transmet, dans les huit jours, copie de ladite déclaration au bureau du registre matricule de la circonscription dans laquelle se trouve la commune.

« L'agent consulaire, dans les huit jours de la déclaration, en envoie copie au ministre de la guerre. »

Tous les citoyens français âgés de vingt à quarante ans qui veulent établir leur domicile à l'étranger doivent d'abord déclarer au maire de la commune qu'ils quittent, l'endroit où ils vont se fixer. Aussitôt arrivés à leur nouveau domicile, ils doivent prévenir le consul de France, qui les préviendrait dans le cas où la classe dont ils font partie serait appelée. On doit se conformer à cette loi sous peine d'être poursuivi comme réfractaire.

TITRE III.

DU SERVICE MILITAIRE.

Art. 36. — « Tout Français qui n'est pas déclaré impropre à tout service militaire fait partie :

« De l'armée active pendant cinq ans;

« De la réserve de l'armée active pendant quatre ans;

« De l'armée territoriale pendant cinq ans;

« De la réserve de l'armée territoriale pendant six ans.

« 1° L'armée active est composée, indépendamment des hommes qui ne se recrutent pas par les appels, de tous les jeunes gens déclarés propres à un des services de l'armée et compris dans les cinq dernières classes appelées ;

« 2° La réserve de l'armée active est composée de tous les hommes également déclarés propres à un des services de l'armée et compris dans les cinq dernières classes appelées immédiatement avant celles qui forment l'armée active ;

« 3° L'armée territoriale est composée de tous les hommes qui ont accompli le temps de service prescrit pour l'armée active et la réserve ;

« 4° La réserve de l'armée territoriale est composée des hommes qui ont accompli le temps de service pour cette armée.

« L'armée territoriale et la deuxième réserve sont formées par régions déterminées par un règlement d'administration publique ; elles comprennent pour chaque région les hommes ci-dessus désignés aux paragraphes 3 et 4, et qui sont domiciliés dans la région. »

Tout Français entre donc dans l'armée active pendant cinq ans, c'est-à-dire que l'État peut le garder sous les drapeaux pendant ce laps de temps ; mais ceux qui auront une instruction militaire suffisante pourront obtenir des congés avant cette époque.

Après les cinq ans de service actif, le jeune soldat passera dans la réserve de l'armée active, dans laquelle il restera pendant quatre ans ; il peut alors se marier, ce qui ne l'empêchera pas d'être versé de nouveau dans l'armée active en cas de guerre.

Lorsqu'un homme aura fini ses quatre années dans la réserve de l'armée active, il fera partie de l'armée territoriale. Là, les hommes ne seront pas sujets à de longs déplacements pour les exercices, qui se feront dans le voisinage de leurs cantons, et, en cas de besoin, ils seront mobilisés avec la plus grande facilité.

Art. 37. — « L'armée de mer est composée, indépendamment des hommes fournis par l'inscription maritime :

« 1° Des hommes qui auront été admis à s'engager volontairement ou à se rengager dans les conditions déterminées par un règlement d'administration publique ;

« 2° Des jeunes gens qui, au moment des opérations du conseil de révision, auront demandé à entrer dans un des corps de la marine, et auront été reconnus propres à ce service ;

« 3° Enfin, et à défaut d'un nombre suffisant d'hommes compris dans les deux catégories précédentes, du contingent du recrutement affecté par décision du ministre de la guerre à l'armée de mer.

« Ce contingent, fourni par chaque canton, dans la proportion fixée par ladite décision, est composé des jeunes gens compris dans la première partie de la liste de recrutement cantonal, et auquel seront échus les premiers numéros sortis au tirage au sort.

« Un règlement d'administration publique déterminera les conditions dans lesquelles pourront avoir lieu les permutations entre les jeunes gens affectés à l'armée de mer et ceux de la même classe affectés à l'armée de terre.

« Pour les hommes qui ne proviennent pas de l'inscription maritime, le temps dans l'armée de mer est de cinq ans, — et de deux ans dans la réserve.

« Ces hommes passent ensuite dans l'armée territoriale. »

Tout homme fourni par l'inscription maritime fait partie de l'armée de mer ainsi que ceux qui ont pris volontairement du service dans cette armée. Il en est de même de ceux qui, en passant devant le conseil de révision, déclarent vouloir entrer dans un des corps de la marine, lorsqu'ils sont toutefois capables de remplir ce service.

Lorsque, malgré cela, le contingent est insuffisant, on prend dans chaque canton les jeunes gens qui amènent les premiers numéros. C'est pour cette raison, entre autres, que l'on conserve le tirage au sort. Les jeunes gens désignés par leur numéro pour faire partie de l'armée de mer, pourront permuter avec d'autres jeunes gens appartenant à l'armée de terre. Toutefois un règlement d'administration publique déterminera les conditions de ces permutations.

Il y a un certain avantage à faire partie de l'armée de mer, puisque, au lieu de rester pendant quatre ans dans la réserve de l'armée active, on n'y reste que pendant deux années, après lesquelles on passe dans l'armée territoriale. Ainsi, au lieu d'être, pendant neuf ans dans l'armée active, on n'y reste que sept ans.

Art. 38. — « La durée du service compte du 1er juillet de l'année du tirage au sort.

« Chaque année, au 30 juin, en temps de paix, les militaires qui ont achevé le temps de service prescrit dans l'armée active, ceux qui ont accompli le temps de service prescrit dans la réserve de l'armée active, ceux qui ont terminé le temps de service prescrit pour l'armée territoriale ; enfin ceux qui ont terminé le temps du service pour la réserve de cette armée reçoivent un certificat constatant :

« Pour les premiers, leur envoi dans la première réserve ;

« Pour les seconds, leur envoi dans l'armée territoriale ;

« Pour les troisièmes, leur envoi dans la deuxième réserve ;

« Et, à l'expiration du temps de service dans cette réserve, les hommes reçoivent un congé définitif.

« En temps de guerre, ils reçoivent ces certificats immédiatement après l'arrivée au corps des hommes de la classe destinée à remplacer celle à laquelle ils appartiennent.

« La même disposition est applicable, en tout temps, aux hommes appartenant aux équipages de la flotte en cours de campagne. »

La loi s'est proposé, par cet article, de ne pas renvoyer en temps de guerre les hommes libérables avant l'arrivée au corps de ceux qui doivent les remplacer : sans cette précaution, les régiments se trouveraient dégarnis, situation qui, en temps de guerre pourrait offrir les plus graves inconvénients ; tandis qu'en temps de paix, elle n'est que d'une importance secondaire.

Art. 39. — « Tous les jeunes gens de la classe appelée, qui ne sont pas exemptés pour cause d'infirmités, ou ne sont pas dispensés en application des dispositions de la présente loi, ou n'ont pas obtenu de sursis d'appel, ou ne sont pas affectés à l'armée de mer, font partie de l'armée active et sont à la disposition du ministre de la guerre.

« Ces jeunes soldats sont tous immatriculés dans les divers corps de l'armée et envoyés, soit dans lesdits corps, soit dans les bataillons et écoles d'instruction. »

Cet article est une déclaration du service obligatoire personnel. Il résume l'article 35 de la présente loi.

Art. 40. — « Après une année de service des jeunes soldats dans les conditions indiquées en l'article précédent, ne sont plus maintenus sous les drapeaux que les hommes dont le chiffre est fixé chaque année par le ministre de la guerre.

« Ils sont pris par ordre de numéro sur la première partie de la liste du recrutement de chaque canton et dans la proportion déterminée par la décision du ministre ; cette décision est rendue aussitôt après que toutes les opérations du recrutement sont terminées. »

Ainsi, tous les ans, et sans que le service militaire en souffre, on recevra provisoirement dans leurs foyers un certain nombre de jeunes gens, après les avoir soumis à une année de service. On conçoit l'utilité et la sagesse de cette mesure, qui a pour effet de sauvegarder les intérêts publics et particuliers en n'enrayant ni le commerce, ni l'industrie, ni l'agriculture et en ne brisant pas la carrière des jeunes gens. Les hommes qui bénéficieront de cette mesure seront ceux qui auront amené au sort les meilleurs numéros, de telle sorte qu'on ne pourra accuser personne de partialité. Les soldats qui n'auront pas une instruction militaire satisfaisante, ne pourront, malgré leur bon numéro, profiter des bénéfices de cet article.

Art. 41. — « Nonobstant les dispositions de l'article précédent, le militaire compris dans la catégorie de ceux ne devant pas rester sous les drapeaux, mais qui, après l'année de service mentionnée audit article, ne sait pas lire et écrire, et ne satisfait pas aux examens déterminés par le ministre de la guerre, peut être maintenu au corps pendant une seconde année.

« Le militaire placé dans la même catégorie qui, par l'instruction acquise antérieurement à son entrée au service, et par celle reçue sous les drapeaux, remplit toutes les conditions exigées, peut, après six mois, à des époques fixées par le ministre de la guerre, et avant l'expiration de l'année, être envoyé en disponibilité dans ses foyers, conformément l'article suivant. »

Cet article constitue une prime en quelque sorte accordée au travail et à la bonne conduite. A l'avenir, tout conscrit voudra savoir lire et écrire afin de profiter de l'article 39 qui lui accorde des bénéfices s'il a un bon numéro. De plus, tous les jeunes soldats voudront apprendre l'exercice aussi rapidement que possible pour pouvoir, au bout de l'année, être renvoyés dans leurs foyers s'ils ont eu un bon numéro. Ceux qui avant d'être incorporés seront [rompus aux exercices militaires et sauront lire et écrire pourront, au bout de *six mois*, être renvoyés provisoirement chez eux. Ce sont là des avantages énormes dont tout jeune soldat intelligent voudra profiter.

Art. 42. — « Les jeunes gens qui, après le temps de service prescrit par les articles 40 et 42, ne sont pas maintenus sous les drapeaux, restent en disponibilité de l'armée active dans leurs foyers, et à la disposition du ministre de la guerre.

« Ils sont, par un règlement du ministre, soumis à des revues et à des exercices. »

Les jeunes gens qui seront maintenus dans leurs foyers en vertu de l'article précédent ne tarderaient pas à perdre l'habitude des exercices et des manœuvres militaires s'ils n'étaient soumis de temps en temps à des exercices et à des revues ; aussi seront-ils, en vertu des ordres du ministre de la guerre, appelés à leur corps pour prendre part aux travaux militaires qui auront pour but de les empêcher de perdre leurs connaissances acquises.

Art. 43. — « Les hommes envoyés dans la réserve de l'armée active restent immatriculés d'après le mode prescrit par la loi d'organisation.

« Le rappel de la réserve de l'armée active peut être fait d'une manière distincte et indépendante pour l'armée de terre et pour l'armée de mer ; il peut également être fait par classe, en commençant par la moins ancienne.

« Les hommes de la réserve de l'armée active sont assujettis, pendant le temps de service de ladite réserve, à prendre part à deux manœuvres.

« La durée de ces manœuvres ne peut dépasser quatre semaines. »

Cette mesure ne peut-être préjudiciable aux intérêts des hommes de la réserve, puisque pendant quatre ans ils ne sont soumis qu'à deux manœuvres dont la durée peut être d'un mois. C'est donc un mois seulement par deux années qu'ils doivent à l'État en temps de paix.

Art. 44. — « Les hommes en disponibilité de l'armée active, et les hommes de la réserve, peuvent se marier sans autorisation.

« Les hommes mariés restent soumis aux obligations de service imposées aux classes auxquelles ils appartiennent.

« Toutefois, les hommes en disponibilité ou en réserve qui sont pères de quatre enfants vivants passent de droit dans l'armée territoriale. »

Ainsi, le jeune soldat qui, grâce à son instruction antérieure, a été renvoyé au bout de six mois dans ses foyers ; celui qui après un an est en disponibilité par son bon numéro, en un mot ceux qui ont terminé leur temps au régiment peuvent se marier sans autorisation. Il est vrai que malgré cela ils sont soumis aux mêmes obligations que la classe dont ils font partie, et qu'ils sont à la disposition du ministre de la guerre ; mais s'ils ont quatre enfants, ils passent de droit dans l'armée territoriale, quelque soit le temps qu'ils aient encore à faire dans l'armée active.

Art. 45. — « Des lois spéciales détermineront les bases de l'organisation de l'armée active et de l'armée territoriale, ainsi que des réserves. »

TITRE IV.

DES ENGAGEMENTS. — DES RENGAGEMENTS ET DES ENGAGEMENTS CONDITIONNELS D'UN AN

Première section

Des engagements.

Art. 46. — « Tout Français peut être autorisé à contracter un engagement volontaire, aux conditions suivantes :

« L'engagé volontaire doit :

« 1° S'il entre dans l'armée de mer, avoir seize ans accomplis, sans être tenu d'avoir la taille prescrite par la loi, mais sous la condition qu'à l'âge de dix-huit ans il ne pourra être reçu s'il n'a pas cette taille;

« 2° S'il entre dans l'armée de terre, avoir dix-huit ans accomplis et au moins la taille de 1m54 ;

« 3° Savoir lire et écrire;

« 4° Jouir de ses droits civils;

« 5° N'être ni marié ni veuf avec enfants;

« 6° Être porteur d'un certificat de bonne vie et mœurs délivré par le maire de la commune de son dernier domicile; et, s'il ne compte pas au moins une année de séjour dans cette commune, il doit également produire un autre certificat du maire de la commune où il a été domicilié dans le cours de cette année.

« Le certificat doit contenir le signalement du jeune homme qui veu s'engager, mentionner la durée du temps pendant lequel il a été domicilié dans la commune et attester :

« Qu'il jouit de ses droits civils;

« Qu'il n'a jamais été condamné à une peine correctionnelle pour vol, escroquerie, abus de confiance ou attentat aux mœurs.

« Si l'engagé a moins de vingt ans, il doit justifier du consentement de ses père, mère ou tuteur.

« Ce dernier doit être autorisé par une délibération du conseil de famille.

« Les conditions relatives, soit à l'aptitude militaire, soit à l'admissibilité dans les différents corps de l'armée, sont déterminées par un décret inséré au *Bulletin des lois.* »

La loi tient à ce que l'engagé volontaire n'ait pas subi de condamnations infamantes; l'honnête homme offre des garanties qu'on ne saurait attendre d'un jeune homme déjà condamné pour escroquerie, pour vols, etc. — L'article 45 permet aux jeunes gens et surtout à ceux qui se destinent à la carrière militaire, de devancer l'âge fixé pour le service obligatoire.

Art. 47. — « La durée de l'engagement volontaire est de cinq ans.

« Les années de l'engagement volontaire comptent dans la durée du service militaire fixée par l'article 36 ci-dessus.

« En cas de guerre, tout Français qui a accompli le temps de service prescrit pour l'armée active et la réserve de ladite armée, est admis à contracter dans l'armée active un engagement pour la durée de la guerre. »

« Cet engagement ne donne pas lieu aux dispenses prévues par les paragraphes 4 et 5 de l'article 17 de la présente loi. »

La durée de l'engagement volontaire étant de cinq années, tout engagé volontaire qui s'enrôle à l'âge de 18 ans entrera dans la réserve de l'armée active et dans l'armée territoriale deux ans avant les jeunes gens de la classe à laquelle il appartient, puisque les années de l'engagement volontaire comptent dans la durée du service militaire.

Les hommes qui ne font plus partie de l'armée active et qui, par conséquent, sont passés dans l'armée territoriale, ont le droit, en cas de guerre de contracter un engagement dans l'armée active pour la durée de la guerre, et comme c'est volontairement qu'ils ont pris du service, ils ne dispenseront pas leurs frères cadets du service dans l'armée active, même s'ils sont tués devant l'ennemi ou réformés pour blessures.

Art. 48. — « Les hommes qui, après avoir satisfait aux conditions des articles 40 et 41 de la présente loi, vont être renvoyés en disponibilité, peuvent être admis à rester dans ladite armée de manière à compléter cinq années de service.

« Les hommes renvoyés en disponibilité peuvent être autorisés à compléter cinq années de service sous les drapeaux. »

Les jeunes soldats qui en vertu des articles 38 et 39 de la présente loi, peuvent être renvoyés en disponibilité et ne veulent pas profiter des priviléges de leur bon numéro dans le désir d'obtenir des grades dans l'armée peuvent rester sous les drapeaux pendant toute la durée des cinq années de service dans l'armée active.

Art. 49. — « Les engagés volontaires, les hommes admis à rester dans l'armée active, ainsi que ceux qui, en disponibilité, ont été autorisés à compléter cinq années de service dans ladite armée, ne peuvent être envoyés en congé sans leur consentement. »

Ainsi les jeunes gens qui ont contracté un engagement volontaire, ceux qui ont voulu faire leurs cinq années de service dans l'armée active, ne peuvent être envoyés en congé que s'ils le demandent ou s'ils y consentent.

Art. 50. — « Les engagements volontaires sont contractés dans les formes prescrites par les articles 34, 35, 36, 37, 38, 39, 40, 42 et 44 du Code civil, devant les maires des chefs-lieux de canton.

« Les conditions relatives à la durée des engagements sont insérées dans l'acte même.

« Les autres conditions sont lues aux contractants avant la signature, et mention en est faite à la fin de l'acte, le tout sous peine de nullité. »

Les jeunes gens qui veulent contracter un engagement volontaire doivent s'adresser au maire du chef-lieu de canton auquel ils appartiennent.

Pour les autres conditions exigées des engagés volontaires, voyez l'article 45 de la présente loi.

Deuxième section.

Des rengagements.

Art. 51. — « Des rengagements peuvent être reçus pour deux ans au moins et cinq ans au plus.

« Ces rengagements ne peuvent être reçus que pendant le cours de la dernière année de service sous les drapeaux.

« Ils sont renouvelables jusqu'à l'âge de 29 ans accomplis pour les caporaux et soldats, et jusqu'à l'âge de 35 ans accomplis pour les sous-officiers.

« Les autres conditions sont déterminées par un règlement inséré au *Bulletin des lois*.

« Les rengagements, après cinq ans de service sous les drapeaux, donnent droit à une haute paye. »

D'après cet article, tout soldat qui est dans sa cinquième année de service peut contracter un rengagement de un ou de deux ans. A l'expiration de ce rengagement, il peut en contracter un autre de nouveau et ainsi de suite jusqu'au moment où il aura atteint l'âge de 29 ans. Cependant, les sous-officiers peuvent renouveler leurs engagements jusqu'à l'âge de 32 ans. Après ce délai, les sous-officiers, comme tous ceux qui ont contracté des rengagements, font partie de l'armée territoriale, dans laquelle ils peuvent rendre d'excellents services par leur habitude de la discipline et des manœuvres militaires. Cette loi a encore un autre avantage : c'est de ne plus tolérer dans les régiments des sous-officiers au-dessus de 32 ans, tandis qu'autrefois, un grand nombre d'entre eux restaient attachés à l'armée, où ils constituaient des non-valeurs, la plupart du temps.

Tout soldat qui contracte un rengagement après ses cinq ans de service sous les drapeaux, touche la haute paye.

Art. 52.— « Les engagements prévus à l'article 48 de la présente loi et les rengagements sont contractés devant les intendants ou sous-intendants militaires, dans la forme prescrite dans l'article 50 ci-dessus, sur la preuve que le contractant peut rester ou être admis dans le corps pour lequel il se présente. »

Les engagements dont il a été question à l'article 49 de la présente loi *(voyez cet article)* sont contractés devant les intendants ou les sous-intendants militaires ; il en est de même des rengagements, parce qu'alors les jeunes gens étant sous les drapeaux appartiennent à l'autorité militaire.

Troisième section.

Des engagements conditionnels d'un an.

Art. 53. — « Les jeunes gens qui ont obtenu des diplômes de bacheliers ès lettres, de bacheliers ès sciences, des diplômes de fin d'études, ou des brevets de capacité institués par les articles 4 et 6 de la loi du 21 juin 1865 ; ceux qui font partie de l'École centrale des arts et manufactures, des Écoles nationales des arts et métiers, des Écoles nationales des beaux-arts, du Conservatoire de musique, des Écoles nationales vétérinaires et des Écoles nationales d'agriculture ; les élèves externes de l'École des mines, de l'École des ponts et chaussées, de l'École du génie maritime, et les élèves de l'Ecole des mineurs de Saint-Etienne, sont admis, avant le tirage au sort, lorsqu'ils présentent les certificats d'études émanés des autorités désignées par un règlement inséré au *Bulletin des lois*, à contracter dans l'armée de terre des engagements conditionnels d'un an, selon le mode déterminé par ledit règlement. »

Cet article a pour but, comme celui qui a rapport aux classes laborieuses, de sauvegarder les intérêts publics et privés. Les jeunes gens dont il est ici question, grâce à leur instruction et à la culture de leur facultés intellectuelles, sont à même d'apprendre, en un an, ce que beaucoup ne pourraient apprendre qu'en deux ou trois ans. Les carrières auxquelles ils se destinent exigeant des études longues et difficiles, ils ne pourraient atteindre le but qu'ils se proposent s'ils étaient tenus de rester pendant cinq ans sous les drapeaux, en dehors des occupations qui leur sont nécessaires ; ils perdraient leurs connaissances acquises et se trouveraient dans l'impossibilité d'achever des études trop longtemps interrompues. La loi a paré à cet inconvénient ; ces jeunes gens s'engagent pour un an ; lorsque leur éducation militaire est satisfaisante, ce dont on s'assure en leur faisant subir un examen, ils peuvent reprendre le cours de leurs études tout en restant à la disposition du ministre de la guerre.

Art. 54. — « Indépendamment des jeunes gens indiqués en l'article précédent, sont admis, avant le tirage au sort, à contracter un semblable engagement, ceux qui satisfont à un des examens exigés par les différents programmes, préparés par le ministre de la guerre et approuvés par décrets rendus dans la forme des règlements d'administration publique.

« Ces décrets seront insérés au *Bulletin des lois*.

« Le nombre des engagements conditionnels d'un an sera fixé, chaque année, par département, et en proportion du contingent.

« Le nombre de ces admissions est fixé, chaque année, par le ministre. Si au moment où les jeunes gens mentionnés au présent article et à l'article précédent se présentent pour contracter un engagement, ils ne sont pas reconnus propres au service, ils sont ajournés et ne peuvent être incorporés que lorsqu'ils remplissent toutes les conditions voulues. »

Le privilége de l'article 52 n'est donc pas seulement acquis aux jeunes gens dont il est question dans cet article ; tous les jeunes gens peuvent en profiter, à la condition de sortir avec succès des examens exigés avant de pouvoir contracter l'engagement conditionnel d'un an. Comme il pourrait se faire que le nombre de candidats à l'engagement volontaire d'un an soit trop considérable, le nombre de ceux qui seront accordés sera fixé chaque année par département et sera en proportion du contingent. Les admissions seront accordées à ceux qui auront soutenu l'examen de la manière la plus satisfaisante. C'est justice et en même temps c'est un excellent moyen d'émulation et d'encouragement au travail. Tous les jeunes gens instruits redoubleront d'efforts pour surpasser en instruction leurs camarades et mériter le droit de contracter l'engagement conditionnel d'un an.

Art. 55. — « L'engagé volontaire d'un an est habillé, monté, équipé et entretenu à ses frais.

« Toutefois, le ministre de la guerre peut exempter, de tout ou partie des obligations déterminées par le paragraphe précédent, les jeunes gens qui ont donné dans leur examen des preuves de capacité et qui justifient, dans les formes prescrites par les règlements, être dans l'impossibilité de subvenir aux frais résultant de ces obligations. »

Les engagés volontaires ont donc à supporter les frais de leur équipement; cependant, la loi, pour sauvegarder la justice, a prévu le cas où un jeune homme, engagé volontaire d'un an, n'a pas la fortune suffisante pour prendre ces frais à sa charge, et dans ce cas une remise partielle ou totale de ces frais est accordée à ceux qui prouvent l'insuffisance de leurs ressources, s'ils ont donné dans leur examen des preuves de capacité.

Art. 56. — « L'engagé volontaire d'un an est incorporé et soumis à toutes les obligations de service imposées aux hommes présents sous les drapeaux.

« Il est astreint aux examens prescrits par le ministre de la guerre.

« Si, après un an de service, l'engagé volontaire d'un an ne satisfait pas à ces examens, il est obligé de rester une seconde année au service aux conditions déterminées dans le règlement prévu par l'article 53.

« Si, après cette seconde année, l'engagé volontaire ne satisfait pas à cet examen, il est, par décision du ministre de la guerre, déclaré déchu des avantages réservés aux volontaires d'un an, et il reste soumis aux mêmes obligations que celles imposées aux hommes de la première partie de la classe à laquelle il appartient par son engagement.

« Il en est de même pour le volontaire qui, pendant la première ou la seconde année, a commis des fautes graves et répétées contre la discipline.

« Dans tous les cas, le temps passé dans le volontariat compte en déduction de la durée du service prescrit par l'article 36 de la présente loi.

« En temps de guerre, l'engagé volontaire d'un an est maintenu au service.

« En cas de mobilisation, l'engagé volontaire d'un an marche avec la première partie de la classe à laquelle il appartient par son engagement. »

Comme tous les hommes de la classe à laquelle il appartient, l'engagé volontaire d'un an est soumis à toutes les obligations du service militaire pendant le temps qu'il passe sous les drapeaux. S'il y a guerre, il reste au service pendant toute la durée de la guerre, et, dans tous les cas, le temps qu'il passe au service vient en déduction de la durée du service militaire exigé par l'article 35 de cette loi. (*Voyez cet article.*)

Lorsque au bout d'un an, l'engagé volontaire ne donne pas, dans son examen, des preuves suffisantes de capacité, il est tenu de rester une seconde année au service. Enfin, si, après cette seconde année, il n'a pas satisfait aux conditions d'instruction militaire exigées, il perd ses droits d'engagé volontaire d'un an et rentre dans la catégorie des hommes de la première partie de la classe à laquelle il appartient par son engagement; il est soumis aux mêmes obligations.

Les mêmes dispositions sont applicables aux engagés volontaires qui dans le cours de la première ou de la seconde année qu'ils passent sous les drapeaux se seront montrés indisciplinés.

Art. 57. — « Dans l'année qui précède l'appel de leur classe, les jeunes gens mentionnés dans l'article 53 qui n'auraient pas terminé les études de la Faculté ou des écoles auxquelles ils appartiennent, mais qui voudraient les achever dans un laps de temps déterminé, peuvent, tout en contractant l'engagement d'un an, obtenir de l'autorité militaire un sursis avant de se rendre au corps pour lequel ils se sont engagés. Le sursis pourra leur être accordé jusqu'à l'âge de vingt-quatre ans accomplis. »

Les jeunes gens qui n'auraient pas achevé leurs études pourront donc obtenir un sursis, tout en contractant l'engagement volontaire d'un an, et ce sursis peut leur être accordé jusqu'à l'âge de vingt-cinq ans accomplis. Cette disposition est extrêmement favorable en ce sens qu'elle n'entrave pas les carrières libérales.

Art. 58. — « Après que les engagés volontaires d'un an ont satisfait à tous les examens exigés par l'article 56, ils peuvent obtenir des brevets de sous-officier ou des commissions au moins équivalentes.

« Les lois spéciales prévues par l'article 44 déterminent l'emploi de des jeunes gens, soit dans la disponibilité, soit dans la réserve de l'armée active, soit dans l'armée territoriale, ou dans les différents services auxquels leurs études les ont plus spécialement destinés. »

Grâce à cette disposition on sera sûr d'avoir de bons sous-officiers, tant dans l'armée active que dans l'armée territoriale. Chacun de ces jeunes gens aura à tenir un emploi en rapport avec ses aptitudes et les travaux auxquels il se sera plus particulièrement livré.

TITRE V.

Dispositions pénales.

Art. 59. — « Tout homme inscrit sur le registre matricule, qui n'a pas fait les déclarations de changement de domicile prescrites par les articles 34 et 35 de la présente loi, est déféré aux tribunaux ordinaires, et puni d'une amende de 10 francs à 200 francs; il peut, en outre, être condamné à un emprisonnement de quinze jours à trois mois.

« En temps de guerre la peine est double. »

Il faut que l'autorité soit informée du domicile exact de tous les citoyens valides de 20 à 40 ans, afin qu'elle puisse, en temps de guerre notamment, les appeler sous les drapeaux, et les diriger sur tel ou tel endroit du territoire français, selon les ordres du ministre de la guerre.

Ainsi donc, tout homme valide de 20 à 40 ans, qui aura négligé de déclarer ses changements de domicile, sera passible de l'une des peines énoncées dans l'article ci-dessus.

Art. 60. — « Toutes fraudes ou manœuvres par suite desquelles un jeune homme a été omis sur les tableaux de recensement ou sur les listes du tirage, sont déférées aux tribunaux ordinaires et punies d'un emprisonnement d'un mois à un an.

« Sont déférés aux mêmes tribunaux et punis de la même peine :

« 1° Les jeunes gens appelés qui, par suite d'un concert frauduleux, se sont abstenus de comparaître devant le conseil de révision ;

« 2° Les jeunes gens qui, à l'aide de fraudes ou manœuvres, se sont fait exempter ou dispenser par un conseil de révision, sans préjudice des peines plus graves en cas de faux.

« Les auteurs ou complices seront punis des mêmes peines.

« Si le jeune homme omis a été condamné comme auteur ou complice de fraudes ou manœuvres, les dispositions de l'article 14 lui seront appliquées lors du premier tirage qui aura lieu après l'expiration de sa peine.

« Le jeune homme indûment exempté ou indûment dispensé, est rétabli en tête de la première partie de la classe appelée, après qu'il a été reconnu que l'exemption ou la dispense avait été indûment accordée. »

La loi doit être des plus sévères à l'égard des jeunes gens qui cherchent à se soustraire à l'obligation de servir la patrie. C'est le plus sacré des devoirs, et y faillir c'est faire acte de lâcheté. Aussi, tout homme qui sera convaincu d'avoir usé de fraudes ou de manœuvres pour se faire exempter ou dispenser sera poursuivi par les tribunaux et condamné à l'emprisonnement. De plus, les dispositions de l'article 14 de la présente loi lui seront appliquées (*voyez l'article 14*). Il sera donc rétabli avec le numéro 1 sur la liste cantonale, et, par suite, classé dans un service de mer. Il y a tout lieu d'espérer que personne ne voudra se soustraire à son devoir, et que tous les citoyens, au contraire, voudront servir leur pays plutôt que de s'exposer à des peines infamantes.

ART. 61. — « Tout homme inscrit sur le registre matricule au domicile duquel un ordre de route a été régulièrement notifié, et qui n'est pas arrivé à sa destination au jour fixé par cet ordre, est, après un mois de délai, et hors le cas de force majeure, puni, comme insoumis, d'un emprisonnement d'un mois à un an en temps de paix, et de deux ans à cinq ans en temps de guerre.

« Dans ce dernier cas, à l'expiration de sa peine, il est envoyé dans une compagnie de discipline.

« En temps de guerre, les noms des insoumis sont affichés dans toutes les communes du canton de leur domicile; ils restent affichés pendant toute la durée de la guerre.

« Ces dispositions sont applicables à tout engagé volontaire, qui, sans motifs légitimes, n'est pas arrivé à sa destination dans le délai fixé par sa feuille de route.

« En cas d'absence du domicile, et lorsque le lieu de la résidence est inconnu, l'ordre de route est notifié au maire de la commune dans laquelle l'appelé a concouru au tirage.

« A l'égard des appelés, le délai d'un mois sera porté :

« 1° A deux mois, s'ils demeurent en Algérie, dans les îles voisines des contrées limitrophes de la France ou en Europe;

« 2° A six mois, s'ils demeurent dans tout autre pays.

« L'insoumis est jugé par le conseil de guerre de la division militaire dans laquelle il a été arrêté.

« Le temps pendant lequel l'engagé volontaire ou l'homme inscrit sur le registre matricule aura été insoumis ne compte pas dans les années de service exigées. »

Quand un homme reçoit sa feuille de route, en temps de paix, soit pour rejoindre son corps, soit pour prendre part aux manœuvres qu'il qu'il doit faire avec les hommes de sa classe, il doit être arrivé à destination au jour indiqué sur sa feuille de route; s'il n'obéit pas à cet ordre, il sera condamné à un emprisonnement d'un mois à un an, à moins qu'il ne prouve qu'il a été empêché par un cas de force majeure.

En temps de guerre la punition sera plus grave; l'emprisonnement peut être porté à cinq ans. De plus, le nom du soldat insoumis sera affiché dans toutes les communes de son canton et la honte de sa conduite sera connue de tous.

Quand il aura achevé le temps d'emprisonnement auquel il aura été condamné il sera envoyé dans des compagnies de discipline. Il lui restera de plus à faire le temps pendant lequel il aura échappé aux obligations du service militaire. Aussi, tout homme de vingt à quarante ans qui recevra une feuille de route, s'empressera-t-il de se rendre au jour et au lieu qui lui seront assignés, à moins qu'il ne soit empêché, et, dans ce cas, il devra justifier sa conduite par des pièces émanant des autorités compétentes.

Art. 62. — « Quiconque est reconnu coupable d'avoir recélé ou d'avoir pris à son service un insoumis, est puni d'un emprisonnement qui ne peut excéder six mois. Selon les circonstances, la peine peut être réduite à une amende de vingt à deux cents francs.

« Quiconque est convaincu d'avoir favorisé l'évasion d'un insoumis, est puni d'un emprisonnement d'un mois à un an.

« La même peine est prononcée contre ceux qui, par des manœuvres coupables, ont empêché ou retardé le départ des jeunes soldats.

« Si le délit à été commis à l'aide d'un attroupement, la peine sera double.

« Si le délinquant est fonctionnaire public, employé du Gouvernement ou ministre d'un culte salarié par l'Etat, la peine peut être portée jusqu'à deux années d'emprisonnement, et il est en outre condamné à une amende qui ne pourra excéder deux mille francs. »

L'insoumis est celui qui néglige de se rendre à la destination qui lui est fixée sur sa feuille de route et le jour qui lui est assigné. Ceux qui se font ses complices volontairement en favorisant son insoumission, soit en l'engageant à ne pas obéir, soit en lui donnant asile chez eux et en le cachant, soit en favorisant son évasion, peuvent être punis d'un emprisonnement de un mois à un an. Dans d'autres cas indiqués dans l'article ci-dessus, le délinquant peut être condamné à deux ans de prison et à deux mille francs d'amende.

Art. 63. — « Tout homme qui est prévenu de s'être rendu impropre au service militaire, soit temporairement, soit d'une manière permanente, dans le but de se soustraire aux obligations imposées par la présente loi, est déféré aux tribunaux, soit sur la demande des conseils de révision, soit d'office, et, s'il est reconnu coupable, il est puni d'un emprisonnement d'un mois à un an.

« Sont également déférés aux tribunaux et punis de la même peine les jeunes gens qui, dans l'intervalle de la clôture de la liste cantonale à leur mise en activité, se sont rendus coupables du même délit.

« A l'expiration de leur peine, les uns et les autres sont mis à la disposition du ministre de la guerre, pour tout le temps du service militaire qu'ils doivent à l'État, et peuvent être envoyés dans une compagnie de discipline.

« La peine portée au présent article est prononcée contre les complices.

« Si les complices sont des médecins, chirurgiens, officiers de santé ou pharmaciens, la durée de l'emprisonnement sera de deux mois à deux ans, indépendamment d'une amende de deux cents francs à mille francs qui peut aussi être prononcée, et sans préjudice de peines plus graves, dans les cas prévus par le Code pénal. »

Tout homme convaincu de s'être mutilé volontairement dans le but de se procurer une exemption du service militaire, quelle que soit l'époque à laquelle il se sera rendu coupable de ce fait, sera poursuivi et condamné à un emprisonnement de un mois à un an. Aussitôt l'expiration de sa peine, il sera, jusqu'à l'âge de quarante ans, mis à la disposition du ministre de la guerre qui peut, s'il le juge à propos, l'envoyer dans une compagnie de discipline.

Ceux qui auront aidé, conseillé ou procuré les moyens d'exécuter ce délit seront punis aussi de l'emprisonnement et d'une amende, et s'ils sont médecins ou pharmaciens, les peines qu'ils auront à subir n'en seront que plus graves.

Art. 64. — « Ne compte pas pour les années de service exigées par la présente loi, le temps pendant lequel un militaire a subi la peine de l'emprisonnement en vertu d'un jugement. »

Un homme qui serait condamné à un an de prison, par exemple, serait tenu de rester une année de plus sous les drapeaux : le temps passé en prison ne compte pas comme temps de service.

Art. 65. — « Tout fonctionnaire ou officier public, civil ou militaire, qui, sous quelque prétexte que ce soit, aura autorisé ou admis des exemptions, dispenses ou exclusions autres que celles déterminées par la présente loi, ou qui aura donné arbitrairement une extension quelconque, soit à la durée, soit aux règles et conditions des appels, des engagements ou des rengagements, sera coupable d'abus d'autorité, et puni des peines portées dans l'article 185 du Code pénal, sans préjudice des peines plus graves prononcées par ce Code dans les autres cas qu'il a prévus. »

Cette loi concerne les préfets, les sous-préfets, les maires, les adjoints, les conseillers de préfecture, les conseillers généraux et municipaux, les fonctionnaires de l'armée, etc., etc., qui, dans les cas prévus par l'article 65 ci-dessus, seront exclus des fonctions publiques pendant cinq ou vingt ans et condamnés à une amende variable entre deux cents et cinq cents francs.

Si ces fonctionnaires se sont laissé corrompre et ont accepté de l'argent, ils seront de plus condamnés à l'emprisonnement.

Art. 66. — « Les médecins, chirurgiens ou officiers de santé qui, appelés au conseil de révision à l'effet de donner leur avis, conformément aux articles 16, 18, 28, ont reçu des dons ou agréé des promesses pour être favorables aux jeunes gens qu'ils doivent examiner, sont punis d'un emprisonnement de deux mois à deux ans.

« Cette peine leur est appliquée soit qu'au moment des dons ou promesses ils aient déjà été désignés pour assister au conseil, soit que les dons ou promesses aient été agréés dans la prévoyance des fonctions qu'ils auraient à y remplir.

« Il leur est défendu, sous la même peine, de rien recevoir, même pour une exemption ou réforme justement prononcée.

Les médecins étant plus à même que les autres fonctionnaires de se rendre favorables aux jeunes gens soumis à la loi militaire, les législateurs doivent s'entourer à leur égard de précautions presque toujours inutiles grâce à leur probité devenue proverbiale. Les peines qui menacent les médecins sont graves et la loi frappe en même temps ceux qui tenteraient de les corrompre; c'est une excellente mesure, parce qu'en combattant la cause on empêche l'effet.

Art. 67. — « Les peines prononcées par les articles 60, 62 et 63 sont applicables aux tentatives des délits prévus par ces articles.

« Dans le cas prévu par l'article 66, ceux qui ont fait des dons et promesses sont punis des peines portées par ledit article contre les médecins, chirurgiens ou officiers de santé. »

Art. 68. — « Dans tous les cas non prévus par les dispositions précédentes, les tribunaux civils et militaires, dans les limites de leur compétence, appliqueront les lois pénales ordinaires aux délits auxquels pourra donner lieu l'exécution du mode de recrutement déterminé par la présente loi.

« Dans tous les cas où la peine d'emprisonnement est prononcée par la présente loi, les juges peuvent, suivant les circonstances, user de la faculté exprimée par l'article 463 du Code pénal. »

D'après cet article, les tribunaux civils et militaires pourront juger les cas non prévus par la présente loi, en tant que ces cas seront de leur compétence. Ils pourront atténuer la peine, s'ils le jugent à propos, selon les circonstances qui auront accompagné les délits.

Dispositions particulières.

ART. 69. — « Les jeunes gens appelés à faire partie de l'armée, en exécution de la présente loi, outre l'instruction nécessaire à leur service, reçoivent dans leurs corps, et suivant leurs grades, l'instruction prescrite par un règlement du ministre de la guerre. »

Il résulte de cet article que les jeunes soldats qui à leur arrivée au régiment ne sauront ni lire, ni écrire, recevront une instruction prescrite par un règlement du ministre de la guerre; ainsi, l'instruction obligatoire accompagnera le service obligatoire. L'instruction sera proportionnelle au grade; ainsi tous les officiers seront tenus à un travail continuel s'ils veulent arriver à un grade supérieur à celui qu'ils ont. Ainsi tout homme qui aspirera à un grade ne l'obtiendra qu'à la condition d'avoir les capacités exigées pour ce grade. Désormais, l'avancement ne sera plus dû à la faveur, ni à l'ancienneté, il sera la récompense du travail, du progrès et de la science acquise. Une hiérarchie établie sur de telles bases ne laisse rien à désirer, elle donne les meilleures garanties.

ART. 70. — « Les ministres de la guerre et de la marine assureront par des règlements, aux militaires de toutes armes, le temps et la liberté nécessaires à l'accomplissement de leurs devoirs religieux, les dimanches et autres jours de fête consacrés par leurs cultes respectifs. Ces règlements seront insérés au *Bulletin des lois*. »

Cet article assure le respect des opinions religieuses: chacun pourra, si bon lui semble, remplir ses devoirs religieux, à la condition que les règlements et les devoirs militaires n'en souffriront pas.

ART. 71. — « Tout homme ayant passé sous les drapeaux douze ans, dont quatre au moins avec le grade de sous-officier, reçoit des chefs de corps un certificat qui lui donne droit d'obtenir, au fur et à mesure des vacances, un emploi civil ou militaire en rapport avec ses aptitudes ou son instruction.

« Une loi spéciale désignera dans chaque service public la catégorie des emplois qui seront réservés en totalité, ou dans une proportion déterminée, aux candidats munis du certificat ci-dessus. »

Cet article constitue une garantie pour l'avenir aux bons sous-officiers. Il est essentiel, si on veut avoir des sergents instruits et bien au courant de la discipline, de leur donner des garanties, sans lesquelles ils ne resteraient pas dans l'armée active pendant douze ans. L'article ci-dessus les laisse sans inquiétude et les engage même à rester au régiment, puisqu'ils ont la certitude qu'après avoir donné douze ans à l'État, une position honorable et lucrative, récompense de leurs travaux et de leurs services les attend dans une administration civile ou militaire.

Art. 72. — « Nul n'est admis, avant l'âge de trente ans accomplis, à un emploi civil ou militaire, s'il ne justifie avoir satisfait aux obligations imposées par la présente loi. »

Cet article n'a pas besoin d'explication : le service militaire étant obligatoire, l'État ne peut admettre aux emplois qui relèvent de lui des hommes qui n'ont pas satisfait aux obligations de la présente loi.

Art. 73. — « Chaque année, avant le 31 mars, il sera rendu compte à l'Assemblée nationale, par le ministre de la guerre, de l'exécution de la présente loi pendant l'année précédente. »

La nation et les représentants seront donc chaque année au courant de la situation de l'armée, du résultat des améliorations introduites l'année précédente et de l'opportunité des mesures à prendre pour la perfectionner encore.

Dispositions transitoires.

Art. 74. — « Les dispositions de la présente loi ne seront appliquées qu'à partir du 1er janvier 1873.

« Toutefois, la totalité de la classe 1871 sera mise à la disposition du ministre de la guerre; les jeunes gens de cette classe qui ne feront pas partie du contingent fixé par le ministre, seront placés dans la réserve de l'armée active, au lieu de l'être dans la garde nationale mobile, conformément à la loi du 1er février 1868, et y resteront un temps égal à la durée du service accompli dans l'armée active et dans la réserve par les hommes de la même classe compris dans le contingent. Après quoi les uns et les autres seront placés dans l'armée territoriale, conformément aux dispositions de l'article 36 de la présente loi.

« La durée du service pour la classe de 1871 comptera du 1er juillet 1872, conformément aux prescriptions de la loi du 1er février 1868; toutefois, pour les jeunes gens de cette classe qui ont devancé l'appel à l'activité, elle comptera du 1er janvier 1871, conformément au décret du 5 janvier 1871. »

Les jeunes gens de la classe de 1872 sont donc à la disposition du ministre de la guerre, quoique les dispositions de la présente loi ne soient applicables qu'à partir du 1er janvier 1873.

Ceux des jeunes soldats de la classe de 1872 qui ne feront pas partie du contingent fixé par le ministre, feront partie de la réserve de l'armée active et y resteront un temps égal à la durée du service accompli dans l'armée active et dans la réserve par les hommes qui appartiennent à leur classe et qui ont été compris dans le contingent.

Art. 75. — « Les jeunes gens ne faisant pas partie de la classe de 1871, qui voudraient, avant le 1er janvier 1873, profiter des dispositions des articles 53 et 54 ci-dessus, feront au ministre de la guerre la demande de contracter un engagement d'un an.

« Le règlement prévu par les articles 53 et suivants, et les programmes mentionnés en l'article 54, seront publiés avant le 1er novembre prochain; à partir de cette époque les jeunes gens désignés au paragraphe 1er du présent article seront admis soit à contracter leur engagement, soit à passer les examens exigés.

« Les jeunes gens des classes de 1872 et suivantes actuellement sous les drapeaux par suite d'engagements volontaires pourront, à partir du 1er janvier 1873, profiter des dispositions des articles 53 et 54.

« Le temps passé au service par ces jeunes gens sera, lorsqu'ils auront rempli les obligations déterminées à l'article 56, déduit du temps de service prescrit par l'article 36.

« Le temps passé au service par les jeunes gens qui se sont engagés volontairement pour la durée de la guerre, sera également déduit du temps de service prescrit par l'article 36. »

Art. 76. — « Les jeunes gens des classes 1867, 1868, 1869 et 1870, appelés en vertu de la loi du 1er février 1868, qui ont été compris dans le contingent de l'armée, seront, à l'expiration de leur service dans la réserve, placés dans l'armée territoriale, conformément aux dispositions de l'article 36 de la présente loi. Les jeunes gens de ces mêmes classes, qui n'ont pas été compris dans le contingent de l'armée, et qui font actuellement partie de la garde nationale mobile, seront, à partir du

1er janvier 1873, placés dans la réserve de l'armée, où ils compteront jusqu'à la libération du service dans la réserve des jeunes gens de la même classe qui ont été compris dans le contingent de l'armée. Ils seront ensuite placés dans l'armée territoriale, conformément aux dispositions de l'article 36 de la présente loi. »

La garde mobile n'existant plus, les jeunes gens dont il est question dans cet article, lorsque leur temps de service dans la réserve sera terminé, feront partie de l'armée territoriale. Il en est de même de tous les hommes valides de 30 à 40 ans, tous feront partie de l'armée territoriale.

Art. 77. — « Les hommes des classes antérieures appelées en vertu de la loi du 21 mars 1832, qu'ils aient été ou non compris dans les contingents fournis par lesdites classes, feront partie de l'armée territoriale et de la réserve de l'armée territoriale, conformément aux dispositions de l'article 36 de la présente loi, jusqu'à ce qu'ils aient atteint l'âge prescrit par ladite loi pour la libération du service dans l'armée territoriale et dans la réserve de l'armée territoriale.

« L'État de recensement des hommes compris dans cette catégorie sera établi conformément aux dispositions de l'article 15 de la loi du 1er février 1868. Ils pourront être appelés par classe, en commençant par les moins anciennes. Un conseil de révision par arrondissement, composé ainsi qu'il est dit à l'article 16 de la loi précitée, prononcera sur les cas d'exemption pour infirmités et défaut de taille qui lui seront soumis. »

Cet article indique les obligations auxquelles sont soumis tous les citoyens des classes antérieures ; la présente loi a donc un effet rétroactif, et, quelles que soient les réclamations qui pourront être faites à ce sujet, tout homme valide âgé de moins de 40 ans, sera bien et dûment immatriculé.

Art. 78. — « Les jeunes gens qui, au lieu d'être placés ou maintenus dans la garde nationale mobile, feront partie de la réserve, conformément aux dispositions précédentes, seront soumis à des exercices et revues déterminés par un règlement du ministre de la guerre. »

Les exercices et les manœuvres militaires seront plus utiles encore pour les hommes qui n'ont fait partie d'aucun contingent militaire que pour les autres ; il faut qu'à l'avenir l'instruction de nos réserves soit sérieuse et ne soit pas négligée comme le fut celle de la garde mobile.

Art. 79. — « L'obligation de savoir lire et écrire pour contracter un engagement volontaire, ou pour être envoyé en disponibilité, après une année de service, ne sera imposée qu'à partir du 1er janvier 1875. »

En vertu de cet article, les jeunes gens qui ne savent ni lire, ni écrire, pourront, malgré cela, contracter un engagement volontaire ; mais cette faculté cessera d'être accordée à partir du 1er janvier 1875, époque à laquelle ceux qui voudront s'engager volontairement ou être envoyés en disponibilité après un an de service, auront eu préalablement à s'instruire. D'ici au mois de janvier 1875, les jeunes gens se trouvant instruits des obligations qu'ils ont à remplir, auront le temps de s'y préparer. L'ignorance sera alors impardonnable ; tout soldat français devra savoir au moins lire et écrire.

Art. 80. — « Toutes les dispositions des lois et décrets antérieurs à la présente loi, relatifs au recrutement de l'armée, sont et demeurent abrogées. »

SEPTIÈME DIVISION.

LOIS NOUVELLES

LOI SUR LES DROITS DES SUCRES, MÉLASSES, CAFÉS, THÉS, CACAOS, CHOCOLATS, VINS, ALCOOLS, ETC., ETC.

Par suite des désastres de la guerre franco-prussienne et de la guerre civile, la France a vu s'augmenter sa dette publique de plusieurs milliards. Il importait de prélever des impôts suffisants pour couvrir les arrérages de cette dette et pour en favoriser l'amortissement. Parmi les lois votées, à cet effet, nous citerons les plus importantes, celles qui touchent le riche aussi bien que le pauvre. Ces lois, d'ailleurs, ne sont pour la plupart que provisoires : l'essentiel est d'établir l'équilibre de notre budget; et, lorsque la dette sera amortie, ces lois disparaîtront avec les causes qui les ont produites. Parmi ces lois, nous reproduirons d'abord celle dont la teneur suit et qui a été promulguée en juillet 1871 :

ARTICLE PREMIER. — Les droits sur les sucres de toute origine sont augmentés de trois dixièmes.

ART. 2. — Les sucres extraits par les procédés barytiques, des mélasses dites épuisées, sont assujettis à un droit de 15 francs les 100 kilogrammes, décimes compris.

ART. 3. — Les mélasses non destinées à la distillation, ayant 50 0/0 ou moins de richesse saccharine, acquitteront un droit de 18 fr. 60 c. les 100 kilogrammes.

ART. 4. — Les glucoses à l'état de sirop et à l'état concret acquitteront un droit de 10 francs les 100 kilogrammes, décimes compris.

ART. 5. — Cafés en fèves, des pays hors d'Europe, y compris les possessions françaises, 150 francs les 100 kilogrammes; d'ailleurs, 170 francs les 100 kilogrammes. — Café torréfié ou moulu, 200 francs les 100 kilogrammes.

Art. 6. — Chicorée brûlée ou moulue, 55 francs les 100 kilogrammes.

Art. 7. — Thé : des pays hors d'Europe, 200 francs les 100 kilogrammes ; d'ailleurs, 260 francs les 100 kilogrammes.

Art. 8. — (*Cet article ayant pour objet les cacaos, n'offre qu'une importance secondaire.*)

Art. 9. — Chocolat et cacao broyé, 160 francs les 100 kilogrammes.

Art. 10. — (*Cet article frappe le poivre et autres condiments venant des pays hors d'Europe d'un droit de 200 francs per 100 kilogrammes.*)

LOI SUR LA TAXE DES LETTRES.

En vertu de la loi adoptée par l'Assemblée nationale et promulguée le 26 août par M. le Président de la République française, la taxe des lettres affranchies et du poids de 10 grammes circulant en France et en Algérie a été fixé à 25 centimes.

Les lettres non affranchies payeront une taxe de 40 centimes.

La taxe des lettres pesant plus de 10 grammes, nées et distribuables dans la circonscription postale du même bureau est de 15 centimes pour celles qui sont affranchies. En cas de non affranchissement cette taxe est portée à 25 centimes.

Le droit fixe à percevoir sur chaque lettre chargée, en sus du port de la lettre ordinaire, est fixé à 50 centimes.

Indépendamment d'un droit fixe de 50 centimes et du port de la lettre, suivant son poids, l'expéditeur de valeurs déclarées payera d'avance un droit proportionnel de 20 centimes pour chaque 100 francs ou portion de 100 francs.

Le port des échantillons de marchandises, des épreuves d'imprimerie corrigées, des papiers de commerce ou d'affaires, placés soit sous bandes mobiles, soit dans des enveloppes non fermées, soit dans des sacs ou des boîtes faciles à ouvrir, est de 30 centimes jusqu'à 50 grammes. A partir de 50 grammes, il est augmenté de 10 centimes par 50 grammes ou fraction de 50 grammes.

Le droit de poste à percevoir sur les sommes confiées à l'administration, à titre d'articles d'argent, est porté à 2 francs pour 100 francs.

Le port des circulaires, prospectus, catalogues, avis divers et prix-courants, livres, gravures, lithographies en feuilles, brochés ou reliés, et en général tous les imprimés autres que les journaux et ouvrages périodiques, est de 2 centimes par chaque exemplaire du poids de 5 grammes et au-dessous expédié sous bandes.

AUGMENTATION DES DROITS DE TIMBRE.

En vertu de la loi du 24 août 1871, il est ajouté 2 décimes au principal des droits de timbre de toute nature, à l'exception des effets de commerce spécifiés en l'article 1er de la loi du 5 juin 1850, des récépissés des chemins de fer, etc., etc., et des permis de chasse dont le droit, perçu au profit du Trésor, est élevé de 15 francs à 30 francs (1).

Sont soumis à un droit de timbre de 10 centimes : les quittances ou acquis donnés au pied des factures et mémoires, les quittances pures et simples, reçus ou décharges de sommes, titres, valeurs ou objets et généralement tous les titres, de quelque nature qu'ils soient, signés ou non signés, qui emporteraient libération, reçu ou décharge ; les chèques sont également soumis à un droit de timbre de 10 centimes.

Une remise de 2 0/0 sur le timbre est accordée, à titre de déchet, à ceux qui feront timbrer préalablement leurs formules de quittances, reçus ou décharges.

Les acquits inscrits sur les chèques, ainsi que sur les lettres de change, billets à ordre et autres effets de commerce assujettis au droit proportionnel, les quittances de 10 francs et au-dessous, ne sont pas soumis au droit de timbre de 10 centimes. En cas de contravention, le délinquant sera puni d'une amende de 50 francs.

Le droit de timbre est à la charge du débiteur.

LOI FIXANT L'IMPOT SUR LES ALLUMETTES.

L'article 3 de la loi promulguée le 16 septembre 1871, par M. le président de la République, est conçu en ces termes : « Il sera perçu par la

---

(1) Le prix du permis de chasse est actuellement de 40 francs, sur lesquels le Trésor perçoit 30 francs. Les 10 francs qui restent sont acquis à la commune.

« régie des contributions indirectes sur les allumettes chimiques fabri-
« quées en France ou importées, quelles qu'en soient la forme et la
« dimension, un droit fixé comme suit, décimes compris :

Allumettes en bois.

Boîtes ou paquets de 50 allumettes ou au-dessous, 1 centime 5 millièmes (par boîte ou paquet).

Boîtes ou paquets de 51 à 100 allumettes, 3 centimes (par boîte ou paquet).

Boîtes ou paquets renfermant plus de 100 allumettes, 3 centimes (par centaine ou fraction de centaine).

Cette taxe sur les allumettes en augmente considérablement le prix, et si, d'une part, le gouvernement y trouve un avantage considérable, les abricants et marchands d'allumettes en tirent, de leur côté, un assez grand bénéfice. Prenons pour exemple ces boîtes d'allumettes qui en renferment moins de 50 et dont le prix avant l'impôt était de 5 centimes ; elles se vendent actuellement 10 centimes, et cependant elles ne paient que 1 centime 5 millièmes d'impôt. Le marchand perçoit donc un bénéfice de près de 4 centimes en sus de celui qu'il avait avant la taxe. Aussi, y a-t-il plus d'avantages à prendre une grande quantité d'allumettes qu'à les acheter par boîtes.

Allumettes en cire, en amadou, en papier, en tissu et toutes autres que les allumettes en bois.

Chaque boîte ou paquet de 50 allumettes ou au-dessous est soumis à un droit de 5 centimes.

Chaque boîte ou paquet de 51 à 100 allumettes est soumis à un droit de 10 centimes.

Toute boîte ou paquet renfermant plus de 100 allumettes est soumis à un droit de 10 centimes par centaine ou par fraction de centaine. Ainsi une boîte renfermant 125 allumettes, par exemple, payera un droit de 20 centimes comme si elle en renfermait 200.

Les allumettes venant de l'étranger sont soumises aux mêmes droits, indépendamment des taxes de douane.

Tous les objets quelconques amorcés ou préparés de manière à pouvoir s'enflammer ou produire du feu, par frottement ou par tout autre moyen autre que le contact direct avec une matière en combustion, sont considérés comme allumettes chimiques passibles de l'impôt. Ainsi les briquets à amadou ou à mèches de coton sont soumis à la taxe.

Les allumettes disposées de manière à pouvoir s'enflammer ou à prendre feu plusieurs fois seront taxées proportionnellement au nombre de leurs amorces.

Les allumettes fabriquées pour l'exportation ne sont plus soumises aux droits.

Les droits sur les allumettes chimiques fabriquées en France sont assurés par les employés des contributions indirectes.

Nul ne peut mettre en vente des allumettes chimiques fabriquées ou importées en France, ni les faire circuler, qu'à la condition qu'elles seront en boîtes ou en paquets fermés et revêtus d'une vignette timbrée constatant la perception du droit.

Toute personne qui se dispose à fabriquer des allumettes doit en faire la déclaration dans un bureau de la régie dans un délai de dix jours avant de commencer ses travaux.

Toute fabrication sans déclaration sera punie d'une amende de 100 fr. à 1,000 fr.; les objets saisis seront confisqués et le délinquant aura de plus à rembourser les droits fraudés.

Les mêmes peines sont applicables aux fabricants ou débitants qui seront convaincus de toute autre contravention à la loi sur les allumettes.

IMPOT SUR LA CHICORÉE.

En vertu de la loi promulguée le 15 septembre 1871, par M. le président de la République française, la racine de chicorée préparée est soumise à un droit de fabrication de 0 fr. 30 cent. par kilogramme, décimes compris.

Le droit sur la chicorée est assuré par les employés des contributions indirectes.

La chicorée, qu'elle soit fabriquée en France ou qu'elle y soit importée ne peut circuler, ni être mise en vente qu'en boîtes ou paquets fermés et revêtus d'une vignette timbrée constatant la perception du droit.

Toute personne qui se dispose à fabriquer de la chicorée devra en faire la déclaration dans un délai de dix jours avant de commencer ses travaux; en cas de non-déclaration, le délinquant sera puni d'une amende de 100 à 1,000 francs; les objets saisis seront confisqués et les droits fraudés seront remboursés par l'auteur du délit.

Les mêmes peines sont applicables aux fabricants ou débitants qui seraient convaincus d'autres délits en ce qui concerne la loi sur la fabrication ou la vente de la chicorée préparée.

La chicorée exportée est affranchie des droits.

DROIT SUR LES PAPIERS DE TOUTE SORTE.

La loi promulguée le 15 septembre 1871 établit un droit sur les papiers de toute sorte, papier à écrire, à imprimer et à dessiner, papiers d'enveloppe et d'emballage, papiers-cartons, papiers de tenture et tous autres.

Ce droit peut être perçu, à l'enlèvement ou par la voie d'abonnement annuel, réglé de gré à gré entre la régie et les fabricants.

Il est fixé ainsi qu'il suit, décimes compris :

Les papiers à cigarettes, papiers soie, papier pelure, papier parchemin blancs, papiers à lettre de toute espèce et de tout format, sont soumis à un droit de 15 francs les 100 kilogrammes.

Les papiers à écrire, à imprimer, à dessiner, les papiers pour musique, les papiers blancs de tenture, les papiers coloriés ou marbrés pour reliure paient un droit de 10 francs par 100 kilogrammes.

Les cartons, papiers-cartons, papiers d'enveloppes et de tenture ou à pâte de couleur, papiers d'emballage, papiers buvards et tous ceux qui leur sont assimilables, paient 5 francs par 100 kilogrammes.

Les papiers importés de l'étranger sont soumis aux mêmes droits en sus de ceux des douanes.

Les papiers et les objets confectionnés en papier, destinés à l'exportation, sont affranchis des droits.

Les fabricants qui seront pris en contravention seront passibles d'une amende de 100 à 1,000 francs, de la confiscation des objets saisis et du remboursement des droits fraudés.

Le papier employé à l'impression des journaux et autres publications périodiques, assujetties au cautionnement, est, en outre, soumis à un droit de 20 francs par 100 kilogrammes.

POUDRES DE CHASSE.

L'article 11 de la loi promulguée le 15 septembre 1871 est conçu dans les termes suivants :

« A partir de la promulgation de la présente loi, le prix actuel des « diverses espèces de poudre de chasse sera doublé. »

LOI ASSURANT UN DÉDOMMAGEMENT AUX CITOYENS QUI ONT SUPPORTÉ DES CHARGES ET SUBI DES DÉVASTATIONS PENDANT LA GUERRE DE 1870-71.

Pendant la dernière guerre, les habitants de la partie du territoire envahie par l'ennemi ont eu à supporter des charges exceptionnelles et à subir des dévastations sans nombre. L'État se trouvait en quelque sorte obligé de les dédommager; aussi l'Assemblée nationale a-t-elle adopté une loi dans ce but. Cette loi a été promulguée le 11 septembre 1871. Voici quelles en sont les dispositions :

Article premier. — Un dédommagement sera accordé à tous ceux qui ont subi, pendant l'invasion, des contributions de guerre, des réquisitions soit en argent, soit en nature, des amendes et des dommages matériels.

Art. 2. — Ces contributions, réquisitions, amendes et dommages seront constatés et évalués par les commissions cantonales qui fonctionnent en ce moment sous la direction du ministre de l'intérieur.

Une commission départementale revisera le travail des commissions cantonales et fixera le chiffre définitif des pertes justifiées. Cette commission sera composée du préfet, président, de quatre conseillers généraux, désignés par le Conseil général et de quatre représentants des ministres de l'intérieur et des finances.

Art. 3. — Lorsque l'étendue des pertes aura été ainsi constatée, une loi fixera la somme que l'état du Trésor public permettra de consacrer à leur dédommagement et en déterminera la répartition.

Une somme de cent millions sera mise immédiatement à la disposition du ministre des finances, et répartie entre les départements, au prorata des pertes qu'ils ont éprouvées, pour être distribuée par le préfet, assisté d'une commission nommée par le Conseil général et prise dans son sein, entre les victimes les plus nécessiteuses de la guerre et les communes les plus obérées, etc.

Art. 4. — Une somme de six millions de francs est également mise à la disposition des ministres des finances et de l'intérieur pour être, sauf règlement ultérieur, répartie entre ceux qui ont le plus souffert des opérations d'attaque dirigées par l'armée française pour rentrer dans Paris.

Art. 5. — Indépendamment des dispositions qui précèdent, les contributions en argent, perçues à titre d'impôts par les autorités allemandes, seront réglées ainsi qu'il suit :

PARAGRAPHE PREMIER. — Les communes qui ont versé des sommes à titre d'impôts seront remboursées de leurs avances par le Trésor.

PARAGRAPHE 2. — Les contribuables qui justifieront du versement de sommes au même titre, soit entre les mains des Allemands, soit aux autorités municipales françaises, seront admis à en appliquer le montant en déduction de leurs contributions de 1870 et 1871, etc., etc.

Ainsi, la République française, malgré la perturbation profonde jetée dans l'équilibre de ses finances par les guerres franco-prussienne et civile, ne veut pas que les citoyens qui ont eu à éprouver des pertes matérielles n'en soient pas dédommagés. Grâce à la sollicitude du gouvernement, un grand nombre d'indemnités ont déjà été réparties entre les victimes de la guerre qui ont le plus souffert et se sont trouvées dans la situation la plus critique.

LOI SUR LE DROIT DE CIRCULATION SUR LES VINS, CIDRES, POIRÉS ET HYDROMELS

Promulguée le 2 septembre 1871.

ARTICLE PREMIER. — Le droit de circulation sur les vins, cidres, poirés et hydromels sera perçu, en principal et par chaque hectolitre, conformément au tarif ci-après :

Vins en cercles, à destination des départements :

1re classe.	1 fr. 20;
2e classe	1 60;
3e classe.	2 »;
4e classe.	2 40;

Vins en bouteilles, quel que soit le département, 15 francs;

Cidres, poirés et hydromels, 1 franc, etc., etc.

ART. 2. — Le droit général de consommation par hectolitre d'alcool pur contenu dans les eaux-de-vie et esprits en cercles, par hectolitre d'eau-de-vie et esprits en bouteilles, de liqueurs et absinthes en cercles et en bouteilles, et de fruits à l'eau-de-vie, est fixé à 125 francs en principal, etc., etc.

(Cet article ne veut pas dire qu'un hectolitre d'eau-de-vie, par exemple, paiera un droit de 125 francs : on pèse l'eau-de-vie au moyen d'un instrument spécial, on calcule quelle est la quantité d'alcool pur contenu dans cet hectolitre d'eau-de-vie et par chaque litre d'alcool pur on perçoit un droit de consommation de 1 fr. 25. Ainsi, si l'hectolitre d'eau-de-vie contient 40 litres d'alcool pur, on percevra la somme de 50 francs).

Art. 3. — Les vins présentant une force alcoolique supérieure à 15 degrés, sont passibles du double droit de consommation, d'entrée ou d'octroi pour la quantité d'alcool comprise entre 15 et 21 degrés. Les vins présentant une force alcoolique supérieure à 21 degrés seront imposés comme alcool pur.

DROIT A LA FABRICATION DES BIÈRES.

En vertu de l'article 4 de la même loi, le droit à la fabrication des bières est porté :

Pour la bière forte, à 3 fr. 60 l'hectolitre, décimes compris;

Pour la petite bière, à 1 fr. 20.

DROIT SUR LES JEUX DE CARTES.

L'article 5 de la loi du 2 septembre 1871 modifie comme suit les droits perçus sur les jeux de cartes :

Les droits de 0 fr. 25 c. et 0 fr. 40 c. perçus jusqu'alors pour chaque jeu de cartes à jouer sont remplacés par un droit unique de 0 fr. 50 c., en principal, par jeu, quelque soit le nombre de cartes dont il se compose et quels que soient la forme et le dessin des figures, etc.

DROITS DE LICENCE.

Les droits de licence sont perçus, d'après le tarif suivant, en vertu de la loi du 2 septembre 1871 :

Débitants de boissons :

Dans les communes au-dessous de 4,000 âmes.	12 fr.
Dans celles de 4,000 à 6,000 âmes	16
Dans celles de 6,000 à 10,000 âmes.	20
Dans celles de 10,000 à 15,000 âmes	24
Dans celles de 15,000 à 20,000 âmes.	28
Dans celles de 20,000 à 30,000 âmes.	32
Dans celles de 30,000 à 50,000 âmes.	36
Dans celles de 50,000 âmes et au-dessus (Paris excepté) . .	40

Brasseurs :

Dans les départements de l'Aisne, des Ardennes, de la Côte-d'Or, de la Meurthe, du Nord, du Pas-de-Calais, du Rhône, de la Seine, de la Seine-Inférieure, de Seine-et-Oise et de la Somme, 100 francs; dans les autres départements, 60 francs.

Bouilleurs et distillateurs de profession :

Dans tous les lieux . . . . 20 fr.

Marchands en gros de boissons :

Dans tous les lieux. 100 fr.

Fabricants de cartes :

Dans tous les lieux . . . . 100 fr.

Fabricants de sucres et glucoses :

Dans tous les lieux . . . . 100 fr.

LOI RELATIVE AUX TITRES AU PORTEUR.

La loi relative aux titres au porteur a été promulguée le 4 juillet 1872; elle est conçue dans les termes suivants :

ARTICLE PREMIER. — Le propriétaire de titres au porteur, qui en est dépossédé, par quelque événement que ce soit, peut se faire restituer contre cette perte, dans la mesure et sous les conditions déterminées dans la présente loi.

ART. 2. — Le propriétaire dépossédé fera notifier par huissier à l'établissement débiteur un acte indiquant : le nombre, la nature, la valeur nominale, le numéro et, s'il y a lieu, la série des titres.

Il devra aussi, autant que possible, énoncer :

1° L'époque et le lieu où il en est devenu propriétaire, ainsi que le mode de son acquisition;

2° L'époque et le lieu où il a reçu les derniers intérêts et dividendes ;

3° Les circonstances qui ont accompagné sa dépossession; le même acte contiendra une élection de domicile dans la commune du siége de l'établissement débiteur.

Cette notification emportera opposition au payement, tant du capital que des intérêts ou dividendes échus ou à échoir.

ART. 3. — Lorsqu'il se sera écoulé une année depuis l'opposition sans qu'elle ait été contredite, et que, dans cet intervalle, deux termes au moins d'intérêts ou de dividendes auront été mis en distribution, l'opposant pourra se pourvoir auprès du président du tribunal civil du lieu de son domicile, afin d'obtenir l'autorisation de toucher les intérêts ou dividendes échus ou à échoir, au fur et à mesure de leur exigibilité, et même le capital des titres frappés d'opposition dans le cas où ledit capital serait ou deviendrait exigible.

Art. 4. — Si le président accorde l'autorisation, l'opposant devra, pour toucher les intérêts ou dividendes, fournir une caution solvable dont l'engagement s'étendra au montant des annuités exigibles et, de plus, à une valeur double de la dernière annuité échue. Après deux ans écoulés depuis l'autorisation sans que l'opposition ait été contredite, la caution sera de plein droit déchargée.

Si l'opposant ne veut ou ne peut fournir la caution requise, il pourra, sur le vu de l'autorisation, exiger de la Compagnie le dépôt à la Caisse des dépôts et consignations des intérêts ou dividendes échus et de ceux à échoir, au fur et à mesure de leur exigibilité. Après deux ans écoulés depuis l'autorisation, sans que l'opposition ait été contredite, l'opposant pourra retirer de la Caisse des dépôts et consignations les sommes ainsi déposées, et percevoir librement les intérêts et dividendes à échoir, au fur et à mesure de leur exigibilité.

Art. 5. — Si le capital des titres frappés d'opposition est devenu exigible, l'opposant qui aura obtenu l'autorisation ci-dessus pourra en toucher le montant à charge de fournir caution. Il pourra, s'il le préfère, exiger de la Compagnie que le montant dudit capital soit déposé à la Caisse des dépôts et consignations.

Lorsqu'il se sera écoulé dix ans depuis l'époque de l'exigibilité et cinq ans au moins à partir de l'autorisation, sans que l'opposition ait été contredite, la caution sera déchargée, et, s'il y a eu dépôt, l'opposant pourra retirer de la Caisse des dépôts et consignations les sommes en faisant l'objet.

Art. 6. — La solvabilité de la caution à fournir en vertu des dispositions des articles précédents sera appréciée comme en matière commerciale; s'il s'élève des difficultés, il sera statué et référé par le président du tribunal du domicile de l'établissement débiteur.

Il sera loisible à l'opposant de fournir un nantissement au lieu et place d'une caution. Ce nantissement pourra être constitué en titres de rente sur l'Etat ; il sera restitué, à l'expiration des délais fixés pour la libération de la caution.

Art. 7. — En cas de refus de l'autorisation dont il est parlé dans l'article 3, l'opposant pourra saisir, par voie de requête, le tribunal civil de son domicile, lequel statuera, après avoir entendu le ministère public.

Le jugement obtenu dudit tribunal produira les effets attachés à l'ordonnance d'autorisation.

Art. 8. — Quand il s'agira de coupons au porteur détachés du titre, si l'opposition n'a pas été contredite, l'opposant pourra, après trois années, à compter de l'échéance et de l'opposition, réclamer le montant desdits coupons de l'établissement débiteur, sans être tenu de se pourvoir d'autorisation.

Art. 9. — Les payements faits à l'opposant, suivant les règles ci-dessus posées, libèrent l'établissement débiteur envers tout tiers porteur qui se présenterait ultérieurement. Le tiers porteur, au préjudice duquel lesdits payements auront été faits, conserve seulement une action personnelle contre l'opposant qui aurait formé son opposition sans cause.

Art. 10.— Si, avant que la libération de l'établissement débiteur ne soit accomplie, il se présente au tiers porteur des titres frappés d'opposition, ledit établissement doit provisoirement retenir ces titres contre un récépissé remis un tiers porteur; il doit, de plus, avertir l'opposant par lettre chargée de la présentation du titre, en lui faisant connaître le nom et l'adresse du tiers porteur. Les effets de l'opposition restent alors suspendus jusqu'à ce que la justice ait prononcé entre l'opposant et le tiers porteur.

Art. 11. — L'opposant qui voudra prévenir la négociation ou la transmission des titres dont il a été dépossédé, devra notifier par exploit d'huissier au syndicat des agents de change de Paris une opposition renfermant les énonciations prescrites par l'article 2 de la présente loi; l'exploit contiendra réquisition de faire publier les numéros des titres.

Cette publication sera faite un jour franc au plus tard, par les soins et sous la responsabilité du syndicat des agents de change de Paris, dans un bulletin quotidien établi et publié dans les formes et sous les conditions déterminées par un règlement d'administration publique.

Le même règlement fixera le coût de la rétribution annuelle due par l'opposant pour frais de publicité. Cette rétribution annuelle sera payée d'avance à la caisse du syndicat, faute de quoi la dénonciation de l'opposition ne sera pas reçue, ou la publication ne sera pas continuée, à l'expiration de l'année pour laquelle la rétribution aura été payée.

Art. 12. — Toute négociation ou transmission, postérieure au jour où le bulletin est parvenu ou aurait pu parvenir par la voie de la poste dans le lieu où elle a été faite, sera sans effet vis-à-vis de l'opposant, sauf le recours du tiers porteur contre son vendeur et contre l'agent de change par l'intermédiaire duquel la négociation aura eu lieu. Le tiers porteur

pourra également, au cas prévu par le précédent article, contester l'opposition faite irrégulièrement ou sans droit.

Le tiers porteur pourra également, au cas prévu par le précédent article, contester l'opposition faite irrégulièrement ou sans droit.

Sauf le cas où la mauvaise foi serait démontrée, les agents de change ne seront responsables des négociations faites par leur entremise, qu'autant que les oppositions leur auront été signifiées personnellement ou qu'elles auront été publiées dans le Bulletin par les soins du syndicat.

Art. 13. — Les agents de change doivent inscrire sur leurs livres les numéros des titres qu'ils achètent ou qu'ils vendent.

Ils mentionnent sur les bordereaux d'achat les numéros livrés. Un règlement d'administration publique déterminera le taux de la rémunération qui sera allouée à l'agent de change pour cette inscription des numéros.

Art 14. — . . . .

Art. 15 — Lorsqu'il se sera écoulé dix ans depuis l'autorisation obtenue par l'opposant, conformément à l'article 3, et que, pendant le même laps de temps, l'opposition aura été publiée sans que personne se soit présenté pour recevoir les intérêts ou dividendes, l'opposant pourra exiger de l'établissement débiteur qu'il lui soit remis un titre semblable ou subrogé au premier. Ce titre devra porter le même numéro que le titre originaire, avec la mention qu'il est délivré par duplicata.

Le titre délivré en duplicata confère les mêmes droits que le titre primitif et sera négociable dans les mêmes conditions.

Le temps pendant lequel l'établissemennt n'aurait pas mis en distribution de dividendes ou d'intérêts ne sera pas compté dans le délai cidessus.

Dans le cas du présent article, le titre primitif sera frappé de déchéance, et le tiers porteur qui le représentera après la remise du nouveau titre à l'opposant, n'aura qu'une action personnelle contre celui-ci, au cas où l'opposition aurait été faite sans droit.

L'opposant qui réclamera de l'établissement un duplicata payera les frais qu'il occasionnera. Il devra, de plus, garantir par un dépôt ou par une caution que le numéro du titre de déchéance sera publié pendant dix ans, avec une mention spéciale au Bulletin quotidien.

Art. 16. — Les dispositions de la présente loi sont applicables aux titres aux porteurs émis par les départements, les communes ou les établissements publics ; mais elles ne sont pas applicables aux billets de la Banque de France, ni aux billets de même nature, émis par des établissements légalement autorisés, ni aux rentes ou aux titres au porteur émis par l'Etat, lesquels continueront à être régis par les lois, décrets et règlements en vigueur.

Toutefois les cautionnements exigés par l'administration des finances pour la délivrance des duplicata des titres perdus, volés ou détruits, seront restitués, si, dans les vingt ans qui auront suivi, il n'a été formé aucune demande de la part des tiers porteurs soit pour les arrérages, soit pour le capital.

Le Trésor sera définitivement libéré envers le porteur des titres primitifs, sauf l'action personnelle de celui-ci contre la personne qui aura obtenu le duplicata.

LOI MODIFIANT LES DROITS DE TIMBRE AUXQUELS SONT ASSUJETTIS LES TITRES DE RENTE ET EFFETS PUBLICS DES GOUVERNEMENTS ÉTRANGERS.

Promulguée le 25 mai 1872.

ARTICLE PREMIER. — Le droit de timbre établi par les lois des 13 mai 1863 et 8 juin 1864 sur les titres de rente, emprunts et tous autres effes publics des gouvernements étrangers, est fixé, à l'avenir, ainsi qu'il suit, savoir :

A 0 fr. 75 c., pour chaque titre de 500 francs et au-dessous ;

A 1 fr. 50 c., pour chaque titre de 500 francs jusqu'à 1,000 francs ;

A 3 francs pour chaque titre au-dessus de 1,000 francs, et ainsi de suite, à raison de 1 fr. 50 c. par 1,000 francs ou fraction de 1,000 francs.

Ce droit n'est pas assujetti aux décimes.

Il est perçu sur la valeur nominale du titre.

ART. 2. — Aucune émission ou souscription de titres de rentes ou effets publics des gouvernements étrangers ne peut être annoncée, publiée ou effectuée en France, sans qu'il ait été fait, dix jours à l'avance, au bureau de l'enregistrement de la résidence, une déclaration dont la date est mentionnée dans l'avis ou annonce.

Les titres ou les certificats provisoires de titres souscrits ou émis en France ne pourront être remis aux souscripteurs ou preneurs sans avoir préalablement acquitté les droits de timbre fixés par l'article précédent.

Si le droit a été payé sur le certificat provisoire, le titre définitif correspondant sera timbré sans frais sur la représentation de ce certificat.

ART. 3. — *En vertu de cet article, chaque contravention est passible d'une amende de 5 pour 100 sur la valeur nominale des titres annoncés ou émis, sans que cette amende puisse être inférieure à 50 francs.*

L'amende est due personnellement. La même amende sera exigible à raison d'émission ou de souscription faite sans déclaration préalable. Le souscripteur ou le preneur de titres non timbrés est tenu solidairement de l'amende, sauf son recours contre celui qui a ouvert la souscription ou émis les titres.

LOI SUR LE CACAO ET LE SUCRE ADMIS TEMPORAIREMENT EN FRANCHISE DE DROITS.

Cette loi a été promulguée le 12 juin 1872. En voici la teneur :

Article premier. — Le cacao et le sucre importés des pays hors d'Europe par des navires français, ainsi que le sucre indigène, qui seront destinés à la fabrication du chocolat, pourront être admis temporairement en franchise de droits, sous les conditions déterminées par l'article 5 de la loi du 5 juillet 1836.

Art. 2. — L'importateur s'engagera, par une soumission valablement cautionnée, à réexporter ou à réintégrer en entrepôt, dans un déla qui ne pourra excéder quatre mois, 100 kilogrammes de chocolat pour 53 kilogrammes de cacao et 60 kilogrammes de sucre brut des numéros 10 à 14.

Pour la balance des comptes, les sucres de toute qualité seront ramenés à la classe des numéros 10 à 14, d'après les bases suivantes :

100 kilogrammes de sucre au-dessous du numéro 7 seront comptés pour 76 kilog. 10 de sucre des numéros 10 à 14.

100 kilogrammes de sucre au-dessous des numéros 7 à 9 seront comptés pour 90 kilog. 90 de sucre des numéros 10 à 14.

100 kilogrammes de sucre au-dessous des numéros 15 à 18 seront comptés pour 106 kilog. 80 de sucre des numéros 10 à 14.

100 kilogrammes de sucre au-dessous des numéros 19 et 20 seront comptés pour 109 kilog. 10 de sucre des numéros 10 à 14.

100 kilogrammes de sucre, poudre blanche, au-dessus du numéro 20 seront comptés pour 111 kilog. 35 de sucre des numéros 10 à 14.

100 kilogrammes de sucre raffiné au-dessus du numéro 20 seront comptés pour 113 kilog. 60 de sucre des numéros 10 à 14.

Art. 3. — Ne seront admis à la décharge des soumissions d'admission temporaire que les chocolats valant au moins 2 fr. 70 le kilogramme, en fabrique, droits compris, et composés exclusivement de cacao, de sucre et d'aromates, sans mélange d'aucune autre substance. Ils devront être revêtus de l'étiquette et de la marque du fabricant.

Art. 4. — Les opérations ne pourront avoir lieu, à l'entrée, que par les bureaux où il existe un entrepôt ; à la sortie, que par les douanes de Paris, Bordeaux, Bayonne et Marseille. Les déclarations seront faites au nom et sous la responsabilité des fabricants.

Art. 5. — Toute manœuvre ayant pour objet de faire admettre comme purs des chocolats mélangés, entraînera, pour le fabricant, la déchéance du régime temporaire, indépendamment des pénalités résultant de l'article 5 de la loi du 5 juillet 1836.

LOI MODIFIANT LES ARTICLES 450 ET 550 DU CODE DE COMMERCE, RELATIFS UX DROITS DES SYNDICS A L'ÉGARD DES IMMEUBLES ET DES BAUX EN CAS DE FAILLITE ET AUX DROITS DES PROPRIÉTAIRES.

Promulguée le 19 février 1872.

Article premier. — Les articles 450 et 550 du Code de commerce sont modifiés et remplacés par les dispositions suivantes :

Art. 450. — Les syndics auront, pour les baux des immeubles affectés à l'industrie et au commerce du failli, y compris les locaux dépendant de ces immeubles et servant à l'habitation du failli et de sa famille, huit jours, à partir de l'expiration du délai accordé par l'article 492 du Code du commerce aux créanciers domiciliés en France, pour la vérification de leurs créances, pendant lesquels ils pourront notifier au propriétaire leur intention de continuer le bail, à la charge de satisfaire à toutes les obligations du locataire.

Cette notification ne pourra avoir lieu qu'avec l'autorisation du juge-commissaire et le failli entendu.

Jusqu'à l'expiration de ces huit jours, toutes voies d'exécution sur les effets mobiliers du failli servant à l'exploitation du commerce ou de l'industrie du failli, et toutes actions en résiliation du bail seront suspendues, sans préjudice de toutes mesures conservatoires et du droit qui serait acquis au propriétaire de reprendre possession des lieux loués. Dans ce cas, la suspension des voies d'exécution établie au présent article cessera de plein droit.

Le bailleur devra, dans les quinze jours qui suivront la notification qui lui sera faite par les syndics, former sa demande en résiliation.

Faute par lui de l'avoir formée dans ledit délai, il sera réputé avoir renoncé à se prévaloir des causes de résiliation déjà existantes à son profit.

Art. 550. — L'article 2102 du Code civil est ainsi modifié à l'égard de la faillite :

Si le bail est résilié, le propriétaire d'immeubles affectés à l'industrie ou au commerce du failli, aura privilége pour les deux dernières années de location échues avant le jugement déclaratif de la faillite, pour l'année courante, pour tout ce qui concerne l'exécution du bail et pour les dommages-intérêts qui pourront lui être alloués par les tribunaux.

Au cas de non-résiliation, le bailleur, une fois payé de tous les loyers échus, ne pourra pas exiger le payement des loyers en cours ou à échoir, si les sûretés qui lui ont été données lors du contrat sont maintenues, ou si celles qui lui ont été fournies depuis la faillite sont jugées suffisantes.

Lorsqu'il y aura vente et enlèvement des meubles garnissant les lieux loués, le bailleur pourra exercer son privilége comme au cas de résiliation ci-dessus, et, en outre, pour une année à échoir à partir de l'expiration de l'année courante, que le bail ait ou non date certaine.

Les syndics pourront continuer ou céder le bail pour tout le temps restant à courir, à la charge par eux ou leurs concessionnaires de maintenir dans l'immeuble gage suffisant, et d'exécuter, au fur et à mesure des échéances, toutes les obligations résultant du droit ou de la convention, mais sans que la destination des lieux loués puisse être changée.

Dans le cas où le bail contiendrait interdiction de céder le bail ou de sous-louer, les créanciers ne pourront faire leur profit de la location que pour le temps à raison duquel le bailleur aurait touché ses loyers par anticipation, et toujours sans que la destination des baux puisse être changée.

Le privilége et le droit de revendication établis par le numéro 4 de l'article 2102 du Code civil, au profit des vendeurs d'effets mobiliers, ne peuvent être exercés contre la faillite.

Art. 2. — La présente loi ne s'appliquera pas aux baux qui, avant sa promulgation, auront acquis date certaine.

Toutefois le propriétaire qui, en vertu desdits baux, a privilége pour tout ce qui est à échoir, ne pourra exiger par anticipation les loyers à échoir, s'il lui est donné des sûretés suffisantes pour en garantir le payement.

LOI SUR LE DROIT D'ENREGISTREMENT DES ACTES DE SOCIÉTÉ, LES CONTRATS DE MARIAGE, LES PARTAGES DE BIENS MEUBLES ET IMMEUBLES, LES MAINLEVÉES D'HYPOTHÈQUES, LES LETTRES DE CHANGE, LES ADJUDICATIONS ET MARCHÉS, LES PRESTATIONS DE SERMENT, ETC., ETC.

Promulguée le 28 février 1872.

D'après *l'article premier* de cette loi, la quotité du droit fixe d'enregistrement auquel sont assujettis les actes ci-après sera déterminée ainsi qu'il suit, savoir :

1° *Par le montant total des apports mobiliers et immobiliers, déduction faite du passif*, quand il s'agira d'actes de formation et de prorogation de société, qui ne contiennent ni obligation, ni libération, ni transmission de biens, meubles ou immeubles, entre les associés ou autres personnes ;

2° *Par le prix exprimé en y ajoutant toutes les charges en capital*, pour les actes translatifs de propriété, d'usufruit ou de jouissance de biens immeubles situés en pays étranger ou dans les colonies françaises, dans lesquels le droit d'enregistrement n'est pas établi ;

3° *Par le prix exprimé en y ajoutant toutes les charges en capital* pour les actes ou procès-verbaux de vente de marchandises avariées par suite d'événements de mer et de débris de navires naufragés.

4° Les contrats de mariage soumis actuellement au droit fixe de 5 francs, *par le montant net des apports personnels des futurs époux* ;

5° *Par le montant de l'actif net partagé*, quand il s'agit de partages de biens meubles et immeubles entre copropriétaires, cohéritiers et coassociés à quelque titre que ce soit ;

6° *Par le montant des sommes ou par la valeur des objets* légués, pour les délivrances de legs ;

7° *Par le montant des sommes faisant l'objet de la mainlevée*, pour les consentements à mainlevées totales ou partielles d'hypothèques ;

S'il y a seulement réduction de l'inscription, il ne sera perçu qu'un droit de 5 francs par chaque acte ;

8° *Par le montant de la créance dont le terme d'exigibilité est prorogé* pour les prorogations de délai pures et simples ;

9° *Par le prix exprimé ou par l'évaluation des objets* pour les adjudications et marchés pour constructions, réparations, entretien, approvisionnements et fournitures dont le prix doit être payé directement par le Trésor upublic, et les cautionnements relatifs à ces adjudications et marchés ;

10° *Par le capital des rentes*, par les titres nouvels et reconnaissances de rentes dont les actes constitutifs ont été enregistrés.

L'article 2 de la présente loi fixe ainsi qu'il suit le taux du droit établi par l'article 1er :

A 5 francs pour les sommes ou valeurs de 5,000 francs et au-dessous, et pour les actes ne contenant aucune énonciation de sommes et valeurs ni dispositions susceptibles d'évaluation ;

A 10 francs pour les sommes et valeurs supérieures à 5,000 francs, mais n'excédant pas 10,000 francs ;

A 20 francs pour les sommes ou valeurs supérieures à 10,000 francs, mais n'excédant pas 20,000 francs ;

Et ensuite *à raison de 20 francs* par chaque somme ou valeur de 20,000 francs ou fraction de 20,000 francs.

D'après l'*article 3, si la dissimulation des sommes ou valeurs ayant servi de base à la perception du droit* est établie par des actes ou écrits émanés des parties ou par des jugements, dans le délai de deux années à partir de l'enregistrement des actes specifiés en l'article premier de la présente loi, il sera perçu, indépendamment des droits simples supplémentaires, un droit en sus, lequel ne pourra être inférieur à 50 francs.

En vertu de *l'article 4* de cette loi, les divers droits fixes auxquels sont assujettis les actes civils, administratifs ou judiciaires autres que ceux dont il est question dans l'article premier, sont augmentés de moitié.

Le même article 4 fixe à 3 francs seulement les actes de prestation de serment des gardes particuliers et des agents salariés par l'Etat, les départements et les communes dont le traitement et ses accessoires n'excèdent pas 1,500 francs.

D'après *l'article 5*, sont soumis au droit proportionnel d'après les tarifs en vigueur :

1° Les ordres, collocations et distributions de sommes, quelle que soit leur forme, et qui ne contiennent ni obligation ni transport par le débiteur ;

2° Les mutations de propriété de navires, soit totales, soit partielles. Le droit est perçu soit sur l'acte ou le procès-verbal de vente, soit sur la déclaration faite pour obtenir la francisation ou l'immatricule au nom du nouveau possesseur.

En vertu de *l'article 6*, les obligations imposées au preneur, dans les cas de location verbale, par l'article 11 de la loi du 23 août 1871, seront accomplies, à l'avenir, par le bailleur, qui sera tenu du payement des droits, sauf son recours contre le preneur.

Néanmoins les parties restent solidaires pour le recouvrement du droit simple.

L'article 7 est relatif aux mutations de propriété; en voici le teneur :

Les mutations de propriété à titre onéreux de fonds de commerce ou de clientèles sont soumises à un droit d'enregistrement de 2 fr. par 100 fr. Ce droit est perçu sur le prix de la vente de l'achalandage, de la cession du droit au bail et des objets mobiliers ou autres, servant à l'exploitation du fonds, à la seule exception des marchandises neuves garnissant le fonds. Ces marchandises ne seront assujetties qu'à un droit de 50 centimes par 100 francs, à condition qu'il sera stipulé pour elles un prix particulier, et qu'elles seront désignées et estimées, article par article, dans le contrat ou dans la déclaration.

Art. 8. — Les actes sous signatures privées contenant mutation de propriété de fonds de commerce ou de clientèle sont enregistrés dans les trois mois de leur date.

A défaut d'acte constatant la mutation, il y est suppléé par des déclarations détaillées et estimatives faites au bureau de l'enregistrement de la situation du fonds de commerce ou de la clientèle, dans les trois mois de l'entrée en possession.

A défaut d'enregistrement ou de déclaration dans les délais fixés ci-dessus, il sera fait application des dispositions du paragraphe 1er de l'article 14 de la loi du 23 août 1871. Sont également applicables aux mutations de propriété des fonds de commerce ou de clientèles, les dispositions des paragraphes 2 et 3 dudit article relatives à l'ancien possesseur, et celles des articles 12 et 13 de la même loi concernant les dissimulations dans les prix de vente.

L'insuffisance du prix de vente du fonds de commerce ou des clientèles peut également être constatée par expertise, dans les trois mois de l'enregistrement de l'acte ou de la déclaration de la mutation.

Il sera perçu un droit en sus sur le montant de l'insuffisance outre les frais d'expertise, s'il y a lieu, et si l'insuffisance excède un huitième.

Art. 9.— La mutation de propriété des fonds de commerce ou de clientèles est suffisamment établie pour la demande et la poursuite des droits d'enregistrement et des amendes, par les actes écrits qui révèlent l'existence de la mutation ou qui sont destinés à la rendre publique, ainsi que par l'inscription aux rôles des contributions du nom du nouveau possesseur, et des payements faits en vertu de ces rôles, sauf preuve contraire.

Art. 10. — Sont soumis au droit proportionnel de 50 centimes par 100 francs les lettres de change et tous autres effets négociables, lesquels pourraient n'être présentés à l'enregistrement qu'avec les protêts qui en auraient été faits.

Il n'est rien innové en ce qui concerne les warrants.

Art. 11. — Le droit de décharge de 0,10 centimes, créé par l'article 18 de la loi du 23 août 1871, pour constater la remise des objets, sera réuni à la taxe due pour les récépissés et lettres de voiture, qui est fixée ainsi qu'il suit ;

Récépissé délivré par les Compagnies de chemins de fer (droit de décharge compris), 0,35 centimes.

Lettre de voiture (droit de décharge compris), 0,70 centimes.

LOI SUR LE TRANSPORT DES BOISSONS ET SUR LES ACQUITS-A-CAUTION.

Promulguée le 28 février 1872.

Article premier. — Les déclarations exigées avant l'enlèvement des boissons par l'article 10 de la loi du 28 avril 1816, contiendront outre les énonciations prescrites par ledit article, l'indication des principaux lieux de passage que devra traverser le chargement, et celle des divers modes de transport qui seront successivement employés, soit pour toute la route à parcourir, soit pour une partie seulement, à charge, dans ce dernier cas, de compléter la déclaration en cours de transport.

Les contraventions aux dispositions du présent article seront punies de la confiscation des boissons saisies et d'une amende de 500 francs à 5,000 francs.

Art. 2. — Tout destinataire de boissons spiritueuses, accompagnées d'un acquit-à-caution et qui auront parcouru un trajet de plus de 2 myriamètres, sera tenu de représenter, en même temps que l'expédition de la régie, les bulletins de transport, lettres de voiture ou connaissements applicables au chargement.

A défaut de l'accomplissement de cette formalité, et dans le cas où il ne résulterait pas des pièces représentées que le transport des spiritueux a réellement eu lieu dans les conditions de la déclaration, les doubles droits garantis par l'acquit-à-caution deviendront exigibles, sans préjudice de toutes autres peines encourues pour contraventions.

Art. 3. — Les acquits-à-caution délivrés pour le transport des boissons ne seront déchargés qu'après la prise en charge des quantités y énoncées, si le destinataire est assujetti aux exercices des employés de la régie, ou le payement du droit dans le cas où il serait dû à l'arrivée.

Les employés ne pourront délivrer de certificats de décharge pour les boissons qui ne seraient pas représentées ou qui ne le seraient qu'après l'expiration du terme fixé par l'acquit-à-caution, ni pour les boissons qui ne seraient pas de l'espèce énoncée dans l'acquit-à-caution.

Les marchands en gros ne pourront user du bénéfice de l'article 100 de la loi du 28 avril 1816, qui leur permet de transvaser, mélanger et couper leurs boissons hors la présence des employés, que lorsque les boissons qu'ils auront reçues, avec acquit-à-caution, auront été vérifiées par le service de la régie et reconnues entièrement conformes à l'expédition.

Art. 4. — Sont assujettis aux formalités à la circulation prescrites par le chapitre premier, titre 1 de la loi du 28 avril 1816, les vernis, eaux de senteur, éthers, chloroformes et toutes autres préparations à base alcooliques.

Art. 5. — Tous les employés de l'administration des finances, la gendarmerie, tous les agents du service des ponts et chaussées, de la navigation et des chemins vicinaux, autorisés par la loi à dresser des procès-verbaux, pourront verbaliser en cas de contravention aux lois sur la circulation des boissons.

LOI SUR LES DROITS DE CONSOMMATION DES LIQUEURS, DES FRUITS A L'EAU-DE-VIE, DES EAUX-DE-VIE EN BOUTEILLES, L'ABSINTHE ET L'ESSENCE D'ABSINTHE ET SUR LES DROITS D'ENTRÉE DE CES LIQUIDES.

Promulguée le 6 avril 1872.

Article premier. — Les liqueurs, les fruits à l'eau-de-vie et les esprits en cercles et en bouteilles seront taxés, comme les eaux-de-vie et les esprits, proportionnellement à la richesse alcoolique.

Art. 2. — Le droit de consommation par hectolitre d'alcool pur contenu dans les liqueurs, les fruits à l'eau-de-vie et les eaux-de-vie en bouteilles, est fixé, au principal, à cent soixante-quinze francs (175 francs) avec addition de 2 centimes.

Art. 3. — L'absinthe, soit en bouteilles, soit en cercles, continuera d'être considérée comme alcool pur et sera passible du droit de cent soixante-quinze francs (175 francs) en principal, et à Paris d'une taxe de remplacement de cent quatre-vingt-dix-neuf francs (199 francs, également en principal.

Art. 4. — La préparation concentrée sous le nom d'essence d'absinthe ne sera plus fabriquée et vendue qu'à titre de substance médicamenteuse. Le commerce de ladite essence et sa vente s'effectueront conformément aux prescriptions des titres 1 et 2 de l'ordonnance royale du 29 octobre 1846.

Toute contravention aux prescriptions du présent article sera punie des peines portées en l'article 1er de la loi du 17 juillet 1845.

Art. 5. — Le droit d'entrée par hectolitre d'alcool pur que contiennent ou que représentent les spiritueux quelconques, les préparations alcooliques quelconques, est fixé, en principal, ainsi qu'il suit :

Dans les communes ayant une population agglomérée de

4,000 âmes à 6,000	6 francs
6,000 à 10,000	9
10,000 à 15,000	12
15,000 à 20,000	15
20,000 à 30,000	18
50,000 âmes et au-dessus . . .	24

Art. 6. — Le droit de remplacement aux entrées de Paris est fixé, en principal, par hectolitre d'alcool pur :

Pour les eaux-de-vie et esprits en cercles, droit de consommation et droit d'entrée à cent quarante-neuf francs (149 francs) ;

Pour les liqueurs, les fruits à l'eau-de-vie et les eaux-de-vie en bouteilles, droit de consommation et d'entrée, avec addition de 2 centimes, à cent quatre-vingt-dix-neuf francs (199 francs).

Art. 7. — Dans les magasins des fabricants et marchands en gros, les liqueurs, les fruits à l'eau-de-vie et les eaux-de-vie en bouteilles devront être rangés distinctement par degré de richesse alcoolique. Des étiquettes indiqueront d'une manière apparente le degré alcoolique.

Quels que soient l'expéditeur et le destinataire, les déclarations d'enlèvement relatives aux liqueurs, aux fruits à l'eau-de-vie et aux eaux-de-vie en bouteilles énonceront leur degré alcoolique, lequel sera mentionné dans les acquits-à-caution, congés et passavants délivrés par la régie.

Art. 8. — Relativement aux eaux-de-vie et esprits en nature qu'ils voudront expédier en cercles, les marchands en gros liquoristes ne pourront faire d'expéditions qu'en futailles contenant au moins vingt-cinq litres.

Ces expéditions, qui auront lieu en présence des employés, devront être déclarées quatre heures d'avance dans les villes et douze heures dans les campagnes.

Art. 9. — Les liquoristes, marchands en gros seront tenus de payer immédiatement les droits spéciaux à l'alcool contenu dans les liqueurs et fruits à l'eau-de-vie pour toutes les quantités d'alcool reconnues manquantes dans leurs ateliers de fabrication, au delà des déductions allouées pour le bouillage et collage, et réglées conformément aux dispositions de l'article 7 de la loi du 20 juillet 1837.

Art. 10. — Toute fausse indication, toute fausse déclaration, relativement à la richesse alcoolique des liqueurs, des fruits à l'eau-de-vie et des eaux-de-vie en bouteilles, ainsi que toute autre contravention à la présente loi, sera punie d'une amende de 500 à 5,000 francs, indépendamment de la confiscation des boissons.

Toute introduction clandestine d'eaux-de-vie ou d'esprits chez les liquoristes donnera lieu à l'application de ces pénalités, non-seulement contre les liquoristes eux-mêmes, mais encore contre les individus qui auront sciemment fourni les eaux-de-vie ou esprits.

L'administration pourra appliquer à ceux qui auront subi les condamnations ci-dessus énoncées le régime suivant :

Les eaux-de-vie et esprits destinés à la fabrication des liqueurs et fruits à l'eau-de-vie devront être emmagasinés dans des locaux distincts, n'ayant aucune communication intérieure avec les autres magasins affectés au commerce des eaux-de-vie et esprits en nature.

Art. 11.— Les liquoristes débitants restent assujettis aux dispositions du chapitre 3 du titre 1er de la loi du 28 avril 1816, sous la modification prononcée par la présente loi, quant au droit de consommation porté à cent soixante-quinze francs (175 fr.), en principal, par hectolitre d'alcool employé à la fabrication des liqueurs.

Art. 12. — Vanille de toute origine, 4 francs le kilogramme.

Art. 13. — Vins autres que de liqueur, 5 francs l'hectolitre ; vins de liqueur, 20 francs l'hectolitre.

Art. 14. — Alcools : eaux-de-vie en bouteilles, 30 francs l'hectolitre de liquide ; en fûts, 30 francs l'hectolitre d'alcool pur ; alcools autres, 30 francs l'hectolitre d'alcool pur.

Art. 15. — Liqueurs : 35 francs l'hectolitre de liquide.

Art. 16. — Tabacs et cigarettes dont l'importation est autorisée pour le compte des particuliers, 36 francs par kilogramme.

Art. 17. — Huile de pétrole et huile de schiste venant de l'étranger : à l'état brut, des pays hors de l'Europe, 20 francs les 100 kilogrammes ; d'ailleurs, 25 francs les 100 kilogrammes. — Epurées : des pays hors d'Europe, 32 francs les 100 kilogrammes; d'ailleurs, 37 francs les 100 kilogrammes.

Essence de pétrole des pays hors d'Eurppe, 40 francs les 100 kilogrammes; d'ailleurs, 45 francs les 100 kilogrammes.

LOI SUR LES PATENTES

Promulguée le 8 avril 1872.

Article premier. — Le patentable ayant plusieurs établissements, boutiques ou magasins de même espèce ou d'espèces différentes, est, quelle que soit la classe ou la catégorie à laquelle il appartient comme patentable, passible d'un droit fixe entier, en raison du commerce, de l'industrie ou de la profession exercée dans chacun de ces établissements, boutiques ou magasins.

Les droits fixes sont imposables dans les communes où sont situés les établissements, boutiques ou magasins qui y donnent lieu.

Art. 2.— Seront établis sans limite de maximum les droits de patente des professions, commerces et industries compris dans les tableaux annexés aux lois en vigueur et qui sont tarifés en raison du nombre des ouvriers, machines, instruments, ou moyens de production et autres éléments variables d'imposition.

Art. 3. — Les droits fixes des patentables rangés dans le tableau C, annexé à la loi du 25 avril 1844, et dans les tableaux modificatifs correspondants annexés aux lois subséquentes, sont rehaussés d'un cinquième, sauf en ce qui concerne les marchands forains avec balle, bête de somme ou voiture, et les marchands forains de poterie sur bateau.

Art. 4. — Le taux du droit proportionnel de patente, établi d'après la valeur locative, est porté :

Du quinzième au dixième pour les patentables compris dans la nomenclature générale des patentes à la première classe du tableau A et au tableau B annexés à la loi du 25 avril 1844, ainsi qu'aux tableaux modificatifs correspondants annexés aux lois subséquentes;

Du vingtième au quinzième pour les patentables compris dans les deuxième et troisième classe du tableau A annexé à la loi du 25 avril 1844, et des tableaux modificatifs correspondants annexés aux lois subséquentes.

Art. 5. — Les articles 17 de la loi du 18 mai 1850 et 9 de la loi du 4 juin 1858, ainsi que les tableaux annexés aux lois de patentes en vigueur, sont modifiés en ce qu'ils ont de contraire aux dispositions des articles 1, 2, 3 et 4 ci-dessus.

Ces dispositions auront leur effet à partir du 1er avril 1872.

Dans les rôles supplémentaires où seront portées, pour l'exercice 1872, les augmentations de tarif résultant de la présente loi, il ne sera pas tenu compte des centimes additionnels départementaux et communaux.

Art. 6. — Les Compagnies de chemins de fer, les services de transports fluviaux, maritimes et terrestres, ainsi que les établissements d'entrepôt et de magasins généraux, sont tenus de laisser prendre connaissance des registres de réception et d'expédition de marchandises aux agents des contributions directes chargés de l'assiette des droits de patente.

LOI SUR LES SURTAXES DE PAVILLON ET SUR LES DROITS A L'IMPORTATION DES BATIMENTS DE MER.

Promulguée le 2 février 1872.

Article premier. — Les marchandises importées par navires étrangers, autres que celles provenant des colonies françaises, seront passibles des surtaxes de pavillon, fixées par 100 kilogrammes comme ci-après :

Des pays d'Europe et du bassin de la Méditerranée, 75 centimes ;

Des pays hors d'Europe, en deçà des caps Horn et de Bonne-Espérance, 1 fr. 50 c. ;

Des pays au delà des caps, 2 francs.

Art. 2. — Toutefois les surtaxes édictées par l'article précédent ne seront pas applicables au guano.

Art. 3. — Les marchandises des pays hors d'Europe seront passibles, à leur importation des entrepôts d'Europe, d'une surtaxe de trois francs (3 francs), par 100 kilogrammes.

Cette disposition n'est pas applicable aux marchandises que les lois actuellement en vigueur assujettissent à des surcharges plus élevées.

Art. 4. — Les dispositions des articles 1 et 3 sont applicables aux relations de l'Algérie avec l'étranger.

ART. 5. — Les droits à l'importation des bâtiments de mer sont fixés comme suit :

Bâtiments gréés et armés.

A voiles, en bois. . . . . 40 francs par tonne de jauge.
— en bois et fer. . 50 —
— en fer . . . . . 60 —

à vapeur, droits ci-dessus augmentés du droit afférent à la machine.

Coques de bâtiments de mer.

En bois . . . . . . 30 francs par tonne de jauge.
En bois et fer . . . 40 —
En fer . . . . 50 —

Ces droits ne seront pas applicables aux navires étrangers dont l'achat, antérieur à la promulgation de la présente loi, sera justifié par des actes authentiques ou sous seing privé ayant date certaine.

ART. 6. — Les navires de tout pavillon venant de l'étranger ou des colonies et possessions françaises, chargés en totalité ou en partie, acquitteront, pour frais de quai, une taxe fixée par tonneau de jauge, savoir :

Pour les provenances des pays d'Europe ou du bassin de la Méditerranée, 50 centimes ;

Pour les arrivages de tous autres pays, 1 franc ;

En cas d'escales successives dans plusieurs ports pour le même voyage, le droit ne sera payé qu'à la douane de prime abord.

DÉCRET DU PRÉSIDENT DE LA RÉPUBLIQUE FRANÇAISE SUR LES DROITS A PERCEVOIR SUR LES CONNAISSEMENTS

L'article 4 de la loi du 30 mars 1872 relatif au timbre des connaissements venant de l'étranger porte :

« Il sera perçu sur le connaissement en la possession du capitaine un « droit de 1 franc, représentant le timbre du connaissement ci-dessus « désigné et celui du consignataire de la marchandise.

« Ce droit sera perçu par l'apposition de timbres mobiles. »

L'article 5 de la même loi est ainsi conçu :

« S'il est créé en France plus de quatre connaissements, les connais- « sements seront soumis chacun à un droit de 50 centimes.

« Ces droits supplémentaires pourront être perçus au moyen de tim- « bres mobiles ; ils seront apposés sur le connaissement existant entre les « mains du capitaine. »

L'article 7 de la loi précitée porte :

« Un règlement d'administration publique déterminera la forme et les « conditions d'emploi des timbres mobiles créés en vertu de la présente « loi, ainsi que toutes autres mesures d'exécution. »

Vu ces lois et la Commission provisoire chargée de remplacer le Conseil d'État, entendue, le président de la République française a décrété le 30 avril 1872 :

Article premier. — Il est établi, pour l'exécution des articles 4 et 5 de la loi du 30 mars 1872, des timbres mobiles à 50 centimes et à 1 franc, conformes aux modèles annexés au présent décret.

Chaque timbre se compose de deux empreintes dont l'une, portant l'indication du prix, est toujours apposée sur le connaissement destiné au capitaine, et dont l'autre, désignée sous le nom d'estampille de contrôle, est appliquée, savoir :

Pour les connaissements créés en France en excédant du nombre prescrit par l'article 282 du Code de commerce, sur chaque original supplémentaire;

Pour les connaissements venant de l'étranger, sur l'original destiné au consignataire, et sur tous autres originaux qui seraient représentés par le capitaine.

L'administration de l'enregistrement, des domaines et du timbre fera déposer au greffe des cours et tribunaux des spécimens de ces timbres mobiles. Le dépôt sera constaté par un procès-verbal dressé sans frais.

Art. 2. — Les timbres mobiles à 50 centimes destinés aux originaux supplémentaires des connaissements créés en France sont apposés au moment même de la rédaction des connaissements.

Le timbre avec indication de prix appliqué sur le connaissement qui est entre les mains du capitaine, ainsi que l'estampille de contrôle placée sur l'original supplémentaire, sont oblitérés immédiatement, soit au moyen de l'apposition à l'encre noire de la signature du chargeur ou de l'expéditeur et de la date de l'oblitération, soit par l'apposition à l'encre grasse d'une griffe faisant connaître le nom et la raison sociale du chargeur ou de l'expéditeur, ainsi que la date de l'oblitération.

Art. 3. — Les timbres mobiles à 1 franc établis pour les connaissements venant de l'étranger sont apposés par les agents des douanes comme suppléant les receveurs de l'enregistrement.

Le timbre, avec indication de prix est appliqué sur l'original existant entre les mains du capitaine, et l'estampille du contrôle sur le connaissement destiné au consignataire, s'il est représenté. Ces timbres mobiles sont oblitérés immédiatement sur les deux originaux au moyen d'une griffe.

Lorsque le connaissement destiné au consignataire n'est pas représenté en même temps que celui du capitaine, l'estampille de contrôle est remise au capitaine.

Cette estampille est apposée par le consignataire, et elle doit être oblitérée soit au moyen de l'inscription à l'encre noire de sa signature et de la date de l'oblitération, soit au moyen d'une griffe à date établie dans les conditions prévues à l'article précédent.

Art. 4. — Lorsque le capitaine venant de l'étranger représente plus de deux connaissements, le droit de 50 centimes en principal dû pour chaque connaissement supplémentaire est perçu par l'administration des douanes au moyen de l'apposition de timbres mobiles à 50 centimes créés par le présent décret.

Ces timbres mobiles sont apposés et oblitérés par les agents des douanes, selon le mode prescrit par les deux premiers alinéas de l'article qui précède.

LOI RELATIVE A UN IMPOT SUR LE REVENU DES VALEURS MOBILIÈRES.

Promulguée le 29 juin 1872.

Article premier.— Indépendamment des droits de timbre et de transmission établis par les lois existantes, il est établi, à partir du 1er juillet 1872, une taxe annuelle et obligatoire :

1° Sur les intérêts, dividendes, revenus et tous autres produits des actions de toute nature, des sociétés, compagnies ou entreprises quelconques, financières, industrielles, commerciales ou civiles, quel que soit l'époque de leur création;

2° Sur les arrérages et intérêts annuels des emprunts et obligations des départements, communes et établissements publics, ainsi que des sociétés, compagnies et entreprises ci-dessus désignées;

3° Sur les intérêts, produits et bénéfices annuels des parts d'intérêts et commandites dans les sociétés, compagnies et entreprises dont le capital n'est pas divisé en actions.

Art. 2. Le revenu est déterminé :

1° Pour les actions, par le dividende fixé d'après les délibérations des assemblées générales d'actionnaires ou des conseils d'administration, les comptes rendus ou tous autres documents analogues;

2° Pour les obligations ou emprunts, par l'intérêt ou le revenu distribué dans l'année;

3° Pour les parts d'intérêts et commandites, soit par les délibérations des conseils d'administration des intéressés, soit, à défaut de délibération, par l'évaluation à raison de 5 0/0 du montant du capital social ou de la commandite, ou du prix moyen des cessions de parts d'intérêts consenties pendant l'année précédente.

Les comptes rendus et les extraits des conseils d'administration ou des actionnaires seront déposés dans les vingt jours de leur date au bureau de l'enregistrement du siége social.

Art. 3. — La quotité de la taxe établie par la présente loi est fixée à 3 0/0 du revenu des valeurs spécifiées en l'article 1er.

Le montant en est avancé, sauf leur recours, par les sociétés, compagnies, entreprises, villes, départements ou établissements publics.

Pour l'armée 1872, les revenus, intérêts et dividendes seront sujets à la taxe pour moitié seulement de leur montant, quelle que soit d'ailleurs l'époque à laquelle le payement aura lieu.

A partir de la promulgation de la présente loi, le taux des droits et taxe établis par la loi du 23 juin 1857 et par celles des 16 septembre 1871 et 30 mars 1872 est réduit ainsi qu'il suit, savoir :

A 50 centimes par 100 francs pour la transmission ou la conversion des titres nominatifs.

A 20 centimes par 100 francs pour la taxe à laquelle sont assujettis les titres au porteur.

Ces droits et taxe ne sont pas soumis au décime.

Art. 4. — Les actions, obligations, titres d'emprunts, quel que soit d'ailleurs leur dénomination, des sociétés, compagnies, entreprises, corporations, villes, provinces étrangères, ainsi que tout autre établissement public étranger, sont soumis à une taxe équivalente à celle qui est établie par la présente loi sur le revenu des valeurs françaises.

Les titres étrangers ne pourront être cotés, négociés, exposés en vente ou émis en France qu'en se soumettant à l'acquittement de cette taxe, ainsi que des droits de timbre et de transmission.

Un règlement d'administration publique fixera le mode d'établissement et de perception de ces droits, dont l'assiette pourra reposer sur une quotité déterminée du capital social.

Le même règlement déterminera les époques de payement de la taxe, ainsi que toutes les autres mesures nécessaires pour l'exécution de la présente loi.

Art. 5. — Chaque contravention aux dispositions qui précèdent et à celles du règlement d'administration publique qui sera fait pour leur exécution, sera punie conformément à l'article 10 de la loi du 23 juin 1857.

Le recouvrement de la taxe sur le revenu sera suivi, et les instances seront introduites et jugées comme en matière d'enregistrement.

LOI RELATIVE AUX DROITS DE MUTATION DES FONDS PUBLICS, ACTIONS, OBLIGATIONS, VALEURS MOBILIÈRES, ETC., ETC., A L'ENREGISTREMENT DES ACTES D'OUVERTURES DE CRÉDIT, DES CONTRATS D'ASSURANCES ET DES BAUX.

Promulguée le 24 août 1871.

En vertu de l'article 3 de la loi du 24 août 1871, les dispositions de l'article 7 de la loi du 18 mai 1850, concernant les valeurs mobilières étrangères dépendant des successions régies par la loi française, et les transmissions entre-vifs à titre gratuit de ces valeurs au profit d'un Français, sont étendues aux créances, parts d'intérêts, obligations des villes, établissements publics et généralement à toutes les valeurs mobilières étrangères, de quelque nature qu'elles soient.

L'article 4 de la même loi est conçu dans les termes suivants : « Sont « assujettis aux droits de mutation par décès, les fonds publics, actions, « obligations, parts d'intérêts, créances et généralement toutes les « valeurs mobilières étrangères, de quelque nature qu'elles soient, dépen- « dant de la successsion d'un étranger domicilié en France, avec ou « sans autorisation.

« Il en sera de même des transmissions entre-vifs, à titre gratuit ou « à titre onéreux, de ces mêmes valeurs, lesquelles s'opéreront en « France. »

Art. 5. — Les actes d'ouverture de crédit sont soumis à un droit proportionnel d'enregistrement de 50 centimes par 100 francs, etc., etc.

Art. 6. — Tout contrat d'assurance maritime ou d'assurance contre l'incendie, ainsi que toute convention postérieure contenant prolongation de l'assurance, augmentation dans la prime ou le capital assuré, désignation des sommes en risque ou d'une prime à payer, est soumis à une taxe obligatoire, moyennant le payement de laquelle la formalité de l'enregistrement sera donnée gratis toutes les fois qu'elle sera requise.

La taxe est fixée ainsi qu'il suit, savoir :

1° Pour les assurances maritimes et par chaque contrat, à raison de 50 centimes par 100 francs, décimes compris, du montant des primes et accessoires de la prime.

La perception suivra les sommes de 20 francs en 20 francs, sans fraction, et la moindre taxe perçue pour chaque contrat sera de 25 centimes, décimes compris.

2° Pour les assurances contre l'incendie et annuellement, à raison de 8 pour 100 du montant des primes ou, en cas d'assurance mutuelle, de 8 pour 100 des cotisations ou des contributions.

La taxe sera perçue d'après les mêmes bases sur les contrats en cours, mais seulement pour le temps restant à courir et sauf recours par les assureurs contre les assurés.

Les contrats de réassurance ne sont pas assujettis à la taxe, à moins que l'assurance primitive, souscrite à l'étranger, n'ait pas été soumise au droit.

En vertu de l'article 8 de la même loi, les contrats d'assurances passés à l'étranger pour des immeubles situés en France ou pour des objets ou valeurs appartenant à des Français, doivent être enregistrés avant toute publicité en usage en France, à peine d'un droit en sus qui ne peut être inférieur à 50 francs.

Le droit est fixé ainsi qu'il suit :

Pour les assurances contre l'incendie, à raison de 8 francs par 100 francs du montant des primes multiplié par le nombre d'années pour lequel l'assurance a été contractée ;

Pour les assurances maritimes, au taux fixé par l'article 6 ci-dessus.

Art. 9. — Les contrats d'assurance contre l'incendie passés en France pour des immeubles ou objets mobiliers situés à l'étranger ne sont pas assujettis au payement de la taxe ; mais il ne pourra en être fait aucun usage en France soit par acte public, soit en justice ou devant toute autre autorité constituée, sans qu'ils aient été préalablement enregistrés. Le droit sera perçu au taux fixé par l'article précédent, mais seulement pour les années restant à courir.

L'article 11 de la loi précitée est ainsi conçu :

Lorsqu'il n'existe pas de conventions écrites constatant une mutation de jouissance de biens immeubles, il y est suppléé par des déclarations détaillées et estimatives, dans les trois mois de l'entrée en jouissance.

Si la location est faite suivant l'usage des lieux, la déclaration en contiendra la mention.

Les droits d'enregistrement deviendront exigibles dans les vingt jours qui suivront l'échéance de chaque terme, et la perception en sera continuée jusqu'à ce qu'il ait été déclaré que le bail a cessé ou qu'il a été résilié.

En cas de déclaration insuffisante, il sera fait application des dispositions des articles 19 et 39 de la loi du 22 frimaire an VII.

La déclaration doit être faite par le preneur, ou, à son défaut, par le bailleur, ainsi qu'il est dit à l'article 14 ci-après. (En vertu de cet article 14, à défaut d'enregistrement ou de déclaration dans les délais fixés, l'ancien et le nouveau possesseur, le bailleur et le preneur, sont tenus personnellement et sans recours, nonobstant toute stipulation contraire, et au droit en sus, lequel ne peut être inférieur à 50 francs.)

Ne sont pas assujettis à la déclaration : les locations verbales ne dépassant pas trois ans, et dont le prix annuel n'excède pas 100 francs.

Toutefois, si le même bailleur a consenti plusieurs locations verbales de cette catégorie, mais dont le prix cumulé excède 100 francs annuellement, il sera tenu d'en faire la déclaration et d'acquitter personnellement et sans recours les droits d'enregistrement.

Si le prix de la location verbale est supérieur à 100 francs, sans excéder 300 francs annuellement, le bailleur sera également tenu d'en faire la déclaration et d'acquitter les droits exigibles, sauf son recours contre le preneur qui sera dispensé, dans ce cas, de la formalité de la déclaration.

Le droit sera exigible lors de l'enregistrement ou de la déclaration. Toutefois si le bail est de plus de trois ans et si les parties le requièrent, le montant du droit pourra être fractionné en autant de payements égaux qu'il y aura de périodes triennales dans la durée du bail. Le payement des droits afférents à la première période sera seul acquitté lors de l'enregistrement ou de la déclaration, et celui des périodes subséquentes aura lieu dans le premier mois de l'année qui commencera chaque période.

Art. 12. — Toute dissimulation dans le prix d'une vente et dans la soulte d'un échange ou d'un partage, sera punie d'une amende égale au quart de la somme dissimulée et payée solidairement par les parties, sauf à la répartir entre elles par égale part.

Art. 13. — La dissimulation peut être établie par tous les genres de preuves admises par le droit commun. Toutefois l'administration ne peut déférer le serment décisoire, et elle ne peut user de la preuve testimoniale que pendant dix ans à partir de l'enregistrement de l'acte.

TABLE DES MATIÈRES

PREMIÈRE PARTIE.

TRAITÉ EXPLIQUÉ

DU COMMERCE EN GÉNÉRAL

PREMIÈRE DIVISION.

CHAPITRE PREMIER.

CHAPITRE II.

CHAPITRE III.

CHAPITRE IV.

DEUXIÈME DIVISION.

TROISIÈME DIVISION.

QUATRIÈME DIVISION.

CINQUIÈME DIVISION.

DEUXIÈME PARTIE.

PREMIÈRE DIVISION.

DEUXIÈME DIVISION

TROISIÈME DIVISION

QUATRIÈME DIVISION.

CINQUIÈME DIVISION

SIXIÈME DIVISION.

SEPTIÈME DIVISION.

HUITIÈME DIVISION.

TROISIÈME PARTIE.

PREMIÈRE DIVISION.

DEUXIÈME DIVISION.

TROISIÈME DIVISION.

CHAPITRE PREMIER.

CHAPITRE II.

CHAPITRE III.

CHAPITRE IV.

CHAPITRE V.

CHAPITRE VI

QUATRIÈME DIVISION.

CINQUIÈME DIVISION.

SIXIÈME DIVISION.

SEPTIÈME DIVISION.

Paris, imprimerie Paul Dupont, rue Jean-Jacques-Rousseau, 41 (614.8.72).

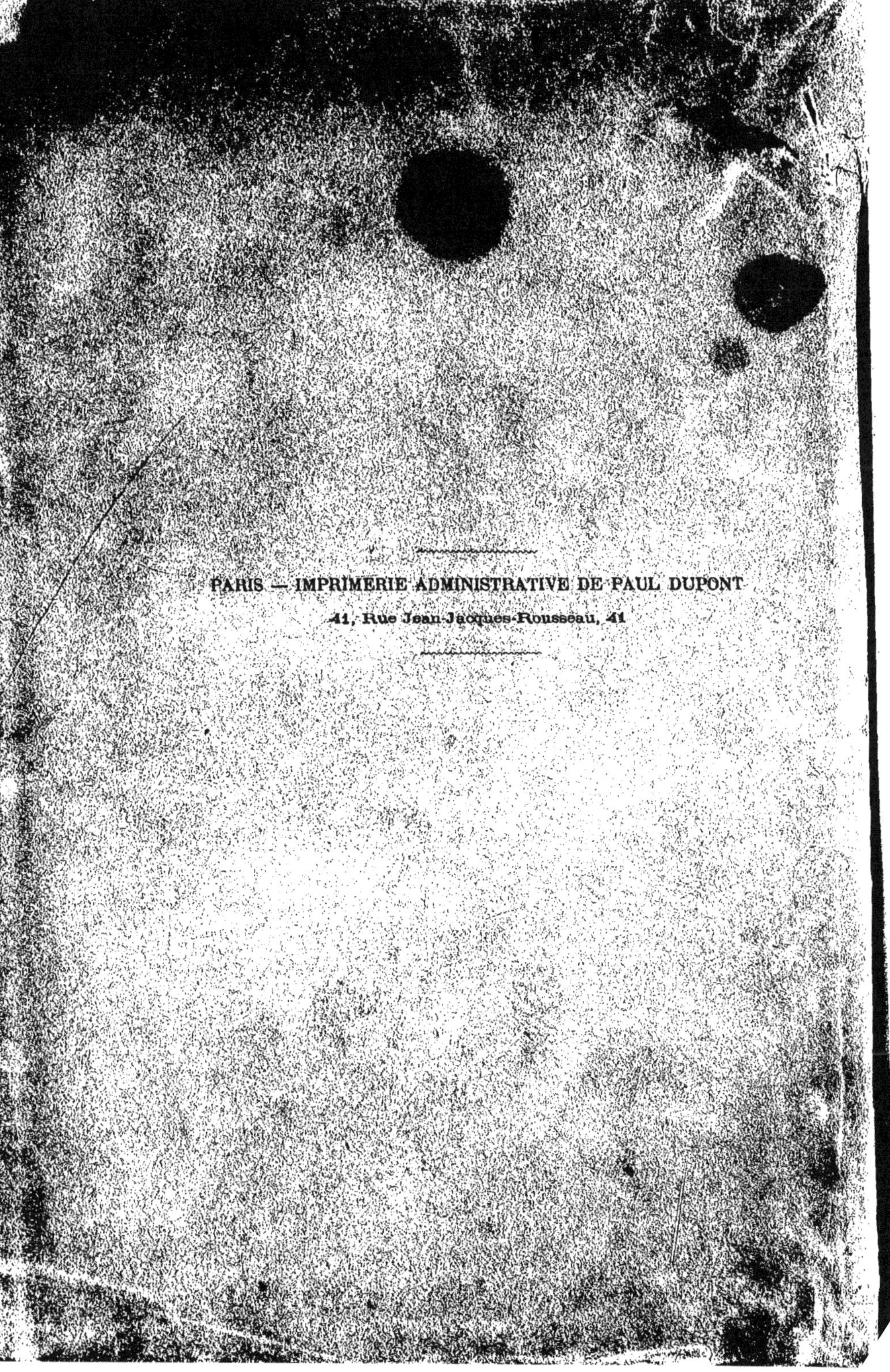

PARIS — IMPRIMERIE ADMINISTRATIVE DE PAUL DUPONT
41, Rue Jean-Jacques-Rousseau, 41

Contraste insuffisant

NF Z 43-120-14

www.ingramcontent.com/pod-product-compliance
Lightning Source LLC
Chambersburg PA
CBHW030017220326
41599CB00014B/1838

* 9 7 8 2 0 1 9 5 5 6 9 4 5 *